世界数学
精品译丛

Functional Analysis
Sixth Edition

泛函分析
（第六版）

□ 吉田耕作 (Kôsaku Yosida) 著

□ 吴元恺 孙顺华 唐志远 黄发伦 译

□ 徐胜芝 校订

U0179440

高等教育出版社·北京

图字：01-2015-3395号

Translation from English language edition:
Functional Analysis
by Kôsaku Yosida
Copyright © Springer-Verlag Berlin Heidelberg 1965, 1971, 1974, 1978, 1980
Softcover reprint of the hardcover 6th Edition 1980
Springer Berlin Heidelberg is part of Springer Science+Business Media
All Rights Reserved

图书在版编目（CIP）数据

泛函分析 ：第六版 ／（日）吉田耕作著；吴元恺等
译 ． -- 北京 ：高等教育出版社，2022. 3
　　书名原文 ： Functional Analysis Sixth Edition
　　ISBN 978-7-04-055490-8

　　Ⅰ . ①泛⋯ Ⅱ . ①吉⋯ ②吴⋯ Ⅲ . ①泛函分析－高
等学校－教材 Ⅳ . ① O177

　　中国版本图书馆 CIP 数据核字（2021）第 024426 号

FANHAN FENXI

策划编辑	李　鹏	责任编辑 李　鹏 李华英		封面设计 李小璐		版式设计 王艳红
责任校对	高　歌	责任印制 刘思涵				

出版发行	高等教育出版社		网　　址	http://www.hep.edu.cn
社　　址	北京市西城区德外大街 4 号			http://www.hep.com.cn
邮政编码	100120		网上订购	http://www.hepmall.com.cn
印　　刷	北京玥实印刷有限公司			http://www.hepmall.com
开　　本	787mm × 1092mm 1/16			http://www.hepmall.cn
印　　张	34.25			
字　　数	650 千字		版　　次	2022 年 3 月第 1 版
购书热线	010-58581118		印　　次	2022 年 3 月第 1 次印刷
咨询电话	400-810-0598		定　　价	99.00 元

序言

第一版序言

本书是以著者在东京大学十年来所授课程的讲义为基础写成的. 希望它能作为学生自修的读本或者用于在课堂上讲授泛函分析, 此学科讨论函数空间中线性算子的一般理论以及它在近代和古典分析多个领域的一些应用的突出特征.

阅读本书所必须预先具备的知识分集合论、拓扑空间、测度空间和线性空间四个标题简要地概述在第零章中, 有的予以证明, 有的不予证明. 从半范数那一章开始就一直联系着 S. L. Sobolev 和 L. Schwartz 的广义函数理论来叙述 Banach 空间和 Hilbert 空间的一般理论. 本书虽然主要是为研究生写的, 但著者还希望它对于纯粹数学家们和应用数学家们的研究工作会有所裨益. 读者可以在看了第九章 (半群的分析理论) 之后就直接去看第十三章 (遍历理论和扩散理论) 和第十四章 (发展方程的积分). 诸如 "局部凸空间中的弱拓扑和对偶性" 以及 "核空间" 这样的内容就用附录的形式分别放在第五章和第十章的后面. 那些对线性算子的应用更感兴趣的读者, 在初读时可以把这些内容跳过不看.

在本书的编写和排印过程中, 著者从很多朋友那里得到十分宝贵的意见和建议. 特别是 K. Hille 女士, 她欣然通读了原稿和校样. 由于英语不是著者的母语, 因此, 没有她的细心帮助, 这本用英文写的书在语言上就不可能以现在这种风格出版. 我非常感谢我的老朋友们: 耶鲁大学的 E. Hille 教授和 S. Kakutani 教授以及斯坦福大学的 R. S. Phillips 教授, 他们使我有机会于 1962 年在他们的大学里居住, 因而使我能够根据他们的宝贵意见, 对本书的大部分底稿进行润饰. 东京大学的 S. Ito 教授和 H. Komatsu 博士热心地协助我阅读了许多校样稿, 纠正了其中的错误并改进了叙述. 我对他们都表示诚挚的谢意.

我还要感谢汉堡大学的 F. K. Schmidt 教授和加利福尼亚大学伯克利分校的 T. Kato 教授, 他们不断鼓励我写出这本书. 最后, 著者希望对于 Springer-Verlag 能够非常有效地完成本书的出版工作表示赞佩.

吉田耕作　1964 年 9 月于东京

第二版序言

在本版准备工作中, 著者向汉堡的 Floret 先生致谢, 他扩大了本书的索引而使本书的使用更为方便. 感谢很多朋友指出了第一版中的一些错处, 本版已予更正. 为了使本书更能赶上时代, 在新版中已经完全改写了第十四章的 §4.

吉田耕作　1967 年 9 月于东京

第三版序言

在本版第十三章中增添了关于 G. Hunt 的位势理论的一节新内容 (§9. 抽象位势算子和半群). 很多朋友, 特别是 Klaus-Dieter Bierstedt 先生指出了第二版中一些错处, 本版已予更正.

吉田耕作　1971 年 4 月于京都

第四版序言

在本版第十四章中增加了两节新内容: "§6. 非线性发展方程 1 (Kōmura-Kato 方法)" 和 "§7. 非线性发展方程 2 (立足于 Crandall-Liggett 收敛定理的方法)". 著者对于 Y. Kōmura 教授仔细地阅读了原稿致以谢意.

吉田耕作　1974 年 4 月于东京

第五版序言

借这次新版的机会, 在书末加上了一个补充说明, 又在参考书目中增加了一些参考文献. 补充说明的内容分为两个方面. 第一方面包括两个课题: 一个是有关具有不变测度的 Markov 过程的时间可逆性, 另一个是有关依赖时间的线性发展方程的解的唯一性. 第二方面涉及在近年来出版的这样一些书, 它们各自讨论 Sobolev 空间、广义边界值的迹算子、分布与超函数、Hilbert 空间中的压缩算子、由 Choquet 精细化了的 Krein-Milman 定理以及线性和非线性发展方程.

在第四版中出现的几处小错误以及在第十四章 §7 的 (18), (19) 两式中出现的严重错误已予以更正了. 对于热心地指出上述错误的朋友们, 著者在此表示感谢.

吉田耕作　1977 年 8 月于镰仓

第六版序言

本版有两大变化: 第一是重写了第六章的 §6 以便简化 Mikusiński 的算子演算, 这个处理方式不依赖 Titchmarsh 定理. 第二是重写了第十二章的 §5 有关向量格的表示的引理与其证明. 这个重写是基于与 Universidad Nova de Lisboa 的 E. Coimbra 教授的通信, 他友好地指出了我在之前的第五版粗心地对待此引理.

很多朋友指出的第五版里许多打印错误在本版得以纠正.

吉田耕作　1980 年 6 月于镰仓

目录

第零章　预备知识

本章的目的是阐述全书常用的某些概念和定理. 这些内容涉及集合论、拓扑空间、测度空间和线性空间.

§1.　集　合　论

集合　以 $x \in X$ 表示 x 是集合 X 的一个成员或元素; 而 $x \bar{\in} X$ 表示 x 不是集合 X 的一个成员. 我们用 $\{x; P\}$ 表示具有性质 P 的所有 x 组成的集合. 因此, $\{y; y = x\}$ 是单个元素 x 组成的集合 $\{x\}$. 空集是没有元素的集合, 记为 $\varnothing$. 如果集合 X 的诸元素都是集合 Y 的元素, 则称 X 是 Y 的一个子集, 这个事实记为 $X \subseteq Y$ 或 $Y \supseteq X$. 设 $\mathscr{X}$ 是以某些集合 X 作为元素的集合, 则由所有属于 $\mathscr{X}$ 中某个 X 的元素 x 组成的集合称为 $\mathscr{X}$ 中诸集合 X 的并集; 此并集用 $\bigcup\limits_{X \in \mathscr{X}} X$ 来表示. $\mathscr{X}$ 中诸集合 X 的交集是由属于 $\mathscr{X}$ 中所有 X 的元素 x 组成的集合; 此交集用 $\bigcap\limits_{X \in \mathscr{X}} X$ 来表示. 两个集合的交集为空时, 称它们是不相交的. 如果某集族中每两个互异集合都是不相交的, 则称此集族是不相交的. 当集列 $\{X_n\}_{n=1,2,\cdots}$ 是个不相交的集族时, 其并集 $\bigcup\limits_{n=1}^{\infty} X_n$ 可以写成和 $\sum\limits_{n=1}^{\infty} X_n$ 的形式.

映射　术语映射、函数和变换将作为同义词来使用. 符号 $f : X \to Y$ 表示 f 是个单值函数, 其定义域是 X, 而其值域是含于 Y 的; 对于每个 $x \in X$, 函数 f 都确定唯一元素 $f(x) = y \in Y$. 对于两个映射 $f : X \to Y$ 和 $g : Y \to Z$, 我们可以用 $(gf)(x) = g(f(x))$ 来定义它们的复合映射 $gf : X \to Z$. 符号 $f(M)$

表示集合 $\{f(x); x \in M\}$ 且称为 M 在映射 f 下的像. 符号 $f^{-1}(N)$ 表示集合 $\{x; f(x) \in N\}$ 且称为 N 在映射 f 下的逆像. 显然

$$对于 \ Y_1 \subseteq f(X), \ Y_1 = f(f^{-1}(Y_1)); 对于 \ X_1 \subseteq X, \ X_1 \subseteq f^{-1}(f(X_1)).$$

如果在映射 $f: X \to Y$ 下, 对于每个 $y \in f(X)$, 都有唯一 $x \in X$ 使得 $f(x) = y$, 那么就说 f 有逆 (映射), 或者说 f 是一对一的. 其逆映射有定义域 $f(X)$ 和值域 X; 它由方程 $x = f^{-1}(y) = f^{-1}(\{y\})$ 所定义.

映射 f 的定义域和值域分别记为 $D(f)$ 和 $R(f)$. 因此, 如果 f 有逆映射, 则

$$对于 \ x \in D(f), \ f^{-1}(f(x)) = x, 且对于 \ y \in R(f), f(f^{-1}(y)) = y.$$

如果 $f(X) = Y$, 那么就说函数 f 把 X 映到 Y 上, 而如果 $f(X) \subseteq Y$, 就说 f 把 X 映入 Y 内. 对于函数 f 和 g, 如果 $D(f)$ 包含 $D(g)$ 且 $D(g)$ 中所有 x 都使 $f(x) = g(x)$, 则称 f 是 g 的一个扩张或延拓, 而称 g 是 f 的一个限制.

Zorn 引理

定义　设 P 是元素 $a, b, \cdots$ 组成的一个集合. 假定在 P 的某些元素对 (a, b) 之间有个二元关系, 它表达为 $a \prec b$ 且具有以下性质:

$$\begin{cases} a \prec a, \\ 如果 \ a \prec b \ 且 \ b \prec a, 那么 \ a = b, \\ 如果 \ a \prec b \ 且 \ b \prec c, 那么 \ a \prec c \ (传递性), \end{cases}$$

则称 P 按关系 $\prec$ 是偏序的 (或半序的).

例　如果 P 是由集合 X 的所有子集组成的集合, 则集合包含关系 $(A \subseteq B)$ 就给出了 P 的一个偏序. 由所有复数 $z = x + iy, w = u + iv, \cdots$ 组成的集合, 按 $x \leqslant u$ 和 $y \leqslant v$ 定义的关系 $z \prec w$ 是半序的.

定义　设 P 是个半序集, 其元素为 $a, b, \cdots$. 如果 $a \prec c$ 且 $b \prec c$, 则我们称 c 为 a 和 b 的一个上界. 此外, 如果对于 a 和 b 的任何上界 d 都有 $c \prec d$, 则我们称 c 为 a 和 b 的最小上界或上确界, 这记为 $c = \sup(a, b)$ 或 $a \vee b$. 如果 P 有这种元素 c, 则它必是唯一的. 我们用类似方法定义 a 和 b 的最大下界或下确界, 并把它记为 $\inf(a, b)$ 或 $a \wedge b$. 如果半序集 P 中诸元素对 (a, b) 都有上确界 $a \vee b$ 和下确界 $a \wedge b$, 则称 P 是个格.

例　对于一个固定的集合 B, 其子集 M 的全体依由集合包含关系 $M_1 \subseteq M_2$ 所定义的半序 $M_1 \prec M_2$ 是个格.

定义　如果对于半序集 P 内的每对元素 (a, b), 不是 $a \prec b$ 成立就是 $b \prec a$ 成立, 则称 P 是线性序的 (或全序的). 半序集 P 的子集本身继承 P 的半序关

系后, 也是半序的; 而在该序关系下, 子集还有可能成为全序集. 设 P 是半序集而 S 是其一个子集, 某个 $m \in P$ 称为 S 的一个上界是指诸 $s \in S$ 使 $s \prec m$. 而 P 中某元素 m 是个极大元是指由 $p \in P$ 和 $m \prec p$ 一起意味着 $m = p$.

Zorn 引理 设 P 是个非空半序集且其全序子集都于 P 有个上界, 则 P 至少有一个极大元.

我们知道, Zorn 引理等价于集合论中的 Zermelo 选择公理.

§2. 拓 扑 空 间

开集和闭集

定义 集合 X 的某些子集所成的集合系 τ 定义了 X 上一个拓扑是指它含有空集、集合 X 本身、它的每个子系的并集以及它的每个有限子系的交集. τ 中成员称为拓扑空间 (X, τ) 的开集; 通常我们略去 τ, 就把 X 称为拓扑空间. 除非另外申明, 我们总是假定拓扑空间 X 满足 Hausdorff 分离公理:

对于 X 中每对互异点 x_1, x_2, 总有不交开集 G_1, G_2 使得 $x_1 \in G_1, x_2 \in G_2$. 在 X 中, 点 x 的邻域是这样一个集合, 它包含某个含有 x 的开集. 而 X 的子集 M 的邻域也是个集合, 它是 M 中诸点的邻域. 在 X 中, 某点 x 是某个子集 M 的一个聚点或极限点是指 x 的诸邻域都至少含有一个不同于 x 的点 $m \in M$.

定义 设 M 是拓扑空间 X 的任何子集. 当 G 取遍 X 的开集时, 将形如 $M \bigcap G$ 的子集都叫作 M 的 "开集", 则 M 就成为一个拓扑空间, 其上的诱导拓扑称为 M 作为拓扑空间 X 的子集的相对拓扑.

定义 拓扑空间 X 的某集合 M 是个闭集是指它含有其一切聚点. 容易看出, M 是个闭集当且仅当其补集 $M^C = X - M$ 是个开集. 这里, $A - B$ 表示不属于 B 的点 $x \in A$ 全体. 如果 $M \subseteq X$, 那么 X 中所有包含 M 的闭集的交集称为 M 的闭包且记为 M^a (此上标 "a" 出自意为闭包的德文 abgeschlossene Hülle 的第一个字母).

度 量 空 间

定义 如果 X 和 Y 都是集合, 我们用 $X \times Y$ 表示由诸 $x \in X$ 和诸 $y \in Y$ 为分量的有序对 (x, y) 所组成的集合, 称 $X \times Y$ 为 X 与 Y 的笛卡儿积. 称 X 是个度量空间是指有个定义域为 $X \times X$ 而值域含于实数域 R^1 的函数 d 使得

$$\begin{cases} d(x_1, x_2) \geqslant 0, \text{ 而 } d(x_1, x_2) = 0 \text{ 当且仅当 } x_1 = x_2, \\ d(x_1, x_2) = d(x_2, x_1), \\ d(x_1, x_3) \leqslant d(x_1, x_2) + d(x_2, x_3) \text{ (三角不等式)}. \end{cases}$$

此 d 称为 X 的度量或距离函数. 对于每个正数 r, 我们给度量空间 X 中诸点 x_0 配上集合 $S(x_0, r) = \{x \in X; d(x, x_0) < r\}$ 且称其为以 x_0 为中心、以 r 为半径的开球. 我们称度量空间 X 的子集 M 为 "开集" 当且仅当 M 包含以诸点 $x_0 \in M$ 为中心的某个开球. 于是, 这种 "开集" 全体满足拓扑空间定义中的开集公理.

因此, 度量空间 X 是个拓扑空间. 容易看出, X 中某个点 x_0 是 M 的一个聚点当且仅当诸 $\varepsilon > 0$ 对应 M 中至少一个异于 x_0 的点 m 使得 $d(m, x_0) < \varepsilon$. 常用的 n 维 Euclid 空间 R^n 依 $d(x, y) = \left(\sum\limits_{i=1}^{n} (x_i - y_i)^2 \right)^{1/2}$ 是个度量空间, 此处 $x = (x_1, \cdots, x_n)$ 且 $y = (y_1, \cdots, y_n)$.

连 续 映 射

定义　设 $f: X \to Y$ 是个将拓扑空间 X 映入拓扑空间 Y 的映射. 称 f 在某点 $x_0 \in X$ 连续是指 $f(x_0)$ 的诸邻域 U 都对应 x_0 的某邻域 V 使得 $f(V) \subseteq U$. 称映射 f 是连续的是指它在其定义域 $D(f) = X$ 中诸点都是连续的.

定理　设 X 和 Y 都是拓扑空间, 而 f 是将 X 映入 Y 的一个映射, 则 f 是连续的当且仅当 Y 的开集在 f 下的逆像都是 X 的开集.

证明　如果 f 是连续的且 U 是 Y 的一个开集, 则 $V = f^{-1}(U)$ 是使 $f(x_0) \in U$ 的点 $x_0 \in X$ 的邻域, 亦即 V 是自身中诸点 x_0 的邻域. 因此, V 是 X 的一个开集. 反之, 假定对于 Y 的诸开集 $U \ni f(x_0)$, 集合 $V = f^{-1}(U)$ 都是 X 的开集, 则由定义可知, f 在点 $x_0 \in X$ 是连续的.

紧 　 性

定义　集族 $\{G_\alpha; \alpha \in A\}$ 称为集合 M 的一个覆盖是指 M 作为子集而含于并集 $\bigcup\limits_{\alpha \in A} G_\alpha$. 拓扑空间 X 的一个子集 M 称为紧集是指 X 中覆盖 M 的开集系都包含一个仍然覆盖 M 的有限子系.

由前面的定理可知, 紧集的连续映像仍然是紧集.

命题 1　拓扑空间的紧集必是闭集.

证明　假定某拓扑空间 X 的某紧集 M 有个聚点 x_0 使得 $x_0 \bar{\in} M$. 根据 Hausdorff 分离公理, 对任何点 $m \in M$, 总有 X 的不交开集 G_{m,x_0} 和 $G_{x_0,m}$ 使得 $m \in G_{m,x_0}, x_0 \in G_{x_0,m}$. 于是集合系 $\{G_{m,x_0}; m \in M\}$ 必覆盖 M. 由 M 的紧性, 该集合系含有某个覆盖 M 的有限子系 $\{G_{m_i,x_0}; i = 1, 2, \cdots, n\}$. 因此, $\bigcap\limits_{i=1}^{n} G_{x_0,m_i}$ 不与 M 相交. 但是, 由于 x_0 是 M 的一个聚点, 所以开集 $\bigcap\limits_{i=1}^{n} G_{x_0,m_i} \ni x_0$ 必含有某个不同于 x_0 的点 $m \in M$. 这是个矛盾, 从而 M 必是闭集.

命题 2　拓扑空间 X 的紧集 M 的闭集 M_1 也都是紧集.

证明　设 $\{G_\alpha\}$ 是 X 的覆盖 M_1 的任何开集系. 因为 M_1 是闭集, 所以 $M_1^C = X - M_1$ 是 X 的一个开集. 由于 $M_1 \subseteq M$, 所以开集系 $\{G_\alpha\}$ 添上 M_1^C 后就覆盖了 M, 又因为 M 是紧集, 所以 $\{G_\alpha\}$ 有适当选出的有限子系 $\{G_{\alpha_i}; i = 1, 2, \cdots, n\}$ 添上 M_1^C 后确能覆盖 M. 因此 $\{G_{\alpha_i}; i = 1, 2, \cdots, n\}$ 就覆盖了 M_1.

定义　如果拓扑空间的某子集的闭包是紧集, 则该子集叫作相对紧集. 如果某拓扑空间的每点都有个紧邻域, 则该空间叫作局部紧空间.

定理　任何局部紧空间 X 都可以嵌入到一个只比 X 多一点的紧空间 Y 内, 使得作为 Y 的子集的 X 的相对拓扑刚好就是 X 原来的拓扑. 此 Y 称为 X 的**单点紧化空间**.

证明　设 y 是不同于 X 中诸点的任何元素. 又设 $\{U\}$ 是 X 中所有使得 $U^C = X - U$ 为紧集的开集族. 我们指出, X 本身属于 $\{U\}$. 设 Y 是由点 y 和 X 中诸点组成的集合. 称 Y 的子集为开集是指要么 (i) 它不含 y 而作为 X 的子集是开集, 要么 (ii) 它含有 y 且与 X 的交集是 $\{U\}$ 的一个成员. 易见, 如此得到的 Y 是个拓扑空间且 X 的相对拓扑与其原来的拓扑是一致的.

假定 $\{V\}$ 是个覆盖 Y 的开集族. 于是 $\{V\}$ 必含有某个形如 $U_0 \bigcup \{y\}$ 的成员使得 $U_0 \in \{U\}$. 根据 $\{U\}$ 的定义, U_0^C 作为 X 的子集是紧集. 它还被集合系 $V \bigcap X, V \in \{V\}$ 覆盖. 因此, 此集合系的某有限子系 $V_1 \bigcap X, V_2 \bigcap X, \cdots, V_n \bigcap X$ 覆盖 U_0^C. 从而 $V_1, V_2, \cdots, V_n$ 和 $U_0 \bigcup \{y\}$ 就覆盖了 Y, 这就证明了 Y 是紧的.

Tychonov 定理

定义　假设某指标集 A 中诸元 α 都对应了一个拓扑空间 X_α. 依定义, 笛卡儿积 $\prod\limits_{\alpha \in A} X_\alpha$ 是由如此函数 f 组成的集合: 其定义域为 A 且对于每个 $\alpha \in A$ 都有 $f(\alpha) \in X_\alpha$. 我们记 $f = \prod\limits_{\alpha \in A} f(\alpha)$[①], 并把 $f(\alpha)$ 叫作 f 的第 α 个坐标. 当 A 由整数 $(1, 2, \cdots, n)$ 组成时, $\prod\limits_{k=1}^{n} X_k$ 通常记为 $X_1 \times X_2 \times \cdots \times X_n$. 我们在乘积空间 $\prod\limits_{\alpha \in A} X_\alpha$ 上引入所谓 (弱) 拓扑使形如 $\prod\limits_{\alpha \in A} G_\alpha$ 的集合为 "开集", 此处要求 G_α 是 X_α 的开集且除有限个 α 之外都与 X_α 相等.

Tychonov 定理　一族紧拓扑空间 X_α 的笛卡儿积 $X = \prod\limits_{\alpha \in A} X_\alpha$ 也是紧的.

注　众所周知, 实轴 R^1 上有界闭集相对于距离 $d(x, y) = |x - y|$ 确定的拓扑是紧的 (Bolzano-Weierstrass 定理). 顺便指出, 度量空间的子集 M 是有界集是

---

①校者注: 规范记法应是 $(f(\alpha))_{\alpha \in A}$.

指它能含于该空间的某个球 $S(x_0, r)$. 特别地, Tychonov 定理意味着 n 维 Euclid 空间 R^n 中的平行多面体

$$-\infty < a_i \leqslant x_i \leqslant b_i < \infty \quad (i = 1, 2, \cdots, n)$$

是紧的. 由此我们看出, R^n 是局部紧的.

Tychonov 定理的证明　若某集合系的每个有限子系有非空交集, 则称该集合系满足有限交性质. 通过对于覆盖的诸开集取补集, 易见一个拓扑空间 X 是紧的当且仅当其中满足有限交性质的闭集系 $\{M_\alpha; \alpha \in A\}$ 都使交集 $\bigcap\limits_{\alpha \in A} M_\alpha^a$①
非空.

现在, 设 $X = \prod\limits_{\alpha \in A} X_\alpha$ 的某些子集 S 组成的集合系 $\{S\}$ 满足有限交性质. 又设 X 的某些子集 N 组成的集合系 $\{N\}$ 具有以下性质:

(i) $\{S\}$ 是 $\{N\}$ 的一个子系,

(ii) $\{N\}$ 满足有限交性质,

(iii) $\{N\}$ 是极大的, 其意指它不是任何满足有限交性质且含 $\{S\}$ 的集合系的真子系.

这种极大系 $\{N\}$ 的存在性可以用 Zorn 引理或超限归纳法予以证明.

对于 $\{N\}$ 的任何成员 N, 我们定义集合 $N_\alpha = \{f(\alpha); f \in N\} \subseteq X_\alpha$ 且以 $\{N_\alpha\}$ 表示集合系 $\{N_\alpha; N \in \{N\}\}$. 同 $\{N\}$ 一样, $\{N_\alpha\}$ 也满足有限交性质. 因此据 X_α 的紧性, 至少有一个点 $p_\alpha \in X_\alpha$ 使得 $p_\alpha \in \bigcap\limits_{N \in \{N\}} N_\alpha^a$. 需要证明的是, 点 $p = \prod\limits_{\alpha \in A} p_\alpha$ 属于集合 $\bigcap\limits_{N \in \{N\}} N^a$.

由于 p_{α_0} 属于交集 $\bigcap\limits_{N \in \{N\}} N_{\alpha_0}^a$, 从而 X_{α_0} 的含有 p_{α_0} 的诸开集 G_{α_0} 都要同每个 $N_{\alpha_0} \in \{N_{\alpha_0}\}$ 相交. 因此 X 的开集

$$G^{(\alpha_0)} = \{x; x = \prod\limits_{\alpha \in A} x_\alpha \text{ 且其中 } x_{\alpha_0} \in G_{\alpha_0}\}$$

必同 $\{N\}$ 中诸 N 相交. 根据 $\{N\}$ 的极大性条件 (iii), $G^{(\alpha_0)}$ 必属于 $\{N\}$. 因此, 有限个这种集合 $G^{(\alpha_0)}(\alpha_0 \in A)$ 的交集也必属于 $\{N\}$, 从而它同诸集合 $N \in \{N\}$ 相交. 因为 X 中含有 p 的任何开集依定义是包含这种交集的集合, 所以我们看出, $p = \prod\limits_{\alpha \in A} p_\alpha$ 必属于交集 $\bigcap\limits_{N \in \{N\}} N^a$.

Urysohn 定理

命题　紧空间 X 是**正规的**, 其意义是对于 X 的任何不交闭集 F_1 和 F_2, 总有不交开集 G_1 和 G_2 使得 $F_1 \subseteq G_1, F_2 \subseteq G_2$.

———————
①校者注: M_α^a 中的上标 a 是多余的.

证明　对于 $x \in F_1, y \in F_2$, 总有不交开集 $G(x,y)$ 和 $G(y,x)$ 使得 $x \in G(x,y), y \in G(y,x)$. 注意到 F_2 作为紧空间 X 的一个闭集是紧集, 对于固定的 x, 我们可以用有限个开集 $G(y_1, x), G(y_2, x), \cdots, G(y_{n(x)}, x)$ 来覆盖 F_2. 作开集

$$G_x = \bigcup_{j=1}^{n(x)} G(y_j, x) \quad \text{和} \quad G(x) = \bigcap_{j=1}^{n(x)} G(x, y_j),$$

它们不交且 $F_2 \subseteq G_x, x \in G(x)$. 又注意到 F_1 作为紧空间 X 的一个闭集也是紧集, 我们可以用有限个开集 $G(x_1), G(x_2), \cdots, G(x_k)$ 来覆盖 F_1. 因此

$$G_1 = \bigcup_{j=1}^{k} G(x_j) \quad \text{和} \quad G_2 = \bigcap_{j=1}^{k} G_{x_j}$$

满足命题的条件.

系　紧空间 X 是正则的, 其意义是对于 X 的诸非空开集 G_1' 与其中诸点 x, 总有个非空开集 G_2' 使得 $x \in (G_2')^a \subseteq G_1'$.

证明　令 $F_1 = (G_1')^C$ 而 $F_2 = \{x\}$, 于是我们可以把上述命题中所得开集 G_2 作为 G_2'.

Urysohn 定理　设 A, B 是正规空间 X 中的不交闭集, 则 X 上有个实值连续函数 $f(t)$ 使得 $0 \leqslant f(t) \leqslant 1$, 在 A 上 $f(t) = 0$ 而在 B 上 $f(t) = 1$.

证明　相应于每个有理数 $r = k/2^n (k = 0, 1, \cdots, 2^n)$, 我们都可指定一个开集 $G(r)$ 使得 (i) $A \subseteq G(0), B = G(1)^C$, 而 (ii) 当 $r < r'$ 时总有 $G(r)^a \subseteq G(r')$. 证明可通过对 n 用归纳法. 对于 $n = 0$, 由空间 X 的正规性可知, 有不交开集 G_0 和 G_1 使得 $A \subseteq G_0, B \subseteq G_1$. 我们取 $G_0 = G(0)$ 即可. 假定对于形如 $k/2^{n-1}$ 的数 r 已经构造出了满足条件 (ii) 的诸 $G(r)$. 下面设 k 是个 > 0 的奇数. 这时, 因为 $(k-1)/2^n$ 和 $(k+1)/2^n$ 都是形如 $k'/2^{n-1}$ 的数使 $0 \leqslant k' \leqslant 2^{n-1}$, 所以我们有 $G((k-1)/2^n)^a \subseteq G((k+1)/2^n)$. 因此, 根据空间 X 的正规性, 有个开集 G, 它满足 $G((k-1)/2^n)^a \subseteq G, G^a \subseteq G((k+1)/2^n)$. 如果我们令 $G(k/2^n) = G$, 则归纳法就完成了.

我们把 $f(t)$ 定义为

$$\text{在 } G(0) \text{ 上 } f(t) = 0, \quad \text{而当 } t \in G(0)^C \text{ 时 } f(t) = \sup_{t \bar{\in} G(r)} r.$$

于是由 (i) 可知, 在 A 上 $f(t) = 0$ 而在 B 上 $f(t) = 1$. 我们尚需证明 f 的连续性. 对于任何 $t_0 \in X$ 和正整数 n, 我们取 r 使得 $f(t_0) < r < f(t_0) + 2^{-n-1}$. 令 $G = G(r) \cap G(r - 2^{-n})^{aC}$ (我们约定, 当 $s < 0$ 时, 令 $G(s) = \varnothing$ 而当 $s > 1$ 时令 $G(s) = X$). 此开集 G 必含有 t_0. 这是因为 $f(t_0) < r$ 蕴涵 $t_0 \in G(r)$, 而

$r - 2^{-n-1} < f(t_0)$ 蕴涵 $t_0 \in G(r - 2^{-n-1})^C \subseteq G(r-2)^{aC}$. 由于 $t \in G$ 意味着 $t \in G(r)$, 从而 $f(t) \leqslant r$; 类似地, $t \in G$ 意味着 $t \in G(r - 2^{-n})^{aC} \subseteq G(r-2^{-n})^C$, 从而 $r - 2^{-n} \leqslant f(t)$. 因此, 我们就证明了当 $t \in G$ 时, $|f(t) - f(t_0)| \leqslant 1/2^n$.

Stone-Weierstrass 定理

Weierstrass 多项式逼近定理　设 $f(x)$ 是闭区间 $[0,1]$ 上实值 (或复值) 连续函数, 则有一列多项式 $P_n(x)$, 它在 $n \to \infty$ 时于 $[0,1]$ 上一致收敛于 $f(x)$. 采用 S. Bernstein 的方法, 我们可以取

$$P_n(x) = \sum_{p=0}^{n} {}_nC_p f(p/n) x^p (1-x)^{n-p}. \tag{1}$$

证明　将等式 $(x+y)^n = \sum_{p=0}^{n} {}_nC_p x^p y^{n-p}$ 对 x 求导后乘以 x, 我们就得下式

$$nx(x+y)^{n-1} = \sum_{p=0}^{n} p\, {}_nC_p x^p y^{n-p}.$$

类似地, 将第一式对 x 求导两次后乘以 x^2, 我们就得下式

$$n(n-1)x^2(x+y)^{n-2} = \sum_{p=0}^{n} p(p-1) {}_nC_p x^p y^{n-p}.$$

因此, 如果我们令

$$r_p(x) = {}_nC_p x^p (1-x)^{n-p}, \tag{2}$$

则有

$$\sum_{p=0}^{n} r_p(x) = 1, \quad \sum_{p=0}^{n} p r_p(x) = nx, \quad \sum_{p=0}^{n} p(p-1) r_p(x) = n(n-1)x^2. \tag{3}$$

因此

$$\begin{aligned}
\sum_{p=0}^{n} (p - nx)^2 r_p(x) &= n^2 x^2 \sum_{p=0}^{n} r_p(x) - 2nx \sum_{p=0}^{n} p r_p(x) + \sum_{p=0}^{n} p^2 r_p(x) \\
&= n^2 x^2 - 2nx \cdot nx + (nx + n(n-1)x^2) \\
&= nx(1-x).
\end{aligned} \tag{4}$$

我们可以假定在 $[0,1]$ 上 $|f(x)| \leqslant M < \infty$. 由 $f(x)$ 的一致连续性可知, 对任何 $\varepsilon > 0$, 都有 $\delta > 0$ 使得

$$当 |x - x'| < \delta 时, |f(x) - f(x')| < \varepsilon. \tag{5}$$

由 (3) 我们有

$$\left| f(x) - \sum_{p=0}^{n} f(p/n) r_p(x) \right| = \left| \sum_{p=0}^{n} (f(x) - f(p/n)) r_p(x) \right|$$

$$\leqslant \left| \sum_{|p-nx| \leqslant \delta n} \right| + \left| \sum_{|p-nx| > \delta n} \right|.$$

对右端第一项, 由 $r_p(x) \geqslant 0$ 以及 (3) 和 (5) 可得

$$\left| \sum_{|p-nx| \leqslant \delta n} \right| \leqslant \varepsilon \sum_{p=0}^{n} r_p(x) = \varepsilon.$$

对右端第二项, 由 (4) 和 $|f(x)| \leqslant M$ 可得

$$\left| \sum_{|p-nx| > \delta n} \right| \leqslant 2M \sum_{|p-nx| > \delta n} r_p(x) \leqslant \frac{2M}{n^2 \delta^2} \sum_{p=0}^{n} (p-nx)^2 r_p(x)$$

$$= \frac{2Mx(1-x)}{n\delta^2} \leqslant \frac{M}{2\delta^2 n} \to 0 \quad (\text{当 } n \to \infty \text{ 时}).$$

Stone-Weierstrass 定理 设 X 是紧空间而 $C(X)$ 是 X 上实值连续函数全体. 设 $C(X)$ 的某子集 B 满足三个条件: (i) 如果 $f, g \in B$, 则函数乘积 fg 以及关于实系数 α, β 的线性组合 $\alpha f + \beta g$ 都属于 B, (ii) 常数函数 1 属于 B, 以及 (iii) B 中任何函数序列 $\{f_n\}$ 的一致极限 f_∞ 也属于 B. 这时, $B = C(X)$ 当且仅当 B **分离 X 的点**, 亦即当且仅当对于 X 中互异点 s_1 和 s_2, 在 B 中总有个函数 x 使得 $x(s_1) \neq x(s_2)$.

证明 必要性是显然的, 因为紧空间是正规的, 从而由 Urysohn 定理可知, 有实值连续函数 x 使得 $x(s_1) \neq x(s_2)$.

为了证明充分性, 我们引入格的记号:

$$(f \vee g)(s) = \max(f(s), g(s)), (f \wedge g)(s) = \min(f(s), g(s)), |f|(s) = |f(s)|.$$

由前面的定理可知, 有个多项式序列 $\{P_n\}$ 使得

$$\text{当 } -n \leqslant t \leqslant n \text{ 时}, \quad ||t| - P_n(t)| < 1/n.$$

于是当 $-n \leqslant f(s) \leqslant n$ 时, $||f(s)| - P_n(f(s))| < 1/n$. 用 (iii), 于是就证明了当 $f \in B$ 时有 $|f| \in B$, 这是因为任何函数 $f \in B \subseteq C(X)$ 在紧空间 X 上都是有界的. 因此, 根据

$$f \vee g = \frac{f+g}{2} + \frac{|f-g|}{2} \quad \text{和} \quad f \wedge g = \frac{f+g}{2} - \frac{|f-g|}{2},$$

我们可以看出, B 在格运算 $\vee$ 和 $\wedge$ 之下是封闭的.

设 $h \in C(X)$ 而 $s_1, s_2 \in X$ 是任意给定的, 且 $s_1 \neq s_2$. 于是我们能够找到某个 $f_{s_1 s_2} \in B$ 使得 $f_{s_1 s_2}(s_1) = h(s_1)$ 而 $f_{s_1 s_2}(s_2) = h(s_2)$. 为了看出这一事实, 取 $g \in B$ 使 $g(s_1) \neq g(s_2)$, 再选取实数 α 和 β 使得 $f_{s_1 s_2} = \alpha g + \beta$ 满足条件: $f_{s_1 s_2}(s_1) = h(s_1)$ 和 $f_{s_1 s_2}(s_2) = h(s_2)$.

给定 $\varepsilon > 0$ 以及一个点 $t \in X$. 于是对每个 $s \in X$, 总有 s 的某个邻域 $U(s)$ 使得当 $u \in U(s)$ 时有 $f_{st}(u) > h(u) - \varepsilon$. 设 $U(s_1), U(s_2), \cdots, U(s_n)$ 覆盖紧空间 X 且令

$$f_t = f_{s_1 t} \vee \cdots \vee f_{s_n t}.$$

于是 $f_t \in B$ 且诸 $u \in X$ 满足 $f_t(u) > h(u) - \varepsilon$. 由于 $f_{s_j t}(t) = h(t)$, 所以我们有 $f_t(t) = h(t)$. 因此, 有 t 的一个邻域 $V(t)$ 使得当 $u \in V(t)$ 时有 $f_t(u) < h(u) + \varepsilon$. 设 $V(t_1), V(t_2), \cdots, V(t_k)$ 覆盖紧空间 X 且令

$$f = f_{t_1} \wedge \cdots \wedge f_{t_k}.$$

于是 $f \in B$ 且诸 $u \in X$ 满足 $f(u) > h(u) - \varepsilon$, 这是因为诸 $u \in X$ 满足 $f_{t_j}(u) > h(u) - \varepsilon$. 此外, 对任何点 $u \in X$, 比如说 $u \in V(t_i)$, 均有 $f(u) \leqslant f_{t_i}(u) < h(u) + \varepsilon$.

所以我们就证明了在 X 上, $|f(u) - h(u)| < \varepsilon$.

我们也就顺带地证明了以下两个系.

系 1 (Kakutani-Krein)　设 X 是个紧空间而 $C(X)$ 是 X 上的实值连续函数的全体. 设 $C(X)$ 的某子集 B 满足条件: (i) 如果 $f, g \in B$, 则 $f \vee g, f \wedge g$ 以及关于实系数 α, β 的线性组合 $\alpha f + \beta g$ 均属于 B, (ii) 常数函数 1 属于 B 以及 (iii) B 的任何函数序列 $\{f_n\}$ 的一致极限 f_∞ 也属于 B. 这时, $B = C(X)$ 当且仅当 B 分离 X 的点.

系 2　设 X 是个紧空间而 $C(X)$ 是 X 上的复值连续函数的全体. 设 $C(X)$ 的某子集 B 满足条件: (i) 如果 $f, g \in B$, 则函数乘积 fg 以及关于复系数 α, β 的线性组合 $\alpha f + \beta g$ 均属于 B, (ii) 常数函数 1 属于 B 以及 (iii) B 的任何函数序列 $\{f_n\}$ 的一致极限 f_∞ 也属于 B. 这时, $B = C(X)$ 当且仅当 B 满足条件: (iv) B 分离 X 的点, (v) 如果 $f(s) \in B$, 则它的共轭复函数 $\overline{f}(s)$ 也属于 B.

Weierstrass 三角逼近定理　设 X 是 R^2 内单位圆的圆周. 它在通常的拓扑下是个紧空间, 而定义在 X 上的复值连续函数可以表示为以 2π 为周期的连续函数 $f(x)$, $-\infty < x < \infty$. 在上面的系 2 中, 如果我们把 B 取为一切可以用三角函数

$$e^{inx} \quad (n = 0, \pm 1, \pm 2, \cdots)$$

的复线性组合表示的函数以及一切可以用这种线性组合的一致极限得到的函数所组成的集合, 那么我们就得到了 Weierstrass 三角逼近定理: 任何以 2π 为周

期的复值连续函数 $f(x)$ 都可以用形如 $\sum\limits_n c_n e^{inx}$ 的一个三角多项式序列一致地逼近.

完 备 性

度量空间 X 中的某元素序列 $\{x_n\}$ 收敛于某极限点[①] $x \in X$ 当且仅当 $\lim\limits_{n\to\infty} d(x_n, x) = 0$. 从三角不等式 $d(x_n, x_m) \leqslant d(x_n, x) + d(x, x_m)$, 我们看出, X 中收敛序列 $\{x_n\}$ 满足 Cauchy 收敛条件:

$$\lim_{n,m\to\infty} d(x_n, x_m) = 0. \tag{6}$$

定义 度量空间 X 中任何满足上述条件 (6) 的序列 $\{x_n\}$ 都叫作 Cauchy 序列. 如果度量空间 X 中每个 Cauchy 序列都收敛于 X 中某个极限点[②], 则 X 叫作完备空间.

由三角不等式[③]容易看出, $\{x_n\}$ 的极限点[④]如果存在, 则必是唯一确定的.

定义 设 M 是拓扑空间 X 的一个子集. 如果闭包 M^a 不含有 X 的非空开集, 则称 M 在 X 内是疏朗的. 如果 $M^a = X$, 则称 M 在 X 内是稠密的. 如果 M 可以表示为 X 中可数个疏朗集的并集, 则称 M 是第一纲的集合. 否则, 称 M 是第二纲的集合.

Baire 纲论

Baire-Hausdorff 定理 一个非空的完备度量空间是第二纲的.

证明 设 $\{M_n\}$ 是某些闭集所组成的一个序列, 它的并集是个完备度量空间 X. 假若没有 M_n 含有非空开集, 我们将会导出矛盾. 这时, M_1^C 是开集且 $M_1^{Ca} = X$, 因此 M_1^C 含有某个闭球 $S_1 = \{x; d(x_1, x) \leqslant r_1\}$, 它的球心 x_1 可以取得任意靠近 X 的任何一点. 我们可以假定 $0 < r_1 < 1/2$. 由同样的讨论可知, 开集 M_2^C 含有这样的闭球 $S_2 = \{x; d(x_2, x) \leqslant r_2\}$, 它含于 S_1 内且 $0 < r_2 < 1/2^2$. 重复同样的推理, 我们就得到一列球 $S_n = \{x; d(x_n, x) \leqslant r_n\}$ 使得

$$0 < r_n < 1/2^n, \quad S_{n+1} \subseteq S_n, \quad S_n \bigcap M_n = \varnothing \quad (n = 1, 2, \cdots).$$

球心序列 $\{x_n\}$ 形成一个 Cauchy 序列, 这是因为对任何 $n < m$ 都有 $x_m \in S_n$, 从而 $d(x_n, x_m) \leqslant r_n < 1/2^n$. 设 $x_\infty \in X$ 是序列 $\{x_n\}$ 的极限点[⑤], X 的完备性保证了此极限点[⑥] x_∞ 的存在性. 由于当 $m \to \infty$ 时, $d(x_n, x_\infty) \leqslant d(x_n, x_m) +$

---

①校者注: 此处应是极限, 而非极限点; 后者指子列的极限.
②校者注: 此处应是极限.
③校者注: 结合定义度量的第一条性质.
④校者注: 此处应是极限.
⑤校者注: 此处应是极限.
⑥校者注: 此处应是极限.

$d(x_m, x_\infty) \leqslant r_n + d(x_m, x_\infty) \to r_n$, 于是我们看出, 对每个 n 均有 $x_\infty \in S_n$. 因此, x_∞ 不在任何集合 M_n 之内, 从而 x_∞ 不在并集 $\bigcup\limits_{n=1}^{\infty} M_n = X$ 之内, 这同 $x_\infty \in X$ 矛盾.

Baire 定理 1 设 M 是紧拓扑空间 X 中的一个第一纲集, 则补集 $M^C = X - M$ 在 X 中是稠密的.

证明 我们要证明任何非空开集 G 都要同 M^C 相交. 设 $M = \bigcup\limits_{n=1}^{\infty} M_n$, 其中每个 M_n 都是疏朗闭集. 因为 $M_1 = M_1^a$ 是疏朗集, 所以开集 M_1^C 必与 G 相交. 因为 X 是紧空间, 从而是正则空间, 因此有非空开集 G_1 使得 $G_1^a \subseteq G \bigcap M_1^C$. 类似地, 我们可以选取某个非空开集 G_2 使得 $G_2^a \subseteq G_1 \bigcap M_2^C$. 重复这一过程, 我们就得到了一个非空开集序列 $\{G_n\}$ 使得

$$G_{n+1}^a \subseteq G_n \bigcap M_{n+1}^C \quad (n = 1, 2, \cdots).$$

由于闭集序列 $\{G_n^a\}$ 对 n 是单调的, 所以它具有有限交性质. 因为 X 是紧的, 所以有 $x \in X$ 使得 $x \in \bigcap\limits_{n=1}^{\infty} G_n^a$. 由于 $x \in G_1^a$ 意味着 $x \in G$, 再由于 $x \in G_{n+1}^a \subseteq G_n \bigcap M_{n+1}^C (n = 0, 1, 2, \cdots; G_0 = G)$, 我们可以得到 $x \in \bigcap\limits_{n=1}^{\infty} M_n^C = M^C$. 因此我们就证明了 $G \bigcap M^C$ 是非空的.

Baire 定理 2 设 $\{x_n(t)\}$ 是定义在拓扑空间 X 上实值连续函数的一个序列. 假定在 X 的每个点 t 都存在有限极限:

$$\lim_{n\to\infty} x_n(t) = x(t),$$

则函数 x 的不连续点全体是个第一纲集.

证明 对于 X 的任何集合 M, 我们用 M^i 表示所有含于 M 的开集的并集; M^i 就叫作 M 的内部.

对于 $\varepsilon > 0$, 令 $P_m(\varepsilon) = \{t \in X; |x(t) - x_m(t)| \leqslant \varepsilon\}$ 且 $G(\varepsilon) = \bigcup\limits_{m=1}^{\infty} P_m^i(\varepsilon)$. 于是我们可以证明 $C = \bigcap\limits_{n=1}^{\infty} G(1/n)$ 等于 $x(t)$ 的连续点全体. 假定 $x(t)$ 在 $t = t_0$ 处是连续的, 我们将要证明 $t_0 \in \bigcap\limits_{n=1}^{\infty} G(1/n)$. 因为 $\lim\limits_{n\to\infty} x_n(t) = x(t)$, 所以有 m 使得 $|x(t_0) - x_m(t_0)| \leqslant \varepsilon/3$. 由 $x(t)$ 和 $x_m(t)$ 在 $t = t_0$ 点的连续性可知, 有开集 $U_{t_0} \ni t_0$ 使得, 当 $t \in U_{t_0}$ 时, $|x(t) - x(t_0)| \leqslant \varepsilon/3, |x_m(t) - x_m(t_0)| \leqslant \varepsilon/3$. 于是由 $t \in U_{t_0}$ 可得

$$|x(t) - x_m(t)| \leqslant |x(t) - x(t_0)| + |x(t_0) - x_m(t_0)| + |x_m(t_0) - x_m(t)| \leqslant \varepsilon,$$

这表明 $t_0 \in P_m^i(\varepsilon)$, 从而 $t_0 \in G(\varepsilon)$. 因 $\varepsilon > 0$ 是任意的, 必定有 $t_0 \in \bigcap\limits_{n=1}^{\infty} G(1/n)$.

反之, 设 $t_0 \in \bigcap\limits_{n=1}^{\infty} G(1/n)$. 于是对任何 $\varepsilon > 0$, 有 $t_0 \in G(\varepsilon/3)$, 从而有 m 使得 $t_0 \in P_m^i(\varepsilon/3)$. 因此有开集 $U_{t_0} \ni t_0$ 使得, 当 $t \in U_{t_0}$ 时, $|x(t) - x_m(t)| \leqslant \varepsilon/3$. 于是由 $x_m(t)$ 的连续性和 $\varepsilon > 0$ 的任意性可知, $x(t)$ 必在 $t = t_0$ 点连续.

在做了这些准备工作之后, 我们令

$$F_m(\varepsilon) = \{t \in X; |x_m(t) - x_{m+k}(t)| \leqslant \varepsilon \ \ (k = 1, 2, \cdots)\}.$$

据诸 $x_n(t)$ 的连续性, 它是个闭集. 由于 $\lim\limits_{n\to\infty} x_n(t) = x(t)$, 所以有 $X = \bigcup\limits_{m=1}^{\infty} F_m(\varepsilon)$. 由 $\lim\limits_{n\to\infty} x_n(t) = x(t)$ 还可得出 $F_m(\varepsilon) \subseteq P_m(\varepsilon)$. 因此, $F_m^i(\varepsilon) \subseteq P_m^i(\varepsilon)$, 从而 $\bigcup\limits_{m=1}^{\infty} F_m^i(\varepsilon) \subseteq G(\varepsilon)$. 另一方面, 对于任何闭集 F, $F - F^i$ 是个疏朗闭集. 于是 $X - \bigcup\limits_{m=1}^{\infty} F_m^i(\varepsilon) \subseteq \bigcup\limits_{m=1}^{\infty} (F_m(\varepsilon) - F_m^i(\varepsilon))$ 是个第一纲集. 因而它的子集 $G(\varepsilon)^C = X - G(\varepsilon)$ 也是第一纲集. 因此函数 $x(t)$ 的一切不连续点所成的集合是第一纲集, 因为它可表示为 $X - \bigcap\limits_{n=1}^{\infty} G(1/n) = \bigcup\limits_{n=1}^{\infty} G(1/n)^C$.

定理 完备度量空间 X 的某子集 M 是相对紧的当且仅当 M 是**完全有界的**, 其意义是对于每个 $\varepsilon > 0$, 都有 M 中有限个点 $m_1, m_2, \cdots, m_n$ 使得 M 中诸点 m 到 $m_1, m_2, \cdots, m_n$ 的距离至少有一个小于 ε. 换言之, M 是完全有界的是指诸 $\varepsilon > 0$ 使 M 可以被有限个球心属于 M 而半径小于 ε 的球所覆盖.

证明 假定 M 不是完全有界的. 于是有正数 ε 以及由 M 的点组成的无限序列 $\{m_n\}$ 使得, 当 $i \neq j$ 时, 有 $d(m_i, m_j) \geqslant \varepsilon$. 这时, 如果我们用半径 $< \varepsilon$ 的开球系覆盖紧集 M^a, 则此开球系没有能覆盖 M^a 的有限子系. 这是因为, 这种子系不可能覆盖无限子集 $\{m_n\} \subseteq M \subseteq M^a$. 因此, X 的相对紧集必定是完全有界的.

反之, 假定 M 作为完备度量空间 X 的一个子集是完全有界的. 于是闭包 M^a 是完备的, 并且它同 M 一样也是完全有界的. 我们需证 M^a 是紧的. 为此目的, 我们先来证明, M^a 中任何无限序列 $\{p_n\}$ 总含有收敛于 M^a 的点的子列 $\{p_{(n)'}\}$. 由 M 的完全有界性可知, 对任何 $\varepsilon > 0$, 总有点 $q_\varepsilon \in M^a$ 以及 $\{p_n\}$ 的某个子列 $\{p_{n'}\}$ 使得, 当 $n = 1, 2, \cdots$ 时, 有 $d(p_{n'}, q_\varepsilon) < \varepsilon/2$; 因此, 当 $n, m = 1, 2, \cdots$ 时, 有 $d(p_{n'}, p_{m'}) \leqslant d(p_{n'}, q_\varepsilon) + d(q_\varepsilon, p_{m'}) < \varepsilon$. 我们令 $\varepsilon = 1$ 并作出该序列 $\{p_{n'}\}$, 然后根据同前面一样的考虑, 对于序列 $\{p_{n'}\}$, 令 $\varepsilon = 1/2$. 于是我们得到 $\{p_{n'}\}$ 的一个子列 $\{p_{n''}\}$ 使得

$$d(p_{n'}, p_{m'}) < 1, \quad d(p_{n''}, p_{m''}) < 1/2 \quad (n, m = 1, 2, \cdots).$$

重复此过程, 我们就得到序列 $\{p_n^{(k)}\}$ 的一个子列 $\{p_n^{(k+1)}\}$ 使得

$$d(p_n^{(k+1)}, p_m^{(k+1)}) < 1/2^k \quad (n, m = 1, 2, \cdots).$$

因此, 由原序列 $\{p_n\}$ 按对角线方法选出的子列 $\{p_{(n)'}\}$:

$$p_{(n)'} = p_n^{(n)}$$

必定满足 $\lim\limits_{n,m\to\infty} d(p_{(n)'}, p_{(m)'}) = 0$. 于是由 M^a 的完备性可知, 必定有点 $p \in M^a$ 使得 $\lim\limits_{n\to\infty} d(p_{(n)'}, p) = 0$.

　　下面我们要证明集合 M^a 是紧的. 我们指出, X 中某些开集 F 组成一个可数族 $\{F\}$ 使得, 当 U 是 X 的任何开集而 $x \in U \bigcap M^a$ 时, 则有集合 $F \in \{F\}$, 对于它, 有 $x \in F \subseteq U$. 这个事实可以证明如下. 因为 M^a 是完全有界的, 所以对任何 $\varepsilon > 0$, M^a 都可以被半径为 ε 而球心属于 M 的有限个开球组成的系所覆盖. 令 $\varepsilon = 1, 1/2, 1/3, \cdots$ 并把相应的那些有限开球系汇总成一个可数族, 于是我们就得到了所需要的开集族 $\{F\}$.

　　现设 $\{U\}$ 是 M^a 的任何开覆盖. 令 $\{F^*\}$ 是族 $\{F\}$ 按下述方式确定的子族: $F \in \{F^*\}$ 当且仅当 $F \in \{F\}$ 且有 $U \in \{U\}$ 使得 $F \subseteq U$. 根据 $\{F\}$ 的性质以及 $\{U\}$ 覆盖了 M^a 这一事实, 我们看出, 该可数开集族 $\{F^*\}$ 覆盖了 M^a. 现在设 $\{U^*\}$ 是从 $\{U\}$ 这样得到的一个子族, 即对于每个 $F \in \{F^*\}$, 我们在 $\{U\}$ 中只选取一个使 $F \subseteq U$ 成立的 U. 于是 $\{U^*\}$ 是个覆盖了 M^a 的可数开集族. 我们需要证明 $\{U^*\}$ 的某个有限子族能覆盖 M^a. 把 $\{U^*\}$ 中的集合赋予脚标后, 记为 $U_1, U_2, \cdots$. 假定对于每个 n, 有限并集 $\bigcup\limits_{j=1}^{n} U_j$ 都不能覆盖 M^a. 于是有点 $x_n \in \left(M^a - \bigcup\limits_{k=1}^{n} U_k\right)$. 由前面已证明过的事实可知, 序列 $\{x_n\}$ 含有子列 $\{x_{(n)'}\}$, 它收敛于 M^a 的某个点, 比如说 x_∞. 因此, 对于某个脚标 N, 有 $x_\infty \in U_N$, 从而对于无穷多个数值 n, 有 $x_n \in U_N$, 特别地, 对于某个 $n > N$, 有 $x_n \in U_N$. 这与选出的 x_n 要遵从 $x_n \in \left(M^a - \bigcup\limits_{k=1}^{n} U_k\right)$ 这一事实相矛盾. 于是我们就证明了 M^a 是紧集.

§3.　测 度 空 间

测　　度

定义　设 S 是个集合而 $\mathfrak{B}$ 是其某些子集全体使得

$$S \in \mathfrak{B}, \tag{1}$$

$$B \in \mathfrak{B} \text{ 蕴涵 } B^C = (S - B) \in \mathfrak{B}, \tag{2}$$

$$B_j \in \mathfrak{B} \ (j = 1, 2, \cdots) \text{ 蕴涵 } \bigcup_{j=1}^{\infty} B_j \in \mathfrak{B} \quad (\sigma - \text{可加性}), \tag{3}$$

则称二元组 $(S, \mathfrak{B})$ 是个 $\sigma-$ 环或 $\sigma-$ 可加族. 而称三元组 $(S, \mathfrak{B}, m)$ 是个测度空间是指 m 是定义在 $\mathfrak{B}$ 上的一个非负且 $\sigma-$ 可加的测度:

$$\text{对于 } B \in \mathfrak{B}, \ m(B) \geqslant 0, \tag{4}$$

由 $\mathfrak{B}$ 中相互不交成员组成的序列 $\{B_j\}$ 都满足

$$m\left(\sum_{j=1}^{\infty} B_j\right) = \sum_{j=1}^{\infty} m(B_j) \quad (m \text{ 的可数可加性或 } m \text{ 的 } \sigma - \text{可加性}), \tag{5}$$

S 可以表示为可数个集合 $B_j \in \mathfrak{B}$ 的并集使得

$$m(B_j) < \infty \quad (j = 1, 2, \cdots) \qquad (\text{测度空间 } (S, \mathfrak{B}, m) \text{ 的 } \sigma - \text{有限性}). \tag{6}$$

此数值 $m(B)$ 叫作集合 B 的 $m-$ 测度.

可 测 函 数

定义 设定义在 S 上的一个实 (或复) 值函数 $x(s)$ 满足下述条件:

$$\begin{aligned} &\text{对于实轴 } R^1 \text{ (或复平面 } C^1 \text{) 上任何开集 } G, \\ &\text{集合 } \{s; x(s) \in G\} \text{ 都属于 } \mathfrak{B}, \end{aligned} \tag{7}$$

则称 $x(s)$ 是 $\mathfrak{B}-$ 可测的, 或简称为可测的. 这里, 允许 $x(s)$ 取值 ∞[①].

定义 与 S 的点 s 有关的某性质 P 叫作 $m-$ 几乎处处成立或简称为 $m-$a.e. 或殆成立, 是指使 P 不成立的点 s 组成 $\mathfrak{B}$ 中一个 $m-$ 测度为 0 的集.

在 S 上 $m-$a.e. 定义且满足条件 (7) 的实 (或复) 值函数 $x(s)$ 就叫作 S 上的殆定 $\mathfrak{B}-$ 可测函数或简称为 $\mathfrak{B}-$ 可测函数.

Egorov 定理 设 B 是个 $\mathfrak{B}-$ 可测集且 $m(B) < \infty$. 又如果在 B 上 $m-$a.e. 有限的 $\mathfrak{B}-$ 可测函数组成的序列 $\{f_n(s)\}$ 在 B 上 $m-$a.e. 收敛于某个有限的 $\mathfrak{B}-$ 可测函数 $f(s)$, 那么对于每个 $\varepsilon > 0$ 都有 B 的一个子集 E 使得 $m(B - E) \leqslant \varepsilon$ 且在 E 上 $f_n(s)$ 一致收敛于 $f(s)$.

证明 若有必要, 就从 B 中移去一个 $m-$ 测度为 0 的集合, 于是我们总可以假定在 B 上函数 $f_n(s)$ 都是处处有限的且它们在 B 上处处收敛于 $f(s)$.

[①]校者注: 在 x 是广义实值情形 (可取值 $+\infty$ 或取值 $-\infty$), 应要求 G 是广义实轴中的开集; 在 x 是广义复值情形 (可取值 ∞) 应要求 G 是广义复平面的开集.

集合 $B_n = \bigcap\limits_{i=n+1}^{\infty} \{s \in B; |f(s) - f_i(s)| < \varepsilon\}$ 是 $\mathfrak{B}-$ 可测的且当 $n < k$ 时, $B_n \subseteq B_k$. 因为在 B 上 $\lim\limits_{n \to \infty} f_n(s) = f(s)$, 所以我们有 $B = \bigcup\limits_{n=1}^{\infty} B_n$. 因此, 根据测度 m 的 $\sigma-$ 可加性, 我们有

$$
\begin{aligned}
m(B) &= m\{B_1 + (B_2 - B_1) + (B_3 - B_2) + \cdots\} \\
&= m(B_1) + m(B_2 - B_1) + m(B_3 - B_2) + \cdots \\
&= m(B_1) + (m(B_2) - m(B_1)) + (m(B_3) - m(B_2)) + \cdots \\
&= \lim\limits_{n \to \infty} m(B_n).
\end{aligned}
$$

于是 $\lim\limits_{n \to \infty} m(B - B_n) = 0$, 所以, 对于任何给定的正数 η, 从某个充分大的 k_0 起, 就有 $m(B - B_k) < \eta$.

因此, 对任何正整数 k, 总有满足 $m(C_k) \leqslant \varepsilon/2^k$ 的集合 $C_k \subseteq B$ 以及某个指标 N_k 使得

当 $n > N_k$ 和 $s \in B - C_k$ 时, $|f(s) - f_n(s)| < 1/2^k$.

如果我们令 $E = B - \bigcup\limits_{k=1}^{\infty} C_k$, 那么就可以断定

$$
m(B - E) \leqslant \sum\limits_{k=1}^{\infty} m(C_k) \leqslant \sum\limits_{k=1}^{\infty} \varepsilon/2^k = \varepsilon
$$

以及序列 $\{f_n(s)\}$ 在 E 上是一致收敛的.

积　分

定义　设 $x(s)$ 是定义在 S 上的实 (或复) 值函数. 如果 $x(s)$ 在有限个, 比如说 n 个, 不交 $\mathfrak{B}-$ 可测集 B_j 的每个上都等于非零的有限常数而在 $S - \bigcup\limits_{j=1}^{n} B_j$ 上等于 0, 则称函数 $x(s)$ 是有限值的. 我们把 $x(s)$ 在 B_j 上的值记为 x_j. 如果 $\sum\limits_{j=1}^{n} |x_j| m(B_j) < \infty$, 则称 $x(s)$ 在 S 上是 $m-$ 可积的或简称为可积的, 并把数值 $\sum\limits_{j=1}^{n} x_j m(B_j)$ 定义为 $x(s)$ 在 S 上关于测度 m 的积分; 此积分记为 $\int\limits_{S} x(s) m(ds)$. 在预料到不会发生混淆的情形, 还可以把它简记为 $\int x(s)$ 或更简略地记为 $\int x(s)$. 一个 $m - $a.e. 定义在 S 上的实 (或复) 值函数 $x(s)$ 叫作在 S 上 $m-$ 可积的或简称为可积的是指存在有限值可积函数列 $\{x_n(s)\}$, 它 $m - $a.e. 收敛于 $x(s)$ 且满足

$$
\lim\limits_{n,k \to \infty} \int\limits_{S} |x_n(s) - x_k(s)| m(ds) = 0.
$$

而上式表明 $\lim\limits_{n\to\infty}\int\limits_{S} x_n(s)m(ds)$ 存在且有限, 进而此极限值与近似序列 $\{x_n(s)\}$ 的取法无关. 我们把 $\lim\limits_{n\to\infty}\int\limits_{S} x_n(s)m(ds)$ 定义为 $x(s)$ 在 S 上关于测度 m 的积分 $\int\limits_{S} x(s)m(ds)$ 的值. 有时, 我们也把符号 $\int\limits_{S} x(s)m(ds)$ 缩写成 $\int x(s)m(ds)$ 或 $\int x(s)$.

积分的性质

i) 若 $x(s)$ 和 $y(s)$ 都是可积的, 则线性组合 $\alpha x(s) + \beta y(s)$ 也是可积的且

$$\int\limits_{S}(\alpha x(s) + \beta y(s))m(ds) = \alpha \int\limits_{S} x(s)m(ds) + \beta \int\limits_{S} y(s)m(ds).$$

ii) $x(s)$ 是可积的当且仅当 $|x(s)|$ 是可积的.

iii) 若 $x(s)$ 是可积的且 a.e. 有 $x(s) \geqslant 0$, 则 $\int\limits_{S} x(s)m(ds) \geqslant 0$, 此等号成立当且仅当 a.e. 有 $x(s) = 0$.

iv) 若 $x(s)$ 是可积的, 则函数 $X(B) = \int\limits_{B} x(s)m(ds)$ 是 $\sigma-$ 可加的, 亦即由 $\mathfrak{B}$ 中互相不交成员构成的序列 $\{B_j\}$ 都满足 $X\left(\sum\limits_{j=1}^{\infty} B_j\right) = \sum\limits_{j=1}^{\infty} X(B_j)$. 这里, $\int\limits_{B} x(s)m(ds) = \int\limits_{S} C_B(s)x(s)m(ds)$, 而 $C_B(s)$ 是集合 B 的特征函数, 亦即

当 $s \in B$ 时, $C_B(s) = 1$, 而当 $s \in S - B$ 时, $C_B(s) = 0$.

v) 在 iv) 中的 $X(B)$ 关于 m 是绝对连续的, 其意义是由 $m(B) = 0$ 可得 $X(B) = 0$. 这个条件等价于 $\lim\limits_{m(B)\to 0} X(B) = 0$ 对于 $B \in \mathfrak{B}$ 是一致成立的.

Lebesgue-Fatou 引理 设 $\{x_n(s)\}$ 是个实值可积函数序列. 如果有个实值可积函数 $x(s)$ 使得对于 $n = 1, 2, \cdots$, 有 $x(s) \geqslant x_n(s)$ a.e. (或对于 $n = 1, 2, \cdots$, 有 $x(s) \leqslant x_n(s)$ a.e.), 则

$$\int\limits_{S}\left(\varlimsup_{n\to\infty} x_n(s)\right)m(ds) \geqslant \varlimsup_{n\to\infty} \int\limits_{S} x_n(s)m(ds)$$

$$\left(\text{或} \int\limits_{S}\left(\varliminf_{n\to\infty} x_n(s)\right)m(ds) \leqslant \varliminf_{n\to\infty} \int\limits_{S} x_n(s)m(ds)\right),$$

此处当 $\varlimsup\limits_{n\to\infty} x_n(s)$ (或 $\varliminf\limits_{n\to\infty} x_n(s)$) 不可积时, 约定 $\varlimsup\limits_{n\to\infty} \int\limits_{S} x_n(s)m(ds) = -\infty$ (或 $\varliminf\limits_{n\to\infty} \int\limits_{S} x_n(s)m(ds) = \infty$).

定义 设 $(S, \mathfrak{B}, m)$ 和 $(S', \mathfrak{B}', m')$ 是两个测度空间. 我们用 $\mathfrak{B} \times \mathfrak{B}'$ 表示 $S \times S'$ 的子集的最小 $\sigma-$ 环, 它包含形如 $B \times B'$ 的诸集合, 其中 $B \in \mathfrak{B}, B' \in \mathfrak{B}'$. 可以证明, 在 $\mathfrak{B} \times \mathfrak{B}'$ 上有唯一确定的 $\sigma-$ 有限且 $\sigma-$ 可加的非负测度 $m \times m'$ 使得

$$(m \times m')(B \times B') = m(B)m'(B').$$

$m \times m'$ 叫作 m 和 m' 的乘积测度. 我们可以定义 $S \times S'$ 上的 $\mathfrak{B} \times \mathfrak{B}'-$ 可测函数 $x(s, s')$ 以及 $m \times m'-$ 可积函数 $x(s, s')$. 将 $S \times S'$ 上 $m \times m'-$ 可积函数 $x(s, s')$ 的积分值记为

$$\iint\limits_{S \times S'} x(s, s')(m \times m')(dsds') \text{ 或 } \iint\limits_{S \times S'} x(s, s')m(ds)m'(ds').$$

Fubini-Tonelli 定理　一个 $\mathfrak{B} \times \mathfrak{B}'-$ 可测函数 $x(s, s')$ 在 $S \times S'$ 上是 $m \times m'-$ 可积的当且仅当两个累次积分

$$\int\limits_{S'} \left\{ \int\limits_S |x(s, s')|m(ds) \right\} m'(ds') \text{ 和 } \int\limits_S \left\{ \int\limits_{S'} |x(s, s')|m'(ds') \right\} m(ds)$$

中至少有一个是有限的; 并且对于这种情形, 我们有

$$\iint\limits_{S \times S'} x(s, s')m(ds)m'(ds') = \int\limits_{S'} \left\{ \int\limits_S x(s, s')m(ds) \right\} m'(ds')$$
$$= \int\limits_S \left\{ \int\limits_{S'} x(s, s')m'(ds') \right\} m(ds).$$

拓 扑 测 度

定义　设 S 是局部紧空间, 如 n 维 Euclid 空间 R^n 或其一个闭集. S 的 Baire 子集是 S 上这样一个最小 $\sigma-$ 环的成员, 该 $\sigma-$ 环含有每个紧 $G_\delta-$ 集, 亦即 S 的这样的紧集, 它是 S 的可数个开集的交集. S 的 Borel 子集是 S 上这样一个最小 $\sigma-$ 环的成员, 该 $\sigma-$ 环含有 S 的每个紧集.

如果 S 是 Euclid 空间 R^n 的一个闭集, 则 S 的 Baire 子集和 Borel 子集是一致的, 这是因为在 R^n 中每个紧 (有界闭) 集都是个 $G_\delta-$ 集. 特别地, 如果 S 是实轴 R^1 或其一个闭区间, 则 S 的 Baire (=Borel) 子集还可以定义为 S 上这样一个最小 $\sigma-$ 环的成员, 该 $\sigma-$ 环含有所有半开区间 $(a, b]$.

定义　设 S 是局部紧空间. 这时, S 上一个非负 Baire (Borel) 测度是个定义在 S 的每个 Baire (Borel) 子集上的 $\sigma-$ 可加测度, 使得每个紧集的测度都是有限的. 称 Borel 测度 m 是正则的是指每个 Borel 集 B 都满足

$$m(B) = \inf_{U \supseteq B} m(U),$$

这里, 下确界要遍取包含 B 的一切为 Borel 集的开集 U. 我们也可以用类似方法来定义 Baire 测度的正则性, 结果发现 Baire 测度总是正则的. 还可以证明每个 Baire 测度都可以唯一确定地扩张为一个正则 Borel 测度. 因此, 我们今后只讨论 Baire 测度.

定义 设 $f(s)$ 是定义在局部紧空间 S 上的一个复值函数. 如果复平面 C^1 内每个 Baire 集 B 的逆像 $f^{-1}(B)$ 都是 S 的一个 Baire 集, 那么 $f(s)$ 叫作 S 上的一个 Baire 函数. 如果 S 是可数个紧集的并集, 那么每个连续函数都是 Baire 函数. Baire 函数关于 S 的所有 Baire 集的 $\sigma-$ 环总是可测的.

Lebesgue 测度

定义 假定 S 是实轴 R^1 或其一个闭区间. 设 $F(x)$ 是 S 上一个单调非减函数且是右连续的: $F(x) = \inf\limits_{x<y} F(y)$. 我们用 $m((a,b]) = F(b) - F(a)$ 来定义在半闭区间 $(a,b]$ 全体上的一个函数 m[①]. 此 m 可以唯一确定地扩张为 S 上一个非负 Baire 测度, 该扩张后的测度是有限的即 $m(S) < \infty$ 当且仅当 F 是有界的. 如果 m 是由函数 $F(s) = s$ 导出的 Baire 测度, 那么 m 叫作 Lebesgue 测度. R^n 中的 Lebesgue 测度可以用 n 个一维 Lebesgue 测度通过构造乘积测度的办法得出来.

关于 Lebesgue 测度和相应的 Lebesgue 积分, 我们有以下两个重要定理:

定理 1 设 M 是 R^n 中的一个 Baire 集且其 Lebesgue 测度 $|M|$ 是有限的. 以 $B \ominus C$ 表示集合 B 和 C 的**对称差**: $B \ominus C = B \bigcup C - B \bigcap C$, 则我们有

$$\lim\limits_{|h|\to 0} |(M+h) \ominus M| = 0, \text{ 其中 } M+h = \{x \in R^n; x = m+h, m \in M\},$$

这里对于 $m = (m_1, \cdots, m_n), h = (h_1, \cdots, h_n)$, 有 $m+h = (m_1+h_1, \cdots, m_n+h_n)$ 且 $|h| = \left(\sum\limits_{j=1}^{n} h_j^2\right)^{1/2}$.

定理 2 设 G 是 R^n 的一个开集. 对于 G 上任何 Lebesgue 可积函数 $f(x)$ 以及任何 $\varepsilon > 0$, 总有在 G 内连续的函数 $C_\varepsilon(x)$ 使得 $\{x \in G; C_\varepsilon(x) \neq 0\}^a$ 是 G 的一个紧集, 并且有

$$\int\limits_G |f(x) - C_\varepsilon(x)| dx < \varepsilon.$$

注 设 m 是局部紧空间 S 上的一个 Baire 测度. S 的某子集 Z 叫作 $m-$ 测度为 0 的集合, 如果对于每个 $\varepsilon > 0$ 都有包含 Z 的 Baire 集 B 使 $m(B) < \varepsilon$. 我们可以把 m 扩张到 $m-$ 可测集的族上去, 而一个 $m-$ 可测集只与某个 Baire 集相差一个 $m-$ 测度为 0 的集合. 只在一个 $m-$ 测度为 0 的集合上不成立的任何性质都叫作 $m-$ 几乎处处 $(m-\text{a.e.})$ 成立的性质. 我们也可以把可积性推广到与一个 Baire 函数 $m-$ a.e. 相等的函数上去.

[①]校者注: 若 S 包含左端点如 a_0, 不应要求 F 在 a_0 右连续, 并且需要定义 $m(\{a_0\}) = F(a_0+) - F(a_0)$.

§4. 线 性 空 间

线 性 空 间

定义　一个集合 X 叫作域 K 上的一个线性空间是指下列条件成立:

$$X \text{ 是 Abel 群 (其代数运算记为加法)}, \tag{1}$$

$$\left.\begin{array}{l}\text{定义了一个数乘运算: 诸元素 } x \in X \text{ 与诸元素} \\ \alpha \in K, \text{ 总对应着 } X \text{ 的一个确定的元素, 记为} \\ \alpha x, \text{ 使得有} \\ \alpha(x+y) = \alpha x + \alpha y \qquad (\alpha \in K; x, y \in X), \\ (\alpha+\beta)x = \alpha x + \beta x \qquad (\alpha, \beta \in K; x \in X), \\ (\alpha\beta)x = \alpha(\beta x) \qquad (\alpha, \beta \in K; x \in X), \\ 1x = x \qquad\qquad\quad (1 \text{ 是域 } K \text{ 的幺元}). \end{array}\right\} \tag{2}$$

今后, 我们只考虑实数域 R^1 或复数域 C^1 上的线性空间. 我们根据系数域 K 是实数域 R^1 或复数域 C^1 而把相应的线性空间叫作实的或复的. 因此, 在后面各处我们讲到的线性空间都是指实的或复的线性空间. 我们用希腊字母表示系数域的元素而用拉丁字母表示 X 的元素. 以同一个 0 来表示 X 的零元 (= 关于加法 Abel 群 X 的幺元) 与数零, 这样做并不会引起麻烦, 例如

$$0x = (\alpha - \alpha)x = \alpha x - \alpha x = 0.$$

加法 Abel 群 X 中元素 x 的逆元记为 $-x$, 容易看出 $-x = (-1)x$.

定义　线性空间 X 的元素称为 $(X$ 的) 向量. 其中向量 $x_1, x_2, \cdots, x_n$ 叫作线性无关的是指由方程 $\sum\limits_{j=1}^{n} \alpha_j x_j = 0$ 可得出 $\alpha_1 = \alpha_2 = \cdots = 0$. 它们叫作线性相关的是指该方程在至少有一个系数不为 0 时成立. 如果 X 含有 n 个线性无关的向量, 然而每 $n+1$ 个向量都是线性相关的, 则称 X 是 n 维的. 如果某个线性无关向量组的向量个数不是有限的, 则称 X 是无限维的. 在一个 n 维线性空间中, 任何 n 个线性无关的向量组成的集合是 X 的一个基, 而 X 的每个向量 x 都可以由基 $y_1, y_2, \cdots, y_n$ 唯一地表示为 $x = \sum\limits_{j=1}^{n} \alpha_j y_j$. 设 M 为线性空间 X 的一个子集, 如果对任何 $x, y \in M$, 其线性组合 $\alpha x + \beta y$ 都属于 M, 那么 M 叫作线性子空间或简称为子空间. 因此, M 是个与 X 有相同系数域的线性空间.

线性算子与线性泛函

定义　设 X, Y 是同一个系数域 K 上的线性空间. 定义在 X 的线性子空间

D 而取值于 Y 的映射 $T: x \to y = T(x) = Tx$ 叫作线性的是指

$$T(\alpha x_1 + \beta x_2) = \alpha(Tx_1) + \beta(Tx_2).$$

特别地, 此定义能导出

$$T0 = 0, \quad T(-x) = -(Tx).$$

我们记

$$D = D(T), \{y \in Y; y = Tx, x \in D(T)\} = R(T),$$
$$\{x \in D(T); Tx = 0\} = N(T)$$

并分别把它们叫作 T 的定义域、值域和零空间. T 叫作从 $D(T) \subseteq X$ 到 Y 的线性算子或线性变换, 或者稍微笼统一点, 就叫作从 X 到 Y 的线性算子. 如果值域 $R(T)$ 含于数域 K 内, 则称 T 为 $D(T)$ 上的线性泛函. 如果某个线性算子 T 给出了一个由 $D(T)$ 到 $R(T)$ 上的一一对应的映射, 则逆映射 T^{-1} 给出了一个由 $R(T)$ 到 $D(T)$ 上的线性算子:

当 $x \in D(T)$ 时, $T^{-1}Tx = x$; 而当 $y \in R(T)$ 时, $TT^{-1}y = y$.

称 T^{-1} 为 T 的逆算子或简称 T 之逆. 因 $T(x_1 - x_2) = Tx_1 - Tx_2$, 我们有以下

命题 线性算子 T 有逆算子 T^{-1} 当且仅当由 $Tx = 0$ 必导致 $x = 0$.

定义 设 T_1 和 T_2 是线性算子, 它们的定义域 $D(T_1)$ 和 $D(T_2)$ 都含于线性空间 X 而值域 $R(T_1)$ 和 $R(T_2)$ 都含于线性空间 Y. 这时, $T_1 = T_2$ 当且仅当 $D(T_1) = D(T_2)$ 并且对于所有 $x \in D(T_1) = D(T_2)$ 都有 $T_1 x = T_2 x$. 如果 $D(T_1) \subseteq D(T_2)$ 且诸 $x \in D(T_1)$ 满足 $T_1 x = T_2 x$, 那么称 T_2 为 T_1 的一个扩张而称 T_1 为 T_2 的一个限制; 这时我们记 $T_1 \subseteq T_2$.

约定 线性泛函 T 在点 $x \in D(T)$ 的值 $T(x)$ 有时用 $\langle x, T \rangle$ 来表示, 即

$$T(x) = \langle x, T \rangle.$$

商 空 间

命题 设 M 是线性空间 X 的一个线性子空间. 我们称向量 $x_1, x_2 \in X$ 为**模 M 等价的**是指 $(x_1 - x_2) \in M$, 把这个事实记为 $x_1 \equiv x_2 \pmod{M}$. 这时, 我们有

(i) $x \equiv x \pmod{M}$,

(ii) 若 $x_1 \equiv x_2 \pmod{M}$, 则 $x_2 \equiv x_1 \pmod{M}$,

(iii) 若 $x_1 \equiv x_2 \pmod{M}$ 且 $x_2 \equiv x_3 \pmod{M}$, 则 $x_1 \equiv x_3 \pmod{M}$.

证明 (i) 是显然的, 因为 $x-x = 0 \in M$. (ii) 若 $(x_1-x_2) \in M$, 则 $(x_2-x_1) = -(x_1-x_2) \in M$. (iii) 若 $(x_1-x_2) \in M$ 且 $(x_2-x_3) \in M$, 则 $(x_1-x_3) = (x_1-x_2)+(x_2-x_3) \in M$.

我们把 X 中与固定向量 x 模 M 等价的一切向量所组成的集合记为 ξ_x. 于是, 由性质 (ii) 和 (iii) 可知, ξ_x 中所有向量关于模 M 彼此都是等价的. 称 ξ_x 为 (模 M 的) 等价向量类, 而 ξ_x 中每个向量都叫作类 ξ_x 的一个代表. 因此, 一个类由其任何代表完全确定, 亦即 $y \in \xi_x$ 意味着 $\xi_y = \xi_x$. 从而两个类 ξ_x 和 ξ_y, 要么 (当 $y \overline{\in} \xi_x$ 时) 不相交, 要么 (当 $y \in \xi_x$ 时) 相等. 因此, 整个空间 X 可以分解为 (模 M) 彼此等价的向量类 ξ_x.

定理 我们可以把上面引入的 (模 M) 类看成一个新线性空间的向量, 其中类的加法运算和类与数的乘法定义为

$$\xi_x + \xi_y = \xi_{x+y}, \quad \alpha\xi_x = \xi_{\alpha x}.$$

证明 上述定义并不依赖于类 ξ_x 和 ξ_y 各自代表元的选择. 事实上, 如果 $(x_1-x) \in M, (y_1-y) \in M$, 则

$$(x_1+y_1) - (x+y) = (x_1-x)+(y_1-y) \in M,$$
$$(\alpha x_1 - \alpha x) = \alpha(x_1 - x) \in M.$$

这样, 我们就证明了 $\xi_{x_1+y_1} = \xi_{x+y}$ 和 $\xi_{\alpha x_1} = \xi_{\alpha x}$, 并且证明了上面关于类的加法和类与数的乘法都是合理定义的.

定义 用这种方式得出来的线性空间称为 X 模 M 的商空间, 记为 X/M.

第零章参考文献

拓扑空间: P. Alexandroff-H. Hopf [1], N. Bourbaki [1], J. L. Kelley [1].
测度空间: P. R. Halmos [1], S. Saks [1].

第一章　半范数

　　线性空间中一个向量的半范数给出这个向量的一种长度. 为了在一个无限维线性空间中引进一个拓扑使其适用于经典和近代分析, 有时必须用到数量无限的半范数系. Bourbaki 学派的贡献之一在于他们强调了通过满足分离公理的一个半范数系来定义局部凸空间在泛函分析中的重要性. 如果半范数系退化成单独一个半范数[1], 则相应线性空间称为赋范线性空间. 进而若此空间关于这个半范数所定义的拓扑是完备的, 则称它是个 Banach 空间. 完备赋范线性空间的概念是由 S. Banach 和 N. Wiener 在 1922 年左右彼此独立地提出的. 本书中所用拟范数作为范数的变种是由 M. Fréchet 引入的. 局部凸空间的一类特殊极限——归纳极限适用于讨论广义函数或分布, 这个分布概念作为 S. L. Sobolev 推广的函数概念的系统发展乃是由 L. Schwartz 提出的.

§1.　半范数与局部凸线性拓扑空间

　　如上引言所述, 半范数概念对于讨论线性拓扑空间是极其重要的. 我们从半范数的定义开始.

　　定义 1　定义在线性空间 X 上的一个实值函数 $p(x)$ 如果满足条件:

$$p(x+y) \leqslant p(x) + p(y) \quad (\text{次可加性}), \tag{1}$$

$$p(\alpha x) = |\alpha| p(x), \tag{2}$$

则称它是 X 上的一个半范数.

---

[1]校者注: 它依分离性应是个范数.

例 1　坐标为 $x_1, x_2, \cdots, x_n$ 的点 $x = (x_1, x_2, \cdots, x_n)$ 所构成的 n 维 Euclid 空间 R^n 按运算:

$$x + y = (x_1 + y_1, x_2 + y_2, \cdots, x_n + y_n),$$
$$\alpha x = (\alpha x_1, \alpha x_2, \cdots, \alpha x_n)$$

成为一个 n 维线性空间. 在此情况下 $p(x) = \max\limits_{1 \leqslant j \leqslant n} |x_j|$ 是个半范数. 以后要证 $p(x) = \left(\sum\limits_{j=1}^{n} |x_j|^q \right)^{1/q}$ 在 $q \geqslant 1$ 时也是 R^n 上的一个半范数.

命题 1　半范数 $p(x)$ 满足

$$p(0) = 0, \tag{3}$$

$$p(x_1 - x_2) \geqslant |p(x_1) - p(x_2)|, \text{ 特别地 } p(x) \geqslant 0. \tag{4}$$

证明　$p(0) = p(0x) = 0p(x) = 0$. 由次可加性得 $p(x_1 - x_2) + p(x_2) \geqslant p(x_1)$, 因此 $p(x_1 - x_2) \geqslant p(x_1) - p(x_2)$. 又 $p(x_1 - x_2) = |-1| \cdot p(x_2 - x_1) \geqslant p(x_2) - p(x_1)$, 于是就得到 (4) 式.

命题 2　设 $p(x)$ 是 X 上的一个半范数, 而 c 是任何正数. 于是集合

$$M = \{x \in X; p(x) \leqslant c\}$$

具有下列性质:

$$M \ni 0, \tag{5}$$

$$M \text{ 是个凸集: } x, y \in M \text{ 和 } 0 < \alpha < 1 \text{ 蕴涵 } \alpha x + (1 - \alpha)y \in M, \tag{6}$$

$$M \text{ 是个均衡集 (在 Bourbaki 的术语中用 équilibré 一词):}$$

$$x \in M \text{ 和 } |\alpha| \leqslant 1 \text{ 蕴涵 } \alpha x \in M, \tag{7}$$

$$M \text{ 是个吸收集: 对于 } x \in X, \text{ 总有 } \alpha > 0 \text{ 使得 } \alpha^{-1}x \in M, \tag{8}$$

$$p(x) = \inf\limits_{\alpha > 0, \alpha^{-1}x \in M} \alpha c \quad (\inf = \text{infimum} = \text{最大下界}). \tag{9}$$

证明　由 (3) 显然得 (5). 由 (2) 得 (7) 与 (8). 由次可加性 (1) 与 (2) 得 (6). 注意到如下三个等价命题

$$[\alpha^{-1}x \in M] \rightleftarrows [p(\alpha^{-1}x) \leqslant c] \rightleftarrows [p(x) \leqslant \alpha c],$$

就可证出 (9).

定义 2 规定线性空间 X 中吸收的均衡凸集 M 的 Minkowski 泛函如下:

$$p_M(x) = \inf_{\alpha > 0, \alpha^{-1}x \in M} \alpha. \tag{9'}$$

命题 3 设线性空间 X 上的一族半范数 $\{p_\gamma(x); \gamma \in \Gamma\}$ 满足分离公理:

对任何 $x_0 \neq 0$, 此族中总有 $p_{\gamma_0}(x)$ 使 $p_{\gamma_0}(x_0) \neq 0$. $\tag{10}$

任取此族中一有限半范数系, 比如 $p_{\gamma_1}(x), p_{\gamma_2}(x), \cdots, p_{\gamma_n}(x)$ 及 n 个任意正数 $\varepsilon_1, \varepsilon_2, \cdots, \varepsilon_n$, 置

$$U = \{x \in X; p_{\gamma_j}(x) \leqslant \varepsilon_j \ (j = 1, 2, \cdots, n)\}. \tag{11}$$

它是个吸收的均衡凸集. 把这样的集 U 作为 X 中向量 0 的一个邻域, 并用形如

$$x_0 + U = \{y \in X; y = x_0 + u, u \in U\} \tag{12}$$

的集合来定义诸向量 x_0 的邻域. 考虑 X 的如此子集 G, 它含有自身每个点的一个邻域. 那么这些子集 G 的全体 $\{G\}$ 满足第零章预备知识 §2 给出的开集公理.

证明 首先说明形如 $\{x \in X; p_\gamma(x) < c\}$ 的集合 G_0 是开集. 为此令 $x_0 \in G_0$ 及 $p_\gamma(x_0) = \beta < c$,则 x_0 的邻域 $x_0 + U$ 必包含在 G_0 内, 其中 $U = \{x \in X; p_\gamma(x) \leqslant 2^{-1}(c - \beta)\}$, 这是因为由 $u \in U$ 必导致

$$p_\gamma(x_0 + u) \leqslant p_\gamma(x_0) + p_\gamma(u) < \beta + (c - \beta) = c.$$

所以, 对任何一点 $x_0 \in X$, 必有一个包含 x_0 的开集 $x_0 + G_0$. 由上述开集的定义, 显然, 任意多个开集的并集以及有限个开集的交集都仍为开集.

因此, 我们只需证明 Hausdorff 分离公理:

若 $x_1 \neq x_2$, 则有不相交的开集 G_1 与 G_2 使得

$$x_1 \in G_1, \quad x_2 \in G_2. \tag{13}$$

考虑到一般点 x_0 的邻域的定义 (12), 只要对 $x_1 = 0, x_2 \neq 0$ 的情况证出 (13) 就够了. 由 (10), 我们能选出 $p_{\gamma_2}(x)$ 使得 $p_{\gamma_2}(x_2) = \alpha > 0$. 这时, 如上所证, $G_1 = \left\{x \in X; p_{\gamma_2}(x) < \dfrac{\alpha}{2}\right\}$ 是开集. 显然, $G_1 \ni 0 = x_1$. 我们必须证明 G_1 与 $G_2 = x_2 + G_1$ 无公共点. 设若不然, 有一点 $y \in G_1 \cap G_2$. 由 $y \in G_2$ 必导致某个 $g \in G_1$ 满足 $y = x_2 + g = x_2 - (-g)$, 从而由 (4) 得 $p_{\gamma_2}(y) \geqslant p_{\gamma_2}(x_2) - p_{\gamma_2}(-g) \geqslant \alpha - \dfrac{\alpha}{2} = \dfrac{\alpha}{2}$, 这是因为 $-g$ 与 g 一样是属于 G_1 的. 这与由 $y \in G_1$ 导致的不等式 $p_{\gamma_2}(y) < \alpha/2$ 相矛盾.

命题 4　按上面开集的定义, X 成为一个**线性拓扑空间**, 亦即, X 既是线性空间又是拓扑空间, 使两个映射 $X \times X \to X : (x, y) \to x + y$ 及 $K \times X \to X :$ $(\alpha, x) \to \alpha x$ 连续. 此外, 每个半范数 $p_\gamma(x)$ 在 X 上也是连续的.

证明　对 X 内原点 0 的任何邻域 U, 总有 X 内原点 0 的某个邻域 V 使得

$$V + V = \{w \in X; w = v_1 + v_2, \text{ 其中 } v_1, v_2 \in V\} \subseteq U,$$

这源自半范数的次可加性. 于是, 据等式

$$(x + y) - (x_0 + y_0) = (x - x_0) + (y - y_0),$$

我们看出映射 $(x, y) \to x + y$ 在 $x = x_0, y = y_0$ 是连续的.

对 X 内原点 0 的任何邻域 U 及任何数 $\alpha \neq 0$, 集合 $\alpha U = \{x \in X; x = \alpha u, u \in U\}$ 也是 0 的一个邻域.[①] 于是, 据等式

$$\alpha x - \alpha_0 x_0 = \alpha(x - x_0) + (\alpha - \alpha_0)x_0$$

和 (2) 知 $(\alpha, x) \to \alpha x$ 在 $\alpha = \alpha_0, x = x_0$ 处连续.

由 $|p_\gamma(x) - p_\gamma(x_0)| \leqslant p_\gamma(x - x_0)$ 就能证明半范数 $p_\gamma(x)$ 在点 $x = x_0$ 处的连续性.

定义 3　如果线性拓扑空间 X 的任何含有 0 的开集都包含一个吸收的均衡凸开集, 就称 X 是一个局部凸线性拓扑空间或简称局部凸空间.

命题 5　线性空间 X 中吸收的均衡凸集 M 的 Minkowski 泛函 $p_M(x)$ 是 X 上的一个半范数.

证明　当 $\varepsilon > 0$ 时, 由 $\dfrac{x}{p_M(x) + \varepsilon} \in M, \dfrac{y}{p_M(y) + \varepsilon} \in M$ 与 M 的凸性知

$$\frac{p_M(x) + \varepsilon}{p_M(x) + p_M(y) + 2\varepsilon} \cdot \frac{x}{p_M(x) + \varepsilon} + \frac{p_M(x) + \varepsilon}{p_M(x) + p_M(y) + 2\varepsilon} \cdot \frac{y}{p_M(x) + \varepsilon} \in M,$$

[①]校者注: 依 X 中开集的定义, 应如此证明: 对于原点的邻域 $U = \{x \in X; p_{\gamma_j}(x) \leqslant \varepsilon_j \ (j = 1, 2, \cdots, n)\}$, 应找个 $\delta > 0$ 使得 $|\alpha - \alpha_0| \leqslant \delta$ 且当 $p_{\gamma_j}(x - x_0) \leqslant \delta$ 时, $p_{\gamma_j}(\alpha x - \alpha_0 x_0) \leqslant \varepsilon_j$. 可令

$$\delta = \min\left\{\frac{\varepsilon_j}{|\alpha_0| + 1 + p_{\gamma_j}(x_0)}, 1 \ \middle| \ j = 1, 2, \cdots, n\right\},$$

因为

$$p_{\gamma_j}(\alpha x - \alpha_0 x_0) \leqslant |\alpha| p_{\gamma_j}(x - x_0) + |\alpha - \alpha_0| p_{\gamma_j}(x_0)$$
$$\leqslant \delta(|\alpha_0| + \delta + p_{\gamma_j}(x_0)).$$

从而 $p_M(x+y) \leqslant p_M(x) + p_M(y) + 2\varepsilon$. 因 $\varepsilon > 0$ 是任意的, 我们得到 $p_M(x)$ 的次可加性, 类似地, 因为 M 是均衡的, 所以我们得到 $p_M(\alpha x) = |\alpha| p_M(x)$.

这样我们就证明了以下

定理 被一族满足分离公理 (10) 的半范数如上面那样拓扑化的线性空间 X 必是一个局部凸空间且其上每个半范数 $p_\gamma(x)$ 都是连续的. 反之, 任何局部凸空间也正好是如上面那样通过半范数族拓扑化的一个线性拓扑空间, 而该半范数族乃是由 X 的诸吸收的均衡凸开集的 Minkowski 泛函组成的.

定义 4 设 $f(x)$ 是定义在 R^n 的一个开集 Ω 上的一个复值函数. 所谓 f 的支集, 记作 supp(f), 是指包含着集合 $\{x \in \Omega; f(x) \neq 0\}$ 的 (拓扑空间 Ω 的) 最小闭集. 它可以等价地定义为 Ω 的最小闭集, 在其外 f 恒为零.

定义 5 我们用 $C^k(\Omega), 0 \leqslant k \leqslant \infty$ 表示定义在 Ω 内且具有直到并包括 k 阶 (若 $k = \infty$, 则具有各阶 $< \infty$) 连续偏导数的全体复值函数所组成的集合. 用 $C_0^k(\Omega)$ 表示 $C^k(\Omega)$ 中具有紧支集的全体函数所组成的集合, 亦即那些其支集是 Ω 中紧集且属于 $C^k(\Omega)$ 的函数所组成的集合. 在 $C_0^k(R^n)$ 中一例典型函数是

$$f(x) = \begin{cases} \exp((|x|^2 - 1)^{-1}), |x| = |(x_1, x_2, \cdots, x_n)| = \left(\sum_{j=1}^{n} x_j^2\right)^{1/2} < 1, \\ 0, |x| \geqslant 1. \end{cases} \tag{14}$$

空间 $\mathfrak{E}^k(\Omega)$

$C^k(\Omega)$ 依运算

$$(f_1 + f_2)(x) = f_1(x) + f_2(x), \quad (\alpha f)(x) = \alpha f(x)$$

成为一个线性空间. 对于 Ω 的任何紧集 K 和任何非负整数 $m \leqslant k$ (当 $k = \infty$ 时, $m < \infty$), 我们定义半范数

$$p_{K,m}(f) = \sup_{|s| \leqslant m, x \in K} |D^s f(x)|, \quad f \in C^k(\Omega),$$

其中 sup = supremum = 最小上界, 而

$$D^s f(x) = \frac{\partial^{s_1 + s_2 + \cdots + s_n}}{\partial x_1^{s_1} \partial x_2^{s_2} \cdots \partial x_n^{s_n}} f(x_1, x_2, \cdots, x_n),$$

$$|s| = |(s_1, s_2, \cdots, s_n)| = \sum_{j=1}^{n} s_j.$$

于是 $C^k(\Omega)$ 依此族半范数成为一个局部凸空间. 记这个局部凸空间为 $\mathfrak{E}^k(\Omega)$. 在这个空间 $\mathfrak{E}^k(\Omega)$ 中, 收敛 $\lim_{h \to \infty} f_h = f$ 就是在 Ω 的每个紧集 K 上, 对每个

$s, |s| \leqslant k$ (当 $k = \infty$ 时, $|s| < \infty$), 收敛 $\lim\limits_{h \to \infty} D^s f_h(x) = D^s f(x)$ 一致成立. 我们常把 $\mathfrak{E}^\infty(\Omega)$ 写为 $\mathfrak{E}(\Omega)$.

命题 6　$\mathfrak{E}^k(\Omega)$ 是个度量空间.

证明　设 $K_1 \subseteq K_2 \subseteq \cdots \subseteq K_n \subseteq \cdots$ 是使得 $\Omega = \bigcup\limits_{n=1}^{\infty} K_n$ 成立的 Ω 的紧集所组成的一个单调增加序列[①]. 对每个正整数 h, 定义距离

$$d_h(f, g) = \sum_{m=0}^{k} 2^{-m} p_{K_h,m}(f-g)(1 + p_{K_h,m}(f-g))^{-1}.$$

则在 $\mathfrak{E}^k(\Omega)$ 中的收敛 $\lim\limits_{s \to \infty} f_s = f$ 由距离

$$d(f, g) = \sum_{h=1}^{\infty} 2^{-h} d_h(f, g)(1 + d_h(f, g))^{-1}$$

来定义. 我们必须证明 $d_h(f, g)$ 及 $d(f, g)$ 满足三角不等式. 对于 $d_h(f, g)$ 的三角不等式证明如下: 由半范数 $p_{K_h,m}(f)$ 的次可加性, 容易看出 $d_h(f, g)$ 满足三角不等式 $d_h(f, g) \leqslant d_h(f, k) + d_h(k, g)$, 这只要我们能证明不等式

$$|\alpha - \beta| \cdot (1 + |\alpha - \beta|)^{-1} \leqslant |\alpha - \gamma|(1 + |\alpha - \gamma|)^{-1}$$
$$+ |\gamma - \beta|(1 + |\gamma - \beta|)^{-1}$$

对复数 α, β 及 γ 成立就行了, 而这个不等式显然可以由对任何一组非负数 α, β 及 γ 均成立的不等式

$$(\alpha + \beta)(1 + \alpha + \beta)^{-1} \leqslant \alpha(1 + \alpha)^{-1} + \beta(1 + \beta)^{-1}$$

来推出. 对于 $d(f, g)$ 的三角不等式可以类似地证明.

定义 6　设 X 是线性空间. 又设 $\{X_\alpha\}$ 是 X 的某些线性子空间 X_α 组成的一个族且使得 X 是诸 X_α 的并集. 假设每个 X_α 是个局部凸空间且使得当 $X_{\alpha_1} \subseteq X_{\alpha_2}$ 时, X_{α_1} 的拓扑与 X_{α_1} 作为 X_{α_2} 的子集的相对拓扑是一致的. 我们把 X 的每个吸收的均衡凸集 U 称作 "开" 的当且仅当对一切的 X_α 而言, 交集 $U \cap X_\alpha$ 都是包含 X_α 的零向量的 X_α 的某个开集. 如果 X 是局部凸空间, 而其拓扑是用上述方法确定的, 则 X 称作诸 X_α 的*归纳极限*[②].

注　取 0 在每个 X_α 的一个均衡凸邻域 U_α, 则并集 $V = \bigcup\limits_{\alpha} U_\alpha$ 的凸包 U, 即

[①]校者注: 还需要 "诸 K_j 含于 K_{j+1} 的内部" 这个条件.

[②]校者注: 此概念还需要每两个线性子空间 X_{α_1} 和 X_{α_2} 含于某个线性子空间 X_{α_3}. 这个条件在下面用到的归纳极限情形是确实满足的.

$$U = \Big\{ u \in X; \quad u = \sum_{j=1}^{n} \beta_j v_j, \quad v_j \in V, \beta_j \geqslant 0 \ (j = 1, 2, \cdots, n),$$

$$\sum_{j=1}^{n} \beta_j = 1, \text{ 而 } n \text{ 是任何正整数} \Big\}$$

必定满足条件: U 是均衡与吸收的凸集且 $U \cap X_\alpha$ 均是 X_α 中 0 的一个均衡凸邻域. 由任意选取的 U_α 所组成的这种 U 构成诸 X_α 的 (严格) 归纳极限 X 内原点 0 的一个基本邻域系, 即诸 X_α 的 (严格) 归纳极限 X 内原点 0 的每个邻域都含有上述的一个 U. 这个事实表明上述 (严格) 归纳极限的定义是合理的.

空间 $\mathfrak{D}(\Omega)$

$C_0^\infty(\Omega)$ 在运算

$$(f_1 + f_2)(x) = f_1(x) + f_2(x), \quad (\alpha f)(x) = \alpha f(x)$$

下成为一个线性空间. 对于 Ω 的任何紧集 K, 设 $\mathfrak{D}_K(\Omega)$ 是使 $\operatorname{supp}(f) \subseteq K$ 的所有函数 $f \in C_0^\infty(\Omega)$ 组成的集合. 在 $\mathfrak{D}_K(\Omega)$ 上用

$$p_{K,m}(f) = \sup_{|s| \leqslant m, x \in K} |D^s f(x)|, \text{ 其中 } m < \infty$$

定义一半范数族. 于是, $\mathfrak{D}_K(\Omega)$ 成为一个局部凸空间, 且当 $K_1 \subseteq K_2$ 时, $\mathfrak{D}_{K_1}(\Omega)$ 的拓扑与 $\mathfrak{D}_{K_1}(\Omega)$ 作为 $\mathfrak{D}_{K_2}(\Omega)$ 的一个子集的相对拓扑是恒同的. 于是当 K 取遍 Ω 的紧集时, 诸 $\mathfrak{D}_K(\Omega)$ 的 (严格) 归纳极限是个局部凸空间. 以此方法拓扑化后的 $C_0^\infty(\Omega)$ 便记为 $\mathfrak{D}(\Omega)$. 应该注意:

$$p(f) = \sup_{x \in \Omega} |f(x)|$$

是确定 $\mathfrak{D}(\Omega)$ 的拓扑的诸半范数之一. 因为, 如果令 $U = \{f \in C_0^\infty(\Omega); p(f) \leqslant 1\}$, 则交集 $U \cap \mathfrak{D}_K(\Omega)$ 由 $U_K = \{f \in \mathfrak{D}_K(\Omega); p_K(f) = \sup_{x \in K} |f(x)| \leqslant 1\}$ 给出.

命题 7 在 $\mathfrak{D}(\Omega)$ 中序列收敛性 $\lim_{h \to \infty} f_h = 0$ 意味着 $\{f_h\}$ 满足如下两个条件: (i) Ω 中有个紧集 K 使得 $\operatorname{supp}(f_h) \subseteq K$ $(h = 1, 2, \cdots)$, 以及 (ii) 对任何微分算子 D^s, 序列 $\{D^s f_h(x)\}$ 在 K 上都一致收敛于 0.

证明 我们只需证明 (i). 设若相反, 则 Ω 中有个点列 $\{x^{(k)}\}$, 它在 Ω 内没有聚点, 并且 $\{f_h(x)\}$ 有个子列 $\{f_{h_j}(x)\}$ 使得 $f_{h_j}(x^{(j)}) \neq 0$. 这时半范数

$$\begin{cases} p(f) = \sum_{j=1}^{\infty} 2 \sup_{x \in K_j - K_{j-1}} |f(x)/f_{h_j}(x^{(j)})|, \text{ 其中 } K_j \text{ 是} \\ \Omega \text{中递增紧集列使得 } K_j \subseteq K_{j+1}^i, \bigcup_{j=1}^{\infty} K_j = \Omega \text{以及} \\ x^{(j)} \in K_j - K_{j-1} \ (j = 1, 2, \cdots), K_0 = \varnothing \end{cases}$$

确定了 $\mathfrak{D}(\Omega)$ 中 0 的一个邻域 $U = \{f \in C_0^\infty(\Omega); p(f) \leqslant 1\}$. 然而, 无 f_{h_j} 含于 U.

系　在 $\mathfrak{D}(\Omega)$ 中序列收敛 $\lim\limits_{h\to\infty} f_h = f$ 意味着满足如下两个条件: (i) Ω 中有个紧集 K 使得 $\mathrm{supp}\,(f_h) \subseteq K\ (h = 1, 2, \cdots)$, 以及 (ii) 对任何微分算子 D^s, 序列 $\{D^s f_h(x)\}$ 在 K 上都一致收敛于 $D^s f(x)$.

命题 8 (一个逼近定理)　任何一个连续函数 $f \in C_0^0(R^n)$ 在 R^n 上都可用 $C_0^\infty(\Omega)$ 中的函数来一致逼近.

证明　设 $\theta_1(x)$ 是 (14) 中引入的函数, 令

$$\theta_a(x) = h_a^{-1}\theta_1(x/a), \text{这里 } a > 0,\ h_a > 0 \text{使得} \int\limits_{R^n} \theta_a(x)dx = 1. \qquad (15)$$

于是我们定义 f 的正则化 f_a:

$$f_a(x) = \int\limits_{R^n} f(x-y)\theta_a(y)dy = \int\limits_{R^n} f(y)\theta_a(x-y)dy,$$
$$\text{其中 } x - y = (x_1 - y_1, x_2 - y_2, \cdots, x_n - y_n). \qquad (16)$$

因为 f 和 θ_a 都具有紧支集, 所以积分是收敛的. 此外, 因为

$$f_a(x) = \int\limits_{\mathrm{supp}\,(f)} f(y)\theta_a(x-y)dy,$$

所以, 当取 $a > 0$ 充分小时, f_a 的支集能含于 $\mathrm{supp}\,(f)$ 的任何邻域①. 其次, 在积分号下求导数有

$$D^s f_a(x) = D_x^s f_a(x) = \int\limits_{R^n} f(y)D_x^s\theta_a(x-y)dy, \qquad (17)$$

从而 f_a 在 $C_0^\infty(R^n)$ 内. 最后由 $\int\limits_{R^n} \theta_a(x-y)dy = 1$, 有

$$|f_a(x) - f(x)| \leqslant \int\limits_{R^n} |f(y) - f(x)|\theta_a(x-y)dy$$
$$\leqslant \int\limits_{|f(y)-f(x)|\leqslant\varepsilon} |f(y) - f(x)|\theta_a(x-y)dy$$
$$+ \int\limits_{|f(y)-f(x)|>\varepsilon} |f(y) - f(x)|\theta_a(x-y)dy.$$

右边第一项是 $\leqslant \varepsilon$ 的; 而右边第二项, 对于充分小的 $a > 0$, 等于 0, 这是因为, 由具紧支集的函数 f 的一致连续性, 有 $a > 0$ 使得从 $|f(y) - f(x)| > \varepsilon$ 必导致 $|y - x| > a$. 这样我们就证明了命题.

---

①校者注: 应是事先指定的邻域.

§2. 范数和拟范数

定义 1　一个局部凸空间称作赋范线性空间是指其拓扑只由一个半范数确定.

因此一个线性空间称作赋范线性空间, 如果对每个 $x \in X$, 总能赋予一个实数 $\|x\|$, 称为向量 x 的范数, 它满足

$$\|x\| \geqslant 0, \text{ 并且 } \|x\| = 0 \text{当且仅当 } x = 0, \tag{1}$$

$$\|x + y\| \leqslant \|x\| + \|y\| \text{ (三角不等式)}, \tag{2}$$

$$\|\alpha x\| = |\alpha| \cdot \|x\|. \tag{3}$$

因此赋范线性空间 X 的拓扑可用距离

$$d(x, y) = \|x - y\| \tag{4}$$

来定义. 事实上, $d(x, y)$ 满足距离公理:

$$d(x, y) \geqslant 0, \text{并且 } d(x, y) = 0 \text{当且仅当 } x = y,$$

$$d(x, y) \leqslant d(x, z) + d(z, y) \text{ (三角不等式)},$$

$$d(x, y) = d(y, x).$$

这是因为由 (1), (2), (3) 及 (4) 可得

$$d(x, y) = \|x - y\| = \|y - x\| = d(y, x),$$

$$d(x, y) = \|x - y\| = \|x - z + z - y\|$$

$$\leqslant \|x - z\| + \|z - y\| = d(x, z) + d(z, y).$$

在一个赋范线性空间 X 中的收敛 $\lim\limits_{n \to \infty} d(x_n, x) = 0$ 记作 s- $\lim\limits_{n \to \infty} x_n = x$ 或简单地记作 $x_n \to x$, 并且说序列 $\{x_n\}$ 强收敛于 x. 引进形容词 "强" 字是为了与后面要引进的 "弱" 收敛相区别.

命题 1　在赋范线性空间 X 中,

$$\text{若 s-} \lim_{n \to \infty} x_n = x, \text{ 则 } \lim_{n \to \infty} \|x_n\| = \|x\|, \tag{5}$$

$$\text{若 } \lim_{n \to \infty} \alpha_n = \alpha \text{ 且 s-} \lim_{n \to \infty} x_n = x, \text{ 则 s-} \lim_{n \to \infty} \alpha_n x_n = \alpha x, \tag{6}$$

$$\text{若 s-} \lim_{n \to \infty} x_n = x \text{ 且 s-} \lim_{n \to \infty} y_n = y, \text{ 则 s-} \lim_{n \to \infty} (x_n + y_n) = x + y. \tag{7}$$

证明　因 X 是只由一个半范数 $p(x) = \|x\|$ 来拓扑化的局部凸空间, (5), (6) 及 (7) 就已经证明了①. 尽管如此, 我们还是将给出一个如下的直接证明. 作为

---

①校者注: 还需要结合 §1 命题 4.

一个半范数, 我们有

$$\|x - y\| \geqslant |\|x\| - \|y\||, \tag{8}$$

于是 (5) 显然成立. 现在, (7) 源自下式

$$\|(x + y) - (x_n + y_n)\| = \|(x - x_n) + (y - y_n)\|$$
$$\leqslant \|x - x_n\| + \|y - y_n\|,$$

而 (6) 源自序列 $\{\alpha_n\}$ 的有界性以及下式

$$\|\alpha x - \alpha_n x_n\| \leqslant \|\alpha x - \alpha_n x\| + \|\alpha_n x - \alpha_n x_n\|$$
$$\leqslant |\alpha - \alpha_n| \cdot \|x\| + |\alpha_n| \cdot \|x - x_n\|.$$

定义 2 一个线性空间 X 称作拟赋范线性空间是指对于每个 $x \in X$ 都能赋予一个实数 $\|x\|$——向量 x 的拟范数, 它满足 (1), (2) 以及

$$\| - x\| = \|x\|, \lim_{\alpha_n \to 0} \|\alpha_n x\| = 0 \text{ 且 } \lim_{\|x_n\| \to 0} \|\alpha x_n\| = 0. \tag{3'}$$

命题 2 在拟赋范线性空间 X 中, (5), (6) 及 (7) 成立.

证明 我们仅需证明 (6). 从上述命题的证明看出我们仅需证明

$$\text{由 } \lim_{n \to \infty} \|x_n\| = 0 \text{ 必导致 } \lim_{n \to \infty} \|\alpha x_n\| = 0$$
$$\text{在 } \alpha \text{ 的任何有界集上对 } \alpha \text{ 一致成立.} \tag{9}$$

有关 (9) 的下述证明属于 S. Kakutani (但未发表). 考虑在用绝对值作范数的实线性空间 R^1 上定义泛函 $p_n(\alpha) = \|\alpha x_n\|$. 据 $p_n(\alpha)$ 的三角不等式以及 (3') 得 $p_n(\alpha)$ 在 R^1 上是连续的. 于是由 (3') 所导致的 $\lim_{n \to \infty} p_n(\alpha) = 0$ 以及 Egorov 定理 (第零章预备知识 §3. 测度空间), 我们得到实轴 R^1 上必有 Baire 可测集 A 具有以下性质:

$$A \text{ 的 Lebesgue 测度 } |A| > 0 \text{ 且 } \lim_{n \to \infty} p_n(\alpha) = 0 \text{ 在 } A \text{ 上一致成立.} \tag{10}$$

因为在实轴上集合的 Lebesgue 测度对于集合的平移是连续的, 所以当把对称差 $B \cup C - B \cap C$ 记为 $B \ominus C$ 时, 我们有

$$\text{当 } \sigma \to 0 \text{ 时}, |(A + \sigma) \ominus A| \to 0 \text{ 成立.}$$

因此必定有正数 σ_0 使得 $|\sigma| \leqslant \sigma_0$ 必导致 $|(A + \sigma) \ominus A| < |A|/2$, 特别地有 $|(A + \sigma) \cap A| > 0$. 于是, 满足 $|\sigma| \leqslant \sigma_0$ 的任何实数 σ 有以下表示式:

$$\sigma = \alpha - \alpha' \quad \text{其中 } \alpha \in A, \alpha' \in A.$$

于是, 根据 $p_n(\sigma) = p_n(\alpha - \alpha') \leqslant p_n(\alpha) + p_n(\alpha')$ 得出

$$\text{当 } |\sigma| \leqslant \sigma_0 \text{ 时, } \lim_{n\to\infty} p_n(\sigma) = 0 \text{ 依 } \sigma \text{ 一致成立.}$$

令 M 是任何正数, 取正整数 $k \geqslant M/\sigma_0$ 并记住 $p_n(k\sigma) \leqslant kp_n(\sigma)$, 则知在 $|\alpha| \leqslant M$ 时, (9) 为真.

注 可以很自然地修改以上证明使其也适用于复的拟赋范线性空间 X.

同在赋范线性空间的情况一样, 在一个拟赋范线性空间中, 收敛 $\lim_{n\to\infty} \|x - x_n\| = 0$ 也记为 s- $\lim_{n\to\infty} x_n = x$, 或简记为 $x_n \to x$; 并称序列 $\{x_n\}$ 强收敛于 x.

例 设局部凸空间 X 的拓扑是用可数个半范数 $p_n(x)$ $(n = 1, 2, \cdots)$ 确定的, 则 X 按拟范数

$$\|x\| = \sum_{n=1}^{\infty} 2^{-n} p_n(x)(1 + p_n(x))^{-1}$$

成为一个拟赋范线性空间. 这是因为收敛 $\lim_{h\to\infty} p_n(x_h) = 0$ $(n = 1, 2, \cdots)$ 与按上述拟范数 $\|x\|$ 的收敛 s- $\lim_{h\to\infty} x_h = 0$ 等价.

§3. 几例赋范线性空间

例 1 $C(S)$. 令 S 是拓扑空间. 考虑定义在 S 上全体实值 (或复值) 有界连续函数 $x(s)$ 的集合 $C(S)$, 它依运算

$$(x + y)(s) = x(s) + y(s), \quad (\alpha x)(s) = \alpha x(s), \quad \|x\| = \sup_{s\in S} |x(s)|$$

成为一个赋范线性空间. 在 $C(S)$ 中, s- $\lim_{n\to\infty} x_n = x$ 意味着函数列 $x_n(s)$ 一致收敛于 $x(s)$.

例 2 $L^p(S, \mathfrak{B}, m)$, 或简记为 $L^p(S)$ $(1 \leqslant p < \infty)$. 设集合 $L^p(S)$ 由这样的 $x(s)$ 组成: 它在 S 上是 m-殆定的 $\mathfrak{B}$-实值 (或复值) 可测函数且 $|x(s)|^p$ 在 S 上是 m-可积的. $L^p(S)$ 依如下运算

$$(x + y)(s) = x(s) + y(s), \quad (\alpha x)(s) = \alpha x(s)$$

成为一个线性空间. 这是因为不等式 $|x(s) + y(s)|^p \leqslant 2^p(|x(s)|^p + |y(s)|^p)$ 表明只要 $x(s)$ 和 $y(s)$ 属于 $L^p(S)$, 则 $x(s) + y(s)$ 属于 $L^p(S)$. 在 $L^p(S)$ 中, 我们用

$$\|x\| = \left(\int_S |x(s)|^p m(ds) \right)^{1/p} \tag{1}$$

定义范数. 这个范数的次可加性, 即所谓 Minkowski 不等式

$$\left(\int\limits_S |x(s) + y(s)|^p m(ds) \right)^{1/p} \leqslant \left(\int\limits_S |x(s)|^p m(ds) \right)^{1/p}$$
$$+ \left(\int\limits_S |y(s)|^p m(ds) \right)^{1/p} \qquad (2)$$

对于 $p = 1$ 的情形显然成立. 为了证明 $1 < p < \infty$ 这个一般情形, 需要以下

引理 1　设 $1 < p < \infty$, 再设 p 的**共轭指数** p' 是由

$$\frac{1}{p} + \frac{1}{p'} = 1 \qquad (3)$$

确定的. 于是对任何一对非负数 a 及 b, 均有

$$ab \leqslant \frac{a^p}{p} + \frac{b^{p'}}{p'}, \qquad (4)$$

上式中等号成立当且仅当 $a = b^{1/(p-1)}$.

证明　对 $c \geqslant 0$, 函数 $f(c) = \dfrac{c^p}{p} + \dfrac{1}{p'} - c$ 只在 $c = 1$ 时取得极小值 0. 取 $c = ab^{1/(1-p)}$, 知引理为真.

(2) 的证明　我们先证 Hölder 不等式

$$\int |x(s)y(s)| \leqslant \left(\int |x(s)|^p \right)^{1/p} \cdot \left(\int |y(s)|^{p'} \right)^{1/p'} \qquad (5)$$

(此处为方便计, 把 $\int\limits_S z(s)m(ds)$ 写成 $\int z(s)$). 为此, 我们假设 $A = \left(\int |x(s)|^p \right)^{1/p}$ 与 $B = \left(\int |y(s)|^{p'} \right)^{1/p'}$ 都 $\neq 0$, 因若不然, $x(s)y(s) = 0$ a.e., 从而 (5) 为真. 今在 (4) 中取 $a = |x(s)|/A, b = |y(s)|/B$ 后积分, 我们便得

$$\frac{\int |x(s)y(s)|}{AB} \leqslant \frac{1}{p} \frac{A^p}{A^p} + \frac{1}{p'} \frac{B^{p'}}{B^{p'}} = 1,$$

由此得 (5). 其次由 (5) 式, 我们得

$$\int |x(s) + y(s)|^p \leqslant \int |x(s) + y(s)|^{p-1} \cdot |x(s)| + \int |x(s) + y(s)|^{p-1} \cdot |y(s)|$$
$$\leqslant \left(\int |x(s) + y(s)|^{p'(p-1)} \right)^{1/p'} \left(\int |x(s)|^p \right)^{1/p}$$
$$+ \left(\int |x(s) + y(s)|^{p'(p-1)} \right)^{1/p'} \left(\int |y(s)|^p \right)^{1/p},$$

根据 $p'(p-1) = p$, 就证明了 (2).

注 1 在 (2) 中等号成立当且仅当有个非负常数 c 使得 $x(s) = cy(s)$ m-a.e. (或 $y(s) = cx(s)$ m-a.e.). 事实上, 根据引理 1, Hölder 不等式中等号成立当且仅当 $x(s)y(s) \geqslant 0$ 以及 $|x(s)| = c|y(s)|^{1/(p-1)}$ (或 $|y(s)| = c \cdot |x(s)|^{1/(p-1)}$) 依 m-a.e. 成立.

注 2 条件 $\|x\| = \left(\int |x(s)|^p \right)^{1/p} = 0$ 与条件 $x(s) = 0$ m-a.e. 是等价的. 因此如果 $L^p(S)$ 中的两个函数 m-a.e. 相等, 我们就把它们当作相等的函数. 按照这种约定, $L^p(S)$ 成为一个赋范线性空间, $L^p(S)$ 中的极限关系 s-$\lim\limits_{n \to \infty} x_n = x$ 有时称作函数 $x_n(s)$ 序列依 p 阶平均收敛于函数 $x(s)$.

例 3 $L^\infty(S)$. 一个定义在 S 上的 $\mathfrak{B}$-可测函数 $x(s)$ 称作本质有界的是指有个常数 α 使得 $|x(s)| \leqslant \alpha$ m-a.e. 这类 α 的下确界[①]记作

$$\operatorname*{vrai\,max}_{s \in S} |x(s)| \quad \text{或} \quad \operatorname*{essential\,sup}_{s \in S} |x(s)|.$$

在 S 上 m-殆定的 $\mathfrak{B}$-可测的本质有界函数组成的集合记为 $L^\infty(S, \mathfrak{B}, m)$ 或简记为 $L^\infty(S)$, 约定其中两个函数相等指它们 m-a.e. 相等. 于是, $L^\infty(S)$ 按

$$(x + y)(s) = x(s) + y(s), \quad (\alpha x)(s) = \alpha x(s), \quad \|x\| = \operatorname*{vrai\,max}_{s \in S} |x(s)|$$

成为一个赋范线性空间.

定理 1 设 S 的总测度 $m(S)$ 是有限的, 则诸 $x \in L^\infty(S)$ 满足下式

$$\lim_{p \to \infty} \left(\int_S |x(s)|^p m(ds) \right)^{1/p} = \operatorname*{vrai\,max}_{s \in S} |x(s)|. \tag{6}$$

证明 显然有 $\left(\int_S |x(s)|^p m(ds) \right)^{1/p} \leqslant m(S)^{1/p} \operatorname*{vrai\,max}_{s \in S} |x(s)|$, 于是

$$\varlimsup_{p \to \infty} \left(\int_S |x(s)|^p \right)^{1/p} \leqslant \operatorname*{vrai\,max}_{s \in S} |x(s)|.$$

由上式右端的定义, 对任何 $\varepsilon > 0$, 都有个 m-测度 > 0 的集合 B 在其每点处 $|x(s)| \geqslant \operatorname*{vrai\,max}_{s \in S} |x(s)| - \varepsilon$. 于是

$$\left(\int_S |x(s)|^p m(ds) \right)^{1/p} \geqslant m(B)^{1/p} (\operatorname*{vrai\,max}_{s \in S} |x(s)| - \varepsilon),$$

从而 $\lim\limits_{p \to \infty} \left(\int_S |x(s)|^p m(ds) \right)^{1/p} \geqslant \operatorname*{vrai\,max}_{s \in S} |x(s)| - \varepsilon$. 因此 (6) 为真.

[①]校者注: 实为最小值.

例 4　特别地, 设 S 是由记为 $1, 2, \cdots$ 的可数个点组成的一个离散拓扑空间. 离散一词指的是 $S = \{1, 2, \cdots\}$ 的每个点都是 S 中的开集. 然后我们定义 (c_0), (c) 以及 (l^p), $1 \leqslant p < \infty$ 作为 $C(\{1, 2, \cdots\})$ 的线性子空间.

(c_0): 考虑实数或复数的一个有界序列 $\{\xi_n\}$, 这样的序列确定了一个定义在离散空间 $S = \{1, 2, \cdots\}$ 上的连续函数 $x(n) = \xi_n$; 我们称 $x = \{\xi_n\}$ 为一个具有分量 ξ_n 的向量. 满足条件 $\lim\limits_{n \to \infty} \xi_n = 0$ 的全体向量 $x = \{\xi_n\}$ 按范数

$$\|x\| = \sup_n |x(n)| = \sup_n |\xi_n|$$

构成一个赋范线性空间 (c_0).

(c): 使得极限 $\lim\limits_{n \to \infty} \xi_n$ 存在且有限的全体数列 $x = \{\xi_n\}$ 按范数

$$\|x\| = \sup_n |x(n)| = \sup_n |\xi_n|$$

构成一个赋范线性空间 (c).

(l^p), $1 \leqslant p < \infty$: 满足 $\sum\limits_{n=1}^{\infty} |\xi_n|^p < \infty$ 的全体向量 $x = \{\xi_n\}$ 按范数

$$\|x\| = \left(\sum_{n=1}^{\infty} |\xi_n|^p \right)^{1/p}$$

构成一个赋范线性空间 (l^p). 作为一个抽象的线性空间, 它是 $C(\{1, 2, \cdots\})$ 的一个线性子空间, 也是 $L^p(S, \mathfrak{B}, m)$ 在 $m(\{1\}) = m(\{2\}) = \cdots = 1$ 时的特殊情形.

$(l^\infty) = (m)$: 同在 $L^\infty(S)$ 的情况一样, 我们把赋以范数

$$\|x\| = \sup_n |x(n)| = \sup_n |\xi_n|$$

的线性空间 $C(\{1, 2, \cdots\})$ 记为 (l^∞). 也可记作 (m).

测度的空间　设 $\mathfrak{B}$ 是 S 的子集所成的一个 σ–环, 考虑全体实值 (或复值) 函数 $\varphi(B)$ 所成的集合 $A(S, \mathfrak{B})$, 其中诸 $\varphi(B)$ 定义在 $\mathfrak{B}$ 上且满足

$$\text{对每个 } B \in \mathfrak{B} \text{ 有 } |\varphi(B)| \neq \infty, \tag{7}$$

$$\text{对 } \mathfrak{B} \text{ 中任何不相交集合序列 } \{B_j\} \text{ 有 } \varphi\left(\sum_{j=1}^{\infty} B_j \right) = \sum_{j=1}^{\infty} \varphi(B_j). \tag{8}$$

我们把 $A(S, \mathfrak{B})$ 叫作定义在 $(S, \mathfrak{B})$ 上的带号 (或复的) 测度的空间.

引理 2　设 $\varphi \in A(S, \mathfrak{B})$ 是实值的, 则下式规定的 φ 在 S 上的**全变差**

$$V(\varphi; S) = \overline{V}(\varphi; S) + |\underline{V}(\varphi; S)| \tag{9}$$

是有限的, 其中 φ 在诸 $B \in \mathfrak{B}$ 的**正变差**和**负变差**分别定义为

$$\overline{V}(\varphi; B) = \sup_{B_1 \subseteq B} \varphi(B_1) \quad \text{和} \quad \underline{V}(\varphi; B) = \inf_{B_1 \subseteq B} \varphi(B_1). \tag{10}$$

证明 因 $\varphi(\varnothing) = 0$, 所以我们有 $V(\varphi; B) \geqslant 0 \geqslant \underline{V}(\varphi; B)$. 假定 $V(\varphi; S) = \infty$, 则 $\mathfrak{B}$ 中有个递减序列 $\{B_n\}$ 使得

$$V(\varphi; B_n) = \infty, \quad |\varphi(B_n)| \geqslant n - 1 \text{ 成立}.$$

其证明可得自归纳法: 取 $B_1 = S$, 并设集合 $B_2, B_3, \cdots, B_k$ 已确定且满足归纳条件. 根据 $n = k$ 的第一个条件, 必有集合 $B \in \mathfrak{B}$ 使得 $B \subseteq B_k, |\varphi(B)| \geqslant |\varphi(B_k)| + k$. 我们只需在 $V(\varphi; B) = \infty$ 的情形令 $B_{k+1} = B$, 而在 $V(\varphi; B) < \infty$ 的情形令 $B_{k+1} = B_k - B$. 因为, 在后一种情况下, 我们必有 $V(\varphi; B_k - B) = \infty$ 以及 $|\varphi(B_k - B)| \geqslant |\varphi(B)| - |\varphi(B_k)| \geqslant k$, 这就完成了归纳过程.

由序列 $\{B_n\}$ 的递减性质, 我们有

$$S - \bigcap_{n=1}^{\infty} B_n = \bigcup_{n=1}^{\infty} (S - B_n)$$
$$= (S - B_1) + (B_1 - B_2) + (B_2 - B_3) + \cdots + (B_n - B_{n+1}) + \cdots,$$

于是, 由 φ 的可数可加性,

$$\varphi\left(S - \bigcap_{n=1}^{\infty} B_n\right) = \varphi(S - B_1) + \varphi(B_1 - B_2) + \varphi(B_2 - B_3) + \cdots$$
$$= [\varphi(S) - \varphi(B_1)] + [\varphi(B_1) - \varphi(B_2)] + [\varphi(B_2) - \varphi(B_3)] + \cdots$$
$$= \varphi(S) - \lim_{n \to \infty} \varphi(B_n)$$
$$= \infty \text{ 或 } -\infty,$$

这与 (7) 矛盾.

定理 2 (Jordan 分解) 设 $\varphi \in A(S, \mathfrak{B})$ 是实值的, 则正变差 $\overline{V}(\varphi; B)$、负变差 $\underline{V}(\varphi; B)$ 和全变差 $V(\varphi; B)$ 均依 B 为可数可加的. 此外, 我们有 Jordan 分解

$$\text{对于 } B \in \mathfrak{B}, \varphi(B) = \overline{V}(\varphi; B) + \underline{V}(\varphi; B). \tag{11}$$

证明 设 $\{B_n\}$ 是 $\mathfrak{B}$ 中一列不相交的集合. 若 $B \in \mathfrak{B}$ 满足 $B \subseteq \sum\limits_{n=1}^{\infty} B_n$, 则

$$\varphi(B) = \sum_{n=1}^{\infty} \varphi(B \cap B_n) \leqslant \sum_{n=1}^{\infty} \overline{V}(\varphi; B_n).$$

因而 $\overline{V}\left(\varphi; \sum\limits_{n=1}^{\infty} B_n\right) \leqslant \sum\limits_{n=1}^{\infty} \overline{V}(\varphi; B_n)$. 另一方面, 若 $C_n \in \mathfrak{B}$ 是 B_n $(n = 1, 2, \cdots)$ 的子集, 则

$$\overline{V}\left(\varphi; \sum_{n=1}^{\infty} B_n\right) \geqslant \varphi\left(\sum_{n=1}^{\infty} C_n\right) = \sum_{n=1}^{\infty} \varphi(C_n),$$

从而 $\overline{V}\left(\varphi; \sum\limits_{n=1}^{\infty} B_n\right) \geqslant \sum\limits_{n=1}^{\infty} \overline{V}(\varphi; B_n)$. 于是我们就证明了 $\overline{V}(\varphi; B)$ 的可数可加性, 而 $\underline{V}(\varphi; B)$ 及 $V(\varphi; B)$ 的可数可加性可类似地证明.

为确立 (11), 我们注意到对每个适合 $C \subseteq B$ 的集合 $C \in \mathfrak{B}$, 有

$$\varphi(C) = \varphi(B) - \varphi(B - C) \leqslant \varphi(B) - \underline{V}(\varphi; B),$$

从而 $\overline{V}(\varphi; B) \leqslant \varphi(B) - \underline{V}(\varphi; B)$. 类似得到 $\underline{V}(\varphi; B) \geqslant \varphi(B) - \overline{V}(\varphi; B)$. 这些不等式联立给出 (11).

定理 3 (Hahn 分解)　设 $\varphi \in A(S, \mathfrak{B})$ 是带号测度, 则有集合 $P \in \mathfrak{B}$ 使得

对每个满足 $B \subseteq P$ 的 $B \in \mathfrak{B}$ 都有 $\varphi(B) \geqslant 0$,

对每个满足 $B \subseteq P^C = S - P$ 的 $B \in \mathfrak{B}$ 都有 $\varphi(B) \leqslant 0$.

分解 $S = P + (S - P)$ 称作 S 从属于 φ 的 **Hahn 分解**.

证明　对于每个正整数 n, 我们选取一个集合 $B_n \in \mathfrak{B}$ 使 $\varphi(B_n) \geqslant \overline{V}(\varphi; S) - 2^{-n}$ 得到满足, 于是根据 (11) 得到

$$\underline{V}(\varphi; B_n) \geqslant -2^{-n} \quad 及 \quad \overline{V}(\varphi; S - B_n) \leqslant 2^{-n}. \tag{12}$$

后一不等式是从 $\overline{V}(\varphi; S - B_n) = \overline{V}(\varphi; S) - \overline{V}(\varphi; B_n)$ 及 $\overline{V}(\varphi; B_n) \geqslant \varphi(B_n)$ 得到的. 然后, 我们令 $P = \varliminf\limits_{n \to \infty} B_n = \bigcup\limits_{k=1}^{\infty} \bigcap\limits_{n=k}^{\infty} B_n$. 则诸 k 满足下式

$$S - P = \varlimsup\limits_{n \to \infty}(S - B_n) = \bigcap\limits_{k=1}^{\infty} \bigcup\limits_{n=k}^{\infty}(S - B_n) \subseteq \bigcup\limits_{n=k}^{\infty}(S - B_n).$$

因而, 由 $\overline{V}(\varphi; B)$ 的 σ-次可加性得到

$$\overline{V}(\varphi; S - P) \leqslant \sum\limits_{n=k}^{\infty} \overline{V}(\varphi; S - B_n) \leqslant 2^{-(k-1)},$$

这表明 $\overline{V}(\varphi; S - P) = 0$. 另一方面, 负变差 $\underline{V}(\varphi; B)$ 是非正测度, 则由 (12) 式类似地有

$$|\underline{V}(\varphi; P)| \leqslant \varliminf\limits_{n \to \infty} |\underline{V}(\varphi; B_n)| = 0,$$

它给出了 $\underline{V}(\varphi; P) = 0$. 于是完成证明.

系　带号测度 φ 的全变差 $V(\varphi; S)$ 也可用

$$V(\varphi; S) = \sup_{\sup|x(s)| \leqslant 1} \left| \int_S x(s)\varphi(ds) \right| \tag{13}$$

定义, 其中 $x(s)$ 取遍定义在 S 上满足 $\sup\limits_{s} |x(s)| \leqslant 1$ 的 $\mathfrak{B}$-可测函数.

证明 如果我们按照 $s \in P$ 或 $s \in S - P$ 取 $x(s) = 1$ 或 -1, 则 (13) 式的右边就给出了 $V(\varphi; S)$. 另一方面, 容易看出

$$\left| \int_S x(s)\varphi(ds) \right| \leqslant \sup_s |x(s)| \cdot \int_S V(\varphi; ds) = \sup_s |x(s)| \cdot V(\varphi; S),$$

于是 (13) 式得证.

例 5 $A(S, \mathfrak{B})$. $\mathfrak{B}$ 上所有带号测度 φ 的全体 $A(S, \mathfrak{B})$ 在运算

$$(\alpha_1\varphi_1 + \alpha_2\varphi_2)(B) = \alpha_1\varphi_1(B) + \alpha_2\varphi_2(B), \quad B \in \mathfrak{B}$$

下成为一个实线性空间. 它按范数

$$\|\varphi\| = V(\varphi; S) = \sup_{\sup|x(s)|\leqslant 1} \left| \int_S x(s)\varphi(ds) \right| \tag{14}$$

成为一个赋范线性空间.

例 6 复测度 φ 的全体 $A(S, \mathfrak{B})$ 在运算

$$(\alpha_1\varphi_1 + \alpha_2\varphi_2)(B) = \alpha_1\varphi_1(B) + \alpha_2\varphi_2(B), \quad B \in \mathfrak{B}$$

下成为一个复线性空间, 其中 α_1, α_2 是复数, 它按范数

$$\|\varphi\| = \sup_{\sup|x(s)|\leqslant 1} \left| \int_S x(s)\varphi(ds) \right| \tag{15}$$

成为一个赋范线性空间, 要注意其中 $x(s)$ 是定义在 S 上的复值 $\mathfrak{B}$–可测函数. 我们称 (15) 式右端的值为 φ 在 S 的全变差并记为 $V(\varphi; S)$.

§4. 几例拟赋范线性空间

例 1 $\mathfrak{C}^k(\Omega)$. 第一章 §1 中介绍的线性空间 $\mathfrak{C}^k(\Omega)$ 按拟范数 $\|x\| = d(x, 0)$ 成为一个拟赋范线性空间, 其中 $d(x, y)$ 同那里的定义一样.

例 2 $M(S, \mathfrak{B}, m)$. 设 $m(S) < \infty$ 并且 $M(S, \mathfrak{B}, m)$ 是定义在 S 上的全体 $\mathfrak{B}$–可测复值函数 $x(s)$ 所成的集合且满足 $|x(s)| < \infty$ m–a.e. , 则 $M(S, \mathfrak{B}, m)$ 按代数运算

$$(x + y)(s) = x(s) + y(s), \quad (\alpha x)(s) = \alpha x(s)$$

以及 (按约定 $x = y$ 当且仅当 $x(s) = y(s)$ m–a.e.)

$$\|x\| = \int_S |x(s)|(1 + |x(s)|)^{-1} m(ds) \tag{1}$$

成为一个拟赋范线性空间. 关于拟范数 $\|x\|$ 的三角不等式显然可从

$$\frac{|\alpha+\beta|}{1+|\alpha+\beta|} \leqslant \frac{|\alpha|+|\beta|}{1+|\alpha|+|\beta|} \leqslant \frac{|\alpha|}{1+|\alpha|} + \frac{|\beta|}{1+|\beta|}$$

得到. 由下列命题得映射 $(\alpha,x) \to \alpha x$ 是连续的.

命题　在 $M(S,\mathfrak{B},m)$ 中的收敛 s-$\lim\limits_{n\to\infty} x_n = x$ 等价于 S 中函数序列 $\{x_n(s)\}$ 的**渐近收敛** (或**依测度收敛**) 于 $x(s)$:

$$\text{对任何 } \varepsilon > 0, \lim_{n\to\infty} m\{s \in S; |x(s) - x_n(s)| \geqslant \varepsilon\} = 0. \tag{2}$$

证明　令 $B_\delta = \{s \in S; |x(s)| \geqslant \delta\}$, 由不等式

$$\frac{\delta}{1+\delta}m(B_\delta) \leqslant \|x\| \leqslant m(B_\delta) + \frac{\delta}{1+\delta}m(S-B_\delta)$$

显然得证.

注　容易看出 $M(S,\mathfrak{B},m)$ 的拓扑也可以用拟范数

$$\|x\| = \inf_{\varepsilon>0} \tan^{-1}[\varepsilon + m\{s \in S; |x(s)| \geqslant \varepsilon\}] \tag{1'}$$

来定义.

例 3　$\mathfrak{D}_K(\Omega)$. 第一章 §1 介绍的线性空间 $\mathfrak{D}_K(\Omega)$, 按拟范数 $\|x\| = d(x,0)$ 成为拟赋范线性空间, 其中距离 $d(x,y)$ 在第一章 §1 中已定义.

§5.　准 Hilbert 空间

定义 1　一个实的或复的赋范线性空间 X 称为准 Hilbert 空间是指其范数满足条件

$$\|x+y\|^2 + \|x-y\|^2 = 2(\|x\|^2 + \|y\|^2). \tag{1}$$

定理 1 (M. Fréchet-J. von Neumann-P. Jordan)　在一个实的准 Hilbert 空间 X 中, 定义

$$(x,y) = 4^{-1}(\|x+y\|^2 - \|x-y\|^2), \tag{2}$$

则有性质:

$$(\alpha x, y) = \alpha(x,y) \quad (\alpha \in R^1), \tag{3}$$

$$(x+y, z) = (x,z) + (y,z), \tag{4}$$

$$(x,y) = (y,x), \tag{5}$$

$$(x,x) = \|x\|^2. \tag{6}$$

证明 (5) 和 (6) 是显然的. 从 (1) 与 (2) 有

$$(x,z) + (y,z) = 4^{-1}(\|x+z\|^2 - \|x-z\|^2 + \|y+z\|^2 - \|y-z\|^2)$$
$$= 2^{-1}\left(\left\|\frac{x+y}{2}+z\right\|^2 - \left\|\frac{x+y}{2}-z\right\|^2\right) = 2\left(\frac{x+y}{2},z\right). \quad (7)$$

如果取 $y = 0$, 可得 $(x,z) = 2\left(\dfrac{x}{2},z\right)$, 这是因为由 (2) 有 $(0,z) = 0$. 于是由 (7) 便得到 (4). 因此 (3) 对形如 $\alpha = \dfrac{m}{2^n}$ 的实数 α 成立. 在赋范线性空间中, $\|\alpha x + y\|$ 及 $\|\alpha x - y\|$ 关于 α 是连续的, 所以, 由 (2), $(\alpha x, y)$ 关于 α 是连续的. 因此证得诸实数 α 满足 (3).

系 (J. von Neumann-P. Jordan) 令 $i = \sqrt{-1}$. 在一个满足 (1) 的复准 Hilbert 空间 X 中, 定义 $(x,y) = (x,y)_1 + i(x,iy)_1$, 其中

$$(x,y)_1 = 4^{-1}(\|x+y\|^2 - \|x-y\|^2). \quad (8)$$

则我们有 (4), (6) 及

$$(\alpha x, y) = \alpha(x,y) \quad (\alpha \in C^1), \quad (3')$$

$$(x,y) = \overline{(y,x)} \quad (共轭复数). \quad (5')$$

证明 X 也是个实的准 Hilbert 空间, 因此 (4) 与 (3′) 对实 α 已成立. 由 (8) 得 $(x,y)_1 = (y,x)_1$ 且 $(ix,iy)_1 = (x,y)_1$, 于是

$$(y,ix)_1 = (-iiy,ix)_1 = -(iy,x)_1 = -(x,iy)_1,$$

所以

$$(y,x) = (y,x)_1 + i(y,ix)_1 = (x,y)_1 - i(x,iy)_1 = \overline{(x,y)}.$$

类似地有

$$(ix,y) = (ix,y)_1 + i(ix,iy)_1 = -(x,iy)_1 + i(x,y)_1 = i(x,y),$$

从而证明了 (3′). 最后, (6) 成立是因为

$$(x,x)_1 = \|x\|^2 \quad 及 \quad (x,ix)_1 = 4^{-1}(|1+i|^2 - |1-i|^2)\|x\|^2 = 0.$$

定理 2 若一个 (实的或) 复的线性空间 X 中每对元素 $x,y \in X$ 都对应 (实或) 复数 (x,y), 它满足 (3′), (4), (5′) 以及

$$(x,x) \geqslant 0, \ 并且 \ (x,x) = 0 \ 当且仅当 \ x = 0, \quad (9)$$

则 S 是个 (实的或) 复的**准 Hilbert 空间**.

证明　令 $\|x\|^2 = (x,x)^{1/2}$. 对任何实数 α, 由 (3′), (4) 和 (5′), 有

$$(x+\alpha(x,y)y, x+\alpha(x,y)y) = \|x\|^2 + 2\alpha|(x,y)|^2 + \alpha^2|(x,y)|^2 \cdot \|y\|^2 \geqslant 0,$$

所以我们有 $|(x,y)|^4 - \|x\|^2|(x,y)|^2\|y\|^2 \leqslant 0$. 于是我们得到 Schwarz 不等式

$$|(x,y)| \leqslant \|x\| \cdot \|y\|, \tag{10}$$

其中等式成立当且仅当 x 和 y 是线性相关的. 从 (9) 式的后一部分显然得到 (10) 式的后一部分.

由 (10) 得到关于范数 $\|x\|$ 的三角不等式:

$$\|x+y\|^2 = (x+y, x+y) = \|x\|^2 + (x,y) + (y,x) + \|y\|^2 \leqslant (\|x\| + \|y\|)^2.$$

最后, 等式 (1) 是容易验证的.

定义 2　上面引入的数 (x,y) 称作准 Hilbert 空间 X 中两个向量 x 和 y 的数量积 (或内积).

例 1　$L^2(S,\mathfrak{B},m)$ 是个准 Hilbert 空间, 其中数量积定义为

$$(x,y) = \int_S x(s)\overline{y(s)}m(ds).$$

例 2　赋范线性空间 (l^2) 是个准 Hilbert 空间, 在其中数量积由 $(\{\xi_n\}, \{\eta_n\}) = \sum_{n=1}^{\infty} \xi_n\overline{\eta_n}$ 给出.

例 3　设 Ω 是 R^n 的一个开区域而 $dx = dx_1\cdots dx_n$ 是其上的 Lebesgue 测度且 $0 \leqslant k < \infty$, 则符合条件

$$\|f\|_k = \left(\sum_{|j|\leqslant k}\int_\Omega |D^j f(x)|^2 dx\right)^{1/2} < \infty \tag{11}$$

的所有函数 $f \in C^k(\Omega)$ 按数量积

$$(f,g)_k = \sum_{|j|\leqslant k}\int_\Omega D^j f(x) \cdot D^j\overline{g(x)}dx \tag{12}$$

构成一个准 Hilbert 空间 $\widehat{H}^k(\Omega)$.

例 4　设 Ω 是 R^n 的一个开区域及 $0 \leqslant k < \infty$, 则 $C_0^k(\Omega)$ 按数量积 (12) 和范数 (11) 成为一个准 Hilbert 空间, 并记为 $\widehat{H}_0^k(\Omega)$.

例 5　设 G 是复 z–平面上的一个有界开区域. 设 $A^2(G)$ 是由定义在 G 内并使得

$$\|f\| = \Big(\iint_G |f(z)|^2 dxdy \Big)^{1/2} < \infty \quad (z = x + iy) \tag{13}$$

的全纯函数 f 组成的集合, 则 $A^2(G)$ 按范数 (13)、数量积

$$(f, g) = \iint_G f(z)\overline{g(z)}dxdy \tag{14}$$

以及代数运算

$$(f + g)(z) = f(z) + g(z), \quad (\alpha f)(z) = \alpha f(z)$$

成为一个准 Hilbert 空间.

例 6　Hardy-Lebesgue 类 $H - L^2$. 设 $H - L^2$ 是由定义在复平面上单位圆 $\{z; |z| < 1\}$ 内且满足

$$\sup_{0<r<1} \Big(\int_0^{2\pi} |f(re^{i\theta})|^2 d\theta \Big) < \infty \tag{15}$$

的全纯函数 $f(z)$ 所组成的集合. 如果 $f(z) = \sum_{n=0}^{\infty} c_n z^n$ 是 f 的 Taylor 展式, 则

$$F(r) = \frac{1}{2\pi} \int_0^{2\pi} |f(re^{i\theta})|^2 d\theta$$
$$= \frac{1}{2\pi} \sum_{n,m=0}^{\infty} \int_0^{2\pi} c_n \bar{c}_m r^{n+m} e^{i(n-m)\theta} d\theta = \sum_{n=0}^{\infty} |c_n|^2 r^{2n}$$

是随 $r, 0 < r < 1$, 单调增加的且是上有界的. 因此容易看出

$$\|f\| = \sup_{0<r<1} \Big[\frac{1}{2\pi} \Big(\int_0^{2\pi} |f(re^{i\theta})|^2 d\theta \Big) \Big]^{1/2} = \Big(\sum_{n=0}^{\infty} |c_n|^2 \Big)^{1/2} \tag{16}$$

是满足条件 (1) 的一个范数, 这是因为 (l^2) 是个准 Hilbert 空间.

注　设给定序列 $\{c_n\} \in (l^2)$, 并考虑

$$f(z) = f(re^{i\theta}) = \sum_{n=0}^{\infty} c_n z^n = \sum_{n=0}^{\infty} c_n r^n e^{in\theta}, \quad |z| < 1.$$

根据 Schwarz 不等式, 有

$$\Big| \sum_{n=k}^{\infty} c_n z^n \Big| \leqslant \Big(\sum_{n=k}^{\infty} |c_n|^2 \Big)^{1/2} \cdot \Big(\sum_{n=k}^{\infty} r^{2n} \Big)^{1/2},$$

从而 $\sum_{n=0}^{\infty} c_n z^n$ 在任何圆 $|z| \leqslant \rho$ 内是一致收敛的, 其中 $0 < \rho < 1$. 于是 $f(z)$ 是单位圆 $|z| < 1$ 内的一个全纯函数且使 (15) 式成立, 即 $f(z)$ 属于 $H - L^2$ 类.

因而, 我们已经证明了

定理 3　在 Hardy-Lebesgue 类 $H - L^2$ 与准 Hilbert 空间 (l^2) 之间有如下一一对应:

$$H - L^2 \ni f(z) = \sum_{n=0}^{\infty} c_n z^n \leftrightarrow \{c_n\} \in (l^2),$$

使得由 $f(z) = \sum_{n=0}^{\infty} c_n z^n \leftrightarrow \{c_n\}$ 和 $g(z) = \sum_{n=0}^{\infty} d_n z^n \leftrightarrow \{d_n\}$ 必导致

$$f(z) + g(z) \leftrightarrow \{c_n + d_n\}, \alpha f(z) \leftrightarrow \{\alpha c_n\} \text{ 以及 } \|f\| = \Big(\sum_{n=0}^{\infty} |c_n|^2 \Big)^{1/2}.$$

于是, $H - L^2$ 作为一个准 Hilbert 空间与 (l^2) 是同构的.

§6.　线性算子的连续性

命题 1　设 X 和 Y 是同一个数域 K 上的线性拓扑空间. 这时, 把 $D(T) \subseteq X$ 映入 Y 的线性算子 T 在 $D(T)$ 上是处处连续的当且仅当 T 在零向量 $x = 0$ 处是连续的.

证明　从算子 T 的线性性质和 $T \cdot 0 = 0$, 这是显然的.

定理 1　设 X, Y 是局部凸空间, 而 $\{p\}, \{q\}$ 分别是确定 X 和 Y 的拓扑的半范数系, 则把 $D(T) \subseteq X$ 映入 Y 的线性算子 T 是连续的当且仅当对每个半范数 $q \in \{q\}$, 总有个半范数 $p \in \{p\}$ 及正数 β 使得

$$\text{对于所有 } x \in D(T), q(Tx) \leqslant \beta p(x). \tag{1}$$

证明　这个条件是充分的. 因为, 按照 $T \cdot 0 = 0$, 所述条件蕴涵着 T 在点 $x = 0 \in D(T)$ 处是连续的, 从而 T 在 $D(T)$ 上处处连续.

条件是必要的. T 在点 $x = 0$ 处的连续性蕴涵着对每个半范数 $q \in \{q\}$ 和每个正数 ε 总有个半范数 $p \in \{p\}$ 和正数 δ 使得

$$x \in D(T) \text{ 和 } p(x) \leqslant \delta \text{ 时, 必有 } q(Tx) \leqslant \varepsilon.$$

设 x 是 $D(T)$ 的任何点, 取正数 λ 使得 $\lambda p(x) \leqslant \delta$. 于是我们有 $p(\lambda x) \leqslant \delta, \lambda x \in D(T)$ 从而 $q(T(\lambda x)) \leqslant \varepsilon$. 于是 $q(Tx) \leqslant \varepsilon/\lambda$. 因此, 如果 $p(x) = 0$, 我们可取 λ 任意大, 从而有 $q(Tx) = 0$; 而如果 $p(x) \neq 0$, 我们可取 $\lambda = \delta/p(x)$. 从而在任何情况下, 都有 $q(Tx) \leqslant \beta p(x)$, 其中 $\beta = \varepsilon/\delta$.

系 1　设 X 是局部凸空间, f 是 $D(f) \subseteq X$ 上的一个线性泛函, 它是连续的当且仅当在确定 X 的拓扑的半范数系 $\{p\}$ 中有个半范数 p 和一个正数 β 使得

$$\text{对于所有 } x \in D(f), |f(x)| \leqslant \beta p(x). \tag{2}$$

证明 因绝对值 $|\alpha|$ 本身构成了确定实数或复数域的拓扑的一个半范数系.

系 2 设 X, Y 都是赋范线性空间, 则把 $D(T) \subseteq X$ 映入 Y 的线性算子 T 是连续的当且仅当有个正常数 β 使得

$$\text{对于所有 } x \in D(T), \|Tx\| \leqslant \beta\|x\|. \tag{3}$$

系 3 设 X, Y 都是赋范线性空间, 则把 $D(T) \subseteq X$ 映入 Y 的线性算子 T 具有连续逆算子 T^{-1} 当且仅当有个正常数 γ 使得

$$\text{对于所有 } x \in D(T), \|Tx\| \geqslant \gamma\|x\|. \tag{4}$$

证明 由 (4), $Tx = 0$ 蕴涵 $x = 0$, 从而逆算子 T^{-1} 存在. 用 (4) 和上面的系 2 可以证明 T^{-1} 的连续性.

定义 1 设 T 是把赋范线性空间 X 映入赋范线性空间 Y 的一个连续线性算子. 定义

$$\|T\| = \inf_{\beta \in B} \beta, \text{其中 } B = \{\beta; \text{对所有 } x \in X, \|Tx\| \leqslant \beta\|x\|\}. \tag{5}$$

由上述系 2 和 T 的线性性质容易看出

$$\|T\| = \sup_{\|x\| \leqslant 1} \|Tx\| = \sup_{\|x\| = 1} \|Tx\|. \tag{6}$$

称 $\|T\|$ 为 T 的算子范数. 一个把赋范线性空间 X 映入赋范线性空间 Y 的连续线性算子称为把 X 映入 Y 的有界线性算子, 因为对于这样一个算子, 当 x 取遍 X 的单位球面或单位球 $\{x \in X; \|x\| \leqslant 1\}$ 时, 范数 $\|Tx\|$ 是有界的.

定义 2 设 T 和 S 是线性算子并使得

$$D(T) \text{ 及 } D(S) \subseteq X \text{ 以及 } R(T) \text{ 及 } R(S) \subseteq Y,$$

则和 $T + S$ 与数乘 αT 分别定义为

$$(T + S)(x) = T(x) + S(x), \text{ 其中 } x \in D(T) \cap D(S); (\alpha T)(x) = \alpha(Tx).$$

另设 T 是把 $D(T) \subseteq X$ 映入 Y 的一个线性算子, 而 S 是把 $D(S) \subseteq Y$ 映入 Z 的一个线性算子, 则乘积 ST 定义为

$$(ST)x = S(Tx), \text{ 其中 } x \in \{x; x \in D(T) \text{ 且 } Tx \in D(S)\}.$$

$T + S, \alpha T$ 和 ST 都是线性算子.

注　即使 $X = Y = Z$, 乘积 ST 与 TS 都不必一致. 例如有映 $L^2(R^1)$ 入 $L^2(R^1)$ 的线性算子 $Tx = tx(t)$ 和 $Sx(t) = \sqrt{-1}\dfrac{d}{dt}x(t)$. 此例中有交换关系

$$(ST - TS)x(t) = \sqrt{-1}x(t).$$

命题 2　若 T 和 S 是把赋范线性空间 X 映入赋范线性空间 Y 的有界线性算子, 则

$$\|S + T\| \leqslant \|S\| + \|T\|, \|\alpha T\| = |\alpha| \cdot \|T\|. \tag{7}$$

若 T 是映赋范线性空间 X 入赋范线性空间 Y 的有界线性算子, 而 S 是映 Y 入赋范线性空间 Z 的有界线性算子, 则

$$\|ST\| \leqslant \|S\| \cdot \|T\|. \tag{8}$$

证明　我们证明后一个不等式, (7) 式可类似证明. 现在

$$\|STx\| \leqslant \|S\| \cdot \|Tx\| \leqslant \|S\| \cdot \|T\| \cdot \|x\|,$$

从而 $\|ST\| \leqslant \|S\| \cdot \|T\|$.

系　若 T 是把赋范线性空间 X 映入自身的有界线性算子, 则

$$\|T^n\| \leqslant \|T\|^n, \tag{9}$$

其中 T^n 是递归定义的: $T^n = TT^{n-1}$ $(n = 1, 2, \cdots)$ 且 $T^0 = I$, 它映每个 x 到 x 自身, 即 $Ix = x$. 称 I 为**恒等算子**.

§7.　有界集和围空间

定义 1　线性拓扑空间 X 中的一个子集 B 叫作有界的是指它能被 0 的任何邻域 U 吸收 , 亦即, 有个正常数 α 使得 $\alpha^{-1}B \subseteq U$. 这里

$$\alpha^{-1}B = \{x \in X; x = \alpha^{-1}b, b \in B\}.$$

命题　设 X, Y 均是线性拓扑空间, 则把 X 映入 Y 的一个连续线性算子必将 X 的每个有界集映到 Y 的一个有界集上.

证明　设 B 是 X 的一个有界集, 而 V 是 Y 中 0 点的一个邻域. 根据 T 的连续性, X 内原点 0 有个邻域 U 使得 $T(U) = \{Tu; u \in U\} \subseteq V$. 今设 $\alpha > 0$ 使得 $B \subseteq \alpha U$, 则 $T(B) \subseteq T(\alpha U) = \alpha T(U) \subseteq \alpha V$. 这就证明了 $T(B)$ 是 Y 的一个有界集.

定义 2　一个局部凸空间 X 叫作围空间是指它满足条件:

$$\text{如果 } X \text{ 的一个均衡凸集 } M \text{ 能吸收 } X \text{ 的}$$
$$\text{诸有界集, 那么 } M \text{ 是 } X \text{ 中 } 0 \text{ 的一个邻域.} \qquad (1)$$

定理 1　一个局部凸空间 X 是围空间当且仅当定义在 X 上且在 X 的每个有界集上有界的半范数都是连续的.

证明　首先注意: X 上半范数 $p(x)$ 是连续的当且仅当它在 $x = 0$ 处是连续的. 这可从半范数的次可加性: $p(x - y) \geqslant |p(x) - p(y)|$ (第一章 §1 中 (4)) 看出.

必要性　设 $p(x)$ 是定义在 X 上的一个半范数, 且在 X 的每个有界集上有界. 集合 $M = \{x \in X; p(x) \leqslant 1\}$ 是凸的和均衡的. 如果 B 是 X 的一个有界集, 则 $\sup\limits_{b \in B} p(b) = \alpha < \infty$, 因而 $B \subseteq \alpha M$. 根据假设, X 是围的, 所以, M 必是 0 的一个邻域. 于是 $p(x)$ 在 $x = 0$ 处连续.

充分性　设 M 是个能吸收 X 的每个有界集的 X 的均衡凸集, p 是 M 的 Minkowski 泛函, 则 p 在每个有界集上有界, 因为根据假设, M 能吸收每个有界集. 于是根据条件, $p(x)$ 是连续的. 因此 $M_1 = \{x \in X; p(x) < 1/2\}$ 是含于 M 的一个开集 $\ni 0$. 这就证明了 M 是 0 的一个邻域.

例 1　赋范线性空间是围空间.

证明　设 X 是赋范线性空间, 则 X 的单位球 $S = \{x \in X; \|x\| \leqslant 1\}$ 是 X 的一个有界集. 设 X 上某个半范数 $p(x)$ 在 S 上有界, 亦即 $\sup\limits_{x \in S} p(x) = \alpha < \infty$, 则对任何 $y \neq 0$, 有

$$p(y) = p\Big(\|y\| \cdot \frac{y}{\|y\|}\Big) = \|y\| p\Big(\frac{y}{\|y\|}\Big) \leqslant \alpha \|y\|.$$

因此 p 在 $y = 0$ 处连续, 从而它在 X 的每点处连续.

注　以后将会看到, 拟赋范线性空间 $M(S, \mathfrak{B})$ 不是局部凸的. 因此, 一个拟赋范线性空间不必是围空间. 然而可以证明以下

定理 2　把一个拟赋范线性空间映入另一个拟赋范线性空间的线性算子 T 是连续的当且仅当 T 把有界集映成有界集.

证明　像第一章 §2 中证明命题 2 一样, 可证一个拟赋范线性空间是个线性拓扑空间. 于是 "仅当" 部分由上面的命题已经证明了. 我们来证 "当" 的部分.

设 T 把有界集映成有界集. 假设 s-$\lim\limits_{k \to \infty} x_k = 0$, 则 $\lim\limits_{k \to \infty} \|x_k\| = 0$, 因而有整数列 $\{n_k\}$ 使得

$$\lim_{k \to \infty} n_k = \infty \text{ 而 } \lim_{k \to \infty} n_k \|x_k\| = 0.$$

如可取 n_k 如下:

$$n_k = \begin{cases} \text{最大整数} \leqslant \|x_k\|^{-1/2}, & \text{当 } x_k \neq 0 \text{ 时,} \\ k, & \text{当 } x_k = 0 \text{ 时.} \end{cases}$$

今有 $\|n_k x_k\| = \|x_k + x_k + \cdots + x_k\| \leqslant n_k \|x_k\|$, 所以 s-$\lim\limits_{k\to\infty} n_k x_k = 0$. 但是, 在拟赋范线性空间中, 收敛于 0 的序列 $\{n_k x_k\}$ 是有界的. 因此, 根据条件, $\{T(n_k x_k)\} = \{n_k T x_k\}$ 是个有界序列. 从而

$$\text{s-}\lim_{k\to\infty} T x_k = \text{s-}\lim_{k\to\infty} n_k^{-1}(T(n_k x_k)) = 0,$$

从而 T 在 $x = 0$ 处连续, 于是 T 处处连续.

定理 3　设 X 是圈的, T 是把 X 映入局部凸空间 Y 的一个线性算子, 如果 T 把每个有界集映成有界集, 那么 T 是连续的.

证明　设 V 是 Y 中 0 的一个均衡凸邻域, p 是 V 的 Minkowski 泛函. 考虑 $q(x) = p(Tx)$, 则 q 是定义在 X 上且在 X 的每个有界集上为有界的半范数, 这是因为 Y 的每个有界集都被 0 的邻域 V 所吸收. 既然 X 是圈的, 那么 q 就是连续的. 这样集合 $\{x \in X; Tx \in V^a\} = \{x \in X; q(x) \leqslant 1\}$ 是 X 中 0 的一个邻域, 这就证明了 T 是连续的.

§8.　广义函数和广义导数

第一章 §1 引进了局部凸空间 $\mathfrak{D}(\Omega)$, 其上连续线性泛函数就是 "分布" 或 L. Schwartz 的 "广义函数". 为了讨论广义函数, 先证明以下

定理 1　设 B 是 $\mathfrak{D}(\Omega)$ 中的一个有界集, 则 Ω 中有个紧集 K 使得

$$\text{对每个 } \varphi \in B, \text{ 有 supp}(\varphi) \subseteq K, \tag{1}$$

$$\text{对每个微分算子 } D^j, \text{ 有 } \sup_{x \in K, \varphi \in B} |D^j \varphi(x)| < \infty. \tag{2}$$

证明　若 (1) 不对, 则有一列函数 $\{\varphi_j\} \subseteq B$ 和一列点 $\{p_i\} \subset \Omega$ 使得 (i): $\{p_i\}$ 在 Ω 内无聚点, (ii): $\varphi_i(p_i) \neq 0$ $(i = 1, 2, \cdots)$, 则

$$p(\varphi) = \sum_{i=1}^{\infty} i |\varphi(p_i)| / |\varphi_i(p_i)|$$

在第一章 §1 中定义的每个 $\mathfrak{D}_K(\Omega)$ 上是个连续的半范数. 于是对于任何 $\varepsilon > 0$, 集合 $\{\varphi \in \mathfrak{D}_K(\Omega); p(\varphi) \leqslant \varepsilon\}$ 是 $\mathfrak{D}_K(\Omega)$ 中 0 的一个邻域. 既然 $\mathfrak{D}(\Omega)$ 是诸 $\mathfrak{D}_K(\Omega)$ 的归纳极限, 我们就可看出 $\{\varphi \in \mathfrak{D}(\Omega); p(\varphi) \leqslant \varepsilon\}$ 也是 $\mathfrak{D}(\Omega)$ 中 0 的一个邻域.

因此 p 在 $\mathfrak{D}(\Omega)$ 中 0 处是连续的, 从而它在 $\mathfrak{D}(\Omega)$ 上是连续的. 于是 p 在 $\mathfrak{D}(\Omega)$ 的有界集 B 上必是有界的. 然而, $p(\varphi_i) \geqslant i \ (i = 1, 2, \cdots)$, 矛盾. 这就证明了 (1) 一定成立.

下面假设 (1) 成立. 若 (2) 不成立, 则有个微分算子 D^{j_0} 和某个函数序列 $\{\varphi_j\} \subseteq B$ 使得 $\sup\limits_{x \in K} |D^{j_0}\varphi_i(x)| > i \ (i = 1, 2, \cdots)$. 那么, 如果我们令

$$\text{对于 } \varphi \in \mathfrak{D}_K(\Omega), \ p(\varphi) = \sup_{x \in K} |D^{j_0}\varphi(x)|,$$

那么 $p(\varphi)$ 就是 $\mathfrak{D}_K(\Omega)$ 上的一个连续半范数且 $p(\varphi_i) > i \ (i = 1, 2, \cdots)$. 所以, $\{\varphi_i\} \subseteq B$ 在 $\mathfrak{D}_K(\Omega)$ 内不可能是有界的, 更不必说在 $\mathfrak{D}(\Omega)$ 内了. 这个矛盾证明了 (2) 必定成立.

定理 2 空间 $\mathfrak{D}(\Omega)$ 是囿的.

证明 设 $q(\varphi)$ 是 $\mathfrak{D}(\Omega)$ 上的一个半范数且在 $\mathfrak{D}(\Omega)$ 的每个有界集上是有界的. 根据第一章 §7 中定理 1, 我们仅需证明 q 于 $\mathfrak{D}(\Omega)$ 连续. 为此, 我们需证明 q 在空间 $\mathfrak{D}_K(\Omega)$ 上是连续的, 其中 K 是 Ω 的任何一个紧集. 因为 $\mathfrak{D}(\Omega)$ 是诸 $\mathfrak{D}_K(\Omega)$ 的归纳极限, 于是我们就可看出: q 在 $\mathfrak{D}(\Omega)$ 上是连续的.

而 q 在每个 $\mathfrak{D}_k(\Omega)$ 上是连续的, 这是因为根据条件, q 在拟赋范线性空间 $\mathfrak{D}_K(\Omega)$ 的每个有界集上是有界的, 从而根据上节定理 2 知, q 在 $\mathfrak{D}_K(\Omega)$ 上是连续的. 因此 q 在 $\mathfrak{D}(\Omega)$ 上必是连续的.

现在可以来定义广义函数了.

定义 1 定义于 $\mathfrak{D}(\Omega)$ 的一个连续线性泛函 T 叫作 Ω 上的一个广义函数, 或一个理想函数, 或一个分布; 而值 $T(\varphi)$ 叫作广义函数 T 在检验函数 $\varphi \in \mathfrak{D}(\Omega)$ 处的值.

由第一章 §7 中定理 1 和上述定理 2 我们有以下

命题 1 定义在 $\mathfrak{D}(\Omega)$ 上的一个线性泛函是 Ω 上的一个广义函数当且仅当它在 $\mathfrak{D}(\Omega)$ 的每个有界集上是有界的, 亦即, 当且仅当 T 在每个满足条件 (1) 和 (2) 的集合 $B \subset \mathfrak{D}(\Omega)$ 上是有界的.

证明 命题显然源自事实: $T(\varphi)$ 连续当且仅当半范数 $|T(\varphi)|$ 连续.

系 定义在 $C_0^\infty(\Omega)$ 上的一个线性泛函 T 是 Ω 上一个广义函数当且仅当它满足条件:

对于 Ω 的每个紧集 K, 总相应有某个正常数 C 和某个正整数 k 使得

$$\text{对于 } \varphi \in \mathfrak{D}_K(\Omega), \ |T(\varphi)| \leqslant C \sup_{|j| \leqslant k, x \in K} |D^j\varphi(x)|. \tag{3}$$

证明 根据 T 在诸 $\mathfrak{D}_K(\Omega)$ 的归纳极限 $\mathfrak{D}(\Omega)$ 上的连续性, 我们看出 T 必在每个 $\mathfrak{D}_K(\Omega)$ 上连续. 于是条件 (3) 的必要性是显然的. 至于条件 (3) 的充分性也是明显的, 因为它能导致 T 在 $\mathfrak{D}(\Omega)$ 的每个有界集上有界.

注 上述系可当作广义函数的一个有用定义, 它对于所有应用是很方便的.

例 1 设 Ω 上殆定可测函数 $f(x)$ 依 Lebesgue 测度 $dx = dx_1 dx_2 \cdots dx_n$ 是局部可积的, 其意指 Ω 的任何紧集 K 使 $\int_K |f(x)|dx < \infty$. 于是

$$T_f(\varphi) = \int_\Omega f(x)\varphi(x)dx, \quad \varphi \in \mathfrak{D}(\Omega) \tag{4}$$

定义了 Ω 上的一个广义函数 T_f.

例 2 设 Ω 是 R^n 的某个开集. 今设 $m(B)$ 是定义在 Ω 的所有 Baire 子集 B 上一个 σ–有限[①]且 σ–可加的复值测度. 于是

$$T_m(\varphi) = \int_\Omega \varphi(x)m(dx), \quad \varphi \in \mathfrak{D}(\Omega) \tag{5}$$

定义了 Ω 上的一个广义函数 T_m.

例 3 作为例 2 的一个特殊情形, 取任意固定点 $p \in \Omega$, 则

$$T_{\delta_p}(\varphi) = \varphi(p), \ \varphi \in \mathfrak{D}(\Omega) \tag{6}$$

定义了 Ω 上的一个广义函数 T_{δ_p}. 称它为集中在 $p \in \Omega$ 点处的 Dirac 分布. 在 p 为原点 $0 \in R^n$ 的情况下, 我们将把 T_{δ_0} 记为 T_δ 或 δ.

定义 2 将 Ω 上所有广义函数组成的集合记为 $\mathfrak{D}(\Omega)'$. 它按运算

$$(T + S)(\varphi) = T(\varphi) + S(\varphi), \quad (\alpha T)(\varphi) = \alpha T(\varphi) \tag{7}$$

成为一个线性空间. 我们称 $\mathfrak{D}(\Omega)'$ 是 Ω 上的广义函数空间或 $\mathfrak{D}(\Omega)$ 的对偶空间.

注 两个分布 T_{f_1} 和 T_{f_2} 作为泛函相等 (诸 $\varphi \in \mathfrak{D}(\Omega)$ 使 $T_{f_1}(\varphi) = T_{f_2}(\varphi)$) 当且仅当 $f_1(x) = f_2(x)$ a.e. 如果这一事实得证, 则 Ω 上一切局部可积函数所成集合, 按对应关系 $f \leftrightarrow T_f$, 与 $\mathfrak{D}(\Omega)'$ 的一个子集一一对应, 且有 (f_1 和 f_2 当作等价的当且仅当 $f_1(x) = f_2(x)$ a.e.)

$$T_{f_1} + T_{f_2} = T_{f_1+f_2}, \quad \alpha T_f = T_{\alpha f}. \tag{7'}$$

在这个意义下, 广义函数的概念实际上是局部可积函数概念的一个推广. 为了证明以上论断, 我们只需证明: 在 R^n 的一个开集 Ω 内一个局部可积的函数 f, 如

---

①校者注: 这个 σ–有限性条件是多余的, 因复值测度本身有限.

果诸 $\varphi \in C_0^\infty(\Omega)$ 满足 $\int_\Omega f(x)\varphi(x)dx = 0$, 则在 Ω 内 $f = 0$ a.e. 引进 Baire 测度①
$\mu(B) = \int_B f(x)dx$, 上述积分为 0 的条件导致诸 $\varphi \in C_0^\infty(\Omega)$ 满足 $\int_\Omega \varphi(x)\mu(dx) = 0$.
借助于第一章 §1 中命题 8 又进一步导致诸 $\varphi \in C_0^0(\Omega)$ 满足 $\int_\Omega \varphi(x)\mu(dx) = 0$.
今设 B 是 Ω 内一个紧 G_δ-集: $B = \bigcap_{n=1}^\infty G_n$, 这里可假定 $\{G_n\}$ 是 Ω 中某些相对紧的开集所组成的一个单调减少序列使得满足 $C_{n+2}^a \subseteq G_{n+1}$. 用第零章 §2 中 Urysohn 定理得存在连续函数 $f_n(x)$ 使得

对于 $x \in \Omega$, 有 $0 \leqslant f_n(x) \leqslant 1$,
对于 $x \in G_{n+2}^a$, 有 $f_n(x) = 1$,
对于 $x \in G_n^a - G_{n+1}$ $(n = 1, 2, \cdots)$, 有 $f_n(x) = 0$.

设 $\varphi = f_n$ 并令 $n \to \infty$, 我们看出对于 Ω 的所有紧 G_δ-集有 $\mu(B) = 0$. Ω 的 Baire 集是含有 Ω 的所有紧 G_δ-集的最小 σ-环中成员, 根据 Baire 测度 μ 的 σ-可加性, 我们看出对于 Ω 的每个 Baire 集 μ 都为 0. 于是这个测度 μ 的密度 f 在 Ω 内几乎处处为 0.

通过以下命题我们能定义广义函数的微分概念.

命题 2　如果 T 是 Ω 上的一个广义函数, 则
$$S(\varphi) = -T\left(\frac{\partial\varphi}{\partial x_1}\right), \quad \varphi \in \mathfrak{D}(\Omega) \tag{8}$$
定义了 Ω 上的另一个广义函数 S.

证明　S 是 $\mathfrak{D}(\Omega)$ 上的线性泛函且它在 $\mathfrak{D}(\Omega)$ 的诸有界集上是有界的.

定义 3　由 (8) 定义的广义函数 S 叫作 T (关于 x_1) 的广义导数或分布导数, 且记为
$$S = \frac{\partial}{\partial x_1}T, \tag{9}$$
所以我们有
$$\frac{\partial}{\partial x_1}T(\varphi) = -T\left(\frac{\partial\varphi}{\partial x_1}\right). \tag{10}$$

注　以上概念推广了通常导数概念. 因若函数 f 关于 x_1 连续可微, 则有
$$\frac{\partial}{\partial x_1}T_f(\varphi) = -T_f\left(\frac{\partial\varphi}{\partial x_1}\right) = -\int\cdots\int_\Omega f(x)\frac{\partial\varphi}{\partial x_1}dx_1\cdots dx_n$$
$$= \int\cdots\int_\Omega \frac{\partial f(x)}{\partial x_1}\varphi(x)dx_1\cdots dx_n = T_{\partial f/\partial x_1}(\varphi),$$

①校者注: 严格而言, $\mu(B)$ 可能不是一个 Baire 测度, 原因在于 f 是局部可积的, $\mu(B)$ 对某些 Baire 集 B 可能无意义.

注意到 $\varphi(x)$ 在 Ω 的某个紧集之外为 0, 再使用分部积分法便可得到上式.

系　Ω 上广义函数 T 在以上定义的分布意义下是无限次可微的且

$$(D^j T)(\varphi) = (-1)^{|j|} T(D^j \varphi), \quad 其中 \ |j| = \sum_{i=1}^{n} j_i, \ D^j = \frac{\partial^{|j|}}{\partial x_1^{j_1} \partial x_2^{j_2} \cdots \partial x_n^{j_n}}. \tag{11}$$

例 4　Heaviside 函数 $H(x)$ 由

$$H(x) = \begin{cases} 1, & 当 \ x \geqslant 0 \ 时, \\ 0, & 当 \ x < 0 \ 时 \end{cases} \tag{12}$$

来定义. 于是我们有

$$\frac{d}{dx} T_H = T_{\delta_0}, \tag{12'}$$

其中 T_{δ_0} 是集中在 R^1 的原点处的 Dirac 分布. 事实上, 对于任何 $\varphi \in \mathfrak{D}(R^1)$, 我们均有

$$\left(\frac{d}{dx} T_H \right)(\varphi) = - \int_{-\infty}^{\infty} H(x) \varphi'(x) dx$$

$$= - \int_{0}^{\infty} \varphi'(x) dx = -[\varphi(x)]_0^{\infty} = \varphi(0).$$

例 5　设 $f(x)$ 在 R^1 的开集 $R^1 - \bigcup_{j=1}^{k} \{x_j\}$ 内具有连续的有界导数. 又设 $s_j = f(x_j + 0) - f(x_j - 0)$ 是 $f(x)$ 在 $x = x_j$ 处的振幅或跃差. 因为

$$\left(\frac{d}{dx} T_f \right)(\varphi) = - \int_{-\infty}^{\infty} f(x) \varphi'(x) dx$$

$$= \sum_{j} \varphi(x_j) s_j + \int_{-\infty}^{\infty} f'(x) \varphi(x) dx,$$

所以我们有

$$\frac{d}{dx} T_f = T_{f'} + \sum_{j} s_j \delta_{x_j}, \tag{12''}$$

其中 δ_{x_j} 由 (6) 确定.

例 6　设 $f(x) = f(x_1, x_2, \cdots, x_n)$ 是在具有光滑边界 S 的有界闭域 $\Omega \subseteq R^n$ 上的一个连续可微函数. 在 Ω 之外令 f 为 0, 按分部积分法, 有

$$\left(\frac{\partial}{\partial x_j} T_f \right)(\varphi) = - \int_{\Omega} f(x) \frac{\partial \varphi(x)}{\partial x_j} dx = \int_{S} f(x) \varphi(x) \cos(\nu, x_j) dS + \int_{\Omega} \frac{\partial f}{\partial x_j} \varphi(x) dx,$$

其中 ν 是 S 的内法向, $(\nu, x_j) = (x_j, \nu)$ 是 ν 和正 x_j 轴之间的夹角, 而 dS 是曲面元素①. 于是我们有

$$\frac{\partial}{\partial x_j} T_f = T_{\partial f/\partial x_j} + T_S, \quad 其中 \ T_S(\varphi) = \int_{S} f(x) \varphi(x) \cos(\nu, x_j) dS. \tag{12'''}$$

---

①校者注: 因 S 的维数可能大于 2, 从而是超曲面, dS 是超面积微元.

系 如果 $f(x) = f(x_1, x_2, \cdots, x_n)$ 在 Ω 上是 C^2 类的而在 Ω 之外为 0, 则从 $(12''')$ 和 $\dfrac{\partial}{\partial \nu} = \sum_j \dfrac{\partial}{\partial x_j} \cos(\nu, x_j)$ 可得 Green 积分定理

$$(\Delta T_f)(\varphi) = T_{\Delta f}(\varphi) + \int_S \frac{\partial f}{\partial \nu} \varphi(x) dS - \int_S f(x) \frac{\partial \varphi}{\partial \nu} dS, \tag{12''''}$$

其中 Δ 是 Laplace 算子 $\sum\limits_{j=1}^{n} \dfrac{\partial^2}{\partial x_j^2}$.

命题 3 如果 T 是 Ω 上一个广义函数, $f \in C^\infty(\Omega)$, 那么

$$S(\varphi) = T(f\varphi), \quad \varphi \in \mathfrak{D}(\Omega) \tag{13}$$

定义了 Ω 上的另一个广义函数 S.

证明 S 是个定义在 $\mathfrak{D}(\Omega)$ 上的线性泛函且它在 $\mathfrak{D}(\Omega)$ 的每个有界集上为有界. 这只要把 Leibniz 公式用于 $f\varphi$ 上便可得到.

定义 4 按 (13) 式定义的广义函数 S 叫作函数 f 和广义函数 T 的乘积.

Leibniz 公式 用 fT 记 (13) 式中的 S, 我们有

$$\frac{\partial}{\partial x_j}(fT) = \frac{\partial f}{\partial x_j} T + f \frac{\partial T}{\partial x_j}, \tag{14}$$

这是因为对 $\dfrac{\partial(f\varphi)}{\partial x_j}$ 运用 Leibniz 公式, 我们便有

$$-T\left(f \frac{\partial \varphi}{\partial x_j}\right) = T\left(\frac{\partial f}{\partial x_j}\varphi\right) - T\left(\frac{\partial}{\partial x_j}(f\varphi)\right).$$

这个公式可以推广如下.

设 $P(\xi)$ 是 $\xi_1, \xi_2, \cdots, \xi_n$ 的一个多项式, 并考虑一个具常系数的偏微分算子 $P(D)$, 它是用 $i^{-1}\dfrac{\partial}{\partial x_j}$ 代替 $P(\xi)$ 中的 ξ_j 而得到的. 引入虚系数 i^{-1} 是为了适合第六章中 Fourier 变换理论的符号运算.

定理 3 (L. Hörmander 的广义 Leibniz 公式) 我们有

$$P(D)(fT) = \sum_s (D_s f) \frac{1}{s!} P^{(s)}(D)T, \tag{15}$$

其中, 对 $s = (s_1, s_2, \cdots, s_n)$, 有

$$\left.\begin{array}{l} P^{(s)}(\xi) = \dfrac{\partial^{s_1+s_2+\cdots+s_n}}{\partial \xi_1^{s_1} \partial \xi_2^{s_2} \cdots \partial \xi_n^{s_n}} P(\xi) = D_\xi^s P(\xi), \\[3mm] D_s = \left(\dfrac{1}{i}\dfrac{\partial}{\partial x_1}\right)^{s_1} \left(\dfrac{1}{i}\dfrac{\partial}{\partial x_2}\right)^{s_2} \cdots \left(\dfrac{1}{i}\dfrac{\partial}{\partial x_n}\right)^{s_n}, \end{array}\right\} \tag{16}$$

$$\text{而 } s! = s_1! s_2! \cdots s_n!. \tag{17}$$

证明　重复使用 (14) 式可给出形如下式的一个恒等式

$$P(D)(fT) = \sum_s (D_s f) Q_s(D) T, \tag{18}$$

其中诸 $Q_s(\xi)$ 是多项式. 因为 (18) 式是个恒等式, 所以我们可以把

$$f(x) = e^{i\langle x, \xi\rangle} \text{ 与 } T = e^{i\langle x, \eta\rangle}, \text{ 其中 } \langle x, \xi\rangle = \sum_{j=1}^n x_j \xi_j$$

代入 (18) 式, 于是按符号运算法

$$P(D) e^{i\langle x, \xi\rangle} = P(\xi) e^{i\langle x, \xi\rangle}, \tag{19}$$

可得 $P(\xi + \eta) = \sum_s \xi^s Q_s(\eta)$, 其中 $\xi^s = \xi_1^{s_1} \xi_2^{s_2} \cdots \xi_n^{s_n}$.

另由 Taylor 公式, 我们有 $P(\xi + n) = \sum_s \dfrac{1}{s!} \xi^s P^{(s)}(\eta)$, 于是得

$$Q_s(\eta) = \frac{1}{s!} P^{(s)}(\eta).$$

§9.　B–空间和 F–空间

在一个拟赋范线性空间 X 中, 由 $\lim\limits_{n\to\infty} \|x_n - x\| = 0$ 和三角不等式

$$\|x_n - x_m\| \leqslant \|x_n - x\| + \|x - x_m\|$$

便可推知 $\{x_n\}$ 是个 Cauchy 序列, 亦即 $\{x_n\}$ 满足 Cauchy 收敛条件

$$\lim_{n, m\to\infty} \|x_n - x_m\| = 0. \tag{1}$$

定义 1　一个拟赋范 (或赋范) 线性空间 X 叫作 F–空间 (或 B–空间), 是指它是完备的, 亦即 X 中 Cauchy 序列 $\{x_n\}$ 均强收敛于 X 中某个点 x_∞:

$$\lim_{n\to\infty} \|x_n - x_\infty\| = 0. \tag{2}$$

此极限 x_∞ (存在时) 是唯一确定的, 这是因为有三角不等式

$$\|x - x'\| \leqslant \|x - x_n\| + \|x_n - x'\|.$$

一个完备的准 Hilbert 空间叫作一个 Hilbert 空间.

注　F–空间和 B–空间分别是 Fréchet 空间和 Banach 空间的缩写. 但请注意: Bourbaki 对可拟赋范且完备的局部凸空间使用 Fréchet 空间这个术语.

命题 1　设 Ω 是 R^n 的一个开集, 且以 $\mathfrak{E}(\Omega)$ 记第一章 §1 中命题 6 中的拟赋范局部凸空间 $C^\infty(\Omega)$. 这个 $\mathfrak{E}(\Omega)$ 是个 F-空间.

证明　在 $\mathfrak{E}(\Omega)$ 内, 条件 $\lim\limits_{k,m\to\infty}\|f_k-f_m\|=0$ 意味着对于 Ω 的任何紧集 K 和任何微分算子 D^α, 当 $k\to\infty$ 时, 函数序列 $\{D^\alpha f_k(x)\}$ 在 K 上一致收敛. 于是存在函数 $f(x)\in C^\infty(\Omega)$ 使得在 K 上 $\lim\limits_{k\to\infty}D^\alpha f_k(x)=D^\alpha f(x)$ 一致成立. 因为 D^α 和 K 都是任意的, 换言之, 在 $\mathfrak{E}(\Omega)$ 内有 $\lim\limits_{k\to\infty}\|f_k-f\|=0$.

命题 2　$L^p(S)=L^p(S,\mathfrak{B},m)$ 是 B-空间. 特别地, $L^2(s)$ 和 (l^2) 均是 Hilbert 空间.

证明　设在 $L^p(S)$ 内有 $\lim\limits_{n,m\to\infty}\|x_n-x_m\|=0$. 于是我们可以选择一个子列 $\{x_{n_k}\}$ 使得 $\sum\limits_k\|x_{n_{k+1}}-x_{n_k}\|<\infty$. 把三角不等式和 Lebesgue-Fatou 引理用于函数序列

$$y_t(s)=|x_{n_1}(s)|+\sum_{k=1}^{t}|x_{n_{k+1}}-x_{n_k}(s)|\in L^p(S),$$

显然有

$$\int_\Omega(\lim_{t\to\infty}y_t(s)^p)m(ds)\leqslant\varliminf_{t\to\infty}\|y_t\|^p\leqslant\left(\|x_{n_1}\|+\sum_{k=1}^\infty\|x_{n_{k+1}}-x_{n_k}\|\right)^p,$$

因此有限极限 $\lim\limits_{t\to\infty}y_t(s)$ 几乎处处存在. 于是有限极限 $\lim\limits_{t\to\infty}x_{n_{t+1}}(s)=x_\infty(s)$ 几乎处处存在且 $x_\infty(s)\in L^p(S)$, 这是因为 $|x_{n_{t+1}}(s)|\leqslant\lim\limits_{t\to\infty}y_t(s)\in L^p(S)$. 再应用 Lebesgue-Fatou 引理, 我们得到

$$\|x_\infty-x_{n_k}\|^p=\int_\Omega(\lim_{t\to\infty}|x_{n_t}(s)-x_{n_k}(s)|^p)m(ds)\leqslant\left(\sum_{l=k}^\infty\|x_{n_{l+1}}-x_{n_l}\|\right)^p.$$

所以 $\lim\limits_{k\to\infty}\|x_\infty-x_{n_k}\|=0$, 于是用三角不等式和 Cauchy 收敛条件 $\lim\limits_{n,m\to\infty}\|x_n-x_m\|=0$, 可得

$$\varlimsup_{n\to\infty}\|x_\infty-x_n\|\leqslant\varlimsup_{k\to\infty}\|x_\infty-x_{n_k}\|+\varlimsup_{k,n\to\infty}\|x_{n_k}-x_n\|=0.$$

我们附带地证明了下面一个重要的

系　在 $L^p(S)$ 中一个满足 Cauchy 收敛条件 (1) 的序列 $\{x_n\}$ 含有一个子列 $\{x_{n_k}\}$ 使得有限极限 $\lim\limits_{k\to\infty}x_{n_k}(s)=x_\infty(s)$ 几乎处处存在, $x_\infty(s)\in L^p(S)$ 以及

$$\text{s-}\lim_{n\to\infty}x_n=x_\infty. \tag{3}$$

注　在以上命题和系中曾假定 $1\leqslant p<\infty$. 然而这些结论对于 $p=\infty$ 的情形也有效, 其证明较之于 $1\leqslant p<\infty$ 的情形还要简单些. 读者应能做出这个证明.

命题 3 空间 $A^2(G)$ 是 Hilbert 空间.

证明 设 $\{f_n(z)\}$ 是 $A^2(G)$ 的一个 Cauchy 序列. 因 $A^2(G)$ 是 Hilbert 空间 $L^2(G)$ 的一个线性子空间①, 故有 $f_\infty \in L^2(G)$ 和某子列 $\{f_{n_k}(z)\}$ 使得几乎处处 $\lim\limits_{k\to\infty} f_{n_k}(z) = f_\infty(z)$ 且 $\lim\limits_{n\to\infty} \int_G |f_\infty(z) - f_n(z)|^2 dxdy = 0$.

我们还需证明 $f_\infty(z)$ 在 G 内是全纯的②. 为此, 今设 $|z - z_0| \leqslant \varrho$ 是含于 G 的圆盘. 由 Taylor 展式 $f_n(z) - f_m(z) = \sum\limits_{j=0}^{\infty} c_j(z - z_0)^j$ 推导出

$$
\begin{aligned}
\|f_n - f_m\|^2 &\geqslant \int_{|z-z_0|\leqslant\varrho} |f_n(z) - f_m(z)|^2 dxdy \\
&= \int_0^\varrho \left(\int_0^{2\pi} \sum_j c_j r^j e^{ij\theta} \sum_k \bar{c}_k r^k e^{-ik\theta} d\theta \right) rdr \\
&= \sum_j 2\pi \int_0^\varrho |c_j|^2 r^{2j+1} dr = 2\pi \sum_{j=0}^\infty \varrho^{2j+2}|c_j|^2(2j+2)^{-1} \qquad (4) \\
&\geqslant \pi|c_0|^2\varrho^2 = \pi\varrho^2|f_n(z_0) - f_m(z_0)|^2.
\end{aligned}
$$

于是序列 $\{f_n(z)\}$ 本身在含于 G 的任何闭圆盘上一致收敛③, 可设其极限就是上述 $f_\infty(z)$. 诸 $f_n(z)$ 在 G 内是全纯的, 所以 $f_\infty(z)$ 在 G 内必定是全纯的.

命题 4 设 $m(S) < \infty$, 则 $M(S, \mathfrak{B}, m)$ 是 F-空间.

证明 设 $\{x_n\}$ 是 $M(S, \mathfrak{B}, m)$ 中的一个 Cauchy 序列. 因为 $M(S, \mathfrak{B}, m)$ 中收敛刻画了依测度收敛, 所以我们可以选择 $\{x_n(s)\}$ 的一个子列 $\{x_{n_k}(s)\}$ 使得集合 $B_k = \{s \in S; 2^{-k} \leqslant |x_{n_{k+1}}(s) - x_{n_k}(s)|\}$ 满足 $m(B_k) \leqslant 2^{-k}$. 序列

$$
x_{n_k}(s) = x_{n_1}(s) + \sum_{j=1}^{k-1} (x_{n_{j+1}}(s) - x_{n_j}(s)) \quad (k = 1, 2, \cdots)
$$

强收敛于 $M(S, \mathfrak{B}, m)$ 的一个函数, 这是因为 $t \geqslant 1$ 且 $s \bar{\in} \bigcup\limits_{j=t}^{\infty} B_j$ 时,

$$
\sum_{j=t}^\infty |x_{n_{j+1}}(s) - x_{n_j}(s)| \leqslant \sum_{j=t}^\infty 2^{-j} \leqslant 2^{1-t},
$$

$$
m\left(\bigcup_{j=t}^\infty B_j \right) \leqslant \sum_{j=t}^\infty m(B_j) \leqslant \sum_{j=t}^\infty 2^{-j} \leqslant 2^{1-t}.
$$

因而令 $t \to \infty$ 知序列 $\{x_{n_k}(s)\}$ 几乎处处收敛于一个函数 $x_\infty(s) \in M(S, \mathfrak{B}, m)$. 于是 $\lim\limits_{k\to\infty} \|x_{n_k} - x_\infty\| = 0$, 这自然是由条件 $\lim\limits_{n,m\to\infty} \|x_n - x_m\| = 0$ 得到的.

---

①校者注: 将 $f \in A^2(G)$ 与其几乎处处相等者视为一个函数, $A^2(G)$ 才能作为 $L^2(G)$ 的线性子空间.

②校者注: 确切而言, $f_\infty(z)$ 与一个全纯函数几乎处处相等.

③校者注: 这结论还需结合 ϱ 可以连续依赖于 z_0 的条件.

空间 (s) 所有数列 $\{\xi_n\}$ 组成的集合 (s) 按运算 $\{\xi_n\} + \{\eta_n\} = \{\xi_n + \eta_n\}$, $\alpha\{\xi_n\} = \{\alpha\xi_n\}$ 成为一个线性空间, 依以下拟范数

$$\|\{\xi_n\}\| = \sum_{j=1}^{\infty} 2^{-j} |\xi_j| / (1 + |\xi_j|)$$

为一个 F–空间. (s) 的完备性的证明可以像在 $M(S, \mathfrak{B}, m)$ 的情形那样得到, 其上的拓扑还可得自以下拟范数

$$\|\{\xi_n\}\| = \inf_{\varepsilon > 0} \tan^{-1}\{\varepsilon + 满足条件 |\xi_n| > \varepsilon 的那些 \xi_n 的个数\}.$$

注 显然 $C(S), (c_0)$ 和 (c) 均是 B–空间. 空间 (l^2) 的完备性是 L^p 的完备性的一个推论. 于是根据第一章 §5 中定理 3 知, 空间 $H - L^2$ 与 (l^2) 一样都是 Hilbert 空间.

Sobolev 空间 $W^{k,p}(\Omega)$ 设 Ω 是 R^n 的一个开集, 而 k 是正整数. 对于 $1 \leqslant p < \infty$, 我们以 $W^{k,p}(\Omega)$ 表示一切这样的复值函数 $f(x) = f(x_1, \cdots, x_n)$ 全体, 即它们是定义在 Ω 内且使 f 与其阶数 $|s| = \sum_{j=1}^{n} |s_j| \leqslant k$ 的分布导数 $D^s f$ 均属于 $L^p(\Omega)$. 于是 $W^{k,p}(\Omega)$ 在运算

$$(f_1 + f_2)(x) = f_1(x) + f_2(x), \quad (\alpha f)(x) = \alpha f(x) \quad 和范数$$
$$\|f\|_{k,p} = \left(\sum_{|s| \leqslant k} \int_{\Omega} |D^s f(x)|^p dx \right)^{1/p}, \quad dx = dx_1 dx_2 \cdots dx_n$$

下是赋范线性空间. 作为约定, 我们便认为 $W^{k,p}(\Omega)$ 中的两个函数 f_1 和 f_2 是相同向量是指 Ω 内 $f_1(x) = f_2(x)$ a.e. 容易看出按数量积

$$(f, g)_{k,2} = \sum_{|s| \leqslant k} \int_{\Omega} D^s f(x) \overline{D^s g(x)} dx,$$

空间 $W^{k,2}(\Omega)$ 成为一个准 Hilbert 空间.

命题 5 空间 $W^{k,p}(\Omega)$ 是 B–空间. 特别地, $W^k(\Omega) = W^{k,2}(\Omega)$ 按范数 $\|f\|_k = \|f\|_{k,2}$ 和数量积 $(f, g)_k = (f, g)_{k,2}$ 成为一个 Hilbert 空间.

证明 设 $\{f_h\}$ 是 $W^{k,p}(\Omega)$ 的一个 Cauchy 序列. 于是对于任何微分算子 $D^s (|s| \leqslant k)$, 序列 $\{D^s f_h\}$ 是 $L^p(\Omega)$ 的一个 Cauchy 序列, 从而根据 $L^p(\Omega)$ 的完备性, 有函数 $f^{(s)} \in L^p(\Omega) (|s| \leqslant k)$ 使得 $\lim_{h \to \infty} \int_{\Omega} |D^s f_h(x) - f^{(s)}(x)|^p dx = 0$. 把第一章 §3 中 Hölder 不等式用于 Ω 的紧集上, 我们容易看出 $D^s f_h$ 在 Ω 内是局部可积的. 于是, 对于任何函数 $\varphi \in C_0^\infty(\Omega)$, 有

$$T_{D^s f_h}(\varphi) = \int_{\Omega} D^s f_h(x) \varphi(x) dx = (-1)^{|s|} \int_{\Omega} f_h(x) D^s \varphi(x) dx,$$

从而, 再应用一次 Hölder 不等式, 由 $\lim\limits_{h\to\infty} \int\limits_{\Omega} |f_h(x) - f^{(0)}(x)|^p dx = 0$, 我们得到

$$\lim_{h\to\infty} T_{D^s f_h}(\varphi) = (-1)^{|s|} T_{f^{(0)}}(D^s \varphi) = D^s T_{f^{(0)}}(\varphi).$$

类似地, 由 $\lim\limits_{h\to\infty} \int\limits_{\Omega} |D^s f_h(x) - f^{(s)}(x)|^p dx = 0$, 有

$$\lim_{h\to\infty} T_{D^s f_h}(\varphi) = T f^{(s)}(\varphi).$$

于是我们必定有 $D^s T_{f^{(0)}} = T_{f^{(s)}}$, 亦即分布导数 $D^s f^{(0)}$ 等于 $f^{(s)}$. 这就证明了 $\lim\limits_{h\to\infty} \|f_h - f^{(0)}\|_{k,p} = 0$, 且 $W^{k,p}(\Omega)$ 是完备的.

§10. 完 备 化

F–空间 (和 B–空间) 的完备性将对泛函分析起重要作用, 其意义是我们能把第零章预备知识中给出的 Baire 纲论用于这些空间. 下面的完备化定理将频繁用于本书.

定理 (完备化) 设 X 是不完备的拟赋范线性空间, 则 X 是等距同构于某个 F–空间 $\widetilde{X}$ 的一个稠密线性子空间, 亦即从 X 至 $\widetilde{X}$ 的某个稠密线性子空间有个一一对应 $x \leftrightarrow \widetilde{x}$ 使得

$$\widetilde{x+y} = \widetilde{x} + \widetilde{y}, \quad \widetilde{\alpha x} = \alpha \widetilde{x}, \quad \|\widetilde{x}\| = \|x\|. \tag{1}$$

空间 $\widetilde{X}$ 在等距同构意义下是唯一确定的. 如果 X 本身是赋范线性空间, 则 $\widetilde{X}$ 是 B–空间.

证明 这个证明像 Cantor 从有理数构造实数那样来进行.

由 X 的一切 Cauchy 序列 $\{x_n\}$ 组成的集合可依等价关系 $\{x_n\} \sim \{y_n\}$ 来分类, 此关系是指 $\lim\limits_{n\to\infty} \|x_n - y_n\| = 0$. 我们用 $\{x_n\}'$ 记 $\{x_n\}$ 所在的等价类, 所有这样的等价类 $\widetilde{x} = \{x_n\}'$ 组成的集合 $\widetilde{X}$ 依运算

$$\{x_n\}' + \{y_n\}' = \{x_n + y_n\}', \quad \alpha\{x_n\}' = \{\alpha x_n\}'$$

成为一个线性空间. 由 $|\|x_n\| - \|x_m\|| \leqslant \|x_n - x_m\|$ 知 $\lim\limits_{n\to\infty} \|x_n\|$ 存在, 我们令

$$\|\{x_n\}'\| = \lim_{n\to\infty} \|x_n\|.$$

容易看出向量和 $\{x_n\}' + \{y_n\}'$、数乘 $\alpha\{x_n\}'$ 及范数 $\|\{x_n\}'\|$ 的这些定义均与这些类 $\{x_n\}', \{y_n\}'$ 的特殊代表元素的取法无关. 例设 $\{x_n\} \sim \{x_n'\}$, 则有

$$\lim_{n\to\infty} \|x_n\| \leqslant \lim_{n\to\infty} \|x_n'\| + \lim_{n\to\infty} \|x_n' - x_n\| = \lim_{n\to\infty} \|x_n'\|,$$

而类似地又有 $\lim\limits_{n\to\infty}\|x'_n\| \leqslant \lim\limits_{n\to\infty}\|x_n\|$, 所以有 $\|\{x_n\}'\| = \|\{x'_n\}'\|$.

为了证明 $\|\{x_n\}'\|$ 是个拟范数, 我们必须证明

$$\lim_{\alpha\to 0}\|\alpha\{x_n\}'\| = 0 \text{ 和 } \lim_{\|\{x_n\}'\|\to 0}\|\alpha\{x_n\}'\| = 0.$$

前者等价于 $\lim\limits_{\alpha\to 0}\lim\limits_{n\to\infty}\|\alpha x_n\| = 0$, 而后者则等价于 $\lim\limits_{x_n\to 0}\lim\limits_{n\to\infty}\|\alpha x_n\| = 0$[①]. 这些都是正确的, 因为 $\|\alpha x\|$ 关于两个变量 x 和 α 均是连续的.

为了证明 $\widetilde{X}$ 的完备性, 设 $\{\widetilde{x}_k\} = \{\{x_n^{(k)}\}'\}$ 是 $\widetilde{X}$ 的一个 Cauchy 序列, 对于每个 k, 我们可以选取 n_k 使得

$$\text{当 } m > n_k \text{ 时, } \|x_m^{(k)} - x_{n_k}^{(k)}\| < k^{-1}. \tag{2}$$

于是我们可以证明序列 $\{\widetilde{x}_k\}$ 收敛于含有 X 的 Cauchy 序列

$$\{x_{n_1}^{(1)}, x_{n_2}^{(2)}, \cdots, x_{n_k}^{(k)}, \cdots\} \tag{3}$$

的等价类. 为此目的, 我们用 $\overline{x}_{n_k}^{(k)}$ 表示含有序列

$$\{x_{n_k}^{(k)}, x_{n_k}^{(k)}, \cdots, x_{n_k}^{(k)}, \cdots\} \tag{4}$$

的等价类. 于是, 由 (2) 有

$$\|\widetilde{x}_k - \overline{x}_{n_k}^{(k)}\| = \lim_{m\to\infty}\|x_m^{(k)} - x_{n_k}^{(k)}\| \leqslant k^{-1}, \tag{5}$$

从而有

$$\|x_{n_k}^{(k)} - x_{n_m}^{(m)}\| = \|\overline{x}_{n_k}^{(k)} - \overline{x}_{n_m}^{(m)}\| \leqslant \|\overline{x}_{n_k}^{(k)} - \widetilde{x}_k\| + \|\widetilde{x}_k - \widetilde{x}_m\| + \|\widetilde{x}_m - \overline{x}_{n_m}^{(m)}\|$$
$$\leqslant \|\widetilde{x}_k - \widetilde{x}_m\| + k^{-1} + m^{-1}.$$

因此 (3) 是 X 的一个 Cauchy 序列. 设 $\widetilde{x}$ 是含有 (3) 的类. 于是, 由 (5) 有

$$\|\widetilde{x} - \widetilde{x}_k\| \leqslant \|\widetilde{x} - \overline{x}_{n_k}^{(k)}\| + \|\overline{x}_{n_k}^{(k)} - \widetilde{x}_k\| \leqslant \|\widetilde{x} - \overline{x}_{n_k}^{(k)}\| + k^{-1}.$$

既然像上面所证明那样, 有下式

$$\|\widetilde{x} - \overline{x}_{n_k}^{(k)}\| \leqslant \lim_{p\to\infty}\|x_{n_p}^{(p)} - x_{n_k}^{(k)}\| \leqslant \lim_{p\to\infty}\|\widetilde{x}_p - \widetilde{x}_k\| + k^{-1}$$

[①]校者注: 准确地应是 $\forall \varepsilon > 0, \exists \delta > 0,$

$$\lim_{n\to\infty}\|x_n\| < \delta \Rightarrow \lim_{n\to\infty}\|\alpha x_n\| < \varepsilon.$$

成立, 我们就证明了 $\lim\limits_{k\to\infty}\|\widetilde{x}-\overline{x}_{n_k}^{(k)}\|=0$, 从而有 $\lim\limits_{k\to\infty}\|\widetilde{x}-\widetilde{x}_k\|=0$.

以上证明说明对应关系

$$X \ni x \leftrightarrow \widetilde{x} = \{x, x, \cdots, x, \cdots\}' = \overline{x}$$

必是同构和等距的, 并且按照这个对应关系 X 在 $\widetilde{X}$ 的像在 $\widetilde{X}$ 内是稠密的. 定理的最后那一部分是显然的.

完备化的例子　设 Ω 是 R^n 的一个开集而 $k < \infty$. 空间 $C_0^k(\Omega)$ 在范数

$$\|f\|_k = \Big(\sum_{|s|\leqslant k} \int_\Omega |D^s f(x)|^2 dx \Big)^{1/2}$$

下的完备化空间记为 $H_0^k(\Omega)$; 于是 $H_0^k(\Omega)$ 是第一章 §5 的例 4 中所确定的准 Hilbert 空间 $\widehat{H}_0^k(\Omega)$ 的完备化空间. 因此 $H_0^k(\Omega)$ 是个 Hilbert 空间. 类似地, 第一章 §5 的例 3 中的准 Hilbert 空间 $\widehat{H}^k(\Omega)$ 的完备化空间用 $H^k(\Omega)$ 来表示.

空间 $H_0^k(\Omega)$ 的元素可具体地如下得之: 设 $\{f_h\}$ 是 $C_0^k(\Omega)$ 关于范数 $\|f\|_k$ 的一个 Cauchy 序列. 于是根据空间 $L^2(\Omega)$ 的完备性, 一定有函数 $f^{(s)}(x) \in L^2(\Omega)$, 其中 $|s| = \sum\limits_{j=1}^n s_j \leqslant k$, 使得

$$\lim\limits_{h\to\infty} \int_\Omega |f^{(s)}(x) - D^s f_h(x)|^2 dx = 0 \quad (dx = dx_1 dx_2 \cdots dx_n).$$

因为数量积按 $L^2(\Omega)$ 的范数是连续的, 所以对任何检验函数 $\varphi(x) \in C_0^\infty(\Omega)$ 有

$$
\begin{aligned}
T_{f^{(s)}}(\varphi) &= \lim\limits_{h\to\infty} \langle D^s f_h, \varphi \rangle = \lim\limits_{h\to\infty} (-1)^{|s|} T_{f_h}(D^s \varphi)\\
&= (-1)^{|s|} \lim\limits_{h\to\infty} \langle f_h, D^s \varphi \rangle = (-1)^{|s|} \langle f^{(0)}, D^s \varphi \rangle = (D^s T_{f^{(0)}})(\varphi).
\end{aligned}
$$

因而我们看出当把 $f^{(s)} \in L^2(\Omega)$ 当作一个广义函数时, 它是 $f^{(0)}$ 的分布导数: $f^{(s)} = D^s f^{(0)}$.

这样我们就证明了 Hilbert 空间 $H_0^k(\Omega)$ 是 Hilbert 空间 $W^k(\Omega)$ (Sobolev 空间) 的一个线性子空间. 一般说来 $H_0^k(\Omega)$ 是 $W^k(\Omega)$ 的一个真子空间. 然而我们可以证明以下

命题　$H_0^k(R^n) = W^k(R^n)$.

证明　我们知道空间 $W^k(R^n)$ 中的函数 $f(x)$ 有此特征: 其 $|s| = \sum\limits_{j=1}^n s_j \leqslant k$ 阶分布导数 $D^s f(x)$ 均属于 $L^2(R^n)$, 又 $W^k(R^n)$ 的范数定义于下式

$$\|f\|_k = \Big(\sum_{|s|\leqslant k} \int_{R^n} |D^s f(x)|^2 dx \Big)^{1/2}.$$

作函数 $\alpha_N(x) \in C_0^\infty(R^n)$ $(N = 1, 2, \cdots)$ 使得

$|x| \leqslant N$ 时,$\alpha_N(x) = 1$且 $\displaystyle\sup_{x \in R^n; |s| \leqslant k, N=1,2,\cdots} |D^s \alpha_N(x)| < \infty.$

对于 $f \in W^k(R^n)$, 令 $f_N(x) = \alpha_N(x) f(x)$. 于是根据 Leibniz 公式, 有

$$D^s f(x) - D^s f_N(x) = \begin{cases} 0, & \text{当 } |x| \leqslant N, \\ D^t \alpha_N(x) \cdot D^u f(x) \ (|u| + |t| \leqslant k) \\ \text{诸项的一个线性组合, 当 } |x| > N. \end{cases}$$

于是, 由 $|s| \leqslant k, D^s f \in L^2(R^n)$, 我们看出 $\displaystyle\lim_{N\to\infty} \|D^s f_N - D^s f\|_0 = 0$, 从而 $\displaystyle\lim_{N\to\infty} \|f_N - f\|_k = 0$.

可见, 只要证明对于任何具有紧支集的 $f \in W^k(R^n)$, 总有序列 $\{f_a(x)\} \subseteq C_0^\infty(R^n)$ 使得 $\displaystyle\lim_{a\to 0} \|f_a - f\|_k = 0$ 就足够了. 为此目的, 考虑 f 的正则化 (见第一章 §1 中 (16) 式):

$$f_a(x) = \int_{R^n} f(y) \theta_a(x - y) dy, \quad a > 0.$$

积分号下微分得

$$D^s f_a(x) = \int_{R^n} f(y) D_x^s \theta_a(x - y) dy = (-1)^{|s|} \int_{R^n} f(y) D_y^s \theta_a(x - y) dy$$

$$= (D^s T_f)(\theta_{a,x}) \quad (\text{其中 } \theta_{a,x}(y) = \theta_a(x - y))$$

$$= \int_{R^n} D^s f(y) \cdot \theta_a(x - y) dy \quad (\text{其中 } |s| \leqslant k),$$

由 Schwarz 不等式有

$$\int_{R^n} |D^s f_a(x) - D^s f(x)|^2 dx$$

$$\leqslant \left(\int_{R^n} \theta_a(x - y) dy \right) \int_{R^n} \left[\int_{R^n} |D_y^s f(y) - D_x^s f(x)|^2 \theta_a(x - y) dy \right] dx$$

$$= \int_{|\varepsilon| \leqslant a} \left[\int_{R^n} |D_y^s f(y) - D_y^s f(y + \varepsilon)|^2 dy \right] \theta_a(\varepsilon) d\varepsilon, \text{其中}$$

$$y + \varepsilon = (y_1 + \varepsilon_1, y_2 + \varepsilon_2, \cdots, y_n + \varepsilon_n).$$

我们知道最右边方括号内那个积分随 $\varepsilon \to 0$ 而趋于 0 (见第零章 §3 中定理 1), 从而 $\displaystyle\lim_{a\to 0} \int_{R^n} |D^s f_a(x) - D^s f(x)|^2 dx = 0$. 这样便有 $\displaystyle\lim_{a\to 0} \|f_a - f\|_k = 0$. 因此 $C_0^k(R^n)$ 关于范数 $\| \ \|_k$ 的完备化 $H_0^k(R^n)$ 与空间 $W^k(R^n)$ 是恒同的.

系 $H_0^k(R^n) = H^k(R^n) = W^k(R^n)$.

§11. B–空间的商空间

假设 X 是赋范线性空间, 而 M 是 X 的一个线性闭子空间. 我们考虑其元素为模 M 等价类的商空间 X/M. 由于 M 是闭的这个事实, 所以所有这种等价类 ξ 在 X 内均是闭的.

命题　*如果我们定义*

$$\|\xi\| = \inf_{x \in \xi} \|x\|, \tag{1}$$

则 $\|\xi\|$ *满足关于范数的所有公理.*

证明　如果 $\xi = 0$, 则 ξ 等于 M 且包含了 X 的零向量; 因而由 (1) 有 $\|\xi\| = 0$. 反之, 假设 $\|\xi\| = 0$, 那么从 (1) 可以推出这个类含有某个序列 $\{x_n\}$, 对于它我们有 $\lim\limits_{n \to \infty} \|x_n\| = 0$, 于是 X 的零向量属于 X 的闭集 ξ. 这就证明了 $\xi = M$, 从而它是 X/M 中的零向量.

下设 $\xi, \eta \in X/M$. 根据定义 (1), 对于任何 $\varepsilon > 0$, 总有向量 $x \in \xi, y \in \eta$ 使得 $\|x\| \leqslant \|\xi\| + \varepsilon$ 且 $\|y\| \leqslant \|\eta\| + \varepsilon$. 因此,

$$\|x + y\| \leqslant \|x\| + \|y\| \leqslant \|\xi\| + \|\eta\| + 2\varepsilon.$$

另一方面, $(x + y) \in (\xi + \eta)$. 由 (1) 又有 $\|\xi + \eta\| \leqslant \|x + y\|$. 因而有

$$\|\xi + \eta\| \leqslant \|\xi\| + \|\eta\| + 2\varepsilon,$$

从而得到三角不等式 $\|\xi + \eta\| \leqslant \|\xi\| + \|\eta\|$.

最后, 显然等式 $\|\alpha\xi\| = |\alpha| \cdot \|\xi\|$ 是成立的.

定义　空间 X/M 赋予范数 (1) 后叫作一个赋范商空间.

定理　*如果 X 是 B–空间, 而 M 是 X 的某个线性闭子空间, 则赋范商空间也是 B–空间.*

证明　假设 $\{\xi_n\}$ 是 X/M 中的一个 Cauchy 序列, 则 $\{\xi_n\}$ 含有子列 $\{\xi_{n_k}\}$ 使得 $\|\xi_{n_{k+1}} - \xi_{n_k}\| < 2^{-k-2}$. 另外根据 X/M 的范数的定义 (1), 在每个类 $(\xi_{n_{k+1}} - \xi_{n_k})$ 中我们都可选出一个向量 y_k 使得

$$\|y_k\| < \|\xi_{n_{k+1}} - \xi_{n_k}\| + 2^{-k-2} < 2^{-k-1}.$$

设 $x_{n_1} \in \xi_{n_1}$, 级数 $x_{n_1} + y_1 + y_2 + \cdots$ 便绝对收敛. 并且由 X 的完备性, 此级数收敛于 X 的某个元素 x. 设 ξ 是 x 所在的等价类. 我们要证明 $\xi = \text{s-}\lim\limits_{n \to \infty} \xi_n$.

以 s_k 表示上述级数的部分和 $x_{n_1} + y_1 + y_2 + \cdots + y_k$. 于是 $\lim\limits_{k \to \infty} \|x - s_k\| = 0$. 另一方面, 从关系 $x_{n_1} \in \xi_{n_1}, y_p \in (\xi_{n_{p+1}} - \xi_{n_p})$ 可得 $s_k \in \xi_{n_{k+1}}$, 从而由 (1) 知,

$$\text{当 } k \to \infty \text{ 时, } \|\xi - \xi_{n_{k+1}}\| \leqslant \|x - s_k\| \to 0.$$

所以从三角不等式

$$\|\xi - \xi_n\| \leqslant \|\xi - \xi_{n_{k+1}}\| + \|\xi_{n_{k+1}} - \xi_n\|$$

以及 $\{\xi_n\}$ 是 Cauchy 序列这个事实, 我们可以断定 $\lim\limits_{n \to \infty} \|\xi - \xi_n\| = 0$.

§12. 单 位 分 解

为在下一节讨论广义函数的支集, 我们介绍单位分解的概念与其存在性.

命题 设 G 是 R^n 的一个开集. 又设 G 的某些开子集 U 的族 $\{U\}$ 是 G 的一个**开基**: G 的任何开子集均可表示成属于族 $\{U\}$ 的某些开集的并, 则这个族 $\{U\}$ 有可数个开集组成的系, 它具有性质:

这个系中诸开集的并等于 G, $\qquad\qquad\qquad\qquad\qquad$ (1)

G 的任何紧集仅与这个系中有限多个开集**相交** (有非空交集). $\qquad$ (2)

定义 1 上述开集系叫作 G 的从属于 $\{U\}$ 的散开的开覆盖[①].

命题的证明 G 可以表示为可数个紧集的并集. 例如, 我们可以取含于 G 内而其球心是有理坐标、半径为有理数的所有闭球组成的系.

于是存在紧集序列 K_r 使得 (i) $K_r \subseteq K_{r+1}$ $(r = 1, 2, \cdots)$, (ii) G 是诸 K_r 的并, (iii) 每个 K_r 均含于 K_{r+1} 的内部. 令 $U_r = (K_{r+1}$ 的内部$) - K_{r-2}$ 和 $V_r = K_r - (K_{r-1}$ 的内部$)$, 其中, 为方便计, 令 $K_0 = K_{-1} =$ 空集. 于是 U_r 是开集, 而 V_r 是紧集且 $G = \bigcup\limits_{r=1}^{\infty} V_r$. 对任一点 $x \in V_r$, 取一个开集 $U(x; r) \in \{U\}$ 使得 $x \in U(x, r) \subseteq U_r$. 既然 V_r 是紧的, 可取有限个点 $x^{(1)}, x^{(2)}, \cdots, x^{(h_r)}$ 使得 $V_r \subseteq \bigcup\limits_{i=1}^{h_r} U(x^{(i)}; r)$. 于是, 既然 G 的任何一个紧集都仅与有限多个开集 U_r 相交, 那么就容易看出: 所有开集 $U(x^{(i)}; r)$ $(r = 1, 2, \cdots; 1 \leqslant i \leqslant h_r)$ 组成的系是 G 的从属于 $\{U\}$ 的一个散开的开覆盖.

定理 (单位分解) 设 G 是 R^n 的一个开集, 而 $\{G_i; i \in I\}$ 是族开集使得 $G = \bigcup\limits_{i \in I} G_i$, 则 $C_0^{\infty}(R^n)$ 中有函数系 $\{\alpha_j(x); j \in J\}$ 使得

对于每个 $j \in J, \operatorname{supp}(\alpha_j)$ 都含于某个 G_i 内, $\qquad\qquad$ (3)

对于每个 $j \in J$, 有 $0 \leqslant \alpha_j(x) \leqslant 1$, $\qquad\qquad\qquad$ (4)

对于每个 $x \in G$, 有 $\sum\limits_{j \in J} \alpha_j(x) \equiv 1$. $\qquad\qquad\qquad$ (5)

证明 设 $x^{(0)} \in G$ 且取含有 $x^{(0)}$ 的某个 G_i. 设球心在 $x^{(0)}$ 且半径为 r 的闭球 $S(x^{(0)}; r)$ 含于 G_i. 像第一章 §1 中 (14) 式那样构造函数 $\beta_{x^{(0)}}^{(r)}(x) \in C_0^{\infty}(R^n)$ 使得

$$\text{当 } |x - x^{(0)}| < r \text{ 时, } \beta_{x^{(0)}}^{(r)}(x) > 0,$$
$$\text{当 } |x - x^{(0)}| \geqslant r \text{ 时, } \beta_{x^{(0)}}^{(r)}(x) = 0.$$

[①]校者注: 标准词汇是 "a locally finite covering/局部有限开覆盖".

令 $U_{x^{(0)}}^{(r)} = \{x; \beta_{x^{(0)}}^{(r)}(x) \neq 0\}$, 则 $U_{x^{(0)}}^{(r)} \subseteq G_i$ 且 $\bigcup\limits_{x^{(0)} \in G, r > 0} U_{x^{(0)}}^{(r)} = G$, 此外 $\operatorname{supp}(\beta_{x^{(0)}}^{(r)})$ 是紧的.

根据命题, G 有从属于开基 $\{U_{x^{(0)}}^{(r)}; x^{(0)} \in G, r > 0\}$ 的一个散开的开覆盖 $\{U_j; j \in J\}$. 设 $\beta_j(x)$ 是这个族 $\{\beta_{x^{(0)}}^{(r)}(x)\}$ 中与 U_j 相关联的函数. 于是, 因为 $\{U_j; j \in J\}$ 是个散开的开覆盖, 所以在 G 的任何固定点 x 处仅有有限多个 $\beta_j(x)$ 不为 0. 这样在 G 的每个点处, 和 $s(x) = \sum\limits_{j \in J} \beta_j(x)$ 是收敛的且是 > 0 的. 因而函数族 $\alpha_j(x) = \beta_j(x)/s(x)$ $(j \in J)$ 满足定理的要求.

定义 2 上述定理中的函数系 $\{\alpha_j(x); j \in J\}$ 叫作从属于覆盖 $\{G_i; i \in I\}$ 的一个单位分解.

§13. 具有紧支集的广义函数

定义 1 称一个分布 $T \in \mathfrak{D}(\Omega)'$ 在 Ω 的某个开集 U 为零是指每个支集含于 U 的 $\varphi \in \mathfrak{D}(\Omega)$ 均使 $T(\varphi) = 0$. 定义 T 的支集为 Ω 中使 T 于 $\Omega - F$ 为零的最小闭集 F, 记为 $\operatorname{supp}(T)$.

为了说明上述定义有意义, 我们必须证明 Ω 中有个最大开集使 T 在其内为零. 这点可以证明如下.

定理 1 如果一个分布 $T \in \mathfrak{D}(\Omega)'$ 在 Ω 的一个开集族 $\{U_i; i \in I\}$ 的每个 U_i 内均为 0, 则 T 在 $U = \bigcup\limits_{i \in I} U_i$ 内为 0.

证明 设 $\varphi \in \mathfrak{D}(\Omega)$ 是满足 $\operatorname{supp}(\varphi) \subseteq U$ 的某个函数. 我们构造一个单位分解 $\{\alpha_j(x); j \in J\}$ 使其从属于 $\{U_i; i \in I\}$ 和 $\Omega - \operatorname{supp}(\varphi)$ 组成的 Ω 的覆盖. 于是 $\varphi = \sum\limits_{j \in J} \alpha_j \varphi$ 是个有限和, 从而有 $T(\varphi) = \sum\limits_{j \in J} T(\alpha_j \varphi)$. 假如 $\operatorname{supp}(\alpha_j)$ 含于某个 U_i 内, 则根据条件有 $T(\alpha_j \varphi) = 0$; 假如 $\operatorname{supp}(\alpha_j)$ 含于 $\Omega - \operatorname{supp}(\varphi)$ 内, 则有 $\alpha_j \varphi = 0$, 从而有 $T(\alpha_j \varphi) = 0$. 因此有 $T(\varphi) = 0$.

命题 1 空间 $\mathfrak{E}(\Omega)$ 的某个子集 B 是有界的当且仅当任何一个微分算子 D^j 和 Ω 的任何紧集 K 都使函数集合 $\{D^j f(x); f \in B\}$ 在 K 上是一致有界的.

证明 从确定 $\mathfrak{E}(\Omega)$ 的拓扑的那些半范数的定义来看是显然的.

命题 2 $\mathfrak{E}(\Omega)$ 上一个线性泛函 T 是连续的当且仅当在 $\mathfrak{E}(\Omega)$ 的每个有界集上 T 总是有界的.

证明 既然 $\mathfrak{E}(\Omega)$ 是个拟赋范线性空间, 命题便是第一章 §7 定理 2 的推论.

命题 3 一个具有紧支集的分布 $T \in \mathfrak{D}(\Omega)'$ 能唯一扩张成[①] $\mathfrak{E}(\Omega)$ 上连续线性泛函 T_0 使得在 supp(T) 的某个邻域内为 0 的函数 $f \in \mathfrak{E}(\Omega)$ 都使 $T_0(f) = 0$.

证明 令 supp$(T) = K$, 它是 Ω 的一个紧集. 对任何点 $x^0 \in K$ 和 $\varepsilon > 0$, 我们取球心在 x^0 而半径为 ε 的一个球 $S(x^0, \varepsilon)$. 对于任何充分小的 $\varepsilon > 0$, 紧集 K 被有限多个球 $S(x^0, \varepsilon)$ 所覆盖, 其中 $x^0 \in K$. 设 $\{\alpha_j(x); j \in J\}$ 是从属于这个有限球系的一个单位分解. 于是函数 $\psi(x) = \sum\limits_{\mathrm{supp}(\alpha_j) \cap K' \neq \varnothing} \alpha_j(x)$ (其中 K' 是 K 的含于上述有限球系内部的某个紧邻域) 满足:

$$\psi(x) \in C_0^\infty(\Omega) \text{ 且在 } K \text{ 的某个邻域内 } \psi(x) = 1.$$

对于 $f \in C^\infty(\Omega)$, 我们用 $T_0(f) = T(\psi f)$ 来定义 $T_0(f)$. 这个定义与 ψ 的选择无关. 因若 $\psi_1 \in C_0^\infty(\Omega)$ 在 K 的某个邻域内等于 1, 则对于任何 $f \in C^\infty(\Omega)$, 函数 $(\psi - \psi_1)f \in \mathfrak{D}(\Omega)$ 在 K 的某个邻域内为 0. 因此

$$T(\psi f) - T(\psi_1 f) = T((\psi - \psi_1)f) = 0.$$

对 ψf 应用 Leibniz 微分公式, 容易看出: 当 $\{f\}$ 取遍 $\mathfrak{E}(\Omega)$ 的有界集时, $\{\psi f\}$ 总是 $\mathfrak{D}(\Omega)$ 的有界集. 这样, 因为分布 $T \in \mathfrak{D}(\Omega)'$ 在 $\mathfrak{D}(\Omega)$ 的有界集上是有界的, 所以泛函 T_0 在 $\mathfrak{E}(\Omega)$ 的有界集上是有界的. 于是根据上面提到过的第一章 §7 中定理 2, T_0 是 $\mathfrak{E}(\Omega)$ 上的一个连续线性泛函. 今设 $f \in \mathfrak{E}(\Omega)$ 在 K 的某个邻域 $U(K)$ 内为 0. 于是, 选择一个在 $(\Omega - U(K))$ 内为 0 的 $\psi \in C_0^\infty(\Omega)$, 便有 $T_0(f) = T(\psi f) = 0$.

命题 4 设 K' 是上述 T_0 定义中 ψ 的支集, 则有两个常数 C 和 k 使得

$$对于 f \in C^\infty(\Omega), |T_0(f)| \leqslant C \sup\limits_{|j| \leqslant k, x \in K'} |D^j f(x)|.$$

证明 既然 T 是 $\mathfrak{D}(\Omega)$ 上的一个连续线性泛函, 对于 Ω 的任何一个紧集 K', 便有常数 C' 和 k' 使得

$$对于 \varphi \in \mathfrak{D}_{K'}(\Omega), |T(\varphi)| \leqslant C' \sup\limits_{|j| \leqslant k', x \in K'} |D^j \varphi(x)|$$

(第一章 §8 中命题 1 的系). 然而对于任何 $g \in C^\infty(\Omega)$, 我们有 $\varphi = \psi g \in \mathfrak{D}_{K'}(\Omega)$. 因此根据 Leibniz 微分公式, 有

$$\sup\limits_{|j| \leqslant k', x \in K'} |D^j(\psi g)(x)| \leqslant C'' \sup\limits_{|j| \leqslant k', x \in K'} |D^j g(x)|,$$

其中 C'' 是与 g 无关的常数. 令 $g = f$ 和 $k' = k$, 便得到命题.

[①]校者注: 原著写的是 "可以用一种且仅能用一种方式扩张". 这种说法不妥, 因其以下证明就已表明扩张方式可有多种, 但所得连续线性泛函不依赖于扩张方式.

命题 5　设 S_0 是 $C^\infty(\Omega)$ 上的一个线性泛函, 且有常数 C 和正整数 k 以及 Ω 的紧集 K 使得

$$\text{对于 } f \in C^\infty(\Omega), |S_0(f)| \leqslant C \sup_{|j| \leqslant k, x \in K} |D^j f(x)|,$$

则 S_0 于 $C_0^\infty(\Omega)$ 的限制是个分布, 其支集含于 K.

证明　如果 f 在 K 的某个邻域内恒为 0, 则有 $S_0(f) = 0$. 因此, 如果 $\psi \in C_0^\infty(\Omega)$ 在 K 的一个邻域内等于 1, 则

$$\text{对于 } f \in C^\infty(\Omega), S_0(f) = S_0(\psi f).$$

容易看出, 如果 $\{f\}$ 取遍 $\mathfrak{D}(\Omega)$ 的有界集, 则根据 Leibniz 公式 $\{\psi f\}$ 取遍这样的集合, 它含于形如

$$\{g \in C^\infty(\Omega); \sup_{|j| \leqslant k, x \in K} |D^j g(x)| = C_K < \infty\}$$

的集合中. 因此 $S_0(\psi f) = T(f)$ 在 $\mathfrak{D}(\Omega)$ 的有界集上是有界的, 所以 T 是 $\mathfrak{D}(\Omega)$ 上一个连续线性泛函.

于是我们证明了如下

定理 2　开集 Ω 上具有紧支集的所有分布组成的集合等同于 $\mathfrak{E}(\Omega)$ 上所有连续线性泛函所组成的空间 $\mathfrak{E}(\Omega)'$, 即 $\mathfrak{E}(\Omega)$ 的**对偶空间**. $C^\infty(\Omega)$ 上的一个线性泛函 T 属于 $\mathfrak{E}(\Omega)'$ 当且仅当有两个常数 C 和 k 及 Ω 的一个紧集 K 使得诸 $f \in C^\infty(\Omega)$ 满足

$$|T(f)| \leqslant C \sup_{|j| \leqslant k, x \in K} |D^j f(x)|.$$

以下我们要证明一个定理, 它给出了支集退化为一点的分布的一般表示式.

定理 3　设 R^n 的一个开集 Ω 含有原点 0, 则支集退化为原点 0 的分布 $T \in \mathfrak{D}(\Omega)'$ 能表示成原点处的 Dirac 分布及其导数的有限线性组合.

证明　对于这样的一个分布 T, 由上述定理 2 可知, 有常数 C 和 k 以及 Ω 的某个含有原点 0 的紧集 K 使得诸 $f \in C^\infty(\Omega)$ 满足

$$|T(f)| \leqslant C \sup_{|j| \leqslant k, x \in K} |D^j f(x)|.$$

我们将证明: 所有适合 $|j| \leqslant k$ 的 j 使 $D^j f(0) = 0$ 时, $T(f) = 0$. 为此, 取一个函数 $\psi \in C^\infty(\Omega)$, 它在 0 的某个邻域内等于 1. 令

$$f_\varepsilon(x) = f(x)\psi(x/\varepsilon),$$

因为在原点 0 的某个邻域内有 $f = f_\varepsilon$, 所以有 $T(f) = T(f_\varepsilon)$, 由 Leibniz 公式, 可知 f_ε 的 $\leq k$ 阶的导数是形如 $|\varepsilon|^{-j} D^j \psi \cdot D^i f$ (其中 $|i| + |j| \leq k$) 的诸项的某个线性组合. 因为根据假设, 对于 $|i| \leq k$, 有 $D^i f(0) = 0$, 所以按 Taylor 公式有 f_ε 的 $|s|$ 阶导数在 $\psi(x/\varepsilon)$ 的支集内是 $o(\varepsilon^{k+1-|s|})$. 这样, 当 $\varepsilon \downarrow 0$ 时, f_ε 的 $\leq k$ 阶的导数在 0 的某个邻域内要一致趋于 0. 于是 $T(f) = \lim\limits_{\varepsilon\downarrow 0} T(f_\varepsilon) = 0$.

今对一般 f, 用 f_k 记 f 在原点直到 k 阶的 Taylor 展式. 于是由上述已证的结果有

$$T(f) = T(f_k) + T(f - f_k) = T(f_k) + 0 = T(f_k).$$

这就证明了 T 是 f 在其阶 $\leq k$ 的导数在原点赋值所得线性泛函的线性组合.

§14.　广义函数的直接积

我们首先证明一个逼近定理.

定理 1　对于 $x = (x_1, x_2, \cdots, x_n) \in R^n$ 和 $y = (y_1, \cdots, y_m) \in R^m$, 令

$$z = x \times y = (x_1, x_2, \cdots, x_n, y_1, y_2, \cdots, y_m) \in R^{n+m}.$$

对于任何函数 $\varphi(z) = \varphi(x, y) \in C_0^\infty(R^{n+m})$, 可取函数 $u_{ij}(x) \in C_0^\infty(R^n)$ 和 $v_{ij}(y) \in C_0^\infty(R^m)$ 使得函数序列

$$\varphi_i(z) = \varphi_i(x, y) = \sum_{j=1}^{k_i} u_{ij}(x) v_{ij}(y) \tag{1}$$

在 $i \to \infty$ 时, 按 $\mathfrak{D}(R^{n+m})$ 的拓扑趋于 $\varphi(z) = \varphi(x, y)$.

证明　我们对于 $n = m = 1$ 的情形来证明定理 1. 考虑

$$\Phi(x, y, t) = (2\sqrt{\pi t})^{-2} \int_{-\infty}^{\infty} \int_{-\infty}^{\infty} \varphi(\xi, \eta) \exp(-((x-\xi)^2 + (y-\eta)^2)/4t) d\xi d\eta,$$
$$t > 0; \Phi(x, y, 0) = \varphi(x, y). \tag{2}$$

用变量代换 $\xi_1 = (\xi - x)/2\sqrt{t}, \eta_1 = (\eta - y)/2\sqrt{t}$, 有

$$\Phi(x, y, t) = (\sqrt{\pi})^{-2} \int_{-\infty}^{\infty} \int_{-\infty}^{\infty} \varphi(x + 2\xi_1\sqrt{t}, y + 2\eta_1\sqrt{t}) e^{-\xi_1^2 - \eta_1^2} d\xi_1 d\eta_1.$$

由 $\int_{-\infty}^{\infty} \int_{-\infty}^{\infty} e^{-\xi_1^2 - \eta_1^2} d\xi_1 d\eta_1 = \pi$, 于是有

$$|\Phi(x, y, t) - \varphi(x, y)|$$
$$\leq (\sqrt{\pi})^{-2} \int_{-\infty}^{\infty} \int_{-\infty}^{\infty} |\varphi(x + 2\xi\sqrt{t}, y + 2\eta\sqrt{t}) - \varphi(x, y)| e^{-\xi^2 - \eta^2} d\xi d\eta$$
$$\leq \pi^{-1} \left\{ \iint_{\xi^2+\eta^2 \geq T^2} + \iint_{\xi^2+\eta^2 < T^2} \right\}.$$

因为函数 φ 是有界的且 $e^{-\xi^2-\eta^2}$ 在 R^2 内是可积的, 所以右边第一项随 $T \uparrow \infty$ 而趋于 0. 右边第二项对于固定的 $T > 0$, 随 $t \downarrow 0$ 而趋于 0. 于是我们证明了 $\lim\limits_{t \downarrow 0} \Phi(x, y, t) = \varphi(x, y)$ 对 (x, y) 一致成立.

其次, 因为 $\mathrm{supp}\,(\varphi)$ 是紧的, 用分部积分法, 有

$$\frac{\partial^{m+k}\Phi(x,y,t)}{\partial x^m \partial y^k} = \begin{cases} \displaystyle\int_{-\infty}^{\infty}\int_{-\infty}^{\infty}(2\sqrt{\pi t})^{-2}\frac{\partial^{m+k}\varphi(\xi,\eta)}{\partial\xi^m\partial\eta^k}e^{-[(x-\xi)^2+(y-\eta)^2]/4t}d\xi d\eta, t > 0, \\[2mm] \displaystyle\frac{\partial^{m+k}\varphi(x,y)}{\partial x^m \partial y^k}, t = 0. \end{cases}$$

因而像上面一样有

$$\lim_{t \downarrow 0} \frac{\partial^{m+k}\Phi(x,y,t)}{\partial x^m \partial y^k} = \frac{\partial^{m+k}\varphi(x,y)}{\partial x^m \partial y^k} \quad \text{对 } (x, y) \text{ 一致成立.} \tag{3}$$

易知由 (2) 给出的 $\Phi(x, y, t)$ 在 $t > 0$ 时, 可以扩张为复变数 x 及 y 在 $|x| < \infty, |y| < \infty$ 内的一个全纯函数. 因此对任何给定的 $\gamma > 0$ 函数 $\Phi(x, y, t)$ 对固定的 $t > 0$ 可以展成 Taylor 级数

$$\Phi(x, y, t) = \sum_{m=0}^{\infty}\sum_{s=0}^{m} c_{s,m}(t) x^s y^{m-s}.$$

这个级数对于 $|x| \leqslant \gamma, |y| \leqslant \gamma$ 是绝对一致收敛的且可以逐项求导:

$$\frac{\partial^{m+k}\Phi(x,y,t)}{\partial x^m \partial y^k} = \sum_{m_1=0}^{\infty}\sum_{s=0}^{m_1} c_s(t) \frac{\partial^{m+k} x^s y^{m_1-s}}{\partial x^m \partial y^k}.$$

设 $\{t_i\}$ 是使 $t_i \downarrow 0$ 的一个正数序列. 由上所述, 对每个 t_i, 我们可以选取级数 $\sum\limits_{m=0}^{\infty}\sum\limits_{s=0}^{m} c_s(t) x^s y^{m-s}$ 的一段多项式 $P_i(x, y)$ 使得

$$\lim_{i \to \infty} P_i(x, y) = \varphi(x, y) \quad \text{依 } \mathfrak{E}(R^2) \text{ 的拓扑成立,}$$

即对 R^2 的任何紧集 K, 及每个微分算子 D^s 有 $\lim\limits_{i \to \infty} D^s P_i(x, y) = D^s \varphi(x, y)$ 在 K 上一致成立. 取 $\rho(x) \in C_0^{\infty}(R^1)$ 及 $\sigma(y) \in C_0^{\infty}(R^1)$ 使得在 $\mathrm{supp}\,(\varphi(x,y))$ 上 $\rho(x)\sigma(y) = 1$. 那么容易看出 $\varphi_i(x, y) = \rho(x)\sigma(y)P_i(x, y)$ 满足定理 1 的条件.

注　把属于 $\mathfrak{D}(R^{n+m})$ 且可表示为

$$\sum_{j=1}^{k}\varphi_j(x)\psi_j(y), \text{ 这里 } \varphi_j(x) \in \mathfrak{D}(R^n), \psi_j(y) \in \mathfrak{D}(R^m)$$

的全体函数记为 $\mathfrak{D}(R^n) \times \mathfrak{D}(R^m)$. 上述定理 1 是讲 $\mathfrak{D}(R^n) \times \mathfrak{D}(R^m)$ 按 $\mathfrak{D}(R^{n+m})$ 的拓扑在 $\mathfrak{D}(R^{n+m})$ 内是稠密的. $\mathfrak{D}(R^{n+m})$ 的线性子空间 $\mathfrak{D}(R^n) \times \mathfrak{D}(R^m)$ 赋予相对拓扑后称为 $\mathfrak{D}(R^n)$ 和 $\mathfrak{D}(R^m)$ 的直接积或张量积.

现在可以来定义分布的直接积了. 为了明显地标出函数 $\varphi(x) \in \mathfrak{D}(R^n)$ 的自变量为 $x = (x_1, x_2, \cdots, x_n)$, 我们把 $\mathfrak{D}(R^n)$ 记为 $(\mathfrak{D}_x)$. 同样由变量为 $y = (y_1, y_2, \cdots, y_m)$ 的函数 $\psi(y)$ 组成的空间 $\mathfrak{D}(R^m)$ 记为 $(\mathfrak{D}_y)$. 同样把函数 $\chi(x, y)$ 所组成的空间 $\mathfrak{D}(R^{n+m})$ 记为 $(\mathfrak{D}_{x \times y})$. 为了指明分布 $T \in \mathfrak{D}(R^n)' = (\mathfrak{D}_x)'$ 是作用在 x 的函数 $\varphi(x)$ 上, 我们把 T 记成 $T_{(x)}$.

定理 2 设 $T_{(x)} \in (\mathfrak{D}_x)'$, $S_{(y)} \in (\mathfrak{D}_y)'$, 则有唯一分布 $W = W_{(x \times y)} \in (\mathfrak{D}_{x \times y})'$ 使得诸 $u \in (\mathfrak{D}_x), v \in (\mathfrak{D}_y)$ 满足

$$W(u(x)v(y)) = T_{(x)}(u(x))S_{(y)}(v(y)). \tag{4}$$

诸 $\varphi \in (\mathfrak{D}_{x \times y})$ 满足 (Fubini 定理)

$$W(\varphi(x, y)) = S_{(y)}(T_{(x)}(\varphi(x, y))) = T_{(x)}(S_{(y)}\varphi(x, y)). \tag{5}$$

注 分布 W 叫作 $T_{(x)}$ 和 $S_{(y)}$ 的直接积或张量积, 且记为

$$W = T_{(x)} \times S_{(y)} = S_{(y)} \times T_{(x)}. \tag{6}$$

定理 2 的证明 设 $\mathfrak{B} = \{\varphi(x, y)\}$ 是空间 $(\mathfrak{D}_{x \times y})$ 的一个有界集类. 对于固定的 $y^{(0)}$, 集合 $\{\varphi(x, y^{(0)}); \varphi \in \mathfrak{B}\}$ 是 $(\mathfrak{D}_x)$ 的一个有界集. 可以证明

$$\{\psi(y^{(0)}); \psi(y^{(0)}) = T_{(x)}(\varphi(x, y^{(0)})), \varphi \in \mathfrak{B}\} \tag{7}$$

是 $(\mathfrak{D}_{y(0)})$ 的有界集, 今证明如下.

因为 $\mathfrak{B}$ 是 $(\mathfrak{D}_{x \times y})$ 的有界集, 所以有紧集 $K_x \subset R^n$ 及紧集 $K_y \subset R^m$ 使得

当 $\varphi \in \mathfrak{B}$ 时, $\operatorname{supp}(\varphi) \subseteq \{(x, y) \in R^{n+m}; x \in K_x, y \in K_y\}$.

于是由 $y^{(0)} \notin K_y$ 必导致 $\varphi(x, y^{(0)}) = 0$ 及 $\psi(y^{(0)}) = T_{(x)}(\varphi(x, y^{(0)})) = 0$. 因此

当 $\varphi \in \mathfrak{B}$ 时, 有 $\operatorname{supp}(\psi) \subseteq K_y$. \tag{8}

我们必须证明对于 R^n 上的任何微分算子 D_y 有

$$\sup_{y, \psi} |D_y\psi(y)| < \infty, \ \text{其中} \ \psi(y) = T_{(x)}(\varphi(x, y)), \varphi \in \mathfrak{B}. \tag{9}$$

为此, 我们比如取 $D_{y_1} = \dfrac{\partial}{\partial y_1}$. 于是由 $T_{(x)}$ 的线性性质有

$$\frac{\psi(y_1 + h, y_2, \cdots, y_m) - \psi(y_1, y_2, \cdots, y_m)}{h}$$
$$= T_{(x)}\left\{\frac{\varphi(x, y_1 + h, y_2, \cdots, y_m) - \varphi(x, y_1, y_2, \cdots, y_m)}{h}\right\}.$$

当 φ 取遍 $\mathfrak{B}$ 时, 作为变量 x 的具有参量 $y \in R^m$ 及 h $(|h| \leqslant 1)$ 的属于 { } 的函数组成 $(\mathfrak{D}_x)$ 的一个有界集, 这点可由 $\mathfrak{B}$ 是 $(\mathfrak{D}_{x \times y})$ 的有界集这一事实而得知. 于是令 $h \to 0$ 以及由第一章 §8 中命题 1 便知 (9) 是真的.

因此, 由同一个命题 1 知, 数值集合

$$\{S_{(y)}(T_{(x)}(\varphi(x,y))); \varphi \in \mathfrak{B}\} \tag{10}$$

是有界的. 可见, 同一个命题 1 说明我们通过

$$W^{(1)}(\varphi) = S_{(y)}(T_{(x)}(\varphi(x,y))) \tag{11}$$

已经定义了一个分布 $W^{(1)} \in (\mathfrak{D}_{x \times y})'$. 类似地通过

$$W^{(2)}(\varphi) = T_{(x)}(S_{(y)}(\varphi(x,y))) \tag{12}$$

定义了分布 $W^{(2)} \in (\mathfrak{D}_{x \times y})'$. 显然对于 $u \in (\mathfrak{D}_x)$ 和 $v \in (\mathfrak{D}_y)$ 有

$$W^{(1)}(u(x)v(y)) = W^{(2)}(u(x)v(y)) = T_{(x)}(u(x))S_{(y)}(v(y)). \tag{13}$$

所以由上述定理 1 及分布 $W^{(1)}$ 与 $W^{(2)}$ 的连续性可得 $W^{(1)} = W^{(2)}$. 令 $W = W^{(1)} = W^{(2)}$, 就证明了定理 2.

第一章参考文献

关于局部凸空间及 Banach 空间, 可参看 N. Bourbaki [2], A. Grothendieck [1], G. Köthe [1], S. Banach [1], N. Dunford-J. Schwartz [1] 以及 E. Hille-R. S. Phillips [1]. 关于广义函数, 参看 L. Schwartz [1], I. M. Gelfand-G. E. Šilov [1], L. Hörmander [6] 以及 A. Friedman [1].[1]

---

[1] 可同时参见书后的 "补充说明".

第二章　Baire-Hausdorff 定理的应用

B–空间 (或 F–空间) 的完备性使我们能应用第零章中的 Baire-Hausdorff 定理, 并得到诸如一致有界性定理、共鸣定理、开映射定理及闭图像定理这样一些泛函分析的基本定理. 这些定理本质上是属于 S. Banach [1] 的. 广义函数的逐项可微性则是一致有界性定理的推论.

§1.　一致有界性定理及共鸣定理

定理 1 (一致有界性定理)　设 X 是第二纲线性拓扑空间, 而 $\{T_a; a \in A\}$ 为一族映 X 入拟赋范线性空间 Y 的连续映射. 假定对任何 $a \in A$ 及 $x, y \in X$, 有

$$\|T_a(x+y)\| \leqslant \|T_a x\| + \|T_a y\| \text{ 且当 } \alpha \geqslant 0 \text{ 时 } \|T_a(\alpha x)\| = \|\alpha T_a x\|.$$

若诸点 $x \in X$ 使集合 $\{T_a x; a \in A\}$ 有界, 则 s- $\lim\limits_{x \to 0} T_a x = 0$ 对 $a \in A$ 一致成立.

证明　对给定的 $\varepsilon > 0$ 及每个正整数 n, 由 T_a $(a \in A)$ 的连续性, 可作一列闭集 $X_n = \{x \in X; \sup\limits_{a \in A}\{\|n^{-1}T_a x\| + \|n^{-1}T_a(-x)\|\} \leqslant \varepsilon\}$. 又由 $\{\|T_a x\|; a \in A\}$ 的有界性假设, $X = \bigcup\limits_{n=1}^{\infty} X_n$. 根据对 X 的假定, 某个 X_{n_0} 便含有某个点 $x_0 \in X$ 的一个邻域 $U = x_0 + V$, 此处 V 为 X 内原点 0 的一个邻域使得 $V = -V$. 故 $x \in V$ 必导致 $\sup\limits_{a \in A} \|n_0^{-1}T_a(x_0 + x)\| \leqslant \varepsilon$. 因此当 $x \in V$ 且 $a \in A$ 时, 我们有

$$\|T_a(n_0^{-1}x)\| = \|T_a(n_0^{-1}(x_0 + x - x_0))\|$$
$$\leqslant \|n_0^{-1}T_a(x_0 + x)\| + \|n_0^{-1}T_a(-x_0)\| \leqslant 2\varepsilon.$$

线性拓扑空间上数乘 αx 对变量 α 和 x 连续, 于是定理得证.

系 1 (共鸣定理)　设映 B–空间 X 入赋范线性空间 Y 的一族有界线性算子 $\{T_a; a \in A\}$ 在诸 $x \in X$ 使 $\{\|T_a x\|; a \in A\}$ 有界, 则 $\{\|T_a\|; a \in A\}$ 是有界的.

证明　由一致有界性定理, 对任何 $\varepsilon > 0$, 有 $\delta > 0$, 使得当 $\|x\| \leqslant \delta$ 时有 $\sup\limits_{a \in A} \|T_a x\| \leqslant \varepsilon$. 因此 $\sup\limits_{a \in A} \|T_a\| \leqslant \varepsilon/\delta$.

系 2　设 $\{T_n\}$ 为映 B–空间 X 入赋范线性空间 Y 的一列有界线性算子. 设每点 $x \in X$ 使 $\mathrm{s\text{-}}\lim\limits_{n \to \infty} T_n x = T x$ 存在, 则 T 亦为映 X 入 Y 的有界线性算子且

$$\|T\| \leqslant \varliminf_{n \to \infty} \|T_n\|. \tag{1}$$

证明　序列 $\{\|T_n x\|\}$ 在诸 $x \in X$ 的有界性源自范数的连续性. 于是由前系知 $\sup\limits_{n \geqslant 1} \|T_n\| < \infty$, 故 $\|T_n x\| \leqslant \sup\limits_{n \geqslant 1} \|T_n\| \cdot \|x\|$ $(n = 1, 2, \cdots)$. 再由范数的连续性得

$$\|T x\| = \lim_{n \to \infty} \|T_n x\| \leqslant \varliminf_{n \to \infty} \|T_n\| \cdot \|x\|.$$

显然, T 是线性的, 上式便是不等式 (1).

定义　如上得到的算子 T 称为序列 $\{T_n\}$ 的强极限, 记为 $T = \mathrm{s\text{-}}\lim\limits_{n \to \infty} T_n$.

下面我们证明一个关于有界线性算子的有界逆的存在性定理.

定理 2 (C. Neumann)　设 T 为映 B–空间 X 入自身的有界线性算子, I 为恒等算子且 $\|I - T\| < 1$, 则 T 有有界线性逆 T^{-1} 且满足以下 **C. Neumann 级数**

$$T^{-1} x = \mathrm{s\text{-}}\lim_{n \to \infty} (I + (I - T) + (I - T)^2 + \cdots + (I - T)^n) x, \quad x \in X. \tag{2}$$

证明　对任何 $x \in X$, 我们有 $\|(I - T)^n x\| \leqslant \|I - T\|^n \|x\|$, 因此

$$\Big\| \sum_{n=0}^{k} (I - T)^n x \Big\| \leqslant \sum_{n=0}^{k} \|(I - T)^n x\| \leqslant \sum_{n=0}^{\infty} \|I - T\|^n \|x\|.$$

因 $\|I - T\| < 1$, 上式右端收敛. 于是由 X 的完备性知, $\mathrm{s\text{-}}\lim\limits_{k \to \infty} \sum\limits_{n=0}^{k} (I - T)^n$ 存在且是个有界线性算子. 它是 T 的逆这一性质可由

$$T\Big(\mathrm{s\text{-}}\lim_{k \to \infty} \sum_{n=0}^{k} (I - T)^n x\Big) = \mathrm{s\text{-}}\lim_{k \to \infty} (I - (I - T)) \cdot \Big(\sum_{n=0}^{k} (I - T)^n x \Big)$$

$$= x - \mathrm{s\text{-}}\lim_{k \to \infty} (I - T)^{k+1} x = x$$

及类似方程 $\mathrm{s\text{-}}\lim\limits_{k \to \infty} \Big(\sum\limits_{n=0}^{k} (I - T)^n \Big) T x = x$ 而证实.

§2. Vitali-Hahn-Saks 定理

此定理涉及测度序列的收敛性, 并需要用到下列命题

命题 设 $(S, \mathfrak{B}, m)$ 是测度空间. 使 $m(B) < \infty$ 的诸 $B \in \mathfrak{B}$ 组成的集合 $\mathfrak{B}_0$ 依距离

$$d(B_1, B_2) = m(B_1 \ominus B_2), \text{ 其中 } B_1 \ominus B_2 = B_1 \cup B_2 - B_1 \cap B_2, \tag{1}$$

就派生出一个度量空间 $(\mathfrak{B}_0)$, 其中我们把 $\mathfrak{B}_0$ 中满足 $m(B_1 \ominus B_2) = 0$ 的集合 B_1 与 B_2 视为同一集合. 因此, $(\mathfrak{B}_0)$ 中的一个点 $\overline{B}$ 便是满足条件 $m(B \ominus B_1) = 0$ 的集合 $B_1 \in \mathfrak{B}_0$ 所成的集类. 在上述距离 (1) 下, $(\mathfrak{B}_0)$ 成为一完备度量空间.

证明 以 $C_B(s)$ 表示集合 B 的特征函数: 依 $s \in B$ 或 $s \overline{\in} B$, $C_B(s) = 1$ 或 $C_B(s) = 0$, 则我们有

$$d(B_1, B_2) = \int_S |C_{B_1}(s) - C_{B_2}(s)| m(ds). \tag{2}$$

因此度量空间 $(\mathfrak{B}_0)$ 便可等同于 B–空间 $L^1(S, \mathfrak{B}, m)$ 的一个子集. 令 $B_n \in \mathfrak{B}_0$ 使得序列 $\{C_{B_n}(s)\}$ 满足条件

$$\lim_{n,k \to \infty} d(B_n, B_k) = \lim_{n,k \to \infty} \int_S |C_{B_n}(s) - C_{B_k}(s)| m(ds) = 0.$$

正如在空间 $L^1(S, \mathfrak{B}, m)$ 的完备性证明中一样, 我们可选子列 $\{C_{B_{n'}}(s)\}$ 使得 $\lim_{n' \to \infty} C_{B_{n'}}(s) = C(s)$ m-a.e. 存在, 且 $\lim_{n' \to \infty} \int_S |C(s) - C_{B_{n'}}(s)| m(ds) = 0$. 显然 $C(s)$ 是某个集合 $B_\infty \in \mathfrak{B}_0$ 的特征函数, 因而 $\lim_{n \to \infty} d(B_\infty, B_n) = 0$.

这就证明了 $(\mathfrak{B}_0)$ 为一完备度量空间.

定理 (Vitali-Hahn-Saks) 设 $(S, \mathfrak{B}, m)$ 为一测度空间, $\{\lambda_n(B)\}$ 为复测度序列[①]. 假定每个 $\lambda_n(B)$ 为 m–绝对连续的[②]. 对任何 $B \in \mathfrak{B}$, $\lim_{n \to \infty} \lambda_n(B) = \lambda(B)$ 存在且有限, 则 $\lambda_n(B)$ 的 m–绝对连续性对 n 是一致的, 即由 $\lim m(B) = 0$ 必导致 $\lim \lambda_n(B) = 0$ 对 n 一致成立. 若 $m(S) < \infty$, 则 $\lambda(B)$ 在 $\mathfrak{B}$ 上是 σ–可加的.

[①]校者注: 此处及下面的系 1 中原作要求全变差 $|\lambda_n|(S)$ $(n = 1, 2, \cdots)$ 均有限. 然而, 这个条件是多余的, 原因在于复测度的全变差必是有限的.

[②]校者注: 这里言及的绝对连续性取如此形式: 设 $\mu : \mathfrak{B} \to [0, +\infty]$ 是个测度而 ν 是 $\mathfrak{B}$ 上一个带号测度或复测度或取值于某个赋范空间的向量测度. 称 ν 依 μ 绝对连续是指

$$\forall \varepsilon > 0 \exists \delta > 0 \forall E \in \mathfrak{B} : \mu(E) < \delta \Rightarrow |\nu(E)| < \varepsilon.$$

这蕴涵第一章 §3 积分性质里的绝对连续性; 后者与前者有时一致, 有时不一致.

证明　首先, 由于 $\lambda_n(B)$ 的 m–绝对连续性, 数值 $\lambda_n(B)$ 与类 $\overline{B}$ 中的集合 B 的选择无关. 因此, 每个 λ_n 依等式 $\overline{\lambda}_n(\overline{B}) = \lambda_n(B)$ 确定了 $(\mathfrak{B}_0)$ 上一个单值函数 $\overline{\lambda}_n(\overline{B})$. 这个函数的连续性等价于 $\lambda_n(B)$ 的 m–绝对连续性.

于是, 对任何 $\varepsilon > 0$, 在 $(\mathfrak{B}_0)$ 中有列闭集

$$F_k(\varepsilon) = \{\overline{B}; \sup_{n \geqslant 1} |\overline{\lambda}_k(\overline{B}) - \overline{\lambda}_{n+k}(\overline{B})| \leqslant \varepsilon\}.$$

根据假定 $\lim\limits_{n \to \infty} \lambda_n(B) = \lambda(B)$, 知 $(\mathfrak{B}_0) = \bigcup\limits_{k=1}^{\infty} F_k(\varepsilon)$. 完备度量空间 $(\mathfrak{B}_0)$ 是第二纲的, 至少有一个 $F_{k_0}(\varepsilon)$ 包含 $(\mathfrak{B}_0)$ 的一个非空开集. 这就表示必有 $\overline{B}_0 \in (\mathfrak{B}_0)$ 和一正数 $\eta > 0$ 使得

$$d(B, B_0) < \eta \text{ 必导致 } \sup_{n \geqslant 1} |\overline{\lambda}_{k_0}(\overline{B}) - \overline{\lambda}_{k_0+n}(\overline{B})| \leqslant \varepsilon.$$

满足 $m(B) < \eta$ 的诸 $B \in \mathfrak{B}_0$ 能表示成 $B = B_1 - B_2$ 使得 $B_2 \subseteq B_1$ 且 $d(B_1, B_0) < \eta$ 以及 $d(B_2, B_0) < \eta$. 例如我们可取 $B_1 = B \cup B_0, B_2 = B_0 - B \cap B_0$. 因此, 若 $m(B) < \eta$ 且 $k \geqslant k_0$, 就有

$$|\lambda_k(B)| \leqslant |\lambda_{k_0}(B)| + |\lambda_{k_0}(B) - \lambda_k(B)|$$
$$\leqslant |\lambda_{k_0}(B)| + |\lambda_{k_0}(B_1) - \lambda_k(B_1)| + |\lambda_{k_0}(B_2) - \lambda_k(B_2)|$$
$$\leqslant |\lambda_{k_0}(B)| + 2\varepsilon.$$

因此, 由 λ_{k_0} 的 m–绝对连续性及 $\varepsilon > 0$ 的任意性可得, 由 $m(B) \to 0$ 必导致 $\lambda_n(B) \to 0$ 对 n 一致成立. 于是, 特别地有, 由 $m(B) \to 0$ 必导致 $\lambda(B) \to 0$.

最后, 显然 λ 是有限可加的, 即 $\lambda\left(\sum\limits_{j=1}^{n} B_j\right) = \sum\limits_{j=1}^{n} \lambda(B_j)$. 因此, 当 $m(S) < \infty$ 时, 根据前面所证的 $\lim\limits_{m(B) \to 0} \lambda(B) = 0$ 知 λ 是 σ–可加的.

系 1　设 $\{\lambda_n(B)\}$ 为 S 上全变差 $|\lambda_n|(S)$ 均为有限的一列复测度. 若一切 $B \in \mathfrak{B}$ 使极限 $\lim\limits_{n \to \infty} \lambda_n(B)$ 存在且有限, 则 $\{\lambda_n(B)\}$ 的 σ–可加性对 n 是一致的, 其意义是对 $\mathfrak{B}$ 中满足 $\bigcap\limits_{k=1}^{\infty} B_k = \varnothing$ 的任何递减集列 $\{B_k\}$, 对 n 一致地有 $\lim\limits_{k \to \infty} \lambda_n(B_k) = 0$.

证明　可设诸 $|\lambda_j|(S) > 0$, 作测度 $\mu_j(B) = |\lambda_j|(B)/|\lambda_j|(S)$. 我们来考察 $m(B) = \sum\limits_{j=1}^{\infty} 2^{-j} \mu_j(B)$. 各 $|\lambda_j|$ 的 σ–可加性蕴涵 μ 的 σ–可加性, 且 $0 \leqslant m(B) \leqslant 1$. 每个 μ_j, 从而每个 λ_j, 都是 m–绝对连续的. 因此, 根据前面的定理, 由于 $\lim\limits_{k \to \infty} m(B_k) = 0$ 导致 $\lim\limits_{k \to \infty} \lambda_n(B_k) = 0$ 对 n 一致成立.

系 2　即使 $m(S) = \infty$, 定理中 $\lambda(B)$ 仍然是 σ–可加且 m–绝对连续的.

§3. 广义函数序列的逐项可微性

广义函数序列的收敛性研究是很简单的. 事实上我们能证明

定理 设 $\{T_n\}$ 为 $\mathfrak{D}(\Omega)'$ 中的一个序列. 设诸 $\varphi \in \mathfrak{D}(\Omega)$ 使 $\lim_{n\to\infty} T_n(\varphi) = T(\varphi)$ 存在且有限, 则 T 也是属于 $\mathfrak{D}(\Omega)'$ 的一个广义函数. 此时我们称 T 为序列 $\{T_n\}$ 在 $\mathfrak{D}(\Omega)'$ 中的极限, 并记为 $T = \lim_{n\to\infty} T_n(\mathfrak{D}(\Omega)')$.

证明 泛函 T 的线性性质是显然的. 今设 K 为 Ω 的任何紧集, 则每个 T_n 在 F–空间 $\mathfrak{D}_K(\Omega)$ 上定义了一个线性泛函. 并且, 这些线性泛函均是连续的, 因为可由第一章 §8 中命题 1 证明它们在 $\mathfrak{D}_K(\Omega)$ 的每个有界集上是有界的. 因此, 由一致有界性定理, T 必定是 $\mathfrak{D}_K(\Omega)$ 上的线性泛函, 并且它在 $\mathfrak{D}_K(\Omega)$ 的每个有界集上为有界. 从而 T 是每个 $\mathfrak{D}_K(\Omega)$ 上的连续线性泛函. 因为 $\mathfrak{D}(\Omega)$ 是全体 $\mathfrak{D}_K(\Omega)$ 的归纳极限, 因而 T 必定是 $\mathfrak{D}(\Omega)$ 上的连续线性泛函.

系 (逐项可微性定理) 设 $T = \lim_{n\to\infty} T_n(\mathfrak{D}(\Omega)')$, 则诸微分算子 D^j 满足 $D^j T = \lim_{n\to\infty} D^j T_n(\mathfrak{D}(\Omega)')$.

证明 由 $\lim_{n\to\infty} T_n = T(\mathfrak{D}(\Omega)')$ 可知诸 $\varphi \in \mathfrak{D}(\Omega)$ 满足 $\lim_{n\to\infty} T_n((-1)^{|j|} D^j \varphi) = T((-1)^{|j|} D^j \varphi)$. 后者正是 $(D^j T)(\varphi) = \lim_{n\to\infty}(D^j T_n)(\varphi)$.

§4. 奇点凝聚原理

Baire-Hausdorff 定理可用来证明具有各种奇异特性的函数的存在性. 例如, 我们将证明没有有限导数的连续函数的存在性.

Weierstrass 定理 在区间 $[0,1]$ 上有这样的实值连续函数 $x(t)$, 它在区间 $[0, 1/2]$ 上任何点均无有限微商 $x'(t_0)$.

证明 函数 $x(t)$ 在 $t = t_0$ 有有限右上和右下导数当且仅当有正整数 n 使得

$$\sup_{2^{-1} > h > 0} h^{-1}|x(t_0 + h) - x(t_0)| \leqslant n.$$

今以 M_n 表示这样一些函数 $x(t) \in C[0,1]$ 的全体, 这些函数 $x(t)$ 在 $[0, 1/2]$ 中某点 t_0 处满足上述不等式; 而 t_0 可随 $x(t)$ 而异. 我们只需证明每个 M_n 是 $C[0,1]$ 的一疏朗子集即可; 此因根据 Baire-Hausdorff 定理, 完备度量空间 $C[0,1]$ 不是第一纲集, 集合 $C[0,1] - \bigcup_{n=1}^{\infty} M_n$ 必非空.

根据闭区间 $[0, 1/2]$ 的紧性和空间 $C[0,1]$ 的范数, 易知 M_n 在 $C[0,1]$ 中闭. 其次, 对任何多项式 $z(t)$ 及数 $\varepsilon > 0$, 我们恒可以找到这样的函数 $y(t) \in$

$C[0,1] - M_n$, 使得 $\sup\limits_{0 \leqslant t \leqslant 1} |z(t) - y(t)| = \|z - y\| \leqslant \varepsilon$; 例如, 我们可以取形如锯齿线图形所表达的连续函数, 使得上述条件均满足. 于是, 由 Weierstrass 多项式逼近定理, M_n 是 $C[0,1]$ 中的疏朗集.

S. Banach [1] 和 H. Steinhaus 证明了奇点凝聚原理(见后面), 其基础是以下

定理 (S. Banach)　设 $\{T_n\}$ 是映 B–空间 X 入赋范线性空间 Y_n 的一列有界线性算子, 则以下集合要么等于 X, 要么是 X 的一个第一纲集:

$$B = \{x \in X; \varlimsup_{n \to \infty} \|T_n x\| < \infty\}.$$

证明　在 B 是第二纲集的假设下, 我们将证明 $B = X$. 由 B 的定义, 只要 $x \in B$, 我们便有 $\lim\limits_{k \to \infty} \sup\limits_{n \geqslant 1} \|k^{-1} T_n x\| = 0$. 因此, 对任何 $\varepsilon > 0$,

$$B \subseteq \bigcup_{k=1}^{\infty} B_k, \quad \text{其中 } B_k = \{x \in X; \sup_{n \geqslant 1} \|k^{-1} T_n x\| \leqslant \varepsilon\}.$$

由于全体 T_n 的连续性, 每个 B_k 是闭集. 因此, 若 B 是第二纲集, 则某个 B_{k_0} 含有一正半径的球. 换言之, 有 $x_0 \in X$ 和一个 $\delta > 0$, 只要 $\|x - x_0\| \leqslant \delta$, 必有 $\sup\limits_{n \geqslant 1} \|k_0^{-1} T_n x\| \leqslant \varepsilon$. 令 $y = x - x_0$, 当 $\|y\| \leqslant \delta$ 时, 我们便有

$$\|k_0^{-1} T_n y\| \leqslant \|k_0^{-1} T_n x\| + \|k_0^{-1} T_n x_0\| \leqslant 2\varepsilon.$$

因此 $\sup\limits_{n \geqslant 1, \|z\| \leqslant k_0^{-1}\delta} \|T_n z\| \leqslant 2\varepsilon$, 故 $B = X$.

系 (奇点凝聚原理)　设 $\{T_{p,q}\}$ $(q = 1, 2, \cdots)$ 为映 B–空间 X 入赋范线性空间 Y_p $(p = 1, 2, \cdots)$ 的一列有界线性算子. 假定对每个 p 有 $x_p \in X$ 使得 $\varlimsup\limits_{q \to \infty} \|T_{p,q} x_p\| = \infty$, 则 X 有如下第二纲集合

$$B = \{x \in X; \varlimsup_{q \to \infty} \|T_{p,q} x\| = \infty \quad \text{对一切 } p = 1, 2, \cdots\}.$$

证明　根据假设和前面的定理, 对每个 p, 集合 $B_p = \{x \in X; \varlimsup\limits_{q \to \infty} \|T_{p,q} x\| < \infty\}$ 是第一纲的, 因而 $B = X - \bigcup\limits_{p=1}^{\infty} B_p$ 必定是第二纲的.

上述系给出了寻找具有许多奇点的函数的一个普遍方法.

例　令 $K_q(s,t) = \sin((q + 2^{-1})(s - t))/2\sin 2^{-1}(s - t)$, 则存在周期为 2π 的实值连续函数 $x(t)$, 它的 Fourier 展式的部分和

$$f_q(x; t) = \sum_{k=0}^{q} (a_k \cos kt + b_k \sin kt) = \frac{1}{\pi} \int_{-\pi}^{\pi} x(s) K_q(s, t) ds \tag{1}$$

在某个连续统 $P(\subseteq [0, 2\pi])$ 上, $\varlimsup\limits_{q \to \infty} |f_q(x; t)| = \infty$. \tag{2}

此外, 可选择函数 x 使集合 P 包含事实指定的可数集 $\{t_j\} \subseteq [0, 2\pi]$.

证明 周期为 2π 的全体实值连续函数按范数 $\|x\| = \sup\limits_{0 \leqslant t \leqslant 2\pi} |x(t)|$ 构成一实 B–空间 $C_{2\pi}$. 如 (1) 所示, 对一给定的 $t_0 \in [0, 2\pi]$, $f_q(x; t_0)$ 为 $C_{2\pi}$ 上的一有界线性泛函. 此外, 这个泛函 $f_q(x; t_0)$ 的范数等于

$$\frac{1}{\pi} \int_{-\pi}^{\pi} |K_q(s, t_0)| ds = 函数 \ \frac{1}{\pi} \int_{-\pi}^{t} K_q(s, t_0) ds \ 的全变差. \tag{3}$$

易知, 对固定的 t_0, 当 $q \to \infty$ 时 (3) 趋于 ∞.

增加可数个点后, 可设 $\{t_j\}$ 于 $[0, 2\pi]$ 稠密. 根据前面的系, 集合

$$B = \{x \in C_{2\pi}; \ 对于 \ t = t_1, t_2, \cdots, \varlimsup_{q \to \infty} |f_q(x; t)| = \infty\}$$

是第二纲的. 于是, 根据空间 $C_{2\pi}$ 的完备性, 集合 B 非空. 我们来证明集合

$$P = \{t \in [0, 2\pi]; \varlimsup_{q \to \infty} |f_q(x; t)| = \infty\}$$

对任何 $x \in B$ 是个连续统. 为此令 $F_{m,q} = \{t \in [0, 2\pi]; |f_q(x; t)| \leqslant m\}$ 且 $F_m = \bigcap\limits_{q=1}^{\infty} F_{m,q}$. 由 $x(t)$ 和三角函数的连续性知, 集合 $F_{m,q}$ 从而集合 F_m 均是 $[0, 2\pi]$ 的闭集. 如果我们能证明 $\bigcup\limits_{m=1}^{\infty} F_m$ 是 $[0, 2\pi]$ 的一个第一纲集, 则集合 $P = \Big([0, 2\pi] - \bigcup\limits_{m=1}^{\infty} F_m\Big) \supset \{t_j\}$ 必将是第二纲的, 作为 $[0, 2\pi]$ 中的第二纲集, P 不可能是可数的, 故根据连续统假设, P 必有连续统的势.

最后我们应该来证明每个 F_m 是 $[0, 2\pi]$ 中的第一纲集. 设某 F_{m_0} 是第二纲的, 则 $[0, 2\pi]$ 的闭集 F_{m_0} 必包含 $[0, 2\pi]$ 的一个闭区间 $[\alpha, \beta]$. 这导致对一切 $t \in [\alpha, \beta]$ 有 $\sup\limits_{q \geqslant 1} |f_q(x; t)| \leqslant m_0$, 而这与 P 包含 $[0, 2\pi]$ 的一稠密集 $\{t_j\}$ 矛盾.

注 我们能证明 P 是个连续统而无须用连续统假设. 如见 F. Hausdorff [1].

§5. 开映射定理

定理 (S. Banach 的开映射定理) 设 T 为映 F–空间 X 到 F–空间 Y 上的一个连续线性算子, 则 T 把 X 的每个开集映成 Y 的开集.

为了证明, 我们先准备证明以下

命题 令 X, Y 为线性拓扑空间. 设 T 为映 X 入 Y 的连续线性算子, 并假定 T 的值域 $R(T)$ 是 Y 中的一个第二纲集, 则 X 内原点 0 的每个邻域 U 必对应 Y 内原点 0 的某邻域 V 使得 $V \subseteq (TU)^a$.

证明 令 W 为 X 内原点 0 的一个邻域使得 $W = -W, W + W \subseteq U$. 对每个 $x \in X$, 当 $n \to \infty$ 时, 有 $x/n \to 0$, 故对充分大的 n 有 $x \in nW$. 于是 $X = \bigcup_{n=1}^{\infty} (nW)$, 故 $R(T) = \bigcup_{n=1}^{\infty} T(nW)$. 由于 $R(T)$ 是 Y 中第二纲集, 从而有正整数 n_0 使 $(T(n_0 W))^a$ 包含一非空开集. 因 $(T(nW))^a = n(T(W))^a$, 且因 $n(T(W))^a$ 与 $(T(W))^a$ 是相互同胚的[①], 故 $(T(W))^a$ 也包含一非空开集. 取 $x_0 \in W$ 使得 $y_0 = Tx_0$ 是此开集的一个点. 由于 $x \to -x_0 + x$ 是同胚映射, 我们即知 Y 内原点 0 有个邻域 V 使得 $V \subseteq -y_0 + (T(W))^a$. 集合 $-y_0 + T(W)$ 的元可表示成 $-y_0 + Tw = T(w - x_0)$ 使得 $w \in W$. 但 $w - x_0 \in W + W \subseteq U$, 这是因为 W 是 X 内原点 0 的一个邻域使得 $W = -W$ 且 $W + W \subseteq U$.

因此, $-y_0 + T(W) \subseteq T(U)$, 取闭包得 $-y_0 + (T(W))^a \subseteq (T(U))^a$, 故

$$V \subseteq -y_0 + (T(W))^a \subseteq (T(U))^a = (TU)^a.$$

定理的证明 因 Y 为一完备度量空间, 故它是第二纲的. 因此, 根据前面的命题, $0 \in X$ 的邻域在 T 下的像的闭包含有 Y 内原点 0 的某个邻域.

以 $X_\varepsilon, Y_\varepsilon$ 分别表示 X, Y 中以原点为中心且以 $\varepsilon > 0$ 为半径的球. 令 $\varepsilon_i = \varepsilon/2^i$ $(i = 0, 1, 2, \cdots)$, 则依据我们前面叙述的事实, 有一列正数 $\{\eta_i\}$ 使得

$$\lim_{i \to \infty} \eta_i = 0 \quad 且 \quad Y_{\eta_i} \subseteq (TX_{\varepsilon_i})^a \quad (i = 0, 1, 2, \cdots). \tag{1}$$

任取 $y \in Y_{\eta_0}$, 我们来证明有 $x \in X_{2\varepsilon_0}$ 使得 $Tx = y$. 取 $i = 0$, 由 (1) 知有 $x_0 \in X_{\varepsilon_0}$ 使得 $\|y - Tx_0\| < \eta_1$. 由于 $(y - Tx_0) \in Y_{\eta_1}$, 取 $i = 1$, 又由 (1) 知有 $x_1 \in X_{\varepsilon_1}$ 使 $\|y - Tx_0 - Tx_1\| < \eta_2$. 重复此过程, 我们找到一列 $\{x_i\}, x_i \in X_{\varepsilon_i}$ 使得

$$\left\| y - T\left(\sum_{i=0}^{n} x_i \right) \right\| < \eta_{n+1} \quad (n = 0, 1, 2, \cdots).$$

序列 $\left\{ \sum_{k=0}^{n} x_k \right\}$ 为一 Cauchy 序列, 此因我们有

$$\left\| \sum_{k=m+1}^{n} x_k \right\| \leqslant \sum_{k=m+1}^{n} \|x_k\| \leqslant \sum_{k=m+1}^{n} \varepsilon_k \leqslant \left(\sum_{k=m+1}^{n} 2^{-k} \right) \varepsilon_0.$$

于是由 X 的完备性, 即知 s- $\lim_{n \to \infty} \sum_{k=0}^{n} x_k = x \in X$ 存在. 此外,

$$\|x\| = \lim_{n \to \infty} \left\| \sum_{k=0}^{n} x_k \right\| \leqslant \lim_{n \to \infty} \sum_{k=0}^{n} \|x_k\| \leqslant \left(\sum_{k=0}^{\infty} 2^{-k} \right) \varepsilon_0 = 2\varepsilon_0.$$

[①]一个映拓扑空间 S_1 到拓扑空间 S_2 上的一对一映射 M 称为一同胚映射是指 M 和 M^{-1} 均将开集映成开集.

由 T 的连续性, 必定得到 $y = Tx$. 因此, 我们就证明了任何球 $X_{2\varepsilon_0}$ 必被 T 映射到一个含有球 Y_{η_0} 的集合上.

做了这些准备后, 设 G 为 X 中一非空开集且 $x \in G$. 取 X 内原点 0 的一个邻域 U 使得 $x + U \subseteq G$, 又取 Y 内原点 0 的一个邻域 V 使得 $TU \supseteq V$. 于是,

$$TG \supseteq T(x + U) = Tx + TU \supseteq Tx + V.$$

故 TG 是其本身中诸点的邻域. 这就证明了 T 映 X 的开集成 Y 的开集.

定理的系 若映一个 F–空间到一个 F–空间上的连续线性算子 T 是个一对一映射, 则逆算子 T^{-1} 也是连续线性算子.

§6. 闭图像定理

定义 1 设 X, Y 为同一数域上的线性拓扑空间, 则积空间 $X \times Y$ 按

$$\{x_1, y_1\} + \{x_2, y_2\} = \{x_1 + x_2, y_1 + y_2\}, \alpha\{x, y\} = \{\alpha x, \alpha y\}$$

成为一线性空间. 如果我们定义其上拓扑使 G_1, G_2 各取遍 X, Y 的开集时形如

$$G_1 \times G_2 = \{(x, y); x \in G_1, y \in G_2\}$$

的集合构成一个开基, 则积空间也是个拓扑线性空间. 特别地, 如果 X, Y 是拟赋范线性空间, 则 $X \times Y$ 按拟范数

$$\|\{x, y\}\| = \left(\|x\|^2 + \|y\|^2\right)^{1/2} \tag{1}$$

亦是拟赋范线性空间.

命题 1 若 X 和 Y 为 B–空间 (F–空间), 则 $X \times Y$ 亦是 B–空间 (F–空间).

证明 因为 s-$\lim_{n \to \infty} \{x_n, y_n\} = \{x, y\}$ 等价于 s-$\lim_{n \to \infty} x_n = x$ 且 s-$\lim_{n \to \infty} y_n = y$, 结论显然.

定义 2 映 $D(T) \subseteq X$ 入 Y 的线性算子 T 的图像 $G(T)$ 是积空间 $X \times Y$ 中集合 $\{\{x, Tx\}; x \in D(T)\}$. 设 X, Y 是拓扑线性空间. 称 T 为一个线性闭算子是指其图像 $G(T)$ 是 $X \times Y$ 的一线性闭子空间. 如果 X 和 Y 是拟赋范线性空间, 则映 $D(T) \subseteq X$ 入 Y 的线性算子 T 是闭的当且仅当它满足以下条件:

$$\{x_n\} \subseteq D(T), \text{s-}\lim_{n \to \infty} x_n = x \text{ 且 s-}\lim_{n \to \infty} Tx_n = y \text{ 导致 } x \in D(T) \text{ 且 } Tx = y. \tag{2}$$

因此线性闭算子的概念是有界线性算子概念的拓广. 映 $D(T) \subseteq X$ 入 Y 的线性算子称为可闭的或准闭的是指其图像 $G(T)$ 在 $X \times Y$ 中的闭包是某个线性算子 S, 它映 $D(S) \subseteq X$ 入 Y 的图像.

命题 2　如果 X, Y 是拟赋范线性空间, 则 T 是可闭的当且仅当它满足以下条件:

$$\{x_n\} \subseteq D(T), \text{s-}\lim_{n\to\infty} x_n = 0 \text{ 且 s-}\lim_{n\to\infty} Tx_n = y \text{ 导致 } y = 0. \tag{3}$$

证明　"仅当" 部分是显然的, 这是因为 $G(T)$ 在 $X \times Y$ 中的闭包是一个线性算子 S 的图像 $G(S)$, 所以 $y = S \cdot 0 = 0$. "当" 的部分证明如下. 我们根据下列条件定义一线性算子 S, 并称 S 是 T 的最小闭扩张:

$$x \in D(S) \text{ 当且仅当有一列 } \{x_n\} \subseteq D(T) \text{ 使得 s-}\lim_{n\to\infty} x_n = x$$
$$\text{且 s-}\lim_{n\to\infty} Tx_n = y \text{ 存在; 并且我们定义 } Sx = y. \tag{4}$$

根据条件 (3), 值 y 被 x 所唯一确定. 我们只需证明 S 是闭的. 令 $w_n \in D(S), \text{s-}\lim_{n\to\infty} w_n = w$ 且 s-$\lim_{n\to\infty} Sw_n = u$, 则存在序列 $\{x_n\} \subseteq D(T)$ 使得 $\|w_n - x_n\| \leqslant n^{-1}, \|Sw_n - Tx_n\| \leqslant n^{-1}$ $(n = 1, 2, \cdots)$. 因而

$$\text{s-}\lim_{n\to\infty} x_n = \text{s-}\lim_{n\to\infty} w_n = w,$$
$$\text{s-}\lim_{n\to\infty} Tx_n = \text{s-}\lim_{n\to\infty} Sw_n = u,$$

故 $w \in D(S), Sw = u$.

一例不连续的闭算子　设 $X = Y = C[0,1]$. 令 D 为导数 $x'(t) \in X$ 的一切函数 $x(t) \in X$ 的集合, 令 T 为在 $D(T) = D$ 上按式 $Tx = x'$ 定义的线性算子. 这个 T 不是连续的, 因为对于 $x_n(t) = t^n$ 有

$$\|x_n\| = 1, \|Tx_n\| = \sup_{0\leqslant t\leqslant 1} |x_n'(t)| = \sup_{0\leqslant t\leqslant 1} |nt^{n-1}| = n \quad (n = 1, 2, \cdots).$$

但 T 是闭的. 事实上, 设 $\{x_n\} \subseteq D(T), \text{s-}\lim_{n\to\infty} x_n = x$ 且 s-$\lim_{n\to\infty} Tx_n = y$, 则 $x_n'(t)$ 一致收敛于 $y(t)$, 同时 $x_n(t)$ 一致收敛于 $x(t)$. 故 $x(t)$ 必可微且具有连续导数 $y(t)$. 这就证明了 $x \in D(T)$ 且 $Tx = y$.

一些可闭算子　设 Ω 是 R^n 中的一开区域, 令 D_x 是线性微分算子

$$D_x = \sum_{|j|\leqslant k} c_j(x)D^j, \tag{5}$$

其系数 $c_j(x) \in C^k(\Omega)$. 今考察使 $D_x f(x) \in L^2(\Omega)$ 的函数 $f(x) \in L^2(\Omega) \cap C^k(\Omega)$ 全体 D. 我们按式子 $(Tf)(x) = D_x f(x)$ 定义一个映 $D(T) = D \subseteq L^2(\Omega)$ 入 $L^2(\Omega)$ 的线性算子 T, 则 T 是可闭的. 因为, 令 $\{f_h\} \subseteq D$ 使 s-$\lim_{h\to\infty} f_h = 0$ 且 s-$\lim_{h\to\infty} D_x f_h = g$, 则对任何 $\varphi(x) \in C_0^k(\Omega)$, 由分部积分得

$$\int_\Omega D_x f(x) \cdot \varphi(x)dx = \int_\Omega f(x)D_x'\varphi(x)dx, \tag{6}$$

其中 D'_x 是 D_x 的形式伴随微分算子:

$$D'_x \varphi(x) = \sum_{|j| \leqslant k} (-1)^{|j|} D^j (c_j(x) \varphi(x)). \tag{7}$$

公式 (6) 成立的原因在于分部积分中被积出项因 $\varphi(x) \in C_0^k(\Omega)$ 而消失. 于是由 $L^2(\Omega)$ 中数量积的连续性, 只要在 (6) 中取 $f = f_h$ 并令 $h \to \infty$ 便得到

$$\int_\Omega g(x) \varphi(x) dx = \int_\Omega 0 \cdot D'_x \varphi(x) dx = 0. \tag{8}$$

由于 $\varphi(x) \in C_0^k(\Omega)$ 是任意的, 必定有 $g(x) = 0$ a. e., 即表示在 $L^2(\Omega)$ 中 $g = 0$.

命题 3 映 $D(T) \subseteq X$ 入 Y 的线性闭算子的逆 T^{-1} 存在时必是闭线性算子.

证明 逆算子 T^{-1} 的图像是积空间 $Y \times X$ 中集合 $\{\{Tx, x\}; x \in D(T)\}$. 但知有此事实: 映射 $\{x, y\} \to \{y, x\}$ 是 $X \times Y$ 到 $Y \times X$ 上的同胚, 命题便得证.

下面我们证明 Banach 的闭图像定理:

定理 1 映 F-空间 X 入 F-空间 Y 的线性闭算子是连续的.

证明 T 的图像 $G(T)$ 是 F-空间 $X \times Y$ 的线性闭子空间. 于是根据 $X \times Y$ 的完备性, $G(T)$ 是 F-空间. 由关系 $U\{x, Tx\} = x$ 确定的映射 U 是映 F-空间 $G(T)$ 到 F-空间 X 上的一对一的连续线性变换. 于是根据开映射定理, U 的逆 U^{-1} 是连续的. 由关系 $V\{x, Tx\} = Tx$ 确定的线性算子 V 显然是映 $G(T)$ 到 $R(T) \subseteq Y$ 上的连续算子. 因此 $T = VU^{-1}$ 是从 X 至 Y 连续的.

下面关于两个线性算子的比较定理是属于 L. Hörmander 的:

定理 2 设 X 和 X_i $(i = 1, 2)$ 是 B-空间, T_i $(i = 1, 2)$ 是映 $D(T_i) \subseteq X$ 入 X_i 的线性算子. 若 T_1 是闭的, T_2 可闭且 $D(T_1) \subseteq D(T_2)$, 则存在常数 C 使得

$$对于 \ x \in D(T_1), \|T_2 x\| \leqslant C(\|T_1 x\|^2 + \|x\|^2)^{1/2}. \tag{9}$$

证明 算子 T_1 的图像 $G(T_1)$ 是 $X \times X_1$ 的闭子空间. 于是映射

$$G(T_1) \ni \{x, T_1 x\} \to T_2 x \in X_2 \tag{10}$$

是映 B-空间 $G(T_1)$ 入 B-空间 X_2 的线性算子. 我们来证明这个映射是闭的. 设 $\{x_n, T_1 x_n\}$ 在 $G(T_1)$ 中 s- 收敛且 $T_2 x_n$ 在 X_2 中 s- 收敛. 由于 T_1 为闭, 从而有元素 $x \in D(T_1)$ 使得 $x = \underset{n \to \infty}{\text{s-} \lim} x_n$ 且 $T_1 x = \underset{n \to \infty}{\text{s-} \lim} T_1 x_n$. 根据假设知 $x \in D(T_2)$, 又由于 T_2 可闭, 所以 $\underset{n \to \infty}{\text{s-} \lim} T_2 x_n$ 只能是 $T_2 x$. 于是映射 (10) 是闭的, 故由闭图像定理, 它必连续. 这就证明了 (9).

§7.　闭图像定理的一个应用 (Hörmander 定理)

在函数 f 为 C^∞ 的域上, Laplace 方程

$$\Delta u = f \in L^2$$

的任何分布解 $u \in L^2$ 只要校正某个零测集上的值后便是个 C^∞ 函数. 这个结果作为 Weyl 引理而为人们熟知, 它在位势理论的近代研究中起了基本的作用. 请参看 H. Weyl [1]. 关于 Weyl 引理的拓广, 有大量文献. 在这些工作中, L. Hörmander [1] 的研究看来是最卓越的. 我们将从他定义的亚椭圆性开始讨论.

定义 1　设 Ω 为 R^n 的一开区域, 称其上函数 $u(x)$ $(x \in \Omega)$ 属于 $L^2_{\mathrm{loc}}(\Omega)$ 是指在 Ω 中有紧闭包的任何开子域 Ω' 都使 $\int_{\Omega'} |u(x)|^2 dx < \infty$.

设 $P(\xi) = P(\xi_1, \xi_2, \cdots, \xi_n)$ 是 $\xi_1, \xi_2, \cdots, \xi_n$ 的一个多项式, 令

$$P(D) = P\Big(\frac{1}{i}\frac{\partial}{\partial x_1}, \frac{1}{i}\frac{\partial}{\partial x_2}, \cdots, \frac{1}{i}\frac{\partial}{\partial x_n}\Big). \tag{1}$$

常系数线性偏微分算子 $P(D)$ 称为亚椭圆的是指 $P(D)u = f$ 的每个分布解 $u \in L^2_{\mathrm{loc}}(\Omega)$ 在 f 为 C^∞ 的子域上只要校正某个零测集上的值后便是个 C^∞ 函数.

定理 (Hörmander)　若 $P(D)$ 为亚椭圆的, 则对任意大的正常数 C_1, 存在正常数 C_2, 使得对于代数方程 $P(\zeta) = 0$ 的任何解 $\zeta = \xi + i\eta$, 我们有[①]

$$若 \ |\eta| = \Big(\sum_{j=1}^n |\eta_j|^2\Big)^{1/2} \leqslant C_1, 则 \ |\zeta| = \Big(\sum_{j=1}^n |\zeta_j|^2\Big)^{1/2} \leqslant C_2. \tag{2}$$

证明　令 U 是 $P(D)u = 0$ 的分布解 $u \in L^2(\Omega')$ 的全体, 亦即满足下列条件

$$\int_{\Omega'} u \cdot P'(D)\varphi dx = 0 \quad 对一切 \ \varphi \in C_0^\infty(\Omega') \tag{3}$$

的 $u \in L^2(\Omega')$ 的全体, 其中 $P(D)$ 的伴随微分算子 $P'(D)$ 由下式确定:

$$P'(\xi) = P(-\xi_1, -\xi_2, \cdots, -\xi_n). \tag{4}$$

我们能证明 U 是 $L^2(\Omega')$ 的线性闭子空间. 由微分算子 $P(D)$ 的线性性质, 显然得到 U 是线性空间. 令 U 中一列 $\{u_h\}$ 于 $L^2(\Omega')$ 中适合条件 $\underset{h\to\infty}{\mathrm{s\text{-}}\lim} u_h = u$, 则由 $L^2(\Omega')$ 中数量积的连续性知

$$0 = \lim_{h\to\infty} \int_{\Omega'} u_h \cdot P'(D)\varphi dx = \int_{\Omega'} u \cdot P'(D)\varphi dx,$$

---

①校者注: 作者将式 (2) 中 C_1 和 C_2 顺序写反了.

亦即 $u \in U$. 故 U 是 $L^2(\Omega')$ 的一线性闭子空间, 从而是 B–空间.

由于 $P(D)$ 为亚椭圆的, 我们可以认为每个 $u \in U$ 在 Ω' 中是 C^∞ 的. 令 Ω_1' 为任何在 Ω' 中具有紧闭包的开子域, 则对任何 $u \in U$, 函数 $\dfrac{\partial u}{\partial x_k}$ $(k = 1, 2, \cdots, n)$ 在 Ω' 中是 C^∞ 的, 用前一节用到的论证方法, 映射

$$U \ni u \to \frac{\partial u}{\partial x_k} \in L^2(\Omega_1') \quad (k = 1, 2, \cdots, n)$$

是线性闭算子. 于是, 根据闭图像定理, 有常数 C 使得诸 $u \in U$ 满足

$$\int_{\Omega_1'} \sum_{k=1}^{n} \left| \frac{\partial u}{\partial x_k} \right|^2 dx \leqslant C \int_{\Omega'} |u|^2 dx.$$

如果我们将此不等式用于函数 $u(x) = e^{i\langle x, \zeta \rangle}$, 其中

$$\zeta = \xi + i\eta = (\xi_1 + i\eta_1, \xi_2 + i\eta_2, \cdots, \xi_n + i\eta_n)$$

是 $P(\zeta) = 0$ 的一个解, 且 $\langle x, \zeta \rangle = \sum\limits_{j=1}^{n} \langle x_j, \zeta_j \rangle$, 即得

$$\sum_{k=1}^{n} |\zeta_k|^2 \int_{\Omega_1'} e^{-2\langle x, \eta \rangle} dx \leqslant C \int_{\Omega'} e^{-2\langle x, \eta \rangle} dx.$$

所以, 当 $|\eta|$ 为有界时, $|\zeta|$ 必有界.

注 以后我们将证明条件 (2) 导致 $P(D)$ 的亚椭圆性. 这个结果同样是属于 Hörmander 的. 特别地, Weyl 引理是 Hörmander 结果的一个平凡推论. 事实上, 代数方程 $-\sum\limits_{j=1}^{n} \zeta_j^2 = 0$ 的根满足 (2).

第二章参考文献

S. Banach [1], N. Bourbaki [2], N. Dunford-J. Schwartz [1], E. Hille-R. S. Phillips [1] 和 L. Hörmander [6].

第三章 正交投影及 F. Riesz 表示定理

§1. 正 交 投 影

在准 Hilbert 空间中我们可以引入两个向量的正交性概念. 正是由于这个事实, Hilbert 空间可等同于其对偶空间, 亦即等同于有界线性泛函的空间. 这个结果就是 F. Riesz 表示定理 [1], 而 Hilbert 空间的整个理论是建立于此定理上的.

定义 1 设 x, y 为准 Hilbert 空间 X 的向量. 若 $(x, y) = 0$, 我们称 x 正交于 y 且记为 $x \perp y$; 若 $x \perp y$ 则 $y \perp x$; 又 $x \perp x$ 当且仅当 $x = 0$. 设 M 为准 Hilbert 空间 X 的一子集, 我们以 $M^\perp$ 表示 X 中正交于 M 中诸向量 m 的向量全体.

定理 1 设 M 为 Hilbert 空间 X 的一个线性闭子空间, 则 $M^\perp$ 亦是 X 的一个线性闭子空间, 称 $M^\perp$ 为 M 的正交补. 诸向量 $x \in X$ 能唯一分解成如下形式

$$x = m + n, \ \text{其中} \ m \in M \ \text{而} \ n \in M^\perp. \tag{1}$$

称 (1) 中元素 m 为 x 在 M 中的正交投影, 并记为 $P_M x$; P_M 称为在 M 上的投影算子. 因此, 注意到 $M \subseteq (M^\perp)^\perp$ 这一事实, 即得

$$x = P_M x + P_{M^\perp} x, \ \text{即} \ I = P_M + P_{M^\perp}. \tag{1'}$$

证明 $M^\perp$ 的线性性质是数量积 (x, y) 关于 x 的线性性质的推论. 由数量积的连续性, $M^\perp$ 是闭的. 正交于自身的向量必是零向量, 分解式 (1) 的唯一性便是显然的.

为了证明分解式 (1) 的可能性, 我们可以假设 $M \neq X$ 且 $x \bar{\in} M$, 因若 $x \in M$, 只需令 $m = x, n = 0$ 便得到平凡分解. 因此, 由于 M 为闭且 $x \bar{\in} M$, 我们得

$$d = \inf_{m \in M} \|x - m\| > 0.$$

令 $\{m_n\} \subseteq M$ 为一极小化序列, 亦即 $\lim_{n \to \infty} \|x - m_n\| = d$, 则 $\{m_n\}$ 是个 Cauchy 序列. 根据 $\|a + b\|^2 + \|a - b\|^2 = 2(\|a\|^2 + \|b\|^2)$ 在任何准 Hilbert 空间为真 (见第一章 §5 的 (1)) 这一事实, 即得

$$
\begin{aligned}
\|m_k - m_n\|^2 &= \|(x - m_n) - (x - m_k)\|^2 \\
&= 2(\|x - m_n\|^2 + \|x - m_k\|^2) - \|2x - m_n - m_k\|^2 \\
&= 2(\|x - m_n\|^2 + \|x - m_k\|^2) - 4\|x - (m_n + m_k)/2\|^2 \\
&\leqslant 2(\|x - m_n\|^2 + \|x - m_k\|^2) - 4d^2 \ (\text{因为} \ (m_n + m_k)/2 \in M) \\
&\to 2(d^2 + d^2) - 4d^2 = 0, \quad \text{若} \ k, n \to \infty.
\end{aligned}
$$

根据 Hilbert 空间 X 的完备性, 必存在元素 $m \in X$ 使得 s-$\lim_{n \to \infty} m_n = m$. 由于 M 闭, 知 $m \in M$. 同样, 根据范数的连续性, 我们得 $\|x - m\| = d$.

记 $x = m + (x - m)$. 令 $n = x - m$, 我们断言 $n \in M^\perp$. 对任何 $m' \in M$ 和任何实数 α, 知 $(m + \alpha m') \in M$, 所以

$$
\begin{aligned}
d^2 &\leqslant \|x - m - \alpha m'\|^2 = (n - \alpha m', n - \alpha m') \\
&= \|n\|^2 - \alpha(n, m') - \alpha(m', n) + \alpha^2 \|m'\|^2.
\end{aligned}
$$

由于 $\|n\| = d$, 上式导致诸实数 α 满足 $0 \leqslant -2\alpha \operatorname{Re}(n, m') + \alpha^2 \|m'\|^2$, 于是诸 $m' \in M$ 满足 $\operatorname{Re}(n, m') = 0$. 以 im' 代替 m', 我们得 $\operatorname{Im}(n, m') = 0$, 诸 $m' \in M$ 便使 $(n, m') = 0$.

系 对 Hilbert 空间 X 的线性闭子空间 M, $M = M^{\perp\perp} = (M^\perp)^\perp$ 成立.

定理 2 投影算子 $P = P_M$ 是有界线性算子并且

$$P = P^2 \ (P \text{ 的幂等性}), \tag{2}$$

$$(Px, y) = (x, Py) \ (P \text{ 的对称性}). \tag{3}$$

反之, 一个映 Hilbert 空间 X 入自身且满足条件 (2) 和 (3) 的有界线性算子 P 是在 $M = R(P)$ 上的投影算子.

证明 由正交投影的定义, (2) 是显然的. 又由 (1') 及 $P_M x \perp P_{M^\perp} y$ 知

$$
\begin{aligned}
(P_M x, y) &= (P_M x, P_{M^\perp} y + P_M y) = (P_M x, P_M y) \\
&= (P_M x + P_{M^\perp} x, P_M y) = (x, P_M y).
\end{aligned}
$$

其次令 $y = x + z, x \in M, z \in M^\perp$ 及 $w = u + v, u \in M, v \in M^\perp$, 则

$$y + w = (x + u) + (z + v)$$

且 $(x + u) \in M, (z + v) \in M^\perp$, 故根据分解式 (1) 的唯一性得

$$P_M(y + w) = P_M y + P_M w;$$

相仿可得 $P_M(\alpha y) = \alpha P_M(y)$. 算子 P_M 的有界性由

$$\begin{aligned}
\|x\|^2 &= \|P_M x + P_{M^\perp} x\|^2 \\
&= (P_M x + P_{M^\perp} x, P_M x + P_{M^\perp} x) \\
&= \|P_M x\|^2 + \|P_{M^\perp} x\|^2 \geqslant \|P_M x\|^2
\end{aligned}$$

得证. 特别, 我们有

$$\|P_M\| \leqslant 1. \tag{4}$$

定理之逆部分证明如下. 因 P 是线性算子, 故集合 $M = R(P)$ 是线性子空间. 条件 $x \in M$ 等价于存在 $y \in X$ 使 $x = Py$, 根据 (2), 这又相当于

$$x = Py = P^2 y = Px.$$

因此, $x \in M$ 等价于 $x = Px$. 又 M 是个闭子空间; 若 $x_n \in M$, s- $\lim\limits_{n \to \infty} x_n = y$, 由 P 的连续性及 $x_n = Px_n$ 即得 s- $\lim\limits_{n \to \infty} x_n = $ s- $\lim\limits_{n \to \infty} Px_n = Py$, 故 $y = Py$.

我们必须证明 $P = P_M$. 若 $x \in M$, 我们有 $Px = x = P_M x$; 又若 $y \in M^\perp$, 我们知 $P_M y = 0$. 此外, 在后一种情况下, 因

$$(Py, Py) = (y, P^2 y) = (y, Py) = 0,$$

故 $Py = 0$. 因此对任何 $y \in X$, 我们得到

$$\begin{aligned}
Py &= P(P_M y + P_{M^\perp} y) = PP_M y + PP_{M^\perp} y \\
&= P_M y + 0, \ \text{亦即} \ Py = P_M y.
\end{aligned}$$

投影算子的另一特征性质由下列定理给出:

定理 3 映 Hilbert 空间 X 入自身的有界线性算子 P 为一投影算子当且仅当它满足 $P = P^2$ 且 $\|P\| \leqslant 1$.

证明 我们只需证明 "当" 的部分. 令 $M = R(P)$ 及 $N = N(P) = \{y; Py = 0\}$, 和前述定理 2 的证明中一样, M 是线性闭子空间且 $x \in M$ 等价于 $x = Px$.

由于 P 的连续性, N 亦是线性闭子空间. 在分解式 $x = Px + (I - P)x$ 中, 我们有 $Px \in M$ 和 $(I - P)x \in N$. 后一断言由 $P(I - P) = P - P^2 = 0$ 而显然.

因此我们必须证明 $N = M^{\perp}$. 对每个 $x \in X$, 由 $P^2 = P$ 知 $y = Px - x \in N$. 从而特别当 $x \in N^{\perp}$ 时, $Px = x + y$ 且 $(x, y) = 0$. 由此得

$$\|x\|^2 \geqslant \|Px\|^2 = \|x\|^2 + \|y\|^2,$$

故 $y = 0$. 因此我们证明了 $x \in N^{\perp}$ 必导致 $x = Px$, 这就表示 $N^{\perp} \subseteq M$. 反之, 设 $z \in M$, 则 $z = Pz$. 此时我们得到正交分解式 $z = y + x, y \in N, x \in N^{\perp}$. 故

$$z = Pz = Py + Px = Px = x,$$

上式中最后一等式是已经证明了的. 这表明 $M \subseteq N^{\perp}$. 这样, 我们便得到 $M = N^{\perp}$, 故由 $N = (N^{\perp})^{\perp}$ 即得 $N = M^{\perp}$.

§2. "殆正交" 元

一般地, 我们不能在赋范线性空间中定义正交性概念. 然而, 我们能证明

定理 (F. Riesz [2])　设 X 为一赋范线性空间, M 是它的一线性闭子空间, 假设 $M \neq X$, 则对任何 $\varepsilon > 0$ $(0 < \varepsilon < 1)$, 必存在元 $x_{\varepsilon} \in X$ 使得

$$\|x_{\varepsilon}\| = 1 \quad \text{且} \quad \mathrm{dis}(x_{\varepsilon}, M) = \inf_{m \in M} \|x_{\varepsilon} - m\| \geqslant 1 - \varepsilon. \tag{1}$$

因此可认为元素 x_{ε} 是 "殆正交于" M 的.

证明　设 $y \in X - M$. 因 M 闭, $\mathrm{dis}(y, M) = \inf_{m \in M} \|y - m\| = \alpha > 0$. 故存在元 $m_{\varepsilon} \in M$ 使 $\|y - m_{\varepsilon}\| \leqslant \alpha\left(1 + \dfrac{\varepsilon}{1 - \varepsilon}\right)$. 向量 $x_{\varepsilon} = \dfrac{y - m_{\varepsilon}}{\|y - m_{\varepsilon}\|}$ 满足 $\|x_{\varepsilon}\| = 1$ 且

$$\|x_{\varepsilon} - m\| = \|y - m_{\varepsilon}\|^{-1}\|y - m_{\varepsilon} - \|y - m_{\varepsilon}\|m\|$$
$$\geqslant \|y - m_{\varepsilon}\|^{-1}\alpha \geqslant \left(\frac{1}{1 - \varepsilon}\right)^{-1} = 1 - \varepsilon.$$

系 1　设赋范线性空间 X 有一列线性闭子空间 M_n 使得 $M_n \subseteq M_{n+1}$ 且 $M_n \neq M_{n+1}$ $(n = 1, 2, \cdots)$, 则存在序列 $\{y_n\}$ 使得

$$y_n \in M_n, \|y_n\| = 1 \quad \text{且} \quad \mathrm{dis}(y_{n+1}, M_n) \geqslant 1/2 \quad (n = 1, 2, \cdots). \tag{2}$$

系 2　B–空间 X 的单位球 $S = \{x \in X; \|x\| \leqslant 1\}$ 为紧的当且仅当 X 是有限维的.

证明　若 $x_1, x_2, \cdots, x_n$ 是 X 的基, 则 R^n 到 X 上的映射 $(\alpha_1, \alpha_2, \cdots, \alpha_n) \to$ $\sum\limits_{j=1}^{n} \alpha_j x_j$ 一定是连续的, 因此由开映射定理, 它是开的. 这就证明了 "当" 部分. "仅当" 部分证明如下. 设 X 不是有限维的. 由前面系 1, 有序列 $\{y_n\}$ 使得 $\|y_n\| = 1$ 且当 $m > n$ 时, $\|y_m - y_n\| \geqslant 1/2$. 这与 X 的单位球的紧性假设矛盾.

§3.　Ascoli-Arzelà 定理

为了给出一个无穷维 B–空间的相对紧的无限子集的例子, 我们来证明

定理 (Ascoli-Arzelà) 设 S 为一紧度量空间, $C(S)$ 为由 $\|x\| = \sup\limits_{s \in S} |x(s)|$ 赋范的 (实或) 复值连续函数 $x(s)$ 的 B–空间. 满足下列两条件的序列 $\{x_n(s)\} \subseteq C(S)$ 在 $C(S)$ 中是相对紧的.

$$x_n(s) \text{ 依 } n \text{ 是等度有界的, 即} \sup_{n \geqslant 1} \sup_{s \in S} |x_n(s)| < \infty, \tag{1}$$

$$x_n(s) \text{ 依 } n \text{ 是等度连续的, 即} \lim_{\delta \downarrow 0} \sup_{n \geqslant 1, \text{dis}(s', s'') \leqslant \delta} |x_n(s') - x_n(s'')| = 0. \tag{2}$$

证明　有界复数列都含收敛子列 (Bolzano-Weierstrass 定理). 因此固定 s 时, 序列 $\{x_n(s)\}$ 含一收敛子列. 另一方面, 紧度量空间 S 中有可数稠密子集 $\{s_n\}$ 使得对每个 $\varepsilon > 0$, 有 $\{s_n\}$ 的有限子集 $\{s_n; 1 \leqslant n \leqslant k(\varepsilon)\}$, 它满足以下条件

$$\sup_{s \in S} \inf_{1 \leqslant j \leqslant k(\varepsilon)} \text{dis}(s, s_j) \leqslant \varepsilon. \tag{3}$$

这个事实可证明如下. 由于 S 为紧, 故它是完全有界的 (参看第零章 §2). 因此对任何 $\delta > 0$, 有 S 中有限个点, 使得 S 中任何点与此点组中某点的距离 $\leqslant \delta$. 令 $\delta = 1, 2^{-1}, 3^{-1}, \cdots$, 并且合并这些相应的有限点组, 我们即得到具有所述性质的序列 $\{s_n\}$.

于是我们对序列 $\{x_n(s)\}$ 使用对角线选择过程, 即可得到 $\{x_n(s)\}$ 的一子列 $\{x_{n'}(s)\}$, 这个子序列对 $s = s_1, s_2, \cdots, s_k, \cdots$ 同时收敛, 根据 $\{x_n(s)\}$ 的等度连续性, 对每个 $\varepsilon > 0$, 有 $\delta = \delta(\varepsilon) > 0$, 使得当 $\text{dis}(s', s'') \leqslant \delta$ 时, 对 $n = 1, 2, \cdots$ 均有 $|x_n(s') - x_n(s'')| \leqslant \varepsilon$. 因而对每个 $s \in S$, 有 j ($j \leqslant k(\delta(\varepsilon))$) 使得

$$|x_{n'}(s) - x_{m'}(s)| \leqslant |x_{n'}(s) - x_{n'}(s_j)| + |x_{n'}(s_j) - x_{m'}(s_j)| + |x_{m'}(s_j) - x_{m'}(s)|$$
$$\leqslant 2\varepsilon + |x_{n'}(s_j) - x_{m'}(s_j)|.$$

因此 $\lim\limits_{n,m \to \infty} \max\limits_{s} |x_{n'}(s) - x_{m'}(s)| \leqslant 2\varepsilon$, 故 $\lim\limits_{n,m \to \infty} \|x_{n'} - x_{m'}\| = 0$.

§4. 正交基. Bessel 不等式与 Parseval 等式

定义 1 准 Hilbert 空间 X 中的一个向量集合 S 称为一正交集合是指对于 S 中每对不相同向量 x 和 y 均有 $x \perp y$. 此外若每个 $x \in S$ 又满足 $\|x\| = 1$, 则称 S 为一标准正交集合. Hilbert 空间 X 的一标准正交集合 S 称为 X 的一完全标准正交系或正交基是指没有以 S 为真子集的 X 的标准正交集.

定理 1 Hilbert 空间 X (具有非零向量) 至少有一个完全标准正交系. 此外, 若 S 是 X 中任何标准正交集, 则有以 S 为其子集的完全标准正交系.

证明 (用 Zorn 引理) 设 S 为 X 中一标准正交集. 这种集合确实存在; 例如, 若 $x \neq 0$, 仅由 $x/\|x\|$ 组成的集合便是. 我们考察以 S 为子集的标准正交集的全体 $\{T\}$. 按集合包含关系 $T_1 \subseteq T_2$ 而约定 $T_1 \prec T_2$, $\{T\}$ 便成为偏序集. 设 $\{T'\}$ 为 $\{T\}$ 的一全序子系, 则 $\bigcup\limits_{T' \in \{T'\}} T'$ 为一标准正交集, 且是 $\{T'\}$ 的一个上界. 于是, 由 Zorn 引理, $\{T\}$ 有极大元 T_0. 这个标准正交集 T_0 包含 S, 且由它的极大性, 它必是完全标准正交系.

定理 2 设 $S = \{x_\alpha; \alpha \in A\}$ 为 Hilbert 空间 X 的一个完全标准正交系. 对任何 $f \in X$, 我们定义它 (关于 S) 的 Fourier 系数

$$f_\alpha = (f, x_\alpha). \tag{1}$$

则我们有 Parseval 等式[①]

$$\|f\|^2 = \sum_{\alpha \in A} |f_\alpha|^2. \tag{2}$$

证明 我们首先证明 Bessel 不等式

$$\sum_{\alpha \in A} |f_\alpha|^2 \leqslant \|f\|^2. \tag{2'}$$

令 $\alpha_1, \alpha_2, \cdots, \alpha_n$ 为诸 α 的任何有限组. 对任何有限组复数 $c_{\alpha_1}, c_{\alpha_2}, \cdots, c_{\alpha_n}$, 根据 $\{x_\alpha\}$ 的标准正交性, 我们有

$$\begin{aligned}
\left\| f - \sum_{j=1}^{n} c_{\alpha_j} x_{\alpha_j} \right\|^2 &= \left(f - \sum_{j=1}^{n} c_{\alpha_j} x_{\alpha_j}, f - \sum_{j=1}^{n} c_{\alpha_j} x_{\alpha_j} \right) \\
&= \|f\|^2 - \sum_{j=1}^{n} c_{\alpha_j} \overline{f}_{\alpha_j} - \sum_{j=1}^{n} \overline{c}_{\alpha_j} f_{\alpha_j} + \sum_{j=1}^{n} |c_{\alpha_j}|^2 \\
&= \|f\|^2 - \sum_{j=1}^{n} |f_{\alpha_j}|^2 + \sum_{j=1}^{n} |f_{\alpha_j} - c_{\alpha_j}|^2.
\end{aligned} \tag{3}$$

[①] 校者注: 原著都写成 Parseval 关系.

于是, 固定 $\alpha_1, \alpha_2, \cdots, \alpha_n$ 时, $\left\| f - \sum\limits_{j=1}^{n} c_{\alpha_j} x_{\alpha_j} \right\|^2$ 的极小值在 $c_{\alpha_j} = f_{\alpha_j}$ $(j = 1, 2, \cdots, n)$ 处达到. 因此我们有

$$\left\| f - \sum_{j=1}^{n} f_{\alpha_j} x_{\alpha_j} \right\|^2 = \|f\|^2 - \sum_{j=1}^{n} |f_{\alpha_j}|^2, \; 故 \; \sum_{j=1}^{n} |f_{\alpha_j}|^2 \leqslant \|f\|^2. \tag{4}$$

根据 $\alpha_1, \alpha_2, \cdots, \alpha_n$ 的任意性, 即知 Bessel 不等式 (2′) 为真, 且使 $f_\alpha \neq 0$ 的 α 至多有可列个, 比如 $\alpha_1, \alpha_2, \cdots, \alpha_n, \cdots$. 然后我们证明 $f = \text{s-}\lim\limits_{n\to\infty} \sum\limits_{j=1}^{n} f_{\alpha_j} x_{\alpha_j}$. 首先, 序列 $\left\{ \sum\limits_{j=1}^{n} f_{\alpha_j} x_{\alpha_j} \right\}$ 为一 Cauchy 序列, 因为由 $\{x_\alpha\}$ 的标准正交性

$$\left\| \sum_{j=k}^{n} f_{\alpha_j} x_{\alpha_j} \right\|^2 = \left(\sum_{j=k}^{n} f_{\alpha_j} x_{\alpha_j}, \sum_{j=k}^{n} f_{\alpha_j} x_{\alpha_j} \right) = \sum_{j=k}^{n} |f_{\alpha_j}|^2,$$

根据前面证明的 (4), 上式当 $k \to \infty$ 时趋于 0. 我们令 $\text{s-}\lim\limits_{n\to\infty} \sum\limits_{j=1}^{n} f_{\alpha_j} x_{\alpha_j} = f'$, 下面来证明 $(f - f')$ 正交于 S 的每个向量. 根据数量积的连续性, 得

$$(f - f', x_{\alpha_j}) = \lim_{n\to\infty} \left(f - \sum_{k=1}^{n} f_{\alpha_k} x_{\alpha_k}, x_{\alpha_j} \right) = f_{\alpha_j} - f_{\alpha_j} = 0,$$

又当 $\alpha \neq \alpha_j$ $(j = 1, 2, \cdots)$ 时

$$(f - f', x_\alpha) = \lim_{n\to\infty} \left(f - \sum_{k=1}^{n} f_{\alpha_k} x_{\alpha_k}, x_\alpha \right) = 0 - 0 = 0.$$

因此, 根据标准正交系 $S = \{x_\alpha\}$ 的完全性, 必有 $(f - f') = 0$. 于是由 (4) 及范数的连续性, 我们有

$$0 = \lim_{n\to\infty} \left\| f - \sum_{j=1}^{n} f_{\alpha_j} x_{\alpha_j} \right\|^2 = \|f\|^2 - \lim_{n\to\infty} \sum_{j=1}^{n} |f_{\alpha_j}|^2 = \|f\|^2 - \sum_{\alpha \in A} |f_\alpha|^2.$$

系 1   我们有 Fourier 展式

$$f = \sum_{j=1}^{\infty} f_{\alpha_j} x_{\alpha_j} = \text{s-}\lim_{n\to\infty} \sum_{j=1}^{n} f_{\alpha_j} x_{\alpha_j}. \tag{5}$$

系 2   设一切 $\alpha \in A$ 使 $m(\{\alpha\}) = 1$, 且 $l^2(A)$ 为空间 $L^2(A, \mathfrak{B}, m)$, 则 Hilbert 空间 X 按对应关系

$$X \ni f \leftrightarrow \{f_\alpha\} \in l^2(A) \tag{6}$$

等距同构于 Hilbert 空间 $l^2(A)$, 其意如下

$$(f + g) \leftrightarrow \{f_\alpha + g_\alpha\}, \beta f \leftrightarrow \{\beta f_\alpha\} \; 且 \; \|f\|^2 = \|\{f_\alpha\}\|^2 = \sum_{\alpha \in A} |f_\alpha|^2. \tag{7}$$

例 $\left\{\dfrac{1}{\sqrt{2\pi}}e^{int}, n=0,\pm1,\pm2,\cdots\right\}$ 是 Hilbert 空间 $L^2(0,2\pi)$ 的一个完全标准正交系.

证明 我们只需证明此系的完全性. 作内积 $f_j=(f,e^{ijt})$, 根据 (3), 我们有

$$\left\|f-\sum_{j=-n}^{n}\frac{1}{\sqrt{2\pi}}c_je^{ijt}\right\|^2 \geqslant \left\|f-\sum_{j=-n}^{n}\frac{1}{\sqrt{2\pi}}f_je^{ijt}\right\|^2 = \|f\|^2 - \sum_{j=-n}^{n}\frac{1}{2\pi}|f_j|^2.$$

如果 $f\in L^2(0,2\pi)$ 是周期为 2π 的连续函数, 则由于 Weierstrass 的三角函数逼近定理 (参看第零章 §2), 上述不等式左端可为任意小. 因此所有线性组合 $\sum\limits_{j}c_je^{ijt}$ 的集合在范数意义下稠密于 $L^2(0,2\pi)$ 中由周期为 2π 的连续函数组成的子空间, 而后者按范数又稠密于 $L^2(0,2\pi)$. 从而, 正交于 $\left\{\dfrac{1}{\sqrt{2\pi}}e^{int}\right\}$ 中所有函数的任一函数 $f\in L^2(0,2\pi)$ 必为 $L^2(0,2\pi)$ 的零向量. 这就证明了我们的函数系 $\left\{\dfrac{1}{\sqrt{2\pi}}e^{int}\right\}$ 是 $L^2(0,2\pi)$ 的一个完全标准正交系.

§5. E. Schmidt 正交化

定理 (E. Schmidt 正交化) 给定准 Hilbert 空间 X 的一个有限或可数无限的线性无关的向量序列 $\{x_j\}$, 我们能构造一个标准正交集, 它的基数与集 $\{x_j\}$ 的基数一样, 且它张成的线性空间与 $\{x_j\}$ 张成的线性空间一样.

证明 当然 $x_1\neq0$. 我们如下递推地定义 $y_1,y_2,\cdots$ 和 $u_1,u_2,\cdots$:

$$y_1=x_1, \qquad\qquad u_1=y_1/\|y_1\|,$$
$$y_2=x_2-(x_2,u_1)u_1, \qquad u_2=y_2/\|y_2\|,$$
$$\cdots \qquad\qquad \cdots$$
$$y_{n+1}=x_{n+1}-\sum_{j=1}^{n}(x_{n+1},u_j)u_j, \qquad u_{n+1}=y_{n+1}/\|y_{n+1}\|,$$
$$\cdots \qquad\qquad \cdots$$

如果 $\{x_j\}$ 是有限集, 此过程可终结. 否则, 它无限延续. 我们注意 $y_n\neq0$, 因为 $x_1,x_2,\cdots,x_n$ 是线性无关的. 因此 u_n 确实有意义. 由归纳法显然可见, 每个 u_n 是 $x_1,x_2,\cdots,x_n$ 的线性组合, 每个 x_n 是 $u_1,u_2,\cdots,u_n$ 的线性组合. 因此由诸 u 张成的线性闭子空间与由诸 x 张成的线性闭子空间是完全一样的.

由 $\|u_1\|=1$ 可知 $y_2\perp u_1$, 于是 $u_2\perp u_1$. 因此由 $\|u_1\|=1$ 知 $y_3\perp u_1$, 因而 $u_3\perp u_1$. 重复此论述, 知 u_1 正交于 $u_2,u_3,\cdots,u_n,\cdots$. 相仿, 根据 $\|u_2\|=1$, 我们有 $y_3\perp u_2$, 故 $u_3\perp u_2$. 重复此论述, 最终可知 $u_k\perp u_m$ 在 $k>m$ 时成立. 总之, $\{u_j\}$ 是个标准正交集.

系　令 Hilbert 空间 X 是**可分的**, 即假设 X 有由至多可数个元素组成的稠密集, 则 X 有由至多可数个元素组成的完全标准正交系.

证明　假定一至多为可数个向量 $(\in X)$ 的序列 $\{a_j\}$ 稠密于 X. 设 x_1 为序列 $\{a_j\}$ 的第一个非零元, x_2 为第一个不属于 x_1 张成的闭子空间的 a_i, x_n 为第一个不属于由 $x_1, x_2, \cdots, x_{n-1}$ 张成的闭子空间的 a_i. 显然诸 a_j 和诸 x_j 张成同一线性闭子空间. 事实上此闭子空间就是全空间 X, 此因集合 $\{a_j\}$ 稠密于 X. 将 Schmidt 正交化用于 $\{x_j\}$ 得标准正交系 $\{u_j\}$, 它是可数的且张成全空间 X.

这个系是完全的, 因否则会存在非零向量, 它正交于每个 u_j, 因而正交于由诸 u_j 张成的空间 X.

正交化的例　设 S 是区间 (a, b), 并考察实 Hilbert 空间 $L^2(S, \mathfrak{B}, m)$. 此处 $\mathfrak{B}$ 是 (a, b) 中一切 Baire 子集的集合. 如果我们把单项式的集合

$$1, s, s^2, s^3, \cdots, s^n, \cdots$$

正交化, 便得到所谓 Tchebyshev 多项式系

$$P_0(s) = 常数, P_1(s), P_2(s), P_3(s), \cdots, P_n(s), \cdots,$$

它们满足

$$\int_a^b P_i(s) P_j(s) m(ds) = \delta_{ij} \ (= 0 \ 或 \ 1, \ 这由 \ i \neq j \ 或 \ i = j \ 而定).$$

在 $a = -1, b = 1$ 且 $m(ds) = ds$ 的特殊情况下, 我们得到 Legendre 多项式; 在 $a = -\infty, b = \infty$ 且 $m(ds) = e^{-s^2} ds$ 的情况下, 我们得到 Hermite 多项式, 最后当 $a = 0, b = \infty$ 且 $m(ds) = e^{-s} ds$ 时, 我们得到 Laguerre 多项式.

易知, 当 $-\infty < a < b < \infty$ 时, 标准正交化系 $\{P_j(s)\}$ 是完全的; 此因我们可以仿照三角函数的完全性的证明 (参看前面 §4 的例), 但需用 Weierstrass 多项式逼近定理代替 Weierstrass 三角函数逼近定理. 至于 Hermite 或 Laguerre 多项式的完全性证明, 我们建议读者参看 G. Szegö [1] 或 K. Yosida [1].

§6.　F. Riesz 表示定理

定理 (F. Riesz 表示定理)　令 X 为一 Hilbert 空间, f 为 X 上一个有界线性泛函, 则 X 中有唯一确定的向量 y_f 使

$$对于 \ x \in X, f(x) = (x, y_f) \ 且 \ \|f\| = \|y_f\|. \tag{1}$$

反之, 任何向量 $y \in X$ 定义了 X 上一个有界线性泛函 f_y, 其意义是

$$对于 \ x \in X, f_y(x) = (x, y) \ 且 \ \|f_y\| = \|y\|. \tag{2}$$

证明　因若一切 $x \in X$ 满足 $(x,z)=0$ 必导致 $z=0$, 故 y_f 的唯一性是显然的. 为证其存在性, 我们考察 f 的零空间 $N = N(f) = \{x \in X; f(x) = 0\}$. 因 f 为连续的和线性的, 故 N 为一线性闭子空间. 在 $N = X$ 的情形, 定理是平凡的; 这时我们取 $y_f = 0$. 假设 $N \neq X$, 则 $N^\perp$ 中存在非零向量 y_0 (参看第三章 §1 中定理 1). 定义

$$y_f = (\overline{f(y_0)}/\|y_0\|^2)y_0. \tag{3}$$

我们断定这个 y_f 符合定理条件. 首先, 若 $x \in N$, 必有 $f(x) = (x,y_f)$, 因为两边均是零. 其次, 若 x 为形如 $x = \alpha y_0$ 的元, 则我们有

$$(x,y_f) = (\alpha y_0, y_f) = \left(\alpha y_0, \frac{\overline{f(y_0)}}{\|y_0\|^2}y_0\right) = \alpha f(y_0) = f(\alpha y_0) = f(x).$$

既然 $f(x)$ 和 (x,y_f) 对于 x 都是线性的, 要证等式 $f(x) = (x,y_f), x \in X$, 只需要证明 X 由 N 和 y_0 张成. 为了证明后一断言, 注意 $f(y_f) \neq 0$, 我们可写

$$x = \left(x - \frac{f(x)}{f(y_f)}y_f\right) + \frac{f(x)}{f(y_f)}y_f.$$

右端第一项是 N 中的元, 此因

$$f\left(x - \frac{f(x)}{f(y_f)}y_f\right) = f(x) - \frac{f(x)}{f(y_f)}f(y_f) = 0.$$

因此我们便证明了表示式 $f(x) = (x,y_f)$.

于是, 我们要证的等式 $\|f\| = \|y_f\|$ 源自以下不等式

$$\|f\| = \sup_{\|x\| \leqslant 1} |f(x)| = \sup_{\|x\| \leqslant 1} |(x,y_f)| \leqslant \sup_{\|x\| \leqslant 1} \|x\| \cdot \|y_f\| = \|y_f\|,$$

$$\|f\| = \sup_{\|x\| \leqslant 1} |f(x)| \geqslant |f(y_f/\|y_f\|)| = \left(\frac{y_f}{\|y_f\|}, y_f\right) = \|y_f\|.$$

最后从 $|f_y(x)| = |(x,y)| \leqslant \|x\| \cdot \|y\|$ 知定理之逆是显然的.

系 1　设 X 为 Hilbert 空间, 则 X 上有界线性泛函的全体 X' 也是个 Hilbert 空间, 并且在 X' 和 X 之间有个保范的一一对应 $f \leftrightarrow y_f$. 据此对应, X' 作为一个抽象集合可等同于 X; 但不能用此对应将 X' 作为线性空间等同于 X, 理由在于对应 $f \leftrightarrow y_f$ 是**共轭线性的**: 当 α_1, α_2 是复数时,

$$(\alpha_1 f_1 + \alpha_2 f_2) \leftrightarrow (\overline{\alpha}_1 y_{f_1} + \overline{\alpha}_2 y_{f_2}). \tag{4}$$

证明　易证, 借助于定义内积 $(f_1,f_2) = \overline{(y_{f_1}, y_{f_2})}$, X' 成为一 Hilbert 空间, 故系 1 的论断显然成立.

系 2　Hilbert 空间 X' 上任何连续线性泛函 T 可按如下方式等同于 X 中唯一确定的元素 t:

$$T(f) = f(t), \quad 对一切 \ f \in X'. \tag{5}$$

证明　根据两个共轭线性变换的积是线性变换这一事实, 结论显然.

定义　空间 X' 称为 X 的对偶空间. 于是我们能在上面的意义下, 把 Hilbert 空间 X 等同于其二次对偶 $X'' = (X')'$. 这个事实将称为 Hilbert 空间的自反性.

系 3　设 X 为一 Hilbert 空间, X' 为它的对偶空间. 对于 Hilbert 空间 X' 的任何稠密子集 F, 我们有

$$\|x_0\| = \sup_{f \in F, \|f\| \leqslant 1} |f(x_0)|, \quad x_0 \in X. \tag{6}$$

证明　我们可设 $x_0 \neq 0$, 否则公式 (6) 是平凡的. 因 $(x, x/\|x_0\|) = \|x_0\|$, 故 X 上存在有界线性泛函 f_0, 使 $\|f_0\| = 1, f_0(x_0) = \|x_0\|$. 因 $f(x_0) = (x_0, y_f)$ 对 y_f 连续, 且对应 $f \leftrightarrow y_f$ 是保范的, 所以由 F 稠密于 X' 知 (6) 为真.

注　Hilbert 有关 "Hilbert 空间" 的原始定义是空间 (l^2), 参看其论文 [1]. 在假设空间可分时, 是 J. von Neumann [1] 给出了 Hilbert 空间的公理化定义 (参看第一章 §9). F. Riesz [1] 在不假定空间可分的条件下证明了上面的表示定理. 在这篇论文中, 他强调 Hilbert 空间的整个理论可以这个表示定理为基础.

§7.　Lax-Milgram 定理

近年来, 由 P. Lax 和 A. N. Milgram [1] 所表述的 F. Riesz 表示定理的一种变形被证实是研究椭圆型线性偏微分方程解的存在性的一个有效工具.

定理 (Lax-Milgram)　设 X 为 Hilbert 空间, $B(x, y)$ 为一定义在乘积 Hilbert 空间 $X \times X$ 上的复值泛函, 它满足条件:

半双线性性质①, 即

$$\begin{aligned} &B(\alpha_1 x_1 + \alpha_2 x_2, y) = \alpha_1 B(x_1, y) + \alpha_2 B(x_2, y) \ 且 \\ &B(x, \beta_1 y_1 + \beta_2 y_2) = \overline{\beta}_1 B(x, y_1) + \overline{\beta}_2 B(x, y_2), \end{aligned} \tag{1}$$

有界性, 即有正常数 γ 使

$$|B(x, y)| \leqslant \gamma \|x\| \cdot \|y\|, \tag{2}$$

---

①校者注: 原中文版将 sesqui-linearity 译作一点五线性.

正性, 即有正常数 δ 使

$$B(x,x) \geqslant \delta \|x\|^2. \tag{3}$$

则有唯一确定的有界线性算子 S, 它具有有界线性逆 S^{-1} 且使得

一切 $x,y \in X$ 满足 $(x,y) = B(x,Sy)$ 及 $\|S\| \leqslant \delta^{-1}, \|S^{-1}\| \leqslant \gamma.$ (4)

证明　设 D 中元素 y 属于 X 且有此特征: 存在元素 y^* 使诸 $x \in X$ 满足 $(x,y) = B(x,y^*)$. 因 $0 \in D$ (此时 $0^* = 0 \cdot y^*$), 故 D 是非空的. 又 y^* 由 y 唯一确定, 此因若 $w \in X$ 使 $B(x,w) = 0$ 对一切 x 成立, 则根据 $0 = B(w,w) \geqslant \delta \|w\|^2$ 知 $w = 0$. 根据 (x,y) 和 $B(x,y)$ 的半双线性性质, 我们得到一个定义域为 $D(S) = D$ 的线性算子 S 使得 $Sy = y^*$. 现在 S 是连续的且 $\|Sy\| \leqslant \delta^{-1}\|y\|, y \in D(S)$, 此因

$$\delta\|Sy\|^2 \leqslant B(Sy,Sy) = (Sy,y) \leqslant \|Sy\| \cdot \|y\|.$$

此外 $D = D(S)$ 是 X 的一线性闭子空间. 证明: 若 $y_n \in D(S)$ 且 s-$\lim\limits_{n\to\infty} y_n = y_\infty$, 则根据前面证明的 S 的连续性, $\{Sy_n\}$ 是个 Cauchy 序列, 因而有极限 $z = $ s-$\lim\limits_{n\to\infty} Sy_n$. 由数量积的连续性, 得 $\lim\limits_{n\to\infty}(x,y_n) = (x,y_\infty)$. 由 (2) 我们又有 $\lim\limits_{n\to\infty} B(x,Sy_n) = B(x,z)$. 于是由 $(x,y_n) = B(x,Sy_n)$ 我们必定得 $(x,y_\infty) = B(x,z)$, 这就证明 $y_\infty \in D$ 且 $Sy_\infty = z$.

所以如果我们能证明 $D(S) = X$, 则定理的第一部分, 即算子 S 的存在性便得证. 假定 $D(S) \neq X$, 则存在 $w_0 \in X$ 使得 $w_0 \neq 0$ 且 $w_0 \in D(S)^\perp$. 考察定义在 X 上的线性泛函 $F(z) = B(z,w_0)$. 因为 $|F(z)| = |B(z,w_0)| \leqslant \gamma \|z\| \cdot \|w_0\|$, 所以 $F(z)$ 是连续的. 于是由 F. Riesz 表示定理, 存在 $w_0' \in X$ 使得诸 $z \in X$ 满足 $B(z,w_0) = F(z) = (z,w_0')$. 这就证明了 $w_0' \in D(S)$ 且 $Sw_0' = w_0$. 但由

$$\delta\|w_0\|^2 \leqslant B(w_0,w_0) = (w_0,w_0') = 0$$

知 $w_0 = 0$, 而这是个矛盾.

逆 S^{-1} 存在. 因 $Sy = 0$ 导致对一切 $x \in X$ 均有 $(x,y) = B(x,Sy) = 0$, 故 $y = 0$. 如上所证, 诸 $y \in X$ 对应唯一 y' 使得诸 $z \in X$ 满足 $(z,y') = B(z,y)$. 因此 $y = Sy'$, 从而 S^{-1} 是个处处有定义的算子. 又由

$$|(z,S^{-1}y)| = |B(z,y)| \leqslant \gamma \|z\| \cdot \|y\|,$$

我们得到 $\|S^{-1}\| \leqslant \gamma$.

Lax-Milgram 定理的具体应用将在以后的几章中给出. 在下面的四节中, 我们将给出 F. Riesz 表示定理的直接应用的几个例子.

§8.   Lebesgue-Nikodym 定理的一个证明

此定理叙述如下:

定理 (Lebesgue-Nikodym)　设 $(S, \mathfrak{B}, m)$ 为一测度空间, $\nu(B)$ 为一定义在 $\mathfrak{B}$ 上的 $\sigma-$有限、$\sigma-$可加且非负的测度. 如果 ν 是 $m-$绝对连续的, 则有个非负、$m-$可测的函数 $p(s)$ 使得

$$\nu(B) = \int_B p(s)m(ds), \quad \text{对一切 } \nu(B) < \infty \text{ 的 } B \in \mathfrak{B}. \tag{1}$$

此外, $\nu(B)$ (关于 $m(B)$) 的 "密度" $p(s)$ 在 $m - \text{a.e.}$ 相等意义下是唯一确定的.

证明 (属于 J. von Neumann [2])　易知 $\rho(B) = m(B) + \nu(B)$ 是定义在 $\mathfrak{B}$ 上的 $\sigma-$有限、$\sigma-$可加且非负的测度. 令 $\{B_n\}$ 是 $\mathfrak{B}$ 中序列使 $S = \bigcup\limits_{n=1}^{\infty} B_n, B_n \subseteq B_{n+1}$ 及 $\rho(B_n) < \infty \ (n = 1, 2, \cdots)$. 如果我们能够对每个 $B \subseteq B_n$ (固定 n) 证明定理并得到密度 $p_n(s)$, 则定理为真, 此因我们只需规定 $p(s)$ 如下:

依 $s \in B_1$ 和 $s \in B_{n+1} - B_n \ (n = 1, 2, \cdots), p(s) = p_1(s)$ 和 $p(s) = p_{n+1}(s)$.

因此, 不失一般性可认为 $\rho(S) < \infty$. 今考察 Hilbert 空间 $L^2(S, \mathfrak{B}, \rho)$. 于是

$$f(x) = \int_S x(s)\nu(ds), \quad x \in L^2(S, \mathfrak{B}, \rho)$$

给出了 $L^2(S, \mathfrak{B}, \rho)$ 上一个有界线性泛函. 为此令 $\|x\|_\rho = \left(\int_S |x(s)|^2 \rho(ds) \right)^{1/2}$, 则

$$|f(x)| \leqslant \int_S |x(s)|\nu(ds) \leqslant \left(\int_S |x(s)|^2 \nu(ds) \right)^{1/2} \left(\int_S 1 \cdot \nu(ds) \right)^{1/2} \leqslant \|x\|_\rho \nu(S)^{1/2}.$$

用 F. Riesz 表示定理便得唯一确定的 $y \in L^2(S, \mathfrak{B}, \rho)$ 使得诸 $x \in L^2(S, \mathfrak{B}, \rho)$ 满足

$$\int_S x(s)\nu(ds) = \int_S x(s)\overline{y(s)}\rho(ds) = \int_S x(s)\overline{y(s)}m(ds) + \int_S x(s)\overline{y(s)}\nu(ds).$$

取 x 为非负函数并考察两端的实部后, 我们可设 $y(s)$ 是实值函数. 于是

$$\int_S x(s)(1 - y(s))\nu(ds) = \int_S x(s)y(s)m(ds), \quad x(s) \in L^2(S, \mathfrak{B}, \rho) \tag{2}$$

是非负的.

我们能够证明 $0 \leqslant y(s) < 1 \ \rho - \text{a.e.}$ 为此, 令 $E_1 = \{s; y(s) < 0\}, E_2 = \{s; y(s) \geqslant 1\}$. 如果我们取 E_1 的特征函数 $C_{E_1}(s)$ 作为 (2) 中的 $x(s)$, 则左端

$\geqslant 0$, 于是 $\int\limits_{E_1} y(s)m(ds) \geqslant 0$. 因此必有 $m(E_1) = 0$, 故由 ν 的 m–绝对连续性知 $\nu(E_1) = 0, \rho(E_1) = 0$. 取特征函数 $C_{E_2}(s)$ 作为 (2) 中的 $x(s)$, 我们同样可证 $\rho(E_2) = 0$. 因此在 S 上 $0 \leqslant y(s) < 1$ ρ – a. e.

设 $x(s)$ 为 $\mathfrak{B}$–可测且 $\geqslant 0$ ρ – a. e. 根据 $\rho(S) < \infty$, "截断" 函数 $x_n(s) = \min(x(s), n)$ 属于 $L^2(S, \mathfrak{B}, \rho)$ $(n = 1, 2, \cdots)$, 从而

$$\int\limits_S x_n(s)(1 - y(s))\nu(ds) = \int\limits_S x_n(s)y(s)m(ds) \quad (n = 1, 2, \cdots). \tag{3}$$

由于积分随 n 增加而单调增加, 所以我们有

$$\lim_{n\to\infty} \int\limits_S x_n(s)(1 - y(s))\nu(ds) = \lim_{n\to\infty} \int\limits_S x_n(s)y(s)m(ds) = L \leqslant \infty. \tag{4}$$

因为被积项 $\geqslant 0$ ρ – a.e., 故由 Lebesgue-Fatou 引理得

$$L \geqslant \int\limits_S \varliminf_{n\to\infty} (x_n(s)(1 - y(s)))\nu(ds) = \int\limits_S x(s)(1 - y(s))\nu(ds),$$
$$L \geqslant \int\limits_S \varliminf_{n\to\infty} (x_n(s)y(s))m(ds) = \int\limits_S x(s)y(s)m(ds), \tag{5}$$

上式中我们约定若 $x(s)(1 - y(s))$ 不是 ν–可积, 则右端为 ∞; 对 $x(s)y(s)$ 亦作同样约定. 若 $x(s)y(s)$ 为 m–可积, 则由 Lebesgue-Fatou 引理

$$L \leqslant \int\limits_S \varlimsup_{n\to\infty} (x_n(s)y(s))m(ds) = \int\limits_S x(s)y(s)m(ds). \tag{6}$$

即使 $x(s)y(s)$ 不是 m–可积的, 这个公式仍然成立, 只要此时约定 $L = \infty$. 在相似的约定下, 我们有

$$L \leqslant \int\limits_S x(s)(1 - y(s))\nu(ds). \tag{7}$$

所以, 我们有

对每个 $\mathfrak{B}$ – 可测且 ρ – a.e. $\geqslant 0$ 的 $x(s)$,
$$\int\limits_S x(s)(1 - y(s))\nu(ds) = \int\limits_S x(s)y(s)m(ds), \tag{8}$$

我们在上式中约定: 若有一端 $= \infty$, 则另一端也 $= \infty$.

现在我们置 $x(s)(1 - y(s)) = z(s)$ 且 $y(s)(1 - y(s))^{-1} = p(s)$, 则在 (8) 的相同约定下,

若 $z(s)$ 为 $\mathfrak{B}$ – 可测且 $\geqslant 0$ ρ – a.e., 则
$$\int\limits_S z(s)\nu(ds) = \int\limits_S z(s)p(s)m(ds). \tag{9}$$

如果我们取 $B \in \mathfrak{B}$ 的特征函数 $C_B(s)$ 作为 $z(s)$, 我们得到

$$\nu(B) = \int_B p(s)m(ds), \quad \text{对一切} B \in \mathfrak{B}.$$

定理的最后部分由定义 (1) 而为显然.

参考文献 Lebesgue-Nikodym 定理的一个基于 Hahn 分解 (参看第一章 §3 的定理 3) 的直接证明请参看 K. Yosida [2]. 这个证明转载于 P. R. Halmos [1], p. 128. 亦可参看 S. Saks [1] 和 N. Dunford-J. Schwartz [1].

§9. Aronszajn-Bergman 再生核

设 A 为一抽象集, 并设定义在 A 上的复值函数的一个系 X 按数量积

$$(f, g) = (f(a), g(a))_A \textcircled{1} \tag{1}$$

是一 Hilbert 空间. 若定义在 $A \times A$ 上的复值函数 $K(a, b)$ 满足以下条件:

$$\text{对任意固定 } b, \text{作为变量 } a \text{的函数 } K(a, b) \in X, \tag{2}$$

$$f(b) = (f(a), K(a, b))_A, \text{因此} \overline{f(b)} = (K(a, b), f(a))_A, \tag{3}$$

则称 $K(a, b)$ 为 X 的再生核. 至于其存在性, 我们有以下

定理 1 (N. Aronszajn [1], S. Bergman [1]) *X 有再生核 K 当且仅当: 对任何 $y_0 \in A$, 存在依赖于 y_0 的常数 C_{y_0} 使得*

$$|f(y_0)| \leqslant C_{y_0} \|f\|, \quad \text{对一切 } f \in X. \tag{4}$$

证明 把 Schwarz 不等式用于 $f(y_0) = (f(x), K(x, y_0))_x$:

$$|f(y_0)| \leqslant \|f\| (K(x, y_0), K(x, y_0))_x^{1/2} = \|f\| K(y_0, y_0)^{1/2}, \tag{5}$$

定理的 "仅当" 部分由此得证. "当" 部分借助于把 F. Riesz 表示定理用于 $f \in X$ 的线性泛函 $F_{y_0}(f) = f(y_0)$ 而得证. 因此有唯一确定的属于 X 的向量 $g_{y_0}(x)$, 使得对一切 $f \in X$,

$$f(y_0) = F_{y_0}(f) = (f(x), g_{y_0}(x))_x,$$

所以 $g_{y_0}(x) = K(x, y_0)$ 是 X 的一再生核. 以上过程表明再生核是唯一确定的.

---

①校者注: 原著写下标用了小写 a, 下面 (5) 中下标 x 也应换成 A.

系 我们有

$$\sup_{\|f\|\leqslant 1} |f(y_0)| = K(y_0, y_0)^{1/2}, \tag{6}$$

其中上确界在以下函数处达到:

$$f_0(x) = \rho K(x, y_0)/K(y_0, y_0)^{1/2}, \quad |\rho| = 1. \tag{7}$$

证明 Schwarz 不等式 (5) 中等式成立当且仅当 $f(x)$ 与 $K(x, y_0)$ 为线性相关. 从两个条件 $f(x) = \alpha K(x, y_0)$ 和 $\|f\| = 1$ 出发, 我们得到

$$1 = |\alpha|(K(x, y_0), K(x, y_0))_x^{1/2} = |\alpha| K(y_0, y_0)^{1/2},$$

此即 $|\alpha| = K(y_0, y_0)^{-1/2}$. 因而 (5) 中等号由 $f_0(x)$ 取到.

例 考察 Hilbert 空间 $A^2(G)$. 对任何 $f \in A^2(G)$ 和 $z_0 \in G$, 我们有 (参看第一章 §9 的 (4))

$$|f(z_0)|^2 \leqslant (\pi r^2)^{-1} \int_{|z-z_0|\leqslant r} |f(z)|^2 dxdy \quad (z = x + iy).$$

于是 $A^2(G)$ 有再生核, 记为 $K_G(z, z')$. 此 $K_G(z, z')$ 称为复平面的区域 G 的 Bergman 核. 以下 Bergman 定理解释了 $K_G(z, z')$ 在共形映照理论中的意义.

定理 2 设 G 是复平面上一单连通有界开区域, z_0 是 G 的任何点. 根据 Riemann 定理, 有唯一确定的 z 的正则函数 $w = f_0(z, z_0)$, 它给出区域 G 到 w–复平面的圆 $|w| < \rho_G$ 的一个一对一共形映射, 且使得

$$f_0(z_0, z_0) = 0, \quad (df(z, z_0)/dz)_{z=z_0} = 1.$$

Bergman 核 $K_G(z, z_0)$ 与 $f_0(z, z_0)$ 的关系为

$$f_0(z, z_0) = K_G(z_0, z_0)^{-1} \int_{z_0}^{z} K_G(t, z_0)dt, \tag{8}$$

其中积分是沿 G 中任何连接 z_0 与 z 的可求长曲线取的.

证明 以 $A_1^2(G)$ 表示全体于 G 全纯的函数 $f(z)$ 使得 $f'(z) \in A^2(G), f(z_0) = 0$ 且 $f'(z_0) = 1$. 对任何 $f \in A_1^2(G)$, 考察数

$$\|f'\|^2 = \int_G |f'(z)|^2 dxdy, \quad z = x + iy. \tag{9}$$

如果我们以 $z = \varphi(w)$ 表示 $w = f_0(z, z_0)$ 的反函数, 则对任何 $f \in A_1^2(G)$,

$$\|f'\|^2 = \iint_{|w|<\rho_G} |f'(\varphi(w))|^2 |\varphi'(w)|^2 dudv, \quad w = u + iv.$$

此因由 Cauchy-Riemann 方程 $x_u = y_v$, $x_v = -y_u$, 我们得

$$dxdy = \frac{\partial(x,y)}{\partial(u,v)}dudv = (x_u y_v - y_u x_v)dudv$$
$$= (x_u^2 + y_u^2)dudv = |\varphi'(w)|^2 dudv.$$

设 $f \in A_1^2(G)$, 并将 $F(w) = f(\varphi(w))$ 展成幂级数

$$F(w) = f(\varphi(w)) = w + \sum_{n=2}^{\infty} c_n w^n, \quad \text{当 } |w| < \rho_G.$$

则 $F'(w) = f'(\varphi(w))\varphi'(w) = 1 + \sum_{n=2}^{\infty} nc_n w^{n-1}$, 故

$$\|f'\|^2 = \iint_{|w|<\rho_G} \left|1 + \sum_{n=2}^{\infty} nc_n w^{n-1}\right|^2 dudv$$
$$= \int_0^{\rho_G} dr \left\{ \int_0^{2\pi} \left(r + \sum_{n=2}^{\infty} n^2|c_n|^2 r^{2n-1}\right)d\theta \right\} = \pi\rho_G^2 + \sum_{n=2}^{\infty} \pi n|c_n|^2 \rho_G^{2n}.$$

所以 $\min_{f \in A_1^2(G)} \|f'\| = \sqrt{\pi}\rho_G$, 且此最小值在 f 取到当且仅当 $F(w) = f(\varphi(w)) = w$,
即当且仅当 $f(z) = f_0(z, z_0)$.

对任何 $f \in A_1^2(G)$, 我们令 $g(z) = f(z)/\|f'\|$, 则 $\|g'\| = 1$. 若令

$$\widetilde{A}^2(G) = \{g(z); g(z) \text{ 于 } G \text{ 全纯}, g(z_0) = 0, g'(z_0) > 0 \text{ 且 } \|g'\| = 1\},$$

则上已证得

$$\max_{g \in \widetilde{A}^2(G)} g'(z_0) = 1/\|f_0'\| = (\sqrt{\pi}\rho_G)^{-1},$$

且此最大值在 $g(z)$ 取到当且仅当 $g(z)$ 等于

$$g_0(z) = f_0(z, z_0)/\|f_0'\| = f_0(z, z_0)/\sqrt{\pi}\rho_G.$$

因此由 (7) 得

$$g_0'(z) = (\sqrt{\pi}\rho_G)^{-1}\frac{df_0(z, z_0)}{dz} = \lambda K_G(z, z_0)/K_G(z_0, z_0)^{1/2}, \quad |\lambda| = 1.$$

再令 $z = z_0$, 得

$$(\lambda\sqrt{\pi}\rho_G)^{-1} = K_G(z_0, z_0)/K_G(z_0, z_0)^{1/2} = K_G(z_0, z_0)^{1/2},$$

所以我们便证明了公式

$$\frac{df_0(z, z_0)}{dz} = K_G(z, z_0)/K_G(z_0, z_0).$$

§10.　P. Lax 的负指数范数

将 $C_0^\infty(\Omega)$ 赋予数量积 $(\varphi, \psi)_s$ 和范数 $\|\varphi\|_s$:

$$(\varphi, \psi)_s = \sum_{|j| \leqslant s} \int_\Omega D^j \varphi(x) \overline{D^j \psi(x) dx}, \quad \|\varphi\|_s = (\varphi, \varphi)_s^{1/2}, \tag{1}$$

所得准 Hilbert 空间完备化成 $H_0^s(\Omega)$. 任何元素 $b \in H_0^0(\Omega) = L^2(\Omega)$, 按式子

$$f_b(w) = (w, b)_0, \quad w \in H_0^s(\Omega) \tag{2}$$

定义了 $H_0^s(\Omega)$ 上一个连续线性泛函 f_b, 这是因为由 Schwarz 不等式得

$$|(w, b)_0| \leqslant \|w\|_0 \cdot \|b\|_0 \leqslant \|w\|_s \cdot \|b\|_0.$$

所以, 若我们依式子

$$\|b\|_{-s} = \sup_{w \in H_0^s(\Omega), \|w\|_s \leqslant 1} |f_b(w)| = \sup_{w \in H_0^s(\Omega), \|w\|_s \leqslant 1} |(w, b)_0| \tag{3}$$

定义 $b \in H_0^0(\Omega) = L^2(\Omega)$ 的负指数范数, 则有

$$\|b\|_{-s} \leqslant \|b\|_0, \tag{4}$$

故根据 $\|b\|_{-s} \geqslant |(w/\|w\|_s, b)_0|$ 得

$$|(w, b)_0| \leqslant \|w\|_s \cdot \|b\|_{-s}. \tag{5}$$

因而我们可以写成

$$\|b\|_{-s} = \|f_b\|_{-s} = \sup_{\|w\|_s \leqslant 1} |(w, b)_0|, \ b \in H_0^0(\Omega). \tag{3'}$$

我们来证明

定理 1 (P. Lax [2])　空间 $H_0^s(\Omega)$ 的对偶空间 $H_0^s(\Omega)'$ 可等同于空间 $H_0^0(\Omega) = L^2(\Omega)$ 依负指数范数的完备化.

为了证明, 我们先需

命题　Hilbert 空间 $H_0^s(\Omega)$ 上形如 f_b 的连续线性泛函全体 F 稠密于 $H_0^s(\Omega)$ 的对偶空间 $H_0^s(\Omega)'$.

证明　集合 F 于 $H_0^s(\Omega)$ 是完全的, 其意义是对于固定的 $w \in H_0^s(\Omega)$, 只有 $w = 0$ 才会同时使诸 $f_b(w) = 0, b \in H_0^0(\Omega)$. 这是显然的, 因为任何 $w \in H_0^s(\Omega)$ 也是 $H_0^0(\Omega)$ 的元.

今若 F 在 Hilbert 空间 $H_0^s(\Omega)'$ 中不是稠的, 则二次对偶空间 $H_0^s(\Omega)'' = (H_0^s(\Omega)')'$ 中存在元 $T \neq 0$ 使得对一切 $f_b \in F$ 均有 $T(f_b) = 0$. 由 Hilbert 空间 $H_0^s(\Omega)$ 的自反性, 存在元 $t \in H_0^s(\Omega)$ 使得对一切 $f \in H_0^s(\Omega)'$ 有 $T(f) = f(t)$. 于是对一切 $b \in H_0^0(\Omega)$ 有 $T(f_b) = f_b(t) = 0$. 根据上面证明的 F 的完全性, 这导致 $t = 0$, 与 $T \neq 0$ 矛盾.

系 我们有与 (3′) 对偶的式子

$$\|w\|_s = \sup_{b \in H_0^0(\Omega), \|b\|_{-s} \leqslant 1} |(w, b)_0|, \quad \text{对一切 } w \in H_0^s(\Omega). \tag{6}$$

证明 因 $F = \{f_b; b \in H_0^0(\Omega)\}$ 稠密于 $H_0^s(\Omega)'$, 由第三章 §6 之系 3, 知结论为显然.

定理 1 的证明 由下列事实定理为显然: i) F 稠密于对偶空间 $H_0^s(\Omega)'$, 且 ii) F 是一对一对应于集合 $H_0^0(\Omega) = L^2(\Omega)$, 此对应还是保持负指数范数的, 即

$$F \ni f_b \leftrightarrow b \in H_0^0(\Omega) \text{ 且 } \|f_b\|_{-s} = \|b\|_{-s}.$$

我们以 $H_0^{-s}(\Omega)$ 记 $H_0^0(\Omega)$ 关于负指数范数 $\|b\|_{-s}$ 的完备化. 于是

$$H_0^s(\Omega)' = H_0^{-s}(\Omega). \tag{7}$$

对 $H_0^s(\Omega)$ 上任何连续线性泛函 f, 我们以 $\langle w, f \rangle$ 表示 f 在 $w \in H_0^s(\Omega)$ 的值. 于是对任何 $b \in H_0^0(\Omega)$, 我们可以写为

$$f_b(w) = (w, b)_0 = \langle w, f_b \rangle = \langle w, b \rangle, \quad w \in H_0^s(\Omega), \tag{8}$$

并有广义 Schwarz 不等式

$$|\langle w, b \rangle| \leqslant \|w\|_s \|b\|_{-s}, \tag{9}$$

它正是 (5).

现在我们能证明

定理 2 (P. Lax [2]) $H_0^{-s}(\Omega)$ 上任何连续线性泛函 $g(b)$ 能借助于一固定元 $w \in H_0^s(\Omega)$ 而表示成

$$g(b) = g_w(b) = \overline{\langle w, b \rangle}. \tag{10}$$

特别地, 我们有

$$H_0^s(\Omega)' = H_0^{-s}(\Omega), H_0^{-s}(\Omega)' = H_0^s(\Omega). \tag{11}$$

证明　若 $b \in H_0^0(\Omega)$, 则 $\langle w, b \rangle = f_b(w) = (w, b)_0$. 由于 $F = \{f_b; b \in H_0^0(\Omega)\}$ 稠密于 Hilbert 空间 $H_0^s(\Omega)'$, 由 (9) 我们知道对一固定的 $w \in H_0^s(\Omega), \overline{\langle w, b \rangle} = (b, w)_0$ 确定了一个在 $H_0^s(\Omega)'$ 的稠集 F 上连续的线性泛函. 在 F 上的这个泛函的范数记为 $\|g_w\|_s$, 则由 (6),

$$\|g_w\|_s = \sup_{\|b\|_{-s} \leqslant 1} |(b, w)_0| = \sup_{\|b\|_{-s} \leqslant 1} |(w, b)_0| = \|w\|_s. \tag{12}$$

于是我们可以连续扩张 F 上泛函 g_w 为 F 的 (关于负指数范数) 完备化上的一连续线性泛函, 亦即 g_w 能扩张成 $H_0^s(\Omega)' = H_0^{-s}(\Omega)$ 上的一连续线性泛函; 我们用同一字母 g_w 记此扩张 (泛函). 于是我们有

$$\|g_w\| = \sup_{\|b\|_{-s} \leqslant 1} |g_w(b)| = \|w\|_s. \tag{13}$$

因而, 由于空间 $H_0^s(\Omega)$ 的完备性, $H_0^{-s}(\Omega)$ 上连续线性泛函 g_w 的全体 G 按照对应关系 $g_w \leftrightarrow w$ 可视为 $H_0^{-s}(\Omega)'$ 的一线性闭子空间. 如果这个线性闭子空间不在 $H_0^{-s}(\Omega)'$ 中稠密, 则 $H_0^{-s}(\Omega)'$ 上存在连续线性泛函 $f \neq 0$ 使得对一切 $g_w \in G$ 有 $f(g_w) = 0$. 但是因为 Hilbert 空间 $H_0^{-s}(\Omega)$ 是自反的, 这样的一个泛函必由 $f(g_w) = g_w(f_0)$ 给定, 其中 $f_0 \in H_0^{-s}(\Omega)$. 故由 (13) f_0 必为 0, 与 $f \neq 0$ 这一事实矛盾. 因此我们就证明了 $H_0^{-s}(\Omega)' = H_0^s(\Omega)$.

注　负指数范数的概念是由 P. Lax 为了把它用于线性偏微分方程的分布解的真正可微性而引入的. 我们将在以后的章节中研究这样的可微性. 值得注意的是负指数范数的概念也可通过 Fourier 变换而自然地引入. 这是由 J. Leray [1] 早于 Lax 完成的. 我们将在以后关于 Fourier 变换的一章中阐明这一点.

§11.　广义函数的局部结构

一个广义函数局部地是函数的分布导数. 更准确地说, 我们能证明

定理 (L. Schwartz [1])　设 T 是 $\Omega \subseteq R^n$ 上的一广义函数, 则对 Ω 的任何紧集 K, 存在正整数 $m_0 = m_0(T, K)$ 和一函数 $f(x) = f(x; T, K, m_0) \in L^2(K)$ 使得

$$\text{只要 } \varphi \in \mathfrak{D}_K(\Omega), \ T(\varphi) = \int_K f(x) \frac{\partial^{nm_0} \varphi(x)}{\partial x_1^{m_0} \partial x_2^{m_0} \cdots \partial x_n^{m_0}} dx. \tag{1}$$

证明　由第一章 §8 的系, 存在正数 C 和一正整数 m 使得

$$\text{只要 } \varphi \in \mathfrak{D}_K(\Omega), |T(\varphi)| \leqslant C \sup_{|j| \leqslant m, x \in K} |D^j \varphi(x)|. \tag{2}$$

于是存在正数 δ 使得

$$p_m(\varphi) = \sup_{|j|\leqslant m, x\in K} |D^j\varphi(x)| \leqslant \delta \quad \text{必导致 } |T(\varphi)| \leqslant 1. \tag{3}$$

我们引入记号

$$\frac{\partial^s}{\partial x^s} = \frac{\partial^{sn}}{\partial x_1^s \partial x_2^s \cdots \partial x_n^s}, \tag{4}$$

且令 $m_0 = m+1$, 要证明存在正数 ε 使得

$$\int_\Omega |\partial^{m_0}\varphi(x)/\partial x^{m_0}|^2 dx \leqslant \varepsilon, \varphi \in \mathfrak{D}_K(\Omega) \quad \text{必导致 } p_m(\varphi) \leqslant \delta. \tag{5}$$

这得于重复用以下不等式

$$|\psi(x)| \leqslant \int_{K'} |\partial\psi(x_1,\cdots,x_{i-1},y,x_{i+1},\cdots,x_n)/\partial y| dy$$

$$\leqslant \left(\int_{K'} 1^2 dy\right)^{1/2} \left(\int_{K'} |\partial\psi(x_1,\cdots,x_{i-1},y,x_{i+1},\cdots,x_n)/\partial y|^2 dy\right)^{1/2}$$

$$= t^{1/2}\left(\int_{K'} |\partial\psi(x_1,\cdots,x_{i-1},y,x_{i+1},\cdots,x_n)/\partial y|^2 dy\right)^{1/2},$$

其中 t 是 K 的直径, 即紧集 K 中两点间的最大距离, 而

$$K' = \{y; y < x_i, (x_1,\cdots,x_{i-1},y,x_{i+1},\cdots,x_n) \in K\}.$$

考察映 $\mathfrak{D}_K(\Omega)$ 入 $\mathfrak{D}_K(\Omega)$ 的映射 $\varphi(x) \to \psi(x) = \partial^{m_0}\varphi(x)/\partial x^{m_0}$. 通过积分可知 $\psi(x) = 0$ 导致 $\varphi(x) = 0$, 因此上面的映射是一对一的. 于是借助于式子 $S(\psi) = T(\varphi)(\varphi \in \mathfrak{D}_K(\Omega))$, $\psi(x) = \partial^{m_0}\varphi(x)/\partial x^{m_0}$ 确定了一个线性泛函 $S(\psi)$. 根据 (3) 和 (5), S 是上述这些 ψ 全体组成的且用范数 $\|\psi\| = \left(\int_K |\psi(x)|^2 dx\right)^{1/2}$ 拓扑化的准 Hilbert 空间 X 上的连续线性泛函. 于是由 F. Riesz 表示定理, 有唯一确定的属于 X 的完备化空间的函数 $f(x)$ 使得

$$T(\varphi) = S(\psi) = \int_K (\partial^{m_0}\varphi/\partial x^{m_0})f(x)dx, \quad \text{对一切 } \varphi \in \mathfrak{D}_K(\Omega).$$

实际上, X 的完备化空间是作为一线性闭子空间含于 $L^2(K)$ 的, 故定理得证.

第三章参考文献

对 Hilbert 空间的一般记述请参看 N. I. Achieser-I. M. Glazman [1], N. Dunford-J. Schwartz [2], B. von Sz. Nagy [1], F. Riesz-B. von Sz. Nagy [3] 和 M. H. Stone [1].

第四章 Hahn-Banach 定理

在 Hilbert 空间中, 我们能通过一个正交基而引入正交坐标的概念, 并且这些坐标就是由基向量定义的有界线性泛函的值. 这启示我们在线性拓扑空间中把连续线性泛函看作这个空间的广义坐标. 为确信在一般局部凸空间上非平凡连续线性泛函的存在性, 我们必须依赖 Hahn-Banach 扩张定理.

§1. 实线性空间中的 Hahn-Banach 扩张定理

定理 (Hahn [2], Banach [1]) 设 X 为一实线性空间, $p(x)$ 为定义在 X 上的实值函数且满足条件

$$p(x+y) \leqslant p(x) + p(y) \quad (\text{次可加性}), \tag{1}$$

$$p(\alpha x) = \alpha p(x), \quad \text{对 } \alpha \geqslant 0. \tag{2}$$

设 M 为 X 的一实线性子空间, 而 f_0 为定义在 M 上的一个实值线性泛函:

$$f_0(\alpha x + \beta y) = \alpha f_0(x) + \beta f_0(y), \quad \text{对 } x, y \in M \text{ 和实数 } \alpha, \beta. \tag{3}$$

假设 f_0 在 M 上满足 $f_0(x) \leqslant p(x)$, 则存在定义在 X 上的线性泛函 F 使得 i) F 是 f_0 的一个扩张, 即对一切 $x \in M, F(x) = f_0(x)$, 且 ii) 在 X 上 $F(x) \leqslant p(x)$.

证明 首先假定 X 由 M 和一个元 $x_0 \in M$ 张成, 亦即假定

$$X = \{x = m + \alpha x_0; \ m \in M, \alpha \text{ 为实数}\}.$$

在这种特殊情形下, 因 $x_0 \in M$, 诸 $x \in X$ 形如 $x = m + \alpha x_0$ 的表示是唯一的. 可见, 若对任何实数 c, 置

$$F(x) = F(m + \alpha x_0) = f_0(m) + \alpha c,$$

则 F 是 X 上的实线性泛函, 并且是 f_0 的一个扩张. 我们必须选取 c 使得 $F(x) \leqslant p(x)$, 即 $f_0(m) + \alpha c \leqslant p(m + \alpha x_0)$. 这个条件等价于下列两个条件:

$$f_0(m/\alpha) + c \leqslant p(x_0 + m/\alpha), \qquad 对 \ \alpha > 0,$$
$$f_0(m/(-\alpha)) - c \leqslant p(-x_0 + m/(-\alpha)), \quad 对 \ \alpha < 0.$$

为满足这些条件, 我们应选取 c 使得一切 $m', m'' \in M$ 满足下式

$$f_0(m') - p(m' - x_0) \leqslant c \leqslant p(m'' + x_0) - f_0(m'').$$

实数 c 的如此选取是可能的, 因为

$$f_0(m') + f_0(m'') = f_0(m' + m'') \leqslant p(m' + m'')$$
$$= p(m' - x_0 + m'' + x_0)$$
$$\leqslant p(m' - x_0) + p(m'' + x_0);$$

我们只需选取 c 介于下列二个数之间:

$$\sup_{m' \in M} [f_0(m') - p(m' - x_0)] \ 和 \ \inf_{m'' \in M} [p(m'' + x_0) - f(m'')].$$

一般地, 考察这样一个族, 其成员 g 都是 f_0 的实线性扩张且 g 的定义域中一切 x 满足不等式 $g(x) \leqslant p(x)$. 用 h 为 g 的扩张这一关系而定义 $h \succ g$, 我们便将此族变成一偏序族. 于是 Zorn 引理保证了 f_0 有个极大线性扩张 g 使其定义域中一切 x 满足不等式 $g(x) \leqslant p(x)$. 我们需要证明 g 的定义域 $D(g)$ 等于 X 本身. 如若不然, 将 $D(g)$ 作为 M, 且 g 作为 f_0, 我们便得一个 g 的真扩张 F 使得 $F(x) \leqslant p(x)$ 对 F 的定义域中一切 x 成立, 这与线性扩张 g 的极大性矛盾.

系　给定实线性空间 X 上满足 (1) 和 (2) 的一个泛函 $p(x)$, 则存在定义在 X 上的一个线性泛函 f 使得

$$-p(-x) \leqslant f(x) \leqslant p(x). \tag{4}$$

证明　任取一点 $x_0 \in X$, 并定义 $M = \{x; x = \alpha x_0, \alpha$ 为实数$\}$. 命 $f_0(\alpha x_0) = \alpha p(x_0)$, 则 f_0 是个定义在 M 上的实线性泛函. 在 M 上, 我们有 $f_0(x) \leqslant p(x)$. 事实上, 若 $\alpha > 0$ 则 $\alpha p(x_0) = p(\alpha x_0)$; 又若 $\alpha < 0$, 根据 $0 = p(0) \leqslant p(x_0) + p(-x_0)$, 我们有 $\alpha p(x_0) \leqslant -\alpha p(-x_0) = p(\alpha x_0)$. 因此存在定义在 X 上的线性泛函 f 使得在 M 上有 $f(x) = f_0(x)$ 且在 X 上 $f(x) \leqslant p(x)$. 由于 $-f(x) = f(-x) \leqslant p(-x)$, 我们得到 $-p(-x) \leqslant f(x) \leqslant p(x)$.

§2. 广 义 极 限

可数个元素 x_n 的序列 $\{x_n\}$ 这个概念可推广到依赖于一个参数的元素的定向集的概念, 此参数可遍历一不可数集合. 元素序列的极限这个概念可推广到元素的定向集的广义极限的概念.

定义 元素 $\alpha, \beta, \cdots$ 的一个偏序集 A 称为定向集是指它满足条件:

$$\text{对 } A \text{ 的任何元素对 } \alpha, \beta, \text{ 存在 } \gamma \in A \text{ 使得 } \alpha \prec \gamma, \quad \beta \prec \gamma. \tag{1}$$

设定向集 A 的诸元素 α 联系着一个确定的实数集合 $f(\alpha)$. 因此 $f(\alpha)$ 是个定义在定向集 A 上的不必是单值的实函数[①]. 我们以

$$\lim_{\alpha \in A} f(\alpha) = a \quad (a \text{ 为一实数})$$

表示对任何 $\varepsilon > 0$, 存在 $\alpha_0 \in A$, 使得 $\alpha_0 \prec \alpha$ 导致对 f 在 α 处的一切可能的值均有 $|f(\alpha) - a| < \varepsilon$[②]. 在此情形下, 我们称数值 a 是 $f(\alpha)$ 遍历定向集 A 的广义极限或 Moore-Smith 极限 .

例 考察实区间 $[0, 1]$ 的任何分割 Δ:

$$0 = t_0 < t_1 < \cdots < t_n = 1.$$

这些分割全体 P 按如下定义的偏序 $\Delta \prec \Delta'$ 关系为一定向集: 若分割 Δ' 由 $0 = t_0' < t_1' < \cdots < t_m' = 1$ 给定, 则 $\Delta \prec \Delta'$ 表示 $n \leqslant m$, 同时诸 t_i 等于某个 t_j'. 设 $x(t)$ 为定义在 $[0,1]$ 上的一个实值连续函数, 令 $f(\Delta)$ 为如下形式的实数全体:

$$\sum_{j=0}^{n-1} (t_{j+1} - t_j) x(t_j'), \quad \text{其中 } t_j' \text{ 为 } [t_j, t_{j+1}] \text{ 中任何点}.$$

因此 $f(\Delta)$ 是函数 $x(t)$ 关于分割 Δ 的 Riemann 和的全体. Riemann 积分 $\int_0^1 x(t)dt$ 的值不是别的, 而正是 $f(\Delta)$ 在 Δ 遍历 P 后的广义极限.

至于广义极限的存在性, 我们有

定理 (S. Banach) 定义在定向集 A 上的实值有界函数 $x(\alpha)$ 全体依运算

$$(x + y)(\alpha) = x(\alpha) + y(\alpha), \quad (\beta x)(\alpha) = \beta x(\alpha)$$

---

①校者注: 这样的 $\{f(\alpha)\}_{\alpha \in A}$ 称为一个(集) 网, 或 Moore-Smith 序列.
②校者注: 此式应写成 $f(\alpha) \subseteq (a - \varepsilon, a + \varepsilon)$, 因 $f(\alpha)$ 是数集.

构成一实线性空间 X. 我们能在其上定义一个线性泛函, 记之为 $\underset{\alpha \in A}{\mathrm{LIM}} x(\alpha)$ 且要求它满足条件

$$\varliminf_{\alpha \in A} x(\alpha) \leqslant \underset{\alpha \in A}{\mathrm{LIM}} x(\alpha) \leqslant \varlimsup_{\alpha \in A} x(\alpha).$$

其中

$$\varliminf_{\alpha \in A} x(\alpha) = \sup_{\alpha} \inf_{\alpha \prec \beta} x(\beta), \quad \varlimsup_{\alpha \in A} x(\alpha) = \inf_{\alpha} \sup_{\alpha \prec \beta} x(\beta).$$

故 $\underset{\alpha \in A}{\mathrm{LIM}} x(\alpha) = \lim_{\alpha \in A} x(\alpha)$, 只要后一广义极限存在.

证明　置 $p(x) = \varlimsup_{\alpha \in A} x(\alpha)$. 易知此 $p(x)$ 满足 Hahn-Banach 扩张定理的条件. 于是存在定义在 X 上的线性泛函 f 使得 $-p(-x) \leqslant f(x) \leqslant p(x)$. 容易证明 $\varliminf_{\alpha \in A} x(\alpha) = -p(-x)$, 故令 $\underset{\alpha \in A}{\mathrm{LIM}} x(\alpha) = f(x)$ 即得定理.

§3.　局部凸的完备线性拓扑空间

定义　如同在数值情况一样, 我们可以在线性拓扑空间 X 中定义网 $\{x_\alpha\}$. 称 $\{x_\alpha\}$ 收敛于 X 中某个元 x 是指对于 x 的诸邻域 $U(x)$, 存在指标 α_0 使得对一切 $\alpha \succ \alpha_0$ 均有 $x_\alpha \in U(x)$. 称 X 的网 $\{x_\alpha\}$ 为基本的是指对于 X 中原点的诸邻域 $U(0)$, 总存在指标 α_0, 使得对一切指标 $\alpha, \beta \succ \alpha_0$ 均有 $(x_\alpha - x_\beta) \in U(0)$. 线性拓扑空间 X 称为完备的是指其每个基本网在上面意义下收敛于某个元 $x \in X$.

注　我们能够减弱完备性的条件, 而仅只要求 X 中作为基本网的每个序列收敛于某个元 $x \in X$; 满足这个条件的空间 X 称为序列完备的. 对赋范空间而言, 完备性的这两个定义是等价的. 尽管如此, 在一般情况下, 并非每个序列完备的空间都是完备的.

一例序列完备的局部凸空间　设 $\mathfrak{D}(\Omega)$ 的一列 $\{f_h(x)\}$ 在 $\mathfrak{D}(\Omega)$ 中满足条件 $\lim_{h,k \to \infty} (f_h - f_k) = 0$. 换言之, 根据第一章 §1 中命题 7 的系[1], 我们假设 Ω 中存在紧集 K 使 $\mathrm{supp}(f_h) \subseteq K$ $(h = 1, 2, \cdots)$ 且对任何微分算子 D^s 在 K 上一致地成立 $\lim_{h,k \to \infty} (D^s f_h(x) - D^s f_k(x)) = 0$. 于是用 Ascoli-Arzelà 定理易知, 存在函数 $f \in \mathfrak{D}(\Omega)$ 使得对任何微分算子 D^s 在 K 上一致地成立 $\lim_{h \to \infty} D^s f_h(x) = D^s f(x)$[2]. 因此在 $\mathfrak{D}(\Omega)$ 中 $\lim_{h \to \infty} f_h = f$, 所以 $\mathfrak{D}(\Omega)$ 是序列完备的. 相仿, 我们能证明 $\mathfrak{E}(\Omega)$ 也是序列完备的.

像在赋范线性空间的情形一样, 我们能证明

---

[1] 校者注: 将命题 7 的证明稍加改造便可用命题 7.
[2] 校者注: 这个 f 的存在性证明只用到复数域的完备性, 而不需要用到 Ascoli-Arzelà 定理.

定理 每个局部凸空间 X 能被嵌入到一个局部凸完备线性拓扑空间之中, 使 X 成为其中一个稠密子集.

我们略去定理的证明. 读者可参阅列于 J. Dieudonné [1] 中的文献. 也可参看 G. Köthe [1].

§4. 复线性空间中的 Hahn-Banach 扩张定理

定理 (Bohnenblust-Sobczyk) 设 X 为一复线性空间, p 为一定义在 X 上的半范数. 设 M 为 X 的一个复线性子空间, 又 f 是个定义在 M 上且在 M 上 $|f(x)| \leqslant p(x)$ 的复线性泛函, 则存在定义在 X 上的复线性泛函 F 使得 i) F 是 f 的一个扩张, 且 ii) 在 X 上 $|F(x)| \leqslant p(x)$.

证明 我们注意, 将数乘限制于实数后, 复线性空间也是实线性空间. 如果 $f(x) = g(x) + ih(x)$, 其中 $g(x)$ 和 $h(x)$ 分别是 $f(x)$ 的实部和虚部, 则 g 和 h 是定义在 M 上的实线性泛函. 因此在 M 上有

$$|g(x)| \leqslant |f(x)| \leqslant p(x) \text{ 且 } |h(x)| \leqslant |f(x)| \leqslant p(x).$$

由于每个 $x \in M$ 满足等式 $h(x) = -g(ix)$, 此因

$$g(ix) + ih(ix) = f(ix) = if(x)$$
$$= i(g(x) + ih(x)) = -h(x) + ig(x),$$

根据第四章 §1 中的定理, 我们将 g 扩张成为定义在 X 上的一个实线性泛函 G 使得在 X 上恒有 $G(x) \leqslant p(x)$. 因此 $-G(x) = G(-x) \leqslant p(-x) = p(x)$, 从而 $|G(x)| \leqslant p(x)$. 我们定义 $F(x) = G(x) - iG(ix)$, 根据

$$F(ix) = G(ix) - iG(-x)$$
$$= G(ix) + iG(x) = iF(x)$$

易知 F 是定义在 X 上的一个复线性泛函. 它还是 f 的一个扩张, 因 $x \in M$ 导致

$$F(x) = G(x) - iG(ix) = g(x) - ig(ix)$$
$$= g(x) + ih(x) = f(x).$$

为证明 $|F(x)| \leqslant p(x)$, 我们记 $F(x) = re^{-i\theta}$, 故 $|F(x)| = e^{i\theta}F(x) = F(e^{i\theta}x)$ 是正实数; 因而 $|F(x)| = |G(e^{i\theta}x)| \leqslant p(e^{i\theta}x) = |e^{i\theta}|p(x) = p(x)$.

§5.　赋范线性空间中的 Hahn-Banach 扩张定理

定理 1　设 X 为一赋范线性空间, M 为 X 的一个线性子空间, 且 f_1 为一个定义在 M 上的连续线性泛函, 则存在定义在 X 上的连续线性泛函 f 使得 i) f 是 f_1 的一个扩张, 且 ii) $\|f_1\| = \|f\|$.

证明　令 $p(x) = \|f_1\| \cdot \|x\|$, 则 p 是个定义在 X 上的连续半范数, 且使得在 M 上 $|f_1(x)| \leqslant p(x)$. 根据前面 §4 的定理, f_1 有个线性扩张 f, 它定义在全空间 X 上且使得 $|f(x)| \leqslant p(x)$. 因此 $\|f\| \leqslant \sup\limits_{\|x\| \leqslant 1} p(x) = \|f_1\|$. 另一方面, 因 f 是 f_1 的一个扩张, 必有 $\|f\| \geqslant \|f_1\|$, 所以我们得到 $\|f_1\| = \|f\|$.

对矩量问题的一个应用

定理 2　设 X 为一赋范线性空间. 给定一列元素 $\{x_n\} \subseteq X$, 一列复数 $\{\alpha_n\}$ 和一个正数 γ, 则 X 上存在连续线性泛函 f 使得 $f(x_i) = \alpha_i$ $(i = 1, 2, \cdots)$ 且 $\|f\| \leqslant \gamma$ 的充要条件是不等式

$$\left| \sum_{i=1}^{n} \beta_i \alpha_i \right| \leqslant \gamma \left\| \sum_{i=1}^{n} \beta_i x_i \right\|$$

对正整数 n 和复数 $\beta_1, \beta_2, \cdots, \beta_n$ 的任何选取均成立.

证明　必要性由 $\|f\|$ 的定义自明. 我们来证明充分性. 考察集合

$$X_1 = \left\{ z; z = \sum_{i=1}^{n} \beta_i x_i, \quad \text{其中 } n \text{ 和 } \beta \text{ 均为任意} \right\}.$$

对同一元素 $z \in X_1$ 的两个表示 $z = \sum\limits_{i=1}^{n} \beta_i x_i = \sum\limits_{i=1}^{m} \beta_{i'} x_{i'}$, 根据定理条件, 我们有

$$\left| \sum_{i=1}^{n} \beta_i \alpha_i - \sum_{i=1}^{m} \beta_{i'} \alpha_{i'} \right| \leqslant \gamma \left\| \sum_{i=1}^{n} \beta_i x_i - \sum_{i=1}^{m} \beta_{i'} x_{i'} \right\| = 0.$$

因此按 $f_1\left(\sum\limits_{i=1}^{n} \beta_i x_i \right) = \sum\limits_{i=1}^{n} \beta_i \alpha_i$, 便在 X_1 上确定了一个连续线性泛函 f_1. 根据前面定理 1, 我们只需扩张 f_1 成为一个在 X 上连续线性泛函 f 使得 $\|f\| = \|f_1\|$.

注　在本章 §9 中将要证明, $C[0,1]$ 上的任何连续线性泛函 f 可表示成

$$f(x) = \int_0^1 x(t) m(dt),$$

其中 m 是个在区间 $[0,1]$ 上唯一确定的 Baire 测度. 因此若我们取 $x_j(t) = t^{j-1}$ $(j = 1, 2, \cdots)$, 则定理 2 给出了矩量问题

$$\int_0^1 t^{j-1} m(dt) = \alpha_j \quad (j = 1, 2, \cdots)$$

的可解性条件.

§6.　非平凡连续线性泛函的存在性

定理 1　设 X 为一个实或复的线性拓扑空间, x_0 为 X 的一个点, 又 $p(x)$ 为 X 上的一个连续半范数, 则在 X 上存在连续线性泛函 F 使得 $F(x_0) = p(x_0)$, 且在 X 上有 $|F(x)| \leqslant p(x)$.

证明　设 M 为一切元素 αx_0 的集合, 在 M 上按 $f(\alpha x_0) = \alpha p(x_0)$ 定义 f, 则 f 在 M 上是线性的, 且 $|f(\alpha x_0)| = |\alpha p(x_0)| = p(\alpha x_0)$. 于是根据第四章 §4 中的定理, 存在 f 的扩张 F 使得在 X 上有 $|F(x)| \leqslant p(x)$. 故 $F(x)$ 在 $x = 0$ 处随着 $p(x)$ 的连续而连续, 且由 F 的线性性质, $F(x)$ 在 X 的任何点连续.

系 1　设 X 为一局部凸空间, 又 $x_0 \neq 0$ 为 X 的一元, 则 X 上存在连续半范数 p 使得 $p(x_0) \neq 0$. 从而由定理 1, 在 X 上存在连续线性泛函 f_0 使得

$$f_0(x_0) = p(x_0) \neq 0 \quad \text{且在 } X \text{ 上有 } |f_0(x)| \leqslant p(x).$$

系 2　设 X 为一赋范线性空间, 又 $x_0 \neq 0$ 为 X 的任何元, 则 X 上存在连续线性泛函 f_0 使得

$$f_0(x_0) = \|x_0\| \quad \text{且} \quad \|f_0\| = 1.$$

证明　取 $\|x\|$ 作为系 1 中的 $p(x)$. 因此由 $|f_0(x)| \leqslant \|x\|$ 有 $\|f_0\| \leqslant 1$. 但因 $f_0(x_0) = \|x_0\|$, 必有等式 $\|f_0\| = 1$.

注　同上面的论证那样, 根据第四章 §1 中定理, 我们可证明下面的定理.

定理 1′　设 X 为一实线性拓扑空间, $p(x)$ 为 X 上的一个实连续泛函使得

$$p(x + y) \leqslant p(x) + p(y) \quad \text{且对 } \alpha \geqslant 0 \text{ 有 } p(\alpha x) = \alpha p(x).$$

设 x_0 为 X 的一个点, 则 X 上存在实连续线性泛函 F 使得 $F(x_0) = p(x_0)$ 且在 X 上有 $-p(-x) \leqslant F(x) \leqslant p(x)$.

定理 2　设 X 为一局部凸空间, M 为 X 的一线性子空间. 设 f 为 M 上的一个连续线性泛函, 则 X 上存在连续线性泛函 F, 它是 f 的一个扩张.

证明　由于 f 在 M 上连续且 X 为局部凸, 故 X 内原点 0 存在均衡凸开邻域, 比如说 U, 使得 $x \in M \cap U$ 导致 $|f(x)| \leqslant 1$. 令 p 为 U 的 Minkowski 泛函, 则 p 是 X 上的一个连续半范数且 $U = \{x; p(x) < 1\}$. 对任何 $x \in M$, 取 $\alpha > 0$ 使 $\alpha > p(x)$. 此时 $p(x/\alpha) < 1$, 故 $|f(x/\alpha)| \leqslant 1$, 此即 $|f(x)| \leqslant \alpha$. 因此令 $\alpha \downarrow p(x)$

即知在 M 上有 $|f(x)| \leqslant p(x)$. 于是根据第四章 §4 中的定理, 我们得到 X 上的一个连续线性泛函 F, 使得 F 是 f 的一个扩张且在 X 上有 $|F(x)| \leqslant p(x)$.

定理 3 (S. Mazur)　设 X 为一个实或复的局部凸空间, M 为 X 的一均衡凸闭集, 则对任何 $x_0 \in M$, 在 X 上存在连续线性泛函 f_0 使得 $f_0(x_0) > 1$, 同时在 M 上有 $|f_0(x)| \leqslant 1$.

证明　由于 M 为闭的, 原点 0 存在均衡凸邻域 V 使得 $M \cap (x_0 + V) = \varnothing$. 因 V 是均衡且凸的, 我们有 $\left(M + \dfrac{V}{2}\right) \cap \left(x_0 + \dfrac{V}{2}\right) = \varnothing$. 由于集合 $\left(x_0 + \dfrac{V}{2}\right)$ 系 x_0 的一个邻域, 故 $\left(M + \dfrac{V}{2}\right)$ 的闭包 U 不包含 x_0. 由于 $M \ni 0$, 均衡凸闭集 U 是 0 的一个邻域, 这是因为 U 包含 $\dfrac{V}{2}$ 作为它的子集. 令 p 为 U 的 Minkowski 泛函. 由于 U 是闭的, 因此对任何 $x_1 \in U$, 我们有 $p(x_1) > 1$, 且若 $x \in U$ 则 $p(x) \leqslant 1$.

因此根据定理 1 的系 1, 在 X 上存在连续线性泛函 f_0 使 $f(x_0) = p(x_0) > 1$ 且在 X 上有 $|f_0(x)| \leqslant p(x)$, 因而尤其在 M 上有 $|f_0(x)| \leqslant 1$.

系　设 M 为局部凸空间 X 的一个线性闭子空间, 则对任何 $x_0 \in X - M$, 在 X 上存在连续线性泛函 f_0 使得 $f_0(x_0) > 1$ 且在 M 上有 $f_0(x) = 0$. 此外若 X 是一赋范线性空间并且 $\mathrm{dis}(x_0, M) > d$, 则可取 $\|f_0\| \leqslant 1/d$.

证明　第一部分由 M 的线性性质而显然. 第二部分可用在定理 3 的证明中取 $U = \{x; \mathrm{dis}(x, M) \leqslant d\}$ 而得证.

注　同前面的论证那样, 用定理 1′ 我们可证明下面的定理:

定理 3′ (S. Mazur)　设 X 为一实的局部凸空间, M 为 X 的一凸闭子集使得 $M \ni 0$, 则对任何 $x_0 \in M$, 在 X 上存在连续的实线性泛函 f_0 使得 $f_0(x_0) > 1$ 且在 M 上有 $f_0(x) \leqslant 1$.

定理 4 (S. Mazur)　设 X 为一局部凸空间, M 为 X 内原点 0 的一个均衡凸邻域, 则对任何 $x_0 \in M$, 在 X 上存在连续线性泛函 f_0 使得

$$f_0(x_0) \geqslant \sup_{x \in M} |f_0(x)|.$$

证明　设 p 为 M 的 Minkowski 泛函, 则 $p(x_0) \geqslant 1$ 且在 M 上 $p(x) \leqslant 1$. 由于 M 是 X 内原点 0 的邻域, 故 p 是连续的. 于是根据定理 1 的系 1, 在 X 上存在连续线性泛函 f_0 使得

$$f_0(x_0) = p(x_0) \geqslant 1 \quad \text{且在 } M \text{ 上 } |f_0(x)| \leqslant p(x) \leqslant 1.$$

定理 5 (E. Helly)　设 X 为一 B-空间, 又 $f_1, f_2, \cdots, f_n$ 为 X 上有限个有界线性泛函. 给定 n 个数 $\alpha_1, \alpha_2, \cdots, \alpha_n$, 对每个 $\varepsilon > 0$ 存在元 $x_\varepsilon \in X$ 满足

$$f_i(x_\varepsilon) = \alpha_i \quad (i = 1, 2, \cdots, n) \quad \text{且} \quad \|x_\varepsilon\| \leqslant \gamma + \varepsilon$$

的充要条件为 n 个任何数 $\beta_1, \beta_2, \cdots, \beta_n$ 满足不等式

$$\left| \sum_{i=1}^n \beta_i \alpha_i \right| \leqslant \gamma \left\| \sum_{i=1}^n \beta_i f_i \right\|.$$

证明　必要性由连续线性泛函的范数的定义而显然. 我们来证明充分性. 不失一般性, 我们可假设诸 $f_1, f_2, \cdots, f_n$ 是线性无关的; 因否则我们可对 $f_1, f_2, \cdots, f_n$ 的线性无关子组进行讨论, 而此子组与原组张成相同子空间.

以 $l^2(n)$ 表示一切向量 $x = (\xi_1, \xi_2, \cdots, \xi_n)$ 按范数 $\|x\| = \left(\sum_{i=1}^n |\xi_j|^2 \right)^{1/2}$ 组成的 Hilbert 空间, 考察 X 到 $l^2(n)$ 上的映射 $x \to \varphi(x) = (f_1(x), f_2(x), \cdots, f_n(x))$. 根据第二章 §5 的开映射定理, 对于 $\varepsilon > 0$, 球 $S_\varepsilon = \{x \in X; \|x\| \leqslant \gamma + \varepsilon\}$ 的像 $\varphi(S_\varepsilon)$ 以 $l^2(n)$ 内原点 0 为其内点. 今设 $(\alpha_1, \alpha_2, \cdots, \alpha_n)$ 不属于 $\varphi(S_\varepsilon)$, 则根据上面给出的 Mazur 定理, 在 $l^2(n)$ 上存在连续线性泛函 F 使得

$$F((\alpha_1, \alpha_2, \cdots, \alpha_n)) \geqslant \sup_{\|x\| \leqslant \gamma + \varepsilon} |F(\varphi(x))|.$$

由于 $l^2(n)$ 为一 Hilbert 空间, 从而泛函 F 由某个元素 $(\beta_1, \beta_2, \cdots, \beta_n) \in l^2(n)$ 按 $F((\alpha_1, \alpha_2, \cdots, \alpha_n)) = \sum_{j=1}^n \alpha_j \beta_j$ 这样的方式给定. 故

$$\text{对 } \|x\| \leqslant \gamma + \varepsilon, \text{ 有 } \sum_{j=1}^n \alpha_j \beta_j \geqslant \left| \sum_{j=1}^n f_j(x) \beta_j \right|.$$

但右端在 $\|x\| \leqslant \gamma + \varepsilon$ 时的上确界是 $(\gamma + \varepsilon) \left\| \sum_{j=1}^n f_j \beta_j \right\|$, 这与充分性的假设矛盾.

§7.　线性映射的拓扑

设 X, Y 为同一数域 (实或复数域) 上的局部凸空间. 以 $L(X, Y)$ 记映 X 入 Y 的连续线性算子全体. $L(X, Y)$ 依运算

$$(\alpha T + \beta S)x = \alpha Tx + \beta Sx, \quad \text{其中 } T, S \in L(X, Y) \text{ 且 } x \in X$$

成一线性空间. 我们将对这个线性空间 $L(X, Y)$ 引入各种拓扑.

i) 简单收敛拓扑　这是在 X 中诸点收敛的拓扑, 因此它是由形如

$$p(T) = p(T; x_1, x_2, \cdots, x_n; q) = \sup_{1 \leqslant j \leqslant n} q(Tx_j)$$

的半范数族确定的, 其中 $x_1, x_2, \cdots, x_n$ 为 X 中任何有限个元素, q 为 Y 上任何连续半范数. 赋予此拓扑的 $L(X,Y)$ 记为 $L_{\mathrm{s-}}(X,Y)$, 显然它是局部凸空间.

ii) 有界收敛拓扑　这是在 X 的有界集上一致收敛的拓扑. 因此它是由形如

$$p(T) = p(T; B; q) = \sup_{x \in B} q(Tx)$$

的半范数族确定的, 其中 B 是 X 的任何有界集, q 是 Y 上任何连续半范数. 赋予此拓扑的 $L(X,Y)$ 将记为 $L_b(X,Y)$. 显然它是局部凸空间.

由于 X 的任何有限集合是有界的, 故简单收敛拓扑弱于有界收敛拓扑, 即 $L_{\mathrm{s-}}(X,Y)$ 的诸开集均是 $L_b(X,Y)$ 的开集, 但反之不真.

定义 1　若 X, Y 均为赋范线性空间, 则 $L_{\mathrm{s-}}(X,Y)$ 的拓扑通常称为强算子拓扑; $L_b(X,Y)$ 的拓扑称为一致算子拓扑.

对偶空间. 弱及弱 * 拓扑

定义 1′　在 Y 为按通常意义下拓扑化了的实数域或复数域这一特殊情况下, $L(X,Y)$ 称为 X 的对偶空间, 并记为 X'. 因此 X' 是 X 上连续线性泛函全体的集合. 此时简单收敛拓扑称为 X' 的弱 * 拓扑, 赋予此拓扑的 X' 有时也记为 $X'_{\mathrm{w-}*}$ 且称为 X 的弱 * 对偶. 将 X' 的有界收敛拓扑称为 X' 的强拓扑, 赋予此拓扑的 X' 有时记为 $X'_{\mathrm{s-}}$ 且称为 X 的强对偶.

定义 2　对任何 $x \in X$ 及 $x' \in X'$, 我们将以 $\langle x, x' \rangle$ 或 $x'(x)$ 记泛函 x' 在点 x 处的数值. 因此 X' 的弱 * 拓扑, 即 $X'_{\mathrm{w-}*}$ 的拓扑, 由形如

$$p(x') = p(x'; x_1, x_2, \cdots, x_n) = \sup_{1 \leqslant j \leqslant n} |\langle x_j, x' \rangle|$$

的半范数族确定, 其中 $x_1, x_2, \cdots, x_n$ 是 X 中任何有限个元素. 形如

$$p(x') = p(x'; B) = \sup_{x \in B} |\langle x, x' \rangle|$$

的半范数族确定 X' 上的强拓扑, 即 $X'_{\mathrm{s-}}$ 的拓扑, 其中 B 是 X 的任何有界集.

定理 1　赋范线性空间 X 的强对偶空间 $X'_{\mathrm{s-}}$ 是 B–空间, 其范数为

$$\|f\| = \sup_{\|x\| \leqslant 1} |f(x)|.$$

证明　设 B 为 X 的任何有界集, 则 $\sup_{b \in B} \|b\| = \beta < \infty$. 于是 $\|f\| \leqslant \alpha$ 导致

$$p(f; B) = \sup_{x \in B} |f(x)| \leqslant \sup_{\|x\| \leqslant \beta} |f(x)| \leqslant \alpha\beta.$$

另一方面, X 的单位球 $S = \{x; \|x\| \leqslant 1\}$ 是个有界集使得 $\|f\| = p(f; S)$. 这就证明了 X'_{s-} 的拓扑等于范数 $\|f\|$ 定义的拓扑.

现证 X'_{s-} 的完备性如下. 设 X'_{s-} 的一列 $\{f_n\}$ 满足 $\lim\limits_{n,m\to\infty} \|f_n - f_m\| = 0$, 则任何 $x \in X$ 使有限极限 $\lim\limits_{n\to\infty} f_n(x) = f(x)$ 存在, 此因

$$|f_n(x) - f_m(x)| \leqslant \|f_n - f_m\| \cdot \|x\| \to 0 \quad (\text{当 } n, m \to \infty).$$

泛函 f 的线性性质是显然的. 注意到 $\lim\limits_{n\to\infty} f_n(x) = f(x)$ 在单位球 S 上是一致地, f 的连续性便得证. 我们还顺便证明了 $\lim\limits_{n\to\infty} \|f_n - f\| = 0$.

仿定理 1, 我们能证明以下

定理 2 若 X, Y 为赋范线性空间, 则 $L_b(X, Y)$ 的 (算子) 一致拓扑由以下所谓算子范数确定:

$$\|T\| = \sup_{\|x\| \leqslant 1} \|Tx\|.$$

定义 3 局部凸空间 X 的弱拓扑是由形如

$$p(x) = p(x; x'_1, x'_2, \cdots, x'_n) = \sup_{1 \leqslant j \leqslant n} |\langle x, x'_j \rangle|$$

的半范数族定义的, 其中 $x'_1, x'_2, \cdots, x'_n$ 为 X' 中任何有限个元素. 赋予这个拓扑后, X 有时记为 X_{w-}.

§8. 嵌 X 入其二次对偶 X''

首先证明

定理 1 (S. Banach) 设 X 为一局部凸线性拓扑空间, 其对偶空间 X' 上一个线性泛函 $f(x')$ 确定一个 $x_0 \in X$ 使得

$$f(x') = \langle x_0, x' \rangle$$

当且仅当 $f(x')$ 依 X' 的弱 * 拓扑连续.

证明 因 $|\langle x_0, x' \rangle|$ 是定义 X' 的弱 * 拓扑的半范数之一, "仅当" 部分自明. "当" 的部分证明如下. $f(x')$ 在 X' 的弱 * 拓扑下的连续性导致存在有限点组 $x_1, x_2, \cdots, x_n$ 使得 $|f(x')| \leqslant \sup\limits_{1 \leqslant j \leqslant n} |\langle x_j, x' \rangle|$. 因此

$$f_i(x') = \langle x_i, x' \rangle = 0 \quad (i = 1, 2, \cdots, n) \text{ 导致 } f(x') = 0.$$

考察由 $L(x') = (f_1(x'), f_2(x'), \cdots, f_n(x'))$ 定义的线性映射 $L : X' \to l^2(n)$. 因为 $L(x_1') = L(x_2')$ 导致 $L(x_1' - x_2') = 0$, 所以 $f_i(x_1' - x_2') = 0$ $(i = 1, 2, \cdots, n)$, 于是 $f(x_1' - x_2') = 0$. 因而我们可以由

$$F(L(x')) = F(f_1(x'), f_2(x'), \cdots, f_n(x')) = f(x')$$

确定一个定义在 $l^2(n)$ 的线性子空间 $L(X')$ 上的连续线性映射 F. 这个映射可扩张成定义在整个空间 $l^2(n)$ 上的一个连续线性泛函; 由于 $l^2(n)$ 是有限维的, 此扩张是可能的 (较之在无限维线性空间中用 Hahn-Banach 扩张定理容易). 我们以同一字母 F 记此扩张. 作 $l^2(n)$ 中向量 $e_j = (0, \cdots, 0, 1, 0, \cdots, 0)$, 其中 1 在第 j 个坐标上, 则 $(y_1, y_2, \cdots, y_n) = \sum_{j=1}^{n} y_j e_j$. 易知

$$F(y_1, y_2, \cdots, y_n) = \sum_{j=1}^{n} y_j \alpha_j, \quad \alpha_j = F(e_j).$$

于是,

$$f(x') = \sum_{j=1}^{n} \alpha_j f_j(x') = \sum_{j=1}^{n} \alpha_j \langle x_j, x' \rangle = \left\langle \sum_{j=1}^{n} \alpha_j x_j, x' \right\rangle.$$

系　每个 $x_0 \in X$ 通过 $f_0(x') = \langle x_0, x' \rangle$ 定义了 X_{s-}' 上的一个连续线性泛函 $f_0(x')$. 映 X 入 $(X_{s-}')_{s-}'$ 的映射 $x_0 \to f_0 = Jx_0$ 满足条件

$$J(x_1 + x_2) = J(x_1) + J(x_2), J(\alpha x) = \alpha J(x).$$

定理 2　若 X 为一赋范线性空间, 则映射 J 是等距的, 即 $\|Jx\| = \|x\|$.

证明　我们有 $|f_0(x')| = |\langle x_0, x' \rangle| \leqslant \|x_0\| \cdot \|x'\|$, 故 $\|f_0\| \leqslant \|x_0\|$. 另一方面, 若 $x_0 \neq 0$, 则根据第四章 §6 中定理 1 的系 2, 存在 $x_0' \in X'$ 使得 $\langle x_0, x_0' \rangle = \|x_0\|$ 且 $\|x_0'\| = 1$. 于是 $f_0(x_0') = \langle x_0, x_0' \rangle = \|x_0\|$, 故 $\|f_0\| \geqslant \|x_0\|$. 因此我们便得 $\|Jx\| = \|x\|$.

注　作为 X_{s-}' 的强对偶空间, 空间 $(X_{s-}')_{s-}'$ 为一 B-空间. 这称为 X 的二次对偶. 因而赋范线性空间 X 借助于嵌入 $x \to Jx$, 可看成 B-空间 $(X_{s-}')_{s-}'$ 的一线性子空间. 因此 JX 在 B-空间 $(X_{s-}')_{s-}'$ 中的强闭包给出了 X 的完备化的一个具体构造.

定义　赋范线性空间 X 称为自反的是指它借助于上面的对应 $x \leftrightarrow Jx$ 可等同于其二次对偶 $(X_{s-}')_{s-}'$. 我们已经知道 Hilbert 空间是自反的 (见第三章 §6). 如上所证, $(X_{s-}')_{s-}'$ 为一 B-空间, 故任何自反赋范线性空间必为一 B-空间.

定理 3 设 X 为一 B-空间, 又 x_0'' 为 X_{s-}' 上任何有界线性泛函, 则对任何 $\varepsilon > 0$ 和 X_{s-}' 中任何有限个元素 $f_1, f_2, \cdots, f_n$, 存在 $x_0 \in X$ 使得

$$\|x_0\| \leqslant \|x_0''\| + \varepsilon \quad \text{且} \quad f_j(x_0) = x_0''(f_j) \quad (j = 1, 2, \cdots, n).$$

证明 我们用第四章 §6 中 Helly 定理 5, 令 $\gamma = \|x_0''\|$ 且 $\alpha_j = x_0''(f_j)$. 对任何数组 $\beta_1, \beta_2, \cdots, \beta_n$, 我们有

$$\left| \sum_{j=1}^n \beta_j \alpha_j \right| = \left| \sum_{j=1}^n \beta_j x_0''(f_j) \right| = \left| x_0'' \Big(\sum_{j=1}^n \beta_j f_j \Big) \right| \leqslant \gamma \Big\| \sum_{j=1}^n \beta_j f_j \Big\|.$$

再由 Helly 定理, 我们得到一个 $x_0 \in X$ 使有估计 $\|x_0\| \leqslant \gamma + \varepsilon = \|x_0''\| + \varepsilon$, 同时 $f_j(x_0) = \alpha_j$ $(j = 1, 2, \cdots, n)$.

系 B-空间 X 的单位球 $S = \{x \in X; \|x\| \leqslant 1\}$ 在 $(X_{s-}')'$ 的弱 * 拓扑下稠密于 $(X_{s-}')_{s-}'$ 的单位球.

§9. 几例对偶空间

例 1 $(c_0)' = (l^1)$.

任何 $f \in (c_0)'$ 对应唯一确定的 $y_f = \{\eta_n\} \in (l^1)$ 使得对一切 $x = \{\xi_n\} \in (c_0)$,

$$\langle x, f \rangle = \sum_{n=1}^\infty \xi_n \eta_n \quad \text{且} \quad \|f\| = \|y_f\|. \tag{1}$$

反之, 任何 $y = \{\eta_n\} \in (l^1)$ 定义了一个 $f_y \in (c_0)'$ 使得对一切 $x = \{\xi_n\} \in (c_0)$,

$$\langle x, f_y \rangle = \sum_{n=1}^\infty \xi_n \eta_n \quad \text{且} \quad \|f_y\| = \|y\|. \tag{1'}$$

证明 让我们定义单位向量 e_k 如下

$$e_k = (\overbrace{0, 0, \cdots, 0}^{k-1}, 1, 0, 0, \cdots) \quad (k = 1, 2, \cdots).$$

对任何 $x = \{\xi_n\} \in (c_0)$ 和 $f \in (c_0)'$, 根据 s-$\lim_{k \to \infty} \sum_{n=1}^k \xi_n e_n = x$, 我们有

$$\langle x, f \rangle = \lim_{k \to \infty} \Big\langle \sum_{n=1}^k \xi_n e_n, f \Big\rangle = \lim_{k \to \infty} \sum_{n=1}^k \xi_n \eta_n, \quad \eta_n = f(e_n).$$

若 $\eta_n \neq 0$, 令 $\eta_n = \varepsilon_n |\eta_n|$; 若 $\eta_n = 0$, 令 $\varepsilon_n = \infty$. 作 $x^{(n_0)} = \{\xi_n\} \in (c_0)$, 使 $n \leqslant n_0$ 时 $\xi_n = \varepsilon_n^{-1}$, 而 $n > n_0$ 时 $\xi_n = 0$. 于是 $\|x^{(n_0)}\| \leqslant 1$, 因而

$$\|f\| = \sup_{\|x\| \leqslant 1} |\langle x, f \rangle| \geqslant |\langle x^{(n_0)}, f \rangle| = \sum_{n=1}^{n_0} |\eta_n|.$$

因此令 $n_0 \to \infty$, 即知 $y_f = \{\eta_n\} \in (l^1)$ 且 $\|y_f\| = \sum_{n=1}^{\infty} |\eta_n| \leqslant \|f\|$.

反之, 若 $y = \{\eta_n\} \in (l^1)$, 则对一切 $x = \{\xi_n\} \in (c_0)$ 有 $\left| \sum_{n=1}^{\infty} \xi_n \eta_n \right| \leqslant \|x\| \cdot \|y\|$, 故 y 定义了一个 $f_y \in (c_0)'$ 使得 $\|f_y\| \leqslant \|y\|$.

例 2　$(c)' = (l^1)$.

令 $e_0 = (1, 1, 1, \cdots)$, 对任何 $x = \{\xi_n\} \in (c)$, 我们有表示式

$$x = \xi_0 e_0 + \text{s-} \lim_{k \to \infty} \sum_{n=1}^{k} (\xi_n - \xi_0) e_n, \text{ 其中 } \xi_0 = \lim_{n \to \infty} \xi_n.$$

对任何 $f \in (c)'$, 令 $\eta_0' = \langle e_0, f \rangle$ 且 $\eta_n = \langle e_n, f \rangle$ $(n = 1, 2, \cdots)$. 我们有

$$\langle x, f \rangle = \xi_0 \langle e_0, f \rangle + \lim_{k \to \infty} \left\langle \sum_{n=1}^{k} (\xi_n - \xi_0) e_n, f \right\rangle = \xi_0 \eta_0' + \sum_{n=1}^{\infty} (\xi_n - \xi_0) \eta_n, \quad (2)$$

像前面一样, 我们可取 $x^{(n_0)} = \{\xi_n\} \in (c_0) \subseteq (c)$, 它满足

$$\|x^{(n_0)}\| \leqslant 1, \quad \xi_0 = \lim_{n \to \infty} \xi_n = 0 \text{ 且 } \langle x^{(n_0)}, f \rangle = \sum_{n=1}^{n_0} |\eta_n|.$$

故由 $|\langle x^{(n_0)}, f \rangle| \leqslant \|x^{(n_0)}\| \|f\|$, 知 $\{\eta_n\}_1^{\infty} \in (l^1)$. 令 $\eta_0' - \sum_{n=1}^{\infty} \eta_n = \eta_0$, 由 (2) 有

$$\langle x, f \rangle = \xi_0 \eta_0 + \sum_{n=1}^{\infty} \xi_n \eta_n, \text{ 其中 } x = \{\xi_n\} \in (c), \text{ 又 } \xi_0 = \lim_{n \to \infty} \xi_n. \quad (2')$$

若 $\eta_n \neq 0$, 令 $\eta_n = \varepsilon_n |\eta_n|$; 若 $\eta_n = 0$, 令 $\varepsilon_n = \infty$ $(n = 0, 1, 2, \cdots)$. 作 $x = \{\xi_n\} \in (c)$ 使得 $n \leqslant n_0$ 时, $\xi_n = \xi_n^{-1}$; 而 $n > n_0$ 时, $\xi_n = \varepsilon_0^{-1}$. 于是, $\|x\| \leqslant 1, \xi_0 = \lim_{n \to \infty} \xi_n = \varepsilon_0^{-1}$, 且 $\langle x, f \rangle = |\eta_0| + \sum_{n=1}^{n_0} |\eta_n| + \varepsilon_0^{-1} \sum_{n=n_0+1}^{\infty} \eta_n$. 因而我们必有

$$|\eta_0| + \sum_{n=1}^{\infty} |\eta_n| \leqslant \|f\|.$$

反之, 若 $y = \{\eta_n\}_0^{\infty}$ 为满足 $\|y\| = |\eta_0| + \sum_{n=1}^{\infty} |\eta_n| < \infty$ 的一个元, 则

$$\eta_0 \lim_{n \to \infty} \xi_n + \sum_{n=1}^{\infty} \xi_n \eta_n, \text{ 其中 } x = \{\xi_n\}_1^{\infty} \in (c)$$

确定了一元 $f_y \in (c)'$ 使得 $\|f_y\| \leqslant |\eta_0| + \sum_{n=1}^{\infty} |\eta_n|$.

所以, 如上论述, 我们已证明了 $(c)' = (l^1)$.

例 3　$L^p(S, \mathfrak{B}, m)' = L^q(S, \mathfrak{B}, m)$ $(1 \leqslant p < \infty$ 且 $p^{-1} + q^{-1} = 1)$.

任何 $f \in L^p(S)'$ 对应唯一确定的 $y_f \in L^q(S)$ 使得

$$\text{对于 } x \in L^p(S), \ \langle x, f \rangle = \int_S x(s)y_f(s)m(ds) \text{ 且 } \|f\| = \|y_f\|, \tag{3}$$

反之, 任何 $y \in L^q(S)$ 定义了一 $f_y \in L^p(S)'$ 使

$$\text{对于 } x \in L^p(S), \ \langle x, f_y \rangle = \int_S x(s)y(s)m(ds) \text{ 且 } \|f_y\| = \|y\|. \tag{3'}$$

证明　设 $S = \bigcup\limits_{j=1}^{\infty} B_j$, 其中 $0 < m(B_j) < \infty$. 作集合 $B^{(n)} = \bigcup\limits_{j=1}^{n} B_j$ 与集族 $\mathfrak{B}^{(n)} = \{B \cap B^{(n)}; B \in \mathfrak{B}\}$. 固定 n, 集合 $B \in \mathfrak{B}^{(n)}$ 的特征函数 $C_B(s)$ 是属于 $L^p(S)$ 的. 因此集函数 $\psi(B) = \langle C_B, f \rangle$ 在 $\mathfrak{B}^{(n)}$ 上是 σ-可加的且 m-绝对连续的. 根据 Lebesgue-Nikodym 的微分定理 (见第三章 §8), 存在 $y_n(s) \in L^1(B^{(n)}, \mathfrak{B}^{(n)}, m)$ 使得

$$\psi(B) = \int_B y_n(s)m(ds), \ \text{当 } B \in \mathfrak{B}^{(n)}.$$

因此, 通过令 $y(s) = y_n(s)$ (对 $s \in B^{(n)}$)①, 即有

$$\langle C_B, f \rangle = \int_B y(s)m(ds), \ \text{对 } B \in \mathfrak{B}^{(n)} \ (n = 1, 2, \cdots).$$

因而对于支集在某个 $B^{(n)}$ 的任何有限值可测函数 x, 有

$$\langle x, f \rangle = \int_S x(s)y(s)m(ds). \tag{4}$$

设 $x \in L^p(S)$, 在 $|x(s)| \leqslant n$ 且 $s \in B^{(n)}$ 时, 置 $x_n(s) = x(s)$; 在其他情形, 置 $x_n(s) = 0$. 将复平面上集合 $\{z; |z| \leqslant n\}$ 分解为有限个直径 $\leqslant 1/k$ 的不相交 Baire 集 $M_{n,k,t}$ $(t = 1, 2, \cdots, d_{k,n})$. 对上述 $x_n(s) \in L^\infty(S, \mathfrak{B}, m)$, 只要 $x_n(s) \in M_{n,k,t}$, 令

$x_{n,k}(s)$ 等于某个常数 $z \in$ (闭包) $M_{n,k,t}^a$ 使得 $|z| = \inf\limits_{w \in M_{n,k,t}} |w|$.

于是 $|x_{n,k}(s)| \leqslant |x_n(s)|$ 且 $\lim\limits_{k \to \infty} x_{n,k}(s) = x_n(s)$, 故由 Lebesgue 控制收敛定理, 有 s-$\lim\limits_{k \to \infty} x_{n,k} = x_n$ $(n = 1, 2, \cdots)$. 因此, 再次使用 Lebesgue 控制收敛定理得

$$\langle x_n, f \rangle = \lim_{k \to \infty} \langle x_{n,k}, f \rangle = \lim_{k \to \infty} \int_S x_{n,k}(s)y(s)m(ds)$$

$$= \int_S \lim_{k \to \infty} x_{n,k}(s)y(s)m(ds) = \int_S x_n(s)y(s)m(ds). \tag{5}$$

---

①校者注: 这样得到的 $y(s)$ 可能不是合理定义的, 原因是 $k < n$ 时, y_k 与限制 $y_n|_{B^{(k)}}$ 不必处处相等, 只是 m-a.e. 相等的. 正确的做法是依据 $s \in B^{(1)}$ 和 $s \in B^{(n)} \backslash B^{(n-1)}$ $(n = 2, 3, \cdots)$, 令 $y(s) = y_1(s)$ 和 $y(s) = y_n(s)$; 也可以先令 B_n $(n \geqslant 1)$ 是相互不交的, 这时指标 n 可能只有有限个.

由于 s- $\lim\limits_{n\to\infty} x_n = x$, 知 $\langle x, f \rangle = \lim\limits_{n\to\infty} \langle x_n, f \rangle$. 对任何复数 $z = re^{i\theta}$, 我们令 $a(z) = e^{-i\theta}$, 并令 $a(0) = 0$, 则 $\|x\| \geqslant \|(|x_n|a(y))\|$. 于是

$$\|f\|\,\|x\| \geqslant \langle |x_n|a(y), f \rangle = \int\limits_S |x_n(s)| \cdot |y(s)| m(ds),$$

由 Lebesgue-Fatou 引理, 可得 $\|f\| \cdot \|x\| \geqslant \int\limits_S |x(s)||y(s)|m(ds)$, 故函数 $x(s)y(s)$ 属于 $L^1(S)$. 因此在 (5) 中令 $n \to \infty$, 我们得到

$$\langle x, f \rangle = \int\limits_S x(s)y(s)m(ds), \quad \text{只要 } x \in L^p(S).$$

我们来证明 $y \in L^q(S)$. 为此在 $|y(s)| \leqslant n$ 且 $s \in B^{(n)}$ 时, 令 $y_n'(s) = y(s)$; 在其他情形, 令 $y_n'(s) = 0$. 于是 $y_n' \in L^q(S)$, 且如前所证

$$\|f\| \cdot \|x\| \geqslant \langle |x|a(y), f \rangle = \int\limits_S |x(s)||y(s)|m(ds)$$
$$\geqslant \int\limits_S |x(s)||y_n'(s)|m(ds).$$

若我们取 $x(s) = |y_n'(s)|^{q/p}$, 直接算得

$$\int\limits_S |x(s)||y_n'(s)|m(ds) = \Big(\int\limits_S |x(s)|^p m(ds) \Big)^{1/p} \Big(\int\limits_S |y_n'(s)|^q m(ds) \Big)^{1/q}.$$

因而 $\|f\| \geqslant \|y_n'\| = \Big(\int\limits_S |y_n'(s)|^q m(ds) \Big)^{1/q}$, 此处当 $p = 1$ 时, 我们理解成

$$\|f\| \geqslant \|y_n'\| = \operatorname*{essential\ sup}_{s \in S} |y_n'(s)|.$$

因此, 令 $n \to \infty$ 且应用 Lebesgue-Fatou 引理, 我们知 $y \in L^q(S)$ 及 $\|f\| \geqslant \|y\|$. 另一方面, 任何 $y \in L^q(S)$ 按 $\langle x, f \rangle = \int\limits_S x(s)y(s)m(ds)$ 定义了一个 $f \in L^p(S)'$, 这一点可由 Hölder 不等式而知, 并且 Hölder 不等式表明 $\|f\| \leqslant \|y\|$.

注 我们已附带证明了

$$(l^p)' = (l^q) \ (1 \leqslant p < \infty \text{ 而 } p^{-1} + q^{-1} = 1).$$

例 4 设适合 $0 < m(S) < \infty$ 的测度空间 $(S, \mathfrak{B}, m)$ 具有性质: 对适合 $0 < m(B) = \delta < \infty$ 的任何 $B \in \mathfrak{B}$ 和正整数 n, 都有 B 的一子集 B_n 使得 $\delta(n+1)^{-1} \leqslant m(B_n) \leqslant \delta n^{-1}$, 则 $M(S, \mathfrak{B}, m)'$ 中不可能存在非零连续线性泛函.

证明 任何 $x \in L^1(S, \mathfrak{B}, m)$ 属于 $M(S, \mathfrak{B}, m)$, 且 $L^1(S, \mathfrak{B}, m)$ 的拓扑强于 $L^1(S, \mathfrak{B}, m)$ 从 $M(S, \mathfrak{B}, m)$ 继承的相对拓扑. 因此任何 $f \in M(S, \mathfrak{B}, m)'$ 限

制于 $L^1(S, \mathfrak{B}, m)$ 后便定义了一个连续线性泛函 $f_0 \in L^1(S, \mathfrak{B}, m)'$. 于是存在 $y \in L^\infty(S, \mathfrak{B}, m)$ 使得一切 $x \in L^1(S, \mathfrak{B}, m)$ 满足

$$\langle x, f \rangle = \langle x, f_0 \rangle = \int_S x(s) y(s) m(ds).$$

由于在 $M(S, \mathfrak{B}, m)$ 的拓扑下, $L^1(S, \mathfrak{B}, m)$ 在 $M(S, \mathfrak{B}, m)$ 稠密, 条件 $f \neq 0$ 导致 $f_0 \neq 0$. 因此存在 $\varepsilon > 0$ 使得 $B = \{s; |y(s)| \geqslant \varepsilon\}$ 有测度 $m(B) = \delta > 0$. 设 $B_n \subseteq B$ 为假设条件中的集合, 对 $s \in B$ 设 $y(s) = re^{i\theta}$, 今当 $s \in B_n$ 时令 $x_n(s) = e^{-i\theta}$, 在其他情况时令 $x_n(s) = 0$. 此时 $z_n(s) = n x_n(s)$ 依测度收敛于 0, 亦即在 $M(S, \mathfrak{B}, m)$ 中成立 s-$\lim_{n \to \infty} z_n = 0$. 然而

$$\langle z_n, f \rangle = \langle z_n, f_0 \rangle = \int_S z_n(s) y(s) m(ds)$$

$$= \int_{B_n} n |y(s)| m(ds) \geqslant \frac{n\delta\varepsilon}{n+1},$$

因此 $\varliminf_{n \to \infty} \langle z_n, f \rangle \geqslant \delta\varepsilon > 0$, 这与泛函 f 的连续性矛盾.

例 5 $L^\infty(S, \mathfrak{B}, m)'$.

设给定一 $f \in L^\infty(S, \mathfrak{B}, m)'$, 对任何 $B \in \mathfrak{B}$ 令 $f(C_B) = \psi(B)$, 其中 C_B 为集合 B 的特征函数. 于是有: 集函数 ψ 是有限可加的, 即

$$B_1 \cap B_2 = \varnothing \text{ 导致 } \psi(B_1 + B_2) = \psi(B_1) + \psi(B_2), \tag{6}$$

集函数 $\psi(B)$ 的实部 $\psi_1(B)$ 和虚部 $\psi_2(B)$ 是有界变差的, 即

$$\sup_B |\psi_i(B)| < \infty \quad (i = 1, 2), \tag{7}$$

集函数 ψ 是 m–绝对连续的, 即

$$m(B) = 0 \text{ 导致 } \psi(B) = 0. \tag{8}$$

性质 (6) 源自 f 的线性性质, 又 (7) 和 (8) 由 $|\psi(B)| \leqslant \|f\| \cdot \|C_B\|$ 而自明.

对任何 $x \in L^\infty(S, \mathfrak{B}, m)$, 我们把复平面中圆盘 $\{z; |z| \leqslant \|x\|\}$ 分割成有限个直径 $\leqslant \varepsilon$ 的不相交的 Baire 集 $A_1, A_2, \cdots, A_n$. 若令 $B_i = \{s \in S; x(s) \in A_i\}$, 则无论我们从 A_i 中选取什么样的点 α_i, 都有 $\left\| x - \sum_{i=1}^n \alpha_i C_{B_i} \right\| \leqslant \varepsilon$, 故

$$\left| f(x) - \sum_{i=1}^n \alpha_i \psi(B_i) \right| \leqslant \|f\|\varepsilon.$$

因此, 若令 $n \to \infty$ 并使 $\varepsilon \to 0$, 我们便得

$$f(x) = \lim \sum_{i=1}^n \alpha_i \psi(B_i), \tag{9}$$

这与分割 $\{z; |z| \leqslant \|x\|\} = \sum\limits_{i=1}^{n} A_i$ 的方式和诸 α 点的选择无关. (9) 式右端的极限称为 $x(s)$ 关于有限可加测度 ψ 的 Radon 积分. 因此

$$f(x) = \int_S x(s)\psi(ds) \quad \text{(Radon 积分)}, \quad \text{只要 } x \in L^\infty(S, \mathfrak{B}, m), \quad (10)$$

故

$$\|f\| = \sup_{\text{ess.sup}|x(s)|\leqslant 1} \left| \int x(s)\psi(ds) \right|. \quad (11)$$

反之, 易知任何满足 (6), (7) 和 (8) 的 ψ, 通过 (10) 定义了 $L^\infty(S, \mathfrak{B}, m)'$ 上一个有界线性泛函 f, 且 (11) 为真.

所以, 我们已证明: $L^\infty(S, \mathfrak{B}, m)'$ 是满足 (6), (7) 和 (8) 且按 (11) 的右端 (即所谓 ψ 的全变差) 赋范的全体集函数的空间.

注　迄今我们已证明, 当 $1 < p < \infty$ 时, $L^p(S, \mathfrak{B}, m)$ 是自反的. 然而多数情况下, 空间 $L^1(S, \mathfrak{B}, m)$ 不是自反的.

例 6　$C(S)'$.

设 S 为一紧拓扑空间, 则 S 上复值连续函数空间 $C(S)$ 的对偶空间 $C(S)'$ 如下确定: 任何 $f \in C(S)'$ 对应着在 S 上唯一确定的复 Baire 测度 μ 使得

$$f(x) = \int_S x(s)\mu(ds), \quad \text{只要 } x \in C(S), \quad (12)$$

因而

$$\|f\| = \sup_{\sup_s |x(s)|\leqslant 1} \left| \int_S x(s)\mu(ds) \right| = \mu \text{ 在 } S \text{ 上的全变差}. \quad (13)$$

反之, S 上任何使 (13) 的右端有限的 Baire 测度 μ, 通过 (12) 定义了一连续线性泛函 $f \in C(S)'$ 使得 (13) 成立. 此外, 若我们限于实 B–空间 $C(S)$ 上的实泛函 f, 则相应的测度 μ 是实值的; 又若 f 在下述意义下是正的: 即对非负函数 $x(s)$ 恒有 $f(x) \geqslant 0$, 则相应的测度 μ 是正的, 即对一切 $B \in \mathfrak{B}$ 恒有 $\mu(B) \geqslant 0$.

注　上面叙述的结果是众所周知的 F. Riesz-A. Markov-S. Kakutani 定理, 它是拓扑测度论中的基本定理之一. 至于证明, 读者可参看关于测度论的标准教科书, 例如 P. R. Halmos [1] 和 N. Dunford-J. Schwartz [1].

第四章参考文献

关于 Hahn-Banach 定理及有关的论题可参见 S. Banach [1], N. Bourbaki [2] 及 G. Köthe [1]. 正是 S. Mazur [2] 注意到了赋范线性空间中凸集的重要性. 本节中给出的 Helly 定理的证明是属于 Y. Mimura 的 (未发表).

第五章 强收敛和弱收敛

在这一章中, 我们将要叙述有关强收敛、弱收敛和弱 * 收敛的某些基本事实, 其中包括强概念同弱概念, 例如强、弱可测性以及强、弱解析性的对比. 我们也讨论了值域含于 B–空间的函数的积分理论, 即 Bochner 积分论. 至于在局部凸的线性拓扑空间上弱拓扑和对偶性的一般理论, 将在本章附录中予以叙述.

§1. 弱收敛和弱 * 收敛

弱 收 敛

定义 1 赋范线性空间 X 中的序列 $\{x_n\}$ 叫作弱基本序列是指每个 $f \in X'_{\text{s-}}$ 使有限的 $\lim_{n\to\infty} f(x_n)$ 都存在; $\{x_n\}$ 叫作弱收敛于某元 $x_\infty \in X$ 是指所有 $f \in X'_{\text{s-}}$ 使 $\lim_{n\to\infty} f(x_n) = f(x_\infty)$. 对于后一情形, 由 Hahn-Banach 定理 (第四章 §6 的定理 1 之系 2) 可知, x_∞ 是唯一确定的; 我们把它记为 w- $\lim_{n\to\infty} x_n = x_\infty$ 或简记为 $x_n \to x_\infty$ (弱). 称 X 为序列弱完备的是指 X 的每个弱基本序列均弱收敛于 X 中一个元素.

例 设 $\{x_n(s)\}$ 是 $C[0,1]$ 中一个等度有界的连续函数序列且收敛于 $[0,1]$ 上一个不连续函数 $z(s)$. 因 $(C[0,1])'$ 是 $[0,1]$ 上 Baire 测度组成的空间, 我们容易看出, $\{x_n(s)\}$ 给出了 $C[0,1]$ 中一例不于 $C[0,1]$ 弱收敛的弱基本序列.

定理 1 i) s- $\lim_{n\to\infty} x_n = x_\infty$ 必导致 w- $\lim_{n\to\infty} x_n = x_\infty$, 但逆命题不真. ii) 弱基本序列 $\{x_n\}$ 都是强有界的; 特当 w- $\lim_{n\to\infty} x_n = x_\infty$ 时, $\{\|x_n\|\}$ 有界且 $\|x_\infty\| \leqslant$

$$\varliminf_{n\to\infty}\|x_n\|.$$

证明 i) 第一部分可由 $|f(x_n) - f(x_\infty)| \leqslant \|f\| \cdot \|x_n - x_\infty\|$ 明显地看出来. 第二部分可以这样来证明, 即考虑 Hilbert 空间 (l^2) 中序列 $\{x_n\}$:

$$x_n = \{\xi_m^{(n)}\},\ \text{其中}\ \xi_m^{(n)} = \delta_{nm}\ (= 1\ \text{或}\ 0, \text{当}\ n = m\ \text{或}\ n \neq m\ \text{时}).$$

因为 $(l^2)'$ 上一个连续线性泛函在 $x = \{\xi_n\}$ 处的值等于某个 $\{\eta_n\} \in (l^2)$ 作出的和 $\sum\limits_{n=1}^{\infty} \xi_n \overline{\eta}_n$; 所以, w- $\lim\limits_{n\to\infty} x_n = 0$, 但因 $\|x_n\| = 1$ $(n = 1, 2, \cdots)$, 所以 $\{x_n\}$ 并不强收敛于 0. ii) 考虑定义在 B–空间 X'_{s-} 上且用 $X_n(f) = \langle x_n, f \rangle$ 表示的连续线性泛函 X_n 的序列, 然后应用第二章 §1 中共鸣定理, 于是 ii) 得证.

定理 2 (Mazur)　设赋范线性空间 X 中, w- $\lim\limits_{n\to\infty} x_n = x_\infty$, 则对任何 $\varepsilon > 0$, 有 $\{x_j\}$ 的某个凸组合 $\sum\limits_{j=1}^{n} \alpha_j x_j \left(\alpha_j \geqslant 0, \sum\limits_{j=1}^{n} \alpha_j = 1 \right)$ 使得 $\left\| x_\infty - \sum\limits_{j=1}^{n} \alpha_j x_j \right\| \leqslant \varepsilon$.

证明　考虑 $\sum\limits_{j=1}^{n} \alpha_j x_j$ 这种形式的元素的全体 M_1, 其中 $\alpha_j \geqslant 0$ 且 $\sum\limits_{j=1}^{n} \alpha_j = 1$. 在分别用 $(x_\infty - x_1)$ 和 $(x_j - x_1)$ 代替 x_∞ 和 x_j 之后, 我们就可以认为 $0 \in M_1$. 假定对每个 $u \in M_1$ 都有 $\|x_\infty - u\| > \varepsilon$. 于是集合

$$M = \{v \in X; \text{有}\ u \in M_1\ \text{使}\ \|v - u\| \leqslant \varepsilon/2\}$$

是 $0 \in X$ 的一个凸邻域且对一切 $v \in M$ 都有 $\|x_\infty - v\| > \varepsilon/2$. 设 $p(y)$ 是 M 的 Minkowski 泛函. 因为 $x_\infty = \beta^{-1} u_0$, 其中, $p(u_0) = 1$ 且 $0 < \beta < 1$, 所以必定有 $p(x_\infty) = \beta^{-1} > 1$. 考虑实线性子空间 $X_1 = \{x \in X; x = \gamma u_0, -\infty < \gamma < \infty\}$, 并且对于 $x = \gamma u_0 \in X_1$ 令 $f_1(x) = \gamma$. 于是 X_1 上这个实线性泛函 f_1 在 X_1 上满足 $f_1(x) \leqslant p(x)$. 因此, 由第四章 §1 的 Hahn-Banach 延拓定理可知, 存在 f_1 在实线性空间 X 上的实线性延拓 f, 它在 X 上满足 $f(x) \leqslant p(x)$. 因为 M 是 0 的一个邻域, 所以 Minkowski 泛函 $p(x)$ 对 x 是连续的. 从而 f 是定义在实赋范线性空间 X 上的一个实连续线性泛函. 此外, 我们还有

$$\sup_{x \in M_1} f(x) \leqslant \sup_{x \in M} f(x) \leqslant \sup_{x \in M} p(x)$$
$$= 1 < \beta^{-1} = f(\beta^{-1} u_0) = f(x_\infty).$$

所以, 容易看出 x_∞ 不可能是 M_1 的弱聚点, 这同 $x_\infty =$ w- $\lim\limits_{n\to\infty} x_n$ 相矛盾.

定理 3　赋范线性空间 X 中的序列 $\{x_n\}$ 弱收敛于某元素 $x_\infty \in X$ 当且仅当它们满足下面两个条件: i) $\sup\limits_{n \geqslant 1} \|x_n\| < \infty$ 和 ii) 对于 X'_{s-} 中某个强稠密集 D' 中的每个 f 都有 $\lim\limits_{n\to\infty} f(x_n) = f(x_\infty)$.

证明　我们只需证明充分性. 对于任何 $g \in X'_{s-}$ 和 $\varepsilon > 0$, 总存在 $f \in D'$ 使得 $\|g - f\| < \varepsilon$. 因此

$$|g(x_n) - g(x_\infty)| \leqslant |g(x_n) - f(x_n)| + |f(x_n) - f(x_\infty)| + |f(x_\infty) - g(x_\infty)|$$
$$\leqslant \varepsilon \|x_n\| + |f(x_n) - f(x_\infty)| + \varepsilon \|x_\infty\|,$$

从而 $\varlimsup\limits_{n\to\infty} |g(x_n) - g(x_\infty)| \leqslant 2\varepsilon \sup\limits_{\infty \geqslant n \geqslant 1} \|x_n\|$. 令 $\varepsilon \to 0$ 得 $\lim\limits_{n\to\infty} g(x_n) = g(x_\infty)$.

定理 4　空间 $L^1(S, \mathfrak{B}, m)$ 中序列 $\{x_n\}$ 弱收敛于某元素 $x \in L^1(S, \mathfrak{B}, m)$ 当且仅当 $\{\|x_n\|\}$ 是有界的且每个 $B \in \mathfrak{B}$ 都使有限 $\lim\limits_{n\to\infty} \int_B x_n(s)m(ds)$ 存在.

证明　"仅当" 那部分的证明是显然的, 因为 $B \in \mathfrak{B}$ 的特征函数 $C_B(s)$ 属于 $L^\infty(S, \mathfrak{B}, m) = L^1(S, \mathfrak{B}, m)'$.

"当" 部分的证明. 对于 $B \in \mathfrak{B}$, 集函数 $\psi(B) = \lim\limits_{n\to\infty} \int_B x_n(s)m(ds)$ 由 Vitali-Hahn-Saks 定理是 σ–可加且 m–绝对连续的. 于是由 Lebesgue-Nikodym 微分定理可知, 存在 $x_\infty \in L^1(S, \mathfrak{B}, m)$ 使得一切 $B \in \mathfrak{B}$ 满足

$$\lim_{n\to\infty} \int_B x_n(s)m(ds) = \int_B x_\infty(s)m(ds).$$

任取分解 $S = \sum\limits_{j=1}^{k} B_j$ 使得 $B_j \in \mathfrak{B}$, 令 $y(s) = \sum\limits_{j=1}^{k} \alpha_j C_{B_j}(s)$, 我们便有

$$\lim_{n\to\infty} \int_S x_n(s)y(s)m(ds) = \int_S x_\infty(s)y(s)m(ds).$$

这些函数 $y(s)$ 组成了空间 $L^\infty(S, \mathfrak{B}, m) = L^1(S, \mathfrak{B}, m)'$ 的一个强稠密集, 由定理 3 可知, "当" 的部分为真.

定理 5　设 $L^1(S, \mathfrak{B}, m)$ 中 $\{x_n\}$ 弱收敛于 x_∞, 则 $\{x_n\}$ 强收敛于 x_∞ 当且仅当在每个满足 $m(B) < \infty$ 的 $\mathfrak{B}$–可测集 B 上 $\{x_n\}$ 依 m–测度收敛于 x_∞.

注　称 $\{x_n(s)\}$ 在 B 上依 m–测度收敛于 $x_\infty(s)$ 是指对于任何 $\varepsilon > 0$, 集合

$$\{s \in B; |x_n(s) - x_\infty(s)| \geqslant \varepsilon\}$$

的 m–测度在 $n \to \infty$ 时趋于 0 (见第一章 §4 的命题). $L^1(S, \mathfrak{B}, m)$ 的一个特殊情形是空间 (l^1), 这时 $S = \{1, 2, \cdots\}$ 并且对 $n = 1, 2, \cdots$ 都有 $m(\{n\}) = 1$. 对这种情形, 我们有 $(l^1)' = (l^\infty)$ 并且对于 $x_n = (\xi_1^{(n)}, \xi_2^{(n)}, \cdots, \xi_k^{(n)}, \cdots)$, 如果 $\{x_n\}$ 弱收敛于 $x_\infty = (\xi_1^{(\infty)}, \xi_2^{(\infty)}, \cdots, \xi_k^{(\infty)}, \cdots)$ 必能导致 $\lim\limits_{n\to\infty} \xi_k^{(n)} = \xi_k^{(\infty)} (k = 1, 2, \cdots)$, 这个结论可以这样来得出, 对于 $x = \{\xi_j\} \in (l^1)$, 我们把 $f \in (l^1)'$ 取为 $f(x) = \langle x, f \rangle = \xi_k$. 因此, 在这种情形下, $\{x_n\}$ 在每个 $\mathfrak{B}$–可测的并且具有有限 m–测度的集合 B 上依 m–测度收敛于 x_∞. 这样一来, 我们就得到

系 (I. Schur)　空间 (l^1) 中序列 $\{x_n\}$ 弱收敛于 $x_\infty \in (l^1)$ 时, s- $\lim\limits_{n\to\infty} x_n = x_\infty$.

定理 5 的证明　在 $L^1(S, \mathfrak{B}, m)$ 中强收敛能导致依 m–测度收敛, "仅当" 部分便是显然的. 我们来证明 "当" 的部分. 因序列 $\{x_n - x_\infty\}$ 弱收敛于 0, 故

$$\text{对于 } B \in \mathfrak{B}, \lim_{n\to\infty} \int_B (x_n(s) - x_\infty(s)) m(ds) = 0. \tag{1}$$

考虑非负测度序列 $\psi_n(B) = \int_B |x_n(s) - x_\infty(s)| m(ds), B \in \mathfrak{B}$. 我们来证明对于 $\mathfrak{B}$ 中集合所组成的任何递减序列 $\{B_k\}$, 当 $\bigcap\limits_{k=1}^{\infty} B_k = \varnothing$ 时, 均有

$$\lim_{k\to\infty} \psi_n(B_k) = 0 \quad \text{对 } n \text{ 一致成立}. \tag{2}$$

否则, 存在 $\varepsilon > 0$ 和正整数列 $\{n_k\}$ 使得 $\lim\limits_{k\to\infty} n_k = \infty$ 且 $\psi_{n_k}(B_k) > \varepsilon$. 因此必有

$$\int_{B_k} |\operatorname{Re}(x_{n_k}(s) - x_\infty(s))| m(ds) > \frac{\varepsilon}{2} \text{ 或 } \int_{B_k} |\operatorname{Im}(x_{n_k}(s) - x_\infty(s))| m(ds) > \frac{\varepsilon}{2},$$

从而必存在 $B_k' \subseteq B_k$ 使得

$$\left| \int_{B_k'} (x_{n_k}(s) - x_\infty(s)) m(ds) \right| > \frac{\varepsilon}{4} \quad (k = 1, 2, \cdots),$$

由 (1), 上式与测度序列 $\varphi_n(B) = \int_B (x_n(s) - x_\infty(s)) m(ds)$ 的 m–绝对连续性对 n 是一致的 (见第二章 §2 的 Vitali-Hahn-Saks 定理的证明) 这个事实矛盾.

其次, 设 B_0 是满足 $0 < m(B_0) < \infty$ 的任何集合. 我们要证明

$$\lim_{n\to\infty} \psi_n(B_0) = 0. \tag{3}$$

假定存在 $\varepsilon > 0$ 和 $\{\psi_n\}$ 的某子列 $\{\psi_{n'}\}$ 使得

$$\psi_{n'}(B_0) > \varepsilon \quad (n = 1, 2, \cdots). \tag{4}$$

根据假设, $\{x_n(s) - x_\infty(s)\}$ 在 B_0 上依 m–测度收敛于 0, 所以存在 $\{x_{n'}(s) - x_\infty(s)\}$ 的子列 $\{x_{n''}(s) - x_\infty(s)\}$ 和某些集合 $B_n'' \subseteq B_0$ 使得 $m(B_n'') \leqslant 2^{-n}$ 以及在 $(B_0 - B_n'')$ 上有 $|x_{n''}(s) - x_\infty(s)| < \varepsilon/m(B_0)$. 我们令 $B_k = \bigcup\limits_{n=k}^{\infty} B_n''$, 于是

$$m\left(\bigcap_{k=1}^{\infty} B_k\right) \leqslant \sum_{n=k}^{\infty} m(B_n'') \leqslant 2^{-k+1} \ (k = 1, 2, \cdots), \text{ 从而 } m\left(\bigcap_{k=1}^{\infty} B_k\right) = 0.$$

显然 $\{B_k\}$ 是个递减序列. 由 (1) 和前面提到过的 Vitali-Hahn-Saks 定理的系可知, $\lim\limits_{k\to\infty} \psi_n(B_k) = 0$ 对 n 一致成立. 因此, 当 $n \to \infty$ 时, 有

$$\psi_{n''}(B_0) \leqslant \psi_{n''}(B_n'') + \varepsilon m(B_0)^{-1} m(B_0 - B_n'') \to (\leqslant \varepsilon),$$

它同 (4) 矛盾. 这就证明了 (3).

现取 $\mathfrak{B}$ 中序列 $\{B'_k\}$ 使得 $m(B'_k) < \infty$ $(k = 1, 2, \cdots)$ 和 $S = \bigcup\limits_{k=1}^{\infty} B'_k$. 那么

$$\int\limits_S |x_n(s) - x_\infty(s)| m(ds) = \int\limits_{\bigcup\limits_{k=1}^{t} B'_k} + \int\limits_{S - \bigcup\limits_{k=1}^{t} B'_k} .$$

由 (3) 知右端第一项在 t 固定而 $n \to \infty$ 时趋于零, 而由 (2) 知右端第二项在 $t \to \infty$ 时对于 n 一致趋于零. 因此我们就证明了 $L^1(S, \mathfrak{B}, m)$ 中 s-$\lim\limits_{n\to\infty} x_n = x_\infty$.

关于空间 $\mathfrak{D}(\Omega)'$, 有个类似结果, 即

定理 6　设 $\{T_n\}$ 是 $\mathfrak{D}(\Omega)'$ 中广义函数序列. 如果在 $\mathfrak{D}(\Omega)'$ 的弱 * 拓扑下有 $\lim\limits_{n\to\infty} T_n = T$, 则在 $\mathfrak{D}(\Omega)'$ 的强拓扑下仍有 $\lim\limits_{n\to\infty} T_n = T$.

证明　空间 $\mathfrak{D}(\Omega)'$ 的强拓扑是通过下述半范数族 (见第四章 §7 的定义 1)

$$p_B(T) = \sup |T(\varphi)| \; (\varphi \in B), \text{ 这里 } B \text{ 是 } \mathfrak{D}(\Omega) \text{ 的任何有界集}$$

来定义的. 空间 $\mathfrak{D}(\Omega)'$ 的弱 * 拓扑是通过下述半范数族

$$p_F(T) = \sup |T(\varphi)| \; (\varphi \in F), \text{ 这里 } F \text{ 是 } \mathfrak{D}(\Omega) \text{ 的任何有限集}$$

来定义的. 因此, 在 $\mathfrak{D}(\Omega)'$ 的弱 * 拓扑下, $\lim\limits_{n\to\infty} T_n = T$ 刚好就是第二章 §3 中定义的 $\lim\limits_{n\to\infty} T_n = T(\mathfrak{D}(\Omega)')$.

设 B 是 $\mathfrak{D}(\Omega)$ 的任何有界集. 于是 Ω 中存在紧集 K 使得诸 $\varphi \in B$ 满足 $\mathrm{supp}(\varphi) \subseteq K$ 并且诸微分算子 D^j 满足 $\sup|D^j\varphi(x)| < \infty$ $(x \in K, \varphi \in B)$ (第一章 §8 定理 1). 因此, 由 Ascoli-Arzelà 定理可知, B 在 $\mathfrak{D}_K(\Omega)$ 中是相对紧的.

我们把一致有界性定理用到序列 $\{T_n - T\}$ 上便知, 对任何 $\varepsilon > 0$, 存在 $\mathfrak{D}_K(\Omega)$ 内原点 0 的邻域 U 使得 $\sup\limits_{n; \varphi \in U} |(T_n - T)(\varphi)| < \varepsilon$. 空间 $\mathfrak{D}_K(\Omega)$ 的相对紧集 B 可被有限个 $\varphi_i + U$ 这种形式的集合所覆盖, 这里, $\varphi_i \in B$ $(i = 1, 2, \cdots, k)$. 于是

$$|(T_n - T)(\varphi_i + u)| \leqslant |(T_n - T)(\varphi_i)| + |(T_n - T)(u)|$$
$$\leqslant |(T_n - T)(\varphi_i)| + \varepsilon, \quad u \in U.$$

因为对于 $i = 1, 2, \cdots, k$, $\lim\limits_{n\to\infty} (T_n - T)(\varphi_i) = 0$, 所以我们有

$$\lim\limits_{n\to\infty} (T_n - T)(\varphi) = 0 \quad \text{对 } \varphi \in B \text{ 一致成立}.$$

这就证明了我们的定理.

定理 7　自反的 B–空间 X 是序列弱完备的.

证明　设 $\{x_n\}$ 是 X 中一个弱基本序列. 每个 x_n 都可用 $X_n(x') = \langle x_n, x' \rangle$ 定义 X'_{s-} 上的一个连续线性泛函 X_n. 因为 X'_{s-} 是 B–空间 (第四章 §8 定理 1), 所以我们可以应用共鸣定理. 因此可以用有限的 $\lim\limits_{n \to \infty} X_n(x')$ 来定义 X'_{s-} 上一个连续线性泛函, 根据假设, 此极限是存在的. 因为 X 是自反的, 所以存在 $x_\infty \in X$ 使得 $\langle x_\infty, x' \rangle = \lim\limits_{n \to \infty} X_n(x') = \lim\limits_{n \to \infty} \langle x_n, x' \rangle$, 换言之 $x_\infty = \text{w-} \lim\limits_{n \to \infty} x_n$.

定理 8　设 X 是 Hilbert 空间. 如果 X 的某序列 $\{x_n\}$ 弱收敛于 $x_\infty \in X$, 那么 $\text{s-} \lim\limits_{n \to \infty} x_n = x_\infty$ 当且仅当 $\lim\limits_{n \to \infty} \|x_n\| = \|x_\infty\|$.

证明　范数是连续的, "仅当" 部分便是显然的. "当" 的部分源自等式

$$\|x_n - x_\infty\|^2 = (x_n - x_\infty, x_n - x_\infty)$$
$$= \|x_n\|^2 - (x_n, x_\infty) - (x_\infty, x_n) + \|x_\infty\|^2.$$

事实上, 当 $n \to \infty$ 时, 右端有极限 $\|x_\infty\|^2 - \|x_\infty\|^2 - \|x_\infty\|^2 + \|x_\infty\|^2 = 0$.

弱 * 收 敛

定义 2　赋范线性空间 X 的对偶空间 X'_{s-} 中某序列 $\{f_n\}$ 叫作弱 * 基本序列是指对每个 $x \in X$ 都存在有限的 $\lim\limits_{n \to \infty} f_n(x)$; $\{f_n\}$ 叫作弱 * 收敛于某元素 $f_\infty \in X'_{s-}$, 如果对一切 $x \in X$ 都有 $\lim\limits_{n \to \infty} f_n(x) = f_\infty(x)$. 对后一情形, 我们记 $\text{w*-} \lim\limits_{n \to \infty} f_n = f_\infty$ 或简记为 $f_n \to f_\infty$ (弱 *).

定理 9　i) $\text{s-} \lim\limits_{n \to \infty} f_n = f_\infty$ 必导致 $\text{w*-} \lim\limits_{n \to \infty} f_n = f_\infty$, 但反之不然. ii) 如果 X 是 B–空间, 则弱 * 基本序列 $\{f_n\} \subseteq X'_{s-}$ 必弱 * 收敛于某个元素 $f_\infty \in X'_{s-}$ 且 $\|f_\infty\| \leqslant \varliminf\limits_{n \to \infty} \|f_n\|$.

证明　i) 第一部分从 $|f_n(x) - f_\infty(x)| \leqslant \|f_n - f_\infty\| \cdot \|x\|$ 可以明显地看出来. 第二部分可以用定理 1 的证明中给出的反例予以说明. ii) 根据共鸣定理, 我们知道 $f_\infty(x) = \lim\limits_{n \to \infty} f_n(x)$ 是 X 上的一个连续线性泛函且 $\|f_\infty\| \leqslant \varliminf\limits_{n \to \infty} \|f_n\|$.

定理 10　若 X 是 B–空间, 则序列 $\{f_n\} \subseteq X'_{s-}$ 弱 * 收敛于某个 $f_\infty \in X'_{s-}$ 当且仅当 i) $\{\|f_n\|\}$ 是有界的并且 ii) 在 X 的某个强稠密集上 $\lim\limits_{n \to \infty} f_n(x) = f_\infty(x)$.

证明　其证明类似于定理 3 的证明.

强闭包和弱闭包

定理 11　设 X 是局部凸空间, 而 M 是 X 的一个线性闭子空间, 则 M 在 X 的弱拓扑下是闭的.

证明　否则, 某个点 $x_0 \in X - M$ 是集合 M 在 X 的弱拓扑下的一个聚点. 于

是由第四章 §6 定理 3 的系可知, 存在 X 上的连续线性泛函 f_0 使得, $f_0(x_0) = 1$ 且在 M 上有 $f_0(x) = 0$. 因此, x_0 不可能是集合 M 在 X 的弱拓扑下的一个聚点.

§2. 自反 B–空间的局部弱列紧性. 一致凸性

定理 1 设 X 是自反 B–空间, 又设 $\{x_n\}$ 是任何范数有界的序列, 则我们可以选出一个子列 $\{x_{n'}\}$, 它弱收敛于 X 的某个元素.

我们将在 X 可分的条件下来证明此定理, 因为应用这个定理的那些具体空间大多数都是可分的. 对于不可分空间的情形, 我们将在附录中论述.

引理 如果赋范线性空间 X 的强对偶 X'_{s-} 是可分的, 那么 X 也是可分的.

证明 设 $\{x'_n\}$ 是某个可数序列, 它在 X'_{s-} 的单位球面 $\{x' \in X'_{s-}; \|x'\| = 1\}$ 上是强稠密的. 选取 $x_n \in X$ 使得 $\|x_n\| = 1$ 且 $|\langle x_n, x'_n\rangle| \geqslant 1/2$. 设 M 是由序列 $\{x_n\}$ 生成的、X 的线性闭子空间. 假定 $M \neq X$ 而 $x_0 \in X - M$. 根据第四章 §6 中 Mazur 定理 3 的系, 存在 $x'_0 \in X'_{s-}$ 使得 $\|x'_0\| = 1$, $\langle x_0, x'_0\rangle \neq 0$ 以及当 $x \in M$ 时总有 $\langle x, x'_0\rangle = 0$. 因此 $\langle x_n, x'_0\rangle = 0$ $(n = 1, 2, \cdots)$, 从而 $1/2 \leqslant |\langle x_n, x'_n\rangle| \leqslant |\langle x_n, x'_n\rangle - \langle x_n, x'_0\rangle| + |\langle x_n, x'_0\rangle|$, 由此可得 $1/2 \leqslant \|x_n\|\|x'_n - x'_0\| = \|x'_n - x'_0\|$. 这同 $\{x'_n\}$ 在 X'_{s-} 的单位球面上是强稠密的这一事实相矛盾. 因此 $M = X$, 从而 $\{x_n\}$ 的具有有理系数的线性组合在 X 中是稠密的. 这就证明了我们的引理.

定理 1 的证明 前面我们已经说明过, 在证明定理 1 时, 我们要假设 X 是可分的, 从而 $(X'_{s-})'_{s-} = X$ 也是可分的. 由上述引理可知, X'_{s-} 也是可分的. 设 $\{x'_n\}$ 是个可数序列, 它在 X'_{s-} 中是强稠密的. 因为 $\{x_n\}$ 是范数有界的, 所以序列 $\{\langle x_n, x'_1\rangle\}$ 是有界的. 于是存在子列 $\{x_{n_1}\}$, 使得相应的序列 $\{\langle x_{n_1}, x'_1\rangle\}$ 是收敛的. 因为序列 $\{\langle x_{n_1}, x'_2\rangle\}$ 是有界的, 所以 $\{x_{n_1}\}$ 有个子列 $\{x_{n_2}\}$ 使得 $\{\langle x_{n_2}, x'_2\rangle\}$ 是收敛的. 继续这样做下去, 我们就可以选出序列 $\{x_{n_i}\}$ 的某个子列 $\{x_{n_{i+1}}\}$ 使得数值序列 $\{\langle x_{n_{i+1}}, x'_j\rangle\}$ 对于 $j = 1, 2, \cdots, i+1$ 是收敛的. 因此, 原序列的对角子列 $\{x_{n_n}\}$ 满足这种条件, 即序列 $\{\langle x_{n_n}, x'_j\rangle\}$ 当 $j = 1, 2, \cdots$ 时是收敛的. 因此, 由上一节的定理 3 可知, 对于每个 $x' \in X'$, $\lim\limits_{n\to\infty} \langle x_{n_n}, x'\rangle$ 都存在且是有限的. 于是由上一节的定理 7 可以看出 w-$\lim\limits_{n\to\infty} x_{n_n}$ 存在.

Milman 定理

下述定理应归功于 D. P. Milman, 即一个 B–空间如果在以下意义下是一致凸的, 则它是自反的; 所谓一致凸是指, 对于任何 $\varepsilon > 0$, 总存在 $\delta = \delta(\varepsilon) > 0$ 使得, 当 $\|x\| \leqslant 1$, $\|y\| \leqslant 1$ 以及 $\|x - y\| \geqslant \varepsilon$ 时就有 $\|x + y\| \leqslant 2(1 - \delta)$. 一个准

Hilbert 空间是一致凸的, 这可以从公式

$$\|x+y\|^2 + \|x-y\|^2 = 2(\|x\|^2 + \|y\|^2)$$

在该空间成立这个事实看出来. 我们知道, 对于 $1 < p < \infty$, 空间 L^p 和 (l^p) 是一致凸的 (见 J. A. Clarkson [1]).

定理 2 (Milman [1])　一致凸的 B–空间是自反的.

证明 (S. Kakutani)　任取 $x_0'' \in (X_{s-}')_{s-}'$ 使得 $\|x_0''\| = 1$, 存在序列 $\{f_n\} \subseteq X_{s-}'$ 使得 $\|f_n\| = 1$ 且 $x_0''(f_n) \geqslant 1-n^{-1}$ $(n = 1, 2, \cdots)$. 由第四章 §6 定理 5, 对每个 n 存在 $x_n \in X$ 使得 $f_i(x_n) = x_0''(f_i)$ $(i = 1, 2, \cdots, n)$ 且 $\|x_n\| \leqslant \|x_0''\| + n^{-1} = 1 + n^{-1}$. 因为

$$1 - n^{-1} \leqslant x_0''(f_n) = f_n(x_n) \leqslant \|f_n\|\|x_n\| = \|x_n\| \leqslant 1 + n^{-1},$$

所以必然有 $\lim_{n \to \infty} \|x_n\| = 1$.

如果序列 $\{x_n\}$ 不是强收敛的, 则存在 $\varepsilon > 0$ 和 $n_1 < m_1 < n_2 < m_2 < \cdots < n_k < m_k < \cdots$ 使得 $\varepsilon \leqslant \|x_{n_k} - x_{m_k}\|$ $(k = 1, 2, \cdots)$. 因此, 根据 $\lim_{n \to \infty} \|x_n\| = 1$ 和 X 的一致凸性, 我们就得到 $\overline{\lim}_{k \to \infty} \|x_{n_k} + x_{m_k}\| \leqslant 2(1 - \delta(\varepsilon)) < 2$. 但因 $n_k < m_k$, $f_{n_k}(x_{n_k}) = f_{n_k}(x_{m_k}) = x_0''(f_{n_k})$, 所以

$$2(1 - n_k^{-1}) \leqslant 2x_0''(f_{n_k}) = f_{n_k}(x_{n_k} + x_{m_k}) \leqslant \|f_{n_k}\| \cdot \|x_{n_k} + x_{m_k}\|.$$

由于 $\|f_{n_k}\| = 1$, 于是我们得到一个矛盾 $\overline{\lim}_{k \to \infty} \|x_{n_k} + x_{m_k}\| \geqslant 2$.

因此, 我们证明了 s-$\lim_{n \to \infty} x_n = x_0$ 的存在性以及 x_0 满足

$$\|x_0\| = 1, \quad f_i(x_0) = x_0''(f_i) \quad (i = 1, 2, \cdots). \tag{1}$$

我们证明, 上述 (1) 中方程的解是唯一的. 否则, 上述方程还有个解 $\hat{x}_0 \neq x_0$. 由一致凸性知 $\|\hat{x}_0 + x_0\| < 2$. 此外还有 $f_i(\hat{x}_0 + x_0) = 2x_0''(f_i)$ $(i = 1, 2, \cdots)$. 因此

$$2(1 - i^{-1}) \leqslant 2x_0''(f_i) = f_i(\hat{x}_0 + x_0) \leqslant \|f_i\|\|\hat{x}_0 + x_0\| = \|\hat{x}_0 + x_0\|,$$

从而 $\|\hat{x}_0 + x_0\| \geqslant \lim_{i \to \infty} 2(1 - i^{-1}) = 2$, 这是个矛盾.

最后, 令 f_0 是 X_{s-}' 的任何一点. 如果我们能证明 $f_0(x_0) = x_0''(f_0)$, 则 $(X_{s-}')_{s-}' \subseteq X$, 这便得 X 的自反性. 为此可设 $\|f_0\| = 1$, 用 $f_0, f_1, \cdots, f_n \cdots$ 来代替前面的 $f_1, f_2, \cdots, f_n, \cdots$, 我们便得到 $\hat{x}_0 \in X$ 使得

$$\|\hat{x}_0\| = 1, \quad f_i(\hat{x}_0) = x_0''(f_i) \quad (i = 0, 1, \cdots, n, \cdots);$$

用上面刚刚证明过的唯一性, 必定有 $\hat{x}_0 = x_0$, 这就完成了定理 2 的证明.

§3. Dunford 定理和 Gelfand-Mazur 定理

定义 1 设 Z 是复平面的一个开区域. 定义在 Z 而取值于 B–空间 X 的一个映射 $x(\zeta)$ 在域 Z 上依 ζ 称为弱全纯的是指每个 $f \in X'$ 都使 ζ 的数值函数

$$f(x(\zeta)) = \langle x(\zeta), f \rangle$$

于 Z 是全纯的.

定理 1 (N. Dunford [2]) 如果 $x(\zeta)$ 在 Z 是弱全纯的, 则有定义在 Z 而取值于 X 的某映射 $x'(\zeta)$ 使得对每个 $\zeta_0 \in Z$ 都有

$$\text{s-}\lim_{h \to 0} h^{-1}(x(\zeta_0 + h) - x(\zeta_0)) = x'(\zeta_0).$$

换言之, 即弱全纯性蕴涵**强全纯性**.

证明 设 C 是一条可求长 Jordan 曲线使得由 C 围成的有界闭域 $\overline{C}$ 完全含于 Z 中并且 $\zeta_0 \in \overline{C} - C$. 设 Z_0 是任何含有 ζ_0 的这种开的复域使得它的闭包含于 $\overline{C}$ 的内部. 因此, 根据 Cauchy 积分表示式, 我们有

$$f(x(\zeta_0)) = \frac{1}{2\pi i} \int_C \frac{f(x(\zeta))}{\zeta - \zeta_0} d\zeta.$$

因此, 如果 $\zeta_0 + h$ 和 $\zeta_0 + g$ 都属于 Z_0, 则

$$(h - g)^{-1} \left\{ \frac{f(x(\zeta_0 + h)) - f(x(\zeta_0))}{h} - \frac{f(x(\zeta_0 + g)) - f(x(\zeta_0))}{g} \right\}$$
$$= \frac{1}{2\pi i} \int_C f(x(\zeta)) \left\{ \frac{1}{(\zeta - \zeta_0 - h)(\zeta - \zeta_0 - g)(\zeta - \zeta_0)} \right\} d\zeta.$$

根据假设, Z_0 到 C 的距离是正的. 因此, 对于固定的 $f \in X'$, 当 $\zeta_0, \zeta_0 + h$ 以及 $\zeta_0 + g$ 在 Z_0 变动时, 右端的绝对值是一致有界的. 于是由共鸣定理可知

$$\sup_{\zeta_0, \zeta_0 + h, \zeta_0 + g \in Z_0} \frac{1}{|h - g|} \left\| \left\{ \frac{x(\zeta_0 + h) - x(\zeta_0)}{h} - \frac{x(\zeta_0 + g) - x(\zeta_0)}{g} \right\} \right\| < \infty.$$

所以, 由空间 X 的完备性可知, $x(\zeta)$ 在每一点 $\zeta_0 \in Z$ 都是强可微的.

系 1 (Cauchy 积分定理) 由 $x(\zeta)$ 的强可微性可以得出它对 ζ 的强连续性, 因此我们可以定义曲线积分 $\int_C x(\zeta) d\zeta$, 其值在 X 中. 实际上, 我们可以证明 $\int_C x(\zeta) d\zeta = 0$, 即 X 的零向量.

证明 根据 $f \in X'$ 的连续性和线性性质, 我们有

$$f\left(\int_C x(\zeta)d\zeta\right) = \int_C f(x(\zeta))d\zeta.$$

由通常的 Cauchy 积分定理可知, 上式右端为零. 因为 $f \in X'$ 是任意的, 所以根据第四章 §6 定理 1 的系 2, 必定有 $\int_C x(\zeta)d\zeta = 0$.

根据上述系 1, 我们可得另外一些系, 其做法与通常复变函数论中做法相同.

系 2 (Cauchy 积分表示公式) 对 $\overline{C}$ 的任何内点 ζ_0, 总有

$$x(\zeta_0) = \frac{1}{2\pi i} \int_C \frac{x(\zeta)}{\zeta - \zeta_0} d\zeta.$$

系 3 (Taylor 展式) 对闭域 $\overline{C}$ 内部的任何一点 ζ_0, $x(\zeta)$ 在 $\zeta = \zeta_0$ 处的 Taylor 展式在以 ζ_0 为中心且含于 $\overline{C}$ 的圆的内部强收敛. 这里

$$x(\zeta) = \sum_{n=0}^{\infty} (n!)^{-1}(\zeta - \zeta_0)^n x^{(n)}(\zeta_0),$$

$$\text{其中 } x^{(n)}(\zeta_0) = \frac{n!}{2\pi i} \int_C \frac{x(\zeta)}{(\zeta - \zeta_0)^{n+1}} d\zeta.$$

系 4 (Liouville 定理) 如果 $x(\zeta)$ 在整个有限平面 $|\zeta| < \infty$ 中是 (强) 全纯的并且 $\sup_{|\zeta|<\infty} |x(\zeta)| < \infty$, 则 $x(\zeta)$ 必定是常值向量 $x(0)$.

证明 如果我们把曲线 C 取为 $|\zeta| = r$, 则当 $r \to \infty$ 时, 有

$$\|x^{(n)}(0)\| \leqslant \frac{n!}{2\pi} \sup_{|\zeta|<\infty} \|x(\zeta)\| \int_C \frac{|d\zeta|}{r^{n+1}} \to 0 \quad (n = 1, 2, \cdots).$$

因此, $x(\zeta)$ 在 $\zeta = 0$ 处的 Taylor 展式退化为仅仅一个常数项 $x(0)$.

现在我们要用系 4 去证明 Gelfand-Mazur 定理. 首先我们给出以下

定义 2 复数域上交换域 X 叫作一个赋范域是指它还是个 B-空间且满足以下条件:

$$\begin{cases} \|e\| = 1, \text{ 这里, } e \text{ 是 } X \text{ 中的乘法单位}; \\ \|xy\| \leqslant \|x\| \, \|y\|, \text{ 这里, } xy \text{ 是 } X \text{中的乘法}. \end{cases} \tag{1}$$

定理 2 (Gelfand [2]-Mazur [1]) 赋范域 X 等距同构于复数域. 换言之, X 中诸元 x 都形如 $x = \xi e$, 这里, ξ 是个复数.

证明 如若不然, 那么存在 $x \in X$ 使得对任何复数 ξ 都有 $(x - \xi e) \neq 0$. 既然 X 是个域, 非零元 $(x - \xi e)$ 便有逆元 $(x - \xi e)^{-1} \in X$.

我们要证明 $(x - \lambda e)^{-1}$ 在 $|\lambda| < \infty$ 内对 λ 是 (强) 全纯的. 事实上, 我们有

$$h^{-1}((x - (\lambda + h)e)^{-1} - (x - \lambda e)^{-1})$$
$$= h^{-1}(x - (\lambda + h)e)^{-1}\{e - (x - (\lambda + h)e)(x - \lambda e)^{-1}\}$$
$$= h^{-1}(x - (\lambda + h)e)^{-1}\{e - e + h(x - \lambda e)^{-1}\}$$
$$= (x - (\lambda + h)e)^{-1}(x - \lambda e)^{-1}.$$

又对于充分小的 $|h|$, 考虑级数 $y^{-1}\left(e + \sum\limits_{n=1}^{\infty} (hy^{-1})^n\right)$, 其中 $y = (x - \lambda e)$, 由 (1) 可知它是收敛的并且它表示元素 $(y - he)^{-1} = y^{-1}(e - hy^{-1})^{-1}$, 这可从该级数乘以 $(y - he)$ 直接看出来. 于是用该级数对 h 的强连续性, 我们可以证明 $(x - \lambda e)^{-1}$ 关于 λ 是 (强) 全纯的并且具有强导数 $(x - \lambda e)^{-2}$.

现在, 如果 $|\lambda| \geq 2\|x\|$, 那么如上所述,

$$(x - \lambda e)^{-1} = -\lambda^{-1}(e - \lambda^{-1}x)^{-1} = -\lambda^{-1}\left(e + \sum\limits_{n=1}^{\infty} (\lambda^{-1}x)^n\right),$$

从而当 $|\lambda| \to \infty$ 时

$$\|(x - \lambda e)^{-1}\| \leq |\lambda|^{-1}\left(1 + \sum\limits_{n=1}^{\infty} (1/2)^n\right) \to 0.$$

此外, 对 λ 连续的函数 $(x - \lambda e)^{-1}$ 在 λ 的紧域 $|\lambda| \leq 2\|x\|$ 上是有界的. 因此, 根据 Liouville 定理, $(x - \lambda e)^{-1}$ 必定是常向量 $x^{-1} = (x - 0e)^{-1}$. 但由于前面已经证明了 s-$\lim\limits_{|\lambda| \to \infty} (x - \lambda e)^{-1} = 0$, 所以我们就得出了一个矛盾 $x^{-1} = 0, e = x^{-1}x = 0$.

§4. 弱可测性和强可测性. Pettis 定理

定义 1 设 $(S, \mathfrak{B}, m)$ 是测度空间, 而 $x(s)$ 是定义在 S 上且取值在 B–空间 X 中的某个映射. 称 $x(s)$ 为弱 $\mathfrak{B}$–可测的是指对任何 $f \in X'$, 变量为 s 的数值函数 $f(x(s)) = \langle x(s), f \rangle$ 都是 $\mathfrak{B}$–可测的. 称 $x(s)$ 为有限值的是指存在有限个不相交的 $\mathfrak{B}$–可测集 B_j 使得 $m(B_j) < \infty$ 且 $x(s)$ 在每个 B_j 上都是不等于零的常数而在 $S - \bigcup\limits_{j} B_j$ 上 $x(s) = 0$. 称 $x(s)$ 是强 $\mathfrak{B}$–可测的是指存在有限值函数的某个序列, 它在 S 上 m–a.e. 强收敛于 $x(s)$.

定义 2 称 $x(s)$ 为可分值的是指其值域 $\{x(s); s \in S\}$ 是可分的. 称 $x(s)$ 为 m–几乎可分值的是指存在 m–测度为零的 $\mathfrak{B}$–可测集 B_0 使得 $\{x(s); s \in S - B_0\}$ 是可分的.

定理 (B. J. Pettis [1]) $x(s)$ 是强 $\mathfrak{B}$–可测的当且仅当它是弱 $\mathfrak{B}$–可测的且又是 m–几乎可分值的.

证明　"仅当" 部分证明如下. 因为有限值函数是弱 $\mathfrak{B}$-可测的, 所以强 $\mathfrak{B}$-可测性蕴涵着弱 $\mathfrak{B}$-可测性, 又根据 $x(s)$ 的强 $\mathfrak{B}$-可测性, 所以存在有限值函数 $x_n(s)$ 的序列使得除了一个 m-测度零集 $B_0 \in \mathfrak{B}$ 之外, 有 s-$\lim\limits_{n\to\infty} x_n(s) = x(s)$. 因此, $x_n(s)$ $(n = 1, 2, \cdots)$ 的值域的并集是个可数集, 从而此集合的闭包是可分的且包含了值域 $\{x(s); s \in S - B_0\}$.

证明 "当" 的部分. 不失一般性, 我们可以认为值域 $\{x(s); s \in S\}$ 本身是可分的. 因此, 我们就可以假定空间 X 本身是可分的; 否则, 我们就用含有 $x(s)$ 的值域的最小线性闭子空间来代替 X. 我们首先证明 $\|x(s)\|$ 本身是 $\mathfrak{B}$-可测的. 为此目的, 我们将引用一个后面才予以证明的引理, 它指出, 一个可分 B-空间的对偶空间 X' 必满足以下条件

$$
\begin{cases}
\text{存在某个序列 } \{f_n\} \subseteq X' \text{ 且 } \|f_n\| \leqslant 1, \text{ 使得对} \\
\text{任何 } f_0 \in X' \text{ 且 } \|f_0\| \leqslant 1, \text{ 我们总可以} \\
\text{选出 } \{f_n\} \text{ 的一个子列 } \{f_{n'}\}, \text{ 此子列} \\
\text{对于每个 } x \in X \text{ 都有 } \lim\limits_{n\to\infty} f_{n'}(x) = f_0(x).
\end{cases}
\tag{1}
$$

现对任何实数 a 和任何 $f \in X'$, 令 $A = \{s; \|x(s)\| \leqslant a\}$ 和 $A_f = \{s; |f(x(s))| \leqslant a\}$. 如果我们能够证明 $A = \bigcap\limits_{j=1}^{\infty} A_{f_j}$, 则由 $x(s)$ 的弱 $\mathfrak{B}$-可测性可知, 函数 $\|x(s)\|$ 是 $\mathfrak{B}$-可测的. 显然, $A \subseteq \bigcap\limits_{\|f\|\leqslant 1} A_f$. 但由第四章 §6 定理 1 的系 2 可知, 对于固定的 s, 存在某个 $f_0 \in X'$, 它满足 $\|f_0\| = 1$ 和 $f_0(x(s)) = \|x(s)\|$. 因此, 反包含关系 $A \supseteq \bigcap\limits_{\|f\|\leqslant 1} A_f$ 是成立的, 从而我们有 $A = \bigcap\limits_{\|f\|\leqslant 1} A_f$. 根据引理, 我们得到 $\bigcap\limits_{\|f\|\leqslant 1} A_f = \bigcap\limits_{j=1}^{\infty} A_{f_j}$, 所以有 $A = \bigcap\limits_{j=1}^{\infty} A_{f_j}$.

因为值域 $\{x(s); s \in S\}$ 是可分的, 所以对任何正整数 n, 该值域可以被半径 $\leqslant 1/n$ 的可数个开球 $S_{j,n}$ $(j = 1, 2, \cdots)$ 所覆盖. 设球 $S_{j,n}$ 的中心是 $x_{j,n}$. 前面已经证明过 $\|x(s) - x_{j,n}\|$ 对 s 是 $\mathfrak{B}$-可测的. 因此, 集合 $B_{j,n} = \{s \in S; x(s) \in S_{j,n}\}$ 是 $\mathfrak{B}$-可测的且 $S = \bigcup\limits_{j=1}^{\infty} B_{j,n}$. 如果 $s \in B'_{i,n} = B_{i,n} - \bigcup\limits_{j=1}^{i-1} B_{j,n}$, 我们就令

$$x_n(s) = x_{i,n}.$$

这时, 由于 $S = \sum\limits_{i=1}^{\infty} B'_{i,n}$, 所以对每一个 $s \in S$ 我们都有 $\|x(s) - x_n(s)\| < 1/n$. 因为 $B'_{i,n}$ 是 $\mathfrak{B}$-可测的, 所以容易看出, 每个 $x_n(s)$ 都是强 $\mathfrak{B}$-可测的. 从而序列 $\{x_n(s)\}$ 的强极限 $x(s)$ 也是强 $\mathfrak{B}$-可测的.

引理的证明　设序列 $\{x_n\}$ 在 X 中是强稠密的. 对于固定的 n, 考虑这样一个映射 $f \to \varphi_n(f) = \{f(x_1), f(x_2), \cdots, f(x_n)\}$, 它把 X' 的单位球 $S' = \{f \in$

$X'; \|f\| \leqslant 1\}$ 映入 n 维 Hilbert 空间 $l^2(n)$, 而 $l^2(n)$ 中向量 $(\xi_1, \xi_2, \cdots, \xi_n)$ 的范数为 $\|(\xi_1, \xi_2, \cdots, \xi_n)\| = \left(\sum\limits_{j=1}^{n} |\xi_j|^2 \right)^{1/2}$. 空间 $l^2(n)$ 是可分的, 固定 n, 便有 S' 中某个序列 $\{f_{n,k}\}$ $(k = 1, 2, \cdots)$, 使得 $\{\varphi_n(f_{n,k}); k = 1, 2, \cdots\}$ 在 S' 的像 $\varphi_n(S')$ 中是稠密的.

于是我们就证明了, 对任何 $f_0 \in S'$, 总可以选出个子列 $\{f_{n,m_n}\}$ $(n = 1, 2, \cdots)$ 使得 $|f_{n,m_n}(x_i) - f_0(x_i)| < 1/n$ $(i = 1, 2, \cdots, n)$. 因此我们有 $\lim\limits_{n \to \infty} f_{n,m_n}(x_i) = f_0(x_i)$ $(i = 1, 2, \cdots)$, 从而由第五章 §1 中定理 10 可知, 对每个 $x \in X$ 都有 $\lim\limits_{n \to \infty} f_{n,m_n}(x) = f_0(x)$.

§5. Bochner 积分

设 $x(s)$ 是定义在测度空间 $(S, \mathfrak{B}, m)$ 取值于 B–空间 X 的一个有限值函数; 又设 $x(s)$ 在 $B_i \in \mathfrak{B}$ 上等于 $x_i \neq 0$ $(i = 1, 2, \cdots, n)$, 这里, 对于 $i = 1, 2, \cdots, n$, 诸 B_i 是不相交的并且 $m(B_i) < \infty$, 此外, 在 $\left(S - \sum\limits_{i=1}^{n} B_i \right)$ 上还有 $x(s) = 0$. 这时, 我们可以用 $\sum\limits_{i=1}^{n} x_i m(B_i)$ 来定义 $x(s)$ 在 S 上的 m–积分 $\int\limits_S x(s) m(ds)$. 用极限过程我们可以定义更一般函数的 m–积分. 更确切地说就是

定义 一个定义在测度空间 $(S, \mathfrak{B}, m)$ 上且在 B–空间 X 中取值的函数 $x(s)$ 叫作 Bochner m–可积的, 如果存在有限值函数的某个序列 $\{x_n(s)\}$, 它按下述方式 m – a.e. 强收敛于 $x(s)$, 即

$$\lim_{n \to \infty} \int\limits_S \|x(s) - x_n(s)\| m(ds) = 0. \tag{1}$$

对于任何集合 $B \in \mathfrak{B}, x(s)$ 在 B 上的 Bochner m–积分定义为

$$\int\limits_B x(s) m(ds) = \text{s-} \lim_{n \to \infty} \int\limits_S C_B(s) x_n(s) m(ds), \text{这里 } C_B \text{ 是集合 } B \text{ 的特征函数.} \tag{2}$$

为了说明上述定义是合理的, 我们尚需说明 (2) 右端的强极限是存在的以及此强极限的值不依赖于近似函数序列 $\{x_n(s)\}$.

定义的合理性 首先 $x(s)$ 是强 $\mathfrak{B}$–可测的, 从而条件 (1) 有意义, 这是因为在 Pettis 定理的证明中曾指出过 $\|x(s) - x_n(s)\|$ 是 $\mathfrak{B}$–可测的. 由不等式

$$\left\| \int\limits_B x_n(s) m(ds) - \int\limits_B x_k(s) m(ds) \right\| = \left\| \int\limits_B (x_n(s) - x_k(s)) m(ds) \right\|$$
$$\leqslant \int\limits_B \|x_n(s) - x_k(s)\| m(ds) \leqslant \int\limits_S \|x_n(s) - x(s)\| m(ds)$$
$$+ \int\limits_S \|x(s) - x_k(s)\| m(ds)$$

以及空间 X 的完备性可知, s-$\lim\limits_{n\to\infty}\int_B x_n(s)m(ds)$ 是存在的. 还容易看出, 此强极限不依赖于此近似序列, 这是因为任何两个这样的序列都可以合成为单独一个近似序列.

定理 1 (S. Bochner [1])　一个强 $\mathfrak{B}$–可测函数 $x(s)$ 是 Bochner m–可积的当且仅当 $\|x(s)\|$ 是 m–可积的.

证明　"仅当" 部分. 我们有 $\|x(s)\| \leqslant \|x_n(s)\| + \|x(s)-x_n(s)\|$. 根据 $\|x_n(s)\|$ 的 m–可积性和条件 (1), 显然 $\|x(s)\|$ 是 m–可积的且有

$$\int_B \|x(s)\|m(ds) \leqslant \int_B \|x_n(s)\|m(ds) + \int_B \|x(s)-x_n(s)\|m(ds).$$

此外, 因为

$$\int_B |\|x_n(s)\| - \|x_k(s)\||m(ds) \leqslant \int_B \|x(s)-x_k(s)\|m(ds),$$

所以, 由 (1) 可知 $\lim\limits_{n\to\infty}\int_B \|x_n(s)\|m(ds)$ 存在, 从而我们有

$$\int_B \|x(s)\|m(ds) \leqslant \varliminf_{n\to\infty}\int_B \|x_n(s)\|m(ds).$$

"当" 的部分. 设 $\{x_n(s)\}$ 是有限值函数列且 $m-$a.e. 强收敛于 $x(s)$ 的序列. 依 $\|x_n(s)\| \leqslant \|x(s)\|(1+2^{-1})$ 和 $\|x_n(s)\| > \|x(s)\|(1+2^{-1})$, 分别令 $y_n(s)=x_n(s)$ 和 $y_n(s)=0$. 于是有限值函数列 $\{y_n(s)\}$ 满足 $\|y_n(s)\| \leqslant \|x(s)\|\cdot(1+2^{-1})$ 并且 $\lim\limits_{n\to\infty}\|x(s)-y_n(s)\| = 0\ m-$a.e. 因此, 用 $\|x(s)\|$ 的 m–可积性, 我们可将 Lebesgue-Fatou 引理用于函数 $\|x(s)-y_n(s)\| \leqslant \|x(s)\|(2+2^{-1})$, 从而得到

$$\lim_{n\to\infty}\int_S \|x(s)-y_n(s)\|m(ds) = 0,$$

换言之 $x(s)$ 是 Bochner m–可积的.

系 1　上述证明指出

$$\int_B \|x(s)\|m(ds) \geqslant \left\|\int_B x(s)m(ds)\right\|,$$

从而 $\int_B x(s)m(ds)$ 在如下意义下是 m–绝对连续的:

$$\text{s-}\lim_{m(B)\to 0}\int_B x(s)m(ds) = 0.$$

有限可加性 $\displaystyle\int\limits_{\sum\limits_{j=1}^{n}B_j}x(s)m(ds)=\sum\limits_{j=1}^{n}\int\limits_{B_j}x(s)m(ds)$ 显然是成立的, 而由 $\displaystyle\int\limits_{B}\|x(s)\|m(ds)$

的 σ-可加性可知, $\int_B x(s)m(ds)$ 是 σ-可加的, 亦即[1]

$$B=\sum_{j=1}^{\infty}B_j \text{ 而 } m(B_j)<\infty,\text{ 必导致}$$

$$\int\limits_{\sum\limits_{j=1}^{\infty}B_j}x(s)m(ds)=\text{s-}\lim_{n\to\infty}\sum_{j=1}^{n}\int\limits_{B_j}x(s)m(ds).$$

系 2　设 T 是映 B–空间 X 入 B–空间 Y 的一个有界线性算子. 如果 $x(s)$ 是值域在 X 的一个 Bochner m-可积函数, 则 $Tx(s)$ 是值域在 Y 的一个 Bochner m-可积函数, 并且

$$\int\limits_{B}Tx(s)m(ds)=T\int\limits_{B}x(s)m(ds).$$

证明　设有限值函数的某个序列 $\{y_n(s)\}$ 满足

$$\|y_n(s)\|\leqslant\|x(s)\|(1+n^{-1})\quad\text{和}\quad\text{s-}\lim_{n\to\infty}y_n(s)=x(s)\quad m-\text{a.e.}$$

于是用 T 的线性性质和连续性, 我们有 $\int\limits_{B}Ty_n(s)m(ds)=T\int\limits_{B}y_n(s)m(ds)$. 此外, 由 T 的连续性可得

$$\|Ty_n(s)\|\leqslant\|T\|\cdot\|y_n(s)\|\leqslant\|T\|\cdot\|x(s)\|\cdot(1+n^{-1})$$

且 s- $\lim\limits_{n\to\infty}Ty_n(s)=Tx(s)$ $m-$a.e. 因此, $Tx(s)$ 也是 Bochner m-可积的并且

$$\int\limits_{B}Tx(s)m(ds)=\text{s-}\lim_{n\to\infty}\int\limits_{B}Ty_n(s)m(ds)$$

$$=\text{s-}\lim_{n\to\infty}T\int\limits_{B}y_n(s)m(ds)=T\int\limits_{B}x(s)m(ds).$$

定理 2 (S. Bochner [1])　设 S 是 n 维 Euclid 空间, $\mathfrak{B}$ 是 S 的 Baire 集族而 $m(B)$ 是 B 的 Lebesgue 测度. 如果 $x(s)$ 是 Bochner m-可积的, 又如果 $P(s_0;\alpha)$ 是以 $s_0\in S$ 为中心、以 2α 为边长的平行正多面体, 则我们有微分定理

几乎所有 s_0 满足 s-$\lim\limits_{\alpha\downarrow 0}(2\alpha)^{-n}\displaystyle\int\limits_{P(s_0;\alpha)}x(s)m(ds)=x(s_0)$.

证明　令

$$D(x;s_0,\alpha)=(2\alpha)^{-n}\int\limits_{P(s_0;\alpha)}x(s)m(ds).$$

---

[1]校者注: 下述 $m(B_j)<\infty$ 是多余的.

如果 $\{x_n(s)\}$ 是列有限值函数使得 $\|x_n(s)\| \leqslant \|x(s)\| \cdot (1+n^{-1})$ 且 s-$\lim\limits_{n\to\infty} x_n(s) = x(s)$ $m-$a.e. 成立, 则

$$D(x; s_0, \alpha) - x(s_0) = D(x - x_k; s_0, \alpha) + D(x_k; s_0, \alpha) - x(s_0),$$

从而

$$\varlimsup_{\alpha\downarrow 0}\|D(x; s_0, \alpha) - x(s_0)\| \leqslant \varlimsup_{\alpha\downarrow 0} D(\|x - x_k\|; s_0, \alpha)$$
$$+\varlimsup_{\alpha\downarrow 0}\|D(x_k; s_0, \alpha) - x_k(s_0)\| + \|x_k(s_0) - x(s_0)\|.$$

由数值函数的 Lebesgue 微分定理可知, 右端第一项 $m-$a.e. 等于 $\|x(s_0)-x_k(s_0)\|$. 由于 $x_k(s)$ 是有限值的, 所以右端第二项 $m-$a.e. $= 0$. 因此

$$\varlimsup_{\alpha\downarrow 0}\|D(x; s_0, \alpha) - x(s_0)\| \leqslant 2\|x_k(s_0) - x(s_0)\| \text{ 对 } m-\text{a.e. } s_0 \text{ 成立}.$$

所以, 令 $k \to \infty$, 我们就得到定理 2.

注　同数值函数的情形相反, 一个在 B-空间取值的 $\sigma-$可加且 $m-$绝对连续的函数不必能够表示为一个 m-Bochner 积分. 这可以通过一个反例来说明.

反例　令 $S = [0,1]$ 且 $\mathfrak{B}$ 是 $[0,1]$ 中 Baire 集族, 而 $m(B)$ 是 $B \in \mathfrak{B}$ 的 Lebesgue 测度. 考虑定义在闭区间 $[1/3, 2/3]$ 上的有界实值函数 $\xi = \xi(\theta)$ 的全体 $m[1/3, 2/3]^{①}$ 并引入范数 $\|\xi\| = \sup\limits_{\theta}|\xi(\theta)|$. 我们按以下方式作出一个定义在 $[0,1]$ 上且在 $m[1/3, 2/3]$ 中取值的函数 $x(s) = \xi(\theta; s)$:

$\begin{cases} \text{用实值函数 } y = y_\theta(s) \text{ 表示 } \xi(\theta; s) \text{ 在 } \theta \text{ 处的值, 而 } y = y_\theta(s) \\ \text{在 } s\text{-}y \text{ 平面的图像是依次联结三点 } (0,0), (\theta,1) \text{ 和 } (1,0) \text{ 的折线.} \end{cases}$

这时, 如果 $s \neq s'$, 则我们有 Lipschitz 条件:

$$\|(s - s')^{-1}(x(s) - x(s'))\| = \sup_{\theta}|(s - s')^{-1}(\xi(\theta; s) - \xi(\theta; s'))| \leqslant 3.$$

因此, 用值域含于 $m[1/3, 2/3]$ 的区间函数 $(x(s) - x(s'))$, 我们可以对 $[0,1]$ 的 Baire 集 B 定义一个集函数 $x(B)$, 且它是 $\sigma-$可加的和 $m-$绝对连续的.

如果此函数可以表示为一个 Bochner $m-$积分, 则由上面的定理 2 可知, 函数 $x(s)$ 关于 s 必定是 $m-$a.e. 强可微的. 我们把相应的强导数 $x'(s)$ 记为 $\eta(\theta; s)$, 它在 $m[1/3, 2/3]$ 中取值. 因此, 对每个 $\theta \in [1/3, 2/3]$ 和 $m-$a.e. 的 s 都有

$$0 = \lim_{h\to 0}\|h^{-1}(x(s + h) - x(s)) - x'(s)\|$$
$$\geqslant \lim_{h\to 0}|h^{-1}(\xi(\theta; s + h) - \xi(\theta; s)) - \eta(\theta; s)|.$$

①校者注: 这个记号有误导性, 因著者先用 m 表示了 Lebesgue 测度.

这表明对于一切 $\theta \in [1/3, 2/3], \xi(\theta; s)$ 对 s 必定是 $m-$ a.e. 可微的. 这同 $\xi(\theta; s)$ 的定义相矛盾.

第五章参考文献

S. Banach [1], N. Dunford-J. Schwartz [1] 和 E. Hille-R. S. Phillips [1].

第五章附录　局部凸空间中的弱拓扑和对偶性

本书的安排使得读者在读第一遍时可以不看此附录而直接进入后面各章.

§1. 极　　集

定义　设 X 是局部凸的线性拓扑空间. 对任何集合 $M \subseteq X$, 我们定义它的(右) 极集 M^0 为

$$M^0 = \{x' \in X'; \sup_{x \in M} |\langle x, x' \rangle| \leqslant 1\}. \tag{1}$$

类似地, 对任何集合 $M' \subseteq X'$, 我们定义它的(左) 极集 $^0M'$ 为

$$^0M' = \{x \in X; \sup_{x' \in M'} |\langle x, x' \rangle| \leqslant 1\} = X \cap (M')^0, \tag{2}$$

这里, 我们认为 X 已被嵌入它的二次对偶空间 $(X'_{s-})'_{s-}$ 中.

在 X 的弱拓扑下, X 内原点 0 的一个基本邻域系可由形如 $^0M'$ 的集合组成的集合系给出, 这里, M' 遍取 X' 的任何有限集. 在 X' 的弱 * 拓扑下, X' 内原点 0 的一个基本邻域系可由形如 M^0 的集合组成的集合系给出, 这里, M 遍取 X 的任何有限集. 在 X' 的强拓扑下, 0 的一个基本邻域系可由形如 M^0 的集合组成的集合系给出, 这里, M 遍取 X 的所有有界集.

命题　在 X' 的弱 * 拓扑下, M^0 是个均衡凸闭集.

证明　任意固定 $x \in X$, 线性泛函 $f(x') = \langle x, x' \rangle$ 依 X' 的弱 * 拓扑连续. 因此 $M^0 = \bigcap_{m \in M} \{m\}^0$ 依 X' 的弱 * 拓扑是闭的. 至于其均衡凸性则是显然的.

Tychonov 定理的应用

定理 1　设 X 是局部凸空间, 而 A 是 X 内原点 0 的一个均衡凸邻域, 则 A^0 依 X' 的弱 * 拓扑是紧的.

证明　设 $p(x)$ 是 A 的 Minkowski 泛函. 对于每个 $x \in X$, 考虑复平面上圆盘 $S_x = \{z \in C; |z| \leqslant p(x)\}$ 和拓扑乘积 $S = \prod\limits_{x \in X} S_x$. 由 Tychonov 定理可知, S 是紧的. 我们知道任何元素 $x' \in X'$ 都可由值 $x'(x) = \langle x, x' \rangle, x \in X$ 的集合来确定[①]. 因为任何 $\varepsilon > 0$ 都使 $x \in (p(x) + \varepsilon)A$, 所以我们看出, 对于 $x' \in X'$, 必存在 $a \in A$ 使得 $\langle x, x' \rangle = \langle (p(x) + \varepsilon)a, x' \rangle$. 因此, 由 $x' \in A^0$ 可得 $|x'(x)| \leqslant p(x) + \varepsilon$, 换言之, $x'(x) \in S_x$. 因此我们可以把 A^0 看作 S 的一个子集. 此外, 容易证实 A^0 关于 X' 的弱 * 拓扑的诱导拓扑同 A^0 关于笛卡儿乘积 $S = \prod\limits_{x \in X} S_x$ 的拓扑的诱导拓扑是相同的.

因此, 只需证明 A^0 是 S 的闭子集. 假定 $y = \prod\limits_{x \in X} y(x)$ 是 A^0 在 S 中弱 * 闭包的一个元素. 考虑任何 $\varepsilon > 0$ 和任何 $x_1, x_2 \in X$. 于是 y 在 S 中有个邻域使其元素 $u = \prod\limits_{x \in X} u(x) \in S$ 满足

$$|u(x_1) - y(x_1)| < \varepsilon, |u(x_2) - y(x_2)| < \varepsilon \quad \text{和} \quad |u(x_1 + x_2) - y(x_1 + x_2)| < \varepsilon.$$

此邻域含有某个点 $x' \in A^0$, 但因 x' 是 X 上的一个连续线性泛函, 所以我们有

$$|y(x_1 + x_2) - y(x_1) - y(x_2)| \leqslant |y(x_1 + x_2) - \langle x_1 + x_2, x' \rangle|$$
$$+ |\langle x_1, x' \rangle - y(x_1)| + |\langle x_2, x' \rangle - y(x_2)| < 3\varepsilon.$$

这就证明了 $y(x_1 + x_2) = y(x_1) + y(x_2)$. 类似地, 我们可证 $y(\beta x) = \beta y(x)$, 从而 y 定义了 X 上的一个线性泛函. 用 $y = \prod\limits_{x \in X} y(x) \in S$ 这一事实, 我们知道 $|y(x)| \leqslant p(x)$. 因为 $p(x)$ 是连续的, 所以 $y(x)$ 是个连续线性泛函, 亦即 $y \in X'$. 又因 y 是 A^0 的一个弱 * 聚点, 对任何 $\varepsilon > 0$ 和 $a \in A$, 都存在 $x' \in A^0$ 使得 $|y(a) - \langle a, x' \rangle| \leqslant \varepsilon$. 因此, $|y(a)| \leqslant |\langle a, x' \rangle| + \varepsilon \leqslant 1 + \varepsilon$, 从而 $|y(a)| \leqslant 1$, 亦即 $y \in A^0$.

系　赋范线性空间 X 的对偶空间 X_S 的单位球 $S^* = \{x' \in X'; \|x'\| \leqslant 1\}$ 在 X' 的弱 * 拓扑下是紧的.

Mazur 定理的应用

定理 2　设 M 是局部凸空间 X 中的一个均衡凸闭集, 则 $M = {}^0(M^0)$.

证明　显然, $M \subseteq {}^0(M^0)$. 如果存在 $x \in {}^0(M^0) - M$, 则由第四章 §6 的 Mazur 定理 3 可知, 存在 $x'_0 \in X'$ 使得, $\langle x_0, x'_0 \rangle > 1$, 且一切 $x \in M$ 满足 $|\langle x, x'_0 \rangle| \leqslant 1$. 最后这个不等式表明 $x'_0 \in M^0$, 从而 x_0 不可能属于 ${}^0(M^0)$.

[①]校者注: 严格而言, x' 应是由其图像 $\{(x, x'(x)) | x \in X\}$ 来确定.

§2. 桶 型 空 间

定义　局部凸空间 X 中任何均衡吸收凸闭集都叫作桶 (Bourbaki 称之为桶状体 (tonneau)). 如果 X 的桶都是原点 0 的邻域, 则 X 称为桶型空间.

定理 1　非第一纲局部凸空间 X 必定是桶型空间.

证明　设 T 是 X 中一个桶. 既然 T 是吸收集, 当 n 取遍正整数时, X 是闭集 $nT = \{nt; t \in T\}$ 之并. 既然 X 不是第一纲的, 某个 nT 便有个内点. 因此 T 本身有个内点 x_0. 如果 $x_0 = 0$, 则 T 是 0 的一个邻域. 如果 $x_0 \neq 0$, 则由 T 是均衡集这一事实可知, $-x_0 \in T$. 于是 $-x_0$ 同 x_0 一样, 也是 T 的一个内点. 这就表明凸集 T 含有内点 $0 = (x_0 - x_0)/2$.

系 1　所有局部凸 F–空间, 特别地, 一切 B–空间和 $\mathfrak{E}(R^n)$ 都是桶型空间.

系 2　度量线性空间 $\mathfrak{D}_K(R^n)$ 是桶型空间.

证明　令 $p_m(\varphi) = \sup\limits_{|j| \leqslant m, x \in K} |D^j \varphi(x)|$ 和 $\mathrm{dis}(\varphi, \psi) = \sum\limits_{m=0}^{\infty} 2^{-m} \dfrac{p_m(\varphi - \psi)}{1 + p_m(\varphi - \psi)}$, 设 $\{\varphi_k\}$ 是关于此距离的一个 Cauchy 序列. 对任何微分算子 D^j, 序列 $\{D^j \varphi_k(x)\}$ 都是等度连续和等度有界的, 即

$$\limsup_{|x^1 - x^2| \downarrow 0, k \geqslant 1} |D^j \varphi_k(x^1) - D^j \varphi_k(x^2)| = 0 \quad \text{和} \quad \sup_{x \in K, k \geqslant 1} |D^j \varphi_k(x)| < \infty.$$

这可以从下述事实看出来, 即对于任何坐标 x_s 有 $\sup\limits_{x \in K, k \geqslant 1} \left| \dfrac{\partial}{\partial x_s} D^j \varphi_k(x) \right| < \infty$. 因此, 由 Ascoli-Arzelà 定理可知, 存在某个子列 $\{D^j \varphi_{k'}(x)\}$, 它在 K 上一致收敛. 用对角线法, 我们可以选出 $\{\varphi_k(x)\}$ 的某个子列 $\{\varphi_{k''}(x)\}$, 使得对任何微分算子 D^j, 序列 $\{D^j \varphi_{k''}(x)\}$ 都在 K 上一致收敛. 因此有

$$\lim_{k'' \to \infty} D^j \varphi_{k''}(x) = D^j \varphi(x), \text{其中 } \varphi(x) = \lim_{k'' \to \infty} \varphi_{k''}(x),$$

并且这些极限关系式在 K 上是一致成立的. 因此, 度量空间 $\mathfrak{D}(R^n)$ 是完备的, 从而它不是第一纲的.

注　(i) 上述证明表明, $\mathfrak{D}(R^n)$ 的有界集在 $\mathfrak{D}(R^n)$ 的拓扑下是相对紧的. 这是因为 $\mathfrak{D}(R^n)$ 的有界集 B 含于某个 $\mathfrak{D}_K(R^n)$, 这里, K 是 R^n 的某个紧集, 此外, 由 B 的有界性条件还可得出, 对于每个 $D^j, \{D^j \varphi; \varphi \in B\}$ 都是等度有界和等度连续的. (ii) 类似地, 我们看见, $\mathfrak{E}(R^n)$ 的任何有界集都是 $\mathfrak{E}(R^n)$ 的相对紧集.

系 3　$\mathfrak{D}(R^n)$ 是桶型空间.

证明　由于 $\mathfrak{D}(R^n)$ 是 $\{\mathfrak{D}_K(R^n)\}$ 的一个归纳极限, 这里, K 遍取 R^n 的紧子集, 所以系 3 是下述命题的一个推论.

命题　如果局部凸空间 X 是它的桶型子空间 $X_\alpha, \alpha \in A$ 的一个归纳极限, 则 X 本身也是个桶型空间.

证明　设 V 是 X 的一个桶. 由于 V 是闭集, 所以, 根据由 X_α 到 X 中包含映射 $T_\alpha : x \to x$ 的连续性, $T_\alpha^{-1}(V) = V \cap X_\alpha$ 也是闭集. 因此, $V \cap X_\alpha$ 是 X_α 的一个桶. 因为 X_α 是桶型空间, 所以 $V \cap X_\alpha$ 是 X_α 的 0 的一个邻域. 又因为 X 是诸 X_α 的一个归纳极限, 所以 V 必定是 $0 \in X$ 的一个邻域.

定理 2　设 X 是桶型空间, 则第四章 §8 定义的映 X 入 $(X'_{s\text{-}})'_{s\text{-}}$ 的映射 $x \to Jx$ 是个从 X 到 JX 上的拓扑映射, 这里, JX 作为 $(X'_{s\text{-}})'_{s\text{-}}$ 的子集取相对拓扑.

证明　设 B' 是 $X'_{s\text{-}}$ 的一个有界子集, 其极集

$$(B')^0 = \{x'' \in (X'_{s\text{-}})', \sup_{x' \in B'} |\langle x', x''\rangle| \leqslant 1\}$$

便是 $(X'_{s\text{-}})'_{s\text{-}}$ 内原点 0 的一个邻域, 且它还是 $(X'_{s\text{-}})'_{s\text{-}}$ 中一个均衡吸收凸闭集. 因此, $(B')^0 \cap X = {}^0(B')$ 是 X 的一个均衡吸收凸集. 而 ${}^0(B')$ 作为一个 (左) 极集在 X 的弱拓扑下是闭的, 从而 ${}^0(B')$ 在 X 原来的拓扑下也是闭的. 于是 ${}^0(B') = (B')^0 \cap X$ 是 X 的一个桶, 从而它是 X 内原点 0 的一个邻域. 因此, 由 X 入 $(X'_{s\text{-}})'_{s\text{-}}$ 的映射 $x \to Jx$ 是连续的, 这是因为 $(X'_{s\text{-}})'_{s\text{-}}$ 的拓扑是由 0 的形如 $(B')^0$ 的邻域组成的基本邻域系所确定的, 这里, B' 遍取 X' 的有界集.

反之, 设 U 是 $0 \in X$ 的一个均衡凸闭邻域. 由上一节可知, $U = {}^0(U^0)$. 于是, $JU = JX \cap (U^0)^0$, 另一方面, U^0 是 $X'_{s\text{-}}$ 的一个有界集, 这是因为, 对 X 的任何有界集 B, 总存在某个 $\alpha > 0$ 使得 $\alpha B \subseteq U$, 从而 $(\alpha B)^0 \supseteq U^0$. 于是 $(U^0)^0$ 是 $(X'_{s\text{-}})'_{s\text{-}}$ 内原点 0 的一个邻域. 因此, $0 \in X$ 的邻域 U 的像 JU 是 JX 内原点 0 的一个邻域, 这里, JX 的拓扑是 JX 作为 $(X'_{s\text{-}})'_{s\text{-}}$ 的一个子集的相对拓扑.

§3. 半自反性和自反性

定义 1　设 X 是局部凸空间. 若 $X'_{s\text{-}}$ 上每个连续线性泛函都形如

$$x' \to \langle x, x'\rangle, \text{ 此处 } x \in X, \tag{1}$$

则称 X 为半自反的. 因此, X 是半自反的当且仅当

$$X_{w\text{-}} = (X'_{s\text{-}})'_{w\text{-}*}. \tag{2}$$

定义 2　局部凸空间 X 称为自反的是指

$$X = (X'_{\text{s-}})'_{\text{s-}}. \tag{3}$$

根据上一节定理 2, 我们有

命题 1　设 X 是半自反的桶型空间, 则它必是自反的.

显然, 由定义 2 我们又有

命题 2　自反空间的强对偶空间也是自反的.

定理 1　一个局部凸空间 X 是半自反的当且仅当 X 的均衡有界凸闭集依 X 的弱拓扑都是紧的.

证明　设 X 是半自反的, 而 T 是 X 的一个均衡有界凸闭集. 于是, 由本附录 §1 中定理 2 可知 $T = {}^0(T^0)$. 因为 T 是 X 的有界集, 所以 T^0 是 $X'_{\text{s-}}$ 内原点 0 的一个邻域. 因此, 由本附录 §1 中定理 1 可知, $(T^0)^0$ 在 $(X'_{\text{s-}})'$ 的弱 * 拓扑下 是紧的. 于是, 再由 X 的半自反性可以看出, $T = {}^0(T)^0$ 在 X 的弱拓扑下是紧 的.

下面, 我们证明定理 1 的充分性部分. 任取一个 $x'' \in (X'_{\text{s-}})'$, 但知 x'' 在 $X'_{\text{s-}}$ 上强连续性意味着 X 有个有界集 B 使得

$$|\langle x', x'' \rangle| \leqslant 1 \text{ 对每个 } x' \in B^0 \text{ 都成立, 换言之, } x'' \in (B^0)^0.$$

我们可以假定 B 是 X 的一个均衡凸闭集. 于是, 根据定理 1 的假设条件, B 在 X 的弱拓扑下是个紧集. 因此, $B = B^{wa}$, 这里 B^{wa} 表示 B 在 X 的弱拓扑 下的闭包. 因为 $X_{\text{w-}}$ 是作为 $(X'_{\text{s-}})'_{\text{w-*}}$ 的一个线性拓扑子空间而嵌入 $(X'_{\text{s-}})'_{\text{w-*}}$ 的, 所以必定有 $(B^0)^0 \supseteq B^{wa} = B$. 因此, 我们只需证明 x'' 是 B 在 $(X'_{\text{s-}})'_{\text{w-*}}$ 中的一个聚点. 考虑由 X 入 $l^2(n)$ 的映射 $x \to \varphi(x) = \{\langle x, x'_1 \rangle, \cdots, \langle x, x'_n \rangle\}$, 这里, $x'_1, \cdots, x'_n \in X'$. 因为 B 是均衡凸的弱紧集, 所以, 像 $\varphi(B)$ 是均衡凸紧 集. 如果 $\{\langle x'_1, x'' \rangle, \cdots, \langle x'_n, x'' \rangle\}$ 不落于 $\varphi(B)$, 则由 Mazur 定理可知, 必存在点 $\{c_1, \cdots, c_n\} \in l^2(n)$ 使得 $\sup\limits_{b \in B} \left| \sum\limits_i c_i \langle b, x'_i \rangle \right| \leqslant 1$ 和 $\left(\sum\limits_i c_i \langle x'_i, x'' \rangle \right) > 1$, 这表明, $\sum\limits_i c_i x'_i \in B^0$ 并且 x'' 不可能属于 $(B^0)^0$.

定理 2　一个局部凸空间 X 是自反的当且仅当它是桶型空间并且其均衡有 界凸闭集依 X 的弱拓扑都是紧集. 特别地, $\mathfrak{D}(R^n)$ 和 $\mathfrak{E}(R^n)$ 都是自反的.

证明　充分性源自上面命题 1 和定理 1. 今证定理 2 的第一个条件是必要 的.

设 T 是 X 的一个桶. 我们要证明 T 能吸收 X 的任何有界集 B, 从而 $B^0 \supseteq \alpha T^0, \alpha > 0$. 因为 B^0 是 $X'_{\text{s-}}$ 内原点 0 的一个邻域, 所以 T^0 是 $X'_{\text{s-}}$ 的一个有界

集. 根据本附录 §1 中命题和定理 2, 我们知道 $T = {}^0(T^0)$. 由于假设了 X 是自反的, 所以我们有 ${}^0(T^0) = (T^0)^0$, 从而有 $T = (T^0)^0$. 于是我们就证明了桶 T 是 $X = (X'_{s-})'_{s-}$ 内原点 0 的一个邻域. 因此 X 是桶型空间.

根据假设条件, 均衡凸闭集 $K = \text{Conv}\Big(\bigcup_{|\alpha| \leqslant 1} \alpha B \Big)^a$ 在 X 的弱拓扑下是紧的. 这里, 我们用 $\text{Conv}(N)^a$ 表示 N 的凸包 $\text{Conv}(N)$ (见第一章 §1 注) 在 X 中的闭包. 令 $Y = \bigcup_{n=1}^{\infty} nK$, 又令 $p(x)$ 是 K 的 Minkowski 泛函. 这时, 由于 K 在 Y 中是弱紧的, 所以 $p(x)$ 是 Y 上的一个范数. 换言之, 对于 $\alpha > 0$, $\{\alpha K\}$ 给出了赋范线性空间 Y 内原点的一个基本邻域系, 并且由于 K 是弱紧的, 所以 Y 是个 B-空间. 因此, Y 是个桶型空间. 另一方面, 因为 K 是 X 的一个有界集, 所以用范数 $p(x)$ 定义的 Y 的拓扑强于 Y 作为 X 的子集的相对拓扑. 由于 T 是 X 的一个桶, 所以 T 在 X 中是闭的. 因此, $T \cap Y$ 在 Y 中对于用范数 $p(x)$ 定义的拓扑是闭的. 从而, $T \cap Y$ 是 B-空间 Y 的一个桶, 从而 $T \cap Y$ 是 B-空间 Y 内原点 0 的一个邻域. 因此, 我们就证明了 $T \cap Y$, 不用说还有 T 都吸收了 $K \supseteq B$.

§4. Eberlein-Shmulyan 定理

这个定理, 鉴于它的应用, 是十分重要的.

定理 (Eberlein-Shmulyan)　一个 B-空间 X 是自反的当且仅当它是局部弱列紧的, 即 X 是自反的当且仅当 X 中每个强有界序列都含有弱收敛于 X 中某某元素的子列.

为了证明此定理, 我们需要两个引理:

引理 1　如果 B-空间 X 的强对偶 X'_{s-} 是可分的, 则 X 本身也是可分的.

引理 2 (S. Banach)　B-空间 X 的对偶空间 X' 的线性子空间 M' 是弱 * 闭的当且仅当 M' 是有界弱 * 闭的, 换言之, M' 是弱 * 闭的当且仅当 M' 含有 M' 的每个强有界子集的所有弱 * 聚点.

引理 1 就是第五章 §2 中那个已经证明过的引理. 至于引理 2, 我们只需证明它的 "当" 的部分. 叙述如下.

证明 (E. Hille-R. S. Phillips [1])　根据假设条件, 我们知道 M' 是强闭的, 要证 M' 含有它的一切弱 * 聚点. 设 $x'_0 \bar{\in} M'$, 我们要证明对于满足条件 $0 < C < \inf_{x' \in M'} \|x' - x'_0\|$ 的每个常数 C, 总存在 $x_0 \in X$ 使得 $\|x_0\| \leqslant 1/C$ 且

$$\langle x_0, x'_0 \rangle = 1 \text{ 以及对一切 } x' \in M' \text{都有 } \langle x_0, x' \rangle = 0. \tag{1}$$

为证 x_0 的存在性, 我们取递增数列 $\{C_n\}$ 使得, $C_1 = C$ 和 $\lim\limits_{n\to\infty} C_n = \infty$.
这时, 单位球 $S = \{x \in X; \|x\| \leqslant 1\}$ 有个有限子集 σ_1 使得

$$\|x' - x_0'\| \leqslant C_2 \text{ 和 } \sup_{x\in\sigma_1} |\langle x, x'\rangle - \langle x, x_0'\rangle| \leqslant C_1 \text{ 必导致 } x' \overline{\in} M'.$$

如果这种 σ_1 不存在, 则相应于 S 的每个有限子集 σ, 都应该存在 $x_\sigma' \in M'$ 使得

$$\|x_\sigma' - x_0'\| \leqslant C_2 \text{ 和 } \sup_{x\in\sigma} |\langle x, x_\sigma'\rangle - \langle x, x_0'\rangle| \leqslant C_1.$$

我们用包含关系来建立诸集合 σ 之间的顺序并用 N_σ' 来表示集合 $\{x_{\sigma'}'; \sigma' \geqslant \sigma\}$
的弱 * 闭包. 显然, N_σ' 具有有限交性质. 另一方面, 因为 M' 是有界弱 * 闭的,
所以由本附录 §1 中定理 1 的系, 可以肯定集合

$$M_{C'}' = \{x' \in M'; \|x'\| \leqslant C'\}$$

是弱 * 紧的. 因此, 对于 $C' = C_2 + \|x_0'\|$ 有 $N_\sigma' \subseteq M_{C'}'$, 从而存在 $x_1' \in \bigcap\limits_\sigma N_\sigma' \subseteq$
M'. 因此有 $\sup\limits_{x\in S} |\langle x, x_1'\rangle - \langle x, x_0'\rangle| \leqslant C_1$, 从而 $\|x_1' - x_0'\| \leqslant C_1$, 这同假设条件
$0 < C_1 < \inf\limits_{x'\in M'} \|x' - x_0'\|$ 相矛盾.

根据类似推理, 我们可以相继证明, S 有一列有限子集 $\sigma_1, \sigma_2, \cdots$ 使得

$$\begin{cases} \|x' - x_0'\| \leqslant C_k \text{ 和 } \sup\limits_{x\in\sigma_i} |\langle x, x'\rangle - \langle x, x_0'\rangle| \leqslant C_i \\ (i = 1, 2, \cdots, k-1) \text{必导致} x' \overline{\in} M'. \end{cases}$$

由于 $\lim\limits_{i\to\infty} C_i = \infty$, 我们看出, 如果一切 $x \in (C/C_j)\sigma_j \ (j = 1, 2, \cdots)$ 满足

$$|\langle x, x'\rangle - \langle x, x_0'\rangle| \leqslant C,$$

则 $x' \overline{\in} M'$. 设 $\{x_n\}$ 是个序列, 其元素依次取自集合 $(C/C_j)\sigma_j \ (j = 1, 2, \cdots)$. 因
此 $\lim\limits_{n\to\infty} x_n = 0$, 从而 $L(x') = \{\langle x_n, x'\rangle\}$ 是 $X_{\text{s-}}'$ 到 B-空间 (c_0) 的一个有界线性
变换. 我们知道, 点 $\{\langle x_n, x_0'\rangle\} \in (c_0)$ 到线性子空间 $L(M')$ 的距离 $> C$. 因此, 由
第四章 §6 中定理 3 的系可知, 存在连续线性泛函 $\{\alpha_n\} \in (c_0)' = (l^1)$ 使得

$$\|\{\alpha_n\}\| = \sum_{n=1}^{\infty} |\alpha_n| \leqslant 1/C, \quad \sum_{n=1}^{\infty} \alpha_n \langle x_n, x_0'\rangle = 1 \text{ 并且}$$

对一切 $x' \in M'$ 都有 $\sum\limits_{n=1}^{\infty} \alpha_n \langle x_n, x'\rangle = 0$.

显然, 元素 $x_0 = \sum\limits_{n=1}^{\infty} \alpha_n x_n$ 就满足条件 (1).

系　设 $\langle x', x_0'' \rangle = F(x')$ 是定义在 B–空间 X 的对偶空间 X' 上的一个线性泛函. 如果 $N(F) = N(x_0'') = \{x' \in X'; F(x') = 0\}$ 是弱 $*$ 闭的, 则存在元素 $x_0 \in X$ 使得一切 $x' \in X'$ 满足

$$F(x') = \langle x', x_0'' \rangle = \langle x_0, x' \rangle. \tag{2}$$

证明　我们可以假设 $N(F) \neq X'$. 否则, 我们可以就取 $x_0 = 0$. 设 $x_0' \in X'$ 且 $F(x_0') = 1$. 由前面的引理 2 的 (1) 式可知, 存在 $x_0 \in X$ 使得

$$\langle x_0, x_0' \rangle = 1 \text{ 且对一切 } x' \in N(F) \text{ 都有 } \langle x_0, x' \rangle = 0. \tag{3}$$

因此, 对任何 $x' \in X'$, 泛函

$$x' - F(x') x_0' = y' \in X'$$

都满足 $F(y') = 0$, 亦即 $y' \in N(F)$. 从而由 (3), 我们就得到 (2).

定理的证明　"仅当" 部分. 令 $\{x_n\}$ 是 X 的一个满足 $\|x_n\| = 1$ 的序列. 由 $\{x_n\}$ 生成的子空间的强闭包 X_0 是个可分的 B–空间. 因为 X_0 是 B–空间, 所以它是个桶型空间. 我们要证明 X_0 是自反的. X_0 的任何强有界闭集 B_0 也是 X 的一个强有界闭集, 因此, 由 X 的自反性可知, B_0 在 X 的弱拓扑下是紧的. 但由于 X_0 是 X 的一个强线性闭子空间, 所以 X_0 在 X 的弱拓扑下是闭的 (见第四章 §6 中定理 3). 于是 B_0 在 X_0 的弱拓扑下是紧的. 因此, 由上一节的定理 2 可知, X_0 是自反的. 我们便有 $X_0 = ((X_0)_{s-}')_{s-}'$. 根据前面的引理 1, $(X_0)_{s-}'$ 还是可分的. 设 $\{x_n'\}$ 在 $(X_0)_{s-}'$ 中是强稠密的. 这时, X_0 的弱拓扑可以用可数个半范数 $p_m(x) = |\langle x, x_m' \rangle|$ $(m = 1, 2, \cdots)$ 的序列来定义. 于是容易看出, 在 X_0 的弱拓扑下的紧序列 $\{x_n\}$ 在 X_0 和 X 中都是弱列紧的. 我们只需选出 $\{x_n\}$ 的一个子列 $\{x_{n'}\}$, 使得对于 $m = 1, 2, \cdots$, $\lim\limits_{n \to \infty} \langle x_{n'}, x_m' \rangle$ 都存在且为有限的.

"当" 的部分. 设 M 是 X 的一个有界集, 又设 M 的每个无穷序列都含有一个子列, 它弱收敛于 X 的一个元素. 我们只需证明, 在 X 的弱拓扑下, M 在 X 中的闭包 $\overline{M}$ 在 X 中是弱紧的. 因为这时, 由上一节的定理 2 可知, 桶型空间 X 是自反的.

因为 $X_{\text{w-}} \subseteq (X_{\text{s-}}')_{\text{w-}*}'$, 所以我们有 $\overline{M} = \overline{\overline{M}} \cap X_{\text{w-}}$, 这里, $\overline{\overline{M}}$ 是 $\overline{M}$ 在 $(X_{\text{s-}}')'$ 的弱 $*$ 拓扑下的闭包. 令 S_r' 是 $X_{\text{s-}}'$ 的球, 其半径为 $r > 0$ 而球心在 0. 由于有对应关系

$$\overline{M} \ni m \leftrightarrow \{\langle x', m \rangle; \|x'\| \leqslant 1\} \in \prod_{x' \in S_1'} I_{x'}, \text{这里}$$

$$I_{x'} = \{z; |z| \leqslant \sup_{m \in \overline{\overline{M}}} |\langle x', m \rangle|\},$$

所以 $\overline{M}$ 可以等同于拓扑乘积 $\prod_{x'\in S_1'} I_{x'}$ 的某个闭子集. 由 Tychonov 定理可知, $\prod_{x'\in S_1'} I_{x'}$ 是紧的, 从而 $\overline{M}$ 在 $(X_{\mathrm{s-}}')'$ 的弱 * 拓扑下是紧的. 因此, 我们只需要证明 $\overline{\overline{M}} \subseteq X_{\mathrm{w-}}$.

令 $x_0'' \in (X_{\mathrm{s-}}')'$ 是集合 $\overline{M}$ 在 $(X_{\mathrm{s-}}')'$ 的弱 * 拓扑下的一个聚点. 为了证明 $x_0'' \in X_{\mathrm{w-}}$, 我们只需要证明集合 $N(x_0'') = \{x' \in X'; \langle x', x_0''\rangle = 0\}$ 是弱 * 闭的. 这是因为, 由上面的系可知, 存在 $x_0 \in X$ 使得对一切 $x' \in X'$ 都有 $\langle x', x_0''\rangle = \langle x_0, x'\rangle$. 我们首先来证明

对 X' 的每个有限集 $x_1', x_2', \cdots, x_n'$ 都存在
$$z \in \overline{M} \text{ 使得 } \langle x_j', x_0''\rangle = \langle z, x_j'\rangle \quad (j = 1, 2, \cdots, n). \tag{4}$$

证法如下. 因为 x_0'' 是含于 $\overline{M}$ 的弱 * 闭包的, 所以有元素 $z_m \in \overline{M}$ 使得
$$|\langle z_m, x_j'\rangle - \langle x_j', x_0''\rangle| \leqslant 1/m \quad (j = 1, 2, \cdots, n).$$

由假设条件可知 $\{z_m\}$ 必有个子列, 它弱收敛于某个元素 $z \in X$, 但因 $\overline{M}$ 的序列弱闭包是含于 $\overline{M}$ 的, 所以 $z \in \overline{M}$. 于是我们就得出了 (4).

现在由引理 2 可知, 如果对每个 $r > 0$, 集合 $N(x_0'') \cap S_r'$ 都是弱 * 闭的, 则 $N(x_0'')$ 也是弱 * 闭的. 令 y_0' 含于 $N(x_0'') \cap S_1'$ 的弱 * 闭包中. 我们需证 $y_0' \in N(x_0'') \cap S_1'$. 为此目的, 我们任取 $\varepsilon > 0$ 并这样来作出三个序列 $\{z_n\} \subseteq \overline{M}$, $\{x_n\} \subseteq M$ 和 $\{y_n'\} \subseteq N(x_0'') \cap S_1'$: 用 (4), 我们可以选出一个 $z_1 \in \overline{M}$ 使得 $\langle z_1, y_0'\rangle = \langle y_0', x_0''\rangle$. 因为 z_1 含于 M 的弱闭包中, 所以存在 $x_1 \in M$ 使得 $|\langle x_1, y_0'\rangle - \langle z_1, y_0'\rangle| \leqslant \varepsilon/4$. 因为 y_0' 含于 $N(x_0'') \cap S_1'$ 的弱 * 闭包中, 所以存在 $y_1' \in N(x_0'') \cap S_1'$ 使得 $|\langle x_1, y_1'\rangle - \langle x_1, y_0'\rangle| \leqslant \varepsilon/4$. 重复这一推理并联想到 (4), 我们就得到 $\{z_n\} \subseteq \overline{M}$, $\{x_n\} \subseteq M$ 和 $\{y_n'\} \subseteq N(x_0'') \cap S_1'$ 使得

$$\begin{cases} \langle z_1, y_0'\rangle = \langle y_0', x_0''\rangle, \\ \langle z_n, y_m'\rangle = \langle y_m', x_0''\rangle = 0 \quad (m = 1, 2, \cdots, n-1), \\ |\langle x_n, y_m'\rangle - \langle z_n, y_m'\rangle| \leqslant \varepsilon/4 \quad (m = 0, 1, \cdots, n-1), \\ |\langle x_i, y_n'\rangle - \langle x_i, y_0'\rangle| \leqslant \varepsilon/4 \quad (i = 1, 2, \cdots, n). \end{cases} \tag{5}$$

于是我们有

$$|\langle y_0', x_0''\rangle - \langle x_i, y_n'\rangle| \leqslant \varepsilon/4 + \varepsilon/4 = \varepsilon/2 \quad (i = 1, 2, \cdots, n). \tag{6}$$

因为 $\{x_n\} \subseteq M$, 所以 $\{x_n\}$ 必含有某个子列, 它弱收敛于某个元素 $x \in \overline{M}$. 不失一般性, 我们可以假设序列 $\{x_n\}$ 本身弱收敛于 $x \in \overline{M}$. 于是由 (5) 可知,

$|\langle x, y_m' \rangle| \leqslant \varepsilon/4$. 由 w-$\lim\limits_{n\to\infty} x_n = x$ 和第五章 §1 中 Mazur 定理 2 可知, 存在凸组合 $u = \sum\limits_{j=1}^{n} \alpha_j x_j \left(\alpha_j \geqslant 0, \sum\limits_{j=1}^{n} \alpha_j = 1 \right)$ 使得 $\|x - u\| \leqslant \varepsilon/4$. 因此, 由 (6) 可得

$$|\langle y_0', x_0'' \rangle - \langle u, y_n' \rangle| \leqslant \sum_{j=1}^{n} \alpha_j |\langle y_0', x_0'' \rangle - \langle x_j, y_n' \rangle| \leqslant \varepsilon/2,$$

从而有

$$|\langle y_0', x_0'' \rangle| \leqslant |\langle y_0', x_0'' \rangle - \langle u, y_n' \rangle| + |\langle u, y_n' \rangle - \langle x, y_n' \rangle| + |\langle x, y_n' \rangle|$$
$$\leqslant \varepsilon/2 + \|u - x\|\|y_n'\| + \varepsilon/4 \leqslant \varepsilon.$$

由于 ε 是任意的, 所以有 $\langle y_0', x_0'' \rangle = 0$, 从而 $y_0' \in N(x_0'')$. 结合 S_1' 是弱 * 闭集这个事实, 我们就最终得出了 $y_0' \in N(x_0'') \cap S_1'$.

　　注　关于 B–空间的弱拓扑和对偶性这方面的内容, 有大量的参考文献. 例如, 可以参看 N. Dunford-J. Schwartz [1]. 本附录的 §1, §2 和 §3 取材于 N. Bourbaki [1] 和 A. Grothendieck [1], 并作了适当的修改. 值得注意的是, 在 Eberlein [1]-Shmulyan [1] 得出上述定理时, 其证明中所用到的那些必要的工具, 早在 S. Banach 的书 [1] 中就以这种或那种形式出现过.

第六章　Fourier 变换和微分方程

Fourier 变换是古典分析和现代分析的最有效的工具之一. 它的应用范围, 由于 S. L. Sobolev [1] 和 L. Schwartz [1] 引入了广义函数的概念, 近年来已经惊人地扩大了. 随后, L. Ehrenpreis, B. Malgrange 而特别是 L. Hörmander [6] 更进一步把它成功地用于线性偏微分方程理论之中.

§1.　速降函数的 Fourier 变换

定义 1　称一个函数 $f \in C^\infty(R^n)$ 为 (在 ∞ 邻近) 速降的是指由非负整数 α_j 和 β_k 组成的 n 元组 $\alpha = (\alpha_1, \alpha_2, \cdots, \alpha_n)$ 和 $\beta = (\beta_1, \beta_2, \cdots, \beta_n)$ 均满足下式

$$\sup_{x \in R^n} |x^\beta D^\alpha f(x)| < \infty \quad \left(x^\beta = \prod_{j=1}^n x_j^{\beta_j}\right). \tag{1}$$

将 R^n 上速降函数全体记为 $\mathfrak{S}(R^n)$.

例　$\exp(-|x|^2)$ 和函数 $f \in C_0^\infty(R^n)$ 都是速降的.

命题 1　速降函数全体 $\mathfrak{S}(R^n)$ 依函数和及函数与复数乘法为代数运算是个线性空间, 它还是个局部凸空间, 其拓扑确定于下述形式的半范数族:

$$p(f) = \sup_{x \in R^n} |P(x)D^\alpha f(x)|, \quad \text{其中 } P(x) \text{ 表示多项式.} \tag{2}$$

命题 2　$\mathfrak{S}(R^n)$ 在具有多项式系数的线性偏微分算子的作用下是封闭的.

命题 3　在 $\mathfrak{S}(R^n)$ 的拓扑下, $C_0^\infty(R^n)$ 是 $\mathfrak{S}(R^n)$ 的一个稠密集.

证明　令 $f \in \mathfrak{S}(R^n)$, 且取 $\psi(x) \in C_0^\infty(R^n)$ 使得当 $|x| \leqslant 1$ 时, $\psi(x) = 1$. 于是对任何 $\varepsilon > 0, f_\varepsilon(x) = f(x)\psi(\varepsilon x) \in C_0^\infty(R^n)$. 对于函数乘积的微分

$$D^\alpha(f_\varepsilon(x) - f(x)) = D^\alpha\{f(x)(\psi(\varepsilon x) - 1)\}$$

用 Leibniz 公式, 我们看出上式是 $D^\alpha f(x) \cdot (\psi(\varepsilon x) - 1)$ 与以下诸项

$$D^\beta f(x) \cdot (\varepsilon)^{|\gamma|}\{D^\gamma \psi(y)\}_{y=\varepsilon x}, \quad \text{其中 } |\beta| + |\gamma| = |\alpha| \text{ 而 } |\gamma| > 0$$

的有限线性组合. 因此易见, 当 $\varepsilon \downarrow 0$ 时, 在 $\mathfrak{S}(R^n)$ 的拓扑下, $f_\varepsilon(x)$ 趋于 $f(x)$.

定义 2　对任何 $f \in \mathfrak{S}(R^n)$, 我们定义其 Fourier 变换 $\widehat{f}$ 为

$$\widehat{f}(\xi) = (2\pi)^{-n/2} \int_{R^n} e^{-i\langle \xi, x \rangle} f(x) dx, \tag{3}$$

其中 $\xi = (\xi_1, \xi_2, \cdots, \xi_n)$, $x = (x_1, x_2, \cdots, x_n)$ 及内积 $\langle \xi, x \rangle = \sum_{j=1}^n \xi_j x_j$, 体积微元 $dx = dx_1 dx_2 \cdots dx_n$. 我们把 $g \in \mathfrak{S}(R^n)$ 的 Fourier 逆变换 $\widetilde{g}$ 定义为

$$\widetilde{g}(x) = (2\pi)^{-n/2} \int e^{i\langle x, \xi \rangle} g(\xi) d\xi. \tag{4}$$

命题 4　Fourier 变换: $f \to \widehat{f}$ 把 $\mathfrak{S}(R^n)$ 线性连续地映入 $\mathfrak{S}(R^n)$. Fourier 逆变换: $g \to \widetilde{g}$ 也把 $\mathfrak{S}(R^n)$ 线性连续地映入 $\mathfrak{S}(R^n)$ 内.

证明　在积分号下形式地微分, 我们得到

$$D^\alpha \widehat{f}(\xi) = (2\pi)^{-n/2} \int e^{-i\langle \xi, x \rangle} (-i)^{|\alpha|} x^\alpha f(x) dx. \tag{5}$$

这里, 形式微分是容许的, 因为根据 (1), 上式右端对 ξ 是一致收敛的. 因此 $\widehat{f} \in C^\infty(R^n)$. 类似地, 用分部积分, 我们得到

$$(i)^{|\beta|} \xi^\beta \widehat{f}(\xi) = (2\pi)^{-n/2} \int e^{-i\langle \xi, x \rangle} D^\beta f(x) dx. \tag{6}$$

因此, 我们有

$$(i)^{|\beta|+|\alpha|} \xi^\beta D^\alpha \widehat{f}(\xi) = (2\pi)^{-n/2} \int e^{-i\langle \xi, x \rangle} D^\beta(x^\alpha f(x)) dx, \tag{7}$$

而 (7) 就证明了映射 $f \to \widehat{f}$ 在 $\mathfrak{S}(R^n)$ 的拓扑下是连续的.

定理 1 (Fourier 反演定理)　设 f 是 R^n 上任何一个速降函数, 则

$$\widetilde{\widehat{f}}(x) = (2\pi)^{-n/2} \int e^{i\langle x, \xi \rangle} \widehat{f}(\xi) d\xi = f(x), \tag{8}$$

$$\text{即我们有 } \widetilde{\widehat{f}} = f, \text{ 而类似地有 } \widehat{\widetilde{f}} = f. \tag{8'}$$

因此容易看出, Fourier 变换双向线性连续地把 $\mathfrak{S}(R^n)$ 映到 $\mathfrak{S}(R^n)$ 上, 而 Fourier 逆变换给出了 Fourier 变换的逆映射.

证明　对于 $\mathfrak{S}(R^n)$ 中 f 和 g, 我们有

$$\int g(\xi)\widehat{f}(\xi)e^{i\langle x,\xi\rangle}d\xi = \int \widehat{g}(y)f(x+y)dy. \tag{9}$$

事实上, 左端等于

$$\int g(\xi)\Big\{(2\pi)^{-n/2}\int e^{-i\langle \xi,y\rangle}f(y)dy\Big\}e^{i\langle x,\xi\rangle}d\xi$$

$$= (2\pi)^{-n/2}\int\Big\{\int g(\xi)e^{-i\langle \xi,y-x\rangle}d\xi\Big\}f(y)dy$$

$$= \int \widehat{g}(y-x)f(y)dy = \int \widehat{g}(y)f(x+y)dy.$$

对于 $\varepsilon > 0$, 如果我们把 $g(\xi)$ 取为 $g(\varepsilon\xi)$, 则

$$\int \frac{e^{-i\langle y,\xi\rangle}g(\varepsilon\xi)d\xi}{(2\pi)^{n/2}} = \int \frac{g(z)e^{-i\langle y,z/\varepsilon\rangle}dz}{(2\pi)^{n/2}\varepsilon^n} = \frac{\widehat{g}(y/\varepsilon)}{\varepsilon^n}.$$

于是根据 (9), 得

$$\int g(\varepsilon\xi)\widehat{f}(\xi)e^{i\langle x,\xi\rangle}d\xi = \int \widehat{g}(y)f(x+\varepsilon y)dy.$$

我们采用 F. Riesz 的做法, 取 $g(x) = e^{-|x|^2/2}$ 并令 $\varepsilon \downarrow 0$. 于是得到

$$g(0)\int \widehat{f}(\xi)e^{i\langle x,\xi\rangle}d\xi = f(x)\int \widehat{g}(y)dy.$$

因为 $g(0) = 1$, 并且根据众所周知的事实:

$$(2\pi)^{-n/2}\int e^{-|x|^2/2}e^{-i\langle y,x\rangle}dx = e^{-|y|^2/2}, \tag{10}$$

$$(2\pi)^{-n/2}\int e^{-|x|^2/2}dx = 1, \tag{10'}$$

亦即 $\int \widehat{g}(y)dy = (2\pi)^{n/2}$, 从而 (8) 得证.

注　为完整起见, 我们还是给出 (10) 的证明. 显然有

$$(2\pi)^{-1/2}\int_{-\lambda}^{\lambda} e^{-t^2/2}e^{-iut}dt = e^{-u^2/2}(2\pi)^{-1/2}\int_{-\lambda}^{\lambda} e^{-(t+iu)^2/2}dt.$$

令 $u > 0$, 对于 $z = t + iu$ 的全纯函数 $e^{-z^2/2}$ 依次沿有向线段

$$\overrightarrow{-\lambda,\lambda}, \quad \overrightarrow{\lambda,\lambda+iu}, \quad \overrightarrow{\lambda+iu,-\lambda+iu} \quad 和 \quad \overrightarrow{-\lambda+iu,-\lambda}$$

组成的曲线进行积分. 根据 Cauchy 积分定理, 该积分值等于零. 因此

$$(2\pi)^{-1/2}\int_{-\lambda}^{\lambda} e^{-(t+iu)^2/2}dt = (2\pi)^{-1/2}\int_{-\lambda}^{\lambda} e^{-t^2/2}dt$$

$$+ (2\pi)^{-1/2}\int_{u}^{0} e^{-(-\lambda+iu)^2/2}idu$$

$$+ (2\pi)^{-1/2}\int_{0}^{u} e^{-(\lambda+iu)^2/2}idu.$$

当 $\lambda \to \infty$ 时, 右端第二项和第三项趋于 0, 从而由 (10′) 可知

$$(2\pi)^{-1/2} \int_{-\infty}^{\infty} e^{-t^2/2} e^{-itu} dt = e^{-u^2/2} (2\pi)^{-1/2} \int_{-\infty}^{\infty} e^{-t^2/2} dt = e^{-u^2/2}.$$

于是我们对 $n = 1$ 的情形证明了 (10), 这时要证明一般 n 的情形是容易的, 办法是把它转化为 $n = 1$ 的情形.

系 (Parseval 等式)　我们有

$$\int \widehat{f}(\xi) g(\xi) d\xi = \int f(x) \widehat{g}(x) dx, \tag{11}$$

$$\int f(\xi) \overline{g}(\xi) d\xi = \int \widetilde{f}(x) \overline{\widehat{g}}(x) dx, \tag{12}$$

$$(\widehat{f * g}) = (2\pi)^{n/2} \widehat{f}\widehat{g} \text{ 和 } (2\pi)^{n/2} (\widehat{fg}) = \widehat{f} * \widehat{g}, \tag{13}$$

其中, **卷积** $f * g$ 定义成下式

$$(f * g)(x) = \int f(x - y) g(y) dy = \int g(x - y) f(y) dy. \tag{14}$$

证明　在 (9) 中, 令 $x = 0$ 就得出了 (11). 只要注意到 $\overline{g}$ 的 Fourier 变换是 $\overline{\widehat{g}}$ 就可以从 (11) 得出 (12). 下面我们证明

$$(2\pi)^{-n/2} \int (f * g)(x) e^{-i\langle \xi, x \rangle} dx$$
$$= (2\pi)^{-n/2} \int g(y) e^{-i\langle \xi, y \rangle} \left\{ \int f(x - y) e^{-i\langle \xi, x-y \rangle} dx \right\} dy$$
$$= (2\pi)^{n/2} \widehat{f}(\xi) \widehat{g}(\xi). \tag{15}$$

由于 $\mathfrak{S}(R^n)$ 中函数 $\widehat{f}$ 和 $\widehat{g}$ 的乘积 $\widehat{f}\widehat{g}$ 仍是 $\mathfrak{S}(R^n)$ 中函数, 所以, 我们知道 (15) 的右端属于 $\mathfrak{S}(R^n)$. 容易看出, $\mathfrak{S}(R^n)$ 中两个函数的卷积 $f * g$ 也属于 $\mathfrak{S}(R^n)$. 因此, 我们就证明了 (13) 的第一个公式. 第二个公式可以用类似于 (9) 式的证明方法由 (15) 予以证明.

定理 2 (Poisson 求和公式)　设 $\varphi \in \mathfrak{S}(R^1)$, 又设 $\widehat{\varphi} \in \mathfrak{S}(R^1)$ 是 φ 的 Fourier 变换, 则我们有[①]

$$\sum_{n=-\infty}^{\infty} \varphi(2\pi n) = \sum_{n=-\infty}^{\infty} \widehat{\varphi}(n). \tag{16}$$

证明　令 $f(x) = \sum_{n=-\infty}^{\infty} \varphi(x + 2\pi n)$. 根据 $\varphi(x)$ 在 ∞ 速降这一事实可以证明, 此级数绝对收敛并且定义了一个 C^∞-函数以及 $f(x + 2\pi) = f(x)$. 特别地, (16) 的两端都是收敛的, 我们只需证明二者相等.

---

①校者注: 此等式右端应是 $(2\pi)^{-1/2} \sum_{n=-\infty}^{\infty} \widehat{\varphi}(n)$.

限制于区间 $(0, 2\pi)$ 后, 函数 $f(x)$ 关于 Hilbert 空间 $L^2(0, 2\pi)$ 的完全标准正交系 $\{(2\pi)^{-1/2} e^{ikx}; k = 0, \pm1, \pm2, \cdots\}$ 的 Fourier 系数 c_k 为

$$c_k = (2\pi)^{-1/2} \int_0^{2\pi} f(x) e^{-ikx} dx = \sum_{n=-\infty}^{\infty} (2\pi)^{-1/2} \int_0^{2\pi} \varphi(x + 2\pi n) e^{-ikx} dx$$

$$= \sum_{n=-\infty}^{\infty} (2\pi)^{-1/2} \int_{2\pi n}^{2\pi(n+1)} \varphi(x) e^{-ikx} dx = \widehat{\varphi}(k).$$

以 l.i.m. 代表 $L^2(0, 1)$ 中的强收敛, 由 f 在 $(0, 2\pi)$ 上平方可积有

$$f(x) = \sum_{n=-\infty}^{\infty} \varphi(x + 2\pi n) = \underset{s\uparrow\infty}{\text{l.i.m.}} \sum_{k=-s}^{s} (2\pi)^{-1/2} \widehat{\varphi}(k) e^{ikx}.$$

然而, 因为 $\widehat{\varphi}(x) \in \mathfrak{S}(R^n)$, 所以级数 $\sum\limits_{k=-\infty}^{\infty} \widehat{\varphi}(k) e^{ikx}$ 绝对收敛. 因此

$$\sum_{n=-\infty}^{\infty} \varphi(x + 2\pi n) = \sum_{k=-\infty}^{\infty} (2\pi)^{-1/2} \widehat{\varphi}(k) e^{ikx},$$

令 $x = 0$, 我们就得到 (16).

例 当 $t > 0$ 时, 由 (10), 我们有

$$(2\pi)^{-1/2} \int_{-\infty}^{\infty} e^{-tx^2} e^{-ixy} dx$$

$$= (2\pi)^{-1/2} \int_{-\infty}^{\infty} e^{-x^2/2} e^{-ixy/\sqrt{2t}} (2t)^{-1/2} dx = (2t)^{-1/2} e^{-y^2/4t}.$$

用 (16), 我们就得到所谓 θ-公式[1]

$$\sum_{n=-\infty}^{\infty} e^{-4t\pi^2 n^2} = \sum_{n=-\infty}^{\infty} (2t)^{-1/2} e^{-n^2/4t}, \ t > 0. \tag{17}$$

§2. 缓增分布的 Fourier 变换

定义 1 定义在 $\mathfrak{S}(R^n)$ 上的一个连续线性泛函 T 就叫作 (R^n 上) 的一个缓增分布. 缓增分布的全体用 $\mathfrak{S}(R^n)'$ 来表示, 它作为 $\mathfrak{S}(R^n)$ 的对偶空间依强对偶拓扑是个局部凸空间.

命题 1 既然 $C_0^\infty(R^n)$ 作为一个集合是包含在 $\mathfrak{S}(R^n)$ 的, 并且 $\mathfrak{D}(R^n)$ 上拓扑强于它在 $\mathfrak{S}(R^n)$ 的相对拓扑, 一个缓增分布在 $C_0^\infty(R^n)$ 上的限制便是 R^n 上的一个分布. 两个不同的缓增分布在 $C_0^\infty(R^n)$ 上的限制确定 R^n 上两个不同

---

[1]校者注: 此式右端应是 $\sum\limits_{n=-\infty}^{\infty} (4t\pi)^{-1/2} e^{-n^2/4t}, \ t > 0.$

的分布, 此因 $C_0^\infty(R^n)$ 依 $\mathfrak{S}(R^n)$ 上拓扑在 $\mathfrak{S}(R^n)$ 内是稠密的. 从而于 $C_0^\infty(R^n)$ 的限制为零的缓增分布必定在 $\mathfrak{S}(R^n)$ 上为零. 因此

$$\mathfrak{S}(R^n)' \subseteq \mathfrak{D}(R^n)'. \tag{1}$$

例 1　R^n 内具有紧支集的分布必定属于 $\mathfrak{S}(R^n)'$. 因此

$$\mathfrak{E}(R^n)' \subseteq \mathfrak{S}(R^n)'. \tag{2}$$

例 2　一个 σ–有限且在 R^n 的 Baire 集系上是 σ–可加的非负测度 $\mu(dx)$ 称为一个缓增测度是指存在非负实数 k 使得

$$\int\limits_{R^n} (1+|x|^2)^{-k}\mu(dx) < \infty. \tag{3}$$

这样的一个测度 μ 确定了一个缓增分布

$$T_\mu(\varphi) = \int\limits_{R^n} \varphi(x)\mu(dx), \quad \varphi \in \mathfrak{S}(R^n). \tag{4}$$

事实上, 由条件 $\varphi \in \mathfrak{S}(R^n)$ 可知, 对于充分大的 $|x|$, 我们有 $\varphi(x) = 0((1+|x|^2)^{-k})$.

例 3　作为例 2 的一个特殊情形, 任何函数 $f \in L^p(R^n)$ $(p \geqslant 1)$ 能产生一个缓增测度 $\mu(dx) = |f(x)|dx$, 从而均确定了一个缓增分布

$$T_f(\varphi) = \int\limits_{R^n} \varphi(x)f(x)dx, \quad \varphi \in \mathfrak{S}(R^n). \tag{4'}$$

要证实这一点, 只需把 Hölder 不等式用于

$$\int\limits_{R^n} (1+|x|^2)^{-k}|f(x)|dx.$$

定义 2　函数 $f \in C^\infty(R^n)$ (在 ∞ 附近) 是缓增的是指对于任何微分运算 D^j, 都存在非负整数 N 使得

$$\lim_{|x|\to\infty} |x|^{-N}|D^j f(x)| = 0. \tag{5}$$

缓增函数全体用 $\mathfrak{D}_M(R^n)$ 来表示. 它是个局部凸空间, 其代数运算是函数之和及函数同复数的乘积, 而其拓扑则决定于下述形式的半范数族:

$$p(f) = p_{h,D^j}(f) = \sup_{x\in R^n} |h(x)D^j f(x)|, \quad f \in \mathfrak{D}_M(R^n), \tag{6}$$

这里 (6) 中 $h(x)$ 是任何速降函数, 而 D^j 是任何阶的微分运算. 用关于函数乘积的 Leibniz 微分公式, 容易看出, 对于每个 $f \in \mathfrak{D}_M(R^n)$ 都有 $h(x)D^j f(x) \in \mathfrak{S}(R^n)$, 从而 $p_{h,D^j}(f)$ 是有限的. 此外, 如果对于一切 $h \in \mathfrak{S}(R^n)$ 和 D^j 都有 $p_{h,D^j}(f) = 0$, 则 $f(x) \equiv 0$; 其实, 这可以用选取 $D = I$ 和 $h \in \mathfrak{D}(R^n)$ 看出来.

命题 2　对于 $\mathfrak{O}_M(R^n)$ 的拓扑来说, $C_0^\infty(R^n)$ 在 $\mathfrak{O}_M(R^n)$ 内是稠密的.

证明　令 $f \in \mathfrak{O}_M(R^n)$, 并选取 $\psi \in C_0^\infty(R^n)$ 使得当 $|x| \leqslant 1$ 时, $\psi(x) = 1$. 于是对任何 $\varepsilon > 0$ 都有 $f_\varepsilon(x) = f(x)\psi(\varepsilon x) \in C_0^\infty(R^n)$. 同在第六章 §1 的命题 3 中一样, 容易证明, 当 $\varepsilon \downarrow 0$ 时, $f_\varepsilon(x)$ 在 $\mathfrak{O}_M(R^n)$ 的拓扑下收敛于 $f(x)$.

命题 3　任何函数 $f \in \mathfrak{O}_M(R^n)$ 都确定了一个缓增分布

$$T_f(\varphi) = \int_{R^n} f(x)\varphi(x)dx, \quad \varphi \in \mathfrak{S}(R^n). \tag{7}$$

定义 3　与 R^n 上分布的情形一样, 我们可定义缓增分布 T 的广义导数为

$$D^j T(\varphi) = (-1)^{|j|} T(D^j\varphi), \quad \varphi \in \mathfrak{S}(R^n), \tag{8}$$

此因 $\mathfrak{S}(R^n)$ 入 $\mathfrak{S}(R^n)$ 的映射 $\varphi(x) \to D^j\varphi(x)$ 依 $\mathfrak{S}(R^n)$ 的拓扑是线性连续的. 我们也可以把函数 $f \in \mathfrak{O}_M(R^n)$ 与分布 $T \in \mathfrak{S}(R^n)'$ 的乘法定义为

$$(fT)(\varphi) = T(f\varphi), \quad \varphi \in \mathfrak{S}(R^n), \tag{9}$$

此因 $\mathfrak{S}(R^n)$ 至 $\mathfrak{S}(R^n)$ 的映射 $\varphi(x) \to f(x)\varphi(x)$ 依 $\mathfrak{S}(R^n)$ 的拓扑是线性连续的.

缓增分布的 Fourier 变换

定义 4　既然 $\mathfrak{S}(R^n)$ 到自身的映射 $\varphi(x) \to \widehat{\varphi}(x)$ 依 $\mathfrak{S}(R^n)$ 的拓扑是线性连续的, 我们可定义缓增分布 T 的 Fourier 变换 $\widehat{T}$ 为下式确定的缓增分布:

$$\widehat{T}(\varphi) = T(\widehat{\varphi}), \quad \varphi \in \mathfrak{S}(R^n). \tag{10}$$

例 4　如果 $f \in L^1(R^n)$, 则

$$\widehat{T}_f = T_{\widehat{f}}, \text{ 其中 } \widehat{f}(x) = (2\pi)^{-n/2} \int_{R^n} e^{-i\langle x,\xi\rangle} f(\xi)d\xi, \tag{11}$$

其正确性源自交换以下积分顺序

$$\widehat{T}_f(\varphi) = \int_{R^n} f(x)\widehat{\varphi}(x)dx = (2\pi)^{-n/2} \int_{R^n} f(x)\left\{ \int_{R^n} e^{-i\langle x,\xi\rangle} \varphi(\xi)d\xi \right\}dx.$$

注　依上述意义, 缓增分布的 Fourier 变换推广了通常函数的 Fourier 变换.

命题 4　如果我们定义

$$\breve{f}(x) = f(-x), \tag{12}$$

则前面 §1 中 Fourier 反演定理可以表示为

$$\widehat{\widehat{f}} = \breve{f}, \quad f \in \mathfrak{S}(R^n). \tag{13}$$

系 1 (Fourier 反演定理)　Fourier 反演定理可推广到缓增分布如下:

$$\widehat{\widehat{T}} = \breve{T}, \quad \text{其中 } \breve{T}(\varphi) = T(\breve{\varphi}). \tag{14}$$

特别地, Fourier 变换 $T \to \widehat{T}$ 把 $\mathfrak{S}(R^n)'$ 线性地映射到 $\mathfrak{S}(R^n)'$ 上.

证明　由定义可知, 一切 $\varphi \in \mathfrak{S}(R^n)$ 满足

$$\widehat{\widehat{T}}(\varphi) = T(\widehat{\widehat{\varphi}}) = T(\breve{\varphi}) = \breve{T}(\varphi).$$

系 2　Fourier 变换 $T \to \widehat{T}$ 以及它的逆变换依 $\mathfrak{S}(R^n)'$ 上弱 * 拓扑是 $\mathfrak{S}(R^n)'$ 到 $\mathfrak{S}(R^n)$ 上的连续线性变换: 对一切 $\varphi \in \mathfrak{S}(R^n)$,

$$\lim T_h(\varphi) = T(\varphi) \text{ 必导致 } \lim \widehat{T}_h(\varphi) = \widehat{T}(\varphi). \tag{15}$$

这里, 映射 $T \to \widehat{T}$ 的逆映射是 Fourier 逆变换 $T \to \widetilde{T}$ 使得

$$\widetilde{T}(\varphi) = T(\widetilde{\varphi}), \quad \varphi \in \mathfrak{S}(R^n). \tag{10'}$$

例 5　在 R^n 内原点 0 的 Dirac 分布 T_δ 和常值函数 1 对应的缓增分布 T_1 满足

$$\widehat{T}_\delta = (2\pi)^{-n/2} T_1, \quad \widehat{T}_1 = (2\pi)^{n/2} T_\delta. \tag{16}$$

证明　任取速降函数 φ, 依定义有

$$\widehat{T}_\delta(\varphi) = T_\delta(\widehat{\varphi}) = \widehat{\varphi}(0)$$
$$= (2\pi)^{-n/2} \int_{R^n} 1 \cdot \varphi(y) dy = (2\pi)^{-n/2} T_1(\varphi),$$

而　$T_\delta = \breve{T}_\delta = \widehat{\widehat{T}}_\delta = (2\pi)^{-n/2} \widehat{T}_1.$

例 6　缓增分布 T 与其 Fourier 变换的广义导数满足

$$(\widehat{\partial T/\partial x_j}) = ix_j \widehat{T}, \tag{17}$$
$$(\widehat{ix_j T}) = -(\partial \widehat{T}/\partial x_j). \tag{18}$$

证明　根据第六章 §1 的 (5), 我们有

$$(\widehat{\partial T/\partial x_j})(\varphi) = (\partial T/\partial x_j)(\widehat{\varphi}) = -T(\partial \widehat{\varphi}/\partial x_j)$$
$$= -T(-\widehat{ix_j \varphi}(x)) = T(\widehat{ix_j \varphi}) = (ix_j \widehat{T})(\varphi).$$

再由第六章 §1 的 (6) 可知

$$(\widehat{ix_j T})(\varphi) = (ix_j T)(\widehat{\varphi}) = T(ix_j \widehat{\varphi}) = T(\widehat{\partial \varphi/\partial x_j})$$
$$= \widehat{T}(\partial \varphi/\partial x_j) = -(\partial \widehat{T}/\partial x_j)(\varphi).$$

Plancherel 定理 如果 $f \in L^2(R^n)$, 则 T_f 的 Fourier 变换可写成

$$\widehat{T_f} = T_{\widehat{f}} \tag{19}$$

使得函数 $\widehat{f} \in L^2(R^n)$ 是由 f 唯一确定的, 并且还有

$$\|\widehat{f}\| = \Big(\int_{R^n} |\widehat{f}(x)|^2 dx \Big)^{1/2} = \Big(\int_{R^n} |f(x)|^2 dx \Big)^{1/2} = \|f\|. \tag{20}$$

证明 用 Schwarz 不等式可得

$$|\widehat{T_f}(\varphi)| = |T_f(\widehat{\varphi})| = \Big| \int_{R^n} f(x)\widehat{\varphi}(x)dx \Big| \leqslant \|f\|\|\widehat{\varphi}\| = \|f\| \, \|\varphi\|. \tag{21}$$

上面用到的等式 $\|\widehat{\varphi}\| = \|\varphi\|$ 是在前一节的 (12) 中证明过的. 因此, 根据 Hilbert 空间 $L^2(R^n)$ 中的 F. Riesz 表示定理, 有唯一确定的 $\widehat{f} \in L^2(R^n)$ 使得

$$\widehat{T_f}(\varphi) = \int_{R^n} \varphi(x)\widehat{f}(x)dx = T_{\widehat{f}}(\varphi), 换言之, 诸$$
$$\varphi \in \mathfrak{S}(R^n) 使 \int_{R^n} \widehat{f}(x)\varphi(x)dx = \int_{R^n} f(x)\widehat{\varphi}(x)dx. \tag{22}$$

此外, 在 $L^2(R^n)$ 的拓扑下, $\mathfrak{S}(R^n)$ 在 $L^2(R^n)$ 内是稠密的, 由 (21) 和 (22) 可知, $\|f\| \geqslant \|\widehat{f}\|$. 因此, 我们有 $\|\widehat{\widehat{f}}\| \leqslant \|\widehat{f}\| \leqslant \|f\|$. 另一方面, 由 (13) 和 (22) 可知

$$\int_{R^n} \widehat{\widehat{f}}(x)\varphi(x)dx = \int_{R^n} \widehat{f}(x)\widehat{\varphi}(x)dx = \int_{R^n} f(-x)\varphi(x)dx$$

对所有 $\varphi \in \mathfrak{S}(R^n)$ 成立, 换言之

$$\widehat{\widehat{f}}(x) = f(-x) = \check{f}(x) \quad \text{a.e.}, \tag{23}$$

因此 $\|\widehat{\widehat{f}}\| = \|f\|$, 再结合着 $\|\widehat{\widehat{f}}\| \leqslant \|\widehat{f}\| \leqslant \|f\|$, 于是我们就得到了 (20).

定义 5 上面所得 $\widehat{f}(x) \in L^2(R^n)$ 称为函数 $f(x) \in L^2(R^n)$ 的 Fourier 变换.

系 1 对于任何 $f \in L^2(R^n)$ 都有

$$\widehat{f}(x) = \underset{h\uparrow\infty}{\text{l.i.m.}}(2\pi)^{-n/2} \int_{|x|\leqslant h} e^{-i\langle x,y\rangle} f(y)dy. \tag{24}$$

证明 对于 $h > 0$, 依 $|x| \leqslant h$ 或 $|x| > h$, 令 $f_h(x) = f(x)$ 或 $f(x) = 0$. 于是 $\underset{h\to\infty}{\lim} \|f_h - f\| = 0$, 由 (20) 可知 $\underset{h\to\infty}{\lim} \|\widehat{f_h} - \widehat{f}\| = 0$. 换言之 $\widehat{f}(x) = \underset{h\to\infty}{\text{l.i.m.}} \widehat{f_h}(x)$. 然而, 由 (22) 并交换积分次序得

$$\int_{R^n} \widehat{f_h}(x)\varphi(x)dx = \int_{R^n} f_h(x)\widehat{\varphi}(x)dx$$
$$= \int_{|x|\leqslant h} f(x)\Big\{ (2\pi)^{-n/2} \int_{R^n} e^{-i\langle x,y\rangle}\varphi(y)dy \Big\}dx$$
$$= \int_{R^n} (2\pi)^{-n/2}\Big\{ \int_{|x|\leqslant h} e^{-i\langle x,y\rangle} f(x)dx \Big\}\varphi(y)dy.$$

因为由 Schwarz 不等式可以看出, $f_h(x)$ 在 $|x| \leqslant h$ 上是可积的, 所以 $\widehat{f_h}(x) = (2\pi)^{-n/2} \int\limits_{|x| \leqslant h} e^{-i\langle x,y\rangle} f(y)dy$ a.e., 从而我们得到 (24).

系 2　Fourier 变换 $f \to \widehat{f}$ 把 $L^2(R^n)$ 一一对应地映射到 $L^2(R^n)$ 上, 并且

$$对于 \ f,g \in L^2(R^n), (f,g) = (\widehat{f},\widehat{g}). \tag{25}$$

证明　像 Fourier 变换 $f \to \widehat{f}$ 一样, 由下式确定的 Fourier 逆变换 $f \to \widetilde{f}$:

$$\widetilde{f}(x) = \underset{h\to\infty}{\mathrm{l.i.m.}}(2\pi)^{-n/2} \int\limits_{|y| \leqslant h} e^{i\langle x,y\rangle} f(y)dy \tag{26}$$

把 $L^2(R^n)$ 映入 $L^2(R^n)$ 内, 并且有 $\|\widetilde{f}\| = \|f\|$. 因此, 我们看见 Fourier 变换 $f \to \widehat{f}$ 把 $L^2(R^n)$ 一一对应地映到 $L^2(R^n)$ 上, 并且有 $\|\widehat{f}\| = \|f\|$. 因此, 用 Fourier 变换的线性性质[①]

$$(x,y) = 4^{-1}(\|x+y\|^2 - \|x-y\|^2) + 4^{-1}i(\|x+iy\|^2 - \|x-iy\|^2),$$

我们就可以得出 (25).

Fourier 变换的 Parseval 定理　令 $f_1(x)$ 和 $f_2(x)$ 都属于 $L^2(R^n)$, 又令它们的 Fourier 变换分别是 $\widehat{f_1}(u)$ 和 $\widehat{f_2}(u)$, 则

$$\int\limits_{R^n} \widehat{f_1}(u)\widehat{f_2}(u)du = \int\limits_{R^n} f_1(x)f_2(-x)dx, \tag{27}$$

从而有

$$\int\limits_{R^n} \widehat{f_1}(u)\widehat{f_2}(u)e^{-i\langle u,x\rangle}du = \int\limits_{R^n} f_1(y)f_2(x-y)dy. \tag{28}$$

因此, 如果 $\widehat{f_1}(u)\widehat{f_2}(u)$ 如其两个因子一样属于 $L^2(R^n)$, 则 $\widehat{f_1}(u)\widehat{f_2}(u)$ 是

$$(2\pi)^{-n/2} \int\limits_{R^n} f_1(y)f_2(x-y)dy \tag{29}$$

的 Fourier 变换. 这个结论在 $f_1(x), f_2(x)$ 以及 (29) 都属于 $L^2(R^n)$ 时也为真.

证明　首先用 (25) 可得 (27), 此因

$$(2\pi)^{-n/2} \int\limits_{R^n} \overline{f_2(-x)}e^{-i\langle u,x\rangle}dx = \overline{\widehat{f_2}(u)}.$$

其次因为 $\overline{f_2(x-y)}$ 作为 y 的函数, 其 Fourier 变换是含有参数 x 的 $\overline{\widehat{f_2}(u)e^{-i\langle u,x\rangle}}$, 所以由 (25) 可得 (28). 由 (28) 和 $\widehat{\widetilde{f}} = f$ 显然可得出定理的其余结论.

───────────────

[①]校者注: 应补上 "和一般 Hilbert 空间中极化恒等式".

负指数范数 第一章 §9 定义了 Sobolev 空间 $W^{k,2}(\Omega)$. 令 $f \in W^{k,2}(R^n)$, 因为 $f(x) \in L^2(R^n)$, 所以 f 给出了 R^n 上的一个缓增测度 $|f(x)|dx$. 因此我们可以定义缓增分布 T_f 的 Fourier 变换 $\widehat{T}_f$, 由 (17) 可得

$$\widehat{D^\alpha T_f} = (i)^{|\alpha|} \prod_{j=1}^{n} x_j^{\alpha_j} \widehat{T}_f.$$

从空间 $W^{k,2}(R^n)$ 的定义可知, 对于 $|\alpha| \leqslant k$ 有 $D^\alpha T_f \in L^2(R^n)$. 因此, 用关于 $L^2(R^n)$ 的 Plancherel 定理可得 $\|\widehat{D^\alpha T_f}\|_0 = \|D^\alpha T_f\|_0$, 其中 $\|\ \|_0$ 是 $L^2(R^n)$-范数. 由此可见 $(1+|x|^2)^{k/2}\widehat{T}_f \in L^2(R^n)$, 从而易证范数 $\|f\|_k = \left(\sum_{|\alpha| \leqslant k} \int_{R^n} |D^\alpha T_f|^2 dx \right)^{1/2}$ 等价于下述范数

$$\|(1+|x|^2)^{k/2}\widehat{T}_f\|_0 = \|f\|_k', \tag{30}$$

其意义是有两个正常数 c_1 和 c_2, 使得

$$\text{对于 } f \in W^{k,2}(R^n), c_1 \leqslant \|f\|_k / \|f\|_k' \leqslant c_2.$$

因此, 我们可以重新赋予空间 $W^{k,2}(R^n)$ 以范数 $\|f\|_k'$; 这时, $W^{k,2}(R^n)$ 可以定义为这样的 f 的全体, 即 $f \in L^2(R^n)$ 并且 $\|f\|_k'$ 是有限数. $W^{k,2}(R^n)$ 的这种新的说法, 其优点之一是使得我们还可以考虑负指数 k 的情形. 于是, 同 $L^2(R^n)$ 对于通常的 Lebesgue 测度 dx 的情形一样, 我们看见重新赋范后的空间 $W^{k,2}(R^n)$ 的对偶空间是以 $\|f\|_{-k}'$ 作为范数的空间 $W^{-k,2}(R^n)$. 这种想法出自 L. Schwartz [5], 它比 P. D. Lax [2] 引入负指数范数的时期还要稍微早一点.

§3. 卷 积

对于 $C(R^n)$ 中两个函数 f 和 g, 其中之一具有紧支集, 我们定义其卷积 (褶积)为 (参看第六章 §1 对于 $f,g \in \mathfrak{S}(R^n)$ 的情形)

$$\begin{aligned}(f * g)(x) &= \int_{R^n} f(x - y)g(y)dy \\ &= \int_{R^n} f(y)g(x - y)dy = (g * f)(x).\end{aligned} \tag{1}$$

受此公式的启发, 我们定义任何分布 $T \in \mathfrak{D}(R^n)'$ 与任何检验函数 $\varphi \in \mathfrak{D}(R^n)$ (或 $T \in \mathfrak{E}(R^n)'$ 与 $\varphi \in \mathfrak{E}(R^n)$) 的卷积为

$$(T * \varphi)(x) = T_{[y]}(\varphi(x - y)), \tag{2}$$

这里 $T_{[y]}$ 表明分布 T 作用于变量为 y 的检验函数.

命题 1　$(T * \varphi)(x) \in C^\infty(R^n)$ 并且 $\mathrm{supp}(T * \varphi) \subseteq \mathrm{supp}(T) + \mathrm{supp}(\varphi)$, 即

$$\mathrm{supp}(T * \varphi) \subseteq \{w \in R^n; w = x + y, x \in \mathrm{supp}(T), y \in \mathrm{supp}(\varphi)\}.$$

此外, 我们还有

$$D^\alpha(T * \varphi) = T * (D^\alpha \varphi) = (D^\alpha T) * \varphi. \tag{3}$$

证明　设 φ 属于 $\mathfrak{D}(R^n)$ (或 $\mathfrak{E}(R^n)$). 如果 $\lim\limits_{h \to 0} x^h = x$, 则作为 y 的函数, 在 $\mathfrak{D}(R^n)$ (或在 $\mathfrak{E}(R^n)$) 中, $\lim\limits_{h \to 0} \varphi(x^h - y) = \varphi(x - y)$. 因此, $T_{[y]}(\varphi(x - y)) = (T * \varphi)(x)$ 对于 x 是连续的. 至于支集的包含关系可用下述事实来证明: 当 T 的支集同 y 的函数 $\varphi(x - y)$ 的支集不相交时, 有 $T_{[y]}(\varphi(x - y)) = 0$. 下面, 令 e_j 是 R^n 中沿 x_j 轴的单位向量并考虑表示式 $T_{[y]}((\varphi(x + he_j - y) - \varphi(x - y))/h)$. 当 $h \to 0$ 时, 外层圆括号内作为 y 的函数在 $\mathfrak{D}(R^n)$ (或 $\mathfrak{E}(R^n)$) 中收敛于 $\left(\dfrac{\partial \varphi}{\partial x_j}\right)(x - y)$. 于是, 我们就证明了

$$\frac{\partial}{\partial x_j}(T * \varphi)(x) = \left(T * \frac{\partial \varphi}{\partial x_j}\right)(x).$$

此外, 我们还有

$$\left(T * \frac{\partial \varphi}{\partial x_j}\right)(x) = T_{[y]}\left(-\frac{\partial \varphi(x - y)}{\partial y_j}\right)$$

$$= \frac{\partial T_{[y]}}{\partial x_j}(\varphi(x - y)) = \left(\frac{\partial T}{\partial x_j} * \varphi\right)(x).$$

命题 2　*如果 φ 和 ψ 在 $\mathfrak{D}(R^n)$ 内, 并且 $T \in \mathfrak{D}(R^n)'$ (或 $\varphi \in \mathfrak{E}(R^n)$, $\psi \in \mathfrak{D}(R^n)$ 以及 $T \in \mathfrak{E}(R^n)'$), 则*

$$(T * \varphi) * \psi = T * (\varphi * \psi). \tag{4}$$

证明　我们知道, 函数 $(\varphi * \psi)(x)$ 可用 Riemann 和

$$f_h(x) = h^n \sum_k \varphi(x - kh)\psi(kh)$$

来近似, 其中 $h > 0$ 而 k 取遍 R^n 中具有整数坐标的点. 这时, 对于每个微分算子 D^α 和每个由 x 组成的紧集, 当 $h \downarrow 0$ 时,

$$D^\alpha f_h(x) = h^n \sum_k D^\alpha \varphi(x - kh)\psi(kh)$$

对于 x 一致收敛于 $((D^\alpha \varphi) * \psi)(x) = (D^\alpha(\varphi * \psi))(x)$. 于是我们看见, 在 $\mathfrak{D}(R^n)$ (或 $\mathfrak{E}(R^n)$) 内, 有 $\lim\limits_{h \downarrow 0} f_h = \varphi * \psi$. 因此, 根据 T 的线性性质和连续性, 我们有

$$(T * (\varphi * \psi))(x) = \lim_{h \downarrow 0}(T * f_h)(x)$$

$$= \lim_{h \downarrow 0} h^n \sum_k (T * \varphi)(x - kh)\psi(kh)$$

$$= ((T * \varphi) * \psi)(x).$$

定义　设 $\varphi \in \mathfrak{D}(R^n)$ 非负, $\int\limits_{R^n} \varphi(x)dx = 1$ 且 $\mathrm{supp}(\varphi) \subseteq \{x \in R^n; |x| \leqslant 1\}$.
例如, 我们可以依 $|x| \geqslant 1$ 或 $|x| < 1$, 令 $\varphi(x) = 0$ 或

$$\varphi(x) = \exp(1/(|x|^2 - 1)) / \int\limits_{|x|<1} \exp(1/(|x|^2 - 1))dx.$$

当 $\varepsilon > 0$ 时, 以 $\varphi_\varepsilon(x)$ 记 $\varepsilon^{-n}\varphi(x/\varepsilon)$ 并称 $T * \varphi_\varepsilon$ 为 $\mathfrak{D}(R^n)'$ (或 $\mathfrak{E}(R^n)'$) 中 T 通过 $\varphi_\varepsilon(x)$ 实现的正则化 (参看第一章 §1).

定理 1　设 $T \in \mathfrak{D}(R^n)'$ (或 $\mathfrak{E}(R^n)'$). 在 $\mathfrak{D}(R^n)'$ (或 $\mathfrak{E}(R^n)'$) 的弱 * 拓扑下, 有 $\lim\limits_{\varepsilon \downarrow 0}(T * \varphi_\varepsilon) = T$. 在这种意义下, φ_ε 叫作一个近似单位.

为了证明这个定理, 我们需要用到

引理　对于 $\psi \in \mathfrak{D}(R^n)$ (或 $\mathfrak{E}(R^n)$), 在 $\mathfrak{D}(R^n)$ (或 $\mathfrak{E}(R^n)$) 内有 $\lim\limits_{\varepsilon \downarrow 0} \psi * \varphi_\varepsilon = \psi$.

证明　首先, 我们注意到 $\mathrm{supp}(\psi * \varphi_\varepsilon) \subseteq \mathrm{supp}(\psi) + \mathrm{supp}(\varphi_\varepsilon) = \mathrm{supp}(\psi) + \varepsilon$.
由 (3), 我们有 $D^\alpha(\psi * \varphi_\varepsilon) = (D^\alpha \psi) * \varphi_\varepsilon$. 因此, 我们需要证明, 在 x 的任何紧集上, $\lim\limits_{\varepsilon \downarrow 0}(\psi * \varphi_\varepsilon)(x) = \psi(x)$ 一致成立. 然而, 由于 $\int\limits_{R^n} \varphi_\varepsilon(y)dy = 1$, 从而有

$$(\psi * \varphi_\varepsilon)(x) - \psi(x) = \int\limits_{R^n} \{\psi(x - y) - \psi(x)\}\varphi_\varepsilon(y)dy.$$

再据 $\varphi_\varepsilon(x) \geqslant 0$ 和 $\psi(x)$ 在 x 的任何紧集上的一致连续性, 我们就得到了引理.

定理 1 的证明　由于 $\breve{\psi}(x) = \psi(-x)$, 所以有

$$T(\psi) = (T * \breve{\psi})(0). \tag{5}$$

因此, 我们需要证明 $\lim\limits_{\varepsilon \downarrow 0}((T * \varphi_\varepsilon) * \breve{\psi})(0) = (T * \breve{\psi})(0)$. 然而, 在 (4) 中已经证明过 $(T * \varphi_\varepsilon) * \breve{\psi} = T * (\varphi_\varepsilon * \breve{\psi})$, 从而由 (5) 可知 $(T * (\varphi_\varepsilon * \breve{\psi}))(0) = T((\varphi_\varepsilon * \breve{\psi})^\vee)$. 因此, 根据引理, 我们就得到 $\lim\limits_{\varepsilon \downarrow 0}(T * (\varphi_\varepsilon * \breve{\psi}))(0) = T((\breve{\psi})^\vee) = T(\psi)$.

下面我们要证明一个定理, 它触及了卷积运算的实质.

定理 2 (L. Schwartz)　设 L 是 $\mathfrak{D}(R^n)$ 至 $\mathfrak{E}(R^n)$ 的一个连续线性映射使得

$$\text{对于 } h \in R^n \text{和 } \varphi \in \mathfrak{D}(R^n), L\tau_h\varphi = \tau_h L\varphi, \tag{6}$$

$$\text{其中平移算子 } \tau_h \text{定义为 } \tau_h\varphi(x) = \varphi(x - h). \tag{7}$$

这时, 有唯一确定的 $T \in \mathfrak{D}(R^n)'$ 使得 $L\varphi = T * \varphi$. 反之, 任何 $T \in \mathfrak{D}(R^n)'$ 都由 $L\varphi = T * \varphi$ 定义了从 $\mathfrak{D}(R^n)$ 至 $\mathfrak{E}(R^n)$ 满足 (6) 的一个连续线性映射 L.

证明　从 $\mathfrak{D}(R^n)$ 到自身的映射 $\varphi \to \breve{\varphi}$ 既是线性的又是同胚的, 线性映射 $T : \breve{\varphi} \to (L\varphi)(0)$ 便定义了一个分布 $T \in \mathfrak{D}(R^n)'$. 于是由 (5) 可知, $(L\varphi)(0) = T(\breve{\varphi}) = (T * \varphi)(0)$. 以 $\tau_h \varphi$ 代替 φ 并用条件 (6), 则我们得到 $(L\varphi)(h) = (T * \varphi)(h)$. 定理 2 的 "反之" 那部分, 可以用 (2)、命题 1 和 (5) 容易地予以证明.

系　诸 $T_1 \in \mathfrak{D}(R^n)'$ 和诸 $T_2 \in \mathfrak{E}(R^n)'$ 的卷积 $T_1 * T_2 \in \mathfrak{D}(R^n)'$ 可以通过下述由 $\mathfrak{D}(R^n)$ 入 $\mathfrak{E}(R^n)$ 的连续线性映射 L 来定义:

$$(T_1 * T_2) * \varphi = L(\varphi) = T_1 * (T_2 * \varphi), \quad \varphi \in \mathfrak{D}(R^n). \tag{8}$$

证明　由于 $\operatorname{supp}(T_2)$ 是紧的, 所以映射 $\varphi \to T_2 * \varphi$ 是由 $\mathfrak{D}(R^n)$ 入 $\mathfrak{D}(R^n)$ 的连续线性映射. 因此, 映射 $\varphi \to T_1 * (T_2 * \varphi)$ 是由 $\mathfrak{D}(R^n)$ 入 $\mathfrak{E}(R^n)$ 的连续线性映射. 容易验证, 这里, 相应的 L 满足条件 (6).

注　由 (4), 我们看见上述卷积 $T_1 * T_2$ 的定义同前面关于 T_2 是 $\mathfrak{D}(R^n)$ 中函数时的定义是一致的. 需要指出的是, 我们也可以把 $T_1 * T_2$ 定义为

$$(T_1 * T_2)(\varphi) = (T_{1(x)} \times T_{2(y)})(\varphi(x + y)), \quad \varphi \in \mathfrak{D}(R^n), \tag{8'}$$

其中, $T_{1(x)} \times T_{2(y)}$ 是 T_1 同 T_2 的张量积. 见 L. Schwartz [1].

定理 3　令 $T_1 \in \mathfrak{D}(R^n)'$ 和 $T_2 \in \mathfrak{E}(R^n)'$. 这时, 我们可以通过由 $\mathfrak{D}(R^n)$ 入 $\mathfrak{E}(R^n)$ 的连续线性映射 $L : \varphi \to T_2 * (T_1 * \varphi)$ 来定义另一种 "卷积" $T_2 \boxtimes T_1$, 亦即

$$(T_2 \boxtimes T_1) * \varphi = L(\varphi), \varphi \in \mathfrak{D}(R^n).$$

这时, 我们可以证明 $T_2 \boxtimes T_1 = T_1 * T_2$, 从而卷积是交换的, 而不论它是定义为 $T_1 * T_2$, 还是定义为 $T_2 \boxtimes T_1$.

证明　映射 $\varphi \to T_1 * \varphi$ 是由 $\mathfrak{D}(R^n)$ 入 $\mathfrak{E}(R^n)$ 的连续线性映射. 因此, 映射 $\varphi \to T_2 * (T_1 * \varphi)$ 是由 $\mathfrak{D}(R^n)$ 入 $\mathfrak{E}(R^n)$ 的连续线性映射. 因此 $T_2 \boxtimes T_1$ 是完全确定的. 其次, 对任何 $\varphi_1, \varphi_2 \in \mathfrak{D}(R^n)$ 都有

$$(T_1 * T_2) * (\varphi_1 * \varphi_2) = T_1 * (T_2 * (\varphi_1 * \varphi_2)) = T_1 * ((T_2 * \varphi_1) * \varphi_2)$$
$$= T_1 * (\varphi_2 * (T_2 * \varphi_1)) = (T_1 * \varphi_2) * (T_2 * \varphi_1),$$

上式用了函数卷积的交换性以及命题 2, 而可以引用命题 2 的依据是, 因为 $T_2 \in \mathfrak{E}(R^n)'$, 从而 $\operatorname{supp}(T_2 * \varphi_1)$ 是紧集. 类似地, 我们得到

$$(T_2 \boxtimes T_1) * (\varphi_1 * \varphi_2) = T_2 * (T_1 * (\varphi_1 * \varphi_2)) = T_2 * ((T_1 * \varphi_2) * \varphi_1)$$
$$= T_2 * (\varphi_1 * (T_1 * \varphi_2)) = (T_2 * \varphi_1) * (T_1 * \varphi_2).$$

因此, $(T_1 * T_2) * (\varphi_1 * \varphi_2) = (T_2 \boxtimes T_1) * (\varphi_1 * \varphi_2)$, 从而根据 (5) 以及前面的引理, 我们得知, 对一切 $\varphi \in \mathfrak{D}(R^n)$ 都有 $(T_1 * T_2)(\varphi) = (T_2 \boxtimes T_1)(\varphi)$, 换言之 $(T_1 * T_2) = (T_2 \boxtimes T_1)$.

系 如果一切 T_j, 除一个以外, 都具有紧支集, 则

$$T_1 * (T_2 * T_3) = (T_1 * T_2) * T_3, \tag{9}$$

$$D^\alpha(T_1 * T_2) = (D^\alpha T_1) * T_2 = T_1 * (D^\alpha T_2). \tag{10}$$

证明 根据 (5) 和 $T_1 * T_2$ 的定义, 我们有等式

$$(T_1 * (T_2 * T_3))(\varphi) = ((T_1 * (T_2 * T_3)) * \breve{\varphi})(0)$$
$$= (T_1 * ((T_2 * T_3) * \breve{\varphi}))(0)$$
$$= (T_1 * (T_2 * (T_3 * \breve{\varphi})))(0)$$

及类似地有等式 $((T_1 * T_2) * T_3)(\varphi) = (T_1 * (T_2 * (T_3 * \breve{\varphi})))(0)$, 因此 (9) 成立.

(10) 的证明如下. 由 (3), 我们注意到

$$(D^\alpha T_\delta) * \varphi = T_\delta * (D^\alpha \varphi) = D^\alpha(T_\delta * \varphi) = D^\alpha \varphi, \tag{11}$$

由它可得

$$(D^\alpha T) * \varphi = T * (D^\alpha \varphi) = T * ((D^\alpha T_\delta) * \varphi) = (T * D^\alpha T_\delta) * \varphi,$$

由 (5) 可知上式表明

$$D^\alpha T = (D^\alpha T_\delta) * T. \tag{12}$$

因此, 用交换性 (定理 3) 和可结合性 (9), 可得

$$D^\alpha(T_1 * T_2) = (D^\alpha T_\delta) * (T_1 * T_2) = ((D^\alpha T_\delta) * T_1) * T_2 = (D^\alpha T_1) * T_2$$
$$= (D^\alpha T_\delta) * (T_2 * T_1) = ((D^\alpha T_\delta) * T_2) * T_1 = (D^\alpha T_2) * T_1.$$

卷积的 Fourier 变换 我们先来证明一个定理, 在下一节中它将被改进为 Paley-Wiener 定理.

定理 4 分布 $T \in \mathfrak{E}(R^n)'$ 的 Fourier 变换是下述函数

$$\widehat{T}(\xi) = (2\pi)^{-n/2} T_{[x]}(e^{-i\langle x, \xi \rangle}). \tag{13}$$

证明 当 $\varepsilon \downarrow 0$ 时, 正则化 $T_\varepsilon = T * \varphi_\varepsilon$ 依 $\mathfrak{E}(R^n)'$ 的弱 * 拓扑趋于 T, 当然, 依 $\mathfrak{S}(R^n)'$ 的弱 * 拓扑就更是这样了. 这一事实可由

$$(T * \varphi_\varepsilon)(\psi) = (T * (\varphi_\varepsilon * \breve{\psi}))(0) = T_{[x]}((\varphi_\varepsilon * \breve{\psi})(-x))$$

和引理看出来. 因此, 由 Fourier 变换在 $\mathfrak{S}(R^n)'$ 的弱 * 拓扑下的连续性可知, 在 $\mathfrak{S}(R^n)'$ 的弱 * 拓扑下有 $\lim\limits_{\varepsilon\downarrow 0}(\widehat{T*\varphi_\varepsilon}) = \widehat{T}$. 这时, 对于用 $(T*\varphi_\varepsilon)(x)$ 定义的分布来说, 公式 (13) 是显然的. 因此

$$(2\pi)^{n/2}(\widehat{T*\varphi_\varepsilon})(\xi) = (T*\varphi_\varepsilon)_{[x]}(e^{-i\langle x,\xi\rangle}),$$

由 (5) 可知, 它 $= (T_{[x]}*(\varphi_\varepsilon * e^{-i\langle x,\xi\rangle}))(0) = T_{[x]}(\breve{\varphi}_\varepsilon * e^{-i\langle x,\xi\rangle})$. 当 $\varepsilon\downarrow 0$ 时, 最后这个表示式, 在 n 维复空间的点 ξ 的任何有界集上, 关于 ξ 一致地趋于 $T_{[x]}(e^{i\langle x,\xi\rangle})$. 这就证明了定理 4.

定理 5　如果我们把一个分布 $T\in\mathfrak{S}(R^n)'$ 同一个函数 $\varphi\in\mathfrak{S}(R^n)$ 的卷积定义为 $(T*\varphi)(x) = T_{[y]}(\varphi(x-y))$, 则由 $\mathfrak{S}(R^n)$ 入 $\mathfrak{E}(R^n)$ 的线性映射 $L:\varphi\to T*\varphi$ 可以用连续性以及平移不变性 $\tau_h L = L\tau_h$ 来刻画.

证明　类似定理 2 的证明.

定理 6　如果 $T\in\mathfrak{S}(R^n)'$ 而 $\varphi\in\mathfrak{S}(R^n)$, 则

$$(\widehat{T*\varphi}) = (2\pi)^{n/2}\widehat{\varphi}\widehat{T}. \tag{14}$$

如果 $T_1\in\mathfrak{S}(R^n)'$ 而 $T_2\in\mathfrak{E}(R^n)'$, 则

$$(\widehat{T_1*T_2}) = (2\pi)^{n/2}\widehat{T}_2\widehat{T}_1, \tag{15}$$

上式是有意义的, 因前面定理 4 中已经证明过 $\widehat{T}_2$ 是由一个函数确立的.

证明　令 $\psi\in\mathfrak{S}(R^n)$. 于是根据第六章 §1 的 (13), $\widehat{\varphi}\psi$ 的 Fourier 变换等于 $(2\pi)^{-n/2}\widehat{\widehat{\varphi}} * \widehat{\psi} = (2\pi)^{-n/2}\breve{\varphi} * \widehat{\psi}$. 因此

$$\begin{aligned}(\widehat{T*\varphi})(\psi) &= (T*\varphi)(\widehat{\psi}) = ((T*\varphi)*\breve{\psi})(0) = (T*(\varphi*\breve{\psi}))(0)\\ &= T((\varphi*\breve{\psi})^\vee) = T(\breve{\varphi}*\widehat{\psi}) = T((2\pi)^{n/2}(\widehat{\varphi}\psi)^\wedge)\\ &= (2\pi)^{n/2}\widehat{T}(\widehat{\varphi}\psi) = (2\pi)^{n/2}\widehat{\varphi}\widehat{T}(\psi),\end{aligned}$$

这就证明了 (14). 为证 (15), 令 ψ_ε 是正则化 $T_2*\varphi_\varepsilon$. 这时,

$$T_1*\psi_\varepsilon = T_1*(T_2*\varphi_\varepsilon) = (T_1*T_2)*\varphi_\varepsilon.$$

根据 (14), 对上式用 Fourier 变换知

$$(2\pi)^{n/2}\widehat{T}_1\widehat{\psi}_\varepsilon = (2\pi)^{n/2}\widehat{T}_1 \cdot (2\pi)^{n/2}\widehat{T}_2\widehat{\varphi}_\varepsilon = (2\pi)^{n/2}(\widehat{T_1*T_2})\widehat{\varphi}_\varepsilon.$$

令 $\varepsilon\downarrow 0$ 并用 $\lim\limits_{\varepsilon\downarrow 0}\widehat{\varphi}_\varepsilon(x) = 1$, 于是我们就得到 (15).

§4. Paley-Wiener 定理. 单边 Laplace 变换

空间 $C_0^\infty(R^n)$ 中函数的 Fourier 变换可刻画如下:

函数情形的 Paley-Wiener 定理 有 n 个复变元 $\zeta_j = \xi_j + i\eta_j$ $(j = 1, 2, \cdots, n)$ 的整函数 $F(\zeta) = F(\zeta_1, \zeta_2, \cdots, \zeta_n)$ 是某函数 $f \in C_0^\infty(R^n)$ 的 **Fourier-Laplace 变换**

$$F(\zeta) = (2\pi)^{-n/2} \int_{R^n} e^{-i\langle \zeta, x \rangle} f(x) dx \tag{1}$$

且 $\mathrm{supp}(f) \subseteq \{x \in R^n; |x| \leqslant B\}$ 当且仅当对每个整数 N, 存在正常数 C_N, 使得

$$|F(\zeta)| \leqslant C_N (1 + |\zeta|)^{-N} e^{B|\mathrm{Im}\,\zeta|}. \tag{2}$$

证明 必要性是显然的. 事实上, 用分部积分法可以得到

$$\prod_{j=1}^{n} (i\zeta_j)^{\beta_j} F(\zeta) = (2\pi)^{-n/2} \int_{|x| \leqslant B} e^{-i\langle \zeta, x \rangle} D^\beta f(x) dx.$$

充分性. 我们定义

$$f(x) = (2\pi)^{-n/2} \int_{R^n} e^{i\langle x, \xi \rangle} F(\xi) d\xi. \tag{3}$$

这时, 同对属于 $\mathfrak{S}(R^n)$ 的函数的讨论一样, 我们可以证明 $f(x)$ 的 Fourier 变换 $\hat{f}(\xi)$ 等于 $F(\xi)$ 且 $f \in C^\infty(R^n)$. 最后这个结论可以用微分关系式:

$$D^\beta f(x) = (2\pi)^{-n/2} \int_{R^n} e^{i\langle x, \xi \rangle} \prod_{j=1}^{n} (i\xi_j)^{\beta_j} F(\xi) d\xi \tag{4}$$

以及条件 (2) 予以证明. 条件 (2) 以及 Cauchy 积分定理使我们能把 (3) 中实积分区域转换为复区域, 使得对形如 $\eta = \alpha x/|x|$ 的任何实的 η, 其中 $\alpha > 0$, 总有

$$f(x) = (2\pi)^{-n/2} \int_{R^n} e^{i\langle x, \xi + i\eta \rangle} F(\xi + i\eta) d\xi. \tag{3'}$$

因此, 在取 $N = n + 1$ 后, 我们就得到

$$|f(x)| \leqslant C_N e^{B|\eta| - \langle x, \eta \rangle} (2\pi)^{-n/2} \int_{R^n} (1 + |\xi|)^{-N} d\xi.$$

若 $|x| > B$, 令 $\alpha \uparrow +\infty$, 就得 $f(x) = 0$. 因此, $\mathrm{supp}(f) \subseteq \{x \in R^n; |x| \leqslant B\}$.

上述定理也可以推广到具有紧支集的分布. 这时, 我们有

分布情形的 Paley-Wiener 定理 (L. Schwartz) 有 n 个复变量 $\zeta_j = \xi_j + i\eta_j$ $(j = 1, 2, \cdots, n)$ 的整函数 $F(\zeta) = F(\zeta_1, \zeta_2, \cdots, \zeta_n)$ 是某个分布 $T \in \mathfrak{E}(R^n)'$ 的 Fourier-Laplace 变换当且仅当有些正常数 B, N 和 C 使得

$$|F(\zeta)| \leqslant C(1 + |\zeta|)^N e^{B|\mathrm{Im}\,\zeta|}. \tag{5}$$

证明　据第一章 §13 定理 2, 对于 $T \in \mathfrak{E}(R^n)'$, 存在正常数 C, N 和 B 使得

$$对于\ \varphi \in \mathfrak{E}(R^n), |T(\varphi)| \leqslant C \sum_{|\beta| \leqslant N} \sup_{|x| \leqslant B} |D^\beta \varphi(x)|.$$

这时, 我们取 $\varphi(x) = e^{-i\langle x,\xi\rangle}$ 并用上一节 (13) 式就显然得出必要性.

充分性. 因为 $F(\xi)$ 在 $\mathfrak{S}(R^n)'$ 内, 所以它是某个分布 $T \in \mathfrak{S}(R^n)'$ 的 Fourier 变换. 根据前一节的 (14), 正则化 $T_\varepsilon = T * \varphi_\varepsilon$ 的 Fourier 变换是 $(2\pi)^{n/2}\widehat{T}\widehat{\varphi_\varepsilon}$. 又因为 $\operatorname{supp}(\varphi_\varepsilon)$ 在 R^n 的球 $|x| \leqslant \varepsilon$ 内, 所以由前一节的定理可知

$$|\widehat{\varphi_\varepsilon}(\xi)| \leqslant C' e^{\varepsilon|\operatorname{Im}\xi|}.$$

此外, $\widehat{T}$ 是由函数 $F(\xi)$ 定义的, 我们看见, $(2\pi)^{n/2}\widehat{T}\widehat{\varphi_\varepsilon}$ 便由函数 $(2\pi)^{n/2}F(\xi)\widehat{\varphi_\varepsilon}(\xi)$ 定义, 当后者解析延拓到 n 维复空间后便满足 (5) 那种类型的估计式, 但需将 (5) 中的 B 换为 $B + \varepsilon$. 因此, 由前面定理知, $T_\varepsilon = T * \varphi_\varepsilon$ 的支集含于 R^n 的球 $|x| \leqslant B + \varepsilon$. 于是, 令 $\varepsilon \downarrow 0$ 并用上一节的引理, $\operatorname{supp}(T)$ 便含于 R^n 的球 $|x| \leqslant B$.

注　上面两个 Paley-Wiener 定理的表述和证明都出自 L. Hörmander [2].

Fourier 变换和单边 Laplace 变换　令 $g(t) \in L^2(0,\infty)$, 则对于 $x > 0$ 有

$$g(t)e^{-tx} \in L^1(0,\infty) \cap L^2(0,\infty),$$

这得自 Schwarz 不等式. 因此, 对于 Fourier 变换

$$\begin{aligned}
f(x+iy) &= (2\pi)^{-1/2} \int_0^\infty g(t)e^{-tx}e^{-ity}dt \\
&= (2\pi)^{-1/2} \int_0^\infty g(t)e^{-t(x+iy)}dt \quad (x>0),
\end{aligned} \tag{6}$$

由 Plancherel 定理, 我们有不等式

$$\int_{-\infty}^\infty |f(x+iy)|^2 dy = \int_0^\infty |g(t)|^2 e^{-2tx}dt \leqslant \int_0^\infty |g(t)|^2 dt. \tag{7}$$

函数 $f(x+iy)$ 在右半平面 $\operatorname{Re}(z) = x > 0$ 内关于 $z = x + iy$ 是全纯的, 实际上, 当 $\operatorname{Re}(z) = x > 0$ 时, 在注意到 $g(t)te^{-tx}$ 作为 t 的函数属于 $L^1(0,\infty)$ 和 $L^2(0,\infty)$ 之后, 对 (6) 在积分号下微分就可以得出上述结论. 于是我们就证明了

定理 1　令 $g(t) \in L^2(0,\infty)$. 这时, 单边 Laplace 变换

$$f(z) = (2\pi)^{-1/2} \int_0^\infty g(t)e^{-tz}dt \quad (\operatorname{Re}(z) > 0) \tag{6'}$$

属于所谓的 Hardy-Lebesgue 类 $H^2(0)$, 换言之, (i) $f(z)$ 在右半平面 $\mathrm{Re}(z) > 0$ 内是全纯的; (ii) 对每个固定的 $x > 0, f(x + iy)$ 作为 y 的函数属于 $L^2(-\infty, \infty)$ 且

$$\sup_{x > 0} \left(\int_{-\infty}^{\infty} |f(x + iy)|^2 dy \right) < \infty. \tag{7'}$$

逆定理是成立的, 就是说, 我们有

定理 2 (Paley-Wiener)　诸 $f(z) \in H^2(0)$ 有个边界函数 $f(iy) \in L^2(-\infty, \infty)$, 其意指

$$\lim_{x \downarrow 0} \int_{-\infty}^{\infty} |f(iy) - f(x + iy)|^2 dy = 0 \tag{8}$$

且它的 Fourier 逆变换

$$g(t) = (2\pi)^{-1/2} \underset{N \to \infty}{\mathrm{l.i.m.}} \int_{-N}^{N} f(iy) e^{ity} dy \tag{9}$$

在 $t < 0$ 时为零. 此外, $f(z)$ 还可作为 $g(t)$ 的单边 Laplace 变换得出来.

证明　根据 $L^2(-\infty, \infty)$ 的局部弱紧性, 我们看出, 存在序列 $\{x_n\}$ 和函数 $f(iy) \in L^2(-\infty, \infty)$ 使得 $x_n \downarrow 0$ 以及 w-$\lim_{n \to \infty} f(x_n + iy) = f(iy)$. 当 $N > 0$ 时,

$$\int_{-N}^{N} \left\{ \int_{0+}^{\delta} |f(x + iy)|^2 dx \right\} dy \leqslant \int_{0+}^{\delta} \left\{ \int_{-\infty}^{\infty} |f(x + iy)|^2 dy \right\} dx < \infty,$$

从而对于任何 $\delta > 0$, 总存在序列 $\{N_k\}$ 使得

$$\lim_{k \to \infty} N_k = \infty \text{ 以及 } \lim_{k \to \infty} \int_{0+}^{\delta} |f(x \pm iN_k)|^2 dx = 0.$$

因此, 由 Schwarz 不等式可知

$$\lim_{k \to \infty} \int_{0+}^{\delta} |f(x \pm iN_k)| dx = 0. \tag{10}$$

由此, 我们可以得到

$$f(z) = (2\pi)^{-1} \int_{-\infty}^{\infty} \frac{f(it)}{z - it} dt \quad (\mathrm{Re}(z) > 0). \tag{11}$$

上式可证明如下. 根据 Cauchy 积分表示定理, 我们得到

$$f(z) = (2\pi i)^{-1} \int_{C} \frac{f(\zeta)}{\zeta - z} d\zeta \quad (\mathrm{Re}(z) > 0), \tag{12}$$

其中积分路径 C 由以下线段组成, 即

$$\overrightarrow{x_0 - iN_k, x_1 - iN_k,} \qquad \overrightarrow{x_1 - iN_k, x_1 + iN_k,}$$

$$\overrightarrow{x_1 + iN_k, x_0 + iN_k,} \qquad \overrightarrow{x_0 + iN_k, x_0 - iN_k}$$

$$(x_0 < \operatorname{Re}(z) < x_1, -N_k < \operatorname{Im}(z) < N_k),$$

因而闭围道 C 就包围了点 z. 因此, 令 $k \to \infty$ 并注意到 (10) 以后, 我们就得到

$$f(z) = (2\pi)^{-1} \int_{-\infty}^{\infty} \frac{f(x_0 + it)}{z - (x_0 + it)} dt + (2\pi)^{-1} \int_{-\infty}^{\infty} \frac{f(x_1 + it)}{(x_1 + it) - z} dt.$$

当 $x_1 \to \infty$ 时, 右端第二项趋于 0, 这可由 (7′) 和 Schwarz 不等式看出来. 在右端第一项中, 令 $x_0 = x_n$, 然后让 $n \to \infty$, 我们就得 (11). 类似地, 我们得到

$$0 = (2\pi)^{-1} \int_{-\infty}^{\infty} \frac{f(it)}{it - z} dt \quad (\operatorname{Re}(z) < 0). \tag{13}$$

对于 $\operatorname{Re}(z) > 0$, 依 $x < 0$ 和 $x > 0$, 令 $h(x) = 0$ 和 $h(x) = e^{-zx}$. 于是我们有

$$\int_{-\infty}^{\infty} h(x)e^{ixt} dx = \int_{0}^{\infty} e^{ixt - zx} dx = (z - it)^{-1},$$

从而, 由 Plancherel 定理可知

$$\underset{N \to \infty}{\text{l.i.m.}} (2\pi)^{-1} \int_{-N}^{N} \frac{e^{-itx}}{z - it} dt = \begin{cases} 0 & (\text{对于 } x < 0) \\ e^{-zx} & (\text{对于 } x > 0) \end{cases} \quad \text{当 } \operatorname{Re}(z) > 0 \text{ 时.} \tag{14}$$

类似地, 我们有

$$\underset{N \to \infty}{\text{l.i.m.}} (2\pi)^{-1} \int_{-N}^{N} \frac{e^{-itx}}{z - it} dt = \begin{cases} -e^{-zx} & (\text{对于 } x < 0) \\ 0 & (\text{对于 } x > 0) \end{cases} \quad \text{当 } \operatorname{Re}(z) < 0 \text{ 时.} \tag{14′}$$

所以, 在把第六章 §2 的 Parseval 定理 (27) 用于 (11) 之后, 我们就得到了所需的结果, 即 $f(z)$ 是由 (9) 给出的 $g(t)$ 的单边 Laplace 变换. 把该 Parseval 定理用于 (13), 我们还可以看出, 当 $t < 0$ 时 $g(t) = 0$.

最后, 我们来证明 (8) 是正确的. 把 (11) 和 (13) 相加, 我们看见 $f(z)$ 可以表示为 Poisson 积分, 即对任何 $x > 0$ 总有

$$f(z) = f(x + iy) = \frac{x}{\pi} \int_{-\infty}^{\infty} \frac{f(it)}{(t - y)^2 + x^2} dt. \tag{15}$$

由于

$$\frac{x}{\pi} \int_{-\infty}^{\infty} \frac{dt}{(t - y)^2 + x^2} = 1, \tag{16}$$

所以我们有

$$|f(x+iy) - f(iy)| \leqslant \frac{x}{\pi} \int_{-\infty}^{\infty} \frac{|f^+(s+y) - f^+(y)|}{s^2 + x^2} ds, \quad \text{其中 } f^+(y) = f(iy),$$

从而

$$\int_{-\infty}^{\infty} |f(x+iy) - f(iy)|^2 dy \leqslant \left(\frac{x}{\pi}\right)^2 \int_{-\infty}^{\infty} \left\{ \int_{-\infty}^{\infty} \frac{|f^+(s+y) - f^+(y)|}{s^2 + x^2} ds \right\}^2 dy$$

$$\leqslant \frac{x^2}{\pi^2} \int_{-\infty}^{\infty} \left(\int_{-\infty}^{\infty} \frac{ds}{s^2 + x^2} \right) \left(\int_{-\infty}^{\infty} \frac{|f^+(s+y) - f^+(y)|^2}{s^2 + x^2} ds \right) dy$$

$$= \frac{x}{\pi} \int_{-\infty}^{\infty} \frac{ds}{s^2 + x^2} \left\{ \int_{-\infty}^{\infty} |f^+(s+y) - f^+(y)|^2 dy \right\} = \frac{x}{\pi} \int_{-\infty}^{\infty} \frac{\mu(f^+; s)}{s^2 + x^2} ds,$$

其中, $0 \leqslant \mu(f^+; s) \leqslant 4\|f^+\|^2$ 并且 $\mu(f^+; s)$ 依 s 连续而在 $s = 0$ 取值 0.

为了证明右端当 $x \downarrow 0$ 时趋于零, 我们对任何 $\varepsilon > 0$ 取某个 $\delta = \delta(\varepsilon) > 0$, 使得当 $|s| \leqslant \delta$ 时, $\mu(f^+; s) \leqslant \varepsilon$. 我们把该积分分解为

$$\frac{x}{\pi} \int_{-\infty}^{\infty} \frac{\mu(f^+; s)}{s^2 + x^2} ds = \frac{x}{\pi} \left\{ \int_{-\infty}^{-\delta} + \int_{-\delta}^{\delta} + \int_{\delta}^{\infty} \right\} = I_1 + I_2 + I_3.$$

由 (16), 我们有 $|I_2| \leqslant \varepsilon$, 同时 $|I_j| \leqslant 4\pi^{-1}\|f^+\|^2 \cot^{-1}(\delta/x)$ $(j = 1, 3)$. 因此, 当 $x \downarrow 0$ 时, 左端那个积分必定趋于零. 于是定理得证.

注 1 有关原始的 Paley-Wiener 定理, 见 Paley-Wiener [1]. 有关缓增分布的单边 Laplace 变换, 见 L. Schwartz [2].

注 2 M. Sato [1]引入了一个有趣的想法, 即把一个 "广义函数" 定义为 "某个解析函数的边界值". 他的想法可以叙述如下. 令 $\mathfrak{B}$ 是这样的函数 $\varphi(z)$ 的全体, 即 $\varphi(z)$ 在复 z 平面的上半平面和下半平面内都是有定义的和正则的, 而令 $\mathfrak{R}$ 是在整个复 z 平面内正则的函数的全体. 这时, $\mathfrak{B}$ 关于函数的和与函数的乘法是个环, 而是 $\mathfrak{R}$ 是 $\mathfrak{B}$ 的一个子环. Sato 把含有 $\varphi(z)$ 的剩余类 $(\mathrm{mod}\ \mathfrak{R})$ 叫作在实轴 R^1 上由 $\varphi(z)$ 所定义的 "广义函数" $\widehat{\varphi}(x)$. "广义函数 $\widehat{\varphi}(x)$ 的广义导数 $d\widehat{\varphi}(x)/dx$" 自然地定义为含有 $d\varphi(z)/dz$ 的剩余类 $(\mathrm{mod}\ \mathfrak{R})$. 这时, "delta 函数 $\delta(x)$" 是含有 $-(2\pi i)^{-1} z^{-1}$ 的剩余类 $(\mathrm{mod}\ \mathfrak{R})$. Sato 的 "多变元的广义函数" 的理论可以有下述的有趣的拓扑解释. 设 M 是个 n 维实解析流形, 又设 X 是 M 的一个复值化流形, 则以 X 中的正则函数芽作为系数的第 n 个相对上同调群 $H^n(X\mathrm{mod}(X - M))$ 给出了 "M 上的广义函数" 的概念. 换言之, 相对上同调类是 "广义函数" 的一个自然的定义.

注 3 有关广义函数的 Fourier 变换的更详细论述, 见 L. Schwartz [1] 和 Gelfand-Šilov [1]. 后一本书中引入了很多有趣但异于 $\mathfrak{D}(R^n)$, $\mathfrak{S}(R^n)$ 以及 $\mathfrak{D}_M(R^n)$

的基本函数类来定义广义函数; 相应于这种广义函数的 Fourier 变换在 Gelfand-Šilov[1] 中也有所讨论. 还可参看 A. Friedman [1]和 L. Hörmander [6].

§5.　Titchmarsh 定理

定理 (E. C. Titchmarsh)　设 $f(x)$ 和 $g(x)$ 是区间 $0 \leqslant x < \infty$ 上实值或复值连续函数使得

$$
\begin{aligned}
(f * g)(x) &= \int_0^x f(x - y)g(y)dy \\
&= \int_0^x g(x - y)f(y)dy = (g * f)(x)
\end{aligned}
\tag{1}
$$

恒等于零, 则 $f(x)$ 或 $g(x)$ 之中至少有一个恒等于零.

这个重要定理有多种证法, 如可用 Titchmarsh [1] 自身的方法, 也可用 Crum 和 Dufresnoy 的方法. 下述证明是初等的, 其意义是不用单复变函数论. 此方法属于 Ryll-Nardzewski [1]且见于 J. Mikusiński 的书 [1].

引理 1 (Phragmén)　设 $g(u)$ 在 $0 \leqslant u \leqslant T$ 时连续. 如果 $0 \leqslant t \leqslant T$, 则

$$
\lim_{x \to \infty} \sum_{k=1}^{\infty} \frac{(-1)^{k-1}}{k!} \int_0^T e^{kx(t-u)} g(u)du = \int_0^t g(u)du.
\tag{2}
$$

证明　我们有 $\sum_{k=1}^{\infty} (-1)^{k-1}(k!)^{-1} e^{kx(t-u)} = 1 - \exp(-e^{x(t-u)})$, 且对于固定的 x 和 t, 左端级数在区间 $0 \leqslant u \leqslant T$ 上一致收敛. 因此, (2) 中求和符号可移入积分号内. 用 Lebesgue-Fatou 引理, 我们就得到 (2).

引理 2　设 $f(t)$ 在 $0 \leqslant t \leqslant T$ 时连续且有个与 $n = 1, 2, \cdots$ 无关的正常数使得 $\left| \int_0^T e^{nt} f(t)dt \right| \leqslant M$, 则在 $0 \leqslant t \leqslant T$ 时必有 $f(t) = 0$.

证明　当 $0 \leqslant t \leqslant T$ 时, 在引理 1 中把 $g(u)$ 换为 $f(T-u)$, 我们有

$$
\begin{aligned}
\left| \int_0^t f(T - u)du \right| &= \left| \sum_{k=1}^{\infty} \int_0^T \frac{(-1)^{k-1}}{k!} e^{kn(t-u)} f(T - u)du \right| \\
&\leqslant \sum_{k=1}^{\infty} \frac{1}{k!} e^{kn(t-T)} \left| \int_0^T e^{kn(T-u)} f(T - u)du \right| \leqslant M(\exp(e^{-n(T-t)}) - 1).
\end{aligned}
$$

当 $n \to \infty$ 时, 最后这个表示式就趋于零. 因此 $\int_0^t f(T - u)du = 0$. 因为 f 是连续的, 所以在 $0 \leqslant t \leqslant T$ 时必有 $f(t) = 0$.

系 1 设 $g(x)$ 在 $1 \leqslant x \leqslant X$ 时连续且存在正数 N 使得 $\left| \int_1^X x^n g(x) dx \right| \leqslant N$ $(n = 1, 2, \cdots)$, 则在 $1 \leqslant x \leqslant X$ 时必有 $g(x) = 0$.

证明 令 $x = e^t$, $X = e^T$ 以及 $xg(x) = f(t)$, 则由引理 (2) 可知当 $0 \leqslant t \leqslant T$ 时, $f(t) = 0$. 因此, 当 $1 \leqslant x \leqslant X$ 时, $xg(x) = 0$, 从而当 $1 \leqslant x \leqslant X$ 时, $g(x) = 0$.

系 2 (Lerch 定理) 设 $f(t)$ 在 $0 \leqslant t \leqslant T$ 时连续并且 $\int_0^T t^n f(t) dt = 0$ $(n = 1, 2, \cdots)$, 则在 $0 \leqslant t \leqslant T$ 时, $f(t) = 0$.

证明 设 t_0 是开区间 $(0, T)$ 中任何数, 又设 $t = t_0 x$, $T = t_0 X$ 和 $f(t) = g(x)$. 于是我们得到 $t_0^{n+1} \int_0^X x^n g(x) dx = 0$ $(n = 1, 2, \cdots)$, 从而

$$\left| \int_1^X x^n g(x) dx \right| = \left| \int_0^1 x^n g(x) dx \right| \leqslant \int_0^1 |g(x)| dx = N \quad (n = 1, 2, \cdots).$$

因此, 用系 1 得到, 当 $1 \leqslant x \leqslant X$ 时, $g(x) = 0$. 从而当 $t_0 \leqslant t \leqslant T$ 时, $f(t) = 0$. 因为 t_0 是 $(0, T)$ 中任何一点, 所以当 $0 \leqslant t \leqslant T$ 时, 必定有 $f(t) = 0$.

Titchmarsh 定理的证明 我们先在 $f = g$ 这种特殊情形来证明此定理, 换言之, 如果 $f(t)$ 是连续的且在 $0 \leqslant t \leqslant 2T$ 时 $(f * f)(t) = \int_0^t f(t - u) f(u) du = 0$, 则在 $0 \leqslant t \leqslant T$ 时 $f(t) = 0$.

设 Δ 是 (v, w) 平面中三角形区域 $v + w \geqslant 0$, $v \leqslant T$, $w \leqslant T$. 因为

$$\int_0^{2T} e^{n(2T-t)} \left(\int_0^t f(u) f(t - u) du \right) dt = 0,$$

所以, 用变量代换 $u = T - v$, $t = 2T - v - w$, 我们就得到

$$\iint_{\Delta} e^{n(v+w)} f(T - v) f(T - w) dv dw = 0,$$

令 Δ' 是三角形区域 $v + w \leqslant 0$, $v \geqslant -T$, $w \geqslant -T$. 于是并集 $\Delta \cup \Delta'$ 就是正方形 $-T \leqslant v, w \leqslant T$, 上面等式表明 $e^{n(v+w)} f(T - v) f(T - w)$ 在 $\Delta \cup \Delta'$ 上的积分等于在 Δ' 上的积分. 在 $\Delta \cup \Delta'$ 上的积分是两个单重积分的乘积, 而在 Δ' 上积分时, 我们有 $e^{n(v+w)} \leqslant 1$. 因此

$$\left| \int_{-T}^T e^{nu} f(T - u) du \right|^2 = \left| \iint_{\Delta \cup \Delta'} e^{n(v+w)} f(T - v) f(T - w) dv dw \right|$$
$$\leqslant \iint_{\Delta'} |f(T - v) f(T - w)| dv dw \leqslant 2T^2 A^2,$$

其中, A 是 $|f(t)|$ 在 $0 \leqslant t \leqslant 2T$ 上的最大值, 而 $2T^2$ 是 Δ' 的面积. 因此, 我们有

$$\left| \int_{-T}^{T} e^{nu} f(T-u) du \right| \leqslant \sqrt{2} TA,$$

此外还有 $\left| \int_{-T}^{0} e^{nu} f(T-u) du \right| \leqslant TA.$ 因此

$$\left| \int_{0}^{T} e^{nu} f(T-u) du \right| = \left| \int_{-T}^{T} - \int_{-T}^{0} \right| \leqslant \left(1 + \sqrt{2}\right) TA \quad (n = 1, 2, \cdots),$$

从而由引理 2 可知当 $0 \leqslant t \leqslant T$ 时, $f(t) = 0$.

　　现在我们已准备好来证明一般情形的 Titchmarsh 定理. 设当 $0 \leqslant t < \infty$ 时, $\int_{0}^{t} f(t-u)g(u) du = 0$. 因此对于 $0 \leqslant t < \infty$, 我们有

$$\int_{0}^{t} (t-u)f(t-u)g(u) du + \int_{0}^{t} f(t-u)ug(u) du = t \int_{0}^{t} f(t-u)g(u) du = 0.$$

这用记号 $f_1(t) = tf(t)$ 和 $g_1(t) = tg(t)$ 可写为

$$(f_1 * g)(t) + (f * g_1)(t) = 0 \quad (0 \leqslant t < \infty).$$

因此

$$\{f * [g_1 * (f_1 * g + f * g_1)]\}(t) = 0,$$

从而

$$[(f * g) * (f_1 * g_1)](t) + [(f * g_1) * (f * g_1)](t) = 0.$$

因此, 由 $(f * g)(t) = 0$ 可得 $[(f * g_1) * (f * g_1)](t) = 0$, 从而由前面已经证明过的特殊情形可知, $(f * g_1)(t) = 0$, 换言之

$$\int_{0}^{t} f(t-u)ug(u) du = 0 \quad (0 \leqslant t < \infty).$$

从此式出发, 类似上述做法, 我们得到

$$\int_{0}^{t} f(t-u)u^2 g(u) du = 0 \quad (0 \leqslant t < \infty).$$

反复作下去, 我们发现有

$$\int_{0}^{t} f(t-u)u^n g(u) du = 0 \quad (0 \leqslant t < \infty; n = 1, 2, \cdots).$$

因此, 根据前面证明过的 Lerch 定理, 我们得到

$$对于 \ 0 \leqslant u \leqslant t < \infty, \quad 有 \ f(t-u)g(u) = 0.$$

如果存在 u_0 使 $g(u_0) \neq 0$, 则一切 $t \geqslant u_0$ 使 $f(t-u_0) = 0$, 亦即一切 $v \geqslant 0$ 使 $f(v) = 0$. 总之, 或者一切 $v \geqslant 0$ 使 $f(v) = 0$, 或者一切 $v \geqslant 0$ 使 $g(v) = 0$.

§6. Mikusiński 的算子演算

物理学家 O. Heaviside 在其《电磁理论》一书 (伦敦, 1899) 中首创了算子演算并将它成功用于与电磁问题有关的线性常微分方程. 他的方法中出现了某些意义不是十分清楚的算子, Heaviside 本人对于那些算子作出的解释是难以令人信服的. 他之后一些人的解释也不能使人明显看出此方法的适用范围, 因为这种解释是以 Laplace 变换理论为基础的. 由 J. Mikusiński 建立的卷积商的理论, 为算子演算提供了一个清楚而又简单的基础, 说明它既能用于常系数常微分方程, 又能用于某些常系数偏微分方程以及差分方程和积分方程.

我们将给出 Mikusiński 理论的一个简单表示法, 所用方法是采用 K. Yosida-S. Okamoto [40] 引入的环 $\mathscr{C}_{\mathrm{H}}$ 来代替他的算子 (即卷积商). 据此环, 我们不借助于第 6 章 §5 中 Titchmarsh 定理就能导出 Mikusiński 的算子演算.

环 $\mathscr{C}_{\mathrm{H}}$ 我们用 $\mathscr{C}$ 表示定义在区间 $[0, \infty)$ 上复值连续函数 $f(t)$ 全体. 在本节中我们把这种函数记为 $\{f(t)\}$, 或简记为 f; 而 $f(t)$ 只表示 f 在 t 点的值. 对于 $f, g \in \mathscr{C}$ 和 $\alpha, \beta \in C^1$ (复数域), 我们定义

$$\alpha f + \beta g = \{\alpha f(t) + \beta g(t)\} \quad 且 \quad fg = \left\{ \int_0^t f(t-u)g(u)du \right\}. \tag{1}$$

正如第六章 §3 中已证明过的那样, 我们有

$$fg = gf, f(gh) = (fg)h, f(g+h) = fg + fh.$$

因此, $\mathscr{C}$ 依上述加法和乘法是系数域 C^1 上的一个交换环.

我们以 h 记常值函数 $\{1\} \in \mathscr{C}$ (它在 J. Mikusiński[1]中记为 l), 从而

$$对于 \ n = 1, 2, \cdots, h^n = \left\{ \frac{t^{n-1}}{(n-1)!} \right\}, \tag{2}$$

$$对于 \ f \in \mathscr{C}, hf = \left\{ \int_0^t f(u)du \right\}, \tag{3}$$

换言之, h 充当了一个积分运算. 于是我们有以下相当平凡的

命题 1　对于 $k \in H = \{h^n; n = 1, 2, \cdots\}$ 和 $f \in \mathscr{C}$, 方程 $kf = 0$ 导致 $f = 0$, 此处 0 表示 $\{0\} \in \mathscr{C}$.

因此, 像在代数中那样, 我们可以构造交换环 $\mathscr{C}_{\mathrm{H}}$, 其元素形如分式 f/k, 即

$$\mathscr{C}_{\mathrm{H}} = \left\{ \frac{f}{k} = f/k; f \in \mathscr{C}, k \in H \right\}. \tag{4}$$

此处两个分式相等定义如下

$$\frac{f}{k} = \frac{f'}{k'} \quad \text{当且仅当} \quad fk' = f'k, \tag{5}$$

而两个分式的之和与乘积定义如下

$$\frac{f}{k} + \frac{f'}{k'} = \frac{fk' + f'k}{kk'} \quad \text{且} \quad \frac{f}{k}\frac{f'}{k'} = \frac{ff'}{kk'}. \tag{6}$$

将 $f \in \mathscr{C}$ 与 $kf/k \in \mathscr{C}_{\mathrm{H}}$ 等同起来后, 环 $\mathscr{C}$ 被同构地嵌入成 $\mathscr{C}_{\mathrm{H}}$ 的一个子环.

下面我们依 Mikusiński 的想法引入数乘运算这个重要概念. 我们定义

$$\text{对于任何 } \alpha \in C^1, [\alpha] = \{\alpha\}/\{h\} = \{\alpha\}/h \in \mathscr{C}_{\mathrm{H}}. \tag{7}$$

那么, 对于任何 $\alpha, \beta \in C^1, f \in \mathscr{C}$ 和 $k \in H$, 我们有

$$[\alpha] + [\beta] = [\alpha + \beta], [\alpha][\beta] = [\alpha\beta], \tag{8}$$

$$[\alpha]f = \alpha f = \{\alpha f(t)\}, [\alpha]\frac{f}{k} = \frac{\alpha f}{k}.$$

证明　显然有 $[\alpha] + [\beta] = [\alpha + \beta]$, 我们有

$$[\alpha][\beta] = \frac{\{\alpha\}}{h} \frac{\{\beta\}}{h} = \frac{\{\alpha\beta t\}}{h^2} = \frac{h\{\alpha\beta\}}{h^2} = \frac{\{\alpha\beta\}}{h} = [\alpha\beta],$$

$$[\alpha]\frac{\{f(t)\}}{k} = \frac{\{\alpha\}\{f(t)\}}{hk} = \frac{\left\{ \int_0^t \alpha f(u)du \right\}}{kh} = \frac{\{\alpha f(t)\}}{h}.$$

因此 $[\alpha]$ 可等同于复数 α, 但不等同于常值函数 $\{\alpha\}$. 我们看见与 $[\alpha]$ 作乘积的效果恰是与 α 的数乘. 于是, $[1]$ 可等同于环 $\mathscr{C}_{\mathrm{H}}$ 的乘积幺元 I, 换言之

$$I = \frac{h^n}{h^n} \quad (n = 1, 2, \cdots). \tag{9}$$

下面我们定义

$$s = \frac{h^n}{h^{n+1}} \in \mathscr{C}_{\mathrm{H}} \quad (n = 0, 1, 2, \cdots; h^0 = I), \text{从而 } sh = hs = I. \tag{10}$$

命题 2 如果 f 与其导数 f' 都属于 $\mathscr{C}$, 则

$$f' = sf - f(0), \text{ 其中 } f(0) = [f(0)]. \tag{11}$$

换言之, s 充当了一个微分运算.

证明 结论是显然的, 因据 (10) 和 Newton 公式

$$hf' = \Big\{ \int\limits_0^t f'(u)du \Big\} = \{f(t) - f(0)\} = f - [f(0)]h.$$

系 对于 n 阶连续可导函数 $f \in \mathscr{C}$, 在 $f^{(j)}(0) = [f^{(j)}(0)]$ 下,

$$f^{(n)} = s^n f - s^{n-1} f(0) - s^{n-2} f'(0) - \cdots - s f^{(n-2)}(0) - f^{(n-1)}(0). \tag{12}$$

命题 3 对于任何 $\alpha \in C^1$ 和任何正整数 n, 在 $\mathscr{C}_{\mathrm{H}}$ 中

$$(s-\alpha)^n = (s-[\alpha])^n = \Big(\frac{h - [\alpha]h^2}{h^2} \Big)^n = \frac{(h - [\alpha]h^2)^n}{h^{2n}}$$

有个唯一确定的**乘法逆元**如下

$$\frac{I}{(s-\alpha)^n} = \Big\{ \frac{t^{n-1}}{(n-1)!} e^{\alpha t} \Big\}. \tag{13}$$

证明 据 (11), 我们有

$$(s-\alpha)\{e^{\alpha t}\} = \alpha\{e^{\alpha t}\} + [1] - \alpha\{e^{\alpha t}\} = I,$$

即 $I/(s-\alpha) = \{e^{\alpha t}\}$. 因此我们有

$$(I/(s-\alpha))^2 = \{\int\limits_0^t e^{\alpha(t-u)} e^{\alpha u} du\} = \{te^{\alpha t}\},$$

依此类推.

上述结果可用来积分如下常系数线性常微分方程

$$\alpha_n y^{(n)} + \alpha_{n-1} y^{(n-1)} + \cdots + \alpha_0 y = f \in \mathscr{C} \quad (\alpha_n \neq 0), \tag{14}$$

$$y(0) = \gamma_0, y'(0) = \gamma_1, \cdots, y^{(n-1)}(0) = \gamma_{n-1}.$$

据 (12), 我们将 (14) 重写为

$$(\alpha_n s^n + \alpha_{n-1} s^{n-1} + \cdots + \alpha_0) y = f + \beta_{n-1} s^{n-1} + \beta_{n-2} s^{n-2} + \cdots + \beta_0, \tag{14'}$$

$$\beta_\nu = \alpha_{\nu+1}\gamma_0 + \alpha_{\nu+2}\gamma_1 + \cdots + \alpha_n\gamma_{n-\nu-1} \quad (\nu = 0, 1, 2, \cdots, n-1).$$

由 s 生成的复系数多项式环没有零因子, 此基于以下事实:

$$(\delta_n s^n + \delta_{n-1}s^{n-1} + \cdots)(\eta_m s^m + \eta_{m-1}s^{m-1} + \cdots) = \delta_n\eta_m s^{m+n} + \cdots.$$

因此我们可定义 s 的有理函数如下:

$$F_1 = \frac{I}{\alpha_n s^n + \cdots + \alpha_0} \quad \text{且} \quad F_2 = \frac{\beta_{n-1}s^{n-1} + \cdots + \beta_0}{\alpha_n s^n + \cdots + \alpha_0}, \tag{15}$$

并得到它们的部分分式表示

$$F_1 = \sum_j \sum_{k=j}^{m_j} \frac{c_{jk}I}{(s-r_j)^k} \quad \text{且} \quad F_2 = \sum_j \sum_{k=j}^{m_j} \frac{d_{jk}I}{(s-r_j)^k}. \tag{15'}$$

此处 c_{jk} 和 d_{jk} 都属于 C^1 而诸 r_j 是代数方程 $\alpha_n z^n + \alpha_{n-1}z^{n-1}\cdots + \alpha_0 = 0$ 的互异根, 因此 $\sum_j m_j = n$.

据 (13), 由 (15′) 给出的 F_1 和 F_2 都属于 $\mathscr{C} \subseteq \mathscr{C}_{\mathrm{H}}$, 我们便得方程 (14′) 即 (14) 的解:

$$\{y(t)\} = \sum_j \sum_{k=j}^{m_j} c_{jk}\left\{\frac{t^{k-1}e^{r_j t}}{(k-1)!}\right\}\{f(t)\} + \sum_j \sum_{k=j}^{m_j} d_{jk}\left\{\frac{t^{k-1}e^{r_j t}}{(k-1)!}\right\}. \tag{16}$$

例 1　求解方程

$$x''(t) - x'(t) - 6x(t) = 2, \quad x(0) = 1, \quad x'(0) = 0.$$

解　我们把方程写为 $\{x''(t) - x'(t) - 6x(t)\} = 2/s$. 由 (12) 可得

$$s^2 x - sx(0) - x'(0) - sx + x(0) - 6x = 2/s,$$

从而在代入初始条件后, 我们就得到

$$(s^2 - s - 6)x = s - 1 + 2/s.$$

因此, 由 (13) 可知

$$\begin{aligned} x &= \frac{s^2 - s + 2}{s(s-3)(s+2)} = -\frac{1}{3}\frac{1}{s} + \frac{8}{15}\frac{1}{s-3} + \frac{4}{5}\frac{1}{s+2} \\ &= \left\{-\frac{1}{3} + \frac{8}{15}e^{3t} + \frac{4}{5}e^{-2t}\right\}. \end{aligned}$$

例 2 设 α 和 β 是实数, 在初始条件 $x(0) = 0, y(0) = 1$ 下, 求解方程组

$$x'(t) - \alpha x(t) - \beta y(t) = \beta e^{\alpha t}, \quad y'(t) + \beta x(t) - \alpha y(t) = 0.$$

解 据 (11) 和 (13) 将方程组重写为

$$sx - \alpha x - \beta y = \beta/(s - \alpha), \quad sy - 1 + \beta x - \alpha y = 0.$$

因此

$$x = \frac{2\beta}{(s-\alpha)^2 + \beta^2}, \quad y = \frac{(s-\alpha)^2 - \beta^2}{(s-\alpha)((s-\alpha)^2 + \beta^2)},$$

由此可得

$$x = \frac{1}{i}\left\{\frac{1}{s - \alpha - i\beta} - \frac{1}{s - \alpha + i\beta}\right\} = \left\{\frac{e^{(\alpha+i\beta)t} - e^{(\alpha-i\beta)t}}{i}\right\} = \{2e^{\alpha t}\sin\beta t\},$$

$$y = \frac{2(s-\alpha)}{(s-\alpha)^2 + \beta^2} - \frac{1}{s-\alpha} = \frac{1}{s - \alpha - i\beta} + \frac{1}{s - \alpha + i\beta} - \frac{1}{s - \alpha}$$

$$= \{e^{(\alpha+i\beta)t} + e^{(\alpha-i\beta)t} - e^{\alpha t}\} = \{e^{\alpha t}(2\cos\beta t - 1)\}.$$

注 受 (2) 启发, 我们能定义分数幂积分运算如下:

$$h^\alpha = h\{t^{\alpha-1}/\Gamma(\alpha)\}/h \in \mathscr{C}_{\mathrm{H}} \quad (0 < \alpha < 1). \tag{17}$$

相应地, 我们能定义分数幂微分运算如下:

$$s^\alpha = h\{t^{-\alpha}/\Gamma(1-\alpha)\}/h^2 \in \mathscr{C}_{\mathrm{H}} \quad (0 < \alpha < 1), \tag{18}$$

据 Gamma 函数公式 $B(1 - \alpha, \alpha) = \Gamma(1 - \alpha)\Gamma(\alpha)$, 我们得到

$$h^\alpha s^\alpha = I. \tag{19}$$

至于算子演算的进一步的应用, 我们推荐读者参考 Mikusiński 的书 [1], 也建议读者去看 A. Erdélyi 的书 [1].

§7. Sobolev 引理

广义函数在分布意义下是无限可微的 (见第一章 §8). 这种广义意义下的可微性并不能保证通常意义下的可微性. 然而, 我们有下述结果, 它对于偏微分方程的近代研究是至关重要的.

定理 (Sobolev 引理) 令 G 是 R^n 的一个有界开区域, σ 是个非负整数且 $k > 2^{-1}n + \sigma$. 设函数 $u(x)$ 属于 $W^k(G)$, 即设 $u(x)$ 及其直至 k 阶的各阶分布导数都属于 $L^2(G)$. 于是, 对于 G 中任何开集 G_1, 只要其闭包 G_1^a 是 G 中的一个紧集, 就总存在函数 $u_1(x) \in C^\sigma(G_1)$, 使得在 G_1 内有 $u(x) = u_1(x)$ a.e.

证明　设 $\alpha(x)$ 是 $C_0^\infty(R^n)$ 内这样一个函数, 使得

$$G_1 \subseteq \operatorname{supp}(\alpha) \subset G, \quad 0 \leqslant \alpha(x) \leqslant 1 \text{ 且在 } G_1 \text{ 上 } \alpha(x) = 1.$$

我们在 R^n 上定义一个函数 $v(x)$ 使得

当 $x \in G$ 时 $v(x) = \alpha(x)u(x)$, 而当 $x \in R^n - G$ 时 $v(x) = 0$.

这时, 当 $x \in G_1$ 时就有 $v(x) = u(x)$. 因为 $v(x)$ 在 R^n 上是局部可积的, 所以它确定了 $\mathfrak{D}(R^n)'$ 中的一个分布. 根据假设 $u \in W^k(G)$, 所以当 $|s| \leqslant k$ 时, 分布导数 $D^s v(x) \in L^2(R^n)$. 例如, 分布导数

$$\frac{\partial}{\partial x_j}(v) = \frac{\partial}{\partial x_j}(\alpha u) = \frac{\partial \alpha}{\partial x_j}u + \alpha\frac{\partial}{\partial x_j}u$$

就属于 $L^2(R^n)$, 这是因为 u 和 $\partial u/\partial x_j$ 都属于 $L^2(G)$ 且无限可微函数 $\alpha(x)$ 的支集含于开区域 G 的某紧集内. 用 Fourier 变换 $v(x) \to \widehat{v}(y)$, 我们得到

$$(\widehat{D^s v})(y) = (i)^{|s|} y_1^{s_1} y_2^{s_2} \cdots y_n^{s_n} \widehat{v}(y).$$

因为由 Plancherel 定理可知, L^2 范数在 Fourier 变换下是不变的, 所以当 $|s| \leqslant k$ 时, 我们有 $(\widehat{D^s v})(y) \in L^2(R^n)$. 因此

$$\text{当 } |s| \leqslant k \text{ 时, } \widehat{v}(y) y_1^{s_1} y_2^{s_2} \cdots y_n^{s_n} \in L^2(R^n). \tag{1}$$

特别地, 我们有

$$\widehat{v}(y) \in L^2(R^n). \tag{1'}$$

令 $q = (q_1, q_2, \cdots, q_n)$ 是一组非负整数. 用 (1), 我们可以证明

$$\text{当 } |q| + \frac{n}{2} < k \text{ 时, } \widehat{v}(y) y_1^{q_1} y_2^{q_2} \cdots y_n^{q_n} \text{ 在 } R^n \text{ 上是可积的.} \tag{2}$$

为此, 任取一个正数 C. 根据 Schwarz 不等式, 我们有

$$\int_{|y| \leqslant C} |\widehat{v}(y) y_1^{q_1} y_2^{q_2} \cdots y_n^{q_n}| dy$$

$$\leqslant \left(\int_{|y| \leqslant C} |y_1^{q_1} y_2^{q_2} \cdots y_n^{q_n}|^2 dy \int_{|y| \leqslant C} |\widehat{v}(y)|^2 dy \right)^{1/2} < \infty,$$

$$\int_{|y| > C} |\widehat{v}(y) y_1^{q_1} y_2^{q_2} \cdots y_n^{q_n}| dy$$

$$\leqslant \left(\int_{|y| > C} \frac{|y_1^{q_1} y_2^{q_2} \cdots y_n^{q_n}|^2}{(1 + |y|^2)^k} dy \int_{|y| > C} |\widehat{v}(y)|^2 (1 + |y|^2)^k dy \right)^{1/2}.$$

由 (1) 可知, 最后这个不等式的右端第二个因子 $< \infty$. 至于第一个因子的有限性在于 $2|q| - 2k + n - 1 < -1$ (亦即 $k > \dfrac{n}{2} + |q|$) 并且

$$dy = dy_1 dy_2 \cdots dy_n = r^{n-1} dr d\Omega_n, \text{其中 } d\Omega_n \text{ 是} \atop R^n \text{ 内以原点 } 0 \text{ 为心的单位球面的超曲面元素.} \Bigg\} \tag{3}$$

因此, 根据 Plancherel 定理, 我们有

$$v(x) = \mathop{\mathrm{l.i.m.}}_{h \to \infty} (2\pi)^{-n/2} \int_{|y| \leqslant h} \widehat{v}(y) \exp(i\langle y, x \rangle) dy,$$

从而, 同证明 $L^2(R^n)$ 的完备性一样, 我们可以选出正整数列 $\{h\}$ 的某个子列 $\{h'\}$ 使得几乎所有 $x \in R^n$ 满足

$$v(x) = \lim_{h' \to \infty} (2\pi)^{-n/2} \int_{|y| \leqslant h'} \widehat{v}(y) \exp(i\langle y, x \rangle) dy.$$

但是, 前面已经证明过 $\widehat{v}(y)$ 在 R^n 上是可积的, 因此上式右端等于

$$v_1(x) = (2\pi)^{-n/2} \int_{R^n} \widehat{v}(y) \exp(i\langle x, y \rangle) dy,$$

换言之, 几乎所有 $x \in R^n$ 使 $v(x)$ 等于 $v_1(x)$. 由 (2) 知 $v_1(x)$ 可在积分号下求至 σ 阶微分, 并且微分结果依 x 连续. 对于 $x \in G_1$, 我们令 $u_1(x) = v_1(x)$, 定理得证.

注 原始证明可见于 S. L. Sobolev [1], [2], 或 L. Kantorovitch-G. Akilov [1].[①]

§8. Gårding 不等式

设复值系数 $c_{st}(x)$ 在 R^n 的有界域 G 的闭包 G^a 上是连续的, 考虑对于支集为 G 中紧集的 C^∞ 函数 $u(x) = u(x_1, x_2, \cdots, x_n)$ 有定义的积分二次型:

$$B[u, u] = \sum_{|s|, |t| \leqslant m} (c_{st} D^s u, D^t u)_0, \tag{1}$$

其中, $|s| = \sum_{j=1}^{n} s_j, |t| = \sum_{j=1}^{n} t_j$, 而以 $(u, v)_0$ 记 $L^2(G)$ 中内积. 这时, 我们有以下

定理 (L. Gårding [1]) *存在正常数 c 和 C, 使得不等式*

$$\|u\|_m^2 \leqslant c \operatorname{Re} B[u, u] + C\|u\|_0^2 \tag{2}$$

[①]可同时参见书后的 "补充说明".

对一切 $u \in C_0^\infty(G)$ 都成立的一个充分条件是, 有个正常数 c_0 使得

$$\operatorname{Re} \sum_{|s|,|t|=m} c_{st}(x)\xi^s\xi^t \geqslant c_0|\xi|^{2m} \tag{3}$$

对一切 $x \in G$ 和一切实向量 $\xi = (\xi_1, \xi_2, \cdots, \xi_n)$ 都成立.

注 不等式 (2) 叫作 Gårding 不等式. 微分算子

$$L = \sum_{|s|=|t|\leqslant m} (-1)^{|t|} D^t c_{st} D^s \tag{4}$$

叫作在 G 内是强椭圆的是指条件 (3) 成立且 c_{st} 在 G^a 上是 C^m 类的.

证明 我们首先证明, 对任何 $\varepsilon > 0$ 都存在常数 $C(\varepsilon) > 0$ 使得

$$\|u\|_{m-1}^2 \leqslant \varepsilon\|u\|_m^2 + C(\varepsilon)\|u\|_0^2, u \in C_0^\infty(G). \tag{5}$$

为此目的, 我们把 u 在 G 之外的值定义为 0 而认为它是属于 $C_0^\infty(R^n)$ 的. 用 Fourier 变换和 Plancherel 定理, 我们得到

$$\|D^s u\|_0^2 = \|\widehat{D^s u}\|_0^2 = \int_{R^n} \left| \prod_{j=1}^n y_j^{s_j} \widehat{u}(y) \right|^2 dy.$$

因此, (5) 得自如此事实: 当 $C \uparrow \infty$ 时, 下式关于 $y = (y_1, y_2, \cdots, y_n)$ 一致趋于零:

$$\left(\sum_{|s|\leqslant m-1} \prod_{j=1}^n y_j^{2s_j} \right) \Big/ \left(C + \sum_{|t|\leqslant m} \prod_{j=1}^n y_j^{2t_j} \right).$$

先假定诸系数 c_{st} 均为常数, 并且在 $|s| = |t| = m$ 之外都为零. 用 Fourier 变换 $u(x) \to \widehat{u}(\xi)$ 和 Plancherel 定理以及 (3), 我们得到与 u 无关的常数 c_1 使得

$$\operatorname{Re} B[u,u] = \operatorname{Re} \int \sum_{s,t} c_{st}\xi^s\xi^t|\widehat{u}(\xi)|^2 d\xi \geqslant \int c_0|\xi|^{2m}|\widehat{u}(\xi)|^2 d\xi$$
$$\geqslant c_1(\|u\|_m^2 - \|u\|_{m-1}^2),$$

因此, 由 (5) 可知, (2) 对于我们这种特殊情形是成立的.

下面, 我们考虑变系数 c_{st} 的情形. 先设 u 的支集充分小, 比如说含于以原点为心的某个小球. 用上述结果, 对于与 u 无关的某个常数 $c_0' > 0$, 我们有

$$c_0'\|u\|_m^2 \leqslant \operatorname{Re} B[u,u] + \operatorname{Re} \sum_{|s|=|t|=m} \int (c_{st}(0) - c_{st}(x))D^s u \cdot D^t \overline{u} dx$$
$$- \operatorname{Re} \sum_{|s|+|t|<2m} \int c_{st}(x)D^s u \cdot D^t \overline{u} dx + C(\varepsilon)\|u\|_0^2.$$

若 u 的支集小到使 c_{st} 在其中只有很小的振幅, 则我们可见, 上式右端第二项的绝对值可以小于 $2^{-1}c_0'\|u\|_m^2$. 而右端第三项可以小于 $\|u\|_m \cdot \|u\|_{m-1}$ 乘以某个常数. 于是, 我们发现

$$2^{-1}c_0'\|u\|_m^2 \leqslant \operatorname{Re} B[u,u] + 常数 \cdot \|u\|_m \cdot \|u\|_{m-1} + C(\varepsilon)\|u\|_0^2,$$

其中常数都是正的. 因此, 由于

$$诸\ \varepsilon > 0\ 满足\ 2|\alpha| \cdot |\beta| \leqslant \varepsilon|\alpha|^2 + \varepsilon^{-1}|\beta|^2, \tag{6}$$

我们得到 $\|u\|_m^2 \leqslant 常数 \cdot \operatorname{Re} B[u,u] + 常数 \cdot \|u\|_{m-1}^2 + C(\varepsilon)\|u\|_0^2$. 由 (5) 便可得 (2).

其次, 我们考虑一般情形. 在 G 内构造单位分解:

$$1 = \sum_{j=1}^{N} \omega_j^2, \omega_j \in C_0^\infty(G), 而在\ G\ 内\ \omega_j(x) \geqslant 0,$$

并且每个 ω_j 的支集都取为我们所需要的那么小. 这时, 用函数乘积的 Leibniz 微分公式、Schwarz 不等式以及上面所得出的估计式, 可以得到

$$\begin{aligned}
\operatorname{Re} B[u,u] &= \operatorname{Re} \sum_{s,t} \int c_{st} D^s u D^t \overline{u} dx = \operatorname{Re} \sum_{s,t} \sum_{j} \int \omega_j^2 c_{st} D^s u D^t \overline{u} dx \\
&= \operatorname{Re} \int \sum_{j} \sum_{s,t} c_{st} D^s(\omega_j u) D^t(\overline{\omega_j u}) dx + o(\|u\|_m \cdot \|u\|_{m-1}) \\
&\geqslant \sum_{j} 常数 \cdot (\|\omega_j u\|_m^2 - \|\omega_j u\|_{m-1}^2) + o(\|u\|_m \cdot \|u\|_{m-1}) \\
&\geqslant 常数 \cdot \|u\|_m^2 + 0(\|u\|_m \cdot \|u\|_{m-1}).
\end{aligned}$$

因此, 用 (5) 可得 (2). 我们要指出: (2) 中常数 c, C 与 c_0, c_{st} 和区域 G 有关.

§9. Friedrichs 定理

设实系数 $c_{st}(x)$ 在 R^n 的某个有界开区域 G 内都是 C^∞ 并且

$$L = \sum_{|s|,|t| \leqslant m} D^s c_{st}(x) D^t \tag{1}$$

为强椭圆算子. 给定 G 上一个局部平方可积函数 $f(x)$, 考察方程

$$Lu = f. \tag{2}$$

称 G 上局部平方可积函数 $u(x)$ 为以上方程的一个弱解是指诸 $\varphi \in C_0^\infty(G)$ 满足

$$(u, L^*\varphi)_0 = (f, \varphi)_0, L^* = \sum_{|s|,|t| \leqslant m} (-1)^{|s|+|t|} D^t c_{st}(x) D^s. \tag{3}$$

这里, $(f, g)_0$ 表示 Hilbert 空间 $L^2(G)$ 的内积. 因此, (2) 的弱解 u 是分布意义下的一个解. 至于弱解的可微性, 我们有下述基本结果:

定理 (K. Friedrichs [1]) 如果 f 在区域 $G_1 \subseteq G$ 内有一直到 p 阶平方可积的 (分布) 导数, 则 (2) 的任何弱解 u 在 G_1 内都有一直到 $2m + p$ 阶平方可积的 (分布) 导数. 换言之, 当 f 属于 $W^p(G_1)$ 时, (2) 的弱解 u 都属于 $W^{p+2m}(G_1)$.

系 如果 $p = \infty$, 则由 Sobolev 引理可知, 存在函数 $u_0(x) \in C^\infty(G_1)$ 使得几乎所有 $x \in G_1$ 适合 $u(x) = u_0(x)$. 因此, 如果 f 在某个区域 $\subseteq G$ 是 C^∞ 的, 则 (2) 的任何弱解 $u(x)$ 在某个测度零集上调整了其值之后, 就在该区域是 C^∞ 的; 从而, 此调整了值的解就是微分方程 (2) 在 $f(x)$ 为 C^∞ 的区域的一个 **真解**.

注 当 $L = \Delta$, 即 Laplace 算子时, 上述就是 Weyl 引理 (见第二章 §7). 有大量文献把 Weyl 引理推广到一般椭圆算子 L, 这些推广有时叫作 Weyl-Schwartz 定理. 在这些丰富的文献中, 我们推荐: P. Lax [2]、L. Nirenberg [1] 和 L. Nirenberg [2]. 以下的证明是著者自己 (未发表) 的工作, L. Bers [1] 曾给过一个类似证明.

顺便指出, 一个不可微的局部可积函数 $f(x)$ 是双曲方程 $\dfrac{\partial^2 f}{\partial x \partial y} = 0$ 的一个分布解, 这事实见自以下等式

$$0 = \int_{-\infty}^{\infty} \left\{ \int_{-\infty}^{\infty} f(x) \frac{\partial^2 \varphi(x, y)}{\partial y \partial x} dy \right\} dx \quad (\varphi(x, y) \in C_0^\infty(R^2)).$$

定理的证明 我们只考虑实值函数情形. 若有必要, 就找个非零常数 α, 然后以 $I + \alpha L$ 代替 L, 于是我们总可设强椭圆算子 L 本身满足 Gårding 不等式

$$\begin{cases} (\varphi, L^* \varphi)_0 \geqslant \delta \|\varphi\|_m^2 & (\delta > 0), \\ |(\varphi, L^* \psi)_0| \leqslant \gamma \|\varphi\|_m \|\psi\|_m & (\gamma > 0): \varphi, \psi \in C_0^\infty(G). \end{cases} \tag{4}$$

后一个不等式可以用分部积分法予以证明. 这里, 我们假定系数 $c_{st}(x)$ 所有直至 m 阶的导数都于 G 有界, 从而常数 δ 和 γ 不依赖于检验函数 $\psi, \varphi \in C_0^\infty(G)$.

假定 G_1 是 n 维环形区域, 它表示为周期的平行多面体

$$0 \leqslant x_j \leqslant 2\pi \quad (j = 1, 2, \cdots, n). \tag{5}$$

假定 L 的系数和 f 依每个变量 x_j 都以 2π 为周期. 在这些假定下, 我们考虑定义在没有边界的紧空间 G_1 上的函数 $\varphi(x)$, 并考虑属于 $C^\infty(G_1)'$ 的分布, 其检验函数空间 $C^\infty(G_1)$ 是由这样的 C^∞ 函数 $\varphi(x) = \varphi(x_1, x_2, \cdots, x_n)$ 组成的: 它们依每个变元 x_j 都以 2π 为周期. 需要指出, G_1 是没有边界的, 我们无须限制检验函数 $\varphi(x)$ 的支集.

对于整数组 $k = (k_1, \cdots, k_n)$ 和实数组 $x = (x_1, \cdots, x_n)$, 令 $k \cdot x = \sum\limits_{j=1}^{n} k_j x_j$ 且 $|k|^2 = \sum\limits_{j=1}^{n} k_j^2$. 条件 $v \in W^q(G_1)$ 便表示 $v(x)$ 的 Fourier 展式

$$v(x) \sim \sum_k v_k \exp(ik \cdot x) \tag{6}$$

中 Fourier 系数 v_k 满足

$$\sum_k |v_k|^2 (1 + |k|^2)^q < \infty. \tag{7}$$

这是因为, 用分部积分知分布导数 $D^s v$ $(s = (s_1, s_2, \cdots, s_n))$ 的 Fourier 系数满足

$$(D^s v(x), \exp(ik \cdot x))_0 = (-1)^{|s|} (v(x), D^s \exp(ik \cdot x))_0 = (-i)^{|s|} \prod_{j=1}^{n} k_j^{s_j} v_k,$$

从而用关于 $D^q v \in L^2(G_1)$ 的 Fourier 系数的 Parseval 等式, 我们就得 (7).

为便于后面分析, 对于整数 $q \geqq 0$, 引入 $W^q(G_1)$ 空间与其上范数 $\|\cdot\|_q$, 它由这样的复数列 $\{w_k; k_1, \cdots, k_n = 0, \pm 1, \pm 2, \cdots\}$ 组成: $w_k = \overline{w}_{-k}$ 且

$$\|\{w_k\}\|_q = \left(\sum_k |w_k|^2 (1 + |k|^2)^q \right)^{1/2} < \infty.$$

依 $L^2(G_1)$ 的完全标准正交系 $\{(2\pi)^{-n/2} \exp(ik \cdot x)\}$ 用 Parseval 等式, 我们看见当 $q \geqslant 0$ 时, 范数 $\|v\|_q = \left(\sum\limits_{|s| \leqslant q} \int_{G_1} |D^s v(x)|^2 dx \right)^{1/2}$ 等价于范数 $\|\{v_k\}\|_q$, 其中, $v(x) \sim \sum\limits_k v_k \exp(ik \cdot x)$.

上述 (7) 的证明表明, 如果 $f \in W^p(G_1)$, 则 $D^s f \in W^{p-|s|}(G_1)$, 并且对于 $\varphi \in C^\infty(G_1)$, 有 $\varphi f \in W^p(G_1)$. 因此

$$\begin{cases} \text{如果 } f \in W^p(G_1), \text{则对于任何具有 } C^\infty(G_1) \\ \text{系数的 } q \text{ 阶微分算子 } N \text{ 都有 } Nf \in W^{p-|q|}(G_1). \end{cases} \tag{8}$$

为在周期函数情形来证明本定理, 首先我们需要说明, 可以假设 (2) 的弱解 $u \in L^2(G_1) = W^0(G_1)$ 属于 $W^m(G_1)$. 这个假设的合理性可验证如下. 令

$$u(x) \sim \sum_k u_k \exp(ik \cdot x), v(x) \sim \sum_k u_k (1 + |k|^2)^{-m} \exp(ik \cdot x).$$

于是容易看出, $v(x) \in W^{2m}(G_1)$ 且 v 是 $(I - \Delta)^m v = u$ 的一个弱解, 其中 Δ 表示 Laplace 算子 $\sum\limits_{j=1}^{n} \partial^2 / \partial x_j^2$. 因此, v 是以下 $4m$ 阶强椭圆方程的一个弱解:

$$L(I - \Delta)^m v = f. \tag{2'}$$

如果我们能证明此弱解 $v \in W^{2m}(G_1)$ 确实属于 $W^{4m+p}(G_1)$, 则由 (8) 可知

$$u = (I - \Delta)^m v \in W^{4m+p-2m}(G_1) = W^{p+2m}(G_1).$$

于是, 不失一般性, 我们可设 (2) 的弱解 u 属于 $W^m(G_1)$, 其中, m 是 L 的阶数 $2m$ 的一半.

根据 L 和 $(I - \Delta)^m$ 的 Gårding 不等式 (4), 空间 $C^\infty(G_1)$ 上的双线性型

$$(\varphi, \psi)' = (\varphi, L^*\psi)_0 \quad \text{和} \quad (\varphi, \psi)'' = (\varphi, (I - \Delta)^m \psi)_0 \tag{9}$$

都可以延拓为 $W^m(G_1)$ 上的连续双线性型. 我们对此用 Lax-Milgram 定理 (第三章 §7) 便得到 $W^m(G_1)$ 自身上有一对一且双向连续的线性映射 T' 和 T'' 使得

对于 $\varphi, \psi \in W^m(G_1), (T'\varphi, \psi)' = (\varphi, \psi)_m, (T''\varphi, \psi)'' = (\varphi, \psi)_m.$

因此, $W^m(G_1)$ 自身上有个一对一且双向连续的线性映射 $T_m = T''(T')^{-1}$, 使得

$$\text{对于 } \varphi, \psi \in W^m(G_1), (\varphi, \psi)' = (T_m \varphi, \psi)''. \tag{10}$$

我们可以证明

对于任何 $j \geqslant 1, T_m$ 一对一且双向连续地映 $W^{m+j}(G_1)$ 到自身. (11)

事实上, 诸 $\varphi, \psi \in C^\infty(G_1)$ 满足下式

$$(\varphi, L^*(I - \Delta)^j \psi)_0 = (T_m \varphi, (I - \Delta)^{m+j} \psi)_0.$$

另一方面, 用将 Lax-Milgram 定理用于强椭圆算子 $(I - \Delta)^j L$ 和 $(I - \Delta)^{m+j} L$ 的办法可知, $W^{m+j}(G_1)$ 到自身上有个一对一且双向连续的线性映射 T_{m+j} 使得

对于 $\varphi, \psi \in C^\infty(G_1), (\varphi, L^*(I - \Delta)^j \psi)_0 = (T_{m+j} \varphi, (I - \Delta)^{m+j} \psi)_0.$

所以函数 $w = (T_{m+j} - T_m)\varphi$, 对任何 $\varphi \in C^\infty(G_1)$, 都是 $(I - \Delta)^{m+j} w = 0$ 的一个弱解. 然而, 这样的 $w(x)$ 恒等于零. 这是因为 $w(x)$ 的 Fourier 系数 w_k 满足

$$0 = ((I - \Delta)^{m+j} w(x), \exp(ik \cdot x))_0 = (w(x), (I - \Delta)^{m+j} \exp(ik \cdot x))_0$$
$$= (1 + |k|^2)^{m+j} (w(x), \exp(ik \cdot x))_0 = (1 + |k|^2)^{m+j} w_k,$$

故对一切 k 都有 $w_k = 0$. 因此, $(T_{m+j} - T_m)$ 在 $C^\infty(G_1)$ 上为 0. 因为三角多项式 $\sum_{|k| < \infty} w_k \exp(ik \cdot x)$ 在空间 $W^{m+j}(G_1)$ 内是稠密的, 所以空间 $C^\infty(G_1)$ 在 $W^{m+j}(G_1) \subseteq W^m(G_1)$ 内更是稠密的. 因此, 在 $W^{m+j}(G_1)$ 上有 $T_{m+j} = T_m$.

现在, 我们来证周期函数情形的可微性定理. 对于 $\psi \in C^\infty(G_1)$, 我们有

$$(f, \psi)_0 = (u, L^*\psi)_0 = (u, \psi)' = (T_m u, \psi)'' = (T_m u, (I - \Delta)^m \psi)_0.$$

因此, 对于

$$T_m u \sim \sum_k c_k \exp(ik \cdot x), \psi(x) \sim \sum_k \psi_k \exp(ik \cdot x),$$

用 Parseval 等式, 可以得到

$$(T_m u, (I - \Delta)^m \psi)_0 = \sum_k c_k (1 + |k|^2)^m \overline{\psi}_k = \sum_k f_k \overline{\psi}_k.$$

由 $\psi \in C^\infty(G_1)$ 的任意性可得 $c_k(1 + |k|^2)^m = f_k$, 从而, 由 $f \in W^p(G_1)$ 可知 $T_m u \in W^{p+2m}(G_1)$. 因此, 由 (11) 可知 $u \in W^{p+2m}(G_1)$. 我们指出, 即使对于 $0 \geqslant p \geqslant 1 - m$ 的情形, 对于 $\{f_k\} \in W^p(G_1)$ 而言, 上述结论 $u \in W^{p+2m}(G_1)$ 也是正确的. 这是因为, 由于 $p + 2m \geqslant m + 1$, 所以我们仍可以用 (11).

最后将对一般非周期情形来证明我们的可微性定理. 以下证法出自 P. Lax [2]. 对于一般非周期情形, 我们需要证明在 G 中一点 x^0 邻近的可微性定理. 设 $\beta(x) \in C_0^\infty(G)$ 在 G 的点 x^0 的某邻近内恒等于 1. 用 u' 表示 βu, 则 u' 是

$$Lu' = \beta f + Nu \tag{12}$$

的一个弱解, 其中 N 是个至多为 $2m - 1$ 阶的微分算子, 它的系数以及 $\beta(x)$ 在 x_0 的某个邻近 V 之外都为零, 并且算子 N 是在分布意义下作用的.

我们用 f' 表示分布 $\beta f + Nu$, 且设周期平行多面体 G_1 包含了 V. 设想 L 的诸系数在 G_1 内——但在 V 之外——作了变动后成为周期函数但仍保持可微性和椭圆性的性质. 用 L' 表示这样变动后的 L. 因此, u' 是

$$L'u' = f', \quad 其中 \ f' = \beta f + Nu \tag{13}$$

在 G_1 的一个弱解, 前面关于周期情形所得结果便可用于我们的弱解 u'.

我们可以假设弱解 u' 属于 $W^m(G_1)$. 由于 N 的阶数 $\leqslant 2m - 1$ 且其系数在 V 以外为零, 所以由 (8) 可知 $f' = \beta f + Nu$ 必满足 $f' \in W^{p'}(G_1)$, 其中

$$p' = \min(p, m - (2m - 1)) = \min(p, 1 - m) \geqslant 1 - m.$$

因此, (13) 的弱解 u' 必满足 $u' \in W^{p''}(G_1)$, 其中

$$p'' = \min(p + 2m, 1 - m + 2m) = \min(p + 2m, m + 1).$$

于是在 x^0 的某个邻近内, u 具有一直到 p'' 阶的平方可积的分布导数, 这里, $p'' \geqslant m + 1$. 因此, $f' = \beta f + Nu$ 在 x^0 的某个邻近内具有一直到

$$p''' = \min(p, p'' - (2m - 1)) \geqslant \min(p, 2 - m)$$

阶的平方可积的分布导数. 于是再用已经得到的结果, 我们看出, u 在 x^0 的某个邻近内具有一直到

$$p^{(4)} = \min(p + 2m, 2 - m + 2m) = \min(p + 2m, m + 2)$$

阶的平方可积的分布导数. 重复这样作下去, 我们看出, u 在 x^0 的某个邻近内具有一直到 $p + 2m$ 阶的平方可积的分布导数.

§10.　　Malgrange-Ehrenpreis 定理

在常微分方程和偏微分方程之间有个显著的区别. Peano 的一个经典结果指出, 常微分方程 $dy/dx = f(x,y)$ 在函数 f 具有连续性这种简单的条件下总有解. 这个结果已经推广到高阶方程和方程组的情形了. 然而, 对于偏微分方程而言, 情况就完全不同了. H. Lewy [1] 在 1957 年造出了方程

$$-i\frac{\partial u}{\partial x_1} + \frac{\partial u}{\partial x_2} - 2(x_1 + ix_2)\frac{\partial u}{\partial x_3} = f(x_3),$$

它在 f 不解析时绝对无解, 甚至在 f 是 C^∞ 函数时也无解. Lewy 的例子导致 L. Hörmander [3] 发展了一整套构造无解的线性偏微分方程的方法. 因此, 一个重要的任务就是确定具有解的线性偏微分方程的类型.

设 $P(\xi)$ 是 $\xi_1, \xi_2, \cdots, \xi_n$ 的一个多项式, 又设 $P(D)$ 是用 $D_j = i^{-1}\partial/\partial x_j$ 代替 ξ_j 后所得到的线性微分算子. 令 $D_\alpha = D_1^{\alpha_1} D_2^{\alpha_2} \cdots D_n^{\alpha_n}$, 于是可写

$$P(D) = \sum_\alpha c_\alpha D_\alpha, \text{ 其中 } \alpha = (\alpha_1, \alpha_2, \cdots, \alpha_n).$$

定义 1　称 R^n 中某分布 E 为 $P(D)$ 的一个基本解是指

$$P(D)E = \delta = T_\delta.$$

基本解的重要意义在于这样的事实, 诸 $f \in C_0^\infty(R^n)$ 使方程 $P(D)u = f$ 总有解 $u = E * f$. 事实上, 用第六章 §3 的微分法则 (10) 就可得出

$$P(D)u = (P(D)E) * f = \delta * f = f.$$

例　设 $P(D)$ 是 R^n 中的 Laplace 算子 $\Delta = \sum\limits_{j=1}^{n} \frac{\partial^2}{\partial x_j^2}$ 且 $n \geqslant 3$. 设 S_n 是 R^n 中单位球的表面积而 $g(x) = \frac{|x|^{2-n}}{(2-n)S_n}$, 则分布 $E = T_g$ 就是 Δ 的一个基本解.

证明 在极坐标下我们有 $dx = |x|^{n-1}d|x|dS_n$, 从而函数 $g(x)$ 在 R^n 内是局部可积的. 因此,

$$\Delta T_{|x|^{2-n}}(\varphi) = \lim_{\varepsilon \downarrow 0} \int_{|x| \geqslant \varepsilon} |x|^{2-n} \cdot \Delta\varphi dx, \quad \varphi \in \mathfrak{D}(R^n).$$

我们取两个正数 ε 和 R $(> \varepsilon)$, 使得 $\mathrm{supp}\,(\varphi)$ 包含在球 $|x| \leqslant R$ 的内部. 考虑 R^n 中区域 $G: \varepsilon \leqslant |x| \leqslant R$, 并用 Green 积分定理就可得到

$$\int_G (|x|^{2-n} \cdot \Delta\varphi - \Delta|x|^{2-n} \cdot \varphi)dx = \int_{\partial G} \left(|x|^{2-n} \cdot \frac{\partial\varphi}{\partial\nu} - \frac{\partial|x|^{2-n}}{\partial\nu} \cdot \varphi \right)dS,$$

其中, $S = \partial G$ 是由 $|x| = \varepsilon$ 和 $|x| = R$ 组成的边界曲面, 而 ν 表示 S 的外法线. 因为 φ 在 $|x| = R$ 附近为零, 再注意到, 当 $x \neq 0$ 时有 $\Delta|x|^{2-n} = 0$ 以及在内边界曲面 $|x| = \varepsilon$ 上的点处有 $-\frac{\partial}{\partial\nu} = \frac{\partial}{\partial|x|}$, 所以我们有

$$\int_{|x| \geqslant \varepsilon} |x|^{2-n} \Delta\varphi dx = - \int_{|x| = \varepsilon} \varepsilon^{2-n} \frac{\partial\varphi}{\partial|x|} dS + \int_{|x| = \varepsilon} (2-n)\varepsilon^{1-n} \varphi dS.$$

当 $\varepsilon \downarrow 0$ 时, 表示式 $\partial\varphi/\partial|x| = \sum_{j=1}^n (x_j/|x|)\partial\varphi/\partial x_j$ 是有界的, 而边界曲面 $|x| = \varepsilon$ 的面积是 $S_n \varepsilon^{n-1}$. 因此, 当 $\varepsilon \downarrow 0$ 时, 上式右端第一项趋于零. 用 φ 的连续性并作类似于上面的讨论, 可以看出当 $\varepsilon \downarrow 0$ 时, 上式右端第二项趋于 $(2-n)S_n\varphi(0)$. 因此, T_g 确实是 Δ 的一个基本解.

关于常系数线性偏微分方程的基本解的存在性, 已经被 B. Malgrange [1] 和 L. Ehrenpreis [1] 在 1954—1955 年这段时期内独立地证明了. 下面叙述的结果出自 L. Hörmander [4].

定义 2 令 $D_\xi^\alpha = \dfrac{\partial^{\alpha_1+\alpha_2+\cdots+\alpha_n}}{\partial\xi_1^{\alpha_1}\partial\xi_2^{\alpha_2}\cdots\partial\xi_n^{\alpha_n}}$ 以及

$$P^{(\alpha)}(\xi) = D_\xi^\alpha P(\xi), \widetilde{P}(\xi) = \left(\sum_{|\alpha| \geqslant 0} |P^{(\alpha)}(\xi)|^2 \right)^{1/2}. \tag{1}$$

称一个常系数微分算子 $Q(D)$ 弱于 $P(D)$ 是指

$$\widetilde{Q}(\xi) \leqslant C\widetilde{P}(\xi), \quad \xi \in R^n, \quad \text{这里 } C \text{ 是个正常数}. \tag{2}$$

定理 1 如果 Ω 是 R^n 的一个有界域且 $f \in L^2(\Omega)$, 则 $P(D)u = f$ 在 Ω 中存在解 u 使得所有弱于 P 的 Q 都满足 $Q(D)u \in L^2(\Omega)$. 这里, 我们在分布理论的意义下运用微分算子 $P(D)$ 和 $Q(D)$.

此定理的证明是以下面的定理作为基础的.

定理 2　对于 $u \in C_0^\infty(R^n)$, 以 $\widehat{u}$ 记 u 的 Fourier-Laplace 变换:

$$\widehat{u}(\zeta) = (2\pi)^{-n/2} \int\limits_{R^n} e^{-i\langle x,\zeta\rangle} u(x)dx, \quad \zeta = \xi + i\eta.$$

对每个 $\varepsilon > 0$, 总有 $P(D)$ 的一个基本解 E 和一个与 u 无关的常数 C 使得

$$|(E*u)(0)| \leqslant C \sup_{|\eta|\leqslant\varepsilon} \int\limits_{R^n} \frac{|\widehat{u}(\xi+i\eta)|}{\widetilde{P}(\xi)}d\xi, \tag{3}$$

而 (3) 式右端的有限性是由第六章 §4 中 Paley-Wiener 定理确定的.

由定理 2 导出定理 1　记 $N(u) = \sup\limits_{|\eta|\leqslant\varepsilon} \int\limits_{R^n} |\widehat{u}(\xi+i\eta)|/\widetilde{P}(\xi)d\xi$. 在 (3) 中用 $Q(D)u*v$ 代替 u, 这里 v 也属于 $C_0^\infty(R^n)$. 用第六章 §3 中 (10) 可以得到

$$|(Q(D)E*u*v)(0)| = |(E*Q(D)u*v)(0)| \leqslant CN(Q(D)u*v).$$

由第六章 §2 的 (17) 以及第六章 §3 的 (15) 可知, $Q(D)u*v$ 的 Fourier-Laplace 变换等于 $(2\pi)^{n/2}Q(\zeta)\widehat{u}(\zeta)\widehat{v}(\zeta)$. 因为用 Taylor 公式可得

$$Q(\xi+i\eta) = \sum_\alpha \frac{1}{\alpha!}(-\eta)^\alpha D_\alpha Q(\xi), \text{ 其中 } (-\eta)^\alpha = \prod_j (-\eta_j)^{\alpha_j}, \tag{4}$$

我们由 (2) 得到一个可能依赖于 ε 的常数 C' 使得

$$\text{只要 } |\eta| \leqslant \varepsilon \text{ 且 } \xi \in R^n \text{ 便成立}|Q(\xi+i\eta)|/\widetilde{P}(\xi) \leqslant C'.$$

因此

$$N(Q(D)u*v) \leqslant (2\pi)^{n/2}C' \sup_{|\eta|\leqslant\varepsilon} \int\limits_{R^n} |\widehat{u}(\xi+i\eta)\widehat{v}(\xi+i\eta)|d\xi.$$

以 $\|\ \|$ 表示 $L^2(R^n)$ 的范数, 用 Fourier 变换的 Parseval 定理, 我们就得到

$$\text{当 } |\eta| \leqslant \varepsilon \text{ 时}, \int\limits_{R^n} |\widehat{u}(\xi+i\eta)|^2 d\xi = \int\limits_{R^n} |u(x)|^2 e^{2\langle x,\eta\rangle} dx \leqslant \|u(x)e^{\varepsilon|x|}\|^2,$$

以及关于 $\widehat{v}$ 的一个类似估计式. 因此, 由 Schwarz 不等式可知,

$$\text{对于 } u, v \in C_0^\infty(R^n), N(Q(D)u*v) \leqslant C''\|u(x)e^{\varepsilon|x|}\|\ \|v(x)e^{\varepsilon|x|}\|,$$

其中 C'' 表示一个常数, 它可能与 ε 有关.

因此, 我们就证明了诸 $u,v \in C_0^\infty(R^n)$ 满足下式

$$\left|\int\limits_{R^n} (Q(D)E*u)(x)v(-x)dx\right| \leqslant (CC'')\|ue^{\varepsilon|x|}\|\ \|ve^{\varepsilon|x|}\|. \tag{5}$$

我们用 $L_\varepsilon^2(R^n)$ 表示函数 $w(x)$ 的这种 Hilbert 空间, 即其范数取为

$$\left(\int_{R^n} |w(x)|^2 e^{2\varepsilon|x|} dx\right)^{1/2} = \|w(x)e^{\varepsilon|x|}\|.$$

因为 $C_0^\infty(R^n)$ 稠于 $L_\varepsilon^2(R^n)$ 且易证 $L_{-\varepsilon}^2(R^n)$ 就是 $L_\varepsilon^2(R^n)$ 的共轭空间, 所以用 $\|v(x)e^{\varepsilon|x|}\|$ 除以 (5) 式后再取此式关于 $v \in C_0^\infty(R^n)$ 的上确界, 我们就得到

$$\|(Q(D)E * u)(x)e^{-\varepsilon|x|}\| \leqslant (CC'')\|u(x)e^{\varepsilon|x|}\|, \quad u \in C_0^\infty(R^n).$$

于是从 $C_0^\infty(R^n)$ 至 $L_{-\varepsilon}^2(R^n)$ 有连续线性映射

$$u \to Q(D)E * u, \tag{6}$$

它可扩张成从 $L_\varepsilon^2(R^n)$ 至 $L_{-\varepsilon}^2(R^n)$ 的一个连续线性映射. 因此, 为证定理 1, 我们只需在 Ω 内令 $f_1 = f$, 而在 $R^n - \Omega$ 内令 $f_1 = 0$, 并且再把 u 定义为 $u = E * f_1$.

为了证明定理 2, 我们需要三个引理.

引理 1 (Malgrange) 设 $f(z)$ 是复变量 z 在 $|z| \leqslant 1$ 上的一个全纯函数, 而 $p(z)$ 是个多项式, 它的最高次项的系数为 A, 则

$$|Af(0)| \leqslant (2\pi)^{-1} \int_{-\pi}^{\pi} |f(e^{i\theta})p(e^{i\theta})| d\theta. \tag{7}$$

证明 设诸 z_j 是 $p(z)$ 在单位圆 $|z| < 1$ 的零点[①], 令

$$p(z) = q(z)\prod_j \frac{z - z_j}{\bar{z}_j z - 1}.$$

于是 $q(z)$ 在单位圆内是正则的, 且在 $|z| = 1$ 时 $|p(z)| = |q(z)|$. 因此, 我们有

$$(2\pi)^{-1} \int_{-\pi}^{\pi} \left|f(e^{i\theta})p(e^{i\theta})\right| d\theta = (2\pi)^{-1} \int_{-\pi}^{\pi} |f(e^{i\theta})q(e^{i\theta})| d\theta$$

$$\geqslant (2\pi)^{-1} \left|\int_{-\pi}^{\pi} f(e^{i\theta})q(e^{i\theta}) d\theta\right| = |f(0)q(0)|.$$

因为 $|q(0)/A|$ 等于 $p(z)$ 在单位圆外零点的绝对值的乘积, 所以引理 1 得证.

引理 2 仍用引理 1 中的符号, 如果 $p(z)$ 的次数 $\leqslant m$, 则我们有

$$|f(0)p^{(k)}(0)| \leqslant \frac{m!}{(m-k)!}(2\pi)^{-1}\int_{-\pi}^{\pi} |f(e^{i\theta})p(e^{i\theta})| d\theta. \tag{8}$$

[①]校者注: 可依重数重复.

证明 我们可以假设 $p(z)$ 的次数就是 m 并且 $p(z) = \prod_{j=1}^{m}(z - z_j)$. 把引理 1 用于多项式 $\prod_{j=1}^{m}(z - z_j)$ 和全纯函数 $f(z)\prod_{j=k+1}^{m}(z - z_j)$, 我们就得到

$$\left| f(0)\prod_{j=k+1}^{m} z_j \right| \leqslant (2\pi)^{-1}\int_{-\pi}^{\pi}|f(e^{i\theta})p(e^{i\theta})|d\theta.$$

上式左端中换成任何 $m - k$ 个 z_j 的乘积时, 类似不等式仍成立. 因为 $p^{(k)}(0)$ 是 $m!/(m - k)!$ 个这样的项乘以 $(-1)^{m-k}$ 之和, 于是我们就证明了不等式 (8).

引理 3 令 $F(\zeta) = F(\zeta_1, \zeta_2, \cdots, \zeta_n)$ 在复平面 $|\zeta| = \left(\sum_{j=1}^{n}|\zeta_j|^2\right)^{1/2} < \infty$ 上是全纯的, 而 $P(\zeta) = P(\zeta_1, \zeta_2, \cdots, \zeta_n)$ 是次数 $\leqslant m$ 的多项式. 设非负可积函数 $\Phi(\zeta) = \Phi(\zeta_1, \zeta_2, \cdots, \zeta_n)$ 只依赖于 $|\zeta_1|, |\zeta_2|, \cdots, |\zeta_n|$ 且有紧支集, 则我们有

$$|F(0)D_\alpha P(0)|\int_{|\zeta|<\infty}|\zeta|^{(\alpha)}\Phi(\zeta)d\zeta \leqslant \frac{m!}{(m - |\alpha|)!}\int_{|\zeta|<\infty}|F(\zeta)P(\zeta)|\Phi(\zeta)d\zeta, \quad (9)$$

其中 $d\zeta$ 是 Lebesgue 测度 $d\xi_1 d\eta_1 \cdots d\xi_n d\eta_n$ $(\zeta_k = \xi_k + i\eta_k)$.

证明 设 $f(z)$ 是整函数, 我们把 (8) 用于函数 $f(rz)$ 和 $p(rz)$ 上便得

$$|f(0)p^{(k)}(0)|r^k \leqslant \frac{m!}{(m - k)!}(2\pi)^{-1}\int_{-\pi}^{\pi}|f(re^{i\theta})p(re^{i\theta})|d\theta.$$

设 $\psi(r)$ 是有紧支集的非负可积函数. 用 $2\pi r\psi(r)$ 乘上述不等式, 再对 r 积分便得

$$|f(0)p^{(k)}(0)|\int|t|^k\psi(|t|)dt \leqslant \frac{m!}{(m - k)!}\int|f(t)p(t)|\psi(|t|)dt. \quad (10)$$

这里, $dt = rdrd\theta$ 并且积分已扩大为在整个复 t 平面上. 我们把 (10) 依次用于变量 $\zeta_1, \zeta_2, \cdots, \zeta_n$ 上就可以得到引理 3.

定理 2 的证明 对于 $u \in C_0^\infty(R^n)$, 令 $P(D)u = v$, 于是 $P(\zeta)\hat{u}(\zeta) = \hat{v}(\zeta)$. 我们这样来用引理 3, 即令 $F(\zeta) = \hat{u}(\xi + \zeta)$, 而用 $P(\xi + \zeta)$ 代替 $P(\zeta)$, 并且 $\Phi(\zeta)$ 在 $|\zeta| \leqslant \varepsilon$ 时等于 1, 否则等于 0. 因为 $\widetilde{P}(\xi) \leqslant \sum_\alpha |D^\alpha P(\xi)|$, 于是由 (9) 可得

$$|\hat{u}(\xi)\widetilde{P}(\xi)| \leqslant C_1\int_{|\zeta|\leqslant\varepsilon}|\hat{u}(\xi + \zeta)P(\xi + \zeta)|d\zeta = C_1\int_{|\zeta|\leqslant\varepsilon}|\hat{v}(\xi + \zeta)|d\zeta.$$

于是, 由 Fourier 反演定理可知

$$|u(0)| \leqslant (2\pi)^{-n/2}\int|\hat{u}(\xi)|d\xi \leqslant C_1'\int_{|\zeta|\leqslant\varepsilon}\left(\int|\hat{v}(\xi + \zeta)|/\widetilde{P}(\xi)d\xi\right)d\zeta$$

$$\leqslant C_1'\int\left(\int_{|\xi'|^2+|\eta'|^2\leqslant\varepsilon^2}|\hat{v}(\xi + \xi' + i\eta')|/\widetilde{P}(\xi)d\xi'd\eta'\right)d\xi.$$

另一方面, 由式子 $D^\alpha P(\xi + \xi') = \sum_\beta \dfrac{(\xi')^\beta}{\beta!} D^{\alpha+\beta} P(\xi)$, 我们得

$$\widetilde{P}(\xi + \xi')/\widetilde{P}(\xi) \leqslant C_2\colon |\xi'| \leqslant \varepsilon,$$

从而当 $|\xi'| \leqslant \varepsilon$ 时, $|D^\alpha P(\xi + \xi')|/\widetilde{P}(\xi)$ 是有界的. 因此我们有

$$|u(0)| \leqslant C_1' C_2 \int \left(\int_{|\xi'|^2 + |\eta'|^2 \leqslant \varepsilon^2} \frac{|\widehat{v}(\xi + \xi' + i\eta')|}{\widetilde{P}(\xi + \xi')} d\xi' d\eta' \right) d\xi \leqslant C_3 \|v\|', \tag{11}$$

其中 C_3 是某个只依赖于 ε 的常数, 而

$$\|v\|' = \int_{|\eta| \leqslant \varepsilon} \left(\int |\widehat{v}(\xi + i\eta)|/\widetilde{P}(\xi) d\xi \right) d\eta \quad (u \in C_0^\infty(R^n)).$$

我们指出, $\|v\|'$ 的有限性可由第六章 §4 中 Paley-Wiener 定理得出来. 考虑空间 $\widetilde{C}_0^\infty(R^n)$, 它是 $C_0^\infty(R^n)$ 关于范数 $\|v\|'$ 的完备化空间. 这时, 由 Hahn-Banach 延拓定理可知, 线性泛函 L:

$$v = P(D)u \to u(0) \quad (\text{其中 } u \in C_0^\infty(R^n))$$

可以延拓为一个定义在 $\widetilde{C}_0^\infty(R^n)$ 上的连续线性泛函 L. 同空间 $L^1(R^n)$ 中的情形一样, 我们知道关于测度 $\widetilde{P}(\xi)^{-1}d\xi d\eta$ 存在 a.e. 有界的 Baire 函数 $k(\xi + i\eta)$, 使得延拓后的线性泛函 L 可以表示为

$$L(v) = \int_{|\eta| \leqslant \varepsilon} \left(\int \widehat{v}(\xi + i\eta) k(\xi + i\eta)/\widetilde{P}(\xi) \cdot d\xi \right) d\eta. \tag{12}$$

当 $v_h(x) \in C_0^\infty(R^n)$ 在 $\mathfrak{D}(R^n)$ 的拓扑下随 $h \to \infty$ 而趋于 0 时, $v_h(x)e^{\langle x, \eta \rangle}$ 也在 $\mathfrak{D}(R^n)$ 的拓扑下对于满足 $|\eta| \leqslant \varepsilon$ 的 η 一致趋于零. 因此, 由第六章 §1, 我们容易看出, 作为 ξ 的函数的 $\widehat{v}_h(\xi + i\eta)$ 在 $\mathfrak{S}(R^n)$ 的拓扑下对于满足 $|\eta| \leqslant \varepsilon$ 的 η 一致趋于零. 因此, 由 (12) 可知 L 定义了一个分布 $T \in \mathfrak{D}(R^n)'$. 因此, 由第六章 §3 中 (5) 可知

$$L(v) = (T * \check{v})(0) = (\check{T} * v)(0). \tag{13}$$

因此, 只要我们取 $E = \check{T}$, 则定理 2 得证. 这时, (3) 式显然可得自 (11) 式.

§11. 具有一致强度的微分算子

上一节的存在性定理可以推广到线性微分算子

$$P(x, D) = \sum_\alpha a_\alpha(x) D_\alpha, \tag{1}$$

它的系数 $a_\alpha(x)$ 在 R^n 的有界开区域 Ω 内是连续的.

定义 将 x 看作参数, 令 $\widetilde{P}(x,\xi) = \left(\sum_\alpha |P^{(\alpha)}(x,\xi)|^2 \right)^{1/2}$. 如果

$$\sup_{x,y\in\Omega,\xi\in R^n} \widetilde{P}(x,\xi)/\widetilde{P}(y,\xi) < \infty, \tag{2}$$

则称 $P(x,D)$ 在 Ω 内是一致强度的算子.

例 考虑微分算子 $P(x,D) = \sum_{|s|,|t|\leqslant m} D^s a_{s,t}(x) D^t$, 其系数在 Ω 内是 C^∞ 的有界实函数且 $a_{s,t}(x) = a_{t,s}(x)$. 如果存在正常数 δ, 使得

$$\sum_{|s|,|t|=m} \xi^s a_{s,t}(x)\xi^t \geqslant \delta \left(\sum_{j=1}^n \xi_j^2 \right)^m \text{ 在 } \Omega \text{ 内成立}, \tag{3}$$

则称 $P(x,D)$ 是强椭圆的 (见第六章 §9). 这时, $P(x,D)$ 必定满足条件 (2).

现令 $P(x,D)$ 在 R^{n-1} 的某有界开区域 Ω 内是强椭圆的, 则称

$$\frac{\partial}{\partial x_n} - P(x,D) \tag{4}$$

是乘积空间 $\Omega \times \{x_n; 0 < x_n\}$ 上的一个抛物算子. 容易看出算子 (4) 在此乘积空间内是一致强度的.

定理 (Hörmander [5]) 设 $P(x,D)$ 在 R^n 的有界开区域 Ω 内是一致强度的算子. 对任何一点 x^0, 总有 Ω 的某个开子域 Ω_1 使得 $x^0 \in \Omega_1$ 并且方程 $P(x,D)u = f$ 对每个 $f \in L^2(\Omega_1)$ 都有个分布解 $u \in L^2(\Omega_1)$, 此外, 对任何固定的点 $x \in \Omega_1$ 以及每个弱于 $P(x,D)$ 的 $Q(D)$, 该分布解 u 使 $Q(D)u \in L^2(\Omega_1)$.

证明 记 $P(x^0,D) = P_0(D)$. 所有弱于 $P_0(D)$ 具有常系数的微分算子组成一个有限维线性空间. 这是因为, 这些算子 $Q(D)$ 的阶数都不可能大于 $P_0(D)$ 的阶数. 因此, 有 $P_1(D), P_2(D), \cdots, P_N(D)$, 它们构成了弱于 $P_0(D)$ 的那些微分算子的一个基. 于是我们可以把 $P(x,D)$ 表示为

$$P(x,D) = P_0(D) + \sum_{j=1}^N b_j(x) P_j(D), \quad b_j(x^0) = 0, \tag{5}$$

其中, 诸 $b_j(x)$ 是 Ω 内唯一确定的连续函数.

设 Ω_1 是 Ω 的任何开子域. 由上一节的结果可知, 从 $L^2(\Omega_1)$ 到自身存在有界线性算子 T 使得

$$\text{对于 } f \in L^2(\Omega_1), P_0(D)Tf = f, \tag{6}$$

并且诸 $P_j(D)T$ 作为从 $L^2(\Omega_1)$ 到自身的算子都是有界的. 我们只需把 Tf 取为 $E * f_1$ 在 Ω_1 上的限制, 这里, 在 Ω_1 内, $f_1 = f$, 而在 $R^n - \Omega_1$ 内, $f_1 = 0$.

方程 $P(x, D)u = f$ 等价于

$$P_0(D)u + \sum_{j=1}^{N} b_j(x)P_j(D)u = f. \tag{7}$$

我们需要寻求形如 $u = Tv$ 的解. 把它代入 (7) 之后, 由 (6) 可得

$$v + \sum_{j=1}^{N} b_j(x)P_j(D)Tv = f. \tag{8}$$

用 C 表示由 $L^2(\Omega_1)$ 入自身的诸有界线性算子 $P_j(D)T$ 的范数之和. 因为 $b_j(x)$ 都是连续的且 $b_j(x^0) = 0$, 所以我们可以把 $\Omega_1 \ni x^0$ 选得如此之小, 使得

对于 $x \in \Omega_1$ 和 $j = 1, 2, \cdots, n, C|b_j(x)| < 1/N$.

我们可以假设上面这个不等式对属于 Ω_1 的紧闭包的任何 x 都是成立的. 因此, 算子 $\sum_{j=1}^{N} b_j(x)P_j(D)T$ 的范数小于 1, 从而方程 (8) 可用 Neumann 级数求解 (第二章 §1 定理 2):

$$v = \left(1 + \sum_{j=1}^{N} b_j P_j(D)T\right)^{-1} f = Af,$$

其中, A 是个由 $L^2(\Omega_1)$ 入自身的有界线性算子. 因此, $u = TAf$ 就是所要寻求的关于方程 $P(x, D)u = f$ 的解.

§12. 亚椭圆性 (Hörmander 定理)

在第二章 §7 中, 我们已经定义过 $P(D)$ 的亚椭圆性概念, 并且还证明过 Hörmander 定理的部分结论: 若 $P(D)$ 是亚椭圆的, 则对于任何正的大常数 C_1, 总有个正常数 C_2 使得对于代数方程 $P(\zeta) = 0$ 的一切解 $\zeta = \xi + i\eta$,

$$当 |\eta| < C_1 时, \quad |\xi| < C_2. \tag{1}$$

为了证明逆命题, 即 (1) 蕴涵着 $P(D)$ 的亚椭圆性, 我们需要以下

引理 (Hörmander [1])　由 (1) 必可以得到

$$当 \xi \in R^n 且 |\xi| \to \infty 时, \sum_{|\alpha|>0} |P^{(\alpha)}(\xi)|^2 / \sum_{|\alpha|\geqslant 0} |P^{(\alpha)}(\xi)|^2 \to 0. \tag{2}$$

证明　我们首先证明, 对任何实向量 $\Theta \in R^n$ 都有

$$当 \xi \in R^n 且 |\xi| \to \infty 时, P(\xi + \Theta)/P(\xi) \to 1. \tag{3}$$

在适当选取坐标之后, 我们可以认为 $\Theta = (1, 0, 0, \cdots, 0)$. 由 (1) 可知

$$\text{当 } |\eta| < C_1 \text{ 且 } |\xi| > C_2 \text{ 时}, P(\xi + i\eta) \neq 0.$$

这时, 如果 $|\xi| \geqslant C_1 + C_2$ 且 $P(\zeta') = 0$, 则不等式 $|\xi - \zeta'| \geqslant C_1$ 成立. 这是因为, 令 $\zeta' = \xi' + i\eta'$ 之后就必定有, 或者 $|\eta'| \geqslant C_1$, 或者 $|\xi'| < C_2$, 从而 $|\xi - \zeta'| \geqslant C_1$. 固定 $\xi_2, \xi_3, \cdots, \xi_n$ 之值后, 我们就可以把 $P(\xi)$ 写为

$$P(\xi) = C \prod_{k=1}^{m} (\xi_1 - t_k), \quad C \neq 0,$$

其中 $(t_k, \xi_2, \cdots, \xi_n)$ 是 P 的零点. 于是, $|\xi| \geqslant C_1 + C_2$ 蕴涵 $|t_k - \xi_1| \geqslant C_1$. 从而,

$$\frac{P(\xi + \Theta)}{P(\xi)} = \prod_{k=1}^{m} \frac{\xi_1 + 1 - t_k}{\xi_1 - t_k} = \prod_{k=1}^{m} \left(1 + \frac{1}{\xi_1 - t_k}\right)$$

在 $|\xi| \geqslant C_1 + C_2$ 时满足

$$\left| \frac{P(\xi + \Theta)}{P(\xi)} - 1 \right| \leqslant m C_1^{-1} (1 + C_1^{-1})^{m-1}.$$

只要把 C_2 取得充分大, 我们就可以把 C_1 取得任意大, 于是我们就证明了 (3).

根据 Taylor 公式有 $P(\xi + \eta) = \sum_\alpha \frac{1}{\alpha!} P^{(\alpha)}(\xi) \eta^\alpha$, 我们有

$$\sum_{i=1}^{k} t_i P(\xi + \eta^{(i)}) = \sum_\alpha \frac{1}{\alpha!} P^{(\alpha)}(\xi) \sum_{i=1}^{k} t_i (\eta^{(i)})^\alpha, \tag{4}$$

其中 $\eta^{(i)}$ 是任何实向量而 t_i 是任何复数. 适当选取 k, t_i 和 $\eta^{(i)}$ 可使系数组 $\{\sum_{i=1}^{k} t_i (\eta^{(i)})^\alpha\}_{|\alpha| \leqslant m}$ 取得给定的任何一组值. 否则, 必有不全为零的常数 $\{C_\alpha\}_{|\alpha| \leqslant m}$ 使得诸 η 满足 $\sum_\alpha C_\alpha \eta^\alpha = 0$; 这显然不可能. 因此, 有实向量 $\eta^{(i)}$ 使得

$$P^{(\alpha)}(\xi) = \sum_{i=1}^{k} t_i P(\xi + \eta^{(i)}).$$

当 $|\alpha| \neq 0$ 时, 上式右端的主部必为零, 故必有 $\sum_{i=1}^{k} t_i = 0$. 由 (3), 我们就得到 (2).

系 假定 $P_1(\xi)$ 和 $P_2(\xi)$ 都满足 (2). 于是 $P(\xi) = P_1(\xi) P_2(\xi)$ 也满足 (2). 此外, 如果 $Q_j(D)$ 弱于 $P_j(D)$ $(j = 1, 2)$, 则 $Q_1(D) Q_2(D)$ 就弱于 $P(D)$.

证明 用关于函数乘积的 Leibniz 微分公式, 我们知道 $P^{(\alpha)}(\xi)$ 是 $P_1(\xi)$ 和 $P_2(\xi)$ 的导数 (出现的导数的阶数之和 $\leqslant |\alpha|$) 的乘积的某种线性组合. 因此, (2) 对于 $P(\xi)$ 成立. 系的后一个结论可以类似地予以证明.

现在我们就来证明

定理 (Hörmander [1]) $P(D)$ 是亚椭圆的当且仅当条件 (2) 成立.

证明 "仅当" 部分已经证明过了 (见于第二章 §7 以及前面刚证明了的引理). 我们来证明 "当" 的部分.

设 Ω 是 R^n 的一个开子域. 称分布 $u \in \mathfrak{D}(\Omega)'$ 属于 $H_{\mathrm{loc}}^k(\Omega)$ 是指对于任何 $\varphi_0 \in C_0^\infty(\Omega), u_0 = \varphi_0 u$ 的 Fourier 变换 $\widehat{u}_0$ 都满足 (见第六章 §2)

$$\int_{R^n} (1+|\xi|^2)^k |\widehat{u}_0(\xi)|^2 d\xi < \infty, \ \text{亦即满足}\ u_0 = \varphi_0 u \in W^{k,2}(R^n). \tag{5}$$

借助于第六章 §7 的 Sobolev 引理, "当" 的部分可源自下述命题:

$$\begin{aligned}&\text{设 } P(\xi) \text{ 满足 (2) 且 } s \text{ 是个正数. 若分布 } u \in \mathfrak{D}(\Omega)'\\&\text{满足 } P(D)u \in H_{\mathrm{loc}}^s(\Omega), \text{则 } u \text{ 必属于 } H_{\mathrm{loc}}^s(\Omega).\end{aligned} \tag{6}$$

此因若 $P(D)u \in C^\infty(\Omega)$, 由 Leibniz 微分公式知诸正数 s 使 $P(D)u \in H_{\mathrm{loc}}^s(\Omega)$.

(6) 的证明是基于以下两个引理:

引理 1   设 $f \in W^{k,2}(R^n)$ 而 $\psi \in C_0^\infty(R^n), k \gtreqless 0$, 则 $\psi f \in W^{k,2}(R^n)$.

引理 2   设 $P(\xi)$ 满足 (2), 则存在正常数 μ, 使得当 $\xi \in R^n, |\xi| \to \infty$ 时, 对每个 $\alpha \neq 0$ 都有 $|P^{(\alpha)}(\xi)\xi^\mu|/|P(\xi)| \to 0$.

引理 1 将于后面证明, 这里不会证明引理 2 (至于其证明, 我们建议读者去看 L. Hörmander [6] 或 A. Friedman [1]).

下面, 设 Ω_1 和 Ω_0 是 Ω 中任意开子域使其闭包 Ω_1^a 和 Ω_0^a 都是紧的并且 $\Omega_1^a \subseteq \Omega_0, \Omega_0^a \subseteq \Omega$. 由第三章 §11 的 Schwartz 定理可知, 当把分布 $u \in \mathfrak{D}(\Omega)'$ 看作属于 $\mathfrak{D}(\Omega_0)'$ 的一个分布时, 它是某个函数 $v(x) \in L^2(\Omega_0)$ 的形如 $D^t v$ 的一个分布导数. 设 $\varphi \in C_0^\infty(\Omega_0)$ 是这样的函数, 使得在 Ω_1 内 $\varphi(x) = 1$. 这时, $u = u_0 = D^t \varphi v$ 这样的分布都属于 $\mathfrak{D}(\Omega_1)'$. 因为 $\varphi v \in L^2(R^n)$, 所以我们知道, 存在 (也许是负的) 整数 k, 使得

$$\text{对每个 } \alpha, P^{(\alpha)}(D)u_0 = P^{(\alpha)}(D)D^t \varphi v \in W^{k,2}(R^n). \tag{7}$$

因此, 由引理 1 和广义的 Leibniz 公式 (见第一章 §8) 可以得到

$$P(D)\varphi_1 u_0 = \varphi_1 P(D)u_0 + \sum_{|\alpha|>0} \frac{1}{\alpha!} D_\alpha \varphi_1 \cdot P^{(\alpha)}(D)u_0, \tag{8}$$

我们可以从 $P(D)u_0 \in H_{\mathrm{loc}}^s(\Omega)$ 看出, 对任何 $\varphi_1 \in C_0^\infty(\Omega_1)$ 都有

$$P(D)\varphi_1 u_0 \in W^{k_1,2}(R^n), \ \text{其中}\ k_1 = \min(s,k). \tag{9}$$

因此, $u_1(x) = \varphi_1(x)u_0(x)$ 的 Fourier 变换 $\widehat{u_1}(\xi)$ 满足

$$\int_{R^n} |P(\xi)\widehat{u_1}(\xi)|^2 (1 + |\xi|^2)^{k_1} d\xi < \infty, \tag{10}$$

从而由引理 2 可知

$$\int_{R^n} |P^{(\alpha)}(\xi)\widehat{u_1}(\xi)|^2 (1 + |\xi|^2)^{k_1+\mu} d\xi < \infty, \text{ 换言之}$$
$$\text{对每个 } \alpha \neq 0 \text{ 都有 } P^{(\alpha)}(D)u_1 \in W^{k_1+\mu,2}(R^n). \tag{11}$$

设 Ω_2 是 Ω_1 的任何这样的开子域, 使得闭包 Ω_2^a 是紧的并且包含于 Ω_1 之内. 于是, 用前面的 (8) 和 (11), 我们就证明了对任何 $\varphi_2 \in C_0^\infty(\Omega_2)$ 都有

$$P(D)\varphi_2 u_1 \in W^{k_2,2}(R^n), \text{ 其中 } k_2 = \min(s, k_1 + \mu), \text{从而}$$
$$\text{对每个 } \alpha \neq 0 \text{ 都有 } P^{(\alpha)}(D)\varphi_2 u_1 \in W^{k_2+\mu,2}(R^n).$$

重复这种推理有限次之后, 我们看见, 对 Ω 的任何这样的开子域 Ω', 即 Ω' 的闭包是紧的且包含于 Ω 之内, 只要 $\varphi \in C_0^\infty(\Omega')$ 就一定

$$\text{对于 } \alpha \neq 0, P^{(\alpha)}(D)\varphi u \in W^{s,2}(R^n).$$

因此, 由 $P^{(\alpha)}(\xi) = $ 常数 $\neq 0$ 就得出了 $\varphi u \in W^{s,2}(R^n)$.

引理 1 的证明　ψf 的 Fourier 变换是 $(2\pi)^{-n/2} \int_{R^n} \widehat{\psi}(\eta)\widehat{f}(\xi - \eta)d\eta$ (见第六章 §3 定理 6). 因此, 我们应该证明, 对于 $s \gtreqqless 0$ 有

$$\int_{R^n} (1 + |\xi|^2)^s \left| \int_{R^n} \widehat{\psi}(\eta)\widehat{f}(\xi - \eta)d\eta \right|^2 d\xi < \infty.$$

由 Schwarz 不等式可知, 上式左端小于

$$\int_{R^n} (1 + |\xi|^2)^s \left[\int_{R^n} |\widehat{\psi}(\eta)|d\eta \int_{R^n} |\widehat{\psi}(\eta)| \cdot |\widehat{f}(\xi - \eta)|^2 d\eta \right] d\xi$$
$$= \int_{R^n} |\widehat{\psi}(\eta)|d\eta \left[\int_{R^n} \int_{R^n} (1 + |\xi|^2)^s |\widehat{\psi}(\eta)| \cdot |\widehat{f}(\xi - \eta)|^2 d\xi d\eta \right]. \tag{12}$$

这时, 我们需使用不等式

$$(1 + |\xi|^2)^s \leqslant 4^{|s|}(1 + |\eta|^2)^{|s|}(1 + |\xi - \eta|^2)^s, \tag{13}$$

这得自以下两式

$$\frac{1 + |\xi|^2}{1 + |\xi - \eta|^2} \leqslant 4(1 + |\eta|^2), \quad 4(1 + |\xi|^2) \geqslant \frac{1 + |\xi - \eta|^2}{1 + |\eta|^2}.$$

由 (13) 可知, (12) 的右端小于 $\int_{R^n} |\widehat{\psi}(\eta)| d\eta$ 乘以

$$4^{|s|} \int_{R^n} |\widehat{\psi}(\eta)| (1 + |\eta|^2)^{|s|} d\eta \Big(\int_{R^n} (1 + |\xi - \eta|^2)^s |\widehat{f}(\xi - \eta)|^2 d\xi \Big).$$

因为 $f \in W^{s,2}(R^n)$ 且 $\widehat{\psi}(\eta) \in \mathfrak{S}(R^n)$, 所以上式的积分是收敛的.

因此, 我们的引理得证.

进一步的研究

1. 设 $P(x, D)$ 是个具有 $C^\infty(\Omega)$ 系数的线性偏微分算子. 如果它满足以下两个条件: i) $P(x^0, D)$ 对于每个固定的 $x^0 \in \Omega$ 都是亚椭圆的; ii) 对于每个固定的 x^0 以及 $x' \in \Omega$, 当 $\xi \in R^n, |\xi| \to \infty$ 时, 总有 $P(x^0, \xi) = 0(P(x', \xi))$, 则称 $P(x, D)$ 在 $\Omega \subseteq R^n$ 内是形式亚椭圆的. L. Hörmander [5] 和 B. Malgrange [2] 已经证明了对于这种算子 $P(x, D)$, 方程 $P(x, D)u = f$ 的任何分布解 $u \in \mathfrak{D}(\Omega)'$ 在使 f 为 C^∞ 的那个开子域 $\subseteq \Omega$ 改变在某个测度零集上的值之后就是 C^∞ 的. 上述关于常系数情形的证明修改后可用于形式亚椭圆情形, 例如可参看 J. Peetre [1].

2. I. G. Petrowsky [1] 实质上已经证明了 $P(D)u = 0$ 的一切分布解 $u \in \mathfrak{D}(R^n)'$ 是 R^n 上的解析函数当且仅当 $P(\xi)$ 的最高次即 m 次齐次部分 $P_m(\xi)$ 在 $\xi \in R^n$ 都不为零. 如果 $P(\xi)$ 满足此条件, 则称 $P(D)$ 是解析椭圆的. 对这种情形已经证明了次数 m 是偶数并且 $P(D)$ 是亚椭圆的. 我们指出, 解析椭圆算子 $P(D)$ 的亚椭圆性也可以用第六章 §9 的 Friedrichs 定理予以证明. 这是因为, 由于 $P_m(\xi)$ 没有零点, 故用 Fourier 变换容易看出 $P(D)$ 或 $-P(D)$ 是强椭圆的. 至于 Petrowsky 定理的证明, 例如可参看 L. Hörmander [6], F. Trèves [1] 以及 C. B. Morrey-L. Nirenberg [1].

第七章　对偶算子

§1.　对偶算子

转置矩阵的概念可以通过下面的定理 1 推广成为对偶算子的概念.

定理 1　设 X, Y 是局部凸空间而 X'_{s-}, Y'_{s-} 分别是其强对偶空间. 设 T 是映 $D(T) \subseteq X$ 入 Y 的线性算子. 考虑积空间 $X'_{s-} \times Y'_{s-}$ 中满足条件

$$\text{对于 } x \in D(T), \quad \langle Tx, y' \rangle = \langle x, x' \rangle \tag{1}$$

的点 $\{x', y'\}$, 则 x' 是由 y' 唯一确定的当且仅当 $D(T)$ 在 X 中稠密.

证明　由于问题是线性的, 我们只需考察条件:

$$\text{对于 } x \in D(T), \quad \langle x, x' \rangle = 0 \text{ 必导致 } x' = 0.$$

于是, "当" 的部分便源自线性泛函 x' 的连续性. 若 $D(T)^a \neq X$, 由 Hahn-Banach 定理, 存在 $x'_0 \neq 0$ 使一切 $x \in D(T)$ 满足 $\langle x, x'_0 \rangle = 0$; 因而 "仅当" 部分得证.

定义 1　由 (1) 通过 $T'y' = x'$ 确立一个线性算子 T' 当且仅当 $D(T)^a = X$. 称 T' 为 T 的对偶算子或共轭算子, 其定义域 $D(T')$ 由如此元素 $y' \in Y'_{s-}$ 构成: 存在 $x' \in X'_{s-}$ 满足 (1). 因而 T' 是映 $D(T') \subseteq Y'_{s-}$ 入 X'_{s-} 的线性算子并且

$$\langle Tx, y' \rangle = \langle x, T'y' \rangle \quad \text{对一切 } x \in D(T) \text{ 和一切 } y' \in D(T') \text{ 成立.} \tag{2}$$

定理 2　若 $D(T) = X$ 且 T 连续, 则 T' 是映 Y'_{s-} 入 X'_{s-} 的连续线性算子.

证明　对于任何 $y' \in Y'_{s-}$，$\langle Tx, y' \rangle$ 是 $x \in X$ 的连续线性泛函, 因而存在 $x' \in X'_{s-}$ 使得 $T'y' = x'$. 设 B 是 X 的有界集. 那么, 由 T 的连续性, 像 $T(B) = \{Tx; x \in B\}$ 是 Y 的有界集. 于是, 根据定义关系式 $\langle Tx, y' \rangle = \langle x, x' \rangle$, 由 y' 按 Y' 的有界收敛拓扑 (在第四章 §7 中给出的) 收敛于 0 必导致 x' 按 X' 的有界收敛拓扑收敛, 因此 T' 是映 Y'_{s-} 入 X'_{s-} 的连续线性算子.

例 1　设 X 和 Y 同是赋予 (l^2)-范数的 n 维 Euclid 空间. 对于任何连续线性算子 $T \in L(X, X)$, 当 $Tx = y$ 时, 将 x 和 y 各写成 $(x_1, x_2, \cdots, x_n)$ 和 $(y_1, y_2, \cdots, y_n)$. 取 T 的表示矩阵 (t_{ij}) 使 $y_i = \sum_{j=1}^{n} t_{ij} x_j$ $(t = 1, 2, \cdots, n)$. 对于 $z = (z_1, z_2, \cdots, z_n)$, 则 $T'z = w$ 由式子 $w_j = \sum_{i=1}^{n} t_{ij} z_i$ $(j = 1, 2, \cdots, n)$ 确立. 此因

$$\langle Tx, z \rangle = \langle y, z \rangle = \sum_j y_j z_j = \sum_i \left(\sum_j t_{ij} x_j \right) z_i = \sum_j x_j \left(\sum_i t_{ij} z_i \right).$$

这就证明了 T' 的表示矩阵是 T 的表示矩阵的转置矩阵.

例 2　设 $X = Y$ 是实 Hilbert 空间 (l^2), 定义 $T_n \in L(X, X)$ 如下:

$$T_n(x_1, x_2, \cdots, x_k, \cdots) = (x_n, x_{n+1}, x_{n+2}, \cdots).$$

从下式

$$\langle T_n(x_1, x_2, \cdots), (z_1, z_2, \cdots) \rangle = x_n z_1 + x_{n+1} z_2 + x_{n+2} z_3 + \cdots$$

我们得到

$$T'_n(z_1, z_2, \cdots) = (\overbrace{0, \cdots, 0}^{n-1}, z_1, z_2, \cdots).$$

令 $n \to \infty$ 得 $\|T_n(x_1, x_2, \cdots)\| = \left(\sum_{m=n}^{\infty} x_m^2 \right)^{1/2} \to 0$. 然而

$$\|T'_n(z_1, z_2, \cdots)\| = \|(z_1, z_2, \cdots)\|,$$

我们实际上证明了以下

命题 1　映 $L(X, Y)$ 入 $L(Y'_{s-}, X'_{s-})$ 的映射 $T \to T'$ 按算子的简单收敛拓扑一般不是连续的, 即诸 $x \in X$ 满足 $\lim_{n \to \infty} T_n x = Tx$ 不必推出诸 $y' \in Y'$ 使 $\lim_{n \to \infty} T'_n y' = T'y'$ 依 X'_{s-} 的强对偶拓扑成立.

定理 2'　设 T 是映赋范线性空间 X 入赋范线性空间 Y 的有界线性算子, 则对偶算子 T' 是映 Y'_{s-} 入 X'_{s-} 的有界线性算子且

$$\|T\| = \|T'\|. \tag{3}$$

证明 由定义关系式 $\langle Tx, y' \rangle = \langle x, x' \rangle$, 我们得到

$$\|T'y'\| = \|x'\| = \sup_{\|x\| \leqslant 1} |\langle x, x' \rangle| = \sup_{\|x\| \leqslant 1} |\langle Tx, y' \rangle|$$
$$\leqslant \|y'\| \sup_{\|x\| \leqslant 1} \|Tx\| \leqslant \|y'\| \cdot \|T\|,$$

因而 $\|T'\| \leqslant \|T\|$. 反向不等式证明如下. 对于任何 $x \in X$, 存在 $f_0 \in Y'$ 使得 $\|f_0\| \leqslant 1$ 及 $f_0(Tx) = \langle Tx, f_0 \rangle = \|Tx\|$. 于是 $\|T\| \leqslant \|T'\|$ 源自下式

$$\|Tx\| = \langle x, T'f_0 \rangle \leqslant \|T'\| \|f_0\| \cdot \|x\| = \|T'\| \cdot \|x\|.$$

定理 3 i) 如果 T 和 S 均属于 $L(X, Y)$, 则

$$(\alpha T + \beta S)' = \alpha T' + \beta S'.$$

ii) 设 T, S 为线性算子使 $D(T), D(S), R(T)$ 和 $R(S)$ 含于 X. 若 $S \in L(X, X)$ 且 $D(T)^a = X$, 则

$$(ST)' = T'S'. \tag{4}$$

此外, 如果 $D(TS)^a = X$, 则 $(TS)'$ 是 $S'T'$ 的一个扩张:

$$(TS)' \supseteq S'T'. \tag{5}$$

证明 i) 是显然的. ii) $D(ST) = D(T)$ 在 X 中是稠密的, 因而 $(ST)'$ 存在. 如果 $y \in D((ST)')$, 则一切 $x \in D(T) = D(ST)$ 满足

$$\langle Tx, S'y \rangle = \langle STx, y \rangle = \langle x, (ST)'y \rangle.$$

这表明 $S'y \in D(T')$ 和 $T'S'y = (ST)'y$, 即 $(ST)' \subseteq T'S'$. 反之, 设 $y \in D(T'S')$, 即 $S'y \in D(T')$, 则一切 $x \in D(T) = D(ST)$ 满足

$$\langle STx, y \rangle = \langle Tx, S'y \rangle = \langle x, T'S'y \rangle.$$

这表明 $y \in D((ST)')$ 和 $(ST)'y = T'S'y$, 即 $T'S' \subseteq (ST)'$. 我们于是证明了 (4).

为了证明 (5), 设 $y \in D(S'T') = D(T')$, 则一切 $x \in D(TS)$ 满足

$$\langle TSx, y \rangle = \langle Sx, T'y \rangle = \langle x, S'T'y \rangle,$$

这就证明了 $y \in D((TS)')$ 和 $(TS)'y = S'T'y$, 即 $S'T' \subseteq (TS)'$.

§2.　伴随算子

转置共轭矩阵的概念可以通过以下定义推广成为伴随算子的概念.

定义 1　设 X, Y 是 Hilbert 空间, 而 T 是映 $D(T) \subseteq X$ 入 Y 的线性算子. 设 $D(T)^a = X$ 而 T' 是 T 的对偶算子, 于是诸 $x \in D(T)$ 和 $y' \in D(T')$ 满足 $\langle Tx, y' \rangle = \langle x, T'y' \rangle$. 如果我们用 $\boldsymbol{J}_X$ 表示第三章 §6 的系 1 定义的一对一保范共轭线性对应 $X'_{s^-} \ni f \leftrightarrow y_f \in X$, 则

$$\langle Tx, y' \rangle = y'(Tx) = (Tx, \boldsymbol{J}_Y y'),$$
$$\langle x, T'y' \rangle = (T'y')(x) = (x, \boldsymbol{J}_X T'y').$$

我们于是有 $(Tx, \boldsymbol{J}_Y y') = (x, \boldsymbol{J}_X T'y')$, 即 $(Tx, y) = (x, \boldsymbol{J}_X T' \boldsymbol{J}_Y^{-1} y)$.

特别在 $Y = X$ 时, 我们记 $T^* = \boldsymbol{J}_X T' \boldsymbol{J}_X^{-1}$ 且称 T^* 为 T 的伴随算子.

注　如果 X 是复 Hilbert 空间 (l^2), 像前节例中一样, 我们看出, T^* 的表示矩阵是 T 的表示矩阵的转置共轭.

同对偶算子的情况一样, 我们可以证明

定理 1　伴随算子 T^* 存在当且仅当 $D(T)^a = X$. 此时, $y \in X$ 属于定义域 $D(T^*)$ 当且仅当存在 $y^* \in X$ 使得

$$\text{对于 } x \in D(T), (Tx, y) = (x, y^*); \tag{1}$$

此时, 我们有 $T^*y = y^*$.

用第二章 §6 引入的线性算子 A 的图像 $G(A)$, 我们可将上面定理重写为:

定理 2　我们引入映 $X \times X$ 入自身的连续线性算子 V 为

$$V\{x, y\} = \{-y, x\}. \tag{2}$$

则 $(VG(T))^\perp$ 是某个线性算子的图像当且仅当 $D(T)^a = X$; 此时事实上有

$$G(T^*) = (VG(T))^\perp. \tag{3}$$

证明　条件 $\{-Tx, x\} \perp \{y, y^*\}$ 等价于 $(Tx, y) = (x, y^*)$. 结论便得自定理 1.

系　T^* 是线性闭算子, 此因线性子空间的正交补是线性闭子空间.

定理 3　设 T 是映 $D(T) \subseteq X$ 入 X 的线性算子且使得 $D(T)^a = X$, 则 T 存在线性闭扩张当且仅当 $T^{**} = (T^*)^*$ 存在, 即当且仅当 $D(T^*)^a = X$.

证明 充分性. 由定义有 $T^{**} \supseteq T$, 且由上面的系知 $T^{**} = (T^*)^*$ 是闭的.

必要性. 设 S 是 T 的一个闭扩张, 则 $G(S)$ 包含线性闭子空间 $G(T)^a$, 因而 $G(T)^a$ 是线性算子的图像. 但由内积的连续性有①

$$G(T)^a = G(T)^{\perp\perp} = (G(T)^{\perp})^{\perp},$$

而且, 另外由 $VG(T^*) = G(T)^{\perp}$, 我们得到 $(VG(T^*))^{\perp} = G(T)^{\perp\perp}$. 因此, $(VG(T^*))^{\perp}$ 是线性算子的图像. 于是由定理 2 有 $D(T^*)^a = X$ 且 T^{**} 存在.

系 在 $D(T)^a = X$ 的条件下, T 是线性闭算子当且仅当 $T = T^{**}$.

证明 充分性是显然的. 注意上面得到的公式 $G(T)^a = G(T^{**})$, 必要性也就证明了. 因为, 由 $G(T) = G(T)^a$ 必导致 $T = T^{**}$.

定理 4 整体定义的线性闭算子必是连续线性算子.

证明 由闭图像定理, 这是显然的.

定理 5 如果 T 是有界线性算子, 则 T^* 也是有界线性算子且

$$\|T\| = \|T^*\|. \tag{4}$$

证明 类似于对偶算子的情形.

§3. 对称算子和自伴算子

一个 Hermite 矩阵是与其转置共轭相等的矩阵. 我们知道, 这样的矩阵可用向量空间的适当 (复) 旋转变成对角矩阵, 而在这样的向量空间中矩阵起着线性算子的作用. 现将 Hermite 矩阵的概念推广成为 Hilbert 空间上自伴算子的概念.

定义 1 设 X 是 Hilbert 空间. 映 $D(T) \subseteq X$ 入 X 的线性算子为对称的是指 $T^* \supseteq T$, 即 T^* 是 T 的扩张. 请注意, T^* 的存在性条件隐含 $D(T)^a = X$.

命题 1 如果 T 是对称的, 则 T^{**} 也是对称的.

证明 既然 T 是对称的, 我们有 $D(T^*) \supseteq D(T)$ 及 $D(T)^a = X$. 因此 $D(T^*)^a = X$, 从而 $T^{**} = (T^*)^*$ 存在. 显然, T^{**} 是 T 的扩张, 故 $D(T^{**}) \supseteq D(T)$. 于是, 再据 $D(T)^a = X$, 我们有 $D(T^{**})^a = X$, 从而 $T^{***} = (T^{**})^*$ 存在. 由于 $T^* \supseteq T$, 我们有 $T^{**} \subseteq T^*$, 于是 $T^{***} \supseteq T^{**}$, 这就证明 T^{**} 是对称的.

系 对称算子 T 有对称闭扩张 $T^{**} = (T^*)^*$.

---

①校者注: 还应加上第三章 §1 的系.

定义 2　线性算子 T 称为自伴的是指 $T = T^*$.

命题 2　自伴算子是闭的. 整体定义的对称算子是有界和自伴的.

证明　任何自伴算子是自身的伴随算子, 因而是闭的. 而命题的最后论断可得自整体定义的闭算子必有界 (闭图像定理) 这一事实.

例 1 (Hilbert-Schmidt 型积分算子)　设 $-\infty \leqslant a < b \leqslant \infty$ 并考察 $L^2(a,b)$. 设 $K(s,t)$ 是 $a < s, t < b$[①] 上复值可测函数使得

$$\int_a^b \int_a^b |K(s,t)|^2 ds dt < +\infty.$$

对于任何 $x(t) \in L^2(a,b)$, 我们定义算子 K 为

$$(Kx)(s) = \int_a^b K(s,t)x(t)dt,$$

用 Schwarz 不等式和 Fubini-Tonelli 定理, 我们有

$$\int_a^b |(Kx)(s)|^2 ds \leqslant \int_a^b \int_a^b |K(s,t)|^2 ds dt \int_a^b |x(t)|^2 dt.$$

因此 K 是映 $L^2(a,b)$ 入自身的有界线性算子且 $\|K\| \leqslant \left(\int_a^b \int_a^b |K(s,t)|^2 ds dt \right)^{1/2}$.

容易看出算子 K^* 是用 $(K^*y)(t) = \int_a^b \overline{K(s,t)}y(s)ds$ 定义的. 因此 K 是自伴的当且仅当几乎所有 s,t 满足 $K(s,t) = \overline{K(t,s)}$.

例 2 (量子力学中的坐标算子)　设 $X = L^2(-\infty, \infty)$. 令

$$D = \{x(t); x(t), tx(t) \in L^2(-\infty, \infty)\},$$

则在 D 上用 $Tx(t) = tx(t)$ 定义的算子 T 是自伴的.

证明　有限区间的特征函数的线性组合在 $L^2(-\infty, \infty)$ 中是强稠密的, 因此 $D^a = X$. 设 $y \in D(T^*)$ 并令 $T^*y = y^*$, 则一切 $x \in D = D(T)$ 满足

$$\int_{-\infty}^\infty tx(t)\overline{y(t)}dt = \int_{-\infty}^\infty x(t)\overline{y^*(t)}dt.$$

如果我们令 $x(t)$ 是区间 $[\alpha, t_0]$ 的特征函数, 则有 $\int_\alpha^{t_0} \overline{ty(t)}dt = \int_\alpha^{t_0} \overline{y^*(t)}dt$, 于是用微分, 几乎所有 t_0 满足 $t_0\overline{y(t_0)} = \overline{y^*(t_0)}$. 因此 $y \in D$ 且 $T^*y(t) = ty(t)$. 反之, 很显然, $y \in D$ 必导致 $y \in D(T^*)$ 及 $T^*y(t) = ty(t)$.

[①]校者注: 原是 $\leqslant$.

例 3 (量子力学中的动量算子) 设 $X = L^2(-\infty, \infty)$. 令 D 是 $L^2(-\infty, \infty)$ 中如此 $x(t)$ 的全体: $x(t)$ 在每一有限区间绝对连续且其导数 $x'(t) \in L^2(-\infty, \infty)$, 则在 D 上由 $Tx(t) = i^{-1}x'(t)$ 所定义的算子 T 是自伴的.

证明 当 $\alpha < t_0$ 而 n 是正整数时, 定义绝对连续函数 $x_n(t)$ 使得

$$x_n(t) = 1, \text{此处 } t \in [\alpha, t_0],$$
$$x_n(t) = 0, \text{此处 } t \leqslant \alpha - n^{-1} \text{ 或 } t \geqslant t_0 + n^{-1},$$
$$x_n(t) \text{ 在 } [\alpha - n^{-1}, \alpha] \text{ 和 } [t_0, t_0 + n^{-1}] \text{ 上是线性函数.}$$

对于 α, t_0 和 n 的各种取值, 这些函数 $x_n(t)$ 的线性组合全体在 $L^2(-\infty, \infty)$ 中稠密, 于是 D 在 X 中稠密.

设 $y \in D(T^*)$ 及 $T^*y = y^*$, 则对于任何 $x \in D$, 有

$$\int_{-\infty}^{\infty} i^{-1}x'(t)\overline{y(t)}dt = \int_{-\infty}^{\infty} x(t)\overline{y^*(t)}dt.$$

如果我们将 $x(t)$ 取为 $x_n(t)$, 我们得到

$$n \int_{\alpha-n^{-1}}^{\alpha} i^{-1}\overline{y(t)}dt - n \int_{t_0}^{t_0+n^{-1}} i^{-1}\overline{y(t)}dt = \int_{-\infty}^{\infty} x_n(t)\overline{y^*(t)}dt,$$

显然, 用 Schwarz 不等式知 $y^*(t)$ 在任何有限区间上可积. 因而, 令 $n \to \infty$, 对于几乎所有 α 和 t_0 我们得到 $i^{-1}(\overline{y(\alpha)} - \overline{y(t_0)}) = \int_{\alpha}^{t_0} \overline{y^*(t)}dt$. 于是 $y(t_0)$ 在任何有限区间上关于 t_0 绝对连续①, 因而对几乎所有 t_0 我们有 $i^{-1}y'(t_0) = y^*(t_0)$. 因此有 $y \in D$ 和 $T^*y(t) = i^{-1}y'(t)$. 反之, 设 $y \in D$. 用分部积分, 则

$$\int_{a}^{b} i^{-1}x'(t)\overline{y(t)}dt = i^{-1}[x(t)\overline{y(t)}]_a^b + \int_{a}^{b} x(t)\overline{(i^{-1}y'(t))}dt.$$

根据 $x(t)\overline{y(t)}$ 在 $(-\infty, \infty)$ 上的连续性和可积性, 我们得知

$$\lim_{a\downarrow-\infty, b\uparrow\infty} |[x(t)\overline{y(t)}]_a^b| = 0, \text{ 故 } \int_{-\infty}^{\infty} i^{-1}x'(t)\overline{y(t)}dt = \int_{-\infty}^{\infty} x(t)\overline{(i^{-1}y'(t))}dt.$$

于是 $y \in D(T^*)$ 且 $T^*y(t) = i^{-1}y'(t)$.

定理 1 如果自伴算子 T 具有逆算子 T^{-1}, 则 T^{-1} 也是自伴的.

---

①校者注: 至此还不知 y^* 是否连续, 上式是几乎处处成立的, 不能由此断定 y 是绝对连续的, 应该用 Fourier 变换的方法来证明此式.

证明　$T = T^*$ 等价于 $(VG(T))^\perp = G(T)$. 我们同样有 $G(T^{-1}) = VG(-T)$. 于是由 $(-T)^* = -T^* = -T$, 得 $(VG(-T))^\perp = G(-T)$. 从而

$$(VG(T^{-1}))^\perp = G(-T)^\perp = (VG(-T))^{\perp\perp}$$
$$= VG(-T) = G(T^{-1}),$$

即 $(T^{-1})^* = T^{-1}$. 上面用到了据 $-T$ 的闭性所得等式 $(VG(-T))^a = VG(-T)$.

系　Hilbert 空间 X 上的对称算子 T 在 $D(T) = X$ 或 $R(T) = X$ 时是自伴的.

证明　已证明 $D(T) = X$ 的情形. 现证明 $R(T) = X$ 的情形. 由 $Tx = 0$ 必推出诸 $y \in D(T)$ 满足 $0 = (Tx, y) = (x, Ty)$, 故由 $R(T) = X$ 得 $x = 0$. 于是, 逆算子 T^{-1} 存在且同 T 一样必是对称的. 既然 $D(T^{-1}) = R(T) = X$, 整体定义的对称算子 T^{-1} 必是自伴的. 于是由定理 1 知 $T = (T^{-1})^{-1}$ 是自伴的.

我们可以由任何线性闭算子构造出自伴算子. 更精确地说, 我们有以下

定理 2 (J. von Neumann [5])　对于 Hilbert 空间 X 上满足 $D(T)^a = X$ 的任何线性闭算子 T, 算子 T^*T 和 TT^* 是自伴的, 而 $(I + T^*T)$ 和 $(I + TT^*)$ 都具有有界线性逆.

证明　我们知道, 乘积空间 $X \times X$ 中 $G(T)$ 和 $VG(T^*)$ 是彼此正交的线性闭子空间且张成整个乘积空间 $X \times X$. 因此, 诸 $h \in X$ 对应唯一确定的分解

$$\{h, 0\} = \{x, Tx\} + \{-T^*y, y\}, \quad \text{其中 } x \in D(T), y \in D(T^*). \tag{1}$$

于是 $h = x - T^*y, 0 = Tx + y$. 因此

$$x \in D(T^*T) \quad \text{且} \quad x + T^*Tx = h. \tag{2}$$

分解 (1) 是唯一的, x 便由 h 唯一确定, 整体定义的逆算子 $(I + T^*T)^{-1}$ 便存在.

对于任何 $h, k \in X$, 令 $x = (I + T^*T)^{-1}h$ 且 $y = (I + T^*T)^{-1}k$, 则 x 和 y 属于 $D(T^*T)$ 且由 T 的闭算子性质, 有 $(T^*)^* = T$. 因此

$$(h, (I + T^*T)^{-1}k) = ((I + T^*T)x, y) = (x, y) + (T^*Tx, y)$$
$$= (x, y) + (Tx, Ty) = (x, y) + (x, T^*Ty)$$
$$= (x, (I + T^*T)y) = ((I + T^*T)^{-1}h, k),$$

这就证明算子 $(I + T^*T)^{-1}$ 是自伴的. 作为整体定义的自伴算子, $(I + T^*T)^{-1}$ 是有界算子, 由定理 1, 它的逆 $(I + T^*T)$ 是自伴的, 从而 T^*T 是自伴的.

因为 T 是闭的, 我们有 $(T^*)^* = T$, 所以由上面所证明的, $TT^* = (T^*)^*T^*$ 是自伴的且 $(I + TT^*)$ 有有界线性逆.

下面, 我们给出一例非自伴的对称算子.

例 4 设 $X = L^2(0,1)$. 令 D 是满足 $x(0) = x(1) = 0$ 及 $x'(t) \in L^2(0,1)$ 的绝对连续函数 $x(t) \in L^2(0,1)$ 的全体, 则在 $D = D(T_1)$ 上由 $T_1 x(t) = i^{-1} x'(t)$ 定义的算子 T_1 是对称但非自伴的.

证明 我们将证明 $T_1^* = T_2$, 这里 T_2 定义为 $T_2 x(t) = i^{-1} x'(t)$ 而

$$D(T_2) = \{x(t) \in L^2(0,1); x(t) \text{ 绝对连续且 } x'(t) \in L^2(0,1)\}.$$

因为 $D = D(T_1)$ 在 $L^2(0,1)$ 中稠密, 故算子 T_1^* 有定义. 设 $y \in D(T_1^*)$ 并令 $T_1^* y = y^*$, 则对于任何 $x \in D = D(T_1)$, 有

$$\int_0^1 i^{-1} x'(t) \overline{y(t)} dt = \int_0^1 x(t) \overline{y^*(t)} dt.$$

用分部积分, 并注意到 $x(0) = x(1) = 0$, 我们便得

$$\int_0^1 x(t) \overline{y^*(t)} dt = -\int_0^1 x'(t) \overline{Y^*(t)} dt, \quad \text{这里 } Y^*(t) = \int_0^t y^*(s) ds.$$

因而, 由 $x(1) = \int_0^1 x'(t) dt = 0$, 对于任何常数 c, 我们有

$$\text{对于 } x \in D(T_1), \int_0^1 x'(t) (\overline{Y^*(t)} - \overline{i^{-1}y(t)} - \overline{c}) dt = 0.$$

另一方面, 对于任何 $z \in L^2(0,1)$, 函数 $Z(t) = \int_0^t z(s) ds - t \int_0^1 z(s) ds$ 一定属于 $D(T_1)$. 因此, 将上面 $x(t)$ 取为 $Z(t)$ 我们便得

$$\int_0^1 \left\{ z(t) - \int_0^1 z(s) ds \right\} (\overline{Y^*(t)} - \overline{i^{-1}y(t)} - \overline{c}) dt = 0.$$

如果我们取常数 c 使得 $\int_0^1 (Y^*(t) - i^{-1}y(t) - c) dt = 0$, 则

$$\int_0^1 z(t) (\overline{Y^*(t)} - \overline{i^{-1}y(t)} - \overline{c}) dt = 0,$$

由 $z \in L^2(0,1)$ 的任意性, 必有 $Y^*(t) = \int_0^t y^*(s) ds = i^{-1} y(t) + c$. 于是 $y \in D(T_2)$ 且 $T_2 y = y^*$. 这表明 $T_1^* \subseteq T_2$. 又由分部积分显然得 $T_2 \subseteq T_1^*$. 因此 $T_2 = T_1^*$.

定理 3　如果 H 是有界自伴算子, 则 $\|H\| = \sup\limits_{\|x\|\leqslant 1} |(Hx,x)|.$ (3)

证明　令 $\sup\limits_{\|x\|\leqslant 1} |(Hx,x)| = \gamma$, 由 $|(Hx,x)| \leqslant \|Hx\|\,\|x\|$ 得 $\gamma \leqslant \|H\|$. 显然,

$$|(H(y \pm \lambda z), y \pm \lambda z)| \leqslant \gamma \|y \pm \lambda z\|^2$$

对于所有实数 λ 和 H 中所有向量 y 和 z 成立[①]. 因而

$$|4\lambda \operatorname{Re}(Hy,z)| = |(H(y+\lambda z), y+\lambda z) - (H(y-\lambda z), y-\lambda z)|$$
$$\leqslant \gamma(\|y+\lambda z\|^2 + \|y-\lambda z\|^2) = 2\gamma(\|y\|^2 + \lambda^2\|z\|^2).$$

可设 $z \neq 0$ 且 $Hy \neq 0$, 令 $\lambda = \|y\|/\|z\|$, 得 $|\operatorname{Re}(Hy,z)| \leqslant \gamma\|y\|\|z\|$. 以 $ze^{i\theta}$ 代替 z, 我们便到 $|(Hy,z)| \leqslant \gamma\|y\|\|z\|$. 令 $z = Hy$ 得 $\|Hy\|^2 \leqslant \gamma\|y\|\|Hy\|$, 即 $\|H\| \leqslant \gamma$.

§4.　酉算子. Cayley 变换

对称算子 H 不必有界, 对其各种研究可以通过对其所谓的 Cayley 变换 $(H-iI)(H+iI)^{-1}$ 这个连续算子来进行. 我们将从等距算子的概念开始.

定义 1　如果映 Hilbert 空间 X 入自身的线性算子 T 保持内积不变:

$$对于 \ x,y \in X, (Tx,Ty) = (x,y),$$ (1)

则称 T 为等距的. 特别当 $R(T) = X$ 时, 等距算子 T 称为酉算子.

命题 1　对于线性算子 T, 条件 (1) 等价于等距性条件

$$对于 \ x \in X, \|Tx\| = \|x\|.$$ (2)

证明　由 (1) 能推出 (2) 是显然的. 由 (2) 我们有

$$4\operatorname{Re}(Tx,Ty) = \|T(x+y)\|^2 - \|T(x-y)\|^2$$
$$= \|x+y\|^2 - \|x-y\|^2 = 4\operatorname{Re}(x,y).$$

以 iy 代 y, 我们得到 $4\operatorname{Im}(Tx,Ty) = 4\operatorname{Im}(x,y)$, 因而由 (2) 可推出 (1).

命题 2　映 Hilbert 空间 X 入自身的有界线性算子 T 是酉算子当且仅当 $T^* = T^{-1}$.

证明　如果 T 是酉算子, 则由 (2) 知 T^{-1} 一定存在, 且 $D(T^{-1}) = R(T) = X$. 此外, 由 (1) 知 $T^*T = I$, 因而 $T^* = T^{-1}$. 反之, 由条件 $T^* = T^{-1}$ 推出内积不变的条件 $T^*T = I$ 以及 $R(T) = D(T^{-1}) = D(T^*) = X$, 从而 T 必是酉算子.

[①]校者注: 原著将上式证错了.

例 1　设 $X = L^2(-\infty, \infty)$. 对于任何实数 a, 在 $L^2(-\infty, \infty)$ 上由 $Tx(t) = x(t+a)$ 所定义的 T 是酉算子.

例 2　由 $L^2(R^n)$ 到自身的 Fourier 变换保持内积 $(f, g) = \int\limits_{R^n} f(x)\overline{g(x)}dx$ 不变, 它便是酉算子.

定义 2　设 X 是 Hilbert 空间. 映 $D(T) \subseteq X$ 入 X 且满足 $D(T)^a = X$ 的线性算子 T 称为正规的是指

$$TT^* = T^*T. \tag{3}$$

自伴算子和酉算子都是正规的.

Cayley 变换

定理 1 (J. von Neumann [1])　设 H 是 Hilbert 空间 X 上的对称闭算子, 则连续逆算子 $(H + iI)^{-1}$ 存在 (但不必整体定义), 以 $D((H+iI)^{-1})$ 为定义域的映射

$$U_H = (H - iI)(H + iI)^{-1} \tag{4}$$

是个**等距** ($\|U_H x\| = \|x\|$) 闭算子, 并且 $(I - U_H)^{-1}$ 存在. 此外, 我们有

$$H = i(I + U_H)(I - U_H)^{-1}. \tag{5}$$

于是, 特别地, $D(H) = R(I - U_H)$ 在 X 中稠密.

定义 3　称 U_H 为 H 的 Cayley 变换.

定理 1 的证明　对于任何 $x \in D(H)$, 我们有

$$((H \pm iI)x, (H \pm iI)x) = (Hx, Hx) \pm ((Hx, ix) + (ix, Hx)) + (x, x).$$

据 H 的对称性条件得 $(Hx, ix) = -i(Hx, x) = -i(x, Hx) = -(ix, Hx)$, 故

$$\|(H \pm iI)x\|^2 = \|Hx\|^2 + \|x\|^2. \tag{6}$$

因此, $(H + iI)x = 0$ 必导致 $x = 0$, 逆 $(H + iI)^{-1}$ 便存在. 由 $\|(H + iI)x\| \geq \|x\|$ 知逆 $(H + iI)^{-1}$ 是连续的. 由 (6), 显然有 $\|U_H y\| = \|y\|$, 即 U_H 是等距的. 为证它是闭的, 设 $n \to \infty$ 时有 $(H + iI)x_n = y_n \to y$ 和 $(H - iI)x_n \to z$. 由 (6),

$$\|y_n - y_m\|^2 = \|H(x_n - x_m)\|^2 + \|x_n - x_m\|^2.$$

因此当 $n, m \to \infty$ 时, $(x_n - x_m) \to 0$ 且 $H(x_n - x_m) \to 0$. 既然 H 是闭的, 必有 $x = \text{s-}\lim\limits_{n\to\infty} x_n \in D(H)$ 和 $\text{s-}\lim\limits_{n\to\infty} Hx_n = Hx$. 于是

$$y = \lim_{n\to\infty}(H + iI)x_n = (H + iI)x,$$
$$z = \lim_{n\to\infty}(H - iI)x_n = (H - iI)x.$$

因此 $U_H y = z$. 这就证明 U_H 是闭的.

从 $y = (H + iI)x$ 和 $U_H y = (H - iI)x$, 我们得到 $2^{-1}(I - U_H)y = ix$ 和 $2^{-1}(I + U_H)y = Hx$. 于是由 $(I - U_H)y = 0$ 必推出 $x = 0$, 因而 $(I + U_H)y = 2Hx = 0$, 而由这又推出 $y = 2^{-1}((I - U_H)y + (I + U_H)y) = 0$. 因此逆 $(I - U_H)^{-1}$ 存在. 用与上面相同的计算, 我们便得

$$Hx = 2^{-1}(I + U_H)y = i(I + U_H)(I - U_H)^{-1}x.$$

即 $H = i(I + U_H)(I - U_H)^{-1}$.

定理 2 (J. von Neumann [1]) 　设 U 是满足 $R(I - U)^a = X$ 的等距闭算子, 则有唯一确定的对称闭算子 H, 其 Cayley 变换是 U.

证明　我们先证逆 $(I - U)^{-1}$ 存在. 设 $(I - U)y = 0$. 由 U 的等距性, 对于任何 $z = (I - U)w \in R(I - U)$, 像 §1 一样我们有 $(y, w) = (Uy, Uw)$. 因此

$$(y, z) = (y, w) - (y, Uw) = (Uy, Uw) - (y, Uw)$$
$$= (Uy - y, Uw) = 0.$$

既然 $R(I - U)^a = X$, y 必为 0. 于是 $(I - U)^{-1}$ 存在. 令 $H = i(I + U)(I - U)^{-1}$, 则

$$D(H) = D((I - U)^{-1}) = R(I - U)$$

在 X 中稠密. 我们先证 H 是对称的. 设 $x, y \in D(H) = R(I - U)$ 并令 $x = (I - U)u, y = (I - U)w$. 由 $(Uu, Uw) = (u, w)$ 必推出

$$(Hx, y) = (i(I + U)u, (I - U)w) = i((Uu, w) - (u, Uw))$$
$$= ((I - U)u, i(I + U)w) = (x, Hy).$$

为证 $U_H = U$, 设 $x = (I - U)u$. 我们有 $Hx = i(I + U)u$, 因而 $(H + iI)x = 2iu$ 且 $(H - iI)x = 2iUu$. 于是 $D(U_H) = \{2iu; u \in D(U)\} = D(U)$, 而 $U_H(2iu) = 2iUu = U(2iu)$. 因此 $U_H = U$.

为了完成定理 2 的证明, 现证 H 是闭算子. 事实上, H 是把 $(I - U)u$ 映成为 $i(I + U)u$ 的算子, 如果 $(I - U)u_n$ 和 $i(I + U)u_n$ 在 $n \to \infty$ 时都收敛, 则 u_n 和 Uu_n 在 $n \to \infty$ 时各收敛于某 u 和 v. 因此由 U 的闭性, $Uu = v$. 因此 $(I - U)u_n \to (I - U)u$ 且 $i(I + U)u_n \to i(I + U)u$. 这就证明了 H 是闭算子.

对于对称算子的伴随算子的构造, 我们有以下

定理 3 (J. von Neumann [1])　设 H 是 Hilbert 空间 X 上的对称闭算子. 对于 H 的 Cayley 变换 $U_H = (H - iI)(H + iI)^{-1}$, 令

$$X_H^+ = D(U_H)^\perp, \quad X_H^- = R(U_H)^\perp. \tag{7}$$

那么我们有

$$X_H^+ = \{x \in X; H^*x = ix\}, \quad X_H^- = \{x \in X; H^*x = -ix\}, \tag{8}$$

而 $D(H^*)$ 中诸元素 x 有唯一表示

$$x = x_0 + x_1 + x_2$$

使得 $x_0 \in D(H), x_1 \in X_H^+, x_2 \in X_H^-$. 因此

$$H^*x = Hx_0 + ix_1 + (-ix_2). \tag{9}$$

证明　由 $x \in D(U_H)^\perp = D((H + iI)^{-1})^\perp$ 必导致诸 $y \in D(H)$ 满足 $(x, (H + iI)y) = 0$. 因此 $(x, Hy) = -(x, iy) = (ix, y)$, 故有 $x \in D(H^*), H^*x = ix$. 由这就推出诸 $y \in D(H)$ 满足 $(x, (H + iI)y) = 0$, 即 $x \in D((H + iI)^{-1})^\perp = D(U_H)^\perp$. 这就证明了 (8) 式的前半, 而后半可类似证明.

由 U_H 是等距闭算子, 我们知道 $D(U_H)$ 和 $R(U_H)$ 是 X 的线性闭子空间. 因此任何元素 $x \in X$ 可唯一地分解为 $D(U_H)$ 的元素和 $D(U_H)^\perp$ 的元素的和. 将这一正交分解用于元素 $(H^* + iI)x$ 便得 $x_0 \in D(H)$ 和 $x' \in D(U_H)^\perp$ 使得

$$(H^* + iI)x = (H + iI)x_0 + x'.$$

但由 $x_0 \in D(H)$ 和 $H \subseteq H^*$, 我们知 $(H + iI)x_0 = (H^* + iI)x_0$. 而由 $x' \in D(U_H)^\perp$ 和 (8), 我们同样有 $H^*x' = ix'$. 于是

$$x' = (H^* + iI)x_1, x_1 = (2i)^{-1}x' \in D(U_H)^\perp,$$

因而, 上述 $x_0 \in D(H)$ 和 $x_1 \in D(U_H)^\perp$ 便满足

$$(H^* + iI)x = (H^* + iI)x_0 + (H^* + iI)x_1.$$

因此, 由 $H^*(x - x_0 - x_1) = -i(x - x_0 - x_1)$ 和 (8) 得 $(x - x_0 - x_1) \in R(U_H)^\perp$. 这得 (9) 式, 其唯一性证明如下. 任取 $x_0 \in D(H), x_1 \in D(U_H)^\perp, x_2 \in R(U_H)^\perp$ 使得 $x_0 + x_1 + x_2 = 0$. 由 $H^*x_0 = Hx_0, H^*x_1 = ix_1, H^*x_2 = -ix_2$, 知

$$0 = (H^* + iI)0 = (H^* + iI)(x_0 + x_1 + x_2) = (H + iI)x_0 + 2ix_1.$$

既然 X 正交分解为 $D(U_H)$ 和 $D(U_H)^\perp$ 的直和是唯一的, 我们得 $(H+iI)x_0 = 0$ 且 $2ix_1 = 0$. 因逆算子 $(H+iI)^{-1}$ 存在, 必有 $x_0 = 0$, 从而

$$x_2 = 0 - x_0 - x_1 = 0 - 0 - 0 = 0.$$

系　Hilbert 空间 X 上的对称闭算子是自伴的当且仅当其 Cayley 变换 U_H 是酉算子.

证明　条件 $D(H) = D(H^*)$ 等价于条件 $D(U_H)^\perp = R(U_H)^\perp = \{0\}$. 而后者 又等价于 U_H 是酉算子的条件, 即 U_H 一对一地且等距地映 X 到 X 上.

§5.　闭值域定理

现叙述 S. Banach [1] 的闭值域定理如下.

定理　设 X 和 Y 是 B–空间, 而 T 是映 X 入 Y 且使 $D(T)^a = X$ 的线性 闭算子, 则下列结论都等价:

$$R(T) \text{ 在 } Y \text{ 中是闭的.} \tag{1}$$

$$R(T') \text{ 在 } X' \text{ 中是闭的.} \tag{2}$$

$$R(T) = N(T')^\perp = \{y \in Y;\ \text{诸 } y^* \in N(T') \text{ 使 } \langle y, y^* \rangle = 0\}. \tag{3}$$

$$R(T') = N(T)^\perp = \{x^* \in X';\ \text{诸 } x \in N(T) \text{ 使 } \langle x, x^* \rangle = 0\}. \tag{4}$$

证明　这一定理的证明需要五个步骤.

第一步　将等价性 $(1) \leftrightarrow (2)$ 的证明简化成为 T 是连续线性算子的特殊情形 的等价性 $(1) \leftrightarrow (2)$, 此时由 T 的闭性得到 $D(T) = X$.

既然 T 的图像 $G = G(T)$ 是 $X \times Y$ 的线性闭子空间, G 按 $X \times Y$ 的 范数 $\|\{x, y\}\| = \|x\| + \|y\|$ 是个 B–空间. 考察映 G 入 Y 的连续线性算子 S: $\{x, Tx\} \to Tx$, 其对偶算子 S' 是映 Y' 入 G' 的连续线性算子, 而且我们有

$$\langle \{x, Tx\}, S'y^* \rangle = \langle S\{x, Tx\}, y^* \rangle = \langle Tx, y^* \rangle$$
$$= \langle \{x, Tx\}, \{0, y^*\} \rangle, x \in D(T), y^* \in Y'.$$

于是泛函 $S'y^* - \{0, y^*\} \in (X \times Y)' = X' \times Y'$ [1] 在 G 的每一点为零. 但是, 条件 $\langle \{x, Tx\}, \{x^*, y_1^*\} \rangle = 0, x \in D(T)$ 等价于条件 $\langle x, x^* \rangle = \langle -Tx, y_1^* \rangle, x \in D(T)$, 即

---

[1] 校者注: 此式至以下第二步之前是错的, 原因在于 G' 不必是 $X' \times Y'$ 的子集, 式子 $S'y^* - \{0, y^*\}$ 便无意义. 实际上 $G' = (X' \times Y')/G^\perp$.

等价于条件 $-T'y_1^* = x^*$. 因此

$$S'y^* = \{0, y^*\} + \{-T'y_1^*, y_1^*\} = \{-T'y_1^*, y^* + y_1^*\}, y^* \in Y'.$$

故由 y^* 的任意性, 我们看出 $R(S') = R(-T') \times Y' = R(T') \times Y'$. 因此 $R(S')$ 在 $X' \times Y'$ 中是闭的当且仅当 $R(T')$ 在 X' 中是闭的, 同时, 因 $R(S) = R(T)$, 则 $R(S)$ 在 Y 中是闭的当且仅当 $R(T)$ 在 Y 中是闭的. 从而我们在 T 为有界线性算子这一特殊情况证明等价性 $(1) \leftrightarrow (2)$ 即可.

第二步 在 $D(T) = X$ 且 T 有界时, 要证 $(1) \rightarrow (2)$. 为此, 考察映 X 入 B-空间 $Y_1 = R(T)$ 的有界线性算子 $T_1 : x \rightarrow Tx$. 对于 $y_1^* \in Y_1'$, $T_1'y_1^*$ 由下式

$$\langle T_1 x, y_1^* \rangle = \langle Tx, y_1^* \rangle = \langle x, T_1'y_1^* \rangle, \ x \in D(T_1) = D(T) = X$$

定义. 由 Hahn-Banach 定理, 泛函 y_1^* 可以扩张为 $y^* \in Y'$ 使得

$$\langle Tx, y_1^* \rangle = \langle Tx, y^* \rangle, x \in D(T) = X.$$

因此 $T_1'y_1^* = T'y_1^*$, 从而 $R(T_1') = R(T')$. 于是只要假设 $R(T) = Y$ 就够了. 那么由第二章 §5 的开映射定理, 总存在 $c > 0$ 使得对于每一 $y \in Y$, 都存在 $x \in X$ 使 $Tx = y, \|x\| \leqslant c\|y\|$. 于是对于 $D(T')$ 中的每一 y^*, 我们有

$$|\langle y, y^* \rangle| = |\langle Tx, y^* \rangle| = |\langle x, T'y^* \rangle|$$
$$\leqslant \|x\| \cdot \|T'y^*\| \leqslant c\|y\| \cdot \|T'y^*\|.$$

因此

$$\|y^*\| = \sup_{\|y\| \leqslant 1} |\langle y, y^* \rangle| \leqslant c\|T'y^*\|,$$

从而 $(T')^{-1}$ 存在并且是连续的. 此外, $(T')^{-1}$ 作为连续线性算子的逆是线性闭算子. 因此我们看到定义域 $D((T')^{-1}) = R(T')$ 在 X' 中必是闭的.

第三步 在 $D(T) = X$ 且 T 有界时, 要证 $(2) \rightarrow (1)$. 像第二步一样, 考察映 X 入 $Y_1 = R(T)^a$ 的有界线性算子 $T_1 : x \rightarrow Tx$. 由 $T_1'y_1^* = 0$ 必导致

$$\langle T_1 x, y_1^* \rangle = \langle Tx, y_1^* \rangle = \langle x, T_1'y_1^* \rangle = 0, x \in X,$$

结合 $R(T_1) = R(T)$ 在 $Y_1 = R(T)^a$ 中稠密, y_1^* 必为 0. 因此, 由 $R(T') = R(T_1')$ (上面已证明) 是闭的条件就导致有界线性算子 T_1' 一对一地映 B-空间 Y_1' 到 B-空间 $R(T')$ 上. 因此, 由开映射定理, $(T_1')^{-1}$ 是连续的.

然后, 我们证明 $R(T) = Y_1$ (它是闭的). 否则, 反用开映射定理的证明知

$$\begin{cases} \text{存在正常数 } \varepsilon \text{ 使得像 } \{T_1 x; \|x\| \leqslant \varepsilon\} \text{的闭包不包含} \\ Y_1 = R(T)^a = R(T_1)^a \text{ 的每个球 } \|y\| \leqslant n^{-1} \ (n = 1, 2, \cdots). \end{cases}$$

于是存在序列 $\{y_n\} \subseteq Y_1 \setminus \{T_1x; \|x\| \leqslant \varepsilon\}^a$ 使得 s- $\lim_{n\to\infty} y_n = 0$.

因 $\{T_1x; \|x\| \leqslant \varepsilon\}^a$ 是 B-空间 Y_1 的均衡凸闭集, 由第四章 §6 中 Mazur 定理, B-空间 Y_1 上有列连续线性泛函 f_n 使得 $f_n(y_n) > \sup_{\|x\| \leqslant \varepsilon} |f_n(T_1x)|$ $(n = 1, 2, \cdots)$ 即 $\|T_1'f_n\| < \varepsilon^{-1}\|f_n\|\|y_n\|$.[①] 由 s- $\lim_{n\to\infty} y_n = 0$ 知, T_1' 无连续逆. 这就是矛盾.

第四步　我们证明 (1)→(3). 首先, $R(T) \subseteq N(T')^\perp$ 显然源自下式

$$\langle Tx, y^* \rangle = \langle x, T'y^* \rangle, \quad x \in D(T), y^* \in D(T').$$

我们证明 (1) 必导致 $N(T')^\perp \subseteq R(T)$. 否则存在 $y_0 \in N(T')^\perp \setminus R(T)$. 由 Hahn-Banach 定理, 存在 $y_0^* \in Y'$ 使得 $\langle y_0, y_0^* \rangle \neq 0$ 且诸 $x \in D(T)$ 满足 $\langle Tx, y_0^* \rangle = 0$. 而由后一条件又推出 $\langle x, T'y_0^* \rangle = 0, x \in D(T)$, 所以 $T'y_0^* = 0$, 即 $y_0 \in N(T')^\perp$. 这是个矛盾, 因此必有 $N(T')^\perp \subseteq R(T)$.

(3)→(1) 是显然的, 因为由于 $\langle y, y^* \rangle$ 关于 y 的连续性, $N(T')^\perp$ 是闭的.

第五步　我们证明 (2)→(4). 像 (3) 的情况一样包含关系 $R(T') \subseteq N(T)^\perp$ 是显然的. 我们证明 (2) 必可推出 $N(T)^\perp \subseteq R(T')$. 为此, 设 $x^* \in N(T)^\perp$, 而对于 $y = Tx$, 通过 $f_1(y) = \langle x, x^* \rangle$ 定义 y 的泛函 $f_1(y)$. 它是 y 的单值函数, 因为由 $Tx = Tx'$ 必可推出 $(x - x') \in N(T)$, 从而由 $x^* \in N(T)^\perp$, 有 $\langle (x - x'), x^* \rangle = 0$. 于是 $f_1(y)$ 是 y 的线性泛函. 既然 (2) 推出 (1), 将开映射定理用于第一步中的算子 S, 我们可以这样选择方程 $y = Tx$ 的解 x 使得 s-$\lim y = 0$ 导致 s-$\lim x = 0$. 因此 $f_1(y) = \langle x, x^* \rangle$ 是 $Y_1 = R(T)$ 上的连续线性泛函. 设 $f \in Y'$ 是 f_1 的扩张, 则 $f(Tx) = f_1(Tx) = \langle x, x^* \rangle$, 这证明了 $T'f = x^*$. 因此 $N(T)^\perp \subseteq R(T')$.

由 (4) 推出 (2) 是显然的, 因为 $\langle x, x^* \rangle$ 是 x 的连续线性泛函.

系 1　设 T 是映 B-空间 X 入 B-空间 Y 的线性闭算子且 $D(T)^a = X$, 则

$$R(T) = Y \text{ 当且仅当 } T' \text{ 有连续逆}, \tag{5}$$

$$R(T') = X' \text{ 当且仅当 } T \text{ 有连续逆}. \tag{6}$$

证明　设 $R(T) = Y$. 由 $\langle Tx, y^* \rangle = \langle x, T'y^* \rangle, x \in D(T)$ 和 $T'y^* = 0$, 我们得 $y^* = 0$, 即 T' 必有逆 $(T')^{-1}$. 根据 $R(T) = Y$ 和 (2), $R(T')$ 是闭的, 由闭图像定理知 $(T')^{-1}$ 连续. 其次设 T' 有连续逆, 则 $N(T') = \{0\}$, 由 (3) 便得 $R(T) = Y$.

假设 $R(T') = X'$. 由 $\langle Tx, y^* \rangle = \langle x, T'y^* \rangle, y^* \in D(T')$ 和 $Tx = 0$, 我们得 $x = 0$, 即 T 必有逆 T^{-1}. 根据 $R(T') = X'$ 和 (1), $R(T)$ 是闭的, 由闭图像定理知 T^{-1} 连续. 其次设 T 有连续逆, 则 $N(T) = \{0\}$, 由 (4) 便得 $R(T') = X'$.

[①]校者注: 可设 $\|f_n\| = 1$.

系 2 设 X 是 Hilbert 空间, 其内积为 (u, v), 而线性闭算子 T 有稠密定义域 $D(T) \subseteq X$ 和值域 $R(T) \subseteq X$. 假设存在正常数 c 使得

$$\text{对于 } u \in D(T), \operatorname{Re}(Tu, u) \geqslant c\|u\|^2, \tag{7}$$

则 $R(T^*) = X$.

证明 根据 Schwarz 不等式, 一切 $u \in D(T)$ 满足

$$\|Tu\| \cdot \|u\| \geqslant \operatorname{Re}(Tu, u) \geqslant c\|u\|^2,$$

因此 $\|Tu\| \geqslant c\|u\|$, 从而 T 有连续逆. 根据系 1, $R(T') = X$ 即 $R(T^*) = X$.

注 映 $D(T) \subseteq X$ 入 X 的线性算子 T 称为增生的 (这一术语由 K. Friedrichs 和 T. Kato 引入) 是指

$$\text{对于 } u \in D(T), \operatorname{Re}(Tu, u) \geqslant 0. \tag{8}$$

称 T 为耗散的 (这一术语由 R. S. Phillips 引入) 是指 $-T$ 是增生的.

第七章参考文献

关于 Hilbert 空间的一般论述, 请参看 M. H. Stone [1], N. I. Achieser-I. M. Glazman [1] 和 N. Dunford-J. Schwartz [5]. 闭值域定理本质上已在 S. Banach [1] 中证明.

第八章 预解式和谱

设 T 是线性算子, 其定义域 $D(T)$ 和值域 $R(T)$ 都落于同一复线性拓扑空间 X. 设 λ 是复数而 I 是 X 上的恒等算子, 我们考察线性算子

$$T_\lambda = \lambda I - T.$$

使 T_λ 有逆的那些 λ 的值分布以及相应逆 T_λ^{-1} 的性质就称为算子 T 的谱理论. 我们将在下面讨论 T_λ 的逆的一般理论.

§1. 预解式和谱

定义   如果复数 λ_0 使值域 $R(T_{\lambda_0})$ 在 X 中稠密且 T_{λ_0} 有连续逆 $(\lambda_0 I - T)^{-1}$, 我们就说 λ_0 属于 T 的预解集 $\rho(T)$, 以 $R(\lambda_0; T)$ 表示此逆 $(\lambda_0 I - T)^{-1}$ 且称它为 T (在 λ_0 处) 的预解式. 不属于 $\rho(T)$ 的所有复数 λ 构成的集合 $\sigma(T)$ 称为 T 的谱, 它能分解成相互不交的集合 $P_\sigma(T), C_\sigma(T)$ 和 $R_\sigma(T)$, 各有如下性质:

$P_\sigma(T)$ 是那些使 T_λ 没有逆的复数 λ 的全体;

   称 $P_\sigma(T)$ 为 T 的点谱.

$C_\sigma(T)$ 是那些使 T_λ 有不连续逆且逆的定义域稠于 X 的复数 λ 的全体;

   称 $C_\sigma(T)$ 为 T 的连续谱.

$R_\sigma(T)$ 是那些使 T_λ 有逆但逆的定义域不稠于 X 的复数 λ 的全体;

   称 $R_\sigma(T)$ 为 T 的剩余谱.

由这些定义以及 T 的线性性质我们有如下

命题　复数 λ_0 属于 $P_\sigma(T)$ 的必要和充分条件是方程 $Tx = \lambda_0 x$ 有个非零解 x. 此时称 λ_0 为 T 的一个本征值, 而 x 是相应的本征向量. 称 T_{λ_0} 的零空间 $N(\lambda_0 I - T)$ 为 T 相应于本征值 λ_0 的本征空间. 它由向量 0 和相应于 λ_0 的所有本征向量组成. 相应于 λ_0 的本征空间的维数称为本征值 λ_0 的重数.

定理　设 T 是线性闭算子, 其定义域 $D(T)$ 和值域 $R(T)$ 都在复 B-空间 X 中, 则对于任何 $\lambda_0 \in \rho(T)$, 预解式 $(\lambda_0 I - T)^{-1}$ 是整体定义的连续线性算子.

证明　因为 λ_0 属于预解集 $\rho(T)$, 所以 $R(\lambda_0 I - T) = D((\lambda_0 I - T)^{-1})$ 在 X 中是稠密的且有正常数 c 使得诸 $x \in D(T)$ 满足 $\|(\lambda_0 I - T)x\| \geqslant c\|x\|$.

我们只需证明 $R(\lambda_0 I - T) = X$. 然而, 若 s- $\lim\limits_{n\to\infty}(\lambda_0 I - T)x_n = y$ 存在, 则上面不等式表明 s- $\lim\limits_{n\to\infty} x_n = x$ 存在. 既然 T 是闭算子, 我们必有 $(\lambda_0 I - T)x = y$. 从而由 $R(\lambda_0 I - T)^a = X$ 的假设就必有 $R(\lambda_0 I - T) = X$.

例 1　如果空间 X 是有限维的, 其上有界线性算子 T 都为某一方阵 (t_{ij}) 所表示. 众所周知, T 的本征值是作为代数方程, 即矩阵 (t_{ij}) 的所谓特征方程

$$\det(\lambda\delta_{ij} - t_{ij}) = 0 \tag{1}$$

的根而求得的, 这里 $\det(A)$ 表示方阵 A 的行列式.

例 2　设 $X = L^2(-\infty, \infty)$ 而 T 是其上算子使得

$$D(T) = \{x(t) \in L^2(-\infty, \infty); tx(t) \in L^2(-\infty, \infty)\}$$

且对于 $x(t) \in D(T)$ 都有 $Tx(t) = tx(t)$, 则每个实数 λ_0 都属于 $C_\sigma(T)$.

证明　由条件 $(\lambda_0 I - T)x = 0$, 推出 $(\lambda_0 - t)x(t) = 0$ a.e., 因此 $x(t) = 0$ a.e. 于是, $(\lambda_0 I - T)^{-1}$ 存在, 且其定义域包含这样的 $y(t) \in L^2(-\infty, \infty)$: 它在 $t = \lambda_0$ 的某邻域恒为零. 此邻域可因 $y(t)$ 而异. 因此 $D((\lambda_0 I - T)^{-1})$ 在 $L^2(-\infty, \infty)$ 中稠密. 容易看出算子 $(\lambda_0 I - T)^{-1}$ 在这样 $y(t)$ 的全体上不是有界的.

例 3　设 X 是 Hilbert 空间 (l^2), 并设 T_0 是由

$$T_0(\xi_1, \xi_2, \cdots) = (0, \xi_1, \xi_2, \cdots)$$

定义的, 则 0 属于 T_0 的剩余谱, 这是因为 $R(T_0)$ 在 X 中不稠密.

例 4　设 H 是 Hilbert 空间 X 上的一个自伴算子, 则 H 的预解集 $\rho(H)$ 包含一切 $\mathrm{Im}(\lambda) \neq 0$ 的复数 λ, 而且预解式 $R(\lambda; H)$ 是满足以下估计式

$$\|R(\lambda; H)\| \leqslant 1/|\mathrm{Im}(\lambda)| \tag{2}$$

的有界线性算子. 此外

$$\operatorname{Im}((\lambda I - H)x, x) = \operatorname{Im}(\lambda)\|x\|^2, \quad x \in D(H). \tag{3}$$

证明 诸 $x \in D(H)$ 使 (Hx, x) 为实数, 此因

$$(Hx, x) = (x, Hx) = \overline{(Hx, x)}.$$

我们便有 (3), 从而用 Schwarz 不等式得

$$\|(\lambda I - H)x\| \cdot \|x\| \geqslant |((\lambda I - H)x, x)| \geqslant |\operatorname{Im}(\lambda)|\|x\|^2, \tag{4}$$

这就导致

$$\|(\lambda I - H)x\| \geqslant |\operatorname{Im}(\lambda)| \cdot \|x\|, \quad x \in D(H). \tag{5}$$

因此如果 $\operatorname{Im}(\lambda) \neq 0$, 则逆 $(\lambda I - H)^{-1}$ 存在. 此外, 如果 $\operatorname{Im}(\lambda) \neq 0$, 值域 $R(\lambda I - H)$ 在 X 中是稠密的. 如若不然, 将存在 $y \neq 0$ 正交于 $R(\lambda I - H)$, 即对于一切 $x \in D(H)$ 有 $((\lambda I - H)x, y) = 0$, 因此诸 $x \in D(H)$ 满足 $(x, (\overline{\lambda} I - H)y) = 0$. 因为自伴算子 H 的定义域 $D(H)$ 在 X 中稠密, 我们必有 $(\overline{\lambda} I - H)y = 0$, 即 $Hy = \overline{\lambda}y$, 这同 (Hy, y) 的值是实数相矛盾.

因此, 由上面的定理我们得知, 对任何 $\operatorname{Im}(\lambda) \neq 0$ 的复数 λ, 预解式 $R(\lambda; H)$ 是满足估计式 (2) 的有界线性算子.

§2. 预解方程和谱半径

定理 1 设 T 是线性闭算子, 其定义域和值域都在复 B–空间 X 中, 则预解集 $\rho(T)$ 是复平面上的开集, 而 $R(\lambda; T)$ 是 $\lambda \in \rho(T)$ 的全纯函数.

证明 由前节的定理, 诸 $\lambda \in \rho(T)$ 使 $R(\lambda; T)$ 为整体定义的连续算子. 设 $\lambda_0 \in \rho(T)$ 并考察

$$S(\lambda) = R(\lambda_0; T)\Big\{I + \sum_{n=1}^{\infty}(\lambda_0 - \lambda)^n R(\lambda_0; T)^n\Big\}. \tag{1}$$

当 $|\lambda_0 - \lambda| \cdot \|R(\lambda_0; T)\| < 1$ 时, 上述级数按算子范数收敛, 而且在复平面的这一圆域内, 该级数定义了 λ 的一个全纯函数. 以 $(\lambda I - T) = (\lambda - \lambda_0)I + (\lambda_0 I - T)$ 左或右乘这一级数, 就得 I, 因此级数 $S(\lambda)$ 实际表示预解式 $R(\lambda; T)$. 于是我们已证明 λ_0 的这一圆邻域属于 $\rho(T)$ 而且 $R(\lambda; T)$ 在这邻域内是全纯函数.

定理 2 如果 λ 和 μ 同属于 $\rho(T)$, 并且如果 $R(\lambda; T)$ 和 $R(\mu; T)$ 是整体定义的连续算子, 则成立如下预解方程

$$R(\lambda; T) - R(\mu; T) = (\mu - \lambda)R(\lambda; T)R(\mu; T). \tag{2}$$

证明　我们有

$$
\begin{aligned}
R(\lambda;T) &= R(\lambda;T)(\mu I - T)R(\mu;T) \\
&= R(\lambda;T)\{(\mu-\lambda)I + (\lambda I - T)\}R(\mu;T) \\
&= (\mu-\lambda)R(\lambda;T)R(\mu;T) + R(\mu;T).
\end{aligned}
$$

定理 3　如果 T 是映复 B–空间 X 入自身的有界线性算子, 则如下极限

$$
\lim_{n\to\infty} \|T^n\|^{1/n} = r_\sigma(T) \tag{3}
$$

存在. 称它为 T 的谱半径, 而且我们有

$$
r_\sigma(T) \leqslant \|T\|. \tag{4}
$$

如果 $|\lambda| > r_\sigma(T)$, 则预解式 $R(\lambda;T)$ 存在而且由级数

$$
R(\lambda;T) = \sum_{n=1}^\infty \lambda^{-n} T^{n-1} \tag{5}
$$

给出, 而这级数按算子范数收敛.

证明　令 $r = \inf\limits_{n\geqslant 1} \|T^n\|^{1/n}$, 我们只需证明 $\varlimsup\limits_{n\to\infty} \|T^n\|^{1/n} \leqslant r$. 对于任何 $\varepsilon > 0$, 选取 m 使得 $\|T^m\|^{1/m} \leqslant r + \varepsilon$. 对于任何 n, 记 $n = pm + q$, 这里 $0 \leqslant q \leqslant m - 1$. 由 $\|AB\| \leqslant \|A\|\|B\|$, 我们得到

$$
\|T^n\|^{1/n} \leqslant \|T^m\|^{p/n} \cdot \|T\|^{q/n} \leqslant (r+\varepsilon)^{mp/n} \|T\|^{q/n}.
$$

因为当 $n \to \infty$ 时 $pm/n \to 1$ 且 $q/n \to 0$, 我们必有 $\varlimsup\limits_{n\to\infty} \|T^n\|^{1/n} \leqslant r + \varepsilon$. 由于 ε 是任意的, 我们已证明 $\varlimsup\limits_{n\to\infty} \|T^n\|^{1/n} \leqslant r$. 因为 $\|T^n\| \leqslant \|T\|^n$, 我们有 $\lim\limits_{n\to\infty} \|T^n\|^{1/n} \leqslant \|T\|$. 级数 (5) 当 $\lambda > r_\sigma(T)$ 时是按算子范数收敛的. 因为, 如果 $|\lambda| \geqslant r_\sigma(T) + \varepsilon$, 其中 $\varepsilon > 0$, 则由 (3), $\|\lambda^{-n} T^n\| \leqslant (r_\sigma(T) + \varepsilon)^{-n} \cdot (r_\sigma(T) + 2^{-1}\varepsilon)^n$ 在 n 充分大时成立. 以 $(\lambda I - T)$ 左或右乘这一级数就等于 I, 从而此级数实际表示预解式 $R(\lambda;T)$.

系　若 T 是有界线性算子, 则预解集 $\rho(T)$ 是非空的.

定理 4　对于有界线性算子 $T \in L(X, X)$, 我们有

$$
r_\sigma(T) = \sup_{\lambda \in \sigma(T)} |\lambda|. \tag{6}
$$

证明 由定理 3 知, $r_\sigma(T) \geqslant \sup\limits_{\lambda \in \sigma(T)} |\lambda|$, 因此只需证明 $r_\sigma(T) \leqslant \sup\limits_{\lambda \in \sigma(T)} |\lambda|$.

当 $|\lambda| > \sup\limits_{\lambda \in \sigma(T)} |\lambda|$ 时, 由定理 1 知 $R(\lambda; T)$ 关于 λ 是全纯的, 从而有唯一确定的关于 λ 的正幂和非正幂的 Laurent 展式. 此外, 此展式按算子范数收敛且由定理 3 必等于级数 $\sum\limits_{n=1}^{\infty} \lambda^{-n} T^{n-1}$. 因此当 $|\lambda| > \sup\limits_{\lambda \in \sigma(T)} |\lambda|$ 时, $\lim\limits_{n \to \infty} \|\lambda^{-n} T^n\| = 0$. 从而当 $\varepsilon > 0$ 时, 对于充分大的 n, 我们必有 $\|T^n\| \leqslant (\varepsilon + \sup\limits_{\lambda \in \sigma(T)} |\lambda|)^n$. 这就证明了

$$r_\sigma(T) = \lim_{n \to \infty} \|T^n\|^{1/n} \leqslant \sup_{\lambda \in \sigma(T)} |\lambda|.$$

系 级数 $\sum\limits_{n=1}^{\infty} \lambda^{-n} T^{n-1}$ 在 $|\lambda| < r_\sigma(T)$ 时发散.

证明 设 $r \geqslant 0$ 是使得级数 $\sum\limits_{n=1}^{\infty} \lambda^{-n} T^{n-1}$ 对于 $|\lambda| > r$ 按算子范数收敛的最小正数. 如此 r 的存在性像通常关于 λ^{-1} 的幂级数一样地证明. 那么, 对于 $|\lambda| > r$, $\lim\limits_{n \to \infty} \|\lambda^{-n} T^n\| = 0$, 因此像 $r_\sigma(T) \leqslant \sup\limits_{\lambda \in \sigma(T)} |\lambda|$ 的证明一样, 我们必有 $\lim\limits_{n \to \infty} \|T^n\|^{1/n} \leqslant r$. 这就证明 $r_\sigma(T) \leqslant r$.

§3. 平均遍历定理

对于一类特殊的连续线性算子, 平均遍历定理给出了获得本征值 1 对应的本征空间的一种方法. 在本节, 我们将像以前由本书作者阐述过的那样按谱理论的观点叙述和证明平均遍历定理. 与统计力学相关的遍历理论的历史概述将陈述于第十三章.

定理 1 设 X 是局部凸空间, T 是映 X 入自身的连续线性算子使得

算子族 $\{T^n; n = 1, 2, \cdots\}$ 是等度连续的, 意指对于

X 上连续半范数 q, X 上存在连续半范数 q' 使得诸 $\qquad$ (1)

$x \in X$ 满足 $\sup\limits_{n \geqslant 1} q(T^n x) \leqslant q'(x)$.

令 $T_n = n^{-1} \sum\limits_{m=1}^{n} T^m$, 则值域 $R(I - T)$ 的闭包满足

$$R(I - T)^a = \{x \in X; \lim_{n \to \infty} T_n x = 0\}, \qquad (2)$$

因而, 特别地

$$R(I - T)^a \cap N(I - T) = \{0\}. \qquad (3)$$

证明　我们有 $T_n(I-T) = n^{-1}(T-T^{n+1})$. 因此根据 (1), 诸 $w \in R(I-T)$ 满足 $\lim\limits_{n\to\infty} T_n w = 0$. 再设 $z \in R(I-T)^a$, 则对于连续半范数 q' 及 $\varepsilon > 0$, 存在 $w \in R(I-T)$ 使得 $q'(z-w) < \varepsilon$. 于是由 (1), 我们有

$$q(T_n(z-w)) \leqslant n^{-1} \sum_{m=1}^{n} q(T^m(z-w)) \leqslant q'(z-w) < \varepsilon,$$

$$q(T_n(z)) \leqslant q(T_n(w)) + q(T_n(z-w)) \leqslant q(T_n w) + \varepsilon,$$

因此 $\lim\limits_{n\to\infty} T_n z = 0$. 这就证明了 $R(I-T)^a \subseteq \{x \in X; \lim\limits_{n\to\infty} T_n x = 0\}$.

反之, 设 $\lim\limits_{n\to\infty} T_n x = 0$. 等式

$$x - T_n x = n^{-1} \sum_{m=1}^{n} (I-T^m)x = n^{-1} \sum_{m=1}^{n} (I-T) \sum_{i=0}^{m-1} T^i x$$

表明 $(x - T_n x) \in R(I-T)$, 取极限知 x 必属于 $R(I-T)^a$.

定理 2(平均遍历定理)　在定理 1 的条件下, 给定 $x \in X$,

$$\text{若有 } \{n\} \text{的子列} \{n'\} \text{使得 w-} \lim_{n'\to\infty} T_{n'} x = x_0 \text{存在}, \tag{4}$$

则 $Tx_0 = x_0$ 且 $\lim\limits_{n\to\infty} T_n x = x_0$.

证明　我们有 $TT_n - T_n = n^{-1}(T^{n+1}-T)$, 由 (1) 便得 $\lim\limits_{n\to\infty}(TT_n x - T_n x) = 0$. 故诸 $f \in X'$ 使 $\lim\limits_{n\to\infty} \langle TT_{n'}x, f\rangle = \lim\limits_{n\to\infty} \langle T_{n'}x, T'f\rangle$ 存在且等于 $\lim\limits_{n\to\infty} \langle T_{n'}x, f\rangle = \langle x_0, f\rangle$. 因此 $\langle x_0, f\rangle = \langle Tx_0, f\rangle$. 由 $f \in X'$ 的任意性, 必有 $Tx_0 = x_0$. 现在

$$T^m x = T^m x_0 + T^m(x-x_0) = x_0 + T^m(x-x_0),$$

因此 $T_n x = x_0 + T_n(x-x_0)$. 但是 $(x-x_0) = \text{w-}\lim\limits_{n\to\infty}(x - T_{n'}x)$ 并且上面已证 $(x - T_{n'}x) \in R(I-T)$. 因此根据第五章 §1 中定理 11, 得 $(x-x_0) \in R(I-T)^a$. 于是, 由定理 1, 有 $\lim\limits_{n\to\infty} T_n(x-x_0) = 0$, 从而就证明了 $\lim\limits_{n\to\infty} T_n x = x_0$.

系　设定理 1 中 X 还是局部弱序列紧的, 则对于任何 $x \in X$, $\lim\limits_{n\to\infty} T_n x = x_0$ 存在, 而且由 $T_0 x = x_0$ 定义的 T_0 是个连续线性算子使得

$$T_0 = T_0^2 = TT_0 = T_0 T, \tag{5}$$

$$R(T_0) = N(I-T), \tag{6}$$

$$N(T_0) = R(I-T)^a = R(I-T_0). \tag{7}$$

此外, 我们有**直和分解**

$$X = R(I-T)^a \oplus N(I-T), \tag{8}$$

即任何 $x \in X$ 可唯一地表示为 $R(I-T)^a$ 的元素和 $N(I-T)$ 的元素的和.

证明　映射 T_0 的线性性质是显然的, 而 T_0 的连续性可由 (1) 中 $\{T_n\}$ 的等度连续性证得. 其次, 因为 $Tx_0 = x_0$, 我们有 $TT_0 = T_0$, 所以 $T^n T_0 = T_0, T_n T_0 = T_0$, 而这又导致 $T_0^2 = T_0$. 另一方面, $T_n - T_n T = n^{-1}(T - T^{n+1})$ 和 (1) 推出 $T_0 = T_0 T$. 等式 (6) 可证明如下. 设 $Tx = x$, 则 $T^n x = x, T_n x = x$, 从而 $T_0 x = x$, 即 $x \in R(T_0)$. 反之, 设 $x \in R(T_0)$, 则由 $T_0^2 = T_0$, 我们有 $T_0 x = x$, 从而由 $TT_0 = T_0$, 得 $Tx = TT_0 x = T_0 x = x$. 因此相应于 T 的本征值 1 的 T 的本征空间恰是值域 $R(T_0)$. 于是 (6) 得证. 此外, 由定理 1 我们有 $N(T_0) = R(I - T)^a$. 但是, 由 $T_0^2 = T_0$, 我们有 $R(I - T_0) \subseteq N(T_0)$, 而且如果 $x \in N(T_0)$, 则 $x = x - T_0 x \in R(I - T_0)$. 于是 $N(T_0) = R(I - T_0)$.

所以, 由 $I = (I - T_0) + T_0$ 以及 (6) 和 (7), 就得到 (8).

注　T 相应于本征值 λ $(|\lambda| = 1)$ 的本征空间 $N(\lambda I - T)$ 可以作为 $R(T(\lambda))$ 而得到, 这里 $T(\lambda)x = \lim\limits_{n \to \infty} n^{-1} \sum\limits_{m=1}^{n} (T/\lambda)^m x$.

J. von Neumann 的平均遍历定理　设 $(S, \mathfrak{B}, m)$ 是测度空间, 而 P 是 S 上的**等测变换**, 即 P 是一对一地映 S 到自身的映射, 使得 $P(B) \in \mathfrak{B}$ 当且仅当 $B \in \mathfrak{B}$ 并且 $m(P(B)) = m(B)$. 考虑映 $L^2(S, \mathfrak{B}, m)$ 到自身由

$$(Tx)(s) = x(Ps), \quad x \in L^2(S, \mathfrak{B}, m) \tag{9}$$

定义的线性算子 T. 根据 P 的等测性, 我们容易看出算子 T 是酉的, 因此由 $\|T^n\| = 1$ $(n = 1, 2, \cdots)$, 等度连续条件 (1) 一定满足. 从而, 由 Hilbert 空间 $L^2(S, \mathfrak{B}, m)$ 的序列弱紧性[①], 我们可得到 J. von Neumann 的平均遍历定理:

$$对于任何 \ x \in L^2(S, \mathfrak{B}, m), \text{s-}\lim_{n \to \infty} n^{-1} \sum_{m=1}^{n} T^m x$$
$$= x_0 \in L^2(S, \mathfrak{B}, m) \ 存在而且 \ Tx_0 = x_0. \tag{10}$$

注　定理 1 和定理 2 取材于 K. Yosida [3]. 也可参考 S. Kakutani [1] 和 F. Riesz [4]. Neumann 的平均遍历定理发表在 J. von Neumann [3] 中.

[①]校者注: Hilbert 空间中闭球都是弱紧的, 但非平凡 Hilbert 空间不是序列弱紧的, 无限维 Hilbert 空间依弱拓扑不是局部序列紧的, 这是因为无限维 Hilbert 空间中非空弱开集都是无界的. 为使定理 2 与其系能用于此处, 回顾 Eberlein-Shmulyan 定理: 对于 Banach 空间 X 的子集 S 的右边条件等价: (a) S 是相对弱紧的. (b) S 是相对弱可数紧的. (c) S 是相对弱聚点紧的. (d) S 是相对弱列紧的. 因此, 定理 2 中的条件可换成较弱条件: 某个子网 $(T_{k_i} x)_{i \uparrow \beta}$ 弱收敛于 x_0, 而定理 2 的系中的条件可换成较弱条件: X 中有界凸闭集是可数弱紧的. 相应证明将子列 $\{n'\}$ 换成子网 $\{k_i\}_{i \uparrow \beta}$ 即可. 这样改动后, 定理 2 与其系还可用于取弱 * 拓扑的对偶空间, 因为此空间上弱拓扑就是弱 * 拓扑, 其中有界凸闭集据 Alaoglu-Bourbaki 定理是弱 * 紧的便是弱 * 可数紧的. 以后本章中有关局部序列弱紧性条件均应依此替换.

§4. 关于伪预解式的 Hille 型遍历定理

预解式的概念经 E. Hille 推广成为伪预解式的概念. 用同前节证明平均遍历定理类似的想法我们可以证明伪预解式的遍历定理, 请查看 K. Yosida [4] 和参考 T. Kato [1]. 这些遍历定理可作为在 E. Hille-R. S. Phillips [1], 第 502 页中给出的 E. Hille 的 Abel 遍历定理的推广.

我们将从伪预解式的定义开始.

定义 设 X 是局部凸复空间, 而 $L(X, X)$ 是映 X 入自身的一切连续线性算子的代数. 定义在复 λ-平面的某个子集 $D(J)$ 而取值于 $L(X, X)$ 的函数 J_λ 称为一个伪预解式是指它满足以下预解方程

$$J_\lambda - J_\mu = (\mu - \lambda)J_\lambda J_\mu. \tag{1}$$

命题 一切 J_λ $(\lambda \in D(J))$ 有公共零空间——记为 $N(J)$, 而且有公共值域——记为 $R(J)$. 类似地, 一切 $(I - \lambda J_\lambda)$ $(\lambda \in D(J))$ 有公共零空间——记为 $N(I - J)$, 而且有公共值域——记为 $R(I - J)$. 此外, 有交换性:

$$J_\lambda J_\mu = J_\mu J_\lambda \quad (\lambda, \mu \in D(J)). \tag{2}$$

证明 在 (1) 中交换 λ 和 μ 后, 我们得到

$$J_\mu - J_\lambda = (\lambda - \mu)J_\mu J_\lambda = -(\mu - \lambda)J_\mu J_\lambda,$$

因此 (2) 为真. 据 (1) 和 (2), 命题的第一部分是显然的. 将 (1) 改写成

$$(I - \lambda J_\lambda) = (I - (\lambda - \mu)J_\lambda)(I - \mu J_\mu), \tag{1'}$$

可知第二部分也是显然的.

定理 1 伪预解式 J_λ 是一线性算子 A 的预解式当且仅当 $N(J) = \{0\}$; 此时 $R(J)$ 同 A 的定义域 $D(A)$ 相等.

证明 "仅当" 部分是显然的. 假设 $N(J) = \{0\}$, 则诸 $\lambda \in D(J)$ 使 J_λ 为单射, 其逆 J_λ^{-1} 存在且有定义域 $R(J)$. 对于 $\lambda, \mu \in D(J)$, 我们有

$$\lambda I - J_\lambda^{-1} = \mu I - J_\mu^{-1}. \tag{3}$$

这是因为由 (1) 和 (2), 一切 $x \in R(J)$ 使

$$J_\lambda J_\mu (\lambda I - J_\lambda^{-1} - \mu I + J_\mu^{-1})x$$
$$= (\lambda - \mu)J_\lambda J_\mu x - J_\lambda J_\mu (J_\lambda^{-1} - J_\mu^{-1})x$$
$$= (\lambda - \mu)J_\lambda J_\mu x - (J_\mu - J_\lambda)x = 0,$$

结合 $J_\lambda J_\mu$ 的单性, 我们便得 (3)①. 于是我们令

$$A = (\lambda I - J_\lambda^{-1}). \tag{4}$$

它据 (3) 与 λ 的取法无关且诸 $\lambda \in D(J)$ 满足 $J_\lambda = (\lambda I - A)^{-1}$.

引理 1　我们假设 $D(J)$ 中有个序列 $\{\lambda_n\}$ 使得

$$\lim_{n\to\infty} \lambda_n = 0 \text{ 且算子族 } \{\lambda_n J_{\lambda_n}\} \text{ 等度连续}. \tag{5}$$

则有

$$R(I - J)^a = \{x \in X;\ \lim_{n\to\infty} \lambda_n J_{\lambda_n} x = 0\}, \tag{6}$$

因此

$$N(I - J) \cap R(I - J)^a = \{0\}. \tag{7}$$

证明　由 (1), 我们有

$$\lambda J_\lambda(I - \mu J_\mu) = (1 - \mu(\mu - \lambda)^{-1})\lambda J_\lambda - \lambda(\lambda - \mu)^{-1}\mu J_\mu. \tag{8}$$

因此, 根据 (5), 由条件 $x \in R(I - \mu J_\mu) = R(I - J)$ 必推出 $\lim_{n\to\infty} \lambda_n J_{\lambda_n} x = 0$. 设 $y \in R(I - J)^a$, 则对于 X 上任何连续半范数 q 以及 $\varepsilon > 0$, 存在 $x \in R(I - J)$ 使得 $q(y - x) < \varepsilon$. 由 (5), 对于 X 上任何连续半范数 q', 我们有

$$q'(\lambda_n J_{\lambda_n}(y - x)) \leqslant q(y - x) \quad (n = 1, 2, \cdots)$$

对于 X 上某个适当连续半范数 q 成立. 因此, $\lim_{n\to\infty} \lambda_n J_{\lambda_n} y = 0$ 便源自下式

$$\lambda_n J_{\lambda_n} y = \lambda_n J_{\lambda_n} x + \lambda_n J_{\lambda_n}(y - x).$$

反之, 设 $\lim_{n\to\infty} \lambda_n J_{\lambda_n} x = 0$, 则对于 X 上任何连续半范数 q 和 $\varepsilon > 0$, 存在 λ_n 使得 $q(x - (x - \lambda_n J_{\lambda_n} x)) < \varepsilon$. 因此 x 必属于 $R(I - \lambda_n J_{\lambda_n})^a = R(I - J)^a$.

引理 1′　我们假设 $D(J)$ 中有个序列 $\{\lambda_n\}$ 使得

$$\lim_{n\to\infty} |\lambda_n| = \infty \text{ 且算子族 } \{\lambda_n J_{\lambda_n}\} \text{ 等度连续}. \tag{5′}$$

则有

$$R(J)^a = \{x \in X;\ \lim_{n\to\infty} \lambda_n J_{\lambda_n} x = x\}, \tag{6′}$$

因此

$$N(J) \cap R(J)^a = \{0\}. \tag{7′}$$

---

①校者注: 原著及译著在写以上等式时, 没有带上 x. 这样就产生一个问题: 依第一章 §6 定义 2, 上式开始的算子有定义域 $R(J)$, 而上式结束的算子有定义域 X, 这两者不必相等.

证明　由 (1), 我们有 $\lambda J_\lambda J_\mu = \dfrac{\mu}{\lambda}\lambda J_\lambda J_\mu - \dfrac{1}{\lambda}\lambda J_\lambda + J_\mu$. 因此, 根据 (5′), 由条件 $x \in R(J_\mu) = R(J)$ 必推出 $\lim\limits_{n\to\infty}\lambda_n J_{\lambda_n}x = x$. 设 $y \in R(J)^a$, 则对于 X 上任何连续半范数 q 以及 $\varepsilon > 0$, 存在 $x \in R(J)$ 使得 $q(y-x) < \varepsilon$. 由 (5′), 对于 X 上任何连续半范数 q', 有

$$q'(\lambda_n J_{\lambda_n}(y-x)) \leqslant q(y-x) \quad (n = 1, 2, \cdots)$$

对于 X 上某适当连续半范数 q 成立. 因此, $\lim\limits_{n\to\infty}\lambda_n J_{\lambda_n}y = y$ 源自 (5′) 和下式

$$\lambda_n J_{\lambda_n}y - y = (\lambda_n J_{\lambda_n}x - x) + (x - y) + \lambda_n J_{\lambda_n}(y-x).$$

反之, 设 $\lim\limits_{n\to\infty}\lambda_n J_{\lambda_n}x = x$, 则对于 X 上任何连续半范数 q 以及 $\varepsilon > 0$, 存在 λ_n 使得 $q(x - \lambda_n J_{\lambda_n}x) < \varepsilon$. 因此 x 必属于 $R(J_{\lambda_n})^a = R(J)^a$.

定理 2　设 (5) 成立. 设对于给定的 $x \in X$, 有 $\{n\}$ 的子列 $\{n'\}$ 使得

$$\text{w-}\lim_{n'\to\infty}\lambda_{n'} J_{\lambda_{n'}}x = x_h \text{ 存在,} \tag{9}$$

则 $x_h = \lim\limits_{n\to\infty}\lambda_n J_{\lambda_n}x$ 且 $x_h \in N(I-J), x_p = (x - x_h) \in R(I-J)^a$.

证明　在 (1′) 中令 $\mu = \lambda_{n'}$ 并让 $n' \to \infty$, 由 (5) 知

$$(I - \lambda J_\lambda)x = (I - \lambda J_\lambda)(x - x_h)$$

即 $(I - \lambda J_\lambda)x_h = 0$, 从而 $x_h \in N(I-J)$, 因此

$$\lambda_n J_{\lambda_n}x = x_h + \lambda_n J_{\lambda_n}(x - x_h). \tag{10}$$

从而我们仅需证明 $\lim\limits_{n\to\infty}\lambda_n J_{\lambda_n}(x - x_h) = 0$, 或由引理 1 证 $(x - x_h) \in R(I-J)^a$. 但是 $(x - \lambda_n J_{\lambda_n}x) \in R(I-J)$, 因此由第五章 §1 定理 11, 必有 $(x - x_h) \in R(I-J)^a$.

系 1　设 (5) 成立, 而且假设 X 是局部弱序列紧的, 则

$$X = N(I-J) \oplus R(I-J)^a. \tag{11}$$

证明　对于任何 $x \in X$, 令 $x_h = \lim\limits_{n\to\infty}\lambda_n J_{\lambda_n}x$ 和 $x_p = (x - x_h)$, 它们各为 x 在 $N(I-J)$ 和 $R(I-J)^a$ 中的分量.

定理 2′　设 (5′) 成立. 对给定的 $x \in X$ 若有 $\{n\}$ 的子列 $\{n'\}$ 使得

$$\text{w-}\lim_{n'\to\infty}\lambda_{n'} J_{\lambda_{n'}}x = x_{h'} \text{ 存在,} \tag{9'}$$

则 $x_{h'} = \lim\limits_{n\to\infty}\lambda_n J_{\lambda_n}x$ 且 $x_{h'} \in R(J)^a, x_{p'} = (x - x_{h'}) \in N(J)$.

证明 在 (8) 中令 $\mu = \lambda_{n'}$ 且让 $n' \to \infty$, 由 (5'), 可知 $\lambda J_\lambda(x - x_{h'}) = 0$, 即 $(x - x_{h'}) \in N(J)$. 因此

$$\lambda_n J_{\lambda_n} x = \lambda_n J_{\lambda_n} x_{h'}. \tag{10'}$$

所以, 我们仅需证明 $\lim\limits_{n\to\infty} \lambda_n J_{\lambda_n} x_{h'} = x_{h'}$, 或者, 由引理 1', 证明 $x_{h'} \in R(J)^a$. 但是 $\lambda_{n'} J_{\lambda_{n'}} x_{h'} \in R(J)$, 因此, 由第五章 §1 定理 11, 必有 $x_{h'} \in R(J)^a$.

系 1′ 设 (5′) 成立, 而 X 是局部弱序列紧的, 则

$$X = N(J) \oplus R(J)^a. \tag{11'}$$

证明 对于任何 $x \in X$, 令 $x_{h'} = \lim\limits_{n\to\infty} \lambda_n J_{\lambda_n} x$ 和 $x_{p'} = (x - x_{h'})$ 分别是 x 在 $R(J)^a$ 和 $N(J)$ 中的分量即可.

注 作为一个推论我们有: 在自反 B–空间 X 中满足 (5′) 的伪预解式 J_λ 是个有稠密定义域的线性闭算子 A 的预解式当且仅当 $R(J)^a = X$. 这一结果出自上面引用的 T. Kato 的论文. 其证明是容易的, 因为由 Eberlein 定理, B–空间 X 是局部弱序列紧的当且仅当 X 是自反的.

§5. 殆周期函数的平均值

作为平均遍历定理的应用我们将给出殆周期函数的平均值存在性的证明.

定义 1 元素 $g, h, \cdots$ 的集合 G 称为群是指定义了 G 中任何元素对 (g, h) 的乘积 gh (一般是不交换的) 且满足如下条件:

$$gh \in G, \tag{1}$$
$$(gh)k = g(hk) \quad (结合性), \tag{2}$$
有唯一元素 $e \in G$ 使诸 $g \in G$ 满足 $eg = ge = g,$. $\tag{3}$
对于 $g \in G$ 唯一确定一个元素 $g^{-1} \in G$ 使得 $gg^{-1} = g^{-1}g = e.$ $\tag{4}$

上述 e 称为 G 的幺元而 g^{-1} 称为 g 的逆元. 显然, g 也是 g^{-1} 的逆元, 即 $(g^{-1})^{-1} = g$. 称 G 是个交换群是指一切 $g, h \in G$ 满足 $gh = hg$.

例 行列式等于 1 的 n 阶复矩阵全体关于矩阵乘法是群, 这称为 n 阶复幺模群[①]. 这个群的幺元是幺阵, 而矩阵 a 的逆元是逆矩阵 a^{-1}. 实幺模群有类似定义. 这些群在 $n \geq 2$ 时是不交换的.

[①]校者注: 这种群通称 "特殊线性群", 而 "幺模群" 另有含义.

定义 2 (J. von Neumann [4])　给定一个群 G 和其上复值函数 $f(g)$, 定义直积 $G \times G$ 上函数 $f_s(g,h) = f(gsh)$. 称 f 在 G 上是殆周期的是指它满足下列条件:

$$\text{函数集合 } \{f_s(g,h); s \in G\} \text{ 依 } G \times G \text{ 上一致收敛拓扑是完全有界的.} \tag{5}$$

例　设 G 是全体实数的集合 R^1, 其中群的乘法定义为实数的加法; 这个群 R^1 称为实数加法群. 设 $i = \sqrt{-1}$, 则诸实数 α 对应的函数 $f(g) = e^{i\alpha g}$ 在 R^1 上是殆周期的. 易见, 此结论源自加法定理 $f(gsh) = e^{i\alpha g} e^{i\alpha s} e^{i\alpha h}$ 以及 $\{e^{i\alpha t}; t \in R^1\}$ 作为绝对值为 1 的复数集合是完全有界的这一事实.

命题 1　设 $f(g)$ 是 G 上的一个殆周期函数. 我们采用 A. Weil 的做法定义

$$\text{dis}(s, u) = \sup_{g, h \in G} |f(gsh) - f(guh)|, \tag{6}$$

那么

$$\text{dis}(s, u) = \text{dis}(asb, aub). \tag{7}$$

证明　这显然源自群的定义.

系 1　满足 $\text{dis}(s, e) = 0$ 的元素 s 全体 E 是 G 的一个正规子群, 即

$$\text{对于 } e_1, e_2 \in E \text{ 使 } e_1^{-1}e_2 \in E, \text{ 且对于 } a \in G \text{ 使 } ae_1a^{-1} \in E. \tag{8}$$

证明　设 $\text{dis}(e_1, e) = 0, \text{dis}(e_2, e) = 0$, 则由 (7) 和三角不等式, 我们得到

$$\text{dis}(e_1^{-1}e_2, e) \leqslant \text{dis}(e_1^{-1}e_2, e_1^{-1}e) + \text{dis}(e_1^{-1}e, e)$$
$$= \text{dis}(e_2, e) + \text{dis}(e, e_1) = 0 + 0 = 0.$$

类似地, 由 $\text{dis}(e_1, e) = 0$, 得到 $\text{dis}(ae_1a^{-1}, e) = \text{dis}(e_1, a^{-1}ea) = 0$.

系 2　以 $s \equiv u \pmod{E}$ 表示 $su^{-1} \in E$, 这等价于 $\text{dis}(s, u) = 0$.

证明　结论是显然的, 因为 $\text{dis}(su^{-1}, e) = \text{dis}(s, eu) = \text{dis}(s, u)$.

系 3　关系 $s \equiv u \pmod{E}$ 具有等价关系的所有通用性质, 这就是

$$s \equiv s \pmod{E}; \tag{9}$$
$$s \equiv u \pmod{E} \text{ 时, } u \equiv s \pmod{E}; \tag{10}$$
$$s_1 \equiv s_2 \pmod{E} \text{ 且 } s_2 \equiv s_3 \pmod{E} \text{ 时, } s_1 \equiv s_3 \pmod{E}. \tag{11}$$

证明　从系 2 以及 dis(s, u) 满足的三角不等式, 这是显然的.

因此, 如同线性空间的商空间的情况一样, 我们可以定义商群或剩余类群 G/E 如下: 我们将用 ξ_x 表示与固定元素 $x \in G$ 等价 $(\mathrm{mod}\, E)$ 的 G 中元素全体, 即包含 x 的剩余类 $(\mathrm{mod}\, E)$; 则全体剩余类 ξ_x 按乘法

$$\xi_x \xi_y = \xi_{xy} \tag{12}$$

构成一个群 G/E. 为了验证乘积的这一定义 (12), 只需证明

如果 $x_1 \equiv x_2 \,(\mathrm{mod}\, E)$,　$y_1 \equiv y_2 \,(\mathrm{mod}\, E)$,　则 $x_1^{-1} y_1 \equiv x_2^{-1} y_2 \,(\mathrm{mod}\, E)$. 　(13)

这是显然的, 因为由 (7) 和系 (2) 即有

$$\mathrm{dis}(x_1^{-1} y_1, x_2^{-1} y_2) \leqslant \mathrm{dis}(x_1^{-1} y_1, x_2^{-1} y_1) + \mathrm{dis}(x_2^{-1} y_1, x_2^{-1} y_2)$$
$$= \mathrm{dis}(x_2, x_1) + \mathrm{dis}(y_1, y_2) = 0 + 0 = 0.$$

因为函数 $f(x)$ 在剩余类 ξ_x 上取同一常数值, 我们可以将 $f(x)$ 作为定义在剩余类群 G/E 上的函数 $F(\xi_x)$.

系 4　剩余类群 G/E 是度量空间, 其上距离定义为

$$\mathrm{dis}(\xi_x, \xi_y) = \mathrm{dis}(x, y). \tag{14}$$

证明　当 $x \equiv x_1 (\mathrm{mod}\, E)$ 且 $y \equiv y_1 (\mathrm{mod}\, E)$ 时, $\mathrm{dis}(x, y) = \mathrm{dis}(x_1, y_1)$ 源自

$$\mathrm{dis}(x, y) \leqslant \mathrm{dis}(x, x_1) + \mathrm{dis}(x_1, y_1) + \mathrm{dis}(y_1, y) = 0 + \mathrm{dis}(x_1, y_1) + 0$$

以及 $\mathrm{dis}(x_1, y_1) \leqslant \mathrm{dis}(x, y)$. 于是 (14) 定义了 G/E 中的一个距离.

系 5　群 G/E 依距离 $\mathrm{dis}(\xi_x, \xi_y)$ 是个**拓扑群**, 即乘法运算 $\xi_x \xi_y$ 是乘积空间 $(G/E) \times (G/E)$ 到 G/E 的连续映射, 而逆运算 ξ_x^{-1} 是 G/E 到自身的连续映射.

证明　乘法运算连续性源自下式

$$\mathrm{dis}(su, s'u') \leqslant \mathrm{dis}(su, s'u) + \mathrm{dis}(s'u, s'u') = \mathrm{dis}(s, s') + \mathrm{dis}(u, u'),$$

而逆运算连续性源自下式

$$\mathrm{dis}(s^{-1}, u^{-1}) = \mathrm{dis}(ss^{-1}u, su^{-1}u) = \mathrm{dis}(u, s) = \mathrm{dis}(s, u).$$

于是可以证明下面的

定理 1 (A. Weil)　由 (14) 度量化的拓扑群 G/E 是完全有界的, 而函数 $f(x)$ 产生的函数 $F(\xi_x)(= f(x))$ 在此群 G/E 上一致连续.

证明　函数 $F(\xi_x)$ 的一致连续性显然源自下式

$$|F(\xi_x) - F(\xi_y)| = |f(x) - f(y)| \leqslant \mathrm{dis}(x, y) = \mathrm{dis}(\xi_x, \xi_y),$$

根据 (6) 和 (14), 函数 $f(x)$ 的殆周期性就推出度量空间 G/E 是完全有界的.

根据以上定理, 殆周期函数的理论简化为满足条件 (7) 的距离函数 $\mathrm{dis}(g_1, g_2)$ 度量化的完全有界拓扑群 G 上一致连续函数 $f(g)$ 的研究. 用这个事实, 我们将给出殆周期函数的平均值的存在性的证明.

既然 G 完全有界, 对于任何 $\varepsilon > 0$, 可得 G 中有限个元素 $g_1, g_2, \cdots, g_n$, 使得诸 $g \in G$ 满足 $\min_{1 \leqslant i \leqslant n} \mathrm{dis}(g, g_i) \leqslant \varepsilon$. 因此, 当把相应于 $\varepsilon = 1, 2^{-1}, 3^{-1}, \cdots$ 的各有限点组集中在一起时, 我们看出 G 有个可数稠密集 $\{g_j\}$. 取一列正数 α_j 使得 $\sum\limits_{j=1}^{\infty} \alpha_j = 1$. 设 $C(G)$ 是定义在 G 上一致连续的复值函数 $h(g)$ 全体所成的集合, 它依函数的线性运算和范数 $\|h\| = \sup\limits_{g \in G} |h(g)|$ 成为一个 B–空间. 我们定义映 $C(G)$ 入自身的算子 T 为

$$(Th)(g) = \sum_{j=1}^{\infty} \alpha_j h(g_j g). \tag{15}$$

由 $h(g)$ 在 G 上的一致连续性, 对任何 $\varepsilon > 0$, 存在 $\delta > 0$, 使得 $\mathrm{dis}(g, g') \leqslant \delta$ 蕴涵 $|h(g) - h(g')| \leqslant \varepsilon$. 于是由 (7), 只要 $\mathrm{dis}(g, g') \leqslant \delta$, 就有 $|h(g_j g) - h(g_j g')| \leqslant \varepsilon$ $(j = 1, 2, \cdots)$. 因此由 $\alpha_j > 0$ 和 $\sum\limits_{j=1}^{\infty} \alpha_j = 1$, 容易看出, T 是映 $C(G)$ 入自身的有界线性算子. 同理, 我们得知, 函数 $h_n(g) = n^{-1} \sum\limits_{m=1}^{n} (T^m h)(g)$ 依 n 是等度有界和等度连续的, 这自然需要注意以下事实:

$$\text{有些 } \beta_j > 0 \text{ 使得 } \sum_{j=1}^{\infty} \beta_j = 1 \text{ 且} h_n(g) = \sum_{j=1}^{\infty} \beta_j h(g_j' g). \tag{16}$$

因此, 根据 Ascoli-Arzelà 定理, 序列 $\{h_n(g)\}$ 包含一个在 G 上一致收敛的子列.

所以, 由平均遍历定理, 必存在 $h^*(g) \in C(G)$ 使得

$$\lim_{n \to \infty} \sup_g |h_n(g) - h^*(g)| = 0 \quad \text{和} \quad Th^* = h^*. \tag{17}$$

命题 2　$h^*(g)$ 恒等于一个常数.

证明　不失一般性, 我们可设 $h(g)$ 和 $h^*(g)$ 是实值的. 令 $\beta = \sup\limits_{g \in G} h^*(g)$, 假设存在点 $g_0 \in G$ 和正常数 δ 使得 $h^*(g_0) \leqslant \beta - 2\delta$. 由 $h^*(g)$ 的一致连续性, 存在正数 ε 使得只要 $\mathrm{dis}(g', g'') \leqslant \varepsilon$ 就有 $|h^*(g') - h^*(g'')| \leqslant \delta$; 特别当 $\mathrm{dis}(g_0, g'') \leqslant \varepsilon$

时, 就有 $h^*(g'') \leqslant \beta - \delta$. 据序列 $\{g_j\}$ 的做法, 存在脚标 n, 使得任何 $g \in G$ 满足 $\min\limits_{1 \leqslant j \leqslant n} \mathrm{dis}(g, g_j) \leqslant \varepsilon$. 因此, 由 (7), 诸 $g \in G$ 满足 $\min\limits_{1 \leqslant j \leqslant n} \mathrm{dis}(g_0, g_j g) \leqslant \varepsilon$. 设这一最小值在 $j = j_0$ 达到, 则

$$h^*(g) = (Th^*)(g) = \sum_{j=1}^{\infty} \alpha_j h^*(g_j g)$$
$$\leqslant \alpha_{j_0}(\beta - \delta) + (1 - \alpha_{j_0})\beta = \beta - \alpha_{j_0}\delta < \beta,$$

这同 g 是 G 的任何点的假设矛盾. 因此 $h^*(g)$ 恒等于常数.

定义 3 我们称常数值 $h^*(g)$ 是 $h(g)$ 的左平均值并记为 $M_g^l(h(g))$:

$$M_g^l(h(g)) = \lim_{n \to \infty} n^{-1} \sum_{m=1}^{n} (T^m h)(g). \tag{18}$$

定理 2 (J. von Neumann) 我们有

$$M_g^l(\alpha h(g)) = \alpha M_g^l(h(g)), \tag{i}$$

$$M_g^l(h_1(g) + h_2(g)) = M_g^l(h_1(g)) + M_g^l(h_2(g)), \tag{ii}$$

$$M_g^l(1) = 1, \tag{iii}$$

$$\begin{aligned} &\text{若在 } G \text{ 上 } h(g) \geqslant 0, \text{ 则 } M_g^l(h(g)) \geqslant 0; \\ &\text{若还有 } h(g) \not\equiv 0, \text{ 则 } M_g^l(h(g)) > 0, \end{aligned} \tag{iv}$$

$$|M_g^l(h(g))| \leqslant M_g^l(|h(g)|), \tag{v}$$

$$M_g^l(\overline{h(g)}) = \overline{M_g^l(h(g))}, \tag{vi}$$

$$M_g^l(h(ga)) = M_g^l(h(g)), \tag{vii}$$

$$M_g^l(h(ag)) = M_g^l(h(g)), \tag{vii$'$}$$

$$M_g^l(h(g^{-1})) = M_g^l(h(g)). \tag{viii}$$

证明 根据定义 (18), 显然可得 (i), (ii), (iii), (iv) 的第一部分, (v) 以及 (vi). 用命题 2 可得 (vii) 的正确性. 而 (vii$'$) 的证明可从线性算子 T' 的定义

$$(T'h)(g) = \sum_{j=1}^{n} \alpha_j h(gg_j)$$

着手, 我们同样可以定义右平均值 $M_g^r(h(g))$, 它作为 $h(g)$ 的泛函满足 (i), (ii), (iii), (iv) 的第一部分, (v), (vi) 以及 (vii$'$). 于是我们必须证明左平均值 $M_g^l(h(g))$

同右平均值 $M_g^r(h(g))$ 相等. 由左平均值的定义, 对任何 $\varepsilon > 0$, 有元素序列 $\{k_j\} \subseteq G$ 以及满足 $\sum\limits_{j=1}^{\infty} \beta_j = 1$ 的正数序列 β_j, 使得

$$\sup_g \left| \sum_{j=1}^{\infty} \beta_j h(k_j g) - M_g^l(h(g)) \right| \leqslant \varepsilon. \tag{19}$$

类似地, 有元素序列 $\{s_j\} \subseteq G$ 以及满足 $\sum\limits_{j=1}^{\infty} \gamma_j = 1$ 的正数序列 γ_j, 使得

$$\sup_g \left| \sum_{j=1}^{\infty} \gamma_j h(g s_j) - M_g^r(h(g)) \right| \leqslant \varepsilon. \tag{20}$$

由 (19) 和 (vii), 我们得到

$$\sup_g \left| \sum_{ij} \gamma_i \beta_j h(k_j g s_i) - M_g^l(h(g)) \right| \leqslant \varepsilon,$$

而类似地, 由 (20) 和 (vii′), 我们得到

$$\sup_g \left| \sum_{ij} \gamma_i \beta_j h(k_j g s_i) - M_g^r(h(g)) \right| \leqslant \varepsilon.$$

因此必有 $M_g^l(h(g)) = M_g^r(h(g))$.

其次注意, $C(G)$ 上满足性质 (i), (ii), (iii), (iv) 的第一部分, (v), (vi) 和 (vii) (或 (vii′) 也一样) 的线性泛函 $M_g(h(g))$ 是唯一确定的. 事实上, 由 (20), 我们有

$$M_g^r(h(g)) - \varepsilon \leqslant \sum_{i=1}^{n} \gamma_i h(g s_i) \leqslant M_g^r(h(g)) + \varepsilon \text{ 对于实值的 } h(g) \text{ 成立.}$$

因此, 对于实值的 $h(g), M_g(h(g))$ 必同右平均 $M_g^r(h(g))$ 相等, 因此亦同左平均 $M_g^l(h(g))$ 相等. 从而, 我们得知必有 $M_g = M_g^r = M_g^l$. 由于等于右平均, M_g 必满足 (vii′). 此外, 由于 $M_g^l(h(g^{-1}))$ 作为线性泛函满足 (i), (ii), (iii), (iv) 的第一部分, (v), (vi) 以及 (vii′), 必有 $M_g^l(h(g^{-1})) = M_g^r(h(g)) = M_g^l(h(g))$.

最后我们来证明 (iv) 的后一部分. 假设 $h(g_0) > 0$. 对于任何 $\varepsilon > 0$, 由 G 的完全有界性, 存在有限个元素 $s_1, s_2, \cdots, s_n$ 使得一切 $s \in G$ 满足下式

$$\min_{1 \leqslant i \leqslant n} \sup_g |h(g s_i) - h(g s)| < \varepsilon,$$

这由 $h(g)$ 的一致连续性以及 $\mathrm{dis}(g s_i, g s) = \mathrm{dis}(s_i, s)$ 可以得到. 因此, 对于 $\varepsilon = h(g_0)/2$, 有个下标 $i, 1 \leqslant i \leqslant n$ 使得对于任何 $s \in G$ 有 $h(g_0 s_i^{-1} s) \geqslant h(g_0)/2$. 于是, 由函数 $h(g)$ 的非负性, 我们知一切 $s \in G$ 满足

$$\sum_{i=1}^{n} h(g_0 s_i^{-1} s) \geqslant h(g_0)/2.$$

因此, 在上式两端取右平均, 就有

$$M_g^r\Big(\sum_{i=1}^n h(g_0 s_i^{-1} s)\Big) = nM_g^r(h(s)) \geqslant h(g_0)/2 > 0.$$

注 引入距离 (14) 的好主意是由 A. Weil [1] 指出的, 将平均遍历定理用于平均值存在性的证明属于本书作者. 也参看 W. Maak [1].

§6. 对偶算子的预解式

引理 1 设 X 和 Y 是复 B-空间. 设 T 是具有 $D(T)^a = X$ 和 $R(T) \subseteq Y$ 的线性算子, 则 $(T')^{-1}$ 存在当且仅当 $R(T)^a = Y$.

证明 如果 $T'y_0^* = 0$, 则 $y_0^*(R(T)^a) = 0$. 此因一切 $x \in D(T)$ 使

$$0 = \langle x, T'y_0^* \rangle = \langle Tx, y_0^* \rangle.$$

于是 $R(T)^a = Y$ 导致 $y_0^* = 0$, 从而 T' 有逆. 另一方面, 如果 $y_0 \in R(T)^a$, 则 Hahn-Banach 定理断言存在连续线性泛函 $y_0^* \in Y'$ 使得 $y_0^*(y_0) = 1$ 且 $y_0^*(R(T)^a) = 0$. 一切 $x \in D(T)$ 便使 $\langle Tx, y_0^* \rangle = 0$, 从而 $y_0^* \in D(T')$ 且 $T'y_0^* = 0$. 然而 $y_0^*(y_0) \neq 0$ 表明 $y_0^* \neq 0$. 因此, 条件 $R(T)^a \neq Y$ 导致 T' 不能有逆.

定理 1 (R. S. Phillips [2]) 设 X 和 Y 是 B-空间. 设 T 是有逆的线性算子使得 $D(T)^a = X$ 且 $R(T)^a = Y$, 则

$$(T')^{-1} = (T^{-1})'. \tag{1}$$

另外, T^{-1} 是有界的当且仅当 $(T')^{-1}$ 是有界的[1].

证明 因为 $D(T^{-1}) = R(T)$ 在 Y 中稠密, 故 $(T^{-1})'$ 存在. 由引理 1, $(T')^{-1}$ 存在. 我们必须证明等式 (1) 成立. 如果 $y \in R(T)$ 且 $y^* \in D(T')$, 则

$$\langle y, y^* \rangle = \langle TT^{-1}y, y^* \rangle = \langle T^{-1}y, T'y^* \rangle.$$

因此 $R(T') \subseteq D((T^{-1})')$ 且诸 $y^* \in D(T')$ 满足 $(T^{-1})'(T'y^*) = y^*$. 于是 $(T^{-1})'$ 是 $(T')^{-1}$ 的扩张. 其次, 如果 $x \in D(T)$, 则一切 $x^* \in D((T^{-1})')$ 满足

$$\langle x, x^* \rangle = \langle T^{-1}Tx, x^* \rangle = \langle Tx, (T^{-1})'x^* \rangle.$$

因此 $R((T^{-1})') \subseteq D(T')$ 且一切 $x^* \in D((T^{-1})')$ 满足 $T'(T^{-1})'x^* = x^*$. 于是 $(T^{-1})'$ 是 $(T')^{-1}$ 的限制. 因此 (1) 得证.

---

[1]校者注: 这修改后的是 Phillips 的原文, 而书的作者多写了条件.

此外, 再设 T^{-1} 在 Y 上是有界的, 则 $(T^{-1})'$ 亦是有界的, 反之, 如果 $(T')^{-1}$ 在 X'_{S-} 上有界, 则对于一切 $x \in R(T)$ 和 $x^* \in X'$, 由 (1) 我们有

$$|\langle T^{-1}x, x^* \rangle| = |\langle x, (T^{-1})'x^* \rangle|$$
$$= |\langle x, (T')^{-1}x^* \rangle| \leqslant \|(T')^{-1}\| \cdot \|x^*\| \cdot \|x\|.$$

因此 T^{-1} 必是有界的①.

引理 2　设 T 是线性算子, 且 $D(T)^a = X, R(T) \subseteq Y$, 这里 X 和 Y 是 B-空间. 如果 $R(T')$ 在 X' 中是弱 * 稠密的, 则 T 有逆.

证明　假设存在 $x_0 \neq 0$, 使得 $Tx_0 = 0$, 则一切 $y^* \in D(T^*)$ 满足

$$\langle x_0, T'y^* \rangle = \langle Tx_0, y^* \rangle = 0.$$

这表示 $R(T')$ 的弱 * 闭包是 X' 的真子空间, 同假设矛盾.

定理 2 (R. S. Phillips [2])　设 X 是复 B-空间, 而 T 是线性闭算子使得 $D(T)^a = X$ 和 $R(T) \subseteq X$, 则

$$\rho(T) = \rho(T') \text{ 且诸 } \lambda \in \rho(T) \text{ 使 } R(\lambda; T)' = R(\lambda; T'). \tag{2}$$

证明　如果 $\lambda \in \rho(T)$, 则由定理 1, 有 $\lambda \in \rho(T')$ 及 $R(\lambda; T)' = R(\lambda; T')$. 另一方面, 如果 $\lambda \in \rho(T')$, 则由引理 2, $(\lambda I - T)$ 有逆 $(\lambda I - T)^{-1}$, 它同 $(\lambda I - T)$ 都是闭的. 其次由引理 1, $D((\lambda I - T)^{-1}) = R(\lambda I - T)$ 在 Y 中强稠密. 因此, 根据定理 1, $\lambda \in \rho(T)$.

§7.　Dunford 积分

设 X 是复 B-空间, $T \in L(X, X)$ 是有界线性算子. 用 Cauchy 型积分

$$f(T) = (2\pi i)^{-1} \int_C f(\lambda) R(\lambda; T) d\lambda$$

可定义 T 的函数 $f(T)$. 为此, 我们用 $F(T)$ 表示如此复值函数 $f(\lambda)$ 构成的族, 它们在 T 的谱 $\sigma(T)$ 的某些邻域是全纯的; 邻域无须是连通的, 而且可依赖于函数 $f(\lambda)$. 设 $f \in F(T)$, 并设复平面的开集 $U \supseteq \sigma(T)$ 落于 f 的全纯域内, 现进而设 U 的边界 ∂U 是由有限条正定向可求长 Jordan 曲线组成. 定义

$$f(T) = (2\pi i)^{-1} \int_{\partial U} f(\lambda) R(\lambda; T) d\lambda, \tag{1}$$

---

①校者注: 这修改后的是 Phillips 的原文.

它是有界线性算子. 右边积分可以称为 Dunford 积分. 根据 Cauchy 积分定理, 值 $f(T)$ 仅依赖于函数 f 和算子 T, 而不依赖于域 U 的选择.

如下算子演算成立:

定理 (N. Dunford)　如果 f 和 g 属于 $F(T)$, 而 α 和 β 是复数, 则

$$\alpha f + \beta g \text{属于 } F(T) \text{ 且 } \alpha f(T) + \beta g(T) = (\alpha f + \beta g)(T); \tag{2}$$

$$f \cdot g \text{属于 } F(T) \text{ 且 } f(T)g(T) = (f \cdot g)(T); \tag{3}$$

$$\left.\begin{array}{l} \text{若 } f \text{ 在 } \sigma(T) \text{ 的某邻域 } U \text{ 有收敛的 Taylor 展式 } f(\lambda) = \sum_{n=0}^{\infty} \alpha_n \lambda^n, \\[2mm] \text{则 } f(T) = \sum_{n=0}^{\infty} \alpha_n T^n, \text{此级数依算子范数拓扑收敛;} \end{array}\right\} \tag{4}$$

$$\left.\begin{array}{l} \text{设 } f_n \in F(T) \ (n = 1, 2, \cdots) \text{ 在 } \sigma(T) \text{ 的某固定邻域 } U \text{ 是全纯的且在} \\[2mm] \text{此邻域一致收敛于 } f(\lambda), \text{则 } f_n(T) \text{按算子范数拓扑收敛于 } f(T); \end{array}\right\} \tag{5}$$

$$\text{如果 } f \in F(T), \text{则 } f \in F(T') \text{ 且 } f(T') = f(T)'. \tag{6}$$

证明　(2) 是显然的. (3) 的证明: 设 U_1 和 U_2 是 $\sigma(T)$ 的开邻域, 其边界 ∂U_1 和 ∂U_2 由有限条可求长 Jordan 曲线组成, 再假设 $U_1 + \partial U_1 \subseteq U_2$ 且 $\partial U_2 + U_2$ 包含于 f 和 g 的全纯域, 则借助于预解方程和 Cauchy 积分定理, 可得

$$
\begin{aligned}
f(T)g(T) &= -(4\pi^2)^{-1} \int_{\partial U_1} f(\lambda) R(\lambda; T) d\lambda \cdot \int_{\partial U_2} g(\mu) R(\mu; T) d\mu \\
&= -(4\pi^2)^{-1} \int_{\partial U_1} \int_{\partial U_2} f(\lambda) g(\mu) (\mu - \lambda)^{-1} (R(\lambda; T) - R(\mu; T)) d\lambda d\mu \\
&= (2\pi i)^{-1} \int_{\partial U_1} f(\lambda) R(\lambda; T) \cdot \Big\{ (2\pi i)^{-1} \int_{\partial U_2} (\mu - \lambda)^{-1} g(\mu) d\mu \Big\} d\lambda \\
&\quad - (2\pi i)^{-1} \int_{\partial U_2} g(\mu) R(\mu; T) \cdot \Big\{ (2\pi i)^{-1} \int_{\partial U_1} (\mu - \lambda)^{-1} f(\lambda) d\lambda \Big\} d\mu \\
&= (2\pi i)^{-1} \int_{\partial U_1} f(\lambda) g(\lambda) R(\lambda; T) d\lambda = (f \cdot g)(T).
\end{aligned}
$$

(4) 的证明. 由假设, U 必包含一圆域 $\{\lambda; |\lambda| \leqslant r_\sigma(T) + \varepsilon\}, \varepsilon > 0$, 在其内部, 其中 $r_\sigma(T)$ 是 T 的谱半径 (第八章 §2 的定理 4). 因此幂级数 $f(\lambda) = \sum_{n=0}^{\infty} \alpha_n \lambda^n$ 对某一 $\varepsilon > 0$ 在圆域 $C = \{\lambda; |\lambda| \leqslant r_\sigma(T) + \varepsilon\}$ 上一致收敛. 因此, 由 Cauchy 积分定理和 $R(\lambda; T)$ 的 Laurent 展式 $R(\lambda; T) = \sum_{n=1}^{\infty} \lambda^{-n} T^{n-1}$ (第八章 §2 (5) 式),

$$
\begin{aligned}
f(T) &= (2\pi i)^{-1} \int_{\partial C} \Big(\sum_{k=0}^{\infty} \alpha_k \lambda^k \Big) R(\lambda; T) d\lambda = (2\pi i)^{-1} \sum_{k=0}^{\infty} \alpha_k \int_{\partial C} \lambda^k R(\lambda; T) d\lambda \\
&= (2\pi i)^{-1} \sum_{k=0}^{\infty} \alpha_k \sum_{n=1}^{\infty} \int_{\partial C} \lambda^{k-n} T^{n-1} d\lambda = \sum_{k=0}^{\infty} \alpha_k T^k.
\end{aligned}
$$

用 (1) 得 (5), 而用 (1) 和前节的公式 (2) 得 (6).

系 1 (谱映射定理)　若 $f \in F(T)$, 则 $f(\sigma(T)) = \sigma(f(T))$.

证明　设 $\lambda \in \sigma(T)$, 用 $g(\mu) = (f(\lambda) - f(\mu))/(\lambda - \mu)$ 定义函数 g. 由上述定理, $f(\lambda)I - f(T) = (\lambda I - T)g(T)$. 因此, 如果 $(f(\lambda)I - f(T))$ 有有界逆 B, 则 $g(T)B$ 必是 $(\lambda I - T)$ 的有界逆; 矛盾. 于是 $\lambda \in \sigma(T)$ 导致 $f(\lambda) \in \sigma(f(T))$. 反之, 设 $\lambda \in \sigma(f(T))$, 且假设 $\lambda \bar{\in} f(\sigma(T))$, 则函数 $g(\mu) = (f(\mu) - \lambda)^{-1}$ 必属于 $F(T)$, 因而由前述定理, 有 $g(T)(f(T) - \lambda I) = I$, 这同假设 $\lambda \in \sigma(f(T))$ 矛盾.

系 2　如果 $f \in F(T), g \in F(f(T))$ 且 $h(\lambda) = g(f(\lambda))$, 则 h 属于 $F(T)$ 且 $h(T) = g(f(T))$.

证明　$h \in F(T)$ 可由系 1 推出. 设 U_1 是 $\sigma(f(T))$ 的开邻域, 其边界 ∂U_1 由有限条可求长 Jordan 曲线组成且使得 $U_1 + \partial U_1$ 包含于 g 的全纯域. 设 U_2 是 $\sigma(T)$ 的邻域, 其边界 ∂U_2 由有限条可求长 Jordan 曲线组成且使得 $U_2 + \partial U_2$ 包含于 f 的全纯域以及 $f(U_2 + \partial U_2) \subseteq U_1$. 那么, 对于 $\lambda \in \partial U_1$, 我们有

$$R(\lambda; f(T)) = (2\pi i)^{-1} \int_{\partial U_2} (\lambda - f(\mu))^{-1} R(\mu; T) d\mu,$$

因为由 (3), 右端算子 S 满足方程 $(\lambda I - f(T))S = S(\lambda I - f(T)) = 1$. 因此, 根据 Cauchy 积分定理, 有

$$
\begin{aligned}
g(f(T)) &= (2\pi i)^{-1} \int_{\partial U_1} g(\lambda) R(\lambda; f(T)) d\lambda \\
&= (-4\pi^2)^{-1} \int_{\partial U_1} \int_{\partial U_2} g(\lambda)(\lambda - f(\mu))^{-1} R(\mu; T) d\mu d\lambda \\
&= (2\pi i)^{-1} \int_{\partial U_2} R(\mu; T) g(f(\mu)) d\mu - h(T).
\end{aligned}
$$

注　基于类似于公式 (1) 引入算子演算的方法可追溯到 H. Poincaré 关于连续群的研究 (1899 年). 本节介绍的算子演算取材于 N. Dunford-J. Schwartz [1]. 下一章讨论半群时, 我们会频繁用到有关无界闭算子 T 的 Dunford 积分.

§8.　预解式的孤立奇点

设 T 是映复 B-空间 X 入自身的线性闭算子, 设 λ_0 是其预解式 $R(\lambda; T)$ 的孤立奇点, 则 $R(\lambda; T)$ 可以展为 Laurent 级数

$$R(\lambda; T) = \sum_{n=-\infty}^{\infty} (\lambda - \lambda_0)^n A_n, \quad A_n = (2\pi i)^{-1} \int_C (\lambda - \lambda_0)^{-n-1} R(\lambda; T) d\lambda, \quad (1)$$

其中 C 是半径充分小的圆周 $|\lambda - \lambda_0| = \varepsilon$ 使得圆域 $|\lambda - \lambda_0| \leqslant \varepsilon$ 不包含异于 $\lambda = \lambda_0$ 的奇点, 而积分是沿逆时针方向进行的. 用预解方程我们得到

定理 1 上述 A_n 是彼此交换的有界线性算子, 并且

$$TA_k x = A_k T x : x \in D(T), k = 0, \pm 1, \pm 2, \cdots,$$
$$A_k A_m = 0 : k \geqslant 0, m \leqslant -1,$$
$$A_n = (-1)^n A_0^{n+1} : n \geqslant 1, \tag{2}$$
$$A_{-p-q+1} = A_{-p} A_{-q} : p, q \geqslant 1.$$

证明 诸 A_n 的有界性和彼此间的交换性以及诸 A_n 同 T 的交换性显然源自诸 A_n 的积分表示. 我们将 $R(\lambda; T)$ 的 Laurent 展式代入预解方程

$$R(\lambda; T) - R(\mu; T) = (\mu - \lambda) R(\lambda; T) R(\mu; T)$$

就得到

$$\sum_{k=-\infty}^{\infty} A_k \frac{(\lambda - \lambda_0)^k - (\mu - \lambda_0)^k}{(\lambda - \lambda_0) - (\mu - \lambda_0)} = -\sum_{k,m=-\infty}^{\infty} A_k A_m (\lambda - \lambda_0)^k (\mu - \lambda_0)^m.$$

左端 A_n 的系数是

$$(\lambda - \lambda_0)^{n-1} + (\lambda - \lambda_0)^{n-2}(\mu - \lambda_0) + \cdots + (\mu - \lambda_0)^{n-1}, \quad n \geqslant 1,$$
$$-\{(\lambda - \lambda_0)^n (\mu - \lambda_0)^{-1} + (\lambda - \lambda_0)^{n+1}(\mu - \lambda_0)^{-2}$$
$$+ \cdots + (\lambda - \lambda_0)^{-1}(\mu - \lambda_0)^n\}, \quad n < 0.$$

在 $k \geqslant 0$ 且 $m \leqslant -1$ 时, $(\lambda - \lambda_0)^k (\mu - \lambda_0)^m$ 的系数为零, 即有正交性 $A_k A_m = 0$.

于是 $R^+(\lambda; T) = \sum\limits_{n=0}^{\infty} A_n (\lambda - \lambda_0)^n$ 和 $R^-(\lambda; T) = \sum\limits_{n=-\infty}^{-1} A_n (\lambda - \lambda_0)^n$ 必都满足预解方程. 将 $R^+(\lambda; T)$ 的展式代入预解方程

$$R^+(\lambda; T) - R^+(\mu; T) = (\mu - \lambda) R^+(\lambda; T) R^+(\mu; T),$$

记 $\lambda - \lambda_0 = h, \mu - \lambda_0 = k$, 我们得到

$$\sum_{p=1}^{\infty} A_p (h^p - k^p) = (k - h) \left(\sum_{p=0}^{\infty} A_p h^p \right) \left(\sum_{q=0}^{\infty} A_q k^q \right).$$

两端除以 $(k - h)$, 就得到

$$-\sum_{p=1}^{\infty} A_p (h^{p-1} + h^{p-2} k + \cdots + k^{p-1}) = \sum_{p,q=0}^{\infty} h^p k^q A_p A_q.$$

因此我们有 $-A_{p+q+1} = A_p A_q\ (p,q \geqslant 0)$. 于是, 特别有

$$A_1 = -A_0^2, A_2 = -A_1 A_0 = (-1)^2 A_0^3, \cdots, A_n = (-1)^n A_0^{n+1}\ (n \leqslant 1).$$

类似地, 由 $R^-(\lambda;T)$ 的预解方程, 记 $(\lambda - \lambda_0)^{-1} = h, (\mu - \lambda_0)^{-1} = k$, 得到

$$\sum_{p=1}^\infty A_{-p}(h^{p-1} + h^{p-2}k + \cdots + k^{p-1}) = \sum_{p,q=1}^\infty h^{p-1}k^{q-1}A_{-p}A_{-q},$$

因此我们有 $A_{-p-q+1} = A_{-p}A_{-q}\ (p,q \geqslant 1)$. 特别地, 我们有

$$A_{-1} = A_{-1}^2, \quad A_{-2} = A_{-1}A_{-2}, \cdots, A_{-n} = A_{-1}A_{-n}\ (n \geqslant 1).$$

定理 2　我们有

$$A_n = (T - \lambda_0 I)A_{n+1}\ (n \geqslant 0),$$
$$(T - \lambda_0 I)A_{-n} = A_{-(n+1)} = (T - \lambda_0 I)^n A_{-1}\ (n \geqslant 1), \tag{3}$$
$$(T - \lambda_0 I)A_0 = A_{-1} - I.$$

证明　由 A_k 的积分表示, 我们知道值域 $R(A_k)$ 包含于 T 的定义域中, 因此可以用 T 左乘 A_k. 于是我们的定理就得证于以下恒等式

$$I = (\lambda I - T)\sum_{k=-\infty}^\infty A_k(\lambda - \lambda_0)^k$$
$$= \{(\lambda - \lambda_0)I + (\lambda_0 I - T)\}\sum_{k=-\infty}^\infty A_k(\lambda - \lambda_0)^k.$$

定理 3　如果 λ_0 是 $R(\lambda;T)$ 的 m 阶极点, 则 λ_0 是 T 的本征值. 我们有

$$R(A_{-1}) = N((\lambda_0 I - T)^n) \text{ 和 } R(I - A_{-1}) = R((\lambda_0 I - T)^n),\ n \geqslant m. \tag{4}$$

因此, 特别地,

$$X = N((\lambda_0 I - T)^n) \oplus R((\lambda_0 I - T)^n),\ n \geqslant m. \tag{5}$$

证明　因为 A_{-1} 是满足 $A_{-1}^2 = A_{-1}$ 的有界线性算子, 容易看出

$$N(A_{-1}) = R(I - A_{-1}). \tag{6}$$

令 $X_1 = N(A_{-1}) = R(I - A_{-1})$, 同时令

$$X_2 = R(A_{-1}), \quad N_n = N((\lambda_0 I - T)^n) \text{ 以及 } R_n = R((\lambda_0 I - T)^n). \tag{7}$$

设 $x \in N_n$, 其中 $n \geqslant 1$, 则由 $(T - \lambda_0 I)^n A_{n-1} = (T - \lambda_0 I) A_0 = A_{-1} - I$, 我们得

$$0 = A_{n-1}(T - \lambda_0 I)^n x = (T - \lambda_0 I)^n A_{n-1} x$$
$$= (T - \lambda_0 I) A_0 x = A_{-1} x - x.$$

从而 $x = A_{-1} x \in X_2$. 于是 N_n 包含于 X_2, 其中 $n \geqslant 1$. 反之, 设 $x \in X_2$, 则有 $x = A_{-1} y$. 因此由 $A_{-1} = A^2_{-1}$, 有 $x = A_{-1} A_{-1} y = A_{-1} x$; 所以由 $(T - \lambda_0 I)^n A_{-1} = A_{-(n+1)}$ 有 $(T - \lambda_0 I)^n x = A_{-(n+1)} x$. 因为根据假设, 对于 $n \geqslant m$ 有 $A_{-(n+1)} = 0$, 这就推出对于 $n \geqslant m, X_2 \subseteq N_n$, 从而如果 $n \geqslant m$ 就有

$$N_n = X_2. \tag{8}$$

因为 $(T - \lambda_0 I) A_{-m} = A_{-(m+1)} = 0$ 和 $A_{-m} \neq 0$, 数 λ_0 是 T 的本征值.

由 $(T - \lambda_0 I)^n A_{n-1} = A_{-1} - I$ 我们看出 $X_1 = N(A_{-1}) = R(I - A_{-1}) \subseteq R_n$. 如果 $n \geqslant m$, 则由 $x \in R_n \cap N_n$ 必导致 $x = 0$. 这是因为, 如果 $x = (\lambda_0 I - T)^n y$ 而 $(\lambda_0 I - T)^n x = 0$, 则由 (8), $y \in N_{2n} = N_n$, 因此 $x = 0$. 其次, 假设 $x \in R_n$, 其中 $n \geqslant m$, 且记 $x = x_1 + x_2$, 这里 $x_1 = (I - A_{-1})x \in X_1, x_2 = A_{-1} x \in X_2$. 因为 $X_1 \subseteq R_n$, 有 $x_2 = x - x_1 \in R_n$, 然而由 (8), $x_2 \in X_2 = N_n$, 从而 $X_2 \in R_n \cap N_n, x_2 = 0$. 这证得 $x = x_1 \in X_1$. 因此如果 $n \geqslant m$, 我们就证得 $R_n = X_1$.

定理 4 特别地, 如果 T 是有界线性算子, 且使得 $X_2 = R(A_{-1})$ 是 X 的有限维线性子空间, 则 λ_0 是 $R(\lambda; T)$ 的极点.

证明 设 $x_1, x_2, \cdots, x_k$ 是线性空间 X_2 的基. 因为 $x_1, Tx_1, T^2 x_1, \cdots, T^k x_1$ 是 X_2 的线性相关向量, 故存在非零多项式 $P_1(\lambda)$ 使得 $P_1(T)x_1 = 0$. 类似地, 存在非零多项式 $P_2(\lambda), \cdots, P_k(\lambda)$ 使得 $P_j(T)x_j = 0$ $(j = 2, 3, \cdots, k)$. 那么对于多项式 $P(\lambda) = \prod_{j=1}^{k} P_j(\lambda)$, 必有 $P(T)x_j = 0$ $(j = 1, 2, \cdots, k)$, 因此诸 $x \in X_2$ 满足 $P(T)x = 0$.

设 $P(\lambda) = \alpha \prod_{j=0}^{s} (\lambda - \lambda_j)^{\nu_j}$ $(\alpha \neq 0)$ 是 $P(\lambda)$ 的因式分解, 则我们可以证明诸 $x \in X_2$ 满足 $(T - \lambda_0 I)^{\nu_0} x = 0$. 假设相反, 且设 $x_0 \in X_2$ 使得 $(T - \lambda_0 I)^{\nu_0} x_0 \neq 0$, 则由 $P(T)x_0 = 0$, 我们得知至少有个 λ_j $(j \neq 0)$ 和多项式 $Q(\lambda)$ 使得

$$(T - \lambda_j I) Q(T)(T - \lambda_0 I)^{\nu_0} x_0 = 0$$

并有 $y = Q(T)(T - \lambda_0 I)^{\nu_0} x_0 \neq 0$. 于是 $y \in X_2$ 是相应于本征值 λ_j 的本征向量. 因此 $(\lambda I - T)y = (\lambda - \lambda_j)y$. 从而用 $R(\lambda; T)$ 乘两边, 我们得到 $y = (\lambda - \lambda_j) R(\lambda; T)y$, 而这就推出

$$y = A_{-1} y = (2\pi i)^{-1} \int_C R(\lambda; T)y d\lambda = (2\pi i)^{-1} \int_C (\lambda - \lambda_j)^{-1} y d\lambda = 0,$$

其中 C 取作以 λ_0 为心的充分小圆周. 这就得到矛盾, 因此必有个正整数 m 使得 $(T - \lambda_0 I)^m X_2 = 0$. 于是, 由 $X_2 = R(A_{-1})$ 和 $(T - \lambda_0 I)^n A_{-1} = A_{-(n+1)}$, 我们得知 $A_{-(n+1)} = 0$ 在 $n \geqslant m$ 时成立.

第八章评注和参考文献

　　§6 取材于 R. S. Phillips [2], §8 取材于 M. Nagumo [1] 和 A. Taylor [1]. 这两节的部分结果可以很容易地推广到局部凸空间情况. 例如, 请参看下一章 §13.

第九章 半群的分析理论

Banach 空间中有界线性算子的半群分析理论用来处理无限维函数空间中的指数函数, 它涉及这样一个问题: 确定满足方程

$$T(s + t) = T(t)T(s), \quad T(0) = I$$

的最一般有界线性算子值函数 $T(t), t \geq 0$. E. Hille [2] 和 K. Yosida [5] 在 1948 年左右彼此独立地研究了这个问题. 他们用定义

$$A = \text{s-}\lim_{t\downarrow 0} t^{-1}(T(t) - I)$$

引入 $T(t)$ 的无穷小生成元 A 的概念并且讨论了 $T(t)$ 是怎样由 A 产生的, 而且得到了用无穷小生成元 A 的谱性质刻画 A 的结果.

可认为半群理论的基本结果自然推广了将在后面阐明的 Hilbert 空间中单参数酉算子群的 M. H. Stone [2] 定理. 第十四章将讨论这一理论对于随机过程和对于包括扩散方程、波动方程和 Schrödinger 方程的发展方程的积分的应用.

在这一章, 我们将不限于 Banach 空间而是在更广泛的局部凸空间中发展连续线性算子的半群理论.

§1. (C_0) 类半群

命题 (E. Hille) 设 X 是个 B–空间, 而 $\{T_t; t \geq 0\}$ 是 $L(X, X)$ 中有界线性算子的单参数族且满足半群性质

$$\text{对于 } t, s > 0 : T_t T_s = T_{t+s}. \tag{1}$$

如果对于每个正数 a, $p(t) = \log \|T_t\|$ 在区间 $(0, a)$ 有上界, 则

$$\lim_{t \to \infty} t^{-1} \log \|T_t\| = \inf_{t > 0} t^{-1} \log \|T_t\|. \tag{2}$$

证明　由 $\|T_{t+s}\| = \|T_t T_s\| \leqslant \|T_t\|\|T_s\|$ 得 $p(t+s) \leqslant p(t) + p(s)$. 设 $\beta = \inf_{t>0} t^{-1} p(t)$, 则 β 要么为有限的要么为 $-\infty$. 假设 β 有限. 对任何 $\varepsilon > 0$ 我们选一数 a, 使得 $p(a) \leqslant (\beta + \varepsilon)a$. 设 $t > a$ 且 n 是满足 $na \leqslant t < (n+1)a$ 的整数, 那么

$$\begin{aligned} \beta \leqslant \frac{p(t)}{t} &\leqslant \frac{p(na)}{t} + \frac{p(t-na)}{t} \\ &\leqslant \frac{na}{t} \frac{p(a)}{a} + \frac{p(t-na)}{t} \\ &\leqslant \frac{na}{t}(\beta + \varepsilon) + \frac{p(t-na)}{t}. \end{aligned}$$

由假设, 当 $t \to \infty$ 时 $p(t-na)$ 有上界. 那么, 在上面不等式中令 $t \to \infty$, 我们得到 $\lim_{t \to \infty} t^{-1} p(t) = \beta$. 对 $\beta = -\infty$ 的情况可类似处理.

定义 1　称 $\{T_t; t \geqslant 0\} \subseteq L(X, X)$ 为一个 (C_0) 类半群是指它满足条件

$$T_t T_s = T_{t+s} : t, s \geqslant 0, \tag{1'}$$

$$T_0 = I, \tag{3}$$

$$\text{s-} \lim_{t \to t_0} T_t x = T_{t_0} x : t_0 \geqslant 0, x \in X. \tag{4}$$

根据前一命题, 我们看出 (C_0) 类半群 $\{T_t\}$ 满足条件

　　有常数 $M > 0, \beta < \infty$ 使得 $\|T_t\| \leqslant M e^{\beta t} : 0 \leqslant t < \infty$. $\tag{5}$

证明是容易的. 我们只需验证在 $\infty > a > 0$ 时, $\|T_t\|$ 在区间 $(0, a)$ 上有界. 设若不然, 就有个序列 $\{t_n\} \subseteq (0, a)$ 使得 $\|T_{t_n}\| > n$ 且 $\lim_{n \to \infty} t_n = t_0 \leqslant a$. 根据共鸣定理, $\|T_{t_n} x\|$ 必至少对某一 $x \in X$ 无界, 这就同强连续性条件 (4) 矛盾.

注　以 $e^{-\beta t}$ 乘 T_t 后, 我们可以假设 (C_0) 类半群是 $\{T_t\}$ 等度有界的:

$$\|T_t\| \leqslant M \ (0 \leqslant t < \infty). \tag{6}$$

特别地, 称 $\{T_t\}$ 为 (C_0) 类压缩半群是指 $M \leqslant 1$, 即

$$\|T_t\| \leqslant 1 \ (0 \leqslant t < \infty). \tag{7}$$

至于强连续性条件 (4), 我们有如下

定理　设 $L(X, X)$ 中算子族 $\{T_t; t \geqslant 0\}$ 满足 $(1')$ 和 (3), 则 (4) 等价于条件

$$\text{对于 } x \in X, \text{w-} \lim_{t \downarrow 0} T_t x = x. \tag{8}$$

证明 假设 (8) 成立, 设 x_0 是 X 中任何固定元素. 当 $t_0 \geq 0$ 时, 我们将证明 s- $\lim\limits_{t \to t_0} T_t x_0 = T_{t_0} x_0$. 考察函数 $x(t) = T_t x_0$, 它在 t_0 弱右连续, 此因 w- $\lim\limits_{t \downarrow t_0} T_t x =$ w- $\lim\limits_{h \downarrow 0} T_h T_{t_0} x_0 = T_{t_0} x_0$. 其次我们证明 $\|T_t\|$ 在 $t = 0$ 的邻近有界. 若其不然, 就会有个序列 $\{t_n\}$, 使得 $t_n \downarrow 0$ 且 $\lim\limits_{n \to \infty} \|T_{t_n} x_0\| = \infty$, 根据 $x(t) = T_t x_0$ 的弱右连续性, 这与共鸣定理矛盾. 于是由 $(1')$, 得知 $T_t x_0 = x(t)$ 在 t 的任何紧区间上有界. 此外, $x(t)$ 是弱可测的, 这是因为, 右连续实值函数 $f(t)$ 是 Lebesgue 可测的, 而这可以由下列事实得证, 即对于任何 α, 集合 $\{t; f(t) < \alpha\}$ 可表示为有正长度的诸区间的并. 其次设 $\{t_n\}$ 是正有理数的全体, 今考虑有限线性组合 $\sum\limits_j \beta_j x(t_j)$, 其中 β_j 是有理数 (若 X 是复线性空间, 我们取 $\beta_j = a_j + ib_j$, 其中 a_j 和 b_j 是有理系数). 这些元素形成可数集 $M = \{x_n\}$ 使得 $\{x(t); t \geq 0\}$ 包含于 M 的强闭包. 因若不然, 就有个数 t' 使得 $x(t')$ 不属于 M^a. 然而 (根据第五章 §1 定理 11) 作为 X 的线性闭子空间, M^a 是弱闭的; 因此, 条件 $x(t') \in M^a$ 同 $x(t)$ 的弱右连续性, 也就是同 $x(t') =$ w- $\lim\limits_{t_n \downarrow t'} x(t_n)$ 相矛盾[①].

于是可用第五章 §4 中 Pettis 定理知 $x(t)$ 是强可测的, 从而根据 $\|x(t)\|$ 在 t 的任何紧区间上的有界性, 我们可以定义 Bochner 积分 $\int_\alpha^\beta x(t)dt$. 显然有

$$\left\| \int_\alpha^\beta x(t)dt \right\| \leq \int_\alpha^\beta \|x(t)\|dt : 0 \leq \alpha < \beta < \infty.$$

用 $x(t)$ 在 t 的任何紧区间上的有界性可得积分 $\int_\alpha^\beta x(t+s)ds = \int_{\alpha+s}^{\beta+s} x(t)dt$ 关于 s 的强连续性, N. Dunford [3] 据此证明了 $x(t)$ 对于 $t > 0$ 强连续. 我们将采用其证明.

设 $\varepsilon > 0$ 且 $0 \leq \alpha < \eta < \beta < \xi - \varepsilon < \xi$, 则

$$x(\xi) = T_\xi x_0 = T_\eta T_{\xi-\eta} x_0 = T_\eta x(\xi - \eta),$$
$$(\beta - \alpha)x(\xi) = \int_\alpha^\beta x(\xi)d\eta = \int_\alpha^\beta T_\eta x(\xi - \eta)d\eta.$$

用 $(1')$ 和 (3) 且结合 $\|T_t\|$ 在 $t = 0$ 邻近的有界性得 $\sup\limits_{\alpha \leq \eta \leq \beta} \|T_\eta\| < +\infty$, 我们得到

$$(\beta - \alpha)\{x(\xi \pm \varepsilon) - x(\xi)\} = \int_\alpha^\beta T_\eta \{x(\xi \pm \varepsilon - \eta) - x(\xi - \eta)\}d\eta,$$
$$(\beta - \alpha)\|x(\xi \pm \varepsilon) - x(\xi)\| \leq \sup\limits_{\alpha \leq \eta \leq \beta} \|T_\eta\| \int_{\xi-\beta}^{\xi-\alpha} \|x(\tau \pm \varepsilon) - x(\tau)\|d\tau.$$

[①]译者注: 至此只是对于任何 $x_0 \in X$, 证明了 $\|T_t x_0\|$ 在 $t = 0$ 邻近有界. 然后应补上: 结合 $(1')$ 知 $\|T_t x_0\|$ 在 t 的任何紧区间上有界, 然后用共鸣定理知 $\|T_t\|$ 在 t 的任何紧区间上有界.

当用有限值函数逼近 $x(\tau)$ 时就可看出上式右端当 $\varepsilon \downarrow 0$ 时趋向于零.

于是我们就证明了 $x(t)$ 在 $t > 0$ 时强连续. 为了证明 $x(t)$ 在 $t = 0$ 时强连续, 我们继续进行如下. 对于任何正有理数 t_n, 有 $T_t x(t_n) = T_t T_{t_n} x_0 = T_{t+t_n} x_0 = x(t + t_n)$. 因此, 根据上面已证明的 $x(t)$ 在 $t > 0$ 时的强连续性, 就得到 s-$\lim\limits_{t \downarrow 0} T_t x(t_n) = x(t_n)$. 因为每个 $x_m \in M$ 是诸 $x(t_n)$ 的有限线性组合, 就得到 s-$\lim\limits_{t \downarrow 0} T_t x_m = x_m \ (m = 1, 2, \cdots)$. 另一方面, 对任何 $t \in [0, 1]$, 我们有

$$\|x(t) - x_0\| \leqslant \|T_t x_m - x_m\| + \|x_m - x_0\| + \|T_t(x_0 - x_m)\|$$
$$\leqslant \|T_t x_m - x_m\| + \|x_m - x_0\| + \sup_{0 \leqslant t \leqslant 1} \|T_t\| \cdot \|x_0 - x_m\|.$$

因此,

$$\overline{\lim_{t \downarrow 0}} \|x(t) - x_0\| \leqslant (1 + \sup_{0 \leqslant t \leqslant 1} \|T_t\|)\|x_m - x_0\|.$$

从而由 $\inf\limits_{x_m \in M} \|x_0 - x_m\| = 0$ 得 s-$\lim\limits_{t \downarrow 0} x(t) = x_0$.

§2. 局部凸空间中 (C_0) 类等度连续半群. 几例半群

受前一节启发, 我们将过渡到更一般的半群类.

定义 设 X 是局部凸空间, $L(X, X)$ 中连续线性算子的单参数族 $\{T_t; t \geqslant 0\}$ 是个 (C_0) 类等度连续半群是指它满足以下条件:

$$T_t T_s = T_{t+s}, \quad T_0 = I, \tag{1}$$

$$\text{对于 } t_0 \geqslant 0 \text{ 且对于 } x \in X : \lim_{t \to t_0} T_t x = T_{t_0} x, \tag{2}$$

$$\left.\begin{array}{l} \text{映射族} \{T_t\} \text{关于 } t \text{ 等度连续: 对于 } X \text{ 上任何} \\ \text{连续半范数 } p, \ X \text{ 上有连续半范数 } q \text{ 使所有} \\ t \geqslant 0 \text{ 和所有 } x \in X \text{ 满足 } p(T_t x) \leqslant q(x). \end{array}\right\} \tag{3}$$

满足 §1 中的条件 (1′), (3), (4) 和 (6) 的半群 $\{T_t\}$ 是上述 (C_0) 类等度连续半群的例子. 下面我们给出具体的例子.

例 1 设 $C[0, \infty]$ 是区间 $[0, \infty)$ 上有界一致连续实值 (或复值) 函数空间. 定义映 $C[0, \infty]$ 入自身的算子 $T_t \ (t \geqslant 0)$ 为

$$(T_t x)(s) = x(t + s).$$

条件 (1) 是显然满足的. 由 $x(t)$ 的一致连续性得 (2). 最后, $\|T_t\| \leqslant 1$, 从而 $\{T_t\}$ 是个 (C_0) 类压缩半群. 此例中可用 $C[-\infty, \infty]$ 或 $L^p(-\infty, \infty)$ 代替 $C[0, \infty]$.

例 2　考虑空间 $C[-\infty, \infty]$, 其中函数都在 $(-\infty, \infty)$ 上有界一致连续. 令

$$N_t(u) = (2\pi t)^{-1/2} e^{-u^2/2t}, \quad -\infty < u < \infty, \quad t > 0,$$

这是 Gauss 概率密度. 定义映 $C[-\infty, \infty]$ 入自身的 $T(t)(t \geqslant 0)$ 为

$$(T_t x)(s) = \begin{cases} \int\limits_{-\infty}^{\infty} N_t(s-u)x(u)du, & t > 0, \\ x(s), & t = 0. \end{cases}$$

每个 T_t 是连续的, 此因由 $t > 0$ 时 $\int\limits_{-\infty}^{\infty} N_t(s-u)du = 1$ 得

$$\|T_t x\| \leqslant \|x\| \int\limits_{-\infty}^{\infty} N_t(s-u)du = \|x\|.$$

依定义, $T_0 = I$. 半群性质 $T_t T_s = T_{t+s}$ 源自 Gauss 概率分布的著名公式

$$\frac{1}{\sqrt{2\pi(t+t')}} e^{-u^2/2(t+t')} = \frac{1}{\sqrt{2\pi t}} \frac{1}{\sqrt{2\pi t'}} \int\limits_{-\infty}^{\infty} e^{-(u-v)^2/2t} e^{-v^2/2t'} dv.$$

回顾第六章 §1 的 (10) 和 (13) 式, 这一公式可以在两侧用 Fourier 变换而得. 为了证明 T_t 对 t 的强连续性, 我们注意 $x(s) = \int\limits_{-\infty}^{\infty} N_t(s-u)x(s)du$. 于是

$$(T_t x)(s) - x(s) = \int\limits_{-\infty}^{\infty} N_t(s-u)(x(u) - x(s))du,$$

作变量代换 $(s-u)/\sqrt{t} = z$, 它就等于 $\int\limits_{-\infty}^{\infty} N_1(z)(x(s-\sqrt{t}z) - x(s))dz$. 根据 $x(s)$ 在 $(-\infty, \infty)$ 的一致连续性, 对于任何 $\varepsilon > 0$, 都有个 $\delta = \delta(\varepsilon) > 0$ 使得只要 $|s_1 - s_2| \leqslant \delta$ 就有 $|x(s_1) - x(s_2)| \leqslant \varepsilon$. 把上面的积分分成两部分, 我们得到

$$\begin{aligned} |(T_t x)(s) - x(s)| &\leqslant \int\limits_{|\sqrt{t}z| \leqslant \delta} N_1(z)|x(s-\sqrt{t}z) - x(s)|dz + \int\limits_{|\sqrt{t}z| > \delta} (\cdots)dz \\ &\leqslant \varepsilon \int\limits_{|\sqrt{t}z| \leqslant \delta} N_1(z)dz + 2\|x\| \int\limits_{|\sqrt{t}z| > \delta} N_1(z)dz \\ &\leqslant \varepsilon + 2\|x\| \int\limits_{|\sqrt{t}z| > \delta} N_1(z)dz. \end{aligned}$$

因为积分 $\int\limits_{-\infty}^{\infty} N_1(z)dz$ 收敛, 故当 $t \to 0$ 时上式右端第二项趋于 0. 于是

$$\lim_{t \downarrow 0} \sup_s |(T_t x)(s) - x(s)| = 0,$$

从而 s-$\lim\limits_{t \downarrow 0} T_t x = x$; 所以, 根据前一节的定理, 我们就证明了 (2).

在以上例子中, 我们可以用 $L^p(-\infty, \infty)$ 代替 $C[-\infty, \infty]$. 作为例子, 我们研究 $L^1(-\infty, \infty)$. 在这种情况, 根据 Fubini 定理, 有

$$\|T_t x\| \leqslant \iint\limits_{-\infty}^{\infty} N_t(s-u)|x(u)|ds du \leqslant \|x\|.$$

至于强连续性, 同上面一样, 我们有

$$\|T_t x - x\| = \int\limits_{-\infty}^{\infty} \Big| \int N_1(z)(x(s-\sqrt{t}z) - x(s))dz \Big| ds$$

$$\leqslant \int\limits_{-\infty}^{\infty} N_1(z) \Big[\int\limits_{-\infty}^{\infty} |x(s-\sqrt{t}z) - x(s)|ds \Big] dz$$

$$\leqslant 2 \int\limits_{-\infty}^{\infty} N_1(z)dz \cdot \|x\|.$$

因此, 根据 Lebesgue-Fatou 引理[①], 我们得到

$$\overline{\lim_{t\downarrow 0}} \|T_t x - x\| \leqslant \int\limits_{-\infty}^{\infty} N_1(z) \Big(\overline{\lim_{t\downarrow 0}} \int\limits_{-\infty}^{\infty} |x(s-\sqrt{t}z) - x(s)|ds \Big) dz = 0.$$

例 3　考虑 $C[-\infty, \infty]$. 设 $\lambda > 0, \mu > 0$, 定义

$$(T_t x)(s) = e^{-\lambda t} \sum_{k=0}^{\infty} \frac{(\lambda t)^k}{k!} x(s-k\mu), \quad t \geqslant 0,$$

它是映 $C[-\infty, \infty]$ 入自身的有界线性算子. 我们有

$$(T_w(T_t x))(s) = e^{-\lambda w} \sum_{m=0}^{\infty} \frac{(\lambda w)^m}{m!} \Big[e^{-\lambda t} \sum_{k=0}^{\infty} \frac{(\lambda t)^k}{k!} x(s-k\mu-m\mu) \Big]$$

$$= e^{-\lambda(w+t)} \sum_{p=0}^{\infty} \frac{1}{p!} \Big[p! \sum_{m=0}^{p} \frac{(\lambda w)^m}{m!} \frac{(\lambda t)^{p-m}}{(p-m)!} x(s-p\mu) \Big]$$

$$= e^{-\lambda(w+t)} \sum_{p=0}^{\infty} \frac{1}{p!} (\lambda w + \lambda t)^p x(s-p\mu) = (T_{w+t} x)(s).$$

于是容易验证 T_t 是 (C_0) 类压缩半群.

§3.　(C_0) 类等度连续半群的无穷小生成元

设 $\{T_t; t \geqslant 0\}$ 是序列完备的局部凸空间 X 上 (C_0) 类等度连续半群, 我们以

$$Ax = \lim_{h\downarrow 0} h^{-1}(T_h - I)x \tag{1}$$

[①]校者注: 应加上 "及 Lebesgue 积分的平均连续性".

定义 T_t 的无穷小生成元 A. 这表示 A 是线性算子且其定义域是集合

$$D(A) = \{x \in X; \lim_{h \downarrow 0} h^{-1}(T_h - I)x \text{在 } X \text{中存在}\}.$$

集合 $D(A)$ 至少包含向量 0, 因而非空. 它实际上是比较大的. 我们可以证明

定理 1 $D(A)$ 在 X 中稠密.

证明 设 $\varphi_n(s) = ne^{-ns}, n > 0$. 考虑线性算子 C_{φ_n}, 它是 T_t 的 Laplace 变换在 n 处乘以 n:

$$C_{\varphi_n}x = \int_0^\infty \varphi_n(s)T_s x\, ds \quad \text{对于 } x \in X, \tag{2}$$

上述积分是在 Riemann 意义下定义的: 用 X 上连续半范数 p 代替数的绝对值, 定义数值函数的 Riemann 积分的通常程序就可以推广到取值于序列完备的局部凸空间 X 的函数上去. 据下式

$$p(\varphi_n(s)T_s x) = ne^{-ns}p(T_s x)$$

和 X 的序列完备性及 T_t 的等度连续性, 可得反常积分的收敛性.

我们从下式

$$p(C_{\varphi_n}x) \leqslant \int_0^\infty ne^{-ns}p(T_s x)ds \leqslant \sup_{s \geqslant 0} p(T_s x)$$

知 C_{φ_n} 是 $L(X, X)$ 中连续线性算子. 我们要证明

$$\text{对于 } n > 0, \, R(C_{\varphi_n}) \subseteq D(A), \tag{3}$$

$$\text{对于 } x \in X, \, \lim_{n \to \infty} C_{\varphi_n}x = x. \tag{4}$$

于是 $\bigcup_{n=1}^\infty R(C_{\varphi_n})$ 在 X 中稠密, $D(A)$ 更会在 X 中稠密. 为证 (3), 我们从公式

$$h^{-1}(T_h - I)C_{\varphi_n}x = h^{-1}\int_0^\infty \varphi_n(s)T_h T_s x\, ds - h^{-1}\int_0^\infty \varphi_n(s)T_s x\, ds$$

着手. 上式能改变次序: $T_h \int_0^\infty \cdots = \int_0^\infty T_h \cdots$ 是因 T_h 的线性和连续性. 于是

$$h^{-1}(T_h - I)C_{\varphi_n}x = h^{-1}\int_0^\infty \varphi_n(s)T_{s+h}x\, ds - h^{-1}\int_0^\infty \varphi_n(s)T_s x\, ds$$

$$= \frac{e^{nh}-1}{h}n\int_h^\infty e^{-n\sigma}T_\sigma x\, d\sigma - \frac{1}{h}n\int_0^h e^{-ns}T_s x\, ds$$

$$= \frac{e^{nh}-1}{h}\left\{C_{\varphi_n}x - \int_0^h ne^{-n\sigma}T_\sigma x\, d\sigma\right\} - \frac{1}{h}\int_0^h \varphi_n(s)T_s x\, ds.$$

因 $\varphi_n(s)T_sx$ 依 s 连续, 上式右端第二项在 $h\downarrow 0$ 时便趋向于 $-\varphi_n(0)T_0x = -nx$. 类似地, 右端第一项在 $h\downarrow 0$ 时趋向于 $nC_{\varphi_n}x$. 于是我们有

$$AC_{\varphi_n}x = n(C_{\varphi_n}-I)x, \quad x\in X. \tag{5}$$

我们下面证明 (4). 据等式 $\int_0^\infty ne^{-ns}ds = 1$, 我们有

$$C_{\varphi_n}x - x = n\int_0^\infty e^{-ns}(T_sx-x)ds,$$

$$p(C_{\varphi_n}x-x) \leqslant n\int_0^\infty e^{-ns}p(T_sx-x)ds$$

$$= n\int_0^\delta + n\int_\delta^\infty = I_1 + I_2,$$

这里 $\delta > 0$ 是正数. 对于任何 $\varepsilon > 0$, 依 T_sx 对 s 的连续性, 我们可选 $\delta > 0$ 使得当 $0\leqslant s\leqslant \delta$ 时, $p(T_sx-x)\leqslant \varepsilon$. 那么

$$I_1 \leqslant \varepsilon n\int_0^\delta e^{-ns}ds \leqslant \varepsilon n\int_0^\infty e^{-ns}ds = \varepsilon.$$

对于固定的 $\delta > 0$, 由于 $\{T_sx; s\geqslant 0\}$ 是等度有界的, 当 $n\uparrow \infty$ 时, 有

$$I_2 \leqslant n\int_\delta^\infty e^{-ns}(p(T_sx)+p(x))ds \to 0.$$

这样, 我们证明了 (4).

定义　对于 $x\in X$, 下式表示右端极限存在时记成左端

$$D_tT_tx = \lim_{h\to 0} h^{-1}(T_{t+h}-T_t)x. \tag{6}$$

定理 2　若 $x\in D(A)$, 则 $x\in D(D_tT_t)$, 且

$$D_tT_tx = AT_tx = T_tAx, \quad t\geqslant 0. \tag{7}$$

特别地, 算子 A 同 T_t 是交换的.

证明　任取 $x\in D(A)$, 那么因 T_t 是连续的和线性的, 我们有

$$T_tAx = T_t\lim_{h\downarrow 0} h^{-1}(T_h-I)x = \lim_{h\downarrow 0} h^{-1}(T_tT_h-T_t)x$$

$$= \lim_{h\downarrow 0} h^{-1}(T_{t+h}-T_t)x = \lim_{h\downarrow 0} h^{-1}(T_h-I)T_tx = AT_tx.$$

因此, $x \in D(A)$ 导致 $T_t x \in D(A)$ 且 $T_t x$ 在 t 的右导数存在并且

$$T_t A x = A T_t x = \lim_{h \downarrow 0} h^{-1}(T_{t+h} - T_t)x.$$

我们将证明左导数亦存在且等于右导数. 为此, 任取 $f_0 \in X'$, 数值函数 $f_0(T_t x) = \langle T_t x, f_0 \rangle$ 对 $t \geqslant 0$ 连续且有右导数 $d^+ f_0(T_t x)/dt$, 根据上面所证, 右导数等于 $f_0(A T_t x) = f_0(T_t A x)$. 因此 $d^+ f_0(T_t x)/dt$ 对于 t 连续.

我们在下面将证明一个著名**引理**: 如果连续实值函数 $f(t)$ 的 Dini 导数

$$\overline{D}^+ f(t), \quad \underline{D}^+ f(t), \quad \overline{D}^- f(t) \text{ 和 } \underline{D}^- f(t)$$

之一是有限的和连续的, 则 $f(t)$ 是可微的, 当然其导数也是连续的且等于 $\overline{D}^\pm f(t)$.

于是 $f_0(T_t x)$ 对 t 是可微的并有

$$
\begin{aligned}
f_0(T_t x - x) &= f_0(T_t x) - f_0(T_0 x) = \int_0^t d^+ f_0(T_s x)/ds \cdot ds \\
&= \int_0^t f_0(T_s A x)ds = f_0\left(\int_0^t T_s A x \, ds \right).
\end{aligned}
$$

因为 $f_0 \in X'$ 是任意的, 必有

$$T_t x - x = \int_0^t T_s A x \, ds \quad \text{对每个 } x \in D(A) \text{ 成立}.$$

因为 $T_s A x$ 对 s 是连续的, 于是 $T_t x$ 对 t 按 X 的拓扑可微并且

$$D_t T_t x = \lim_{h \to 0} h^{-1} \int_t^{t+h} T_s A x \, ds = T_t A x.$$

于是我们证明了 (7).

引理的证明 我们首先证明: 在 $a \leqslant t \leqslant b$ 时 $\overline{D}^+ f(t) \geqslant 0$ 总成立这一条件必蕴涵 $f(b) - f(a) \geqslant 0$. 假设不然, 某个 $\varepsilon > 0$ 便使 $f(b) - f(a) < -\varepsilon(b - a)$. 那么, 对于 $g(t) = f(t) - f(a) + \varepsilon(t - a)$, 就有 $\overline{D}^+ g(a) = \overline{D}^+ f(a) + \varepsilon > 0$, 从而由 $g(a) = 0$, 对邻近 a 的某一 $t_0 > a$ 必有 $g(t_0) > 0$. 由于 $g(t)$ 连续且 $g(b) < 0$, 必有个 t_1 使得 $a < t_0 < t_1 < b$ 且 $g(t_1) = 0$, 而 $t_1 < t < b$ 时, $g(t) < 0$. 于是我们有 $\overline{D}^+ g(t_1) \leqslant 0$, 这无疑同 $\overline{D}^+ g(t_1) = \overline{D}^+ f(t_1) + \varepsilon > 0$ 的事实矛盾.

对于 $f(t) - \alpha t$ 和 $\beta t - f(t)$ 用类似方法, 我们可证: 如果 Dini 导数之一 $Df(t)$ 在任何区间 $[t_1, t_2]$ 上满足 $\alpha \leqslant Df(t) \leqslant \beta$, 则 $\alpha \leqslant (f(t_2) - f(t_1))/(t_2 - t_1) \leqslant \beta$. 从而连续实值函数 $f(t)$ 的四个 Dini 导数在 $[t_1, t_2]$ 上的上确界 (和下确界) 是相同的. 于是, 特别地, 若连续实值函数 $f(t)$ 的 Dini 导数之一在 $[t_1, t_2]$ 连续, 则 $f(t)$ 的四个 Dini 导数在 $[t_1, t_2]$ 必然相等.

§4.　无穷小生成元 A 的预解式

定理 1　若 $n > 0$, 则算子 $(nI - A)$ 有逆 $R(n; A) = (nI - A)^{-1} \in L(X, X)$ 且

$$\text{对于 } x \in X, R(n; A)x = \int_0^\infty e^{-ns} T_s x ds, \tag{1}$$

换言之, 正实数都属于 A 的预解集 $\rho(A)$.

证明　我们先证 $(nI - A)^{-1}$ 存在. 否则, 有个 $x_0 \neq 0$ 使得 $(nI - A)x_0 = 0$, 即 $Ax_0 = nx_0$. 设 $f_0 \in X'$ 是满足 $f_0(x_0) = 1$ 的连续线性泛函, 令 $\varphi(t) = f_0(T_t x_0)$. 因 $x_0 \in D(A)$, 根据前节定理 2 知 $\varphi(t)$ 是可微的, 并且

$$\begin{aligned} d\varphi(t)/dt &= f_0(D_t T_t x_0) = f_0(T_t A x_0) \\ &= f_0(T_t n x_0) = n\varphi(t). \end{aligned}$$

依初始条件 $\varphi(0) = f_0(x_0) = 1$, 我们解上述微分方程就得 $\varphi(t) = e^{nt}$. 因 $T_t x_0$ 依 $t \geqslant 0$ 等度有界且泛函 f_0 连续, $\varphi(t) = f_0(T_t x_0)$ 便依 t 有界. 这就是矛盾, 而逆 $(nI - A)^{-1}$ 必存在.

由前节 (5) 式, 诸 $x \in X$ 使 $AC_{\varphi_n} x = n(C_{\varphi_n} - I)x$, 即 $(nI - A)C_{\varphi_n} x = nx$. 于是 $(nI - A)$ 一对一地映 $R(C_{\varphi_n}) \subseteq D(A)$ 到 X 上. 既然 $(nI - A)^{-1}$ 存在, $(nI - A)$ 更会一对一地映 $D(A)$ 到 X 上了. 可见, 必有 $R(C_{\varphi_n}) = D(A)$ 且 $(nI - A)^{-1} = n^{-1}C_{\varphi_n}$.

系 1　复 λ–平面的右半平面在 A 的预解集 $\rho(A)$ 内, 并且

$$\text{对于 } \operatorname{Re}(\lambda) > 0 \text{ 和 } x \in X, \ R(\lambda; A)x = (\lambda I - A)^{-1}x = \int_0^\infty e^{-\lambda t} T_t x dt. \tag{2}$$

证明　对固定的实数 $\tau, \{e^{-i\tau t} T_t; t \geqslant 0\}$ 组成 (C_0) 类等度连续半群. 容易看出该半群的无穷小生成元等于 $(A - i\tau I)$. 于是, 对任何 $\sigma > 0$, 预解式

$$R(\sigma + i\tau; A) = ((\sigma + i\tau)I - A)^{-1}$$

存在, 并且一切 $x \in X$ 满足[①]

$$R((\sigma + i\tau)I - A)x = \int_0^\infty e^{-(\sigma + i\tau)s} T_s x ds. \tag{2'}$$

---

①校者注: 下式左端应是 $R(\sigma + i\tau; A)x$.

系 2

$$\text{当 } \operatorname{Re}(\lambda) > 0 \text{ 时, } D(A) = R((\lambda I - A)^{-1}) = R(R(\lambda; A)), \tag{3}$$

$$\text{对于 } x \in D(A), \ AR(\lambda; A)x = R(\lambda; A)Ax = (\lambda R(\lambda; A) - I)x, \tag{4}$$

$$\text{对于 } x \in X, \ AR(\lambda; A)x = (\lambda R(\lambda; A) - I)x, \tag{5}$$

$$\text{对于 } x \in X, \ \lim_{\lambda \uparrow \infty} \lambda R(\lambda; A)x = x. \tag{6}$$

证明 据等式 $R(\lambda; A) = (\lambda I - A)^{-1}$ 和前节 (4) 式, 这些是显然的.

系 3 无穷小生成元 A 是个闭算子, 其意义 (参看第二章 §6) 是: 若 $x_h \in D(A)$ 使 $\lim\limits_{h \to \infty} x_h = x \in X$ 且 $\lim\limits_{h \to \infty} A x_h = y \in X$, 则 $x \in D(A)$ 且 $Ax = y$.

证明 记 $(I - A)x_h = z_h$, 则 $\lim\limits_{h \to \infty} z_h = x - y$. 由 $(I - A)^{-1}$ 的连续性, 得

$$\lim_{h \to \infty} x_h = \lim_{h \to \infty} (I - A)^{-1} z_h = (I - A)^{-1}(x - y).$$

即 $x = (I - A)^{-1}(x - y)$, 亦即 $(I - A)x = x - y$, 这就证明了 $y = Ax$.

定理 2 以下算子族是等度连续的:

$$\{(\lambda R(\lambda; A))^n; \lambda > 0, n = 0, 1, 2, \cdots\}. \tag{7}$$

证明 根据预解方程 (第八章 §2,(2))

$$R(\mu; A) - R(\lambda; A) = (\lambda - \mu)R(\mu; A)R(\lambda; A),$$

并借助于 (2) 所得极限 $\lim\limits_{\mu \to \lambda} R(\mu; A)y = R(\lambda; A)y, y \in X$, 我们得到

$$\lim_{\mu \to \lambda} (\mu - \lambda)^{-1}(R(\mu; A) - R(\lambda; A))x$$

$$= dR(\lambda; A)x/d\lambda = -R(\lambda; A)^2 x, \ x \in X.$$

因此, 当 $\operatorname{Re}(\lambda) > 0$ 时 $R(\lambda; A)x$ 关于 λ 是无限可微的, 而且

$$d^n R(\lambda; A)x/d\lambda^n = (-1)^n n! R(\lambda; A)^{n+1} x \quad (n = 0, 1, 2, \cdots). \tag{8}$$

另一方面, 将 (2) 式对 λ 求 n 次微商, 我们有

$$d^n R(\lambda; A)x/d\lambda^n = \int_0^\infty e^{-\lambda t}(-t)^n T_t x \, dt. \tag{9}$$

这里可在积分号下求微商的原因在于 $\{T_t x\}$ 关于 t 等度有界并且当 $\operatorname{Re}(\lambda) > 0$ 时 $\int_0^\infty e^{-\lambda t} t^n dt = (n!)/\lambda^{n+1}$. 因此一切 $x \in X$ 和 $\operatorname{Re}(\lambda) > 0$ 满足

$$(\lambda R(\lambda; A))^{n+1} x = \frac{\lambda^{n+1}}{n!} \int_0^\infty e^{-\lambda t} t^n T_t x \, dt. \tag{10}$$

从而对于 X 上任何连续半范数 p 和 $\lambda > 0, n > 0$, 有

$$p((\lambda R(\lambda; A))^{n+1}x) \leqslant \frac{\lambda^{n+1}}{n!} \int_0^\infty e^{-\lambda t}t^n dt \cdot \sup_{t \geqslant 0} p(T_t x) = \sup_{t \geqslant 0} p(T_t x). \qquad (11)$$

根据 $\{T_t\}$ 关于 t 的等度连续性, 这就证明了定理 2.

§5.　几例无穷小生成元

对于 $n > 0$, 我们首先定义

$$J_n = (I - n^{-1}A)^{-1} = nR(n; A), \qquad (1)$$

因此

$$AJ_n = n(J_n - I). \qquad (2)$$

例 1　考察 $C[0, \infty]$ 上算子半群 $(T_t x)(s) = x(t + s)$. 记

$$y_n(s) = (J_n x)(s) = n \int_0^\infty e^{-nt}x(t+s)dt = ne^{ns}\int_s^\infty e^{-nt}x(t)dt,$$

我们对于上述函数关于 s 求导得到

$$y_n'(s) = -nx(s) + n^2 \int_s^\infty e^{-n(t-s)}x(t)dt = -nx(s) + ny_n(s).$$

将此同一般公式 (2):

$$(AJ_n x)(s) = n((J_n - I)x)(s)$$

比较, 我们得到 $Ay_n(s) = y_n'(s)$. 既然 $R(J_n) = R(R(n; A)) = D(A)$, 我们有

$$诸 \ y \in D(A) 使 \ Ay(s) = y'(s).$$

反之, 设 $y(s)$ 和 $y'(s)$ 都属于 $C[0, \infty]$, 那么我们将证 $y \in D(A)$. 为此, 用

$$y'(s) - ny(s) = -nx(s)$$

定义 $x(s)$. 令 $(J_n x)(s) = y_n(s)$, 如上所证, 就得

$$y_n'(s) - ny_n(s) = -nx(s).$$

因此 $w(s) = y(s) - y_n(s)$ 满足 $w'(s) = nw(s)$, 从而 $w(s) = ce^{ns}$. 但 w 必须属于 $C[0, \infty]$ 而这仅在 $c = 0$ 时才是可能的. 因此 $y(s) = y_n(s) \in D(A)$ 且 $Ay(s) = y'(s)$.

可见, A 的定义域 $D(A)$ 恰由一阶可导且导数属于 $C[0, \infty]$ 的函数 $y \in C[0, \infty]$ 组成, 而且对此类函数 y, 我们有 $Ay = y'$. 于是我们就将微分算子 d/ds 刻画为函数空间 $C[0, \infty]$ 上与对 t 的平移运算相联系的半群的无穷小生成元.

例 2　我们将给出二阶导数 d^2/ds^2 作为具有 Gauss 核的积分算子半群的无穷小生成元的特征. 空间是 $C[-\infty, \infty]$, 当 $t > 0$ 时,

$$(T_t x)(s) = (2\pi t)^{-1/2} \int_{-\infty}^{\infty} e^{-(s-v)^2/2t} x(v) dv.$$

而 $T_0 x = x$. 令 $y_n(s) = (J_n x)(s)$, 我们有

$$y_n(s) = \int_{-\infty}^{\infty} x(v) \left[\int_0^{\infty} n(2\pi t)^{-1/2} e^{-nt-(s-v)^2/2t} dt \right] dv$$

$$= \int_{-\infty}^{\infty} x(v) \left[\sqrt{2n/\pi} \int_0^{\infty} e^{-\sigma^2 - n(s-v)^2/2\sigma^2} d\sigma \right] dv,$$

上面最后等式用到了变量代换 $t = \sigma^2/n$. 若暂时承认以下公式

$$\int_0^{\infty} e^{-(\sigma^2 + c^2/\sigma^2)} d\sigma = \frac{\sqrt{\pi}}{2} e^{-2c}, \quad c = \sqrt{n}|s-v|/\sqrt{2} > 0, \tag{3}$$

我们就得到

$$y_n(s) = \int_{-\infty}^{\infty} x(v)(n/2)^{\frac{1}{2}} e^{-\sqrt{2n}|s-v|} dv.$$

既然 $x(v)$ 是连续且有界的, 我们可以微分两次便得[1].

$$y_n'(s) = n \int_s^{\infty} x(v) e^{-\sqrt{2n}(v-s)} dv - n \int_{-\infty}^s x(v) e^{-\sqrt{2n}(v-s)} dv,$$

$$y_n''(s) = n \Big\{ -x(s) - x(s) + \sqrt{2n} \int_s^{\infty} x(v) e^{-\sqrt{2n}(s-v)} dv$$

$$+ \sqrt{2n} \int_{-\infty}^s x(v) e^{-\sqrt{2n}(s-v)} dv \Big\}$$

$$= -2nx(s) + 2ny_n(s).$$

将此式同一般公式 (2): $(AJ_n x)(s) = n((J_n - I)x)(s)$ 比较得

$$(Ay_n)(s) = n(y_n(s) - x(s)) = y_n''(s)/2.$$

既然 $R(J_n) = R(R(n; A)) = D(A)$, 我们就证明了

$$\text{对于 } y \in D(A), Ay(s) = y''(s)/2.$$

反之, 设 $y(s)$ 和 $y''(s)$ 都属于 $C[-\infty, \infty]$, 我们将证 $y \in D(A)$. 用

$$y''(s) - 2ny(s) = -2nx(s)$$

---

[1]校者注: 原著和译著中以下第二行中指数中错写为 $s - v$.

定义函数 $x(s)$. 令 $y_n(s) = (J_n x)(s)$, 如上所指出的, 得到

$$y_n''(s) - 2n y_n(s) = -2n x(s).$$

因此 $w(s) = y(s) - y_n(s)$ 满足 $w''(s) - 2n w(s) = 0$, 于是 $w(s) = c_1 e^{\sqrt{2n}s} + c_2 e^{-\sqrt{2n}s}$. 除非 c_1 和 c_2 都为零, 这一函数不可能是有界的. 于是 $y(s) = y_n(s)$, 从而 $y \in D(A)$ 且 $(Ay)(s) = y''(s)/2$. 因此, 函数空间 $C[-\infty, \infty]$ 上微分算子 $\frac{1}{2} d^2/ds^2$ 就被刻画为具有 Gauss 核的积分算子半群的无穷小生成元.

公式 (3) 的证明　我们从已知公式 $\int_0^\infty e^{-x^2} dx = \sqrt{\pi}/2$ 着手. 令 $x = \sigma - c/\sigma$, 得

$$\frac{\sqrt{\pi}}{2} = \int_{\sqrt{c}}^\infty e^{-(\sigma - c/\sigma)^2} \left(1 + \frac{c}{\sigma^2}\right) d\sigma = e^{2c} \int_{\sqrt{c}}^\infty e^{-(\sigma^2 + c^2/\sigma^2)} \left(1 + \frac{c}{\sigma^2}\right) d\sigma$$

$$= e^{2c} \left\{ \int_{\sqrt{c}}^\infty e^{-(\sigma^2 + c^2/\sigma^2)} d\sigma + \int_{\sqrt{c}}^\infty e^{-(\sigma^2 + c^2/\sigma^2)} \frac{c}{\sigma^2} d\sigma \right\}.$$

在最后一个积分中令 $\sigma = c/t$, 即得

$$\frac{\sqrt{\pi}}{2} = e^{2c} \left\{ \int_{\sqrt{c}}^\infty e^{-(\sigma^2 + c^2/\sigma^2)} d\sigma - \int_{\sqrt{c}}^0 e^{-(c^2/t^2 + t^2)} dt \right\} = e^{2c} \int_0^\infty e^{-(t^2 + c^2/t^2)} dt.$$

练习　设 $\lambda, \mu > 0$, 证明在 $C[-\infty, \infty]$ 上由

$$(T_t x)(s) = e^{-\lambda t} \sum_{k=0}^\infty \frac{(\lambda t)^k}{k!} x(s - k\mu)$$

给出的半群 $\{T_t\}$ 的无穷小生成元 A 是差分算子:

$$(Ax)(s) = \lambda \{x(s - \mu) - x(s)\}.$$

§6.　具等度连续幂的连续线性算子的指数函数

命题　设 X 是个序列完备的局部凸空间. 设 $B \in L(X, X)$ 是个连续线性算子使得 $\{B^k; k = 1, 2, \cdots\}$ 等度连续, 则每个 $x \in X$ 使以下级数收敛

$$\sum_{k=0}^\infty (k!)^{-1} (tB)^k x \quad (t \geq 0). \tag{1}$$

证明　对于 X 上任何连续半范数 p, 根据 $\{B^k\}$ 的等度连续性, X 上有个连续半范数 q 使得诸 $k \geq 0$ 和 $x \in X$ 满足 $p(B^k x) \leq q(x)$. 因此

$$p\left(\sum_{k=n}^m (tB)^k x/k!\right) \leq \sum_{k=n}^m t^k p(B^k x)/k! \leq q(x) \sum_{k=n}^m t^k/k!.$$

所以 $\left\{\sum_{k=0}^n (tB)^k x/k!\right\}$ 是序列完备空间 X 中的 Cauchy 序列, 其极限记为 (1).

系 1　映射 $x \to \sum\limits_{k=0}^{\infty} (tB)^k x/k!$ 定义连续线性算子, 我们记之为 $\exp(tB)$.

证明　由于 $\{B^k\}$ 等度连续, 我们可以证明 $B_n = \sum\limits_{k=0}^{n} (tB)^k/k!$ $(n=0,1,2,\cdots)$ 在 t 遍取任何紧区间中的值时是等度连续的. 事实上, 有

$$p(B_n x) \leqslant \sum_{k=0}^{n} t^k p(B^k x)/k! \leqslant q(x) \sum_{k=0}^{n} t^k/k! \leqslant e^t q(x).$$

因此, 极限 $\exp(tB)$ 满足

$$p(\exp(tB)x) \leqslant \exp(t)q(x) \quad (t \geqslant 0). \tag{2}$$

系 2　设 $B, C \in L(X, X)$ 是两个连续线性算子, 使得 $\{B^k\}$ 和 $\{C^k\}$ 均等度连续并且 $BC = CB$, 则有

$$\exp(tB)\exp(tC) = \exp(t(B+C)). \tag{3}$$

证明　我们有

$$p((B+C)^k x) \leqslant \sum_{s=0}^{k} {}_kC_s p(B^{k-s}C^s x)$$

$$\leqslant \sum_{s=0}^{k} {}_kC_s q(C^s x) \leqslant 2^k \sup_{0 \leqslant s} q(C^s x).$$

因此, $\{2^{-k}(B+C)^k\}$ 等度连续, 从而我们可以定义 $\exp(t(B+C))$. 用交换性 $BC = CB$, 像数值级数 $\sum\limits_{k=0}^{\infty} (t(b+c))^k/k!$ 的情况一样, 重排级数 $\sum\limits_{k=0}^{\infty} (t(B+C))^k x/k!$, 我们便得到 $\left(\sum\limits_{k=0}^{\infty} (tB)^k x/k! \right)\left(\sum\limits_{k=0}^{\infty} (tC)^k x/k! \right)$.

系 3　对于每个 $x \in X$,

$$\lim_{h \downarrow 0}(\exp(hB) - I)x = Bx, \tag{4}$$

因此, 用上面证明的半群性质

$$\exp((t+h)B) = \exp(tB)\exp(hB), \tag{5}$$

我们得到

$$D_t \exp(tB)x = \exp(tB)Bx = B\exp(tB)x. \tag{6}$$

证明　对于 X 上任何连续半范数 p, 像上面一样, 我们得到

$$p(h^{-1}(\exp(hB)-1)x - Bx) \leqslant \sum_{k=2}^{\infty} h^{k-1}p(B^k x)/k! \leqslant q(x)\sum_{k=2}^{\infty} h^{k-1}/k!,$$

此式在 $h \downarrow 0$ 时一定趋向于 0.

§7.　(C_0) 类等度连续半群用其无穷小生成元的表示和刻画

我们将证明以下基本

定理　设 X 是个序列完备的局部凸空间. 假设 A 是定义域 $D(A)$ 在 X 中稠密而值域 $R(A)$ 在 X 中的线性算子, 使得预解式 $R(n; A) = (nI - A)^{-1} \in L(X, X)$ 对 $n = 1, 2, \cdots$ 存在, 则 A 是唯一确定的 (C_0) 类等度连续半群的无穷小生成元当且仅当算子族 $\{(I - n^{-1}A)^{-m}; n = 1, 2, \cdots, \ m = 0, 1, \cdots\}$ 是等度连续的.

证明　"仅当" 部分已证过, 我们将证明 "当" 的部分. 令

$$J_n = (I - n^{-1}A)^{-1}, \tag{1}$$

我们将证明

$$\text{对于 } x \in X, \ \lim_{n \to \infty} J_n x = x. \tag{2}$$

事实上, 对于 $x \in D(A)$, 由于 $\{J_n(Ax); n = 1, 2, \cdots\}$ 是有界的且

$$AJ_n x = J_n Ax = n(J_n - I)x,$$

当 $n \to \infty$ 时, $J_n x - x = n^{-1} J_n(Ax)$ 趋向于 0. 既然 $D(A)$ 在 X 中稠密而 $\{J_n\}$ 对于 n 等度连续, 每个 $x \in X$ 便使 $\lim\limits_{n \to \infty} J_n x = x$.

既然 $\{J_n^k\}$ 对于 n 和 k 等度连续, $\exp(tnJ_n)$ 便有意义. 令

$$T_t^{(n)} = \exp(tAJ_n) = \exp(tn(J_n - I)) = \exp(-nt)\exp(ntJ_n), \quad t \geqslant 0. \tag{3}$$

像前节中 (2) 式一样, 我们有

$$p(\exp(ntJ_n)x) \leqslant \sum_{k=0}^{\infty} (nt)^k (k!)^{-1} p(J_n^k x) \leqslant \exp(nt) q(x).$$

这样得到

$$p(T_t^{(n)} x) \leqslant q(x), \tag{4}$$

算子族 $\{T_t^{(n)}\}$ 便对于 $t \geqslant 0$ 和 $n = 1, 2, \cdots$ 等度连续.

其次我们注意 $J_n J_m = J_m J_n$ 对于 $n, m > 0$ 成立. 于是 J_n 同 $T_t^{(m)}$ 交换. 因而由前节已证明的 $D_t T_t^{(n)} x = AJ_n T_t^{(n)} x = T_t^{(n)} AJ_n x$, 得到

$$p(T_t^{(n)}x - T_t^{(m)}x) = p\left(\int_0^t D_s(T_{t-s}^{(m)} T_s^{(n)} x) ds\right)$$

$$= p\left(\int_0^t T_{t-s}^{(m)} T_s^{(n)}(AJ_n - AJ_m)x ds\right). \tag{5}$$

因此, 如果 $x \in D(A)$, 必有 X 上一个连续半范数 $\widetilde{q}$ 使得

$$p(T_t^{(n)} x - T_t^{(m)} x) \leqslant \int_0^t \widetilde{q}((AJ_n - AJ_m)x)ds = t\widetilde{q}((J_n A - J_m A)x).$$

所以, 由 (2), 我们就证得当 t 在每个紧区间变化时 $\lim\limits_{n,m\to\infty} p(T_t^{(n)} x - T_t^{(m)} x) = 0$ 关于 t 一致成立. 因为 $D(A)$ 在序列完备空间 X 中稠密, 而且因为算子族 $\{T_t^{(n)}\}$ 对 $t \geqslant 0$ 和 n 等度连续, 我们便得算子族 T_t $(t \geqslant 0)$ 使 $\lim\limits_{n\to\infty} T_t^{(n)} x = T_t x$ 对于每个 $x \in X$ 和 $t \geqslant 0$ 在 t 的每个紧区间关于 t 一致存在. 于是算子族 $\{T_t\}$ 关于 $t \geqslant 0$ 等度连续, 而且由于对 t 的一致收敛性, $T_t x$ 对于 $t \geqslant 0$ 是连续的.

其次我们证明 T_t 满足半群性质 $T_t T_s = T_{t+s}$. 因为 $T_{t+s}^{(n)} = T_t^{(n)} T_s^{(n)}$, 我们有

$$\begin{aligned}
p(T_{t+s}x - T_t T_s x) &\leqslant p(T_{t+s}x - T_{t+s}^{(n)}x) + p(T_{t+s}^{(n)}x - T_t^{(n)} T_s^{(n)}x) \\
&\quad + p(T_t^{(n)} T_s^{(n)}x - T_t^{(n)} T_s x) + p(T_t^{(n)} T_s x - T_t T_s x) \\
&\leqslant p(T_{t+s}x - T_{t+s}^{(n)}x) + q(T_s^{(n)}x - T_s x) \\
&\quad + p((T_t^{(n)} - T_t)T_s x) \to 0 \ (\text{当 } n \to \infty).
\end{aligned}$$

于是对于 X 上每个连续半范数 p, 有 $p(T_{t+s}x - T_t T_s x) = 0$. 这就证得 $T_{t+s} = T_t T_s$.

设 $\widehat{A}$ 是这一 (C_0) 类等度连续半群 $\{T_t\}$ 的无穷小生成元, 我们要证 $\widehat{A} = A$. 设 $x \in D(A)$, 则 $\lim\limits_{n\to\infty} T_t^{(n)} AJ_n x = T_t A x$ 依每个紧区间中 t 一致成立. 此因由 (4), 我们有

$$\begin{aligned}
p(T_t A x - T_t^{(n)} AJ_n x) &\leqslant p(T_t A x - T_t^{(n)} A x) + p(T_t^{(n)} A x - T_t^{(n)} AJ_n x) \\
&\leqslant p((T_t - T_t^{(n)})Ax) + q(Ax - J_n Ax),
\end{aligned}$$

并且 $\lim\limits_{n\to\infty} J_n A x = A x$, 上式在 $n \to \infty$ 时便趋向于 0. 因此

$$\begin{aligned}
T_t x - x &= \lim\limits_{n\to\infty}(T_t^{(n)}x - x) = \lim\limits_{n\to\infty} \int_0^t T_s^{(n)} AJ_n x ds \\
&= \int_0^t (\lim\limits_{n\to\infty} T_s^{(n)} AJ_n x)ds = \int_0^t T_s A x ds,
\end{aligned}$$

从而 $\lim\limits_{t\downarrow 0} t^{-1}(T_t x - x) = \lim\limits_{t\downarrow 0} t^{-1} \int_0^t T_s A x ds$ 存在并等于 Ax. 我们于是证明了 $x \in D(A)$ 必蕴涵 $x \in D(\widehat{A})$ 且 $Ax = \widehat{A}x$, 即 $\widehat{A}$ 是 A 的扩张. 由于 $\widehat{A}$ 是半群 T_t 的无穷小生成元, 我们知 $n > 0$ 时, $(nI - \widehat{A})$ 一对一地映 $D(\widehat{A})$ 到 X 上. 但是, 由假设, $(nI - A)$ 也一对一地映 $D(A)$ 到 X 上. 因此 A 的扩张 $\widehat{A}$ 必同 A 相等.

最后, 半群 T_t 的唯一性证明如下. 设 $\widetilde{T}_t$ 是 (C_0) 类等度连续半群, 其无穷小生成元恰是 A. 我们构造半群 $T_t^{(n)}$. 因为 A 同 $\widetilde{T}_t$ 交换, 得知 AJ_n 和 $T_s^{(n)}$ 同 $\widetilde{T}_t$

交换. 那么, 如同 (5) 中一样, 对 $x \in D(A)$, 我们得到

$$
\begin{aligned}
p(T_t^{(n)}x - \widetilde{T}_t x) &= p\Big(\int_0^t D_s(\widetilde{T}_{t-s} T_s^{(n)} x) ds \Big) \\
&= p\Big(-\int_0^t \widetilde{T}_{t-s} T_s^{(n)} (A - A J_n) x ds \Big).
\end{aligned}
\tag{6}
$$

于是, 由于所有 $x \in D(A)$ 使 $\lim\limits_{n\to\infty} A J_n x = Ax$, 类似于上面 $\lim\limits_{n\to\infty} T_t^{(n)}x, x \in X$ 的存在性的证明, 我们证得诸 $x \in X$ 使 $\lim\limits_{n\to\infty} T_t^{(n)} x = \widetilde{T}_t x$.

所以, 诸 $x \in X$ 满足 $T_t x = \widetilde{T}_t x$, 即 $T_t = \widetilde{T}_t$.

注　以上证明指出, 如果 A 是 (C_0) 类等度连续半群 T_t 的无穷小生成元, 则

$$
T_t x = \lim_{n\to\infty} \exp(tA(I - n^{-1}A)^{-1})x, \quad x \in X,
\tag{7}
$$

而且在 t 的每个紧区间上 (7) 中收敛关于 t 是一致的. 这就是半群的表示定理.

系 1　若 X 是个 B-空间, 则以上定理条件写成: $D(A)^a = X$, 预解式 $(I - n^{-1}A)^{-1}$ 存在且有与 n 和 m 无关的常数 C 使得

$$
\|(I - n^{-1}A)^{-m}\| \leqslant C \quad (n = 1, 2, \cdots; m = 1, 2, \cdots).
\tag{8}
$$

特别在压缩半群情形, 条件写成: $D(A)^a = X$, 预解式 $(I - n^{-1}A)^{-1}$ 存在且满足

$$
\|(I - n^{-1}A)^{-1}\| \leqslant 1 \quad (n = 1, 2, \cdots).
\tag{9}
$$

注　上述结果 (9) 是 E. Hille [2] 和 K. Yosida [5] 各自独立地得到的. 这个结果还由 W. Feller [1], R. S. Phillips [3] 和 I. Miyadera [1] 推广成 (8) 的形式. 应当注意的是在条件 (8) 和 (9) 中, 我们可以用 (对充分大的 n) 代替 $(n = 1, 2, \cdots)$. 像本书所给出的半群理论在局部凸空间中的推广是 L. Schwartz [3] 建议的.

系 2　设 X 是 B-空间, $\{T_t; t \geqslant 0\}$ 是 $L(X, X)$ 中有界线性算子族使得

$$
T_t T_s = T_{t+s}(t, s \geqslant 0), \quad T_0 = I,
\tag{10}
$$
$$
\text{对一切 } x \in X, \text{s-}\lim_{t\downarrow 0} T_t x = x,
\tag{11}
$$
$$
\text{有 } M > 0 \text{ 和 } \beta \geqslant 0, \text{对于 } t \geqslant 0, \|T_t\| \leqslant M e^{\beta t}.
\tag{12}
$$

设 A 是通过 $Ax = \text{s-}\lim\limits_{t\downarrow 0} t^{-1}(T_t - I)x$ 定义的算子, 则 $(A - \beta I)$ 是 (C_0) 类等度连续半群 $S_t = e^{-\beta t} T_t$ 的无穷小生成元.

故根据系 1, 使得 $D(A)^a = X$ 且 $R(A) \subseteq X$ 的线性闭算子 A 是满足 (10), (11) 及 (12) 的半群 T_t 的无穷小生成元当且仅当预解式 $(I - n^{-1}(A - \beta I))^{-1}$ 存在且

$$\|(I - n^{-1}(A - \beta I))^{-m}\| \leqslant M \quad (\text{对于 } m = 1, 2, \cdots \text{和充分大的 } n). \tag{13}$$

这一条件还可写为[①]

$$\|(I - n^{-1}A)^{-m}\| \leqslant M(1 - n^{-1}\beta)^{-m} \quad (\text{对于 } m = 1, 2, \cdots \text{和充分大的 } n). \tag{13'}$$

特别地, 对于那些满足 (10), (11) 和

$$\text{当} t \geqslant 0 \text{时}, \|T_t\| \leqslant e^{\beta t} \tag{14}$$

的半群 T_t, 条件 (13′) 可换成

$$\|(I - n^{-1}A)^{-1}\| \leqslant (1 - n^{-1}\beta)^{-1} \quad (\text{对于充分大的 } n). \tag{13''}$$

表示定理对于证明 Weierstrass 多项式逼近定理的应用. 考虑在 $C[0, \infty]$ 上由 $(T_t x)(s) = x(t + s)$ 定义的半群 T_t. 表示定理给出

$$(T_t x)(s) = x(t + s) = \text{s-} \lim_{n \to \infty} \exp(tA J_n x)(s)$$
$$= \text{s-} \lim_{n \to \infty} \sum_{m=0}^{\infty} \frac{t^m}{m!} (A J_n)^m x(s),$$

而且上面的 s-$\lim_{n \to \infty}$ 在 t 的任何紧区间关于 t 是一致的. 从这个结果我们可以导出 Weierstrass 的多项式逼近定理. 设 $z(s)$ 是闭区间 $[0, 1]$ 上一个连续函数. 设 $x(s) \in C[0, \infty]$ 使得对 $s \in [0, 1], x(s) = z(s)$. 在上面的 $x(t + s)$ 的表示式中令 $s = 0$, 则我们得到: 依 $[0, 1]$ 中 t 一致成立

$$(T_t x)(0) = x(t) = \text{s-} \lim_{n \to \infty} \sum_{m=0}^{\infty} t^m (A J_n)^m x(0)/m!.$$

因此 $z(t)$ 是变量 t 的多项式序列在 $[0, 1]$ 上的一致收敛极限.

§8. 压缩半群和耗散算子

G. Lumer 和 R. S. Phillips 曾用半内积的概念讨论过压缩半群. 这类半群的无穷小生成元依照他们的术语称作耗散的.

[①]校者注: 这一部分是上述诸系的推论, 而著者将它写为系 2 的一部分内容.

命题 (Lumer)　对于复 (或实) 赋范线性空间 X 中每对元素 $\{x, y\}$, 我们可以对应一个复 (或实) 数 $[x, y]$ 使满足

$$[x + y, z] = [x, z] + [y, z], \quad [\lambda x, y] = \lambda[x, y], \tag{1}$$
$$[x, x] = \|x\|^2, \quad |[x, y]| \leqslant \|x\| \cdot \|y\|.$$

称 $[x, y]$ 为向量 x 和 y 的半内积.

证明　据第四章 §6 定理 1 的系 2, 诸 $x_0 \in X$ 对应至少一个 (就让我们恰好选一个) 有界线性泛函 $f_{x_0} \in X'$ 使得 $\|f_{x_0}\| = \|x_0\|$ 及 $\langle x_0, f_{x_0} \rangle = \|x_0\|^2$. 那么

$$[x, y] = \langle x, f_y \rangle \tag{2}$$

显然定义了一个半内积.

定义　设复 (或实) B–空间 X 赋有一个半内积 $[x, y]$, 定义域 $D(A)$ 和值域 $R(A)$ 都在 X 的线性算子 A (依 $[x, y]$) 为耗散的是指

$$对于 \ x \in D(A), \operatorname{Re}[Ax, x] \leqslant 0. \tag{3}$$

例　设 X 是个 Hilbert 空间. 满足 $(Ax, x) \leqslant 0$ 的对称算子 A 关于半内积 $[x, y] = (x, y)$ 一定是耗散的, 这里 (x, y) 是通常的内积.

定理 (Phillips–Lumer)　设 A 是个线性算子, 其定义域 $D(A)$ 和值域 $R(A)$ 都在复 (或实) B–空间 X 中使得 $D(A)^a = X$, 则 A 生成 X 上一个 (C_0) 类压缩半群当且仅当 A 依任何半内积 $[x, y]$ 是耗散的且 $R(I - A) = X$.

证明　"当" 的部分. 设 A 是耗散的且 $\lambda > 0$, 则逆算子 $(\lambda I - A)^{-1}$ 存在且

$$\|(\lambda I - A)^{-1} y\| \leqslant \lambda^{-1} \|y\|, \quad y \in D((\lambda I - A)^{-1}).$$

此因当 $y = \lambda x - Ax$ 时, 由 A 的耗散性知

$$\begin{aligned}
\lambda \|x\|^2 = \lambda[x, x] &\leqslant \operatorname{Re}(\lambda[x, x] - [Ax, x]) \\
&= \operatorname{Re}[y, x] \leqslant \|y\| \|x\|.
\end{aligned} \tag{4}$$

根据假设, $R(I - A) = X$, 因此 $\lambda = 1$ 属于 A 的预解集 $\rho(A)$, 并根据 (4) 我们有 $\|R(1; A)\| \leqslant 1$. 如果 $|\lambda - 1| < 1$, 则预解式 $R(\lambda; A)$ 存在且由

$$\begin{aligned}
R(\lambda; A) &= R(1; A)(I + (\lambda - 1)R(1; A))^{-1} \\
&= R(1; A) \sum_{n=0}^{\infty} ((1 - \lambda)R(1; A))^n
\end{aligned}$$

给出 (参看第八章 §2 定理 1). 此外, 由 (4) 推出 $\|R(\lambda; A)\| \leqslant \lambda^{-1}$ 对于使得 $|\lambda - 1| < 1$ 的 $\lambda > 0$ 成立. 因此, 对于满足 $|\mu - \lambda|\|R(\lambda; A)\| < 1$ 的 $\mu > 0$, 再次用

$$R(\mu; A) = R(\lambda; A)(I + (\mu - \lambda)R(\lambda; A))^{-1},$$

我们便能证明 $R(\mu; A)$ 的存在性以及 $\|R(\mu; A)\| \leqslant \mu^{-1}$. 重复这样的过程, 我们便知 $R(\lambda; A)$ 对于一切 $\lambda > 0$ 存在而且满足估计式 $\|R(\lambda; A)\| \leqslant \lambda^{-1}$. 由假设, $D(A)$ 是稠密集, 用前节的系 1, 便推出 A 生成一个 (C_0) 类压缩半群.

"仅当" 部分. 假设 $\{T_t; t \geqslant 0\}$ 是 (C_0) 类压缩半群, 则

$$\mathrm{Re}[T_t x - x, x] = \mathrm{Re}[T_t x, x] - \|x\|^2$$
$$\leqslant \|T_t x\|\|x\| - \|x\|^2 \leqslant 0.$$

于是 T_t 的无穷小生成元 A 的定义域 $D(A)$ 中诸元 x 便满足

$$\mathrm{Re}[Ax, x] = \lim_{t \downarrow 0} \mathrm{Re}\{t^{-1}[T_t x - x, x]\} \leqslant 0.$$

因此, A 是耗散的. 此外, 因为 A 是 (C_0) 类压缩半群的无穷小生成元, 便知

$$R(I - A) = D(R(1; A)) = X.$$

系 设 A 是个稠定线性闭算子使得 $D(A)$ 和 $R(A)$ 都在 B–空间 X 中. 如果 A 与其对偶算子 A' 都是耗散的, 则 A 生成一个 (C_0) 类压缩半群.

证明 说明 $R(I - A) = X$ 便可. 因 $(I - A)^{-1}$ 是连续的且同 A 一样是闭的, $R(I - A)$ 便是 X 的线性闭子空间. 故由 $R(I - A) \neq X$ 可得非零元 $x' \in X'$ 使

$$\text{一切 } x \in D(A) \text{ 满足} \langle (x - Ax), x' \rangle = 0.$$

因此, $x' - A'x' = 0$. 这同 A' 的耗散性和 $x' \neq 0$ 矛盾.

注 关于耗散算子的进一步的详细讨论, 参看 G. Lumer-R. S. Phillips [1]. 也可参看 T. Kato [6].

§9. (C_0) 类等度连续群. Stone 定理

定义 称一个 (C_0) 类等度连续半群 $\{T_t\}$ 为一个(C_0) 类等度连续群 是指有个 (C_0) 类等度连续半群 $\{\widehat{T}_t\}$ 适合条件: 若我们在 $t \geqslant 0$ 时定义算子 $S_t = T_t$ 和 $S_{-t} = \widehat{T}_t$, 则算子族 S_t ($-\infty < t < \infty$) 具有群的性质

$$S_t S_s = S_{t+s} \ (-\infty < t, s < \infty), \quad S_0 = I. \tag{1}$$

定理 设 X 是个序列完备的局部凸空间. 假设 A 是个线性算子使其定义域 $D(A)$ 在 X 内稠密且值域 $R(A)$ 亦在 X 内, 则 A 是某个 (C_0) 类等度连续群 $S_t \in L(X, X)$ 的无穷小生成元当且仅当算子 $(I - n^{-1}A)^{-m}$ 对于 $n = \pm 1, \pm 2, \cdots$ 和 $m = 1, 2, \cdots$ 是整体定义的且等度连续的.

证明 "仅当" 部分. 设 $T_t = S_t$ 对于 $t \geq 0, \widehat{T}_t = S_{-t}$ 对于 $t \geq 0$. 设 A 和 $\widehat{A}$ 分别是 T_t 和 $\widehat{T}_t$ 的无穷小生成元. 我们要证明 $\widehat{A} = -A$. 如果 $x \in D(\widehat{A})$, 那么, 令 $x_h = h^{-1}(\widehat{T}_h - I)x$ 且用 T_h 的等度连续性, 即得

$$p(T_h x_h - \widehat{A}x) \leq p(T_h x_h - T_h \widehat{A}x) + p((T_h - I)\widehat{A}x)$$
$$\leq q(x_h - \widehat{A}x) + p((T_h - I)\widehat{A}x),$$

这里 p 是 X 上任何连续半范数, 而 q 是某个连续半范数使一切 $x \in D(\widehat{A})$ 满足上面不等式. 于是 $\lim_{h \downarrow 0} T_h x_h = \widehat{A}x$, 从而由 $x \in D(\widehat{A})$ 可推出

$$\widehat{A}x = \lim_{h \downarrow 0} T_h(h^{-1}(\widehat{T}_h - I))x = \lim_{h \downarrow 0} h^{-1}(I - T_h)x = -Ax,$$

因此, $-A$ 是 $\widehat{A}$ 的扩张. 同样地, 我们可以证明 $\widehat{A}$ 是 $-A$ 的扩张. 因此 $\widehat{A} = -A$.

"当" 的部分. 令 $\widehat{A} = -A$, 定义 (C_0) 类等度连续半群 T_t 和 $\widehat{T}_t$ 如下

$$T_t x = \lim_{n \to \infty} T_t^{(n)} x = \lim_{n \to \infty} \exp(tA(I - n^{-1}A)^{-1})x,$$
$$\widehat{T}_t x = \lim_{n \to \infty} \widehat{T}_t^{(n)} x = \lim_{n \to \infty} \exp(t\widehat{A}(I - n^{-1}\widehat{A})^{-1})x.$$

根据 $\{T_t^{(n)}\}$ 对于 n 和 $t \geq 0$ 的等度连续性, 我们有

$$p(T_t \widehat{T}_t x - T_t^{(n)} \widehat{T}_t^{(n)} x) \leq p(T_t \widehat{T}_t x - T_t^{(n)} \widehat{T}_t x) + p(T_t^{(n)} \widehat{T}_t x - T_t^{(n)} \widehat{T}_t^{(n)} x)$$
$$\leq p((T_t - T_t^{(n)})\widehat{T}_t x) + q(\widehat{T}_t x - \widehat{T}_t^{(n)} x).$$

于是, 有 $\lim_{n \to \infty} T_t^{(n)} \widehat{T}_t^{(n)} x = T_t \widehat{T}_t x$. 根据 $T_t^{(n)} \widehat{T}_t^{(n)}$ 的等度连续性我们就附带证明了 $T_t \widehat{T}_t$ 的等度连续性. 另一方面, 由 $(I - n^{-1}A)^{-1}$ 和 $(I - m^{-1}A)^{-1}$ 的交换性, 有 $T_t^{(n)} \widehat{T}_s^{(m)} = \widehat{T}_s^{(m)} T_t^{(n)}$. 于是 $(T_t^{(n)} \widehat{T}_t^{(n)})(T_s^{(n)} \widehat{T}_s^{(n)}) = T_{t+s}^{(n)} \widehat{T}_{t+s}^{(n)}$, 因此 $(T_t \widehat{T}_t)$ 对于 $t \geq 0$ 具有半群性质: $(T_t \widehat{T}_t)(T_s \widehat{T}_s) = T_{t+s} \widehat{T}_{t+s}$. 从而 $\{T_t \widehat{T}_t\}$ 是 (C_0) 类等度连续半群. 如果 $x \in D(\widehat{A}) = D(A)$, 则

$$\lim_{h \downarrow 0} h^{-1}(T_h \widehat{T}_h - I)x = \lim_{h \downarrow 0} T_h(h^{-1}(\widehat{T}_h - I))x + \lim_{h \downarrow 0} h^{-1}(T_h - I)x$$
$$= \widehat{A}x + Ax = 0,$$

所以 $\{T_t \widehat{T}_t\}$ 的无穷小生成元 A_1 在每个 $x \in D(\widehat{A})$ 为 0. 因为 $(I - A_1)$ 是连续线性算子 $(I - A_1)^{-1} \in L(X, X)$ 的逆, 我们就知 A_1 必是闭的. 又由于 A_1 在 X 的

稠密子集 $D(\widehat{A}) = D(A)$ 上为0, 从而 A_1 必为 0. 因此

$$(T_t\widehat{T_t})x = \lim_{n\to\infty} \exp(t \cdot 0 \cdot (1 - n^{-1} \cdot 0)^{-1})x = x,$$

即 $T_t\widehat{T_t} = I$. 于是我们就证明了 S_t $(-\infty < t < \infty)$ 有群的性质, 这里 $S_t = T_t$ 和 $S_{-t} = \widehat{T_t}$ 对于 $t \geqslant 0$.

系 1 在 X 是 B-空间的情形, 定理条件成为: $D(A)^a = X$, 预解式 $(I - n^{-1}A)^{-1}$ 存在且有常数 M 满足

$$\|(I - n^{-1}A)^{-m}\| \leqslant M \quad (\text{对于 } m = 1, 2, \cdots \text{ 和充分大的 } |n|, n \geqslant 0). \quad (2)$$

若有常数 $\beta \geqslant 0$ 使群 S_t 在 $-\infty < t < \infty$ 时满足 $\|S_t\| \leqslant Me^{\beta|t|}$, 则条件成为: $D(A)^a = X$, 预解式 $(I - n^{-1}A)^{-1}$ 存在且满足

$$\|(I - n^{-1}A)^{-m}\| \leqslant M(1 - |n^{-1}|\beta)^{-m}$$
$$(\text{对于 } m = 1, 2, \cdots \text{ 和充分大的 } |n|, n \leqslant 0). \quad (3)$$

特别在诸 $-\infty < t < \infty$ 使 $\|S_t\| \leqslant e^{\beta|t|}$ 的情形, 条件成为: $D(A)^a = X$, 预解式 $(I - n^{-1}A)^{-1}$ 存在且满足

$$\|(I - n^{-1}A)^{-1}\| \leqslant (1 - |n^{-1}|\beta)^{-1} \quad (\text{对于充分大的 } |n|, n \geqslant 0). \quad (4)$$

证明 与第九章 §7 中的系 1 和系 2 的证明类似.

系 2 (Stone 定理) 设 U_t $(-\infty < t < \infty)$ 是 Hilbert 空间 X 中一个 (C_0) 类酉算子群, 则 U_t 的无穷小生成元 A 是 $\sqrt{-1}$ 乘以某个自伴算子 H.

证明 我们有 $(U_t x, y) = (x, U_t^{-1}y) = (x, U_{-t}y)$, 因此通过微分得

$$\text{对于 } x, y \in D(A), (Ax, y) = (x, -Ay).$$

于是 $-iA = H$ 是对称的. 既然 A 是 U_t 的无穷小生成元,

$$(I - n^{-1}A)^{-1} = (I - n^{-1}iH)^{-1}$$

必是有界线性算子使得 $\|(I - n^{-1}iH)^{-1}\| \leqslant 1$ 对于 $n = \pm 1, \pm 2, \cdots$ 成立. 因此, 取 $n = \pm 1$ 的情形, 我们知 H 的 Cayley 变换是酉的. 这就证明了 H 是自伴的.

注 如果 H 是 Hilbert 空间 X 上一个自伴算子使得 A 形如 $\sqrt{-1}H$, 则用 Cayley 变换理论可以证明系 1 的条件 (4) 一定满足. 因此 A 是 X 上某个收缩算子群 U_t 的无穷小生成元. 这样的 U_t 是酉的, 此因映 Hilbert 空间 X 入自身的收缩算子 U_t 在 $U_t^{-1} = U_{-t}$ 也是映 X 入自身的收缩算子时必是酉的.

§10. 全 纯 半 群

我们将引入一类重要半群, 就是这样的半群 T_t, 它作为参变数 t 的函数可以解析延拓到复平面上包含正 t 轴在内的扇形上去. 我们首先证明一个

引理　设 X 是个序列完备的局部凸空间. 设 $\{T_t; t \geqslant 0\} \subseteq L(X, X)$ 是个 (C_0) 类等度连续半群, $D(A)$ 是其无穷小生成元 A 的定义域. 假设诸 $t > 0$ 使 $T_t X \subseteq D(A)$, 则任何 $x \in X$ 使 $T_t x$ 依变量 $t > 0$ 是无穷可微的而且我们有

$$\text{对于 } t > 0, T_t^{(n)} x = (T_{t/n}')^n x, \tag{1}$$

这里 $T_t' = D_t T_t, T_t'' = D_t T_t', \cdots, T_t^{(n)} = D_t T_t^{(n-1)}$.

证明　设 $t > t_0 > 0$, 由 A 和 T_s $(s \geqslant 0)$ 的交换性得

$$T_t' x = A T_t x = T_{t-t_0} A T_{t_0} x.$$

于是, $T_t' X \subseteq T_{t-t_0} X \subseteq D(A)$, 并且 $T_t'' x$ 对于 $t > 0$ 和 $x \in X$ 是存在的. 因为 A 是线性闭算子, 所以我们有

$$
\begin{aligned}
T_t'' x &= D_t(A T_t) x = A(\lim_{n \to \infty} n(T_{t+1/n} - T_t) x) \\
&= A(A T_t) x = A T_{t/2} A T_{t/2} x = (T_{t/2}')^2 x.
\end{aligned}
$$

重复同样的论证, 我们便得 (1).

设 X 是个序列完备的局部凸复空间, $\{T_t; t \geqslant 0\} \subseteq L(X, X)$ 是个 (C_0) 类等度连续半群而 A 是其无穷小生成元. 对于这样的半群, 我们考虑以下三个条件:

(I) 诸 $t > 0$ 使 $T_t(X) \subseteq D(A)$, 且有个正常数 C 使 $\{(Ct T_t')^n; n \geqslant 0, 0 < t \leqslant 1\}$ 是等度连续的算子族.

(II) T_t 有个弱全纯扩张 T_λ, 它局部地有如下展式[①]

$$\text{对于 } |\arg \lambda| < \tan^{-1}(Ce^{-1}), \ T_\lambda x = \sum_{n=0}^{\infty} (\lambda - t)^n T_t^{(n)} x / n! \tag{2}$$

且有个正常数 k 使算子族 $\{e^{-\lambda} T_\lambda; |\arg \lambda| < \tan^{-1}(2^{-k} Ce^{-1})\}$ 是等度连续的. (3)

(III) 当 $\varepsilon > 0$ 时, 有个正常数 C_1, 使 $\{(C_1 \lambda R(\lambda; A))^n; n \geqslant 0, \operatorname{Re}(\lambda) \geqslant 1 + \varepsilon\}$ 是等度连续的算子族[②].

我们可以证明

[①]校者注: 原著者在这里和其原论文中混淆了全纯函数的定义域与局部展式的收敛域. 应改为 T_t 在 $|\arg \lambda| < \tan^{-1}(Ce^{-1})$ 中有弱全纯扩张. 以下应换成 "对于 $|\lambda - t| < Ct/e$".

[②]这里 C_1 依赖于 ε, 原著和著者论文没有指明这一点.

定理 三个条件 (I), (II) 和 (III) 是彼此等价的.

证明 蕴涵 (I)→(II) 设 p 是 X 上任何连续半范数. 由假设, X 上有个连续半范数 q 使得 $1 \geqslant t > 0, n \geqslant 0$ 和 $x \in X$ 时, $p((tT'_t)^n x) \leqslant C^{-n} q(x)$. 因而由 (1), 当 $0 < t/n \leqslant 1$ 时, 我们得到

$$p\Big(\frac{(\lambda-t)^n T_t^{(n)} x}{n!}\Big) \leqslant \frac{|\lambda-t|^n}{t^n} \frac{n^n}{n!} \frac{1}{C^n} p\Big(\Big(\frac{t}{n} C T'_{\frac{t}{n}}\Big)^n x\Big)$$
$$\leqslant \Big(\frac{|\lambda-t|}{t} C^{-1} e\Big)^n q(x).$$

于是 (2) 中等式右边在 $|\arg \lambda| < \tan^{-1}(Ce^{-1})$[1] 时收敛, 因此根据空间 X 的序列完备性, $T_\lambda x$ 是完全确定的而且在 $|\arg \lambda| < \tan^{-1}(Ce^{-1})$ 时依 λ 弱全纯. 也就是, 对于任何 $x \in X$ 和 $f \in X', t\ (t>0)$ 的数值函数 $f(T_t x)$ 在 $|\arg \lambda| < \tan^{-1}(Ce^{-1})$ 时有全纯扩张 $f(T_\lambda x)$; 于是, 根据 Hahn-Banach 定理[2], 我们得知 $T_\lambda x$ 是 $T_t x$ 在 $|\arg \lambda| < \tan^{-1}(Ce^{-1})$ 时的扩张. 其次令 $S_t = e^{-t} T_t$, 则 $S'_t = e^{-t} T'_t - e^{-t} T_t$. 因此, 由于 $0 \leqslant te^{-t} \leqslant 1\ (0 \leqslant t)$ 和 (I), 借助于 $\{T_t\}$ 依 $t > 0$ 的等度连续性, 我们容易看出算子族 $\{(2^{-k} Ct S'_t)^n\}$ 对于 $t > 0$ 和 $n \geqslant 0$ 等度连续[3]. (C_0) 类等度连续半群 S_t 满足这样的条件, 即 $t > 0$ 蕴涵 $S_t X \subseteq D(A-I) = D(A)$, 这里 $(A-I)$ 是 S_t 的无穷小生成元. 因而, 由上面用于 T_t 的同样理由, 我们可以证明 $S_t = e^{-t} T_t$ 的弱全纯扩张 $e^{-\lambda} T_\lambda$ 满足估计 (3).

附带地, 我们可以证明

系 (属于 E. Hille) 特别当 X 是复 B–空间且 $\varlimsup\limits_{t \downarrow 0} \|tT'_t\| < e^{-1}$ 时, $X = D(A)$.

证明 对于固定的 $t > 0$, 我们有 $\varlimsup\limits_{n \to \infty} \|(t/n) T'_{t/n}\| < e^{-1}$, 因此级数

$$\sum_{n=0}^{\infty} (\lambda-t)^n T_t^{(n)} x/n! = \sum_{n=0}^{\infty} \frac{(\lambda-t)^n}{t^n} \frac{n^n}{n!} \Big(\frac{t}{n} T'_{t/n}\Big)^n x$$

在复 λ–平面的某一扇形[4]

$$\{\lambda; |\lambda-t|/t < 1 + \delta, \text{其中 } \delta > 0 \text{ 是某一正数}\}$$

强收敛. 这一扇形的内部一定包含 $\lambda = 0$.

---

[1] 校者注: 应改成 $|\lambda - t| < Ct/e$.
[2] 校者注: 应是据 Dunford 定理. 这里还应说明: 当 $|s-t| < Ct/e$ 时,

$$T_s x = \sum_{n=0}^{\infty} (s-t)^n T_t^{(n)} x/n!.$$

[3] 校者注: 这里 2^{-k} 应换成 $1/(C+1)$, 而 $t > 0$ 应换成 $0 < t \leqslant 1$.
[4] 校者注: 下面 "其中 ……" 应在大括号外面.

蕴涵 (II)→(III)　由第九章 §4 的 (10) 式, 我们有

$$\text{对于 } \operatorname{Re}(\lambda) > 0,\ x \in X,\ (\lambda R(\lambda; A))^{n+1} x = \frac{\lambda^{n+1}}{n!} \int_0^\infty e^{-\lambda t} t^n T_t x\, dt. \tag{4}$$

因而, 令 $S_t = e^{-t} T_t$, 我们得到

$$((\sigma + 1 + i\tau) R(\sigma + 1 + i\tau; A))^{n+1} x$$
$$= \frac{(\sigma + 1 + i\tau)^{n+1}}{n!} \int_0^\infty e^{-(\sigma + i\tau)t} t^n S_t x\, dt, \quad \sigma > 0.$$

设 $\tau < 0$. 因为被积函数是弱全纯的, 根据估计 (3) 和 Cauchy 积分定理, 我们可以将积分路径 $0 \leqslant t < \infty$ 形变为包含在复 λ–平面的扇形 $0 < \arg \lambda < \tan^{-1}(2^{-k} C e^{-1})$ 中的射线 $re^{i\theta} (0 \leqslant r < \infty)$. 于是我们得到

$$((\sigma + 1 + i\tau) R(\sigma + 1 + i\tau; A))^{n+1} x$$
$$= \frac{(\sigma + 1 + i\tau)^{n+1}}{n!} \int_0^\infty e^{-(\sigma + i\tau) re^{i\theta}} r^n e^{in\theta} S_{re^{i\theta}} x e^{i\theta}\, dr,$$

因此, 由 (3), 得

$$p(((\sigma + 1 + i\tau) R(\sigma + 1 + i\tau; A))^{n+1} x)$$
$$\leqslant \sup_{0 < r < \infty} p(S_{re^{i\theta}} x) \frac{|(\sigma + 1 + i\tau)|^{n+1}}{n!} \int_0^\infty e^{(-\sigma \cos\theta + \tau \sin\theta) r} r^n\, dr$$
$$\leqslant q'(x) \frac{|\sigma + 1 + i\tau|^{n+1}}{|\tau \sin\theta - \sigma \cos\theta|^{n+1}}, \quad \text{这里 } q' \text{ 是 } X \text{ 上连续半范数}.$$

类似估计亦可对 $\tau > 0$ 的情况得到. 因此, 结合 §4 中的 (7) 式, 我们得证 (III).

蕴涵 (III)→(I)　对于 X 上任何连续半范数 p, X 上有个连续半范数 q 使得当 $\operatorname{Re}(\lambda) \geqslant 1 + \varepsilon$ 和 $n \geqslant 0$ 时, $p((C_1 \lambda R(\lambda; A))^n x) \leqslant q(x)$. 因此当 $\operatorname{Re}(\lambda_0) \geqslant 1 + \varepsilon$ 时, 我们有

$$p((\lambda - \lambda_0)^n R(\lambda_0; A)^n x) \leqslant \frac{|\lambda - \lambda_0|^n}{(C_1 |\lambda_0|)^n} q(x) \quad (n = 0, 1, 2, \cdots).$$

于是, 如果 $|\lambda - \lambda_0| / C_1 |\lambda_0| < 1$, 预解式 $R(\lambda; A)$ 存在而且由下式给出:

$$R(\lambda; A) x = \sum_{n=0}^\infty (\lambda_0 - \lambda)^n R(\lambda_0; A)^{n+1} x \text{ 并有}$$
$$p(R(\lambda; A) x) \leqslant (1 - C_1^{-1} |\lambda_0|^{-1} |\lambda - \lambda_0|)^{-1} q(R(\lambda_0; A) x).$$

因而[①], 由 (III), 有个辐角 θ_0, $\frac{\pi}{2} < \theta_0 < \pi$, 使得在扇形 $\frac{\pi}{2} \leqslant \arg \lambda \leqslant \theta_0$ 和 $-\theta_0 \leqslant \arg \lambda \leqslant -\frac{\pi}{2}$ 以及在 $\operatorname{Re}(\lambda) \geqslant 0$, 而 $|\lambda|$ 充分大时, $R(\lambda; A)$ 存在而且满足估

[①]以上第二个不等式应换为 $p(R(\lambda; A) x) \leqslant (C_1^{-1} |\lambda_0| - |\lambda - \lambda_0|)^{-1} q(x)$.

计

$$p(R(\lambda; A)x) \leqslant \frac{1}{|\lambda|} q'(x), \quad \text{其中 } q' \text{ 是 } x \text{ 的某一连续半范数}. \tag{5}$$

因此积分

$$\widehat{T}_t x = (2\pi i)^{-1} \int_{C_2} e^{\lambda t} R(\lambda; A) x d\lambda \quad (t > 0, x \in X) \tag{6}$$

收敛. 如果我们取积分路径 $C_2 = \lambda(\sigma), -\infty < \sigma < \infty$, 使得 $\lim_{|\sigma| \uparrow \infty} |\lambda(\sigma)| = \infty$ 并对于某一 $\varepsilon > 0$,

$$\pi/2 + \varepsilon \leqslant \arg \lambda(\sigma) \leqslant \theta_0 \text{ 和 } -\theta_0 \leqslant \arg \lambda(\sigma) \leqslant -\pi/2 - \varepsilon$$

分别在 $\sigma \uparrow +\infty$ 和 $\sigma \downarrow -\infty$ 时成立; 而对于不大的 $|\sigma|, \lambda(\sigma)$ 属于复 λ-平面的右半平面.

我们将证明 $\widehat{T}_t$ 同半群 T_t 本身相等. 我们首先证明对于一切 $x \in D(A)$, $\lim_{t \downarrow 0} \widehat{T}_t x = x$. 设 $x_0 \in D(A)$ 是任何一个元素, 选积分围道 C_2 右侧的任何复数 λ_0, 同时记 $(\lambda_0 I - A)x_0 = y_0$. 由预解方程, 有

$$\widehat{T}_t x_0 = \widehat{T}_t R(\lambda_0; A) y_0 = (2\pi i)^{-1} \int_{C_2} e^{\lambda t} R(\lambda; A) R(\lambda_0; A) y_0 d\lambda$$

$$= (2\pi i)^{-1} \int_{C_2} e^{\lambda t} (\lambda_0 - \lambda)^{-1} R(\lambda; A) y_0 d\lambda$$

$$- (2\pi i)^{-1} \int_{C_2} e^{\lambda t} (\lambda_0 - \lambda)^{-1} R(\lambda_0; A) y_0 d\lambda.$$

当积分路径向左移动时便可看出右边的第二个积分等于零. 因此

$$\widehat{T}_t x_0 = (2\pi i)^{-1} \int_{C_2} e^{\lambda t} (\lambda_0 - \lambda)^{-1} R(\lambda; A) y_0 d\lambda, \quad y_0 = (\lambda_0 I - A)x_0.$$

由于估计 (5), 积分号下取极限 $t \downarrow 0$ 是可以的, 因此

$$\lim_{t \downarrow 0} \widehat{T}_t x_0 = (2\pi i)^{-1} \int_{C_2} (\lambda_0 - \lambda)^{-1} R(\lambda; A) y_0 d\lambda, \quad y_0 = (\lambda_0 I - A)x_0.$$

为了求得右边积分的值, 我们用原积分路径 C_2 在圆周 $|\lambda| = r$ 之内部的部分同圆周 $|\lambda| = r$ 在原积分路径 C_2 之右的弧段做成一闭围道, 由于 (5), 积分沿新圆弧段以及沿 C_2 被抛弃部分的值当 $r \uparrow \infty$ 时趋向于零. 因而积分的值等于在新闭围道内的留数. 也就是值 $R(\lambda_0; A) y_0 = x_0$. 于是我们就证得 $\lim_{t \downarrow 0} \widehat{T}_t x_0 = x_0$ 对于 $x_0 \in D(A)$ 成立.

其次我们指出对于 $t > 0$ 和 $x \in X$ 有 $\widehat{T}_t' x = A \widehat{T}_t x$. 我们有 $R(\lambda; A)X = D(A)$ 及 $AR(\lambda; A) = \lambda R(\lambda; A) - I$, 所以, 用收敛因子 $e^{\lambda t}$, 积分 $(2\pi i)^{-1} \int_{C_2} e^{\lambda t} AR(\lambda; A) x d\lambda$

有意义. 用 Riemann 和逼近积分 (6) 并用 A 封闭的事实: 如果 $\lim\limits_{n\to\infty} x_n = x$ 和 $\lim\limits_{n\to\infty} Ax_n = y$, 必有 $x \in D(A)$ 和 $Ax = y$, 就可得知上面的积分等于 $A\widehat{T}_t x$. 因而

$$A\widehat{T}_t x = (2\pi i)^{-1} \int_{C_2} e^{\lambda t} AR(\lambda; A)x d\lambda, \quad t > 0.$$

另一方面, 在积分号下微分 (6), 我们得到

$$\widehat{T}'_t x = (2\pi i)^{-1} \int_{C_2} e^{\lambda t} \lambda R(\lambda; A)x d\lambda, \quad t > 0. \tag{7}$$

这两个积分的差是 $(2\pi i)^{-1} \int_{C_2} e^{\lambda t} x d\lambda$ 而且把积分路径向左移动时就可看出后一积分的值为零.

于是我们就证明了 $\widehat{x}(t) = \widehat{T}_t x_0, x_0 \in D(A)$ 满足 i) $\lim\limits_{t\downarrow 0} \widehat{x}(t) = x_0$, ii) $d\widehat{x}(t)/dt = A\widehat{x}(t)$ 对于 $t > 0$ 成立以及 iii) $\{\widehat{x}(t)\}$ 由于 (6) 当 $t \uparrow \infty$ 时是指数增长的. 另一方面, 因为 $x_0 \in D(A)$ 以及 $\{T_t\}$ 对于 $t \geqslant 0$ 等度连续, 我们看出 $x(t) = T_t x_0$ 也满足 $\lim\limits_{t\downarrow 0} x(t) = x_0, dx(t)/dt = Ax(t)$ 对于 $t \geqslant 0$ 成立以及 $\{x(t)\}$ 当 $t \geqslant 0$ 时是有界的. 我们令 $\widehat{x}(t) - x(t) = y(t)$, 则 $\lim\limits_{t\downarrow 0} y(t) = 0, dy(t)/dt = Ay(t)$ 对于 $t > 0$ 成立以及 $\{y(t)\}$ 当 $t \uparrow \infty$ 时是指数增长的. 因此我们可以研究 Laplace 变换

$$L(\lambda; y) = \int_0^\infty e^{-\lambda t} y(t) dt, \text{ 对于充分大的正 } \mathrm{Re}(\lambda).$$

用 Riemann 和逼近积分并用 A 的闭算子属性, 即有

$$\int_\alpha^\beta e^{-\lambda t} y'(t) dt = \int_\alpha^\beta e^{-\lambda t} Ay(t) dt = A \int_\alpha^\beta e^{-\lambda t} y(t) dt, \quad 0 \leqslant \alpha < \beta < \infty.$$

应用分部积分法, 我们得到

$$\int_\alpha^\beta e^{-\lambda t} y'(t) dt = e^{-\lambda \beta} y(\beta) - e^{-\lambda \alpha} y(\alpha) + \lambda \int_\alpha^\beta e^{-\lambda t} y(t) dt,$$

当 $\alpha \downarrow 0, \beta \uparrow \infty$ 时这一积分趋向于 $L(\lambda; y)$. 因为, $y(0) = 0$ 而且 $\{y(\beta)\}$ 当 $\beta \uparrow \infty$ 时是指数增长的, 于是再用 A 的闭算子属性, 我们便得

$$AL(\lambda; y) = \lambda L(\lambda; y) \quad \text{在实部 } \mathrm{Re}(\lambda) \text{ 充分大时成立.}$$

因为在 $\mathrm{Re}(\lambda) > 0$ 时逆 $(\lambda I - A)^{-1}$ 存在, 因此当 $\mathrm{Re}(\lambda)$ 是充分大的正数时必有 $L(\lambda; y) = 0$. 于是, 对于任何连续线性泛函 $f \in X'$, 我们有

$$\int_0^\infty e^{-\lambda t} f(y(t)) dt = 0, \text{ 当 } \mathrm{Re}(\lambda) \text{ 为充分大的正数时.}$$

我们记 $\lambda = \sigma + i\tau$ 而且令

$$g_\sigma(t) = \begin{cases} e^{-\sigma t}f(y(t)), & \text{当 } t \geqslant 0 \text{ 时}, \\ 0, & \text{当 } t < 0 \text{ 时}. \end{cases}$$

那么上面的等式表明 Fourier 变换 $(2\pi)^{-1} \int_{-\infty}^{\infty} e^{-i\tau t}g_\sigma(t)dt$ 关于 τ $(-\infty < \tau < \infty)$ 恒为零, 从而由 Fourier 反演定理, 恒有 $g_\sigma(t) = 0$. 于是 $f(y(t)) = 0$, 从而由 Hahn-Banach 定理, 必恒有 $y(t) = 0$.

所以, 对于一切 $t > 0$ 和 $x \in D(A), \widehat{T}_t x = T_t x$. 因为 $D(A)$ 在 X 中稠密而且 $\widehat{T}_t, T_t$ 都属于 $L(X, X)$, 我们容易得出结论, 对于一切 $x \in X$ 和 $t > 0, \widehat{T}_t x = T_t x$. 因此, 由定义 $\widehat{T}_0 = I$, 即诸 $t \geqslant 0$ 满足 $\widehat{T}_t = T_t$. 因此, 由 (7), $T'_t x = (2\pi i)^{-1} \int_{C_2} e^{\lambda t}\lambda R(\lambda; A)x d\lambda, t > 0$, 从而由 (1) 和 (5), 我们得到

$$(T'_{t/n})^n x = T_t^{(n)} x = (2\pi i)^{-1} \int_{C_2} e^{\lambda t}\lambda^n R(\lambda; A)x d\lambda, \quad t > 0.$$

所以, 由 (III),

$$p((tT'_t)^n x) \leqslant (2\pi)^{-1}q(x) \int_{C_2} |e^{n\lambda t}||t^n||\lambda|^{n-1}d|\lambda|.$$

如果 $0 < t \leqslant 1$, 则最后的积分不超过 C_3^n, 这里 C_3 是确定的正常数. 当把积分路径 C_2 分为在右半平面 $\mathrm{Re}(\lambda) \geqslant 0$ 和在左半平面 $\mathrm{Re}(\lambda) < 0$ 之两部分的和, 而且回想一下 Γ 函数的积分表示时, 我们就可看出这一点.

参考文献 本节结果属于 K. Yosida [6], 也见于 E. Hille [3] 和 E. Hille-R. S. Phillips [1].

§11. 闭算子的分数幂

当 $0 < \alpha < 1$ 时, 取 z^α 的分支使得 $\mathrm{Re}(z) > 0$ 蕴涵 $\mathrm{Re}(z^\alpha) > 0$; 这一分支在沿负实轴割开的 z–平面上是单值函数. 当还有 $t > 0$ 和 $\sigma > 0$ 时, 我们引入

$$f_{t,\alpha}(\lambda) = \begin{cases} \dfrac{1}{2\pi i} \int_{\sigma-i\infty}^{\sigma+i\infty} e^{z\lambda - tz^\alpha}dz & (\lambda \geqslant 0), \\ 0 & (\lambda < 0). \end{cases} \tag{1}$$

由于有收敛因子 e^{-tz^α}, (1) 中积分显然是收敛的. 根据 Cauchy 积分定理, 积分 (1) 同 $\sigma > 0$ 无关. 设 X 是 B–空间, 而 $\{T_t; t \geqslant 0\} \subseteq L(X, X)$ 是 (C_0) 类等度连续半群. 我们采用 S. Bochner [2] 和 R. S. Phillips [5] 的方法, 可以证明算子

$$\widehat{T}_{t,\alpha}x = \widehat{T}_t x = \begin{cases} \int_0^\infty f_{t,\alpha}(s)T_s x ds & (t > 0), \\ x & (t = 0) \end{cases} \tag{2}$$

构成 (C_0) 类等度连续半群. 此外, 我们可证 $\{\widehat{T}_t\}$ 是全纯半群 (K. Yosida [8] 和 V. Balakrishnan [1])且其无穷小生成元 $\widehat{A} = \widehat{A}_\alpha$ 同 T_t 的无穷小生成元 A 由

$$\widehat{A}_\alpha x = -(-A)^\alpha x \quad \text{对于 } x \in D(A) \tag{3}$$

联系着, 这里 $(-A)$ 的分数幂 $(-A)^\alpha$ 由下式

$$(-A)^\alpha x = \frac{\sin \alpha \pi}{\pi} \int_0^\infty \lambda^{\alpha-1}(\lambda I - A)^{-1}(-Ax)d\lambda \quad \text{对于 } x \in D(A) \tag{4}$$

得到, 而且亦可得于下式

$$(-A)^\alpha x = \Gamma(-\alpha)^{-1} \int_0^\infty \lambda^{-\alpha-1}(T_\lambda - I)x d\lambda \quad \text{对于 } x \in D(A). \tag{5}$$

公式 (4) 和 (5) 是由 V. Balakrishnan 得到的. T. Kato 得到 $\widehat{A}_\alpha$ 的预解式如下:

$$(\mu I - \widehat{A}_\alpha)^{-1} = \frac{\sin \alpha \pi}{\pi} \int_0^\infty (rI - A)^{-1} \frac{r^\alpha}{\mu^2 - 2\mu r^\alpha \cos \alpha \pi + r^{2\alpha}} dr. \tag{6}$$

用这种方法, 我们得知 (C_0) 类等度连续半群类里有大量全纯半群.

为了证明上面的结果, 我们用一系列命题研究函数 $f_{t,\alpha}(\lambda)$ 的性质.

命题 1　我们有

$$e^{-ta^\alpha} = \int_0^\infty e^{-\lambda a} f_{t,\alpha}(\lambda)d\lambda \quad (t > 0, a > 0). \tag{7}$$

证明　用收敛因子 $e^{-z^\alpha t}$ 易见函数 $f_{t,\alpha}(\lambda)$ 依 λ 指数增长. 设 $a > \sigma = \text{Re}(z) > 0$, 由 Cauchy 留数定理[①]

$$\int_0^\infty e^{-\lambda a} f_{t,\alpha}(\lambda)d\lambda = \frac{1}{2\pi i} \int_{\sigma-i\infty}^{\sigma+i\infty} \left[\frac{e^{\lambda(z-a)}}{z-a}\right]_{\lambda=0}^{\lambda=\infty} e^{-z^\alpha t} dz$$

$$= \frac{-1}{2\pi i} \int_{\sigma-i\infty}^{\sigma+i\infty} \frac{1}{z-a} e^{-z^\alpha t} dz = e^{-ta^\alpha}.$$

命题 2　我们有

$$\text{对于 } \lambda > 0, f_{t,\alpha}(\lambda) \geqslant 0. \tag{8}$$

证明　如果我们令 $a^\alpha = g(a), e^{-tx} = h(x)$, 则当 $a > 0$ 时,

$$(-1)^{n-1} g^{(n)}(a) \geqslant 0 \ (n = 1, 2, \cdots), g(a) \geqslant 0$$

以及 $(-1)^n h^{(n)}(x) \geqslant 0 \ (n = 0, 1, \cdots).$

[①]校者注: 以下第一等式前用到了 Fubini 定理, 尽管此定理的条件是满足的, 但原著者没有验证.

因此 $k(a) = h(g(a)) = e^{-ta^\alpha}$ 满足

$$
\left.
\begin{aligned}
&(-1)^n k^{(n)}(a) \\
&= (-1)h'(x)(-1)^{n-1}g^{(n)}(a) \\
&\quad + \sum_{(p)} C^{(n)}_{(p_0 p_1 \cdots p_\nu)}(-1)^{p_0}h^{(p_0)}(x)(-1)^{p_1}g^{(p_1+1)}(a)\cdots(-1)^{p_\nu}g^{(p_\nu+1)}(a) \\
&(C^{(n)}_{(p)} \geqslant 0, p_0 \geqslant 2, p_1 \geqslant 0, \cdots, p_\nu \geqslant 0 \text{ 且 } p_0 \leqslant \sum_{i=1}^{\nu} p_i = n \text{ 而 } \nu \text{ 任意}) \\
&\geqslant 0 \ (n = 0, 1, 2, \cdots).
\end{aligned}
\right\}
\tag{9}
$$

也就是说, 函数 $k(a) = e^{-ta^\alpha}$ 依 $a \geqslant 0$ 是完全单调的.

其次我们证明 Post-Widder 反演公式

$$
f_{t,\alpha}(\lambda) = \lim_{n \to \infty} \frac{(-1)^n}{n!}\left(\frac{n}{\lambda}\right)^{n+1} k^{(n)}\left(\frac{n}{\lambda}\right), \quad \lambda > 0,
\tag{10}
$$

从而, 由 (9), $f_{t,\alpha}(\lambda) \geqslant 0$. (10) 的证明如下. 把 (7) 式微分 n 次, 我们求得

$$
k^{(n)}\left(\frac{n}{\lambda}\right) = (-1)^n \int_0^\infty s^n e^{-sn/\lambda} f_{t,\alpha}(s)ds.
$$

将它代入 (10) 的右端, 我们得到

$$
\lim_{n \to \infty} \frac{n^{n+1}}{e^n n!}\frac{1}{\lambda}\int_0^\infty \left[\frac{s}{\lambda}\exp\left(1 - \frac{s}{\lambda}\right)\right]^n f_{t,\alpha}(s)ds.
$$

据 Stirling 公式 $\lim\limits_{n\to\infty} n^n/\sqrt{2\pi n}e^n n! = 1$[①], 我们需要证明

$$
f_{t,\alpha}(\lambda_0) = \lim_{n \to \infty} \frac{\sqrt{2\pi}}{\lambda_0}\int_0^\infty n^{\frac{3}{2}}\left[\frac{s}{\lambda_0}\exp\left(1 - \frac{s}{\lambda_0}\right)\right]^n f_{t,\alpha}(s)ds, \quad \lambda_0 > 0.
\tag{11}
$$

设 $0 < \eta < \lambda_0$, 我们将上述积分分解为三部分

$$
\int_0^\infty = \int_0^{\lambda_0-\eta} + \int_{\lambda_0-\eta}^{\lambda_0+\eta} + \int_{\lambda_0+\eta}^\infty = J_1 + J_2 + J_3.
$$

因为 $x\exp(1-x)$ 在 $[0,1]$ 单调地从 0 增至 1, 用 $f_{t,\alpha}(s)$ 关于 s 的有界性, 我们看出 $\lim\limits_{n\to\infty} J_1 = 0$. 其次, 因为 $x\exp(1-x)$ 在 $[1,\infty)$ 单调地从 1 减至 0, 我们有

$$
\frac{\lambda_0+\eta}{\lambda_0}\exp\left(1 - \frac{\lambda_0+\eta}{\lambda_0}\right) < \beta < 1,
$$

[①]校者注: 作者这里写的 Stirling 公式是个错误形式. 根据正确形式 $\lim\limits_{n\to\infty} n^n\sqrt{2\pi n}/e^n n! = 1$, 下面的 $\sqrt{2\pi}n^{3/2}$ 应换成 $\sqrt{n/(2\pi)}$.

当 $s \uparrow \infty$ 时, $f_{t,\alpha}(s)$ 是指数增长的. 所以, 当 $n \to \infty$ 时, 得

$$|J_3| \leqslant n^{\frac{3}{2}} e^{n_0} \beta^{n-n_0} \int_0^\infty \left(\frac{s}{\lambda_0}\right)^{n_0} \exp\left(-\frac{n_0 s}{\lambda_0}\right) |f_{t,\alpha}(s)| ds \to 0.^{①}$$

根据 $f_{t,\alpha}(s)$ 关于 s 的连续性, 对于任何正数 ε, 取 $\eta > 0$ 充分小使

$$f_{t,\alpha}(\lambda_0) - \varepsilon \leqslant f_{t,\alpha}(s) \leqslant f_{t,\alpha}(\lambda_0) + \varepsilon$$

在 $\lambda_0 - \eta \leqslant s \leqslant \lambda_0 + \eta$ 时成立. 于是

$$(f_{t,\alpha}(\lambda_0) - \varepsilon) J_0 \leqslant J_2 \leqslant (f_{t,\alpha}(\lambda_0) + \varepsilon) J_0, \tag{12}$$

这里

$$J_0 = \int_{\lambda_0 - \eta}^{\lambda_0 + \eta} n^{\frac{3}{2}} \left[\frac{s}{\lambda_0} \exp\left(1 - \frac{s}{\lambda_0}\right)\right]^n ds.^{②} \tag{13}$$

整个前面的论证对于完全单调函数的特殊情况

$$k(a) = a^{-1} = \int_0^\infty e^{-\lambda a} d\lambda$$

是正确的. 在这种情况, $k^{(n)}(n/\lambda_0) = (-1)^n n! (\lambda_0/n)^{n+1}$. 把它代入 (10), 我们求得 (10) 在 $f_{t,\alpha}(\lambda) \equiv 1$ 时成立. 因为 (10) 和 (11) 是等价的, (11) 在 $f_{t,\alpha}(\lambda) \equiv 1$ 时也必成立. 于是, 因为对于一般的 $f_{t,\alpha}$ 有 $\lim_{n \to \infty} J_1 = 0$ 和 $\lim_{n \to \infty} J_3 = 0$, 我们得到

$$1 = \lim_{n \to \infty} \sqrt{2\pi} \lambda_0^{-1} J_0.^{③}$$

因此, 由 (12), 我们即得 (11) 并且证明了等价的公式 (10).

命题 3

$$\int_0^\infty f_{t,\alpha}(\lambda) d\lambda = 1, \tag{14}$$

$$f_{t+s,\alpha}(\lambda) = \int_0^\infty f_{t,\alpha}(\lambda - \mu) f_{s,\alpha}(\mu) d\mu. \tag{15}$$

证明　由于函数 $f_{t,\alpha}(\lambda)$ 是非负的. 根据 Lebesgue-Fatou 引理和 (7) 式, 我们有

$$\int_0^\infty \varliminf_{a \downarrow 0} (e^{-\lambda a} f_{t,\alpha}(\lambda)) d\lambda \leqslant \varliminf_{a \downarrow 0} e^{-ta^\alpha} = 1.$$

---

①校者注: 此式证明有问题, 至此推理过程不能说明上式积分有限.

②校者注: $J_0 = \int_{\lambda_0 - \eta}^{\lambda_0 + \eta} n^{\frac{1}{2}} \left[\frac{s}{\lambda_0} \exp\left(1 - \frac{s}{\lambda_0}\right)\right]^n ds.$

③校者注: $1 = \lim_{n \to \infty} (\sqrt{2\pi}\lambda_0)^{-1} J_0.$

于是 $f_{t,\alpha}(\lambda)$ 关于 λ 在 $(0,\infty)$ 可积, 从而再次应用 Lebesgue-Fatou 引理和 (7) 式, 我们便得 (14). 由 (7), 我们还有

$$\int e^{-\lambda a}\Big\{\int f_{t,\alpha}(\lambda-\mu)f_{s,\alpha}(\mu)d\mu\Big\}d\lambda$$
$$=\int e^{-(\lambda-\mu)a}f_{t,\alpha}(\lambda-\mu)d(\lambda-\mu)\int e^{-\mu a}f_{s,\alpha}(\mu)d\mu$$
$$=e^{-ta^\alpha}e^{-sa^\alpha}=e^{-(t+s)a^\alpha}=\int e^{-\lambda a}f_{t+s,\alpha}(\lambda)d\lambda,\quad a>0.$$

因此, 像前节一样应用逆 Laplace 变换, 我们便得 (15).

命题 4 我们有
$$\int_0^\infty \frac{\partial f_{t,\alpha}(\lambda)}{\partial t}d\lambda=0,\quad t>0. \tag{16}$$

证明 将 (1) 中积分路径形变为 $re^{-i\theta}(-\infty<-r<0)$ 和 $re^{i\theta}(0<r<\infty)$ 两部分的并, 这里 $\pi/2\leqslant\theta\leqslant\pi^①$, 我们得到

$$f_{t,\alpha}(s)=\frac{1}{\pi}\int_0^\infty \exp(sr\cos\theta-tr^\alpha\cos\alpha\theta) \times\sin(sr\sin\theta-tr^\alpha\sin\alpha\theta+\theta)dr. \tag{17}$$

类似地, 在
$$f'_{t,\alpha}(\lambda)=\frac{\partial f_{t,\alpha}(\lambda)}{\partial t}=\frac{1}{2\pi i}\int_{\sigma-i\infty}^{\sigma+i\infty}e^{z\lambda-z^\alpha t}(-z^\alpha)dz$$

中将积分路径形变为 $re^{-i\theta}$ $(-\infty<-r<0)^②$ 和 $re^{i\theta}$ $(0<r<\infty)$ 两部分的并, 我们得到

$$\frac{\partial f_{t,\alpha}(s)}{\partial t}=\frac{(-1)}{\pi}\int_0^\infty \exp(sr\cos\theta-tr^\alpha\cos\alpha\theta) \times\sin(sr\sin\theta-tr^\alpha\sin\alpha\theta+\alpha\theta+\theta)r^\alpha dr. \tag{18}$$

取 $\theta=\theta_\alpha=\pi/(1+\alpha)$, 则
$$f'_{t,\alpha}(s)=\frac{1}{\pi}\int_0^\infty \exp((sr+tr^\alpha)\cos\theta_\alpha) \times\sin((rs-tr^\alpha)\sin\theta_\alpha)r^\alpha dr. \tag{19}$$

于是用因子 r^α $(0<\alpha<1)$ 我们看出, $f'_{t,\alpha}(s)$ 关于 s 在 $(0,\infty)$ 可积. 因此, 将 (14) 对 t 微分, 我们即得 (16).

我们现在可以证明

定理 1 $\{\widehat{T}_t\}$ 是全纯半群.

---

①校者注: 形变过程中应首先保持 $\pi/2\leqslant\theta<\min\{\pi/2\alpha,\pi\}$, 得到下式后再说明 $\pi/2\leqslant\theta\leqslant\pi$ 时也对.

②校者注: 这里就换成 $\infty>r>0$.

证明　据 (2) 和 (15), $\{\widehat{T}_t\}$ 显然具有半群性质 $\widehat{T}_t\widehat{T}_s = \widehat{T}_{t+s}$ $(t, s > 0)$. 用 (2) 以及使 $\theta = \theta_\alpha$ 的 (17) 式, 我们有

$$\widehat{T}_t x = \frac{1}{\pi} \int\limits_0^\infty T_s x ds \int\limits_0^\infty \exp((sr + tr^\alpha)\cos\theta_\alpha) \tag{20}$$
$$\times \sin((rs - tr^\alpha)\sin\theta_\alpha + \theta_\alpha)dr,$$

上式经变量代换

$$s = vt^{1/\alpha}, \quad r = ut^{-1/\alpha}, \tag{21}$$

就变成

$$\widehat{T}_t x = \frac{1}{\pi} \int\limits_0^\infty T_{vt^{1/\alpha}} x dv \int\limits_0^\infty \exp((uv + u^\alpha)\cos\theta_\alpha) \tag{20'}$$
$$\times \sin((uv - u^\alpha)\sin\theta_\alpha + \theta_\alpha)du.$$

右边第二个积分恰是 $\pi f_{1,\alpha}(v)$, 因此, 根据 $\{\|T_t x\|\}$ 对于 $t \geqslant 0$ 的一致有界性和 (14), 我们得出

$$\|\widehat{T}_t x\| \leqslant \sup_{t \geqslant 0} \|T_t x\| \int\limits_0^\infty f_{1,\alpha}(v)dv = \sup_{t \geqslant 0} \|T_t x\|. \tag{22}$$

因 $f_{1,\alpha}(v)$ 在 $[0, \infty)$ 可积, 故可以在 (20') 中取极限 $t \downarrow 0$, 由 (14), 我们就得到

$$\text{s-}\lim_{t \downarrow 0} \widehat{T}_t x = \int\limits_0^\infty f_{1,\alpha}(v)dv \cdot x = x.$$

因此 $\{\widehat{T}_t\}$ 是 (C_0) 类等度连续半群使得 (22) 成立.

由 $f'_{t,\alpha}(s) = \partial f_{t,\alpha}(s)/\partial t$ 在 $[0, \infty)$ 的可积性和 $\{T_t\}$ 的等度连续性, 在积分号下将 (2) 依 t 微分后用变量代换 (21), 我们便得到

$$\widehat{T}'_t x = \int\limits_0^\infty f'_{t,\alpha}(s) T_s x ds$$
$$= \frac{1}{\pi} \int\limits_0^\infty T_s x ds \int\limits_0^\infty \exp((sr + tr^\alpha)\cos\theta_\alpha) \tag{23}$$
$$\times \sin((rs - tr^\alpha)\sin\theta_\alpha)r^\alpha dr$$
$$= \int\limits_0^\infty (T_{vt^{1/\alpha}} x) f'_{1,\alpha}(v)dv \cdot t^{-1}.$$

于是, 由 $f'_{1,\alpha}(v)$ 在 $[0, \infty)$ 的可积性和 $\{T_t\}$ 对于 $t \geqslant 0$ 的等度连续性, 我们得知

$$\varlimsup_{t \downarrow 0} \|t\widehat{T}'_t\| < \infty,$$

即 $\{\widehat{T}_t\}$ 是全纯半群.

定理 2　$\widehat{T}_t$ 的无穷小生成元 $\widehat{A}_\alpha$ 同 T_t 的无穷小生成元 A 是由 (3) 相联系的, 这里 $(-A)^\alpha$ 是由 (4) 定义的, 也可由 (5) 定义. 此外, 我们有 (6).

证明　由 (16) 和 (23), 我们得到

$$\widehat{T}'_t x = \frac{1}{\pi} \int_0^\infty (T_s - I)x \, ds \int_0^\infty \exp((sr + tr^\alpha)\cos\theta_\alpha) \tag{24}$$
$$\times \sin((rs - tr^\alpha)\sin\theta_\alpha)r^\alpha dr.$$

如果 $x \in D(A)$, 则 s- $\lim_{s\downarrow 0} s^{-1}(T_s - I)x = Ax$ 且 $\|(T_s - I)x\|$ 关于 $s \geqslant 0$ 有界. 于是, 在 (24) 中令 $t \downarrow 0$, 我们得到

$$\text{s-}\lim_{t\downarrow 0}\widehat{T}'_t x = \frac{1}{\pi} \int_0^\infty (T_s - I)x \, ds \int_0^\infty \exp(sr\cos\theta_\alpha) \cdot \sin(sr\sin\theta_\alpha)r^\alpha dr$$
$$= (-\Gamma(-\alpha))^{-1} \int_0^\infty s^{-\alpha-1}(T_s - I)x \, ds.$$

因为, 由 Γ 函数公式

$$\Gamma(z) = c^z \int_0^\infty e^{-cr}r^{z-1}dr \quad (\operatorname{Re}(z) > 0, \operatorname{Re}(c) > 0) \tag{25}$$

和

$$\Gamma(z)\Gamma(1-z) = \pi/\sin\pi z, \tag{26}$$

用 $(\alpha+1)\theta_\alpha = \pi$, 我们得到[①]

$$\frac{1}{\pi} \int_0^\infty \exp(sr\cos\theta_\alpha) \cdot \sin(sr\sin\theta_\alpha)r^\alpha dr = (\pi i)^{-1}\operatorname{Im}\left\{ \int_0^\infty e^{-r(-se^{i\theta_\alpha})}r^\alpha dr \right\}$$
$$= (\pi i)^{-1}\operatorname{Im}\left((-se^{i\theta_\alpha})^{-\alpha-1} \right)\Gamma(1+\alpha) = -s^{-\alpha-1}\pi^{-1}\sin(\alpha\pi)\Gamma(1+\alpha)$$
$$= s^{-\alpha-1}\frac{-\Gamma(1+\alpha)}{\Gamma(-\alpha)\Gamma(1+\alpha)} = (-\Gamma(-\alpha))^{-1}s^{-\alpha-1}.$$

于是, 用 $\widehat{T}'_t x = \widehat{A}_\alpha \widehat{T}_t x$ (当 $t > 0$ 时), $\widehat{T}_t x$ 在 $t = 0$ 的连续性以及无穷小生成元 $\widehat{A}_\alpha$ 的闭算子属性, 我们得到

$$\widehat{A}_\alpha x = (-\Gamma(-\alpha))^{-1} \int_0^\infty s^{-\alpha-1}(T_s - I)x \, ds \quad \text{当 } x \in D(A) \text{ 时.}$$

因此, 由 (25), (26) 和 $(tI - A)^{-1} = \int_0^\infty e^{-ts}T_s ds$, 便得

$$\widehat{A}_\alpha x = \Gamma(-\alpha)^{-1}\Gamma(1+\alpha)^{-1} \int_0^\infty \left\{ \int_0^\infty e^{-st}t^\alpha dt \right\}(I - T_s)x \, ds$$
$$= \frac{\sin\alpha\pi}{\pi} \int_0^\infty t^\alpha ((tI - A)^{-1} - t^{-1}I)x \, dt$$
$$= \frac{\sin\alpha\pi}{\pi} \int_0^\infty t^{\alpha-1}(tI - A)^{-1}Ax \, dt \quad \text{对于 } x \in D(A).$$

[①]校者注: 原著者在下式中将复数 $a + ib$ 的虚部规定为 ib 而非 b.

最后, 由在 (17) 中取 $\theta = \pi$[①]以及 (2), 我们有[②]

$$(\mu I - \widehat{A}_\alpha)^{-1} = \int_0^\infty e^{-\mu t} \widehat{T}_t dt$$

$$= \pi^{-1} \int_0^\infty dr \int_0^\infty e^{-sr} T_s ds \int_0^\infty \exp(-\mu t - t r^\alpha \cos \alpha \pi) \cdot \sin(t r^\alpha \sin \alpha \pi) dt$$

$$= \pi^{-1} \int_0^\infty (rI - A)^{-1} \Big\{ \int_0^\infty \exp(-\mu t - t r^\alpha \cos \alpha \pi) \cdot \sin(t r^\alpha \sin \alpha \pi) dt \Big\} dr$$

$$= \frac{\sin \alpha \pi}{\pi} \int_0^\infty (rI - A)^{-1} \frac{r^\alpha}{\mu^2 - 2r^\alpha \mu \cos \alpha \pi + r^{2\alpha}} dr.$$

注　公式 (2) 是 S. Bochner[2] 发现的但未详细证明, 请参看 R. S. Phillips [5]. 而 $\widehat{T}_t$ 是全纯半群的结论为 K. Yosida [8], V. Balakrishnan [1] 和 T. Kato [2] 所证明. 公式 (4) 和 (5) 属于 V. Balakrishnan [1], 他对于满足以下条件

$$\text{预解式 } R(\lambda; A) = (\lambda I - A)^{-1} \text{ 对于 } \mathrm{Re}(\lambda) > 0 \text{存在}$$

$$\text{且} \sup_{\mathrm{Re}(\lambda) > 0} |\mathrm{Re}(\lambda)| \cdot \|R(\lambda; A)\| < \infty \tag{27}$$

的线性闭算子 A 借助于 (4) 定义了分数幂 $(-A)^\alpha$. 他还证明 $(-A)^\alpha$ 具有分数幂所要求的性质. 事实上我们有

定理 3　设线性闭算子 A 满足条件 (27), 则 (4) 定义了线性算子 $(-A)^\alpha$ 使

如果 $x \in D(A^2)$ 且 $0 < \alpha, \beta$ 以及 $\alpha + \beta < 1$, 则

$$(-A)^\alpha (-A)^\beta x = (-A)^{\alpha+\beta} x, \tag{28}$$

如果 $x \in D(A)$, 则 s- $\lim_{\alpha \uparrow 1} (-A)^\alpha x = -Ax$, $\tag{29}$

如果 s- $\lim_{\lambda \downarrow 0} \lambda R(\lambda; A) x = 0$, 则 s- $\lim_{\alpha \downarrow 0} (-A)^\alpha x = x$. $\tag{30}$

如果 A 还是某个 (C_0) 类等度连续半群 T_t 的无穷小生成元, 则

$$(A_\alpha)_\beta = A_{\alpha\beta}, \quad \text{这里 } A_\alpha \text{ 是通过 Kato 公式 (6) 定义的算子 } \widehat{A}_\alpha. \tag{31}$$

注　上述公式 (31) 属于 J. Watanabe [1].

证明　由 (27), $\|r^{\alpha-1}(rI - A)^{-1}(-Ax)\|$ 在 $r \uparrow \infty$ 时是 $O(r^{\alpha-2})$ 阶的, 因

$$(rI - A)^{-1}(-Ax) = x - r(rI - A)^{-1}x$$

[①]校者注: 应令 $\theta \to \pi$.
[②]校者注: 下式在用 Fubini 定理交换积分顺序时应设 $0 < \alpha \leqslant 1/2$.

和 (27), 它在 $r \downarrow 0$ 时是 $O(r^{\alpha-1})$ 阶的. 于是 (4) 的右端是收敛的.

很明显, $x \in D(A^2)$ 蕴涵 $(-A)^\beta x \in D(A)$. 因为, 以 Riemann 和逼近积分并用 A 的闭算子属性, 即有 $(-A)^\beta x \in D(A)$. 于是我们可以定义 $(-A)^\alpha (-A)^\beta x$.

当积分域分割成 $\lambda \geqslant \mu$ 和 $\lambda < \mu$ 这两部分时

$$(-A)^\alpha (-A)^\beta x = \frac{\sin \alpha\pi}{\pi} \frac{\sin \beta\pi}{\pi} \int_0^\infty \int_0^\infty \lambda^{\beta-1} \mu^{\alpha-1} R(\lambda; A) R(\mu; A) A^2 x d\lambda d\mu$$

可以写成

$$\frac{\sin \alpha\pi}{\pi} \frac{\sin \beta\pi}{\pi} \int_0^1 (\sigma^{\beta-1} + \sigma^{\alpha-1}) d\sigma \int_0^\infty \lambda^{\alpha+\beta-1} R(\lambda\sigma; A) R(\lambda; A) A^2 x d\lambda.$$

在 $D(A)$ 上成立预解方程

$$R(\lambda; A) - R(\mu; A) = (\mu - \lambda) R(\lambda; A) R(\mu; A)$$

且 $R(\lambda; A)(-A) = I - \lambda R(\lambda; A)$, 我们得到

$$R(\lambda\sigma; A) R(\lambda; A) A^2 x = (1-\sigma)^{-1} \{-\sigma R(\lambda\sigma; A) + R(\lambda; A)\}(-Ax),$$

所以

$$(-A)^\alpha (-A)^\beta x = \frac{\sin \alpha\pi}{\pi} \frac{\sin \beta\pi}{\pi} \text{ s-} \lim_{t\uparrow 1} \int_0^t (\sigma^{\beta-1} + \sigma^{\alpha-1})(1-\sigma)^{-1} d\sigma$$

$$\times \int_0^\infty \lambda^{\alpha+\beta-1} (-\sigma R(\lambda\sigma; A) + R(\lambda; A))(-Ax) d\lambda$$

$$= \int_0^\infty \left(\frac{\sin \alpha\pi}{\pi} \frac{\sin \beta\pi}{\pi} \int_0^1 \frac{\sigma^{\beta-1} + \sigma^{\alpha-1} - \sigma^{-\alpha} - \sigma^{-\beta}}{1-\sigma} d\sigma \right)$$

$$\times \lambda^{\alpha+\beta-1} R(\lambda; A)(-Ax) d\lambda.$$

上面 ( ) 中的系数经计算为 $\pi^{-1} \sin \pi(\alpha + \beta)$, 当把 $(1 - \sigma)^{-1}$ 展开成为 σ 的幂级数时就可看出. 于是我们证明了 (28).

为了证明 (29), 我们要用 $\int_0^\infty \lambda^{\alpha-1}(1 + \lambda)^{-1} d\lambda = \pi / \sin \alpha\pi$. 于是

$$(-A)^\alpha x - (-A)x = \frac{\sin \alpha\pi}{\pi} \int_0^\infty \lambda^{\alpha-1} \Big(R(\lambda; A) - \frac{1}{\lambda+1} \Big)(-Ax) d\lambda.$$

我们将积分分为两部分, 一部分从 0 到 C, 另一部分从 C 到 ∞. 对于固定的 C, 当 $\alpha \uparrow 1$ 时第一部分趋向于零, 因为 $R(\lambda; A)(-Ax) = x - \lambda R(\lambda; A)x$ 对于 $\lambda > 0$ 是有界的. 第二部分按范数

$$\leqslant \frac{\sin \alpha\pi}{\pi(1-\alpha)} C^{\alpha-1} \sup_{\lambda \geqslant C} \left\| \Big(\lambda R(\lambda; A) - \frac{\lambda}{\lambda+1} \Big) Ax \right\|.$$

由 $x - \lambda R(\lambda; A)x = R(\lambda; A)(-Ax)$ 和 (27), 我们有 s- $\lim\limits_{\lambda \uparrow \infty} \lambda R(\lambda; A)x = x$. 如果我们取 C 充分地大, 第二部分的 s- $\lim\limits_{\alpha \uparrow 1}$ 便任意接近于 0. 这就证明了 (29).

为了证明 (30), 我们将积分分为两部分, 其一从 0 到 C 而另外的从 C 到 ∞. 由于 (27), 当 $\alpha \downarrow 0$ 时第二部分趋向于 0. 根据 $R(\lambda; A)(-Ax) = x - \lambda R(\lambda; A)x$ 和假设 s- $\lim\limits_{\lambda \downarrow 0} \lambda R(\lambda; A)x = 0$, 对于充分小的 C, 第一部分任意接近于 $(\alpha\pi)^{-1} \sin \alpha\pi \cdot C^\alpha x$, 而当 $\alpha \downarrow 0$ 时这又趋向于 x. 这就证明了 (30).

我们来证明 (31). 由于表达式 (6), 我们得到

$$
(\mu I - (A_\alpha)_\beta)^{-1} = \int_0^\infty \int_0^\infty (2\pi i)^{-2} \Big(\frac{1}{\mu - \lambda^\beta \cdot e^{-i\pi\beta}} - \frac{1}{\mu - \lambda^\beta \cdot e^{i\pi\beta}} \Big)
$$
$$
\times \Big(\frac{1}{\lambda - \zeta^\alpha \cdot e^{-i\pi\alpha}} - \frac{1}{\lambda - \zeta^\alpha \cdot e^{i\pi\alpha}} \Big) (\zeta I - A)^{-1} d\lambda d\zeta.
$$

这个二重积分按范数绝对收敛, 从而我们可以交换积分次序. 因此便得 (31), 因为内层的积分

$$
= (2\pi i)^{-2} \int_C \frac{-1}{\mu - z^\beta} \Big(\frac{1}{z - \zeta^\alpha e^{-i\pi\alpha}} - \frac{1}{z - \zeta^\alpha e^{i\pi\alpha}} \Big) dz
$$
$$
= (2\pi i)^{-1} \Big(\frac{-1}{\mu - \zeta^{\alpha\beta} e^{-i\pi\alpha\beta}} - \frac{-1}{\mu - \zeta^{\alpha\beta} e^{i\pi\alpha\beta}} \Big),
$$

这里积分路径 C 是从 $\infty e^{i\pi}$ 变到 0 并从 0 变到 $\infty e^{-i\pi}$.

一例分数幂　如果 $\alpha = \frac{1}{2}$, 在 (17) 中取 $\theta = \pi$, 则我们有

$$
f_{t, 1/2}(s) = \pi^{-1} \int_0^\infty e^{-sr} \sin(tr^{1/2}) dr = \pi^{-1} \sqrt{\pi} t (2^3 \sqrt{s})^{-3} e^{-t^2/4s}. \tag{32}
$$

于是, 若我们取与 Gauss 核相联系的半群 $\{T_t\}$:

$$
(T_t x)(u) = \frac{1}{2\sqrt{\pi s}} \int_{-\infty}^\infty e^{-(u-v)^2/4s} x(v) dv, \quad x \in C[-\infty, \infty],
$$

则

$$
(\widehat{T}_{t, 1/2} x)(u) = \int_{-\infty}^\infty \Big\{ \int_0^\infty x(v) \frac{t}{4\pi s^2} e^{-((u-v)^2 + t^2)/4s} ds \Big\} dv
$$
$$
= \frac{t}{\pi} \int_{-\infty}^\infty \frac{1}{t^2 + (u-v)^2} x(v) dv,
$$

即半群 $\{\widehat{T}_t\}$ 是同 Poisson 核相联系的. 在这种情况下, T_t 的无穷小生成元 A 是由微分算子 $\dfrac{d^2}{ds^2}$ 给出的, 可是 $\widehat{T}_t$ 的无穷小生成元 $\widehat{A}$ 是由奇异积分算子

$$
(\widehat{A}_{1/2} x)(s) = \text{s-} \lim_{h \downarrow 0} \frac{1}{\pi} \int_{-\infty}^\infty \frac{x(s-v) - x(s)}{v^2 + h^2} dv,
$$

而不是由微分算子 d/ds 给出. 另外的例子, 请参看 K. Yosida [30].

§12. 半群的收敛性. Trotter-Kato 定理

我们用 $\exp(tA)$ 表示具无穷小生成元 A 的 (C_0) 类半群. 关于半群的收敛性, 我们有

定理 1 设 X 是序列完备的局部凸复线性空间. 设 $\{\exp(tA_n)\} \subseteq L(X,X)$ 是一列 (C_0) 类等度连续半群使得算子族 $\{\exp(tA_n)\}$ 依 $t \geqslant 0$ 和 $n = 1, 2, \cdots$ 等度连续. 这即是假设, 对于 X 上任何连续半范数 $p(x)$, 都有 X 上一个连续半范数 $q(x)$ 使得

$$p(\exp(tA_n)x) \leqslant q(x), \quad \text{对于一切 } t \geqslant 0, x \in X \text{ 和 } n = 1, 2, \cdots. \tag{1}$$

假设有个满足 $\mathrm{Re}(\lambda_0) > 0$ 的 λ_0 和线性算子 $J(\lambda_0)$ 使得

$$\lim_{n \to \infty} R(\lambda_0; A_n)x = J(\lambda_0)x, \ x \in X \text{ 且值域 } R(J(\lambda_0)) \text{ 稠于 } X, \tag{2}$$

则 $J(\lambda_0)$ 是 X 上某个 (C_0) 类等度连续半群 $\exp(tA)$ 的无穷小生成元 A 的预解式且

$$\text{对于 } x \in X, \ \lim_{n \to \infty} \exp(tA_n)x = \exp(tA)x. \tag{3}$$

此外, (3) 中收敛性在 t 的每个紧区间上关于 t 是一致的.

为了证明定理, 我们先证一个

引理 设 $T_t = \exp(tA)$ 是 X 中一个 (C_0) 类等度连续半群, 则对于 X 上任何连续半范数 $p(x)$, 有 X 上一个连续半范数 $q(x)$ 使得

$$p(T_t x - (I - tn^{-1}A)^{-n}x) \leqslant (2n)^{-1}t^2 q(A^2 x) \ (n = 1, 2, \cdots), \ x \in D(A^2). \tag{4}$$

证明 令 $T(t,n) = (I - n^{-1}tA)^{-n}$. 那么我们知道 (第九章 §7) $\{T(t,n)\}$ 关于 $t \geqslant 0$ 及 $n = 1, 2, \cdots$ 为等度连续. 此外, 对于任何 $x \in D(A)$ 有 (第九章 §4)

$$D_t(T(t,n))x = (I - n^{-1}tA)^{-n-1}Ax = A(I - n^{-1}tA)^{-n-1}x,$$
$$D_t T_t x = T_t Ax = AT_t x.$$

由于 T_t 和 $T(t,n)$ 交换, 诸 $x \in D(A)$ 便满足

$$T_t x - T(t,n)x = \int_0^t [D_s T(t-s,n)T_s x]ds$$
$$= \int_0^t T(t-s,n)T_s \Big(Ax - \Big(I - \frac{t-s}{n}A\Big)^{-1}Ax \Big)ds. \tag{5}$$

因此, 如果 $x \in D(A^2)$, 由 $(I - m^{-1}A)^{-1}Ax = -m(I - (I - m^{-1}A)^{-1})x$, 我们有

$$p(T_t x - T(t, n)x) \leqslant \int_0^t p\Big[T(t-s, n)T_s(I - n^{-1}(t-s)A)^{-1}\frac{s-t}{n}A^2 x\Big]ds,$$

于是, 由 $T(t, n)$ 和 T_t 及 $(I - n^{-1}(t-s)A)^{-1}$ 的等度连续性, X 上有个与 x, t 和 n 无关的连续半范数 $q(x)$ 使得

$$p(T_t x - T(t, n)x) \leqslant (2n)^{-1}t^2 q(A^2 x).$$

系　对于任何 $x \in D(A^2), s > 0$ 和 $t \geqslant 0$,

$$p(T_t x - (I - sA)^{-[t/s]}x) \leqslant sq_1(Ax) + \frac{ts}{2}q(A^2 x),$$这里 $q_1(x)$ 是 X 上与 x, t 和 s 无关的连续半范数, 而 $[t/s]$ 是 $\leqslant t/s$ 的最大整数. $\qquad(6)$

证明　对于 $t = ns$, 我们有

$$p(T_{ns}x - (I - sA)^{-n}x) \leqslant 2^{-1}stq(A^2 x).$$

若 $t = ns + u$, 其中 $0 \leqslant u < s$ 以及 $n = [t/s]$, 则

$$p(T_t x - T_{ns}x) = p\Big(\int_{ns}^t T'_\sigma x d\sigma\Big) \leqslant \int_{ns}^t p(T_\sigma Ax)d\sigma \leqslant sq_1(Ax).$$

定理 1 的证明　根据 (1) 和第九章 §4 的 (11), 我们得知 $\{(\operatorname{Re}(\lambda)R(\lambda; A_n)^m)\}$ 对于 $\operatorname{Re}(\lambda) > 0, n = 1, 2, \cdots$ 和 $m = 0, 1, 2, \cdots$ 等度连续. 由此并用 (2), 我们可以证明某个 A 满足 $J(\lambda_0) = (\lambda_0 I - A)^{-1}$ 并且只要 $\operatorname{Re}(\lambda) > 0$ 就有

$$\lim_{n \to \infty} R(\lambda; A_n)x = R(\lambda; A)x, \text{且其收敛性在右半平面} \qquad (7)$$
$$\operatorname{Re}(\lambda) > 0 \text{ 的每个紧子集上关于 } \lambda \text{ 是一致的.}$$

为此, 我们注意到

$$R(\lambda; A_n)x = \sum_{m=0}^{\infty}(\lambda_0 - \lambda)^m R(\lambda_0; A_n)^{m+1}x \quad (\text{对于 } |\lambda - \lambda_0|/\operatorname{Re}(\lambda_0) < 1)$$

且 $\{(\operatorname{Re}(\lambda_0)R(\lambda_0; A_n))^m\}$ 关于 $n = 1, 2, \cdots$ 和 $m = 0, 1, 2, \cdots$ 是等度连续的, 当 $0 < \varepsilon < 1$ 时, 上述级数对于 $|\lambda - \lambda_0|/\operatorname{Re}(\lambda_0) \leqslant 1 - \varepsilon$ 和 $n = 1, 2, \cdots$ 一致收敛. 因而, 对于任何 $\delta > 0$, 有个 m_0 和 X 上一个连续半范数 $q(x)$ 使得当 $|\lambda - \lambda_0|/\operatorname{Re}(\lambda_0) \leqslant 1 - \varepsilon$ 时, 对于 $x \in X$,

$$p(R(\lambda; A_n)x - R(\lambda; A_{n'})x)$$
$$\leqslant \sum_{m=0}^{m_0}|\lambda_0 - \lambda|^m \cdot p(R(\lambda_0; A_n)^{m_0+1}x - R(\lambda_0; A_{n'})^{m_0+1}x) + 2\delta q(x).$$

所以, 由 (2), 我们便知 $\lim_{n\to\infty} R(\lambda; A_n)x = J(\lambda)x$ 对于 $|\lambda - \lambda_0|/\operatorname{Re}(\lambda_0) \leqslant 1 - \varepsilon$ 一致存在. 用这种方法扩张序列 $\{R(\lambda; A_n)\}$ 的收敛域, 我们即知

$$\lim_{n\to\infty} R(\lambda; A)x = J(\lambda)x \text{ 存在且其收敛性在右半平面}$$

$$\operatorname{Re}(\lambda) > 0 \text{ 中的 } \lambda \text{ 的任何紧集上是一致的.}$$

于是 $J(\lambda)$ 是个伪预解式, 因为 $J(\lambda)$ 同 $R(\lambda; A_n)(n = 1, 2, \cdots)$ 一样满足预解方程. 然而, 由 $\overline{R(J(\lambda_0))}^a = X$ 和第八章 §4 中关于伪预解式的遍历定理, 便知 $J(\lambda)$ 是某个线性闭算子 A 的预解式使得 $J(\lambda) = R(\lambda; A)$ 和 $D(A) = R(R(\lambda; A))$ 在 X 中稠密.

于是我们看出 $\exp(tA)$ 是 X 上 (C_0) 类等度连续半群. 我们还要证 (3). 但由 (6) 知

$$p((\exp(tA_n) - (I - sA_n)^{-[t/s]})(I - A_n)^{-2}x)$$
$$\leqslant sq_1(A_n(I - A_n)^{-2}x) + 2^{-1}tsq(A_n^2(I - A_n)^{-2}x)$$

对于任何 $x \in X, s > 0$ 和 $t \geqslant 0$ 成立. 算子

$$A_n(I - A_n)^{-1} = (I - A_n)^{-1} - I,$$
$$A_n(I - A)^{-2} = A_n(I - A_n)^{-1}(I - A_n)^{-1},$$
$$A_n^2(I - A_n)^{-2} = (A_n(I - A_n)^{-1})^2$$

关于 $n = 1, 2, \cdots$ 是等度连续的. 另一方面, 由 (7),

$$\lim_{n\to\infty}(I - sA_n)^{-[t/s]}(I - A_n)^{-2}x = (I - sA)^{-[t/s]}(I - A)^{-2}x$$

关于 s 和 t 是一致的, 如果 $s > 0$ 在任何给定的两个正数之间, 而且 t 在 $[0, \infty)$ 的紧区间上变化. 此外, 由 (6), 有

$$p((\exp(tA) - (I - sA)^{-[t/s]})(I - A)^{-2}x)$$
$$\leqslant sq_1(A(I - A)^{-2}x) + 2^{-1}tsq(A^2(I - A)^{-2}x)$$

对于每个 $x \in X, s > 0$ 和 $t \geqslant 0$ 成立. 于是, 取 $s > 0$ 充分小, 我们得知

$$\text{对于 } y \in R(1; A)^2(X), \lim_{n\to\infty} \exp(tA_n)y = \exp(tA)y$$

而其收敛性在 t 的每个紧区间上关于 t 是一致的. 由于 $R(1; A)^2(X)$ 在 X 中稠密, 用 $\exp(tA)$ 和 $\exp(tA_n)$ 关于 $t \geqslant 0$ 和 $n = 1, 2, \cdots$ 的等度连续性, 便知 (3) 成立.

定理 2　设 X 中的 (C_0) 类等度连续半群序列 $\{\exp(tA_n)\}$ 使得 $\{\exp(tA_n)\}$ 关于 $t \geqslant 0$ 和 $n = 1, 2, \cdots$ 等度连续. 如果对于每个 $x \in X$,

$$\lim_{n \to \infty} \exp(tA_n)x = \exp(tA)x$$

在 t 的每个紧区间上关于 t 是一致的, 则对于每个 $x \in X$ 和 $\mathrm{Re}(\lambda) > 0$ 有 $\lim_{n \to \infty} R(\lambda; A_n)x = R(\lambda; A)x$, 且其收敛性在右半平面 $\mathrm{Re}(\lambda) > 0$ 中的 λ 的每个紧集合上是一致的.

证明　我们有

$$R(\lambda; A)x - R(\lambda; A_n)x = \int_0^\infty e^{-\lambda t}(\exp(tA) - \exp(tA_n))x\,dt.$$

因此, 如将积分分为两部分, 其一从 0 到 C 而另外的从 C 到 ∞, 我们即得结果.

注　对于 Banach 空间 X 的情况, 定理 1 首先由 H. F. Trotter [1] 证明. 但其文章中关于 $J(\lambda)$ 是预解式 $R(\lambda; A)$ 的证明有些不清楚. 这是 T. Kato 指出的, 上面给出的证明是在 Kato 对于 Trotter 证明的改进的基础上改写的. 至于算子半群的扰动理论, 参见 E. Hille-R. S. Phillips [1], T. Kato [9] 和 K. Yosida [31].

§13.　对偶半群. Phillips 定理

设 X 是序列完备的局部凸空间, 而 $\{T_t; t \geqslant 0\} \subseteq L(X, X)$ 是 (C_0) 类等度连续半群. 那么, $L(X', X')$ 中的算子族 $\{T_t^*; t \geqslant 0\}$ 满足半群性质:

$$T_t^* T_s^* = T_{t+s}^*, \quad T_0^* = I^* = X_{\mathrm{s-}}'\text{上恒等算子}$$

(参看第七章 §1 定理 3), 这里 (*) 在这一节表示对偶运算. 然而, 一般地, 它不是 (C_0) 类的. 因为映射 $T_t \to T_t^*$ 不必保持关于 t 的连续性 (参看第七章 §1 命题 1). 但是我们可以证明 $\{T_t^*\}$ 关于 $t \geqslant 0$ 是等度连续的, 此因我们可以证明以下

命题 1　如果算子族 $\{S_t; t \geqslant 0\} \subseteq L(X, X)$ 关于 t 是等度连续的, 则对偶算子族 $\{S_t^*; t \geqslant 0\} \subseteq L(X', X')$[1] 关于 t 也是等度连续的.

证明　对于 X 中任何有界集 B, 由假设, 集合 $\bigcup_{t \geqslant 0} S_t(B)$ 是 X 中有界集. 令

$$U' = \{x' \in X'; \sup_{b \in B}|\langle b, x'\rangle| \leqslant 1\}, \quad V' = \{x' \in X'; \sup_{b \in B, t \geqslant 0}|\langle S_t b, x'\rangle| \leqslant 1\},$$

---

①校者注: 此处及以下 X' 取强对偶, 从而应记为 $X_{\mathrm{s-}}'$.

它们各是 B 和 $\bigcup_{t \geqslant 0} S_t(B)$ 的极集, 也都是原点 $0 \in X'_{s-}$ 的邻域 (参看第四章 §7). 从

$$|\langle S_t b, x' \rangle| = |\langle b, S_t^* x' \rangle| \leqslant 1 \ (b \in B, x' \in V')$$

我们看出对于一切 $t \geqslant 0, S_t^*(V') \subseteq U'$. 这就证明 $\{S_t^*\}$ 依 $t \geqslant 0$ 是等度连续的.

设 A 是半群 T_t 的无穷小生成元, 则 $D(A)^a = X, R(A) \subseteq X$, 而且对于 $\lambda > 0$ 预解式 $(\lambda I - A)^{-1} \in L(X, X)$ 存在且使得

$$\{\lambda^m (\lambda I - A)^{-m}\} \text{ 关于 } \lambda > 0 \text{ 和 } m = 0, 1, 2, \cdots \text{ 等度连续.} \tag{1}$$

我们可以证明 (参看第八章 §6 定理 2)

命题 2　对于 $\lambda > 0$, 预解式 $(\lambda I^* - A^*)^{-1}$ 存在且

$$(\lambda I^* - A^*)^{-1} = ((\lambda I - A)^{-1})^*. \tag{2}$$

证明　我们有 $(\lambda I - A)^* = \lambda I^* - A^*$. 因为 $(\lambda I - A)^{-1} \in L(X, X)$, 故算子 $((\lambda I - A)^{-1})^* \in L(X', X')$ 存在. 我们将证明 $(\lambda I^* - A^*)^{-1}$ 存在而且等于 $((\lambda I - A)^{-1})^*$. 假设有个 $x' \in X'$ 使得 $(\lambda I^* - A^*)x' = 0$, 则诸 $x \in D(A)$ 满足

$$0 = \langle x, (\lambda I^* - A^*)x' \rangle = \langle (\lambda I - A)x, x' \rangle.$$

但是, 因为 $R(\lambda I - A) = X$, 所以必有 $x' = 0$. 因此逆 $(\lambda I^* - A^*)^{-1}$ 必存在. 对于 $x \in X, x' \in D(A^*)$, 我们有

$$\langle x, x' \rangle = \langle (\lambda I - A)(\lambda I - A)^{-1}x, x' \rangle$$
$$= \langle (\lambda I - A)^{-1}x, (\lambda I^* - A^*)x' \rangle.$$

于是 $D(((\lambda I - A)^{-1})^*) \supseteq R(\lambda I^* - A^*)$ 并且诸 $x' \in D(A^*)$ 使得

$$((\lambda I - A)^{-1})^* \cdot (\lambda I^* - A^*)x' = x',$$

这得到 $((\lambda I - A)^{-1})^* \supseteq (\lambda I^* - A^*)^{-1}$. 另外对于 $x \in D(A)$ 和 $x' \in D(((\lambda I - A)^{-1})^*)$ 有

$$\langle x, x' \rangle = \langle (\lambda I - A)^{-1}(\lambda I - A)x, x' \rangle$$
$$= \langle (\lambda I - A)x, ((\lambda I - A)^{-1})^* x' \rangle.$$

这得到 $D(A^*) = D((\lambda I - A)^*) \supseteq R(((\lambda I - A)^{-1})^*)$ 且诸 $x' \in D(((\lambda I - A)^{-1})^*)$ 满足

$$(\lambda I - A)^* \cdot ((\lambda I - A)^{-1})^* x' = x',$$

即 $((\lambda I - A)^{-1})^* \subseteq (\lambda I^* - A^*)^{-1}$. 于是我们证明了 (2).

我们现在即可证明

定理　设 X 是序列完备的局部凸空间而且其强对偶空间 X' 也是序列完备的. 设 $\{T_t; t \geqslant 0\} \subseteq L(X, X)$ 是无穷小生成元为 A 的 (C_0) 类等度连续半群. 我们用 X^+ 表示定义域 $D(A^*)$ 按 X' 上强拓扑的闭包 $D(A^*)^a$. 设 T_t^+ 是 T_t^* 于 X^+ 的限制, 则 $T_t^+ \in L(X^+, X^+)$ 并且 $\{T_t^+; t \geqslant 0\}$ 是 (C_0) 类等度连续半群而其无穷小生成元 A^+ 是定义域和值域都在 X^+ 中的 A^* 的最大限制.

注　上述定理在 B–空间 X 这一特殊情况是 R. S. Phillips [2] 证明的, 上述推广属于 H. Komatsu [4].

定理的证明　我们有预解方程

$$R(\lambda; A) - R(\mu; A) = (\mu - \lambda)R(\lambda; A)R(\mu; A)$$

且 $\{\lambda^m R(\lambda; A)^m\}$ 对于 $\lambda > 0$ 与 $m = 0, 1, 2, \cdots$ 等度连续. 于是由命题 1 和 2, 有

$$(\lambda I^* - A^*)^{-1} - (\mu I^* - A^*)^{-1} = (\mu - \lambda)(\lambda I^* - A^*)^{-1}(\mu I^* - A^*)^{-1}, \tag{3}$$

$$\{\lambda^m(\lambda I^* - A^*)^{-m}\} \text{ 对于 } \lambda > 0 \text{ 和 } m = 0, 1, 2, \cdots \text{ 等度连续.} \tag{4}$$

因此, 如果用 $J(\lambda)$ 表示 $(\lambda I^* - A^*)^{-1}$ 于 X^+ 的限制, 我们就有

$$J(\lambda) - J(\mu) = (\mu - \lambda)J(\lambda)J(\mu), \tag{3'}$$

$$\{\lambda^m J(\lambda)^m\} \text{ 对于 } \lambda > 0 \text{ 和 } m = 0, 1, 2, \cdots \text{ 等度连续.} \tag{4'}$$

因 $D(A^*)$ 稠于 X^+ 且因 (4′) 成立, 如同第九章 §7 一样, 我们便知诸 $x \in X^+$ 满足 $\lim_{\lambda \to \infty} \lambda J(\lambda)x = x$. 于是我们有 $R(J(\lambda))^a = X^+$, 因此由第八章 §4 中的 (7′), 有 $N(J(\lambda)) = \{0\}$. 于是伪预解式 $J(\lambda)$ 必是 X^+ 上某一线性闭算子 A^+ 的预解式. 因而, 根据 X^+ 的序列完备性和 (4′), A^+ 是等度连续 (C_0) 类算子半群 $T_t^+ \in L(X^+, X^+)$ 的无穷小生成元. 对于任何 $x \in X$ 和 $y' \in X^+$, 有

$$\langle (I - m^{-1}tA)^{-m}x, y' \rangle = \langle x, (I^* - m^{-1}tA^+)^{-m}y' \rangle,$$

因此, 应用前节的结果, 当 $m \to \infty$ 时我们便得等式 $\langle T_t x, y' \rangle = \langle x, T_t^+ y' \rangle$. 从而 $T_t^* y' = T_t^+ y'$, 即 T_t^+ 是 T_t^* 于 X^+ 的限制.

我们最后指出 A^+ 是其定义域和值域均在 X^+ 中的 A^* 的最大限制. 显然, 由上面得到算子 A^+ 的方式, 知 A^+ 是 A^* 的限制. 假设 $x' \in D(A^*) \cap X^+$ 使得 $A^*x' \in X^+$, 则 $(\lambda I^* - A^*)x' \in X^+$, 因此 $(\lambda I^* - A^+)^{-1}(\lambda I^* - A^*)x' = x'$. 于是, 以 $(\lambda I^* - A^+)$ 从左作用于两边, 我们便得 $A^*x' = A^+x'$. 这就证明了 A^+ 是其定义域及值域均在 X^+ 中的 A^* 的最大限制.

第十章　紧算子

设 X, Y 都是 B–空间, 又设 S 是 X 中的单位球. 一个算子 $T \in L(X, Y)$ 称为紧的或全连续的是指像 $T(S)$ 在 Y 内是相对紧的. 对于紧算子 $T \in L(X, X)$, 有关线性积分方程的 Fredholm 理论可以推广到带复参数 λ 的线性泛函方程 $Tx - \lambda x = y$ 上去, 在这种意义下本征值问题可以讨论得相当完全. 这个结果通常称为 Riesz-Schauder 理论, 可参看 F. Riesz [2] 以及 J. Schauder [1].

§1.　B–空间中的紧集

线性拓扑空间中紧集都必定有界. 然而, 逆命题一般是不成立的; 我们知道 (第三章 §2), 赋范线性空间 X 的单位闭球是强紧的当且仅当 X 是有限维的. 若 S 是个紧度量空间, 又若 $C(S)$ 是 S 上的实值或复值连续函数 $x(s)$ 赋予范数 $\|x\| = \sup\limits_{s \in S} |x(s)|$ 后所成的 B–空间, 我们知道 (第三章 §3), $C(S)$ 的一个子集 $\{x_\alpha(s)\}$ 在 $C(S)$ 内是强相对紧的当且仅当 $\{x_\alpha(s)\}$ 对 α 是等度有界和等度连续的. 对于 $L^p(S, \mathfrak{B}, m)$ $(1 \leqslant p < \infty)$ 空间的情形, 我们有

定理 (Fréchet-Kolmogorov) 设 S 是实轴, $\mathfrak{B}$ 是其 Baire 集 B 所成的 σ–环, 且 $m(B) = \int\limits_B dx$ 是 B 的通常 Lebesgue 测度. 那么 $L^p(S, \mathfrak{B}, m)$ $(1 \leqslant p < \infty)$ 中一个子集 K 是强相对紧的当且仅当 K 满足条件:

$$\sup_{x \in K} \|x\| = \sup_{x \in K} \left(\int\limits_S |x(s)|^p ds \right)^{1/p} < \infty, \tag{1}$$

$$\lim_{t \to 0} \int_S |x(t+s) - x(s)|^p ds = 0 \quad \text{依 } x \in K \text{ 一致成立}, \tag{2}$$

$$\lim_{\alpha \uparrow \infty} \int_{|s| > \alpha} |x(s)|^p ds = 0 \quad \text{依 } x \in K \text{ 一致成立}. \tag{3}$$

证明　设 K 是强相对紧的. 那么 K 是有界的并且 (1) 式成立. 任给 $\varepsilon > 0$, 便有属于 L^p 的有限个函数 $f_1, f_2, \cdots, f_n$ 使得对于每个 $f \in K$, 总有个 j 使 $\|f - f_j\| \leqslant \varepsilon$ 成立. 否则, 我们就有一无限序列 $\{f_j\} \subseteq K$, 只要 $j \neq i$ 便有 $\|f_j - f_i\| > \varepsilon$, 这与 K 的相对紧性相矛盾. 于是由 Lebesgue 积分的定义, 我们能找到有限值函数 $g_1, g_2, \cdots, g_n$ 使得 $\|f_j - g_j\| \leqslant \varepsilon$ $(j = 1, 2, \cdots, n)$. 因为每个有限值函数 $g_j(x)$ 在某个充分大的区间之外为零, 所以, 对于充分大的 α, 我们有

$$\left(\int_\alpha^\infty + \int_{-\infty}^{-\alpha} |f(s)|^p ds \right)^{\frac{1}{p}}$$

$$\leqslant \left(\int_\alpha^\infty + \int_{-\infty}^{-\alpha} |f(s) - g_j(s)|^p ds \right)^{\frac{1}{p}} + \left(\int_\alpha^\infty + \int_{-\infty}^{-\alpha} |g_j(s)|^p ds \right)^{\frac{1}{p}}$$

$$\leqslant \|f - g_j\| + \left(\int_\alpha^\infty + \int_{-\infty}^{-\alpha} |g_j(s)|^p ds \right)^{\frac{1}{p}}.$$

由 $\|f - g_j\| \leqslant \|f - f_j\| + \|f_j - g_j\| \leqslant 2\varepsilon$ 便证明了 (3) 式.

证明 (2) 式可根据这样的事实: 根据第零章 §3, 任何有限区间 I 的特征函数 $C_I(s)$ 满足 $\lim_{t \to 0} \int_{-\infty}^\infty |C_I(s+t) - C_I(s)|^p ds = 0$. 因此 (2) 式对于有限值函数 $g_j(s)$ $(j = 1, 2, \cdots, n)$ 都成立. 于是对于任何 $f \in K$, 我们都有

$$\varlimsup_{t \to 0} \left(\int_{-\infty}^\infty |f(s+t) - f(s)|^p ds \right)^{\frac{1}{p}}$$

$$\leqslant \varlimsup_{t \to 0} \left(\int_{-\infty}^\infty |f(s+t) - f_j(s+t)|^p ds \right)^{\frac{1}{p}}$$

$$+ \varlimsup_{t \to 0} \left(\int_{-\infty}^\infty |f_j(s+t) - g_j(s+t)|^p ds \right)^{\frac{1}{p}} + \varlimsup_{t \to 0} \left(\int_{-\infty}^\infty |g_j(s+t) - g_j(s)|^p ds \right)^{\frac{1}{p}}$$

$$+ \left(\int_{-\infty}^\infty |g_j(s) - f_j(s)|^p ds \right)^{\frac{1}{p}} + \left(\int_{-\infty}^\infty |f_j(s) - f(s)|^p ds \right)^{\frac{1}{p}}$$

$$\leqslant \varepsilon + \varepsilon + 0 + \varepsilon + \varepsilon,$$

这只要取 f_j 使得 $\|f - f_j\| \leqslant \varepsilon$ 即可. 这就证明了 (2) 式.

以下我们来证明定理条件的充分性. 我们用 $(T_t f)(s) = f(t+s)$ 来定义平移算子 T_t. 条件 (2) 是说: s-$\lim_{t \to 0} T_t f = f$ 对 $f \in K$ 一致成立. 其次, 我们定义平均

值 $(M_a f)(s) = \dfrac{1}{2a} \int\limits_{-a}^{a} (T_t f)(s) dt$. 那么由 Hölder 不等式和 Fubini-Tonelli 定理得

$$\|M_a f - f\| \leqslant \left(\int\limits_{-\infty}^{\infty} \left\{ \int\limits_{-a}^{a} (2a)^{-1} |f(s+t) - f(s)| dt \right\}^p ds \right)^{\frac{1}{p}}$$

$$\leqslant (2a)^{-1} \left(\int\limits_{-\infty}^{\infty} \int\limits_{-a}^{a} |f(s+t) - f(s)|^p dt \cdot (2a)^{p/p'} ds \right)^{\frac{1}{p}}$$

$$\leqslant \left((2a)^{-1} \int\limits_{-a}^{a} dt \int\limits_{-\infty}^{\infty} |f(s+t) - f(s)|^p ds \right)^{\frac{1}{p}}, \quad 1 \leqslant p < \infty.$$

因此我们有

$$\|M_a f - f\| \leqslant \sup_{|t| \leqslant a} \|T_t f - f\|,$$

所以 s-$\lim\limits_{a\downarrow 0} M_a f = f$ 对 $f \in K$ 一致成立. 因此, 我们还需证明对于某充分小的 $a > 0$, 集合 $\{M_a f; f \in K\}$ 具有相对紧性.

对于固定的 $a > 0$, 我们要证明函数集合 $\{(M_a f)(s); f \in K\}$ 是等度有界和等度连续的. 事实上, 如上面那样, 我们有

$$|(M_a f)(s_1) - (M_a f)(s_2)| \leqslant (2a)^{-1} \int\limits_{-a}^{a} |f(s_1 + t) - f(s_2 + t)| dt$$

$$\leqslant \left((2a)^{-1} \int\limits_{-a}^{a} |f(s_1 + t) - f(s_2 + t)|^p dt \right)^{\frac{1}{p}}.$$

结合 (2) 我们便证明了函数集合 $\{(M_a f)(s); f \in K\}$ 对于任何 $a > 0$ 的等度连续性. 这个集合的等度有界性可类似证明. 于是由 Ascoli-Arzelà定理, 对于任何正数 $a > 0$, 都存在有限个函数 $M_a f_1, M_a f_2, \cdots, M_a f_n$, 其中 $f_j \in K$ $(j = 1, 2, \cdots, n)$, 使得对于任何 $f \in K$, 都有个 j, 使得 $\sup\limits_{|s| \leqslant \alpha} |(M_a f)(s) - (M_a f_j)(s)| \leqslant \varepsilon$. 现在

$$\|M_a f - M_a f_j\|^p = \int\limits_{-\alpha}^{\alpha} |(M_a f)(s) - (M_a f_j)(s)|^p ds$$
$$+ \int\limits_{|s| > \alpha} |(M_a f)(s) - (M_a f_j)(s)|^p ds. \qquad (4)$$

由 Minkowski 不等式, 右边第二项小于等于

$$\left(\|M_a f - f\| + \left(\int\limits_{|s| > \alpha} |f(s) - f_j(s)|^p ds \right)^{\frac{1}{p}} \right.$$
$$\left. + \left(\int\limits_{|s| > \alpha} |f_j(s) - (M_a f_j)(s)|^p ds \right)^{\frac{1}{p}} \right)^p.$$

对于充分小的 $a > 0, \|M_a f - f\|$ 这一项是小的, 又由于 (3), 当 $a > 0$ 有界时, 对于充分大的 $\alpha > 0$, $\int\limits_{|s| > \alpha} |f(s) - f_j(s)|^p ds$ 和 $\int\limits_{|s| > \alpha} |f_j(s) - (M_a f_j)(s)|^p ds$ 两者都是

小的. (4) 式右边第一项对于适当选择的 j 也是小于 $2\alpha\varepsilon^p$ 的. 这些估计式对于 $f \in K$ 是一致成立的. 因此我们证明了对于充分小的 $a > 0$, 集合 $\{M_a f; f \in K\}$ 在 L^p 中的相对紧性.

§2.　紧算子与核算子

定义 1　若 X 和 Y 是 B–空间, 又设 S 是 X 的单位球. 一个算子 $T \in L(X, Y)$ 称为紧的或全连续的是指像 $T(S)$ 在 Y 内是相对紧的.

例 1　设 $K(x, y)$ 是定义在 $-\infty < a \leqslant x, y \leqslant b < \infty$ 上的实值或复值连续函数. 由

$$(Kf)(x) = \int\limits_a^b K(x, y) f(y) dy \tag{1}$$

所确定的积分算子 K 是属于 $L(C[a, b], C[a, b])$ 的一个紧算子.

证明　显然, K 把 $C[a, b]$ 映入 $C[a, b]$. 记 $\sup\limits_{x,y} |K(x, y)| = M$. 那么 $\|Kf\| \leqslant (b - a)M\|f\|$, 所以像 $K(S)$ 是等度有界的. 由 Schwarz 不等式, 我们有

$$|(Kf)(x_1) - (Kf)(x_2)|^2 \leqslant \int\limits_a^b |K(x_1, y) - K(x_2, y)|^2 dy \cdot \int\limits_a^b |f(y)|^2 dy,$$

因而 $K(S)$ 是等度连续的, 即

$$\lim_{\delta \downarrow 0} \sup_{|x_1 - x_2| \leqslant \delta} |(Kf)(x_1) - (Kf)(x_2)| = 0 \quad \text{对于 } f \in S \text{ 一致成立.}$$

所以根据 Ascoli-Arzelà定理 (第三章 §3) 集合 $K(S)$ 在 $C[a, b]$ 内是相对紧的.

例 2　若 $K(x, y)$ 是测度空间 $(S, \mathfrak{B}, m)$ 上一个实或复值 $\mathfrak{B}$–可测函数使得

$$\int\limits_S \int\limits_S |K(x, y)|^2 m(dx) m(dy) < \infty. \tag{2}$$

那么由核 $K(x, y)$ 所定义的积分算子

$$(Kf)(x) = \int\limits_S K(x, y) f(y) m(dy), \quad f \in L^2(S) = L^2(S, \mathfrak{B}, m) \tag{3}$$

是属于 $L(L^2(S), L^2(S))$ 的一个紧算子. 满足条件 (2) 的核 $K(x, y)$ 称为 Hilbert-Schmidt 型的.

证明　从 $L^2(S)$ 的单位球中取任何序列 $\{f_n\}$, 我们必须证明序列 $\{Kf_n\}$ 在 $L^2(S)$ 有强收敛子列. 因为 Hilbert 空间 $L^2(S)$ 是局部序列弱紧的, 取子列后我

们可以假定 $\{f_n\}$ 弱收敛于某个元素 $f \in L^2(S)$. 由 (2) 和 Fubini-Tonelli 定理, 有 $\int\limits_S |K(x,y)|^2 m(dy) < \infty$ 对于 $m-$a.e. x 成立. 对于这样的 x, 有

$$\lim_{n\to\infty} (Kf_n)(x) = \lim_{n\to\infty} \int\limits_S K(x,y) f_n(y) m(dy) = \lim_{n\to\infty} (f_n(\cdot), \overline{K(x,\cdot)})$$

$$= (f(\cdot), \overline{K(x,\cdot)}) = \int\limits_S K(x,y) f(y) m(dy).$$

另一方面, 由 Schwarz 不等式得

$$|(Kf_n)(x)|^2 \leqslant \int\limits_S |K(x,y)|^2 m(dy) \cdot \int\limits_S |f_n(y)|^2 m(dy)$$

$$\leqslant \int\limits_S |K(x,y)|^2 m(dy), \quad m\text{-a.e. } x. \tag{4}$$

于是, 由 Lebesgue-Fatou 定理, $\lim\limits_{n\to\infty} \int\limits_S |(Kf_n)(x)|^2 m(dx) = \int\limits_S |(Kf)(x)|^2 m(dx)$. 把这个结果与第五章 §1 定理 8 相结合可知, 为得到 s-$\lim\limits_{n\to\infty} Kf_n = Kf$, 还需证明 w-$\lim\limits_{n\to\infty} Kf_n = Kf$. 为此, 如证明 (4) 一样, 我们有

$$\int\limits_S |(Kh)(x)|^2 m(dx) \leqslant \int\limits_S \int\limits_S |K(x,y)|^2 m(dy) m(dx) \cdot \int\limits_S |h(y)|^2 m(dy),$$

从而

$$\|K\| \leqslant \left(\int\limits_S \int\limits_S |K(x,y)|^2 m(dx) m(dy) \right)^{1/2}. \tag{5}$$

于是由 w-$\lim\limits_{n\to\infty} f_n = f$ 可得 w-$\lim\limits_{n\to\infty} Kf_n = Kf$, 此因任何 $g \in L^2(S)$ 满足

$$\lim_{n\to\infty} (Kf_n, g) = \lim_{n\to\infty} (f_n, K^*g) = (f, K^*g) = (Kf, g).$$

定理 (i) 紧算子的线性组合都是紧的. (ii) 一个紧算子与一个有界线性算子的乘积仍是紧的; 因此, 属于 $L(X,X)$ 的所有紧算子构成了算子代数 $L(X,X)$ 的一个双边闭理想. (iii) 设属于 $L(X,Y)$ 的紧算子所成的序列 $\{T_n\}$ 在一致算子拓扑意义下收敛于某个算子 T, 即 $\lim\limits_{n\to\infty} \|T - T_n\| = 0$, 则 T 也是紧的.

证明 从紧算子的定义, (i) 和 (ii) 是显然的. 在一致算子拓扑意义下, 在代数 $L(X,X)$ 里的紧算子的理想的闭性可以由 (iii) 导出.

为证 (iii), 任取 X 的单位闭球 S 中序列 $\{x_h\}$. 每个 T_n 是紧的, 我们用对角线方法能选出子列 $\{x_{h'}\}$ 使得 s-$\lim\limits_{h\to\infty} T_n x_{h'}$ 对于每个固定的 n 存在. 我们有

$$\|Tx_{h'} - Tx_{k'}\| \leqslant \|Tx_{h'} - T_n x_{h'}\| + \|T_n x_{h'} - T_n x_{k'}\| + \|T_n x_{k'} - Tx_{k'}\|$$

$$\leqslant \|T - T_n\| + \|T_n x_{h'} - T_n x_{k'}\| + \|T_n - T\|,$$

从而有 $\varlimsup\limits_{h',k'\to\infty} \|Tx_{h'} - Tx_{k'}\| \leqslant 2\|T - T_n\|$. 于是 $\{Tx_{k'}\}$ 是 B–空间 Y 中一个 Cauchy 序列.

核算子 作为定理的一个应用, 我们来考察由 A. Grothendieck [2] 引进的核算子.

定义 2 若 X, Y 是 B–空间, 称 $T \in L(X, Y)$ 为映 X 入 Y 的一个核算子是指有序列 $\{f_n'\} \subseteq X'$, 序列 $\{y_n\} \subseteq Y$ 和数列 $\{c_n\}$ 使得

$$\sup_n \|f_n'\| < \infty, \sup_n \|y_n\| < \infty, \sum_n |c_n| < \infty \tag{6}$$

$$且诸\ x \in X\ 满足 Tx = \text{s-}\lim_{m \to \infty} \sum_{n=1}^{m} c_n \langle x, f_n' \rangle y_n.$$

注 (6) 式中 s- lim 的存在性是显然的, 这是因为

$$\Big\| \sum_{j=n}^{m} c_j \langle x, f_j' \rangle y_j \Big\| \leqslant \sum_{j=n}^{m} |c_j| \cdot \|x\| \cdot \|f_j'\| \cdot \|y_j\| \leqslant 常数 \cdot \sum_{j=n}^{m} |c_j| \cdot \|x\|.$$

核条件 (6) 是说: 对于每个 $x \in X$, s- $\displaystyle\lim_{m \to \infty} \sum_{n=1}^{m} c_n \langle x, f_n' \rangle y_n$ 是等于 Tx 的.

命题 核算子 T 都是紧的.

证明 定义一个值域 $R(T_n)$ 维数有限的算子

$$T_n x = \sum_{j=1}^{n} c_j \langle x, f_j' \rangle y_j. \tag{7}$$

可用 Bolzano-Weierstrass 定理来证明 T_n 是紧的. 再者, 由 (6) 式和

$$\|Tx - T_n x\| = \Big\| \sum_{j=n+1}^{\infty} c_j \langle x, f_j' \rangle y_j \Big\| \leqslant 常数 \cdot \sum_{j=n+1}^{\infty} |c_j| \cdot \|x\|,$$

我们有 $\displaystyle\lim_{n \to \infty} \|T - T_n\| = 0$, 从而 T 一定是紧的.

一例核算子 若 G 是 R^n 的一个有界开区域, 考察 Hilbert 空间 $H_0^k(G)$. 设 $k - j > n$, 则有属于 $L(H_0^k(G), H_0^j(G))$ 的一个核算子

$$T : H_0^k(G) \ni \varphi \mapsto \varphi \in H_0^j(G). \tag{8}$$

证明 我们可以假定有界区域 G 包含在以下平行多面体的内部

$$P : 0 \leqslant x_j \leqslant 2\pi \quad (j = 1, 2, \cdots, n).$$

我们回忆起 $H_0^k(G)$ 是 $\hat{H}_0^k(G) = C_0^k(G)$ 依范数 $\|\varphi\|_k = \Big(\sum_{|s| \leqslant k} \int_G |D^s \varphi(x)|^2 dx \Big)^{1/2}$ 的完备化 (参看第一章 §10). 我们规定每个函数在 $P - G$ 中取值为 0, 这便将属于 $\hat{H}_0^k(G)$ 的函数扩张成依每个变量 x_s 有周期 2π 的函数. 所有函数

$$f_\beta(x) = (2\pi)^{-n/2} \exp(i\beta \cdot x), 其中\ \beta = (\beta_1, \beta_2, \cdots, \beta_n)$$

$$是任意\ n\ 元整数组且\ \beta \cdot x = \sum_{s=1}^{n} \beta_s x_s \tag{9}$$

构成 $L^2(P) = H_0^0(P)$ 的一个标准正交基. 因此, 对于 $\varphi \in \widehat{H}_0^k(G)$ 和 $|s| \leqslant k$, 我们得到分布导数 $D^s\varphi(x)$ 在 $L^2(P)$ 的 Fourier 展式:

$$D^s\varphi = \sum_\beta (D^s\varphi, f_\beta)_0 f_\beta, \quad \text{其中 } (\psi, f_\beta)_0 = \int_P \psi(x)\overline{f_\beta(x)}dx. \tag{10}$$

由 Fourier 系数与其满足的 Parseval 等式

$$(D^s\varphi, f_\beta)_0 = (-1)^{|s|}(\varphi, D^s f_\beta)_0 = \prod_{m=1}^n (i\beta_m)^{s_m}(\varphi, f_\beta)_0,$$

$$\sum_\beta |(D^s\varphi, f_\beta)_0|^2 = \int_P |D^s\varphi(x)|^2 dx \leqslant \|\varphi\|_k^2 \quad (|s| \leqslant k),$$

我们有不等式

$$|(\varphi, (1+|\beta|^2)^{k/2} f_\beta)_0|^2 \leqslant \text{常数} \cdot \sum_{|s| \leqslant k} |(D^s\varphi, f_\beta)_0|^2 \leqslant \text{常数} \cdot \|\varphi\|_k^2.$$

由 $\langle\varphi, f_\beta'\rangle = (\varphi, (1+|\beta|^2)^{k/2} f_\beta)_0$ 定义的泛函 $f_\beta' \in H_0^k(G)'$ 便满足 $\sup_\beta \|f_\beta'\| < \infty$.

再者由 $D^s f_\beta = \prod_{t=1}^n (i\beta_t)^{s_t} f_\beta$ 知 $y_\beta = (1+|\beta|^2)^{-j/2} f_\beta$ 满足 $\sup_\beta \|y_\beta\|_j < \infty$.

记 $c_\beta = (1+|\beta|^2)^{(j-k)/2}$, 对于正整数 β_s 及 $\dfrac{k-j}{n} > 1$ 有

$$\sum_\beta \frac{1}{(\beta_1 + \beta_2 + \cdots + \beta_n)^{k-j}} = \sum_\beta \frac{1}{((\beta_1 + \beta_2 + \cdots + \beta_n)^n)^{\frac{k-j}{n}}}$$

$$\leqslant \sum_\beta \frac{1}{(\beta_1\beta_2\cdots\beta_n)^{\frac{k-j}{n}}} = \sum_{\beta_1} \frac{1}{\beta_1^{\frac{k-j}{n}}} \sum_{\beta_2} \frac{1}{\beta_2^{\frac{k-j}{n}}} \cdots \sum_{\beta_n} \frac{1}{\beta_n^{\frac{k-j}{n}}} < \infty,$$

我们有 $\sum_\beta |c_\beta| < \infty$. 因此我们证明了 (Fourier) 展式

$$\varphi = \sum_\beta c_\beta \langle\varphi, f_\beta'\rangle y_\beta.$$

注 如果某给定的有界线性算子 $K \in L(L^2(S), L^2(S))$ 的某些本征函数组成一个完全标准正交系 $\{\varphi_j\}$ 使得 $K\varphi_j = \lambda_j \varphi_j$ $(j = 1, 2, \cdots)$, 则从 $\lambda_j = (K\varphi_j, \varphi_j)$ 和诸 $f \in L^2(S)$ 的 Fourier 展式 $f = \sum_{j=1}^\infty (f, \varphi_j)\varphi_j$ 可得

$$Kf = \sum_{j=1}^\infty \lambda_j(f, \varphi_j)\varphi_j.$$

从而, 若诸本征值 $\lambda_j > 0$ 且 $\sum_{j=1}^\infty \lambda_j < \infty$, 则算子 K 是核算子.

另设 $K_1(x,y)$ 与 $K_2(x,y)$ 是 Hilbert-Schmidt 型核, 用核

$$K(x,y) = \int\limits_S \overline{K_2(z,x)} K_1(z,y) m(dz)$$

来定义算子 K, 那么条件 $\sum\limits_{j=1}^{\infty} |(K\varphi_j, \varphi_j)| < \infty$ 一定满足. 因为

$$\sum_{j=1}^{\infty} |(K_2^* K_1 \varphi_j, \varphi_j)| = \sum_{j=1}^{\infty} |(K_1 \varphi_j, K_2 \varphi_j)| \leqslant \Big(\sum_{j=1}^{\infty} \|K_1 \varphi_j\|^2 \cdot \sum_{j=1}^{\infty} \|K_2 \varphi_j\|^2 \Big)^{1/2},$$

又由 Parseval 等式我们有

$$\sum_{j=1}^{\infty} \|K_1 \varphi_j\|^2 = \sum_{j=1}^{\infty} \int\limits_S \Big| \int\limits_S K_1(z,y) \varphi_j(y) m(dy) \Big|^2 m(dz)$$

$$= \int\limits_S \sum_{j=1}^{\infty} \Big| \int\limits_S K_1(z,y) \varphi_j(y) m(dy) \Big|^2 m(dz)$$

$$= \int\limits_S \Big\{ \int\limits_S |K_1(z,y)|^2 m(dy) \Big\} m(dz) < \infty,$$

且对于 $\sum\limits_{j=1}^{\infty} \|K_2 \varphi_j\|^2$ 有类似结果.

可分 Hilbert 空间 X 上一个有界线性算子 K 称为迹类算子是指 X 中任何两个完全标准正交系 $\{\varphi_j\}$ 和 $\{\psi_j\}$ 都使 $\sum\limits_{j=1}^{\infty} |(K\varphi_j, \psi_j)| < \infty$. 有关迹类和核算子的一般理论可参看 R. Schatten [1] 和 I. M. Gelfand-N. Y. Vilenkin [3].

§3.　Rellich-Gårding 定理

定理 (Gårding [1])　设 G 是 R^n 的一个有界开区域. 如果属于 $L(H_0^k(G), H_0^k(G))$ 的一个算子 T 满足条件: 有常数 C, 对于 $j < k$ 和一切 $\varphi \in H_0^k(G)$ 适合不等式

$$\|T\varphi\|_k \leqslant C\|\varphi\|_j, \tag{1}$$

则 T 是属于 $L(H_0^k(G), H_0^k(G))$ 的一个紧算子.

证明　按照空间 $H_0^k(G)$ 的定义 (参看第一章 §10), 只要证明下述结果就够了: 设序列 $\{\varphi_\nu\} \subseteq \hat{H}_0^k(G) = C_0^k(G)$ 适合条件 $\|\varphi_\nu\|_k \leqslant 1$ $(\nu = 1, 2, \cdots)$, 那么序列 $\{T\varphi_\nu\}$ 含有在 $H_0^k(G)$ 中强收敛的子列. 考察 Fourier 变换

$$\hat{\varphi}_\nu(\xi) = (2\pi)^{-n/2} \int\limits_G \varphi_\nu(x) \exp(-ix \cdot \xi) dx.$$

由 Schwarz 不等式, 得

$$|\hat{\varphi}_\nu(\xi)|^2 \leqslant (2\pi)^{-n} \int\limits_G dx \int\limits_G |\varphi_\nu(x)|^2 dx \leqslant (2\pi)^{-n} \int\limits_G dx,$$

于是 $\xi \in R^n$ 的函数列 $\{\widehat{\varphi}_\nu(\xi); \nu = 1, 2, \cdots\}$ 是等度有界的. 根据 $\|\varphi_\nu\|_0$ 的有界性, 某个子列 $\{\varphi_{\nu'}\}$ 在 $L^2(G) = H^0_0(G)$ 是弱收敛的. 变量为 x 的函数 $\exp(-ix \cdot \xi)$ 属于 $L^2(G)$, 有界函数列 $\widehat{\varphi}_{\nu'}(\xi) = (\varphi_{\nu'}, (2\pi)^{-n/2}\exp(-ix \cdot \xi))$ 便在每个 ξ 处收敛. 因此, 根据 (1) 和有关 Fourier 变换的 Parseval 等式 (第六章 §2) 有

$$\|T\varphi_{\nu'} - T\varphi_{\mu'}\|_k^2 = \|T(\varphi_{\nu'} - \varphi_{\mu'})\|_k^2 \leqslant C^2\|\varphi_{\nu'} - \varphi_{\mu'}\|_j^2$$
$$= C^2\sum_{|s|\leqslant j}\|D^s(\varphi_{\nu'} - \varphi_{\mu'})\|_0^2 = C^2\sum_{|s|\leqslant j}\|\widehat{D^s\varphi_{\nu'}} - \widehat{D^s\varphi_{\mu'}}\|_0^2$$
$$= C^2\sum_{|s|\leqslant j}\left\|\prod_{t=1}^n(i\xi_t)^{s_t}(\widehat{\varphi}_{\nu'} - \widehat{\varphi}_{\mu'})(\xi)\right\|_0^2$$
$$\leqslant C^2\sum_{|s|\leqslant j}\int_{|\xi|\leqslant r}\left|\prod_{t=1}^n\xi_t^{s_t}(\widehat{\varphi}_{\nu'}(\xi) - \widehat{\varphi}_{\mu'}(\xi))\right|^2 d\xi$$
$$+ C^2 C_1\int_{|\xi|>r}|\xi|^{2j}|\widehat{\varphi}_{\nu'}(\xi) - \widehat{\varphi}_{\mu'}(\xi)|^2 d\xi,$$

其中 C_1 是一正常数.

对于固定的 r, 右边第一项随 ν' 和 $\mu' \to \infty$ 而收敛于 0. 这个事实由 Lebesgue-Fatou 引理就可看出. 对于 $r > 1$, 右边第二项

$$\leqslant C^2 C_1 r^{2j-2k}\int_{|\xi|>r}|\xi|^{2k}\cdot|\widehat{\varphi}_{\nu'}(\xi) - \widehat{\varphi}_{\mu'}(\xi)|^2 d\xi$$
$$\leqslant C^2 C_1 r^{2j-2k}\int_{R^n}|\xi|^{2k}|\widehat{\varphi}_{\nu'}(\xi) - \widehat{\varphi}_{\mu'}(\xi)|^2 d\xi$$
$$\leqslant C^2 C_1 C_2 r^{2j-2k}\sum_{|s|\leqslant k}\|\widehat{D^s\varphi_{\nu'}} - \widehat{D^s\varphi_{\mu'}}\|_0^2$$
$$= C^2 C_1 C_2 r^{2j-2k}\sum_{|s|\leqslant k}\|D^s(\varphi_{\nu'} - \varphi_{\mu'})\|_0^2$$
$$= C^2 C_1 C_2 r^{2j-2k}\|\varphi_{\nu'} - \varphi_{\mu'}\|_k^2 \leqslant 4C^2 C_1 C_2 r^{2j-2k},$$

其中 C_2 是一常数.

由 $j < k$, 后一项随 $r \to \infty$ 而收敛于 0. 因此有 $\lim\limits_{\nu,\mu\to\infty}\|T\varphi_{\nu'} - T\varphi_{\mu'}\|_k = 0$.

§4. Schauder 定理

定理 (Schauder) 一个算子 $T \in L(X, Y)$ 是紧的当且仅当其对偶算子 T' 是紧的.

证明 设 S, S' 分别是 X, Y 中单位闭球, 又设 $T \in L(X, Y)$ 是紧的. 今设 $\{y'_j\}$ 是 S' 中任何序列. 诸函数 $F_j(y) = \langle y, y'_j \rangle$ 在

$$|F_j(y) - F_j(z)| = |\langle y - z, y'_j \rangle| \leqslant \|y - z\|$$

的意义下是等度连续的. 再者, 因为 $|F_j(y)| \leqslant \|y\|$, 所以 $\{F_j(y)\}$ 在 y 的任何有界集上依 j 是等度有界的. 于是我们把 Ascoli-Arzelà 定理用到定义在紧集 $T(S)^a$ 上的函数系 $\{F_j(y)\}$ 时, 可知某子列 $\{F_{j'}(y)\}$ 依 $y \in T(S)^a$ 一致收敛. 因而 $\langle Tx, y'_j \rangle = \langle x, T'y'_j \rangle$ 对 $x \in S$ 一致收敛, 从而 $\{T'(y'_j)\}$ 在 X' 的强拓扑下是收敛的. 这就证明了 T 是紧的.

反之, 设 T' 是紧的. 那么根据上面已证的结果 T'' 是紧的. 于是, 如果 S'' 是 X'' 中单位闭球, 则 $T''(S'')$ 是相对紧的. 我们知道可将 Y 等距嵌入 Y'' 中 (参看第四章 §8 定理 2). 于是 $T(S) \subseteq T''(S'')$, 从而 $T(S)$ 在 Y'' 的强拓扑下是相对紧的, 因而也在 Y 的强拓扑下是相对紧的. 因此 T 是紧的.

§5.　Riesz-Schauder 理论

我们先来证明

引理 (F. Riesz [2]) 若 X 是个 B–空间而 V 是属于 $L(X, X)$ 的一个紧算子, 那么对于任何复数 $\lambda_0 \neq 0$, 值域 $R(\lambda_0 I - V)$ 是强闭的.

证明 我们可设 $\lambda_0 = 1$. 设 $\{x_n\}$ 是 X 中的一个序列使得 $y_n = (I - V)x_n$ 强收敛于 y. 若 $\{x_n\}$ 是有界的, 则由算子 V 的紧性得子列 $\{x_{n'}\}$ 使得 $\{Vx_{n'}\}$ 强收敛. 因为 $x_{n'} = y_{n'} + Vx_{n'}$, 序列 $\{x_{n'}\}$ 收敛于某个 x, 从而 $y = (I - V)x$.

下面, 我们假定 $\{\|x_n\|\}$ 是无界的. 记 $T = (I - V)$ 且令 $\alpha_n = \mathrm{dis}(x_n, N(T))$, 其中 $N(T) = \{x; Tx = 0\}$. 取 $w_n \in N(T)$ 使得 $\alpha_n \leqslant \|x_n - w_n\| \leqslant (1 + n^{-1})\alpha_n$, 则 $T(x_n - w_n) = Tx_n$. 当 $\{\alpha_n\}$ 有界时, 我们可仿上证得 $y \in R(T) = R(I - V)$. 当 $\{\alpha_n\}$ 无界时, 取子列后可设 $\lim\limits_{n \to \infty} \alpha_n = \infty$. 因为 $z_n = (x_n - w_n)/\|x_n - w_n\|$ 满足条件: $\|z_n\| = 1$ 和 s-$\lim\limits_{n \to \infty} Tz_n = 0$, 我们可仿上得子列 $\{z_{n'}\}$ 使得 s-$\lim\limits_{n \to \infty} z_{n'} = w_0$, s-$\lim\limits_{n \to \infty} Tz_{n'} = 0$. 于是 $w_0 \in N(T)$. 而如果我们令 $z_{n'} - w_0 = u_n$, 则

$$x_{n'} - w_{n'} - w_0\|x_{n'} - w_{n'}\| = u_n\|x_{n'} - w_{n'}\|,$$

上式左边第二和第三项均属于 $N(T)$, 因此我们必有 $\|u_n\| \cdot \|x_{n'} - w_{n'}\| \geqslant \alpha_{n'}$. 这是个矛盾, 因为 s-$\lim\limits_{n \to \infty} u_n = 0$, $\|x_{n'} - w_{n'}\| \leqslant (1 + n'^{-1})\alpha_{n'}$ 以及 $\lim\limits_{n \to \infty} \alpha_{n'} = \infty$.

我们现在可以来证明 Riesz-Schauder 理论; 为方便起见, 我们将此理论分解成以下三个定理.

定理 1 若 $V \in L(X, X)$ 是个紧算子, 如果 $\lambda_0 \neq 0$ 不是 V 的本征值, 则 λ_0 是在 V 的预解集中.

证明 用上面引理及假设, 算子 $T_{\lambda_0} = (\lambda_0 I - V)$ 给出了 X 到其强闭集 $R(T_{\lambda_0})$ 上一个一对一映射. 于是根据第二章 §5 中开映射定理的系, T_{λ_0} 有个连

续逆. 我们必须证明 $R(T_{\lambda_0}) = X$. 否则, X 的拓扑像 $X_1 = T_{\lambda_0}X$ 是 X 的一个真闭子空间. 于是, 如果我们记 $X_2 = T_{\lambda_0}X_1, X_3 = T_{\lambda_0}X_2, \cdots$, 那么 X_{n+1} 是 $X_n \, (n = 0, 1, 2, \cdots; X_0 = X)$ 的一个真闭子空间. 根据第三章 §2 中的 F. Riesz 定理, 有个序列 $\{y_n\}$ 使得 $y_n \in X_n, \|y_n\| = 1$ 以及 $\mathrm{dis}(y_n, X_{n+1}) \geqslant 1/2$. 当 $n > m$ 时,

$$\lambda_0^{-1}(Vy_m - Vy_n) = y_m - \{y_n + (T_{\lambda_0}y_m - T_{\lambda_0}y_n)/\lambda_0\}.$$

上述花括号定义了 X_{m+1} 中一个向量 y, 于是 $\|Vy_n - Vy_m\| \geqslant |\lambda_0|/2$, 这与算子 V 的紧性相矛盾.

定理 2　设 $V \in L(X, X)$ 是个紧算子. 那么, (i) 它的谱是由复平面上至多可数个点组成的集合, 该集合除 $\lambda = 0$ 可能是聚点外无其他聚点; (ii) V 的谱中每个非零数都是 V 的一个有限重数的本征值; (iii) 一个非零数是 V 的一个本征值当且仅当它是 V' 的一个本征值.

证明　由定理 1, V 的谱中一个非零数是 V 的一个本征值. 对 V' 有同样的结论, 这是因为, 用 Schauder 定理, 当 V 是紧时, V' 是紧的. 而对于 V 和 V' 其预解式集合是相同的 (参看第八章 §6). 于是 (iii) 得证. 因为分别属于 V 的不同本征值的本征向量是线性无关的, 于是如果我们能从以下情况

有线性无关的向量序列 $\{x_n\}$ 使得

$$Vx_n = \lambda_n x_n \, (n = 1, 2, \cdots) \text{ 且 } \lim_{n \to \infty} \lambda_n = \lambda \neq 0$$

导出矛盾, 则 (i) 和 (ii) 的证明便完成了.

为了导出矛盾, 我们考虑由 $x_1, x_2, \cdots, x_n$ 所张成的闭子空间 X_n. 根据第三章 §2 中的 F. Riesz 定理. 必有序列 $\{y_n\}$ 使得 $y_n \in X_n, \|y_n\| = 1$ 且 $\mathrm{dis}(y_n, X_{n-1}) \geqslant 1/2 \, (n = 2, 3, \cdots)$. 如果 $n > m$, 那么

$$\lambda_n^{-1}Vy_n - \lambda_m^{-1}Vy_m = y_n + (-y_m - \lambda_n^{-1}T_{\lambda_n}y_n + \lambda_m^{-1}T_{\lambda_m}y_m).$$

上式中的圆括号定义了一个向量 $z \in X_{n-1}$, 此因当 $y_n = \sum\limits_{j=1}^n \beta_j x_j$ 时,

$$y_n - \lambda_n^{-1}Vy_n = \sum_{j=1}^n \beta_j x_j - \sum_{j=1}^n \beta_j \lambda_n^{-1}\lambda_j x_j \in X_{n-1}$$

且类似地有 $T_{\lambda_m}y_m \in X_m$. 因此, $\|\lambda_n^{-1}Vy_n - \lambda_m^{-1}Vy_m\| \geqslant 1/2$, 这结合 $\lim\limits_{n \to \infty} \lambda_n \neq 0$ 便与 V 的紧性相矛盾.

定理 3　若 $\lambda_0 \neq 0$ 是紧算子 $V \in L(X, X)$ 的一个本征值, 那么根据以上定理 λ_0 也是 V' 的一个本征值. 我们能证明: (i) 对 V 和 V' 本征值 λ_0 的重数是

相同的. (ii) 方程 $(\lambda_0 I - V)x = y$ 有解 x 当且仅当 $y \in N(\lambda_0 I' - V')^\perp$, 即当且仅当从 $V'f = \lambda_0 f$ 可导出 $\langle y, f \rangle = 0$. (iii) 方程 $(\lambda_0 I' - V')f = g$ 有解 f 当且仅当 $g \in N(\lambda_0 I - V)^\perp$, 即当且仅当从 $Vx = \lambda_0 x$ 可导出 $\langle x, g \rangle = 0$.

证明　因为本征值 $\lambda_0 \neq 0$ 是预解式 $R(\lambda; V) = (\lambda I - V)^{-1}$ 的一个孤立奇点, 我们可以把 $R(\lambda; V)$ 展成 Laurent 级数:

$$R(\lambda; V) = \sum_{n=-\infty}^{\infty} (\lambda - \lambda_0)^n A_n.$$

我们特别感兴趣的是留数 $A_{-1} = (2\pi i)^{-1} \int_{|\lambda - \lambda_0| = \varepsilon} R(\lambda; V) d\lambda$. 如第八章 §8 中所证明的, A_{-1} 是个幂等元, 即 $A_{-1}^2 = A_{-1}$. 如果我们令 $(\lambda I - V)^{-1} = \lambda^{-1} I + V_\lambda$, 那么从 $(\lambda I - V)(\lambda^{-1} I + V_\lambda) = I$ 我们得到 $V_\lambda = V(\lambda^{-1} V_\lambda + \lambda^{-2} I)$, 从而当 V 是紧时, V_λ 是紧的. 于是有

$$\begin{aligned}
A_{-1} &= (2\pi i)^{-1} \int_{|\lambda - \lambda_0| = \varepsilon} R(\lambda; V) d\lambda \\
&= (2\pi i)^{-1} \int_{|\lambda - \lambda_0| = \varepsilon} \lambda^{-1} d\lambda \cdot I + (2\pi i)^{-1} \int_{|\lambda - \lambda_0| = \varepsilon} V_\lambda d\lambda \\
&= (2\pi i)^{-1} \int_{|\lambda - \lambda_0| = \varepsilon} V_\lambda d\lambda.
\end{aligned}$$

因此, 根据第十章 §2 的定理知, A_{-1} 是一紧算子.

所以根据 $A_{-1}X = A_{-1}(A_{-1}X)$ 和 A_{-1} 的紧性, 赋范线性空间 $A_{-1}X$ 的单位球是相对紧的. 于是根据第三章 §2 中的 F. Riesz 定理, 值域 $R(A_{-1})$ 是有限维的. 另一方面, 由 $Vx = \lambda_0 x, x \neq 0$, 可导出 $(\lambda I - V)^{-1} x = (\lambda - \lambda_0)^{-1} x$, 这是由于 $(\lambda I - V)x = (\lambda - \lambda_0)x$, 从而又有 $A_{-1}x = (2\pi i)^{-1} \int_{|\lambda - \lambda_0| = \varepsilon} (\lambda - \lambda_0)^{-1} d\lambda \cdot x = x$. 因此, 本征方程 $Vx = \lambda_0 x$ 等价于 $Vx = \lambda_0 x, x \in R(A_{-1})$. 用同样的方法, 我们可以证明本征值方程 $V'f = \lambda_0 f$ 等价于 $V'f = \lambda_0 f, f \in R(A'_{-1})$. 而 $R(A_{-1})$ 和 $R(A'_{-1})$ 具有相同的维数. 因为 $A'_{-1}f = g$ 满足 $A'_{-1}g = A'_{-1}(A'_{-1}f) = g$, 而这是等价于诸 $x \in X$ 满足 $\langle x, g \rangle = \langle A_{-1}x, g \rangle$, 从而泛函 g 可以认为是定义在有限维空间 $R(A_{-1})$ 上的一个泛函.

现用矩阵论中熟知的定理, 本征值方程 $Vx = \lambda_0 x$ (在 $R(A_{-1})$ 内) 与它的转置方程 $V'f = \lambda_0 f$ (在 $R(A'_{-1})$ 内) 都有同样数目的线性无关的解. 因此我们便证明了 (i). 命题 (ii) 和 (iii) 用引理和闭值域定理 (第七章 §5) 即可证明.

Riesz-Schauder 理论的推广　若对某个正整数 $n, V \in L(X, X)$ 的幂 V^n 是紧的, 那么根据第八章 §7 中的谱映射定理有 $\sigma(V^n) = \sigma(V)^n$ 以及根据 V^n 的紧性, $\sigma(V^n)$ 或是一有限集或是仅在 0 处凝聚的一可数集. 因此 $\sigma(V)$ 或是一有

限集或是仅在 0 处凝聚的一可数集. 因为 V^n 是紧的, 所以对于 $\sigma(V^n)$ 的任何 $\lambda_0 \neq 0$ 以及充分小的 $\varepsilon > 0$, 算子

$$(2\pi i)^{-1} \int\limits_{|\lambda - \lambda_0| = \varepsilon} R(\lambda; V^n) d\lambda$$

的值域是有限维的. 于是 λ_0 是 $R(\lambda; V^n)$ 的一个极点 (参看第八章 §8). 而

$$(\lambda^n I - V^n) = (\lambda I - V)(\lambda^{n-1} I + \lambda^{n-2} V + \cdots + V^{n-1}),$$
$$(\lambda^n I - V^n)^{-1}(\lambda^{n-1} I + \cdots + V^{n-1}) = (\lambda I - V)^{-1},$$

这就证明了 $\sigma(V^n)$ 的任何 $\lambda_0 \neq 0$ 都是 $R(\lambda; V)$ 的一个极点, 从而是 V 的一个本征值. 这些事实使我们能把 Riesz-Schauder 理论推广到这样一些算子 V, 即算子 V 的某个幂 V^n 是紧的. 从把 Riesz-Schauder 理论用于积分方程的一些具体问题 (例如有关位势的 Dirichlet 问题) 的观点来看, 这个推广是很重要的. 这可参看 O. D. Kellogg [1]. 可以证明 Riesz-Schauder 理论在 $\lambda_0 = 1$ 的情形对于算子 $V \in L(X, X)$ 也是成立的, 如果有正整数 m 及紧算子 $K \in L(X, X)$ 使得 $\|K - V^m\| < 1$. 参看 K. Yosida [9]. 此处应注意, 如果对于 $0 \leqslant s, t \leqslant 1, K_1(s, t)$ 和 $K_2(s, t)$ 是有界可测的, 那么由

$$(K_j x)(s) = \int\limits_0^1 K_j(s, t) x(t) dt,$$
$$x(s) \to (Tx)(s) = (K_1 K_2 x)(s)$$

定义的积分算子 T 作为 $L(L^1(0, 1), L^1(0, 1))$ 中算子是紧的. 参看 K. Yosida-Y. Mimura-S. Kakutani [10].

§6. Dirichlet 问题

设 G 是 R^n 的一有界开区域, 且

$$L = \sum_{|s|, |t| \leqslant m} D^s c_{st}(x) D^t$$

是个具有 $C^\infty(G^a)$ 实系数 $c_{st}(x) = c_{ts}(x)$ 的强椭圆微分算子. 我们将只考虑实值函数. 给定 $f \in L^2(G)$ 和 $u_1 \in H^m(G)$, 考察所谓的分布解 $u_0 \in L^2(G)$ 使得

$$Lu_0 = f \text{ 且 } (u_0 - u_1) \in H_0^m(G). \tag{1}$$

后一条件 $(u_0 - u_1) \in H_0^m(G)$ 意味着有序列 $\varphi_h \in C_0^\infty(G)$ 使得诸分布导数

$$(D^j u_0 - D^j u_1) \quad \text{对 } |j| \leqslant m \tag{2}$$

是序列 $\{D^j\varphi_h\}$ 的 $L^2(G)$–极限 (参看第一章 §10). 这粗糙地给出了边界条件:

$$\text{对于 } |j| < m, \text{ 在 } G \text{ 的边界 } \partial G \text{ 上}, D^j u_0 = D^j u_1. \tag{3}$$

在此意义下, (1) 式称为算子 L 的 Dirichlet 问题.

我们将采用 L. Gårding [1] 对问题的提法和解法. 首先, 我们求解问题

$$u + \alpha Lu = f, \quad (u - u_1) \in H_0^m(G), \tag{4}$$

其中 α 是事先取定的正常数使成立 Gårding 不等式

$$\text{有正常数 } \delta \text{ 使一切 } \varphi \in C_0^\infty(G) \text{满足} (\varphi + \alpha L^*\varphi, \varphi)_0 \geqslant \delta\|\varphi\|_m^2, \tag{5}$$

这里 $L^* = \sum\limits_{|s|,|t|\leqslant m} (-1)^{|s|+|t|} D^t c_{st}(x) D^s$. 如果系数 $c_{st}(x)$ 在 G 的闭包 G^a 上是连续的, 则这样的 α 的存在性是保证了的. 求 m 次偏导数我们又有不等式

$$|(\varphi + \alpha L^*\varphi, \psi)_0| \leqslant \gamma\|\varphi\|_m \cdot \|\psi\|_m, \quad \text{当 } \varphi, \psi \in C_0^\infty(G) \text{ 时}, \tag{6}$$

其中 γ 是与 φ, ψ 无关的另一正常数.

对于 $u_1 \in H^m(G)$ 和 $\varphi \in C_0^\infty(G)$, 求偏导数我们有

$$(L^*\varphi, u_1)_0 = \sum_{s,t}((-1)^{|s|+|t|} D^t c_{st} D^s\varphi, u_1)_0 = \sum_{s,t}(-1)^{|s|}(c_{st}D^s\varphi, D^t u_1)_0.$$

用 Schwarz 不等式, 再回忆诸系数 c_{st} 在 G^a 上都是有界的, 我们可得

$$|(L^*\varphi, u_1)_0| \leqslant \eta \sum_{|s|,|t|\leqslant m} \|D^s\varphi\|_0\|D^t u_1\|_0 \quad (\sup_{s,t;x}|c_{st}(x)| = \eta).$$

右边小于常数乘 $\|\varphi\|_m$.

既然 $H_0^m(G)$ 是 $C_0^\infty(G)$ 依范数 $\|\varphi\|_m$ 的完备化, $C_0^\infty(G)$ 上线性泛函 $F(\varphi) = (\varphi + \alpha L^*\varphi, u_1)_0$ 便可扩张成 $H_0^m(G)$ 上一个有界线性泛函. 类似地, 我们从

$$|(\varphi, f)_0| \leqslant \|\varphi\|_0 \cdot \|f\|_0 \leqslant \|\varphi\|_m \cdot \|f\|_0$$

知 $C_0^\infty(G)$ 上线性泛函 $\varphi \to (\varphi, f)_0$ 可扩张为 $\varphi \in H_0^m(G)$ 上一个有界线性泛函, 将 F. Riesz 表示定理用于 Hilbert 空间 $H_0^m(G)$ 便得 $f' = f'(f, u_1) \in H_0^m(G)$ 使得

$$\text{当 } \varphi \in C_0^\infty(G) \text{ 时}, \quad (\varphi, f)_0 - (\varphi + \alpha L^*\varphi, u_1)_0 = (\varphi, f')_m.$$

于是将第三章 §7 中 Milgram-Lax 定理用于 Hilbert 空间 $H_0^m(G)$ 上, 我们有

$$(\varphi, f)_0 - (\varphi + \alpha L^*\varphi, u_1)_0 = (\varphi, f')_m = B(\varphi, sf'), \quad sf' \in H_0^m(G), \tag{7}$$

其中

$$B(\varphi,\psi) = (\varphi + \alpha L^*\varphi, \psi)_0 \quad \text{对于 } \varphi \in C_0^\infty(G), \psi \in H_0^m(G). \tag{8}$$

因此当 $\varphi \in C_0^\infty(G)$ 时, 有

$$(\varphi, f)_0 = (\varphi + \alpha L^*\varphi, u_1 + sf')_0,$$

从而 $u_0 = u_1 + sf'$ 是所要求的 (4) 式的属于 $L^2(G)$ 的解.

下面我们来讨论原方程 (1). 如果 $u_0 \in L^2(G)$ 满足 (1), 则 $u_2 = u_0 - u_1 \in H_0^m(G)$ 满足

$$(u_0, L^*\varphi)_0 = (u_1, L^*\varphi)_0 + (u_2, L^*\varphi)_0 = (f, \varphi)_0, \quad \varphi \in C_0^\infty(G).$$

如上, 使用分部积分, 我们得到

$$|(u_1, L^*\varphi)_0| \leqslant a\|\varphi\|_m,$$

$$|(f, \varphi)_0| \leqslant \|f\|_0 \cdot \|\varphi\|_0 \leqslant \|f\|_0 \cdot \|\varphi\|_m.$$

因此, 我们可以把 $H_0^m(G)$ 中的 F. Riesz 表示定理用于 $\varphi \in C_0^\infty(G)$ 上线性泛函 $(f, \varphi)_0 - (u_1, L^*\varphi)_0$. 于是有唯一确定的 $v \in H_0^m(G)$ 使得

$$(f, \varphi)_0 - (u_1, L^*\varphi)_0 = (v, \varphi)_m, \quad \text{当 } \varphi \in C_0^\infty(G) \text{ 时}.$$

应用 Milgram-Lax 定理到 $(v, \varphi)_m$, 我们得到 $S_1 v \in H_0^m(v)$ 使得

$$(v, \varphi)_m = B(S_1 v, \varphi), \quad \text{当 } \varphi \in C_0^\infty(G), v \in H_0^m(G) \text{ 时}.$$

因此, Dirichlet 问题 (1) 等价于问题: 对给定的 $S_1 v \in H_0^m(G)$, 求

$$(u_2, L^*\varphi)_0 = B(S_1 v, \varphi), \quad \varphi \in C_0^\infty(G) \tag{1'}$$

的一个解 $u_2 \in H_0^m(G)$.

今对给定的 $u \in L^2(G) = H_0^0(G)$,

$$|(u, \varphi)_0| \leqslant \|u\|_0 \cdot \|\varphi\|_0 \leqslant \|u\|_0 \cdot \|\varphi\|_m,$$

所以根据 Hilbert 空间 $H_0^m(G)$ 中的 F. Riesz 表示定理, 有唯一确定的 $u' = Tu \in H_0^m(G)$ 使得, 当 $\varphi \in C_0^\infty(G)$ 时, 有

$$(u, \varphi)_0 = (u', \varphi)_m \quad \text{及} \quad \|u'\|_m \leqslant \|u\|_0.$$

因此根据 Milgram-Lax 定理, 我们得到

$$(u, \varphi)_0 = (u', \varphi)_m = B(S_1 u', \varphi) = B(S_1 T u, \varphi),$$

$$\|S_1 T u\|_m \leqslant \delta^{-1} \|u\|_0. \tag{9}$$

所以, 由 (1′), 当 $\varphi \in C_0^\infty(G)$ 时, 我们有

$$B(u_2, \varphi) = (u_2, \varphi + \alpha L^* \varphi)_0 = (u_2, \varphi)_0 + \alpha(u_2, L^* \varphi)_0$$
$$= B(S_1 T u_2, \varphi) + \alpha B(S_1 v, \varphi),$$

即

$$B(u_2 - S_1 T u_2 - \alpha S_1 v, \varphi) = 0.$$

由 B 的正性 $B(\varphi, \varphi) > 0$, 我们一定有

$$u_2 - S_1 T u_2 = \alpha S_1 v. \tag{1″}$$

右边的项 $\alpha S_1 v \in H_0^m(G)$ 是已知函数. 用 $\|S_1 T u\|_m \leqslant \delta^{-1} \|u\|_0$, 我们知道把 $H_0^m(G)$ 映入 $H_0^m(G)$ 的算子 $S_1 T$ 是紧的 (第十章 §3 中的 Rellich-Gårding 定理). 于是, 我们可用 Riesz-Schauder 理论, 大意是以下互斥结论之一成立:

要么齐次方程 $u - S_1 T u = 0$ 有个非平凡解 $u \in H_0^m(G)$, 要么每个给定的 $w \in H_0^m(G)$ 使非齐次方程 $u - S_1 T u = w$ 有唯一确定的解 $u \in H_0^m(G)$.

第一个结论相应于 $(u, \varphi + \alpha L^* \varphi)_0 = (u, \varphi)_0$ 的情形, 即相应于 $Lu = 0$ 的情形. 因此回到原方程 (1), 我们有

定理 以下互斥结论之一成立: 要么 (i) 齐次方程 $Lu = 0$ 有个非平凡解 $u \in H_0^m(G)$, 要么 (ii) 诸 $f \in L^2(G)$ 和诸 $u_1 \in H_0^m(G)$ 使 $Lu = f, u - u_1 \in H_0^m(G)$ 有唯一确定的解 $u_0 \in L^2(G)$.

第十章附录 A. Grothendieck 的核空间

第十章 §2 中定义的核算子可以如下地扩张到局部凸空间.

命题 1 若 X 是个局部凸空间, Y 是个 B-空间. 假定有 X 上线性泛函的一个等度连续序列 $\{f_j'\}$, 有 Y 中元素所成的一有界序列 $\{y_j\}$ 以及满足条件 $\sum\limits_{j=1}^n c_j < \infty$ 的非负数序列 $\{c_j\}$, 则

$$Tx = \text{s-} \lim_{n \to \infty} \sum_{j=1}^n c_j \langle x, f_j' \rangle y_j \tag{1}$$

定义了一个映 X 入 Y 的连续线性算子.

证明　根据 $\{f'_j\}$ 的等度连续性, X 上有个连续半范数 p 使得诸 $x \in X$ 满足 $\sup\limits_j |\langle x, f'_j \rangle| \leqslant p(x)$. 因此, 对于 $m > n$, 有

$$\left\| \sum_{j=n}^{m} c_j \langle x, f'_j \rangle y_j \right\| \leqslant p(x) \sup_{j \geqslant 1} \|y_j\| \cdot \sum_{j=n}^{m} c_j.$$

这就证明了 (1) 的右边存在并定义了一个把 X 映入 B-空间 Y 的连续线性算子.

定义 1　形如 (1) 的一个算子 T 称为映 X 入 B-空间 Y 的核算子.

系　核算子 T 都是紧算子, 其意义是 T 把 X 中原点 0 的某个邻域映为 Y 的一个相对紧集.

证明　我们定义 $T_n x = \sum\limits_{j=1}^{n} c_j \langle x, f'_j \rangle y_j$. 它是紧的, 这是因为 X 内原点 0 的邻域 $V = \{x; p(x) \leqslant 1\}$ 在 T_n 下的像是 Y 中相对紧集. 另一方面, 我们有

$$\|Tx - T_n x\| = \left\| \sum_{j=n+1}^{\infty} c_j \langle x, f'_j \rangle y_j \right\| \leqslant p(x) \sup_{j \geqslant 1} \|y_j\| \sum_{j=n+1}^{\infty} c_j,$$

从而 $T_n x$ 在 V 上一致地强收敛于 Tx. 因此算子 T 是紧的.

如第十章 §2 中所证明的, 我们有核算子的一个典型例子:

例　若 K 是 R 的有界开集[①]且 $k - j > n$, 则映 $H_0^k(K)$ 入 $H_0^j(K)$ 的包含映射[②] T 是个核算子.

命题 2　若 X 是个局部凸空间, 且 V 是 X 内原点 0 的一个均衡凸邻域. 令 $p_V(x) = \inf\limits_{x/\lambda \in V, \lambda > 0} \lambda$ 是 V 的 Minkowski 泛函, 它是 X 上一个连续半范数. 令

$$N_V = \{x \in X; p_V(x) = 0\} = \{x \in X; \lambda x \in V \text{对于所有 } \lambda > 0\},$$

则 N_V 是 X 的一个线性闭子空间, 且商空间 $X_V = X/N_V$ 是个赋范线性空间, 其范数为

$$\|\widetilde{x}\|_V = p_V(x), \quad \text{其中 } \widetilde{x} \text{ 是含元素 } x \text{ 的模 } N_V \text{ 的剩余类.} \tag{2}$$

证明　设 x 和 x_1 都在模 N_V 的同一个剩余类中, 即 $(x - x_1) \in N_V$. 那么

$$p_V(x_1) \leqslant p_V(x) + p_V(x_1 - x) = p_V(x)$$

且类似地 $p_V(x) \leqslant p_V(x_1)$, 因此 $p_V(x) = p_V(x_1)$. 我们有 $\|\widetilde{x}\|_V \geqslant 0$ 和 $\|0\|_V = 0$. 如果 $\|\widetilde{x}\|_V = 0$, 则由 $x \in \widetilde{x}$ 必导致 $x \in N_V$, 从而有 $\widetilde{x} = 0$. 三角不等式由

$$\|\widetilde{x} + \widetilde{y}\|_V = p_V(x + y) \leqslant p_V(x) + p_V(y) = \|\widetilde{x}\|_V + \|\widetilde{y}\|_V$$

_____

①校者注: 原文 K 误写成紧集.

②校者注: 原文误写成恒等映射.

得证. 我们还有 $\|\alpha\tilde{x}\|_V = p_V(\alpha x) = |\alpha| p_V(x) = |\alpha| \|\tilde{x}\|_V$.

系　用等价性

$$(p_{V_1} \leqslant p_{V_2}) \leftrightarrow (V_2 \subseteq V_1), \tag{3}$$

我们可以定义一个典则映射 $X_{V_2} \to X_{V_1}$ (当 $V_2 \subseteq V_1$) 使得包含 x 的模 N_{V_2} 剩余类 $\tilde{x}_{V_2}$ 映至包含 x 的模 N_{V_1} 剩余类 $\tilde{x}_{V_1}$. 如此得到的映射是连续的, 这是因为

$$\|\tilde{x}_{V_2}\|_{V_2} = p_{V_2}(x) \geqslant p_{V_1}(x) = \|\tilde{x}_{V_1}\|_{V_1}.$$

现在我们准备好介绍由 A. Grothendieck [2] 引进的分析中的核空间的概念.

定义 2　一个局部凸空间 X 叫作一个核空间是指对于 X 内原点 0 的任何均衡凸邻域 V, 原点另有均衡凸邻域 $U \subseteq V$ 使得典则映射

$$T : X_U \to \widehat{X}_V \tag{4}$$

是核映射, 其中 $\widehat{X}_V$ 是赋范线性空间 X_V 的完备化.

例 1　若 R^A 是定义在 A 上的实值有限函数 $x(a)$ 的全体且按半范数系

$$p_a(x) = |x(a)|, \quad a \in A \tag{5}$$

加以拓扑化, 使得 R^A 成为实数域 R 的拓扑乘积. 那么 R^A 是个核空间.

证明　有个有限集 $\{a_j \in A; j = 1, 2, \cdots, n\}$ 使得 N_V 是满足 $x(a_j) = 0$ ($j = 1, 2, \cdots, n$) 的全体 $x(a) \in R^A$. 于是 $X_V = R^A/N_V$ 等价于诸函数 $x_V(a)$ 所成的空间, 其中 $x_V(a)$ 对于 $a \neq a_j$ 有 $x_V(a) = 0$, 且赋以范数

$$\|x_V(a)\|_V = \sup_{1 \leqslant j \leqslant n} |x(a_j)|.$$

我们取 N_U 为这样的函数 $x(a) \in R^A$ 的全体, 即诸 $\alpha \in A'$ 使 $x(a_\alpha) = 0$, 其中 A' 是含有 $1, 2, \cdots, n$ 在内的整数的任何有限集合. 于是对于 $U \subseteq V$, 典则映射 $X_U = R^A/N_U \to R^A/N_V = X_V$ 的值域是有限维的, 从而它是核映射.

例 2　一个核 B–空间 X 必是有限维的.

证明　因为 B–空间内原点 0 的任何均衡凸邻域 V 满足 $X = X_V$, 恒等算子 $X \to X$ 便是紧的. 根据第三章 §2 中的 F. Riesz 定理, X 必是有限维的.

例 3　若 K 是 R^n 的紧集, 则第一章 §1 引进的空间 $\mathfrak{D}_K(R^n)$ 是个核空间.

证明　如在第一章 §1 中那样, $p_{K,k}(f) = \sup_{x \in K, |s| \leqslant k} |D^s f(x)|$ 是确定 $\mathfrak{D}_K(R^n)$ 的拓扑的诸半范数的一个. 若 $V_k = \{f \in \mathfrak{D}_K(R^n); p_{K,k}(f) \leqslant 1\}$, 那么 N_{V_k} 是 $\{0\}$,

且 $X_{V_k} = X/N_{V_k} = \mathfrak{D}_K(R^n)/N_{V_k}$ 恰好是以 $p_{K,k}$ 为其范数的空间 $\mathfrak{D}_K(R^n)$. 如果 $k - j > n$, 那么如同在上面定义 1 的系后面的例子中那样, 容易证明把 X_{V_k} 映入 X_{V_j} 的典则映射是个核变换. 于是 $\mathfrak{D}_K(R^n)$ 是个核空间.

定理 1 一个局部凸空间 X 是核的当且仅当原点 0 的任何均衡凸邻域 V 使典则映射 $X \to \widehat{X}_V$ 是核的.

证明 必要性. 若 $U \subseteq V$ 是 X 内原点 0 的一个均衡凸邻域, 它使得典则映射 $X_U \to \widehat{X}_V$ 是核变换. 典则映射 $T: X \to \widehat{X}_V$ 是典则映射 $X \to \widehat{X}_U$ 与典则核变换 $X_U \to \widehat{X}_V$ 的积, 于是 T 必是个核变换.

充分性. 设典则映射 $T: X \to \widehat{X}_V$ 是核变换 $x \to \sum\limits_{j=1}^{\infty} c_j \langle x, f_j' \rangle y_j$, 则集合

$$U_\alpha = \{x \in X; |\langle x, f_j' \rangle| \leqslant \alpha \ (j = 1, 2, \cdots)\}, \quad \alpha > 0$$

都是 X 内原点 0 的均衡凸邻域, 这源自 $\{f_j'\} \subseteq X'$ 的等度连续性. 再者

$$\|Tx\|_V = \left\| \sum_j c_j \langle x, f_j' \rangle y_j \right\|_V \leqslant \alpha \sup_j \|y_j\|_V \sum_j c_j, \ x \in U_\alpha.$$

若 α 是使右端 < 1 的这样小的数, 那么 $\|Tx\|_V < 1$ 且 $U_\alpha \subseteq V$. 每个 f_j' 都可认为是属于对偶空间 X_{U_α}' 的, 从而

$$Tx = Tz = \sum_j c_j \langle x, f_j' \rangle y_j, \ (x - z) \in N_{U_\alpha}.$$

因此典则映射 $X_{U_\alpha} \to \widehat{X}_V$ 是核变换 $\widetilde{x}_{U_\alpha} \to \sum\limits_j c_j \langle \widetilde{x}_{U_\alpha}, f_j' \rangle y_j$.

定理 2 若一个局部凸空间 X 是核的, 那么对于 X 内原点 0 的任何均衡凸邻域 V, 原点 0 还有个均衡凸邻域 $W \subseteq V$ 使得 $\widehat{X}_W$ 是个 Hilbert 空间.

证明 从 X_U 至 $\widehat{X}_V (U \subseteq V)$ 的核典则映射 $T\widetilde{x}_U = \sum\limits_j c_j \langle \widetilde{x}_U, f_j' \rangle y_j'$ 可分解成

$$\alpha : X_U \to (l^2), \widetilde{x}_U \to \{c_j^{1/2} \langle \widetilde{x}_U, f_j' \rangle\},$$
$$\beta : (l^2) \to \widehat{X}_V, \{\xi_j\} \to \sum_j c_j^{1/2} \xi_j y_j$$

这两个算子的积, 显然 α 的连续性和 β 的连续性各证自下式

$$\sum_j |c_j^{1/2} \langle \widetilde{x}_U, f_j' \rangle|^2 \leqslant (\sup_j \|f_j'\| \cdot \|\widetilde{x}_U\|_U)^2 \cdot \sum c_j,$$

$$\left\| \sum_j c_j^{1/2} \xi_j y_j \right\|_V^2 \leqslant \sum_j c_j \|y_j\|_V^2 \cdot \sum_j |\xi_j|^2$$

$$\leqslant \sup_j \|y_j\|_V^2 \cdot \|\{\xi_j\}\|_{l^2}^2 \cdot \sum_j c_j.$$

设 $\tilde{\alpha}$ 为连续典则映射 $X \to X_U$ 与连续映射 $\alpha : X_U \to (l^2)$ 的积. 设 U_2 是 $\hat{X}_V$ 的单位球在 (l^2) 中依 β 的原像, 那么 U_2 是 (l^2) 内原点 0 的一个邻域, 从而含有以 $0 \in (l^2)$ 为心的一个球 S. 设 W 是 S 在 X 中依连续映射 $\tilde{\alpha}$ 的原像, 那么显然 $W \subseteq V$ 且任何 $\tilde{x}_W \in X_W$ 满足

$$\|\tilde{x}_W\|_W = \inf_{x/\lambda \in W, \lambda > 0} \lambda = \inf_{\tilde{\alpha}x/\lambda \in S, \lambda > 0} \lambda = \|\tilde{\alpha}x\|_{l^2} \ (S\text{的半径}).$$

因为 $\| \cdot \|_{l^2}$ 是 Hilbert 空间 (l^2) 的范数, 所以 X_W 是个准 Hilbert 空间.

系　若 X 是个局部凸核空间, 那么对于其原点 0 的任何均衡凸邻域 V, 原点还有均衡凸邻域 W_1 和 W_2 具有性质:

$$W_2 \subseteq W_1 \subseteq V, \quad \hat{X}_{W_1} \text{ 和 } \hat{X}_{W_2} \text{ 均是 Hilbert 空间且}$$

$$\text{典则映射 } X \to \hat{X}_{W_2}, \hat{X}_{W_2} \to \hat{X}_{W_1}, \hat{X}_{W_1} \to \hat{X}_V \text{ 都是核变换}.$$

因此一个核空间 X 的原点 0 有个基本邻域系 $\{V_\alpha\}$ 使得 $\hat{X}_{V_\alpha}$ 都是 Hilbert 空间.

核空间进一步的性质　可以证明:

1. 一个核空间的线性子空间和商空间也都是核空间.
2. 一族核空间的拓扑向量积和一列核空间的归纳极限也都是核空间.
3. 一列核空间 (其中每个都是 F–空间) 的归纳极限的强对偶也是核空间.

其证明可参看以上所引 Grothendieck [1] 的书第 47 页. 作为第 2 条的推论, 设 K_r 是 R^n 的球 $|x| \leqslant r$, 则序列 $\{\mathfrak{D}_{K_r}(R^n); r = 1, 2, \cdots\}$ 的归纳极限——空间 $\mathfrak{D}(R^n)$ 是核的. 因此按第 3 条, 空间 $\mathfrak{D}(R^n)'$ 也是核空间. 空间 $\mathfrak{E}(R^n), \mathfrak{E}(R^n)'$, $\mathfrak{S}(R^n)$ 和 $\mathfrak{S}(R^n)'$ 也都是核空间.

最近 R. A. Minlos [1] 强调了核空间概念的重要性. 他证明了 Kolmogorov 的测度扩张定理的下述推广:

设 X 是个核空间, 它的拓扑是通过 0 的均衡凸邻域的一可数系来确定的. 设 X' 是 X 的强对偶空间. 形如

$$Z' = \{f' \in X'; a_i < \langle x_i, f' \rangle < b_i \ (i = 1, 2, \cdots, n)\}$$

的一个集合称为 X' 的一个柱形集. 假设给定一集函数 μ_0, 它对于一切柱形集都有定义且 $\geqslant 0$. 若 μ_0 对于具有固定点 $x_1, x_2, \cdots, x_n$ 的那些柱形集 Z' 是 $\sigma-$可加的. 那么, 在相容性条件和连续性条件下 μ_0 有唯一确定的扩张, 它对于含有 X' 的一切柱形集的 X' 的诸集合的最小 $\sigma-$可加族的所有集合是 $\sigma-$可加的且是 $\geqslant 0$ 的.

关于这个结果的详细证明和应用可参看 I. M. Gelfand–N. Y. Vilenkin [3].

第十一章　赋范环和谱表示

数域 (F) 上一个线性空间 A 称为 (F) 上一个代数 或一个环是指每对元素 $x, y \in A$ 对应唯一的积 $xy \in A$ 且具有性质:

$$
\begin{cases}
(xy)z = x(yz) & \text{(结合律)}, \\
x(y + z) = xy + xz & \text{(分配律)}, \\
\alpha\beta(xy) = (\alpha x)(\beta y). &
\end{cases}
\tag{1}
$$

如果有个 $e \in A$ 使得每个 $x \in A$ 满足 $ex = xe = x$, 则称 A 是个幺代数 而 e 是其幺元. 幺元存在时必是唯一确定的. 因为若 e' 为 A 的另一幺元, 则必有 $ee' = e = e'$. 如果乘法是交换的, 亦即对每对 $x, y \in A$ 恒成立 $xy = yx$, 则 A 称为交换代数. 设 A 为有幺元 e 的代数. 对于某个 $x \in A$, 若有 $x' \in A$ 使得 $xx' = x'x = e$, 则 x' 称为 x 的逆元. 逆元存在时是唯一确定的. 因若 x'' 也是 x 的一个逆元, 则必有

$$
x''(xx') = x''e = x'' = (x''x)x' = ex' = x'.
\tag{2}
$$

因此若 x 有逆, 我们以 x^{-1} 记 x 的逆.

一个代数称为 Banach 代数 简称 B–代数指它是个 B–空间且满足

$$
\|xy\| \leqslant \|x\| \|y\|.
$$

在 B–代数中, 乘积 xy 是两个变量的连续函数. 这源自以下不等式

$$
\|x_n y_n - xy\| \leqslant \|x_n(y_n - y)\| + \|(x_n - x)y\|
$$
$$
\leqslant \|x_n\| \|y_n - y\| + \|x_n - x\| \|y\|.
$$

例 1　设 X 是个 B–空间, 则 $L(X, X)$ 按算子和 $T + S$ 及算子积 TS 成一具有幺元的 B–代数; 恒等算子 I 是这个代数 $L(X, X)$ 的幺元, 同时算子范数 $\|T\|$ 是这个代数 $L(X, X)$ 中 T 的范数.

例 2　设 S 是个紧拓扑空间, 则 $C(S)$ 依加法 $(x_1 + x_2)(s) = x_1(s) + x_2(s)$ 和数乘 $(\alpha x)(s) = \alpha x(s)$ 及乘法 $(x_1 x_2)(s) = x_1(s) x_2(s)$ 和范数 $\|x\| = \sup\limits_{s \in S} |x(s)|$ 是个 B–代数.

例 3　设 B 为 $0 \leqslant s \leqslant 1$ 上能表达成绝对收敛的 Fourier 级数

$$x(s) = \sum_{n=-\infty}^{\infty} c_n e^{2\pi i n s} \quad \text{其中} \quad \sum_{n=-\infty}^{\infty} |c_n| < \infty \tag{3}$$

的连续函数 $x(s)$ 的全体. 那么, 易知按通常的函数和及函数乘法, 并在范数

$$\|x\| = \sum_{n=-\infty}^{\infty} |c_n| \tag{4}$$

下 B 是个交换幺 B–代数.

上面后两例中幺元由函数 $e(s) \equiv 1$ 所给定且 $\|e\| = 1$. 在以后诸节中, 我们将涉及具有幺元 e 且

$$\|e\| = 1 \tag{5}$$

的交换 B–代数. 此种代数称为赋范环.

历史梗概　Banach 代数的概念是由 M. Nagumo [1] 引进分析中的. 他证明了 Cauchy 的复函数理论能推广到取值于此种代数中的函数上, 并把它用到有界线性算子的预解式围绕孤立奇点的研究中去. 这个结果是本书第八章 §8 中给出的那些结果的一个抽象处理. K. Yosida [11] 证明了一个嵌入一 B–代数的连通群为一 Lie 群的充要条件是这个群是局部紧的. 这个结果是 J. von Neumann [6] 关于矩阵群的一个结果的推广. 请参看 E. Hille-R. S. Phillips [1], 在此书中转载了 K. Yosida [11] 的结果.

赋范环的理想理论是由 I. M. Gelfand [2] 创立的. 他已经证明此种环能表示成定义在该环的极大理想空间上连续函数环. 借助于这个表示, 我们能给出 Hilbert 空间中有界正规算子的谱分解的一个不用积分的处理; 参看 K. Yosida [12] . 这个结果将在以下诸节中展示. Gelfand 表示也可用于 N. Wiener [2] 的 Tauber 定理的新证明. 在本章的最后一节中我们将揭示这个应用. 至于 B–代数的详情请参看 N. A. Naimark [1], C. E. Richart [1] 及 I. M. Gelfand-D. A. Raikov-G. E. Šilov [5].

§1. 赋范环的极大理想

我们将涉及具有幺元 e 且满足 $\|e\| = 1$ 的交换 B–代数 B.

定义 1 B 的一个子集 J 称为 B 的一个理想是指 $x, y \in J$ 导致 $(\alpha x + \beta y) \in J$ 同时对每个 $z \in B$ 恒有 $zx \in J$. 不同于 B 和 $\{0\}$ 的理想称为非平凡理想. 一个非平凡理想 J 称为一个极大理想 是指没有包含 J 作为真子集的非平凡理想.

命题 1 B 的任何非平凡理想 J_0 含于一极大理想 J 中.

证明 令 $[J_0]$ 为包含 J_0 的一切非平凡理想的集合. 我们按包含关系赋予 $[J_0]$ 中的理想以序, 亦即, 若 J_1 为 J_2 的一子集则记为 $J_1 \prec J_2$. 假定 $\{J_\alpha\}$ 是 $[J_0]$ 的一个线性序集并令 $J_\beta = \bigcup_{J_\alpha \in \{J_\alpha\}} J_\alpha$. 我们来证明 J_β 是 $\{J_\alpha\}$ 的一个上界. 因若 $x, y \in J_\beta$, 则有理想 J_{α_1} 和 J_{α_2} 使得 $x \in J_{\alpha_1}$ 且 $y \in J_{\alpha_2}$. 由于 $\{J_\alpha\}$ 是线性有序的, 故 $J_{\alpha_1} \prec J_{\alpha_2}$ (或 $J_{\alpha_1} \succ J_{\alpha_2}$), 于是 x 和 y 均属于 J_{α_2}; 由此 $(x - y) \in J_{\alpha_2} \subseteq J_\beta$ 且对任何 $z \in B$ 恒有 $zx \in J_{\alpha_2} \subseteq J_\beta$. 这就证明 J_β 是个理想. 因为幺元 e 不包含在任何 J_α 中, 所以 e 不包含在 $J_\beta = \bigcup_{J_\alpha \in \{J_\alpha\}} J_\alpha$ 中. 因此 J_β 是包含每个 J_α 的非平凡理想. 因此, 根据 Zorn 引理至少有一个包含 J_0 的极大理想.

系 B 的元 x 有逆 $x^{-1} \in B$ 使得 $x^{-1}x = xx^{-1} = e$ 的充要条件为 x 不包含于任何极大理想之中.

证明 若 $x^{-1} \in B$ 存在, 则任何理想 $J \ni x$ 必包含 $e = xx^{-1}$, 故 J 必与 B 本身相等. 反之, 设 x 不包含于任何极大理想之中, 则理想 $xB = \{xb; b \in B\} \neq \{0\}$ 必与 B 本身相等. 否则至少有个包含 $xB \ni x = xe$ 的极大理想. 由此得 $xB = B$, 因而必有 $b \in B$ 使得 $xb = e$. 根据 B 的交换性, 我们有 $xb = bx = e$, 亦即 $b = x^{-1}$.

命题 2 极大理想 J 是 B 的线性闭子空间.

证明 根据 B 中代数运算 (加法、乘法和数乘) 的连续性, 强闭包 J^a 也是个包含 J 的理想. 假定 $J^a \neq J$. 由理想 J 的极大性, 必有 $J^a = B$. 因此 $e \in J^a$, 于是有 $x \in J$ 使得 $\|e - x\| < 1$. x 有逆 $x^{-1} \in B$, 此逆由 Neumann 级数

$$e + (e - x) + (e - x)^2 + \cdots$$

给出. 因为由 $\|(e - x)^n\| \leqslant \|e - x\|^n$, 这个级数收敛于 B 中某元, 它正是 x 的逆, 这一点可把级数乘以 $x = e - (e - x)$ 而知. 因而 $e = x^{-1}x \in J$, 故 J 不能为极大理想.

命题 3　对 B 的任何理想 J, 如果 $(x-y) \in J$, 我们记

$$x \equiv y(\mathrm{mod}\, J) \quad 或 \quad x \sim y(\mathrm{mod}\, J) \quad 或 \quad 简记成 \; x \sim y. \tag{1}$$

那么, $x \sim y$ 是个等价关系, 亦即我们有

$$\begin{cases} x \sim x \,(\text{自反性}), \\ x \sim y \text{ 导致 } y \sim x \,(\text{对称性}), \\ x \sim y \text{ 且 } y \sim z \text{ 导致 } x \sim z \,(\text{传递性}). \end{cases}$$

我们以 $\bar{x}$ 表示集合 $\{y; (y-x) \in J\}$; 它称为含 x 的类 $(\mathrm{mod}\, J)$. 那么, 类 $\overline{(x+y)}, \overline{\alpha x}$ 和 $\overline{(xy)}$ 是确定的且与类 $\bar{x}$ 和 $\bar{y}$ 中的元 x 和 y 的选取无关.

证明　我们必须证明, 由 $x \sim x', y \sim y'$ 必导致 $(x+y) \sim (x'+y'), \alpha x \sim \alpha x'$ 及 $xy \sim x'y'$. 这些关系从 J 是理想这个条件来看是清晰的. 例如, 根据 $(x-x') \in J$ 及 $(y-y') \in J$ 我们有 $xy - x'y' = (x-x')y + x'(y-y') \in J$.

系　所有类 $\bar{x} \,(\mathrm{mod}\, J)$ 按运算

$$\bar{x} + \bar{y} = \overline{x+y}, \quad \alpha \bar{x} = \overline{\alpha x}, \quad \bar{x}\,\bar{y} = \overline{xy} \tag{2}$$

构成一个代数.

定义 2　上面得到的代数称为 $B\,(\mathrm{mod}\, J)$ 的剩余类代数, 并记为 B/J. 因此代数 B 到 $\bar{B} = B/J$ 上的映射 $x \to \bar{x}$ 是个同态映射, 亦即关系 (2) 成立.

命题 4　设 J 是 B 的一极大理想, 则 $\bar{B} = B/J$ 是个域, 亦即每个非零元 $\bar{x} \in \bar{B}$ 有逆 $\bar{x}^{-1} \in \bar{B}$ 使得 $\bar{x}^{-1}\bar{x} = \bar{x}\bar{x}^{-1} = \bar{e}$.

证明　假定逆 $\bar{x}^{-1}$ 不存在, 则集合 $\bar{x}\bar{B} = \{\bar{x}\bar{b}; \bar{b} \in \bar{B}\}$ 是 $\bar{B}$ 的一个理想. 它不包含 $\bar{e}$ 但包含 $\bar{x} \neq 0$, 从而它是非平凡的. 一个理想在同态下的逆像是个理想, B 便有个以 J 为真子集的非平凡理想, 这与理想 J 的极大性矛盾.

我们已能证明

定理　设 B 为复数域上一个赋范环, J 为 B 的一个极大理想, 则剩余类代数 $\bar{B} = B/J$ 同构于复数域, 其意义是每个 $\bar{x} \in \bar{B}$ 可唯一地表示成 $\bar{x} = \xi \bar{e}$, 其中 ξ 是一复数.

证明　我们将证明 $\bar{B} = B/J$ 按以下范数成为一个赋范环

$$\|\bar{x}\| = \inf_{x \in \bar{x}} \|x\|. \tag{3}$$

如果这点得到证明, 则 B/J 是一赋范域, 因而根据第五章 §3 中的 Gelfand-Mazur 定理, $\bar{B} = B/J$ 就同构于复数域.

而今我们有[①] $\|\alpha\bar{x}\| = |\alpha|\|\bar{x}\|$, 且

$$\|\overline{x} + \overline{y}\| = \inf_{x\in\overline{x}, y\in\overline{y}} \|x + y\| \leqslant \inf_{x\in\overline{x}} \|x\| + \inf_{y\in\overline{y}} \|y\| = \|\overline{x}\| + \|\overline{y}\|$$

及

$$\|\overline{xy}\| = \inf_{x\in\overline{x}, y\in\overline{y}} \|xy\| \leqslant \inf_{x\in\overline{x}} \|x\| \inf_{y\in\overline{y}} \|y\| = \|\overline{x}\|\|\overline{y}\|.$$

若 $\|\bar{x}\| = 0$, 则有个序列 $\{x_n\} \subseteq \bar{x}$ 使得 s-$\lim\limits_{n\to\infty} x_n = 0$. 因而对任何 $x \in \bar{x}$, 有 $(x - x_n) \in J$, 故 s-$\lim\limits_{n\to\infty}(x - x_n) = x$, 这证明 $x \in J^a = J$, 亦即 $\bar{x} = \bar{0}$. 因而 $\|\bar{x}\| = 0$ 等价于 $\bar{x} = \bar{0}$. 我们有 $\|\bar{e}\| \leqslant \|e\| = 1$. 若 $\|\bar{e}\| < 1$, 则有个元 $x \in J$ 使得 $\|e - x\| < 1$. 像命题 2 的证明中论证的一样, 逆 x^{-1} 存在, 这是与命题 1 的系矛盾的. 因此必有 $\|\bar{e}\| = 1$. 最后, 由于 B 是一 B-空间以及根据命题 2 知 J 是一线性闭子空间, 所以商空间 $\bar{B} = B/J$ 关于范数 (3) 是完备的 (参看第一章 §11). 这样我们便证明了定理.

系　我们以 $x(J)$ 记表示式 $\bar{x} = \xi\bar{e}$ 中的数 ξ. 因此, 对每个 $x \in B$, 我们得到定义在 B 的所有极大理想的集合 $\{J\}$ 上的一个复值函数 $x(J)$. 于是, 有

$$(x + y)(J) = x(J) + y(J), \quad (\alpha x)(J) = \alpha x(J),$$
$$(xy)(J) = x(J)y(J), \quad \text{并且 } e(J) \equiv 1. \tag{4}$$

此外还有

$$\sup_{J\in\{J\}} |x(J)| \leqslant \|x\|, \tag{5}$$

及

$$\sup_{J\in\{J\}} |x(J)| = 0 \text{ 导出 } x = 0 \text{ 的充要条件为 } \bigcap_{J\in\{J\}} J = \{0\}. \tag{6}$$

证明　代数 B 到剩余类代数 $\bar{B} = B/J$ 上的映射 $x \to \bar{x} = x(J)\bar{e}$ 是个同态映射, 亦即关系 (2) 成立. 因而我们有 (4). 不等式 (5) 源自下式

$$|\xi| = |\xi|\|\bar{e}\| = \|\bar{x}\| = \inf_{x\in\overline{x}} \|x\| \leqslant \|x\|.$$

由于 $x(J) = 0$ 在 $\{J\}$ 上恒成立的充要条件为 $x \in \bigcap\limits_{J\in\{J\}} J$, 故性质 (6) 自明.

定义 3　赋范环 B 的 Gelfand 表示是通过定义在 B 的所有极大理想的集合 $\{J\}$ 上的函数 $x(J)$ 的环给出的表示

$$x \to x(J). \tag{7}$$

[①]校者注: 据第一章 §11 可知 (3) 是商空间 B/J 上范数且商空间依此范数是个 B-空间, 因此这段大部分是多余的.

§2. 根. 半单性

定义 1　设 B 为复数域上赋范环, $\{J\}$ 为 B 的极大理想的全体. 称理想 $\bigcap\limits_{J\in\{J\}} J$ 为环 B 的根. 称 B 为半单的是指其退化成零理想 $\{0\}$.

定理 1　对任何 $x\in B$, $\lim\limits_{n\to\infty}\|x^n\|^{1/n}$ 存在且

$$\lim_{n\to\infty}\|x^n\|^{1/n}=\sup_{J\in\{J\}}|x(J)|. \tag{1}$$

证明　令 $\alpha=\sup\limits_{J\in\{J\}}|x(J)|$. 根据 $\|x^n\|\geqslant|x^n(J)|=|x(J)|^n$, 我们有 $\|x^n\|\geqslant\alpha^n$, 故 $\varliminf\limits_{n\to\infty}\|x^n\|^{1/n}\geqslant\alpha$. 因此我们还须证明 $\varlimsup\limits_{n\to\infty}\|x^n\|^{1/n}\leqslant\alpha$. 设 $|\beta|>\alpha$. 诸 $J\in\{J\}$ 使 $x(J)-\beta\neq0$, 亦即 $(x-\beta e)\bar\in J$. 因而逆 $(\beta e-x)^{-1}$ 存在. 令 $\beta^{-1}=\lambda$, 即知只要 $|\lambda|<\alpha^{-1}$ 则逆 $(\beta e-x)^{-1}=\lambda(e-\lambda x)^{-1}$ 存在. 此外, 如第八章 §2 定理 2 中一样, 我们知 $\lambda(e-\lambda x)^{-1}$ 依 λ 在 $|\lambda|<\alpha^{-1}$ 全纯, 因而有 Taylor 展式

$$\lambda(e-\lambda x)^{-1}=\lambda(e+\lambda x_1+\lambda^2 x_2+\cdots+\lambda^n x_n+\cdots).$$

关系 $x_n=x^n$ 可由 Neumann 级数 $(e-\lambda x)^{-1}=\sum\limits_{n=0}^{\infty}\lambda^n x^n$ 得到, 后面的展式对 $\|\lambda x\|<1$ 是成立的. 根据上面的 Taylor 级数的收敛性, 我们知

$$\lim_{n\to\infty}\|\lambda^n x^n\|=0\quad\text{若 } |\lambda|<\alpha^{-1}.$$

因此当 $|\lambda|<\alpha^{-1}$ 时对大的 n 成立 $\|x^n\|=|\lambda|^{-n}\|\lambda^n x^n\|<|\lambda|^{-n}$, 所以当 $|\lambda|^{-1}>\alpha$ 时 $\varlimsup\limits_{n\to\infty}\|x^n\|^{1/n}\leqslant|\lambda|^{-1}$, 亦即 $\varlimsup\limits_{n\to\infty}\|x^n\|^{1/n}\leqslant\alpha$.

系　B 的根 $R=\bigcap\limits_{J\in\{J\}} J$ 等于由下式

$$\lim_{n\to\infty}\|x^n\|^{1/n}=0 \tag{2}$$

定义的**广义幂零元** $x\in B$ 的全体.

定义 2　一复数 λ 称为属于 $x\in B$ 的谱是指逆 $(x-\lambda e)^{-1}$ 在 B 中不存在.

如果 λ 属于 x 的谱, 则有个极大理想 J 使得 $(x-\lambda e)\in J$. 反之, 若 $(x-\lambda e)$ 属于极大理想 J, 则逆不存在. 因而我们得

定理 2　元素 $x\in B$ 的谱等于函数 $x(J)$ 在 B 的所有极大理想组成的空间 $\{J\}$ 上所取到的值的全体.

Tychonov 定理的应用   对任何 $J_0 \in \{J\}$, 我们按

$$\{J \in \{J\}; |x_i(J) - x_i(J_0)| < \varepsilon_i \ (i = 1, 2, \cdots, n)\} \tag{3}$$

定义 J_0 的一基本邻域系, 其中 $\varepsilon_i > 0, n$ 和 $x_i \in B$ 为任意的. 于是 $\{J\}$ 成为一个拓扑空间, 且每个 $x \in B$ 使 $x(J)$ 为 $\{J\}$ 上连续函数. 我们只需验证若 $J_0 \neq J_1$, 则 J_0 有个邻域 V_0 和 J_1 的一邻域 V_1, 它们不相交. 这可如下完成. 令 $x_0 \in J_0$ 同时 $x_0 \bar{\in} J_1$, 从而 $x_0(J_0) = 0$ 而 $x_0(J_1) = \alpha \neq 0$. 于是, $V_0 = \{J \in \{J\}; |x_0(J)| < |\alpha|/2\}$ 和 $V_1 = \{J \in \{J\}; |x_0(J) - x_0(J_1)| < |\alpha|/2\}$ 不相交.

定理 3   如上拓扑化了的空间 $\{J\}$ 是个紧空间.

证明   对每个 $x \in B$, 我们配以复 z–平面中紧集

$$K_x = \{z; |z| \leqslant \|x\|\}.$$

于是根据第零章中 Tychonov 定理, 拓扑积 $S = \prod_{x \in B} K_x$ 是个紧空间. 对任何极大理想 $J_0 \in \{J\}$, 我们指定点

$$\prod_{x \in B} x(J_0) = s(J_0) \in S.$$

借助于上面的对应 $J_0 \to s(J_0), \{J\}$ 一一对应于 S 的子集 S_1. 此外, $\{J\}$ 的拓扑是同作为 S 的子集的 S_1 的相对拓扑完全一样的. 因而, 若我们能证明 S_1 是紧空间 S 的一个闭子集, 则它的拓扑像 $\{J\}$ 是紧的.

为证 S_1 是闭集, 我们考察集合 S_1 在 S 中的聚点 $\omega = \prod_{x \in B} \lambda_x \in S$. 我们将证明映射 $x \to \lambda_x$ 是代数 B 到复数域 (K) 中的一个同胚. 于是, 由 B/J_0 与 (K) 的同构可知, $J_0 = \{x; \lambda_x = 0\}$ 成为 B 的一个极大理想且 $(x - \lambda_x e) \in J_0$, 亦即 $x(J_0) = \lambda_x$. 这就证明了点 $\omega = \prod_{x \in B} \lambda_x = \prod_{x \in B} x(J_0)$ 属于 S_1. 因此我们必须证明

$$\lambda_{x+y} = \lambda_x + \lambda_y, \quad \lambda_{\alpha x} = \alpha \lambda_x, \quad \lambda_{xy} = \lambda_x \lambda_y, \quad \lambda_e = 1.$$

例如我们来证明 $\lambda_{x+y} = \lambda_x + \lambda_y$. 由于 $\omega = \prod_{x \in B} \lambda_x$ 是 S_1 的聚点, 故对任何 $\varepsilon > 0$, 有个极大理想 J 使得

$$|\lambda_x - x(J)| < \varepsilon, \quad |\lambda_y - y(J)| < \varepsilon, \quad |\lambda_{x+y} - (x+y)(J)| < \varepsilon.$$

根据 $(x+y)(J) = x(J) + y(J)$ 及 $\varepsilon > 0$ 的任意性, 易知 $\lambda_{x+y} = \lambda_x + \lambda_y$ 为真.

至此我们能把关于赋范环 B 的 Gelfand 表示的基本事实叙述成下面的形式:

定理 4　复数域上赋范环 B 可同态地表示成定义在 B 的所有极大理想 J 的紧空间 $\{J\}$ 上函数 $x(J)$ 的环. B 的根 R 恰好是由那些以在 $\{J\}$ 上恒为零的函数所表示的元所组成. 表示 $x \to x(J)$ 为同构的充要条件是 B 是半单的.

(第零章的) **Stone-Weierstrass 定理的应用**　上面所得函数环在 $\{J\}$ 上所有复值连续函数空间依一致收敛拓扑是稠密的一个充分条件是环 B 是对称的 (或对合的), 其意义是

$$\text{对任何 } x \in B, \text{有 } x^* \in B \text{ 使得在 } \{J\} \text{ 上 } x^*(J) = \overline{x(J)}. \tag{4}$$

几例 Gelfand 表示

例 1　设 $B = C(S)$, 其中 S 是个紧拓扑空间, 且 J_0 为 $C(S)$ 的一极大理想. 那么有点 $s_0 \in S$ 使得所有 $x \in J_0$ 满足 $x(s_0) = 0$. 否则, 对任何 $s_\alpha \in S$, 有 $x_\alpha \in J_0$ 使得 $x_\alpha(s_\alpha) \neq 0$. 由于 $x_\alpha(s)$ 是连续函数, 故 s_α 有个邻域 V_α 使得在 V_α 中 $x_\alpha(s) \neq 0$. 因 S 为紧的, 故存在有限组, 例如 $V_{\alpha_1}, V_{\alpha_2}, \cdots, V_{\alpha_n}$, 使得 $\bigcup\limits_{j=1}^{n} V_{\alpha_j} = S$. 因而函数

$$x(s) = \sum_{i=1}^{n} \overline{x_{\alpha_i}(s)} x_{\alpha_i}(s) \in J_0$$

在整个 S 上不为零, 于是 $x \in J_0$ 有逆 $x^{-1}: s \to x(s)^{-1}$, 这与理想 J_0 的极大性相背. 因此我们得知 J_0 包含在极大理想 $J' = \{x \in B; x(s_0) = 0\}$ 中. 根据 J_0 的极大性, 必有 $J_0 = J'$, 这样一来我们即知 B 的极大理想 J 的空间 $\{J\}$ 是一一对应于 S 的点 s.

例 2　设 B 是 $0 \leqslant s \leqslant 1$ 上能表示成绝对收敛的 Fourier 级数

$$x(s) = \sum_{n=-\infty}^{\infty} c_n e^{2\pi i s n}, \quad \sum_{n=-\infty}^{\infty} |c_n| < \infty$$

的函数 $x(s)$ 的全体. 它按运算 $(x+y)(s) = x(s) + y(s), (xy)(s) = x(s)y(s)$ 和范数 $\|x\| = \sum\limits_{j} |c_j|$ 是个赋范环. 设 J_0 为 B 的一极大理想. 令 $e^{2\pi i s} = x_1$, 则 $x_1^{-1} = e^{-2\pi i s}$, 因而根据 $|x_1(J_0)| \leqslant \|x_1\| = 1, |x_1^{-1}(J_0)| = |x_1(J_0)^{-1}| \leqslant \|x_1^{-1}\| = 1$ 即知 $|x_1(J_0)| = 1$. 于是有点 $s_0, 0 \leqslant s_0 \leqslant 1$, 使得 $x_1(J_0) = e^{2\pi i s_0}$. 因此 $x_n = e^{2\pi i s n} = x_1^n$ 满足 $x_n(J_0) = e^{2\pi i s_0 n}$, 所以 $x(J_0) = \sum\limits_{n=-\infty}^{\infty} c_n e^{2\pi i s_0 n} = x(s_0)$. 依此方式, 我们知对 B 的任何极大理想对应一个点 $s_0 (0 \leqslant s_0 \leqslant 1)$ 使得对一切 $x \in B$, 同态 $x \to x(J_0)$ 是由 $x(J_0) = x(s_0)$ 所给出. 同样明显的是映射 $x \to x(s_0)$ 给出了代数 B 到复数域中的一个同态. 于是我们知 B 的极大理想空间重合于 $\{e^{2\pi i s}; 0 \leqslant s \leqslant 1\}$.

系 (N. Wiener 定理) 如果一绝对收敛的 Fourier 级数 $x(s) = \sum\limits_{n=-\infty}^{\infty} c_n e^{2\pi i s n}$ 在 [0,1] 上不为零, 则函数 $1/x(s)$ 也可表示成绝对收敛的 Fourier 级数. 因为, x 不属于上面的例 2 中赋范环的任何极大理想.

例 3 取 $B_1 = C[0,1]$, 并对 $x, y \in B_1$ 定义

$$(x+y)(s) = x(s) + y(s), \quad (\alpha x)(s) = \alpha x(s),$$

$$(xy)(s) = \int_0^s x(s-t)y(t)dt \quad \text{且} \quad \|x\| = \sup_{s \in [0,1]} |x(s)|.$$

于是, B_1 是个无幺元的交换 B–代数. 按法则 $ex = xe = x, \|e\| = 1$, 形式地加一幺元 e, 则集合 $B = \{z = \lambda e + x; x \in B_1\}$ 按运算

$$\begin{cases} (\lambda_1 e + x_1) + (\lambda_2 e + x_2) = (\lambda_1 + \lambda_2)e + (x_1 + x_2), \\ \alpha(\lambda e + x) = \alpha \lambda e + \alpha x, \\ (\lambda_1 e + x_1)(\lambda_2 e + x_2) = \lambda_1 \lambda_2 e + \lambda_1 x_2 + \lambda_2 x_1 + x_1 x_2 \end{cases}$$

和范数 $\|\lambda e + x\| = |\lambda| + \|x\|$ 成为一赋范环. 根据归纳法, 我们有

$$|x^2(s)| \leqslant M^2 s, \quad |x^3(s)| \leqslant M^3 \frac{s^2}{2}, \quad \cdots, \quad |x^n(s)| \leqslant M^n \frac{s^{n-1}}{(n-1)!}, \quad \cdots,$$

其中 $M = \sup\limits_{s \in [0,1]} |x(s)| = \|x\|$. 据事实 $\lim\limits_{n \to \infty} (n!)^{1/n} = \infty$, 诸 $x \in B_1$ 是 B 的广义幂零元.

§3. 有界正规算子的谱分解

设 X 是个 Hilbert 空间, 又设 $L(X, X)$ 中有界正规算子族 M 满足条件:

$$T, S \in M \text{ 蕴涵 } TS = ST \quad \text{(交换性)}, \tag{1}$$

$$T \in M \text{ 蕴涵 } T^* \in M. \tag{2}$$

一个有界正规算子 $T \in L(X, X)$ 与其伴随算子 T^* 组成的集合确实满足 (1) 和 (2).

设 M' 为与每个 $T \in M$ 交换的 $L(X, X)$ 中算子全体, 并设 $B = M'' = (M')'$ 为与每个算子 $S \in M'$ 交换的 $L(X, X)$ 中算子全体.

命题 1 环 B 的每个元是正规算子. B 按算子和、算子积、幺元 I (恒等算子) 和算子范数 $\|T\|$ 成为复数域上一赋范环.

证明　根据 (1) $M \subseteq M'$, 故 $M' \supseteq M''$. 因而 $M''' = (M'')' \supseteq M''$, 所以 $B = M''$ 是交换环. 恒等算子 I 属于 B 并且是这个代数 B 的幺元. 根据 (2), 易知 B 中每个算子是正规的. 由于在代数 B 中乘法 TS 及伴随运算 $T \to T^*$ 关于算子范数是连续的, 故易知环 B 关于算子范数是完备的.

定理 1　环 B 由其 Gelfand 表示

$$B \ni T \to T(J) \tag{3}$$

同构地表示成 B 的所有极大理想 J 组成的紧空间 $\{J\}$ 上连续函数代数 $C(\{J\})$, 且使得

$$\|T\| = \sup_{J \in \{J\}} |T(J)|, \tag{4}$$

$\{J\}$ 上函数 $T(J)$ 为实值的当且仅当 T 是自伴的, $\tag{5}$

$\{J\}$ 上函数 $T(J) \geqslant 0$ 当且仅当 T 为自伴且正的,

亦即一切 $x \in X$ 使 $(Tx, x) \geqslant 0$. $\tag{6}$

证明　我们首先指明, 对任何有界正规算子 T,

$$\|T^2\| = \|T\|^2. \tag{7}$$

由 T 的正规性, 知 $H = TT^* = T^*T$ 为自伴. 因而根据第七章 §3 中定理 3 有

$$\|T\|^2 = \sup_{\|x\| \leqslant 1} (Tx, Tx) = \sup_{\|x\| \leqslant 1} |(T^*Tx, x)|$$

$$= \|H\| = \|T^*T\| = \|TT^*\|.$$

由于 $(T^*)^2 = (T^2)^*$, 故 T^2 和 T 一样是正规的. 因此, 如上得 $\|T^2\|^2 = \|T^{*2}T^2\|$, 根据交换性 $TT^* = T^*T$ 得 $\|T^2\|^2 = \|H^2\|$. 因 H^2 为自伴, 再由第七章 §3 之定理 3 得

$$\|H\|^2 = \sup_{\|x\| \leqslant 1} (Hx, Hx) = \sup_{\|x\| \leqslant 1} |(H^2x, x)| = \|H^2\|.$$

所以, $\|T^2\|^2 = \|H^2\| = \|H\|^2 = (\|T\|^2)^2$, 亦即 $\|T^2\| = \|T\|^2$.

由 (7) 我们有 $\|T\| = \lim\limits_{n \to \infty} \|T^n\|^{1/n}$, 因为我们已经知道右端的极限存在 (见第八章 §2 之式 (3)). 因而, 根据前节的定理 4, 表示 (3) 是同构的且 (4) 为真.

(5) 的证明　设自伴的 $T \in B$ 对某一 $J_0 \in \{J\}$ 满足 $T(J_0) = a + ib$, 其中 $b \neq 0$, 则自伴算子 $S = (T - aI)/b \in B$ 满足 $(I + S^2)(J_0) = 1 + i^2 = 0$, 故 $(I + S^2)$ 在 B 中无逆. 但是, 根据第七章 §3 之定理 2, $(I + S^2)$ 确有属于 B 的逆. 因此, 若 $T \in B$ 是自伴的, $T(J)$ 必为实值. 设 $T \in B$ 不是自伴的, 并令

$$T = \frac{T + T^*}{2} + i\frac{T - T^*}{2i}.$$

右端第一项是自伴的, 故自伴算子 $(T - T^*)/(2i)$ 必不为 0. 因此根据表示 (3) 的同构性, 必有 $J_0 \in \{J\}$ 使得 $\dfrac{T - T^*}{2i}(J_0) \neq 0$. 因而 $T(J_0) = \dfrac{T + T^*}{2}(J_0) + i\dfrac{T - T^*}{2i}(J_0)$ 不是实的. 因如前所证, 自伴算子被表示成实函数.

(6) 的证明 我们首先证明

$$\text{在 } \{J\} \text{ 上 } T^*(J) = \overline{T(J)}. \tag{8}$$

因为自伴算子 $(T + T^*)/2$ 和 $(T - T^*)/(2i)$ 被表示成实函数, 故上式是显然的. 因此, 由 (4) 和前节的结果, 环 B 表示成 $\{J\}$ 上满足 (5) 和 (8) 的所有连续复值函数的环. 设在整个 $\{J\}$ 上均有 $T(J) \geqslant 0$, 则 $S(J) = T(J)^{1/2}$ 为 $\{J\}$ 上连续函数. 由表示 (3) 的同构性, 得 $S^2 = T$. 根据 (5) 我们有 $S = S^*$. 因而

$$(Tx, x) = (S^2 x, x) = (Sx, Sx) \geqslant 0.$$

反之, 为了证明条件 $(Tx, x) \geqslant 0$ (对一切 $x \in X$) 导出 $T(J) \geqslant 0$ (在整个 $\{J\}$ 上), 我们规定 $T_1(J) = \max(T(J), 0)$ 及 $T_2(J) = T_1(J) - T(J)$. 根据我们上面已证明的知 T_1 和 T_2 均属于 B 且是自伴和正的: 一切 $x \in X$ 使 $(T_j x, x) \geqslant 0$ $(j = 1, 2)$. 此外我们有 $T_1 T_2 = 0$ 及 $T_2 = T_1 - T$, 前一等式源自 $T_1(J) T_2(J) = 0$.

所以, 我们有

$$0 \leqslant (T T_2 x, T_2 x) = (-T_2^2 x, T_2 x)$$
$$= -(T_2^3 x, x) = -(T_2 T_2 x, T_2 x) \leqslant 0.$$

因此 $(T_2^3 x, x) = 0$, 故根据第七章 §3 的定理 3 必有 $T_2^3 = 0$. 因而由 $\|T_2\| = \lim\limits_{n \to \infty} \|T_2^n\|^{1/n}$, 即得 $T_2 = 0$. 这样我们便证明了 $T = T_1$, 因而在 $\{J\}$ 上 $T(J) \geqslant 0$.

我们以 $T \geqslant 0$ 表示 T 为自伴且正的, 以 $S \geqslant T$ 记 $(S - T) \geqslant 0$.

定理 2 设 $\{T_n\} \subseteq B$ 为自伴算子的一个序列使得

$$0 \leqslant T_1 \leqslant T_2 \leqslant \cdots \leqslant T_n \leqslant \cdots \leqslant S \in B, \tag{9}$$

则诸 $x \in X$ 使 $\text{s-}\lim\limits_{n \to \infty} T_n x = Tx$ 存在, 亦即 $\text{s-}\lim\limits_{n \to \infty} T_n = T$ 存在且 $T \in B$ 及

$$S \geqslant T \geqslant T_n \quad (n = 1, 2, \cdots).$$

证明 首先我们注意, 根据 (6),

$$E, F \in B \text{ 且 } E \geqslant 0, F \geqslant 0 \text{ 导出 } E + F \geqslant 0 \text{ 同时 } EF \geqslant 0. \tag{10}$$

因此 $0 \leqslant T_1^2 \leqslant T_2^2 \leqslant \cdots \leqslant T_n^2 \leqslant \cdots \leqslant S^2$. 于是, 对任何 $x \in X$, 有限极限 $\lim\limits_{n \to \infty} (T_n^2 x, x)$ 存在. 因为由 (6) 有 $T_{n+k}^2 \geqslant T_{n+k} T_n \geqslant T_n^2$, 故我们又有

$$\lim_{n,k \to \infty} (T_{n+k}^2 x, x) = \lim_{n,k \to \infty} (T_{n+k} T_n x, x) = \lim_{n \to \infty} (T_n^2 x, x).$$

所以, $\lim\limits_{n,m \to \infty} ((T_n - T_m)^2 x, x) = \lim\limits_{n,m \to \infty} \|T_n x - T_m x\|^2 = 0$ 使得 s-$\lim\limits_{n \to \infty} T_n x = Tx$ 存在. 至于 $T \in B$ 及 $S \geqslant T \geqslant T_n$ 由证明过程而自明.

定理 3 设 $T_n \in B$ 使得 $\{T_n(J)\}$ 为实值函数序列且满足条件

$$\text{在 } \{J\} \text{ 上 } 0 \leqslant T_1(J) \leqslant T_2(J) \leqslant \cdots \leqslant T_n(J) \leqslant \cdots \leqslant a \quad (\text{有限常数}), \tag{11}$$

则由 (6) 和定理 2, s-$\lim\limits_{n \to \infty} T_n = T$ 存在. 在这种情况下, 我们能证明

$$D = \{J \in \{J\}; T(J) \neq \lim_{n \to \infty} T_n(J)\}$$

是第一纲集, 故 $D^C = \{J\} - D$ 在 $\{J\}$ 中稠密.

证明 根据定理 2, $T \geqslant T_n$ 故在 $\{J\}$ 上 $T(J) \geqslant \lim\limits_{n \to \infty} T_n(J)$. 由第零章 §2 之 Baire 定理, 函数 $\lim\limits_{n \to \infty} T_n(J)$ 的不连续点全体是个第一纲集. 因此, 若集合 D 不是第一纲的, 则至少有个点 $J_0 \in D$, 在此点 $\lim\limits_{n \to \infty} T_n(J)$ 是连续的. 于是, 有个正数 δ 和 $\{J\}$ 的一个开集 $V(J_0) \ni J_0$ 使得

$$T(J) \geqslant \delta + \lim_{n \to \infty} T_n(J) \quad \text{只要 } J \in V(J_0).$$

由于紧空间 $\{J\}$ 是正规的, 又由于在 $\{J\}$ 上 $T(J) \geqslant \lim\limits_{n \to \infty} T_n(J)$, 故根据 Urysohn 定理我们可以构造一开集 $V_1(J_0) \ni J_0$ 及一函数 $W(J) \in C(\{J\})$ 使得在 $\{J\}$ 上 $0 \leqslant W(J) \leqslant \delta, V_1(J_0)^a \subseteq V(J_0)$, 在 $V_1(J_0)$ 上 $W(J) = \delta/2$ 同时在 $V(J_0)^C$ 上 $W(J) = 0$. 因而在 $\{J\}$ 上 $T(J) - W(J) \geqslant \lim\limits_{n \to \infty} T_n(J)$, 故由 (6) 得 $T - W \geqslant T_n \ (n = 1, 2, \cdots)$. 根据同构 (3), 由 $W(J) \not\equiv 0$ 必导致 $W \neq 0, W \geqslant 0$. 因此再次根据 (6) 知 $T - W \geqslant$ s-$\lim\limits_{n \to \infty} T_n$, 这与 $T =$ s-$\lim\limits_{n \to \infty} T_n$ 矛盾.

既然 $\{J\}$ 是个紧空间, 第一纲集 D 的补集 $D^C = \{J\} - D$ 必在 $\{J\}$ 中稠密.

现在我们能证明以下 (K. Yosida [12])

B 中算子的谱分解或谱表示

考察 $\{J\}$ 上这样一种复值有界函数 $T'(J)$ 的全体的集合 $C'(\{J\})$, 这种 $T'(J)$ 与某连续函数 $T(J)$ 仅在某个第一纲集上有所不同. 我们把 $C'(\{J\})$ 中两个函数视为相同的是指这两个函数仅只在一个第一纲集上不相同, 于是 $C'(\{J\})$ 便被分成各种类. 因为第一纲集的补集在紧空间 $\{J\}$ 中稠密, 故每个类 T' 恰好包含一个连续函数 $T(J)$, 它通过同构 $B \leftrightarrow C(\{J\})$ 与一个元 $T \in B$ 对应.

对任何 $T \in B$ 及任何复数 $z = \lambda + i\mu$, 我们令 E_z 是 B 中这样一个元, 它对应着集合 $\{J \in \{J\}; \operatorname{Re} T(J) < \lambda, \operatorname{Im} T(J) < \mu\}$ 的特征函数 $E_z'(J)$ 所在的类. 函数 $E_z'(J) \in C'(\{J\})$ 是因为有复变量连续函数 f_n 的一个单调增序列使得 $E_z'(J) = \lim\limits_{n\to\infty} f_n(T(J))$. 设

$$\lambda_1 = -\alpha - \frac{\varepsilon}{\sqrt{2}} \leqslant \lambda_2 \leqslant \cdots \leqslant \lambda_n = \alpha = \sup_{J \in \{J\}} |\operatorname{Re} T(J)|,$$

$$\mu_1 = -\beta - \frac{\varepsilon}{\sqrt{2}} \leqslant \mu_2 \leqslant \cdots \leqslant \mu_n = \beta = \sup_{J \in \{J\}} |\operatorname{Im} T(J)|,$$

$$\left(\sup_j (\lambda_j - \lambda_{j-1})^2 + \sup_j (\mu_j - \mu_{j-1})^2 \right)^{1/2} \leqslant \varepsilon,$$

在 $\{J\}$ 上便有

$$\left| T(J) - \sum_{j=2}^n (\lambda_j + i\mu_j)(E_{\lambda_j + i\mu_j}'(J) + E_{\lambda_{j-1} + i\mu_{j-1}}'(J)) \right.$$
$$\left. - E_{\lambda_{j-1} + i\mu_j}'(J) - E_{\lambda_j + i\mu_{j-1}}'(J)) \right| < \varepsilon.$$

因此, 根据 $E_z'(J)$ 的定义, 在 $\{J\}$ 上我们有

$$\left| T(J) - \sum_{j=2}^n (\lambda_j + i\mu_j)(E_{\lambda_j + i\mu_j}(J) + E_{\lambda_{j-1} + i\mu_{j-1}}(J)) \right.$$
$$\left. - E_{\lambda_{j-1} + i\mu_j}(J) - E_{\lambda_j + i\mu_{j-1}}(J)) \right| \leqslant \varepsilon,$$

这是因为第一纲集的补集是在紧空间 $\{J\}$ 中稠密的. 因此由 (4) 我们有

$$\left\| T - \sum_{j=2}^n (\lambda_j + i\mu_j)(E_{\lambda_j + i\mu_j} + E_{\lambda_{j-1} + i\mu_{j-1}} - E_{\lambda_{j-1} + i\mu_j} - E_{\lambda_j + i\mu_{j-1}}) \right\| \leqslant \varepsilon,$$

我们将此记成

$$T = \iint z\, dE_z, \tag{12}$$

它称为正规算子 T 的谱分解.

§4. 酉算子的谱分解

如果 T 是 B 中一个酉算子, 则根据

$$T(J)T^*(J) = T(J)\overline{T(J)} = 1, \tag{1}$$

我们知函数 $T(J)$ 在 $\{J\}$ 上所取的值是绝对值为 1 的复数. 从这个事实出发, 我们能简化 T 的谱分解 $\iint z dE_z$.

当 $0 < \theta < 2\pi$ 时, 集合 $\{J \in \{J\}; \arg(T(J)) \in (0, \theta)\}$ 的特征函数 $E'_\theta(J)$ 属于 $C'(\{J\})$. 通过令 $E'_0(J) = 0, E'_{2\pi}(J) = 1$, 我们有

$$\left| T(J) - \sum_{j=1}^{n} e^{i\theta_j} (E'_{\theta_j}(J) - E'_{\theta_{j-1}}(J)) \right| \leqslant \max_j |e^{i\theta_j} - e^{i\theta_{j-1}}|$$
$$(0 = \theta_0 < \theta_1 < \cdots < \theta_n = 2\pi).$$

设 $E_\theta(J)$ 为 $\{J\}$ 上连续函数, 它与 $E'_\theta(J)$ 仅只在一个第一纲集上有所差异, 并设 E_θ 为 B 中依同构表示 $B \ni T \leftrightarrow T(J)$ 对应于 $E_\theta(J)$ 的算子. 于是, 如前节所示

$$\left\| T - \sum_{j=1}^{n} e^{i\theta_j} (E_{\theta_j} - E_{\theta_{j-1}}) \right\| \leqslant \max_j |e^{i\theta_j} - e^{i\theta_{j-1}}|.$$

由于 $e^{2\pi i} = 1$ 这一事实, 我们记上述关系为

$$T = \int\limits_{0}^{2\pi} e^{i\theta} dF(\theta), \tag{2}$$

其中 $F(0) = 0$ 且 $F(2\pi) = I$ 而当 $0 < \theta < 2\pi$ 时, $F(\theta) = E_{\theta+0} - E_{0+0}$, 这里 $E_{\theta+0}$ 由 $E_{\theta+0} x = \text{s-}\lim\limits_{\theta \downarrow 0} E_\theta x$ 定义, 这个极限的存在性将在下面证明.

定理 1　算子组 $F(\theta)(0 \leqslant \theta \leqslant 2\pi)$ 满足条件:

$F(\theta)$ 都是投影算子且与所有与 T 交换的有界线性算子交换, $\qquad$ (3)

$F(\theta)F(\theta') = F(\min(\theta, \theta')),$ $\qquad\qquad\qquad\qquad\qquad\qquad$ (4)

$F(0) = 0, F(2\pi) = I.$ $\qquad\qquad\qquad\qquad\qquad\qquad\qquad\qquad$ (5)

$F(\theta+0) = F(\theta)(0 \leqslant \theta < 2\pi),$ 其意义是诸 $x \in X$ 使 $\text{s-}\lim\limits_{\theta' \downarrow \theta} F(\theta')x = F(\theta)x.$ (6)

证明　只需证明 E_θ $(0 \leqslant \theta \leqslant 2\pi)$ 满足下述条件就行了:

$$\text{每个 } E_\theta \text{ 是 } B \text{ 中一个投影算子}, \tag{3'}$$

$$E_\theta E_{\theta'} = E_{\min(\theta, \theta')}, \tag{4'}$$

$$E_0 = 0, \quad E_{2\pi} = I, \tag{5'}$$

$$E_\theta x = \text{s-}\lim_{\theta' \downarrow \theta} E_{\theta'} x \text{ 对任何 } x \in X \text{ 及 } 0 \leqslant \theta < 2\pi \text{ 成立}. \tag{6'}$$

我们有 $E_\theta'(J) = \overline{E_\theta'(J)}$ 及 $E_\theta'(J)^2 = E_\theta'(J)$. 因而根据前节的结果, 即得 $E_\theta = E_\theta^*$ 且 $E_\theta^2 = E_\theta$. 这就证明了 (3′). 从 $E_\theta'(J)E_{\theta'}'(J) = E_{\min(\theta,\theta')}'(J)$ 出发, (4′) 可类似得证, 又 (5′) 亦可相仿证明. 其次令 $\theta_n \downarrow \theta$, 则 $E_{\theta_n}'(J) \geqslant E_{\theta_{n+1}}'(J) \geqslant E_\theta'(J)$, 故根据前节结果, s-$\lim_{n\to\infty} E_{\theta_n} = E$ 存在且在 $\{J\}$ 上可能除去一个第一纲集外, 处处成立 $E(J) = E_\theta'(J) = \lim_{\theta_n \downarrow \theta} E_{\theta_n}'(J)$. 因此 $E = E_\theta$.

例 1 定义线性算子 T 使得 $Ty(s) = e^{is}y(s)$, 其中 $y(s) \in L^2(-\infty, \infty)$, 则 T 是个酉算子. 当 $2n\pi < s \leqslant 2(n+1)\pi$ 时我们定义

$$F(\theta)y(s) = y(s) \qquad 对 \ s \leqslant \theta + 2n\pi \leqslant 2(n+1)\pi,$$
$$F(\theta)y(s) = 0 \qquad 对 \ \theta + 2n\pi < s.$$

易知 $T = \int_0^{2\pi} e^{i\theta} dF(\theta)$.

例 2 定义线性算子 T_1 使得 $T_1 x(t) = x(t+1)$, 其中 $x \in L^2(-\infty, \infty)$, 则 T_1 是个酉算子. 根据 Fourier 变换

$$y(s) = Ux(t) = \text{l.i.m.}_{n\to\infty}(2\pi)^{-1/2} \int_{-n}^{n} e^{-ist} x(t) dt,$$

我们得 $Ux(t+1) = e^{is}Ux(t) = e^{is}y(s)$, 因此

$$T_1 x(t) = x(t+1) = U^{-1}e^{is}y(s) = U^{-1}Ty(s) = U^{-1}TUx(t),$$

亦即 $T_1 = U^{-1}TU$. 因此我们有

$$T_1 = \int_0^{2\pi} e^{i\theta} dF_1(\theta), \quad 其中 \ F_1(\theta) = U^{-1}F(\theta)U.$$

谱分解的唯一性 由于 $T^{-1} = T^*$ 及 $T^{-1}(J) = T^*(J) = T(J)^{-1}$, 我们易知

$$T^{-1} = \int_0^{2\pi} e^{-i\theta} dF(\theta). \tag{7}$$

令 $\max_j |e^{i\theta_j} - e^{i\theta_{j-1}}| < \varepsilon$. 由

$$T = \sum_j e^{i\theta_j}(F(\theta_j) - F(\theta_{j-1})) + \delta, \quad \|\delta\| < \varepsilon,$$

且根据 (4), 我们即得

$$T^2 = \sum_j e^{2i\theta_j}(F(\theta_j) - F(\theta_{j-1})) + \delta', 其中$$
$$\|\delta'\| \leqslant \|(T-\delta)\delta\| + \|\delta(T-\delta)\| + \|\delta^2\|$$
$$\leqslant (\|T\| + \varepsilon)\varepsilon + \varepsilon(\|T\| + \varepsilon) + \varepsilon^2.$$

因而有 $T^2 = \int\limits_0^{2\pi} e^{2i\theta} dF(\theta)$, 更一般地成立

$$T^n = \int\limits_0^{2\pi} e^{in\theta} dF(\theta) \quad (n = 0, \pm 1, \pm 2, \cdots). \tag{8}$$

若另有满足 (3) 至 (6) 的谱分解 $T = \int\limits_0^{2\pi} e^{i\theta} dF_1(\theta)$, 则下式

$$\int\limits_0^{2\pi} p(\theta) d((F(\theta)x, y) - (F_1(\theta)x, y)) = 0 \quad (x, y \in X)$$

对于 $e^{i\theta}$ 和 $e^{-i\theta}$ 中任何多项式 $p(\theta)$ 成立. 根据连续性, 用三角多项式一致逼近知上式对具有 $p(0) = p(2\pi)$ 的任何连续函数 $p(\theta)$ 成立, 令 $0 < \theta_0 < \theta_1 < 2\pi$, 并取

$$p_n(\theta) = \begin{cases} 0, & \text{对 } 0 \leqslant \theta \leqslant \theta_0 \text{ 及 } \theta_1 + \dfrac{1}{n} \leqslant \theta \leqslant 2\pi, \\[2mm] 1, & \text{对 } \theta_0 + \dfrac{1}{n} \leqslant \theta \leqslant \theta_1, \\[2mm] \text{线性}, & \text{对 } \theta_0 \leqslant \theta \leqslant \theta_0 + \dfrac{1}{n} \text{ 及 } \theta_1 \leqslant \theta \leqslant \theta_1 + \dfrac{1}{n}. \end{cases}$$

然后令 $n \to \infty$, 根据 (6) 我们知诸 $x, y \in X$ 满足

$$\lim_{n \to \infty} \int\limits_0^{2\pi} p_n(\theta) d[(F(\theta)x, y) - (F_1(\theta)x, y)] = [(F(\theta)x, y) - (F_1(\theta)x, y)]_{\theta_0}^{\theta_1} = 0,$$

因而, 令 $\theta_0 \downarrow 0$ 并用条件 (5) 和 (6), 我们即知 $F(\theta_1) = F_1(\theta)$. 因此对一个酉算子的谱分解是唯一确定的.

§5.　单 位 分 解

定义 1　Hilbert 空间 X 中的一族投影 (算子) $E(\lambda)$ $(-\infty < \lambda < \infty)$ 称为 (实的) 单位分解[①] 是指它满足条件:

$$E(\lambda)E(\mu) = E(\min(\lambda, \mu)), \tag{1}$$

$$E(-\infty) = 0, \quad E(+\infty) = I, \quad \text{其中 } E(-\infty)x = \text{s-}\lim_{\lambda \downarrow -\infty} E(\lambda)x$$

$$\text{且 } E(+\infty)x = \text{s-}\lim_{\lambda \uparrow \infty} E(\lambda)x, \tag{2}$$

$$E(\lambda + 0) = E(\lambda), \quad \text{其中 } E(\lambda + 0)x = \text{s-}\lim_{\mu \downarrow \lambda} E(\mu)x. \tag{3}$$

[①]译者注: 此处单位分解 (resolution of identity) 与第一章 §12 的单位分解 (partition of unity) 含义不同.

命题 1 对任何 $x, y \in X$, 函数 $(E(\lambda)x, y)$ 依变量 λ 是有界变差函数.

证明 设 $\lambda_1 < \lambda_2 < \cdots < \lambda_n$. 根据 (1), $E(\alpha, \beta] = E(\beta) - E(\alpha)$ 是一投影. 因此由 Schwarz 不等式, 我们有

$$\sum_j |(E(\lambda_{j-1}, \lambda_j]x, y)| = \sum_j |(E(\lambda_{j-1}, \lambda_j]x, E(\lambda_{j-1}, \lambda_j]y)|$$
$$\leqslant \sum_j \|E(\lambda_{j-1}, \lambda_j]x\| \cdot \|E(\lambda_{j-1}, \lambda_j]y\|$$
$$\leqslant \left(\sum_j \|E(\lambda_{j-1}, \lambda_j]x\|^2\right)^{1/2} \cdot \left(\sum_j \|E(\lambda_{j-1}, \lambda_j]y\|^2\right)^{1/2}$$
$$= (\|E(\lambda_1, \lambda_n]x\|^2)^{1/2} \cdot (\|E(\lambda_1, \lambda_n]y\|^2)^{1/2} \leqslant \|x\| \cdot \|y\|.$$

因为根据由 (1) 导致的正交性

$$E(\lambda_{j-1}, \lambda_j] \cdot E(\lambda_{i-1}, \lambda_i] = 0 \quad (i \neq j), \tag{4}$$

对 $m > n$ 我们有

$$\|x\|^2 \geqslant \|E(\lambda_n, \lambda_m]x\|^2 = \sum_{i=n}^{m-1} \|E(\lambda_i, \lambda_{i+1}]x\|^2. \tag{5}$$

系 当 $-\infty < \lambda < \infty$ 时, 算子 $E(\lambda + 0) = \text{s-}\lim_{\lambda' \downarrow \lambda} E(\lambda')$[①] 和 $E(\lambda - 0) = \text{s-}\lim_{\lambda' \uparrow \lambda} E(\lambda')$ 均存在.

证明 从 (5) 知, 如果 $\lambda_n \uparrow \lambda$ 则 $\lim_{j,k \to \infty} \|E(\lambda_j, \lambda_k]x\|^2 = 0$[②].

命题 2 设 $f(\lambda)$ 为 $(-\infty, \infty)$ 上复值连续函数, 又 $x \in X$. 任设

$$\alpha = \lambda_1 < \lambda_2 < \cdots < \lambda_n = \beta, \quad \lambda_j' \in (\lambda_j, \lambda_{j+1}],$$

则 Riemann 和 $\sum_j f(\lambda_j')E(\lambda_j, \lambda_{j+1}]x$ 在 α 和 β 固定且 $\max_j |\lambda_{j+1} - \lambda_j|$ 趋于零时的强极限存在且记为

$$\int_\alpha^\beta f(\lambda)dE(\lambda)x.$$

证明 既然 $f(\lambda)$ 在紧区间 $[\alpha, \beta]$ 上是一致连续的, 可设只要 $|\lambda - \lambda'| \leqslant \delta$ 就有 $|f(\lambda) - f(\lambda')| \leqslant \varepsilon$. 我们考察 $[\alpha, \beta]$ 的两个分割:

$$\alpha = \lambda_1 < \cdots < \lambda_n = \beta, \max_j |\lambda_{j+1} - \lambda_j| \leqslant \delta,$$
$$\alpha = \mu_1 < \cdots < \mu_m = \beta, \max_j |\mu_{j+1} - \mu_j| \leqslant \delta,$$

---

①校者注: 此系及上述命题不需要条件 (3).
②校者注: 作者提及的 $\lambda_n \downarrow \lambda$ 的情形其实是条件 (3).

并设

$$\alpha = \nu_1 < \cdots < \nu_p = \beta, \quad p \leqslant m+n$$

为这两个分割的叠加. 若 $\mu'_k \in (\mu_k, \mu_{k+1}]$, 我们有

$$\sum_j f(\lambda'_j)E(\lambda_j, \lambda_{j+1}]x - \sum_k f(\mu'_k)E(\mu_k, \mu_{k+1}]x$$
$$= \sum_s \varepsilon_s E(\nu_s, \nu_{s+1}]x, \quad \overline{m} \ |\varepsilon_s| \leqslant 2\varepsilon,$$

故如 (5) 所示, 上式左端的范数平方

$$\leqslant \varepsilon^2 \Big\| \sum_s E(\nu_s, \nu_{s+1}]x \Big\|^2 = \varepsilon^2 \|E(\alpha, \beta]x\|^2 \leqslant \varepsilon^2 \|x\|^2.$$

定义 2　极限 $\underset{\alpha\downarrow-\infty,\beta\uparrow\infty}{\text{s-}\lim} \int_\alpha^\beta f(\lambda)dE(\lambda)x$ 存在时记为 $\int_{-\infty}^\infty f(\lambda)dE(\lambda)x.$[①]

定理 1　对给定的 $x \in X$, 下面的三个条件是相互等价的:

$$\int_{-\infty}^\infty f(\lambda)dE(\lambda)x \quad \text{存在}. \tag{6}$$

$$\int_{-\infty}^\infty |f(\lambda)|^2 d\|E(\lambda)x\|^2 < \infty. \tag{7}$$

$$F(y) = \int_{-\infty}^\infty f(\lambda)d(E(\lambda)y, x) \text{定义了一个有界线性泛函}. \tag{8}$$

证明　我们将证明蕴涵关系 $(6) \to (8) \to (7) \to (6)$.

$(6) \to (8)$. y 与 $\int_{-\infty}^\infty f(\lambda)dE(\lambda)x$ 的近似 Riemann 和的数量积是 y 的有界线性泛函. 因而, 根据 $(y, E(\lambda)x) = (E(\lambda)y, x)$ 和共鸣定理, 我们得到 (8).

$(8) \to (7)$. 我们把算子 $E(\alpha, \beta]$ 作用到 $y = \int_\alpha^\beta \overline{f(\lambda)}dE(\lambda)x$ 的近似 Riemann 和上. 于是根据 (1), 我们知 $y = E(\alpha, \beta]y$. 因此再次根据 (1),

$$\overline{F(y)} = \int_{-\infty}^\infty \overline{f(\lambda)}d(E(\lambda)x, y) = \lim_{\alpha'\downarrow-\infty,\beta'\uparrow\infty} \int_{\alpha'}^{\beta'} \overline{f(\lambda)}d(E(\lambda)x, y)$$
$$= \lim_{\alpha'\downarrow-\infty,\beta'\uparrow\infty} \int_{\alpha'}^{\beta'} \overline{f(\lambda)}d(E(\lambda)x, E(\alpha, \beta]y)$$
$$= \lim_{\alpha'\downarrow-\infty,\beta'\uparrow\infty} \int_{\alpha'}^{\beta'} \overline{f(\lambda)}d(E(\alpha, \beta]E(\lambda)x, y)$$
$$= \int_\alpha^\beta \overline{f(\lambda)}d(E(\lambda)x, y) = \|y\|^2.$$

①校者注: 这个定义被误写成系, 它不是个命题: 极限不必存在.

因而 $\|y\|^2 \leqslant \|F\| \cdot \|y\|$, 亦即 $\|y\| \leqslant \|F\|$. 另一方面, 通过用 Riemann 和逼近 $y = \int\limits_{\alpha}^{\beta} \overline{f(\lambda)} dE(\lambda)x$, 我们由 (1) 即得

$$\|y\|^2 = \left\|\int\limits_{\alpha}^{\beta} \overline{f(\lambda)} dE(\lambda)x\right\|^2 = \int\limits_{\alpha}^{\beta} |f(\lambda)|^2 d\|E(\lambda)x\|^2,$$

故 $\int\limits_{\alpha}^{\beta} |f(\lambda)|^2 d\|E(\lambda)x\|^2 \leqslant \|F\|^2$. 因此通过令 $\alpha \downarrow -\infty, \beta \uparrow \infty$, 我们即知 (7) 为真.

(7) → (6). 对 $\alpha' < \alpha < \beta < \beta'$, 由以上论证我们有

$$\left\|\int\limits_{\alpha'}^{\beta'} f(\lambda) dE(\lambda)x - \int\limits_{\alpha}^{\beta} f(\lambda) dE(\lambda)x\right\|^2$$
$$= \int\limits_{\alpha'}^{\alpha} |f(\lambda)|^2 d\|E(\lambda)x\|^2 + \int\limits_{\beta}^{\beta'} |f(\lambda)|^2 d\|E(\lambda)x\|^2.$$

因而 (7) 导出 (6).

定理 2 设 $f(\lambda)$ 为实值连续函数, 则有个自伴算子 H 使得

$$D(H) = D = \left\{x; \int\limits_{-\infty}^{\infty} |f(\lambda)|^2 d\|E(\lambda)x\|^2 < \infty\right\},$$
$$(Hx, y) = \int\limits_{-\infty}^{\infty} f(\lambda) d(E(\lambda)x, y), \quad \text{其中} x \in D, y \in X. \tag{9}$$

此外, $HE(\lambda) \supseteq E(\lambda)H$, 亦即 $HE(\lambda)$ 是 $E(\lambda)H$ 的一个扩张.

证明 对任何 $y \in X$ 及任何 $\varepsilon > 0$, 存在 α 和 β 满足 $-\infty < \alpha < \beta < \infty$ 且使得 $\|y - E(\alpha, \beta]y\| < \varepsilon$. 此外, 我们有

$$\int\limits_{-\infty}^{\infty} |f(\lambda)|^2 d\|E(\lambda)E(\alpha, \beta]y\|^2 = \int\limits_{\alpha}^{\beta} |f(\lambda)|^2 d\|E(\lambda)y\|^2.$$

因而 $E(\alpha, \beta]y \in D$, 故由 (2) 有 $D^a = X$. 根据

$$f(\lambda) = \overline{f(\lambda)}, \quad (E(\lambda)x, y) = \overline{(E(\lambda)y, x)},$$

H 是对称的. 如果 $y \in D(H^*)$ 且 $H^*y = y^*$, 则根据 $E(\alpha, \beta]z \in D$ 及 (1) 有

$$(z, E(\alpha, \beta]y^*) = (E(\alpha, \beta]z, H^*y) = (HE(\alpha, \beta]z, y) = \int\limits_{\alpha}^{\beta} f(\lambda) d(E(\lambda)z, y).$$

因此, 根据共鸣定理,

$$\lim_{\alpha \downarrow -\infty, \beta \uparrow \infty} (z, E(\alpha, \beta]y^*) = \int\limits_{-\infty}^{\infty} f(\lambda) d(E(\lambda)z, y) = F(z)$$

是个有界线性泛函. 因而根据前面的定理,

$$\int_{-\infty}^{\infty} |f(\lambda)|^2 d\|E(\lambda)y\|^2 < \infty, \quad \text{亦即 } y \in D.$$

所以 $D = D(H) \supseteq D(H^*)$. 由于 H 是对称算子, 我们有 $H \subseteq H^*$. 故 H 必自伴, 亦即 $H = H^*$.

最后, 设 $x \in D(H)$, 则通过将 $E(\mu)$ 作用到 $Hx = \int_{-\infty}^{\infty} f(\lambda) dE(\lambda)x$ 的近似 Riemann 和上, 我们由 (1) 即得

$$E(\mu)Hx = \int_{-\infty}^{\infty} f(\lambda) d(E(\mu)E(\lambda)x)$$

$$= \int_{-\infty}^{\infty} f(\lambda) d(E(\lambda)E(\mu)x) = HE(\mu)x.$$

系 1 在 $f(\lambda) = \lambda$ 的特殊情况下, 我们有

$$(Hx, y) = \int_{-\infty}^{\infty} \lambda d(E(\lambda)x, y), \quad \text{对 } x \in D(H), y \in X. \tag{10}$$

我们用符号记它为

$$H = \int_{-\infty}^{\infty} \lambda dE(\lambda),$$

并称它为**自伴算子 H 的谱分解或谱表示**.

系 2 对由 (9) 给定的 $H = \int_{-\infty}^{\infty} f(\lambda) dE(\lambda)$, 我们有

$$\|Hx\|^2 = \int_{-\infty}^{\infty} |f(\lambda)|^2 d\|E(\lambda)x\|^2 \quad \text{只要 } x \in D(H). \tag{11}$$

特别地, 若 H 为有界自伴算子, 则

$$(H^n x, y) = \int_{-\infty}^{\infty} f(\lambda)^n d(E(\lambda)x, y) \quad \text{对 } x, y \in X \quad (n = 0, 1, 2, \cdots). \tag{12}$$

证明 因为对 $x \in D(H)$ 恒有 $E(\lambda)Hx = HE(\lambda)x$, 故根据 (1) 我们有

$$(Hx, Hx) = \int f(\lambda) d(E(\lambda)x, Hx) = \int f(\lambda) d(HE(\lambda)x, x)$$

$$= \int f(\lambda) d_\lambda \left\{ \int f(\mu) d_\mu (E(\mu)E(\lambda)x, x) \right\}$$

$$= \int f(\lambda) d_\lambda \left\{ \int_{-\infty}^{\lambda} f(\mu) d(E(\mu)x, x) \right\} = \int f(\lambda)^2 d\|E(\lambda)x\|^2.$$

系的后一部分可相仿证明.

例 在空间 $L^2(-\infty, \infty)$ 上, 命

$$E(\lambda)x(t) = \begin{cases} x(t), & \text{对 } t \leqslant \lambda, \\ 0, & \text{对 } t > \lambda. \end{cases} \tag{13}$$

乘法算子 $Hx(t) = tx(t)$ 有谱分解 $H = \int\limits_{-\infty}^{\infty} \lambda dE(\lambda)$, 此因

$$\int\limits_{-\infty}^{\infty} \lambda^2 d\|E(\lambda)x\|^2 = \int\limits_{-\infty}^{\infty} \lambda^2 d_\lambda \int\limits_{-\infty}^{\lambda} |x(t)|^2 dt = \int\limits_{-\infty}^{\infty} t^2 |x(t)|^2 dt = \|Hx\|^2,$$

$$\int\limits_{-\infty}^{\infty} \lambda d(E(\lambda)x, y) = \int\limits_{-\infty}^{\infty} \lambda d_\lambda \int\limits_{-\infty}^{\lambda} x(t)\overline{y(t)} dt = \int\limits_{-\infty}^{\infty} tx(t)\overline{y(t)} dt = (Hx, y).$$

§6. 自伴算子的谱分解

定理 1 Hilbert 空间 X 上任何自伴算子 H 具有唯一确定的谱分解.

证明 自伴算子 H 的 Cayley 变换 $U = U_H = (H - iI)(H + iI)^{-1}$ 是酉算子 (见第七章 §4). 设 $U = \int\limits_{0}^{2\pi} e^{i\theta} dF(\theta)$ 为 U 的谱分解, 则我们有

$$F(2\pi - 0) = \text{s-}\lim_{\theta \downarrow 0} F(2\pi - \theta) = F(2\pi) = I.$$

因为否则, 投影 $F(2\pi) - F(2\pi - 0)$ 就不等于零算子. 因此有个元 $y \neq 0$ 使得

$$(F(2\pi) - F(2\pi - 0))y = y.$$

因而根据 $F(\theta)F(\theta') = F(\min(\theta, \theta'))$ 有

$$Uy = \int\limits_{0}^{2\pi} e^{i\theta} d(F(\theta)(F(2\pi) - F(2\pi - 0)))y$$
$$= (F(2\pi) - F(2\pi - 0))y = y.$$

因此 $(y, z) = (Uy, Uz) = (y, Uz)$, 故 $(y, z - Uz) = 0$ 对一切 $z \in X$ 成立. 由于 U 是自伴算子 H 的 Cayley 变换, 我们知道 (见第七章 §4) 值域 $R(I - U)$ 在 X 中稠密. 因而必有 $y = 0$, 这是个矛盾.

令 $\lambda = -\cot\theta$, 这时 $0 < \theta < 2\pi$ 和 $-\infty < \lambda < \infty$ 是一个拓扑对应[①], 按此对应令 $E(\lambda) = F(\theta)$, 则 $E(\lambda)$ 与 $F(\theta)$ 一样是个单位分解. 我们来证明自伴算子

$$H' = \int\limits_{-\infty}^{\infty} \lambda dE(\lambda)$$

[①]校者注: 依此要求和后面的演算要求, 前面式子应是 $\lambda = -\cot(\theta/2)$.

是与 H 相同的. 由于 $H = i(I + U)(I - U)^{-1}$, 故我们只需证明

$$(H'(y - Uy), x) = (i(y + Uy), x) \quad \text{对一切 } x, y \in X.$$

但由于 $\overline{D(H')} = X$, 故我们可限制 x 于定义域 $D(H')$ 中. 于是, 根据 $F(\theta) \cdot F(\theta') = F(\min(\theta, \theta'))$ 有

$$(y - Uy, F(\theta)x) = \int_0^{2\pi} (1 - e^{i\theta'}) d_{\theta'}(F(\theta')y, F(\theta)x)$$
$$= \int_0^{2\pi} (1 - e^{i\theta'}) d_{\theta'}(F(\theta)F(\theta')y, x)$$
$$= \int_0^{\theta} (1 - e^{i\theta'}) d(F(\theta')y, x).$$

因而

$$(y - Uy, H'x) = \int_{-\infty}^{\infty} \lambda d(y - Uy, E(\lambda)x)$$
$$= -\int_0^{2\pi} \cot\frac{\theta}{2} d\left\{ \int_0^{\theta} (1 - e^{i\theta'}) d(F(\theta')y, x) \right\}$$
$$= \int_0^{2\pi} i(1 + e^{i\theta}) d(F(\theta)y, x) = (i(y + Uy), x).$$

谱表示的唯一性　假定 $H = \int_{-\infty}^{\infty} \lambda dE(\lambda)$ 另有个谱表示 $H = \int_{-\infty}^{\infty} \lambda dE'(\lambda)$ 使得对某个 λ_0 有 $E'(\lambda_0) \neq E(\lambda_0)$, 则通过令

$$\lambda = -\cot\frac{\theta}{2}, \quad E'(\lambda) = F'(\theta),$$

我们有 $F'(\theta_0) \neq F(\theta_0)$, 其中 $\lambda_0 = -\cot\theta_0$. 用与上面相似的运算, 我们能证明 $\int_{-\infty}^{\infty} \lambda dE'(\lambda)$ 的 Cayley 变换等于 $\int_0^{2\pi} e^{i\theta} dF'(\theta)$. 因而酉算子 U 具有两个不同的谱表示 $U = \int_0^{2\pi} e^{i\theta} dF(\theta)$ 和 $U = \int_0^{2\pi} e^{i\theta} dF'(\theta)$, 这与我们在第十一章 §4 中已经证明的结果相矛盾.

因此, 我们已证明了属于 J. von Neumann [1] 的基本结果 (见第七章 §3 和 §4):

定理 2　对称算子 H 有对称闭扩张 H^{**}. 闭对称算子 H 具有唯一确定的谱表示当且仅当 H 为自伴. H 为自伴当且仅当它的 Cayley 变换是酉的.

注　在应用中, 有时会遇到 H 不自伴而 H^* 却自伴的情况. 此时, H 称为本质自伴的. 与此相关者有 T. Kato [7] 讨论的量子力学中的 Schrödinger 算子.

动量算子 H_1 的谱表示

在 $L^2(-\infty, \infty)$ 上定义动量算子 H_1 为 $H_1 x(t) = \dfrac{1}{i}\dfrac{d}{dt}x(t)$. 由

$$x(t) = Uy(s) = \underset{n\to\infty}{\text{l.i.m.}} (2\pi)^{-1/2} \int_{-n}^{n} e^{ist} y(s)ds$$

定义的 Fourier 变换 U 是酉算子, 且 $U^{-1}x(t) = U^*x(t) = Ux(-t)$. 以 $E(\lambda)$ 记由第十一章 §5 中 (13) 给出的单位分解, 令 $E'(\lambda) = UE(\lambda)U^{-1}$, 我们便得一个单位分解 $\{E'(\lambda)\}$. 若 $y(s)$ 和 $sy(s)$ 均属于 $L^2(-\infty,\infty) \cap L^1(-\infty,\infty)$, 则

$$\frac{1}{i}\frac{d}{dt}x(t) = \frac{1}{i}\frac{d}{dt}\left((2\pi)^{-1/2}\int_{-\infty}^{\infty} e^{ist}y(s)ds\right)$$

$$= (2\pi)^{-1/2}\int_{-\infty}^{\infty} e^{ist} sy(s)ds$$

$$= U(sy(s)) = UsU^{-1}x(t),$$

或用符号记为

$$\frac{1}{i}\frac{d}{dt} = UsU^{-1}. \tag{1}$$

因而对自伴算子 $H = s\cdot = \displaystyle\int_{-\infty}^{\infty} \lambda dE(\lambda)$ 我们有

$$U^{-1}H_1 Uy(s) = sy(s) = Hy(s),$$
只要 $y(s), sy(s)$ 均属于 $L^2(-\infty,\infty) \cap L^1(-\infty,\infty)$.

对任何 $y(s) \in D(H) = D(s\cdot)$, 根据 $|s| \leqslant n$ 或 $|s| > n$, 令 $y_n(s) = y(s)$ 或 $y_n(s) = 0$. 于是, $y_n(s), sy_n(s)$ 均属于 $L^2(-\infty,\infty) \cap L^1(-\infty,\infty)$, 此外还有 s-$\lim\limits_{n\to\infty} y_n = y$ 和 s-$\lim\limits_{n\to\infty} Hy_n = Hy$. 既然自伴算子 $U^{-1}H_1 U$ 和 H 都是闭算子, 根据 $(U^{-1}H_1 U)y_n = Hy_n$, 我们有

$$(U^{-1}H_1 U)y = Hy \quad \text{只要 } y \in D(H),$$

亦即 $U^{-1}H_1 U$ 是自伴算子 H 的一个自伴扩张. 因而通过取伴随, 我们知 $H^* = H$ 也是 $(U^{-1}H_1 U)^* = U^{-1}H_1 U$ 的一个扩张. 由此 $U^{-1}H_1 U = H$, 故

$$H_1 = UHU^{-1} = \int_{-\infty}^{\infty} \lambda d(UE(\lambda)U^{-1}) = \int_{-\infty}^{\infty} \lambda dE'(\lambda).$$

§7. 实算子和半有界算子. Friedrichs 定理

在下面定义的实算子和半有界算子均有自伴扩张. 因此我们能对这些扩张使用 von Neumann 定理, 得知它们具有谱分解.

定义 1　设 $X = L^2(S, \mathcal{B}, m)$, 定义于 X 且取值于 X 的对称算子 H 称为实算子是指 i) $x(s) \in D(H)$ 导出 $\overline{x(s)} \in D(H)$, ii) H 映实值函数为实值函数.

例　设 $f(s)$ 为 $(-\infty, \infty)$ 上一实值连续函数. 定义在 $X = L^2(-\infty, \infty)$ 且乘以 $f(s)$ 的乘法算子是个实算子.

定理 1 (J. von Neumann [1])　任何实算子 H 具有自伴扩张.

证明　设 $U = U_H$ 为 H 的 Cayley 变换, 则 $D(U) = \{(H+iI)x; x \in D(H)\}$ 由 $R(U) = \{(H-iI)x; x \in D(H)\}$ 中函数取复共轭后得到的函数所组成. 令 $\{\varphi_\alpha\}$ 为 Hilbert 空间 $D(U)^\perp$ 的完全标准正交系, 于是 U 有个酉扩张 U_1 使得 $U_1\left(\sum_\alpha c_\alpha \varphi_\alpha\right) = \sum_\alpha c_\alpha \overline{\varphi}_\alpha$. 从而 H 有个自伴扩张 H_1 使得 $U_1 = U_{H_1}$(见第七章 §4).

定义 2　对称算子 H 称为上半有界 (或下半有界)是指有个实常数 α 使得

$$(Hx, x) \leqslant \alpha \|x\|^2 \,(\text{或}(Hx, x) \geqslant \alpha \|x\|^2) \quad \text{对一切 } x \in D(H).$$

如果对一切 $x \in D(H)$, 均有 $(Hx, x) \geqslant 0$, 则 H 称为正算子.

例　设 $q(s)$ 在 $(-\infty, \infty)$ 内为非负且连续. 考察由

$$(Hx)(s) = -x''(s) + q(s)x(s)$$

而对具有紧支集的 C^2 函数 $x(s)$ 定义的算子 H. 可通过分部积分而验证, H 是 Hilbert 空间 $L^2(-\infty, \infty)$ 中的正算子.

定理 2 (K. Friedrichs [3])　半有界算子 H 都具有自伴扩张.

证明 (属于 H. Freudenthal [1])　若 H 为上半有界, 则 $-H$ 为下半有界. 若 H 为如上的下半有界算子, 则 $H_1 = H + (1-\alpha)I$ 满足条件: 诸 $x \in D(H_1)$ 满足 $(H_1 x, x) \geqslant \|x\|^2$. 既然 αI 是自伴的, 我们可设对称算子 H 满足条件

$$(Hx, x) \geqslant \|x\|^2 \quad \text{对一切 } x \in D(H). \tag{1}$$

我们在 $D(H)$ 中引入新范数 $\|x\|'$ 及相关的新数量积 $(x, y)'$ 使得

$$\|x\|' = (Hx, x), (x, y)' = (Hx, y). \tag{2}$$

由于 H 为对称的且适合 (1), 易知关于 $\|x\|'$ 和 $(x, y)', D(H)$ 成为一个准 Hilbert 空间. 我们以 $D(H)'$ 记这个准 Hilbert 空间的完备化空间.

我们来证明 $D(H)'$ 作为一个没有拓扑的抽象集就是原来的 Hilbert 空间 X 这个集合的一个子集. 证明: 准 Hilbert 空间 $D(H)$ 的一个 Cauchy 序列 $\{x_n\}'$

满足 $\|x_n - x_m\|' \geqslant \|x_n - x_m\|$ 及 $\lim\limits_{n,m\to\infty} \|x_n - x_m\|' = 0$; 因而 $\{x_n\}$ 也是原来的 Hilbert 空间 X 的一个 Cauchy 序列. 如果对于 $D(H)$ 的一个 Cauchy 序列 $\{y_n\}$ 我们能证明

$$\lim_{n\to\infty} \|y_n\|' \neq 0 \quad \text{不导致} \quad \lim_{n\to\infty} \|y_n\| = 0, \tag{3}$$

则从 $D(H)$ 中 Cauchy 序列至 X 中 Cauchy 序列有个一一对应

$$\{x_n\}' \to \{x_n\}. \tag{4}$$

在 $D(H)$ 中, 两个 Cauchy 序列 $\{x_n\}', \{z_n\}'$ 视为相同的是指 $\lim\limits_{n\to\infty} \|x_n - z_n\|' = 0$ (在 X 中, 两个 Cauchy 序列 $\{x_n\}, \{z_n\}$ 视为相同的是指 $\lim\limits_{n\to\infty} \|x_n - z_n\| = 0$). 既然 X 是完备的, 我们可将其 Cauchy 序列 $\{x_n\}$ 与使得 $\lim\limits_{n\to\infty} \|x_n - x\| = 0$ 的元素 $x \in X$ 等同起来. 因此 $D(H)'$ 作为一个没有拓扑的抽象集而言, 可以通过对应 (4) 而等同于 X 的一个子集. 注意到在 $D(H)'$ 和 X 上数量积的连续性, 可证 (3) 如下. 极限 $\lim\limits_{n,m\to\infty} \|x_n - x_m\|' = 0$, $\lim\limits_{n\to\infty} \|x_n\|' = \alpha > 0$ 和 $\lim\limits_{n\to\infty} \|x_n\| = 0$ 导致以下矛盾

$$\alpha^2 = \lim_{n,m\to\infty}(x_n, x_m)' = \lim_{n,m\to\infty}(Hx_n, x_m) = \lim_{n\to\infty}(Hx_n, 0) = 0.$$

下面我们令

$$\widetilde{D} = D(H^*) \cap D(H)'. \tag{5}$$

由于 $D(H) \subseteq D(H^*)$, 必有 $D(H) \subseteq \widetilde{D} \subseteq D(H^*)$. 因而我们能通过限制 H^* 于定义域 $\widetilde{D} = D(\widetilde{H})$ 上而定义 H 的一个扩张 $\widetilde{H}$. 我们必须证明 $\widetilde{H}$ 是自伴的.

我们先证 $\widetilde{H}$ 是对称的. 假定 $x, y \in \widetilde{D}$; 则 $D(H)$ 有两个序列 $\{x_n\}', \{y_n\}'$ 使得当 $n \to \infty$ 时 $\|x - x_n\|' \to 0, \|y - y_n\|' \to 0$. 根据 $D(H)'$ 上数量积的连续性, 我们知有限极限 $\lim\limits_{n,m\to\infty}(x_n, y_m)' = \lim\limits_{n,m\to\infty}(Hx_n, y_m) = \lim\limits_{n,m\to\infty}(x_n, \widetilde{H}y_m)$ 存在. 这个极限等于

$$\lim_{n\to\infty}\lim_{m\to\infty}(Hx_n, y_m) = \lim_{n\to\infty}(Hx_n, y) = \lim_{n\to\infty}(x_n, \widetilde{H}y) = (x, \widetilde{H}y),$$

同时又等于

$$\lim_{m\to\infty}\lim_{n\to\infty}(Hx_n, y_m) = \lim_{m\to\infty}(x, Hy_m) = \lim_{m\to\infty}(\widetilde{H}x, y_m) = (\widetilde{H}x, y).$$

因而 $\widetilde{H}$ 是对称的, 亦即 $\widetilde{H} \subseteq (\widetilde{H})^*$.

现设 $x \in D(H), y \in X$. 于是根据

$$|(x, y)| \leqslant \|x\| \cdot \|y\| \leqslant \|x\|' \cdot \|y\|,$$

即知 $f(x) = (x, y)$ 为准 Hilbert 空间 $D(H)$ 上一有界线性泛函. 因而根据连续性, $f(x)$ 可延拓成 Hilbert 空间 $D(H)'$ 上一有界线性泛函. 于是根据用于 Hilbert 空间 $D(H)'$ 中的 F. Riesz 表示定理, 有唯一 $y' \in D(H)'$ 使得

$$f(x) = (x, y) = (x, y')' = (Hx, y') \quad \text{对一切} \ x \in D(H).$$

这就证明 $y' \in D(H^*)$ 且 $H^* y' = y$. 因而 $y' \in \widetilde{D}$ 且 $\widetilde{H} y' = y$. 从而我们证明了 $R(\widetilde{H}) = X$, 故根据第七章 §3 中定理 1 的系, $\widetilde{H}$ 必自伴.

§8.　自伴算子的谱. Rayleigh 原理和 Krylov-Weinstein 定理. 谱的重数

定理 1　设 $H = \int \lambda dE(\lambda)$ 为 Hilbert 空间 X 上一个自伴算子. 设 $\sigma(H)$, $P_\sigma(H)$, $C_\sigma(H)$ 和 $R_\sigma(H)$ 各为 H 的谱、点谱、连续谱和剩余谱. 那么, (i) $\sigma(H)$ 是实轴上一个集合; (ii) $\lambda_0 \in P_\sigma(H)$ 等价于条件 $E(\lambda_0) \neq E(\lambda_0 - 0)$, 且对应于本征值 λ_0 的 H 的本征空间为 $R(E(\lambda_0) - E(\lambda_0 - 0))$; (iii) $\lambda_0 \in C_\sigma(H)$ 等价于条件 $E(\lambda_0) = E(\lambda_0 - 0)$ 且只要 $\lambda_1 < \lambda_0 < \lambda_2$ 便有 $E(\lambda_1) \neq E(\lambda_2)$; (iv) $R_\sigma(H)$ 是空集.

证明　我们已经知道, 自伴算子 H 的预解集 $\rho(H)$ 包含所有 $\text{Im}(\lambda) \neq 0$ 的复数 λ (见第八章 §1). 因而 (i) 显然. 根据单位分解 $\{E(\lambda)\}$ 的定义我们有

$$H - \lambda_0 I = \int_{-\infty}^{\infty} \lambda dE(\lambda) - \int_{-\infty}^{\infty} \lambda_0 dE(\lambda) = \int_{-\infty}^{\infty} (\lambda - \lambda_0) dE(\lambda).$$

因而像第十一章 §5 中定理 2 的系 2 中所示, 我们得到

$$\|(H - \lambda_0 I)x\|^2 = \int_{-\infty}^{\infty} (\lambda - \lambda_0)^2 d\|E(\lambda)x\|^2, \quad x \in D(H). \tag{1}$$

根据 $E(-\infty) = 0$ 及 $\|E(\lambda)x\|^2$ 关于 λ 的右连续性, 我们知 $Hx = \lambda_0 x$ 当且仅当

$$\begin{cases} E(\lambda)x = E(\lambda_0 + 0)x = E(\lambda_0)x, \ \lambda \geqslant \lambda_0, \\ E(\lambda)x = E(\lambda_0 - 0)x = 0, \ \lambda < \lambda_0. \end{cases}$$

亦即 $Hx = \lambda_0 x$ 当且仅当 $(E(\lambda_0) - E(\lambda_0 - 0))x = x$. 这就证明了 (ii). 其次我们来证明 (iv). 若 $\lambda_0 \in R_\sigma(H)$, 于是根据 (i) λ_0 为实数. 根据条件

$$R(H - \lambda_0 I)^a = D((H - \lambda_0 I)^{-1})^a \neq X,$$

我们知有个 $y \neq 0$, 它与 $R(H - \lambda_0 I)$ 正交, 亦即一切 $x \in D(H)$ 满足 $((H - \lambda_0 I)x, y) = 0$. 因而

$$(Hx, y) = (\lambda_0 x, y) = (x, \lambda_0 y),$$

于是 $y \in D(H^*)$ 且 $H^* y = \lambda_0 y$. 这表示 $Hy = \lambda_0 y$, 亦即 λ_0 是 H 的一个本征值. 因而我们已经得到矛盾 $\lambda_0 \in R_\sigma(H) \cap P_\sigma(H)$, 故 $R_\sigma(H)$ 必为空集.

注意到, 实数 λ_0 属于 $\rho(H)$ 当且仅当有个 $\alpha > 0$ 使得

$$\|Hx - \lambda_0 x\| \geqslant \alpha \|x\| : x \in D(H).$$

这据 (1) 相当于

$$\int_{-\infty}^{\infty} (\lambda - \lambda_0)^2 d\|E(\lambda)x\|^2 \geqslant \alpha^2 \|x\|^2 : x \in D(H).$$

设[①] $\lambda_0 \in \sigma(H)$ 且有实数 λ_1 和 λ_2 使得 $\lambda_1 < \lambda_0 < \lambda_2$ 且 $E(\lambda_1) = E(\lambda_2)$. 此时由 (1) 有

$$\|(H - \lambda_0 I)x\|^2 = \int_{-\infty}^{\infty} (\lambda - \lambda_0)^2 d\|E(\lambda)x\|^2$$

$$= \int_{-\infty}^{\lambda_1} (\lambda - \lambda_0)^2 d\|E(\lambda)x\|^2 + \int_{\lambda_2}^{\infty} (\lambda - \lambda_0)^2 d\|E(\lambda)x\|^2$$

$$\geqslant \int_{-\infty}^{\lambda_1} \alpha^2 d\|E(\lambda)x\|^2 + \int_{\lambda_2}^{\infty} \alpha^2 d\|E(\lambda)x\|^2 = \alpha^2 \int_{-\infty}^{\infty} d\|E(\lambda)x\|^2$$

$$= \alpha^2 \|x\|^2 \quad \text{对一切 } x \in D(H), \tag{2}$$

其中 $\alpha = \min(\lambda_2 - \lambda_0, \lambda_0 - \lambda_1)$. 由 (2) 及 iv), 得知 $\lambda_0 \in \rho(H)$, 这与假设矛盾. 由此, 结合 i), ii), 得知 iii) 为真.

注 第十一章 §5 给出了一例全体实数均是连续谱点的自伴算子 H.

定理 2 设 H 为有界自伴算子, 则

$$\sup_{\lambda \in \sigma(H)} \lambda = \sup_{\|x\| \leqslant 1} (Hx, x), \quad \inf_{\lambda \in \sigma(H)} \lambda = \inf_{\|x\| \leqslant 1} (Hx, x). \tag{3}$$

证明 由于 $(Hx, x) = (x, Hx) = \overline{(Hx, x)} = $ 实数, 故我们能考察

$$\alpha_1 = \inf_{\|x\| \leqslant 1} (Hx, x) \text{ 和 } \alpha_2 = \sup_{\|x\| \leqslant 1} (Hx, x).$$

任取 $\lambda_0 \in \sigma(H)$. 于是根据定理 1, 对于满足条件 $\lambda_1 < \lambda_0 < \lambda_2$ 的实数对 (λ_1, λ_2), 有 $y = y_{\lambda_1, \lambda_2} \neq 0$ 使得 $(E(\lambda_2) - E(\lambda_1))y = y$; 我们可设 $\|y\| = 1$. 因而

$$(Hy, y) = \int \lambda d(E(\lambda)y, y) = \int \lambda d\|E(\lambda)y\|^2$$

$$= \int \lambda d\|E(\lambda)(E(\lambda_2) - E(\lambda_1))y\|^2$$

$$= \int_{\lambda_1}^{\lambda_2} \lambda d\|(E(\lambda) - E(\lambda_1))y\|^2.$$

[①] 原文在此处有误, 译者在此作了小小改动.

令 $\lambda_1 \uparrow \lambda_0, \lambda_2 \downarrow \lambda_0$, 我们便得 $\lim(Hy_{\lambda_1,\lambda_2}, y_{\lambda_1,\lambda_2}) = \lambda_0$. 这就证得 $\sup\limits_{\lambda \in \sigma(H)} \lambda = \sup \lambda_0 \leqslant \alpha_2$.

我们假设 $\alpha_2 \bar{\in} \sigma(H)$. 于是根据定理 1, 有实数对 (λ_1, λ_2) 使得 $\lambda_1 < \alpha_2 < \lambda_2$ 且 $E(\lambda_1) = E(\lambda_2)$. 因而 $I = I - E(\lambda_2) + E(\lambda_1), (I - E(\lambda_2))E(\lambda_1) = E(\lambda_1)(I - E(\lambda_2)) = 0$, 故 $(I - E(\lambda_2))$ 和 $E(\lambda_1)$ 中总有一个不是零算子. 若 $(I - E(\lambda_2)) \neq 0$, 则有个 y, 使得 $\|y\| = 1$ 且 $(I - E(\lambda_2))y = y$. 在这种情况下我们有

$$(Hy, y) = \int \lambda d\|E(\lambda)y\|^2 = \int \lambda d\|E(\lambda)(I - E(\lambda_2))y\|^2$$
$$= \int_{\lambda_2}^{\infty} \lambda d\|E(\lambda)y\|^2 \geqslant \lambda_2 > \alpha_2;$$

而在 $E(\lambda_1) \neq 0$ 的情况下[①], 我们得到

$$(Hz, z) \leqslant \lambda_1 < \alpha_2 \quad (\text{对于适合 } \|z\| = 1 \text{ 的 } z) \text{ 及 } E(\lambda_1)z = z.$$

所以假设 $\alpha_2 \bar{\in} \sigma(H)$ 是不合理的, 于是我们证明了 $\sup\limits_{\lambda \in \sigma(H)} \lambda = \sup\limits_{\|x\| \leqslant 1} (Hx, x)$. 相仿我们能证明 $\inf\limits_{\lambda \in \sigma(H)} \lambda = \inf\limits_{x \leqslant 1} (Hx, x)$.

定理 3 (Krylov-Weinstein) 设 H 为自伴算子, 并对适合 $\|x\| = 1$ 的任何 $x \in D(H)$ 定义

$$\alpha_x = (Hx, x), \quad \beta_x = \|Hx\|. \tag{4}$$

则对任何 $\varepsilon > 0$, 我们能找到满足下列不等式的一个 $\lambda_0 \in \sigma(H)$:

$$\alpha_x - (\beta_x^2 - \alpha_x^2)^{1/2} - \varepsilon \leqslant \lambda_0 \leqslant \alpha_x + (\beta_x^2 - \alpha_x^2)^{1/2} + \varepsilon. \tag{5}$$

证明 我们有

$$\beta_x^2 = (Hx, Hx) = (H^2 x, x) = \int \lambda^2 d\|E(\lambda)x\|^2,$$
$$\alpha_x = (Hx, x) = \int \lambda d\|E(\lambda)x\|^2,$$
$$\|x\|^2 = \int d\|E(\lambda)x\|^2.$$

故

$$\beta_x^2 - \alpha_x^2 = \int \lambda^2 d\|E(\lambda)x\|^2 - 2\alpha_x \int \lambda d\|E(\lambda)x\|^2 + \alpha_x^2 \int d\|E(\lambda)x\|^2$$
$$= \int (\lambda - \alpha_x)^2 d\|E(\lambda)x\|^2.$$

所以若 $\|E(\lambda)x\|^2$ 在由 (5) 给定的区间中不变, 我们会得到一个矛盾

$$\beta_x^2 - \alpha_x^2 \geqslant ((\beta_x^2 - \alpha_x^2)^{1/2} + \varepsilon)^2 > \beta_x^2 - \alpha_x^2.$$

[①]译者注: 更确切地说, 当 $I - E(\lambda_2) = 0$ 而 $E(\lambda_1) \neq 0$ 时, 从而 $E(\lambda_1) = E(\lambda_2) = I$.

注　所谓 Rayleigh 原理在于取 α_x 作为算子 H 的谱的一个近似. 如果我们求得了 β_x, 则定理 3 给出了当我们取 α_x 作为 H 的谱的一个近似时的误差的上界. 对于这样的误差估计的具体应用我们建议读者参看 K. Yosida [1].

谱的重数　我们将从 n 维 Hilbert 空间 X_n 中的自伴矩阵 $H = \int \lambda dE(\lambda)$ 这种情况开始论述. 设 $\lambda_1, \lambda_2, \cdots, \lambda_p \ (p \leqslant n)$ 为 H 的本征值, 它们分别具有重数 $m_1, m_2, \cdots, m_p \left(\sum_{j=1}^{p} m_j = n \right)$. 设 $x_{j_1}, x_{j_2}, \cdots, x_{j_{m_j}}$ 为 H 的属于本征值 $\lambda_j \ (Hx_{j_s} = \lambda_j x_{j_s})$ 的一组标准正交本征向量, 使得 $\{x_{j_s}; s = 1, 2, \cdots, m_j\}$ 张成 H 的属于本征值 λ_j 的本征空间 $E_{\lambda_j} = R(E(\lambda_j) - E(\lambda_j - 0))$. 于是集合 $\{x_{j_s}; j = 1, 2, \cdots, p$ 且 $s = 1, 2, \cdots, m_j\}$ 是空间 X_n 的完全标准正交向量系, 因而 X_n 的每个向量能唯一地表示成诸 x_{j_s} 的线性组合

$$y = \sum_{j=1}^{p} \sum_{s=1}^{m_j} \alpha_{j_s} x_{j_s}. \tag{6}$$

以 P_{λ_j} 记至本征空间 E_{λ_j} 的投影 $(E(\lambda_j) - E(\lambda_j - 0))$, 对任何 $\alpha < \beta$ 我们有

$$(E(\beta) - E(\alpha))y = \sum_{\alpha < \lambda_j \leqslant \beta} \left(\sum_{s=1}^{m_j} \alpha_{j_s} x_{j_s} \right) = \sum_{\alpha < \lambda_j \leqslant \beta} P_{\lambda_j} y, \tag{7}$$

依 $\alpha < \lambda_j \leqslant \beta$ 或非, $P_{\lambda_j}(E(\beta) - E(\alpha))y = \sum_{s=1}^{m_j} \alpha_{j_s} x_{j_s}$ 或 0. $\tag{8}$

因而, 对固定的 $\alpha < \beta$ 和 X_n 的一个固定的线性子空间 M, 集合

$$\{(E(\beta) - E(\alpha))y; y \in M\}$$

在 M 的维数 $\dim(M) < m_j$ 时不包含 E_{λ_j}. 此外对一个适合 $\dim(M) = m_j$ 的适当的 M, 适合 $\alpha < \lambda_j \leqslant \beta$ 的集合 $\{(E(\beta) - E(\alpha))y; y \in M\}$ 包含 E_j. 事实上, 这个论断对含有 $x_{j_1}, x_{j_2}, \cdots, x_{j_{m_j}}$ 的 M 是真的. 特别地, 当且仅当有个固定的向量 $y \in X_n$ 使得向量的集合

$$\{(E(\beta) - E(\alpha))y; \alpha < \beta\}$$

张成整个空间 X_n 时, $m_1 = m_2 = \cdots = m_p = 1$, 其中 $p = n$.

这些讨论导致下列定义:

定义 1　Hilbert 空间 X 上自伴算子 $H = \int \lambda dE(\lambda)$ 的谱为简单的是指有一个固定向量 $y \in X$ 使得向量集 $\{(E(\beta) - E(\alpha))y; \alpha < \beta\}$ 张成一个于 X 强稠密的线性子空间.

定义 2　设 $H = \int \lambda dE(\lambda)$ 为 Hilbert 空间 X 上一个自伴算子. 固定 $\alpha < \beta$, 考察 $(E(\beta) - E(\alpha))(X)$ 的那些线性子空间 M 使得

$$(E(\beta) - E(\alpha))(M) = (E(\beta) - E(\alpha))(X). \tag{9}$$

例如为适合条件 (9), 我们可取 $M = (E(\beta) - E(\alpha))(X)$. 适合条件 (9) 的 M 对应的数值 $\dim(M)$ 全体的下确界称为含于区间 $(\alpha, \beta]$ 的 H 的谱的完全重数.

定义 3　自伴算子 $H = \int \lambda dE(\lambda)$ 在 $\lambda = \lambda_0$ 处的谱的重数定义成当 $n \to \infty$ 时包含在区间 $(\lambda_0 - n^{-1}, \lambda_0 + n^{-1})$ 中的 H 的谱的完全重数的极限.

例　在 $L^2(-\infty, \infty)$ 中由 $Hx(t) = tx(t)$ 定义的坐标算子 H 是简单谱算子.

证明　我们知道谱分解 $H = \int \lambda dE(\lambda)$ 可确定如下:

$$\text{依 } t \leqslant \lambda \text{ 或 } t > \lambda, \text{有 } E(\lambda)x(t) = x(t) \text{ 或 } 0.$$

当 $k - 1 < t \leqslant k$ $(k = 0, \pm 1, \pm 2, \cdots)$ 时, 定义 $y(t) = c_k > 0$ 使得 $\sum_k c_k^2 < \infty$, 从而 $y(t) \in L^2(-\infty, \infty)$. 于是易知形如 $(E(\beta) - E(\alpha))y, \alpha < \beta$ 的向量的线性组合强稠密于有紧支集的阶梯函数全体, 因而强稠密于 $L^2(-\infty, \infty)$.

酉等价性问题　一个 n 维 Hilbert 空间 X_n 上两个自伴算子 H_1 和 H_2 称为相互酉等价的是指 X_n 上有个酉阵 U 使得 $H_1 = UH_2U^{-1}$. 众所周知, H_1 和 H_2 相互酉等价当且仅当它们有相同本征值组和相同的本征值重数. 因此本征值和它们各自的重数一起是自伴矩阵的酉不变量[①].

关于无限维空间中自伴算子的酉不变量的研究要追溯到 E. Hellinger [1] 在 1909 年发表的论文. 例如参看 M. H. Stone [1]. 在那里 Hilbert 空间假定为可分的. 关于不可分 Hilbert 空间情形, 可参看 F. Wecken [1] 和 H. Nakano [1], 也可参看 R. Halmos [2]. K. Yosida [13] 证明了以下定理:

设 H 为 Hilbert 空间 X 上一个自伴算子, 以 $(H)'$ 记 $L(X, X)$ 中与 H 交换的线性算子全体, 则 X 上两个自伴算子 H_1 和 H_2 相互酉等价当且仅当从环 $(H_1)'$ 到环 $(H_2)'$ 上有个同构 T 使每个 $B \in (H_1)'$ 满足 $(T(B))^* = T(B^*)$.

因此环 $(H_1)'$ 的代数结构是 H_1 的酉不变量.

§9.　一般展开定理. 连续谱不出现的一个条件

设 $H = \int \lambda dE(\lambda)$ 为 Hilbert 空间 X 上一个自伴算子. 于是, 根据 $E(+\infty) = I$ 和 $E(-\infty) = 0$, 我们有表示式

[①] 校者注: 此处及以下出现的酉不变量依作者的本意应是完全酉不变量.

$$x = \operatorname*{s\text{-}lim}_{\lambda_1\downarrow-\infty,\lambda_2\uparrow\infty} \int_{\lambda_1}^{\lambda_2} dE(\lambda)x = \operatorname*{s\text{-}lim}_{\lambda_1\downarrow-\infty,\lambda_2\uparrow\infty} (E(\lambda_2)-E(\lambda_1))x,\ x\in X. \qquad (1)$$

我们称 (1) 为与自伴算子 H 相关联的一般展开定理. 在一些具体场合中, 有时会出现预解式 $(\lambda I-H)^{-1}$ 比谱分解 $H=\int \lambda dE(\lambda)$ 更易得到的情况. 在这种情况下, 一般展开定理 (1) 可换成以下公式

$$\begin{aligned}
x = \operatorname*{s\text{-}lim}_{\alpha\downarrow-\infty,\beta\uparrow\infty} \operatorname*{s\text{-}lim}_{v\downarrow 0} \frac{1}{2\pi i}\bigg[&\int_{\alpha}^{\beta}((u-iv)I-H)^{-1}x\,du \\
&+\int_{\beta}^{\alpha}((u+iv)I-H)^{-1}x\,du\bigg], \quad x\in X.
\end{aligned} \qquad (1')$$

证明 若 $v\neq 0$, 则

$$((u+iv)I-H)^{-1}x = \int_{-\infty}^{\infty} \frac{1}{u+iv-\lambda}dE(\lambda)x,\ x\in X.$$

因为根据用 Riemann 和逼近积分并注意关系 $E(\lambda)E(\lambda') = E(\min(\lambda,\lambda'))$, 对 $\operatorname{Im}(\mu)\neq 0$ 我们得到

$$\int_{-\infty}^{\infty}(\lambda-\mu)dE(\lambda)\bigg\{ \int_{-\infty}^{\infty}\frac{1}{\lambda'-\mu}dE(\lambda')\bigg\}$$

$$= \int_{-\infty}^{\infty}(\lambda-\mu)d_\lambda\bigg\{ \int_{-\infty}^{\infty}\frac{1}{(\lambda'-\mu)}d_{\lambda'}(E(\lambda)E(\lambda'))\bigg\}$$

$$= \int_{-\infty}^{\infty}(\lambda-\mu)d_\lambda\bigg\{ \int_{-\infty}^{\lambda}\frac{1}{\lambda'-\mu}dE(\lambda')\bigg\} = \int_{-\infty}^{\infty}dE(\lambda) = I,$$

$$\int_{-\infty}^{\infty}\frac{1}{\lambda-\mu}d_\lambda\bigg\{ E(\lambda)\int_{-\infty}^{\infty}(\lambda'-\mu)dE(\lambda')\bigg\}$$

$$= \int_{-\infty}^{\infty}\frac{1}{\lambda-\mu}d_\lambda\bigg\{ \int_{-\infty}^{\infty}(\lambda'-\mu)d_{\lambda'}(E(\lambda)E(\lambda'))\bigg\}$$

$$= \int_{-\infty}^{\infty}\frac{1}{\lambda-\mu}d_\lambda\bigg\{ \int_{-\infty}^{\lambda}(\lambda'-\mu)dE(\lambda')\bigg\} = \int_{-\infty}^{\infty}dE(\lambda) = I.$$

所以, 我们有

$$\int_{\alpha}^{\beta}((u-iv)I-H)^{-1}x\,du + \int_{\beta}^{\alpha}((u+iv)I-H)^{-1}x\,du$$

$$= \int_{-\infty}^{\infty}dE(\lambda)x\bigg\{ \int_{\alpha}^{\beta}\frac{du}{u-iv-\lambda} + \int_{\beta}^{\alpha}\frac{du}{u+iv-\lambda}\bigg\}$$

$$= \int_{-\infty}^{\infty}dE(\lambda)x\bigg\{ \int_{\alpha}^{\beta}d_u\log(u-iv-\lambda) + \int_{\beta}^{\alpha}d_u\log(u+iv-\lambda)\bigg\},$$

当 $v \downarrow 0$ 时, 上式末项强趋近于

$$\int\limits_{\alpha+0}^{\beta-0} 2\pi i dE(\lambda)x + \pi i(E(\beta) - E(\beta - 0))x + \pi i(E(\alpha) - E(\alpha - 0))x$$
$$= \pi i(E(\beta) + E(\beta - 0))x - \pi i(E(\alpha) + E(\alpha - 0))x.$$

这就证明了公式 (1′).

注　当 $q(x)$ 是开区间 (a, b) 上实值连续函数时, 研究与二阶微分算子

$$-\frac{d^2}{dx^2} + q(x)$$

相关的本征函数展开是由 H. Weyl [2] 开始的, 由 M. H. Stone [1] 进一步发展, 并由 E. C. Titchmarsh [2] 和 K. Kodaira [1] 所完成. 后者给出了直接确定这个显式展开的一个公式. 这个展开恰好是 (1) 的一个具体应用. 他们的理论的关键点是给出在 $x = a$ 和 $x = b$ 处的可能的边界条件使得算子

$$-\frac{d^2}{dx^2} + q(x)$$

成为 Hilbert 空间 $L^2(a, b)$ 中的一个自伴算子 H. 他们理论的重要之处在于用特殊函数统一处理了各种经典展开, 例如 Fourier 级数展开, Fourier 积分表示, Hermite 多项式展开, Laguerre 多项式展开和 Bessel 函数展开, 以一个统一的处理. 我们不予详述, 而建议读者参看上面所引的 Titchmarsh 的书和 Kodaira 的论文. 也可参看 N. A. Naimark [2], N. Dunford-J. Schwartz [5] 和 K. Yosida [1]. 最后所引的这本书给出了这个理论的一个初等处理.

若连续谱 $C_\sigma(H)$ 不出现, 则展式 (1) 可用级数代替积分. 例如我们有以下

定理 1　设 $H = \int \lambda dE(\lambda)$ 为 Hilbert 空间 X 到自身的自伴紧算子. 那么, (i) $C_\sigma(H)$ 不包含除可能的 0 以外的任何实数; (ii) H 的本征值由仅在 0 处凝聚的至多为可数个的实数所组成; (iii) 对 H 的任何本征值 $\lambda_0 \neq 0$, 其相应的本征空间 E_{λ_0} 是有限维的.

证明　假定实轴上闭区间 $[\lambda', \lambda'']$ 不包含数 0, 则值域 $R(E(\lambda'') - E(\lambda'))$ 是有限维的. 否则, 根据第三章 §5 中的 E. Schmidt 正交化, 在 $R(E(\lambda'') - E(\lambda'))$ 中有可数标准正交系 $\{x_j\}$. 诸 $f \in X$ 满足 Bessel 不等式 $\sum\limits_{j=1}^{\infty} |(f, x_j)|^2 \leqslant \|f\|^2$, 故我们有 $\text{w-}\lim\limits_{j \to \infty} x_j = 0$. 因而根据算子 H 的紧性, 有子列 $\{x_{j'}\}$ 使得

$$\text{s-}\lim_{j \to \infty} Hx_{j'} = \text{w-}\lim_{j \to \infty} Hx_{j'} = 0.$$

另一方面, 我们有

$$\|Hx_j\|^2 = \int \lambda^2 d\|E(\lambda)x_j\|^2 = \int \lambda^2 d\|E(\lambda)(E(\lambda'') - E(\lambda'))x_j\|^2$$

$$= \int_{\lambda'}^{\lambda''} \lambda^2 d\|(E(\lambda) - E(\lambda'))x_j\|^2 \geqslant \|x_j\|^2 \min(|\lambda'|^2, |\lambda''|^2)$$

$$= \min(|\lambda'|^2, |\lambda''|^2),$$

这是个矛盾.

若 $C_\sigma(H)$ 包含实数 $\lambda_0 \neq 0$, 于是根据前节定理 1 有

$$\text{s-}\lim_{\varepsilon \downarrow 0}(E(\lambda_0 + \varepsilon) - E(\lambda_0 - \varepsilon))x = 0, \quad x \in X.$$

如上所证, 值域 $R(E(\lambda_0 + \varepsilon) - E(\lambda_0 - \varepsilon))$ 是有限维的, 且维数随 $\varepsilon \downarrow 0$ 而单调下降. 因而我们知道对充分小的 $\varepsilon > 0$ 必有 $(E(\lambda_0 + \varepsilon) - E(\lambda_0 - \varepsilon)) = 0$, 故根据前节的定理 1, λ_0 不能含于 $C_\sigma(H)$ 中.

这就证明了我们的定理.

系 1　设 $\{\lambda_j\}$ 为 H 的所有非零本征值的组. 那么, 对任何 $x \in X$, 我们有

$$x = (E(0) - E(0 - 0))x + \text{s-}\lim_{n \to \infty} \sum_{j=1}^{n}(E(\lambda_j) - E(\lambda_j - 0))x. \tag{2}$$

证明　由 (1) 自明.

系 2 (Hilbert-Schmidt 展开定理)　对任何 $x \in X$, 我们有

$$Hx = \text{s-}\lim_{n \to \infty} \sum_{j=1}^{n} \lambda_j(E(\lambda_j) - E(\lambda_j - 0))x. \tag{3}$$

证明　结论明显源自算子 H 的连续性和下列事实: $H(E(0) - E(0 - 0)) = 0$ 和 $H(E(\lambda_j) - E(\lambda_j - 0))x = \lambda_j(E(\lambda_j) - E(\lambda_j - 0))x$, 后一事实乃由 $R(E(\lambda_j) - E(\lambda_j - 0)) = E_{\lambda_j}$ (H 的属于本征值 λ_j 的本征空间) 所保证.

注　(3) 中强收敛性于单位球 $\{x; \|x\| \leqslant 1\}$ 是一致的. 因为我们有

$$\left\|Hx - \int_{|\lambda|>\varepsilon} \lambda dE(\lambda)x\right\|^2 = \left\|\int_{|\lambda|\leqslant\varepsilon} \lambda dE(\lambda)x\right\|^2 = \int_{-\varepsilon}^{\varepsilon} \lambda^2 d\|E(\lambda)x\|^2$$

$$\leqslant \varepsilon^2 \int_{-\varepsilon}^{\varepsilon} d\|E(\lambda)x\|^2 \leqslant \varepsilon^2 \int d\|E(\lambda)x\|^2 = \varepsilon^2\|x\|^2 \leqslant \varepsilon^2.$$

§10.　Peter-Weyl-Neumann 理论

设 G 是个完全有界的拓扑群, 其拓扑由满足条件 (见第八章 §5)

$$\text{dis}(x,y) = \text{dis}(axb, ayb) \quad \text{对一切 } x, y, a \text{ 和 } b \in G \tag{1}$$

的距离度量化. 设 $f(g)$ 是 G 上有界一致连续的复值函数, 对任何 $\varepsilon > 0$, 令

$$V = \left\{ y \in G; \sup_{x \in G} |f(x) - f(y^{-1}x)| < \varepsilon \right\}. \tag{2}$$

于是, 根据 f 的一致连续性, 集合 V 是含有群 G 的幺元 e 的一个开集. 因而集合 $U = V \cap V^{-1}$ 也是一个开集且包含 e, 此处 $V^{-1} = \{y^{-1}; y \in V\}$. 如果我们命

$$\begin{aligned} \text{dis}(x, U^C) &= \inf_{y \in U^C} \text{dis}(x, y), \\ k_1(x) &= \frac{\text{dis}(x, U^C)}{\text{dis}(x, e) + \text{dis}(x, U^C)}, \\ k(x) &= 2^{-1}(k_1(x) + k_1(x^{-1})), \end{aligned} \tag{3}$$

则我们有结果[①]

$$\begin{aligned} &\text{在 } G \text{ 上 } k(x) \text{ 是有界一致连续的, } k(x) = k(x^{-1}), \\ &0 \leqslant k(x) \leqslant 1, k(e) = 1 \text{且诸 } x \in U^C \text{ 使 } k(x) = 0. \end{aligned} \tag{4}$$

因而对所有 $x, y \in G$, 我们得到

$$|k(y)(f(x) - f(y^{-1}x))| \leqslant \varepsilon k(y).$$

通过取两边的平均值 (见第八章 §5), 我们得到

$$|M_y(k(y))f(x) - M_y(k(y)f(y^{-1}x))| \leqslant \varepsilon M_y(k(y)).$$

根据 $k(y) \geqslant 0$ 及 $k(y) \not\equiv 0$ 我们有 $M_y(k(y)) > 0$. 因而

$$|f(x) - M_y(k_0(y)f(y^{-1}x))| \leqslant \varepsilon, \text{ 其中 } k_0(x) = k(x)/M_x(k(x)). \tag{5}$$

根据平均值的不变性, 我们有

$$M_y(g(y^{-1})) = M_y(g(y)) = M_y(g(ay)) = M_y(g(ya)).$$

结合 (5), 我们得到

$$|f(x) - M_y(k_0(xy^{-1})f(y)| \leqslant \varepsilon \quad \text{对一切 } x \in G. \tag{6}$$

[①]校者注: 在 (1) 中令 $a = x^{-1}$ 且 $b = y^{-1}$ 得 $\text{dis}(x,y) = \text{dis}(y^{-1}, x^{-1})$. 于是依条件可得 $k_1(x) = k_1(x^{-1})$, 因此 $k(x) = k_1(x)$.

命题 1　我们以 $C(G)$ 记定义在 G 上一致连续的有界复值函数 $h(g)$ 全体, 它依范数 $\|h\|_0 = \sup|h(g)|$ 是个 B–空间, 则对于任何 b 和 $h \in C(G)$, 函数

$$(b \times h)(x) = M_y(b(xy^{-1})h(y)) \tag{7}$$

也属于 $C(G)$.

证明　根据 $\mathrm{dis}(x, z) = \mathrm{dis}(axc, azc)$ 和函数 $b(g)$ 的一致连续性, 对任何 $\delta > 0$, 有 $\eta = \eta(\delta) > 0$ 使得 $\sup\limits_y |b(xy^{-1}) - b(x'y^{-1})| \leqslant \delta$ 在 $\mathrm{dis}(x, x') \leqslant \eta$ 时成立. 因而, 像在 Schwarz 不等式的情况那样, 只要 $\mathrm{dis}(x, x') \leqslant \eta$, 我们得到

$$|M_y(b(xy^{-1})h(y)) - M_y(b(x'y^{-1})h(y))|^2$$
$$\leqslant M_y((b(xy^{-1}) - b(x'y^{-1}))^2) \cdot M_y(|h(y)|^2) \leqslant \delta^2 M_y(|h(y)|^2). \tag{8}$$

这就证明了我们的命题 1[①].

命题 2　令其中 $h^*(y) = \overline{h(y^{-1})}$, 则 $C(G)$ 按函数和的运算及数量积

$$(b, h) = (b \times h^*)(e) = M_y(b(y^{-1})\overline{h(y^{-1})}) \tag{9}$$

成一准 Hilbert 空间. 我们将以 $\widehat{C}(G)$ 记这个准 Hilbert 空间.

证明　容易.

命题 3　我们将以 $\widetilde{C}(G)$ 记准 Hilbert 空间 $\widehat{C}(G)$ 的完备化, 以 $\|h\| = (h, h)^{1/2}$ 记 Hilbert 空间 $\widetilde{C}(G)$ 中的范数. 定义映 $\widehat{C}(G)$ 入 $\widehat{C}(G)$ 的线性映射 T 使得

$$(Th)(x) = (k_0 \times h)(x), \quad x \in G, \tag{10}$$

它能连续性扩张成一个映 $\widetilde{C}(G)$ 入 $\widetilde{C}(G)$ 的紧线性算子 $\widetilde{T}$.

证明　由于 $M_y(1) = 1$, 我们得

$$\|h\|^2 = (h, h)^{1/2} = M_y(h(y)\overline{h(y)})^{1/2} \leqslant \sup\limits_y |h(y)| = \|h\|_0. \tag{11}$$

算子 T 在 $\widehat{C}(G)$ 中的连续性由相应于 (7) 的 Schwarz 不等式而自明, 故根据 $\widehat{C}(G)$ 在 $\widetilde{C}(G)$ 的稠密性, 我们能扩张 T 为 $\widetilde{C}(G)$ 中的有界线性算子 $\widetilde{T}$. 另一方面, 由 (8) 我们知 T 是映 $\widehat{C}(G)$ 入 $C(G)$ 的一紧算子, 这可用 Ascoli-Arzelà 定理证明. 因此, 根据 (11) 我们易知 $\widetilde{T}$ 为映 $\widehat{C}(G)$ 入 $\widehat{C}(G)$ 的一紧算子.

所以, 根据 $\widehat{C}(G)$ 在 $\widetilde{C}(G)$ 的稠密性, 我们即知这扩张算子 $\widetilde{T}$ 作为映 $\widetilde{C}(G)$ 入 $\widetilde{C}(G)$ 的一个算子也是紧的.

[①]校者注: 上式中应是 $|b(xy^{-1}) - b(x'y^{-1})|^2$.

现在我们即将证明关于殆周期函数的表示的 Peter-Weyl-Neumann 理论.

根据 $k_0(xy^{-1}) = k_0(yx^{-1})$ 易知, Hilbert 空间 $\widetilde{C}(G)$ 上紧算子 $\widetilde{T}$ 是自伴的. 我们以 $\{\lambda_m\}$ 表示 $\widetilde{T}$ 的所有非零本征值全体, 并以 P_m 表示到 $\widetilde{T}$ 的属于本征值 λ_m 的本征空间的投影. 因而根据前节中的 Hilbert-Schmidt 展开定理, 我们得到

$$\widetilde{T}h = \text{s-}\lim_{n\to\infty}\sum_{m=1}^n \lambda_m P_{\lambda_m}h \quad \text{对适合} \ \|h\| \leqslant 1 \ \text{的} \ h \ \text{一致成立.} \tag{12}$$

既然本节一开始引入的 $f(g)$ 属于 $C(G)$, 我们有 $\widetilde{T}f = Tf \in C(G)$. 本征空间 $R(P_{\lambda_m}) = P_{\lambda_m}\widetilde{C}(G)$ 是有限维的, 故对每个本征值 λ_m, 有 $\widetilde{C}(G)$ 中有限组 $\{h_{m_j}\}_{j=1,\cdots,n_m}$, 使得每个 $h \in R(P_{\lambda_m}) = P_{\lambda_m}\cdot\widetilde{C}(G)$ 能表示成诸 $h_{m_j}(j = 1, 2, \cdots, n_m)$ 的唯一确定的线性组合. 设

$$P_{\lambda_m}h = \sum_{j=1}^{n_m} c_j h_{m_j} \quad \text{其中诸} \ c_j \ \text{为复数.} \tag{13}$$

于是, 因为 $h_{m_j} \in R(P_{\lambda_m})$, 我们有 $\widetilde{T}h_{m_j} = \lambda_m h_{m_j}$. 将 (8) 用于 (10) 给定的算子 T, 我们知 $h_{m_j} = \lambda_m^{-1}(\widetilde{T}h_{m_j})$ 必属于 $C(G)$. 因而由 (13) 我们即知, 对 $\widetilde{T}$ 的每个本征值 λ_m, 本征空间 $R(P_{\lambda_m}) = P_{\lambda_m}\cdot\widetilde{C}(G)$ 由函数 $h_{m_j} \in C(G)$ 张成.

所以根据 (12), 在 $\widehat{C}(G)$ 的强拓扑下, 我们有

$$(Tf)(x) = \text{s-}\lim_{n\to\infty}\sum_{m=1}^n \lambda_m f_m(x), \quad \text{其中每个} \ f_m = P_{\lambda_m}\cdot f \in C(G).$$

将 (8) 用于由 (10) 给定的算子 T, 我们即知

$$(T^2f)(x) = \lim_{n\to\infty} M_y\Big(k_0(xy^{-1})\cdot\sum_{m=1}^n \lambda_m f_m(y)\Big) \quad \text{对} \ x \ \text{一致成立.} \tag{14}$$

另一方面, 由 (6) 和 $M_y(k_0(y)) = 1$, 我们得到

$$|M_z(k_0(xz^{-1})f(z)) - M_z(k_0(xz^{-1})M_y(k_0(zy^{-1})f(y)))| \leqslant \varepsilon,$$

故结合 (6) 我们有

$$|f(x) - M_z(k_0(xz^{-1})M_y(k_0(zy^{-1})f(y)))| \leqslant 2\varepsilon. \tag{15}$$

左端就是 $|f(x) - (T^2f)(x)| \leqslant 2\varepsilon$.

由于 $T\cdot R(P_{\lambda_m}) \subseteq R(P_{\lambda_m})$, 故我们证明了

定理 1　函数 $f(x)$ 在 G 上能由 $\widetilde{T}$ 的属于非零本征值的本征函数的线性组合一致地逼近.

我们将取 $\widetilde{T}$ 的一个固定的本征值 $\lambda \neq 0$, 并以 $e_1(x), e_2(x), \cdots, e_k(x)$ 表示其相应的本征空间 $P_\lambda \cdot \widetilde{C}(G)$ 的基 $\{h_j\} \subseteq C(G)$. 于是根据平均值的不变性, 对任何 $a \in G$, 我们得

$$M_y(k_0(xy^{-1})e_j(ya)) = M_y(k_0(xa \cdot a^{-1}y^{-1})e_j(ya))$$
$$= M_z(k_0(xa \cdot z^{-1})e_j(z)) = (Te_j)(xa) = \lambda e_j(xa).$$

由于左端等于把算子 T 作用到 y 的函数 $e_j(ya)$ 上的结果, 故我们知, 对任何给定的 $a \in G, x$ 的函数 $e_j(xa)$ 必唯一地表示成函数 $e_1(x), e_2(x), \cdots, e_k(x)$ 的一个线性组合. 因此我们有

$$e_j(xa) = \sum_{i=1}^k d_{ji}(a)e_i(x) \quad (j = 1, 2, \cdots, k), \tag{16}$$

或者, 用向量记号,

$$e(xa) = D(a)e(x). \tag{16'}$$

注意到 $e_1(x), e_2(x), \cdots, e_n(x)$ 的线性无关性及 $e(x \cdot ab) = D(ab)e(x)$ 和

$$e(xa \cdot b) = D(b)e(xa) = D(b)D(a)e(x),$$

我们知

$$D(ab) = D(a)D(b), \quad D(e) = k \text{ 阶幺阵.} \tag{17}$$

据 E. Schmidt 正交化法, 我们可设 $\{e_j(x)\}$ 是 $\widetilde{C}(G)$ 的一个标准正交系. 由 (16) 知

$$M_x(e_j(xa)e_i^*(x)) = d_{ji}(a), \tag{18}$$

故矩阵 $D(a)$ 的诸元 $d_{ji}(a)$ 均属于 $C(G)$. 根据平均值的不变性, 我们知

$$M_y(e_j(ya)\overline{e_i(ya)}) = M_y(e_j(y)\overline{e_i(y)}) = \delta_{ij}.$$

因而矩阵 $D(a)$ 给出了一个将标准正交系 $\{e_j(x)\}$ 变成标准正交系 $\{e_j(xa)\}$ 的线性映射, 这样 $D(a)$ 必为酉阵. 从而 $D(a)$ 的转置矩阵 $D(a)'$ 也是酉阵, 并有

$$D(ab)' = D(a)'D(b)', \quad D(e)' = k \text{ 阶幺阵.} \tag{17'}$$

于是 $D(a)'$ 给出了群 G 的一个酉阵表示, 使得它的矩阵元均是 a 的连续函数. 在 (16) 中令 $x = e$, 即知每个 $e_j(a)$ 是表示 $D(a)'$ 的矩阵元的线性组合.

因此我们证明了

定理 2 (Peter-Weyl-Neumann) 设拓扑群 G 由满足 $\mathrm{dis}(x,y) = \mathrm{dis}(axb, ayb)$ 的某个距离度量化且是完全有界的. 设 $f(g)$ 为任何定义在 G 上复值有界一致连续函数, 则 $f(g)$ 在 G 上能由群 G 的酉一致连续矩阵表示 $D(a)'$ 的矩阵元的线性组合所一致逼近.

参照在第八章 §5 中给出的 A.Weil 的推演, 我们得到下面的

系　设 G 是个群, $f(g)$ 为 G 上一殆周期函数, 则 $f(g)$ 在 G 上能由群 G 的酉阵表示 $D(g)'$ 的矩阵元的线性组合所一致逼近.

注 1　设群 G 的酉阵表示 $D(g)'$ 的阶为 d, 亦即矩阵 $D(g)'$ 的阶为 d. 于是每个 $D(g)'$ 给出一个固定的 d 维复 Hilbert 空间 X_d 到其本身上的线性映射. 表示 $D(g)'$ 称为不可约的 是指 X_d 没有这样的真线性子空间 $\neq \{0\}$, 它在所有映射 $D(g)', g \in G$ 作用下是不变的. 否则, 表示 $D(g)'$ 称为可约的, 因而有对每个 $D(g)', g \in G$, 均不变的真线性子空间 $X_{d,1} \neq 0$. 于是根据表示 $D(g)'$ 的酉性, $X_{d,1}$ 在 X_d 中的正交补 $X_{d,1}^{\perp}$ 也是对每个 $D(g), g \in G$ 不变的. 如果我们把由 $X_{d,1}$ 的一个标准正交向量系及 $X_{d,1}^{\perp}$ 的一个标准正交向量系所组成的标准正交向量系作为 X_d 的基, 于是根据 X_d 的标准正交基的这种选择, 表示 $D(g)'$ 将变换成

$$UD(g)'U^{-1} = \begin{pmatrix} D_1(g)' & 0 \\ 0 & D_2(g)' \end{pmatrix},$$

其中 U 是个固定的酉阵. 因而可约酉表示 $D(g)'$ 是完全可约化成群 G 的分别作用在 $X_{d,1}$ 和 $X_{d,1}^{\perp}$ 上的两个酉表示 $D_1(g)'$ 和 $D_2(g)'$ 的和. 这样, 我们最终能选取一固定的酉阵 U_d 使得表示 $U_d D(g)' U_d^{-1}$ 是群 G 的不可约酉表示的和. 因此, 在定理 2 和它的系的叙述中, 我们能加上矩阵表示 $D(g)'$ 均是不可约的条件.

注 2　在 G 为实数的可加群这一特殊情况下, 酉不可约表示 $D(g)'$ 由

$$D(g)' = e^{i\alpha g}, \quad \text{其中 } \alpha \text{ 是个实数, 而 } i = \sqrt{-1} \tag{19}$$

给出. 因为根据酉阵 $D(g)'(g \in G)$ 的交换性, 表示 $D(g)'$ 是完全可约化成一维酉表示 $\chi(g)$ 的和, 亦即是

$$\chi(g_1 + g_2) = \chi(g_1) \cdot \chi(g_2), \quad |\chi(g_1)| = 1 \quad (g_1, g_2 \in G), \quad \chi(0) = 1 \tag{20}$$

的复值解 $\chi(g)$ 的和. 众所周知, (20) 的任何连续解具有形式 $\chi(g) = e^{i\alpha g}$. 因而在实数加法群 G 上任何连续殆周期函数 $f(g)$ 在 G 上能由 $e^{i\alpha g}$ 的线性组合一致逼近, 其中诸 α 为实数. 这个结果是殆周期函数的 H. Bohr 理论的基本定理. 依 Bohr 的原始定义, 一连续函数 $f(x)$ $(-\infty < x < \infty)$ 称作殆周期指的是对每

个 $\varepsilon > 0$ 有个正数 $p = p(\varepsilon)$ 使得形如 $(t, t+p)$ 的任何区间至少包含一点 τ 使得

$$|f(x+\tau) - f(x)| \leqslant \varepsilon \quad \text{对} \ -\infty < x < \infty.$$

参看 H. Bohr [1]. S. Bochner [4] 已证明一连续函数 $f(x)$ $(-\infty < x < \infty)$ 为 Bohr 意义下殆周期的当且仅当下列条件满足: 对任何实数序列 $\{a_n\}$, 函数组 $\{f_{a_n}(x); f_{a_n}(x) = f(x + a_n)\}$ 在 $(-\infty, \infty)$ 上的一致收敛拓扑下是完全有界的. 此结果已由 J. von Neumann [4] 推广到群上殆周期函数. Neumann 的结果包含紧 Lie 群的连续表示的 Peter-Weyl 理论 (Peter-Weyl [1]) 作为特殊情况. 按照我们的论证, 注意到由 $\lim |s - t| = 0$ 必导致 $\lim[\sup_{a,b} |f(asb) - f(atb)|] = 0$, Bohr 的结果容易得证.

§11.　关于非交换紧群的 Tannaka 对偶性定理

设 G 是个紧 (拓扑) 群. 这意味着 G 既是个紧拓扑空间又是个群, 并且积空间 $G \times G$ 到 G 上有连续映射

$$(x, y) \to xy^{-1}.$$

命题 1　定义在紧群 G 上的复值连续函数 $f(g)$ 是**一致连续的**, 其意义是

$$\begin{aligned}&\text{对任何 } \varepsilon > 0, \text{ 幺元 } e \in G \text{ 有个邻域 } U(e),\\&\text{只要 } xy^{-1} \in U(e) \text{ 或 } x^{-1}y \in U(e) \text{ 便有 } |f(x) - f(y)| < \varepsilon.\end{aligned} \tag{1}$$

证明　由于 $f(x)$ 在每点 $a \in G$ 连续, 故 a 有个邻域 V_a 使得 $x \in V_a$ 导致 $|f(x) - f(a)| < \varepsilon/2$. 若我们定义 e 的邻域 $U_a = V_a a^{-1} = \{va^{-1}; v \in V\}$, 则 $xa^{-1} \in U_a$ 导致 $|f(x) - f(a)| < \varepsilon/2$. 我们取 e 的一个邻域 W_a 使得 $W_a^2 \subseteq U_a$, 其中 $W_a^2 = \{w_1 w_2; w_i \in W_a (i = 1, 2)\}$. 显然, 当 a 取遍 G 的元素时, 形如 $W_a \cdot a$ 的所有开集覆盖了整个空间 G. 既然 G 为紧的, 它便有个有限子集 $\{a_i; i = 1, 2, \cdots, n\}$ 使得开集簇 $W_{a_i} \cdot a_i$ $(i = 1, 2, \cdots, n)$ 覆盖 G. 我们以 $U(e)$ 表示开集族 $\{W_{a_i}\}$ 之交, 于是 $U(e)$ 是 e 的邻域. 我们来证明, 若 $xy^{-1} \in U(e)$, 则 $|f(x) - f(y)| \leqslant \varepsilon$. 由于开集族 $W_{a_i} \cdot a_i$ 覆盖 G, 故有一个数 k 使得 $ya_k^{-1} \in W_{a_k} \subseteq U_{a_k}$, 所以 $|f(y) - f(a_k)| < \varepsilon/2$. 此外我们有 $xa_k^{-1} = xy^{-1}ya_k^{-1} \in U(e)W_{a_k} \subseteq W_{a_k}^2 \subseteq U_{a_k}$, 故 $|f(x) - f(a_k)| < \varepsilon/2$. 联合这两个不等式我们得 $|f(x) - f(y)| < \varepsilon$.

如果我们的出发点是 e 的邻域 U_a 使得 $x^{-1}a \in U_a$ 导致 $|f(x) - f(a)| < \varepsilon/2$, 我们就会得到 e 的一个邻域 $U(e)$, 它使得只要 $x^{-1}y \in U(e)$ 便有 $|f(x) - f(y)| < \varepsilon$. 因此取这样两个 $U(e)$ 的交作为命题叙述中的 $U(e)$, 我们便完成了证明.

系　紧群 G 上复值连续函数 $f(x)$ 是 G 上殆周期函数.

证明　设 $U(e)$ 为命题 1 中给出的 e 的邻域. 对任何 $a \in G, U(e)a$ 是 a 的一邻域. 紧群 G 被开集系 $U(e)a, a \in G$ 所覆盖, 所以某个有限子系 $\{U(e)a_i; i = 1, 2, \cdots, n\}$ 覆盖 G. 亦即对任何 $a \in G$, 有个 $a_k(k \leqslant n)$ 使得 $aa_k^{-1} \in U(e)$. 因而根据 $(ax)(a_kx)^{-1} = aa_k^{-1}$, 我们有 $\sup\limits_{x}|f(ax) - f(a_kx)| < \varepsilon$. 相仿, 我们能找到一个有限系 $\{b_j; j = 1, 2, \cdots, m\}$ 使得对任何 $b \in G$, 有个 b_j $(j \leqslant m)$ 满足不等式

$$\sup_{i,x}|f(a_ixb) - f(a_ixb_j)| < \varepsilon.$$

所以, 对 G 中任何一对元素 a, b, 我们能找到 a_k 和 b_j $(k \leqslant n, j \leqslant m)$ 使得

$$\sup_{x}|f(axb) - f(a_kxb_j)| < 2\varepsilon.$$

这就证明函数组 $\{f_{a,b} : x \to f(axb); a$ 和 $b \in G\}$ 按最大模 $\|h\| = \sup\limits_{x}|h(x)|$ 是完全有界的. 因而 $f(x)$ 是 G 上殆周期的.

现在我们能够将前节的 Peter-Weyl-Neumann 理论推广到紧群 G 上的复值连续函数 $f(x)$. 对这样的一个函数 $f(x)$ 和 $\varepsilon > 0$, 我们令

$$V = \{y \in G; \sup_{x}|f(x) - f(y^{-1}x)| < \varepsilon\}.$$

于是根据 f 的一致连续性, 集合 V 是个包含 e 的开集. 应用 Urysohn 定理于正规空间 G, 我们知 G 上有个连续函数 $k_1(x)$ 使得 $0 \leqslant k_1(x) \leqslant 1$ 在 G 上; $k_1(e) = 1$ 且 $k_1(x) = 0$ 只要 $x \in V^C$. 令 $U = V \cup V^{-1}$, 则 G 上连续函数

$$k(x) = 2^{-1}(k_1(x) + k_1(x^{-1})) \tag{2}$$

满足条件 $k(x^{-1}) = k(x)$ 且 $0 \leqslant k(x) \leqslant 1$ 以及 $k(e) = 1$ 且诸 $x \in U^C$ 使 $k(x) = 0$.

所以, 如果我们以 $C(G)$ 记定义在 G 上且按最大模赋范的所有复值连续函数的 B-空间, 我们能由

$$(Th)(x) = k_0(x)h(x), \quad x \in G \tag{3}$$

定义一个映 $\widehat{C}(G)$ 入 $\widehat{C}(G)$ 中的线性算子 T. 此处, 像在前节中一样,

$$k_0(x) = k(x)/M_x(k(x)) \tag{4}$$

且 $\widehat{C}(G)$ 是赋予数量积

$$(b, h) = M_y(b(y)\overline{h(y)}) = (b \times h^*)(e), \quad h^*(y) = \overline{h(y^{-1})} \tag{5}$$

的空间 $C(G)$.

因此, 正如前节中一样, 我们得到

定理 1 定义在紧群 G 上任何连续函数 $f(g)$ 是殆周期的, 且 $f(g)$ 在 G 上能由 G 的酉的、连续的、不可约矩阵表示的矩阵元的线性组合所一致逼近.

我们称群 G 的两个矩阵表示 $A_1(g)$ 和 $A_2(g)$ 是等价的是指有个固定的非奇异矩阵 B 使得对一切 $g \in G$ 恒有 $B^{-1}A_1(g)B = A_2(g)$.

命题 2 (I. Schur 引理) 如果表示 $A_1(g)$ 和 $A_2(g)$ 是不可约和不等价的, 则除了 $B = 0$ 外, 没有矩阵 B 使一切 $g \in G$ 满足

$$A_1(g)B = BA_2(g). \tag{6}$$

在 (6) 中, 矩阵 B 为 n_1 行和 n_2 列的, 其中 n_1, n_2 各为 $A_1(g)$ 和 $A_2(g)$ 的阶.

证明 设 X_1 和 X_2 分别为施行线性变换 $A_1(g)$ 和 $A_2(g)$ 的线性空间. 将 (6) 中 B 解释成 X_2 到 X_1 的线性映射 $x_2 \to x_1 = Bx_2$. 由 X_1 中形如 Bx_2 的所有向量 x_1 组成的线性子空间是不变的, 此因 $A_1(g)x_1 = Bx_2'$, 其中 $x_2' = A_2(g)x_2$. 注意到 $A_1(g)$ 的不可约性, 只有两种可能: 或者 X_2 中一切 x_2 满足 $Bx_2 = 0$, 亦即 $B = 0$, 或者 $X_1 = BX_2$. 另一方面, X_2 中使得 $Bx_2 = 0$ 的向量 x_2 全体是 X_2 的一个不变子空间, 此因 $BA_2(g)x_2 = A_1(g)Bx_2 = 0$. 由 $A_2(g)$ 的不可约性, 我们得: 或者 X_2 中所有 x_2 满足 $Bx_2 = 0$, 亦即 $B = 0$, 或者 $x_2 = 0$ 是 X_2 中唯一使 $Bx_2 = 0$ 的向量, 从而 X_2 中不同向量在线性映射 B 作用下成为 X_1 中不同向量. 于是若 $B \neq 0$, 我们断定了 B 是从 X_2 到 X_1 上一一线性映射. 然而这意味着 B 是一非奇异矩阵 $(n_1 = n_2)$, 故 $A_1(g)$ 和 $A_2(g)$ 将是等价的.

命题 3 (正交性关系) 设 $A_1(g) = (a_{ij}^1(g))$ 和 $A_2(g) = (a_{kl}^2(g))$ 为群 G 的不可约连续酉阵表示, 则我们有正交性关系:

$$\begin{aligned} &M_g(a_{ij}^1(g)\overline{a_{kl}^2(g)}) = 0 \quad \text{若 } A_1(g) \text{ 不等价于 } A_2(g), \\ &M_g(a_{ij}^1(g)\overline{a_{kl}^1(g)}) = n_1^{-1}\delta_{ik}\delta_{jl}, \quad \text{其中 } n_1 \text{ 是 } A_1(G) \text{ 的阶}. \end{aligned} \tag{7}$$

证明 设 n_1, n_2 分别为 $A_1(g), A_2(g)$ 的阶. 取任何 n_1 行和 n_2 列的矩阵 B, 并令 $A(g) = A_1(g)BA_2(g^{-1})$. 于是矩阵 $A = M_g(A(g))$ 满足 $A_1(g)A = AA_2(g)$. 因为根据平均值的不变性, 我们有

$$\begin{aligned} A_1(y)AA_2(y^{-1}) &= M_g(A_1(y)A_1(g)BA_2(g^{-1})A_2(y^{-1})) \\ &= M_g(A_1(yg)BA_2((yg)^{-1})) = A. \end{aligned}$$

根据 Schur 引理, A 必为零矩阵. 如果我们以这样的方式取 $B = (b_{jl})$, 使得只有 b_{jl} 不为零, 于是根据酉性条件 $A_2(g^{-1}) = \overline{A_2(g)}'$, 我们得到

$$M_g(a_{ij}^1(g)\overline{a_{kl}^2(g)}) = 0.$$

其次, 如上对 $A = M_g(A_1(g)BA_1(g^{-1}))$ 我们有 $A_1(g)A = AA_1(g)$. 设 α 为矩阵 A 的任何一个本征值. 于是矩阵 $(A - \alpha I_{n_1})$, 其中 I_{n_1} 表示 n_1 阶的幺阵, 满足

$$A_1(g)(A - \alpha I_{n_1}) = (A - \alpha I_{n_1})A_1(g).$$

所以根据 Schur 引理, 矩阵 $(A - \alpha I_{n_1})$ 或者是非奇异的, 或者 $(A - \alpha I_{n_1}) = 0$. 由于 α 是 A 的本征值, 故第一种可能性被排除. 因此 $A = \alpha I_{n_1}$. 取 $A = M_g(A_1(g)BA_1(g^{-1}))$ 的两边的迹 (对角元的和), 我们得到

$$n_1\alpha = \text{tr}(A) = M_g(\text{tr}(A_1(g)BA_1(g)^{-1})) = M_g(\text{tr}(B)) = \text{tr}(B).$$

所以如果我们以这样的方式取 $B = (b_{jl})$, 使得 $b_{jl} = 1$ 而同时其他元均为零, 则由 $M_g(A_1(g)BA_1(g^{-1})) = n_1^{-1}\text{tr}(B) \cdot I_{n_1}$, 我们得到

$$M_g(a_{ij}^1(g)\overline{a_{kl}^1(g)}) = n_1^{-1}\delta_{ik}\delta_{jl}.$$

系　群 G 有相互不等价的、连续的、不可约酉阵表示 $U(g) = (u_{ij}(g))$ 的集合 $\mathfrak{U}$, 它满足下面三个条件:

i) 对 G 的任何对不同的点 g_1, g_2, 有个 $U(g) \in \mathfrak{U}$ 使得 $U(g_1) \neq U(g_2)$.

ii) 若 $U(g) \in \mathfrak{U}$, 则 $U(g)$ 的复共轭表示 $\overline{U}(g)$ 也属于 $\mathfrak{U}$.

iii) 若 $U_1(g), U_2(g)$ 为 $\mathfrak{U}$ 中元, 则 (在下面解释的) 积表示 $U_1(g) \times U_2(g)$ 完全可约化为 $\mathfrak{U}$ 中有限个表示之和.

证明　积表示 $U_1(g) \times U_2(g)$ 的定义给定如下. 设 $(e_1^1, e_2^1, \cdots, e_n^1)$ 和 $(e_1^2, e_2^2, \cdots, e_m^2)$ 分别为施行线性映射 $U_1(g)$ 和 $U_2(g)$ 的有限维复 Hilbert 空间的标准正交基. 这两个 Hilbert 空间的积空间为由 nm 个向量 $e_i^1 \times e_j^2$ ($i = 1, 2, \cdots, n; j = 1, 2, \cdots, m$) 组成的积基所张成. 参照于这个基, $U_1(g) = (u_{ij}^1(g))$ 和 $U_2(g) = (u_{kl}^2(g))$ 的积表示 $U_1(g) \times U_2(g)$ 由

$$(U_1(g) \times U_2(g))(e_i^1 \times e_j^2) = \sum_{s,t} u_{si}^1(g)u_{tj}^2(g)(e_s^1 \times e_t^2)$$

所给定.

我们取相互不等价、连续、酉且不可约矩阵表示 $U(g)$ 的满足条件 ii) 的极大集合 $\mathfrak{U}$. 于是根据定理 1, 条件 i) 满足. 条件 iii) 也满足, 这是因为两个酉表示的积表示仍然是酉的, 因而是完全可约化的.

现在我们即将叙述 T. Tanaka 对偶性定理. 设 $\mathfrak{R}$ 为所有 Fourier 多项式:

$$x(g) = \sum \gamma_{ij}^{(\alpha)}u_{ij}^{(\alpha)}(g).$$

亦即是 $u_{ij}^{(\alpha)}(g)$ 的有限线性组合的集合, 其中 $(u_{ij}^{(\alpha)}(g)) \in \mathfrak{U}$, 而 $\gamma_{ij}^{(\alpha)}$ 表示复数. 于是 $\mathfrak{R}$ 是个具有乘法幺元 u (在 G 上 $u(g) \equiv 1$) 和复数乘子(complex multiplier) 的环; 环 $\mathfrak{R}$ 中的和与乘法分别理解为函数和与函数乘积. 设 $\mathfrak{T}$ 为环 $\mathfrak{R}$ 到复数域上且使得

$$Tu = 1, \quad T\overline{x} = \overline{Tx}, \quad \text{"—" 表示复共轭}, \tag{8}$$

成立的一切线性同态 T 的集合. $\mathfrak{T}$ 是非空的, 这是因为每个 $g \in G$ 派生出这样的一个同态 T_g:

$$T_g x = x(g). \tag{9}$$

根据对 $\mathfrak{U}$ 的条件 i), 我们知

$$g_1 \neq g_2 \quad \text{蕴涵} \quad T_{g_1} \neq T_{g_2}. \tag{10}$$

命题 4 $\mathfrak{T}$ 可看成一个群, 它包含 G 作为子群.

证明 我们将在 $\mathfrak{T}$ 中定义积 $T_1 \cdot T_2 = T$ 如下. 设

$$U^{(\alpha)}(g) = (u_{ij}^{(\alpha)}(g)) \quad (i, j = 1, 2, \cdots, n)$$

为 $\mathfrak{U}$ 的一元. 对 $u_{ij}^{(\alpha)}(gh) = \sum_k u_{ik}^{(\alpha)}(g) u_{kj}^{(\alpha)}(h)$, 我们置

$$T \cdot u_{ij}^{(\alpha)} = \sum_k T_1 u_{ik}^{(\alpha)} \cdot T_2 u_{kj}^{(\alpha)}. \tag{11}$$

根据正交关系 (7), 我们知诸函数 $u_{ij}^{(\alpha)}(g)$, 其中 $(u_{ij}^{(\alpha)}(g)) \in \mathfrak{U}$, 是在 G 上线性无关的. 因而即知 T 可线性扩张到整个 $\mathfrak{R}$ 上. 易知此扩张 T 亦为 $\mathfrak{T}$ 的一元. 且 $\mathfrak{T}$ 为具有幺元 T_e ($e = G$ 的幺元) 的一个群, 同时 $T_g^{-1} = T_{g^{-1}}$. 通过对应 $g \leftrightarrow T_g, G$ 同构嵌入这个群 $\mathfrak{T}$ 中, 这一点将由 (11) 和 (10) 而知.

事实上, 我们有

定理 2 (T. Tannaka) $\mathfrak{T} = G$, 即每个 $T \in \mathfrak{T}$ 等于某一 T_g:

$$Tx = x(g) \quad \text{对一切 } x \in \mathfrak{R}. \tag{12}$$

证明 我们通过取形如

$$\{T \in \mathfrak{T}; |Tx_i - T_e x_i| < \varepsilon_i \ (i = 1, 2, \cdots, n)\} \tag{13}$$

的集合作为群 $\mathfrak{T}$ 的幺元 T_e 的邻域而在群 $\mathfrak{T}$ 中引入弱拓扑. 于是 $\mathfrak{T}$ 是个紧空间. 因为根据由 (8) 和 (11) 蕴涵的关系 $\sum_s |Tu_{si}^{(\alpha)}(g)|^2 = (T \cdot T)(1) = 1, \mathfrak{T}$ 是紧空间的拓扑积

$$\prod \{z; |z| \leqslant \sup |Tx|\} \quad (x \in \mathfrak{R}, T \in \mathfrak{T})$$

的一闭子集, 故我们能使用 Tychonov 定理. 易知同构嵌入 $g \leftrightarrow T_g$ 也是拓扑的, 这是因为紧空间到紧空间的一对一连续映射都是拓扑映射. 因此 G 可以视为紧群 $\mathfrak{T}$ 的一闭子群.

　　根据上面的 $\mathfrak{T}$ 的弱拓扑, 每个 $x(g) \in \mathfrak{R}$ 产生紧群 G 上一个连续函数 $x(T)$ 使得 $x(T_g) = x(g)$. 为此我们只需令 $x(T) = T \cdot x$. 所有这些连续函数 $x(T)$ 构成 $\mathfrak{T}$ 上一个复值连续函数环 $\mathfrak{R}(\mathfrak{T})$, 它满足条件:

　　1) $1 = u(T) \in \mathfrak{R}(\mathfrak{T})$.

　　2) 对 $\mathfrak{T}$ 的任何对不同点 T_1 和 T_2, 有个 $x(T) \in \mathfrak{R}(\mathfrak{T})$ 使得 $x(T_1) \neq x(T_2)$.

　　3) 对任何 $x(T) \in \mathfrak{R}(\mathfrak{T})$, 有个复值共轭函数 $\overline{x}(T) = \overline{x(T)}$, 它属于 $\mathfrak{R}(\mathfrak{T})$.

　　今假定 $\mathfrak{T} - G$ 非空. 由于紧空间 $\mathfrak{T}$ 是正规的, 我们可以使用 Urysohn 定理得知有个点 $T_0 \in (\mathfrak{T} - G)$ 和 $\mathfrak{T}$ 上一个连续函数 $y(T)$ 使得

$$y(T) \geqslant 0 \text{ 在 } \mathfrak{T} \text{ 上}, \quad y(g) = 0 \text{ 在 } G \text{ 上且 } y(T_0) = 1. \tag{14}$$

根据第零章中的 Stone-Weierstrass 定理, 把它用于满足 1), 2) 和 3) 的环 $\mathfrak{R}(\mathfrak{T})$, 我们即知对任何 $\varepsilon > 0$, 有个函数 $x(g) = \sum \gamma_{ij}^{(\alpha)} u_{ij}^{(\alpha)}(g) \in \mathfrak{R}$ 使得在 $\mathfrak{T}$ 上有 $|y(T) - \sum \gamma_{ij}^{(\alpha)} u_{ij}^{(\alpha)}(T)| < \varepsilon$, 因而特别在 G 上有 $|y(g) - \sum \gamma_{ij}^{(\alpha)} u_{ij}^{(\alpha)}(g)| < \varepsilon$. 设 $u_{11}^{(\alpha_0)}(g) = u(g) = 1$. 于是通过取平均值并注意到正交性关系 (7), 把它用于紧群 $\mathfrak{T}$ 和 G, 我们便得

$$|M_T(y(T)) - \gamma_{11}^{(\alpha_0)}| < \varepsilon, \quad |M_g(y(g)) - \gamma_{11}^{(\alpha_0)}| < \varepsilon. \tag{15}$$

因此我们导出矛盾, 因为 $M_T(y(T)) > 0$ 同时根据 (14) 有 $M_g(y(g)) = 0$.

　　注 1　Tanaka 定理的上面这种证明取自 K. Yosida [14]. 原始证明在 T. Tanaka [1] 中给出. 由于紧 Abel 群的连续、酉且不可约矩阵表示恰恰是 G 上满足条件

$$\chi(g_1)\chi(g_2) = \chi(g_1 g_2) \quad \text{且} \quad |\chi(g)| = 1$$

的连续函数 $\chi(g)$, 故 Tanaka 定理包含 L. Pontrjagin [1] 的对偶性定理作为特殊情况. 关于进一步的文献, 请参看 M. A. Naimark [1].

　　注 2　为用第八章 §5 中给出的方法定义 G 上连续函数 $f_k(g)$ $(k = 1, 2, \cdots, m)$ 的平均值, 我们只需以 $\text{dis}(g_1, g_2) = \sup\limits_{g, h \in G; k = 1, 2, \cdots, m} |f_k(g g_1 h) - f_k(g g_2 h)|$ 代替那里的 $\text{dis}(g_1, g_2)$.

§12. 自伴算子的函数

设 $H = \int \lambda dE(\lambda)$ 为 Hilbert 空间 X 中自伴算子 H 的谱分解. 对复值 Baire 函数 $f(\lambda)$, 我们考察集合

$$D(f(H)) = \left\{ x \in X; \int_{-\infty}^{\infty} |f(\lambda)|^2 d\|E(\lambda)x\|^2 < \infty \right\}, \tag{1}$$

其中积分是关于由 $m((\lambda_1, \lambda_2]) = \|E(\lambda_2)x\|^2 - \|E(\lambda_1)x\|^2$ 确定的 Baire 测度而作出的. 像在第十一章 §5 中论证过的连续函数 $f(\lambda)$ 的情形一样, 我们知积分

$$\int_{-\infty}^{\infty} f(\lambda)d(E(\lambda)x, y), \quad x \in D(f(H)), y \in X \tag{2}$$

关于由 $m((\lambda_1, \lambda_2]) = (E(\lambda_2)x, y) - (E(\lambda_1)x, y)$ 所确定的 Baire 测度是存在且有限的. 此外我们知 (2) 给出了 y 的有界线性泛函的一个复共轭. 因而根据第三章 §6 中的 F. Riesz 表示定理, 我们可以把 (2) 写成 $(f(H)x, y)$. 因此, 我们能通过 (1) 和 (2) 定义 H 的函数

$$f(H) = \int_{-\infty}^{\infty} f(\lambda)dE(\lambda). \tag{3}$$

例 1 如果 H 为有界自伴且 $f(\lambda) = \sum_{j=1}^{n} \alpha_j \lambda^j$, 则像第十一章 §5 中一样,

$$f(H) = \int_{-\infty}^{\infty} f(\lambda)dE(\lambda) = \sum_{j=1}^{n} \alpha_j H^j.$$

例 2 如果 $f(\lambda) = (\lambda - i)(\lambda + i)^{-1}$, 则 $f(H)$ 等于 H 的 Cayley 变换 U_H. 诸实数 λ 恒使 $|f(\lambda)| = 1$, 故我们有 $D(f(H)) = X$. 由 $E(\lambda_1)E(\lambda_2) = E(\min(\lambda_1, \lambda_2))$, 把有界算子 $(H - iI)^{-1} = \int (\lambda - i)^{-1}dE(\lambda)$ 作用到算子 $f(H) = \int f(\lambda)dE(\lambda)$ 上, 易知结果等于 $(H + iI)^{-1} = \int (\lambda + i)^{-1}dE(\lambda)$. 因而 $f(H) = U_H$.

例 3 和第十一章 §5 中一样, 我们有

$$\|f(H)x\|^2 = \int_{-\infty}^{\infty} |f(\lambda)|^2 d\|E(\lambda)x\|^2 \quad \text{只要 } x \in D(f(H)). \tag{4}$$

定义 设 A 为 Hilbert 空间上未必有界的一个线性算子, B 为此空间上一个有界线性算子. 称 B 与 A 是交换的且记为 $B \in (A)'$ 是指

$$x \in D(A) \text{ 导出 } Bx \in D(A) \text{且} ABx = BAx, \tag{5}$$

亦即如果 $AB \supseteq BA$, 则我们将把与 A 交换的有界线性算子 B 的全体记为 $(A)'$.

定理 1　Hilbert 空间 X 上自伴算子 $H = \int \lambda dE(\lambda)$ 的函数 $f(H)$ 都满足

$$(f(H))' \supseteq (H)', \tag{6}$$

亦即一切与 H 交换的有界线性算子与 $f(H)$ 是交换的 (由于根据第十一章 §5 中的定理 2 有 $E(\lambda) \in (H)'$, 故我们知, 特别有 $f(H)$ 与一切 $E(\lambda)$ 是交换的).

证明　假定 $S \in (H)'$. 于是我们能证明 S 与每个 $E(\lambda)$ 交换. 我们首先证明 S 与 H 的 Cayley 变换 U_H 交换. 因若 $x \in D(H)$, 则根据 $S \in (H)'$ 我们有

$$S(H + iI)x = (H + iI)Sx, \quad (H - iI)Sx = S(H - iI)x.$$

命 $(H + iI)x = y$, 从上面第一个关系式我们知

$$(H + iI)^{-1}Sy = S(H + iI)^{-1}y \quad \text{对一切 } y \in X = R(H + iI).$$

因而

$$S(H - iI)(H + iI)^{-1} = (H - iI)(H + iI)^{-1}S,$$

亦即 $SU_H = U_H S$. 因此 S 与 $(U_H)^n = \int\limits_0^{2\pi} e^{ni\theta}dF(\theta) \ (n = 0, \pm 1, \cdots)$ 交换, 故

$$\int\limits_0^{2\pi} e^{ni\theta}d(SF(\theta)x, y) = \left(S \int\limits_0^{2\pi} e^{ni\theta}dF(\theta)x, y\right) = \int\limits_0^{2\pi} e^{ni\theta}d(F(\theta)Sx, y).$$

因而如由第十一章 §4 中给出的酉算子的谱分解的唯一性证明中所表明, 我们得 $SF(\theta) = F(\theta)S$. 这就证明 $SE(\lambda) = E(\lambda)S$, 因为 $E(-\cot\theta) = F(\theta)$. 因此对 $x \in D(f(H))$, 我们得

$$\left(S \int f(\lambda)dE(\lambda)x, y\right) = \int f(\lambda)d(SE(\lambda)x, y) = \int f(\lambda)d(E(\lambda)Sx, y),$$

亦即 $Sf(H) \subseteq f(H)S$.

上面的定理 1 具有如下形式的逆命题.

定理 2 (Neumann-Riesz-Mimura)　设 H 为可分 Hilbert 空间 X 上一个自伴算子. 又设 T 为 X 上一个线性闭算子使得 $D(T)^a = X$. 那么, 有个处处有限的 Baire 函数 $f(\lambda)$ 使 T 为 H 的函数 $f(H)$ 的充要条件是

$$(T)' \supseteq (H)'. \tag{7}$$

证明　只需证明条件 (7) 是充分的. 我们还可以假设 H 是有界的. 若 H 不是有界的, 那么我们考察 $H_1 = \tan^{-1} H$. 由 $|\tan^{-1}\lambda| \leqslant \pi/2$ 知 H_1 为有界自伴

算子. 根据定理 1, 算子 $H = \tan H_1$ 与 $(H_1)'$ 中算子都交换. 因此根据假设我们有

$$(T)' \supseteq (H)' \supseteq (H_1)'.$$

因此, 如果定理 2 对有界的 H_1 成立, 命 $f_2(\lambda) = f_1(\tan^{-1}\lambda)$, 则

$$T = f_1(H_1) = f_1(\tan^{-1} H) = f_2(H).$$

因此我们可以假设 H 是有界且自伴的.

第一步 对任何固定的 $x_0 \in D(T)$, 我们能找到一个 Baire 函数 $F(\lambda)$ 使得 $Tx_0 = F(H)x_0$. 这可如下证明. 设 $M(x_0)$ 为由 $x_0, Hx_0, H^2x_0, \cdots, H^n x_0, \cdots$ 所张成的最小线性闭子空间. 用 L 表示到 $M(x_0)$ 上的投影, 那么 $(T)' \ni L$. 此因我们由 $HM(x_0) \subseteq M(x_0)$ 得 $HL = LHL$, 故

$$LH = (HL)^* = (LHL)^* = LHL = HL,$$

亦即 $L \in (H)'$. 因而根据假设有 $(T)' \ni L$. 于是,

$$Tx_0 = TLx_0 = LTx_0 \in M(x_0),$$

故有个多项式序列 $\{p_n(\lambda)\}$ 使得

$$Tx_0 = \text{s-}\lim_{n\to\infty} p_n(H)x_0. \tag{8}$$

因而根据 (4) 我们得

$$\|p_n(H)x_0 - p_m(H)x_0\|^2 = \int_{-\infty}^{\infty} |p_n(\lambda) - p_m(\lambda)|^2 d\|E(\lambda)x_0\|^2.$$

如同证明 $L^2(S, \mathfrak{B}, m)$ 的完备性, 我们知道有个 Baire 函数 $F(\lambda)$, 它关于由

$$m((\lambda_1, \lambda_2]) = \|E(\lambda_2)x_0\|^2 - \|E(\lambda_1)x_0\|^2$$

所确定的测度 m 是平方可积的, 且使得

$$\lim_{n\to\infty} \int_{-\infty}^{\infty} |F(\lambda) - p_n(\lambda)|^2 d\|E(\lambda)x_0\|^2 = 0.$$

因而对 $F(H)$ 我们有

$$\lim_{n\to\infty} \|(F(H) - p_n(H))x_0\|^2 = \lim_{n\to\infty} \int_{-\infty}^{\infty} |F(\lambda) - p_n(\lambda)|^2 d\|E(\lambda)x_0\|^2 = 0.$$

这证明了 $Tx_0 = F(H)x_0$. 因 $F(\lambda)$ 关于由 $m((\lambda_1, \lambda_2]) = \|E(\lambda_2)x_0\|^2 - \|E(\lambda_1)x_0\|^2$ 确定的测度 m 是几乎处处有限的, 对于那些使 $|F(\lambda)| = \infty$ 的 λ 我们可以令 $F(\lambda) = 0$, 我们可设 $F(\lambda)$ 是个在诸 λ 处取有限值的 Baire 函数.

第二步　由于 X 是可分的且 $D(T)^a = X$, 故我们可以选择可数集 $\{g_n\} \subseteq D(T)$ 使得 $\{g_n\}$ 在 X 内强稠密. 我们令

$$f_1 = g_1, f_2 = g_2 - L_1 g_2, \cdots, f_n = g_n - \sum_{k=1}^{n-1} L_k g_n, \tag{9}$$

其中 L_k 为到线性闭子空间 $M(f_k)$ 上的投影.

根据第一步, 我们有 $(T)' \ni L_k$, 故

$$L_k g_n \in D(T) \text{ 而此导出 } f_n \in D(T) \quad (n = 1, 2, \cdots). \tag{10}$$

我们可以证明

$$L_i L_k = 0 \quad (\text{当 } i \neq k) \tag{11}$$

及

$$I = \sum_{k=1}^{\infty} I_k. \tag{12}$$

假定当 $i, k < n$ 时 (11) 已得证. 于是对 $i < n$ 有

$$L_i f_n = L_i g_n - L_i \Big(\sum_{k=1}^{n-1} L_k g_n \Big)$$
$$= L_i g_n - L_i^2 g_n = L_i g_n - L_i g_n = 0,$$
$$L_i H^{k'} f_n = H^{k'} L_i f_n = 0.$$

因此 $M(f_n)$ 与 $M(f_i)$ 正交. 这就证明了 $L_i L_n = L_n L_i = 0$.

其次我们置 $\sum_{k=1}^{\infty} L_k = P$, 我们证明 $P g_n = g_n$ $(n = 1, 2, \cdots)$. 由于 $\{g_n\}$ 在 X 中稠密, 故我们得 $P = I$. 然而由 (9) 我们有 $P g_n = P f_n + \sum_{k=1}^{n-1} P L_k g_n$. 根据 $f_n \in M(f_n)$ 我们还有 $P f_n = f_n$. 因而根据由 (11) 所蕴涵的 $P L_k = L_k$, 我们得 $P g_n = g_n$ $(n = 1, 2, \cdots)$.

第三步　取一列正数 $\{c_n\}$ 使得 s-$\lim\limits_{k \to \infty} \sum\limits_{n=1}^{k} c_n f_n$ 和 s-$\lim\limits_{k \to \infty} \sum\limits_{n=1}^{k} c_n T f_n$ 均存在. 例如, 我们可取 $c_n = 2^{-n} (\|f_n\| + \|T f_n\|)^{-1}$. 由于 T 是闭算子, 故我们有

$$x_0 = \sum_{n=1}^{\infty} c_n f_n \in D(T) \quad \text{且} \quad T x_0 = y_0 = \sum_{n=1}^{\infty} c_n T f_n. \tag{13}$$

因而由第一步得到一个处处有限的 Baire 函数使得

$$T x_0 = F(H) x_0. \tag{14}$$

设 $B \in (H)'$ 是个有界自伴算子. 于是根据假设 $B \in (T)'$. 由定理 1, $F(H)$ 与 B 交换. 因而

$$F(H)Bx_0 = BF(H)x_0 = BTx_0 = TBx_0. \tag{15}$$

设 $e_n(\lambda)$ 为集合 $\{\lambda; |F(\lambda)| \leqslant n\}$ 的特征函数, 令 $P_n = e_n(H)$ 和 $B = c_m^{-1}P_nH^kL_m$, 于是我们能证明

$$TP_n = F(H)P_n. \tag{16}$$

事实上, 根据 (11) 和 $f_m \in M(f_m)$, 我们有

$$L_m x_0 = \sum_{n=1}^{\infty} c_n L_m f_n = c_m f_m.$$

因而由 (15)

$$\begin{aligned}
F(H)P_nH^kf_m &= F(H)c_m^{-1}P_nH^kL_mx_0 = F(H)Bx_0 \\
&= TBx_0 = Tc_m^{-1}P_nH^kL_mx_0 = TP_nH^kf_m,
\end{aligned}$$

亦即对于由 H^kf_m 张成的 h, 其中 m 固定, 我们有

$$F(H)P_nh = TP_nh. \tag{16'}$$

但是这样的 h 全体是在 $M(f_m)$ 中稠密的, 故根据 (12) 我们知, 如果让 m 取遍正整数, 诸 h 在 X 中是稠密的. 因而我们对于 X 的某个稠密集中诸 h 证明了 (16').

由 (4) P_n 是有界的. 根据下面给出的算子演算, 算子 $F(H)P_n$ 等于 $F_n(H)$, 其中

$$F_n(\lambda) = F(\lambda)e_n(\lambda) = \begin{cases} F(\lambda), & |F(\lambda)| \leqslant n, \\ 0, & |F(\lambda)| > n. \end{cases}$$

因此 $F_n(H) = F(H)P_n$ 是有界的.

任取 $h^* \in X$ 使 $h^* = \text{s-}\lim\limits_{j \to \infty} h_j$, 其中诸 h_j 是形如 H^kf_m 的元的线性组合. 如上所证, 这样选取 h_j 是可能的. 由算子 $F(H)P_n$ 的连续性我们有

$$F(H)P_nh^* = \text{s-}\lim_{j \to \infty} F(H)P_nh_j.$$

因而由 $\text{s-}\lim\limits_{j \to \infty} P_nh_j = P_nh^*$ 及 (16'), 我们知闭算子 T 满足 (16).

第四步 设 $y \in D(F(H))$, 并令 $y_n = P_ny$. 由于 $F(\lambda)$ 为处处有限, 故必有 $\text{s-}\lim\limits_{n \to \infty} P_n = I$. 因此 $\text{s-}\lim\limits_{n \to \infty} y_n = \text{s-}\lim\limits_{n \to \infty} P_ny = y$. 因而由 (16) 我们得 $T \supseteq F(H)$. 因为 $\text{s-}\lim\limits_{n \to \infty} F(H)P_ny = \text{s-}\lim\limits_{n \to \infty} F_n(H)y = F(H)y$, 只要 $y \in D(F(H))$.

设 $y \in D(T)$, 并令 $y_n = P_n y$. 于是

$$Ty_n = TP_n y = F(H)P_n y \quad (\text{由 } (16)),$$
$$TP_n y = P_n T y \quad (\text{由 } P_n = e_n(H) \in (H)').$$

根据下面给出的算子演算, H 的函数 $F(H)$ 是闭算子. 因而在上面的关系式中令 $n \to \infty$, 即知 $F(H) \supseteq T$. 因此我们便证明了 $T = F(H)$.

算子演算. 我们有

定理 3 (i) 设 $\overline{f}(\lambda)$ 为 $f(\lambda)$ 的复共轭函数, 则 $D(\overline{f}(H)) = D(f(H))$, 且对 $x, y \in D(f(H)) = D(\overline{f}(H))$ 我们有

$$(f(H)x, y) = (x, \overline{f}(H)y). \tag{17}$$

(ii) 若 $x \in D(f(H)), y \in D(g(H))$, 则

$$(f(H)x, g(H)y) = \int_{-\infty}^{\infty} f(\lambda)\overline{g}(\lambda)d(E(\lambda)x, y). \tag{18}$$

(iii) 若 $x \in D(f(H))$, 则 $(\alpha f)(H)x = \alpha f(H)x$. 若 $x \in D(f(H)) \cap D(g(H))$, 则

$$(f + g)(H)x = f(H)x + g(H)x. \tag{19}$$

(iv) 若 $x \in D(f(H))$, 则条件 $f(H)x \in D(g(H))$ 是与条件 $x \in D(f \cdot g(H))$ 等价的, 其中 $f \cdot g(\lambda) = f(\lambda)g(\lambda)$, 同时我们有

$$g(H)f(H)x = (g \cdot f)(H)x. \tag{20}$$

(v) 若 $f(\lambda)$ 是处处有限的, 则 $f(H)$ 是正规算子且

$$f(H)^* = \overline{f}(H). \tag{21}$$

特别, 当 $f(\lambda)$ 为实值且处处有限时, $f(H)$ 为自伴.

证明 (i) $D(f(H)) = D(\overline{f}(H))$ 是显然的, 又

$$(f(H)x, y) = \int_{-\infty}^{\infty} f(\lambda)d(E(\lambda)x, y) = \int_{-\infty}^{\infty} f(\lambda)d(x, E(\lambda)y)$$
$$= \overline{(\overline{f}(H)y, x)} = (x, \overline{f}(H)y).$$

(ii) 由定理 1 我们知 $E(\lambda)$ 与 $g(H)$ 是交换的. 因此

$$(f(H)x, g(H)y)$$
$$= \int_{-\infty}^{\infty} f(\lambda)d(E(\lambda)x, g(H)y) = \int_{-\infty}^{\infty} f(\lambda)d(x, E(\lambda)g(H)y)$$
$$= \int_{-\infty}^{\infty} f(\lambda)\overline{d(g(H)E(\lambda)y, x)} = \int_{-\infty}^{\infty} f(\lambda)d\Big(\int_{-\infty}^{\infty} \overline{g(\mu)}\overline{d(E(\mu)E(\lambda)y, x)}\Big)$$
$$= \int_{-\infty}^{\infty} f(\lambda)d\Big(\int_{-\infty}^{\lambda} \overline{g(\mu)}\overline{d(y, E(\mu)x)}\Big) = \int_{-\infty}^{\infty} f(\lambda)\overline{g(\lambda)}d(E(\lambda)x, y).$$

(iii) 是显然的.

(iv) 设 x 满足 $\int_{-\infty}^{\infty} |f(\lambda)|^2 d\|E(\lambda)x\|^2 < \infty$. 于是由 $E(\lambda)E(\mu) = E(\min(\lambda, \mu))$,

根据 $E(\lambda)$ 与 $f(H)$ 的交换性, 条件 $\int_{-\infty}^{\infty} |g(\lambda)|^2 d\|E(\lambda)f(H)x\|^2 < \infty$ 便导出

$$\infty > \int_{-\infty}^{\infty} |g(\lambda)|^2 d(\|E(\lambda)f(H)x\|^2 = \int_{-\infty}^{\infty} |g(\lambda)|^2 d\|f(H)E(\lambda)x\|^2$$
$$= \int_{-\infty}^{\infty} |g(\lambda)|^2 d\Big(\int_{-\infty}^{\infty} |f(\mu)|^2 d\|E(\mu)E(\lambda)x\|^2\Big)$$
$$= \int_{-\infty}^{\infty} |g(\lambda)|^2 d\Big(\int_{-\infty}^{\lambda} |f(\mu)|^2 d\|E(\mu)x\|^2\Big) = \int_{-\infty}^{\infty} |g(\lambda)f(\lambda)|^2 d\|E(\lambda)x\|^2.$$

由于上面的运算可以逐步倒回去, 故我们知在假设 $x \in D(f(H))$ 下, $f(H)x \in D(g(H))$ 和 $x \in D(f \cdot g(H))$ 这两个条件是等价的, 且成立

$$(g(H)f(H)x, y) = \int_{-\infty}^{\infty} g(\lambda)d(E(\lambda)f(H)x, y)$$
$$= \int_{-\infty}^{\infty} g(\lambda)d\Big(\int_{-\infty}^{\lambda} f(\mu)d(E(\mu)x, y)\Big)$$
$$= \int_{-\infty}^{\infty} g(\lambda)f(\lambda)d(E(\lambda)x, y) = ((g \cdot f)(H)x, y).$$

(v) 我们令 $h(\lambda) = |f(\lambda)| + \alpha, k(\lambda) = h(\lambda)^{-1}, g(\lambda) = f(\lambda)h(\lambda)^{-1}$, 其中 α 为任何正整数. 于是 $k(\lambda)$ 和 $g(\lambda)$ 均是有界函数. 因而 $D(k(H)) = D(g(H)) = X$. 因此由 (iv)

$$f(H) = h(H)g(H) = g(H)h(H). \tag{22}$$

由 (i) 及 $D(k(H)) = X$, 我们有 $k(H)^* = k(H)$, 亦即 $k(H)$ 是自伴的. 由 (iv) 我们有 $x = h(H)k(H)x$ (对一切 $x \in X$) 及 $x = k(H)h(H)x$ (对一切 $x \in D(h(H))$. 因而 $h(H) = k(H)^{-1}$, 根据第七章 §3 中定理 1, $h(H)$ 便是自伴的. 因此 $D(f(H)) =$

$D(h(H))$ 在 X 中稠密, 故我们可以定义 $f(H)^*$. 我们来证明 $f(H)^* = \overline{f}(H)$. 设 $\{y, y^*\}$ 是 X 中一对元素使得一切 $x \in D(f(H))$ 满足 $(f(H)x, y) = (x, y^*)$. 于是由 $g(H)^* = \overline{g}(H)$ (它由 (i) 和 (22) 得到保证), 有

$$(f(H)x, y) = (g(H)h(H)x, y) = (h(H)x, \overline{g}(H)y).$$

因而, 由 $x \in D(f(H)) = D(h(H))$ 和 $h(H)$ 的自伴性, 我们得

$$\overline{g}(H)y \in D(h(H)) \text{ 且 } h(H)\overline{g}(H)y = y^*.$$

再由 (22), 我们得 $\overline{f}(H)y = y^*$, 故 $f(H)^* = \overline{f}(H)$. 因此, 由 (iv) 我们知 $f(H)$ 是正规的, 这就是 $f(H)^* f(H) = f(H)f(H)^*$.

系　若 $f(\lambda)$ 是处处有限的, 则 $f(H)$ 是闭的.

证明　由 $f(H)^{**} = \overline{f}(H)^* = \overline{\overline{f}}(H) = f(H)$ 而自明.

历史注释　定理 2 首先由 J. von Neumann [7] 对有界自伴算子 T 的情况证明. 参看 F. Riesz [5]. 关于线性闭算子 T 的一般情况是由 Y. Mimura [2] 证明的. 上面给出的论证取自 Y. Mimura [2] 和 B. von Sz. Nagy [1].

§13.　Stone 定理和 Bochner 定理

作为一例自伴算子的函数, 我们给出以下

定理 1 (M. H. Stone)　设 $\{U_t; -\infty < t < \infty\}$ 为 Hilbert 空间 X 上 (C_0) 类单参数酉算子群, A 是其无穷小生成元. 令 $H = -iA$ 且 $f_t(\lambda) = \exp(it\lambda)$, 则

$$U_t = f_t(H), H^* = H. \tag{1}$$

反之, X 上任何自伴算子 H 确定了一个 (C_0) 类单参数酉算子群 $U_t = f_t(H)$.

证明　由半群理论的表示定理我们有

$$U_t x = \text{s-}\lim_{n \to \infty} \exp(tiH(I - n^{-1}iH)^{-1})x.$$

由于函数 $g(t) = \exp(ti\lambda(1 - n^{-1}i\lambda)^{-1})$ 按绝对值小于 $\exp((-nt\lambda^2/(n^2 + \lambda^2))^{①}$, 所以对于谱分解 $H = \int \lambda dE(\lambda)$, 我们有

$$\exp(tiH(I - n^{-1}iH)^{-1}) = \int_{-\infty}^{\infty} \exp\left(\frac{ti\lambda}{1 - n^{-1}i\lambda}\right) dE(\lambda).$$

---

①校者注: 绝对值应等于.

此外还有

$$\lim_{n\to\infty} \int_{-\infty}^{\infty} \left| \exp\left(\frac{ti\lambda}{1-n^{-1}i\lambda}\right) - \exp(ti\lambda) \right|^2 d\|E(\lambda)x\|^2$$

$$= \lim_{n\to\infty} \int_{-\infty}^{\infty} \left| \exp\left(\frac{-t\lambda^2}{n-i\lambda}\right) - 1 \right|^2 d\|E(\lambda)x\|^2 = 0.$$

这就表明 $U_t = f_t(H) = \int_{-\infty}^{\infty} \exp(it\lambda) dE(\lambda)$.

至于定理 1 的逆部分, 根据前节的算子演算, 我们注意到

$$f_t(H)^* = f_{-t}(H) \text{ 且 } f_t(H)f_s(H) = f_{t+s}(H), \quad f_0(H) = I.$$

而 $f_t(H)$ 在 $t = 0$ 处的强连续性源自下式

$$\|f_t(H)x - x\|^2 = \int_{-\infty}^{\infty} |\exp(it\lambda) - 1|^2 d\|E(\lambda)x\|^2 \to 0, \quad t \to 0.$$

因而 $U_t = f_t(H)$ 是一个 (C_0) 类单参数酉算子群.

注 关于原始证明, 请参看 M. H. Stone [2]. 亦可参看 J. von Neumann [8]. 由 E. Hopf [1] 给出的另一证明是基于 S. Bochner 的一个定理:

定理 2 (Bochner) 一复值连续函数 $f(t), -\infty < t < \infty$, 可表示成

$$f(t) = \int_{-\infty}^{\infty} e^{it\lambda} dv(\lambda), \quad \text{其中 } v(\lambda) \text{ 是个非降右连续有界函数,} \tag{2}$$

当且仅当 $f(t)$ 是正定的, 其意义如下

$$\text{有紧支集的连续函数 } \varphi \text{ 都满足 } \int_{-\infty}^{\infty} \int_{-\infty}^{\infty} f(t-s)\varphi(t)\overline{\varphi(s)}dtds \geqslant 0. \tag{3}$$

由 E. Hopf 给出的定理 1 的证明是从 $f(t) = (U_t x, x)$ 满足条件 (3) 这个事实出发的, 而此事实可得于下式

$$\int_{-\infty}^{\infty} \int_{-\infty}^{\infty} (U_{t-s}x, x)\varphi(t)\overline{\varphi(s)}dtds = \int_{-\infty}^{\infty} \int_{-\infty}^{\infty} (U_t x, U_s x)\varphi(t)\overline{\varphi(s)}dtds$$

$$= \left(\int_{-\infty}^{\infty} \varphi(t)U_t x dt, \int_{-\infty}^{\infty} \varphi(s)U_s x ds \right) \geqslant 0.$$

我们来证明 Bochner 定理是 Stone 定理的一个推论.

从定理 1 推导定理 2 考察这样的复值函数 $x(t)(-\infty < t < \infty)$ 的全体 $\mathfrak{F}$, 它们在有限个点 t 外满足 $x(t) = 0$; 这有限个点可随 x 而异. 除了公理: $(x, x) = 0$

导致 $x = 0$ 可能不成立外, $\mathfrak{F}$ 按

$$(x + y)(t) = x(t) + y(t), \quad (\alpha x)(t) = \alpha x(t) \quad 及$$

$$(x, y) = \sum_{-\infty < t, s < \infty} f(t - s)x(t)\overline{y(s)} \quad 对一切 \ x, y \in \mathfrak{F} \tag{4}$$

成一准 Hilbert 空间. 诸 $x \in \mathfrak{F}$ 满足 $(x, x) \geqslant 0$, 这是函数 $f(t)$ 的正定性的一个简单推论.

令 $\mathfrak{R} = \{x \in \mathfrak{F}; (x, x) = 0\}$. 于是商空间 $\mathfrak{F}/\mathfrak{R}$ 关于数量积 $(\overline{x}, \overline{y}) = (x, y)$ 是个准 Hilbert 空间, 其中 $\overline{x}$ 是包含 $x \in \mathfrak{F}$ 的模 $\mathfrak{R}$ 的剩余类. 设 X 为准 Hilbert 空间 $\mathfrak{F}/\mathfrak{R}$ 的完备化, 由

$$(U_\tau x)(t) = x(t + \tau), \quad x \in \mathfrak{F} \tag{5}$$

定义的算子 U_τ 必定满足条件

$$(U_\tau x, U_\tau y) = (x, y), \quad U_\tau U_\sigma = U_{\tau + \sigma} \ 且 \ U_0 = I. \tag{6}$$

所以易知 $\{U_\tau\}$ 自然地确定 X 中这样一个酉算子 $\widehat{U}_\tau$, 使得 $\{\widehat{U}_\tau; -\infty < \tau < \infty\}$ 是 X 上酉算子的一个 (C_0) 类单参数半群; $\widehat{U}_t$ 关于 t 的强连续性由函数 $f(t)$ 的连续性而得. 因而由 Stone 定理, $\widehat{U}_t = \int_{-\infty}^{\infty} e^{it\lambda} dE(\lambda)$. 设 $x_0(t) \in \mathfrak{F}$ 为由 $x_0(\tau) = 1$ 且只要 $t \neq \tau$ 便有 $x_0(t) = 0$ 所定义的函数, 则由 (4) 和 (5) 有 $f(\tau) = (U_\tau x_0, x_0)$. 因此

$$f(\tau) = \int_{-\infty}^{\infty} e^{i\tau\lambda} d\|E(\lambda)\overline{x}_0\|^2,$$

这就证明了 Bochner 定理.

注　像 (4) 中那样用正定函数定义准 Hilbert 空间的想法由 B. von Sz. Nagy [3] 系统地使用于涉及 Hilbert 空间的各种有趣问题.

§14.　具有简单谱的自伴算子的标准型

设 $H = \int \lambda dE(\lambda)$ 为 Hilbert 空间 X 上一自伴算子, 它具有如第十一章 §8 中所定义的简单谱, 于是有个向量 $y \in X$ 使得集合 $\{(E(\beta) - E(\alpha))y; \alpha < \beta\}$ 张成 X 的一个稠密线性子空间. 我们命

$$\sigma(\lambda) = (E(\lambda)y, y). \tag{1}$$

于是 $\sigma(\lambda)$ 是单调非降、右连续且有界的. 我们以 $\sigma(B)$ 记 R^1 的 Baire 集合上由 $\sigma((a, b]) = \sigma(b) - \sigma(a)$ 确定的 Baire 测度. 我们以 $L^2_\sigma(-\infty, \infty)$ 表示满足

$\|f\|_\sigma = \Big(\int\limits_{-\infty}^{\infty} |f(\lambda)|^2 \sigma(d\lambda) \Big)^{1/2} < \infty$ 的复值 Baire 可测函数 $f(\lambda)$ $(-\infty < \lambda < \infty)$ 的全体. 于是 $L_\sigma^2(-\infty, \infty)$ 按数量积 $(f, g)_\sigma = \int\limits_{-\infty}^{\infty} f(\lambda)\overline{g(\lambda)}\sigma(d\lambda)$ 是个 Hilbert 空间, 其中约定在 L_σ^2 中 $f = g$ 当且仅当 $f(\lambda) = g(\lambda)$ $\sigma -$ a.e.

定理　我们对任何 $f(\lambda) \in L_\sigma^2(-\infty, \infty)$ 联系 X 中一个向量 $\widehat{f}$ 如下

$$\widehat{f} = \int\limits_{-\infty}^{\infty} f(\lambda) dE(\lambda)y, \tag{2}$$

则对应 $f(\lambda) \to \widehat{f}$ 是 $L_\sigma^2(-\infty, \infty)$ 到 X 上一一线性等距映射. 这个映射记为 V, 亦即 $\widehat{f} = Vf$, 则 $L_\sigma^2(-\infty, \infty)$ 上算子 $H_1 = V^{-1}HV$ 恰好是乘以 λ 的算子:

$$D(H_1) = D(V^{-1}HV) = \{f(\lambda); f(\lambda) \text{ 和 } \lambda f(\lambda) \text{ 均 } \in L_\sigma^2(-\infty, \infty)\}$$
$$\text{且 } (H_1 f)(\lambda) = \lambda f(\lambda) \text{ 只要 } f(\lambda) \in D(H_1). \tag{3}$$

证明　由 $E(\lambda)E(\mu) = E(\min(\lambda, \mu))$ 我们有

$$(E(\lambda)y, \widehat{f}) = \int\limits_{-\infty}^{\infty} \overline{f(\mu)} d_\mu(E(\lambda)y, E(\mu)y) = \int\limits_{-\infty}^{\infty} \overline{f(\mu)} d_\mu(E(\mu)E(\lambda)y, y)$$
$$= \int\limits_{-\infty}^{\lambda} \overline{f(\mu)} d(E(\mu)y, y) = \int\limits_{-\infty}^{\lambda} \overline{f(\mu)} \sigma(d\mu),$$

故

$$(\widehat{f}, \widehat{g}) = \int\limits_{-\infty}^{\infty} f(\lambda) d(E(\lambda)y, \widehat{g}) = \int\limits_{-\infty}^{\infty} f(\lambda)\overline{g(\lambda)}\sigma(d\lambda) = (f, g)_\sigma. \tag{4}$$

因此, V 一一线性等距地映 $L_\sigma^2(-\infty, \infty)$ 到 $\{\widehat{f}; f \in L_\sigma^2(-\infty, \infty)\}$ 上. 特别地, $R(V)$ 是 X 的一个闭线性子空间, 它显然包含形如 $\int\limits_{\alpha}^{\beta} dE(\lambda)y = (E(\beta) - E(\alpha))y$ $(-\infty < \alpha < \beta < \infty)$ 的元. 根据 H 有简单谱的假定, 即知 $R(V) = R(V)^a = X$. 因此定理的前半部分得证.

其次我们有

$$E(\lambda)\widehat{f} = E(\lambda) \int\limits_{-\infty}^{\infty} f(\mu) dE(\mu)y = \int\limits_{-\infty}^{\infty} f(\mu) d_\mu(E(\lambda)E(\mu)y)$$
$$= \int\limits_{-\infty}^{\lambda} f(\mu) dE(\mu)y,$$

故由 (4) 有

$$(E(\lambda)\widehat{f}, \widehat{g}) = \int\limits_{-\infty}^{\lambda} f(\mu)\overline{g(\mu)}\sigma(d\mu). \tag{5}$$

因而条件 $\int_{-\infty}^{\infty} \lambda^2 d(E(\lambda)\widehat{f}, \widehat{f}) < \infty$ (即 $\widehat{f} \in D(H)$) 等价于条件 $\int_{-\infty}^{\infty} \lambda^2 |f(\lambda)|^2 \sigma(d\lambda) < \infty$. 此外, 在后一情况, 由第十一章 §12 之 (20) 我们有

$$HVf = H\widehat{f} = \int_{-\infty}^{\infty} \lambda dE(\lambda)\widehat{f},$$

因而由 (4) 和 (5) 得

$$(H_1 f, g)_\sigma = (V^{-1} HVf, g)_\sigma = (HVf, Vg) = (H\widehat{f}, \widehat{g})$$
$$= \int_{-\infty}^{\infty} \lambda d(E(\lambda)\widehat{f}, \widehat{g}) = \int_{-\infty}^{\infty} \lambda f(\lambda)\overline{g(\lambda)}\sigma(d\lambda).$$

另一方面, 我们有

$$(H_1 f, g)_\sigma = \int_{-\infty}^{\infty} (H_1 f)(\lambda)\overline{g(\lambda)}\sigma(d\lambda).$$

所以我们必有

$$(H_1 f)(\lambda) = \lambda f(\lambda) \quad \sigma - \text{几乎处处}.$$

注 具有简单谱的自伴算子与 Jacobi 矩阵间有一紧密联系. 请参看 M. H. Stone [1], p. 275. 关于具有不必是简单谱的自伴算子的标准型, 请参看 J. von Neumann 的约化理论: Neumann [9].

§15. 对称算子的亏指数. 广义单位分解

定义 1 设 $U = U_H = (H - iI)(H + iI)^{-1}$ 为 Hilbert 空间 X 上对称闭算子 H 的 Cayley 变换. 设 $X_H^+ = D(U_H)^\perp$ 且 $X_H^- = R(U_H)^\perp$, 又设 $m = \dim(X_H^+)$ 和 $n = \dim(X_H^-)$ 分别为 X_H^+ 和 X_H^- 的维数. 称 H 为具亏指数 (m, n) 的算子. 对称闭算子 H 是自伴的当且仅当它具亏指数 $(0, 0)$ (见第七章 §4).

命题 1 对称闭算子 H 的亏指数 (m, n) 可定义如下: m 是线性子空间 $\{x \in X; H^* x = ix\}$ 的维数; n 是线性子空间 $\{x \in X; H^* x = -ix\}$ 的维数.

证明 由第七章 §4 中定理 3 而自明.

例 1 设 $X = L^2(0, 1)$. 设 D 为这样的绝对连续函数 $x(t) \in L^2(0, 1)$ 的全体, 它适合 $x(0) = x(1) = 0$ 且 $x'(t) \in L^2(0, 1)$, 则在 $D = D(T_1)$ 上由 $T_1 x(t) = i^{-1} x'(t)$ 定义的算子 T_1 是具亏指数 $(1, 1)$ 的.

证明 如第七章 §3 的例 4 中所显示, $T_1^* = T_2$ 由下面给定:

$$D(T_2) = \{x(t) \in L^2(0, 1); x(t) \text{ 绝对连续且 } x'(t) \in L^2(0, 1)\}$$
$$\text{且 } T_2 x(t) = i^{-1} x'(t).$$

因此 $T_1^* y = T_2 y = iy$ 的解 $y \in L^2(0,1)$ 是微分方程

$$y'(t) = -y(t) \quad (y, y' \in L^2(0,1)) \tag{1}$$

的分布解. 于是 $z(t) = y(t) \exp(t)$ 是微分方程

$$z'(t) = 0 \quad (z, z' \in L^2(0,1)) \tag{2}$$

的一个分布解. 我们来证明有个常数 C 使得几乎所有 $t \in (0,1)$ 满足 $z(t) = C$. 为此, 取函数 $x_0(t) \in C_0^\infty(0,1)$ 使得 $\int_0^1 x_0(t)dt = 1$. 对任何 $x(t) \in C_0^\infty(0,1)$, 命

$$x(t) - x_0(t) \int_0^1 x(s)ds = u(t), \quad w(t) = \int_0^t u(s)ds,$$

由 $\int_0^1 u(s)ds = 0$, 知 $w \in C_0^\infty(0,1)$. 因此由 (2), 我们有

$$-\int_0^1 z(t)w'(t)dt = -\int_0^1 z(t)u(t)dt = 0,$$

亦即

$$\int_0^1 z(t)x(t)dt = C \int_0^1 x(t)dt, \quad \text{其中 } C = \int_0^1 z(t)x_0(t)dt.$$

根据 $x(t) \in C_0^\infty(0,1)$ 的任意性, 这就证明对几乎所有 $t \in (0,1)$ 有 $z(t) = C$.

因而 $T^*y = iy$ 的任何解形如 $y(t) = C \exp(-t)$. 用同样方法, 我们知 $T^*y = -iy$ 的任何解形如 $y(t) = C \exp(t)$. 因此 T 是具亏指数 $(1,1)$ 的.

定义 2 Hilbert 空间 X 上对称算子 H 称为极大对称的, 是指 H 无真正的对称扩张.

命题 2 极大对称算子 H 是闭的且 $H = H^{**}$. 自伴算子 H 是极大对称的.

证明 根据第七章 §3 中命题 1, H^{**} 是 H 的对称闭扩张. 因此命题 2 的前半部分是显然的. 设 H_0 为自伴算子 H 的一对称扩张. 于是由 $H \subseteq H_0, H_0 \subseteq H_0^*$, 我们得 $H_0 \subseteq H_0^* \subseteq H$, 故由 $H = H^*$ 知 $H \subseteq H_0 \subseteq H$. 这就证明自伴算子 H 是极大对称的.

系 1 给定的对称算子 H 的每个极大对称扩张 H_0 也是 H^{**} 的一个扩张.

证明 关系 $H \subseteq H_0$ 导致关系 $H_0^* \subseteq H^*$ 和 $H^{**} \subseteq H_0^{**}$. 根据前一命题 $H_0 = H_0^{**}$, 所以系 1 为真.

系 2 若 H 是个对称算子使得 $H^* = H^{**}$, 则自伴算子 H^* 是 H 的唯一的极大对称扩张.

证明 由于自伴性, H^{**} 是极大对称的. 因此 H 的任何极大对称扩张 H_0 (根据系 1 它也是 H^{**} 的对称扩张) 与 $H^{**} = H^*$ 一致.

因此我们能够叙述

定义 3 使得 $H^* = H^{**}$ 的对称算子 H 称为本质自伴的. 自伴算子 H 称为超极大的. 这后一术语属于 J. von Neumann.

例 2 设 $X = L^2(-\infty, \infty)$, 并对 $x(t) \in C_0^0(-\infty, \infty)$ 通过 $Hx(t) = tx(t)$ 定义算子 H, 它当然是 X 上对称算子. 易知 H^* 是第七章 §3 之例 2 中定义的坐标算子, 故 H 是本质自伴的. 由 $Hx(t) = i^{-1}x'(t)$(对 $x(t) \in C_0^1(-\infty, \infty)$) 定义的算子 H 也是 $X = L^2(-\infty, \infty)$ 上本质自伴的. 因为在此时, H^* 是第七章 §3 之例 3 中定义的动量算子.

定理 1 设对称闭算子 H 的亏指数 (m, n) 满足

$$m = m' + p, \quad n = n' + p \quad (p > 0),$$

则 H 有个对称闭扩张 H', 它具有亏指数 (m', n').

证明 设 $\{\varphi_1, \cdots, \varphi_p, \varphi_{p+1}, \cdots, \varphi_{p+m'}\}$, $\{\psi_1, \cdots, \psi_p, \psi_{p+1}, \cdots, \psi_{p+n'}\}$ 分别为 $X_H^+ = D(U_H)^\perp$, $X_H^- = R(U_H)^\perp$ 的完全标准正交系, 定义 U_H 的等距扩张 V 如下

$$Vx = U_H x \text{ 对 } x \in D(U_H), \quad V\sum_{i=1}^p \alpha_i \varphi_i = \sum_{i=1}^p \alpha_i \psi_i.$$

根据第七章 §4 中定理 1, 我们有 $R(I - U_H)^a = X$. 由 $R(I - V) \supseteq R(I - U_H)$ 及第七章 §4 中定理 2 知 H 有唯一确定的对称闭扩张 H' 使得 $V = (H' - iI)(H' + iI)^{-1}$. 由 $\dim(D(V)^\perp) = m', \dim(R(V)^\perp) = n'$ 知 H' 的亏指数是 (m', n').

系 具有亏指数 (m, n) 的对称闭算子 H 是极大对称的当且仅当 $m = 0$ 或 $n = 0$.

证明 "仅当" 部分显然源自定理 1. 如果 $m = 0$, 则由 $D(U_H) = X$ 知 H 的对称闭扩张 H_0 满足 $U_{H_0} = U_H$. 这证明了

$$H_0 = i(I + U_{H_0})(I - U_{H_0})^{-1} = i(I + U_H)(I - U_H)^{-1} = H.$$

在 $n = 0$ 的情况下, 我们亦可知 H 无真正的对称闭扩张.

例 3　设 $\{\varphi_1, \varphi_2, \cdots, \varphi_n, \cdots\}$ 为 (可分) Hilbert 空间 X 的一个完全标准正交系. 于是, 我们可定义一个等距闭算子 U 使得 $D(U) = X$ 且

$$U \sum_{i=1}^{\infty} \alpha_i \varphi_i = \sum_{i=1}^{\infty} \alpha_i \varphi_{i+1}, \quad \sum_{i=1}^{\infty} |\alpha_i|^2 < \infty.$$

显然, $\dim (R(U)^{\perp}) = 1$. 若 $R(I - U)^a \neq X$, 则有个 $x \neq 0$ 使得 $x \in R(I - U)^{\perp}$. 由此 $((I - U)x, x) = 0$, 故 $(Ux, x) = \|x\|^2 = \|Ux\|^2$. 这就导出

$$\|(I - U)x\|^2 = \|x\|^2 - (Ux, x) - (x, Ux) + \|Ux\|^2$$
$$= \|x\|^2 - \|x\|^2 - \|x\|^2 + \|x\|^2 = 0,$$

亦即 $Ux = x$. 根据 U 的定义, x 必为零. 这个矛盾表明 $R(I - U)^a = X$. 根据第七章 §4 中定理 2, U 是某个对称闭算子 H 的 Cayley 变换. 因为 $D(U) = X$ 且 $R(U)^{\perp}$ 由 φ_1 所张成, H 有亏指数 $(0, 1)$. 因此 H 是个不自伴的极大对称算子.

定理 2 (M. A. Naimark [3])　设 Hilbert 空间 X_1 上对称闭算子 H_1 是具亏指数 (m, n) 的, 则我们能构造一个包含 X_1 作为线性闭子空间的 Hilbert 空间 X, 以及一个在 X 中具有亏指数 $(m + n, m + n)$ 的对称闭算子 H 使得

$$H_1 = P(X_1) H P(X_1), \text{ 其中 } P(X_1) \text{ 为 } X \text{ 到 } X_1 \text{ 上的投影}.$$

证明　考察一个与 X_1 有相同维数的 Hilbert 空间 X_2. 我们在 X_2 上构造一个具有亏指数 (n, m) 的对称闭算子 H_2. 例如, 假定 X_2 与 X_1 相等, 我们可以取 $H_2 = -H_1$. 此时我们会有

$$\{x \in X_2; H_2^* x = ix\} = \{x \in X_1; H_1^* x = -ix\},$$
$$\{x \in X_2; H_2^* x = -ix\} = \{x \in X_1; H_1^* x = ix\},$$

故 H_2 的亏指数必为 (n, m). 然后, 我们考察由

$$H\{x, y\} = \{H_1 x, H_2 y\}, \quad \text{其中 } \{x, y\} \in D(H_1) \times D(H_2) \subseteq X_1 \times X_2$$

定义的算子 H. 易知 H 是积 Hilbert 空间 $X = X_1 \times X_2$ 上对称闭算子. 条件

$$H^*\{x, y\} = i\{x, y\} \quad (\text{或条件 } H^*\{x, y\} = -i\{x, y\})$$

意味着 $H_1^* x = ix, H_2^* y = iy$ (或 $H_1^* x = -ix, H_2^* y = -iy$). 因而我们知 H 的亏指数是 $(m + n, m + n)$.

系　根据定理 1, 设 $\widehat{H}$ 是 H 的一个自伴扩张且 $\widehat{H} = \int \lambda d\widehat{E}(\lambda)$ 为 $\widehat{H}$ 的谱分解. 把 H_1 看成 X 上一个算子, 算子 H 乃至 $\widehat{H}$ 均是 H_1 的扩张, 故我们有结果:

若 $x \in D(H_1) \subseteq X_1 = P(X_1)X$, 则 $x = P(X_1)x \in D(\widehat{H})$ 且

$$H_1 x = P(X_1)\widehat{H}x = P(X_1)\widehat{H}P(X_1)x = \int_{-\infty}^{\infty} \lambda dF(\lambda)x, \tag{3}$$

其中 $F(\lambda) = P(X_1)\widehat{E}(\lambda)P(X_1)$.

算子系 $\{F(\lambda); -\infty < \lambda < \infty\}$ 必然满足条件:

$$\begin{aligned}
&F(\lambda) \text{ 是 } X_1 \text{ 上自伴算子}, \\
&\lambda_1 < \lambda_2 \text{导致 } (F(\lambda_1)x, x) \leqslant (F(\lambda_2)x, x) \text{ 对每个 } x \in X_1, \\
&F(\lambda + 0) = F(\lambda), \\
&F(-\infty)x = \text{s-}\lim_{\lambda \downarrow -\infty} F(\lambda)x = 0, \\
&F(\infty)x = \text{s-}\lim_{\lambda \uparrow \infty} F(\lambda)x = x \quad \text{对一切 } x \in X.
\end{aligned} \tag{4}$$

注 1　对于对称闭算子 H_1, 我们有

$$H_1 x = \int_{-\infty}^{\infty} \lambda dF(\lambda)x \quad \text{对一切 } x \in D(H_1),$$

其中 $\{F(\lambda); -\infty < \lambda < \infty\}$ 满足 (4). 在这种意义下, H_1 具有广义谱分解.

例 4　设 $X_1 = L^2(-\infty, 0)$, 又 D_1 为满足 $x(0) = 0$ 且 $x'(t) \in L^2(-\infty, 0)$ 的绝对连续函数 $x(t) \in L^2(-\infty, 0)$ 的全体. 在 $D_1 = D(H_1)$ 上按 $H_1 x(t) = i^{-1} x'(t)$ 定义的算子 H_1 是具有亏指数 $(0, 1)$ 的极大对称算子, 我们可如上面例 1 中那样知道这一事实. 设 $X_2 = L^2(0, \infty)$, 又 D_2 为满足 $x(0) = 0$ 且 $x'(t) \in L^2(0, \infty)$ 的绝对连续函数 $x(t) \in L^2(0, \infty)$ 的全体, 则在 $D_2 = D(H_2)$ 上由 $H_2 x(t) = i^{-1} x'(t)$ 定义的算子 H_2 是具有亏指数 $(1, 0)$ 的极大对称算子. 此时, $X = X_1 \times X_2 = L^2(-\infty, \infty)$, 且定理 2 中的算子 H 可具体地由 $Hx(t) = i^{-1} x'(t)$ 给出, 其中 $x(t) \in L^2(-\infty, \infty)$ 且 $x(0) = 0, x'(t) \in L^2(-\infty, \infty)$.

注 2　由于 $\widehat{H} = \int \lambda d\widehat{E}(\lambda)$ 是 H_1 的一个扩张, 所以对 $x \in D(H_1)$ 我们有

$$\begin{aligned}
\|H_1 x\|^2 = \|\widehat{H}x\|^2 &= \int_{-\infty}^{\infty} \lambda^2 d\|\widehat{E}(\lambda)x\|^2 = \int_{-\infty}^{\infty} \lambda^2 d(\widehat{E}(\lambda)x, x) \\
&= \int_{-\infty}^{\infty} \lambda^2 d(\widehat{E}(\lambda)P(X_1)x, P(X_1)x) = \int_{-\infty}^{\infty} \lambda^2 d(F(\lambda)x, x).
\end{aligned}$$

然而条件 $\int_{-\infty}^{\infty} \lambda^2 d(F(\lambda)x, x) < \infty$ 并不必导致 $x \in D(H_1)$. 关于这一点我们有

定理 3 对于极大对称算子 H_1 在 X_1 上的相应广义谱分解 $\int \lambda dF(\lambda)$, 我们有

$$x \in D(H_1) \text{ 等价于条件 } \int\limits_{-\infty}^{\infty} \lambda^2 d(F(\lambda)x, x) < \infty. \tag{5}$$

证明 注 2 中的论证表明 $\int\limits_{-\infty}^{\infty} \lambda^2 d(F(\lambda)x, x) < \infty$ 导致 $\int\limits_{-\infty}^{\infty} \lambda^2 d\|\widehat{E}(\lambda)x\|^2 < \infty$, 亦即 $x \in D(\widehat{H})$. 考察 X_1 上的算子

$$H' = P(X_1)\widehat{H}P(X_1),$$

它是 H_1 的一个对称扩张且 $D(H') = D(\widehat{H}) \cap X_1$. 根据 H_1 的极大性, 我们必有 $H_1 = H'$. 因此 $D(H_1) = D(H') = D(\widehat{H}) \cap X_1$, 故根据 $H' = P(X_1)\widehat{H}P(X_1)$, 当 $x \in X_1$ 时条件 $\int\limits_{-\infty}^{\infty} \lambda^2 d\|\widehat{E}(\lambda)x\|^2 < \infty$ 导致 $\int\limits_{-\infty}^{\infty} \lambda^2 d(F(\lambda)x, x) < \infty$; 反之, 条件 $x \in D(H_1)$ 导致 $\int\limits_{-\infty}^{\infty} \lambda^2 d(F(\lambda)x, x) = \int\limits_{-\infty}^{\infty} \lambda^2 d\|\widehat{E}(\lambda)x\|^2 < \infty$.

注 3 由于根据定理 1, 任何对称闭算子能扩张成一极大对称算子 H_1, 所以我们能使用定理 3 以便 (5) 成立. 关于广义谱分解的详情请参看 N. I. Achieser-I. M. Glasman [1] 或 B. von Sz. Nagy [3]. Hilbert 空间中自伴算子的谱表示通过适当的修改能推广到 Banach 空间上某类线性算子上. 这个结果是属于 N. Dunford 的, 它可看作无限维空间上 "初等因子理论". 可参看 N. Dunford-J. Schwartz [6].

§16. 群环 L^1 及 Wiener 的 Tauber 定理

Gelfand 表示在泛函分析中具有另外一个重要应用, 即 Wiener 的 Tauber 定理的按算子论形式的处理.

线性空间 $L^1(-\infty, \infty)$ 关于函数和及如下定义的积 $\times$:

$$(f \times g)(t) = (f * g)(t) = \int\limits_{-\infty}^{\infty} f(t-s)g(s)ds \tag{1}$$

成一环. 因为根据 Fubini-Tonelli 定理

$$\int\limits_{-\infty}^{\infty} \left| \int\limits_{-\infty}^{\infty} f(t-s)g(s)ds \right| dt \leqslant \int\limits_{-\infty}^{\infty} |f(t-s)|dt \int\limits_{-\infty}^{\infty} |g(s)|ds$$

$$= \int\limits_{-\infty}^{\infty} |f(t)|dt \int\limits_{-\infty}^{\infty} |g(t)|dt.$$

因此我们证明了

$$\|f \times g\| \leqslant \|f\| \cdot \|g\|, \quad \text{其中 } \|\cdot\| \text{ 为 } L^1(-\infty, \infty) \text{ 中的范数.} \tag{2}$$

所以我们已证明

命题 1　我们形式地引入一个乘法幺元 e 使得形如

$$\widetilde{z} = \lambda e + x, \quad x \in L^1(-\infty, \infty) \tag{3}$$

的所有元 $\widetilde{z}$ 组成一个环 L^1. 事实上按下列法则 L^1 是一个赋范环:

$$
\begin{aligned}
(\lambda_1 e + x_1) + (\lambda_2 e + x_2) &= (\lambda_1 + \lambda_2)e + (x_1 + x_2), \\
\alpha(\lambda e + x) &= \alpha\lambda e + \alpha x, \\
(\lambda_1 e + x_1) \times (\lambda_2 e + x_2) &= \lambda_1\lambda_2 e + \lambda_1 x_2 + \lambda_2 x_1 + x_1 \times x_2, \\
\|\lambda e + x\| &= |\lambda| + \|x\|.
\end{aligned}
\tag{4}
$$

这个赋范环 L^1 称为实数加法群 R^1 的群环. 我们将找出这个环 L^1 的所有极大理想. 一个极大理想就是 $I_0 = L^1(-\infty, \infty)$, L^1 就是由它加上幺元 e 而得到的. 我们来找出所有极大理想 $I \neq I_0$.

对于赋范环 L^1 的任何极大理想 I, 我们将以 $(\widetilde{z}, I)$ 表示在环同态映射 $L^1 \to L^1/I$ 下对应于元 $\widetilde{z}$ 的复数. 因此对 $\widetilde{z} = \lambda e + x, x \in I_0$ 有 $(\widetilde{z}, I_0) = \lambda$.

设 I 为 L^1 的不同于 I_0 的一极大理想. 于是有个函数 $x \in L^1(-\infty, \infty) = I_0$ 使得 $(x, I) \neq 0$. 我们令

$$x_\alpha(t) = x(t + \alpha), \quad \chi(\alpha) = (x_\alpha, I)/(x, I), \tag{5}$$

则 $\chi(0) = 1$. 根据 $|(x_\alpha, I)| \leqslant \|x_\alpha\| = \|x\|$, 我们知 $|\chi(\alpha)| \leqslant \|x\|/|(x, I)|$. 因此函数 $\chi(\alpha)$ 对 α 是有界的. 此外, 因为根据第十章 §1 之 (2), 我们有

$$\lim_{\delta \to 0} \int_{-\infty}^{\infty} |x(\alpha + \delta + t) - x(\alpha + t)|dt = 0,$$

$$|\chi(\alpha + \delta) - \chi(\alpha)| \leqslant \|x_{\alpha+\delta} - x_\alpha\|/|(x, I)|,$$

因此函数 $\chi(\alpha)$ 对 α 是连续的. 另一方面, 根据

$$(x_{\alpha+\beta} \times x)(t) = (x_\alpha \times x_\beta)(t),$$

我们有 $(x_{\alpha+\beta}, I) = (x_\alpha, I)(x_\beta, I)$, 故

$$\chi(\alpha + \beta) = \chi(\alpha)\chi(\beta). \tag{6}$$

由此我们能够证明有唯一确定的实数 $\xi = \xi(I)$ 使得

$$\chi(\alpha) = \exp(i\xi(I)\alpha). \tag{7}$$

事实上, 根据 $\chi(n\alpha) = \chi(\alpha)^n$ 及函数 χ 的有界性, 我们得 $|\chi(\alpha)| \leqslant 1$. 因而根据 $\chi(\alpha)\chi(-\alpha) = \chi(0) = 1$ 我们必有 $|\chi(\alpha)| = 1$. 因此作为 (6) 的连续解且其绝

对值为 1 的这个函数 $\chi(\alpha)$ 必由 (7) 这种形式给出. 至于数值 $\xi(I)$ 仅由 I 确定而与 $x \in L^1(-\infty, \infty)$ 的选取无关这一点可从 $\chi(\alpha)(y, I) = (y_\alpha, I)$ 而知, 末式由 $x_\alpha \times y = x \times y_\alpha$ 导出.

称 (6) 的绝对值恒为 1 的连续解都为实数加法群 R^1 的连续酉特征标. 因此我们已构造了群 R^1 关于已知极大理想 $I \neq I_0$ 的 (连续酉) 特征标 $\chi(\alpha)$.

下面我们说明如何重新构造关于这个特征标的理想, 或者等价地, 如何由 χ 重新构造数值 $(\widetilde{z}, I)$. 对任何 $y \in L^1(-\infty, \infty)$, 我们有

$$(x \times y)(t) = \int_{-\infty}^{\infty} x(t-s)y(s)ds = \int_{-\infty}^{\infty} x_{-s}(t)y(s)ds.$$

因而根据 (5) 及环同态 $L^1 \to L^1/I$ 的连续性, 我们得

$$(x \times y, I) = (x, I)(y, I) = (x, I) \int_{-\infty}^{\infty} \chi(-s)y(s)ds.$$

因此, 由 $(x, I) \neq 0$ 我们得

$$(y, I) = \int_{-\infty}^{\infty} y(s) \exp(-i\xi(I)s)ds. \tag{8}$$

所以对任何 $\widetilde{z} = \lambda e + x$, 其中 $x \in L^1(-\infty, \infty)$, 有

$$(\widetilde{z}, I) = (\lambda e, I) + (x, I) = \lambda + \int_{-\infty}^{\infty} x(s) \exp(-i\xi(I)s)ds. \tag{9}$$

反之, 群 R^1 的任何 (连续、酉) 特征标 $\chi(\alpha) = \exp(i\xi\alpha)$ 定义了 L^1 到复数环上的一个同态:

$$\widetilde{z} \to \lambda + \int_{-\infty}^{\infty} x(s) \exp(-i\xi s)ds \quad (\widetilde{z} = \lambda e + x, x \in L^1(-\infty, \infty)). \tag{10}$$

此因由 Fubini-Tonelli 定理, 我们有

$$\int_{-\infty}^{\infty} (x_1 \times x_2)(t) \exp(-i\xi t)dt$$
$$= \int_{-\infty}^{\infty} x_1(t) \exp(-i\xi t)dt \int_{-\infty}^{\infty} x_2(t) \exp(-i\xi t)dt.$$

我们因此已证明了

定理 1 (Gelfand [4] 和 Raikov [1])　在群 R^1 的群环 L^1 的所有极大理想 $I \neq L^1(-\infty, \infty)$ 的集合与这个群 R^1 的所有连续、酉特征标 $\chi(\alpha)$ 的集合之间, 有个一一对应. 这个对应由公式 (9) 确定.

我们来证明赋范环 L^1 是半单的, 或者等价地, 下面的定理为真.

定理 2　赋范环 L^1 无非零的广义幂零元.

证明　设 $x \in L^1(-\infty, \infty), y \in L^2(-\infty, \infty)$. 于是由 Schwarz 不等式有

$$\left| \int_{-\infty}^{\infty} x(t-s)y(s)ds \right| \leqslant \left(\int_{-\infty}^{\infty} |x(t-s)|ds \int_{-\infty}^{\infty} |x(t-s)||y(s)|^2 ds \right)^{1/2},$$

故根据 Fubini-Tonelli 定理知左端属于 $L^2(-\infty, \infty)$ 且

$$\|x \times y\|_2 \leqslant \|x\|\|y\|_2, \quad \text{其中 } \|\cdot\|_2 \text{ 为 } L^2(-\infty, \infty) \text{ 中的范数.} \tag{11}$$

因而我们能由

$$(T_x y)(t) = \int_{-\infty}^{\infty} x(t-s)y(s)ds \quad \text{只要 } x \in L^1(-\infty, \infty), \tag{12}$$

定义一个映 $L^2(-\infty, \infty)$ 入 $L^2(-\infty, \infty)$ 的有界线性算子 T_x, 此外我们还有

$$\|T_x\|_2 \leqslant \|x\|, \tag{13}$$

$$T_x^* = T_{x^*}, \quad \text{其中 } x^*(t) = \overline{x(-t)}. \tag{14}$$

因此再次应用 Fubini-Tonelli 定理, 我们得

$$T_x T_x^* = T_{x \times x^*} = T_{x^* \times x} = T_x^* T_x, \quad \text{亦即 } T_x \text{ 是正规算子.} \tag{15}$$

因而, 由第十一章 §3, 我们有 $\|T_x\|_2 = \lim_{n \to \infty} (\|T_x^n\|_2)^{1/n}$. 因此

$$\|\underbrace{x \times x \times x \times \cdots \times x}_{n \text{ 重}}\| \geqslant \|T_x^n\|_2.$$

若 x 为广义幂零元, 则 $\|T_x\|_2 = 0$. 由此事实, 易证 x 是 $L^1(-\infty, \infty)$ 的零向量.

今设 $\tilde{z} = \lambda e + x \ (x \in L^1(-\infty, \infty))$ 为赋范环 L^1 的一广义幂零元. 于是对 L^1 的任何极大理想 I, 我们必有 $(\tilde{z}, I) = \lambda + (x, I) = 0$. 因而 Fourier 变换

$$(2\pi)^{-1/2} \int_{-\infty}^{\infty} x(t) \exp(-i\xi t)dt$$

必恒等于 $-(2\pi)^{1/2}\lambda$. 因为我们有 (Riemann-Lebesgue 定理)

$$\left| \int_{-\infty}^{\infty} x(t) \exp(-i\xi t)dt \right| = \left| 2^{-1} \int_{-\infty}^{\infty} \left[x(t) - x\left(t + \frac{\pi}{\xi}\right) \right] \exp(-i\xi t)dt \right|$$

$$\leqslant 2^{-1} \int_{-\infty}^{\infty} \left| x(t) - x\left(t + \frac{\pi}{\xi}\right) \right| dt \to 0 \quad \text{当 } \xi \to \infty,$$

所以我们证明了 λ 必为 0. 因此一个广义幂零元 $\tilde{z} \in L^1$ 必有 $\tilde{z} = x$ 的形式, 其中 $x \in L^1(-\infty, \infty)$, 故根据我们在上面已证明的结果, 必有 $\tilde{z} = x = 0$.

现在我们能够叙述并证明 N. Wiener [2] 的 Tauber 定理.

定理 3 设 $x(t) \in L^1(-\infty, \infty)$ 是这样一个函数, 它的 Fourier 变换

$$(2\pi)^{-1/2} \int_{-\infty}^{\infty} x(t) \exp(-i\xi t) dt$$

对任何实数 ξ 均不为零. 对任何 $y(t) \in L^1(-\infty, \infty)$ 及 $\varepsilon > 0$, 我们能找到一些实数 β_j, 一些复数 α_j, 以及一个正整数 N 使得

$$\int_{-\infty}^{\infty} \left| y(t) - \sum_{j=1}^{N} \alpha_j x(t - \beta_j) \right| dt < \varepsilon. \tag{16}$$

证明 只需找到一个 $\tilde{z} \in L^1$ 使得

$$\| y - x \times \tilde{z} \| \leqslant \varepsilon/2. \tag{17}$$

命 $y^{(\alpha)}(t) = \dfrac{1}{\pi} \displaystyle\int_{-\infty}^{\infty} y(t-s) \dfrac{1 - \cos \alpha s}{\alpha s^2} ds$, 我们首先证明

$$\lim_{\alpha \to \infty} \int_{-\infty}^{\infty} |y(t) - y^{(\alpha)}(t)| dt = 0. \tag{18}$$

因为 $\displaystyle\int_{-\infty}^{\infty} (1 - \cos \alpha s)(\alpha s^2)^{-1} ds = \pi \ (\alpha > 0)$, 上式左端

$$\leqslant (\pi)^{-1} \lim_{\alpha \to \infty} \int_{-\infty}^{\infty} \frac{1 - \cos s}{s^2} ds \left\{ \int_{-\infty}^{\infty} \left| y(t) - y\left(t - \frac{s}{\alpha}\right) \right| dt \right\} = 0.$$

我们下面有

$$(2\pi)^{-1/2} \int_{-\infty}^{\infty} \left(\frac{2}{\pi}\right)^{1/2} \frac{1 - \cos \alpha u}{\alpha u^2} e^{-iu\xi} du = \begin{cases} 1 - |\xi|/\alpha, & (|\xi| < \alpha), \\ 0, & (|\xi| \geqslant \alpha), \end{cases} \tag{19}$$

这是因为我们有

$$(2\pi)^{-1/2} \int_{-\alpha}^{\alpha} (1 - |\xi|/\alpha) e^{i\xi u} d\xi = \left(\frac{2}{\pi}\right)^{1/2} \int_0^{\alpha} \left(1 - \frac{\xi}{\alpha}\right) \cos u\xi \, d\xi$$

$$= \left(\frac{2}{\pi}\right)^{1/2} \frac{1}{u} \int_0^{\alpha} \left(1 - \frac{\xi}{\alpha}\right) d(\sin u\xi) = \left(\frac{2}{\pi}\right)^{1/2} \int_0^{\alpha} \frac{\sin u\xi}{u\alpha} d\xi = \left(\frac{2}{\pi}\right)^{1/2} \frac{1 - \cos u\alpha}{u^2 \alpha},$$

故我们只需应用第六章 §2 中的 Plancherel 定理①. 因而根据 Fourier 变换的 Parseval 等式②知

$$y^{(\alpha)}(t) \text{ 满足 } \int_{-\infty}^{\infty} y^{(\alpha)}(t) \exp(-i\xi t) dt = 0 \text{ 当 } |\xi| \geqslant \alpha. \tag{20}$$

---

①校者注: 这里用的应是 Fourier 反演定理.
②校者注: 此处应是对卷积求 Fourier 变换.

因此, 我们可以假定 (17) 中的 y 满足条件

$$\int_{-\infty}^{\infty} y(t)\exp(-i\xi t)dt = 0 \quad \text{只要 } |\xi| \geqslant \alpha. \tag{21}$$

取正数 β 和充分大的正数 γ 使得 $[-\beta-\gamma, -\beta+\gamma]$ 和 $[\beta-\gamma, \beta+\gamma]$ 均包含 $[-\alpha, \alpha]$. 设 $C_1(\xi)$ 和 $C_2(\xi)$ 分别为区间 $[-\gamma, \gamma]$ 和 $[-\beta, \beta]$ 的特征函数. 于是

$$u(\xi) = (2\beta)^{-1}\int_{-\infty}^{\infty} C_1(\xi-\eta)C_2(\eta)d\eta = \begin{cases} 1, & \text{当 } \xi \in [-\alpha, \alpha], \\ 0, & \text{当 } |\xi| \text{ 充分大}, \end{cases} \tag{22}$$

$$0 \leqslant u(\xi) \leqslant 1 \quad \text{对一切实数 } \xi.$$

根据 Fourier 变换的 Parseval 等式, 我们有 $\widehat{u}(t) = \dfrac{1}{2\beta}(2\pi)^{1/2}\widehat{C_1}(t)\widehat{C_2}(t)$. 因此由 Plancherel 定理, 我们知 $\widehat{u}(t)$ 属于 $L^1(-\infty, \infty) \cap L^2(-\infty, \infty)$. 因而我们可以使用定理 1, 有个极大理想 $I_t \neq I_0$ 使得

$$f(t) = \widehat{u}(t) = (2\pi)^{-1/2}(u, I_t). \tag{23}$$

此外, 由 Plancherel 定理, $f(t)$ 的逆 Fourier 变换等于 $u(\xi)$, 亦即我们有

$$u(\xi) = (2\pi)^{-1/2}(f, I_{-\xi}). \tag{24}$$

其次我们令 $\widetilde{g} = e - (2\pi)^{-1/2}f$. 于是根据上面证明的, 有

$$\begin{aligned} &0 \leqslant (\widetilde{g}, I_\xi) \leqslant 1; \\ &(\widetilde{g}, I_\xi) = 0 \quad \text{只要 } \xi \in [-\alpha, \alpha]; \\ &(\widetilde{g}, I_\xi) = 1 \quad \text{对充分大的 } |\xi|. \end{aligned} \tag{25}$$

另一方面, 因 $x^*(t) = \overline{x(-t)}$, 我们有关系 $\overline{(x, I_\xi)} = (x^*, I_\xi)$. 再由假设, 诸实数 ξ 满足 $(x^* \times x, I_\xi) = |(x, I_\xi)|^2 > 0$. 因而元 $\widetilde{g} + x^* \times x \in L^1$ 满足条件: 对 L^1 的所有极大理想 I 恒有 $(\widetilde{g} + x^* \times x, I) > 0$. 由此, 在 L^1 中逆 $(\widetilde{g} + x^* \times x)^{-1}$ 确实存在.

我们定义

$$\widetilde{z} = (\widetilde{g} + x \times x^*)^{-1} \times x^* \times y. \tag{26}$$

于是由 (4), 元 $x \times \widetilde{z}$ 属于 $L^1(-\infty, \infty)$. 此外对每个实数 ξ 我们有

$$(x \times \widetilde{z}, I_\xi) = (x, I_\xi)(\widetilde{z}, I_\xi) = (x, I_\xi)\frac{(x^*, I_\xi)(y, I_\xi)}{(\widetilde{g}, I_\xi) + (x, I_\xi)(x^*, I_\xi)}.$$

因而由 (25) 及当 $|\xi| \geqslant \alpha$ 时 $(y, I_\xi) = 0$ 的假设, 我们得

$$(x \times \widetilde{z}, I_\xi) = (y, I_\xi) \quad \text{对一切实数 } \xi.$$

由定理 2 赋范环 L^1 是半单的. 因而我们必有 $x \times \widetilde{z} = y$. 因此我们证明了定理 3.

系 设 $k_1(t)$ 属于 $L^1(-\infty, \infty)$, 且无实数使其 Fourier 变换为零. 设 $f(t)$ 为 Baire 可测且在 $(-\infty, \infty)$ 上是有界的且有数 C 使得

$$\lim_{t\to\infty} \int_{-\infty}^{\infty} k_1(t-s)f(s)ds = C \int_{-\infty}^{\infty} k_1(t)dt, \tag{27}$$

则 $L^1(-\infty, \infty)$ 中诸 $k_2(t)$ 满足

$$\lim_{t\to\infty} \int_{-\infty}^{\infty} k_2(t-s)f(s)ds = C \int_{-\infty}^{\infty} k_2(t)dt. \tag{28}$$

证明 显然我们可以假设 $C = 0$. 又 (28) 对形如 $k_2(t) = (x \times k_1)(t)$ 的 $k_2(t)$ 成立, 其中 $x(t) \in L^1(-\infty, \infty)$. 易知若在 $L^1(-\infty, \infty)$ 中有 $k_2(t) = \text{s-}\lim_{n\to\infty} k^{(n)}(t)$, 而对 $k^{(n)}(t) \in L^1(-\infty, \infty)$ 有 (28) 成立, 则 (28) 对 $k_2(t)$ 成立. 因而由定理 3, 我们知 (28) 对每个 $k_2(t) \in L^1(-\infty, \infty)$ 成立.

注 N. Wiener ([1], [2] 和 [3]) 用上面的系给出了级数和积分中的极限关系的经典结果以统一处理, 其中包括素数定理的一个新证明. 亦可参看 H. R. Pitt [1]. 定理 3 的如上证明取自 M. Fukamiya [1] 和 I. E. Segal [1]. 亦可参看 M. A. Naimark [1] 和 C. E. Rickart [1] 以及这些书中所引的参考书. 为了理解上面的系的范围, 我们将复述关于特殊 Tauber 定理的 Wiener 的推导. 这个特殊 Tauber 定理, 按照 J. E. Littlewood 所叙述的, 说的是:

定理 4 当 $|x| < 1$ 时, 设 $\sum_{n=0}^{\infty} a_n x^n$ 收敛于 $s(x)$, 设

$$\lim_{x\to 1-0} s(x) = C. \tag{29}$$

此外设

$$\sup_{n\geqslant 1} n|a_n| = K < \infty. \tag{30}$$

则

$$\sum_{n=0}^{\infty} a_n = C. \tag{31}$$

证明 置 $f(x) = \sum_{n=0}^{[x]} a_n$. 当 $0 \leqslant x < 1$ 时, $f(x) = a_0$; 当 $x \geqslant 1$ 时, 由

$$|f(x) - s(e^{-1/x})| = \left| \sum_{n=1}^{[x]} a_n(1 - e^{-n/x}) - \sum_{[x]+1}^{\infty} a_n e^{-n/x} \right|$$

$$\leqslant \sum_{n=1}^{[x]} \frac{K}{n}\frac{n}{x} + \sum_{[x]+1}^{\infty} \frac{K}{n} e^{-n/x} \leqslant K + K \int_{[x]}^{\infty} e^{-u/x} u^{-1} du$$

$$\leqslant K + K \int_{1}^{\infty} e^{-u} u^{-1} du = 常数,$$

知 $f(x)$ 是有界的①. 因而根据分部积分

$$s(e^{-x}) = \sum_{n=0}^{\infty} a_n e^{-nx} = \int_{0-}^{\infty} e^{-ux} df(u) = \int_{0}^{\infty} x e^{-ux} f(u) du.$$

因此我们有

$$C = \lim_{x \to 0} \int_{0}^{\infty} x e^{-ux} f(u) du = \lim_{\xi \to \infty} \int_{-\infty}^{\infty} e^{-\xi} e^{-e^{\eta-\xi}} f(e^{\eta}) e^{\eta} d\eta. \tag{31'}$$

令 $k_1(t) = e^{-t} e^{-e^{-t}}$, 上式可写成

$$\lim_{t \to \infty} \int_{-\infty}^{\infty} k_1(t-s) f(e^s) ds = C \int_{-\infty}^{\infty} k_1(t) dt, \tag{32}$$

这是因为

$$\int_{-\infty}^{\infty} k_1(t) dt = \int_{-\infty}^{\infty} e^{-t} e^{-e^{-t}} dt = \int_{0}^{\infty} e^{-x} dx = 1.$$

此外我们还有

$$\int_{-\infty}^{\infty} k_1(t) e^{-iut} dt = \int_{0}^{\infty} x^{iu} e^{-x} dx = \Gamma(1+iu) \neq 0,$$

因此我们能够对函数 $k_2(t) = 0 \ (t < 0)$; $k_2(t) = e^{-t} \ (t \geqslant 0)$ 使用系得到

$$C = C \int_{0}^{\infty} e^{-t} dt = C \int_{-\infty}^{\infty} k_2(t) dt$$

$$= \lim_{t \to \infty} \int_{-\infty}^{\infty} k_2(t-s) f(e^s) ds = \lim_{x \to \infty} x^{-1} \int_{0}^{x} f(y) dy.$$

若 $\lambda > 0$ 即得

$$C = \frac{(1+\lambda)C - C}{\lambda} = \lim_{x \to \infty} \frac{1}{\lambda x} \left\{ \int_{0}^{(1+\lambda)x} f(y) dy - \int_{0}^{x} f(y) dy \right\}$$

$$= \lim_{x \to \infty} \frac{1}{\lambda x} \int_{x}^{(1+\lambda)x} f(y) dy = \lim_{x \to \infty} \left\{ f(x) + \frac{1}{\lambda x} \int_{x}^{(1+\lambda)x} [f(y) - f(x)] dy \right\}. \tag{33}$$

另一方面, 由 (30) 对充分大的 x 我们有

$$\left| \frac{1}{\lambda x} \int_{x}^{(1+\lambda)x} [f(y) - f(x)] dy \right| \leqslant \frac{1}{\lambda x} \int_{x}^{(1+\lambda)x} \sum_{[x]+1}^{[y]} \frac{K}{n} dy$$

$$\leqslant \sum_{[x]+1}^{[(1+\lambda)x]} \frac{K}{[x]} \leqslant \frac{[\lambda x] K}{[x]} \leqslant 2\lambda K.$$

---

①校者注: 原著者没有区分 $x < 1$ 和 $x \geqslant 1$.

因而由 (33)

$$\overline{\lim_{x \to \infty}} |f(x) - C| \leqslant 2\lambda K.$$

既然 λ 是任意正数, 我们得

$$\lim_{x \to \infty} f(x) = C.$$

因此我们证明了 (31).

第十二章   线性空间中其他表示定理

在本章中, 我们要证明线性空间中三个表示定理. 第一个 Krein-Milman 定理是说局部凸空间中的一个非空凸紧子集 K 等于 K 的诸端点的凸包的闭包. 其余两个是关于表向量格为点函数和集合函数的定理.

§1.   端点. Krein-Milman 定理

定义   设 K 是实或复线性空间 X 的一个子集, 其非空子集 M 为其一个端子集指的是 K 中两点 k_1 和 k_2 的某真凸组合 $\alpha k_1 + (1-\alpha)k_2$ $(0 < \alpha < 1)$ 属于 M 必导致 k_1 和 k_2 属于 M. 称一个点为 K 的端点指的是它自身组成 K 的一个端子集.

例   三维 Euclid 空间中闭球的表面是该闭球的一个端子集, 而表面上的点都是该闭球的端点.

定理 (Krein-Milman)   局部凸空间 X 中任何非空凸紧集 K 至少有一个端点.

证明   集合 K 就是自身的一个端子集. 设 $\mathfrak{M}$ 是 K 的紧端子集 M 的全体. 用包含关系作为 $\mathfrak{M}$ 的序关系. 容易看出: 如果 $\mathfrak{M}_1$ 是 $\mathfrak{M}$ 的一个线性有序子族, 那么非空集 $\cap M$ $(M \in \mathfrak{M}_1)$ 是 K 的一个紧端子集, 且是 $\mathfrak{M}_1$ 的一个下界.

因此, 根据 Zorn 引理, $\mathfrak{M}$ 包含一个极小元 M_0. 假定 M_0 含有两个不同的点 x_0 与 y_0, 则 X 上有个连续线性泛函 f 使得 $f(x_0) \neq f(y_0)$, 我们可设 $\operatorname{Re} f(x_0) \neq \operatorname{Re} f(y_0)$. 由 M_0 的紧性和 f 的连续性, 可作 M_0 中闭的非空真子集

$M_1 = \{x \in M_0; \operatorname{Re} f(x) = \inf_{y \in M_0} \operatorname{Re} f(y)\}$. 另一方面, 如果 k_1 及 k_2 是 K 中两点使得某个 α 满足 $0 < \alpha < 1$ 时, $\alpha k_1 + (1-\alpha)k_2$ 属于 M_1, 由 M_0 的端子集性质, 有 k_1 与 k_2 均属于 M_0. 由 M_1 的定义得 k_1 和 k_2 均属于 M_1. 因此 M_1 是真含于 M_0 的一个端子集. 又因 M_0 是 $\mathfrak{M}$ 的一个极小元, 我们便得出矛盾. 因此, M_0 仅由一点组成, 此点便是 K 的一个端点.

系　设 K 是局部凸实线性拓扑空间 X 中一个非空凸紧集. 若 E 是 K 的端点全体, 则 K 与包含每个凸线性组合 $\sum_i \alpha_i e_i$ (其中 $e_i \in E, \alpha_i \geq 0, \sum_i \alpha_i = 1$) 的最小闭集一致, 亦即 K 等于 E 的**凸包** $\operatorname{Conv}(E)$ 的闭包.

证明　包含关系 $E \subseteq K$ 以及 K 的凸闭性导致 $\operatorname{Conv}(E)^a$ 含于 K 内. 假若某点 k_0 含于 $(K - \operatorname{Conv}(E)^a)$ 内. 那么我们可以取一点 $c \in \operatorname{Conv}(E)^a$ 使得 $(k_0 - c) \overline{\in} (\operatorname{Conv}(E)^a - c)$. 集合 $(\operatorname{Conv}(E)^a - c)$ 是凸紧集且含有 0, 于是由第四章 §6 定理 3′ 得 X 上一个连续实线性泛函 f 使得

$$f(k_0 - c) > 1 \text{ 且当 } (k - c) \in (\operatorname{Conv}(E)^a - c) \text{ 时}, f(k - c) \leqslant 1.$$

令 $K_1 = \{x \in K; f(x) = \sup_{y \in K} f(y)\}$. 因 $k_0 \in K$, 集合 $K_1 \cap E$ 必是空集. 此外, 因为 K 是紧的, 故 K_1 是 K 的一个闭的端子集. 另一方面, K_1 的任何端子集也是 K 的端子集, 于是 K_1 的任何端点——由以上定理这样的点一定存在——也是 K 的一个端点. 因为 $K_1 \cap E$ 是空的, 所以我们得到一个矛盾.

注　以上定理和系最先由 M. Krein-D. Milman [1] 证明. 上面给出的证明取自 J. L. Kelley [2]. 应当指出: Hilbert 空间 X 的单位球 $S = \{x \in X; \|x\| \leqslant 1\}$ 的端点恰好是 S 表面上的点, 即范数为 1 的那些点. 这点从第一章 §5 中 (1) 式容易看出. 至于端点概念对具体空间的应用, 可以参看 K. Hoffman [1].

简单一例　设 $C[0,1]$ 是 $[0,1]$ 上实值连续函数 $x(t)$ 依范数 $\|x\| = \max_{t \in [0,1]} |x(t)|$ 所成的空间. 对偶空间 $X = C[0,1]'$ 是 $[0,1]$ 上有界全变差实 Baire 测度[1]所成的空间. X 的单位球 K 在 X 的弱 * 拓扑 (参看第五章附录的定理 1) 下是紧的. 容易看出 K 的端点与形如 $\langle x, f_{t_0} \rangle = x(t_0), t_0 \in [0,1]$ 的线性泛函 $f_{t_0} \in X$ 是一一对应的. 以上的系说明, 任何线性泛函 $f \in X$[2] 是由形如

$$\sum_{j=1}^n \alpha_j x(t_j), \quad \text{其中 } \alpha_j > 0, \sum_{j=1}^n \alpha_j = 1 \text{ 而 } t_j \in [0,1]$$

的泛函网的弱 * 极限给出.

---

①校者注: 紧空间上所有 Baire 测度都是有界变差的.
②校者注: 就是 $f \in K$.

最近, G. Choquet [1] 证明了更精确的结果: 如果 X 是个度量空间, 则 E 是个 G_δ-集且对每个 $x \in K$, 有个对 X 的诸 Baire 集 B 有定义的非负 Baire 测度 $\mu_x(B)$ 使得 $\mu_x(X - E) = 0, \mu_x(E) = 1$ 且 $x = \int_E y \mu_x(dy)$. 至于 μ_x 的唯一性和更多文献, 可参看 G. Choquet 和 P. A. Meyer [2].

§2. 向 量 格

具体函数空间中 "正性" 概念对于理论和应用都是很重要的. 线性空间中 "正性" 概念的一个系统抽象的叙述是由 F. Riesz [6] 引进的, 而后由 H. Freudenthal [2], G. Birkhoff [1] 和许多其他作者所进一步发展. 这些结果称作向量格理论, 我们从向量格的定义开始.

定义 1 一个实向量空间 X 叫作一个向量格是指 X 按照一个偏序 $x \leqslant y$ 成为一个格, 且此偏序满足条件:

$$\text{由 } x \leqslant y \quad \text{可导致} \quad x + z \leqslant y + z, \tag{1}$$

$$\text{由 } x \leqslant y \quad \text{可导致} \quad \begin{cases} \alpha x \leqslant \alpha y : \alpha \geqslant 0, \\ \alpha x \geqslant \alpha y : \alpha \leqslant 0. \end{cases} \tag{2}$$

命题 1 如果在一个向量格 X 内, 我们定义

$$x^+ = x \vee 0 \quad \text{及} \quad x^- = x \wedge 0, \tag{3}$$

则我们有

$$x \vee y = (x - y)^+ + y, \quad x \wedge y = -((-x) \vee (-y)). \tag{4}$$

证明 从 X 到自身的一一映射 $x \to x + z$ 和 $x \to \alpha x \ (\alpha > 0)$ 都保持了 X 中偏序.

例 某些集 $B \subseteq S$ 所成的 σ-可加族 $(S, \mathfrak{B})$ 上有定义且有限的实值 σ-可加集函数 $x(B)$ 全体 $A(S, \mathfrak{B})$ 依照运算

$$(x + y)(B) = x(B) + y(B), \quad (\alpha x)(B) = \alpha x(B)$$

以及在 $\mathfrak{B}$ 上由 $x(B) \leqslant y(B)$ 所定义的偏序 $x \leqslant y$ 成为一个向量格. 事实上, 在这种情况下, 我们有

$$x^+(B) = \sup_{N \subseteq B} x(N) = x \text{ 在 } B \text{ 上的正变差 } \overline{V}(x; B). \tag{5}$$

证明　我们必须证明 $\bar{V}(x;B) = (x \vee 0)(B)$. 显然在 $\mathfrak{B}$ 上 $\bar{V}(x;B) \geqslant 0$ 且 $x(B) \leqslant \bar{V}(x;B)$. 如果在 $\mathfrak{B}$ 上有 $0 \leqslant y(B)$ 且 $x(B) \leqslant y(B)$, 那么对任何 $N \subseteq B$, 有 $y(B) = y(N) + y(B-N) \geqslant x(N)$, 所以在 $\mathfrak{B}$ 上有 $y(B) \geqslant \bar{V}(x;B)$.

命题 2　在向量格 X 内, 我们有

$$x \overset{\vee}{\underset{\wedge}{}} y + z = (x+z) \overset{\vee}{\underset{\wedge}{}} (y+z), \tag{6}$$

$$\alpha(x \overset{\vee}{\underset{\wedge}{}} y) = (\alpha x) \overset{\vee}{\underset{\wedge}{}} (\alpha y) : \alpha > 0, \tag{7}$$

$$\alpha(x \overset{\vee}{\underset{\wedge}{}} y) = (\alpha x) \overset{\wedge}{\underset{\vee}{}} (\alpha y) : \alpha < 0, \tag{8}$$

$$\left.\begin{array}{l} x \wedge y = -(-x) \vee (-y), \\ x^- = -(-x)^+, x^+ = -(-x)^-. \end{array}\right\} \tag{9}$$

证明　由 (1) 与 (2) 知以上结果显然成立.

系

$$x + y = x \vee y + x \wedge y, \quad 特别地, \quad x = x^+ + x^-. \tag{10}$$

证明

$$x \vee y - x - y = 0 \vee (y-x) - y$$
$$= (-y) \vee (-x) = -(y \wedge x).$$

命题 3　我们有

$$x \overset{\vee}{\underset{\wedge}{}} y = y \overset{\vee}{\underset{\wedge}{}} x \ (交换性), \tag{11}$$

$$\left.\begin{array}{l} x \vee (y \vee z) = (x \vee y) \vee z = \sup(x,y,z) \\ x \wedge (y \wedge z) = (x \wedge y) \wedge z = \inf(x,y,z) \end{array}\right\} (结合性), \begin{array}{l}(12)\\(13)\end{array}$$

$$\left.\begin{array}{l} (x \wedge y) \vee z = (x \vee z) \wedge (y \vee z) \\ (x \vee y) \wedge z = (x \wedge z) \vee (y \wedge z) \end{array}\right\} (分配性). \begin{array}{l}(14)\\(15)\end{array}$$

证明　我们仅需证明分配性. 显然, $(x \wedge y) \vee z \leqslant x \vee z, y \vee z$. 这得

$$(x \wedge y) \vee z \leqslant (x \vee z) \wedge (y \vee z).$$

为证反向等式, 要证明由 $w \leqslant x \vee z, y \vee z$ 导致 $w \leqslant (x \wedge y) \vee z$. 根据 (10),

$$w \leqslant x \vee z = x + z - x \wedge z,$$

从而有 $x + z \geqslant w + x \wedge z$; 类似地有 $y + z \geqslant w + y \wedge z$. 于是

$$w + (x \wedge z) \wedge (y \wedge z)$$
$$= (w + x \wedge z) \wedge (w + y \wedge z)$$
$$\leqslant (x+z) \wedge (y+z) = x \wedge y + z,$$

因此

$$w \leqslant (x \wedge y) + z - (x \wedge y) \wedge z.$$

根据 (10), 上式右端正是 $(x \wedge y) \vee z$. 于是我们得到 (14) 式.

在 (14) 式中分别以 $-x, -y, -z$ 代替 x, y, z 便得 (15) 式.

注 1 在一个格内, 一般不成立分配恒等式

$$x \wedge (y \vee z) = (x \wedge y) \vee (x \wedge z). \tag{16}$$

比分配恒等式 (15) 弱的有模恒等式

$$\text{由 } x \leqslant z \text{ 可导致 } x \vee (y \wedge z) = (x \vee y) \wedge z. \tag{17}$$

如群 G 的所有正规子群 N 构成个模格——满足模恒等式 (17) 的格, 这需要定义 $N_1 \vee N_2$ 和 $N_1 \wedge N_2$ 分别是 N_1 与 N_2 生成的正规子群和正规子群 $N_1 \cap N_2$.

注 2 典型分配格有 Boole 代数; 一个分配格 B 叫作一个 Boole 代数是指它满足条件: (i) 有个元素 I 和 0 使得对每个 $x \in B$ 都有 $0 \leqslant x \leqslant I$, (ii) 对任何 $x \in B$, 有唯一确定的补元 $x' \in B$ 满足 $x \vee x' = I, x \wedge x' = 0$. 一个固定集合的全体子集所成的集是个 Boole 代数, 其中偏序由包含关系给出.

命题 4 在一个向量格 X 中, 我们定义绝对值

$$|x| = x \vee (-x). \tag{18}$$

那么

$$|x| \geqslant 0, \text{而} |x| = 0 \text{ 当且仅当 } x = 0, \tag{19}$$

$$|x + y| \leqslant |x| + |y|, \quad |\alpha x| \leqslant |\alpha||x|. \tag{20}$$

证明 我们先证

$$x^+ \wedge (-x^-) = x^+ \wedge (-x)^+ = 0. \tag{21}$$

根据 (10) 有

$$x - x = x \vee (-x) + x \wedge (-x).$$

因此 $0 \geqslant 2(x \wedge (-x))$. 由 (2) 得 $0 \geqslant x \wedge (-x)$. 由分配恒等式 (14), 有

$$0 = (x \wedge (-x)) \vee 0 = x^+ \wedge (-x)^+.$$

根据上式和 (10) 得

$$x^+ - x^- = x^+ + (-x)^+ = x^+ \vee (-x)^+.$$

另一方面, 由

$$x \vee (-x) \geqslant x \wedge (-x) \geqslant -((-x) \vee x)$$

得 $x \vee (-x) \geqslant 0$, 从而根据 (21) 式有

$$x \vee (-x) = (x \vee (-x)) \vee 0 = x^+ \vee (-x)^+ = x^+ + (-x)^+.$$

于是, 我们证明了

$$x^+ - x^- = x^+ + (-x)^+ = x^+ \vee (-x)^+ = x \vee (-x). \tag{22}$$

至于 (19), 可设 $x \neq 0$. 由 $x = x^+ + x^-$ 知 $x^+ \geqslant 0$ 或者 $-x^- \geqslant 0$, 所以 $|x| = x^+ \vee (-x^-) > 0$. 至于 (20), 由 $|x| + |y| \geqslant x + y, -x - y$, 可得到

$$|x| + |y| \geqslant (x + y) \vee (-x - y) = |x + y|,$$

最后,

$$|\alpha x| = (\alpha x) \vee (-\alpha x) = |\alpha|(x \vee (-x)) = |\alpha||x|.$$

注　分解式 $x = x^+ + x^-, x^+ \wedge (-x^-) = 0$ 叫作 x 的 Jordan 分解; x^+, x^- 和 $|x|$ 分别对应有界变差函数 $x(t)$ 的正变差、负变差和全变差.

命题 5　对任何 $y \in X$, 我们有

$$|x - x_1| = |x \vee y - x_1 \vee y| + |x \wedge y - x_1 \wedge y|. \tag{23}$$

证明　我们有

$$|a - b| = (a - b)^+ - (a - b)^-$$
$$= a \vee b - b - (a \wedge b - b) = a \vee b - a \wedge b.$$

于是由 (10), (14) 和 (15) 知 (23) 式的右端

$$= (x \vee y) \vee x_1 - (x \vee y) \wedge (x_1 \vee y)$$
$$+ (x \wedge y) \vee (x_1 \wedge y) - (x \wedge y) \wedge x_1$$
$$= (x \vee x_1) \vee y - (x \wedge x_1) \vee y$$
$$+ (x \vee x_1) \wedge y - (x \wedge x_1) \wedge y$$
$$= x \vee x_1 + y - (x \wedge x_1 + y)$$
$$= x \vee x_1 - x \wedge x_1 = |x - x_1|.$$

定义 2 在向量格 X 中, 一个序列 $\{x_n\}$ 称为序收敛于一个元素 $x \in X$ 且记为 O- $\lim\limits_{n\to\infty} x_n = x$ 是指有个序列 $\{w_n\}$ 使得 $|x - x_n| \leqslant w_n$ 且 $w_n \downarrow 0$, 这里 $w_n \downarrow 0$ 意指 $w_1 \geqslant w_2 \geqslant w_3 \geqslant \cdots$ 且 $\bigwedge\limits_{n\geqslant 1} w_n = 0$. 如果序极限 O- $\lim\limits_{n\to\infty} x_n$ 存在, 它必是唯一确定的. 因若 O- $\lim\limits_{n\to\infty} x_n = x$ 且 O- $\lim\limits_{n\to\infty} x_n = y$, 则 $|x - x_n| \leqslant w_n, w_n \downarrow 0$ 且 $|y - x_n| \leqslant u_n, u_n \downarrow 0$. 因此 $|x - y| \leqslant |x - x_n| + |x - y_n| \leqslant w_n + u_n$ 且由 $w_n + \bigwedge\limits_{n\geqslant 1} u_n \geqslant \bigwedge\limits_{n\geqslant 1}(w_n + u_n)$ 可知 $(w_n + u_n) \downarrow 0$. 这就证明了 $x = y$.

命题 6 运算 $x + y, x \vee y$ 以及 $x \wedge y$ 依 x 和 y 对于序极限概念都是连续的.

证明 若 O- $\lim\limits_{n\to\infty} x_n = x$, O- $\lim\limits_{n\to\infty} y_n = y$, 则由

$$|x + y - x_n - y_n| \leqslant |x - x_n| + |y - y_n|$$

便可导出 O- $\lim\limits_{n\to\infty}(x_n + y_n) = x + y$. 用 (23), 我们有

$$|x \overset{\vee}{\wedge} y - x_n \overset{\vee}{\wedge} y_n| \leqslant |x \overset{\vee}{\wedge} y - x_n \overset{\vee}{\wedge} y| + |x_n \overset{\vee}{\wedge} y - x_n \overset{\vee}{\wedge} y_n|$$
$$\leqslant |x - x_n| + |y - y_n|,$$

从而有 O-$\lim(x_n \overset{\vee}{\wedge} y_n) = ($O- $\lim\limits_{n\to\infty} x_n) \overset{\vee}{\wedge} ($O- $\lim\limits_{n\to\infty} y_n)$.

注 我们有

$$\text{O-} \lim\limits_{n\to\infty} \alpha x_n = \alpha \cdot \text{O-} \lim\limits_{n\to\infty} x_n.$$

但是, 多数情形下

$$\text{O-} \lim\limits_{n\to\infty} \alpha_n x \neq (\lim\limits_{n\to\infty} \alpha_n) x.$$

前一关系显然源自 $|\alpha x - \alpha x_n| = |\alpha||x - x_n|$. 后一不等关系有以下例证: 在二维向量空间中我们引入字典序, 即 $(\xi_1, \eta_1) \geqslant (\xi_2, \eta_2)$ 意指要么 $\xi_1 > \xi_2$ 要么 $\xi_1 = \xi_2, \eta_1 \geqslant \eta_2$. 容易看出, 这样我们便得到了一个向量格. 在这个格内, 我们有

$$n^{-1}(1,0) \geqslant (0,1) > 0 = (0,0) \quad (n = 1, 2, \cdots).$$

于是 O- $\lim\limits_{n\to\infty} n^{-1}(1,0) \neq 0$. 从 Jordan 分解 $y = y^+ + y^-$ 可以看出, 等式

$$\text{O-} \lim\limits_{\alpha_n \to \alpha} \alpha_n x = \alpha x \tag{24}$$

成立的必要且充分条件是所谓的 Archimedes 公理

$$\text{对每个 } x \geqslant 0, \text{O-} \lim\limits_{n\to\infty} n^{-1} x = 0. \tag{25}$$

定义 3　向量格 X 的一个子集 $\{x_\alpha\}$ 称为有界的是指有 y 和 z 使得所有 x_α 满足 $y \leqslant x_\alpha \leqslant z$. 称 X 为完备的是指其任何有界集 $\{x_\alpha\}$ 在 X 中都有 $\sup_\alpha x_\alpha$ 和 $\inf_\alpha x_\alpha$. 这里 $\sup_\alpha x_\alpha$ 是在 X 中偏序意义下的最小上界, 而 $\inf_\alpha x_\alpha$ 是在 X 中偏序意义下的最大下界. 称向量格 X 为 σ-完备的是指 X 中任何有界序列 $\{x_n\}$ 都在 X 中有 $\sup\limits_{n \geqslant 1} x_n$ 和 $\inf\limits_{n \geqslant 1} x_n$. 在 σ-完备向量格 X 内, 我们定义

$$\text{O-} \varlimsup_{n \to \infty} x_n = \inf_m (\sup_{n \geqslant m} x_n) \quad \text{和} \quad \text{O-} \varliminf_{n \to \infty} x_n = \sup_m (\inf_{n \geqslant m} x_n). \tag{26}$$

命题 7　$\text{O-} \lim\limits_{n \to \infty} x_n = x$ 当且仅当 $\text{O-} \varlimsup\limits_{n \to \infty} x_n = \text{O-} \varliminf\limits_{n \to \infty} x_n = x$.

证明　假设 $|x - x_n| \leqslant w_n$ 且 $w_n \downarrow 0$. 那么 $x - w_n \leqslant x_n \leqslant x + w_n$, 我们得到

$$x = \text{O-} \varlimsup_{n \to \infty} (x - w_n) \leqslant \text{O-} \varlimsup_{n \to \infty} x_n \leqslant \text{O-} \varlimsup_{n \to \infty} (x + w_n) = x,$$

即是 $\text{O-} \varlimsup\limits_{n \to \infty} x_n = x$. 类似可得 $\text{O-} \varliminf\limits_{n \to \infty} x_n = x$. 下面我们证明充分性.

设 $u_n = \sup\limits_{m \geqslant n} x_m, v_n = \inf\limits_{m \geqslant n} x_m, u_n - v_n = w_n$, 根据假设有 $w_n \downarrow 0$ 且

$$x_n \leqslant u_n = x + (u_n - x) \leqslant x + (u_n - v_n) = x + w_n$$

以及类似得到的 $x_n \geqslant x - w_n$, 我们证出 $|x - x_n| \leqslant w_n$, 于是 $\text{O-} \lim\limits_{n \to \infty} x_n = x$.

命题 8　在 σ-完备向量格 X 内, αx 对于序极限依 α, x 都是连续的.

证明　设 $\text{O-} \lim\limits_{n \to \infty} x_n = x, \lim\limits_{n \to \infty} \alpha_n = \alpha$. 考察下式

$$|\alpha x - \alpha_n x_n| \leqslant |\alpha x - \alpha x_n| + |\alpha x_n - \alpha_n x_n|$$
$$= |\alpha||x - x_n| + |\alpha - \alpha_n||x_n|.$$

右边第一项有序极限 0. 置 $\sup\limits_{n \geqslant 1} |x_n| = y, \sup\limits_{m \geqslant n} |\alpha - \alpha_m| = \beta_n$, 我们只需证明 $\text{O-} \lim\limits_{n \to \infty} \beta_n y = 0$. 由 $y \geqslant 0$ 和 $\beta_n \downarrow 0$ 知 $\text{O-} \lim\limits_{n \to \infty} \beta_n y = z$ 存在且 $\text{O-} \lim\limits_{n \to \infty} 2^{-1} \beta_n y = 2^{-1} z$. 对任何 n, 有个 n_0 使得 $\beta_{n_0} \leqslant 2^{-1} \beta_n$. 因此必定有 $z = 2^{-1} z$, 亦即 $z = 0$.

命题 9　在一个 σ-完备的向量格 X 内, $\text{O-} \lim\limits_{n \to \infty} x_n$ 存在当且仅当

$$\text{O-} \lim_{n, m \to \infty} |x_n - x_m| = 0. \tag{27}$$

证明　显然, 由 $|x_n - x_m| \leqslant |x_n - x| + |x - x_m|$ 得到必要性. 置 $|x_n - x_m| = y_{nm}$, 则 $\text{O-} \varlimsup\limits_{n \to \infty} x_n \leqslant x_m + \text{O-} \varlimsup\limits_{n \to \infty} y_{nm}$ 且 $\text{O-} \varliminf\limits_{n \to \infty} x_n \geqslant x_m - \text{O-} \varliminf\limits_{n \to \infty} y_{nm}$. 于是

$$0 \leqslant \text{O-} \varlimsup_{n \to \infty} x_n - \text{O-} \varliminf_{n \to \infty} x_n \leqslant \text{O-} \lim_{m \to \infty} (\text{O-} \varlimsup_{n \to \infty} y_{nm} - \text{O-} \varliminf_{n \to \infty} y_{nm}) = 0.$$

于是我们证明了充分性.

命题 10 一个向量格 X 是 σ–完备的当且仅当每个单调增加的有界序列 $\{x_n\} \subseteq X$ 在 X 内都具有 $\sup\limits_{n\geqslant 1} x_n$.

证明 我们只需证明充分性. 若 $\{z_n\}$ 是 X 内任何有界序列, 令 $x_n = \sup\limits_{m\leqslant n} z_m$. 那么, 根据假设条件 $\sup\limits_{n\geqslant 1} x_n = z$ 在 X 内存在, 且有 $z = \sup\limits_{n\geqslant 1} z_n$. 类似地, 我们看出 $\inf\limits_{n\geqslant 1} z_n = \inf\limits_{n\geqslant 1}(\inf\limits_{m\leqslant n} z_m)$ 在 X 内也存在.

§3. B–格和F–格

定义 实的 B–空间 (F–空间) X 称为一个 B–格 (F–格), 若它是个向量格且

$$|x| \leqslant |y| \text{ 导致 } \|x\| \leqslant \|y\|. \tag{1}$$

$$\text{由 (1) 和 } |x| = |(|x|)|, \text{ 我们有} \|x\| = \||(|x|)\|. \tag{2}$$

例 $C(S)$ 和 $L^p(S)$ 按照自然偏序 $x \leqslant y$ 都是 B–格, 其中 $x \leqslant y$ 意指在 S 上 $x(s) \leqslant y(s)$ (在 $L^p(S)$ 的情形, 在 S 上 $x(s) \leqslant y(s)$ a.e.). 在 $m(S) < \infty$ 时, $M(S, \mathfrak{B}, m)$ 按照 $L^p(S)$ 情形的偏序成为一个 F–格. 而 $A(S, \mathfrak{B})$ 按

$$\|x\| = |x|(S) = x \text{ 在 } S \text{ 上的全变差}$$

成为一个 B–格. 此外, 在 $A(S, \mathfrak{B})$ 内, 我们有

$$x \geqslant 0, y \geqslant 0 \text{ 导致 } \|x + y\| = \|x\| + \|y\|. \tag{3}$$

S. Kakutani 称满足条件 (3) 的 B–格为一个抽象 L^1–空间. 由 (3) 我们有

$$|x| < |y| \text{ 导致 } \|x\| < \|y\|. \tag{4}$$

$A(S, \mathfrak{B})$ 的范数是在序极限下连续的, 即是

$$\text{O-}\lim_{n\to\infty} x_n = x \text{ 导致 } \lim_{n\to\infty} \|x_n\| = \|x\|. \tag{5}$$

此因 $A(S, \mathfrak{B})$ 中 O-$\lim\limits_{n\to\infty} x_n = x$ 等价于有序列 $y_n \in A(S, \mathfrak{B})$ 使得 $|x - x_n|(S) \leqslant y_n(S)$ 且 $y_n(S) \downarrow 0$. 容易看出 $M(S, \mathfrak{B}, m)$ 满足 (4) 和 (5).

命题 1 一个满足条件 (4) 与 (5) 的 σ–完备 F–格 X 是个完备格. 特别地, $A(S, \mathfrak{B})$ 与 $L^p(S)$ 都是完备格.

证明　要证有界的 $\{x_\alpha\} \subseteq X$ 都有 $\sup\limits_\alpha x_\alpha$. 我们可设诸 α 满足 $0 \leqslant x_\alpha \leqslant x$, 考察有限个 x_α 取上确界所得 $z_\beta = \bigvee\limits_{j=1}^{n} x_{\alpha_j}$ 的全体 $\{z_\beta\}$. 设 $\gamma = \sup\limits_\beta \|z_\beta\|$, 则有序列 $\{z_{\beta_j}\}$ 使得 $\lim\limits_{j\to\infty} \|z_{\beta_j}\| = \gamma$. 我们令 $z_n = \sup\limits_{j\leqslant n} z_{\beta_j}$, 那么 O- $\lim\limits_{n\to\infty} z_n = w$ 存在. 由 (5) 以及 γ 的定义, 我们有 $\|w\| = \gamma$. 我们来证明 $w = \sup\limits_\alpha x_\alpha$. 否则, 对某个确定的 x_α 有 $x_\alpha \vee w > w$. 那么由 (4) 有 $\|x_\alpha \vee w\| > \|w\| = \gamma$. 但由 $x_\alpha \vee z_n \in \{z_\beta\}$ 和 $x_\alpha \vee w = $ O- $\lim\limits_{n\to\infty}(x_\alpha \vee z_n)$ 以及 (5), 我们有 $\|x_\alpha \vee w\| = \lim\limits_{n\to\infty} \|x_\alpha \vee z_n\| \leqslant \gamma$, 这是个矛盾. 于是诸 α 使 $w \geqslant x_\alpha$. 设诸 x_α 使 $x_\alpha \leqslant u$. 若 $w \wedge u < w$, 那么由 (4) 有 $\|w \wedge u\| < \gamma$, 这与诸 z_β 满足 $w \wedge u \geqslant z_\beta$ 的事实相矛盾. 因此必定有 $w = \sup\limits_\alpha x_\alpha$.

注　在 $C(S)$ 内, O- $\lim\limits_{n\to\infty} x_n = x$ 不必定导致 s- $\lim\limits_{n\to\infty} x_n = x$. 在 $M(S, \mathfrak{B}, m)$ 内, s- $\lim\limits_{n\to\infty} x_n = x$ 不必定导致 O- $\lim\limits_{n\to\infty} x_n = x$. 为看出这点, 将 $[0,1]$ 的诸区间:

$$\left[0, \frac{1}{2}\right], \left[\frac{1}{2}, \frac{2}{2}\right], \left[0, \frac{1}{4}\right], \left[\frac{1}{4}, \frac{2}{4}\right], \left[\frac{2}{4}, \frac{3}{4}\right], \left[\frac{3}{4}, \frac{4}{4}\right], \left[0, \frac{1}{8}\right], \left[\frac{1}{8}, \frac{2}{8}\right], \cdots$$

的特征函数记为 $x_1(s), x_2(s), \cdots$, 则序列 $\{x_n(S)\} \subseteq M([0,1])$ 渐近地收敛于 0 但不几乎处处收敛于 0, 即 s- $\lim\limits_{n\to\infty} x_n = 0$ 成立而 O- $\lim\limits_{n\to\infty} x_n = 0$ 不成立.

命题 2　设 F-格 X 中序列 $\{x_n\} \subseteq X$ 满足条件 s- $\lim\limits_{n\to\infty} x_n = x$, 那么 $\{x_n\}$ 相对一致 * 收敛于 x, 其意指从 $\{x_n\}$ 的诸子列 $\{y_n\}$ 中, 我们都能取出子列 $\{y_{n(k)}\}$ 和一个 $z \in X$ 使得

$$|y_{n(k)} - x| \leqslant k^{-1} z \quad (k = 1, 2, \cdots). \tag{6}$$

反之, 如果 $\{x_n\}$ 相对一致 * 收敛于 x, 则 s- $\lim\limits_{n\to\infty} x_n = x$.

证明　我们可以限于讨论 $x = 0$ 的情形. 从 $\lim\limits_{n\to\infty} \|y_n\| = 0$, 我们看出有正整数的一个序列 $\{n(k)\}$ 使得 $\|ky_{n(k)}\| \leqslant k^{-2}$, 令 $z = \sum\limits_{k=1}^{\infty} |ky_{n(k)}|$ 便知 (6) 式成立. 反之, 若条件 (6) 在 $x = 0$ 时成立, 那么从 $|y_{n(k)}| \leqslant k^{-1} z$ 得到 $\|y_{n(k)}\| \leqslant \|k^{-1}z\|$. 于是 s- $\lim\limits_{k\to\infty} y_{n(k)} = 0$. 因此 $\{x_n\}$ 没有子列 $\{y_n\}$ 使得 $\lim\limits_{n\to\infty} \|y_n\| > 0$.

注　上述命题抽象地表述了如此事实: 当 $m(S) < \infty$ 时, $M(S, \mathfrak{B}, m)$ 中一个渐近收敛序列含有个 $m - $ a.e. 收敛的子列.

§4.　Banach 收敛定理

这个定理涉及值域是可测函数的线性算子序列的几乎处处收敛性. 参看 S. Banach [2]. 此定理有一个格理论表述如下 (K. Yosida [15]).

定理 若 X 是个具有范数 $\|\cdot\|$ 的实 B-空间且 Y 是个具有拟范数 $\|\cdot\|_1$ 的 σ-完备 F-格使得

$$\text{O-}\lim_{n\to\infty} y_n = y \quad \text{导致} \quad \lim_{n\to\infty}\|y_n\|_1 = \|y\|_1. \tag{1}$$

设 $\{T_n\}$ 是 $L(X,Y)$ 中有界线性算子列, 假设

$$\text{O-}\lim_{n\to\infty}|T_n x|\text{存在的 } x\in X\text{构成一个第二纲集 } G. \tag{2}$$

那么, 诸 $x\in X$ 使 $\text{O-}\varlimsup_{n\to\infty} T_n x$ 和 $\text{O-}\varliminf_{n\to\infty} T_n x$ 都存在且由

$$\widetilde{T}x = \left(\text{O-}\varlimsup_{n\to\infty} T_n x\right) - \left(\text{O-}\varliminf_{n\to\infty} T_n x\right) \tag{3}$$

定义的 $\widetilde{T}$ 是映 X 入 Y 的一个连续算子 (不必是线性的).

注 设 $M(S,\mathfrak{B},m)$ 中 $m(S) < \infty$, 以 $y_1 \leqslant y_2$ 表示 $y_1(s) \leqslant y_2(s)$ $m-\text{a.e.}$, 而用 $\|y\|_1 = \int_S |y(s)|(1+|y(s)|)^{-1} m(ds)$ 来定义拟范数 $\|y\|_1$, 则空间 $M(S,\mathfrak{B},m)$ 满足条件 (1). 同样, 使 $m(S) < \infty$ 的 $L^p(S,\mathfrak{B},m)$ 用同样半序时也满足条件 (1).

定理的证明 令 $T_n x = y_n$, $y_n' = \sup_{n\geqslant m}|y_m|$, $y' = \sup_{n\geqslant 1}|y_n|$, 考察算子 $V_n x = y_n'$ 以及至少定义于 G 且映入 Y 的算子 $Vx = y'$. 根据前面 §2 中 (23) 式, 每个 V_n 因诸 T_k 强连续而强连续. 因为由 (1) 有 $\lim_{n\to\infty}\|V_n x - Vx\|_1 = 0$, 所以有 $\lim_{n\to\infty}\|k^{-1}V_n x\| = \|k^{-1}Vx\|$. 此外, $\lim_{k\to\infty}\|k^{-1}Vx\|_1 = 0$. 这些结果都可由 F-空间 Y 上数乘 αy 依 α, y 的连续性推导出来. 因此, 对任何 $\varepsilon > 0$, 有

$$G \subseteq \bigcup_{k=1}^{\infty} G_k, \quad \text{其中 } G_k = \{x\in X; \sup_{n\geqslant 1}\|k^{-1}V_n x\|_1 \leqslant \varepsilon\}. \tag{4}$$

由诸 V_n 的强连续性知每个 G_k 是 X 的一个强闭集. 由于 G 是第二纲的, 某个 G_{k_0} 含有 X 的一个球. 即有个 $x_0 \in X$ 和 $\delta > 0$ 使得 $\|x_0 - x\| \leqslant \delta$ 导致 $\sup_{n\geqslant 1}\|k_0^{-1}V_n x\|_1 \leqslant \varepsilon$. 因此, 令 $z = x_0 - x$, 便有

$$\sup_{n\geqslant 1}\|k_0^{-1}V_n z\|_1 \leqslant \sup_{n\geqslant 1}\|k_0^{-1}V_n x_0\|_1 + \sup_{n\geqslant 1}\|k_0^{-1}V_n x\|_1 \leqslant 2\varepsilon.$$

因为 $V_n(k_0^{-1}z) = k_0^{-1}V_n z$, 上式表明只要 $\|z\| \leqslant \delta/k_0$, 便有 $\sup_{n\geqslant 1}\|V_n z\|_1 \leqslant 2\varepsilon$. 这就证明了 $\text{s-}\lim_{\|z\|\to 0} V_n z = 0$ 对 n 一致成立.

因为 G 在 X 内稠密, Vx 便在诸 $x\in X$ 有定义且在 $x = 0$ 处是强连续的及 $V0 = 0$. 于是, 由

$$|\widetilde{T}x| \leqslant 2Vx \quad \text{且} \quad \|\widetilde{T}x_1 - \widetilde{T}x_2\|_1 \leqslant \|\widetilde{T}(x_1 - x_2)\|_1$$

我们看出 $\widetilde{T}x$ 在每个 $x\in X$ 处是强连续的.

系　在 (1)[①]的条件下, 集合

$$G = \{x \in X; \text{O-}\lim_{n \to \infty} T_n x 存在\}$$

要么与 X 相等要么是第一纲集.

证明　假若 G 是第二纲集. 那么根据定理, 算子 $\widetilde{T}$ 是映 X 入 Y 的一个强连续算子. 因此, $G = \{x \in X; \widetilde{T}y = 0\}$ 在 X 内是强闭的. 此外, G 是 X 的一个线性子空间. 于是 G 必与 X 相等. 否则, G 在 X 内不会是稠密的.

§5.　向量格的点函数表示

设向量格 X 有个单位 I, 其意义是

$$I > 0, 且对任何 f \in X, 有个 \alpha > 0 使得 \ -\alpha I \leqslant f \leqslant \alpha I. \tag{1}$$

我们可以像把赋范环表示为点函数那样, 对于这样的向量格给出类似表示.

如果 $n|f| \leqslant I \ (n = 1, 2, \cdots)$, 则元素 $f \in X$ 叫作幂零的. 所有幂零元 $f \in X$ 所成的集合 R 叫作 X 的根. 根据第十二章 §2 中 (20) 式, R 是 X 的一个线性子空间. 此外, R 是 X 的一个理想, 其意义是

$$(g \in X, f \in R) 且 |g| \leqslant |f| 导致 g \in R. \tag{2}$$

引理　设 X_1 和 X_2 都是向量格. 设映 X_1 入 X_2 的一个线性算子 T 满足

$$T(x \overset{\vee}{\underset{\wedge}{}} y) = (Tx) \overset{\vee}{\underset{\wedge}{}} (Ty), \tag{3}$$

称 T 为一个格同态, 则 $N = \{x \in X; Tx = 0\}$ 是 X_1 的一个理想.

反之, 设 X_1 的某个线性子空间 N 是个理想. 以 $\bar{x}$ 表示含 x 的 $\mathrm{mod}\, N$ 剩余类, 则商空间 X/N 依 $\bar{x} \overset{\vee}{\underset{\wedge}{}} \bar{y} = \overline{x \overset{\vee}{\underset{\wedge}{}} y}$ 成为一个向量格而商映射 $T : x \to \bar{x}$ 是个格同态.

证明　设 T 是个格同态. 设 $x \in N$ 和 $y \in X$ 满足 $|y| \leqslant |x|$, 则

$$T(|x|) = T(x \vee (-x)) = (Tx) \vee (T(-x)) = 0,$$
$$0 \leqslant Ty^+ = T(y^+ \wedge |x|) = Ty^+ \wedge T|x| = 0.$$

从而 $y^+ \in N$, 类似可得 $y^- \in N$. 因此 $y = y^+ + y^- \in N$, 而 N 便是个理想.

[①]校者注: 及 $\{T_n\}$ 仍是有界线性算子序列.

下设[①]线性子空间 N 是 X_1 的一个理想. 若 $\bar{y} = \bar{z}$ 即 $y - z \in N$, 则由第十二章 §2 中 (23) 式可得

$$\left| x \mathbin{\overset{\vee}{\underset{\wedge}{}}} y - x \mathbin{\overset{\vee}{\underset{\wedge}{}}} z \right| \leqslant |y - z| \in N.$$

于是, 剩余类 $\overline{x \mathbin{\overset{\vee}{\underset{\wedge}{}}} y}$ 的确定与从剩余类 $\bar{x}, \bar{y}$ 中各自代表元 x, y 的取法无关. 因此在商空间 X/N 中, 我们规定 $\bar{x} \mathbin{\overset{\vee}{\underset{\wedge}{}}} \bar{y} = \overline{x \mathbin{\overset{\vee}{\underset{\wedge}{}}} y}$, 依 $\overline{z \vee 0} = \bar{z}$ 来规定 $\bar{z} \geqslant 0$.

注 上面的引理可表述如下. 向量格的一个线性子空间 N 是个理想, 当且仅当线性同余 $a \equiv b \pmod{N}$ 也是格同余:

由 $a \equiv b, a' \equiv b' \pmod{N}$ 蕴涵 $a \mathbin{\overset{\vee}{\underset{\wedge}{}}} b \equiv a' \mathbin{\overset{\vee}{\underset{\wedge}{}}} b' \pmod{N}$[②].

现称理想 N 为非平凡的是指 $N \neq \{0\}, X$. 一个非平凡理想称为极大理想是指它不含于其他不等于 X 的理想. 用 $\mathfrak{M}$ 表示 X 的所有极大理想 N 所成的集合. 对于 $N \in \mathfrak{M}$, X 的 mod N 的剩余类格 X/N 是简单的 即 X/N 不含有非平凡理想. 下面将证明, 具有单位的简单向量格是同构于实数向量格的一个线性格, 其非负元和单位 I 用非负数和数 1 表示. 借助于线性格同态 $X \to X/N, N \in \mathfrak{M}$, 我们以 $f(N)$ 表示与 $f \in X$ 对应的实数.

有了这些预备之后, 我们可以叙述以下

定理 1 根 R 与交理想 $\bigcap\limits_{N \in \mathfrak{M}} N$ 相等.

证明 第一步 若 X 是具有单位 I 的简单向量格, 则我们必有

$$X = \{\alpha I; -\infty < \alpha < \infty\}.$$

证明 X 不含非零幂零元 f. 否则, X 就含有个非平凡理想

$$N = \{g; 有个 \eta < \infty, |g| \leqslant \eta |f|\}.$$

根据 (1), X 满足 Archimedes 公理:

$$对于 x \in X, \text{O-} \lim_{n \to \infty} n^{-1}|x| = 0. \tag{4}$$

假设有个 $f_0 \in X$ 使得诸实数 γ 满足 $f_0 \neq \gamma I$, 令

$$\alpha = \inf_{f_0 \leqslant \alpha' I} \alpha', \quad \beta = \sup_{\beta' I \leqslant f_0} \beta'.$$

则由 (4) 有 $\beta I \leqslant f_0 \leqslant \alpha I$ 以及 $\beta < \alpha$. 于是 $(f_0 - \delta I)^+ \neq 0, (f_0 - \delta I)^- \neq 0$ 在 $\beta < \delta < \alpha$ 时成立. 因此, 由 $x^+ \wedge (-x^-) = 0$, 集合

$$N_0 = \{g; 有个 \eta < \infty, |g| \leqslant \eta (f_0 - \delta I)^+\}$$

[①]校者注: 此段原著和译著有误, 此已改.
[②]校者注: 应是由 $a \equiv b, a' \equiv b' \pmod{N}$ 蕴涵 $a \mathbin{\overset{\vee}{\underset{\wedge}{}}} a' \equiv b \mathbin{\overset{\vee}{\underset{\wedge}{}}} b' \pmod{N}$.

是个非平凡理想, 这与假设相矛盾.

　　第二步　对任何非平凡理想 N_0, 有个含有 N_0 的极大理想 N_1.

　　证明　设 $\{N\}$ 是含有 N_0 的非平凡理想的全体. 我们将 $\{N\}$ 中理想之间的包含关系作为序关系, 即我们以 $N_{\alpha_1} \leqslant N_{\alpha_2}$ 表示 N_{α_1} 是 N_{α_2} 的一个子集. 假设 $\{N_\alpha\}$ 是 $\{N\}$ 的一个线性序集且置 $N_\beta = \bigcup\limits_{N_\alpha \in \{N_\alpha\}} N_\alpha$. 那么我们将证明 N_β 是 $\{N_\alpha\}$ 的一个上界. 因为, 如果 $x, y \in N_\beta$, 则有理想 N_{α_1} 和 N_{α_2} 使得 $x \in N_\alpha$ 及 $y \in N_{\alpha_2}$. 由于 $\{N_\alpha\}$ 是线性序的, 所以 $N_{\alpha_1} \subseteq N_{\alpha_2}$ (或 $N_{\alpha_1} \supseteq N_{\alpha_2}$), 从而 x 和 y 两者都属于 N_{α_2}. 这就证明了 $(\gamma x + \delta y) \in N_{\alpha_2} \subseteq N_\beta$ 以及由 $|z| \leqslant |x|$ 可导出 $z \in N_{\alpha_1} \subseteq N_\beta$. 既然无 N_α 包含单位 I, 那么 N_β 也不包含 I. 因此 N_β 是含有每个 N_α 的非平凡理想, 即 N_β 是 $\{N_\alpha\}$ 的一个上界. 于是根据 Zorn 引理, 至少有个包含 N_0 的极大理想.

　　第三步　$R \subseteq \bigcap\limits_{N \in \mathfrak{M}} N$. 设 $f > 0$ 且 $nf \leqslant I$ $(n = 1, 2, \cdots)$. 那么对任何 $N \in \mathfrak{M}$, 有 $nf(N) \leqslant I(N) = 1$ $(n = 1, 2, \cdots)$, 所以 $f(N) = 0$ 即 $f \in N$.

　　第四步　$R \supseteq \bigcap\limits_{N \in \mathfrak{M}} N$. 设 $f > 0$ 不是幂零的. 那么我们必须证明有个理想 $N \in \mathfrak{M}$ 使得 $f \bar{\in} N$. 这可以证明如下.

　　既然 $f > 0$ 不是幂零的, 必有个整数 n 使得 $nf \not\leqslant I$. 我们可以假设 $nf \not\geqslant I$, 如若不然, 则对任何 $N \in \mathfrak{M}$ 有 $f \in N$, 从而得证. 于是 $p = I - (nf) \wedge I > 0$, 则诸正整数 m 不满足 $mp \geqslant I$. 如若不然, 我们会有 $m^{-1}I \leqslant I - (nf) \wedge I$, 于是

$$(nf) \wedge I = (nf) \wedge (1 - m^{-1})I.$$

这样一来, 根据第十二章 §2 中 (6) 式, 有

$$(nf - (1 - m^{-1})I) \wedge m^{-1}I$$
$$= (nf - (1 - m^{-1})I) \wedge 0 \leqslant 0,$$

于是, 由向量格的分配性

$$0 = \{(nf - (1 - m^{-1})I \wedge m^{-1}I\} \vee 0$$
$$= (nf - (1 - m^{-1})I)^+ \wedge m^{-1}I,$$

即 $(nf - (1 - m^{-1})I)^+ \wedge I = 0$. 令 $b = (nf - (1 - m^{-1})I)^+$ 且假定 $b > 0$, 根据条件 (1), 对某个 $\alpha > 1$, 我们有 $b < \alpha I$. 那么 $0 < b = b \wedge \alpha I$, 于是 $0 < (\alpha^{-1}b) \wedge I \leqslant b \wedge I$, 这与 $b \wedge I = 0$ 矛盾. 因此 $b = 0$, 即 $nf \leqslant (1 - m^{-1})I$. 这与 $nf \not\leqslant I$ 的事实相矛盾. 因此集合 $N_0 = \{g; |g| \leqslant \eta|p|,$ 对某个 $\eta < \infty\}$ 是个非平凡理想. 根据第二步, N_0 至少包含在一个极大理想 N 内. 那么 $0 = p(N) = 1 - (nf(N)) \wedge 1$, 这就证明了 $f(N) > 0$, 即 $f \bar{\in} N$.

　　于是我们证明了定理 1.

向量格 $\overline{X} = X/R$ 还是个有单位 $\overline{I}$ 的向量格. 根据定理 1, $\overline{X}$ 的所有极大理想 $\overline{N}$ 的交理想 $\bigcap\limits_{\overline{N}} \overline{N}$ 是零理想且 $\overline{X}$ 不含幂零元 $\neq 0$. 于是 $\overline{X}$ 满足 Archimedes 公理

$$\text{对于 } \overline{f} \in \overline{X}, \text{O-} \lim_{n \to \infty} n^{-1}|\overline{f}| = 0. \tag{5}$$

若 $\overline{N}$ 是 $\overline{X}$ 的任何极大理想, 则商空间 $\overline{X}/\overline{N}$ 是个简单向量格, 于是根据定理 1 证明的第一步, $\overline{X}/\overline{N}$ 线性格同构于全体实数的向量格; 其非负元素和单位由非负数和 1 来表示. 我们用 $\overline{f}(\overline{N})$ 表示按同态关系 $\overline{X} \to \overline{X}/\overline{N}$ 与 $\overline{f}$ 对应的实数. 我们再用 $\overline{\mathfrak{M}}$ 表示 $\overline{X}$ 的所有极大理想所构成的集合. 于是我们有

定理 2 按对应关系 $\overline{f} \to \overline{f}(\overline{N})$, $\overline{X}$ 线性格同构地被映成 $\overline{\mathfrak{M}}$ 上实值有界函数所组成的向量格 $F(\overline{\mathfrak{M}})$, 使得 (i) $|\overline{f}| \to |\overline{f}(\overline{N})|$, (ii) 在 $\overline{\mathfrak{M}}$ 上, $\overline{I}(\overline{N}) \equiv 1$ 以及 (iii) $F(\overline{\mathfrak{M}})$ 分离 $\overline{\mathfrak{M}}$ 的点, 其意指

$$\text{对于 } \overline{\mathfrak{M}} \text{ 中两个不同点 } \overline{N}_1, \overline{N}_2, \text{ 至少有个 } \overline{f} \in \overline{X} \text{ 使得 } \overline{f}(\overline{N}_1) \neq \overline{f}(\overline{N}_2). \tag{6}$$

注 我们在 $\overline{\mathfrak{M}}$ 上引进一个拓扑使得形如

$$\{\overline{N} \in \overline{\mathfrak{M}}; |\overline{f}_i(\overline{N}) - \overline{f}_i(\overline{N}_0)| < \varepsilon_i \ (i = 1, 2, \cdots, n), \text{所有 } i \text{ 使 } -\overline{I} \leqslant \overline{f}_i \leqslant \overline{I}\}$$

的集合组成 N_0 的一个邻域系, 这时 $\overline{\mathfrak{M}}$ 是紧的, 这是因为它可以与诸闭区间 [−1,1] 的拓扑乘积的一个闭子集恒等 (该乘积的次数满足 $-\overline{I} \leqslant \overline{f} \leqslant \overline{I}$ 的诸元素 $\overline{f} \in \overline{X}$ 所成集合的基数相同). 证明完全类似于第十一章 §2 中赋范环的所有极大理想所成集合的情形. 此外, 每个函数 $\overline{f}(\overline{N}) \in F(\overline{\mathfrak{M}})$ 在用这种方法拓扑化了的紧空间 $\overline{\mathfrak{M}}$ 上是连续的. 因此, 根据第零章 §2 中 Kakutani-Krein 定理, 我们知道 $F(\overline{\mathfrak{M}})$ 在 B–空间 $C(\overline{\mathfrak{M}})$ 内是稠密的. 以上两个定理取材于 K. Yosida-M. Fukamiya [16], 也可参看 S. Kakutani [4] 和 M. Krein-S. Krein [2].

§6.　向量格的集合函数表示

设 X 是个 σ–完备的向量格. 任取 X 的正元 x, 称它为 X 的一个 "单位" 并把它写成 1; 当不发生混淆时, 我们也把 $\alpha \cdot 1$ 写成 α. 一个非负元 $e \in X$ 称为一个 "拟单位" 是指它满足 $e \wedge (1 - e) = 0$, 一些拟单位 e_i 的一个线性组合 $\sum\limits_i \alpha_i e_i$ 叫作一个 "阶梯元". 称元素 y (依单位 1) 是绝对连续的是指 y 可以表示成阶梯元序列的序极限. 称元素 z (依单位 1) 是 "奇异" 的是指 $|z| \wedge 1 = 0$.

我们将给出积分论中 Radon-Nikodym 定理的一个抽象表述.

定理 X 的任何元素能唯一地表示成一个绝对连续元与一个奇异元之和.

证明　**第一步**　如果 $f > 0, f \wedge 1 \neq 0$, 则有个正数 α 与一个拟单位 $e_\alpha \neq 0$ 使得 $f \geqslant \alpha e_\alpha$. 事实上, 我们可以取

$$e_\alpha = \bigvee_{n \geqslant 1} \{n(\alpha^{-1}f - \alpha^{-1}f \wedge 1) \wedge 1\}. \tag{1}$$

证明　设 $y_\alpha = \alpha^{-1}f - \alpha^{-1}f \wedge 1$, 则可得

$$2e_\alpha \wedge 1 = \{\bigvee_{n \geqslant 1}(2ny_\alpha \wedge 2)\} \wedge 1 = e_\alpha,$$

所以 e_α 是个拟单位. 由

$$ny_\alpha \wedge 1 = n\alpha^{-1}f \wedge [1 + n(\alpha^{-1}f \wedge 1)] - n(\alpha^{-1}f \wedge 1)$$
$$\leqslant (n+1)\alpha^{-1}f \wedge (n+1) - n(\alpha^{-1}f \wedge 1)$$
$$\leqslant \alpha^{-1}f \wedge 1 \leqslant \alpha^{-1}f$$

可以得到 $f \geqslant \alpha e_\alpha$. 如果我们能证明对于某个 $\alpha > 0$ 有 $y_\alpha \wedge 1 > 0$, 那么对这样的 α 便有 $e_\alpha > 0$. 假若这样的正 α 不存在, 则当 $0 < \alpha < 1$ 时, 我们有

$$\alpha^{-1}(\alpha^{-1}f - \alpha^{-1}f \wedge 1) \wedge \alpha^{-1} = 0.$$

于是 $(f - f \wedge \alpha) \wedge 1 = 0$[①]且当令 $\alpha \downarrow 0$ 时, 我们便得到 $f \wedge 1 = 0$, 这与假设条件 $f \wedge 1 \neq 0$ 相矛盾.

第二步　设 $f \geqslant 0$, 并且 $f \geqslant \alpha e$, 其中 $\alpha > 0$ 而 e 是个拟单位. 那么对于 $0 < \alpha' < \alpha$ 有 $e_{\alpha'} \geqslant e$ 以及 $f \geqslant \alpha' e_{\alpha'}$, 其中 $e_{\alpha'}$ 是由 (1) 定义的.

证明　为简单计, 假设 $\alpha = 1$. 对于 $0 < \delta < 1$ 有

$$\frac{f}{1-\delta} + \frac{e}{1-\delta} \wedge 1 = \left(\frac{f}{1-\delta} + \frac{e}{1-\delta}\right) \wedge \left(1 + \frac{f}{1-\delta}\right)$$
$$\geqslant \left(\frac{f}{1-\delta} + \frac{e}{1-\delta}\right) \wedge \left(1 + \frac{e}{1-\delta}\right)$$
$$= \frac{f}{1-\delta} \wedge 1 + \frac{e}{1-\delta}.$$

因为 e 是个拟单位, 我们有 $2e \wedge 1 = e, e \wedge 1 = e$. 因此 $me \wedge 1 = e$ 在 $m \geqslant 1$ 时成立. 于是, 由 $1 < (1-\delta)^{-1}$, 我们有 $(1-\delta)^{-1}e \wedge 1 = e$. 因此从以上不等式可得

$$\frac{\delta}{1-\delta}e = \frac{e}{1-\delta} - \frac{e}{1-\delta} \wedge 1 \leqslant \frac{f}{1-\delta} - \frac{f}{1-\delta} \wedge 1 = y_{1-\delta},$$

[①]校者注: 由上步不能得此等式, 但可令 $e_\alpha = \bigvee_{r \in \mathbb{Q}_+} \{r(\alpha^{-1}f - \alpha^{-1}f \wedge 1) \wedge 1\}$. 若诸 r 和 α 使 $r(\alpha^{-1}f - \alpha^{-1}f \wedge 1) \wedge 1 = 0$, 则得 $f \wedge 1 = 0$, 这与条件矛盾.

从而, 由 (1), 有 $e \leqslant e_{1-\delta}$.

第三步 所有拟单位构成一个 Boole 代数, 即如果 e_1 和 e_2 都是拟单位, 那么, $e_1 \vee e_2$ 以及 $e_1 \wedge e_2$ 也都是拟单位且 $0 \leqslant e_i \leqslant 1$. 拟单位 $(1-e)$ 是 e 的补元, 而 $0, 1$ 分别是全体拟单位中的最小元和最大元.

证明 条件 $e \wedge (1-e) = 0$ 等价于 $2e \wedge 1 = e$. 于是如果 e_1, e_2 是拟单位, 则

$$2(e_1 \wedge e_2) \wedge 1 = (2e_1 \wedge 1) \wedge (2e_2 \wedge 1) = e_1 \wedge e_2,$$
$$2(e_1 \vee e_2) \wedge 1 = (2e_1 \wedge 1) \vee (2e_2 \wedge 1) = e_1 \vee e_2,$$

所以 $e_1 \wedge e_2$ 和 $e_1 \vee e_2$ 都是拟单位.

第四步 若 $f > 0$, 再设 $\overline{f} = \sup \beta e_\beta$, 其中 $\sup$ 是对所有正有理数 β 取的. 由于第三步, 有限个形如 $\beta_i e_{\beta_i}$ 的元素的 $\sup$ 是个阶梯元素. 于是 $\overline{f}$ 关于幺元 1 是绝对连续的. 我们必须证明 $g = f - \overline{f}$ 关于幺元 1 是奇异的. 假若 g 不是奇异的, 则根据第一步, 有个正数 α 和一个拟单位 e 使得 $g \geqslant \alpha e$. 因此 $f \geqslant \alpha e$, 从而由第二步, 对 $0 < \alpha_1 < \alpha$, 有个拟单位 $e_{\alpha_1} \geqslant e$ 使得 $f \geqslant \alpha_1 e_{\alpha_1}$. 我们可以假定 α_1 是个有理数. 因此 $\overline{f} \geqslant \alpha_1 e_{\alpha_1}$ 所以 $f = \overline{f} + g \geqslant 2\alpha_1 e_{\alpha_1}$. 再根据第二步知对 $0 < \alpha_1' < \alpha_1$ 有个拟单位 $e_{2\alpha_1'} \geqslant e_{\alpha_1}$ 使得 $f \geqslant 2\alpha_1' e_{2\alpha_1'}$. 我们可以假定 $2\alpha_1'$ 是个有理数, 所以 $\overline{f} \geqslant 2\alpha_1' e_{2\alpha_1'}$. 于是 $f = \overline{f} + g \geqslant 3\alpha_1' e$. 重复这个过程, 我们可以证明: 对满足关系 $0 < \alpha_n < \alpha$ 的任何有理数 α_n 有

$$f \geqslant (n+1)\alpha_n e \quad (n = 1, 2, \cdots).$$

如果我们取 $\alpha_n \geqslant \alpha/2$, 就有 $(n+1)\alpha_n e \geqslant 2^{-1} n \alpha e$. 于是 $f \geqslant n\alpha e$ $(n = 1, 2, \cdots)$ 在 $\alpha > 0, e > 0$ 时成立. 这是个矛盾. 因为根据 X 的 σ–完备性, 在 X 内 Archimedes 公理成立.

第五步 设 $f = f^+ + f^-$ 是一般元素 $f \in X$ 的一个 Jordan 分解. 把第四步的结果分别用到 f^+ 和 f^- 上, 我们看到 f 分解成一个绝对连续元素与一个奇异元素的和. 如果我们能证明对一个元素 $h \in X$, 当 h 是绝对连续且是奇异时, 必有 $h = 0$, 则分解的唯一性就得到证明. 而因为 h 是绝对连续的, 我们有 $h = \text{O-}\lim_{n \to \infty} h_n$, 其中 h_n 均是阶梯元素. 正因为 h_n 是阶梯元素, 所以有正数 α_n 使得 $|h_n| \leqslant \alpha_n \cdot 1$. 又因为 h 是奇异的, 我们有 $|h| \wedge |h_n| = 0$. 因此

$$|h| = |h| \wedge |h| = \text{O-}\lim_{n \to \infty} (|h| \wedge |h_n|) = 0.$$

对于 Radon-Nikodym 定理的应用 考察 $X = A(S, \mathfrak{B})$ 的情况. 我们已经知道 (第十二章 §3 中命题 1) $A(S, \mathfrak{B})$ 是个完备格, 且在 $A(S, \mathfrak{B})$ 内有

$$x^+(B) = \sup_{B' \subseteq B} x(B') = x \text{ 在 } B \text{ 上的正变差 } \overline{V}(x, B). \tag{2}$$

我们先来证明一个

命题　在 $A(S, \mathfrak{B})$ 内, 取 $x > 0, z \geqslant 0$ 使得 $x \wedge z = 0$, 则有个集合 $B_0 \in \mathfrak{B}$ 使得 $x(B_0) = 0$ 以及 $z(S - B_0) = 0$.

证明　因为 $x \wedge z = (x - z)^- + z$, 由 (2) 我们有

$$(x \wedge z)(B) = \inf_{B' \subseteq B} (x - z)(B') + z(B) = \inf_{B' \subseteq B} [x(B') + z(B - B')]. \qquad (3)$$

根据条件 $x \wedge z = 0$, 于是得

$$\inf [x(B) + z(S - B)] = (x \wedge z)(S) = 0 \quad (B \in \mathfrak{B}).$$

于是, 对任何 $\varepsilon > 0$, 有个 $B_\varepsilon \in \mathfrak{B}$ 使得 $x(B_\varepsilon) \leqslant \varepsilon, z(S - B_\varepsilon) \leqslant \varepsilon$. 令 $B_0 = \bigwedge_{k \geqslant 1} \left(\bigvee_{n \geqslant k} B_{2^{-n}} \right)$, 则根据 $x(B)$ 与 $z(B)$ 的 $\sigma-$可加性, 有

$$0 \leqslant x(B_0) = \lim_{k \to \infty} x\left(\bigvee_{n \geqslant k} B_{2^{-n}} \right) \leqslant \lim_{k \to \infty} \sum_{n=k}^{\infty} 2^{-n} = 0,$$

$$0 \leqslant z(S - B_0) = \lim_{k \to \infty} z\left(S - \bigvee_{n \geqslant k} B_{2^{-n}} \right) \leqslant \lim_{k \to \infty} z(S - B_{2^{-k}}) = 0.$$

系　设 e 是 $A(S, \mathfrak{B})$ 内关于 $x > 0$ 的一个拟单位. 那么, 有个集合 $B_1 \in \mathfrak{B}$ 使得

$$\text{对于 } B \in \mathfrak{B} : e(B) = x(B \cap B_1). \qquad (4)$$

证明　因为 $(x - e) \wedge e = 0$, 所以有个集合 $B_0 \in \mathfrak{B}$ 使得 $e(B_0) = 0, (x - e)(S - B_0) = 0$. 于是 $e(S - B_0) = x(S - B_0) = e(S)$, 所以 $e(B) = x(B - B_0) = x(B \cap B_1)$, 其中 $B_1 = S - B_0$.

现在我们可以来证明积分论中的 Radon-Nikodym 定理了. 借助以上的系, 则在 $A(S, \mathfrak{B})$ 内, 一个关于 $x > 0$ 的拟单位 e 是个压缩测度 $e(B) = x(B \cap B_e)$. 于是 $A(S, \mathfrak{B})$ 的一个阶梯元素是形如

$$\sum_i \lambda_i \int_{B \cap B_i} x(ds)$$

的积分, 即是个阶梯函数 (= 有限值函数) 的不定积分. 于是 $A(S, \mathfrak{B})$ 的一个绝对连续元素是关于测度 $x(B)$ 的一个不定积分. 以上命题说的是 (关于单位 x 的) 一个奇异元素 g 是与一个集合 $B_0 \in \mathfrak{B}$ 相联系的, 而此 B_0 使得 $x(B_0) = 0$ 及所有 $B \in \mathfrak{B}$ 满足 $g(B) = g(B \cap B_0)$. 这样的一个测度 $g(B)$ 就是所谓 (关于 $x(B)$ 的) 奇异测度. 因此任何元素 $f \in A(S, \mathfrak{B})$ 都可表示成 (关于 $x(B)$ 的) 一个不定积分与一个 (关于 $x(B)$ 的) 奇异测度 $g(B)$ 的和. 这种分解是唯一的. 所得结果正好是 Radon-Nikodym 定理.

注 以上定理摘自 K. Yosida [2]. 参看 F. Riesz [6], H. Freudenthal [2] 以及 S. Kakutani [5], 更进一步的研究, 可参看 G. Birkhoff [1].

第十三章　遍历理论和扩散理论

遍历理论和扩散理论构成半群的分析理论在应用方面使人着迷的邻域. 从数学上来说, 遍历理论涉及的是半群 T_t 的 "时间平均" $\lim\limits_{t\uparrow\infty} t^{-1}\int\limits_0^t T_s ds$, 而扩散理论涉及的是: 用随机过程所联系的半群的无穷小生成元来研究随机过程.

§1.　具有不变测度的 Markov 过程

在 1862 年, 英国植物学家 R. Brown 用显微镜观察到悬浮于液体的微粒——某种花粉——无规则地运动着, 不断地改变着位置和方向. 为了描述这种现象, 我们考虑在时刻 t 从位置 x 出发的一个微粒在下一个时刻 s 进入集合 E 的转移概率 $P(t, x; s, E)$. 引入转移概率 $P(t, x; s, E)$ 是基于这样一个根本性假设: 任何微粒在时刻 t 以后所作的无规则运动同它在时刻 t 以前的历程是完全无关的, 亦即虽然我们知道了微粒在时刻 t 的位置 x, 该微粒在时刻 t 之后的历程完全是随机地确定的. 微粒不记得自己的过去这个假设意味着转移概率 P 满足方程

$$P(t, x; s, E) = \int_S P(t, x; u, dy) P(u, y; s, E), \ t < u < s, \tag{1}$$

这里, 积分是对微粒作无规则运动的整个空间 S 进行的.

随时间演变的过程在其转移概率受 (1) 支配时称为 Markov 过程 , 称 (1) 为 Chapman-Kolmogorov 方程. Markov 过程自然推广了确定性过程, 后者意味着依 $y \in E$ 或 $y \bar{\in} E$ 有 $P(t, x; s, E) = 1$ 或 $P(t, x; s, E) = 0$; 换言之, 对于确定过程, 在时刻 t 处于位置 x 的微粒在此后每个固定时刻 s 均以概率 1 运动到某个确定的

位置 $y = y(x, t, s)$. 称 Markov 过程为时间齐性的简称时齐的 是指 $P(t, x; s, E)$ 是 $(s - t)$ 的函数且与 t 无关. 对于这种情形, 我们就需要考虑位于 x 的微粒经过 t 个单位时间之后进入集合 E 的转移概率 $P(t, x, E)$. 这时, 方程 (1) 就变为

$$P(t + s, x, E) = \int_S P(t, x, dy) P(s, y, E) \text{ 在 } t, s > 0 \text{ 时成立.} \tag{2}$$

在一个适当函数空间 X 中, $P(t, x, E)$ 给出一个线性变换 T_t:

$$(T_t f)(x) = \int_S P(t, x, dy) f(y), \quad f \in X, \tag{3}$$

由 (2) 可知, 此变换具有半群性质:

$$T_{t+s} = T_t T_s \quad (t, s > 0). \tag{4}$$

统计力学中一个基本数学问题是关于以下时间平均的存在性问题

$$\lim_{t \uparrow \infty} t^{-1} \int_0^t T_s f ds. \tag{5}$$

实际上, 设 S 是用经典 Hamilton 方程来描绘的一个力学系统的相空间, 并且此 Hamilton 方程的 Hamilton 函数不显含时间变量. 于是, S 的点 x 在经过 t 个单位时间之后就按照由 Liouville 给出的一个经典定理所规定的方式运动到 S 点 $y_t(x)$, 即对于每个固定的 t, 由 S 到 S 上的映射 $x \to y_t(x)$ 是个保测变换, 亦即映射 $x \to y_t(x)$ 保持着 S 的 "相体积" 不变. 在这种确定性情形, 我们有

$$(T_t f)(x) = f(y_t(x)), \tag{6}$$

从而, Boltzmann 的遍历假设

任何一个物理量的时间平均 = 该物理量的空间平均

在以 dx 表示 S 的相体积元并且 $0 < \int_S dx < \infty$ 的条件下就可以表示为

$$\text{对于 } f \in X, \ \lim_{t \uparrow \infty} t^{-1} \int_0^t f(y_s(x)) ds = \int_S f(x) dx \Big/ \int_S dx. \tag{7}$$

要想把保测变换 $x \to y_t(x)$ 自然地推广到 Markov 过程 $P(t, x, E)$ 的情形就需要假设有个所谓不变测度 $m(dx)$ 使得

$$\text{对一切 } t > 0 \text{ 和一切 } E, \ \int_S m(dx) P(t, x, E) = m(E). \tag{8}$$

这因此引导我们给出以下

定义 设 $\mathfrak{B}$ 是 S 的某些子集 B 所成的一个 $\sigma-$可加族, 且 S 本身属于 $\mathfrak{B}$. 又设每个 $t > 0, x \in S$ 和 $E \in \mathfrak{B}$ 联系一个函数 $P(t, x, E)$ 满足以下条件:

$$P(t, x, E) \geqslant 0, P(t, x, S) = 1, \tag{9}$$

固定 t 和 x 时, $P(t, x, E)$ 按 $E \in \mathfrak{B}$ 是 $\sigma -$可加的, (10)

固定 t 和 E 时, $P(t, x, E)$ 依 x 是 $\mathfrak{B} -$可测的, (11)

$$P(t + s, x, E) = \int_S P(t, x, dy) P(s, y, E)$$

(Chapman – Kolmogorov 方程). (12)

如此系统 $P(t, x, E)$ 便说在相空间 $(S, \mathfrak{B})$ 上确定了一个 Markov 过程. 如果我们还进一步假设 $(S, \mathfrak{B}, m)$ 是个测度空间使得

$$对于 \ E \in \mathfrak{B}, \int_S m(dx) P(t, x, E) = m(E), \tag{13}$$

那么便说 $P(t, x, E)$ 是个有不变测度 m 的 Markov 过程.

定理 1 假设 Markov 过程 $P(t, x, E)$ 有个不变测度 m 使得 $m(S) < \infty$. 对于 $p \geqslant 1$, 我们把空间 $X_p = L^p(S, \mathfrak{B}, m)$ 中的范数记为 $\|f\|_p$, 则可以用 (3) 定义一个有界线性算子 $T_t \in L(X_p, X_p)$ 使得 $T_{t+s} = T_t T_s (t, s > 0)$ 并且

T_t 是**正的**: 若 S 上 $f(x) \geqslant 0 \ m -$a.e., 则 $Tf(x) \geqslant 0 \ m -$a.e., (14)

$$T_t \cdot 1 = 1, \tag{15}$$

对于 $f \in X_p = L^p(S, \mathfrak{B}, m) \ (p = 1, 2, \infty), \|T_t f\|_p \leqslant \|f\|_p. \tag{16}$

证明 (14) 和 (15) 是显然的. 令 $f \in L^\infty(S, \mathfrak{B}, m)$. 于是由 (9)、(10) 和 (11) 可知, $f_t(x) = (T_t f)(x) \in L^\infty(S, \mathfrak{B}, m)$ 是确定的并且 $\|f_t\|_\infty \leqslant \|f\|_\infty$. 于是, 对于 $f \in L^\infty(S, \mathfrak{B}, m), p = 1$ 或 $p = 2$, 由 (9) 和 (13) 可得

$$\|f_t\|_p = \left\{ \int_S m(dx) \left| \int_S P(t, x, dy) f(y) \right|^p \right\}^{1/p}$$

$$\leqslant \left\{ \int_S m(dx) \left[\int_S P(t, x, dy) |f(y)|^p \left(\int_S P(t, x, dy) 1^p \right) \right] \right\}^{1/p}$$

$$= \left\{ \int_S m(dy) |f(y)|^p \right\}^{1/p} = \|f\|_p.$$

对于正整数 n 和非负 $f \in L^p(S, \mathfrak{B}, m), p = 1$ 或 $p = 2$, 我们令 $_n f(x) = \min(f(x), n)$. 于是, 我们就得到 $0 \leqslant (_n f(x))_t \leqslant (_{n+1} f(x))_t$ 和 $\|(_n f)_t\|_p \leqslant \|_n f\|_p \leqslant \|f\|_p$. 我们令 $f_t(x) = \lim_{n \to \infty} (_n f(x))_t$, 由 Lebesgue-Fatou 引理可知 $\|f_t\|_p \leqslant \|f\|_p$, 亦即,

$f_t \in L^p(S, \mathfrak{B}, m)$. 再用 Lebesgue-Fatou 引理就得到

$$f_t(x) = \lim_{n \to \infty} \int\limits_S P(t, x, dy)(_n f(y))$$

$$\geqslant \int\limits_S P(t, x, dy)\left(\lim_{n \to \infty} (_n f(y))\right) = \int\limits_S P(t, x, dy) f(y).$$

因此, 对于满足 $f_t(x_0) \neq \infty$ 的那些 x_0, 亦即对于 $m - $ a.e. $x_0, f(y)$ 关于测度 $P(t, x_0, dy)$ 是可积的. 于是, 用 Lebesgue-Fatou 引理, 最后我们就得到

$$\int\limits_S P(t, x_0, dy)(\lim_{n \to \infty} (_n f(y))) = \lim_{n \to \infty} \int\limits_S P(t, x_0, dy)(_n f(y)).$$

所以, $f_t(x_0) = \int\limits_S P(t, x_0, dy) f(y)$ $m - $ a.e. 成立, 并且 $\|f_t\|_p \leqslant \|f\|_p$. 对于一般的 $f \in L^p(S, \mathfrak{B}, m)$, 在把正算子 T_t 分别用于 f^+ 和 f^- 之后, 我们就得同样结果.

定理 2 (K. Yosida)　设 $P(t, x, E)$ 是个有不变测度 m 的 Markov 过程并且 $m(S) < \infty$, 则对任何 $f \in L^p(S, \mathfrak{B}, m), p = 1$ 或 $p = 2$, 成立平均遍历定理:

$$\text{s-} \lim_{n \to \infty} n^{-1} \sum_{k=1}^{n} T_k f = f^* \text{ 在 } L^p(S, \mathfrak{B}, m) \text{ 存在,} \tag{17}$$

$$\text{并且只要} f \in L^p(S, \mathfrak{B}, m) \text{ , 便有 } T_1 f^* = f^*.$$

此外还有

$$\int\limits_S f(x) m(dx) = \int\limits_S f^*(x) m(dx). \tag{18}$$

证明　在 Hilbert 空间 $L^2(S, \mathfrak{B}, m)$ 中, 由 (16) 和第八章 §3 的一般平均遍历定理可知, 平均遍历定理 (17) 是成立的.

既然 $m(S) < \infty$, 由 Schwarz 不等式可知, 诸 $f \in L^2(S, \mathfrak{B}, m)$ 都必属于 $L^1(S, \mathfrak{B}, m)$ 且 $\|f\|_1 \leqslant \|f\|_2 m(S)^{1/2}$. 于是诸 $f \in L^2(S, \mathfrak{B}, m)$ 便满足平均遍历定理 $\lim\limits_{n \to \infty} \int\limits_S \left| f^*(x) - n^{-1} \sum\limits_{k=1}^{n} (T_k f)(x) \right| m(dx) = 0$ 和 $T_1 f^* = f^*$. 再用 $m(S) < \infty$ 和

$$0 = \lim_{n \to \infty} \|f -_n f\|_1 = \lim_{n \to \infty} \int\limits_S |f(x) -_n f(x)| m(dx),$$

这里, $_n f(x) = \min(f(x), n)$, 我们可以看出 $L^2(S, \mathfrak{B}, m)$ 在 $L^1(S, \mathfrak{B}, m)$ 中是 L^1 稠密的. 亦即, 对任何 $f \in L^1(S, \mathfrak{B}, m)$ 和 $\varepsilon > 0$, 总有个 $f_\varepsilon \in L^2(S, \mathfrak{B}, m) \cap L^1(S, \mathfrak{B}, m)$ 使得 $\|f - f_\varepsilon\|_1 < \varepsilon$. 因此, 由 (16) 可得

$$\left\| n^{-1} \sum_{k=1}^{n} T_k f - n^{-1} \sum_{k=1}^{n} T_k f_\varepsilon \right\|_1 \leqslant \|f - f_\varepsilon\|_1 \leqslant \varepsilon.$$

对于 f_ε, 平均遍历定理 (17) 在 $L^1(S, \mathfrak{B}, m)$ 内是成立的, 从而, 由上述不等式可知对于 f, (17) 在 $L^1(S, \mathfrak{B}, m)$ 内也必定成立.

因为强收敛必然导致弱收敛, 所以 (18) 是 (17) 的一个推论.

注 1　上述定理 2 出自 K. Yosida [17]. 此外, 可参看 S. Kakutani [6], 那里, 证明了对每个 $f \in L^{\infty}(S, \mathfrak{B}, m)$, $\lim\limits_{n \to \infty} n^{-1} \sum\limits_{k=1}^{n} (T_k f)(x)$ 是 m – a.e. 收敛的. 当半群 T_t 对 t 强连续时, 我们能够证明, 可以把 (17) 中的 s-$\lim\limits_{n \to \infty} n^{-1} \sum\limits_{k=1}^{n} T_k f$ 换为 s-$\lim\limits_{t \uparrow \infty} t^{-1} \int\limits_{0}^{t} T_s f ds$. 我们不去详细叙述这些内容了, 因为在 E. Hopf [1] 和 K. Jacobs [1] 这些有关遍历理论的书中已对它们有所叙述. 我们还要提到 S. Kakutani [8] 的精彩报告, 其内容是关于遍历理论自 Hopf 于 1937 年提出的有关报告一直到 1950 年在剑桥召开的国际数学家会议期间的发展情况.

为了使用遍历假设 (7), 我们必须证明个别遍历定理, 其大意为

$$\lim_{n \to \infty} n^{-1} \sum_{k=1}^{n} (T_k f)(x) = f^*(x) \quad m - \text{a.e. 成立}.$$

在下一节, 我们要讨论序列 $n^{-1} \sum\limits_{k=1}^{n} (T_k f)(x)$ 的 m – a.e. 收敛性. 我们的目的是用第十二章 §4 中 Banach 收敛定理从平均收敛来导出 m – a.e. 收敛.

§2.　个别遍历定理及其应用

我们首先证明

定理 1 (K. Yosida)　设 X_1 是个实的、σ–完备的 F–格且其拟范数 $\|x\|_1$ 满足

$$\text{O-} \lim_{n \to \infty} x_n = x \text{ 必导致 } \lim_{n \to \infty} \|x_n\|_1 = \|x\|_1. \tag{1}$$

设 X_1 的线性子空间 X 是个实的 B–空间且其范数 $\|x\|$ 满足

$$\text{在 } X \text{ 中 s-} \lim_{n \to \infty} x_n = x \text{ 必导致在 } X_1 \text{ 中 s-} \lim_{n \to \infty} x_n = x. \tag{2}$$

设 $\{T_n\}$ 是映 X 到自身的有界线性算子序列使得

$$\text{O-} \varlimsup_{n \to \infty} |T_n x| \text{ 存在的 } x \text{ 组成 } X \text{ 的一个第二纲集 } S. \tag{3}$$

假定对某个 $z \in X$, 相应有个 $\bar{z} \in X$, 使得

$$\lim_{n \to \infty} \|T_n z - \bar{z}\| = 0, \tag{4}$$

$$T_n \bar{z} = \bar{z} \quad (n = 1, 2, \cdots), \tag{5}$$

$$\text{O-} \lim_{n \to \infty} (T_n z - T_n T_k z) = 0, \ k = 1, 2, \cdots. \tag{6}$$

那么,

$$\text{O-} \lim_{n \to \infty} T_n z = \bar{z}. \tag{7}$$

证明 根据第十二章 §4 Banach 定理, 我们定义映 X 入 X_1 的算子 $\widetilde{T}$ 使得

$$\widetilde{T}x = (\text{O-}\varlimsup_{n\to\infty} T_n x) - (\text{O-}\varliminf_{n\to\infty} T_n x). \tag{8}$$

令 $z = \overline{z} + (z - \overline{z})$. 由 (5) 可知

$$0 \leqslant \widetilde{T}z \leqslant \widetilde{T}(z - \overline{z}).$$

由 (6) 我们有 $\widetilde{T}(z - T_k z) = 0 \ (k = 1, 2, \cdots)$, 而由 (4) 可得 $\lim\limits_{k\to\infty} \|(z - \overline{z}) - (z - T_k z)\| = 0$. 于是, 我们有 $\widetilde{T}(z - \overline{z}) = 0$. 因此 $0 \leqslant \widetilde{T}z \leqslant 0$, 即是说 $\text{O-}\lim\limits_{n\to\infty} T_n z = w$ 存在.

我们尚须证明 $w = \overline{z}$. 由 (4) 和 (2) 可得 $\lim\limits_{n\to\infty} \|T_n z - \overline{z}\|_1 = 0$. 由 (1) 和 $\text{O-}\lim\limits_{n\to\infty} T_n z = w$ 又可得到 $\lim\limits_{n\to\infty} \|T_n z - w\|_1 = 0$. 因此, $w = \overline{z}$.

特别地, 把 X_1 取为实空间 $M(S, \mathfrak{B}, m)$ 而把 X 取为实空间 $L^1(S, \mathfrak{B}, m)$ 之后, 我们可以证明下述个别遍历定理.

定理 2 (K. Yosida) 设 T 是由 $L^1(S, \mathfrak{B}, m)$ 入 $L^1(S, \mathfrak{B}, m)$ 的有界线性算子且 $m(S) < \infty$. 假定

$$\|T^n\| \leqslant C < \infty \quad (n = 1, 2, \cdots), \tag{9}$$

$$\varlimsup_{n\to\infty} \left| n^{-1} \sum_{m=1}^{n} (T^m x)(s) \right| < \infty \quad m-\text{a.e. 成立}. \tag{10}$$

再假定对于某个 $z \in L^1(S, \mathfrak{B}, m)$,

$$\lim_{n\to\infty} n^{-1} (T^n z)(s) = 0 \quad m-\text{a.e. 成立}, \tag{11}$$

$$\text{且序列} \left\{ n^{-1} \sum_{m=1}^{n} T^m z \right\} \text{含有弱收敛}$$

$$\text{于某个元素 } \overline{z} \in L^1(S, \mathfrak{B}, m) \text{ 的子列}. \tag{12}$$

那么

$$\text{s-}\lim_{n\to\infty} n^{-1} \sum_{m=1}^{n} T^m z = \overline{z}, \quad T\overline{z} = \overline{z}, \tag{13}$$

以及

$$\lim_{n\to\infty} n^{-1} \sum_{m=1}^{n} (T^m z)(s) = \overline{z}(s) \quad m-\text{a.e.} \tag{14}$$

证明 令 F-格 $X_1 = M(S, \mathfrak{B}, m)$ 而 $\|x\|_1 = \int\limits_{S} |x(s)|(1 + |x(s)|)^{-1} m(ds)$, 令 B-格 $X = L^1(S, \mathfrak{B}, m)$ 而 $\|x\| = \int\limits_{S} |x(s)| m(ds)$, 再令 $T_n = n^{-1} \sum\limits_{m=1}^{n} T^m$. 于是, 它

们满足定理 1 的诸条件. 作为例子, 我们来验证 (6) 是成立的. 当 $n \geqslant k$ 时,

$$T_n z - T_n T^k z = n^{-1}(T + T^2 + \cdots + T^n)z$$
$$- n^{-1}(T^{k+1} + T^{k+2} + \cdots + T^{k+n})z.$$

从而由 (11) 可知, $\lim\limits_{n \to \infty} (T_n z - T_n T^k z)(s) = 0$ 对 $k = 1, 2, \cdots m -$a.e. 成立. 因此, 对 k 进行算术平均, 我们就得到 $\lim\limits_{n \to \infty} (T_n z - T_n T_k z)(s) = 0$ 对 $k = 1, 2, \cdots m -$a.e. 成立. 条件 (4) 和 (5), 亦即条件 (13) 是第八章 §3 中平均遍历定理的一个推论.

注 上述两个定理取材于 K. Yosida [15] 和 [18]. 在那两篇文章中还给出了由定理 1 导出的一些其他遍历定理.

关于上述条件 (11), 我们有下述 E. Hopf [3] 的结果.

定理 3 设 T 是将实 $L^1(S, \mathfrak{B}, m)$ 映入自身的一个线性正算子且其 L^1 范数 $\|T\| \leqslant 1$. 设 $f \in L^1(S, \mathfrak{B}, m)$ 且 $p \in L^1(S, \mathfrak{B}, m)$ 使得 $p(s) \geqslant 0$ $m -$a.e., 则

在使 $p(s) > 0$ 的集合上, $m -$a.e. $\lim\limits_{n \to \infty} (T^n f)(s) \bigg/ \sum\limits_{j=0}^{n-1} (T^j p)(s) = 0.$

如果 $m(S) < \infty$ 且 $T \cdot 1 = 1$, 则取 $p(s) = 1$, 就得到 (11).

证明 只需对 $f \geqslant 0$ 的情形证明本定理就可以了. 任取 $\varepsilon > 0$ 并考虑函数

$$g_n = T^n f - \varepsilon \sum_{j=0}^{n-1} T^j p, \quad g_0 = f.$$

令 $x_n(s)$ 是集合 $\{s \in S; g_n(s) \geqslant 0\}$ 的特征函数. 由于 $x_n g_n = g_n^+ = \max(g_n, 0)$ 和 $g_{n+1} + \varepsilon p = T g_n$, 再用 T 是正算子和 $\|T\| \leqslant 1$, 我们就得到

$$\int_S g_{n+1}^+(s)m(ds) + \varepsilon \int_S x_{n+1}(s)p(s)m(ds)$$
$$= \int_S x_{n+1}(s)(g_{n+1}(s) + \varepsilon p(s))m(ds) = \int_S x_{n+1}(s)T g_n(s)m(ds)$$
$$\leqslant \int_S x_{n+1}(s)T g_n^+(s)m(ds) \leqslant \int_S T g_n^+(s)m(ds) \leqslant \int_S g_n^+(s)m(ds).$$

把这些不等式从 $n = 0$ 起求和, 我们就得到

$$\int_S g_n^+(s)m(ds) + \varepsilon \int_S p(s) \sum_{k=1}^{n} x_k(s)m(ds) \leqslant \int_S g_0^+(s)m(ds),$$

从而

$$\int_S p(s) \sum_{k=1}^{\infty} x_k(s)m(ds) \leqslant \varepsilon^{-1} \int_S g_0^+(s)m(ds).$$

于是 $\sum\limits_{k=1}^{\infty} x_k(s)$ 在使 $p(s) > 0$ 的集合上 $m-\text{a.e.}$ 收敛. 因此, 对一切充分大的 $n, g_n(s) < 0$ 必定在使 $p(s) > 0$ 的集合上 $m-\text{a.e.}$ 成立.

所以, 我们就证明了对一切充分大的 $n, (T^n f)(s) < \varepsilon \sum\limits_{k=0}^{n-1} (T^k p)(s)$ 在使 $p(s) > 0$ 的集合上 $m-\text{a.e.}$ 成立. 由于 $\varepsilon > 0$ 是任意的, 所以我们就证明了此定理.

至于条件 (10), 我们给出取自 R. V. Chacon-D. S. Ornstein [1] 的下述定理:

定理 4 (R. V. Chacon-D. S. Ornstein)   设 T 是映实 $L^1(S, \mathfrak{B}, m)$ 入自身的线性正算子且其 L^1 范数 $\|T\|_1 \leqslant 1$. 若 f 和 p 是 $L^1(S, \mathfrak{B}, m)$ 中函数且 $p(s) \geqslant 0$, 则

$$在使 \ \sum_{n=0}^{\infty} (T^n p)(s) > 0 \ 的集合上,$$

$$\varlimsup_{n \to \infty} \left\{ \sum_{k=0}^{n} (T^k f)(s) \Big/ \sum_{k=0}^{n} (T^k p)(s) \right\} \ 是 \ m-\text{a.e.} \ 有限的.$$

如果 $m(S) < \infty$ 且 $T \cdot 1 = 1$, 则令 $p(s) = 1$ 就可以得到 (10).

为了进行证明, 我们需要一个

引理 (Chacon-Ornstein [1])   如果 $f = f^+ + f^-$, 又如果在集合 B 上有 $\varlimsup\limits_{n \to \infty} \sum\limits_{k=0}^{n} (T^k f)(s) > 0$, 则有非负函数序列 $\{d_k\}$ 和 $\{f_k\}$ 使得每个 N 满足

$$\int_S \sum_{k=0}^{N} d_k(s) m(ds) + \int_S f_N(s) m(ds) \leqslant \int_S f^+(s) m(ds), \tag{15}$$

$$在 \ B \ 上, \sum_{k=0}^{\infty} d_k(s) = -f^-(s), \tag{16}$$

$$T^N f^+ = \sum_{k=0}^{N} T^{N-k} d_k + f_N. \tag{17}$$

证明   递归地命 $d_0 = 0$, $f_0 = f^+$, $f_{-1} = 0$, 并且

$$f_{i+1} = (T f_i + f^- + d_0 + \cdots + d_i)^+, \quad d_{i+1} = T f_i - f_{i+1}. \tag{18}$$

我们指出

$$f^- + d_0 + \cdots + d_i \leqslant 0, \tag{19}$$

并且上式中等式在使 $f_i(s) > 0$ 的集合上成立, 这是因为

$$f_i = (T f_{i-1} + f^- + d_0 + \cdots + d_{i-1})^+$$
$$= (T f_{i-1} - f_i + f^- + d_0 + \cdots + d_{i-1} + f_i)^+$$
$$= (d_i + f^- + d_0 + \cdots + d_{i-1} + f_i)^+.$$

从 (18) 可得

$$T^j f^+ = \sum_{k=0}^{j} T^{j-k} d_k + f_i. \tag{20}$$

根据定义, f_i 是非负的, 从而由 (18) 的最后两个方程和 (19) 可知, d_i 也是非负的. 由 (20) 可得到

$$\sum_{j=0}^{n} T^j f^+ = \sum_{j=0}^{n} \sum_{k=0}^{j} T^{j-k} d_k + \sum_{j=0}^{n} f_j. \tag{21}$$

其次, 我们来证明

$$\sum_{j=0}^{n} T^j f^+ \leqslant \sum_{j=0}^{n} d_j - \sum_{j=1}^{n} T^j f^- + \sum_{j=0}^{n} f_j. \tag{22}$$

为此目的, 我们注意到

$$\sum_{j=0}^{n} \sum_{k=0}^{j} T^{j-k} d_k = \sum_{j=0}^{n} T^j \Big(\sum_{k=0}^{n-j} d_k \Big),$$

并且, 根据 (19) 和 T 是正算子,

$$-T^j f^- \geqslant T^j \Big(\sum_{k=0}^{n-j} d_k \Big) \text{ 在 } 1 \leqslant j \leqslant n \text{ 时成立}. \tag{23}$$

改写 (22) 后, 我们就得到

$$\sum_{j=0}^{n} T^j (f^+ + f^-) \leqslant \sum_{j=0}^{n} (d_j + f_j) + f^-. \tag{24}$$

现在我们来证明

$$\sum_{j=0}^{\infty} d_j(s) + f^-(s) \geqslant 0 \text{ 在 } B \text{ 上 } m - \text{a.e. 成立}. \tag{25}$$

用 (19) 后面的说明, 容易看出 (25) 中的等式在集合 $C = \{s \in S;$ 对某个 $j \geqslant 0$ 有 $f_j(s) > 0\}$ 上成立. 剩下的就是要证明 (25) 在集合 $B - C$ 上成立. 这可以用以下事实来证明, 即由 (24) 式可导出在 B 上, 特别是在 $B - C$ 上成立不等式

$$\sum_{j=0}^{\infty} (d_j + f_j)(s) + f^-(s) \geqslant 0.$$

现在我们注意到 (17) 刚好就是 (20), 并且 (16) 可由 (19) 和 (25) 导出来. 为了看出 (15) 成立, 我们指出, 根据对 T 的假设和 (18) 式, 有

$$\int_S \Big(\sum_{k=0}^{j} d_k + f_j \Big) m(ds) \geqslant \int_S \Big(\sum_{k=0}^{j} d_k + T f_j \Big) m(ds) = \int_S \Big(\sum_{k=0}^{j+1} d_k + f_{j+1} \Big) m(ds).$$

因为 $d_0 + f_0 = f^+$, 所以由上式对 j 使用归纳法就可以看出 (15) 式.

定理 4 的证明　只需在 S 上 $f(s) \geqslant 0$ 这个假设下证明此定理, 并且只需在 $p(s) > 0$ 时证明所指出的上极限是有限的. 第一点是显然的, 而第二点可以证明如下. 假设在使 $p(s) > 0$ 的点 s 处, 所指出的上极限是有限的. 因此

$$\varlimsup_{n \to \infty} \Big\{ \sum_{j=0}^{n} (T^{j+k}f)(s) \Big/ \sum_{j=0}^{n} (T^{j+k}p)(s) \Big\} \tag{26}$$

在使 $(T^k p)(s) > 0$ 的集合上是 $m-$a.e. 有限的,

这导致 $\varlimsup_{n \to \infty} \Big\{ \sum_{j=0}^{n} (T^j f)(s) \Big/ \sum_{j=0}^{n} (T^j p)(s) \Big\}$ 在使 $(T^k p)(s) > 0$ 的集合上是 $m-$a.e. 有限的.

现在假定要证的结论不成立. 这时 $\varlimsup_{n \to \infty} \Big\{ \sum_{j=0}^{n} (T^j f)(s) \Big/ \sum_{j=0}^{n} (T^j p)(s) \Big\}$ 在某个具有正的 $m-$测度的集合 E 上是 $m-$a.e. 无限的, 并且对于某个正常数 β, 在 E 上有 $p(s) > \beta > 0$. 因此, 对于任何一个正常数 α, 在 E 上 $m-$a.e. 有

$$\sup_n \Big\{ \sum_{j=0}^{n} (T^j((f-\alpha p)^+ + (f-\alpha p)^-))(s) \Big\} > 0.$$

在引理中以 $(f-\alpha p)$ 来代替 f, 于是由 (15) 和 (16) 就得到

$$\int_S (f-\alpha p)^+ m(ds) \geqslant \int_S \sum_{k=0}^{\infty} d_k m(ds) \geqslant - \int_E (f-\alpha p)^- m(ds).$$

然而, 最右边的积分随 $\alpha \uparrow \infty$ 而趋于 ∞, 但最左边的积分当 $\alpha \uparrow \infty$ 时却是有界的. 这是个矛盾, 从而我们就证明了此定理.

因此, 我们证明了

定理 5　设 T 是个将 $L^1(S, \mathfrak{B}, m)$ 映入自身的正线性算子, 并且其 L^1 范数 $\|T\|_1 \leqslant 1$. 如果 $m(S) < \infty$ 且 $T \cdot 1 = 1$, 则对任何 $f \in L^1(S, \mathfrak{B}, m)$, 序列 $\Big\{ n^{-1} \sum_{j=1}^{n} T^j f \Big\}$ 的平均收敛必导致它的 $m-$a.e. 收敛.

作为上述定理的一个推论, 我们得到以下

定理 6　设 $P(t, x, E)$ 是测度空间 $(S, \mathfrak{B}, m)$ 上的一个具有不变测度 m 的 Markov 过程, 并且 $m(S) < \infty$, 则对于用 $(T_t f)(x) = \int_S P(t, x, dy) f(y)$ 定义的线性算子 T_t, 我们有 i) 平均遍历定理:

$$对于 f \in L^p(S, \mathfrak{B}, m), \text{s-} \lim_{n \to \infty} n^{-1} \sum_{k=1}^{n} T_k f = f^* \tag{27}$$

在 $L^p(S, \mathfrak{B}, m)$ 存在且 $T_1 f^* = f^* \ (p = 1, 2)$,

以及 ii) 个别遍历定理:

> 当 $p = 1$ 或 $p = 2$ 时, 诸 $f \in L^p(S, \mathfrak{B}, m)$ 使有限的
>
> $$\lim_{n \to \infty} n^{-1} \sum_{k=1}^{n} (T_k f)(s) \quad m - \text{a.e. 存在且 } m - \text{a.e. 等于} f^*(s), \tag{28}$$
>
> 此外, $\int_S f(s) m(ds) = \int_S f^*(s) m(ds)$.

证明 由上一节定理 2, 平均遍历定理 (27) 成立, 从而可用定理 5 得出 (28).

注 如果 T_t 是个由 S 到 S 上的保测变换 $x \to y_t(x)$, 则 (27) 正好就是 J. von Neumann [3] 的平均遍历定理, 而 (28) 正好就是 G. D. Birkhoff [1] 和 A. Khintchine [1] 的个别遍历定理.

历史简况 Birkhoff-Khintchine 那种类型的个别遍历定理的第一个算子理论推广是由 J. L. Doob [1] 得到的. 他证明了 $n^{-1} \sum_{k=1}^{n} (T_k f)(x)$ 是 $m - \text{a.e.}$ 收敛的, 其条件为 T_t 是由在测度空间 $(S, \mathfrak{B}, m)$ 上具有不变测度 m 的 Markov 过程 $P(t, x, E)$ 来定义的, 其中 $m(S) = 1$, 而 f 是某个属于 $\mathfrak{B}$ 的集合的特征函数. S. Kakutani [6] 指出, 当 f 只是个有界 $\mathfrak{B}$-可测函数时, 仍可用 Doob 的方法得到同样的结果. 此后, E. Hopf [2] 只假设了 f 是个 m-可积的函数就证明了该定理. N. Dunford-J. Schwartz [4] 对于下述线性算子 T_t 证明了 (28), 从而推广了 Hopf 的结果, 那里, T_t 既不增大 L^1 范数也不增大 L^∞ 范数, 他没有假设 T_t 是正算子而只假设了 $T_k = T_1^k$ 和 $T_1 \cdot 1 = 1$. 需要指出, Hopf 和 Dunford-Schwartz 的论证用到了我们的定理 1 的想法. R. V. Chacon-D. S. Ornstein [1] 对于 L^1 范数 $\leqslant 1$ 的正线性算子 T_t 证明了 (28), 那里并没有假设 T_t 不增大 L^∞ 范数, 而且也不涉及我们的定理 1. 当然, 那里假设了 $T_k = T_1^k$ 和 $T \cdot 1 = 1$. 我们不再谈细节了, 因为, 为了阐述有关 Markov 过程的这一章的内容, 以定理 6 作为遍历理论的基础就够了, 而定理 6 是我们的定理 1 的一个推论.

§3. 遍历假设和 H-定理

设 $P(t, x, E)$ 是测度空间 $(S, \mathfrak{B}, m)$ 上有不变测度 m 的一个 Markov 过程且 $m(S) = 1$. 我们定义过程 $P(t, x, E)$ 的遍历性为诸 $f \in L^p(S, \mathfrak{B}, m)$ $(p = 1, 2)$ 满足

$$
\begin{aligned}
\text{时间平均} f^*(x) &= \lim_{n \to \infty} n^{-1} \sum_{k=1}^{n} (T_k f)(x) \\
&= \lim_{n \to \infty} n^{-1} \sum_{k=1}^{n} \int_S P(k, x, dy) f(y) \\
&= \text{空间平均} \int_S f(x) m(dx) \quad m - \text{a.e.}
\end{aligned} \tag{1}
$$

因为 $\int\limits_S f^*(x)m(dx) = \int\limits_S f(x)m(dx)$, 所以 (1) 可以改写为

$$\text{对于} f \in L^p(S, \mathfrak{B}, m) \ (p = 1, 2), f^*(x) = \text{某个常数} \ m - \text{a.e.} \tag{1'}$$

对于遍历假设 (1) 和 (1'), 我们将给出三种不同解释.

1. 设 $\chi_B(x)$ 是集合 $B \in \mathfrak{B}$ 的特征函数. 对于任何两个集合 $B_1, B_2 \in \mathfrak{B}$, B_1 中诸点在 k 个单位时间后进入集合 B_2 的概率的时间平均等于乘积 $m(B_1)m(B_2)$. 亦即, 我们有

$$(\chi_{B_2}^*, \chi_{B_1}) = m(B_1)m(B_2). \tag{2}$$

证明　如果 $f, g \in L^2(S, \mathfrak{B}, m)$, 则由 (1') 式, 从 $L^2(S, \mathfrak{B}, m)$ 中强收敛性 $n^{-1} \sum\limits_{k=1}^{n} T_k f \to f^*$ 可导致几乎所有 x 满足下式

$$\lim_{n \to \infty} n^{-1} \sum_{k=1}^{n} (T_k f, g) = (f^*, g) = f^*(x) \int_S g(x)m(dx)$$
$$= \int_S f(x)m(dx) \int_S g(x)m(dx).$$

选取 $f(x) = \chi_{B_2}(x), g(x) = \chi_{B_1}(x)$, 我们就得到 (2).

注　对于 $p = 1$ 和 $p = 2$, 特征函数 $\chi_B(x)$ 的线性组合在空间 $L^p(S, \mathfrak{B}, m)$ 是稠密的, 易见 (2) 等价于遍历假设 (1'). (2) 说的是, S 的每个部分, 在时间平均意义下, 均匀地进入 S 的每个部分.

2. 第八章 §3 中平均遍历定理说, 映射 $f \to T^* f = f^*$ 给出了 T_1 的对应于 T_1 的本征值 1 的本征空间; 此本征空间由值域 $R(T^*)$ 给出. 于是遍历假设 (1') 刚好就是这种假设, 即 $R(T^*)$ 是一维的. 因此, $P(t, x, E)$ 的遍历假设可以用算子 T_1 的谱来解释.

3. Markov 过程 $P(t, x, E)$ 为度量传递的或不可分解的指它满足以下条件:

$$S \text{ 不能分解为不交集合 } B_1, B_2 \in \mathfrak{B} \text{ 之并使得 } m(B_1) > 0, \ m(B_2) > 0$$
$$\text{且诸 } x \in B_i, E \subseteq B_j \text{ 及 } i \neq j \text{ 使 } P(1, x, E) = 0. \tag{3}$$

证明　假定 $P(t, x, E)$ 是遍历的且 S 可按 (3) 分解. 根据下述条件

$$\int_S P(1, x, dy)\chi_{B_1}(y) = P(1, x, B_1) = \begin{cases} 1 = \chi_{B_1}(x), \ x \in B_1, \\ 0 = \chi_{B_1}(x), \ x \bar{\in} B_1, \end{cases}$$

特征函数 $\chi_{B_1}(x)$ 满足 $T_1 \chi_{B_1} = \chi_{B_1}$. 然而, $m(B_1)m(B_2) > 0$, 函数 $\chi_{B_1}(x) = \chi_{B_1}^*(x)$ 不可能 $m -$ a.e. 等于一个常数.

其次, 假定过程 $P(t,x,E)$ 是不可分解的. 令 $T_1 f = f$, 我们要证 $f^*(x) = f(x)$ m – a.e. 等于一个常数. 既然 T_1 把实值函数映射为实值函数, 我们可设函数 $f(x)$ 是实值的. 如果 $f(x)$ 不 m – a.e. 等于一个常数, 则有个常数 α 使得集合

$$B_1 = \{s \in S; f(s) > \alpha\} \text{ 和 } B_2 = \{s \in S; f(s) \leqslant \alpha\}$$

都是 m–测度 > 0 的. 因 $T_1(f - \alpha) = f - \alpha$, 由后面的角变量方法可知

$$T_1(f - \alpha)^+ = (f - \alpha)^+, \quad T_1(f - \alpha)^- = (f - \alpha)^-.$$

因此, 如果 $x \in B_i, E \subseteq B_j$ $(i \neq j)$, 我们就得到 $P(1,x,E) = 0$.

注　度量传递性概念是由 G. D. Birkhoff-P. A. Smith [2] 针对 S 到 S 上的保测变换 $x \to y_t(x)$ 的情形而引入的.

一例遍历的保测变换　设 S 是个环面, 亦即它是由所有实数对 $s = \{x,y\}$ 组成的集合, 其元素 $s = \{x,y\}$ 和 $s' = \{x',y'\}$ 是等同的当且仅当 $x \equiv x'$ (mod 1) 和 $y \equiv y'$ (mod 1); 用 s 的坐标 x,y 的实数拓扑赋予 S 以拓扑. 我们假设实数 α, β 在 mod 1 下是整系数线性无关的, 其意指整数 n,k 满足 $n\alpha + k\beta \equiv 0$ (mod 1) 时, $n = k = 0$. 我们考虑映射

$$s = \{x,y\} \to T_t s = s_t = \{x + t\alpha, y + t\beta\},$$

它映 S 到自身上且保持 S 上测度 $dxdy$ 不变. 那么, 映射 $s \to T_t s$ 是遍历的.

证明　设 $f(s) \in L^2(S)$ 关于 T_1 是不变的, 亦即, 设 $f(s) = f(s_1)$ 在 S 上 $dxdy$ – a.e. 成立. 我们需要证明 $f(s) = f^*(s)=$ 常数, 在 S 上 $dxdy$ – a.e. 成立. 我们来考察 $f(s)$ 和 $f(s_1) = f(T_1 s)$ 各自的 Fourier 系数:

$$\int_0^1 \int_0^1 f(s) \exp(-2\pi i(k_1 x + k_2 y))dxdy,$$

$$\int_0^1 \int_0^1 f(T_1 s) \exp(-2\pi i(k_1 x + k_2 y))dxdy.$$

既然映射 $s \to T_1 s = \{x + \alpha, y + \beta\}$ 保持测度 $dxdy$ 不变, 后一个积分便等于

$$\int_0^1 \int_0^1 f(s) \exp(-2\pi i(k_1 x + k_2 y)) \exp(2\pi i(k_1 \alpha + k_2 \beta))dxdy.$$

于是, 根据对应于 $f(s)$ 和 $f(T_1 s)$ 的 Fourier 系数的唯一性, 就必定有

当 $\int_0^1 \int_0^1 f(s) \exp(-2\pi i(k_1 x + k_2 y))dxdy \neq 0$ 时, $\exp(2\pi i(k_1 \alpha + k_2 \beta)) = 1$.

因此, 由关于 α, β 的假设可知,

$$当 \ k_1^2 + k_2^2 \neq 0 \ 时, \int\limits_0^1 \int\limits_0^1 f(s) \exp(-2\pi i(k_1 x + k_2 y)) dx dy = 0.$$

所以, $f(s) = f^*(s)$ 必定 $dxdy$ – a.e. 等于一个常数.

角变量　设 T_t 是用在 $(S, \mathfrak{B}, m)$ 上具有不变测度 m 的 Markov 过程 $P(t, x, E)$ 来定义的, 并且 $m(S) = 1$. 设 $f(s) \in L^2(S, \mathfrak{B}, m)$ 是 T_1 的对应于绝对值为 1 的本征值 λ 的本征向量, 亦即 $T_1 f = \lambda f$ 且 $|\lambda| = 1$. 那么, 我们有 $T_1|f| = |f|$.

这是因为算子 T_1 是正的, 所以

$$(T_1|f|)(x) \geqslant |(T_1 f)(x)| = |f(x)|,$$

亦即, $\int\limits_S P(1, x, dy)|f(y)| \geqslant |f(x)|$. 此不等式中等式必定对 x 是 m – a.e. 成立的, 这可以通过对不等式两端关于 $m(dx)$ 求积分并注意到测度 m 的不变性看出来. 因此在 $P(t, x, E)$ 遍历时, $|f(x)|$ 必定 m – a.e. 等于一个常数. 因此, 如果我们令

$$f(x) = |f(x)| \exp(i\Theta(x)), \quad 0 \leqslant \Theta(x) < 2\pi,$$

则必定有

$$T_1 \exp(i\Theta(x)) = \lambda \exp(i\Theta(x)).$$

在 $\lambda \neq 1$ 的情形, 如此 $\Theta(x)$ 便称为遍历的 Markov 过程 $P(t, x, E)$ 的一个角变量.

混合假设　设 T_t 是用 $(S, \mathfrak{B}, m)$ 上有不变测度 m 的 Markov 过程 $P(t, x, E)$ 来定义的, 并且 $m(S) = 1$. 比 $P(t, x, E)$ 的遍历假设更强的一个条件是

$$空间 \ L^2(S, \mathfrak{B}, m) \ 中向量对 \ (f, g) \ 都满足$$
$$\lim_{k \to \infty} (T_k f, g) = (f^*, g) = \int\limits_S f(x)m(dx) \cdot \int\limits_S g(x)m(dx). \tag{4}$$

此条件称为 Markov 过程 $P(t, x, E)$ 的混合假设. 同遍历假设一样, 对它可作如下解释: S 的每个部分都终归会均匀地进入 S 的每个部分. 至于混合保测变换 $x \to y_t(x)$ 的例子, 我们建议读者去看前面引用过的 E. Hopf 的书.

H–定理　设 $P(t, x, E)$ 是在 $(S, \mathfrak{B}, m)$ 上具有不变测度 m 的一个 Markov 过程, 并且 $m(S) = 1$. 考虑函数

$$H(z) = -z \log z, \quad z \geqslant 0. \tag{5}$$

我们可以证明

定理 (K. Yosida (17))　　设非负函数 $f(x) \in L^1(S, \mathfrak{B}, m)$ 属于 **Zygmund 类**, 亦即, 我们假设 $\int\limits_S f(x) \log^+ f(x) m(dx) < \infty$, 这里依 $|z| \geqslant 1$ 或 $|z| < 1$, 规定 $\log^+ |z| = \log |z|$ 或 0. 那么,

$$\int\limits_S H(f(x)) m(dx) \leqslant \int\limits_S H((T_t f)(x)) m(dx). \tag{6}$$

证明　　因为, 当 $z > 0$ 时, $H(z) = -z \log z$ 满足 $H''(z) = -1/z < 0$, 所以 $H(z)$ 是凹函数. 于是得到

$$H(f(x)) \text{ 的加权平均} \leqslant H(f(x) \text{ 的加权平均}),$$

从而有

$$\int\limits_S P(t, x, dy) H(f(y)) \leqslant H\left(\int\limits_S P(t, x, dy) f(y) \right).$$

两端关于 $m(dx)$ 积分, 并注意到测度 $m(E)$ 的不变性, 我们就得到 (6).

注　　用半群的性质 $T_{t+s} = T_t T_s$ 以及 (6), 容易得到

$$\int\limits_S H((T_{t_1} f)(x)) m(dx) \leqslant \int\limits_S H((T_{t_2} f)(x)) m(dx) \text{ 在 } t_1 < t_2 \text{ 时成立}. \tag{6'}$$

可以把 (6′) 类比于统计力学中经典的 H–定理.

§4.　带局部紧相空间的 Markov 过程的遍历分解

设 S 是个可分度量空间, 其有界闭集都是紧的[①]. 设 $\mathfrak{B}$ 是 S 的所有 Baire 子集的集合, 并考虑 $(S, \mathfrak{B})$ 上一个 Markov 过程 $P(t, x, E)$. 我们假设

$$f(x) \in C_0^0(S) \text{ 蕴涵 } f_t(x) = \int\limits_S P(t, x, dy) f(y) \in C_0^0(S). \tag{1}$$

本节目的是把 S 分解为遍历部分和耗散部分, 它推广了紧度量空间 S 中确定性的、可逆转移过程的 Krylov-Bogolioubov 情形 (见 N. Krylov-N. Bogolioubov [1]). 这种推广的可能性在 S 是个紧度量空间并且满足条件 (1) 的情形是由 K. Yosida [17] 观察到的, 并且由 N. Beboutov [1] 独立于 Yosida 实现了. K. Yosida [19] 则于局部紧空间 S 情形作出了这种推广. 我们按照最后指出的这篇论文来讲述.

引理 1　　设 $C_0^0(S)$ 是以最大模 $\|f\| = \sup\limits_{x \in S} |f(x)|$ 为范数的赋范线性空间, 并且 $C_0^0(S)$ 上一个线性泛函 $L(f)$ 是非负的, 就是说, 如果在 S 上 $f(x) \geqslant 0$, 则

[①]校者注: 前半句中可分性条件可由后半句中紧性条件而得.

$L(f) \geqslant 0$. 于是, 有唯一确定的正则测度 $\varphi(E)$, 它是 σ-可加的, 同时对 S 的 Baire 子集 E 是 $\geqslant 0$ 的, 并且 $L(f)$ 可以用 $\varphi(E)$ 表示如下:

$$\text{对于 } f \in C_0^0(S), L(f) = \int_S f(x)\varphi(dx). \tag{2}$$

这里, 测度 φ 的正则性指的是

$$\varphi(E) = \inf \varphi(G) \text{ 而 } G \text{ 遍取一切开集} \supseteq E. \tag{3}$$

证明　读者可以参看 P. R. Halmos [1][1].

设 $\varphi(E)$ 是定义在 $\mathfrak{B}$ 上满足 $\varphi(S) \leqslant 1$ 的非负、σ-可加的正则测度. 如果

$$\text{对于 } t > 0 \text{ 和 } E \in \mathfrak{B}, \varphi(E) = \int_S \varphi(dx)P(t,x,E), \tag{4}$$

则我们把 $\varphi(E)$ 叫作 Markov 过程的一个不变测度. 这时, 我们有

引理 2　对任何 $f \in C_0^0(S)$ 和任何不变测度 $\varphi(E)$,

$$\lim_{n\to\infty} n^{-1} \sum_{k=1}^{n} f_k(x) = f^*(x) \quad \varphi - \text{a.e.} \text{ 存在}, \tag{5}$$

其中 $f_k(x) = \int_S P(k,x,dy)f(y)$, 且

$$\int_S f^*(x)\varphi(dx) = \int_S f(x)\varphi(dx). \tag{6}$$

这刚好是 §2 定理 6 的一个推论.

现在, 令 $_1f, {_2}f, {_3}f, \cdots$ 在赋范线性空间 $C_0^0(S)$ 内是稠密的. 这种序列的存在性是由对于空间 S 所作的假设所保证的. 把引理 2 用于 $_1f, {_2}f, {_3}f, \cdots$ 并把 φ-测度为零的例外集合并起来, 于是我们知道, 有个 φ-测度零集 N, 它具有性质:

$$\text{对于 } x \bar{\in} N \text{ 和 } f \in C_0^0(S), \lim_{n\to\infty} n^{-1} \sum_{k=1}^{n} f_k(x) = f^*(x) \text{ 存在}. \tag{7}$$

一个 Baire 集 $S' \subseteq S$ 叫作极大概率的 是指每个不变测度 φ 都满足 $\varphi(S - S') = 0$. 因此, 使 $f^*(x) = \lim_{n\to\infty} n^{-1} \sum_{k=1}^{n} f_k(x)$ 对于每个 $f \in C_0^0(S)$ 都存在的那些 x 组成的集合 S' 就是极大概率的. 于是, 如果有个满足 $\varphi(S) > 0$ 的不变测度, 则有个 $g \in C_0^0(S)$ 和一个点 x_0 使得

$$g^{**}(x_0) = \overline{\lim_{n\to\infty}} \, n^{-1} \sum_{k=1}^{n} g_k(x_0) > 0. \tag{8}$$

---

[1]校者注: Baire 测度自动是正则的.

因若不然, 所有 $f \in C_0^0(S)$ 便使 S 上 $f^*(x) = 0$. 由 (6) 便得 $\int\limits_S f(x)\varphi(dx) = 0$.

反之, 设 (8) 对某个 $g \in C_0^0(S)$ 和某个点 x_0 成立. 设 $\{n'\}$ 是从自然数中选出来的如此子列, 它使得 $\lim\limits_{n' \to \infty} (n')^{-1} \sum\limits_{k=1}^{n'} g_k(x_0) = g^{**}(x_0)$. 用对角线法, 我们可以选出 $\{n'\}$ 的一个子列 $\{n''\}$ 使得 $\lim\limits_{n'' \to \infty} (n'')^{-1} \sum\limits_{k=1}^{n''} (_j f)_k(x_0)$ 对于 $j = 1, 2, \cdots$ 都存在. 根据 $\{_j f\}$ 在 $C_0^0(S)$ 中的稠密性, 我们容易看出

对于 $f \in C_0^0(S)$, $\lim\limits_{n'' \to \infty} (n'')^{-1} \sum\limits_{k=1}^{n''} f_k(x_0) = f^{***}(x_0)$ 存在.

如果我们记 $f^{***}(x_0) = L_{x_0}(f)$, 则

$$L_{x_0}(f) = L_{x_0}(f_1). \tag{9}$$

这是因为, 由条件 (1) 可知 $f_1 \in C_0^0(S)$, 从而

$$L_{x_0}(f) = \lim_{n'' \to \infty} (n'')^{-1} \sum_{k=1}^{n''} f_{k+1}(x_0) = f_1^{***}(x_0) = L_{x_0}(f_1).$$

由引理 1 可知, 有个正则测度 $\varphi_{x_0}(E)$ 使得

$$L_{x_0}(f) = f^{***}(x_0) = \int\limits_S f(x)\varphi_{x_0}(dx). \tag{10}$$

当然, 我们有

$$0 \leqslant \varphi_{x_0}(E) \leqslant 1, \tag{11}$$

并且由 (9) 可得

$$\int\limits_S f(x)\varphi_{x_0}(dx) = \int\limits_S \left(\int\limits_S P(1, x, dy) f(y) \right) \varphi_{x_0}(dx).$$

让 $f(x)$ 趋于 Baire 集 E 的特征函数, 我们可见 $\varphi_{x_0}(E)$ 是个不变测度. 由 (8) 和 (10) 可得

$$L_{x_0}(g) = g^{***}(x_0) = \int\limits_S g(x)\varphi_{x_0}(dx) > 0,$$

因此我们有 $\varphi_{x_0}(S) > 0$. 这样, 我们就证明了以下

定理 1 非平凡不变测度不存在的一个必要且充分的条件是

$$\text{对于 } f \in C_0^0(S), \text{ 在 } S \text{上} \lim_{n \to \infty} n^{-1} \sum_{k=1}^{n} f_k(x) = f^*(x) = 0. \tag{12}$$

定义 称 $(S, \mathfrak{B})$ 上过程 $P(t, x, E)$ 为耗散的 指它满足条件 (12).

例　设 S 是半直线 $(0,\infty)$ 而 $\mathfrak{B}$ 是其中一切 Baire 集所成的集合, 则由下式

$$P(t,x,E) = \begin{cases} 1, & \text{当 } (x+t) \in E \text{ 时,} \\ 0, & \text{当 } (x+t) \overline{\in} E \text{ 时} \end{cases}$$

所定义的 Markov 过程 $P(t,x,E)$ 是耗散的.

我们假设 $P(t,x,E)$ 不是耗散的. 设 D 表示集合

$$\Big\{ x \in S;\ \text{对于 } f \in C_0^0(S),\ f^*(x) = \lim_{n\to\infty} n^{-1} \sum_{k=1}^{n} f_k(x) = 0 \Big\}.$$

它等于 $\{ x \in S;\ (_j f)^*(x) = 0,\ j = 1,2,\cdots \}$, 从而是个 Baire 集. 我们把 D 叫作 S 的耗散部分. 我们可证任何不变测度 φ 都使 $\varphi(D) = 0$, 从而因设过程 $P(t,x,E)$ 是非耗散的, $S_0 = S - D$ 是非空的. 我们已知有个 Baire 集 $S_1 \subseteq S_0$ 使得

$$\text{诸 } x \in S_1 \text{ 都对应一个非平凡不变测度 } \varphi_x(E)$$

$$\text{使得 } f^*(x) = \lim_{n\to\infty} n^{-1} \sum_{k=1}^{n} f_k(x) = \int_S f(z)\varphi_x(dz) \tag{13}$$

$$\text{且对于任何不变测度 } \varphi,\ \varphi(S_0 - S_1) = 0.$$

任何不变测度 φ 都满足 (6), 从而我们由 (13) 可得

$$\int_S f(y)\varphi(dy) = \int_{S_1} \Big(\int_S f(z)\varphi_y(dz) \Big)\varphi(dy).$$

因此, 我们得到

$$\varphi(E) = \int_{S_1} \varphi_y(E)\varphi(dy), \tag{14}$$

从而我们就证明了

定理 2　任何不变测度 φ 都是以 y 作参数的不变测度 $\varphi_y(E)$ 的凸组合.

从 (11) 和 (14), 可以看出集合

$$S_2 = \{ x \in S; x \in S_1, \varphi_x(S_1) = 1 \}$$

是极大概率集. 因此 S_0 是极大概率集.

对任何 $f \in C_0^0(S)$ 和任何不变测度 φ, 我们有

$$\int_{S_2} \varphi(dx)\Big(\int_{S_2} (f^*(y) - f^*(x))^2 \varphi_x(dy) \Big) = 0, \tag{15}$$

这是因为, 根据 (13)、(14)、(6) 以及 S_2 的定义, 上式左端等于

$$\int_{S_2} \varphi(dx)\Big(\int_{S_2} f^*(y)^2 \varphi_x(dy)\Big) - 2 \int_{S_2} f^*(x)\varphi(dx)\Big(\int_{S_2} f^*(y)\varphi_x(dy)\Big)$$

$$+ \int_{S_2} f^*(x)^2 \varphi(dx) \int_{S_2} \varphi_x(dy)$$

$$= \int_{S_2} f^*(y)^2 \varphi(dy) - 2 \int_{S_2} f^*(x)^2 \varphi(dx) + \int_{S_2} f^*(x)^2 \varphi(dx).$$

把 (15) 用于 $_1f, _2f, _3f, \cdots$, 我们可得如下极大概率集

$$S_3 = \Big\{ x \in S_2; \text{对于} f \in C_0^0(S), \int_{S_2}(f^*(y) - f^*(x))^2 \varphi_x(dy) = 0 \Big\}.$$

我们来作 S 的遍历分解. 对任何一个 $x \in S_3$, 令

$$E_x = \{ y \in S_3; \text{对于} f \in C_0^0(S), f^*(y) = f^*(x) \}. \tag{16}$$

于是我们可以证明, 每个 E_x 都包含一个有下述性质的集合 $\widehat{E}_x$:

$$\text{对于} y \in \widehat{E}_x, \varphi_x(E_x) = \varphi_x(\widehat{E}_x) \text{ 和 } P(1, y, \widehat{E}_x) = 1. \tag{17}$$

证明 由 S_3 的定义可知, 如果测度 $\varphi_x(E)$ 在点 y 有变差, 则 $f^*(y) = f^*(x)$. 于是 $\varphi_x(E_x) = \varphi_x(S_3) = 1$. 因此, 由测度 φ_x 的不变性可得

$$1 = \varphi_x(E_x) = \int_{S_3} P(1, z, E_x)\varphi_x(dz) = \int_{E_x} P(1, z, E_x)\varphi_x(dz).$$

因为 $0 \leqslant P(1, z, E_x) \leqslant 1$, 所以有个 Baire 集 $E^1 \subseteq E_x$ 使得

$$\varphi_x(E^1) = \varphi_x(E_x) \text{ 和 } z \in E^1 \text{ 必导致 } P(1, z, E_x) = 1.$$

因为

$$\int_{E^1} P(1, z, E^1)\varphi_x(dz) = \varphi_x(E^1) = \varphi_x(E_x) = \int_{E^1} P(1, z, E_x)\varphi_x(dz),$$

所以必定有

$$\int_{E^1}(P(1, z, E_x) - P(1, z, E^1))\varphi_x(dz) = 0.$$

令 $E^2 = \{z \in E^1, P(1, z, E^1) = 1\}$, 诸 $z \in E^2$ 满足 $P(1, z, E^1) = 1$, 于是我们就得到 $\varphi_x(E^1 - E^2) = 0$. 其次, 令 $E^3 = \{z \in E^2; P(1, z, E^2) = 1\}$. 仿上述讨论可得 $\varphi_x(E^3) = \varphi_x(E_x)$. 继续作下去, 我们就得到一个序列 $\{E^n\}$ 使得

$$E_x \supseteq E^1 \supseteq E^2 \supseteq \cdots, \quad \varphi_x(E^n) = \varphi_x(E_x) \text{ 以及}$$

$$\text{诸 } z \in E^{n+k} \text{ 使 } P(1, z, E^n) = 1 \ (n \geqslant 0, k \geqslant 1, E^0 = E_x),$$

因此, 我们就得到了具有所需要的性质的集合 $\widehat{E}_x = \bigcap\limits_{n=1}^{\infty} E^n$.

所以, 我们有

定理 3　$P(t, y, E)$ 于每个 $\widehat{E}_x$ 定义了一个 Markov 过程, 它是遍历的, 其意为

$$
\begin{aligned}
&\widehat{E}_x \text{ 不可分解为如此两部分 } A \text{ 和 } B \text{ 使得} \\
&\text{某个不变测度 } \varphi \text{ 满足 } \varphi(A) \cdot \varphi(B) > 0, \text{并且} \\
&\text{诸 } a \in A \text{ 使 } P(1, a, B) = 0 \text{ 而诸 } b \in B \text{ 使 } P(1, b, A) = 0.
\end{aligned} \tag{18}
$$

证明　设 φ 是 $\widehat{E}_x$ 中的任何一个满足 $\varphi(\widehat{E}_x) = 1$ 的不变测度, 则由 (14) 可知当 $E \subseteq \widehat{E}_x$ 时, $\varphi(E) = \int\limits_{\widehat{E}_x} \varphi(dz)\varphi_z(E)$. 因为对每个 $z \in \widehat{E}_x$ 都有 $\varphi_z(E) = \varphi_x(E)$, 所以, 根据 $\widehat{E}_x$ 的定义, 我们有

$$
\varphi(E) = \varphi_x(E) \int\limits_{\widehat{E}_x} \varphi(dz) = \varphi_x(E).
$$

因此, 在 $\widehat{E}_x$ 内实质上只有唯一的一个不变测度 $\varphi_x(E)$. 这就证明了 $\widehat{E}_x$ 的遍历性. 这是因为, 设 $\widehat{E}_x$ 可以按 (18) 分解, 则由 φ 的不变性可知

$$
\text{当 } C \subseteq \widehat{E}_x \text{ 时,} \quad \varphi(C) = \int\limits_{\widehat{E}_x} P(1, z, C)\varphi(dz).
$$

因此, 由

$$
\psi(C) = \begin{cases} \varphi(C)/\varphi(A), & \text{当 } C \subseteq A \text{ 时,} \\ 0, & \text{当 } C \subseteq B \text{ 时} \end{cases}
$$

所定义的测度 $\psi(C)$ 在 $\widehat{E}_x$ 中是不变的, 并且 ψ 异于唯一不变测度 φ.

§5.　齐次 Riemann 空间[①]上的 Brown 运动

Markov 过程与微分方程之间有个很有意义的联系. 在 20 世纪 30 年代初期, A. Kolmogorov 就对某种正则性假设之下的转移概率 $P(t, x, E)$ 证明了

$$
u(t, x) = \int\limits_S P(t, x, dy)f(y)
$$

满足扩散型方程:

$$
\frac{\partial u}{\partial t} = b^{ij}(x) \frac{\partial^2 u}{\partial x_i \partial x_j} + a^i(x) \frac{\partial u}{\partial x_i} = Au, \quad t > 0, \tag{1}
$$

_____

[①]校者注: 本书中作者以 Riemann 空间代指 Riemann 流形.

这里, 微分算子 A 在相空间 S 的点 x 的局部坐标 $(x_1, x_2, \cdots, x_n)$ 之下是椭圆算子. 这里沿用了 Einstein 规定的张量记号, 例如, $a^i(x)\partial/\partial x_i$ 就表示 $\sum\limits_{i=1}^{n} a^i(x)\partial/\partial x_i$. 至于方程 (1) 的导出, 见 A. Kolmogorov [1]. 他研究的主题是要弄清楚 Markov 过程的局部特征.

遵循 F. Hille 1949 年在斯堪的纳维亚大会上所作的报告 (参看 E. Hille [9]) 以及 K. Yosida 1948 年写成的文章 [29], W. Feller [2] 于 1952 年开始, 用半群的分析理论对概率论的这个新领域进行了系统的研究. 把 W. Feller 的研究工作进一步发展起来的人有 E. B. Dynkin [1], [2]、K. Itô-H. McKean [1]、D. Ray [1]、G. A. Hunt [1]、A. A. Yushkevitch [1]、G. Maruyama [1] 以及许多年轻的学者, 特别是日本、苏联和美国的学者们. 这些研究工作统称为扩散理论. 参看 K. Itô-H. McKean [1] 这本关于扩散理论的专著. 我们来简略地介绍一下该理论的某些突出的、分析方面的特点.

设 S 是个局部紧空间, 而 $\mathfrak{B}$ 是 S 中的 Baire 集的全体. 为了定义空间 S 上的 Markov 过程 $P(t,x,E)$ 的空齐性概念, 我们假定 S 是个 n 维的、可定向的、连通的 C^∞ Riemann 空间, 使得 S 的所有等距变换所成的群 $\mathfrak{G}$ (它是个 Lie 群) 在 S 上是传递的. 亦即, 对于 S 的每个点对 $\{x, y\}$, 总有个等距变换 $M \in \mathfrak{G}$ 使得 $M \cdot x = y$. 这时, 称过程 $P(t,x,E)$ 为空间齐次的 简称空齐的是指

$$\text{对于 } x \in S, E \in \mathfrak{B} \text{ 和 } M \in \mathfrak{G}, \ P(t,x,E) = P(t, M \cdot x, M \cdot E). \tag{2}$$

S 上一个既是时齐的又是空齐的 Markov 过程称为 S 上一个 Brown 运动是指它满足下述条件, 即所谓的 Lindeberg 型连续性条件:

$$\lim_{t\downarrow 0} t^{-1} \int\limits_{\text{dis}(x,y)>\varepsilon} P(t,x,dy) = 0 \text{ 在 } \varepsilon > 0 \text{ 和 } x \in S \text{ 时成立}. \tag{3}$$

命题 设 $C(S)$ 是 S 上一切有界且一致连续的实函数 $f(x)$ 所成的 B-空间, 并且 $f(x)$ 的范数为 $\|f\| = \sup\limits_x |f(x)|$. 规定

$$(T_t f)(x) = \begin{cases} \int\limits_S P(t,x,dy)f(y), & \text{当 } t > 0 \text{ 时}, \\ f(x), & \text{当 } t = 0 \text{ 时}. \end{cases} \tag{4}$$

则 $\{T_t\}$ 构成 $C(S)$ 上一个 (C_0) 类压缩半群.

证明 由于 $P(t,x,E) \geqslant 0$ 和 $P(t,x,S) = 1$, 所以我们得到

$$|(T_t f)(x)| \leqslant \sup_y |f(y)|$$

以及算子 T_t 的正性. 半群性质 $T_{t+s} = T_t T_s$ 是 Chapman-Kolmogorov 方程的推论. 对于 $M \in \mathfrak{G}$, 我们用 $(M'f)(x) = f(M \cdot x)$ 定义一个线性算子 M', 则得到

$$T_t M' = M' T_t, \quad t \geqslant 0. \tag{5}$$

这是因为

$$\begin{aligned}
(M' T_t f)(x) = (T_t f)(M \cdot x) &= \int_S P(t, M \cdot x, dy) f(y) \\
&= \int_S P(t, M \cdot x, d(M \cdot y)) f(M \cdot y) \\
&= \int_S P(t, x, dy) f(M \cdot y) = (T_t M' f)(x).
\end{aligned}$$

如果 $M \in \mathfrak{G}$ 且使得 $M \cdot x = x'$, 则我们有

$$(T_t f)(x) - (T_t f)(x') = (T_t f)(x) - (M' T_t f)(x) = T_t(f - M' f)(x).$$

于是由 $f(x)$ 的一致连续性可知, $(T_t f)(x)$ 是一致连续的和有界的.

为了证明 T_t 依 t 的强连续性, 根据第九章 §1 中定理, 只需验证 T_t 在 $t = 0$ 处的弱右连续性. 因此, 只要证明 $\lim_{t \downarrow 0}(T_t f)(x) = f(x)$ 对 x 一致成立即可. 因为

$$\begin{aligned}
|(T_t f)(x) - f(x)| &= \left| \int_S P(t, x, dy)[f(y) - f(x)] \right| \\
&\leqslant \left| \int_{d(x,y) \leqslant \varepsilon} P(t, x, dy)[f(y) - f(x)] \right| + \left| \int_{d(x,y) > \varepsilon} P(t, x, dy)[f(y) - f(x)] \right| \\
&\leqslant \left| \int_{d(x,y) \leqslant \varepsilon} P(t, x, dy)[f(y) - f(x)] \right| + 2\|f\| \int_{d(x,y) > \varepsilon} P(t, x, dy).
\end{aligned}$$

右端第一项当 $\varepsilon \downarrow 0$ 时, 对 x 一致趋于零, 而对于固定的 $\varepsilon > 0$, 右端第二项当 $t \downarrow 0$ 时, 对 x 一致趋于零. 后一事实可以由 (3) 和空齐性得出来. 因此, $\lim_{t \downarrow 0}(T_t f)(x) = f(x)$ 对 x 一致成立.

定理　设 x_0 是 S 的一个固定点. 再假设合痕群 $\mathfrak{G}_0 = \{M \in \mathfrak{G}; M \cdot x_0 = x_0\}$ 是紧的. 因为 $\mathfrak{G}_0$ 是 Lie 群 $\mathfrak{G}$ 的一个闭子群, 所以由 E. Cartan 定理可知 $\mathfrak{G}_0$ 也是个 Lie 群. 设 A 是半群 T_t 的无穷小生成元, 则我们有以下结果:

(1) 对于 $f \in D(A) \cap C^2(S)$ 和 x_0 处的坐标系 $(x_0^1, x_0^2, \cdots, x_0^n)$, 有

$$(Af)(x_0) = a^i(x_0) \frac{\partial f}{\partial x_0^i} + b^{ij}(x_0) \frac{\partial^2 f}{\partial x_0^i \partial x_0^j}, \tag{6}$$

其中

$$a^i(x_0) = \lim_{t \downarrow 0} t^{-1} \int_{d(x_0, x) \leqslant \varepsilon} (x^i - x_0^i) P(t, x_0, dx), \tag{7}$$

$$b^{ij}(x_0) = \lim_{t \downarrow 0} t^{-1} \int_{d(x_0, x) \leqslant \varepsilon} (x^i - x_0^i)(x^j - x_0^j) P(t, x_0, dx), \tag{8}$$

这两个极限存在且与充分小的 $\varepsilon > 0$ 无关.

(2) 集合 $D(A) \cap C^2(S)$ 在这种意义下是 "大的": 对于有紧支集的任何一个 $C^\infty(S)$ 函数 $h(x)$, 总有个 $f(x) \in D(A) \cap C^2(S)$ 使得 $f(x_0), \partial f/\partial x_0^i, \partial^2 f/\partial x_0^i \partial x_0^j$ 分别任意靠近 $h(x_0), \partial h/\partial x_0^i, \partial^2 h/\partial x_0^i \partial x_0^j$.

证明　**第一步**　设 $h(x)$ 是个有紧支集的 C^∞ 函数. 对于 $f \in D(A)$, "卷积"

$$(f \otimes h)(x) = \int\limits_{\mathfrak{G}} f(M_y \cdot x) h(M_y \cdot x_0) dy \tag{9}$$

是个 C^∞ 函数且属于 $D(A)$, 其中 M_y 表示 $\mathfrak{G}$ 的一般元素而 dy 表示 $\mathfrak{G}$ 上一个固定的右不变 Haar 测度使得诸 $M \in \mathfrak{G}$ 满足 $dy = d(y \cdot M)$. 上述积分是存在的, 这是因为合痕群 $\mathfrak{G}_0$ 是紧的以及 h 有个紧支集. 用 f 的一致连续性和 h 的紧支集性, 我们就可以用 Riemann 和 $\sum\limits_{i=1}^{k} f(M_{y_i} \cdot x) C_i$ 对 x 一致逼近积分

$$(f \otimes h)(x) = \text{s-} \lim_{k \to \infty} \sum_{i=1}^{k} f(M_{y_i} \cdot x) C_i.$$

因为 $T_t M' = M' T_t$, 所以 M' 可以同 A 交换, 亦即, 如果 $f \in D(A)$, 则 $M'f \in D(A)$ 且 $AM'f = M'Af$. 令 $g(x) = (Af)(x)$, 于是我们就得到 $g \in C(S)$ 和

$$A\Big(\sum_{i=1}^{k} f(M_{y_i} \cdot x) C_i \Big) = \sum_{i=1}^{k} (AM'_{y_i} \cdot f)(x) C_i = \sum_{i=1}^{k} (M'_{y_i} Af)(x) C_i$$
$$= \sum_{i=1}^{k} g(M_{y_i} \cdot x) C_i,$$

而此式的右端是趋于 $(g \otimes h)(x) = (Af \otimes h)(x)$ 的. 因为无穷小生成元 A 是闭的, 所以 $f \otimes h \in D(A)$ 且 $A(f \otimes h) = Af \otimes h$. 因为 S 是 Lie 群 $\mathfrak{G}$ 的一个齐性空间, 亦即, $S = \mathfrak{G}/\mathfrak{G}_0$, 所以我们可以找到 x_0 的一个坐标邻域 U, 使得对于每个 $x \in U$ 都有元素 $M = M(x) \in \mathfrak{G}$ 满足以下条件:

i) $M(x) \cdot x = x_0$,

ii) $M(x) \cdot x_0$ 解析地依赖于点 $x \in S$ 的坐标 $(x^1, x^2, \cdots, x^n)$.

之所以如此, 是因为集合 $\{M_y \in \mathfrak{G}; M_y \cdot x = x_0\}$ 是 $\mathfrak{G}$ 的一个解析子流形; 它是 $\mathfrak{G}$ 关于 Lie 子群 $\mathfrak{G}_0$ 的一个傍集. 因此, 根据 dy 的右不变性, 我们有

$$(f \otimes h)(x) = \int\limits_{\mathfrak{G}} f(M_y M(x) x) h(M_y M(x) x_0) dy$$
$$= \int\limits_{\mathfrak{G}} f(M_y \cdot x_0) h(M_y M(x) \cdot x_0) dy.$$

其右端在 x_0 附近是无穷可微的, 并且

$$D_x^s(f \otimes h)(x) = \int\limits_{\mathfrak{G}} f(M_y \cdot x_0) D_x^s h(M_y M(x) \cdot x_0) dy. \tag{10}$$

第二步　注意到 $D(A)$ 在 $C(S)$ 内是稠密的, 适当选取 f 和 h 后, 我们就得下述结论:

有些 C^∞ 函数 $F^1(x), F^2(x), \cdots, F^n(x) \in D(A)$ 使得

$$\text{在 } x_0 \text{ 处 Jacobi 行列式 } \frac{\partial(F^1(x), \cdots, F^n(x))}{\partial(x^1, \cdots, x^n)} > 0, \tag{11}$$

此外还得到下述结论:

有个 C^∞ 函数 $F_0(x) \in D(A)$ 使得

$$(x^i - x_0^i)(x^j - x_0^j)\frac{\partial^2 F_0}{\partial x_0^i \partial x_0^j} \geqslant \sum_{i=1}^n (x^i - x_0^i)^2. \tag{12}$$

我们可以把 $F^1(x), F^2(x), \cdots, F^n(x)$ 当作点 x_0 的邻域 $\{x; \mathrm{dis}(x_0, x) < \varepsilon\}$ 的坐标函数. 我们把这些新的局部坐标记为 $(x^1, x^2, \cdots, x^n)$. 因为 $F^j(x) \in D(A)$, 所以由 Lindeberg 条件 (3) 可知

$$\lim_{t \downarrow 0} t^{-1} \int_S P(t, x_0, dx)(F^j(x) - F^j(x_0)) = (AF^j)(x_0)$$

$$= \lim_{t \downarrow 0} t^{-1} \int_{\mathrm{dis}(x, x_0) \leqslant \varepsilon} P(t, x_0, dx)(F^j(x) - F^j(x_0))$$

且此式与充分小的 $\varepsilon > 0$ 无关. 于是, 对于坐标函数 $x^1, x^2, \cdots, x^n$ $(x^j = F^j)$, 存在有限的

$$\lim_{t \downarrow 0} t^{-1} \int_{\mathrm{dis}(x, x_0) \leqslant \varepsilon} (x^j - x_0^j) P(t, x_0, dx) = a^j(x_0), \tag{13}$$

它与充分小的 $\varepsilon > 0$ 无关. 因为 $F_0 \in D(A)$, 再用 Lindeberg 条件 (3), 于是得到

$$(AF_0)(x) = \lim_{t \downarrow 0} t^{-1} \int_S P(t, x_0, dx)(F_0(x) - F_0(x_0))$$

$$= \lim_{t \downarrow 0} t^{-1} \int_{\mathrm{dis}(x_0, x) \leqslant \varepsilon} P(t, x_0, dx)(F_0(x) - F_0(x_0))$$

$$= \lim_{t \downarrow 0} \Big[t^{-1} \int_{\mathrm{dis}(x_0, x) \leqslant \varepsilon} (x^i - x_0^i)\frac{\partial F_0}{\partial x_0^i} P(t, x_0, dx)$$

$$+ t^{-1} \int_{\mathrm{dis}(x_0, x) \leqslant \varepsilon} (x^i - x_0^i)(x^j - x_0^j)\Big(\frac{\partial^2 F_0}{\partial x^i \partial x^j}\Big)_{x = x_0 + \theta(x - x_0)} P(t, x_0, dx)\Big],$$

这里, $0 < \theta < 1$. 右端第一项有极限 $a^i(x_0)\dfrac{\partial F_0}{\partial x_0^i}$. 于是, 根据 $P(t, x, E)$ 的正性和 (12), 我们看见

$$\varlimsup_{t \downarrow 0} t^{-1} \int_{\mathrm{dis}(x_0, x) < \varepsilon} \sum_{i=1}^n (x^i - x_0^i)^2 P(t, x_0, dx) < \infty. \tag{14}$$

第三步 设 $f \in D(A) \cap C^2$. 于是用把 $f(x) - f(x_0)$ 展开的办法, 我们就得到

$$
\begin{aligned}
\frac{(T_t f)(x_0) - f(x_0)}{t} &= t^{-1} \int\limits_S (f(x) - f(x_0)) P(t, x_0, dx) \\
&= t^{-1} \int\limits_{\text{dis}(x,x_0) > \varepsilon} (f(x) - f(x_0)) P(t, x_0, dx) \\
&\quad + t^{-1} \int\limits_{\text{dis}(x,x_0) \leqslant \varepsilon} (x^i - x_0^i) \frac{\partial f}{\partial x_0^i} P(t, x_0, dx) \\
&\quad + t^{-1} \int\limits_{\text{dis}(x,x_0) \leqslant \varepsilon} (x^i - x_0^i)(x^j - x_0^j) \frac{\partial^2 f}{\partial x_0^i \partial x_0^j} P(t, x_0, dx) \\
&\quad + t^{-1} \int\limits_{\text{dis}(x,x_0) \leqslant \varepsilon} (x^i - x_0^i)(x^j - x_0^j) C_{ij}(\varepsilon) P(t, x_0, dx) \\
&= C_1(t, \varepsilon) + C_2(t, \varepsilon) + C_3(t, \varepsilon) + C_4(t, \varepsilon),
\end{aligned}
$$

这里, 当 $\varepsilon \downarrow 0$ 时, $C_{ij}(\varepsilon) \to 0$. 由 (3) 可知, 对于固定的 $\varepsilon > 0$ 有 $\lim\limits_{t \downarrow 0} C_1(t, \varepsilon) = 0$, 并且 $\lim\limits_{t \downarrow 0} C_2(t, \varepsilon) = a^i(x_0) \dfrac{\partial f}{\partial x_0^i}$ 与充分小的 $\varepsilon > 0$ 无关. 由 (14) 和 Schwarz 不等式可知, 当 $t > 0$ 时 $C_4(t, \varepsilon)$ 有界, 且 $\lim\limits_{\varepsilon \downarrow 0} C_4(t, \varepsilon) = 0$. 当 $t \downarrow 0$ 时, 上式左端也有个极限 $(Af)(x_0)$. 因此, 将 $\varepsilon > 0$ 取得充分小可使差

$$
\varlimsup_{t \downarrow 0} C_3(t, \varepsilon) - \varliminf_{t \downarrow 0} C_3(t, \varepsilon)
$$

任意小. 然而, 由 (14)、Schwarz 不等式和 (3) 可知, 此差与充分小的 $\varepsilon > 0$ 无关. 因此, 有限极限 $\lim\limits_{t \downarrow 0} C_3(t, \varepsilon)$ 存在且与充分小的 $\varepsilon > 0$ 无关. 因为我们可以这样选取 $F \in D(A) \cap C^\infty(S)$ 使得 $\partial^2 F / \partial x_0^i \partial x_0^j$ $(i, j = 1, 2, \cdots, n)$ 任意靠近 α_{ij}, 这里, α_{ij} 是任何给定的常数, 由此, 用类似于前面的讨论可以得到

$$
\lim_{t \downarrow 0} t^{-1} \int\limits_{\text{dis}(x,x_0) \leqslant \varepsilon} (x^i - x_0^i)(x^j - x_0^j) P(t, x_0, dx) = b^{ij}(x_0) \text{ 存在且有限} \tag{15}
$$

并且

$$
\lim_{t \downarrow 0} C_3(t, \varepsilon) = b^{ij}(x_0) \frac{\partial^2 f}{\partial x_0^i \partial x_0^j}.
$$

这就完成了我们的定理的证明.

注 上述定理及其证明出自 K. Yosida [20]. 我们指出, $b^{ij}(x) = b^{ji}(x)$ 并且因为 $(x^i - x_0^i)(x^j - x_0^j) \xi_i \xi_j = \left(\sum\limits_{i=1}^n (x^i - x_0^i) \xi_i \right)^2$, 所以

$$
\text{对每个实向量 } (\xi_1, \xi_2, \cdots, \xi_n) \text{ 都有 } b^{ij}(x_0) \xi_i \xi_j \geqslant 0. \tag{16}
$$

三维球面上的 Brown 运动　对于 S 是三维球 S^3 的表面而 $\mathfrak{G}$ 是 S^3 的旋转群这种特殊情形可以证明, 由 S 上 Brown 运动导出的半群的无穷小生成元 A 为

$$A = C\Lambda, \quad \text{这里}, C \text{ 是个正常数而 } \Lambda \text{ 是曲面 } S^3 \text{ 上的}$$

$$\text{Laplace 算子} \frac{1}{\sin\theta}\frac{\partial}{\partial\theta}\sin\theta\frac{\partial}{\partial\theta} + \frac{1}{\sin^2\theta}\frac{\partial^2}{\partial\varphi^2}. \tag{17}$$

因此, 曲面 S^3 上本质上有一个 Brown 运动. 至于详情, 见 K. Yosida [27].

§6.　W. Feller 的广义 Laplace 算子

设 S 是实轴上一个有限或无限的开区间 (r_1, r_2), 而 $\mathfrak{B}$ 是其中 Baire 集全体. 考虑 $(S, \mathfrak{B})$ 上一个 Markov 过程 $P(t, x, E)$, 它满足 Lindeberg 条件

$$\lim_{t\downarrow 0} t^{-1}\int_{|x-y|>\varepsilon} P(t, x, dy) = 0 \text{ 在 } x \in (r_1, r_2) \text{ 和 } \varepsilon > 0 \text{ 时成立}. \tag{1}$$

令 $C[r_1, r_2]$ 是定义在 (r_1, r_2) 上一致连续的实值有界函数组成的 B-空间, 而 $f(x)$ 的范数为 $\|f\| = \sup_x |f(x)|$. 于是

$$(T_t f)(x) = \begin{cases} \int_{r_1}^{r_2} P(t, x, dy)f(y) & (t > 0), \\ f(x) & (t = 0) \end{cases} \tag{2}$$

定义了一个 $C[r_1, r_2]$ 上正的压缩半群. 由 (1), 可以证明 T_t 在 $t = 0$ 处是弱右连续的, 所以由第九章 §1 中定理可知 T_t 是 (C_0) 类的.

关于半群 T_t 的无穷小生成元 A, 我们有以下两个由 W. Feller 给出的定理.

定理 1

$$A \cdot 1 = 0; \tag{3}$$

A 是局部性的, 其意义是: 若 $f \in D(A)$ 在点 x_0 的某个邻域为零,

则 $(Af)(x_0) = 0$; \tag{4}

若 $f \in D(A)$ 在 x_0 处达到局部极大值, 则 $(Af)(x_0) \leqslant 0$. \tag{5}

证明　从 $T_t \cdot 1 = 1$ 显然可得 (3). 由 (1) 我们有

$$(Af)(x_0) = \lim_{t\downarrow 0} t^{-1}\int_{|x_0-y|\leqslant\varepsilon} P(t, x_0, dy)(f(y) - f(x_0))$$

与充分小的 $\varepsilon > 0$ 无关. 于是, 用 $P(t, x, E) \geqslant 0$, 我们容易得到 (4) 和 (5).

定理 2 设将 $C[r_1, r_2]$ 的一个线性子空间 $D(A)$ 映入 $C[r_1, r_2]$ 的一个线性算子 A 满足条件 (3)、(4) 和 (5). 又设 A 是非退化算子, 即它满足以下两个条件:

至少有个 $f_0 \in D(A)$ 使得, 对一切 $x \in (r_1, r_2)$ 都有 $(Af_0)(x) > 0$,   (6)

$A \cdot v = 0$ 有个解 v, 它与函数 1 在区间 (r_1, r_2) 的每个子区间 (x_1, x_2) (7)
内是线性无关的.

则 $A \cdot s = 0$ 在 (r_1, r_2) 内有个严格递增的连续解 $s = s(x)$ 使得 (r_1, r_2) 内用下式

$$m(x) = \int\limits^x \frac{1}{(Af_0)(t)} d(D_s^+ f_0(t)) \tag{8}$$

定义的不必连续也不必有界的严格递增函数 $m = m(x)$ 满足以下表示式:

$$(Af)(x) = D_m^+ D_s^+ f(x) \text{ 在 } (r_1, r_2) \text{ 内对任何 } f \in D(A) \text{ 成立.} \tag{9}$$

这里, 对严格递增函数 $p = p(x)$ 的右导数 D_p^+ 的定义为

$$D_p^+ g(x) = \begin{cases} \lim\limits_{y \downarrow x} \dfrac{g(y+0) - g(x-0)}{p(y+0) - p(x-0)} & \text{在 } p \text{ 的连续点处,} \\[2mm] \dfrac{g(x+0) - g(x-0)}{p(x+0) - p(x-0)} & \text{在 } p \text{ 的间断点处.} \end{cases} \tag{10}$$

证明 **第一步** 设 $u \in D(A)$ 满足 $Au = 0$ 且 $u(x_1) = u(x_2)$, 这里, $r_1 < x_1 < x_2 < r_2$, 则 $u(x)$ 在 (x_1, x_2) 内必定是个常数. 否则, $u(x)$ 就会在 (x_1, x_2) 内某点 x_0 处取得一个极大值使得, 对于某个 $\varepsilon > 0$, 有

$$u(x_0) - \varepsilon \geqslant u(x_1) = u(x_2).$$

设 $f_0 \in D(A)$ 是条件 (6) 给出的, 则有个充分大的 $\delta > 0$ 使函数 $F(x) = f_0(x) + \delta u(x)$ 满足 $F(x_0) > F(x_i)$ $(i = 1, 2)$. 于是, $F(x)$ 在某个内点 x_0' 处达到它在 $[x_1, x_2]$ 的极大值, 但是显然 $(AF)(x_0') = (Af_0)(x_0') > 0$. 这同条件 (5) 是矛盾的.

    第二步 由 (7) 和第一步, 我们可以看出, $A \cdot s = 0$ 有个严格递增的连续解 $s(x)$. 我们用 s 作为参数来重新表示该区间, 使得我们可以认为

函数 1 和 x 都是 $A \cdot f = 0$ 的解.   (11)

这时, 我们可以证明

若对于区间 (r_1, r_2) 的子区间 (x_1, x_2) 中一切点 x 都有 $(Ah)(x) > 0$,
则 $h(x)$ 在 (x_1, x_2) 是下凸的.   (12)

这是因为函数 $u(x) = h(x) - \alpha x - \beta$ 对于 (x_1, x_2) 中一切点 x 都满足 $(Au)(x) = (Ah)(x) > 0$, 所以它在 (x_1, x_2) 的内点上不可能达到局部极大值.

第三步　设 $f \in D(A)$, 则由 (12) 和 (6) 可知, 对充分大的 $\delta > 0$, 两个函数 $f_1(x) = f(x) + \delta f_0(x)$ 和 $f_2(x) = \delta f_0(x)$ 都是下凸的. 因为 $f(x) = f_1(x) - f_2(x)$ 是两个凸函数之差, 所以它在 (r_1, r_2) 的每个点 x 处都有右导数. 令

$$A \cdot f = \varphi, \quad A \cdot f_0 = \varphi_0, \quad D_x^+ f_0(x) = \mu(x). \tag{13}$$

对于 $g_t = f - tf_0$, 我们有 $A \cdot g_t = Af - tA \cdot f_0 = \varphi - t\varphi_0$. 因此, 根据 (12),

$$t < \min_{x_1 < x < x_2} \varphi(x)/\varphi_0(x) \text{ 意味着 } g_t(t) \text{ 在 } (x_1, x_2) \text{ 内}$$

是下凸的, 从而 $D_x^+ g_t(x)$ 在 (x_1, x_2) 内是递增的.

对 $t > \max\limits_{x_1 < x < x_2} \varphi(x)/\varphi_0(x)$ 进行同样的讨论, 我们就得到:

对于 (r_1, r_2) 的任何子区间 (x_1, x_2), 有

$$\min_{x_1 < x < x_2} \frac{\varphi(x)}{\varphi_0(x)}(D_x^+ f_0(x_2) - D_x^+ f_0(x_1))$$
$$\leqslant D_x^+ f(x_2) - D_x^+ f(x_1)$$
$$\leqslant \max_{x_1 < x < x_2} \frac{\varphi(x)}{\varphi_0(x)}(D_x^+ f_0(x_2) - D_x^+ f_0(x_1)).$$

由此不等式可知, 函数 $\varphi(x)/\varphi_0(x)$ 的连续性意味着

$$D_x^+ f(x_2) - D_x^+ f(x_1) = \int_{x_1}^{x_2} \frac{\varphi(x)}{\varphi_0(x)} d(D_x^+ f_0(x)),$$

它刚好是 $A \cdot f = D_m^+ D_x^+ f$ 的积分形式.

注 1　我们可将算子 $D_m^+ D_s^+$ 视为一个广义 Laplace 算子, 其意义是 D_s^+ 和 D_m^+ 分别对应于一维的广义梯度和广义散度. Feller 把 $s = s(x)$ 叫作有关的 Markov 过程的标准尺度而把 $m = m(x)$ 叫作该 Markov 过程的标准测度. 由前述的第一步, 我们容易看出函数 1 和 s 组成了 $A \cdot v = 0$ 的一个线性无关的基础解系, 使得 $A \cdot v = 0$ 的任何一个解都可以唯一地表示为 1 和 $s(x)$ 的某个线性组合. 因此, $P(t, x, E)$ 的标准尺度确定到一个线性变换, 亦即, 另外的标准尺度 s_1 必可表示为 $s_1 = \alpha s + \beta, \alpha > 0$; 于是, 对应于 s_1 的标准测度 m_1 必可表示为 $m_1 = \alpha^{-1} m$.

注 2　定理 2 给出了无穷小生成元 A 在 (r_1, r_2) 的内点 x 的表示式. 为了肯定算子 A 是由 $C[r_1, r_2]$ 入 $C[r_1, r_2]$ 的、(C_0) 类正压缩半群 T_t 的无穷小生成

元, 我们须考虑侧面条件, 亦即算子 A 在边界点 r_1 和 r_2 处的边界条件; 用它可以具体而完全地描绘出 A 的定义域 $D(A)$. 遵照 Feller [2] 和 [6] 的做法 (参看 E. Hille [6]), 我们把边界点 r_1 (或 r_2) 分类为 **正则边界点**、**流出边界点**、**流入边界点** 和 **自然边界点**. 为此目的, 我们引入四个量:

$$\sigma_1 = \iint\limits_{r_1 < y < x < r_1'} dm(x)ds(y), \quad \mu_1 = \iint\limits_{r_1 < y < x < r_1'} ds(x)dm(y),$$

$$\sigma_2 = \iint\limits_{r_2 > y > x > r_2'} dm(x)ds(y), \quad \mu_2 = \iint\limits_{r_2 > y > x > r_2'} ds(x)dm(y).$$

边界点 $r_i \ (i = 1, 2)$ 称为

$$\begin{array}{ll}
\text{正则的是指 } \sigma_i < \infty, \mu_i < \infty, & \\
\text{流出的是指 } \sigma_i < \infty, \mu_i = \infty, & \left(\text{这些条件同 } r_1' \text{ 和}\right. \\
\text{流入的是指 } \sigma_i = \infty, \mu_i < \infty, & \left.r_2' \text{ 的选择无关}\right). \\
\text{自然的是指 } \sigma_i = \infty, \mu_i = \infty &
\end{array}$$

我们用一些简单例子来说明它们.

例 1　$D_m^+ D_s^+ = d^2/dx^2, S = (-\infty, \infty)$. 我们可以取 $s = x, m = x$. 于是

$$\sigma_2 = \iint\limits_{\infty > y > x > r_2'} dxdy = \int\limits_{r_2'}^{\infty} (y - r_2')dy = \infty,$$

$$\mu_2 = \iint\limits_{\infty > y > x > r_2'} dxdy = \infty,$$

因此, ∞ 是个自然边界点. 类似地, $-\infty$ 也是个自然边界点.

例 2　$D_m^+ D_s^+ = d^2/dx^2, S = (-\infty, 0)$. 我们可以取 $s = x, m = x$. 在这种情况下, $-\infty$ 是个自然边界点而 0 是个正则边界点.

例 3　$D_m^+ D_s^+ = x^2 \dfrac{d^2}{dx^2} - \dfrac{d}{dx}, S = (0, \infty)$. $D_m^+ D_s^+ s = 0$ 的一个严格递增连续解 $s = s(x)$ 为 $s(x) = \int\limits^{x} e^{-1/t}dt$, 从而

$$D_s = e^{1/x}\frac{d}{dx}, \quad D_m^+ D_s^+ = x^2 e^{-1/x}\frac{d}{dx}e^{1/x}\frac{d}{dx}.$$

所以, $ds = e^{-1/x}dx, dm = x^{-2}e^{1/x}dx$. 于是

$$\sigma_1 = \iint\limits_{0 < y < x < 1} x^{-2}e^{1/x}dx e^{-1/y}dy = \int\limits_{0}^{1}[-e^{1/x}]_y^1 e^{-1/y}dy < \infty,$$

$$\mu_1 = \iint\limits_{0 < y < x < 1} e^{-1/x}dx y^{-2}e^{1/y}dy = \int\limits_{0}^{1} e^{-1/x}[-e^{1/y}]_0^x dx = \infty.$$

因此, 0 是个流出边界点. 类似地, 我们看见

$$\sigma_2 = \iint\limits_{\infty > y > x > 1} e^{1/x} x^{-2} dx e^{-1/y} dy = \int_1^\infty [-e^{1/x}]_1^y \cdot e^{-1/y} dy = \infty,$$

$$\mu_2 = \iint\limits_{\infty > y > x > 1} e^{-1/x} dx e^{1/y} y^{-2} dy = \int_1^\infty e^{-1/x} [-e^{1/y}]_x^\infty dx = \infty.$$

从而 ∞ 是个自然边界点.

例 4 $D_m^+ D_s^+ = x^2 \dfrac{d^2}{dx^2} + \dfrac{d}{dx}, S = (0,2)$. 同上, 我们看出 $ds = e^{1/x} dx$ 且 $dm = x^{-2} e^{-1/x} dx$, 从而可以肯定 0 是个流入边界点而 2 是个正则边界点.

Feller 对上述分类的概率解释如下:

最初位于开区间 (r_1, r_2) 内部的一个微粒, 它在经过了一段有限的时间之后达到一个正则边界点或一个流出边界点的概率是正的; 同时, 该微粒在一段有限的时间之内既不可能达到流入边界点又不可能达到自然边界点.

参考文献 Feller 的原始论文发表于 1952 年: W. Feller [2]. 上述定理 2 的证明选自 W. Feller [3] 和 [4], 他还作过一次很有启发性的讲演 [5]. 我们还建议读者参看 K. Itô-H. McKean [1] 和 E. B. Dynkin [3] [1]以及这两本书所列的参考文献.

§7.　扩散算子的一种推广

设 Markov 过程 (它不必是时齐的) 的可能的状态是用一个 n 维的 C^∞ Riemann 空间 R 的点 x 来表示的. 我们用 $P(s, x, t, E), s \leqslant t$, 来表示在瞬时 s 的状态 x 在下一个瞬时 t 进入 Baire 集 $E \subseteq R$ 的转移概率.

我们来讨论算子 A_s 可能具有的形式, 即

$$(A_s f)(x) = \lim_{t \downarrow 0} t^{-1} \int_R P(s, x, s+t, dy)(f(y) - f(x)), \quad f \in C_0^0(R), \tag{1}$$

这里, 并没有假设有以下 Lindeberg 型条件

$$\lim_{t \downarrow 0} t^{-1} \int_{d(x,y) \geqslant \varepsilon} P(s, x, s+t, dy) = 0 \text{ 对一切正常数 } \varepsilon \text{ 成立}$$

$$(d(x, y) = \text{点 } x \text{ 与 } y \text{ 之间的测地距离}). \tag{2}$$

我们能证明

---

[1]校者注: 此书不在著者的参考文献中.

定理 有个正整数的递增序列 $\{k\}$ 使得, 对于一组固定的 $\{s,x\}$, 有

$$\lim_{a\uparrow\infty} k \int_{d(x,y)\geqslant a} P(s,x,s+k^{-1},dy) = 0 \ \text{对} \ k \ \text{一致成立}, \tag{3}$$

$$k\int_R \frac{d(x,y)^2}{1+d(x,y)^2} P(s,x,s+k^{-1},dy) \ \text{对} \ k \ \text{一致有界}. \tag{4}$$

对于函数 $f(x)\in C_0^2(R)$, 假设

$$\text{有个有限的} \ \lim_{k\to\infty} k\left\{ \int_R P(s,x,s+k^{-1},dy)f(y) - f(x) \right\} \tag{5}$$

则在点 $x\in R$ 的任何固定的局部坐标 $(x_1,x_2,\cdots,x_n)$ 下, 总有

$$(A_sf)(x) = a_j(s,x)\frac{\partial f}{\partial x_j} + b_{ij}(s,x)\frac{\partial^2 f}{\partial x_i\partial x_j}$$
$$+ \overline{\lim_{\varepsilon\downarrow 0}} \int_{d(x,y)\geqslant\varepsilon} \left\{ f(y)-f(x) - \frac{\rho(x,y)}{1+d(x,y)^2}(y_j-x_j)\frac{\partial f}{\partial x_j} \right\} \tag{6}$$
$$\times \frac{1+d(x,y)^2}{d(x,y)^2} G(s,x,dy),$$

其中

$$G(s,x,E) \ \text{对 Baire 集} \ E\subseteq R \ \text{非负和} \ \sigma\text{-可加且} \ G(s,x,R)<\infty, \tag{7}$$

$$\rho(x,y) \ \text{依变量} \ x,y \ \text{是连续的且依} \ d(x,y)\leqslant\delta/2 \ \text{或} \ d(x,y)>\delta \ \text{有} \tag{8}$$
$$\rho(x,y)=1 \ \text{或} \ \rho(x,y)=0 \ (\text{其中} \ \delta \ \text{是个固定的常数} > 0),$$

$$\text{二次型} \ b_{ij}(s,x)\xi_i\xi_j \ \text{是} \ \geqslant 0 \ \text{的}. \tag{9}$$

注 公式 (6) 是在 K. Yosida [26] 中给出的. 它是前几节所讨论的那种二阶椭圆微分算子——扩散算子的一种推广. (6) 的右端第三项是无限多个差分算子之和. 这种项的出现是由于我们没有假设 Lindeberg 型的条件 (2) 成立. 公式 (6) 是概率论中 P. Lévy-A. Khintchine-K. Itô 的无限可分律在算子理论方面的对应结论. 关于这个问题, 见 E. Hille-Phillips [1] 的 652 页.

定理的证明 考虑由下式给出的一个非负的、σ-可加的测度序列

$$G_k(s,x,E) = k\int_E \frac{d(x,y)^2}{1+d(x,y)^2} P(s,x,s+k^{-1},dy). \tag{10}$$

由 (3) 和 (4) 可知,

$$G_k(s,x,E) \ \text{关于} \ E \ \text{和} \ k \ \text{是一致有界的}, \tag{11}$$

$$\lim_{a\uparrow\infty} \int_{d(x,y)\geqslant a} G_k(s,x,dy) = 0 \ \text{对} \ k \ \text{一致成立}. \tag{12}$$

因此, 对固定的 $\{s,x\}$, 赋范线性空间 $C_0^0(R)$ 上如下给出的线性泛函

$$L_k(g) = \int_R G_k(s,x,dy)g(y), \quad g \in C_0^0(R),$$

是非负且连续的, 这里, $C_0^0(R)$ 中函数 $g(x)$ 的范数为 $\|g\| = \sup_x |g(x)|$.

显然, L_k 的范数对 k 是一致有界的. 因此由赋范线性空间 $C_0^0(R)$ 的可分性可以选出 $\{k\}$ 的一个子列 $\{k'\}$ 使得 $\lim\limits_{k\to\infty} L_{k'}(g) = L(g)$ 存在并且是 $C_0^0(R)$ 上的一个非负线性泛函. 由测度论 (P. R. Halmos [1]) 中的一个引理可知, 有个非负的、σ-可加的测度 $G(s,x,E)$, 使得 $G(s,x,R) < \infty$ 并且

$$\text{对于 } g \in C_0^0(R), \lim_{k=k'\to\infty} \int_R G_k(s,x,dy)g(y) = \int_R G(s,x,dy)g(y). \tag{13}$$

我们有

$$k\left[\int_R P(s,x,s+k^{-1},dy)f(y) - f(x) \right]$$
$$= \int_R \left\{ \left[f(y) - f(x) - \frac{\rho(y,x)}{1+d(y,x)^2}(y_j - x_j)\frac{\partial f}{\partial x_j} \right] \frac{1+d(y,x)^2}{d(y,x)^2} \right\} G_k(s,x,dy)$$
$$+ \int_R \frac{\rho(y,x)}{d(y,x)^2}(y_j - x_j)\frac{\partial f}{\partial x_j} G_k(s,x,dy). \tag{14}$$

对于充分小的 $d(y,x)$, 上式右端第一个积分中的项 $\{\quad\}$

$$= (y_j - x_j)\frac{\partial f}{\partial x_j} + (y_i - x_i)(y_j - x_j)\left(\frac{\partial^2 f}{\partial X_i \partial X_j} \right) \frac{1+d(y,x)^2}{d(y,x)^2},$$
$$\text{这里}, X_j = x_j + \theta(y_j - x_j), 0 < \theta < 1.$$

因此, $\{\quad\}$ 对 y 是有界且连续的. 于是, 由 (12) 和 (13) 可知, (14) 右端的第一项随 $k = k' \to \infty$ 而趋于 $\int_R \{\quad\} \cdot G(s,x,dy)$. 因此由 (5) 可知存在有限的

$$\lim_{k=k'\to\infty} \int_R \frac{\rho(y,x)}{d(y,x)^2}(y_j - x_j)\frac{\partial f}{\partial x_j} G_k(s,x,dy) = a_j(s,x)\frac{\partial f}{\partial x_j}.$$

于是用 (3) 以及

$$b_{ij}(s,x) = \lim_{\varepsilon\to 0} \lim_{k=k'\to\infty} k \int_{d(y,x)\leqslant\varepsilon} (y_i - x_i)(y_j - x_j)P(s,x,s+k^{-1},dy),$$

我们就得到了 (6).

§8. Markov 过程和位势

设 $\{T_t\}$ 是函数空间 X 上的一个 (C_0) 类等度连续的半群, 其定义为

$$(T_t f)(x) = \int_S P(t, x, dy) \cdot f(y),$$

这里, $P(t, x, E)$ 是测度空间 $(S, \mathfrak{B})$ 上的一个 Markov 过程. 设 A 是 T_t 的无穷小生成元. 由 A 是 Laplace 算子这种特殊情形的启发, 我们把元素 $f \in X$ 叫作调和的是指 $A \cdot f = 0$. 于是, f 是调和的当且仅当对每个 $\lambda > 0$ 都有 $\lambda(\lambda I - A)^{-1} f = f$. 元素 $f \in X$ 称为一个位势是指有个 g 使得 $f = \lim\limits_{\lambda \downarrow 0} (\lambda I - A)^{-1} g$. 这是因为, 对于这种元素 f, 由 A 的闭性可知, 它满足 Poisson 方程

$$A \cdot f = \lim_{\lambda \downarrow 0} A(\lambda I - A)^{-1} g = \lim_{\lambda \downarrow 0} \{-g + \lambda(\lambda I - A)^{-1} g\} = -g.$$

假定 X 是个向量格, 并且它还是这样一个局部凸线性拓扑空间, 使得 X 中元素组成的单调增加的有界序列均弱收敛于 X 中一个元素, 而此元素要大于该序列中诸元素. 我们还假设预解式 $J_\lambda = (\lambda I - A)^{-1}$ 在下述意义下是正的, 即由 $f \geqslant 0$ 可导致 $J_\lambda f \geqslant 0$. 这种说法是由于当 A 是在某个适当的函数空间中的 Laplace 算子时的这种特殊情形的启发.

因此, 我们可把满足不等式 $A \cdot f \geqslant 0$ 的那些元素 $f \in X$ 叫作次调和的. 由 J_λ 的正性可知, 次调和元素 f 对所有 $\lambda > 0$ 都满足 $\lambda J_\lambda f \geqslant f$. 我们要来证明一个类似于有关普通次调和函数的著名 F. Riesz 定理的结论 (见 T. Rado [1]), 即

定理 任何一个次调和元素 x 都可以分解为一个调和元素 x_h 和一个位势 x_p 之和, 这里, x 的调和部分 x_h 是由 $x_h = \lim\limits_{\lambda \downarrow 0} \lambda J_\lambda x$ 给出的, 并且 x_h 是 x 在下述意义下的最小调和优元素, 即任何一个调和元素 $x_H \geqslant x$ 均满足 $x_H \geqslant x_h$.

证明 (K.Yosida [4]) 根据预解式方程

$$J_\lambda - J_\mu = (\mu - \lambda) J_\lambda J_\mu, \tag{1}$$

我们得到

$$(I - \lambda J_\lambda) = (I + (\mu - \lambda) J_\lambda)(I - \mu J_\mu). \tag{2}$$

因为 x 是次调和的, 所以由 J_λ 的正性可知

$$\lambda > \mu \text{ 意味着 } \lambda J_\lambda x \geqslant \mu J_\mu x \geqslant x.$$

于是, 用关于 X 中的有界单调序列的假设, 我们知道, 弱 $-\lim\limits_{\lambda \downarrow 0} \lambda J_\lambda x = x_h$ 是存在的. 因此, 根据第八章 §4 中遍历定理, 我们看到 $x_h = \lim\limits_{\lambda \downarrow 0} \lambda J_\lambda x$ 是存在的且 x_h

是调和的, 即所有 $\lambda > 0$ 满足 $\lambda J_\lambda x_h = x_h$. 命 $x_p = x - x_h$, 它是个位势. 这是因为

$$x_p = \lim_{\lambda\downarrow 0}(I - \lambda J_\lambda)x = \lim_{\lambda\downarrow 0}(-A)(\lambda I - A)^{-1}x = \lim_{\lambda\downarrow 0}(\lambda I - A)^{-1}(-Ax).$$

设调和元素 x_H 满足 $x_H \geqslant x$, 则由 λJ_λ 的正性以及 x_H 的调和性可知

$$x_H = \lambda J_\lambda x_H \geqslant \lambda J_\lambda x \text{ 从而 } x_H \geqslant \lim_{\lambda\downarrow 0}\lambda J_\lambda x = x_h.$$

§9. 抽象位势算子和半群

设 $\{T_t; t \geqslant 0\}$ 是将 Banach 空间 X 映入自身的有界线性算子的一个 (C_0) 类等度连续半群, A 是其无穷小生成元. 因此, $D(A)^a = X$ 并且 A 的预解式 $(\lambda I - A)^{-1}$ 对于 $\lambda > 0$ 是映 X 入自身的有界线性算子且还满足下述条件

$$\sup_{\lambda>0}\|\lambda(\lambda I - A)^{-1}\| < \infty. \tag{1}$$

从而, 用第八章 §4 中 Abel 遍历定理, 我们就得到对于 $\mu > 0$,

$$\begin{aligned}
R(A)^a &= R(A(\mu I - A)^{-1})^a \\
&= \{x \in X; \text{s-}\lim_{\lambda\downarrow 0}\lambda(\lambda I - A)^{-1}x = 0\}
\end{aligned} \tag{2}$$

以及

$$\begin{aligned}
D(A)^a &= R((\mu I - A)^{-1})^a \\
&= \{x \in X; \text{s-}\lim_{\lambda\uparrow\infty}\lambda(\lambda I - A)^{-1}x = x\} = X.
\end{aligned} \tag{3}$$

我们来讨论这种情形, 即

$$\text{逆算子 } A^{-1} \text{ 存在且其定义域 } D(A^{-1}) = R(A) \text{ 在 } X \text{ 中是强稠密的}, \tag{4}$$

而对于 (4) 这种情形, 我们就把 $V = -A^{-1}$ 叫作关于半群 T_t 的 “抽象位势算子”, 从而 “抽象位势 Vx” 满足 “抽象 Laplace 算子” A 对应的 “抽象 Poisson 方程”

$$AVx = -x. \tag{5}$$

命题 1 (K. Yosida [34])   (4) 等价于条件

$$\text{对于 } x \in X, \quad \text{s-}\lim_{\lambda\downarrow 0}\lambda(\lambda I - A)^{-1}x = 0. \tag{6}$$

证明 条件 $Ax = 0$ 等价于 $\lambda(\lambda I - A)^{-1}x = x$, 从而 (6) 意味着 A^{-1} 是存在的. 此外, 由 (2) 可知 $R(A)$ 的稠密性等价于 (6), 所以 (4) 必定等价于 (6).

系 在情形 (6), 抽象位势算子 $V = -A^{-1}$ 也可以定义为

$$Vx = \text{s-}\lim_{\lambda \downarrow 0}(\lambda I - A)^{-1}x. \tag{7}$$

证明 对于 $x \in D(A^{-1})$, 我们有

$$-A^{-1}x - (\lambda I - A)^{-1}x = -A^{-1}x - A(\lambda I - A)^{-1}A^{-1}x$$
$$= \lambda(\lambda I - A)^{-1}A^{-1}x.$$

从而由 (6) 可得 $\text{s-}\lim_{\lambda \downarrow 0}(\lambda I - A)^{-1}x = -A^{-1}x$. 另一方面, 设 $\text{s-}\lim_{\lambda \downarrow 0}(\lambda I - A)^{-1}x = y$ 存在, 则用无穷小生成元 A 的闭性, 由 $A(\lambda I - A)^{-1}x = -x + \lambda(\lambda I - A)^{-1}x$ 可得到等式 $Ay = -x$, 亦即, $y = -A^{-1}x$, 从而我们就证明了 (7).

从现在起, 我们来讨论这种情形, 即

$$D(A)^a = X \text{ 并且 } \sup_{\lambda > 0}\|\lambda(\lambda I - A)^{-1}\| \leqslant 1, \tag{8}$$

它刻画了 (C_0) 类压缩半群 $\{T_t; t \geqslant 0\}$ 的无穷小生成元 A. 我们可以证明

定理 1 抽象位势算子 V 和它的对偶算子 V^* 必定分别满足以下不等式:

$$\text{对于 } x \in D(V) \text{ 和 } \lambda > 0, \|\lambda Vx + x\| \geqslant \|\lambda Vx\|, \tag{9}$$
$$\text{对于 } f^* \in D(V^*) \text{ 和 } \lambda > 0, \|\lambda V^*f^* + f^*\| \geqslant \|\lambda V^*f^*\|. \tag{10}$$

证明 令 $J_\lambda = (\lambda I - A)^{-1}$. 于是 J_λ 满足预解式方程

$$J_\lambda - J_\mu = (\mu - \lambda)J_\lambda J_\mu. \tag{11}$$

在 (11) 中令 $\mu \downarrow 0$, 我们就得到

$$\text{对于 } x \in D(V) \text{ 和 } \lambda > 0, J_\lambda x - Vx = -\lambda J_\lambda Vx. \tag{12}$$

于是 $J_\lambda(\lambda Vx + x) = Vx$, 从而用 $\|\lambda J_\lambda\| \leqslant 1$, 我们就得到 (9).

既然 $D(A)$ 和 $R(A)$ 都在 X 内强稠密, 由第八章 §6 中 R. S. Philips 定理知

$$(A^*)^{-1} = (A^{-1})^*, \text{ 或者等价地, } V^* = (-A^{-1})^* = (-A^*)^{-1}. \tag{13}$$

所以, 当 $f^* \in D(V^*)$ 时我们有[1]

$$V^*f^* - (\lambda I^* - A^*)^{-1}f^* = (-A^*)^{-1}f^* - (\lambda I^* - A^*)^{-1}f^*$$
$$= (-A^*)^{-1}f^* - A^*(\lambda I^* - A^*)^{-1}(A^*)^{-1}f^* = \lambda(\lambda I^* - A^*)^{-1}(A^*)^{-1}f^*.$$

---

[1]校者注: 下式最后还应添个负号.

由 (6) 知诸 $g^* \in X^*$ 满足 w*-$\lim_{\lambda \downarrow 0} \lambda J_\lambda^* g^* = 0$, 于是得到

$$V^* f^* = \text{w}^*\text{-}\lim_{\lambda \downarrow 0} J_\lambda^* f^*, \tag{14}$$

因此, 和对于 V 的情形一样, 我们用

$$J_\lambda^* - J_\mu^* = (\mu - \lambda) J_\lambda^* J_\mu^* \text{ 和 } \sup_{\lambda > 0} \|\lambda J_\lambda^*\| \leqslant 1 \tag{11'}$$

就可以证明 (10) 成立.

系　逆算子 $(\lambda V + I)^{-1}$ 和逆算子 $(\lambda V^* + I^*)^{-1}$ 作为有界线性算子都存在.

证明　$(\lambda V + I)^{-1}$ 和 $(\lambda V^* + I^*)^{-1}$ 的存在性可以分别从 (9) 和 (10) 明显地看出来. 我们来证明

$$\text{对于 } \lambda > 0, R(\lambda V + I) = X. \tag{15}$$

由 Hahn-Banach 定理可知, 逆算子 $(\lambda V^* + I^*)^{-1}$ 的存在意味着

$$R(\lambda V + I) \text{ 在 } X \text{内是强稠密的.} \tag{15'}$$

于是, 对任何 $y \in X$, 有个序列 $\{x_n\} \subseteq D(V)$ 使得 s-$\lim_{n \to \infty} (\lambda V x_n + x_n) = y$. 因此, 由 (9) 可知 $\|\lambda V(x_n - x_m) + (x_n - x_m)\| \geqslant \|\lambda V(x_n - x_m)\|$, 从而 s-$\lim_{n \to \infty} V x_n = z$ 存在, 也就证明了 s-$\lim_{n \to \infty} x_n = x$ 是存在的. 根据定义, 抽象位势算子 V 是闭的. 于是必定有 $Vx = z$, 亦即, $y = \lambda V x + x$. 这就证明了 (15), 从而由闭图像定理可知, $(\lambda V + I)^{-1}$ 是个有界线性算子. 于是, 由第八章 §5 中闭值域定理可知

$$\text{对于 } \lambda > 0, R(\lambda V^* + I^*) = X^*, \tag{16}$$

于是再用闭值域定理和 (15), 可知 $(\lambda V^* + I^*)^{-1}$ 是将对偶空间 X^* 映入自身的一个有界线性算子.

现在, 我们就可以来介绍抽象位势算子的特性:

定理 2 (K. Yosida [35])　设线性闭算子 V 的定义域 $D(V)$ 和值域 $R(V)$ 都在 X 内强稠密, 并且 V 与其对偶算子 V^* 分别满足 (9) 和 (10), 则 V 是个抽象位势算子, 即, $-V$ 是 X 中某个 (C_0) 类压缩半群的无穷小生成元 A 的逆算子.

证明　首先, 我们注意到上面的系对于 V 和 V^* 是成立的, 从而 $(\lambda V + I)^{-1}$ 是个由 X 入自身的有界线性算子. 此外, 由

$$[\text{诸 } x \in D(V) \text{ 和 } \lambda > 0 \text{ 使}] \widehat{J}_\lambda (\lambda V x + x) = V x \tag{17}$$

所定义的线性算子 $\widehat{J}_\lambda$ 是个由 X 入自身的有界线性算子并且有

$$\widehat{J}_\lambda = V(\lambda V + I)^{-1} \quad \text{和} \quad \sup_{\lambda > 0} \|\lambda \widehat{J}_\lambda\| \leqslant 1. \tag{18}$$

用 (17), 我们可以证明 J_λ 是个伪预解式. 事实上, 我们有

$$\widehat{J}_\lambda(\lambda Vx + x) - \widehat{J}_\mu(\lambda Vx + x)$$
$$= Vx - \widehat{J}_\mu\Big(\frac{\lambda}{\mu}(\mu Vx + x) + \Big(1 - \frac{\lambda}{\mu}\Big)x\Big)$$
$$= Vx - \frac{\lambda}{\mu}Vx - \Big(1 - \frac{\lambda}{\mu}\Big)\widehat{J}_\mu x = \Big(1 - \frac{\lambda}{\mu}\Big)(Vx - \widehat{J}_\mu x)$$

并且

$$(\mu - \lambda)\widehat{J}_\mu \widehat{J}_\lambda(\lambda Vx + x) = (\mu - \lambda)\widehat{J}_\mu Vx$$
$$= (\mu - \lambda)\widehat{J}_\mu\Big(Vx + \frac{1}{\mu}x - \frac{1}{\mu}x\Big)$$
$$= (\mu - \lambda)\frac{1}{\mu}Vx - (\mu - \lambda)\frac{1}{\mu}\widehat{J}_\mu x$$
$$= \Big(1 - \frac{\lambda}{\mu}\Big)(Vx - \widehat{J}_\mu x).$$

因为 (18) 成立, 所以我们可以运用 Abel 遍历定理:

$$对于 \ \mu > 0, R(\widehat{J}_\mu)^a = \{x \in X; \text{s-}\lim_{\lambda\uparrow\infty} \lambda \widehat{J}_\lambda x = x\}, \tag{19}$$

$$R(I - \mu\widehat{J}_\mu)^a = \{x \in X; \text{s-}\lim_{\lambda\downarrow 0} \lambda\widehat{J}_\lambda x = 0\} \ 在 \ \mu > 0 \ 时成立. \tag{20}$$

因为 $R(V)^a = X$, 所以由 (17) 可知 $R(\widehat{J}_\mu)^a = X$. 另一方面, $\widehat{J}_\lambda$ 的零空间与 λ 无关 (见第八章 §4 中命题). 于是, 由 (19) 和 $R(\widehat{J}_\mu)^a = X$ 可知, $\widehat{J}_\lambda$ 的零空间只含有零向量. 因此 $\widehat{J}_\lambda$ 是线性算子 A 的预解式:

$$\widehat{J}_\lambda = (\lambda I - A)^{-1}, \quad 这里 \ A = \lambda I - \widehat{J}_\lambda^{-1}. \tag{21}$$

于是我们就得到

$$D(A)^a = R(\widehat{J}_\mu)^a = \{x \in X; \text{s-}\lim_{\lambda\uparrow\infty} \lambda\widehat{J}_\lambda x = x\} \ 在 \ \mu > 0 \ 时成立, \tag{19$'$}$$

$$R(A)^a = R(I - \mu\widehat{J}_\mu)^a = \{x \in X; \text{s-}\lim_{\lambda\downarrow 0} \lambda\widehat{J}_\lambda x = 0\} \ 在 \ \mu > 0 \ 时成立. \tag{20$'$}$$

由 (19$'$) 和 $R(\widehat{J}_\mu)^a = X$ 可知 $D(A)^a = X$. 我们还可以证明 $R(A)^a = X$. 事实上, 由 (17) 和 (21) 可知

$$(\lambda I - A)\widehat{J}_\lambda(\lambda Vx + x) = \lambda Vx + x = (\lambda I - A)Vx = \lambda Vx - AVx,$$

亦即,

$$对于 \ x \in D(V), \ -AVx = x. \tag{22}$$

于是 $R(A) \supseteq D(V)$ 在 X 中是强稠密的, 即 $R(A)^a = X$, 从而由 (20′) 可知, 一切 $x \in X$ 都使 s-$\lim\limits_{\lambda \downarrow 0} \lambda \widehat{J}_\lambda x = 0$. 因此, 由命题 1 可知 $-A^{-1}$ 是个抽象位势算子.

至于 $V = -A^{-1}$, 可以证明如下. 首先, 逆算子 V^{-1} 存在, 因为由 (22) 可知, 由 $Vx = 0$ 可得出 $x = 0$. 因此, 由 (18) 和 (21) 可得

$$\lambda I - A = \widehat{J}_\lambda^{-1} = (\lambda V + I)V^{-1} = \lambda I + V^{-1},$$

这就证明了 $-A^{-1} = V$.

注　由前面的证明可以看出, (10) 只用于证明 (15′), 从而只用于证明 (15).

同第九章 §8 一样, 我们在 X 中引入一个满足以下条件的半内积 $[x, y]$:

$$\begin{aligned}
&[x + y, z] = [x, z] + [y, z], [\lambda x, y] = \lambda[x, y], \\
&[x, x] = \|x\|^2 \ 以及 \ |[x, y]| \leqslant \|x\| \cdot \|y\|.
\end{aligned} \tag{23}$$

设线性算子 V 的定义域 $D(V)$ 和值域 $R(V)$ 都在 X 中. 这时, 如果

$$对于 \ x \in D(V), \operatorname{Re}[x, Vx] \geqslant 0, \tag{24}$$

则 V 叫作 (关于 $[x, y]$) 是增生的.

我们来给出三个命题.

命题 2　抽象位势算子 V 必定是增生的.

证明　设 $\{T_t; t \geqslant 0\}$ 是个 (C_0) 类压缩半群, 其无穷小生成元 A 等于 $-V^{-1}$. 因为 $\|T_t\| \leqslant 1$, 所以

$$\operatorname{Re}[T_t x - x, x] = \operatorname{Re}[T_t x, x] - \|x\|^2 \leqslant \|T_t x\| \cdot \|x\| - \|x\|^2 \leqslant 0.$$

于是, 对于 $x \in D(A)$ 我们得到

$$\operatorname{Re}[Ax, x] = \lim\limits_{t \downarrow 0} [t^{-1}(T_t x - x), x] \leqslant 0.$$

因此, 对于 $x_0 \in D(V) = D(A^{-1})$, 有

$$\operatorname{Re}[AVx_0, Vx_0] = \operatorname{Re}[-x_0, Vx_0] \leqslant 0, \quad 亦即 \ \operatorname{Re}[x_0, Vx_0] \geqslant 0.$$

命题 3　如果 V 是增生的, 则 V 满足 (9).

证明 由 (23) 和 (24) 可知

$$\|\lambda V x\|^2 = [\lambda V x, \lambda V x] \leqslant \mathrm{Re}\{[\lambda V x, \lambda V x]\}$$
$$= \mathrm{Re}[\lambda V x + x, \lambda V x] \leqslant \|\lambda V x + x\| \cdot \|\lambda V x\|,$$

亦即, 我们证明了 (9).

命题 4 设 $\{T_t; t \geqslant 0\}$ 是个具有无穷小生成元 A 的 (C_0) 类压缩半群. 如果 V 是关于此半群的一个抽象位势算子且 $V = -A^{-1}$, 则对于 X 的对偶空间 X^* 中的任何一种半内积 $[f^*, g^*]$, V 的对偶算子 V^* 必定满足不等式

$$[f^*, V^+ f^*] \geqslant 0. \tag{25}$$

这里 V^+ 是 V^* 在把自己的定义域和值域都限于 $R(V^*)^a$ 内时的最大限制. (26)

证明 设 $\{T_t^+; t \geqslant 0\}$ 是 $\{T_t; t \geqslant 0\}$ 的对偶半群 (见第九章 §13), 从而 $\{T_t^+; t \geqslant 0\}$ 是 $X^+ = D(A^*)^a = R(V^*)^a$ 上一个 (C_0) 类压缩半群. 因此, 半群 T_t^+ 的无穷小生成元 A^+ 是 A^* 把自己的定义域和值域都限于 $X^+ = D(A^*)^a$ 的最大限制. 于是 $V^+ = (-A^+)^{-1}$, 从而 (25) 式可以像命题 2 那样予以证明.

现在我们就能够来证明

定理 3 设 V 是个闭的线性算子, 其定义域和值域都在 X 内强稠密. 这时, V 是个抽象位势算子当且仅当 V 是增生的且 V^+ 也是增生的.

证明 "仅当部分" 可用命题 2 和命题 4 来证明. 我们来证明 "当的部分". 首先, 根据命题 3, V 满足 (9). 其次, 令 $\lambda V^* f^* + f^* = 0$. 于是 $f^* \in R(V^*)$ 从而 $V^* f^* = -\lambda^{-1} f^* \in R(V^*)$. 因此, $f^* \in D(V^+)$ 且 $\lambda V^+ f^* = -f^*$. 因此, 由 V^+ 的增生性可得

$$[\lambda f^*, \lambda V^+ f^*] = \lambda[f^*, -f^*] = -\lambda \|f^*\|^2 \geqslant 0, \quad \text{亦即 } f^* = 0.$$

于是, 逆算子 $(\lambda V^* + I^*)^{-1}$ 存在, 从而由 Hahn-Banach 定理可知, (15′) 因而还有 (15) 都成立. 这就证明了 V 是个抽象位势算子.

同 G. A. Hunt 的位势理论的比较. 考察一个特殊情形. 设 S 是个局部紧、但非紧 Hausdorff 可分空间, $C_0(S)$ 是由 S 上那些有紧支集的实值或复值连续函数 $x(s)$ 所组成的空间, 而 X 就是 $C_0(S)$ 依最大模范数的完备化空间 $C_\infty(S)$. 这时, 我们用下式来定义 X 的元素之间的半内积, 即

$$[x, y] = x(s_0)\overline{y(s_0)}, \text{ 这里 } s_0 \text{ 是 } S \text{ 中某固定点使得 } |y(s_0)| = \sup_{s \in S} |y(s)|. \tag{27}$$

于是, 线性算子 V 的增生性质便决定于下式

$$当\ |(Vx)(s_0)| = \sup_{s \in S}|(V(x)(s))|\ 时就有\ \mathrm{Re}(x(s_0) \cdot \overline{(Vx)(s_0)}) \geqslant 0. \qquad (28)$$

这可以同 Hunt 的位势理论 (G. A. Hunt [1], 也可参看 P. A. Meyer [1] 和 K. Yosida [32] 以及这些文章中列出的参考文献) 中关于 V 的正极大值原理进行比较. 对于 $C_\infty(S)$ 中只含有实值函数的情形, Hunt 引进了由下列条件给出的位势算子 U 的概念, 它是个由定义域 $D(U) \subseteq C_\infty(S)$ 入 $C_\infty(S)$ 的正线性算子且满足三个条件: i) $D(U) \supseteq C_0(S)$, ii) $U \cdot C_0(S)$ 在 $C_\infty(S)$ 内强稠密以及 iii) 正极大值原理, 它可表述为

$$对于每个\ x(s) \in C_0(S), 只要\ (Ux)(s)\ 在\ s = s_0$$
$$达到其正的上确界, 就有\ x(s_0) \geqslant 0. \qquad (29)$$

(上面提到的 U 的正性, 指的是 U 把非负函数映射为非负函数.) 然后, Hunt 证明了有唯一确定的、映 $C_\infty(S)$ 入自身的正收缩算子组成的 (C_0) 类半群 $\{T_t; t \geqslant 0\}$, 它满足以下两个条件:

$$对于\ x(s) \in C_0(S),\ AUx = -x,\ 其中\ A\ 是\ T_t\ 的无穷小生成元, \qquad (30)$$
$$且\ (Ux)(s) = \int_0^\infty (T_t x)(s)dt, 积分依\ B-空间\ C_\infty(S)\ 的强拓扑存在. \qquad (31)$$

需要指出, 我们在定义抽象位势算子 V 时, 并未假设算子 V 是正的. 此外, 在我们的叙述中, (30) 可以换成真正的 Poisson 方程

$$V = -A^{-1}. \qquad (30')$$

关于这一点须指出, 算子 U 限制在 $C_0(S)$ 上的最小闭扩张 V 满足 (30'). 见 K. Yosida、T. Watanabe、H. Tanaka [36] 和 K. Yosida [37]. 此外基于 (7), 在我们关于抽象位势算子 V 的叙述中, 可将 (31) 换成更一般的

$$(Vx)(s) = \text{s-}\lim_{n \to \infty}((\lambda I - A)^{-1}x)(s).$$

这种表述方式有此优点, 即它本质上可用于比 (31) 更一般得多的半群类上. 例如, 见 K. Yosida [37], [38]、A. Yamada [1] 和 K. Sato [1], [2]. 这里须指出, F. Hirsch [1], [2] 采用同本书著者本质上一样的想法也导出了一种抽象位势理论.

第十四章 发展方程的积分[①]

普通指数函数适合以下初值问题

$$dy/dx = \alpha y, \quad y(0) = 1.$$

现在已知 x 的函数 $f(x) = f(x_1, \cdots, x_m)$, 我们考虑扩散方程

$$\partial u/\partial t = \Delta u, \quad 其中 \ \Delta = \sum_{j=1}^{m} \partial^2/\partial x_j^2 \ 是 \ R^m \ 中 \ Laplace \ 算子,$$

它带初始条件 $u(x,0) = f(x)$. 我们希望求得此方程的解 $u(x,t), t > 0$.

已知函数 f 和 g, 我们还要研究带初始条件的波动方程

$$\begin{cases} \partial^2 u/\partial t^2 = \Delta u, \quad -\infty < t < \infty, \\ u(x,0) = f(x) \ 和 \ (\partial u/\partial t)_{t=0} = g(x). \end{cases}$$

此方程及初始条件也可以写为下述向量形式:

$$\begin{cases} \dfrac{\partial}{\partial t} \begin{pmatrix} u \\ v \end{pmatrix} = \begin{pmatrix} 0 & I \\ \Delta & 0 \end{pmatrix} \begin{pmatrix} u \\ v \end{pmatrix}, \quad v = \dfrac{\partial u}{\partial t}, \\ \begin{pmatrix} u(x,0) \\ v(x,0) \end{pmatrix} = \begin{pmatrix} f(x) \\ g(x) \end{pmatrix}. \end{cases}$$

因此, 在适当函数空间中, 波动方程可以看作某种形式的扩散 (或热传导) 方程——左端是对时间参数的微分运算而右端是别的算子——换言之, 也可以认

[①]并请参看 "补充说明" 最后三段.

为波动方程是类似于方程 $dy/dt = \alpha y$ 的. 由于后一种情形的解是指数函数, 这就提示我们在适当函数空间中可以恰当地定义算子

$$\Delta \text{ 和 } \begin{pmatrix} 0 & I \\ \Delta & 0 \end{pmatrix}$$

的指数函数来求解热传导方程和波动方程. 这是将算子半群理论用于 Cauchy 问题的动机. 我们指出, Schrödinger 方程

$$i^{-1}\partial u/\partial t = Hu = (\Delta + U(x))u, \text{ 其中 } U(x) \text{ 是已知函数,}$$

给出了另一例发展方程, 它形如

$$\partial u/\partial t = Au, \quad t > 0, \tag{1}$$

这里 (1) 中的 A 是某函数空间上不必连续的一个线性算子.

像 (1) 这种形式的方程可以叫作时齐发展方程. 我们可以用半群理论来积分这种方程. 在以下三节中, 我们将给出这种积分法的一些典型例子. 然后, 我们将叙述非时齐发展方程

$$\partial u/\partial t = A(t)u, \quad a < t < b \tag{2}$$

的积分理论.

§1.　在 $L^2(R^m)$ 中扩散方程的积分

考虑扩散方程

$$\partial u/\partial t = Au, \quad t > 0, \tag{1}$$

此处, m 维 Euclid 空间 R^m 中微分算子

$$A = a^{ij}(x)\frac{\partial^2}{\partial x_i \partial x_j} + b^i(x)\frac{\partial}{\partial x_i} + c(x) \quad (a^{ij}(x) = a^{ji}(x)) \tag{2}$$

是严格椭圆的. 我们假设实系数 a, b 和 c 是 $C^\infty(R^m)$ 函数并且

$$\max(\sup_x |a^{ij}(x)|, \sup_x |b^i(x)|, \sup_x |c(x)|, \sup_x |a^{ij}_{x_k}(x)|, \sup_x |b^i_{x_k}(x)|, \sup_x |a^{ij}_{x_k x_s}(x)|)$$
$$= \eta < \infty. \tag{3}$$

有关 A 的严格椭圆性是指有正常数 λ_0 和 μ_0 使得

在 R^m 上, 对于任何实向量 $\xi = (\xi_1, \xi_2, \cdots, \xi_m)$,
$$\mu_0 \sum_{j=1}^m \xi_j^2 \geqslant a^{ij}(x)\xi_i \xi_j \geqslant \lambda_0 \sum_{i=1}^m \xi_i^2. \tag{4}$$

令 $\widehat{H}_0^1$ 是所有实值 $C_0^\infty(R^m)$ 函数 $f(x)$ 组成的空间, 其范数为

$$\|f\|_1 = \left(\int\limits_{R^m} f^2 dx + \sum_{j=1}^{m} \int\limits_{R^m} f_{x_j}^2 dx \right)^{1/2}, \tag{5}$$

又令 H_0^1 是 $\widehat{H}_0^1$ 关于范数 $\|f\|_1$ 的完备化. 类似地, 令 H_0^0 是 $\widehat{H}_0^1$ 关于范数

$$\|f\|_0 = \left(\int\limits_{R^m} f^2 dx \right)^{1/2} \tag{6}$$

的完备化. 于是, 我们就引进了两个实 Hilbert 空间 H_0^1 和 H_0^0, 并且 H_0^1 和 $\widehat{H}_0^1$ 在 H_0^0 中依范数 $\|\cdot\|_0$ 是稠密的. 根据第一章 §10 中命题, 我们知道 H_0^1 同实 Sobolev 空间 $W^1(R^m)$ 是相等的; 我们还知道 H_0^0 等于实 Hilbert 空间 $L^2(R^m)$. 我们把 Hilbert 空间 H_0^1 中 (或 Hilbert 空间 H_0^0 中) 内积记为 $(f,g)_1$ (或 $(f,g)_0$).

在复 Hilbert 空间 $L^2(R^m)$ 中, 为了依条件 (3) 和 (4) 对方程 (1) 积分, 我们要准备些引理. 这些引理在以后各节中也将起到重要作用.

引理 1 (关于分部积分) 对于 $f, g \in \widehat{H}_0^1$, 我们有

$$\begin{aligned}
(Af, g)_0 = &- \int\limits_{R^m} a^{ij} f_{x_i} g_{x_j} dx - \int\limits_{R^m} a_{x_j}^{ij} f_{x_i} g\, dx \\
&+ \int\limits_{R^m} b^i f_{x_i} g\, dx + \int\limits_{R^m} cfg\, dx,
\end{aligned} \tag{7}$$

即对 $(Af, g)_0$ 中那些含有二阶导数项分部积分时, 被积项仿佛是零.

证明 根据 (3) 以及 f 和 g 都属于 $\widehat{H}_0^1$ 这个事实, 我们知道 $a^{ij} f_{x_i x_j} g$ 在 R^m 上是可积的. 于是, 由 f 和 g 都具有紧支集这个事实可知

$$\int\limits_{R^m} a^{ij} f_{x_i x_j} g\, dx = - \int\limits_{R^m} a^{ij} f_{x_i} g_{x_j} dx - \int\limits_{R^m} a_{x_j}^{ij} f_{x_i} g\, dx.$$

注 把 A 的形式伴随算子 A^* 定义为

$$(A^* f)(x) = \frac{\partial^2}{\partial x_i \partial x_j} (a^{ij}(x) f(x)) - \frac{\partial}{\partial x_i} (b^i(x) f(x)) + c(x) f(x). \tag{8}$$

于是, 如上所述, 我们有结论: 如果 $f, g \in \widehat{H}_0^1$, 则我们可以对 $(A^* f, g)_0$ 中那些含有一阶和二阶导数的项进行分部积分, 被积项仿佛为零. 亦即, 我们有

$$\begin{aligned}
(A^* f, g)_0 = &- \int\limits_{R^m} a^{ij} f_{x_i} g_{x_j} dx - \int\limits_{R^m} a_{x_i}^{ij} f g_{x_j} dx \\
&- \int\limits_{R^m} b^i f g_{x_i} dx + \int\limits_{R^m} cfg\, dx.
\end{aligned} \tag{7'}$$

系　有正常数 κ, γ 和 δ, 使得　$f, g \in \widehat{H}_0^1$ 和充分小的诸正数 α 满足以下诸式

$$\left.\begin{aligned}\alpha\delta\|f\|_1^2 \leqslant (f - \alpha Af, f)_0 \leqslant (1 + \alpha\gamma)\|f\|_1^2, \\ \alpha\delta\|f\|_1^2 \leqslant (f - \alpha A^*f, f)_0 \leqslant (1 + \alpha\gamma)\|f\|_1^2,\end{aligned}\right\} \tag{9}$$

$$\left.\begin{aligned}|(f - \alpha Af, g)_0| \leqslant (1 + \alpha\gamma)\|f\|_1\|g\|_1, \\ |(f - \alpha A^*f, g)_0| \leqslant (1 + \alpha\gamma)\|f\|_1\|g\|_1,\end{aligned}\right\} \tag{10}$$

$$|(Af, g)_0 - (f, Ag)_0| \leqslant \kappa\|f\|_1\|g\|_0. \tag{11}$$

证明　验证 (9) 和 (10) 可以用 (3)、(4)、(7) 和 (7′) 证明并注意到不等式

$$2\alpha|ab| \leqslant \alpha(\nu|a|^2 + \nu^{-1}|b|^2) \tag{12}$$

对于大于 0 的 α 和 ν 成立. 事实上, 我们可以使用下述估计式

$$\left|\int_{R^m} a_{x_j}^{ij} f_{x_i} g\, dx\right| \leqslant \sum_{i=1}^m m\eta(\nu\|f_{x_i}\|_0^2 + \nu^{-1}\|g\|_0^2).$$

为得 (11) 式, 我们可用以下等式

$$(Af, g)_0 - (f, Ag)_0 = -\int_{R^m} (2a_{x_i}^{ij} f_{x_j} g + a_{x_i x_j}^{ij} fg - 2b^i f_{x_i} g - b_{x_i}^i fg)\, dx.$$

引理 2（关于 $u - \alpha Au = f$ 的解的存在性）　取正数 α_0 使得上述系对于 $0 < \alpha \leqslant \alpha_0$ 成立. 这时, 对于任何函数 $f(x) \in \widehat{H}_0^1$, 方程

$$u - \alpha Au = f \quad (0 < \alpha \leqslant \alpha_0) \tag{13}$$

有唯一确定的解 $u \in H_0^1 \cap C^\infty(R^m)$.

证明　我们定义 $\widehat{H}_0^1$ 上双线性泛函 $\widehat{B}(u, v) = (u - \alpha A^*u, v)_0$, 以上系表明

$$|\widehat{B}(u, v)| \leqslant (1 + \alpha\gamma)\|u\|_1\|v\|_1, \quad \alpha\delta\|u\|_1^2 \leqslant \widehat{B}(u, u). \tag{14}$$

因此, 我们可用连续性把 $\widehat{B}$ 扩张为 H_0^1 上双线性泛函 B, 它仍满足

$$|B(u, v)| \leqslant (1 + \alpha\gamma)\|u\|_1\|v\|_1, \quad \alpha\delta\|u\|_1^2 \leqslant B(u, u). \tag{14′}$$

定义在 H_0^1 上的线性泛函 $F(u) = (u, f)_0$ 是个有界线性泛函, 这是因为

$$|(u, f)_0| \leqslant \|u\|_0\|f\|_0 \leqslant \|u\|_1\|f\|_0.$$

于是, 在 Hilbert 空间 H_0^1 上用 F. Riesz 表示定理得唯一确定的 $v = v(f) \in H_0^1$ 使得 $(u, f)_0 = (u, v(f))_1$. 因此, 把 Milgram-Lax 定理用于 Hilbert 空间 H_0^1 就知 H_0^1 自身上有唯一有界线性算子 S 使得

$$对于 u \in H_0^1, (u, f)_0 = (u, v(f))_1 = B(u, Sv(f)). \tag{15}$$

设 u 遍取 $C_0^\infty(R^m)$ 且又设 $v_n \in \widehat{H}_0^1$ 使得 $\lim\limits_{n\to\infty} \|v_n - Sv(f)\|_1 = 0$, 则

$$B(u, Sv(f)) = \lim_{n\to\infty} B(u, v_n) = \lim_{n\to\infty} \widehat{B}(u, v_n)$$
$$= \lim_{n\to\infty} (u - \alpha A^* u, v_n)_0 = (u - \alpha A^* u, Sv(f))_0,$$

这是因为范数 $\|\cdot\|_1$ 大于范数 $\|\cdot\|_0$. 于是

$$(u, f)_0 = (u - \alpha A^* u, Sv(f))_0, \tag{15'}$$

亦即, $Sv(f) \in H_0^1$ 是方程 (13) 的一个分布解. 因此, 根据 $(I - \alpha A)$ 的严格椭圆性以及 $f \in C_0^\infty(R^m)$ 这个事实, 从第六章 §9 中 Friedrichs 定理的系可知, 我们可以认为 $u = Sv(f) \in H_0^1$ 是 (13) 的一个 $C^\infty(R^m)$ 解. 于是 $u = Sv(f) \in H_0^1 \cap C^\infty(R^m)$.

下证方程 (13) 的解的唯一性. 设某个函数 $u \in H_0^1 \cap C^\infty(R^m)$ 满足 $u - \alpha Au = 0$. 因此 $Au \in H_0^1 \cap C^\infty(R^m) \subseteq H_0^0$, 从而表示式 $(u - \alpha Au, u)_0$ 有定义并且为 0. 取 $u_n \in \widehat{H}_0^1$ 使得 $\lim\limits_{n\to\infty} \|u - u_n\|_1 = 0$. 和 (9) 式一样进行分部积分, 我们就得到

$$0 = (u - \alpha Au, u)_0 = \lim_{n\to\infty}(u_n - \alpha Au_n, u_n)_0 \geqslant \alpha\delta\|u\|_1^2, \quad \text{亦即 } u = 0.$$

系 1 有正常数 $\widehat{\alpha}_0$ 和 η_0 使得, 对任何 $f \in \widehat{H}_0^1$, 方程

$$\alpha u - Au = f \quad (0 < \widehat{\alpha}_0 + \lambda_0 + \eta_0 \leqslant \alpha) \tag{16}$$

有唯一确定的解 $u = u_f \in H_0^1 \cap C^\infty(R^m)$, 且有估计式

$$\|u_f\|_0 \leqslant (\alpha - \lambda_0 - \eta_0)^{-1}\|f\|_0. \tag{17}$$

证明 由 Schwarz 不等式可知

$$\text{对于 } u \in \widehat{H}_0^1, \|(\alpha I - A)u\|_0 \cdot \|u\|_0 \geqslant |((\alpha I - A)u, u)_0|. \tag{18}$$

用分部积分可得

$$((\alpha I - A)u, u)_0 = \alpha\|u\|_0^2 + \int_{R^m} a^{ij}u_{x_i}u_{x_j}dx + \int_{R^m} a_{x_j}^{ij}u_{x_i}udx$$
$$- \int_{R^m} b^i u_{x_i}udx - \int_{R^m} cuudx.$$

于是, 由 (3), (4) 和 (12) 可得

$$((\alpha I - A)u, u)_0 \geqslant \alpha\|u\|_0^2 + \lambda_0(\|u\|_1^2 - \|u\|_0^2)$$
$$- m^2\eta[\nu(\|u\|_1^2 - \|u\|_0^2) + \nu^{-1}\|u\|_0^2 + m^{-2}\|u\|_0^2]$$
$$= (\alpha - \lambda_0 - m^2\eta(\nu^{-1} - \nu + m^{-2}))\|u\|_0^2$$
$$+ (\lambda_0 - m^2\eta\nu)\|u\|_1^2.$$

因此, 由 (18) 可知对于 $\eta_0 = m^2\eta(\nu^{-1} - \nu + m^{-2})$,

$$\text{对于 } u \in \widehat{H}_0^1, \|(\alpha I - A)u\|_0 \geqslant (\alpha - \lambda_0 - \eta_0)\|u\|_0, \tag{17'}$$

选取 $\nu > 0$ 如此之小, 以致 $(\lambda_0 - m^2\eta\nu)$ 和 η_0 都 > 0. 然后我们把 $\widehat{\alpha}_0$ 取得这样大, 使得对于 $\alpha \geqslant \widehat{\alpha}_0 + \lambda_0 + \eta_0$, 我们可以应用引理 2 来求解 (16).

因为 (16) 的解 $u = u_f \in H_0^1 \cap C^\infty(R^m)$ 可以用属于 $\widehat{H}_0^1$ 的一个函数序列在 $\|\cdot\|_1$ 范数下来逼近, 所以, 由 (18) 和 (17′) 就可以得到估计式 (17).

系 2　将 A 视为由 $D(A) = (\alpha I - A)^{-1}\widehat{H}_0^1 \subseteq H_0^0$ 入 H_0^0 的算子, 它在 H_0^0 中的最小闭扩张 $\widehat{A}$ 在 $\alpha > \widehat{\alpha}_0 + \lambda_0 + \eta_0$ 时有从 H_0^0 入 H_0^0 的预解式 $(\alpha I - \widehat{A})^{-1}$ 且

$$\|(\alpha I - \widehat{A})^{-1}\|_0 \leqslant (\alpha - \lambda_0 - \eta_0)^{-1}. \tag{19}$$

证明　注意到 $D(A)$ 和 $\widehat{H}_0^1$ 都是在 H_0^0 内 $\|\cdot\|_0$ 稠密的这个事实, 再由系 1 可以明显地看出系 2 是正确的.

因此, 由第九章 §7 中系 2 可知, $\widehat{A}$ 是 B-空间 H_0^0 中的某个 (C_0) 类半群 T_t 的无穷小生成元, 并且对于 $t \geqslant 0$ 有 $\|T_t\|_0 \leqslant e^{(\lambda_0 + \eta_0)t}$.

实际上, 我们就可以证明

定理 1　设复 $\widehat{H}_0^1$ 是一切复值函数 $f \in C_0^\infty(R^m)$ 依 $\|f\|_1 = \left(\int_{R^m} |f|^2 dx + \sum_{j=1}^m \int_{R^m} |f_{x_j}|^2 dx\right)^{1/2} < \infty$ 所成的空间. 设 $\widetilde{H}_0^1$ 和 $\widetilde{H}_0^0$ 分别是复 $\widehat{H}_0^1$ 依范数 $\|f\|_1$ 和 $\|f\|_0$ 的完备化空间. 我们知道 $\widetilde{H}_0^1 = $ (复的) Sobolev 空间 $W^1(R^m)$ (见第一章 §10). 显然, $\widetilde{H}_0^0 = $ (复的) Hilbert 空间 $L^2(R^m)$. 我们把 A 看成一个由 $D(A) = (\alpha I - A)^{-1}\widetilde{H}_0^1 \subseteq L^2(R^m)$ 入 $L^2(R^m)$ 的算子. 于是 A 在 $L^2(R^m)$ 的最小闭扩张 $\widetilde{A}$ 是 $L^2(R^m)$ 中的某个 (C_0) 类全纯半群 T_t 的无穷小生成元, 并且对于 $t \geqslant 0$ 有 $\|T_t\|_0 \leqslant e^{(\lambda_0 + \eta_0)t}$.

证明　由于上述系 2 以及微分算子 A 的诸系数是实函数, 所以我们知道, 对于 $\alpha > \widehat{\alpha}_0 + \lambda_0 + \eta_0$, 值域 $R(\alpha I - A) = (\alpha I - A)(D(A))$ 在 $L^2(R^m)$ 中是 $\|\cdot\|_0$ 稠密的. 此外, 当 $(u + iv) \in L^2(R^m)$ 且 $(u + iv) \in D(A)$ 时, 我们有

$$\|(\alpha I - A)(u + iv)\|_0^2 = \|(\alpha I - A)u\|_0^2 + \|(\alpha I - A)v\|_0^2$$
$$\geqslant (\alpha - \lambda_0 - \eta_0)^2(\|u\|_0^2 + \|v\|_0^2).$$

于是, 逆算子 $(\alpha I - \widetilde{A})^{-1}$ 是个由 $L^2(R^m)$ 入 $L^2(R^m)$ 的有界线性算子, 并且对于 $\alpha > \widehat{\alpha}_0 + \lambda_0 + \eta_0$ 有 $\|(\alpha I - \widetilde{A})^{-1}\|_0 \leqslant (\alpha - \lambda_0 - \eta_0)^{-1}$.

所以, 由第九章 §10 中定理可知, 我们只需证明

$$\varlimsup_{|\tau| \uparrow \infty} |\tau| \|((\alpha + i\tau)I - \widetilde{A})^{-1}\|_0 < \infty. \tag{20}$$

对于 $w \in D(A)$, 我们有

$$\|((\alpha + i\tau)I - A)w\|_0 \|w\|_0 \geqslant |(((\alpha + i\tau)I - A)w, w)_0|. \tag{21}$$

同证明 (17) 一样, 用分部积分, 我们得到

$$|\mathrm{Re}(((\alpha + i\tau)I - A)w, w)_0|$$
$$= \left|\|\alpha\|\|w\|_0^2 + \mathrm{Re}\left(\int_{R^m} a^{ij} w_{x_i} \overline{w}_{x_j} dx + a_{x_i}^{ij} w_{x_j} \overline{w} dx - \int_{R^m} b^i w_{x_i} \overline{w} dx - \int_{R^m} cw\overline{w} dx\right)\right|$$
$$\geqslant (\alpha - \lambda_0 - \eta_0)\|w\|_0^2 + (\lambda_0 - m^2 \eta \nu)\|w\|_1^2.$$

类似地, 我们有

$$|\mathrm{Im}\left(((\alpha + i\tau)I - A)w, w\right)_0|$$
$$\geqslant |\tau|\|w\|_0^2 - m^2\eta(\|w\|_1^2 + m^{-2}\|w\|_0^2) \geqslant (|\tau| - \eta)\|w\|_0^2 - m^2\eta\|w\|_1^2.$$

假定有个 $w_0 \in D(A), \|w_0\|_0 \neq 0$, 使得对于充分大的 τ (或对于充分大的 $-\tau$), 有

$$|\mathrm{Im}\left(((\alpha + i\tau)I - A)w_0, w_0\right)_0| < 2^{-1}(|\tau| - \eta\|w_0\|_0^2.$$

则对于如此大的 τ (或 $-\tau$), 必定有

$$m^2\eta\|w_0\|_1^2 > 2^{-1}(|\tau| - \eta)\|w_0\|_0^2,$$

从而

$$|\mathrm{Re}(((\alpha + i\tau)I - A)w_0, w_0)_0| \geqslant (\lambda_0 - m^2\eta\nu)\frac{|\tau| - \eta}{2m^2\eta}\|w_0\|_0^2.$$

于是, 用 (21), 我们就证明了定理 1.

定理 2 对于任何 $f \in L^2(R^m), u(t, x) = (T_t f)(x)$ 依 $t > 0$ 和 $x \in R^m$ 是无穷可微的, 并且 $u(t, x)$ 满足扩散方程 (1) 以及初始条件 $\lim_{t \downarrow 0} \|u(t, x) - f(x)\|_0 = 0$.

证明 我们用 $T_t^{(k)}$ 表示 T_t 依 t 在 $L^2(R^m)$ 中的第 k 阶强导数. 既然 T_t 是 $L^2(R^m)$ 中一个 (C_0) 类全纯半群, 当 $t > 0$ 且 $k = 0, 1, \cdots$ 时, 便有 $T_t^{(k)}f = \tilde{A}^k T_t f \in L^2(R^m)$. 由于 $\tilde{A}$ 是 A 在 $L^2(R^m)$ 中的最小闭扩张, 我们在分布意义下使用微分算子 A^k, 那么, 当 $t > 0$ 且 $k = 0, 1, \cdots$ 时, 我们就有 $A^k T_t f \in L^2(R^m)$. 因此, 由第六章 §9 中 Friedrichs 定理的系可知, 对于固定的 $t > 0, u(t, x)$ 在调整了它在某个零测度集上的值之后就等于一个 $C^\infty(R^m)$ 的函数.

因为有估计式 $\|T_t\|_0 \leqslant e^{(\lambda_0 + \eta_0)t}$, 如果我们在分布意义下把椭圆微分算子

$$\left(\frac{\partial^2}{\partial t^2} + A\right)$$

作用于 $u(t,x)$ 任何次之后, 易见则所得结果在乘积空间 $\{t; 0 < t < \infty\} \times R^m$ 中是局部平方可积的. 因此, 仍由第六章 §9 中 Friedrichs 定理的系可知, $u(t,x)$ 在调整了它在此乘积空间中的某个零测度集上之值以后就等于一个这样的函数, 它关于 (t,x) 是 C^∞ 的函数, 这里, $t > 0$ 而 $x \in R^m$. 因此, 我们可以把 $u(x,t)$ 看成方程 (1) 满足初始条件 $\lim\limits_{t\downarrow 0} \|u(t,x) - f(x)\|_0 = 0$ 的一个真解.

注　上面得到的解 $u(t,x)$ 满足 "前后唯一延拓性":

如果对某个固定的$t_0 > 0$,在某个开集 $G \subseteq R^m$ 上有 $u(t_0, x) \equiv 0$,

则对于每个 $t > 0$ 和每个 $x \in G$, 都有 $u(t,x) = 0$. 　　　　(22)

证明　因为 T_t 是个 (C_0) 类全纯半群, 所以, 对某个充分小的 h, 有

$$\lim_{n\to\infty} \left\| T_{t_0+h}f - \sum_{k=0}^{n} (k!)^{-1} h^k A^k T_{t_0} f \right\|_0 = 0.$$

于是, 像证明 $L^2(R^m)$ 空间的完备性那样, 有自然数的一个序列 $\{n'\}$, 使得

$$u(t_0 + h, x) = \lim_{n'\to\infty} \sum_{k=0}^{n'} (k!)^{-1} h^k A^k u(t_0, x) \text{ 对几乎所有} x \in R^m \text{ 成立}.$$

根据在 (22) 中所给出的假设可知, 在 G 中有 $A^k u(t_0, x) = 0$, 从而在 G 中对充分小的 h 必定有 $u(t_0 + h, x) = 0$. 重复这种讨论, 我们看见 (22) 的结论是正确的.

参考文献　本节的结果取自 K. Yosida [21]. 关于 "前后唯一延拓性" (22), 我们还有更精确的结果, 即对于每个 $t > 0$ 和每个 $x \in R^m$, 都有 $u(t,x) = 0$. S. Mizohata [3] 证明了扩散方程的解 $u(t,x)$ 的一个 "类空唯一延拓性", 即如果对一切 $t > 0$ 和一切 $x \in G$ 有 $u(t,x) = 0$, 则对一切 $t > 0$ 和一切 $x \in R^m$ 有 $u(t,x) = 0$. 关于上面得到的半群 T_t 的解析性, 也可参见 R. S. Phillips [6]. 这里要指出, 热传导方程 $\partial u/\partial t = \Delta u$ 的解的唯一延拓性首先是由 H. Yamabe-S. Itô [1] 提出并解决的.

就耗散算子理论而言, 对抛物方程有相当完全的讨论. 见 R. S. Phillips [7].

§2.　紧 Riemann 空间中扩散方程的积分

设 R 是个连通的、m 维 C^∞ 可定向 Riemann 空间, 其度量在局部坐标下为

$$ds^2 = g_{ij}(x)dx^i dx^j. \tag{1}$$

设 A 是 R 上一个有实值 C^∞ 系数的二阶线性偏微分算子. 在局部坐标下,

$$A = a^{ij}(x)\frac{\partial^2}{\partial x^i \partial x^j} + b^i(x)\frac{\partial}{\partial x^i}. \tag{2}$$

我们设 a^{ij} 是个对称的反变张量且在坐标变换 $(x^1, x^2, \cdots, x^m) \to (\bar{x}^1, \bar{x}^2, \cdots, \bar{x}^m)$ 之下 $b^i(x)$ 满足变换法则①

$$\bar{b}^i = b^k \frac{\partial \bar{x}^i}{\partial x^k} + a^{kj} \frac{\partial^2 \bar{x}^i}{\partial x^k \partial x^j}, \tag{3}$$

所以值 $(Af)(x)$ 是确定的, 它与局部坐标的选择无关.

我们进而设 A 是严格椭圆的, 其意义是有正常数 λ_0 和 μ_0, 使得

对于所有实向量 $(\xi_1, \cdots, \xi_m)$ 和所有 $x \in R^m$,

$$\mu_0 \sum_{j=1}^m \xi_j^2 \geqslant a^{ij}(x)\xi_i\xi_j \geqslant \lambda_0 \sum_{j=1}^m \xi_j^2. \tag{4}$$

关于扩散方程, 我们考虑 R 上大范围 Cauchy 问题: 寻求解 $u(t,x)$ 使得

$$\partial u/\partial t = Au, t > 0, u(0,x) = f(x),$$

这里 $f(x)$ 是 R 上一个已知函数. $\tag{5}$

我们要证明

定理　如果 R 是紧的且无边界, 则对任何初始函数 $f \in C^\infty(R)$, 方程 (5) 均有唯一确定的解 $u(t,x)$, 它依 (t,x) 是 C^∞ 函数, 这里 $t > 0$ 而 $x \in R$. 此解可用 R 上某个 Markov 过程的转移概率 $P(t,x,E)$ 表示为

$$u(t,x) = \int_R P(t,x,dy)f(y). \tag{6}$$

证明　我们以 $C(R)$ 记 R 上实值连续函数 $f(x)$ 依范数 $\|f\| = \sup_x |f(x)|$ 所成 B–空间. 对任何 $f \in C^\infty(R)$ 和任何 $n > 0$, 我们首先证明

$$\max_x h(x) \geqslant f(x) \geqslant \min_x h(x), 此处 h(x) = f(x) - n^{-1}(Af)(x). \tag{7}$$

假定 $f(x)$ 在 $x = x_0$ 处达其最大值. 我们在 x_0 取个局部坐标系使得 $a^{ij}(x_0) = \delta_{ij}$ (=1 或 0, 各依 $i = j$ 或 $i \neq j$), 如此选择依条件 (4) 是可行的. 在最大值点 x_0 处, 我们有 $\frac{\partial f}{\partial x_0^i} = 0$ 且 $\frac{\partial^2 f}{\partial (x_0^i)^2} \leqslant 0$. 于是

$$h(x_0) = f(x_0) - n^{-1}(Af)(x_0)$$
$$= f(x_0) - n^{-1}b^i(x_0)\frac{\partial f}{\partial x_0^i} - n^{-1}\sum_{i=1}^m \frac{\partial^2 f}{\partial (x_0^i)^2} \geqslant f(x_0).$$

因此, $\max_x h(x) \geqslant f(x)$. 类似地, 我们有 $f(x) \geqslant \min_x h(x)$.

①校者注: 这不应是假设, 而是作为整体定义的算子 A 的局部要求.

我们视 A 为一个映 $D(A) = C^\infty(R) \subseteq C(R)$ 入 $C(R)$ 的算子. 据 (7) 便知, 对于 $n > 0$, 逆算子 $(I - n^{-1}A)^{-1}$ 存在并且值域 $R(I - n^{-1}A) = (I - n^{-1}A)(D(A))$ 中诸 g 满足 $\|(I - n^{-1}A)^{-1}g\| \leqslant \|g\|$. 对于充分大的 n, 此值域在 $C(R)$ 中是强稠密的. 这是因为我们有结果: 对于任何 $g \in C^\infty(R)$ 和对于充分大的 $n > 0$, 方程 $u - n^{-1}Au = g$ 有唯一确定的解 $u \in C^\infty(R)$. 理由与前节一样, 根据 Riemann 空间 R 的紧性, 上一节中有关分部积分的引理 1 能适用于我们的无边界的 Riemann 空间 R. 此外, $C^\infty(R)$ 在 $C(R)$ 中是强稠密的, 这可以由 $C(R)$ 中函数的正则化看出来 (见第一章 §1 中命题 8).

于是, 算子 A 在 $C(R)$ 中的最小闭扩张 $\overline{A}$ 满足条件:

$$\left.\begin{array}{l}\text{对于充分大的 } n > 0, \text{ 预解式 } (I - n^{-1}\overline{A})^{-1} \text{ 存在并且作为由}\\ C(R) \text{ 入 } C(R) \text{ 内的有界线性算子满足 } \|(I - n^{-1}\overline{A})^{-1}\| \leqslant 1,\end{array}\right\} \qquad (8)$$

$$\text{只要在 } R \text{ 上有 } h(x) \geqslant 0, \text{ 在 } R \text{ 上就有 } ((I - n^{-1}\overline{A})^{-1}h)(x) \geqslant 0, \qquad (9)$$

$$(I - n^{-1}\overline{A})^{-1} \cdot 1 = 1. \qquad (10)$$

由 (9) 所示的算子 $(I - n^{-1}\overline{A})^{-1}$ 的正性可清楚地得于 (7). 方程 (10) 得自 $A \cdot 1 = 0$.

所以 $\overline{A}$ 是 $C(R)$ 中某个 (C_0) 类压缩半群 T_t 的无穷小生成元. 同上节一样, 由 A 的严格椭圆性可以看出, 对于任何 $f \in C^\infty(R)$, 函数 $u(t,x) = (T_tf)(x)$ 关于 (t,x) 是个 C^∞ 的函数, 这里 $t > 0$ 而 $x \in R$, 从而 $u(t,x)$ 是 (5) 的一个真解.

由于 $C(R)$ 空间的对偶空间是 R 上 Baire 测度的空间, 注意到 (9) 和 (10), 我们就容易证明定理的后一部分了.

§3.　Euclid 空间 R^m 中波动方程的积分

考虑波动方程

$$\partial^2 u / \partial t^2 = Au, \quad -\infty < t < \infty, \qquad (1)$$

其中 m 维 Euclid 空间 R^m 中微分算子

$$A = a^{ij}(x)\frac{\partial^2}{\partial x_i \partial x_j} + b^i(x)\frac{\partial}{\partial x^i} + c(x) \qquad (a^{ij}(x) = a^{ji}(x)) \qquad (2)$$

是严格椭圆的. 我们假设实值 C^∞ 系数 a, b 和 c 满足第十四章 §1 中条件 (3) 和 (4). 同那里做法一样, 我们以 $\widehat{H}_0^1$ 记一切实值 $C_0^\infty(R^m)$ 函数 $f(x)$ 所成的空间并取范数

$$\|f\|_1 = \left(\int_{R^m} f^2 dx + \sum_{j=1}^m \int_{R^m} f_{x_j}^2 dx\right)^{1/2},$$

又令 H_0^1 (和 H_0^0) 是 $\widehat{H}_0^1$ 依范数 $\|f\|_1\left(\text{和 } \|f\|_0 = \left(\int_{R^m} f^2 dx\right)^{1/2}\right)$ 的完备化.

引理　对于 $\hat{H}_0^1$ 的任何元素对 $\{f, g\}$, 若整数 n 使 $|n^{-1}|$ 充分小, 则方程

$$\left(\begin{pmatrix} I & 0 \\ 0 & I \end{pmatrix} - n^{-1}\begin{pmatrix} 0 & I \\ A & 0 \end{pmatrix}\right)\begin{pmatrix} u \\ v \end{pmatrix} = \begin{pmatrix} f \\ g \end{pmatrix} \tag{3}$$

有属于 $H_0^1 \cap C^\infty(R^m)$ 的唯一确定的解 $\{u, v\}$, 它们满足估计式

$$((u - \alpha_0 Au, u)_0 + \alpha_0(v, v)_0)^{1/2}$$
$$\leqslant (1 - \beta|n|^{-1})^{-1}((f - \alpha_0 Af, f)_0 + \alpha_0(g, g)_0)^{1/2}, \tag{4}$$

其中正常数 α_0 和 β 是与 n 和 $\{f, g\}$ 无关的.

证明　设 $u_1 \in H_0^1 \cap C^\infty(R^m)$ 和 $v_1 \in H_0^1 \cap C^\infty(R^m)$ 分别是

$$u_1 - n^{-2}Au_1 = f \text{ 和 } v_1 - n^{-2}Av_1 = g \tag{5}$$

的解, 它在 $|n^{-1}|$ 足够小时的存在性已证于第十四章 §1 中引理 2. 这时,

$$u = u_1 + n^{-1}v_1, \quad v = n^{-1}Au_1 + v_1 \tag{6}$$

就满足 (3), 亦即有 $u - n^{-1}v = f, v - n^{-1}Au = g$.

下面, 我们来证明 (4). 根据 $f, g \in C_0^\infty(R^m)$, 我们注意到

$$Au = n(v - g) \in H_0^1 \cap C^\infty(R^m) \subseteq H_0^0,$$
$$Av = n(Au - Af) \in H_0^1 \cap C^\infty(R^m) \subseteq H_0^0.$$

因此, 由 (3) 可知

$$(f - \alpha_0 Af, f)_0 = (u - n^{-1}v - \alpha_0 A(u - n^{-1}v), u - n^{-1}v)_0$$
$$= (u - \alpha_0 Au, u)_0 - 2n^{-1}(u, v)_0 + \alpha_0 n^{-1}(Au, v)_0$$
$$+ \alpha_0 n^{-1}(Av, u)_0 + n^{-2}(v - \alpha_0 Av, v)_0$$

并且

$$\alpha_0(g, g)_0 = \alpha_0(v - n^{-1}Au, v - n^{-1}Au)_0$$
$$= \alpha_0(v, v)_0 - \alpha_0 n^{-1}(v, Au)_0$$
$$- \alpha_0 n^{-1}(Au, v)_0 + \alpha_0 n^{-2}(Au, Au)_0.$$

我们可用极限过程证明第十四章 §1 中 (9)、(10) 和 (11) 对于 $f = u$ 和 $g = v$ 有效. 因此, 由第十四章 §1 中 (12) 得正常数 β 使充分大的 $|n|$ 满足

$$((f - \alpha_0 Af, f)_0 + \alpha_0(g, g)_0)^{1/2}$$
$$\geqslant ((u - \alpha_0 Au, u)_0 + \alpha_0(v, v)_0 - \alpha_0|n^{-1}||(Au, v)_0 - (Av, u)_0| - 2|n^{-1}||(u, v)_0|)^{1/2}$$
$$\geqslant (1 - \beta|n^{-1}|)((u - \alpha_0 Au, u)_0 + \alpha_0(v, v)_0)^{1/2}.$$

以上关于属于 $H_0^1 \cap C^\infty(R^m)$ 的解 $\{u, v\}$ 的估计表明此解由 $\{f, g\}$ 唯一确定.

系　设 $B(f, g)$ 是关于 $f, g \in \widehat{H}_0^1$ 的双线性泛函 $\widehat{B}(f, g) = (f - \alpha_0 Af, g)_0$ 依范数 $\|\cdot\|_1$ 的连续扩张, 则形如

$$\binom{u}{v} = \{u, v\}', \quad \text{其中 } u \in H_0^1 \text{ 而 } v \in H_0^0 \tag{7}$$

的向量形成的乘积空间 $H_0^1 \times H_0^0$ 依以下范数是个 B–空间:

$$\left\| \binom{u}{v} \right\| = \|\{u, v\}'\| = (B(u, u) + \alpha_0 (v, v)_0)^{1/2}. \tag{8}$$

我们知道, $B(u, u)^{1/2}$ 等价于范数 $\|u\|_1$ (见第十四章 §1):

$$\alpha_0 \delta \|u\|_1^2 \leqslant B(u, u) \leqslant (1 + \alpha_0 \gamma) \|u\|_1^2. \tag{9}$$

设满足 (6) 的 $u, v \in H_0^0$ 形成的向量 $\{u, v\}' \in H_0^1 \times H_0^0$ 组成以下算子

$$\mathfrak{A} = \begin{pmatrix} 0 & I \\ A & 0 \end{pmatrix} \tag{10}$$

的定义域 $D(\mathfrak{A})$. 命 $\mathfrak{I} = \begin{pmatrix} I & 0 \\ 0 & I \end{pmatrix}$, 那么引理表明算子 $\mathfrak{I} - n^{-1}\mathfrak{A}$ 的值域包含了所有向量 $\{f, g\}'$, 其中 $f, g \in \widehat{H}_0^1$. 因此, 算子 $\mathfrak{A}$ 在 $H_0^1 \times H_0^0$ 中的最小闭扩张 $\overline{\mathfrak{A}}$ 是这样的算子, 即对于充分大的 $|n|$, 具有整数参数 n 的算子 $(\mathfrak{I} - n^{-1}\overline{\mathfrak{A}})$ 在 $H_0^1 \times H_0^0$ 上有整体定义的逆算子 $(\mathfrak{I} - n^{-1}\overline{\mathfrak{A}})^{-1}$ 且它满足

$$\|(\mathfrak{I} - n^{-1}\overline{\mathfrak{A}})^{-1}\| \leqslant (1 - \beta|n^{-1}|)^{-1}. \tag{11}$$

现在我们就可以来证明

定理　对于任何两个 $C_0^\infty(R^m)$ 函数 $f(x)$ 和 $g(x)$, 方程 (1) 有满足初始条件

$$u(0, x) = f(x), \quad u_t(0, x) = g(x) \tag{12}$$

的 C^∞ 解 $u(t, x)$, 它还满足以下估计式

$$(B(u, u) + \alpha_0(u_t, u_t)_0)^{1/2} \leqslant \exp(\beta|t|)(B(f, f) + \alpha_0(g, g)_0)^{1/2}. \tag{13}$$

注　公式 (9) 表明 $B(u, u)$ 可与波 (= (1) 的解) $u(t, x)$ 的势能相当, 而 $(u_t, u_t)_0$ 可与波 $u(t, x)$ 的动能相当. 因此, 当时间 t 趋于 $\pm\infty$ 时, (13) 表示波 $u(t, x)$ 的总能量不会比 $\exp(\beta|t|)$ 增长得更快. 这是支配一般波动方程的一类能量不等式.

定理的证明 估计式 (11) 表明, $\overline{\mathfrak{A}}$ 是 $H_0^1 \times H_0^1$ 中 (C_0) 类群 T_t 的无穷小生成元, 而 T_t 满足

$$\|T_t\| \leqslant \exp(\beta|t|), \quad -\infty < t < \infty. \tag{14}$$

根据假设, 对于 $k = 0, 1, 2, \cdots$, 我们有

$$\overline{\mathfrak{A}}^k \begin{pmatrix} f \\ g \end{pmatrix} = \mathfrak{A}^k \begin{pmatrix} f \\ g \end{pmatrix} \in C_0^\infty(R^m) \times C_0^\infty(R^m) \subseteq H_0^1 \times H_0^1.$$

于是, 如果我们令

$$\begin{pmatrix} u(t,x) \\ v(t,x) \end{pmatrix} = T_t \begin{pmatrix} f(x) \\ g(x) \end{pmatrix},$$

则由 $\overline{\mathfrak{A}}$ 同 T_t 的交换性可知, 对于 $k = 0, 1, 2, \cdots$, 有

$$\frac{\partial^k}{\partial t^k} \begin{pmatrix} u(t,x) \\ v(t,x) \end{pmatrix} = \frac{\partial^k T_t}{\partial t^k} \begin{pmatrix} f(x) \\ g(x) \end{pmatrix} = \overline{\mathfrak{A}}^k \begin{pmatrix} u(t,x) \\ v(t,x) \end{pmatrix} \in H_0^1 \times H_0^0.$$

这里, 我们用 $\partial^k T_t/\partial t^k$ 表示在 $H_0^1 \times H_0^0$ 中的第 k 阶强导数. 因此, 同第十四章 §1 中定理 2 的证明一样, 根据 $H_0^1 \subseteq H_0^0 = L^2(R^m)$ 和算子 A 的严格椭圆性, 我们看出 $u(t,x)$ 关于 (t,x) 是 C^∞ 的函数, 这里 $-\infty < t < \infty, x \in R^m$, 并且 $u(t,x)$ 还满足方程 (1) 和 (12) 以及估计式 (13).

注 本节结果出自 K. Yosida [22]. 参看 J. L. Lions [1]. P. D. Lax 友善地告诉本书著者, 本节给出的积分方法同他在美国数学会会刊 **58**, 192 (1952) 第 180 期《摘要》所宣称的方法很类似. 这里还得指出, 我们的方法经修改后可用来对 Riemann 空间的一个开区域中波动方程进行积分. 另外基于耗散半群理论来研究波动方程的积分的方法见于 R. S. Phillips [8] 和 [9], 此方法同 K. Friedrichs [2] 的正对称组的理论有密切关系. 也可以参看 P. Lax-R. S. Phillips [3].

§4. B–空间中非时齐发展方程的积分

我们将要讨论以下方程的积分:

$$dx(t)/dt = A(t)x(t), \quad a \leqslant t \leqslant b. \tag{1}$$

这里, 未知的 $x(t)$ 是 B–空间 X 中元素, 它依赖于一个实参数 t, 而 $A(t)$ 是给定但通常无界的线性算子, 其定义域 $D(A(t))$ 和值域 $R(A(t))$ 都在 X 内且依赖于 t.

首先成功解决 (1) 的积分问题者是 T. Kato [3]、[4], 他假设有以下四个条件:

(i) 定义域 $D(A(t))$ 与 t 无关, 并且在 X 内是强稠密的. 另外, 对于 $\alpha > 0$, 预解式 $(I - \alpha A(t))^{-1}$ 存在且是 $L(X, X)$ 中有界线性算子, 其范数 $\leqslant 1$.

(ii) 算子 $B(t,s) = (I - A(t))(I - A(s))^{-1}$ 的范数对 $t \gtreqless s$ 是一致有界的.

(iii) 至少有个 s 使 $B(t,s)$ 依范数是 t 的有界变差函数, 亦即, 对 $[a,b]$ 的每个分割 $s = t_0 < t_1 < \cdots < t_n = t$[①] 都有

$$\sum_{j=0}^{n-1} \|B(t_{j+1},s) - B(t_j,s)\| \leqslant N(a,b) < \infty.$$

(iv) 至少有个 s 使 $B(t,s)$ 依 t 是弱可微的, 且 $\partial B(t,s)/\partial t$ 依 t 是强连续的.

在这些条件下, Kato 证明了, 对于每个 $x_0 \in X$, 都存在以下极限

$$U(t,s)x_0 = \text{s-}\lim_{\max |t_{j+1}-t_j| \to 0} \prod_{j=n-1}^{0} \exp((t_{j+1} - t_j)A(t_j))x_0$$

并且至少对于 $x_0 \in D(A(s))$, 此极限给出了 (1) 带初始条件 $x(s) = x_0$ 的唯一解.

因此, Kato 的方法是 Cauchy 关于常微分方程 $dx(t)/dt = a(t)x(t)$ 的古典折线法的一个抽象化. 其方法在想法上是非常简单和自然的, 但其证明有点冗长, 这是因为它涉及区间 $[s,t]$ 的一般分割. Kato [3] 指出, 当空间 X 自反时, 其证明可简化. 对于自反 B-空间的情形, 也可参见 K. Yosida [28].

本节中我们将对于固定的区间, 比如说 [0,1], 用些与 s 和 t 无关的等长分割, 其目的是把 Kato 原先的方法加以改进, 以便得出一种相当简单的表现形式.

我们假设有下面四个条件, 它们本质上与上述 Kato 的条件 (i) 至 (iv) 一致:

$$\text{定义域 } D(A(t)) \text{ 与 } t \text{ 无关且在 } X \text{ 中是稠密的.} \tag{2}$$

$$\left.\begin{array}{l} \text{当 } \lambda \geqslant 0 \text{ 且 } 0 \leqslant t \leqslant 1 \text{ 时, 预解式 } (\lambda I - A(t))^{-1} \\ \text{作为 } L(X,X) \text{ 中算子是存在的且当 } \lambda > 0 \text{ 时,} \\ \|(\lambda I - A(t))^{-1}\| \leqslant \lambda^{-1}. \end{array}\right\} \tag{3}$$

$$\text{当 } 0 \leqslant s,t \leqslant 1 \text{ 时, } A(t)A(s)^{-1} \in L(X,X). \tag{4}$$

以下 $C(t,s) = A(t)A(s)^{-1} - I,$

$$\left.\begin{array}{l} \text{对于 } x \in X, (t-s)^{-1}C(t,s)x \text{ 依 } (t,s), t \neq s, \text{是有界的} \\ \text{和一致强连续的且 } \text{s-}\lim_{k\to\infty} k \cdot C\left(t, t - \frac{1}{k}\right)x = C(t)x \\ \text{依 } t \text{ 一致存在, 故 } C(t) \in L(X,X) \text{ 依 } t \text{ 是强连续的.} \end{array}\right\} \tag{5}$$

[①]校者注: Kato 的原文是 $a = t_0 < t_1 < \cdots < t_n = b.$

注 上面为方便起见列入了条件 (4), 它可得于 (2) 和闭图像定理. 此因 (3) 表明 $A(s)$ 是个线性闭算子. 此外, 条件 (2) 和 (3) 意味着 $A(s)$ 是个 (C_0) 类压缩半群 $\{\exp(tA(s)); t \geqslant 0\}$ 的无穷小生成元. 于是我们有 (见第九章):

$$
\left.
\begin{aligned}
&\exp(tA(s))x = \text{s-} \lim_{n \to \infty} \exp(tA(s)(I - n^{-1}A(s))^{-1})x \\
&\text{在 } 0 \leqslant t \leqslant 1 \text{ 时一致成立};
\end{aligned}
\right\}
\tag{6}
$$

$$
\exp(t_1 A(s)) \cdot \exp(t_2 A(s)) = \exp((t_1 + t_2)A(s));
\tag{7}
$$

$$
\left.
\begin{aligned}
&\frac{d\exp(tA(s))y}{dt} = A(s)\exp(tA(s))y = \exp(tA(s))A(s)y, \\
&y \in D(A(s)), \text{这里 } d/dt \text{ 表示在 } X \text{ 的强拓扑下的导数};
\end{aligned}
\right\}
\tag{8}
$$

$$
\text{s-} \lim_{t \to t_0} \exp(tA(s))x = \exp(t_0 A(s))x.
\tag{9}
$$

现在, 我们就可以来叙述我们的结果了.

定理 1 对任何正整数 k 和 $0 \leqslant s \leqslant t \leqslant 1$, 作算子 $U_k(t,s) \in L(X, X)$ 使得

$$
\left.
\begin{aligned}
&\text{当} \frac{i-1}{k} \leqslant s \leqslant t \leqslant \frac{i}{k} \ (1 \leqslant i \leqslant k) \text{ 时}, \\
&\qquad U_k(t,s) = \exp\left((t-s)A\left(\frac{i-1}{k}\right)\right); \\
&\text{当} 0 \leqslant r \leqslant s \leqslant t \leqslant 1 \text{ 时}, \\
&\qquad U_k(t,r) = U_k(t,s)U_k(s,r).
\end{aligned}
\right\}
\tag{10}
$$

于是, 对于每个 $x \in X$,

$$
\text{s-} \lim_{k \to \infty} U_k(t,s)x = U(t,s)x \text{ 在 } 0 \leqslant s \leqslant t \leqslant 1 \text{ 时一致存在.}
\tag{11}
$$

此外, 如果 $y \in D(A(0))$, 则 Cauchy 问题

$$
\frac{dx(t)}{dt} = A(t)x(t), x(0) = y \text{ 且 } x(t) \in D(A(t)), 0 \leqslant t \leqslant 1
\tag{1$'$}
$$

的解是 $x(t) = U(t,0)y$, 且它还满足估计式 $\|x(t)\| \leqslant \|y\|$.

证明 根据 (3), (6) 和 (10), 我们得到

$$
\|U_k(t,s)x\| \leqslant \|x\| \quad (k = 1, 2, \cdots; 0 \leqslant s \leqslant t \leqslant 1; x \in X).
\tag{12}
$$

关于算子

$$
W_k(t,s) = A(t)U_k(t,s)A(s)^{-1},
\tag{13}
$$

我们需要整个证明的关键估计如下

$$
\left.
\begin{aligned}
&\|W_k(t,s)x\| \leqslant (1 + k^{-1}N)^2 \cdot \exp(N(t-s)) \cdot \|x\|, \\
&\text{其中} N = \sup_{0 \leqslant s, t \leqslant 1, s \neq t} \|(t-s)^{-1}C(t,s)\|,
\end{aligned}
\right\}
\tag{14}
$$

为证此估计, 记住 (10) 和以下交换性

$$A(s)^{-1} \exp((t-s)A(s)) = \exp((t-s)A(s))A(s)^{-1},$$

我们可以把 $W_k(t,s)$ 改写为

$$
\begin{aligned}
W_k(t,s) = {} & A(t)A\Big(\frac{[kt]}{k}\Big)^{-1} U_k\Big(t,\frac{[kt]}{k}\Big) A\Big(\frac{[kt]}{k}\Big) A\Big(\frac{[kt]-1}{k}\Big)^{-1} U_k\Big(\frac{[kt]}{k},\frac{[kt]-1}{k}\Big) \\
& \cdots A\Big(\frac{[ks]+2}{k}\Big) A\Big(\frac{[ks]+1}{k}\Big)^{-1} U_k\Big(\frac{[ks]+2}{k},\frac{[ks]+1}{k}\Big) \\
& \times A\Big(\frac{[ks]+1}{k}\Big) A\Big(\frac{[ks]}{k}\Big)^{-1} U_k\Big(\frac{[ks]+1}{k},s\Big) A\Big(\frac{[ks]}{k}\Big) A(s)^{-1}.
\end{aligned}
$$

再注意到 (10), 把上式右端展开, 我们得

$$
\begin{aligned}
W_k(t,s) = {} & \Big(I + C\Big(t,\frac{[kt]}{k}\Big)\Big)\Big\{ U_k(t,s) + \sum_{ku=[ks]+1}^{[kt]} U_k(t,u) C\Big(u,u-\frac{1}{k}\Big) U_k(u,s) \\
& + \sum_{kv=[ks]+1}^{[kt]} U_k(t,v) C\Big(v,v-\frac{1}{k}\Big) \sum_{ku=[ks]+1}^{[kv]} U_k(v,u) C\Big(u,u-\frac{1}{k}\Big) U_k(u,s) \\
& + \cdots \Big\} \Big(I + C\Big(\frac{[ks]}{k},s\Big)\Big),
\end{aligned}
$$

亦即,

$$
\left.
\begin{aligned}
W_k(t,s) = {} & \Big(I + C\Big(t,\frac{[kt]}{k}\Big)\Big)\{ U_k(t,s) + W_k^{(1)}(t,s) + W_k^{(2)}(t,s) + \cdots \} \\
& \times \Big(I + C\Big(\frac{[ks]}{k},s\Big)\Big), \\
W_k^{(1)}(t,s) = {} & \sum_{ku=[ks]+1}^{[kt]} U_k(t,u) C\Big(u,u-\frac{1}{k}\Big) U_k(u,s), \\
W_k^{(m+1)}(t,s) = {} & \sum_{ku=[ks]+1}^{[kt]} U_k(t,u) C\Big(u,u-\frac{1}{k}\Big) W_k^{(m)}(u,s), \\
& (m=1,2,\cdots,[kt]-1).
\end{aligned}
\right\} \tag{15}
$$

由 (14) 可知 $\Big\|C\Big(u,u-\frac{1}{k}\Big)x\Big\| \leqslant \frac{1}{k}N\|x\|$. 于是, 根据 (12), 我们可以断定

$$
\left.
\begin{aligned}
& \|W_k^{(1)}(t,s)x\| \leqslant (t-s)N\|x\|, \\
& \cdots\cdots \\
& \|W_k^{(m)}(t,s)x\| \leqslant \frac{(t-s)^m}{m!} N^m \|x\|.
\end{aligned}
\right\} \tag{16}
$$

再结合 N 的定义, 我们就可由 (12) 证得 (14). 我们还附带证明了

$$\text{当 } y \in D(A(s)) \text{ 时}, \quad U_k(t,s)y \in D(A(t)). \tag{17}$$

于是

$$U_k(t,s)y = \exp\left(\left(t - \frac{[kt]}{k}\right)A\left(\frac{[kt]}{k}\right)\right)U_k\left(\frac{[kt]}{k}, s\right)y$$

在 $t \neq \dfrac{i}{k}$ $(i = 0, 1, \cdots, k)$ 可微, 并且

$$\frac{dU_k(t,s)y}{dt} = A\left(\frac{[kt]}{k}\right)U_k(t,s)y, \quad y \in D(A(0)). \tag{18}$$

类似地, $U_k(t,s)y$ 在 $s \neq \dfrac{i}{k}$ $(i = 0, 1, \cdots, k)$ 可微, 并且

$$\frac{dU_k(t,s)y}{ds} = -U_k(t,s)A\left(\frac{[ks]}{k}\right)y, \quad y \in D(A(0)). \tag{19}$$

这些导数, 对于 t 和 s 而言, 在 $t = \dfrac{i}{k}$ 和 $s = \dfrac{i}{k}$ 等处之外, 都是有界的和强连续的. 为了证明此结论, 我们把 (18) 的右端改写成下式

$$C\left(\frac{[kt]}{k}, t\right)W_k(t,s)A(s) \cdot A(0)^{-1}x, \quad y = A(0)^{-1}x,$$

然后用 (5)、(9)、(12)、(14) 和 (15) 就可以了; 对于 (19) 可类似地证明.

由 (9) 知 $U_n(t,s)U_k(s,0)A(0)^{-1}x$ 对 s 是强连续的, 注意到 $U_k(s,0)A(0)^{-1}x \in D(A(s))$ 以及 (18) 和 (19), 就有

$$(U_k(t,0) - U_n(t,0))A(0)^{-1}x$$
$$= [U_n(t,s)U_k(s,0)A(0)^{-1}x]_{s=0}^{s=t}$$
$$= \int_0^t \frac{d}{ds}\{U_n(t,s)U_k(s,0)A(0)^{-1}x\}ds$$
$$= \int_0^t U_n(t,s)\left\{A\left(\frac{[ks]}{k}\right) - A\left(\frac{[ns]}{n}\right)\right\}A\left(\frac{[ks]}{k}\right)^{-1}A\left(\frac{[ks]}{k}\right)U_k(s,0)A(0)^{-1}xds$$
$$= \int_0^t -U_n(t,s)C\left(\frac{[ns]}{n}, \frac{[ks]}{k}\right)A\left(\frac{[ks]}{k}\right)A(s)^{-1}W_k(s,0)xds.$$

于是, 由 (12) 和 (14) 可得

$$\|U_k(t,0)A(0)^{-1}x - U_n(t,0)A(0)^{-1}x\|$$
$$\leqslant \int_0^t \left\|C\left(\frac{[ns]}{n}, \frac{[ks]}{k}\right)\left(I + C\left(\frac{[ks]}{k}, s\right)\right)W_k(s,0)x\right\|ds$$
$$\leqslant N\int_0^t \left|\frac{[ks]}{k} - \frac{[ns]}{n}\right| \cdot \left\|\left(I + C\left(\frac{[ks]}{k}, s\right)\right)W_k(s,0)x\right\|ds$$
$$\leqslant N\int_0^t \left|\frac{[ks]}{k} - \frac{[ns]}{n}\right| \cdot \left(1 + N\left|s - \frac{[ks]}{k}\right|\right)\left(1 + \frac{1}{k}N\right)\exp(Ns) \cdot \|x\|ds.$$

这就证明了

$$\text{s-} \lim_{k \to \infty} U_k(t,0)A(0)^{-1}x \text{ 在 } 0 \leqslant t \leqslant 1\text{时一致存在},$$

从而, 用 (2) 和 (12) 就可以证明, 对每个 $x \in X$,

$$\text{s-} \lim_{k \to \infty} U_k(t,0)x = U(t,0)x \text{ 在 } 0 \leqslant t \leqslant 1\text{时一致存在}.$$

用类似方法可以证明, 对每个 $x \in X$,

$$\text{s-} \lim_{k \to \infty} U_k(t,s)x = U(t,s)x \text{ 在 } 0 \leqslant s \leqslant t \leqslant 1\text{时一致存在}. \tag{20}$$

所以, 由 (9) 可知, $U(t,s)x$ 关于 t 和 s 是一致强连续的.

注意到 (15)、(16) 和 (20), 我们还容易证明当 $k \to \infty$ 时, $W_k(t,0)x$ 关于 t 是有界强收敛的, 并且有

$$\left. \begin{aligned} &\text{s-} \lim_{k \to \infty} W_k(t,0)x = W(t,0)x = U(t,0)x + W^{(1)}(t,0)x + W^{(2)}(t,0)x + \cdots, \\ &\text{其中}, W^{(1)}(t,0)x = \int_0^t U(t,s)C(s)U(s,0)xds, \\ &\qquad\qquad \cdots\cdots \\ &W^{(m+1)}(t,0)x = \int_0^t U(t,s)C(s)W^{(m)}(s,0)xds \quad (m=1,2,\cdots). \end{aligned} \right\} \tag{21}$$

因此, 诸 $y \in D(A(0))$ 使极限

$$\text{s-} \lim_{k \to \infty} U_k(t,0)y = U(t,0)y \text{ 和 } \text{s-} \lim_{k \to \infty} A(t)U_k(t,0)y = W(t,0)A(0)y$$

依 t 有界且一致存在, 并且 $W(t,0)A(0)y$ 依 t 一致强连续. 由 (3) 可知 $A(t)$ 是个线性闭算子, 于是我们就证明了, 诸 $y \in D(A(0))$ 使得 $U(t,0)y \in D(A(t))$ 且

$$\left. \begin{aligned} A(t)U(t,0)y = \text{s-} \lim_{k \to \infty} A(t)A\left(\frac{[kt]}{k}\right)^{-1}A\left(\frac{[kt]}{k}\right)U_k(t,0)y = W(t,0)A(0)y, \\ \text{这里 s-}\lim \text{ 对 } t, 0 \leqslant t \leqslant 1, \text{ 有界且一致地存在}. \end{aligned} \right\} \tag{22}$$

于是, 在

$$U_k(t,0)y - y = \int_0^t \left(\frac{d}{ds}U_k(s,0)y\right)ds = \int_0^t A\left(\frac{[ks]}{k}\right)U_k(s,0)yds$$

之中令 $k \to \infty$, 我们就得到

$$U(t,0)y - y = \int_0^t A(s)U(s,0)yds.$$

曾经在 (22) 中证明过, 此积分中的被积函数关于 s 是强连续的, 从而我们就证明了 Cauchy 问题 (1′) 的解为 $x(t) = U(t,0)y$.

注 定理 1 及其证明出自 K. Yosida [30]. 这里要指出, T. Kato [3] 通过求解一个 Volterra 型的积分方程得到过一个类似于我们的 (14) 的不等式. 在 (10) 中出现的对区间 [0,1] 进行等长分割的可行性是受了 J. Kisyński 的论文 [1] 启发.

Cauchy 问题 (1′) 的精确解 $x(t) = U(t,0)y$ 的近似函数 $x_k(t) = U_k(t,0)y$ 是 (1′) 中微分方程的一种差分近似. 然而, 常见的差分近似是采用后向差分格式

$$\frac{x(t_j) - x(t_{j-1})}{t_j - t_{j-1}} = A(t_j)x(t_j). \tag{23}$$

此格式给出

$$x(t_j) = (I - (t_j - t_{j-1})A(t_j))^{-1}x(t_{j-1}).$$

因此, 在 (10) 的启发下, 我们作出近似函数

$$\left.\begin{aligned}
V_k(t,s) &= \left(I - \left(t - \frac{[kt]}{k}\right)A\left(\frac{[kt]}{k}\right)\right)^{-1}\left(I - \frac{1}{k}A\left(\frac{[kt]-1}{k}\right)\right)^{-1} \\
&\quad \cdots\cdots \\
&\quad \left(I - \frac{1}{k}A\left(\frac{[ks]+1}{k}\right)\right)^{-1}\left(I - \left(\frac{[ks]+1}{k} - s\right)A\left(\frac{[ks]}{k}\right)\right)^{-1}, \\
&\quad (0 \leqslant s \leqslant t \leqslant 1).
\end{aligned}\right\} \tag{10′}$$

就数值分析的观点而言, 此近似函数 $V_k(t,s)$ 要比近似函数 $U_k(t,s)$ 实用得多, 这是因为在构造近似函数 $U_k(t,s)$ 时, 我们要依赖于 $\exp(tA(s))$ 的构造.

我们来证明 (参看 T. Kato [10] 的最后一节)

定理 2 在相同条件 (2) 至 (5) 之下, 由 (1′) 给出的 Cauchy 问题对每个初始数据 $y \in D(A(0))$ 都有解

$$x(t) = \text{s-}\lim_{k\to\infty} V_k(t,0)y.$$

证明 由 (3) 可得

$$\|V_k(t,s)x\| \leqslant \|x\| \quad (k = 1,2,\cdots; 0 \leqslant s \leqslant t \leqslant 1; x \in X). \tag{12′}$$

其次, 从

$$V_k(t,s) = V_k\left(t, \frac{[ks]+1}{k}\right)\left(I - \left(\frac{[ks]+1}{k} - s\right)A\left(\frac{[ks]}{k}\right)\right)^{-1}$$

我们可以看出, $V_k(t,s)y$ 在 $s \neq \frac{i}{k}$ $(i = 0,1,\cdots,k)$ 处是可微的, 并且

$$\frac{dV_k(t,s)y}{ds} = -V_k(t,s)\left(I - \left(\frac{[ks]+1}{k} - s\right)A\left(\frac{[ks]}{k}\right)\right)^{-1}A\left(\frac{[ks]}{k}\right)y. \tag{19′}$$

由 $y \in D(A(0)) = D(A(s))$、(3) 以及 (12′), 我们可以看出, 除去 $s = \dfrac{i}{k}$ 之外, 此导数对于 s 是有界的和强连续的. 因为 $V_k(t,s)U_k(s,0)A(0)^{-1}x$ 对 s 是强连续的, 所以在注意到 $U_k(s,0)A(0)^{-1}x \in D(A(0))$ 这一事实之后, 我们就得到

$$(U_k(t,0) - V_k(t,0))A(0)^{-1}x = [V_k(t,s)U_k(s,0)A(0)^{-1}x]_{s=0}^{s=t}$$

$$= \int_0^t \frac{d}{ds}(V_k(t,s)U_k(s,0)A(0)^{-1}x)ds$$

$$= \int_0^t V_k(t,s)\Big(A\Big(\frac{[ks]}{k}\Big) - A\Big(\frac{[ks]}{k}\Big)\Big(I - \Big(\frac{[ks]+1}{k} - s\Big)A\Big(\frac{[ks]}{k}\Big)\Big)^{-1}\Big)$$
$$\times U_k(s,0)A(0)^{-1}xds$$

$$= \int_0^t V_k(t,s)\Big(I - \Big(I - \Big(\frac{[ks]+1}{k} - s\Big)A\Big(\frac{[ks]}{k}\Big)\Big)^{-1}\Big)\Big(I + C\Big(\frac{[ks]}{k}, s\Big)\Big)$$
$$\times W_k(s,0)xds.$$

因此, 我们有

$$\|(U_k(t,0) - V_k(t,0))A(0)^{-1}x\|$$
$$\leqslant \int_0^t \Big\|\Big(I - \Big(I - \Big(\frac{[ks]+1}{k} - s\Big)A\Big(\frac{[ks]}{k}\Big)\Big)^{-1}\Big)\Big(I + C\Big(\frac{[ks]}{k}, s\Big)\Big)W_k(s,0)x\Big\|ds. \tag{24}$$

由 (5) 和 (21) 可知

$$\text{s-}\lim_{k\to\infty}\Big(I + C\Big(\frac{[ks]}{k}, s\Big)\Big)W_k(s,0)x = W(s,0)x \quad \text{在} 0 \leqslant s \leqslant 1\text{时一致成立.} \tag{25}$$

另一方面, 对于 $z \in D(A(s))$, 有

$$-\Big(I - \Big(I - \Big(\frac{[ks]}{k} - s\Big)A\Big(\frac{[ks]}{k}\Big)\Big)^{-1}\Big)z$$

$$= \Big(\frac{[ks]}{k} - s\Big)\Big(I - \Big(\frac{[ks]}{k} - s\Big)A\Big(\frac{[ks]}{k}\Big)\Big)^{-1}A\Big(\frac{[ks]}{k}\Big)A(s)^{-1}A(s)z.$$

从 (3) 和 (5), 我们看出上式在 $k \to \infty$ 时强趋近于 0. (24) 中被积函数依 k 和 s 是有界的. 由于 $D(A(s)) = D(A(0))$ 在 X 内是稠密的, 因此由 (25) 可知

$$\text{s-}\lim_{k\to\infty}(U_k(t,0) - V_k(t,0))A(0)^{-1}x = 0.$$

从而, 借助于定理 1, 我们就证明了定理 2.

　　注　上述证明是由 H. Fujita 告知的, 他受益于 T. Kato [10] 的最后一节.

　　其他研究方法　K. Yosida [23] 和 [28] 提出了一种想法, 即用

$$\frac{dx_k(t)}{dt} = A(t)\Big(I - \frac{1}{k}A(t)\Big)^{-1}x_k(t), \quad x_k(0) = y \in D(A(0)), \quad 0 \leqslant t \leqslant 1 \tag{1''}$$

来逼近 Cauchy 问题 (1′). J. Kysiński [1] 把 Cauchy 的折线法用于方程 (1″) 上证明了 $\{x_k(t)\}$ 强收敛于 (1′) 的解. J. L. Lions [2] 提出了积分 (1) 的另一方法. 他假设 $A(t)$ 是个具有依赖于 t 的光滑系数的椭圆微分算子. 他在具体的函数空间中, 例如在 Sobolev 空间 $W^{k,p}(\Omega)$ 或由它变形而来的空间中, 把方程 (1) 变换为积分形式. 而寻求其分布解. 我们还建议读者去看 O. A. Ladyzhenskaya-I. M. Visik [1] 那篇论文, 它受到了类似于 Lions 的想法的启示.

§5.　Tanabe 和 Sobolevski 的方法

设 X 是个复 B-空间, 并考虑 X 中具有给定非齐次项 $f(t)$ 的发展方程:

$$dx(t)/dt = Ax(t) + f(t), \quad a \leqslant t \leqslant b. \tag{1}$$

这时, 满足初始条件 $x(a) = x_0 \in X$ 的解 $x(t) \in X$ 可以从齐次方程 $dx/dt = Ax$ 的解 $\exp((t-a)A)x$ 通过所谓的 Duhamel 原理形式地得到, 即

$$x(t) = \exp((t-a)A)x_0 + \int_a^t \exp((t-s)A) \cdot f(s)ds. \tag{2}$$

这就启发我们, 在 X 中的非时齐方程:

$$dx(t)/dt = A(t)x(t), \quad a \leqslant t \leqslant b \tag{3}$$

可以按下述方法形式地求解. 我们把方程 (3) 改写为以下形式

$$dx(t)/dt = A(a)x(t) + (A(t) - A(a))x(t). \tag{4}$$

用公式 (2), 可以使满足 (4) 和初始条件 $x(a) = x_0$ 的解 $x(t)$ 作为抽象积分方程

$$x(t) = \exp((t-a)A(a))x_0 + \int_a^t \exp((t-s)A(s))(A(s) - A(a))x(s)ds \tag{5}$$

的解给出. 用逐次逼近法形式地求解 (5) 就可以得到近似解:

$$x_1(t) = \exp((t-a)A(a))x_0,$$

$$\cdots\cdots$$

$$x_{n+1}(t) = \exp((t-a)A(a))x_0 + \int_a^t \exp((t-s)A(s))(A(s) - A(a))x_n(s)ds.$$

于是, (5) 的解 $x(t)$ 可以形式地表示为

$$x(t) = \exp((t-a)A(a))x_0 + \int_a^t \exp((t-s)A(s))R(s,a)x_0ds, \tag{6}$$

其中

$$\left.\begin{array}{l} R(t,s) = \sum\limits_{m=1}^{\infty} R_m(t,s), \\ R_1(t,s) = \begin{cases} (A(t) - A(s))\exp((t-s)A(s)), & s < t, \\ 0, & s \geqslant t, \end{cases} \\ R_m(t,s) = \int\limits_{s}^{t} R_1(t,\sigma)R_{m-1}(\sigma,s)d\sigma \quad (m = 2,3,\cdots). \end{array}\right\} \quad (7)$$

H. Tanabe [2] 用第九章 §10 中给出的全纯半群理论证明了上述形式积分法是合理的. 我们遵循 Tanabe 的研究方法, 并假设有下述条件:

$$\left.\begin{array}{l} \text{对于 } t \in [a,b], A(t) \text{ 是个线性闭算子, 其定义域稠于 } X \text{ 而值域为 } X, \\ \text{预解集 } \rho(A(t)) \text{ 包含复} \lambda - \text{平面上原点 } 0 \text{ 与集合 } \{\lambda; -\theta < \arg\lambda < \theta\} \\ (\theta > \pi/2) \text{ 所组成的固定角域 } \Theta. \text{预解式 } (\lambda I - A(t))^{-1} \text{ 依 } t, \lambda \text{ 是强} \\ \text{连续的, 此连续性在任何紧集 } \subseteq \Theta \text{ 上关于 } \lambda \text{ 是一致的.} \end{array}\right\} \quad (8)$$

$$\left.\begin{array}{l} \text{有正常数 } M \text{ 和 } N \text{ 使得 } \lambda \in \Theta \text{ 和 } t \in [a,b] \text{ 满足 } |\lambda| > M \text{ 时, 就有} \\ \|(\lambda I - A(t))^{-1}\| \leqslant N(|\lambda| - M)^{-1}, \text{并且当 } \lambda \text{ 为实数时, } N = 1. \end{array}\right\} \quad (9)$$

$$\left.\begin{array}{l} A(t) \text{ 的定义域 } D(A(t)) \text{ 与 } t \text{ 无关, 从而由第二章 §6 中闭图像定理} \\ \text{知算子 } A(t)A(s)^{-1} \text{ 属于 } L(X,X). \text{ 还有个正常数 } K \text{ 使得 } [a,b] \text{ 中} \\ s,t \text{ 和 } r \text{ 都满足 } \|A(t)A(s)^{-1} - A(r)A(s)^{-1}\| \leqslant K|t-r|. \end{array}\right\} \quad (10)$$

在这些条件下, 我们就可以证明

定理　对任何 $x_0 \in X$ 和满足 $a \leqslant s \leqslant b$ 的 s, 方程

$$dx(t)/dt = A(t)x(t), \quad x(s) = x_0, \quad s < t \leqslant b \quad (3')$$

有唯一确定的解 $x(t) \in X$. 此解可表示为

$$x(t) = U(t,s)x(s) = U(t,s)x_0, \quad (11)$$

$$\left.\begin{array}{l} \text{其中 } U(t,s) = \exp((t-s)A(s)) + W(t,s), \\ W(t,s) = \int\limits_{s}^{t} \exp((t-\sigma)A(\sigma))R(\sigma,s)d\sigma, \text{ 而 } R(t,s) \text{ 由 (7) 确定.} \end{array}\right\} \quad (12)$$

为了证明上述定理, 需要三个引理.

引理 1　在 $a \leqslant s < t \leqslant b$ 中, $R(t,s)$ 是强连续的且在某个常数 C 下,

$$\|R(t,s)\| \leqslant KC \cdot \exp(KC(t-s)). \quad (13)$$

证明 由 (8) 和 (9) 可知, 每个 $A(s)$ 生成一个全纯半群 (见第九章 §10) 如下

$$\exp(tA(s)) = (2\pi i)^{-1} \int_{C'} e^{\lambda t} (\lambda I - A(s))^{-1} d\lambda,$$

其中 C' 是 Θ 中一条光滑围道, 它从 $\infty e^{-i\theta}$ 到 $\infty e^{i\theta}$. (14)

于是, 由 $A(s)(\lambda I - A(s))^{-1} = \lambda(\lambda I - A(s))^{-1} - I$ 可知, 对于 $(b-a) > t > 0$, 有

$$\|\exp(tA(s))\| \leqslant C \text{ 和 } \|A(s)\exp(tA(s))\| \leqslant Ct^{-1},$$

其中, 正常数 C 同 $t > 0$ 和 $s \in [a,b]$ 无关. (15)

由 (7) 可知

$$R_1(t,s) = (A(t) - A(s))A(s)^{-1}A(s)\exp((t-s)A(s)), \quad t > s,$$

从而, 由 (10) 和 (15) 可知

$$\|R_1(t,s)\| \leqslant KC. \tag{16}$$

由 (8) 和 (14) 还容易看出, $R_1(t,s)$ 在 $a \leqslant s < t \leqslant b$ 中是强连续的. 下面用归纳法可以得到[①]

$$\begin{aligned}
\|R_m(t,s)\| &\leqslant \int_s^t \|R_1(t,\sigma)\| \cdot \|R_{m-1}(\sigma,s)\| d\sigma \\
&\leqslant \int_s^t (KC)^m (\sigma-s)^{m-2} (\underline{m-2})^{-1} d\sigma \\
&\leqslant (KC)^m (t-s)^{m-1} (\underline{m-1})^{-1},
\end{aligned}$$

从而可得出 (13). 用同样的方法可知, $R(t,s)$ 在 $a \leqslant s < t \leqslant b$ 中是强连续的.

引理 2 对于 $s < \tau < t$, 我们有

$$\|R(t,s) - R(\tau,s)\| \leqslant C_1\left(\frac{t-\tau}{t-s} + (t-\tau)\log\frac{t-s}{t-\tau}\right), \tag{17}$$

其中, C_1 是个同 s, τ 和 t 无关的正常数.

证明 由 (7) 可知

$$\begin{aligned}
R_1(t,s) - R_1(\tau,s) &= (A(t) - A(\tau))\exp((t-s)A(s)) \\
&\quad + (A(\tau) - A(s))[\exp((t-s)A(s)) - \exp((\tau-s)A(s))].
\end{aligned}$$

[①]以下符号 $\underline{m-2}$ 表示 $(m-2)!$, 而 $\underline{m-1}$ 便是 $(m-1)!$.

由 (10) 和 (15) 可知, 右端第一项的范数不大于 $KC(t-\tau)(t-s)^{-1}$. 右端第二项

$$= (A(\tau) - A(s)) \int_{\tau-s}^{t-s} \frac{d}{d\sigma} \exp(\sigma A(s))$$

$$= (A(\tau) - A(s)) A(s)^{-1} \int_{\tau-s}^{t-s} A(s)^2 \exp(\sigma A(s)) d\sigma,$$

并且由 (15) 可知

$$\left\| \int_{\tau-s}^{t-s} A(s)^2 \exp(\sigma A(s)) d\sigma \right\| \leqslant \int_{\tau-s}^{t-s} \|(A(s) \exp(2^{-1}\sigma A(s)))^2\| d\sigma$$

$$\leqslant \int_{\tau-s}^{t-s} (2C/\sigma)^2 d\sigma = 4C^2 \Big[\frac{-1}{\sigma} \Big]_{\tau-s}^{t-s} = 4C^2(t-\tau)(t-s)^{-1}(\tau-s)^{-1}.$$

所以

$$\|R_1(t,s) - R_1(\tau,s)\| \leqslant KC(1+4C)\frac{t-\tau}{t-s}. \tag{18}$$

另一方面, 由 (7) 可知

$$\sum_{m=2}^{\infty} R_m(t,s) - \sum_{m=2}^{\infty} R_m(\tau,s)$$

$$= \int_s^t R_1(t,\sigma)R(\sigma,s)d\sigma - \int_s^\tau R_1(\tau,\sigma)R(\sigma,s)d\sigma$$

$$= \int_\tau^t R_1(t,\sigma)R(\sigma,s)d\sigma + \int_s^\tau (R_1(t,\sigma) - R_1(\tau,\sigma))R(\sigma,s)d\sigma.$$

右端第一项的范数不大于

$$\int_\tau^t \|R_1(t,\sigma)\|\|R(\sigma,s)\|d\sigma \leqslant K^2 C^2 \exp(KC(b-a))(t-\tau).$$

由 (13) 和 (18) 可知, 右端第二项的范数不大于

$$\int_s^\tau \|R_1(t,\sigma) - R_1(\tau,\sigma)\|\|R(\sigma,s)\|d\sigma$$

$$\leqslant K^2 C^2(1+4C) \exp(KC(b-a)) \int_s^\tau (t-\tau)(t-\sigma)^{-1}d\sigma$$

$$= K_1(t-\tau) \log \frac{t-s}{t-\tau}.$$

所以我们就得到了 (17).

引理 3　对于 $s < t$, 我们有

$$\|A(t)\{\exp((t-s)A(t)) - \exp((t-s)A(s))\}\| \leqslant C_2,$$

其中 C_2 是个同 s 和 t 无关的正常数. $\tag{19}$

证明 由 (14) 可得

$$A(t)\{\exp((t-s)A(t)) - \exp((t-s)A(s))\}$$
$$= (2\pi i)^{-1} \int_C e^{\lambda(t-s)} A(t)(\lambda I - A(t))^{-1}(A(t) - A(s))(\lambda I - A(s))^{-1}d\lambda.$$

另一方面, 我们有 $A(t)(\lambda I - A(t))^{-1} = \lambda(\lambda I - A(t))^{-1} - I$, 而由 (9) 可知

$$\text{对于 } \lambda \in \Theta \text{ 和 } t \in [a,b], \|A(t)(\lambda I - A(t))^{-1}\| \leqslant \frac{|\lambda|}{|\lambda| - M} + 1. \tag{20}$$

于是, 由 (10) 和

$$\|(A(t) - A(s))(\lambda I - A(s))^{-1}\| \leqslant \|(A(t) - A(s))A(s)^{-1}\|\|A(s)(\lambda I - A(s))^{-1}\|$$

就可以得到 (19).

定理的证明 我们把 (12) 中给出的 $W(t,s)$ 改写为

$$W(t,s) = \int_s^t \exp((t-\tau)A(t)R(t,s)d\tau$$
$$+ \int_s^t \{\exp((t-\tau)A(\tau)) - \exp((t-\tau)A(t))\}R(\tau,s)d\tau$$
$$+ \int_s^t \exp((t-\tau)A(t))(R(\tau,s) - R(t,s))d\tau.$$

用 Riemann 和来逼近上述积分, 再用算子 $A(t)$ 的闭性, 于是我们看出, 可以把 $A(t)$ 作用到上面等式的右端的每一项. 这是因为, 根据 (19), 我们就可以把 $A(t)$ 作用到右端第二项; 而根据 (15) 和 (17) 就可以把 $A(t)$ 作用到右端第三项; 用 $A(t)\exp((t-\tau)A(t)) = -d\exp((t-\tau)A(t))/d\tau$ 还可以得到

$$A(t)\int_s^t \exp((t-\tau)A(t))R(t,s)d\tau = \{\exp((t-s)A(t)) - I\}R(t,s).$$

于是我们得到

$$A(t)U(t,s) = A(t)\exp((t-s)A(s)) + \{\exp((t-s)A(t)) - I\}R(t,s)$$
$$+ \int_s^t A(t)\{\exp((t-\tau)A(\tau)) - \exp((t-\tau)A(t))\}R(\tau,s)d\tau$$
$$+ \int_s^t A(t)\exp((t-\tau)A(t))(R(\tau,s) - R(t,s))d\tau. \tag{21}$$

以上证明表明, $A(t)U(t,s)$ 在 $a \leqslant s < t \leqslant b$ 内是强连续的, 并且有

$$\|A(t)W(t,s)\| \leqslant C_3 \text{ 和 } \|A(t)U(t,s)\| \leqslant C_3(t-s)^{-1},$$
$$\text{其中 } C_3 \text{ 是个同 } s \text{ 和 } t \text{ 无关的正常数.} \tag{22}$$

其次, 对于 $s < (t - h) < t$, 我们定义

$$U_h(t,s) = \exp((t-s)A(s)) + \int_s^{t-h} \exp((t-\tau)A(\tau))R(\tau,s)d\tau. \tag{23}$$

由于全纯半群 $\exp(tA(s))$ 对 $t > 0$ 是可微的, 所以有

$$\frac{\partial}{\partial t}U_h(t,s) = A(s)\exp((t-s)A(s)) + \exp(hA(t-h))R(t-h,s)$$
$$+ \int_s^{t-h} A(\tau)\exp((t-\tau)A(\tau))R(\tau,s)d\tau.$$

于是, 由 (7) 可知

$$\frac{\partial}{\partial t}U_h(t,s) - A(t)U_h(t,s)$$
$$= \exp(hA(t-h))R(t-h,s) - R_1(t,s) - \int_s^{t-h} R_1(t,\tau)R(\tau,s)d\tau. \tag{24}$$

由 (8)、(13) 和 (14) 可知, 当 $h \downarrow 0$ 时, $\exp(hA(t-h))R(t-h,s)$ 强趋近于 $R(t,s)$. 因此我们有

$$\text{s-}\lim_{h\downarrow 0}\left(\frac{\partial}{\partial t}U_h(t,s) - A(t)U_h(t,s)\right)x_0$$
$$= (R(t,s) - R_1(t,s) - \int_s^t R_1(t,\sigma)R(\sigma,s)d\sigma)x_0, \quad x_0 \in X. \tag{25}$$

由 (7) 容易证明上式右端必为 0. 因为用在证明 (21) 时所用的推理可以得到

$$\text{s-}\lim_{h\downarrow 0} A(t)U_h(t,s)x_0 = A(t)U(t,s)x_0,$$

所以由 (25) 可得

$$\text{对于 } t > s \text{ 和 } x_0 \in X, \text{s-}\lim_{h\downarrow 0}\frac{\partial}{\partial t}U_h(t,s)x_0 = A(t)U(t,s)x_0. \tag{26}$$

因为 (26) 的右端对 $t > s$ 是强连续的, 所以, 对 (26) 式进行积分并注意到 $\text{s-}\lim_{h\downarrow 0} U_h(t,s)x_0 = U(t,s)x_0$, 我们就可以看出

$$\text{对于 } t > s \text{ 和 } x_0 \in X, \frac{\partial}{\partial t}U(t,s)x_0 = A(t)U(t,s)x_0. \tag{27}$$

所以, $x(t) = U(t,s)x_0$ 就是所要求的 (3′) 的解. 此解的唯一性可以像上一节那样予以证明.

评注及参考文献

上述定理和证明出自 H. Tanabe [2]. 为说明其想法, 我们把 Tanabe 所假设的那些条件稍微加强了一些, 如条件 (9) 可以换为一个更弱的条件:

$$\|A(t)A(s)^{-1} - A(r)A(s)^{-1}\| \leqslant K_1|t - r|^{\rho}, \quad \text{而 } 0 < \rho < 1.$$

至于详细情形, 见论文 H. Tanabe [2], 它是 H. Tanabe [3] 和 [4] 的一种改进形式. 这里指出, 俄国学派独立地提出了一种类似方法. 例如, 见 P. E. Sobolevski [1] 以及该论文所列的参考文献. 还可参看 E. T. Poulsen [1].

Komatsu 的工作 H. Komatsu [1] 对于上述 Tanabe 的结果作了一个重要的注释. 把实区间 $[a, b]$ 看作嵌入在复平面上的. 令 Δ 是 $[a, b]$ 的一个凸的复邻域. 假定对于 $t \in \Delta$ 定义了 $A(t)$ 且它满足 (8) 和 (9), 不过, 在 (8) 和 (9) 中提到的 "$t \in [a, b]$" 应换为 "$t \in \Delta$". 此外还假设有个有界线性算子 A_0, 它把 X 一一对应地映射到 $A(t)$ 的定义域 D 上, D 与 $t \in \Delta$ 无关, 并且此 A_0 使得 $B(t) = A(t)A_0$ 关于 $t \in \Delta$ 是强全纯的. 在这些条件之下, Komatsu 证明了, 如果

有个满足 $0 < \theta_0 < \pi/2$ 的 θ_0 使 $|\arg(t - s)| < \theta_0$,

则前面构造的算子 $U(t, s)$ 对 $t \in \Delta$ 就是强全纯的. 此结果可以用于第十四章 §1 中的非时齐扩散方程的解的 "前向和后向唯一延拓性" 上面. 关于这一点, 我们建议去看 H. Komatsu [2]、[3] 和 T. Kotaké-M. Narasimhan [1].

Kato 的工作 为了去掉关于定义域 $D(A(t))$ 与 t 无关这一假设, T. Kato [6] 证明了可以把上述定理中的条件 (10) 换为下述条件:

$$\left.\begin{array}{l} \text{对于某个正整数 } k, \text{ 定义域 } D((-A(t))^{1/k}) \text{ 与 } t \text{ 无关.} \\ (\text{这里 } (-A(t))^{1/k} \text{ 就是第九章 §11 中所定义的分式幂.}) \\ \text{并且有常数 } K_2 > 0 \text{ 和 } \gamma \text{ 使 } 1 - k^{-1} < \gamma \leqslant 1, \text{ 且对于} \\ s, t \in [a, b], \|(-A(t))^{1/k}(-A(s))^{1/k} - I\| \leqslant K_2|t - s|^{\gamma}. \end{array}\right\} \quad (10')$$

Tanabe 以及 Kato-Tanabe 的近期工作 出于与 Kato 一样的想法, H. Tanabe [1] 提出了一种方法, 那里, 他把条件 (10) 换为

$$\left.\begin{array}{l} A(t)^{-1} \text{ 在 } a \leqslant t \leqslant b \text{ 内是一阶强可微的,} \\ \text{并且有正常数 } K_3 \text{ 和 } \alpha, \text{ 使得} \\ \left\|\dfrac{dA(t)^{-1}}{dt} - \dfrac{dA(s)^{-1}}{ds}\right\| \leqslant K_3|t - s|^{\alpha}. \\ \text{此外有正常数 } N \text{ 和 } \rho \text{ 使得 } 0 < \rho \leqslant 1 \text{ 且} \\ \left\|\dfrac{\partial}{\partial t}(\lambda I - A(t))^{-1}\right\| \leqslant N|\lambda|^{\rho - 1}, \rho < 1. \end{array}\right\} \quad (10'')$$

详情可见 Kato-Tanabe [8], 其要点是, 一开始就用一次近似函数 $\exp((t-a)A(t))x_0$ 代替 $\exp((t-a)A(a))x_0$.

Nelson 在 Feynman 积分方面的工作　关于 Schrödinger 方程的半群积分法给出了对于 Feynman 积分的一种解释. 见 E. Nelson [2].

Agmon-Nirenberg 的工作　Agmon-Nirenberg [1] 讨论了某个 B–空间中方程 $\frac{1}{i}\frac{du}{dt} - Au = 0$ 的解在 $t \uparrow \infty$ 时的状态.

§6. 非线性发展方程 1 (Kōmura-Kato 方法)

设 X 是个实或复 Banach 空间, 它有个半内积 $[x, y]$ 使得 (见第九章 §8)

$$[\alpha_1 x_1 + \alpha_2 x_2, y] = \alpha_1[x_1, y] + \alpha_2[x_2, y],$$
$$|[x, y]| \leqslant \|x\| \cdot \|y\| \text{ 以及 } [x, x] = \|x\|^2. \tag{1}$$

考虑映 X 入自身的一族非线性映射 $\{T_t; t > 0\}$, 它依 t 强连续且满足下列条件:

$$T_t T_s = T_{t+s}, T_0 = \text{恒等映射 } I \text{ (半群性质)},$$
$$\|T_t x - T_t y\| \leqslant \|x - y\| \text{ (收缩性质)}.$$

同线性映射情形一样, 我们把 $\{T_t; t \geqslant 0\}$ 的无穷小生成元 A 定义为

$$A \cdot x = \text{s-}\lim_{h \downarrow 0} h^{-1}(T_t x - x).$$

这时, A 必定是耗散算子, 其意义如下:

$$\text{Re}[Ax - Ay, x - y] \leqslant 0. \tag{2}$$

其证明是容易的, 这是因为我们有

$$\text{Re}[h^{-1}(T_h x - x) - h^{-1}(T_h y - y), x - y]$$
$$= h^{-1}\text{Re}[T_h x - T_h y, x - y] - h^{-1}[x - y, x - y]$$
$$\leqslant h^{-1}\|T_h x - T_h y\| \cdot \|x - y\| - h^{-1}\|x - y\|^2$$
$$\leqslant h^{-1}\|x - y\|^2 - h^{-1}\|x - y\|^2 = 0.$$

Y. Kōmura [1] 所给的著名例子是: 令 $X = R^1$, $[x, y] = x \cdot y$, $\|x\| = |x|$ 以及

$$T_t x = \begin{cases} \max(x - t, 0), & \text{当 } x > 0 \text{ 时,} \\ 0, & \text{当 } x \leqslant 0 \text{ 时,} \end{cases} \quad Ax = \begin{cases} -1, & \text{当 } x > 0 \text{ 时,} \\ 0, & \text{当 } x \leqslant 0 \text{ 时.} \end{cases}$$

我们用 (2) 可以证明, 对一切 $\lambda > 0$, 由 $D(A)$ 入 X 的映射 $(I - \lambda A)$ 有逆映射 $J_\lambda = (I - \lambda A)^{-1}$, 这是因为 $x_1 - \lambda A x_1 = x_2 - \lambda A x_2$ 意味着

$$
\begin{aligned}
0 &= [(x_1 - \lambda A x_1) - (x_2 - \lambda A x_2), x_1 - x_2] \\
&= [x_1 - x_2, x_1 - x_2] - \lambda [A x_1 - A x_2, x_1 - x_2] \\
&= \|x_1 - x_2\|^2 - \lambda \operatorname{Re}[A x_1 - A x_2, x_1 - x_2] \\
&\geqslant \|x_1 - x_2\|^2, \text{ 亦即 } x_1 = x_2.
\end{aligned}
$$

所以, 线性压缩半群的理论 (第九章 §8) 启示我们, 对于非线性发展方程

$$
\frac{du(t)}{dt} = Au(t), \quad t \geqslant 0, \quad \text{且 } u(0) = x_0 \in D(A),
$$

在 $D(J_\lambda) = R(I - \lambda A) = X$ 的假设下, 可以用方程

$$
\frac{du^{(\lambda)}(t)}{dt} = A_\lambda u^{(\lambda)}(t), \quad t \geqslant 0, \quad \text{且 } u^{(\lambda)}(0) = x_0 \text{ 而 } A_\lambda = \lambda^{-1}(J_\lambda - I)
$$

来逼近它, 并且希望有 $u(t) = \text{s-}\lim_{\lambda \downarrow 0} u^{(\lambda)}(t)$.

在上述 Kōmura 的例子中, $D(J_\lambda) = (-\infty, 0) \cup (\lambda, \infty)$, 它同 $X = R^1$ 并不一致. 为了得到 $D(J_\lambda) = X = R^1$, 必须把 A 扩张为一个多值映射 $\widehat{A}$, 即

$$
\widehat{A}x = \begin{cases} -1, & \text{当 } x > 0 \text{ 时,} \\ -[0,1], & \text{当 } x = 0 \text{ 时,} \\ 0, & \text{当 } x < 0 \text{ 时,} \end{cases}
$$

它在下述意义下仍是耗散算子:

任何一组 $\{x_i, y_i\}, y_i \in \widehat{A} x_i$ $(i = 1, 2)$ 满足 $\operatorname{Re}\langle y_1 - y_2, x_1 - x_2 \rangle \leqslant 0$.   (2′)

这就引导我们为进一步讨论作出如下设置. 令 X 是个 Banach 空间, 其对偶空间记为 X', 将 $X \times X$ 的元素写为 $\{x, y\}$ 形式使得 x 和 y 都属于 X. 对于 $X \times X$ 的子集 A, 为便于应用规定以下记号:

1) $D(A) = \{x; \text{有个 } y \text{ 使得} \{x, y\} \in A\}$,

2) $R(A) = \{y; \text{有个 } x \text{ 使得} \{x, y\} \in A\}$,

3) $A^{-1} = \{\{y, x\}; \{x, y\} \in A\}$,

4) $\lambda A = \{\{x, \lambda y\}; \{x, y\} \in A\}$, 而 λ 为实数,

5) $A + B = \{\{x, y + z\}; \{x, y\} \in A \text{ 而 } \{x, z\} \in B\}$,

6) $Ax = \{y; \{x, y\} \in A\}$, 其中 $x \in D(A)$,

7) $\|Ax\| = \inf\{\|y\|; y \in Ax\}$,

8) $J_\lambda = (I - \lambda A)^{-1} = \{\{x - \lambda y, x\}; \{x, y\} \in A\}$ 且 λ 为实数而

$$I = \{\{x, x\}; x \in X\},$$

9) $A_\lambda = \{\{x - \lambda y, y\}; \{x, y\} \in A\};$

显然有

$$\lambda A_\lambda = J_\lambda - I. \tag{3}$$

如果诸 $x \in D(A)$ 使 Ax 仅由一个元素组成, 则 A 是个唯一确定的函数 (=单值映射) 的图像, 该函数定义在 $D(A)$ 上而取值于 X 内; 在这种情形下, 我们就认为集合 A 同上述函数是相同的.

为了说明 $X \times X$ 中耗散集的概念, 我们给出

定义 1　所谓 X 至 X' 的对偶映射, 指的是 X 至 X' 的多值映射 F 使得

$$F(x) = \{f \in X'; \langle x, f \rangle = \|x\|^2 = \|f\|^2\}. \tag{4}$$

由 Hahn-Banach 定理易知 $F(x)$ 非空. 若 X 是个 Hilbert 空间, 由 F. Riesz 表示定理知 $F(x)$ 由单 x 组成, 并且 $\langle y, F(x) \rangle = (y, x)$, 后者是 y 与 x 的数量积.

定义 2　$X \times X$ 中某集合 A 叫作耗散集是指对于 A 的任何两点 $\{x_1, y_1\}$ 和 $\{x_2, y_2\}$, 总有个 $f \in F(x_1 - x_2)$ 使得 $\mathrm{Re}\langle y_1 - y_2, f \rangle \leqslant 0$.

注　A 是个耗散集当且仅当 $-A$ 是 G. Minty [1] 意义下的单调集合.

我们还给出

定义 3　设 D 是 X 的一个子集, 从 D 至 X 的一个函数 T 叫作一个具有 Lipschitz 常数 $k > 0$ 的 Lipschitz 映射 (函数) 是指对于一切 $x_1, x_2 \in D$ 都有

$$\|Tx_1 - Tx_2\| \leqslant k\|x_1 - x_2\|.$$

如果我们可以取 $k = 1$, 则 T 就叫作收缩映射 (函数). 我们有

引理 1 (T. Kato [11])　设 $x, y \in X$, 则 $\|x - \lambda y\| \geqslant \|x\|$ 在 $\lambda > 0$ 时成立当且仅当有个 $f \in F(x)$ 使得 $\mathrm{Re}\langle y, f \rangle \leqslant 0$.

证明　结论在 $x = 0$ 时是显然的, 因此下面我们假设 $x \neq 0$. 如果有个 $f \in F(x)$ 使 $\mathrm{Re}\langle y, f \rangle \leqslant 0$, 则

$$\|x\|^2 = \langle x, f \rangle = \mathrm{Re}\langle x, f \rangle$$
$$\leqslant \mathrm{Re}\langle x - \lambda y, f \rangle \leqslant \|x - \lambda y\| \cdot \|f\|.$$

由于 $\|x\| = \|f\|$, 所以我们就得到 $\|x\| \leqslant \|x - \lambda y\|$.

反之, 设一切 $\lambda > 0$ 使 $\|x\| \leqslant \|x - \lambda y\|$. 对于每个 $\lambda > 0$, 设 $f_\lambda \in F(x - \lambda y)$ 且令 $g_\lambda = f_\lambda / \|f_\lambda\|$, 从而 $\|g_\lambda\| = 1$. 由此可知

$$\|x\| \leqslant \|x - \lambda y\| = \langle x - \lambda y, g_\lambda \rangle$$
$$= \mathrm{Re}\langle x, g_\lambda \rangle - \lambda \, \mathrm{Re}\langle y, g_\lambda \rangle \leqslant \|x\| - \lambda \, \mathrm{Re}\langle y, g_\lambda \rangle.$$

于是有

$$\liminf_{\lambda \downarrow 0} \mathrm{Re}\langle x, g_\lambda \rangle = \|x\| \quad \text{和} \quad -\lambda \, \mathrm{Re}\langle y, g_\lambda \rangle \geqslant 0.$$

因为对偶空间 X' 的单位闭球是弱 * 紧的 (见第五章 §1 附录中的定理 1), 所以序列 $\{g_{1/n}\}$ 有个弱 * 聚点 $g \in X'$ 且 $\|g\| \leqslant 1$. 因此我们看出, g 必定满足 $\mathrm{Re}\langle x, g \rangle \geqslant \|x\|$ 和 $\mathrm{Re}\langle y, g \rangle \leqslant 0$, 亦即, 必定有 $\|g\| = 1$ 和 $\langle x, g \rangle = \|x\|$. 因此 $f = \|x\| \cdot g$ 满足 $f \in F(x)$ 和 $\mathrm{Re}\langle y, f \rangle \leqslant 0$.

系　A 是个耗散集当且仅当

$$\|(x_1 - \lambda y_1) - (x_2 - \lambda y_2)\| \geqslant \|x_1 - x_2\|,$$
$$\text{只要 } \lambda > 0 \text{ 且} \{x_i, y_i\} \in A \quad (i = 1, 2). \tag{5}$$

我们有以下的

命题 1　如果 A 是个耗散集且 $\lambda > 0$, 则 J_λ 和 A_λ 都是单值映射, 并且

$$\text{对于 } x_1, x_2 \in D(J_\lambda), \|J_\lambda x_1 - J_\lambda x_2\| \leqslant \|x_1 - x_2\|, \tag{6}$$
$$\text{对于 } x_1, x_2 \in D(A_\lambda) = D(J_\lambda), \|A_\lambda x_1 - A_\lambda x_2\| \leqslant \frac{2}{\lambda} \|x_1 - x_2\|. \tag{7}$$

此外还有, A_λ 是耗散的, 并且

$$\text{对于 } x \in D(J_\lambda), A J_\lambda x = A(J_\lambda x) \ni A_\lambda x, \tag{8}$$
$$\text{对于 } x \in D(A) \cap D(J_\lambda), \|A_\lambda x\| \leqslant \|Ax\|. \tag{9}$$

证明　由 (5) 易知, J_λ 和 A_λ 都是单值的. 由 (5) 还可得出 (6), 因此, 用 (3) 和 (6) 可证得 (7). 其次令 $f \in F(x_1 - x_2)$, 则由 (3)、(4) 和 (6) 可得

$$\mathrm{Re}\langle A_\lambda x_1 - A_\lambda x_2, f \rangle$$
$$= \lambda^{-1} \mathrm{Re}\langle (J_\lambda x_1 - x_1) - (J_\lambda x_2 - x_2), f \rangle$$
$$= \lambda^{-1} \mathrm{Re}\langle J_\lambda x_1 - J_\lambda x_2, f \rangle - \lambda^{-1}\langle x_1 - x_2, f \rangle$$
$$\leqslant \lambda^{-1} \|J_\lambda x_1 - J_\lambda x_2\| \cdot \|f\| - \lambda^{-1}\langle x_1 - x_2, f \rangle$$
$$\leqslant \lambda^{-1} \|x_1 - x_2\|^2 - \lambda^{-1} \|x_1 - x_2\|^2 = 0.$$

这就证明了 A_λ 是耗散的. (8) 显然成立. (9) 的证明如下. 由 (3) 和 (6) 可知, 对任何 $y \in Ax$, 有

$$\lambda\|A_\lambda x\| = \|J_\lambda x - x\| = \|J_\lambda x - J_\lambda(x - \lambda y)\| \leqslant \|x - (x - \lambda y)\| = \lambda\|y\|.$$

引理 2 (Y. Kōmura [1])　令 A 是个耗散集 $\subseteq X \times X$, 又设对于某个 $\lambda > 0$, 有 $D(J_\lambda) = X$, 则对于满足 $0 \leqslant |(\mu - \lambda)/\mu| < 1$ 的每个 $\mu > 0$ 都有 $D(J_\mu) = X$.

证明　任取一点 $x \in X$, 并考虑一个如下的单值映射 T:

$$X \ni z \to Tz = J_\lambda\Big(\frac{\lambda}{\mu}x + \frac{\mu - \lambda}{\mu}z\Big).$$

因为由 (6) 可知 J_λ 是个收缩映射, 于是得到

$$\|Tz - Tw\| \leqslant \Big\|\Big(\frac{\lambda}{\mu}x + \frac{\mu - \lambda}{\mu}z\Big) - \Big(\frac{\lambda}{\mu}x + \frac{\mu - \lambda}{\mu}w\Big)\Big\| = \Big|\frac{\mu - \lambda}{\mu}\Big| \cdot \|z - w\|,$$

亦即, T 是个 Lipschitz 映射, 其 Lipschitz 常数为

$$\alpha = |(\mu - \lambda)/\mu| < 1.$$

因此, 对于 $n > m$ 和对于任何点 $z \in X$, 我们有

$$\|T^n z - T^m z\| \leqslant \alpha^m \|T^{n-m} z - z\| \leqslant \alpha^m(\|Tz - z\| + \|T^2 z - Tz\| + \cdots)$$
$$\leqslant \alpha^m(1 + \alpha + \alpha^2 + \cdots) \cdot \|Tz - z\| \leqslant \alpha^m(1 - \alpha)^{-1}\|Tz - z\|.$$

于是, 由空间 X 的完备性可知, $\text{s-}\lim_{n\to\infty} T^n z = y$ 于 X 中存在. Lipschitz 映射都是连续的, 故由 $y = \text{s-}\lim_{n\to\infty} T^{n+1} z = \text{s-}\lim_{n\to\infty} T(T^n z)$ 可得 $T \cdot y = y$. 于是

$$y = J_\lambda\Big(\frac{\lambda}{\mu}x + \frac{\mu - \lambda}{\mu}y\Big) = J_\lambda\Big(y - \lambda\Big(\frac{1}{\mu}y - \frac{1}{\mu}x\Big)\Big), \quad \text{亦即} \Big(\frac{1}{\mu}y - \frac{1}{\mu}x\Big) \in Ay,$$

从而有个 $z \in Ay$ 使得 $y - \mu z = x$. 这证得 $J_\mu x = y$. 由 x 的任意性知 $D(J_\mu) = X$.

系　重复上面的推理, 我们就可以证明, 诸 $\mu > 0$ 满足 $D(J_\mu) = X$.

现在我们就能够给出

定义 4　耗散集 $A \subseteq X \times X$ 叫作超耗散集是指有个 $\lambda > 0$ 满足 $D(J_\lambda) = X$, (这等式便) 对所有 $\lambda > 0$ 都成立.

命题 2　一个超耗散集 $A \subseteq X \times X$ 必定是个在下述意义下的极大耗散集, 即没有以 A 为其真子集的耗散集 $B \subseteq X \times X$.

证明 假定有个耗散集 $B \subseteq X \times X$ 以 A 为其子集. 令 $y \in Bx$. 这时, 因为 A 是个超耗散集, 所以有个点 $\{x_1, y_1\} \in A$ 使得 $x - y = x_1 - y_1$. 因为 $A \subseteq B$, 所以必有 $\{x_1, y_1\} \in B$, 从而把 (5) 用于耗散集 B, 我们就得到 $x = x_1$ 和 $y = y_1$.

至此, 我们就准备好了工具来说明 Kōmura 有关非线性发展方程在 Hilbert 空间中的积分的方法. 设 H 是个实的或复的 Hilbert 空间, 其数量积为 (x, z), 又设 $A \subseteq H \times H$ 是个超耗散集. 我们将讨论下述初值问题的强解:

$$\begin{cases} \dfrac{du(t)}{dt} \in Au(t) \ \text{对区间} \ [0, \infty) \ \text{中几乎所有} \ t \ \text{成立}, \\ u(0) = x_0 \in D(A), \end{cases} \tag{10}$$

这里, 定义在 $[0, \infty)$ 上而取值于 H 的 $u(t)$ 叫作 (10) 的一个强解是指 $u(t)$ 关于 t 是强绝对连续的, 在 $[0, \infty)$ 上是几乎处处强可微的, 并且强微商 $du(t)/dt$ 在 t 的任何一个紧区间上是 Bochner 可积的, 同时 u 还满足 (10). 我们将用下述问题来逼近 (10), 即

$$\begin{cases} \dfrac{du^{(\lambda)}(t)}{dt} - A_\lambda u^{(\lambda)}(t) = 0, \text{对} \ [0, \infty) \ \text{上的一切} \ t \ \text{成立} \ (\lambda > 0), \\ u^{(\lambda)}(0) = x_\lambda = x_0 - \lambda y_0, \ \text{其中} \ y_0 \ \text{是} \ Ax_0 \ \text{中一个固定的点}. \end{cases} \tag{10$'$}$$

因为 $A_\lambda, \lambda > 0$, 是个 Lipschitz 映射, 所以我们知道方程 (10$'$) 有唯一确定的解 $u^{(\lambda)}(t)$, 它可以由 E. Picard 的逐次逼近法得到, 即得于以下过程

$$u_{n+1}^{(\lambda)}(t) = x_\lambda + \int_0^t A_\lambda u_n^{(\lambda)}(s) ds \quad (n = 0, 1, \cdots; u_0^{(\lambda)}(t) = x_\lambda). \tag{10$''$}$$

引理 3 (Y. Kōmura [1]) 对于 (10$'$) 的解 $u^{(\lambda)}(t)$, 我们有下列估计式:

$$\left\| \frac{d}{dt} u^{(\lambda)}(t) \right\| \leqslant \left\| \frac{d}{ds} u^{(\lambda)}(s) \right\| \ \text{在} \ 0 \leqslant s < t \ \text{时成立}, \tag{11}$$

以及

$$\| u^{(\lambda)}(t) - u^{(\mu)}(t) \|^2 \leqslant ((\lambda - \mu)^2 + 4t(\lambda + \mu)) \| y_0 \|^2. \tag{12}$$

证明 对于 $h > 0$, 令 $u^{(\lambda)}(t + h) = v^{(\lambda)}(t)$. 故由 A_λ 的耗散性, 我们就得到

$$\frac{d}{dt} \| v^{(\lambda)}(t) - u^{(\lambda)}(t) \|^2 = 2 \operatorname{Re} \left(\frac{d}{dt} v^{(\lambda)}(t) - \frac{d}{dt} u^{(\lambda)}(t), v^{(\lambda)}(t) - u^{(\lambda)}(t) \right)$$
$$= 2 \operatorname{Re}(A_\lambda v^{(\lambda)}(t) - A_\lambda u^{(\lambda)}(t), v^{(\lambda)}(t) - u^{(\lambda)}(t)) \leqslant 0.$$

从而 $\| u^{(\lambda)}(t + h) - u^{(\lambda)}(t) \|$ 依 t 单调递减, 我们便得 (11). 因此我们有

$$\left\| \frac{d}{dt} u^{(\lambda)}(t) \right\| = \| A_\lambda u^{(\lambda)}(t) \| \leqslant \| A_\lambda u^{(\lambda)}(0) \| = \| A_\lambda(x_0 - \lambda y_0) \| = \| y_0 \|. \tag{13}$$

根据 $\lambda A_\lambda = J_\lambda - I$, 作类似于上述讨论, 我们就得到

$$\|u^{(\lambda)}(t) - u^{(\mu)}(t)\|^2 - \|u^{(\lambda)}(0) - u^{(\mu)}(0)\|^2$$

$$= \|u^{(\lambda)}(t) - u^{(\mu)}(t)\|^2 - \|(\lambda - \mu)y_0\|^2$$

$$= \int_0^t \frac{d}{ds}\|u^{(\lambda)}(s) - u^{(\mu)}(s)\|^2 ds$$

$$= 2\int_0^t \operatorname{Re}(A_\lambda u^{(\lambda)}(s) - A_\mu u^{(\mu)}(s), u^{(\lambda)}(s) - u^{(\mu)}(s)) ds$$

$$= 2\int_0^t \operatorname{Re}(A_\lambda u^{(\lambda)}(s) - A_\mu u^{(\mu)}(s), J_\lambda u^{(\lambda)}(s) - J_\mu u^{(\mu)}(s)) ds$$

$$- 2\int_0^t \operatorname{Re}(A_\lambda u^{(\lambda)}(s) - A_\mu u^{(\mu)}(s), \lambda A_\lambda u^{(\lambda)}(s) - \mu A_\mu u^{(\mu)}(s)) ds.$$

最右端第一项是非负的, 这是因为 A 是 $H \times H$ 中的一个耗散集, 且由 (8) 知 $A_\lambda u^{(\lambda)}(s) \in AJ_\lambda u^{(\lambda)}(s)$. 由 (13) 知, 最右端第二项小于 $4t(\lambda + \mu)\|y_0\|^2$, 从而有

$$\|u^{(\lambda)}(t) - u^{(\mu)}(t)\|^2 - (\mu - \lambda)^2\|y_0\|^2 \leqslant 4t(\lambda + \mu)\|y_0\|^2.$$

这就证明了 (12).

系

$$\text{s-}\lim_{\lambda\downarrow 0} u^{(\lambda)}(t) = u(t) \text{ 在 } t \text{ 的每个紧集上一致存在}. \tag{14}$$

$$\text{s-}\lim_{\lambda\downarrow 0} J_\lambda u^{(\lambda)}(t) = u(t) \text{ 在 } t \text{ 的每个紧集上一致成立}. \tag{15}$$

证明 由 (12) 显然得 (14). 由 (14) 就可得 (15), 这是因由 (13) 可得

$$\|J_\lambda u^{(\lambda)}(t) - u^{(\lambda)}(t)\| = \lambda\|A_\lambda u^{(\lambda)}(t)\| \leqslant \lambda\|y_0\|.$$

引理 4 (Y. Kōmura [1])　诸 $t \geqslant 0$ 满足 $u(t) \in D(A)$.

证明 由 (8) 可知, 对固定的 $t > 0$,

$$\{J_\lambda u^{(\lambda)}(t), A_\lambda u^{(\lambda)}(t)\} \in A \text{ 在 } \lambda > 0 \text{ 时都成立}. \tag{16}$$

记 $A_\lambda u^{(\lambda)}(t) = w^{(\lambda)}(t)$, 由 (13) 可得 $\|w^{(\lambda)}(t)\| \leqslant \|y_0\|$. 于是, 由 Hilbert 空间 H 的局部弱紧性可知, 对固定的 $t > 0$, 有个满足 $\lambda_n \downarrow 0$ 的正数序列 $\{\lambda_n\}$, 使得

$$\text{w-}\lim_{n\to\infty} w^{(\lambda_n)}(t) = w(t) \in H \quad \text{且} \quad \|w(t)\| \leqslant \|y_0\|. \tag{17}$$

既然 A 是个耗散集, 诸点 $\{x, y\} \in A$ 便满足不等式

$$\operatorname{Re}(y - w^{(\lambda_n)}(t), x - J_{\lambda_n} u^{(\lambda_n)}(t)) \leqslant 0.$$

于是, 我们由 (15) 令 $n \uparrow \infty$ 便得 $\mathrm{Re}(y - w(t), x - u(t)) \leqslant 0$. 这就证明了

$$\{u(t), w(t)\} \in A, \tag{18}$$

这是因为, 已经在命题 2 中证明过 A 是个极大耗散集 $\subseteq H \times H$.

引理 5 (Y. Kōmura [1]) $u(t)$ 对 t 是强绝对连续的, 并且它在几乎每个 $t \geqslant 0$ 处都是强可微的.

证明   由 (13) 可知, 对于 $0 \leqslant t_1 < t_2 < \cdots$ 且 $\sum_i (t_{i+1} - t_i) < \infty$, 有

$$\|u^{(\lambda)}(t_{i+1}) - u^{(\lambda)}(t_i)\| \leqslant \int_{t_i}^{t_{i+1}} \Big\| \frac{d}{ds} u^{(\lambda)}(s) \Big\| ds \leqslant (t_{i+1} - t_i) \cdot \|y_0\|.$$

所以, 令 $\lambda \downarrow 0$, 我们就得到

$$\sum_i \|u(t_{i+1}) - u(t_i)\| \leqslant \sum_i (t_{i+1} - t_i) \cdot \|y_0\|. \tag{19}$$

这就证明了 $u(t)$ 对 t 的强绝对连续性.

下面, 令 $0 < t_0 < \infty$. 这时, 由 (19) 可知, 集合 $\{u(t); 0 \leqslant t \leqslant t_0\}$ 在 H 中是紧的, 于是它是可分的. 因此, 不失一般性, 我们可以假设 H 是可分的. 于是就令 $\{x_k\}$ 是 H 的一个强稠密的可数序列. 由 (19) 可知, 每个数值函数 $v_k(t) = (u(t), x_k)$ 都是绝对连续的, 从而有个零测度集 N_k 使得 $v_k(t)$ 在 $[0, t_0] - N_k$ 上是可微的. 由 (19) 可知, $u(t)$ 在 $[0, t_0] - \bigcup_{k=1}^{\infty} N_k$ 上是弱可微的, 并且弱导数 $u'(t)$ 满足 $\|u'(t)\| \leqslant \|y_0\|$. 因为假设了 H 是可分的, 所以由 Pettis 定理 (第五章 §4) 可知, 弱可测函数 $u'(t)$ 是强可测的, 从而由有界性条件 $\|u'(t)\| \leqslant \|y_0\|$ 可知, $u'(t)$ 是 Bochner 可积的. 因此, 由 Bochner 定理 (第五章 §5) 可知

$$u(t) - u(0) = \int_0^t u'(s) ds \tag{20}$$

对于几乎每个 $t \in [0, t_0]$ 都是强可微的, 且以 $u'(t)$ 作为其强导数.

现在我们就能够来证明 Y. Kōmura 的

定理 $u(t)$ 就是初值问题 (10) 的一个强解.

证明   对于一个固定的正数 t_0, 我们定义在 H 内取值的强可测函数 $\widetilde{x} = x(t)$ 组成的空间 $L^2([0, t_0], H)$, 这里, $\int_0^{t_0} \|x(s)\|^2 ds < \infty$, 而范数为 $\|\widetilde{x}\|^2 = \int_0^{t_0} \|x(s)\|^2 ds$. 容易证明 $L^2([0, t_0], H)$ 是个 Hilbert 空间, 其数量积定义如下

$$(\widetilde{x}, \widetilde{y}) = \int_0^{t_0} (x(s), y(s)) ds, \tag{21}$$

而 (21) 中 $(x(s), y(s))$ 是 $x(s)$ 与 $y(s)$ 在 H 中的数量积.

因此, 我们可以把 $\widetilde{u} = u(t)$ 看作 $L^2([0, t_0], H)$ 的一个元素, 这是因为 $u(t)$ 是个取值于 H 的强连续函数. 此外, 此超耗散集 A 可以按下述方式自然地扩张成一个超耗散集 $\widetilde{A} \subseteq L^2([0, t_0], H) \times L^2([0, t_0], H)$, 即定义

$$\widetilde{A}\widetilde{x} = \{\widetilde{y} \in L^2([0, t_0], H); y(t) \in Ax(t) \text{ 对几乎所有 } t \in [0, t_0] \text{ 成立}\}. \tag{22}$$

由 (16) 和 (13) 可知

$$\{\widetilde{J}_\lambda \widetilde{u}^{(\lambda)}, \widetilde{A}_\lambda \widetilde{u}^{(\lambda)}\} \in \widetilde{A} \text{ 在 } \lambda > 0 \text{ 时成立}. \tag{16'}$$

再由 (13) 可知, $\{\widetilde{A}_\lambda \widetilde{u}^{(\lambda)}; \lambda > 0\}$ 是 Hilbert 空间 $L^2([0, t_0], H)$ 的一个范数有界的子集. 于是, 有个满足 $\lambda_n \downarrow 0$ 的正数序列 $\{\lambda_n\}$, 使得

$$\text{w-} \lim_{n \to \infty} \widetilde{A}_{\lambda_n} \widetilde{u}^{(\lambda_n)} = \widetilde{w} \in L^2([0, t_0], H). \tag{17'}$$

此外, 由 (15) 可知

$$\text{s-} \lim_{n \to \infty} \widetilde{J}_{\lambda_n} \widetilde{u}^{(\lambda_n)} = \widetilde{u} \in L^2([0, t_0], H). \tag{15'}$$

由于 A 是个超耗散集, 所以 $\widetilde{A}$ 也是个超耗散集. 因此, 由命题 2 可知, $\widetilde{A}$ 是个极大耗散集. 所以, 像在引理 4 的证明中一样, 我们有

$$w(t) \in Au(t) \text{ 对几乎每个 } t \in [0, t_0] \text{ 都成立}. \tag{18'}$$

另一方面, 我们有

$$u^{(\lambda_n)}(t) - u^{(\lambda_n)}(0) = \int_0^t \frac{d}{ds} u^{(\lambda_n)}(s) ds \text{ 在 } 0 \leqslant t \leqslant t_0 \text{ 时成立},$$

从而由第五章 §5 中系 2 可知, 对每个 $x \in H$ 都有

$$(u^{(\lambda_n)}(t), x) - (x_{\lambda_n}, x) = \int_0^t \left(\frac{d}{ds} u^{(\lambda_n)}(s), x\right) ds \text{ 在 } 0 \leqslant t \leqslant t_0 \text{ 时成立}.$$

于是, 由 (14) 和 (17') 可得

$$(u(t), x) - (x_0, x) = \int_0^t (w(s), x) ds = \left(\int_0^t w(s) ds, x\right). \tag{23}$$

因为 $x \in H$ 和 $t_0 > 0$ 都是任意的, 所以由 (23)、(18') 和 (20) 可知几乎所有 $t \geqslant 0$ 满足 $\dfrac{du(t)}{dt} = u'(t) = w(t) \in Au(t)$.

注　T. Kato [11] 把上述定理推广到 X 是个 Banach 空间而其对偶空间是一致凸空间的情形. 关于非线性压缩半群的 Hille-Yosida 定理, Y. Kōmura [2] 在 Hilbert 空间中提出并证明了一种几乎完满的说法. 参看 M. G. Crandall-A. Pazy [1], T. Kato [12] 和在 Y. Kōmura [2] 的 §5 中所引用的 J. R. Dorroh [1]. 在 Kōmura 的这篇论文中最重要的地方是证明无穷小生成元的定义域是稠密的. 而这个证明在稍后一些时候又被 T. Kato [12] 大大简化了. 最近, H. Brezis 发表了一篇关于在 Hilbert 空间中的非线性半群的综合性论文. 这本书 (H. Brezis [1]) 附有一个涉及面很广的文献目录, 它并不局限于 Hilbert 空间.

§7.　非线性发展方程 2 (立足于 Crandall-Liggett 收敛定理的方法)

设 X 是个实的或复的 Banach 空间, 而 A 是 $L(X, X)$ 中线性算子组成的一个 (C_0) 类等度连续半群 $\{T_t; t \geqslant 0\}$ 的无穷小生成元. 这时, 在第九章 §12 中引理就证明了 T_t 的 Hille 逼近式:

$$
\text{对每个 } x_0 \in X \text{ 都有 } T_t x_0 = \text{s-}\lim_{n \to \infty} (I - n^{-1}tA)^{-n} \cdot x_0, \tag{1}
$$
$$
\text{并且此收敛在 } t \text{ 的每个紧区间上都是一致的.}
$$

本节标题中的收敛定理就是受到 (1) 的启发而得到的, 其叙述如下.

定理 1 (M. Crandall-T. Liggett [2])　设 A 是 $X \times X$ 中一个超耗散集, 如前面 §6 一样规定 $J_\lambda = (I - \lambda A)^{-1}$, 则诸 $x_0 \in D(A)$ 满足

$$
\text{s-}\lim_{n \to \infty} (J_{t/n})^n \cdot x_0 \text{ 在 } t \text{ 的每个紧区间上都一致存在.} \tag{1'}
$$

以下证明出自 S. Rasmussen [1] 且似乎改善了 Crandall-Liggett 的原始证明.

证明　第一步　我们准备证下列 (2)—(4):

$$
\|A_\lambda x\| \leqslant \|Ax\| \text{ 对于诸 } x \in D(A) \text{ 和诸 } \lambda > 0 \text{ 满足下式} \tag{2}
$$

$$
\left. \begin{array}{l} \text{诸 } x \in D(A) \text{ 和诸 } \lambda_i > 0 \ (i = 1, 2, \cdots, n) \text{ 满足} \\[2mm] \left\| \prod_{i=1}^{n} J_{\lambda_i} x - x \right\| = \|J_{\lambda_n} J_{\lambda_{n-1}} \cdots J_{\lambda_1} x - x\| \leqslant \left(\sum_{i=1}^{n} \lambda_i \right) \|Ax\|, \end{array} \right\} \tag{3}
$$

$$
\text{诸 } x \in X \text{ 和诸 } \lambda, \mu > 0 \text{ 满足 } J_\mu \left(\frac{\mu}{\lambda} x + \frac{\lambda - \mu}{\lambda} J_\lambda x \right) = J_\lambda x. \tag{4}
$$

前面 §6 已得 (2). 由 J_λ 的收缩性质、(2) 和 $\lambda A_\lambda = J_\lambda - I$ 可得 (3) 的证明如下:

$$\Big\| \prod_{i=1}^n J_{\lambda_i} x - x \Big\| = \Big\| \sum_{i=1}^n \Big(\prod_{j=i}^n J_{\lambda_j} x - \prod_{j=i+1}^n J_{\lambda_j} x \Big) \Big\|$$

$$\leqslant \sum_{i=1}^n \Big\| \prod_{j=i}^n J_{\lambda_j} x - \prod_{j=i+1}^n J_{\lambda_j} x \Big\| \leqslant \sum_{i=1}^n \| J_{\lambda_i} x - x \|$$

$$\leqslant \sum_{i=1}^n \| \lambda_i A_{\lambda_i} x \| \leqslant \Big(\sum_{i=1}^n \lambda_i \Big) \| A x \|.$$

下面, 我们来证明 (4). 因为 A 是个超耗散集, 所以对任何 $x \in X$ 和 $\lambda > 0$ 都有点 $\{x_1, y_1\} \in A$ 使得 $x = x_1 - \lambda y_1$. 因此 $J_\lambda x = x_1$, 从而

$$\frac{\mu}{\lambda} x + \frac{\lambda - \mu}{\lambda} J_\lambda x = \frac{\mu}{\lambda} (x_1 - \lambda y_1) + \frac{\lambda - \mu}{\lambda} x_1 = x_1 - \mu y_1.$$

用上式和 $J_\mu(x_1 - \mu y_1) = x_1 = J_\lambda x$ 就可得出 (4).

第二步　设 $x \in D(A)$ 和 $\lambda > 0$. 又设 $\{\mu_n; n \geqslant 1\}$ 是个诸 n 都满足 $0 < \mu_n \leqslant \lambda$ 的序列. 这时, 我们定义 (为方便起见, 我们令 $\prod_{i=1}^0 J_{\mu_i} = I = J_\lambda^0$)

$$A_{n,m} = \Big\| \prod_{i=j}^n J_{\mu_i} x - J_\lambda^m x \Big\| \quad (n,m = 0,1,2,\cdots), \tag{5}$$

进而, 令

$$t_n = \sum_{i=1}^n \mu_i \quad (n = 0,1,2,\cdots; t_0 = 0) \tag{6}$$

以及

$$\alpha_n = \mu_n/\lambda \text{ 和 } \beta_n = 1 - \alpha_n = (\lambda - \mu_n)/\lambda, \quad \text{这里 } n = 1,2,\cdots. \tag{7}$$

这时, 我们要证

$$A_{n,m} \leqslant \{[(m\lambda - t_n)^2 + m\lambda^2]^{1/2} + [(m\lambda - t_n)^2 + \lambda t_n]^{1/2}\} \| A x \|. \tag{8}$$

为此, 我们首先要说明

$$A_{n,m} \leqslant \alpha_n A_{n-1,m-1} + \beta_n A_{n-1,m} \text{ 对 } n,m = 1,2,\cdots \text{成立.} \tag{9}$$

事实上, 由 (4) 和 J_{μ_n} 的收缩性质可知

$$A_{n,m} = \Big\| \prod_{i=1}^n J_{\mu_i} x - J_\lambda^m x \Big\| = \Big\| \prod_{i=1}^n J_{\mu_i} x - J_{\mu_n} \Big(\frac{\mu_n}{\lambda} J_\lambda^{m-1} x + \frac{\lambda - \mu_n}{\lambda} J_\lambda^m x \Big) \Big\|$$

$$\leqslant \Big\| \prod_{i=1}^{n-1} J_{\mu_i} x - \Big(\frac{\mu_n}{\lambda} J_\lambda^{m-1} x + \frac{\lambda - \mu_n}{\lambda} J_\lambda^m x \Big) \Big\|$$

$$\leqslant \alpha_n \Big\| \prod_{i=1}^{n-1} J_{\mu_i} x - J_\lambda^{m-1} x \Big\| + \beta_n \Big\| \prod_{i=1}^{n-1} J_{\mu_i} x - J_\lambda^m x \Big\|$$

$$= \alpha_n A_{n-1,m-1} + \beta_n A_{n-1,m}.$$

我们用 (9) 和归纳法来证明 (8). 首先, 当 $m = 0, 1, \cdots, A_{0,m}$ 时,

$$A_{0,m} = \|x - J_\lambda^m x\| \leqslant m\lambda\|Ax\| \quad (\text{根据 (3) 和 (5)})$$
$$\leqslant \{[(m\lambda - t_0)^2 + m\lambda^2]^{1/2} + [(m\lambda - t_0)^2 + \lambda t_0]^{1/2}\}\|Ax\| \quad (\text{因为 } t_0 = 0).$$

现在设 n 和 m 是任意的, 又设 $A_{n,m}$ 和 $A_{n,m-1}$ 都满足 (8). 于是我们需要证明 $A_{n+1,m}$ 满足 (8). 事实上, 我们有

$$A_{n+1,m} \leqslant \alpha_{n+1}A_{n,m-1} + \beta_{n+1}A_{n,m} \quad (\text{根据 (9)})$$
$$\leqslant \alpha_{n+1}\{[((m-1)\lambda - t_n)^2 + (m-1)\lambda^2]^{1/2} + [((m-1)\lambda - t_n)^2 + \lambda t_n]^{1/2}\}\|Ax\|$$
$$+ \beta_{n+1}\{[(m\lambda - t_n)^2 + m\lambda^2]^{1/2} + [(m\lambda - t_n)^2 + \lambda t_n]^{1/2}\}\|Ax\|$$
$$\leqslant \{\alpha_{n+1}[((m-1)\lambda - t_n)^2 + (m-1)\lambda^2]^{1/2} + \beta_{n+1}[(m\lambda - t_n)^2 + m\lambda^2]^{1/2}\}\|Ax\|$$
$$+ \{\alpha_{n+1}[((m-1)\lambda - t_n)^2 + \lambda t_n]^{1/2} + \beta_{n+1}[(m\lambda - t_n)^2 + \lambda t_n]^{1/2}\}\|Ax\|$$
$$\leqslant (\alpha_{n+1} + \beta_{n+1})^{1/2}\{\alpha_{n+1}[((m-1)\lambda - t_n)^2 + (m-1)\lambda^2]$$
$$+ \beta_{n+1}[(m\lambda - t_n)^2 + m\lambda^2]\}^{1/2}\|Ax\|$$
$$+ (\alpha_{n+1} + \beta_{n+1})^{1/2}\{\alpha_{n+1}[((m-1)\lambda - t_n)^2 + \lambda t_n]$$
$$+ \beta_{n+1}[(m\lambda - t_n)^2 + \lambda t_n]\}^{1/2}\|Ax\| \quad (\text{根据 Schwarz 不等式})$$
$$= \{m^2\lambda^2 - \alpha_{n+1}2m\lambda^2 + \alpha_{n+1}\lambda^2 - 2m\lambda t_n + \alpha_{n+1}2\lambda t_n + t_n^2 + m\lambda^2 - \alpha_{n+1}\lambda^2\}^{1/2}\|Ax\|$$
$$+ \{m^2\lambda^2 - \alpha_{n+1}2m\lambda^2 + \alpha_{n+1}\lambda^2 - 2m\lambda t_n + \alpha_{n+1}2\lambda t_n + t_n^2 + \lambda t_n\}^{1/2}\|Ax\|$$
$$(\text{由于 } \beta_{n-1} = 1 - \alpha_{n-1})$$
$$= \{m^2\lambda^2 - \mu_{n+1}2m\lambda + \mu_{n+1}\lambda - 2m\lambda t_n + 2\mu_{n+1}t_n + t_n^2 + m\lambda^2 - \mu_{n+1}\lambda\}^{1/2}\|Ax\|$$
$$+ \{m^2\lambda^2 - \mu_{n+1}2m\lambda + \mu_{n+1}\lambda - 2m\lambda t_n + 2\mu_{n+1}t_n + t_n^2 + \lambda t_n\}^{1/2}\|Ax\|$$
$$= \{(m\lambda - (\mu_{n+1} + t_n))^2 - \mu_{n+1}^2 + m\lambda^2\}^{1/2}\|Ax\|$$
$$+ \{(m\lambda - (\mu_{n+1} + t_n))^2 - \mu_{n+1}^2 + \lambda(t_n + \mu_{n+1})\}^{1/2}\|Ax\|$$
$$\leqslant \{[(m\lambda - t_{n+1})^2 + m\lambda^2]^{1/2} + [(m\lambda - t_{n+1})^2 + \lambda t_{n+1}]^{1/2}\}\|Ax\|,$$

从而我们就证明了 $A_{n+1,m}$ 满足 (8). 我们还可证对于所有 $n = 1, 2, \cdots, A_{n,0}$ 满足 (8). 事实上, 由 (3) 可知

$$A_{n,0} = \left\|\prod_{i=1}^n J_{\mu_i} x - x\right\| \leqslant \sum_{i=1}^n \mu_i \cdot \|Ax\| = t_n\|Ax\|$$
$$\leqslant \{[(0 \cdot \lambda - t_n)^2 + 0 \cdot \lambda^2]^{1/2} + [(0 \cdot \lambda - t_n)^2 + \lambda t_n]^{1/2}\}\|Ax\|.$$

所以, 我们就完成了归纳法, 从而 (8) 得证.

第三步　设 t 是个正数, 并考虑闭区间 $[0,t]$ 的一个分割 Δ:

$$\Delta : 0 = t_0 < t_1 < \cdots < t_{i-1} < t_i < t_{i+1} < \cdots < t_n = t.$$

对此, 我们规定

$$\Delta_i = (t_i - t_{i-1})\ (i = 1, 2, \cdots, n)\ \text{以及}\ |\Delta| = \max_{1 \leqslant i \leqslant n}(t_i - t_{i-1}).$$

取另一个分割

$$\Delta' : 0 = t_0' < t_1' < \cdots < t_{j-1}' < t_j' < t_{j+1}' < \cdots < t_k' = t,$$

并规定

$$\Delta_j' = (t_j' - t_{j-1}')\ (j = 1, 2, \cdots, k)\ \text{以及}\ |\Delta'| = \max_{1 \leqslant j \leqslant k}(t_j' - t_{j-1}').$$

这时令 $\lambda = \max(|\Delta|, |\Delta'|)$ 和 $m = $ 最大整数 $\leqslant t/\lambda$. 对于 $x_0 \in D(A)$, 我们就由 (8) 推出下述不等式:

$$\begin{aligned}
&\left\| \prod_{i=1}^{n} J_{\Delta_i} x_0 - \prod_{j=1}^{k} J_{\Delta_j'} x_0 \right\| \\
&\leqslant \left\| \prod_{i=1}^{n} J_{\Delta_i} x_0 - J_\lambda^m x_0 \right\| + \left\| J_\lambda^m x_0 - \prod_{j=1}^{k} J_{\Delta_j'} x_0 \right\| \\
&\leqslant 2\{[(m\lambda - t)^2 + m\lambda^2]^{1/2} + [(m\lambda - t)^2 + \lambda t]^{1/2}\}\|Ax_0\| \\
&\leqslant 2\{[\lambda^2 + t\lambda]^{1/2} + [\lambda^2 + \lambda t]^{1/2}\}\|Ax_0\|.
\end{aligned} \tag{10}$$

所以, 在 (10) 中取 $\Delta_i = t/n\ (i = 1, 2, \cdots, n)$ 和 $\Delta_j' = t/k\ (j = 1, 2, \cdots, k)$, 我们就得到 $(1')$.

注　我们还附带证明了

$$T_t x_0 = \text{s-}\lim_{n \to \infty}(I - n^{-1}tA)^{-n} x_0 = \text{s-}\lim_{n \to \infty}(I - n^{-1}A)^{-[nt]} x_0 \tag{$1''$}$$
在 t 的每个紧区间上一致成立, 其中 $[nt] = $ 最大整数 $\leqslant nt$.

定理 1 的作用可以从下面给出的定理 2、定理 3 和定理 4 看出来.

定理 2　设 A 是 $X \times X$ 的一个超耗散闭集, 则对每个 $x_0 \in D(A)$, 下面两个条件是彼此等价的.

i) $u(t)$ 是以下初值问题的一个强解 (其定义已在前面 §6 中叙述过)

$$\frac{du(t)}{dt} \in Au(t)\ \text{对几乎每个}\ t \geqslant 0\ \text{成立 且}\ u(0) = x_0. \tag{11}$$

ii)

$$u(t) = \text{s-}\lim_{n \to \infty}(I - n^{-1}A)^{-[nt]} x_0 \tag{12}$$
并且 $u(t)$ 对于几乎每个 $t \geqslant 0$ 都是强可微的.

我们首先给出 Brezis-Pazy [2] 关于论断 i) → ii) 的证明, 至于 Crandall-Liggett [2] 关于论断 ii) → i) 的证明, 将在证明了定理 3 之后给出. 我们从 T. Kato [11] 所得出的一个关键引理开始.

引理　设 S 是这样一些 $s \geqslant 0$ 组成的集合, 在这种 s 处, (11) 的强解 $u(s)$ 是强可微的. 于是, 在几乎每个 $s \in S$ 处

$$诸\ f \in F(u(s))\ 满足\ 2^{-1}\frac{d}{ds}\|u(s)\|^2 = \|u(s)\|\frac{d\|u(s)\|}{ds} = \mathrm{Re}\Big\langle \frac{du(s)}{ds}, f\Big\rangle. \quad (13)$$

证明　因为 $u(s)$ 是 (11) 的一个强解, 所以强导数 $du(s)/ds$ 在 s 的每个紧区间上都是 Bochner 可积的且

$$u(s) - u(0) = \int_0^s \frac{du(r)}{dr}dr.$$

从而由第五章 §5 中 Bochner 定理知 $\|u(s)\|$ 在 s 的每个紧区间上都是有界变差的. 因此, $\|u(s)\|$ 在几乎每个 $s \geqslant 0$ 处都是可微的.

由于 $f \in F(u(s))$, 所以有 $\mathrm{Re}\langle u(t), f\rangle \leqslant \|u(t)\| \cdot \|u(s)\|$ 和 $\mathrm{Re}\langle u(s), f\rangle = \|u(s)\|^2$, 于是我们得到

$$\mathrm{Re}\langle u(t) - u(s), f\rangle \leqslant \|u(s)\|(\|u(t)\| - \|u(s)\|).$$

上式两端同除以 $(t - s)$, 然后从上和从下令 $t \to s$, 在几乎每个 $s \in S$ 处, 我们便得到

$$\mathrm{Re}\Big\langle \frac{du(s)}{ds}, f\Big\rangle \leqslant \|u(s)\|\frac{d\|u(s)\|}{ds} \quad 和 \quad \mathrm{Re}\Big\langle \frac{du(s)}{ds}, f\Big\rangle \geqslant \|u(s)\|\frac{d\|u(s)\|}{ds}.$$

如此, 我们就证明了 (13).

系 (H. Brezis-A. Pazy [1])　对于 (11) 的强解 $u(t)$, 有

$$\Big\|\frac{du(t)}{dt}\Big\| \leqslant \|Ax_0\| = \inf_{z \in Ax_0}\|z\|\ 在几乎每个\ t \geqslant 0\ 处成立. \quad (14)$$

证明　令 $du(t)/dt = y(t)$, 从而由 (11) 可知在几乎每个 $t \geqslant 0$ 处, $y(t) \in Au(t)$. 对于这种 t 以及每个 $z \in Ax_0$, 由 A 的耗散性质可知, 有个 $f_0 \in F(u(t) - x_0)$ 使得 $\mathrm{Re}\langle y(t) - z, f_0\rangle \leqslant 0$. 于是, 用证明 (13) 时所用的同一推理, 我们就得到

$$2^{-1}\frac{d}{dt}\|u(t) - x_0\|^2 = \|u(t) - x_0\|\frac{d}{dt}\|u(t) - x_0\| = \mathrm{Re}\Big\langle \frac{du(t)}{dt} - 0, f_0\Big\rangle$$
$$= \mathrm{Re}\langle y(t) - z, f_0\rangle + \mathrm{Re}\langle z, f_0\rangle \leqslant \mathrm{Re}\langle z, f_0\rangle\ 在几乎每个\ t \geqslant 0\ 处成立.$$

因此, 在几乎每个 $t \geqslant 0$ 处, 有

$$\|u(t) - x_0\|\frac{d}{dt}\|u(t) - x_0\| \leqslant |\langle z, f_0\rangle| \leqslant \|z\| \cdot \|u(t) - x_0\|,$$

而由于 $z \in Ax_0$ 是任意的, 所以

$$\|u(t) - x_0\| \leqslant t\|Ax_0\| \text{ 在每个 } t \geqslant 0 \text{ 处成立.} \tag{15}$$

下面, 设 $h > 0$ 并令 $u(t+h) = v(t)$, 则

$$\frac{dv(t)}{dt} \in Av(t) \text{ 对几乎每个 } t \geqslant 0 \text{ 成立,} \tag{11'}$$

$$\text{并且 } v(0) = u(h).$$

因此, 类似于上面的讨论, 对于某个 $f \in F(v(t) - u(t))$, 我们得到

$$2^{-1}\frac{d}{dt}\|v(t) - u(t)\|^2 = \mathrm{Re}\left\langle \frac{dv(t)}{dt} - \frac{du(t)}{dt}, f\right\rangle \leqslant 0 \text{ 对几乎每个 } t \geqslant 0 \text{ 成立.}$$

所以, 我们有

$$\|u(t+h) - u(t)\| \leqslant \|u(s+h) - u(s)\| \text{ 在 } t \geqslant s \geqslant 0 \text{ 时成立,}$$

从而, 再注意到 (15), 我们最后就得到

$$\|u(t+h) - u(t)\| \leqslant \|u(h) - u(0)\| \leqslant h\|Ax_0\|. \tag{15'}$$

这就证明了 (14).

定理 2 中的论断 i)→ ii) 的证明　(12) 右端极限的存在性是由定理 1 保证了的. 令 T 是任何正常数. 除了阶梯函数 $u_n(t) = (I - n^{-1}A)^{-[nt]}x_0$ 之外, 我们在 $[0, T]$ 上再定义另外一个函数序列 $v_n(t)$, 即

$$v_n(t) = \begin{cases} u_n(j/n) + (t - j/n) \cdot n \cdot [u_n((j+1)/n) - u_n(j/n)] \\ \text{(当 } j/n \leqslant t \leqslant (j+1)/n; j = 0, 1, \cdots, [nT] - 1 \text{ 时),} \\ u_n(t) \quad \text{(当 } n^{-1}[nT] \leqslant t \leqslant T \text{ 时).} \end{cases} \tag{16}$$

显然, $v_n(t)$ 在 $[0, T]$ 上, 除去有限个形如 $t = j/n$ 的点之处, 是强可微的并且对于 $j/n < t < (j+1)/n$, 有

$$\begin{aligned} \frac{dv_n(t)}{dt} &= n[u_n((j+1)/n) - u_n(j/n)] = n[(I - n^{-1}A)^{-1}u_n(j/n) - u_n(j/n)] \\ &= A_{1/n}u_n(j/n) \quad \text{(根据 } A_\lambda = \lambda^{-1}(J_\lambda - I)) \\ &= A_{1/n}u_n(t) = A_{1/n}v_n(j/n). \end{aligned} \tag{17}$$

由 (7)、(8)、上一节的 (9) 以及 $Au_n(j/n) = AJ_{1/n}u_n((j-1)/n) \ni A_{1/n}u_n((j-1)/n)$ 可得

$$\|A_{1/n}u_n(j/n)\| \leqslant \|Au_n(j/n)\| \leqslant \|A_{1/n}u_n((j-1)/n)\| \leqslant \|Au_n((j-1)/n)\|. \tag{18}$$

从而, 由 (17) 可知

$$\left\|\frac{dv_n(t)}{dt}\right\| = \|A_{1/n}u_n(j/n)\| \leqslant \|Au_n(0)\| = \|Ax_0\| \ \text{对 a.e. } t \geqslant 0 \ \text{成立.} \tag{19}$$

在证明 (17)—(19) 时, 我们附带证明了当 $j/n \leqslant t \leqslant (j+1)/n$ 时,

$$\|v_n(t) - u_n(t)\| = (t - j/n) \cdot n \cdot \|u_n((j+1)/n) - u_n(j/n)\|$$
$$\leqslant n^{-1}\|A_{1/n}u_n(j/n)\| \leqslant n^{-1}\|Ax_0\|,$$

从而

$$\text{诸 } t \geqslant 0 \text{ 满足 } \|v_n(t) - u_n(t)\| \leqslant n^{-1}\|Ax_0\|. \tag{20}$$

我们令 $du(t)/dt = y(t)$ 以及 $n[u_n(t) - u_n(t - 1/n)] = y_n(t)$. 于是由 (11) 可知, 对几乎每个 $t \geqslant 0$, 有 $y(t) \in Au(t)$. 当 $t \neq j/n$ $(j = 0, 1, \cdots)$ 时, 还有 $y_n(t) \in Au_n(t)$, 这是因为由前面 §6 中 (8) 可知

$$y_n(t) = A_{1/n}u_n(t - 1/n) \in A(I - n^{-1}A)^{-1}u_n(t - 1/n) = Au_n(t).$$

由于 A 是个耗散集, 所以用前面 §6 中 (5) 可以得到对于几乎每个 $t \geqslant 0$ 成立的不等式

$$\|[n \cdot u_n(t) - y_n(t)] - [n \cdot u(t) - y(t)]\| \geqslant \|n \cdot u_n(t) - n \cdot u(t)\|.$$

所以, 对于几乎每个 $t \geqslant 0$, 都有

$$\left\|\frac{du(t)}{dt} - n[u(t) - u(t - 1/n)]\right\|$$
$$= \|n[u_n(t) - u_n(t - 1/n)] - n[u(t) - u(t - 1/n)] + y(t) - y_n(t)\|$$
$$\geqslant \|[n \cdot u_n(t) - y_n(t)] - [n \cdot u(t) - y(t)]\| - \|n \cdot u_n(t - 1/n) - n \cdot u(t - 1/n)\|$$
$$\geqslant n \cdot \|(u_n(t) - u(t))\| - n \cdot \|u_n(t - 1/n) - u(t - 1/n)\|. \tag{21}$$

我们可以把 $u_n(t)$ 和 $u(t)$ 延拓到 t 为负值的情形, 办法是令

$$\begin{cases} u_n(t) = x_0 - n^{-1}z_0, \text{ 其中 } z_0 \text{ 是 } Ax_0 \text{ 的任何固定点,} \\ u(t) = x_0. \end{cases} \tag{22}$$

然后, 把不等式 (21) 的首尾两端在 $[0, \theta]$ 上进行积分, 这里 $n^{-1} \leqslant \theta \leqslant T$, 我们就得到

$$- \int_{-1/n}^{0} n\|u_n(t) - u(t)\|dt + \int_{\theta - 1/n}^{\theta} n\|u_n(t) - u(t)\|dt$$
$$\leqslant \int_{0}^{\theta} \left\|\frac{du(t)}{dt} - n[u(t) - u(t - 1/n)]\right\|dt,$$

亦即

$$n \int\limits_{\theta-1/n}^{\theta} \|u_n(t) - u(t)\| dt$$

$$\leqslant \int\limits_0^{\theta} \left\| \frac{du(t)}{dt} - n[u(t) - u(t-1/n)] \right\| dt + n \int\limits_{-1/n}^{0} \|u_n(t) - x_0\| dt$$

$$\leqslant \int\limits_0^{\theta} \left\| \frac{du(t)}{dt} - n[u(t) - u(t-1/n)] \right\| dt + n^{-1}\|z_0\| \quad (\text{根据 (22)}).$$

把这些关于 $\theta = 1/n, 2/n, \cdots, N/n$ 而 $N = [nT]$ 的不等式加起来之后就得到

$$n \int\limits_0^{N/n} \|u_n(t) - u(t)\| dt \leqslant N \int\limits_0^T \left\| \frac{du(t)}{dt} - n[u(t) - u(t-1/n)] \right\| dt + n^{-1}N\|z_0\|,$$

所以

$$\int\limits_0^{N/n} \|u_n(t) - u(t)\| dt \leqslant T \int\limits_0^T \left\| \frac{du(t)}{dt} - n[u(t) - u(t-1/n)] \right\| dt + n^{-1}T \cdot \|z_0\|. \quad (23)$$

因为, 根据假设, s-$\lim\limits_{n\to\infty} n[u(t) - u(t-1/n)] = du(t)/dt$ 对于 $[0, T]$ 上的几乎每个 t 都成立, 所以根据 (23) 以及由 (14) 和 $n[u(t) - u(t-1/n)] = \int\limits_{t-1/n}^{t} \dfrac{du(s)}{ds} ds$ 导出的不等式

$$\left\| \frac{du(t)}{dt} - n[u(t) - u(t-1/n)] \right\| \leqslant 2 \cdot \|z_0\|,$$

我们就得到 $\lim\limits_{n\to\infty} \int\limits_0^T \|u_n(t) - u(t)\| dt = 0$. 因此, 再用 (20), 我们就得到

$$\lim\limits_{n\to\infty} \int\limits_0^T \|v_n(t) - u(t)\| dt = 0. \quad (24)$$

另一方面, 用 (14)、(19) 以及在证明 (13) 时所用的推理, 就得到

$$2^{-1} \frac{d}{dt} \|v_n(t) - u(t)\|^2 \leqslant \|v_n(t) - u(t)\| \cdot \left\| \frac{dv_n(t)}{dt} - \frac{du(t)}{dt} \right\|$$

$$\leqslant \|v_n(t) - u(t)\| \cdot 2 \cdot \|z_0\| \ \text{对几乎每个} \ t \in [0, T] \ \text{成立}.$$

所以, 由 $v_n(0) = u(0) = x_0$ 可知

$$\|v_n(t) - u(t)\|^2 \leqslant 4 \int\limits_0^t \|v_n(s) - u(s)\| ds \cdot \|z_0\| \ \text{在} \ 0 \leqslant t \leqslant T \ \text{时成立}.$$

于是, 由 (24) 可得 s-$\lim\limits_{n\to\infty} v_n(t) = u(t)$ 在 $[0, T]$ 上一致成立. 因此, 由 (20) 我们证明了 s-$\lim\limits_{n\to\infty} u_n(t) = u(t)$ 在 $[0, T]$ 上一致成立.

定理 3　令 A 是个超耗散集 $\subseteq X \times X$, 又设 $x_0 \in D(A)$ 和 $\lambda > 0$. 同前面 §6 一样, 初值问题

$$\frac{du^{(\lambda)}(t)}{dt} = A_\lambda u^{(\lambda)}(t), \quad t \geqslant 0, \quad \text{以及} \quad u^{(\lambda)}(0) = x_0 \tag{25}$$

有唯一确定的解 $u^{(\lambda)}(t)$, 这是因为 A_λ 是个 Lipschitz 映射. 于是

$$\begin{aligned}
&\text{s-}\lim_{\lambda \downarrow 0} u^{(\lambda)}(t) \text{ 在 } t \text{ 的每个紧区间上一致存在, 并且} \\
&\text{s-}\lim_{\lambda \downarrow 0} u^{(\lambda)}(t) = \text{s-}\lim_{n \to \infty} (I - n^{-1}tA)^{-n} x_0.
\end{aligned} \tag{26}$$

注　如果 (11) 的强解 $u(t)$ 存在, 则同线性情形一样, $u(t)$ 既可用 Hille 型的逼近式 s-$\lim\limits_{n \to \infty} (I - n^{-1}tA)^{-n} x_0$ 表出, 又可用 Yosida 型的逼近式 s-$\lim\limits_{\lambda \downarrow 0} u^{(\lambda)}(t)$ 表出.

定理 3 的证明　因为 $A_1 = (J_1 - I)$ 是耗散的, 所以同 (15') 的情形一样, 我们得到

$$\|u^{(1)}(t) - u^{(1)}(0)\| \leqslant t \cdot \|A_1 u^{(1)}(0)\| = t \cdot \|A_1 x_0\| = t \cdot \|J_1 x_0 - x_0\|. \tag{27}$$

另一方面, 容易验证 (25) 在 $\lambda = 1$ 时的解 $u^{(1)}(t)$ 为

$$u^{(1)}(t) = e^{-t} x_0 + \int_0^t e^{s-t} J_1 u^{(1)}(s) ds. \tag{28}$$

于是

$$u^{(1)}(t) - J_1^n x_0 = e^{-t}(x_0 - J_1^n x_0) + \int_0^t e^{s-t}[J_1 u^{(1)}(s) - J_1^n x_0] ds,$$

从而, 根据 J_1 是个收缩映射这一事实, 我们就得到

$$\|u^{(1)}(t) - J_1^n x_0\| \leqslant n e^{-t} \|(J_1 - I)x_0\| + \int_0^t e^{s-t} \|u^{(1)}(s) - J_1^{n-1} x_0\| ds. \tag{29}$$

我们从 (29) 来推导出

$$\|u^{(1)}(n) - J_1^n x_0\| \leqslant \sqrt{n} \|(J_1 - I)x_0\|. \tag{30}$$

我们可以认为 $(J_1 - I)x_0 = A_1 x_0 \neq 0$. 这是因为, 不然的话, (25) 关于 $\lambda = 1$ 的解 $u^{(1)}(t)$ 就可表示为 $u^{(1)}(t) \equiv x_0$, 从而 (30) 显然成立. 假设 $(J_1 - I)x_0 \neq 0$, 再用 (29) 就得到

$$\begin{aligned}
&\varphi_n(t) \leqslant n e^{-t} + \int_0^t e^{s-t} \varphi_{n-1}(s) ds, \quad \text{其中} \\
&\varphi_n(t) = \|u^{(1)}(t) - J_1^n x_0\| \cdot \|(J_1 - I)x_0\|^{-1}.
\end{aligned} \tag{31}$$

我们用对 n 的归纳法来证明

$$\varphi_n(t) \leqslant \{(n-t)^2 + t\}^{1/2}. \tag{32}$$

在此不等式中, 令 $t = n$ 就得到 (30). 不等式 (32) 对 $n = 0$ 是显然成立的. 如果 (32) 对 $(n-1)$ 成立, 则 $\varphi_n(t) \leqslant ne^{-t} + \int_0^t e^{s-t}\{(n-1-s)^2 + s\}^{1/2}ds$. 把此式右端记为 $\psi_n(t)e^{-t}$, 我们就需要证明

$$\psi_n(t) \leqslant e^t\{(n-t)^2 + t\}^{1/2}.$$

由于 $\psi_n(0) = n$, 所以只需证明

$$\psi_n'(t) = e^t\{(n-1-t)^2 + t\}^{1/2} \leqslant \frac{d}{dt}e^t\{(n-t)^2 + t\}^{1/2}.$$

最后这个不等式是容易验证的, 从而我们就证明了 (30).

现在我们就来证明 (26). 令 $v^{(\lambda)}(t) = u^{(\lambda)}(\lambda t)$, 则由 $A_\lambda = \lambda^{-1}(J_\lambda - I)$ 可知

$$\frac{dv^{(\lambda)}(t)}{dt} = (J_\lambda - I)v^{(\lambda)} \quad \text{对一切 } t \geqslant 0 \text{ 成立且 } v^{(\lambda)}(0) = x_0. \tag{25'}$$

在 (30) 中, 把 J_1 取为 J_λ, $u^{(1)}$ 取为 $v^{(\lambda)}$, 再用前面 §6 中 (9), 于是得到

$$\|v^{(\lambda)}(n) - J_\lambda^n x_0\| = \|u^{(\lambda)}(n\lambda) - J_\lambda^n x_0\| \leqslant \sqrt{n}\|(J_\lambda - I)x_0\|$$

$$\leqslant \sqrt{n}\lambda\|A_\lambda x_0\| \leqslant \sqrt{n}\lambda\|Ax_0\|. \tag{33}$$

令 $\lambda_k \downarrow 0$ 和 $n_k = [t/\lambda_k]$, 从而 $n_k\lambda_k \uparrow t$. 于是由 (1') 和 (10) 可得 s-$\lim\limits_{k \to \infty} J_{\lambda_k}^{n_k} x_0 =$ s-$\lim\limits_{n \to \infty}(I - n^{-1}tA)^{-n}x_0$. 因此, 再注意到 (33), 我们就得到

$$\|u^{(\lambda_k)}(n_k\lambda_k) - J_{\lambda_k}^{n_k} x_0'\| \leqslant \sqrt{n_k}\lambda_k\|Ax_0\| \leqslant n_k^{-1/2}t\|Ax_0\|.$$

因为 $\{\lambda_k\}$ 是任意的, 所以我们就证明了 (26).

注　上述证明出自 H. Brezis-A. Pazy [2]. 这里还要指出, 不等式 (30) 是由 I. Miyadera-S. Oharu [1] 得出的.

定理 2 中的论断 ii)→ i) 的证明　设 $u(t) = $ s-$\lim\limits_{n \to \infty}(I - n^{-1}tA)^{-n}x_0$ 在 $t_0 > 0$ 是强可微的, 且其强导数为 $y = du(t)/dt|_{t=t_0}$, 从而

$$u(t_0 + h) = u(t_0) + hy + o(h), \quad \text{其中 s-}\lim_{h \downarrow 0} o(h)/h = 0. \tag{34}$$

因为 (19) 和 (20) 意味着 $t \to u(t)$ 是个 Lipschitz 映射, 其 Lipschitz 常数为 $\|Ax_0\|$, 所以, 如果我们能够证明

$$\{u(t_0), y\} \in A, \tag{35}$$

则我们就得到了 i). (35) 的证明如下. 令 $0 < \lambda < t_0$, 则由 $u(t)$ 在 $t = t_0$ 的强可微性以及 A 的超耗散性质可知, 有个唯一确定的点 $\{x_\lambda, y_\lambda\} \in A$ 使得

$$x_\lambda - \lambda y_\lambda = u(t_0 - \lambda) = u(t_0) - \lambda y + o(\lambda). \tag{36}$$

因为根据假设, A 是 $X \times X$ 中的一个闭集, 所以, 如果我们能证明

$$\text{s-}\lim_{\lambda \downarrow 0} x_\lambda = u(t_0) \quad \text{和} \quad \text{s-}\lim_{\lambda \downarrow 0} y_\lambda = y, \tag{37}$$

我们就得到 (35). 为了证明 (37), 我们令

$$\widehat{x}_\lambda = \widehat{x} - \lambda \widehat{y}, \quad \text{其中 } \{\widehat{x}, \widehat{y}\} \text{ 是 } A \text{ 的某个点,} \atop \text{我们在后面才来确定它.} \tag{38}$$

因为 $A_\lambda \widehat{x}_\lambda = \widehat{y}$, 并且由前面 §6 中命题 1 可知, A_λ 是耗散的, 于是由 (13) 和 (25) 可知, 有某个 $f \in F(u^{(\lambda)}(t) - \widehat{x}_\lambda)$ 使得

$$2^{-1} \frac{d}{dt} \|u^{(\lambda)}(t) - \widehat{x}_\lambda\|^2 = \text{Re}\langle A_\lambda u^{(\lambda)}(t), f \rangle$$
$$= \text{Re}\langle A_\lambda u^{(\lambda)}(t) - A_\lambda \widehat{x}_\lambda, f \rangle + \text{Re}\langle A_\lambda \widehat{x}_\lambda, f \rangle \leqslant \text{Re}\langle \widehat{y}, f \rangle.$$

因此

$$\|u^{(\lambda)}(t_0 + h) - \widehat{x}_\lambda\|^2 - \|u^{(\lambda)}(t_0) - \widehat{x}_\lambda\|^2 \leqslant 2 \int_0^h \langle \widehat{y}, u^{(\lambda)}(t_0 + \tau) - \widehat{x}_\lambda \rangle_s \cdot d\tau, \tag{39}$$

其中

$$\langle w, z \rangle_s = \sup_{k \in F(z)} \text{Re}\langle w, k \rangle. \tag{40}$$

稍后一些时候我们才去证明

$$\langle w, z \rangle_s \text{ 是上半连续的, 亦即 s-}\lim_{n \to \infty} w_n = w_\infty \text{ 和} \atop \text{s-}\lim_{n \to \infty} z_n = z_\infty \text{ 必导致 } \lim_{n \to \infty} \sup \langle w_n, z_n \rangle_s \leqslant \langle w_\infty, z_\infty \rangle_s. \tag{41}$$

于是, 用在 (26) 中证明过的 $\text{s-}\lim_{\lambda \downarrow 0} u^{(\lambda)}(t) = u(t) = \text{s-}\lim_{n \to \infty}(I - n^{-1}tA)^{-n}x_0$ 并用 $\text{s-}\lim_{\lambda \downarrow 0} \widehat{x}_\lambda = \widehat{x}$, 我们就得到

$$\|u(t_0 + h) - \widehat{x}\|^2 - \|u(t_0) - \widehat{x}\|^2 \leqslant 2 \int_0^h \langle \widehat{y}, u(t_0 + \tau) - \widehat{x} \rangle_s \cdot d\tau. \tag{42}$$

由于对每个 $f \in F(u(t_0) - \widehat{x})$ 都有

$$\text{Re}\langle u(t_0 + h) - u(t_0), f \rangle - \text{Re}\langle \widehat{x} - u(t_0), f \rangle = \text{Re}\langle u(t_0 + h) - \widehat{x}, f \rangle$$
$$\leqslant \|u(t_0 + h) - \widehat{x}\| \cdot \|\widehat{x} - u(t_0)\| \leqslant 2^{-1}\{\|u(t_0 + h) - \widehat{x}\|^2 + \|\widehat{x} - u(t_0)\|^2\}.$$

所以, 由 $\mathrm{Re}\langle \widehat{x} - u(t_0), f \rangle = -\|\widehat{x} - u(t_0)\|^2$ 和 (42) 可得

$$2 \cdot \mathrm{Re} \left\langle \frac{u(t_0 + h) - u(t_0)}{h}, f \right\rangle \leqslant 2 \int_0^1 \langle \widehat{y}, u(t_0 + h\tau) - \widehat{x} \rangle_s \cdot d\tau.$$

于是, 由 $u(t)$ 在 $t = t_0$ 处的强可微性以及 (41) 可知

$$\mathrm{Re}\langle y, f \rangle \leqslant \langle \widehat{y}, u(t_0) - \widehat{x} \rangle_s. \tag{42'}$$

我们可以把 (42′) 右边的上确界改成极大值, 这是因为包含于 X' 的强闭球的集合 $F(u(t_0) - \widehat{x})$ 在 X' 内是弱 * 紧的 (见第五章附录 §1 中定理 1). 因此有个 $\widehat{f} \in F(u(t_0) - \widehat{x})$ 使得

$$\text{诸 } f_1 \in F(u(t_0) - \widehat{x}) \text{ 满足 } \mathrm{Re}\langle y, f_1 \rangle \leqslant \mathrm{Re}\langle y, \widehat{f} \rangle.$$

取 $\widehat{x} = x_\lambda, \widehat{y} = y_\lambda$ 以及 $f_1 = \widehat{f}$ 之后, 我们就得到

$$\mathrm{Re}\langle y, \widehat{f} \rangle \leqslant \mathrm{Re}\langle y_\lambda, \widehat{f} \rangle, \quad \text{亦即 } \mathrm{Re}\langle y_\lambda - y, \widehat{f} \rangle \geqslant 0. \tag{43}$$

另一方面, 从 (36) 可得

$$\frac{u(t_0) - x_\lambda}{\lambda} + \frac{o(\lambda)}{\lambda} = y - y_\lambda, \tag{44}$$

从而, 由 (43) 可得

$$\|u(t_0) - x_\lambda\|^2 = \mathrm{Re}\langle u(t_0) - x_\lambda, \widehat{f} \rangle \leqslant \mathrm{Re}\langle o(\lambda), \widehat{f} \rangle \leqslant o(\lambda) \cdot \|u(t_0) - x_\lambda\|.$$

于是 $\|u(t_0) - x_\lambda\| \leqslant o(\lambda)$, 从而, 由 (44) 就得到了 (37).

最后, 关于 (41) 的证明如下. 因为集合 $\{f \in X'; \|f\| \leqslant \|z_m\|\}$ 是弱 * 紧的 (第五章附录 §1 中定理 1), 所以我们可以找到 $f_m \in X'$ 使得

$$\langle w_m, z_m \rangle_s = \mathrm{Re}\langle w_m, f_m \rangle \text{ 且 } \|f_m\| \leqslant \|z_m\|.$$

不失一般性, 我们可以假设 $\lim_{m \to \infty} \langle w_m, z_m \rangle_s$ 存在. 设 $f_\infty \in X'$ 是 $\{f_m\}$ 的任何一个弱 * 聚点. 于是有

$$\lim_{m \to \infty} \langle w_m, z_m \rangle_s = \lim_{m \to \infty} \mathrm{Re}\langle w_m, f_m \rangle = \mathrm{Re}\langle w_\infty, f_\infty \rangle, \quad \|f_\infty\| \leqslant \|z_\infty\|.$$

这是因为 s-$\lim_{m \to \infty} w_m = w_\infty$, 并且对于序列 $\{m\}$ 的某个适当的子列 $\{m'\}$, 有 w*-$\lim_{m' \to \infty} f_{m'} = f_\infty$. 因此必定有 (41).

注　一个不幸的但因而更有趣的情况是, 虽然在很一般的条件下 s-$\lim\limits_{n\to\infty}(I-n^{-1}tA)^{-n}x_0$ 和 s-$\lim\limits_{\lambda\downarrow 0}u^{(\lambda)}(t)$ 都存在且彼此相等, 然而, 此极限对任何 t 都不必是强可微的. M. Crandall-T. Liggett [2] 就给出了这样一个例子. 近来, P. Bénilan [1] 对于上述情况给出了下述的补救办法. 设 $u(t)$ 是初值问题 (11) 的一个强解. 再设 $\{z,w\}$ 是 $X\times X$ 的超耗散子集 A 的任何一个固定点. 这时, 同 (42) 一样, 我们得到

$$\|u(t)-z\|^2 \leqslant \|u(s)-z\|^2 + 2\int_s^t \langle w, u(\tau)-z\rangle_s\cdot d\tau \text{ 对一切 } 0\leqslant s\leqslant t \text{ 成立},$$

且有个固定的初始条件 $u(0)=x_0\in D(A)$.

P. Bénilan [1] 把一个取值于 X 的强连续函数 $u(t)$ 叫作初值问题 (11) 的一个积分解是指 $u(t)$ 对一切 $\{z,w\}\in A$ 都满足上述条件. 同时, 他证明了

定理 4　设 A 是个超耗散集 $\subseteq X\times X$, 则 $u(t)=$ s-$\lim\limits_{\lambda\downarrow 0}u^{(\lambda)}(t)=$ s-$\lim\limits_{n\to\infty}(I-n^{-1}tA)^{-n}\cdot x_0$ 是 (11) 的唯一确定的积分解.

关于这个定理的证明及进一步推广和论述, 我们建议读者去看 P. Bénilan [2].

注　要想更好地了解在本节和前面几节中的那些定理的应用范围, 可以去读, 比如说, S. Aizawa [1]、M. G. Crandall [3]、Y. Konishi [1] 和 [2] 以及 B. K. Quinn [1].

补充说明

第一章和第六章

1. 关于 S. L. Sobolev, L. Schwartz 和 I. M. Gelfand 的分布或广义函数理论, 请参看新增订版 L. Schwartz [6] 和英文版 I. M. Gelfand [6]—[10].

2. 关于 M. Sato 的超函数理论的最近发展, 请参看 M. Sato [2]—[3] 和 P. Schapira [1].

第 六 章

1. (§7) Sobolev 空间. 在 p.178 给出的定理 (Sobolev 引理) 是 S. L. Sobolev [1]—[2] 中的所谓 Sobolev 嵌入定理的一个非常特殊的情况. 这些嵌入定理的发展情况的一个综合叙述是在 R. A. Adams [1] 中给出的. 亦请参看 E. M. Stein [2].

第 十 章

1. (§1) 迹算子或广义边界值. 我们可证如下

定理 设 Ω 是 R^n 中的有界开域使得它的边界超曲面 $\partial\Omega$ 是 C^2 的. 则对于任何 $f(x) \in W^{1,2}(\Omega)$ 和几乎所有的 $\xi \in \partial\Omega$, 如果我们令 x 沿在点 $\xi \in \partial\Omega$ 的法线趋近于 ξ, 极限值 $\varphi(\xi) = \lim\limits_{x \to \xi} f(x)$ 必存在. 此外, $f(x)$ 的这个边界值 $\varphi(\xi)$ 属于 $L^2(\partial\Omega)$ 且满足不等式:

$$\|\varphi(\xi)\|_{L^2(\partial\Omega)} \leqslant C\{\|f(x)\|_{L^2(\Omega)} + \sum_{j=1}^{n} \|\partial f/\partial x_j\|_{L^2(\Omega)}\},$$

这里正常数 C 与 f 的选取无关, 记号 $\partial f/\partial x_j$ 表示分布意义下的微分.

线性映射 $f \to \varphi$ 称为迹算子. 对于上面定理的证明和定理的推广请参看, 例如, S. Mizohata [7], R. A. Adams [1] 和 F. Treves [2].

2. (第十章的附录) 对于 R. A. Minlos [1] 结果的推广的统一处理请参看 L. Schwartz [7] 和那里引用的文献.

第 十 一 章

1. 对于 Hilbert 空间中的收缩算子理论的最近发展请参看 B. von Sz. Nagy-C. Foias [4].

第 十 二 章

1. (§1) Choquet 对于 Krein-Milman 定理的精细改进请参看 R. R. Phelps [1].

第 十 三 章

1. (§1) 我们可以证明 (K. Yosida [17])

定理 1′　设 $P(t, x, E)$ 是具不变测度 m 且使得 $m(S) = 1$ 的相空间 $(S, \mathfrak{B})$ 上的 Markov 过程. 则对于任何 $f \in L^1(S, \mathfrak{B}, m)$ 和 $t > 0$, 存在相应的 $f_{-t} \in L^1(S, \mathfrak{B}, m)$ 满足 $\|f_{-t}\|_1 \leqslant \|f\|_1$ 使得

$$\int_S m(dx) f(x) P(t, x, E) = \int_E f_{-t}(x) m(dx) \text{ 对于一切 } E \in \mathfrak{B} \text{ 成立.} \qquad (19)$$

证明　因为 $P(t, x, E)$ 是有界函数, $\int_S m(dx) f(x) P(t, x, E)$ 对于任何 $f \in L^1(S, \mathfrak{B}, m)$ 存在且有

$$\sup_E \left| \int_S m(dx) f(x) P(t, x, E) \right| \leqslant \sup_E \int_S m(dx) |f(x)| P(t, x, E) \leqslant \|f\|_1. \qquad (20)$$

若 $f \in L^1(S, \mathfrak{B}, m)$ 是 $\in L^\infty(S, \mathfrak{B}, m)$, 则由 (8), $E \in \mathfrak{B}$ 的 $\sigma-$可加函数 $\int_S m(dx) \cdot f(x) P(t, x, E)$ 是 $m-$绝对连续的且有 $\left| \int_S m(dx) f(x) P(t, x, E) \right| \leqslant \|f\|_{L^\infty} \cdot m(E)$, 这里 $\|f\|_{L^\infty} = \text{essential} \sup_x |f(x)|$. 其次, 设 $f \in L^1(S, \mathfrak{B}, m)$ 是实值非负的且令 $f^{(n)}(x) = \min(f(x), n)$. 由于根据 p.60 的 Vitali-Hahn-Saks 定理, 对每一 $E \in \mathfrak{B}$,

$$\int_S m(dx) f(x) P(t, x, E) = \lim_{n \to \infty} \int_S m(dx) f^{(n)}(x) P(t, x, E)$$

的左端是 $m-$绝对连续的. 因此, 对于 f 的这一特殊情况, 我们可以由 (19) 定义 $f_{-t} \in L^1(S, \mathfrak{B}, m)$ 且由 (20) 有 $\|f_{-t}\|_1 \leqslant \|f\|_1$. 这就证明了定理 1′.

注 考虑由 $P(t,x,E) = C_E(y_t(x))$ 给出, 且通过 S 到 S 上的使得 $m(E) = m(y_t \cdot E)$ 的一对一变换 $x \to y_t(x)$ 的单参数族 $\{y_t(x); -\infty < t < \infty\}$ 确定的确定性情况. 则我们看出定理 1 (p.319) 中的映射 $f \to f_t$ 和定理 1′ 中的映射 $f \to f_{-t}$ 分别由 $f_t(x) = f(y_t(x))$ 和 $f_{-t}(x) = f(y_{-t}(x))$ 给出. 在这种意义下, 具有不变测度 m 的 Markov 过程是 "时间可逆的".

2. (§1) 作为前面定理 1′ 的系, 如同定理 2 (p.322) 的情况一样, 我们得到如下

定理 2′ (K. Yosida [17]) 在定理 1′ 的假设下, 如下的平均遍历定理成立:

$$\text{s-}\lim_{n\to\infty} n^{-1} \sum_{k=1}^{n} f_{-k} = f^{-*} \text{ 在 } L^1(S,\mathfrak{B},m) \text{ 中存在,} \tag{21}$$

$$\int_S f(s)m(ds) = \int_S f^{-*}(s)m(ds). \tag{22}$$

第 十 四 章

1. (§4) 我们可以证明

定理 1′ 在 $x(0) = y \in D(A(0))$ 和 (3) (p.444–445) 的假设下, (1)′ (p.444–445) 的解, 如果存在, 是唯一确定的.

证明 我们遵循 T. Kato [3] 中的论证. 于是对于 $\delta > 0$, 有

$$x(t+\delta) = x(t) + \delta A(t)x(t) + o(\delta)$$
$$= (I + \delta A(t))(I - \delta A(t))(I - \delta A(t))^{-1}x(t) + o(\delta)$$
$$= (I - \delta A(t))^{-1}x(t) - \delta^2 A(t)(I - \delta A(t))^{-1}A(t)x(t) + o(\delta)$$
$$= (I - \delta A(t))^{-1}x(t) - \delta((I - \delta A(t))^{-1} - I)A(t)x(t) + o(\delta).$$

由于 (3), 对于任一 $z \in X$ [请参看第九章 §7 的 (2) 式], 我们有 $\text{s-}\lim_{\delta\to 0}(1 - \delta A(t))^{-1}z = z$. 因此, 再次由 (3), 有

$$\|x(t+\delta)\| \leqslant \|x(t)\| + o(\delta),$$

从而 $d^+\|x(t)\|/dt \leqslant 0$, 由此导致 $\|x(t)\| \leqslant \|x(0)\|$.

因此, (1)′ 的具有相同初始条件 $\in D(A(0))$ 的两个解之差必为 0.

第九章和第十四章

1. 对于线性发展方程, 请参看 S. Krein [2], P. Lax-R. S. Phillips [4], J. L. Lions [5] 和 F. Treves [2].

  2. 对于线性和非线性发展方程, 请参看 V. Barbu [1], F. Browder [2], J. L. Lions [5], R. H. Martin [1], K. Masuda [1], I. Miyadera [4] 和 H. Tanabe [6], 最后列出的一本 Tanabe 的书的英文翻译工作正在进行中.

  3. 目前, 凸分析在非线性发展方程中起着重要的作用. 有关材料请参看, 例如, R. S. Rockafeller [1] 和 I. Ekeland-R. Temam [1].

参考书目

Achieser, N. I.
  [1] (with I. M. Glazman) Theorie der linearen Operatoren im Hilbert-Raum, Akademie-Verlag 1954.

Adams, R. A.
  [1] Sobolev Spaces, Academic Press 1975.

Agmon, S.
  [1] (with L. Nirenberg) Properties of solutions of ordinary differential equations in Banach space. Comm. P. and Appl. Math. **16**, 121–239 (1963).

Aizawa, S.
  [1] A semigroup treatment of the Hamilton-Jacobi equation in one space variable. Hiroshima Math. J. **3**, No. 2, 367–386 (1973).

Akilov, G.
  [1] See Kantorovitch-Akilov [1].

Alexandrov, P.
  [1] (with H. Hopf) Topologie, Vol. I, Springer 1935.

Aronszajn, N.
  [1] Theory of reproducing kernels. Trans. Amer. Math. Soc. **68**, 337–404 (1950).

Balakrishnan, V.
  [1] Fractional powers of closed operators and the semi-groups generated by them. Pacific J. Math. **10**, 419–437 (1960).

Banach, S.

[1] Théorie des Opérations Linéaires, Warszawa 1932.

[2] Sur la convergence presque partout de fonctionnelles linéaires. Bull. Sci. Math. France **50**, 27–32 and 36–43 (1926).

Barbu, V.

[1] Nonlinear Semigroups and Differential Equations in Banach Spaces, Noordhoff International Publishing 1976.

Beboutov, M.

[1] Markoff chains with a compact state space. Rec. Math. **10**, 213–238 (1942).

Bénilan, P.

[1] Solutions intégrales d'équations d'évolution dans un espace de Banach. C. R. Acad. Sci. de Paris **274**, 45–50 (1972).

[2] Equations d'évolution dans un espace de Banach quelconque et applications. Thèse, Orsay 1972.

Bergman, S.

[1] The Kernel Function and the Conformal Mapping. Mathematical Surveys, No. 5 (1950).

Bers, L.

[1] Lectures on Elliptic Equations. Summer Seminar in Appl. Math. Univ. of Colorado, 1957.

Birkhoff, G.

[1] Lattice Theory. Colloq. Publ. Amer. Math. Soc., 1940.

Birkhoff, G. D.

[1] Proof of the ergodic theorem. Proc. Nat. Acad. Sci. USA **17**, 656–660 (1931).

[2] (with P. A. Smith) Structure analysis of surface transformations. J. Math. Pures et Appliq. **7**, 345–379 (1928).

Bochner, S.

[1] Integration von Funktionen, deren Wert die Elemente eines Vektorraumes sind. Fund. Math. **20**, 262–276 (1933).

[2] Diffusion equations and stochastic processes. Proc. Nat. Acad. Sci. USA **35**, 369–370 (1949).

[3] Vorlesungen über Fouriersche Integrale, Akademie-Verlag 1932.

[4] Beiträge zur Theorie der fastperiodischen Funktionen. Math. Ann. **96**, 119–147 (1927).

Bogolioubov, N.

[1] See Krylov-Bogolioubov [1].

Bohr, H.

[1] Fastperiodische Funktionen, Springer 1932.

Bourbaki, N.

[1] Topologie Générale Act. Sci. et Ind., nos. 856, 916, 1029, 1045, 1084, Hermann 1940–42.

[2] Espaces Vectoriels Topologiques. Act. Sci. et Ind., nos. 1189, 1229, Hermann 1953–55.

Brezis, H.

[1] Opérateurs maximaux monotones et semi-groupes de contractions dans les espaces de Hilbert, Amsterdam: North-Holland Publishing Company 1973.

[2] (with A. Pazy) Accretive sets and differential equations in Banach spaces. Israel J. of Math. **8**, 367–383 (1970).

Browder, F. E.

[1] Functional analysis and partial differential equations, I–II. Math. Ann. **138**, 55–79 (1959) and **145**, 81–226 (1962).

[2] Nonlinear Operators and Nonlinear Equations of Evolutions in Banach Spaces, Amer. Math. Soc. 1976.

Chacon, R. V.

[1] (with D. S. Ornstein) A general ergodic theorem. Ill. J. Math. **4**, 153–160 (1960).

Choquet, G.

[1] La théorie des représentations intégrales dans les ensembles convexes compacts. Ann. Inst. Fourier **10**, 334–344 (1960).

[2] (with P.-A. Meyer) Existence et unicité des représentations intégrales dans les convexes compacts quelconques. Ann. Inst. Fourier **13**, 139–154 (1963).

Clarkson, J. A.

[1] Uniformly convex spaces. Trans. Amer. Math. Soc. **40**, 396–414 (1936).

Crandall, M. G.

[1] (with A. Pazy) Semi-groups of nonlinear contractions and dissipative sets. J. Funct. Analysis **3**, 376–418 (1969).

[2] (with T. Liggett) Generation of semi-groups of nonlinear transformations in general Banach spaces. Amer. J. Math. **93**, 265–298 (1971).

[3] The semi-group approach to first order quasilinear equations in several space variables. Israel J. of Math. **12**, 108–132 (1972).

Dieudonné, J.

[1] Recent advances in the theory of locally convex vector spaces. Bull. Amer. Math. Soc. **59**, 495–512 (1953).

Doob, J. L.

[1] Stochastic processes with an integral-valued parameter. Trans. Amer. Math. Soc. **44**, 87–150 (1938).

[2] Probability theory and the first boundary value problem. Ill. J. Math. **2**, 19–36 (1958).

[3] Probability methods applied to the first boundary value problem. Proc. Third Berkeley Symp. on Math. Statist. and Prob. **II**, 49–80 (1956).

Dorroh, J. R.

[1] A nonlinear Hille-Yosida-Phillips theorem. J. Funct. Analysis **3**, 345–393 (1969).

Dunford, N.

[1] (with J. Schwartz) Linear Operators, Vol. I, Interscience 1958.

[2] Uniformity in linear spaces. Trans. Amer. Math. Soc. **44**, 305–356 (1938).

[3] On one-parameter groups of linear transformations. Ann. of Math. **39**, 569–573 (1938).

[4] (with J. Schwartz) Convergence almost everywhere of operator averages. J. Rat. Mech. Anal. **5**, 129–178 (1956).

[5] (with J. Schwartz) Linear Operators, Vol. II, Interscience 1963.

[6] (with J. Schwartz) Linear Operators, Vol. III, Interscience 1971.

Dynkin, E. B.

[1] Markoff processes and semi-groups of operators. Teorya Veroyatn. **1** (1956).

[2] Infinitesimal operators of Markoff processes. Teorya Veroyatn. **1** (1956).

Eberlein, W. F.

[1] Weak compactness in Banach spaces. Proc. Nat. Acad. Sci. USA **38**, 51–53 (1947).

Ehrenpreis, L.

[1] Solutions of some problems of division. Amer. J. Math. **76**, 883–903 (1954).

Ekeland, I.

[1] (with R. Temam) Convex Analysis and Variational Problems, North-Holland Publishing Company 1976.

Erdélyi, A.

[1] Operational Calculus and Generalized Functions, Reinhart 1961.

Feller, W.

[1] On the genération of unbounded semi-groups of bounded linear operators. Ann of Math. **58**, 166–174 (1953).

[2] The parabolic differential equation and the associated semi-group of transformations. Ann. of Math. **55**, 468–519 (1952).

[3] On the intrinsic form for second order differential operators. Ill. J. Math. **2**, No. 1, 1–18 (1958).

[4] Generalized second order differential operators and their lateral conditions. Ill. J. Math. **1**, No. 4, 459–504 (1957).

[5] Some new connections between probability and classical analysis. Proc. Internat. Congress of Math. 1958, held at Edinburgh, pp. 69–86.

[6] On differential operators and boundary conditions. Comm. Pure and Appl. Math. **8**, 203–216 (1955).

[7] Boundaries induced by non-negative matrices. Trans. Amer. Math. Soc. **83**, 19–54 (1956).

[8] On boundaries and lateral conditions for the Kolmogoroff differential equations. Ann. of Math. **65**, 527–570 (1957).

Foias, C.

[1] Remarques sur les semi-groupes distributions d'opérateurs normaux. Portugaliae Math. **19**, 227–242 (1960).

[2] See B. von Sz. Nagy-C. Foias [4].

Freudenthal, H.

[1] Über die Friedrichssche Fortsetzung halbbeschränkter Hermitescher Operatoren. Proc. Acad. Amsterdam **39**, 832–833 (1936).

[2] Teilweise geordnete Modulen. Proc. Acad. Amsterdam **39**, 641–651 (1936).

Friedman, A.

[1] Generalized Functions and Partial Differential Equations, Prentice-Hall 1963.

Friedrichs, K.

[1] Differentiability of solutions of elliptic partial differential equations. Comm. Pure and Appl. Math. **5**, 299–326 (1953).

[2] Symmetric positive systems of differential equations. Comm. Pure and Appl. Math. **11**, 333–418 (1958).

[3] Spektraltheorie halbbeschränkter Operatoren, I–III. Math. Ann. **109**, 465–487, 685–713 (1934) and **110**, 777–779 (1935).

Fukamiya, M.

[1] Topological methods for Tauberian theorem. Tohoku Math. J. 77–87 (1949).

[2] See Yosida-Fukamiya [16].

Gårding, L.

[1] Dirichlet's problem for linear elliptic partial differential equations. Math. Scand. **1**, 55–72 (1953).

[2] Some trends and problems in linear partial differential equations. Internat. Congress of Math. 1958, held at Edinburgh, pp. 87–102.

Gelfand, I. M.

[1] (with G. E. Šilov) Generalized Functions, Vol. I–Ⅲ, Moscow 1958.

[2] Normierte Ringe. Rec. Math. **9**, 3–24 (1941).

[3] (with N. Y. Vilenkin) Some Applications of Harmonic Analysis (Vol. Ⅳ of Generalized Functions), Moscow, 1961.

[4] (with D. Raikov) On the theory of characters of commutative topological groups. Doklady Akad. Nauk SSSR **28**, 195–198 (1940).

[5] (with D. A. Raikov and G. E. Šilov) Commutative Normed Rings, Moscow 1960.

Gelfand, I. M. and his collaborators on Generalized Functions

[6] (with G. E. Shilov) Volume 1. Properties and Operators, Academic Press 1966.

[7] (with G. E. Shilov) Volume 2. Spaces of Fundamental and Generalized Functions, Academic Press 1968.

[8] (with G. E. Shilov) Volume 3. Theory of Differential Equations, Academic Press 1967.

[9] (with N. Ya. Vilenkin) Volume 4. Applications of Harmonic Analysis, Academic Press 1964.

[10] (with M. I. Graev and N. Ya. Vilenkin) Volume 5. Integral Geometry and Representation Theory, Academic Press 1966.

Glazman, I. M.

[1] See Achieser-Glazman [1].

Grothendieck, A.

[1] Espaces Vectoriels Topologiques, seconde éd., Sociedade de Mat. de São Paulo 1958.

[2] Produits Tensoriels Topologiques et Espaces Nucléaires. Memoirs of Amer. Math. Soc. No. 16 (1955).

Hahn, H.

[1] Über Folgen linearer Operatoren. Monatsh. für Math. und Phys. **32**, 3–88 (1922).

[2] Über lineare Gleichungssysteme in linearen Räumen. J. reine und angew. Math. **157**, 214–229 (1927).

[3] Über die Integrale des Herrn Hellinger und die Orthogonalinvarianten der quadratischen Formen von unendlich vielen Veränderlichen. Monatsh. für Math. und Phys. **23**, 161–224 (1912).

Halmos, P. R.

[1] Measure Theory, van Nostrand 1950.

[2] Introduction to Hilbert Space and the Theory of Spectral Multiplicity, Chelsea 1951.

Hausdorff, F.

[1] Mengenlehre, W. de Gruyter 1935.

Hellinger, E.

[1] Neue Begründung der Theorie quadratischer Formen von unendlichvielen Veränderlichen. J. reine und angew. Math. **136**, 210–271 (1909).

Helly, E.

[1] Über Systeme linearer Gleichungen mit unendlich vielen Unbekannten. Monatsh. für Math. und Phys. **31**, 60–91 (1921).

Hilbert, D.

[1] Wesen und Ziele einer Analysis der unendlich vielen unabhängigen Variablen. Rend. Circ. Mat. Palermo **27**, 59–74 (1909).

Hille, E.

[1] (with R. S. Phillips) Functional Analysis and Semi-groups. Colloq. Publ. Amer. Math. Soc., 1957. It is the second edition of the book below.

[2] Functional Analysis and Semi-groups. Colloq. Publ. Amer. Math. Soc., 1948.

[3] On the differentiability of semi-groups of operators. Acta Sci. Math. Szeged **12B**, 19–24 (1950).

[4] On the generation of semi-groups and the theory of conjugate functions. Proc. R. Physiogr. Soc. Lund **21**, 1–13 (1951).

[5] Une généralization du problème de Cauchy. Ann. Inst. Fourier **4**, 31–48 (1952).

[6] The abstract Cauchy problem and Cauchy's problem for parabolic differential equations, J. d'Analyse Math. **3**, 81–196 (1954).

[7] Perturbation methods in the study of Kolmogoroff's equations. Proc. Internat. Congress of Math. 1954, held at Amsterdam. Vol. Ⅲ, pp. 365–376.

[8] Linear differential equations in Banach algebras. Proc. Internat. Symposium on Linear Analysis, held at Jerusalem, 1960, pp. 263–273.

[9] Les probabilités continues en chaine. C. R. Acad. Sci. **230**, 34–35 (1950).

Hirsch, F.

[1] Opérateurs codissipatifs. C. R. Acad. Sci. de Paris **270**, 1487–1490 (1970).

[2] Familles résolventes générateurs, cogénérateurs, potentiels. Annales L'Institut Fournier de L'Univ. de Grenoble **22**, 89–210 (1972).

Hoffman, K.

[1] Banach Spaces of Analytic Functions, Prentice-Hall 1962.

Hopf, E.

　　[1] Ergodentheorie, Springer 1937.

　　[2] The general temporally discrete Markoff processes. J. Rat Mech. and Anal. **3**, 13–45 (1954).

　　[3] On the ergodic theorem for positive linear operators. J. reine und angew. Math. **205**, 101–106 (1961).

Hopf, H.

　　[1] See Alexandrov-Hopf [1].

Hörmander, L.

　　[1] On the theory of general partial differential operators. Acta Math. **94**, 161–248 (1955).

　　[2] Lectures on Linear Partial Differential Equations, Stanford Univ. 1960.

　　[3] Linear partial differential equations without solutions. Math. Ann. **140**, 169–173 (1960).

　　[4] Local and global properties of fundamental solutions. Math. Scand. **5**, 27–39 (1957).

　　[5] On the interior regularity of the solutions of partial differential equations. Comm. Pure and Appl. Math. **9**, 197–218 (1958).

　　[6] Linear Partial Differential Operators, Springer 1963.

Hunt, G. A.

　　[1] Markoff processes and potentials, I–II. Ill. J. of Math. **1** and **2** (1957 and 1958).

Itô, K.

　　[1] (with H. P. McKean) Diffusion Processes and Their Sample Paths, Springer 1974.

Itô, S.

　　[1] The fundamental solutions of the parabolic differential equations in differentiable manifold. Osaka Math. J. **5**, 75–92 (1953).

　　[2] (with H. Yamabe) A unique continuation theorem for solutions of a parabolic differential equation. J. Math. Soc. Japan **10**, 314–321 (1958).

Jacobs, K.

　　[1] Neuere Methoden und Ergebnisse der Ergodentheorie, Springer 1960.

John, F.

　　[1] Plane Waves and Spherical Means Applied to Partial Differential Equations, Interscience 1955.

Kakutani, S.

　　[1] Iteration of linear operations in complex Banach spaces. Proc. Imp. Acad. Tokyo **14**, 295–300 (1938).

[2] See Yosida-Mimura-Kakutani [10].

[3] Weak topology and regularity of Banach spaces. Proc. Imp. Acad. Tokyo **15**, 169–173 (1939).

[4] Concrete representation of abstract (M)-spaces. Ann. of Math. **42**. 994–1024 (1941).

[5] Concrete representation of abstract (L)-spaces and the mean ergodic theorem. Ann. of Math. **42**, 523–537 (1941).

[6] Ergodic theorems and the Markoff processes with a stable distribution. Proc. Imp. Acad. Tokyo **16**, 49–54 (1940).

[7] See Yosida-Kakutani [7].

[8] Ergodic Theory. Proc. Internat. Congress of Math. 1950, held at Cambridge, Vol. 2, pp. 128–142.

Kantorovitch, L.

[1] (with G. Akilov) Functional Analysis in Normed Spaces, Moscow 1955.

Kato, T.

[1] Remarks on pseudo-resolvents and infinitesimal generators of semi-groups. Proc. Japan Acad. **35**, 467–468 (1959).

[2] Note on fractional powers of linear operators. Proc. Japan Acad. **36**, 94–96 (1960).

[3] Integration of the equation of evolution in a Banach space. J. Math. Soc. of Japan **5**, 208–234 (1953).

[4] On linear differential equations in Banach spaces. Comm. Pure and Appl. Math. **9**, 479–486 (1956).

[5] Fractional powers of dissipative operators. J. Math. Soc. of Japan **13**, 246–274 (1961); II, ibid. **14**, 242–248 (1962).

[6] Abstract evolution equations of parabolic type in Banach and Hilbert spaces. Nagoya Math. J. **19**, 93–125 (1961).

[7] Fundamental properties of Hamiltonian operators of Schrödinger type. Trans. Amer. Math. Soc. **70**, 195–211 (1950).

[8] (with H. Tanabe) On the abstract evolution equation. Osaka Math. J. **14**, 107–133 (1962).

[9] Perturbation Theory for Linear Operators, Springer 1966.

[10] Semi-groups and temporally inhomogeneous evolution equations, in Equazioni Differenziali Astratte, Centro Internazionale Matematico Estivo, C. I. M. E. 1 Ciclo. Varenna, **30** Maggio-8 Giugno (1963).

[11] Nonlinear semigroups and evolution equations. J. Math. Soc. Japan **19**, 508–520 (1967).

[12] Note on the differentiability of nonlinear semigroups. Proc. Symp. Pure Math. Amer. Math. Soc. **16** (1970).

Kelley, J. L.

[1] General Topology, van Nostrand 1955.

[2] Note on a theorem of Krein and Milman. J. Osaka Inst. Sci. Tech., Part I. **3**, 1–2 (1951).

Kellogg, O. D.

[1] Foundations of Potential Theory, Springer 1929.

Khintchine, A.

[1] Zu Birkhoffs Lösung des Ergodenproblems. Math. Ann. **107**, 485–488 (1933).

Kisyński, J.

[1] Sur les opérateurs de Green des problèmes de Cauchy abstraits. Stud. Math. **23**, 285–328 (1964).

Kodaira, K.

[1] The eigenvalue problem for ordinary differential equations of the second order and Heisenberg's theory of S-matrices. Amer. J. of Math. **71**, 921–945 (1949).

Kolmogorov, A.

[1] Über analytische Methoden in der Wahrscheinlichkeitsrechnung. Math. Ann. **104**, 415–458 (1931).

Komatsu, H.

[1] Abstract analyticity in time and unique continuation property of solutions of a parabolic equation. J. Fac. Sci. Univ. Tokyo, Sect. 1, **9**, Part 1, 1–11 (1961).

[2] A characterization of real analytic functions. Proc. Japan Acad. **36**, 90–93 (1960).

[3] A proof of Kotaké-Narasimhan's theorem. Proc. Japan Acad. **38**, 615–618 (1962).

[4] Semi-groups of operators in locally convex spaces. J. Math. Soc. of Japan **16**, 230–262 (1964).

[5] Fractional powers of operators, Pacific J. of Math. **19**, No. **2**, 285–346 (1966).

Kōmura, Y.

[1] Nonlinear semigroups in Hilbert space. J. Math. Soc. Japan **19**, 493–507 (1967).

[2] Differentiability of nonlinear semigroups. J. Math. Soc. Japan **21**, 375–402 (1969).

Konishi, Y.

[1] On the nonlinear semigroups associated with $u_t = \Delta\beta(u)$ and $\varphi(u_t) = \Delta u$. J. Math. Soc. Japan **25**, 622–628 (1973).

[2] On $u_t = u_{xx} - F(u_x)$ and the differentiability of the nonlinear semi-group associated with it. Proc. Japan Acad. **48**, No. 5, 281–286 (1972).

Kotaké, T.

[1] Sur l'analyticité de la solution du problème de Cauchy pour certaines classes d'opérateurs paraboliques. C. R. Acad. Sci. Paris **252**, 3716–3718 (1961).

[2] (with M. S. Narasimhan) Sur la régularité de certains noyaux associés à un opérateur elliptique. C. R. Acad. Sci. Paris **252**, 1549–1550 (1961).

Köthe, G.

[1] Topologische lineare Räume. Vol. I, Springer 1960.

Krein, M.

[1] (with D. Milman) On extreme points of regularly convex sets. Stud. Math. **9**, 133–138 (1940).

[2] (with S. Krein) On an inner characteristic of the set of all continuous functions defined on a bicompact Hausdorff space. Doklady Akad. Nauk SSSR **27**, 429–430 (1940).

Krein, S.

[1] See Krein-Krein [2].

[2] Linear Differential Equations in Banach Spaces, Amer. Math. Soc. 1971.

Krylov, N.

[1] (with N. Bogolioubov) La théorie générale de la mesure dans son application à l'étude des systèmes de la mécanique non linéaires. Ann. of Math. **38**, 65–113 (1937).

Ladyzhenskaya, O. A.

[1] (with I. M. Visik) Problèmes aux limites pour les équations aux dérivées partielles et certaines classes d'équations opérationnelles. Ousp. Mat. Nauk **11**, 41–97 (1956).

Lax, P. D.

[1] (with A. N. Milgram) Parabolic equations, in Contributions to the Theory of Partial Differential Equations, Princeton 1954.

[2] On Cauchy's problem for hyperbolic equations and the differentiability of solutions of elliptic equations. Comm. Pure and Appl. Math. **8**, 615–633 (1955).

[3] (with R. S. Phillips) Local boundary conditions for dissipative system of linear partial differential operators. Comm. Pure and Appl. Math. **13**, 427–455 (1960).

[4] (with R. S. Phillips) Scattering Theory, Academic Press 1967.

Leray, J.

[1] Hyperbolic Differential Equations, Princeton 1952.

Lewy, H.

[1] An example of a smooth linear partial differential equation without solutions. Ann. of Math. **66**, 155–158 (1957).

Liggett, T.

[1] See Crandall-Liggett [2].

Lions, J. L.

[1] Une remarque sur les applications du théorème de Hille-Yosida. J. Math. Soc. Japan **9**, 62–70 (1957).

[2] Equations Différentielles Opérationnelles, Springer 1961.

[3] Espaces d'interpolation et domaines de puissance fractionaires d'opérateurs. J. Math. Soc. Japan **14**, 233–241 (1962).

[4] Les semi-groups distributions. Portugaliae Math. **19**, 141–164 (1960).

[5] Sur quelques questions d'analyse, de mécanique et de contrôle optimal, Press de Université de Montreal 1976.

Lumer, G.

[1] Semi-inner product spaces. Trans. Amer. Math. Soc. **100**, 29–43 (1961).

[2] (with R. S. Phillips) Dissipative operators in a Banach space. Pacific J. Math. **11**, 679–698 (1961).

Maak, W.

[1] Fastperiodische Funktionen. Springer 1950.

Malgrange, B.

[1] Existence et approximation des solutions des équations aux dérivées partielles et des équations de convolution. Ann. Inst. Fourier **6**, 271–355 (1955–56).

[2] Sur une classe d'opérateurs différentielles hypoelliptiques. Bull. Soc. Math. France **58**, 283–306 (1957).

Martin, R. H.

[1] Nonlinear Operators and Differential Equations in Banach Spaces, John Wiley 1976.

Maruyama, G.

[1] On strong Markoff property. Mem. Kyushu Univ. **13** (1959).

Masuda, K.

[1] Hatten Hoteishiki (Evolution Equations), in Japanese, Kinokuniya Book Company 1975.

Mazur, S.

[1] Sur les anneaux linéaires. C. R. Acad. Sci. Paris **207**, 1025–1027 (1936).

[2] Über konvexe Mengen in linearen normierten Räumen. Stud. Math. **5**, 70–84 (1933).

McKean, H.

[1] See Itô-McKean [1].

Meyer, P. A.

[1] Probability and Potentials, Blaisdell Publishing Company (1966).

[2] See Choquet-Meyer [2].

Mikusiński, J.

[1] Operational Calculus, Pergamon 1959.

Milgram, A. N.

[1] See Lax-Milgram [1].

Milman, D.

[1] On some criteria for the regularity of spaces of the type (B). Doklady Akad. Nauk SSSR **20**, 20 (1938).

[2] See Krein-Milman [1].

Mimura, Y.

[1] See Yosida-Mimura-Kakutani [10].

[2] Über Funktionen von Funktionaloperatoren in einem Hilbertschen Raum. Jap. J. Math. **13**, 119–128 (1936).

Minlos, R. A.

[1] Generalized stochastic processes and the extension of measures. Trudy Moscow Math. **8**, 497–518 (1959).

Minty, G.

[1] Monotone (nonlinear) operators in a Hilbert space. Duke Math. J. **29**, 341–346 (1962).

Miyadera, I.

[1] Generation of a strongly continuous semi-group of operators. Tohoku Math. J. **4**, 109–121 (1952).

[2] (with S. Oharu) Approximation of semi-groups of nonlinear operators. Tohoku Math. J. **22**, 24–47 (1970).

[3] Some remarks on semigroups of nonlinear operators. Tohoku Math. J. **23**, 245–258 (1971).

Mizohata, S.

[1] Hypoellipticité des équations paraboliques. Bull. Soc. Math. France **85**, 15–50 (1957).

[2] Analyticité des solutions élémentaires des systèmes hyperboliques et paraboliques. Mem. Coll. Sci. Univ. Kyoto **32**, 181–212 (1959).

[3] Unicité du prolongement des solutions pour quelques opérateurs différentiels paraboliques. Mém. Coll. Sci. Univ. Kyoto, Sér. A **31**, 219–239 (1958).

[4] Le problème de Cauchy pour les équations paraboliques. J. Math. Soc. Japan **8**, 269–299 (1956).

[5] Systèmes hyperboliques. J. Math. Soc. Japan **11**, 205–233 (1959).

[6] The Theory of Partial Differential Equations, Cambridge University Press 1973.

Morrey, C. B.

[1] (with L. Nirenberg) On the analyticity of the solutions of linear elliptic systems of partial differential equations. Comm. Pure and Appl. Math. **10**, 271–290 (1957).

Nagumo, M.

[1] Einige analytische Untersuchungen in linearen metrischen Ringen. Jap. J. Math. **13**, 61–80 (1936).

[2] Re-topologization of functional spaces in order that a set of operators will be continuous. Proc. Japan Acad. **37**, 550–552 (1961).

Nagy, B. von Sz.

[1] Spektraldarstellung linearer Transformationen des Hilbertschen Raumes, Springer 1942.

[2] See Riesz-Nagy [3].

[3] Prolongements des transformations de l'espace de Hilbert qui sortent de cet espace. Akad. Kiado, Budapest 1955.

[4] (With C. Foias) Harmonic Analysis of Operators on Hilbert Spaces, North-Holland Publishing Company 1970.

Naimark, M. A.

[1] Normed Rings, P. Noordhoff 1959.

[2] Lineare differentiale Operatoren, Akad. Verlag 1960.

[3] Über Spektralfunktionen eines symmetrischen Operators. Izvestia Akad. Nauk SSSR **17**, 285–296 (1943).

Nakano, H.

[1] Unitärinvariante hypermaximale normale Operatoren, Ann. of Math. **42**, 657–664 (1941).

Narasimhan, M. S.

[1] See Kotaké-Narasimhan [2].

Nelson, E.

[1] Analytic vectors. Ann. of Math. **670**, 572–615 (1959).

[2] Feynman integrals and the Schrödinger equations. J. of Math. Physics **5**, 332–343 (1964).

Neumann, J. von

[1] Allgemeine Eigenwerttheorie Hermitescher Funktionaloperatoren. Math. Ann. **102**, 49–131 (1929).

[2] On rings of operators, III. Ann. of Math **41**, 94–161 (1940).

[3] Zur Operatorenmethode in der klassischen Mechanik. Ann. of Math. **33**, 587–643 (1932).

[4] Almost periodic functions in a group. I. Trans Amer. Math. Soc. **36**, 445–492 (1934).

[5] Über adjungierte Funktionaloperatoren. Ann. of Math. **33**, 249–310 (1932).

[6] Über die analytischen Eigenschaften von Gruppen linearer Transformationen und ihrer Darstellungen. Math. Z. **30**, 3–42 (1929).

[7] Zur Algebra der Funktionaloperatoren und Theorie der normalen Operatoren. Math. Ann. **102**, 370–427 (1929–30).

[8] Über einen Satz von Herrn M. H. Stone. Ann. of Math. **33**, 567–573 (1932).

Nirenberg, L.

[1] Remarks on strongly elliptic partial differential equations. Comm. Pure and Appl. Math. **8**, 643–674 (1955).

[2] On elliptic partial differential equations. Ann. Scuola Norm. Sup. Pisa **13**, 115–162 (1959).

[3] See Morrey-Nirenberg [1].

[4] See Agmon-Nirenberg [1].

Oharu, S.

[1] See Miyadera-Oharu [2].

Okamoto, S.

[1] See Yosida-Okamoto [40].

Ornstein, D. S.

[1] See Chacon-Ornstein [1].

Paley, R. E. A. C.

[1] (with N. Wiener) Fourier Transforms in the Complex Domain, Colloq. Publ. Amer. Math. Soc., 1934.

Pazy, A.

[1] See Brezis-Pazy [2].

[2] See Crandall-Pazy [1].

Peetre, J.

[1] A proof of the hypoellipticity of formally hypoelliptic differential operators. Comm. Pure and Appl. Math. **16**, 737–747 (1961).

Peter, F.

[1] (with H. Weyl) Die Vollständigkeit der primitiven Darstellungen einer geschlossenen kontinuierlichen Gruppe. Math. Ann. **97**, 737–755 (1927).

Petrowsky, I. G.

[1] Sur l'analyticité des solutions d'équations différentielles. Rec. Math. **47** (1939).

Pettis, B. J.

[1] On integration in vector spaces. Trans. Amer. Math. Soc. **44**, 277–304 (1938).

Phelps, R. R.

[1] Lectures on Choquet's Theorem, van Nostrand 1966.

Phillips, R. S.

[1] See Hille-Phillips [1].

[2] The adjoint semi-group. Pacific J. Math. **5**, 269–283 (1955).

[3] An inversion formula for Laplace transform and semi-groups of linear operators. Ann. of Math. **59**, 325–356 (1954).

[4] See Lumer-Phillips [2].

[5] On the generation of semi-groups of linear operators. Pacific J. Math. **2**, 343–369 (1952).

[6] On the integration of the diffusion equation with boundaries. Trans. Amer. Math. Soc. **98**, 62–84 (1961).

[7] Dissipative operators and parabolic partial differential operators. Comm. Pure and Appl. Math. **12**, 249–276 (1959).

[8] Dissipative hyperbolic systems. Trans. Amer. Math. Soc. **86**, 109–173 (1957).

[9] Dissipative operators and hyperbolic systems of partial differential equations. Trans. Amer. Math. Soc. **90**, 193–254 (1959).

[10] See Lax-Phillips [3].

[11] See P. D. Lax-R. S. Phillips [4].

Pitt, H. R.

[1] Tauberian Theorems. Tata Inst. of Fund. Research, 1958.

Pontrjagin, L.

[1] Topological Groups, Princeton 1939.

Poulsen, E. T.

[1] Evolutionsgleichungen in Banach-Räumen, Math. Zeitschr. **90**, 286–309 (1965).

Quinn, B. K.

[1] Solution with shocks: An example of an L_1-contractive semigroup. Comm. Pure and Appl. Math. **24**, 125–132 (1971).

Rado, T.

[1] Subharmonic Functions, Springer 1937.

Raikov, D. A.

[1] See Gelfand-Raikov [4].

[2] See Gelfand-Raikov-Šilov [5].

Rasmussen, S.

[1] Non-linear semi-groups, evolution equations and product integral representations. Various Publication Series, No. 2, Aarhus Universitet (1971/72).

Ray, D.

[1] Resolvents, transition functions and strongly Markovian processes, Ann. of Math. **70**, 43–72 (1959).

Rickart, C. E.

[1] General Theory of Banach Algebras, van Nostrand 1960.

Riesz, F.

[1] Zur Theorie des Hilbertschen Raumes. Acta Sci. Math. Szeged **7**, 34–38 (1934).

[2] Über lineare Funktionalgleichungen. Acta Math. **41**, 71–98 (1918).

[3] (with B. von Sz. Nagy) Leçons d'Analyse Fonctionelle, Akad. Kiado, Budapest 1952.

[4] Some mean ergodic theorems. J. London Math. Soc. **13**, 274–278 (1938).

[5] Sur les fonctions des transformations hermitiennes dans l'espace de Hilbert. Acta Sci. Math. Szeged **7**, 147–159 (1935).

[6] Sur la Décomposition des Opérations Linéaires. Proc. Internat. Congress of Math. 1928, held at Bologna, Vol. Ⅲ, 143–148.

Rockafeller, R. T.

[1] Convex Analysis, Princeton University Press 1972.

Ryll-Nardzewski, C.

[1] See J. Mikusiński [1].

Saks, S.

[1] Theory of the Integral, Warszawa 1937.

[2] Addition to the note on some functionals. Trans. Amer. Math. Soc. **35**, 967–974 (1933).

Sato, K.

[1] Positive pseudo-resolvents in Banach lattices. J. Fac. Science, The Univ. of Tokyo, Sect. IA, Vol. **17**, Nos. 1–2, 305–313 (1970).

[2] Potential operators for Markov processes. Proc. 6th Berkeley Sympos. Math. Statist. Probab. Univ. Calif. **3**, 193–211 (1971).

Sato, M.

[1] Theory of hyperfunctions I, J. Fac. Sci. Univ. Tokyo, Sect. 1, **8**, 139–193 (1959); II, ibid. **8**, 387–437 (1960).

[2] (with T. Kawai and M. Kashiwara) Hyperfunctions and Pseudo-Differential Equations, Lecture Notes in Mathematics 287, Springer 1973.

[3] (with many authors) Recent Development in Hyperfunction Theory and Its Application to Physics (Microlocal Analysis of S-Matrices and Related Quantities), Lecture Notes in Physics 39, Springer 1975.

Schapira, P.

[1] Théorie des Hyperfonctions, Lecture Notes in Mathematics 126, Springer 1970.

Schatten, R.

[1] A Theory of Cross-spaces, Princeton 1950.

Schauder, J.

[1] Über lineare, vollstetige Funktionaloperationen. Stud. Math. **2**, 1–6 (1930).

Schwartz, J.

[1] See Dunford-Schwartz [1].

[2] See Dunford-Schwartz [4].

[3] See Dunford-Schwartz [5].

[4] See Dunford-Schwartz [6].

Schwartz, L.

[1] Théorie des Distributions, vol. I et II, Hermann 1950, 1951.

[2] Transformation de Laplace des distributions. Comm. Sém. Math. de l'Univ. de Lund, tome suppl. dédié à M. Riesz, 196–206 (1952).

[3] Lectures on Mixed Problems in Partial Differential Equations and the Representation of Semi-groups. Tata Inst. Fund. Research, 1958.

[4] Les équations d'évolution liées au produit de compositions. Ann. Inst. Fourier **2**, 165–169 (1950–1951).

[5] Exposé sur les travaux de Gårding, Séminaire Bourbaki, May 1952.

[6] Théorie des Distributions, Hermann 1966.

[7] Radon Measures on Arbitrary Topological Spaces and Cylindrical Measures, Tata Institute of Fundamental Research and Oxford University Press 1973.

Segal, I. E.

[1] The span of the translations of a function in a Lebesgue space. Proc. Nat. Acad. Sci. USA **30**, 165–169 (1944).

Shmulyan, V. L.

[1] Über lineare topologische Räume. Math. Sbornik, N. S. **7** (49), 425–448 (1940).

Šilov, G.

[1] See Gelfand-Šilov [1].

[2] See Genfad-Ralkov-Šilov [5].

Smith, P. A.

[1] See Birkhoff-Smith [2].

Sobolev, S. L.

[1] Sur un théorème d'analyse fonctionnelle. Math. Sbornik **45**, 471–496 (1938).

[2] Certaines Applications de l'Analyse Fonctionnelle à la Physique Mathématique, Leningrad 1945.

Sobolevski, P. E.

[1] Parabolic type equations in Banach spaces. Trudy Moscow Math. **10**, 297–350 (1961).

Stein, E. M.

[1] (with G. Weiss) Introduction to Fourier Analysis on Euclidean Spaces, Princeton University Press 1971.

[2] Singular Integrals and Differentiability Properties of Functions, Princeton University Press 1970.

Stone, M. H.

[1] Linear Transformations in Hilbert Space and Their Applications to Analysis. Colloq. Publ. Amer. Math. Soc., 1932.

[2] On one-parameter unitary groups in Hilbert space. Ann. of Math. **33**, 643–648 (1932).

Szegö, G.

[1] Orthogonal Polynomials. Colloq. Pub. Amer. Math. Soc., 1948.

Tanabe, H.

[1] Evolution equations of parabolic type. Proc. Japan Acad. **37**, 610–613 (1961).

[2] On the equations of evolution in a Banach space. Osaka Math. J. **12**, 365–613 (1960).

[3] A class of the equations of evolution in a Banach space. Osaka Math. J. **11**, 121–145 (1959).

[4] Remarks on the equations of evolution in a Banach space. Osaka Math. J. **12**, 145–166 (1960).

[5] See Kato-Tanabe [8].

[6] Hatten Hoteishiki (Evolution Equations), in Japanese, Iwanami Shoten 1975.

Tannaxa, T.

　　[1] Dualität der nicht-kommutativen bikompakten Gruppen. Tohoku Math. J. **53**, 1–12 (1938).

Taylor, A.

　　[1] Introduction to Functional Analysis, Wiley 1958.

Temam, R.

　　[1] See I. Ekeland-R. Temam [1]

Titchmarsh, E. C.

　　[1] Introduction to the Theory of Fourier Integrals, Oxford 1937.

　　[2] Eigenfunction Expansion Associated with Second-order Differential Equations, Vol. I–II, Oxford 1946–1958.

Trèves, F.

　　[1] Lectures on Partial Differential Equations with Constant Coefficients. Notas de Matematica, No. 7, Rio de Janeiro 1961.

　　[2] Basic Linear Differential Equations, Academic Press 1975.

Trotter, H. F.

　　[1] Approximation of semi-groups of operators. Pacific J. Math. **8**, 887–919 (1958).

Vilenkin, N. Y.

　　[1] See Gelfand-Vilenkin [3].

Visik, I. M.

　　[1] See Ladyzhenskaya-Visik [1].

Vitali, G.

　　[1] Sull'integrazioni per serie. Rend. Circ. Mat. di Palermo **23**, 137–155 (1907).

Watanabe, J.

　　[1] On some properties of fractional powers of linear operators. Proc. Japan Acad. **37**, 273–275 (1961).

Webb, G.

　　[1] Representation of semigroups of nonlinear nonexpansive transformations in Banach spaces. J. Math. Mech. **19**, 157–170 (1969).

Wecken, F. J.

　　[1] Unitärinvariante selbstadjungierte Operatoren. Math. Ann. **116**, 422–455 (1939).

Weil, A.

　　[1] Sur les fonctions presque périodiques de von Neumann. C. R. Acad. Sci. Paris **200**, 38–40 (1935).

Weiss, G.

　　[1] See E. M. Stein-G. Weiss [1].

Weyl, H.

[1] The method of orthogonal projection in potential theory. Duke Math. J. **7**, 414–444 (1940).

[2] Über gewöhnliche Differentialgleichungen mit Singularitäten und die zugehörigen Entwicklungen willkürlicher Funktionen. Math. Ann. **68**, 220–269 (1910).

[3] See Peter-Weyl [1].

Wiener, N.

[1] See Paley-Wiener [1].

[2] Tauberian theorems. Ann. of Math. **33**, 1–100 (1932).

[3] The Fourier Integral and Certain of Its Applications, Cambridge 1933.

Yamabe, H.

[1] See Itô-Yamabe [2].

Yamada, A.

[1] On the correspondence between potential operators and semi-groups associated with Markov processes. Zeitschr. für Wahrscheinlichkeitstheorie und verw. Geb. **15**, 230–238 (1970).

Yosida, K.

[1] Lectures on Differential and Integral Equations, Interscience 1960.

[2] Vector lattices and additive set functions. Proc. Imp. Acad. Tokyo **17**, 228–232 (1940).

[3] Mean ergodic theorem in Banach spaces. Proc. Imp. Acad. Tokyo **14**, 292–294 (1938).

[4] Ergodic theorems for pseudo-resolvents. Proc. Japan Acad. **37**, 422–425 (1961).

[5] On the differentiability and the representation of one-parameter semi-groups of linear operators. J. Math. Soc. Japan **1**, 15–21 (1948).

[6] Holomorphic semi-groups in a locally convex linear topological space. Osaka Math. J. **15**, 51–57 (1963).

[7] (with S. Kakutani) Operator-theoretical treatment of Markoff process and mean ergodic theorems. Ann. of Math. **42**, 188–228 (1941).

[8] Fractional powers of infinitesimal generators and the analyticity of the semi-groups generated by them. Proc. Japan Acad. **36**, 86–89 (1960).

[9] Quasi-completely continuous linear functional operators. Jap. J. Math. **15**, 297–301 (1939).

[10] (with Y. Mimura and S. Kakutani) Integral operators with bounded measurable kernel. Proc. Imp. Acad. Tokyo **14**, 359–362 (1938).

[11] On the group embedded in the metrical complete ring. Jap. J. Math. **13**, 7–26 (1936).

[12] Normed rings and spectral theorems. Proc. Imp. Acad. Tokyo **19**, 356–359 (1943).

[13] On the unitary equivalence in general Euclid spaces. Proc. Jap. Acad. **22**, 242–245 (1946).

[14] On the duality theorem of non-commutative compact groups. Proc. Imp. Acad. Tokyo **19**, 181–183 (1943).

[15] An abstract treatment of the individual ergodic theorems. Proc. Imp. Acad. Tokyo **16**, 280–284 (1940).

[16] (with M. Fukamiya) On vector lattice with a unit, II. Proc. Imp. Acad. Tokyo **18**, 479–482 (1941).

[17] Markoff process with a stable distribution. Proc. Imp. Acad. Tokyo **16**, 43–48 (1940).

[18] Ergodic theorems of Birkhoff-Khintchine's type. Jap. J. Math. **17**, 31–36 (1940).

[19] Simple Markoff process with a locally compact phase space. Math. Japonicae **1**, 99–103 (1948).

[20] Brownian motion in a homogeneous Riemannian space. Pacific J. Math. **2**, 263–270 (1952).

[21] An abstract analyticity in time for solutions of a diffusion equation. Proc. Japan Acad. **35**, 109–113 (1959).

[22] An operator-theoretical integration of the wave equation. J. Math. Soc. Japan **8**, 79–92 (1956).

[23] Semi-group theory and the integration problem of diffusion equations. Internat. Congress of Math. 1954, held at Amsterdam, Vol. 3, pp. 864–873.

[24] On the integration of diffusion equations in Riemannian spaces. Proc. Amer. Math. Soc. **3**, 864–873 (1952).

[25] On the fundamental solution of the parabolic equations in a Riemannian space. Proc. Amer. Math. Soc. **3**, 864–873 (1952).

[26] An extension of Fokker-Planck's equation. Proc. Japan Acad. **25**, 1–3 (1949).

[27] Brownian motion on the surface of 3-sphere. Ann. of Math. Statist. **20**, 292–296 (1949).

[28] On the integration of the equation of evolution. J. Fac. Sci. Univ. Tokyo. Sect. 1, **9**, Part 5, 397–402 (1963).

[29] An operator-theoretical treatment of temporally homogeneous Markoff processes. J. Math. Soc. Japan **1**, 244–253 (1949).

[30] On holomorphic Markov processes. Proc. Japan Acad. **42**, No. 4, 313–317 (1966).

[31] A perturbation theorem for semi-groups of linear operators, Proc Japan Acad. **41**, No. 8, 645–647 (1965).

[32] Positive resolvents and potentials (An operator-theoretical treatment of Hunt's theory of potentials), Zeitschr. für Wahrscheinlichkeitstheorie und verw. Geb. **8**, 210–218 (1967).

[33] Time dependent evolution equations in a locally convex space, Math. Zeitschr. **162**, 83–86 (1965).

[34] The existence of the potential operator associated with an equi-continuous semi-group of class (C_0). Studia Math. **31**, 531–533 (1968).

[35] On the existence and a characterization of abstract potential operators. Proc. Colloq. Functional Analysis, Liège (1970), 129–136.

[36] (with T. Watanabe and H. Tanaka) On the pre-closedness of the potential operators. J. Math. Soc. Japan **20**, 419–421 (1968).

[37] The pre-closedness of Hunt's potential operators and its applications. Proc. Intern. Conf. Functional Analysis and Related Topics, Toyko, 324–331 (1969).

[38] On the potential operators associated with Brownian motions. J. d'Analyse Mathématique **23**, 461–465 (1970).

[39] Abstract potential operators on Hilbert space. Publ. of the Research Inst. for Math. Sci., Kyoto Univ. **8**, No. 1, 201–205 (1972).

[40] (with S. Okamoto) A note on Mikusiński's operational calculus. Proc. Japan Acad. **56**, Ser. A, 1–3 (1980).

Yushkevitch, A. A.

[1] On strong Markoff processes. Teorya Veroyatn. **2** (1957).

索引

郑重声明

高等教育出版社依法对本书享有专有出版权。任何未经许可的复制、销售行为均违反《中华人民共和国著作权法》，其行为人将承担相应的民事责任和行政责任；构成犯罪的，将被依法追究刑事责任。为了维护市场秩序，保护读者的合法权益，避免读者误用盗版书造成不良后果，我社将配合行政执法部门和司法机关对违法犯罪的单位和个人进行严厉打击。社会各界人士如发现上述侵权行为，希望及时举报，本社将奖励举报有功人员。

反盗版举报电话　（010）58581999　58582371　58582488

反盗版举报传真　（010）82086060

反盗版举报邮箱　dd@hep.com.cn

通信地址　北京市西城区德外大街 4 号
　　　　　高等教育出版社法律事务与版权管理部

邮政编码　100120